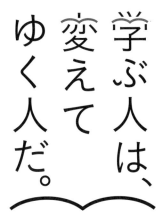

旺文社
中学
総合的研究
数学

四訂版

旺文社

はじめに

近年では社会のありかたが多様になり、生きていく上でさまざまな選択肢が考えられるようになりました。このことは、いろいろな可能性が広がった側面もある一方、自分にとって必要なものを見極める力が試されるようになったという側面も持っています。この力を身につけるためには、学校でしっかり勉強することに加えて、もっと広く深く学んでいく姿勢が必要となります。

この『中学総合的研究』は、学校で学習する内容がさらにわかりやすくなるように、教科ごとにさまざまな工夫を凝らして編集してあります。これは、単に知識を増やす便利な本で終わらせるものではなく、みなさんの「もっと知りたくなる気持ち」を湧き立たせるために活用するものです。本書の中で心に残る何かがあったら、徹底的に調べてください。研究してください。その教科と離れてもかまわず深めていってください。本書が『総合的研究』と題した理由がそこにあります。本書をそのように活用していただければ、現代社会にあふれるたくさんの情報の中から今の自分に必要なものを見極める力、そして、最終的には、自分の身のまわりにある課題を見つけて解決していく力が身につくことでしょう。それらの力は、みなさんが生きていくためにとても重要です。

高校・大学に進学しても、社会に出てからも、本書はみなさんに愛用されることを望み、きっとそれに応えてくれることでしょう。

株式会社　旺文社　代表取締役社長
生駒大壱

数学をなぜ学ぶのか，どう学ぶのか

イギリスの登山家ジョージ・マロリーは，「なぜ山に登るのか？」という質問に，「そこに山があるからだ。」と答えたという有名な話があります。いろいろな山に登る中で，登山の魅力を存分に味わい，その上で，たどり着いた答えです。

「なぜ数学を学ぶのか？」

「数学があるからだ。」

数学の魅力を知り尽くした人はそう答えるかもしれません。マロリーが，はじめから「そこに山があるからだ。」と思って登山をしていたわけではないように，みなさんの中には「数学があるからだ。」と言われただけで，数学を学び続けたいと思える人は少ないのではないでしょうか。

実は，みなさんにとって，なぜ数学を学ぶのかを考えることは，とても大切なことです。あなたは，なぜ数学を学ぶのだと思いますか。

いま社会では，かつてないほどに数学が活用されています。年々進化するテレビ，エアコン，冷蔵庫，電子レンジ，…，身近な「もの」のほとんどに，直接は目にすることはできませんが，数学が活用されています。また，道順の検索，電子マネーによるショッピング，健康管理，…，日頃，何気なくしている「こと」に

も数学がふんだんに活用されています。新たな「もの」や「こと」を創造する上で，数学は不可欠となっています。

「数学を学んでいなくても利用できるのだから，私は数学を学ばなくても…。」と思う人もいるでしょう。確かに，中学校で学ぶ数学の大半を知らなくても，日常生活を送る上では困ることはないでしょう。いまや中学校の数学の教科書にある問題の大半は，無料のアプリケーションを使って容易に答えを求めることさえできます。一部の人にとっては数学を学ぶ必要性が高まる一方，それ以外の多くの人にとっては数学を学ぶ必要性は下がっていると考えることもできます。

しかし，このような考えには，二つの落とし穴があります。

一つは，職業で求められる力の変化です。

今後も，コンピュータとインターネットの向上により，世の中は，ますます便利になっていくでしょう。そのことは同時に，いままで人が行っていた仕事が，コンピュータにより自動化されたりロボットが行ったりするようになるということを意味します。つまり，将来，あなたが就くような仕事は，コンピュータやロボットが苦手とするような仕事が中心になっていることが予想されます。そこで必要なのは，解決の方法がわからない問題に対峙し，解決への道筋を探ることであり，それには数学的に考える力が不可欠なのです。

もう一つは，自らの人生や社会をよりよく変えていくために必要な力の変化です。

例えば，「この図書館は，過去のデータをもとにコンピュータで予測すると今後も利用者が増えることは見込めないため，廃館とします。」と言われたらどうしますか。

どのようなデータをもとにしたのか，どのような条件のもとで今後の利用者を予測したのかなどを問い，検討することができないと，示された結論に一方的に従うか，ただ「反対，反対」と唱えるだけになってしまいます。見えないところで数学が「都合よく」使われていないかを検討することは，数学を学んでいないとできないことです。

このように考えると，なぜ数学を学ぶのか，という疑問は，数学はどう学ぶのがよいのか，という疑問に変わってくるでしょう。

与えられた問題を，他の人が考えた解法をまねて解けるようになるだけの学び方では不十分です。自分で問いを見つけたり，自分で解決の方法を作り出したりすることが大切です。さらには，問題の解決の背後に，どのような前提や条件があるのか，それが変わったらどうなるのかを探究していくことが大切です。

例えば，

15×15＝ 225
25×25＝ 625
35×35＝1225
45×45＝2025

という計算結果を見て，どのようなことに気づきますか。「下 2 桁が 25」以外に気づくことはないでしょうか。残りの桁の 2，6，12，20 は 1×2，2×3，3×4，4×5 となっています。そう考えると 55×55 は，下 2 桁は 25，上 2 桁は 5×6 の 30，つまり 3025 になるのではないかと予想できます。実際にそうなります。「105×105 のときもこの考えは成り立つのかな。」「もっと桁数が増えた場合はどうなるのかな。」「24×24 は，下 2 桁は 4×4 の 16，上 2 桁は 2×3 の 6 なので 616 と予想できるけれど，実際は 576 なので成り立たない。でも，24×26 なら 624 になるので成

り立つ。どのような場合に成り立つのかな。」と次々と問いをみいだし，発展的に考えていく学び方です。

このような学び方をすることで，人類がわからないことをわかるようにしたいという想いを原動力に2000年以上の年月をかけて脈々と築きあげてきた数学の面白さや偉大さを味わえることになります。つまり，このような学び方は，「なぜ数学を学ぶのか？」「そこに数学があるからだ。」という境地に触れる学び方でもあります。

また，自らの人生や社会をよりよく変えていくために必要な力を身に付けるには，例えば，道のりと速さから所要時間を考えるような問題で，「一定の速さで走り続けることは難しい。信号待ちのことを考えたら，何分かかると予想すればいいかな。」と考えてみることも大切です。そうすることが，広告でよく見るような「駅から徒歩○分」というような表示の適切性を検討する力につながっていきます。つまり，「数学の問題だから余計なことは考えない」と割り切るのではなく，現実に照らして，意味や価値を考えてみる，そんな学び方も大切です。

みなさんが，このような学びの助けになるようなポイントを随所に盛り込んだ本書を活用し，数学的に考える力を身に付けてくれることを願っています。

監修　西村圭一

本書の特長と使い方

① 日常学習から入試レベルまで対応

本書は，中学教科書の内容はもちろん，高校につながるレベルまで網羅されているハイレベルな事典です。したがって，日常の学習から入試まで，これ一冊で対応することができます。

② 知りたい事項がすぐ探せる，引く機能重視の構成

わからないことをすぐに理解できるように，検索機能を充実させました。「目次」「総合索引」はもとより，章ごとの「学習内容ダイジェスト」や，重要事項へのリンク「Return」「Go to」などを設置し，知りたい気持ちに即座に応える構成となっています。

③ 知的好奇心を満足させ，本当の学力が身につく

一流の執筆陣による今までの学習事典とは一味違う説明は，無味乾燥になりがちな勉強を，豊かで知的好奇心に溢れるものにします。また，「コラム」は現在の勉強が実生活でどのような広がりを持っているのかをわかりやすく解説しています。テストのためではない，本当の学力が身につく一冊です。

アイコン・記号一覧

本書ではアイコンを使用し，きめ細かい内容を盛り込んでいます。

FOCUS　例題がどのような意図で出題されているかをまとめています。

学習のPOINT　問題を解くうえで重要なポイントを，簡潔にまとめています。

Return　すでに習った事項がわからなくなったときに，どこに戻ればよいかを例題番号で記してあります。

Go to　その事項が今後どのように展開するのか，先の学習内容を知りたいときに，どこに飛べばよいかを例題番号で記してあります。

もっとくわしく　問題を解くうえでつまずきやすいところは，さらに詳しく解説しています。

ここに注意　問題を解くうえで間違えやすいところを解説しています。

用語　重要な数学用語の解説をしています。

研究　現在の学習内容に関連した，高校へつながるようなハイレベルな内容に踏み込んだテーマを掲載しています。

「中学総合的研究 数学」
＼こんなふうに使ってみよう／

●授業や教科書の内容がわからなかったとき

目次からひいてみよう！

▶▶P10

「授業でわからないところがあった」「教科書を読んでも，この単元がよくわからない」というときは，目次から単元名を探してみましょう。(例：「１次方程式の解の求め方」)
知りたいページにたどりつくことができます。
「中学総合的研究」は，各単元の内容がしっかりくわしく解説されていますので，学習上の疑問点を解決することができます。

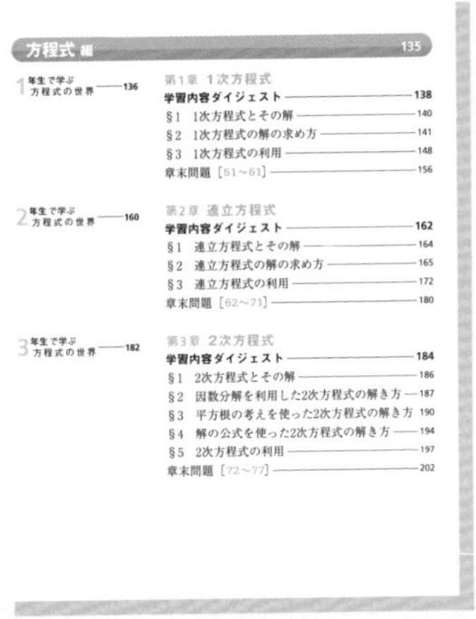

●わからない用語があったとき
●公式を思い出せないとき

索引からひいてみよう！

▶▶P526

短時間で疑問を解決したいあなたのために，本書は，索引も工夫しました。
「『錯角』ってなんだっけ」「因数分解のあの公式ってなんだったっけ」などのちょっとした疑問は，索引をチェックすれば解決します。

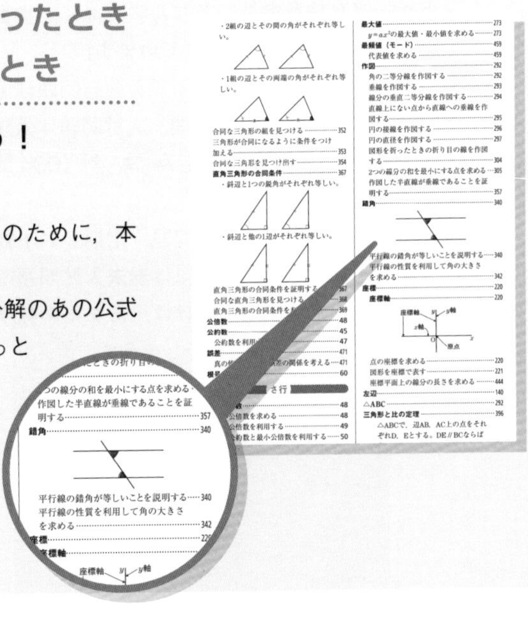

●まずは大まかに知りたいとき

数学の世界をチェックしよう！

▶▶ P18 ほか

まずは全体を大まかに見渡したいあなたのために，本書には，その学年で習う分野が，前の学年とどのように関連しているかがひと目で分かる「数学の世界」のコーナーを設けました。

1年生では小学校とのつながりを，2，3年生では，前学年とのつながりがわかるように，身近な1つのテーマをもとに例題が展開されています。学年をまたいだ学習を短時間でおさらいすることが可能です。

●実力をつけたいとき

達成感が味わえる！　問題量をこなそう

ストイックな体育会系のあなたのために，本書には，豊富に問題が掲載されています。

例題は全336問，その類題となる確認問題は全437問，章末問題は全187問，入試問題は公立入試問題・私立入試問題を全74問，計1034問載せました。

日常学習用には例題＆確認問題，定期テスト対策には章末問題，入試対策には巻末入試問題編がおすすめです。すべて解けば，あなたの数学力は確実にアップすることでしょう。

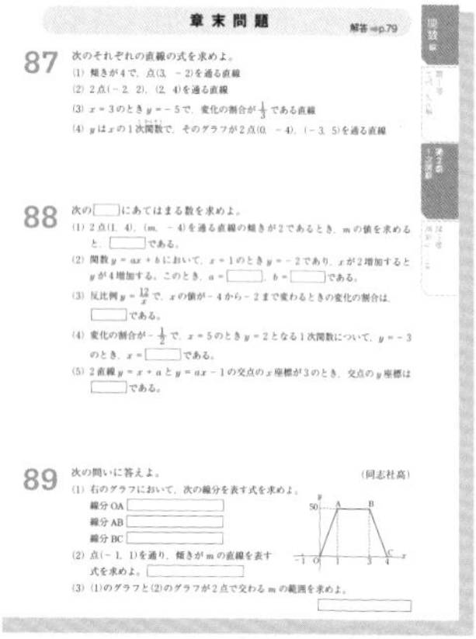

●もっと数学を追求したいとき

STEP UP を読もう

▶▶ P204 ほか

先を読むことが得意なあなたのために，本書には，教科書の学習内容にとどまらず，今の学習が高校の数学にどう発展するかがわかるような発展内容を盛り込んだ「STEP UP」のコーナーを設けています。高校生になってから前の内容をおさらいしたい人にも，学習の架け橋となります。
詳しく丁寧な解説になっているので，是非挑戦してみてください。

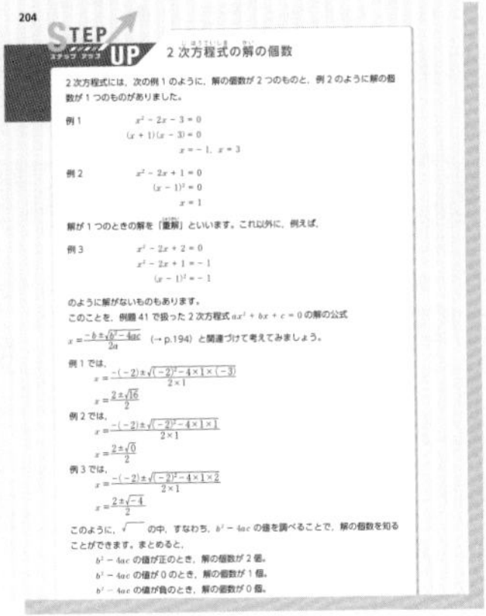

204

STEP UP ステップ アップ　2次方程式の解の個数

2次方程式には，次の例1のように，解の個数が2つのものと，例2のように解の個数が1つのものがありました。

例1
$$x^2-2x-3=0$$
$$(x+1)(x-3)=0$$
$$x=-1,\ x=3$$

例2
$$x^2-2x+1=0$$
$$(x-1)^2=0$$
$$x=1$$

解が1つのときの解を「重解」といいます。これ以外に，例えば，

例3
$$x^2-2x+2=0$$
$$x^2-2x+1=-1$$
$$(x-1)^2=-1$$

のように解がないものもあります。
このことを，例題41で扱った2次方程式 $ax^2+bx+c=0$ の解の公式
$x=\dfrac{-b\pm\sqrt{b^2-4ac}}{2a}$ （→ p.194）と関連づけて考えてみましょう。

例1では，
$$x=\frac{-(-2)\pm\sqrt{(-2)^2-4\times1\times(-3)}}{2\times1}$$
$$x=\frac{2\pm\sqrt{16}}{2}$$
例2では，
$$x=\frac{-(-2)\pm\sqrt{(-2)^2-4\times1\times1}}{2\times1}$$
$$x=\frac{2\pm\sqrt{0}}{2}$$
例3では，
$$x=\frac{-(-2)\pm\sqrt{(-2)^2-4\times1\times2}}{2\times1}$$
$$x=\frac{2\pm\sqrt{-4}}{2}$$

このように，$\sqrt{\quad}$ の中，すなわち，b^2-4ac の値を調べることで，解の個数を知ることができます。まとめると，
b^2-4ac の値が正のとき，解の個数が2個。
b^2-4ac の値が0のとき，解の個数が1個。
b^2-4ac の値が負のとき，解の個数が0個。

●ちょっと息抜きしたいとき

コラムページを読もう

▶▶ P54 ほか

数学が苦手，数学なんて何の役に立つの？　と思っているあなたのために，本書には，好きなこと，夢への架け橋となるコラムページを設けました。テーマは，「日常生活，恋愛，スポーツ，音楽，アート，自然」といった，一見数学とは無縁と思えるものばかり。これらのテーマの中から，今あなたが一番興味のあるページを開いて読んでみてください。
数学の苦手な人はもちろん，数学の得意な人や大人でも「へぇ」と思える内容になっています。

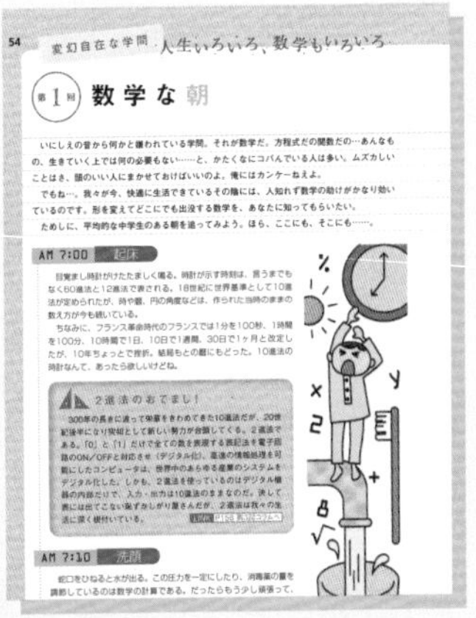

54

変幻自在な学問　人生いろいろ、数学もいろいろ

第1回　数学な朝

いにしえの昔から何かと嫌われている学問。それが数学だ。方程式だの関数だの…あんなもの、生きていく上では何の必要もない……と、かたくなにコバんでいる人は多い。ムズカしいことはさ、頭のいい人にまかせておけばいいのよ。俺にはカンケーねえよ。
でもね…。我々が今、快適に生活できているその陰には、人知れず数学の助けがかなり効いているのです。形を変えてどこにでも出没する数学を、あなたに知ってもらいたい。
ためしに、平均的な中学生のある朝を追ってみよう。ほら、ここにも、そこにも……。

AM 7:00　起床

目覚まし時計がけたたましく鳴る。時計が示す時刻は、言うまでもなく60進法と12進法で表される。18世紀に世界基準として10進法が定められたが、時や暦、円の角度などは、作られた当時のままの数え方が今も続いている。
ちなみに、フランス革命時代のフランスでは1分を100秒、1時間を100分、10時間で1日、10日で1週間、30日で1ヶ月と改定したが、10年ちょっとで挫折。結局もとの暦にもどった。10進法の時計なんて、あったら欲しいけどね。

2進法のおでまし！
300年の長きに渡って栄華をきわめてきた10進法だが、20世紀後半になり突如として新しい勢力が台頭してくる。2進法である。「0」と「1」だけで全ての数を表現する表記法を電子回路のON／OFFと対応させ（デジタル化）、高速の情報処理を可能にしたコンピュータは、世界中のあらゆる産業のシステムをデジタル化した。しかも、2進法を使っているのはデジタル機器の内部だけで、入力・出力は10進法のままなのだ。決して表には出てこない恥ずかしがり屋さんだが、2進法は我々の生活に深く根付いている。

AM 7:10　洗顔

蛇口をひねると水が出る。この圧力を一定にしたり、消毒薬の量を調節しているのは数学の計算である。だったらもう少し頑張って、

目　次

方程式 編 135

Mathematics Column

人生いろいろ、数学もいろいろ

第3回 音を数え、数を奏でる

p.158

Mathematics Column
人生いろいろ、数学もいろいろ
第6回 自然界にひそむ数学
p.524

執筆者紹介＆読者へのメッセージ

西村圭一 （監修） Keiichi Nishimura

東京学芸大学大学院教授

本書では、問題を解けるようにすることだけでなく、数学的に考える力を伸ばすことを大切にしています。

木村彰仁 Akihito Kimura

東京都立練馬高等学校教諭

数学は何の役に立つの？こんな疑問をもつ人のために、基本から応用問題に触れるだけでなく、身近な数学も取りあげました。

本田千春 Chiharu Honda

東京学芸大学附属国際中等教育学校教諭

自分で数学の世界を広げていける本になっています。数学って楽しいな。便利だな。美しいな。と感じてもらえると嬉しいです。

松元新一郎 Shinichiro Matsumoto

静岡大学教育学部教授

数学を学ぶ意味や意義、また学んだことがどのように活用されるかが章の扉、コラムなどにかかれています。参考にしてください。

石橋太加志 Takashi Ishibashi

東京大学教育学部附属中等教育学校教諭

数学を学ぶ良さは、「モノ」を考える新たな手掛かりの獲得につながることです。ぜひ自分自身の資質・能力を高めてほしいと思います。

細矢和博 Kazuhiro Hosoya

東京大学教育学部附属中等教育学校教諭

各章の扉を工夫し、日常生活に関連した事項をできるだけ多く取り入れました。他の場面でもどんな数学が使われるかを考えて下さい。

前田利江 Toshie Maeda

墨田区立桜堤中学校教諭

数学は、解けたときよりも、「何故」を一歩深めるとき、わからないことがわかったときこそ、本当におもしろい。

照井啓司（コラム執筆） Keiji Terui

ライター

年とって思う事は、何であの時あのコに…じゃなくて「何でもっと勉強しなかったんだろう」です。願わくはその後悔が薄まることを。

関係者一覧

編集協力　波多野祐二，橋爪洋介（有限会社マイプラン）

校閲　山下 聡　吉川貴子
株式会社東京出版サービスセンター
株式会社ぷれす

装丁デザイン　内津 剛（及川真咲デザイン事務所）

本文デザイン　内津 剛（及川真咲デザイン事務所）
山内なつ子（しろいろ）

写真協力　アーテファクトリー，アフロ，アマナイメージズ，国土地理院

数編

数学的活用

1年生で学ぶ数の世界

0より小さい数「負の数」とその加減乗除

小学校では，小数や分数など，さまざまな数とその計算について学習しました。

1年生では，新しい数として0より小さい数である負の数や，その計算について学習します。

ゲームで高得点を取ろう！

次のようなルールでじゃんけんゲームをします。

- 勝ったら出した指の本数だけ得点が増え，負けたら指の本数だけ得点が減る。
- あいこのときは勝敗が決まるまで続ける。
- よしのさんとこうたさんのはじめの持ち点は3点ずつ。

1 2 3 年生

負けたときとあいこのときの得点を知りたい

>>> P.22 正負の数

このゲームでの得点を表すために，「パーで勝ったときの得点を＋5」と表しました。

「①パーで負けたとき」「②あいこのとき」の得点は，どのように表しますか。

解答

勝ったときは得点が増え，負けたときは得点が減る。得点の減る「減点」を表すときには，負の数を使う。

また，あいこのときは，得点は増えも減りもしないので，0点となる。

答え　①－5点　②0点

1年生 2 3

こうたさんの得点を知りたい

>>> P.24　正負の数の加減

このゲームで4回目までじゃんけんをした結果は
下の表のようになりました。
こうたさんの得点は何点になりましたか。

	1回目	2回目	3回目	4回目
よしのさん	パー	チョキ	グー	グー
こうたさん	チョキ	グー	パー	チョキ

解答

はじめに3点持っていて，1回目はチョキで勝ったので2点追加，2回目はグーで勝ったので0点で変化なし，3回目はパーで勝ったので5点追加，4回目はチョキで負けたので2点減点。

よって，$3+2+0+5-2=8$

答え　8点

勝ち方を知りたい

>>> P.27　正負の数の乗除

さらに続けて，じゃんけんをするとき，よしのさん
が逆転するための，最短の勝ち方を答えなさい。

解答

4回目までのよしのさんの点数を計算すると，

$$3-5-2-0+0=-4\ (点)$$

2人の差は　$8-(-4)=12$（点）

パーで勝つとき　$(+5)-(-0)=+5$

チョキで勝つとき$(+2)-(-5)=+7$

グーで勝つとき　$(+0)-(-2)=+2$

よって，チョキで勝つときが一番得点差を広げられる。

2人の差は12点だから，チョキで2回勝つと

$$(+7)\times 2=+14$$

となり，よしのさんは逆転できる。

答え　2回続けてチョキで勝つとき

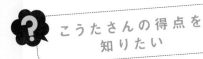

第1章 正負の数 学習内容ダイジェスト

■ゴルフのスコア

ゴルフでは，ボールをクラブで打ち，コースごとに設けられたカップにボールを入れ，打数の合計数が少ない者を勝ちとする球技です。
各ホールの基準となる打数のことを「パー」と言います。

正負の数 ⇒P.22

0より小さい数について学びます。

例 ゴルフのスコアは，パーと打数との差(さ)で表します。ア～ウに入る数を求めましょう。

ホール	1	2	3	4	5	6	7	8	9	10	11	12	13	14	15	16	17	18
パー	4	5	3	4	5	4	3	4	4	5	4	3	4	4	3	5	4	4
A選手の打数	4	6	4	4	4	4	3	4	4	3	5	6	4	4	4	5	4	4
パーとの差	0	ア	1	0	イ	0	0	0	0	ウ	1	3	0	0	1	0	0	0

解説 アは，パーの5より1打多いので，＋1
イは，パーの5より1打少ないので，－1
ウは，パーの5より2打少ないので，－2

答え ア ＋1 イ －1 ウ －2

正負の数の加減(かげん) ⇒P.24

負の数のたし算やひき算を学びます。

ホール	1	2	3	4	5	6	7	8	9	10	11	12	13	14	15	16	17	18
パー	4	5	3	4	5	4	3	4	4	5	4	3	4	4	3	5	4	4
B選手のスコア	0	0	−2	0	−1	−2	0	1	1	0	1	−2	0	0	1	−1	0	0

例 B選手の5ホールまでのスコアの合計を求めましょう。

解説 $(-2)+(-1)=-3$

答え －3

正負の数の乗除（じょうじょ） ⇒P.27

負の数のかけ算やわり算を学びます。

例 B選手の1ホールから18ホールまでのスコアの合計を求めましょう。

解説 1が4ホールあるので，$1 \times 4 = 4$
-2が3ホールあるので，$(-2) \times 3 = -6$
-1が2ホールあるので，$(-1) \times 2 = -2$
よって，$4 + (-6) + (-2) = -4$

答え　-4

計算の工夫 ⇒P.32

-1と$+1$のように加えると0になる組合せを利用して，工夫して計算します。

例 大きな大会では，同じコースで，3日間プレーし，その合計で競います。下の表はC選手が3日間プレーした結果です。C選手の3日間のスコアの合計を求めましょう。

ホール	1	2	3	4	5	6	7	8	9	10	11	12	13	14	15	16	17	18
パー	4	5	3	4	5	4	3	4	4	5	4	3	4	4	3	5	4	4
1日目	0	−1	0	0	0	0	0	0	0	1	0	0	0	0	0	−1	−1	0
2日目	0	1	0	0	−1	1	0	−1	0	−2	1	0	0	0	0	1	2	1
3日目	2	0	0	−1	1	−2	1	1	2	0	−1	0	0	0	−1	0	1	−1

解説 次のように，たすと0になる数を消していき，計算を簡単にする。

ホール	1	2	3	4	5	6	7	8	9	10	11	12	13	14	15	16	17	18
パー	4	5	3	4	5	4	3	4	4	5	4	3	4	4	3	5	4	4
1日目	0	−1	0	0	0	0	0	0	0	**1**	0	0	0	0	0	−1	−1	0
2日目	0	1	0	0	−1	1	0	−1	0	−2	1	0	0	0	0	1	**2**	1
3日目	2	0	0	−1	1	−2	1	1	2	0	−1	0	0	0	−1	0	1	−1

よって，$1 + 2 = 3$

答え　3

ゴルフでは，パーよりも3打少ないこと，すなわち，-3を「アルバトロス」と言います。-2は「イーグル」，-1は「バーディー」，$+1$は「ボギー」，$+2$は「ダブルボギー」，$+3$は「トリプルボギー」と言います。このようにスコアを考える理由の1つには，実際の打数を計算するより計算が簡単になることがあります。

§1 正負の数

1 符号(ふごう)を使って表す

(1) 例にならい，負の数を用いて言いかえよ。<例> 500円の支出 → −500円の収入
① 2点の負け → [　　] の勝ち　② 15分前 → [　　] 後
③ 東の方向 200m の地点 → 西の方向 [　　] の地点

(2) 右の表は，A～E の5人の生徒の，数学の得点とクラスの平均点との差を表したものである。表の①～④をうめよ。

生　徒	A	B	C	D	E
得　点(点)	76	85	②	65	④
平均点との差(点)	①	+ 20	− 3	③	+ 28

FOCUS +，− の符号を使って表すことを考える。

解き方

(2) 平均点を基準にしている。B の得点 85 点が平均点よりも 20 点高い得点であるから，平均点は 65 点であることがわかる。
① 76 − 65 = 11　② 65 − 3 = 62　④ 65 + 28 = 93

答え (1) ① − 2点　② − 15分　③ − 200m
(2) ① + 11　② 62　③ 0　④ 93

学習のPOINT
・反対の性質をもつ量は，正の数・負の数で表すことができる。正の数で表している量を負の数で表すためには，反対の意味を表すことばを用いる。
・基準にするものとの差を正の数・負の数で表す。基準より高いものを+，低いものを−で表す。

用語

正の数
+ 3 や + 8 のような数。また，正の整数を自然数ともいう。

負の数
− 2 や − 3.5 のような数。

+(プラス)正の符号
基準より高い(大きい)ものを表す。

−(マイナス)負の符号
基準より低い(小さい)ものを表す。

確認問題

1 次の問いに答えよ。

(1) − 300 円の収入を，負の数を使わないで表せ。

(2) 右の表は，A～E の5人の生徒の身長と，クラスの平均との差を表したものである。表の①～④をうめよ。

生　徒	A	B	C	D	E
身　長(cm)	160	165	②	153	④
平均との差(cm)	+ 5	①	− 8	③	+ 8

2　数の大小を比較する

(1) 次の数直線で，点 A，B，C，D に対応する数をいえ。また，点 A と D では，どちらの絶対値が大きいか。

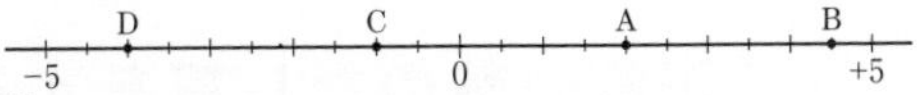

(2) 次の各組の数の大小を，不等号を使って表せ。

① $-2,\ +5$　② $0,\ -7,\ +3$　③ $-1.5,\ +4,\ -\frac{3}{4}$

FOCUS (1) 数直線上では右へいくほど，その点に対応する数は大きくなる。絶対値とは，数直線上で，ある数に対応する点と原点との距離であるが，正負の数からその符号＋，－を取り除いた数とみることもできる。
(2) 数直線を使って数の大小を調べる。絶対値が分数の場合は小数で表して比較する。

解き方

(1) A の絶対値は 2，D の絶対値は 4 であるから，D の絶対値のほうが大きい。

(2) ①

②
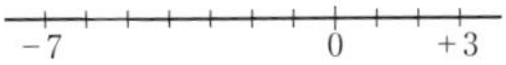

③
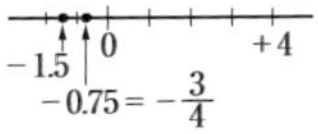

答え (1) A $+2$　B $+4.5$　C -1　D -4，D の絶対値

(2) ① $-2<+5$　② $-7<0<+3$ (＊1)
③ $-1.5<-\frac{3}{4}<+4$

学習のPOINT 正の数は 0 より大きく，負の数は 0 より小さい。
正の数は，絶対値が大きいほどその数は大きい。
負の数は，絶対値が大きいほどその数は小さい。

用語

数直線
直線上に目もりをつけて，数を対応させたもの

原点
数直線上で 0 が対応している点

絶対値
数直線上で，ある数に対応する点と原点との距離

不等号
大小を表す記号
＜，＞，≦，≧

ここに注意

(＊1)
$0>-7<+3$ のような表し方はしない。これでは，**0** と **＋3** の大小関係がわからない。

確認問題

2 (1)～(4) の数を下の数直線上に示せ。

(1) -3　(2) $+1$　(3) $+2.5$　(4) $-2\frac{1}{2}$

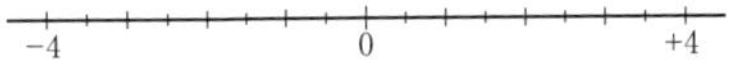

3 次の各組の数の大小を，不等号を使って表せ。

(1) $6,\ -9$　(2) $0,\ 3,\ -2,\ -7$　(3) $-\frac{1}{3},\ 0,\ -\frac{1}{2}$

4 絶対値が 3 より小さい整数を，小さい順にいえ。

§2 正負の数の加減

3 正負の数のたし算をする

次の計算をせよ。

(1) $(+2)+(+4)$　　(2) $(-3)+(-5)$

(3) $(+8)+(-5)$　　(4) $(-8)+(+5)$

(5) $(-2)+(+3)+(-4)+(+7)+(-9)$

FOCUS **数直線上で考えてみる。右の図は $(-3)+(+5)$ の場合。**

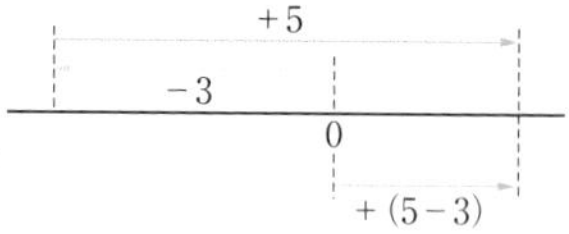

解き方

(1) $(+2)+(+4)=\mathbf{+(2+4)}=+6$

(2) $(-3)+(-5)=\mathbf{-(3+5)}=-8$

(3) $(+8)+(-5)=\mathbf{+(8-5)}=+3$

(4) $(-8)+(+5)=\mathbf{-(8-5)}=-3$

(5) $\mathbf{(-2)}+(+3)+\mathbf{(-4)}+(+7)+\mathbf{(-9)}$

$=\mathbf{(-2)+(-4)+(-9)}+(+3)+(+7)$

$=(-15)+(+10)=-5$

答え (1) $+6$　(2) -8　(3) $+3$　(4) -3　(5) -5

用語

加法
たし算のことを加法といい，その答えを**和**という。

加法の交換法則
○＋□＝□＋○

加法の結合法則
（○＋□）＋△
＝○＋（□＋△）

Return

数直線 ➡2

学習のPOINT

・同符号の２数の和⇒２数の絶対値の和に共通の符号をつける。
・異符号の２数の和⇒２数の絶対値の差に絶対値の大きい方の符号をつける。
　絶対値が等しければ，和は 0 である。
・３数以上の和⇒加法の交換法則や結合法則を利用して計算をくふうする。
　加法の交換法則　○＋□＝□＋○
　加法の結合法則　（○＋□）＋△＝○＋（□＋△）

確認問題

5 次の計算をせよ。

(1) $(+9)+(-3)$　　(2) $0+(-6)$

(3) $(-8)+(+14)$　　(4) $(+5.3)+(-4.7)$

(5) $\left(+\frac{1}{3}\right)+\left(-\frac{1}{5}\right)$　　(6) $(-8)+(+5)+(-2)+(+7)+(+4)$

4　正負の数のひき算をする

次の計算をせよ。

(1)　(＋5)－(＋7)　　(2)　(＋3)－(－4)

(3)　(－4)－(－5)　　(4)　(－2)－(＋2)

FOCUS **減法（げんぽう）は，ひく数の符号（ふごう）を変えて加法（かほう）に直す。**

解き方

(1)　(＋5)－(＋7)＝(＋5)**＋(－7)**　（＊1）
　　＝－2

(2)　(＋3)－(－4)＝(＋3)**＋(＋4)**
　　＝＋7

(3)　(－4)－(－5)＝(－4)**＋(＋5)**
　　＝＋1

(4)　(－2)－(＋2)＝(－2)**＋(－2)**
　　＝－4

答え　(1)　－2　　(2)　＋7　　(3)　＋1　　(4)　－4

用語

減法
ひき算のことを減法といい，その答えを**差**という。

もっとくわしく

（＊1）
ひく数＋**7**の符号を変えて加法にする。

Return

符号 ➡1
数直線 ➡2

学習のPOINT　正の数，負の数をひくことは，その数の符号を変えて加えることと同じである。
(－5)－**(－3)**は**(－5)**＋**(＋3)**と同じことである。
数直線（すうちょくせん）上で考えてみると下のようになる。

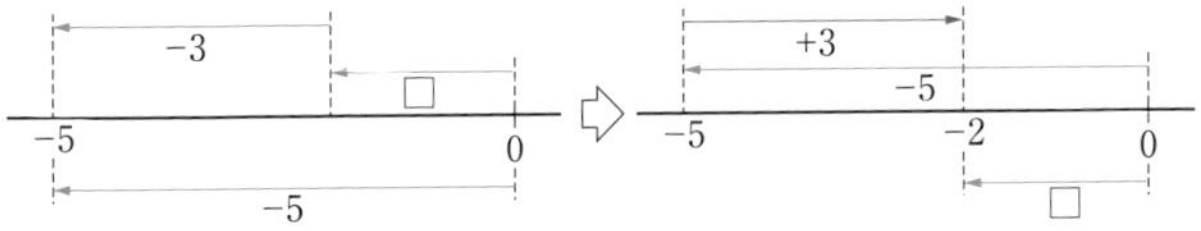

確認問題

6　次の計算をせよ。

(1)　(＋4)－(＋6)　　(2)　(＋5)－(－2)

(3)　(－8)－(＋12)　　(4)　(－18)－(－20)

(5)　0－(＋16)　　(6)　(－9)－0－(＋6)

(7)　0－(－25)　　(8)　(－12)－0－(－8)

(9)　(＋7)－(＋3)－(－12)　　(10)　(－11)－(＋1)－(－8)

(11)　(－5)－(－2)－(＋9)　　(12)　(＋6)－(＋4)－(－5)－(＋9)

(13)　(＋8)－(－2)－(－1)－(＋13)　　(14)　(－23)－(－4)－(－11)－(－8)

5 加減(かげん)の混じった計算をする

次の計算をせよ。

(1) $(+4)-(+3)+(-6)-(-7)$

(2) $-8+15-6+10-4$

(3) $-15-(-27)+0-12$

(4) $-4-(5-2)+9$

FOCUS **$(-2)+(-5)+(+3)$ は，(　　) とその前の + を省略して，$-2-5+3$ のように書くことができる。**

解き方

(1) $(+4)-(+3)+(-6)-(-7)$

$=\mathbf{4-3-6+7}$ (＊1)

$=4+7-3-6$

$=11-9$

$=2$

(2) $-8+15-6+10-4$

$=\mathbf{-8-6-4+15+10}$

$=-18+25$

$=7$

(3) $-15-(-27)+0-12$

$=\mathbf{-15+27+0-12}$

$=-15-12+27$

$=-27+27$

$=0$

(4) $-4-(5-2)+9$

$=\mathbf{-4-3+9}$

$=-7+9$

$=2$

答え (1) 2　(2) 7　(3) 0　(4) 2

もっとくわしく

(＊1)

$(+\mathbf{4})-(+\mathbf{3})+(-\mathbf{6})-(-\mathbf{7})$ は，加法だけの式になおすと，

$(+\mathbf{4})+(-\mathbf{3})+(-\mathbf{6})+(+\mathbf{7})$ となるから，

$\mathbf{4-3-6+7}$ と表すことができる。

Return

加法 ➡ 3
減法 ➡ 4

学習のPOINT かっこのある式は，符号を変えたり，かっこの中を計算したりして，かっこのない式にしてから計算する。

確認問題

7 次の計算をせよ。

(1) $(+3)-(+2)+(-8)-(-6)$

(2) $(+4)+(-9)-(-11)-(+7)$

(3) $12+(-8)-7-(-13)$

(4) $-17-(-25)+0+(-8)$

(5) $-24+(-15)-(-18)-(+6)$

(6) $6-4+2$

(7) $9-5-8+6$

(8) $1-2+3-4+5-6$

(9) $-3-5+12-0-15$

(10) $-13-(10-26)-3$

(11) $1.3-2.1-0.7$

(12) $0-2.8-5+12.8-4$

(13) $\frac{1}{3}-\left(-\frac{4}{3}\right)-2$

(14) $2-\left(+\frac{2}{5}\right)+\left(-\frac{3}{10}\right)-4$

§３ 正負の数の乗除

6 正負の数のかけ算をする

次の計算をせよ。

(1)　$(+2)\times(+4)$　　(2)　$(-7)\times(+4)$

(3)　$(-3)\times(-5)$　　(4)　$(-2)\times3\times(-1)\times(-5)$

FOCUS　先に符号(ふごう)を決める。

解き方

(1)　$(+2)\times(+4)=\mathbf{+(2\times4)}=+8=8$

(2)　$(-7)\times(+4)=\mathbf{-(7\times4)}=-28$

(3)　$(-3)\times(-5)=\mathbf{+(3\times5)}=+15=15$

(4)　$(-2)\times3\times(-1)\times(-5)$

　$=\mathbf{-(2\times3\times1\times5)}=-30$

答え　(1) 8　(2) -28　(3) 15　(4) -30

用語

乗法(じょうほう)
かけ算のことを乗法といい，その答えを**積**という。

乗法の交換法則
○ × □ ＝ □ × ○

乗法の結合法則
（○ × □）× △
＝ ○ ×（□ × △）

Return
符号 ➡1
絶対値 ➡2

学習のPOINT

いくつかの数の積の符号と絶対値(ぜったいち)
・積の絶対値はそれぞれの数の絶対値の積
・負の数が奇数(きすう)個なら－，偶数(ぐうすう)個なら＋
・どのような数 a についても，$0\times a=a\times0=0$
乗法の交換法則(こうかんほうそく)や結合法則(けつごうほうそく)を利用して計算をくふうする。
・乗法の交換法則　○ × □ ＝ □ × ○
・乗法の結合法則　（○ × □）× △ ＝ ○ ×（□ × △）

確認問題

8　次の計算をせよ。

(1)　$(-3)\times(-5)$　　(2)　$7\times(-6)$

(3)　$3\times(-2)\times7$　　(4)　$(-4)\times2.5\times(-1.5)$

(5)　$-5\times2\times4$　　(6)　$3\times\left(-\dfrac{2}{3}\right)\times\dfrac{15}{16}$

7 累乗(るいじょう)の計算をする

次の計算をせよ。

(1) $(-4)^2$　(2) -6^2

(3) $2\times(-3)^2$　(4) $4\times(-2)^3\times(-7)$

FOCUS $(-a)^2$ と $-a^2$ のちがいに注意する。

解き方

(1) $(-4)^2$

$=(-4)\times(-4)$

$=16$

(2) -6^2

$=-(6\times6)$

$=-36$

(3) $2\times(-3)^2$

$=2\times9$

$=18$

(4) $4\times(-2)^3\times(-7)$

$=4\times(-8)\times(-7)$

$=224$

答え (1) 16　(2) -36　(3) 18　(4) 224

用語

累乗

$5\times5=5^2$ のように，同じ数をいくつかかけたものを，その数の累乗という。5^2 を 5 の 2 乗(じょう)，5^3 を 5 の 3 乗という。

また，2 乗を平方(へいほう)，3 乗を立方(りっぽう)ということもある。

指数

5^2 の 2 のように，右かたに小さく書いた数のことをいう。

累乗の指数は，かけた数の個数を示している。

学習のPOINT

$(-a)^2$ は，$(-a)\times(-a)=a^2$ なので　正

$-a^2$　は，$-(a\times a)=-a^2$　なので　負

$(-a)^3=(-a)\times(-a)\times(-a)=-a^3$ のように，

$(-a)^n$ は，指数(しすう) n が奇数(きすう)のとき符号は－となる。

確認問題

9 次の計算をせよ。

(1) $(-1)^5$　(2) -5^2　(3) $(-3)^3$

(4) $-(-2)^3$　(5) $\left(-\frac{1}{4}\right)^2$　(6) $\left(-\frac{3}{5}\right)^3$

(7) $(-0.1)^2$　(8) $(-0.2)^3$　(9) $3\times(-4)^2$

(10) $(-1)^3\times(-2)^4$　(11) $-1^5\times(-2)^3$　(12) $(-2)^3\times\left(-\frac{3}{2}\right)^2$

(13) $2\times(-3^2)\times\left(-\frac{2}{3}\right)^2$

8 正負の数のわり算をする

(1) 次の数の逆数(ぎゃくすう)を答えよ。

① 2　② $-\frac{5}{7}$　③ 0.1

(2) 次の計算をせよ。

① $12\div(-4)$　② $-3\div\left(-\frac{3}{5}\right)$

FOCUS 除法(じょほう)を乗法(じょうほう)に直して計算する。

解き方

(1) ① **$2\times\square=1$** となる□にあてはまる数を求める。

$2\times\frac{1}{2}=1$ より，2の逆数は $\frac{1}{2}$

② **$-\frac{5}{7}\times\square=1$** となる□にあてはまる数を求める。

$\left(-\frac{5}{7}\right)\times\left(-\frac{7}{5}\right)=1$ より，$-\frac{5}{7}$の逆数は$-\frac{7}{5}$

③ $0.1=\frac{1}{10}$より **$\frac{1}{10}\times\square=1$** にあてはまる数を求める。

$\frac{1}{10}\times10=1$ より，0.1の逆数は10

(2) ① $12\div(-4)$

$=12\times\left(-\frac{1}{4}\right)$

$=-3$

② $-3\div\left(-\frac{3}{5}\right)$

$=-3\times\left(-\frac{5}{3}\right)$

$=5$

答え (1) ① $\frac{1}{2}$ ② $-\frac{7}{5}$ ③ 10 (2) ① -3 ② 5

用語

除法
わり算のことを除法といい，その答えを**商**という。

逆数
2つの数の積が1であるとき，一方の数を他方の数の逆数という。
(例) 5の逆数は $\frac{1}{5}$
また，0の逆数はない。

Return
乗法 ➡6

学習のPOINT 正の数・負の数でわることは，わる数の逆数をかけることと同じである。

確認問題

10 次の数の逆数を答えよ。

(1) 4　(2) -1　(3) $-\frac{1}{3}$　(4) 0.2　(5) 1.5

11 次の計算をせよ。

(1) $(-18)\div(-3)$　(2) $-24\div6$　(3) $(-4)\div\left(-\frac{1}{2}\right)$

9 乗除の混じった計算をする

$3\times\left(-\frac{2}{5}\right)\div\left(-\frac{1}{3}\right)\div\left(-\frac{12}{5}\right)$を計算せよ。

FOCUS **除法は乗法に直して計算する。**

解き方

$3\times\left(-\frac{2}{5}\right)\div\left(-\frac{1}{3}\right)\div\left(-\frac{12}{5}\right)$

$=3\times\left(-\frac{2}{5}\right)\times\left(-\frac{3}{1}\right)\times\left(-\frac{5}{12}\right)$ （＊1）

$=-\left(3\times\frac{2}{5}\times3\times\frac{5}{12}\right)$（＊2）

$=-\frac{3}{2}$

答え $-\frac{3}{2}$

もっとくわしく

（＊1）

$-\frac{1}{3}$, $-\frac{12}{5}$を逆数にして，除法を乗法に直す。

（＊2）

負の数は３個で奇数個なので，符号は－

Return

除法を乗法に直す ➡8

乗法 ➡6

学習のPOINT 乗除の混じった式は，乗法だけの式に直して計算する。

①先に符号を決める。

（負の数が偶数個⇒＋，負の数が奇数個⇒－）

②絶対値の計算をする。

確認問題

12 次の計算をせよ。

(1) $(-12)\div3\times(-4)$

(2) $(-6)\times(-8)\div(-4)$

(3) $-\frac{5}{3}\div15\times\left(-\frac{18}{5}\right)$

(4) $\left(-\frac{3}{10}\right)\div\left(-\frac{6}{5}\right)\times\left(-\frac{8}{3}\right)$

(5) $(-2^3)\div3\times(-4)^2$

(6) $(-3)^3\times\left(\frac{2}{3}\right)^2\div\left(-\frac{4}{5}\right)$

研究 四則計算と数の範囲

整数同士の加法，減法，乗法の結果は必ず整数になります。では，このことが除法でも成り立つようにするには，どのような数の集合で考えればよいでしょうか。

分数もふくむ集合で考えれば，その範囲の数どうしの加法，減法，乗法，除法（0でわるときを除く）の結果はいつでもその範囲の数になります。確かめてみましょう。

§4 四則の混じった計算

10 四則の混じった計算をする

次の計算をせよ。

(1) $5\times(-2)+8\div(-4)$

(2) $2-\{(3-5)\times 3+(-2)^2\}$

FOCUS 計算の順序を考える。

解き方

(1) $5\times(-2)+8\div(-4)$

$=-10+(-2)$

$=-12$

(2) $2-\{(3-5)\times 3+(-2)^2\}$

$=2-\{(-2)\times 3+4\}$

$=2-\{(-6)+4\}$

$=2-(-2)$

$=4$

答え (1) -12　(2) 4

用語

四則
加法，減法，乗法，除法をまとめて四則という。

Return

加法 ➡3
減法 ➡4
乗法 ➡6
除法 ➡8

学習のPOINT
・加減乗除の混じった式は，乗除を先に計算する。
・かっこのある式は，かっこの中を先に計算する。

確認問題

13 次の計算をせよ。

(1) $-6-4\times 3$

(2) $15\div(-3)+7$

(3) $5-2\times(3-6)$

(4) $16\div 8-4\times(-3)$

(5) $4-2\times 3-8\div 2$

(6) $18\div(-3)-3\times(-4)$

(7) $24-(-2)\times(-3)\times 5$

(8) $(2-14)\div 4-8$

(9) $(-3^2)-4^3\div 2$

(10) $(-2)^3-(11-2\times 3^2)$

(11) $15-(-4)^3\div(8-2^4)$

(12) $(-20)\div\{(-4)+9\}$

(13) $32-\{3^3-24\div(5-8)\}$

(14) $(-3)^2\div(-4)+(-2^3)\times(-1)$

(15) $\dfrac{3}{5}-\dfrac{5}{4}\times\left(-\dfrac{2}{3}\right)^2$

(16) $6\times\left(-\dfrac{2}{3}\right)^3-\left(-\dfrac{3}{2}\right)^2\div\left(-\dfrac{3}{4}\right)$

11 工夫して計算する

次の計算をせよ。

(1) $12 \times \left(\frac{1}{3} - \frac{3}{4}\right)$　　(2) $(-23) \times 7 + (-23) \times 3$

FOCUS **分配法則（ぶんぱいほうそく）が利用できないかを考える。**

用語

分配法則

(■ + ●) × ▲
= ■ × ▲ + ● × ▲
▲ × (■ + ●)
= ▲ × ■ + ▲ × ●

解き方

(1) ▲ × (■ + ●) = ▲ × ■ + ▲ × ● を利用する。

$$\mathbf{12} \times \left(\frac{1}{3} - \frac{3}{4}\right)$$
$$= \mathbf{12} \times \frac{1}{3} - \mathbf{12} \times \frac{3}{4}$$
$$= 4 - 9$$
$$= -5$$

(2) ▲ × ■ + ▲ × ● = ▲ × (■ + ●) を利用する。

$$(\mathbf{-23}) \times 7 + (\mathbf{-23}) \times 3$$
$$= (\mathbf{-23}) \times (7 + 3)$$
$$= (-23) \times 10$$
$$= -230$$

答え (1) -5　　(2) -230

学習のPOINT 分配法則を利用すると，簡単に計算できることがある。
(■ + ●) × ▲ = ■ × ▲ + ● × ▲
▲ × (■ + ●) = ▲ × ■ + ▲ × ●

確認問題

14 次の計算をせよ。

(1) $20 \times \left(\frac{3}{4} - \frac{2}{5}\right)$　　(2) $\left(\frac{2}{3} - \frac{3}{5}\right) \times 15$

(3) $-28 \times \left(\frac{1}{7} + \frac{1}{4}\right)$　　(4) $\left(\frac{3}{8} - \frac{5}{6}\right) \times (-24)$

(5) $\frac{3}{4} \times \left(-\frac{2}{7}\right) + \frac{3}{4} \times \left(-\frac{5}{7}\right)$　　(6) $\left(-\frac{1}{5}\right) \times \frac{1}{3} + \left(-\frac{1}{5}\right) \times \frac{2}{3}$

(7) $(-2) \times 0.1 + (-2) \times (-0.1)$　　(8) $1.25 \times (-4.3) + 8.75 \times (-4.3)$

(9) $(-7) \times 53 + (-7) \times 47$　　(10) $\frac{2}{5} \times (-73) + \frac{2}{5} \times (-27)$

(11) $3^2 \times 3.14 + 4^2 \times 3.14$　　(12) $6^2 \times 1.23 + 8^2 \times 1.23$

§ 5 正負の数の利用

12 正負の数を利用する

下の表は，A，B，C，D，Eの5人の生徒の数学のテストの成績について，それぞれの得点から60点をひいた値(あたい)を示したものである。この5人の平均点を求めよ。

生　徒	A	B	C	D	E
得点－60点（点）	－1	－4	4	7	－11

FOCUS **A，B，C，D，Eそれぞれの得点を求めなくても平均点を求めることができる方法を考える。**

Return
加法 ➡3

解き方

(－1)＋(－4)＋4＋7＋(－11)＝－5 ←**(5人の合計点)－(300点)**

60点を基準とした平均点との差は，**－5÷5＝－1**

よって，求める平均点は，60＋(－1)＝59

答え　59点

学習のPOINT　基準(上の例題だと60点)を決めて，正負の数を使うと，計算が簡単になる。

確認問題

15 **東京とパリの時差は－8時間，東京とシドニーの時差は＋1時間である。パリとシドニーの時差を求めよ。**

16 **エレベーターの定員は，一人あたりの体重を65kgとして決められている。定員10名のエレベーターに，それぞれの体重(kg)が次のような10人が乗ることができるか。**　63，52，57，61，70，68，66，75，54，69

17 **さいころを投げて，偶数の目が出たら2点，奇数の目が出たら－1点として，さいころを10回投げたときの合計点を得点とするゲームをした。次の問いに答えよ。**

(1) 6，2，1，3，5，4，1，3，2，5の目が出たときの得点を求めよ。

(2) 得点が8点のとき，偶数の目は何回出たか。

章末問題

解答 ➡ p.63

1 次の計算をせよ。

(1) $11-(-5)$ (山梨県)

(2) $-3+7$ (宮崎県)

(3) $-2-(-6)$ (山形県)

(4) $-\frac{1}{6}+\frac{3}{5}$ (三重県)

(5) $-3+9-(-7)$ (北海道)

(6) $(-1.5)\div 3$ (山梨県)

(7) $-7\times 2+5$ (岐阜県)

(8) $7+(-2)\times 3$ (埼玉県)

(9) $8+3\times(3-5)$ (神奈川県)

(10) $8\times(-3)\div 2$ (宮城県)

(11) $(-3)\times(-4)+(-15)\div 5$ (茨城県)

(12) $(-4)^2+5\times(-2)$ (石川県)

(13) $(-6)^2\div 9-(5-8)\times 4$ (京都府)

(14) $4.5-(-3)^2\div 3$ (千葉県)

(15) $-\frac{3}{7}\div\frac{8}{21}-(-2)^2$ (愛知県 A)

(16) $\left(\frac{5}{6}-\frac{4}{9}\right)\div\left(-\frac{2}{3}\right)^2$ (愛知県 B)

(17) $(-6)^2+\frac{1}{2}\times(-8)$ (北海道)

(18) $-7\times(-6)+(-4)^2\div(-2^2)$ (秋田県)

(19) $(-4)^2-9\times 5$ (青森県)

(20) $-2^4+(-6)^2\div\frac{4}{3}$ (東京都立新宿高)

2 3つの数 $-\frac{1}{3}$, -1, 0 の大小を，不等号を使って表せ。 (宮城県)

3 ある数 x の絶対値から4を引いた数の絶対値が3であるとき，x として考えられる数のうち最も小さい数を求めよ。 (東邦大学付属東邦高)

4 右の表の**ア**～**カ**に数をあてはめて，どの縦，横，斜めの４つの数を加えても，和が等しくなるようにしたい。**イ**にあてはまる数を求めよ。（徳島県）

-6	**ア**	**イ**	8
7	**ウ**	0	-3
エ	-3	7	**オ**
2	6	**カ**	3

5 右の表は，東北地方の３つの都市A，B，Cのある日の最低気温を表したものである。
これらの３つの都市の最低気温を，低い順に左から並べて書け。（岩手県）

都　市	A	B	C
最低気温(℃)	-2	0	-5

6 次の表は，ある中学校の２年生７名の生徒A，B，C，D，E，F，Gの夏休み中に読んだ本の冊数について，夏休みの読書目標である６冊を基準にして，それより多い場合を正の数，少ない場合を負の数で表したものである。
このとき，次の各問いに答えなさい。（三重県 改題）

生徒	A	B	C	D	E	F	G
基準との差（冊）	$+10$	0	-2	-3	$+7$	-1	-4

① ７人の夏休み中に読んだ本の冊数の平均値を求めなさい。
② ７人の夏休み中に読んだ本の冊数の中央値を求めなさい。

7 ３つの数 a，b，c が，次の①～③のすべての条件をみたすとき，a，b，c の正，負の符号を書け。（長崎県）
〔条件〕

① $ab<0$	② $abc>0$	③ $a<c$

8 次のことがらは正しいとはいえない。このことを正しくない例を１つあげて説明せよ。
思考力 「a が整数ならば，$-a$ は負の整数である。」（和歌山県）

第2章 数の性質 学習内容ダイジェスト

■立方体を作る

たて 24cm, 横 12cm, 高さ 6cm の直方体の角材があります。この角材を使って, 立方体を作ります。

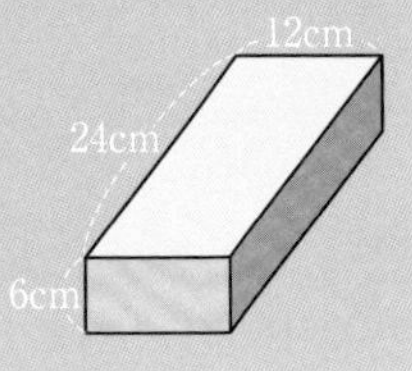

最大公約数 ➡P.45

約数の意味や最大公約数の求め方を学びます。

例 たて 24cm, 横 12cm, 高さ 6cm の直方体の角材を切って, 同じ大きさの立方体を作りたいと思います。できるだけ大きい立方体を作るとすれば, 1 辺の長さが何 cm の立方体が何個できますか。

解説 24, 12, 6 の最大公約数を右のようにして求めると 6 である。
よって, 作りたい立方体の 1 辺の長さは 6cm である。
このとき, 作ることができる立方体の個数は,
$4 \times 2 \times 1 = 8$(個)である。

2)	24	12	6
3)	12	6	3
	4	2	1

最大公約数 $= 2 \times 3 = 6$

答え 1 辺の長さが 6cm の立方体が 8 個できる。

数の性質(奇数・偶数) ➡P.38

整数の分類の方法の 1 つである奇数・偶数について学びます。

例 上の**最大公約数**の 例 で作った, 8 個の立方体の 1 つの面に, [1], [2], [3], [4], [5], [6], [7], [8]のシールをはります。このとき, 3 個の立方体を並べてできる最も小さい 3 けたの奇数はいくつですか。

解説 下 1 けたが奇数で, 百の位と十の位の数をできるだけ小さい数にすればよい。

答え 123

数の性質（倍数）

➡P.39

整数の性質を用いて倍数の見分け方について学びます。

例 左の**数の性質（奇数・偶数）**の 例 のようにシールをはった4個の立方体を並べてできる最も大きい4けたの3の倍数はいくつですか。

解説 千の位から順に，$\boxed{8}$，$\boxed{7}$，$\boxed{6}$と並べて，$\boxed{1}$，$\boxed{2}$，$\boxed{3}$，$\boxed{4}$，$\boxed{5}$の中から各位の数の和が3の倍数になるように選ぶ。

答え　8763

数の性質（あまりのある数）

➡P.41

わってあまりが出る数について学びます。

例 左の**数の性質（奇数・偶数）**の 例 のようにシールをはった5個の立方体を並べてできる，5でわると2あまる5けたの数の中で最も小さな数はいくつですか。

解説 作りたい数は，5の倍数＋2なので，一の位は2か7である。
最も小さな数を作るので，万の位を$\boxed{1}$，千の位を$\boxed{2}$，百の位を$\boxed{3}$，十の位を$\boxed{4}$，一の位を$\boxed{7}$にする。

答え　12347

最小公倍数

➡P.48

倍数の意味や最小公倍数の求め方を学びます。

例 たて24cm，横12cm，高さ6cmの直方体の角材を同じ向きに積み重ねて，立方体を作りたいと思います。できるだけ小さい立方体を作るとすれば，この角材を何個使って，1辺の長さが何cmの立方体ができますか。

解説 24，12，6の最小公倍数を右のようにして求めると24である。
よって，作りたい立方体の1辺の長さは24cmである。
また，必要な角材の個数は，

$24 \div 24 = 1$
$24 \div 12 = 2$
$24 \div 6 = 4$
$1 \times 2 \times 4 = 8$(個)

2)	24	12	6
3)	12	6	3
2)	4	2	1
	2	1	1

最小公倍数 $= 2 \times 3 \times 2 \times 2 \times 1 \times 1 = 24$

答え　8個使って，1辺の長さが24cmの立方体ができる。

§1 数の性質

13 奇数・偶数を見分ける

次の答えについて(　)の中から適切なものを選べ。

(1) 奇数＋奇数　の答えは,
(必ず奇数になる・必ず偶数になる・奇数になることも偶数になることもある)。

(2) 奇数＋偶数　の答えは,
(必ず奇数になる・必ず偶数になる・奇数になることも偶数になることもある)。

FOCUS **偶数は 2 でわりきれる数だから, (2 の倍数)**
奇数は 2 でわると 1 あまる数だから, (2 の倍数)＋1 (＊1)

解き方

(1) 奇数は, (2 の倍数)＋1 と表せるから, 奇数＋奇数は,
{(2 の倍数)＋1}＋{(2 の倍数)＋1}
＝(2 の倍数)＋(2 の倍数)＋2
となる。これは, 2 でわりきれるので, 必ず偶数になる。

(2) 偶数は, (2 の倍数)だから, 奇数＋偶数は,
{(2 の倍数)＋1}＋(2 の倍数)
＝(2 の倍数)＋(2 の倍数)＋1
となる。これは, 2 でわると 1 あまるから, 必ず奇数になる。

答え (1) 必ず偶数になる　(2) 必ず奇数になる

学習のPOINT
- 偶数＋偶数＝偶数
- 奇数＋奇数＝偶数
- 奇数＋偶数＝奇数

もっとくわしく

文字式を使った証明

n, m が整数のとき,
奇数＋奇数は,
$(2n+1)+(2m+1)$
$=2(n+m+1)$
となるから, 偶数。
奇数＋偶数は,
$(2n+1)+2m$
$=2(n+m)+1$
となるから奇数。

(＊1)
奇数は,
(2 の倍数)－1
と考えてもよい。

Go to
文字式を使う
➡ 式編 22

確認問題

18 次の計算の結果は, 奇数, 偶数のどちらになるか。
ただし, ひかれる数はひく数よりも大きいものとする。

(1) 奇数－奇数　(2) 奇数－偶数

19 1 から 99 まで 50 個の奇数の和は 2500 になる。次の和を求めよ。

(1) 2 から 100 までの偶数の和
(2) 101 から 299 までの奇数の和

14 倍数の個数を求める

□には自然数が入る。$\frac{\square}{20}$ を既約(きやく)分数(これ以上約分できない分数)にしたとき，分母が5になる。
このような□に入る2けたの自然数は全部で何個あるか。

FOCUS 分子の条件を考える。

解き方
既約分数にしたときに分母が5になるので，$20 \div 5 = 4$ より，□には2けたの4の倍数のうち5の倍数でない整数が入る。
2けたの自然数で，4の倍数の個数は，
$99 \div 4 = 24 \cdots 3$，$9 \div 4 = 2 \cdots 1$ より，（＊1）
$24 - 2 = 22$(個)
この22個のうち5の倍数は，4と5の最小公倍数である20の倍数だから，
$99 \div 20 = 4$(個)$\cdots 19$
したがって，$22 - 4 = 18$(個)

答え 18個

用語
倍数
ある整数 a の整数倍になっている数 b を a の倍数という。

もっとくわしく
（＊1）
(例) 2けたの整数の中に6の倍数が何個あるかを求める方法は，1から99までの間にある6の倍数の個数から，1から9までの間にある6の倍数の個数をひけばよい。
1から99までの数の間にある6の倍数の個数は
$99 \div 6 = 16$(個)$\cdots 3$
1から9までの間にある6の倍数の個数は
$9 \div 6 = 1$(個)$\cdots 3$
したがって，
$16 - 1 = 15$(個)

学習のPOINT 4の倍数で5の倍数でない数の個数は，4の倍数の個数から，4と5の最小公倍数20の倍数の個数をひく。

確認問題

20 $\frac{1}{4}$ より大きく，$\frac{7}{10}$ より小さい分数で，40を分母とする分数のうち，約分できる分数はいくつあるか。

21 1から100までの自然数で，6または8の倍数の個数を求めよ。

22 次のような数はそれぞれいくつあるか。
(1) 1から100までの自然数で，4でわりきれて，商が奇数(きすう)になる数。
(2) 1から100までの自然数で，6でも8でもわりきれない整数。
(3) 分子が1から100までの自然数で，分母が6で，約分できない分数。

15 倍数を見分ける

次の数は，2，3，4，5，9，25 のどの数の倍数かを調べよ。

(1) 501　(2) 955　(3) 1432　(4) 3258　(5) 20175

FOCUS **2，3，4，5，9，25 の倍数にはどのような規則があるのかを考える。**

解き方

(1) 5 + 0 + 1 = 6 より各位の数の和が 3 の倍数→3 の倍数

(2) 一の位が 5 →5 の倍数

(3) 一の位が偶数→2 の倍数，また
下 2 けたが 32 で 4 の倍数→4 の倍数でもある。
よって，2 と 4 の倍数

(4) 一の位が偶数→2 の倍数，また
3 + 2 + 5 + 8 = 18 より，各位の数の和が 3 と 9 の倍数
→3 の倍数，9 の倍数　よって，2 と 3 と 9 の倍数

(5) 2 + 0 + 1 + 7 + 5 = 15 より，各位の数の和が 3 の倍数
→3 の倍数，また，一の位が 5 →5 の倍数，また
下 2 けたが 75 →25 の倍数
よって，3 と 5 と 25 の倍数

答え (1) 3 の倍数　(2) 5 の倍数　(3) 2 と 4 の倍数
(4) 2 と 3 と 9 の倍数　(5) 3 と 5 と 25 の倍数

もっとくわしく

2 の倍数
一の位が偶数
(0 をふくむ)

3 の倍数
各位の数の和が 3 の倍数

4 の倍数
下 2 けたが 00 か 4 の倍数

5 の倍数
一の位が 0 か 5

9 の倍数
各位の数の和が 9 の倍数

25 の倍数
下 2 けたが 00，25，50，75

Return
倍数 ➡ 14

学習の POINT 一の位の数や下 2 けたの数，各位の数の和を調べて判断する。

確認問題

23 4 けたの整数 35 □□が，4 の倍数の中でもっとも大きな数になるように□にあてはまる数を求めよ。

24 次の□の中に，数字を 1 つ入れて，6 の倍数になるようにするには，どんな数を入れたらよいか。

(1) □ 16　(2) 4 □ 62　(3) 893 □

25 4 けたの数 3 □ 57 が，3 の倍数ではあるが，9 の倍数ではないようにするには，□がどんな数であればよいか。あてはまる数をすべて求めよ。

16　あまりに着目して数を分ける

Aさんと B さんは，2人で次のようなカードを使ったゲームを何回か行った。

【2人で行ったゲーム】

㋐ [1][2][3][4][5][6][7] のように，1から7までの数字が書かれた7枚のカードを並べる。

㋑ 並べられた7枚のカードからAさんとBさんがカードを1枚ずつ交互に2回とり，最後に3枚のカードを残す。

㋒ 最後に残る3枚のカードに書かれている数の和が，Aさんは，3の倍数にならないように，Bさんは，3の倍数になるように，考えてカードをとる。

このとき，次の問いに答えよ。

(1) あるゲームで，3回目にAさんがカードをとり終えたとき，[1][3][4][7] の4枚のカードが残った。次にBさんはどのカードをとればよいか，そのカードに書かれている数を書け。

(2) 別のゲームで，2回目にBさんがカードをとり終えたとき，[1][3][5][6][7] の5枚のカードが残った。次にAさんが，あるカードをとれば，その後Bさんがどのカードをとっても，最後に残る3枚のカードに書かれている数の和は3の倍数にならない。Aさんはどのカードをとればよいか，そのカードに書かれている数を書け。また，その理由をそれぞれのカードに書かれている数を3でわったあまりに着目して書け。

FOCUS **[1][2][3][4][5][6][7] のカードの数を3でわったあまりで分ける。**

あまりが0	あまりが1	あまりが2
[3][6]	[1][4][7]	[2][5]

Return
倍数 ➡14

解き方

(1) [1]＋[3]＋[4]＋[7]＝15で3の倍数であるから，Bさんは3の倍数であるカードをとればよい。この4枚のカードの中で3の倍数であるカードは [3] である。
残った3枚のカードの数の和は [1]＋[4]＋[7]＝12(3の倍数)

答え (1) 3　(2) 5(理由)5のカードをとると，残ったカードの数を3でわったあまりは0，1が2枚ずつで，どの3枚のカードを残してもそれらの和を3でわったあまりは1か2になり，3の倍数にはならないから。

確認問題

26 **上の問題について，次の問いに答えよ。**

Aさんが，1回目に [1]，[4]，[7] のいずれかのカードをとり，3回目のカードのとり方を工夫すれば，2回目，4回目にBさんがどのカードをとっても，最後に残る3枚のカードの数の和が絶対に3の倍数にならない。Aさんは，3回目にどのようなカードをとればよいか，Bさんが2回目にとるカードで場合分けし，3でわったあまりに着目して書け。

§2 素因数分解

17 素因数分解をする

次の数を素因数分解せよ。

(1) 48　　(2) 60　　(3) 91

FOCUS **1 と素数以外の自然数は，素因数の積の形に表せる。**

解き方

(1)
$$\begin{array}{r|l} 2 & 48 \\ 2 & 24 \quad \leftarrow 48 \div 2 \text{ の商} \\ 2 & 12 \quad \leftarrow 24 \div 2 \text{ の商} \\ 2 & 6 \quad \leftarrow 12 \div 2 \text{ の商} \\ & 3 \quad \leftarrow 6 \div 2 \text{ の商} \end{array}$$

よって，$48 = \mathbf{2^4 \times 3}$

(2)
$$\begin{array}{r|l} 2 & 60 \\ 2 & 30 \\ 3 & 15 \\ & 5 \end{array}$$

よって，$60 = \mathbf{2^2 \times 3 \times 5}$

(3)
$$\begin{array}{r|l} 7 & 91 \\ & 13 \end{array}$$

よって，$91 = \mathbf{7 \times 13}$

答え (1) $2^4 \times 3$　　(2) $2^2 \times 3 \times 5$　　(3) 7×13

用語

素数
1 とその数のほかに約数がない数。1 は素数ではない。

因数
整数をいくつかの自然数の積で表したとき，その 1 つ 1 つの自然数をもとの数の因数という。$12 = 2 \times 6$ と表したとき，2 と 6 は 12 の因数。

素因数
素数である因数。

素因数分解
自然数を素因数の積の形に表すこと。

学習の POINT
素因数分解をするには，
①なるべく小さい素数から順にわっていき，商が素数になるまで続ける。
②それらの素因数の積をつくる。
100 以下の素数は，下の 25 個である。
2，3，5，7，11，13，17，19，23，29，31，37，41，
43，47，53，59，61，67，71，73，79，83，89，97

確認問題

27 次の数を素因数分解せよ。

(1) 100　　(2) 280　　(3) 450

28 540 にできるだけ小さい自然数をかけて，ある数の 2 乗になるようにしたい。どんな数をかければよいか。

18 約数を求める

$2 \times 3^2 \times 5$ の約数をすべて求めよ。

FOCUS 素因数分解(そいんすうぶんかい)を利用して，約数を求める方法を考える。

解き方

約数は，いくつかの素因数の組み合わせの積の形に表せるので，もれがないように表を使って約数を求める。

$2 \times 3^2 \times 5 = 10 \times 3^2$　だから，縦に10の約数である1，2，5，10を，横に3^2の約数である1，3，9を並べてかけあわせていく。

	1	3	9
1	$1 \times 1 = 1$	$1 \times 3 = 3$	$1 \times 9 = 9$
2	$2 \times 1 = 2$	$2 \times 3 = 6$	$2 \times 9 = 18$
5	$5 \times 1 = 5$	$5 \times 3 = 15$	$5 \times 9 = 45$
10	$10 \times 1 = 10$	$10 \times 3 = 30$	$10 \times 9 = 90$

$2 \times 3^2 \times 5 = 6 \times 15$ とした場合には，表は下のようになる。

	1	3	5	15
1	$1 \times 1 = 1$	$1 \times 3 = 3$	$1 \times 5 = 5$	$1 \times 15 = 15$
2	$2 \times 1 = 2$	$2 \times 3 = 6$	$2 \times 5 = 10$	$2 \times 15 = 30$
3	$3 \times 1 = 3$	$3 \times 3 = 9$	$3 \times 5 = 15$	$3 \times 15 = 45$
6	$6 \times 1 = 6$	$6 \times 3 = 18$	$6 \times 5 = 30$	$6 \times 15 = 90$

表を見ると $1 \times 3 = 3$ と $3 \times 1 = 3$ のように約数が重複して求められていることがわかる。これは，6と15に共通の素因数3がふくまれているためである。

表の縦と横の約数に，共通の素因数をふくまないように注意すること。

$2^1 \times 3^2 \times 5^1$ の約数の個数は累乗の指数を使って求められる。

$(1 + 1) \times (2 + 1) \times (1 + 1) = 2 \times 3 \times 2 = 12$(個)

答え　1，2，3，5，6，9，10，15，18，30，45，90

用語

約数
ある整数 a をわりきることができる数 b を a の約数という。

もっとくわしく

$○^a \times △^b \times □^c$ と素因数分解される自然数の約数の個数は $(a + 1) \times (b + 1) \times (c + 1)$ 個である。

Return

素因数 ➡17
素因数分解 ➡17

学習のPOINT　約数はいくつかの素因数の組み合わせの積の形に表せる。

確認問題

29 次の各数の約数をすべて求めよ。

(1) 36　　(2) 245　　(3) 104　　(4) 79

30 144 の約数の個数を求めよ。

31 2646 の約数の個数を求めよ。

19 素因数分解(そいんすうぶんかい)を利用する

正方形のタイル 165 枚を，すべてすきまなく並べて長方形をつくる。
このとき，何種類の長方形ができるか。

FOCUS **タイルの枚数が，長方形の縦の枚数と横の枚数の積の形に表せる。**

解き方
165 を素因数分解すると

$$\begin{array}{r} 3\,)\underline{\ 165\ } \\ 5\,)\underline{\ \ \ 55\ } \\ 11 \end{array}$$

よって，$165 = 3 \times 5 \times 11$
縦(枚数)×横(枚数) ＝ **1 × 165** （＊1）
＝ **3 × 55**
＝ **5 × 33**
＝ **11 × 15**
したがって，4 種類の長方形をつくることができる。

別解
165 を 1 から順にわって，約数の組をみつける。

$\binom{1}{165}$ $\binom{3}{55}$ $\binom{5}{33}$ $\binom{11}{15}$

答え 4 種類

ここに注意
（＊1）
タイルをすきまなく並べて長方形をつくればよいので，**1 × 165** も入ることを忘れないようにする。

Return
素数 ➡ 17
素因数分解 ➡ 17

学習のPOINT 素因数分解を利用して素数(そすう)の組み合わせの積の形にする。

確認問題

32 正方形のタイル 36 枚を，すべてすきまなく並べて長方形をつくる。
何種類の長方形ができるか。

33 折り紙 108 枚を，すべてすきまなく並べて長方形をつくる。
何種類の長方形ができるか。

34 面積が 324cm^2 である正方形の 1 辺の長さを求めよ。

35 面積が 576cm^2 である正方形の 1 辺の長さを求めよ。

§ 3 公約数

20 最大公約数を求める

次の各組の数の最大公約数を求めよ。

(1) $2^2 \times 3 \times 5$, $2^2 \times 3^2 \times 7$　(2) 18, 24　(3) 18, 90, 126

FOCUS 共通な素因数を利用して，最大公約数を求める。

解き方

(1) $2^2 \times 3 \times 5$　　$2^2 \times 3^2 \times 7$

共通な素因数をすべてかけると，$2^2 \times 3 = 12$

(2) 共通な素因数で同時にわり算をすると

$$\begin{array}{r|rr} 2 & 18 & 24 \\ \hline 3 & 9 & 12 \\ \hline & 3 & 4 \end{array}$$

よって，$2 \times 3 = 6$

(3) 共通な素因数で同時にわり算をすると

$$\begin{array}{r|rrr} 2 & 18 & 90 & 126 \\ \hline 3 & 9 & 45 & 63 \\ \hline 3 & 3 & 15 & 21 \\ \hline & 1 & 5 & 7 \end{array}$$

よって，$2 \times 3^2 = 18$

答え (1) 12　(2) 6　(3) 18

学習のPOINT

最大公約数は，共通な素因数を見つけ，それらをすべてかけ合わせることにより求められる。72 と 270 の最大公約数の求め方は，次の２つの方法がある。

・素因数分解による方法

$72 = 2^3 \times 3^2 = 2 \times 2 \times 2 \times 3 \times 3$

$270 = 2 \times 3^3 \times 5 = 2 \times 3 \times 3 \times 3 \times 5$

共通する素因数をすべてかけると，$2 \times 3^2 = 18$

・共通な素因数で同時にわり算をする方法

$$\begin{array}{r|rr} 2 & 72 & 270 \\ \hline 3 & 36 & 135 \\ \hline 3 & 12 & 45 \\ \hline & 4 & 15 \end{array}$$

よって，$2 \times 3^2 = 18$

用語

公約数
2つ以上の整数の共通の約数。

最大公約数
公約数のうちでもっとも数が大きいもの。

ここに注意

1 はすべての整数の公約数である。

Return

素因数 ➡17
素因数分解 ➡17
約数 ➡18

確認問題

36 次の各組の数の最大公約数を求めよ。

(1) $3 \times 5^2 \times 7$, $2 \times 3 \times 7^2$, $2 \times 3 \times 5 \times 7^2$　(2) 42, 56

(3) 48, 84, 96

21 最大公約数を利用する

縦が 48m，横が 60m の長方形の土地がある。この土地の周囲に等間隔(とうかんかく)にくいを打って柵をつくる。四隅(よすみ)には必ずくいを打つものとし，本数をもっとも少なくするには，何 m 間隔にくいを打っていけばよいか。
また，そのときに必要なくいの本数を求めよ。

FOCUS 等間隔にするには，どのようにしたらよいかを考える。

解き方
48 と 60 の最大公約数を求める。

```
2 ) 48  60
2 ) 24  30
3 ) 12  15
     4   5
```

48 と 60 の最大公約数は $2^2 \times 3 = 12$

よって，12m 間隔にくいを打てばよい。
縦の間隔は $48 \div 12 = 4$　横の間隔は $60 \div 12 = 5$

$\underbrace{(4-1)\times 2}_{縦} + \underbrace{(5-1)\times 2}_{横} + \underbrace{4}_{四隅} = 18$

よって，必要なくいの本数は 18 本。

答え 12m 間隔にくいを打てばよい。必要なくいの本数は 18 本。

もっとくわしく
$48 = (2^2 \times 3) \times 4$
$60 = (2^2 \times 3) \times 5$
より，
縦は 4，横は 5 と考えることもできる。

Return
最大公約数 ➡20

学習のPOINT 48m と 60m に共通な等間隔なので，48 と 60 の公約数がその間隔となる。本数をもっとも少なくするので，最大公約数がその間隔となる。

確認問題

37 長方形の用紙から，できるだけ大きな正方形を切り取る。切り取ったあとの残った長方形の用紙から，同様にできるだけ大きな正方形を切り取る。用紙を使いきるまでくり返し続けたとき，次の問いに答えよ。

(1) 2 辺の長さが 10cm，14cm のとき，最後に切り取った正方形の 1 辺の長さを求めよ。

(2) 2 辺の長さが 68cm と 84cm のとき，最後に切り取った正方形の 1 辺の長さを求めよ。

(3) 2 辺の長さが 143cm，187cm のとき，最後に切り取った正方形の 1 辺の長さを求めよ。

22 公約数を利用する

あめ 54 個，チョコレート 36 個をいくつかの袋に入れて，あめとチョコレートの詰め合わせをつくる。あめとチョコレートはそれぞれ均等に袋に入れ，あまりは出ないようにする。このとき，考えられる袋の枚数は何枚か。すべての場合を答えよ。

FOCUS **あまりが出ないようにするには，どのようにしたらよいかを考える。**

解き方

袋の枚数が 54 と 36 の公約数であれば，あめもチョコレートも均等に分けられる。

54 と 36 の公約数を求めるために，まず最大公約数を求める。

```
2) 54  36
3) 27  18
3)  9   6
    3   2
```

よって，$2 \times 3^2 = 18$

最大公約数 18 の約数は　1，2，3，6，9，18　（＊1）

答え　1 枚，2 枚，3 枚，6 枚，9 枚，18 枚

ここに注意

（＊1）

袋が 1 枚のときはあめ 54 個，チョコレート 36 個をすべて入れればよいということを忘れないように。

Return

最大公約数 ➡20

学習のPOINT　いくつかの数の最大公約数の約数は，すべてもとの数の公約数である。

確認問題

38 チューリップが 36 本，カーネーションが 24 本ある。この中から，同じ本数ずつを組にして花束をつくり，あまりは出ないようにする。考えられる花束の数は何束か。すべての場合を答えよ。

39 赤い折り紙 45 枚と青い折り紙 55 枚を何人かの子どもにそれぞれ同じ枚数ずつ配ったら，赤い折り紙は 3 枚，青い折り紙は 1 枚あまった。子どもの人数を求めよ。

40 380 をわれば 2 あまり，1085 をわれば 5 あまるような数のうちで，いちばん大きい数と，いちばん小さい数を求めよ。

§4 公倍数

23 最小公倍数を求める

次の各組の数の最小公倍数を求めよ。

(1) $2^2 \times 3 \times 7$，$2 \times 3^2 \times 5 \times 7$　(2) 28，36　(3) 6，8，15

FOCUS **共通な素因数（そいんすう）と残りの素因数を利用して，最小公倍数を求める。**

解き方

(1) $2^2 \times 3 \quad \times 7$

$2 \times 3^2 \times 5 \times 7$

各指数（しすう）の大きい方をとると

$2^2 \times 3^2 \times 5 \times 7 = 1260$

(2) 共通な素因数で同時にわり算をすると

$$\begin{array}{r|rr} 2 & 28 & 36 \\ \hline 2 & 14 & 18 \\ \hline & 7 & 9 \end{array}$$

$2^2 \times 7 \times 9 = 252$

(3) 3数のうち，2数に共通な素因数があれば，わり算をする。われない数は下へおろす。

$$\begin{array}{r|rrr} 2 & 6 & 8 & 15 \\ \hline 3 & 3 & 4 & 15 \\ \hline & 1 & 4 & 5 \end{array}$$

←6と8は2でわれる
←3と15は3でわれる

$2 \times 3 \times 1 \times 4 \times 5 = 120$

答え (1) 1260　(2) 252　(3) 120

用語

公倍数
2つ以上の整数の共通の倍数。

最小公倍数
公倍数のうちで0を除いたもっとも数が小さいもの。公倍数は，最小公倍数の倍数である。

Return
指数 ➡7
素因数 ➡17
素因数分解 ➡17
因数 ➡17

学習のPOINT

最小公倍数は共通な素因数と，残りの素因数をすべてかけ合わせることにより求められる。24と90の最小公倍数の求め方は，次の2つの方法がある。

・素因数分解による方法

$24 = 2^3 \times 3$

$90 = 2 \times 3^2 \times 5$

各指数の大きい方をとる。

$2^3 \times 3^2 \times 5 = 360$

・共通な素因数で同時にわり算をする方法

$$\begin{array}{r|rr} 2 & 24 & 90 \\ \hline 3 & 12 & 45 \\ \hline & 4 & 15 \end{array}$$

すべての因数をとりだし，かけ合わせる。

$2 \times 3 \times 4 \times 15 = 360$

確認問題

41 次の各組の数の最小公倍数を求めよ。

(1) $2 \times 3^2 \times 5$，$2^2 \times 5^2 \times 7$　(2) 7，12，5

(3) 15，18，24　(4) 28，35，120

24 最小公倍数を利用する

A町からB町行きのバスは6分ごとに，C町行きのバスは15分ごとに，D町行きのバスは18分ごとに発車している。いずれも始発は午前6時20分である。次にB町行き，C町行き，D町行きが同時に発車する時刻を求めよ。

FOCUS **「次に同時に発車する」のは，6，15，18の倍数が一致したときである。**

解き方

6, 15, 18の最小公倍数を求める。（＊1）

```
3) 6  15  18
2) 2   5   6
   1   5   3
```

6, 15, 18の最小公倍数は **3 × 2 × 1 × 5 × 3** = 90

したがって，90分後に同時に発車する。

午前6時20分の90分後は，午前7時50分。

答え　午前7時50分

もっとくわしく

（＊1）

6，15，18の公倍数分後に3つのバスは同時に発車する。求める時間は，6時20分の次に発車する時間なので，最小公倍数を求めればよい。

Return
最小公倍数 ➡23

学習のPOINT　次に同時に発車するまでにかかる時間（分）は **6, 15, 18** の最小公倍数である。

確認問題

42 4でわっても6でわっても2あまる2より大きい自然数のうちで，最も小さい数を求めよ。

43 8でわっても12でわっても5あまる2けたの自然数のうちで，最も大きい数を求めよ。

44 3つの整数6，12，15のどの数でわっても2あまる2けたの正の整数を求めよ。

45 ある駅の上り電車と下り電車の発車時刻を見ると，上りと下りともに午前9時発があり，上りは14分ごと，下りは18分ごとに発車することになっている。午前9時から午後5時までに上り電車と下り電車の発車時刻が一致する回数を求めよ。ただし，午前9時をふくめた回数を答えよ。

§5 公約数と公倍数の利用

25 最大公約数と最小公倍数を利用する

$\frac{5}{3}$, $\frac{15}{4}$, $\frac{25}{8}$ の 3 つの分数のそれぞれに，同じ分数をかけて 3 つとも整数にする。できあがる 3 つの整数が最小となるような分数を求めよ。

FOCUS **整数にするため，分母の 3，4，8 を約分して 1 にするには，かける分数の分子に公倍数を，また，分子の 5，15，25 を約分するためには公約数を考える。**

解き方

求める分数の分母は，分子 5，15，25 の最大公約数。
求める分数の分子は，分母 3，4，8 の最小公倍数。

$$\begin{array}{r|rrr} 5 & 5 & 15 & 25 \\ \hline & 1 & 3 & 5 \end{array} \quad 最大公約数 = 5$$

$$\begin{array}{r|rrr} 2 & 3 & 4 & 8 \\ \hline 2 & 3 & 2 & 4 \\ \hline & 3 & 1 & 2 \end{array} \quad 最小公倍数 = 2^3 \times 3 \times 1 = 24$$

答え $\frac{24}{5}$

学習のPOINT 求める分数は，$\frac{(分母の最小公倍数)}{(分子の最大公約数)}$ である。

もっとくわしく

3 つ以上の自然数のときは，次のようなルールで求める。
- すべての数を共通にわれる素数のすべての積が最大公約数である。
- 一部（たとえば 3 つのうちの 2 つ）の数を共通にわれる素数があればさらにわっていき，われる素数がなくなったときのすべての数の積が最小公倍数である。

Return

最大公約数 ➡20
最小公倍数 ➡23

確認問題

46 $\frac{5}{9}$ でわっても，$\frac{4}{15}$ でわっても，答えが整数になる分数のうち，もっとも小さい分数を求めよ。

47 $\frac{9}{14}$, $\frac{18}{35}$, $\frac{15}{28}$ の 3 つの分数がある。これらの 3 つの分数を，ある分数でわったら，答えはいずれも整数になった。これらの整数が最小となるような分数を求めよ。

章末問題

解答 ➡p.64

9 3つの偶数と1つの奇数の合計4つの異なる整数がある。この中の異なる2つの整数の和を，すべての組み合わせについて求めると，60，63，66，67，70，73である。次の問いに答えよ。

(1) 奇数を求めよ。

(2) 3つの偶数のうちもっとも大きな偶数を求めよ。

10 90にある整数nをかけると，ある数の2乗になる。そのような整数nのうち3けたの数のもっとも小さいものを求めよ。

11 2つの素数a，bがあり，$a<b$である。aとbの和が15未満になるとき，素数aの値と素数bの値の組み合わせは全部で何通りあるか。（東京都）

12 2けたの自然数のなかで，9でも，12でも，18でもわりきれる数をすべて求めよ。

13 3と5のどちらでわってもわりきれる2けたの正の整数は全部でいくつあるか。その個数を求めよ。

14 77，125のどちらをわっても5あまるもっとも大きい正の整数を求めよ。

15 自然数 n について，次の問いに答えよ。

(1) n と24の最大公約数が6になるような50以下の n をすべて求めよ。

(2) $7n+1$ と $8n+4$ の最大公約数が5になるような20以下の n をすべて求めよ。

16 縦90cm，横126cmの長方形の床がある。これを同じ大きさの正方形のタイルで，すき間なくしきつめたい。タイルの大きさをできるだけ大きくするには，タイルの1辺を何cmにすればよいか。

17 自然数 A と84の最大公約数は12で，最小公倍数は1260である。自然数 A を求めよ。

18

2けたの正の整数のうち，3の倍数の個数を求めよ。　（長野県）

19

2020に300以下の3桁の自然数 n を加えた数は，123で割り切れた。n の値を求めよ。　（東京都立青山高）

20

右の図のように，道路沿いに長方形の土地がある。この土地の道路に面したAB間とBC間に樹木を植える。等間隔でなるべく少ない本数にするためには，樹木は何本必要か。ただし，3点A，B，Cの3か所には必ず樹木を植えるものとする。　（鹿児島県）

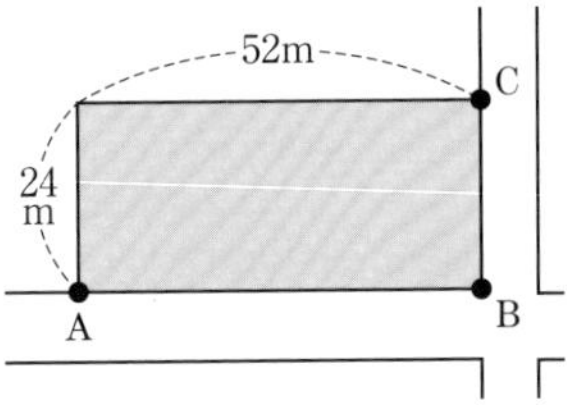

21

思考力

1から n までのすべての自然数の積を〈n〉と表す。　（佐賀県　改題）
例えば，〈2〉 $= 1 \times 2 = 2$，〈5〉 $= 1 \times 2 \times 3 \times 4 \times 5 = 120$ である。
このとき，次の(1)～(4)の各問いに答えなさい。

(1) 〈6〉を素因数分解して，次のように表したとき，［ア］，［イ］にあてはまる数をそれぞれ求めなさい。
〈6〉 $= 2^{\boxed{ア}} \times 3^{\boxed{イ}} \times 5$

(2) 〈10〉の末尾に連続して並ぶ0の個数を求めなさい。
ただし，末尾に連続して並ぶ0の個数とは，例えば10000の場合は4個，102000の場合は3個である。

(3) 〈n〉の末尾に連続して並ぶ0の個数が6個となるような自然数 n のうち，最も小さいものを求めなさい。

第1回 数学な朝

いにしえの昔から何かと嫌われている学問。それが数学だ。方程式だの関数だの…あんなもの、生きていく上では何の必要もない……と、かたくなにコバんでいる人は多い。ムズカしいことはさ、頭のいい人にまかせておけばいいのよ。俺にはカンケーねえよ。

でもね…。我々が今、快適に生活できているその陰には、人知れず数学の助けがかなり効いているのです。形を変えてどこにでも出没する数学を、あなたに知ってもらいたい。

ためしに、平均的な中学生のある朝を追ってみよう。ほら、ここにも、そこにも……。

AM 7:00 起床

目覚まし時計がけたたましく鳴る。時計が示す時刻は、言うまでもなく60進法と12進法で表される。18世紀に世界基準として10進法が定められたが、時や暦、円の角度などは、作られた当時のままの数え方が今も続いている。

ちなみに、フランス革命時代のフランスでは1分を100秒、1時間を100分、10時間で1日、10日で1週間、30日で1ヶ月と改定したが、10年ちょっとで挫折。結局もとの暦にもどった。10進法の時計なんて、あったら欲しいけどね。

2進法のおでまし！

300年の長きに渡って栄華をきわめてきた10進法だが、20世紀後半になり突如として新しい勢力が台頭してくる。2進法である。「0」と「1」だけで全ての数を表現する表記法を電子回路のON／OFFと対応させ（デジタル化）、高速の情報処理を可能にしたコンピュータは、世界中のあらゆる産業のシステムをデジタル化した。しかも、2進法を使っているのはデジタル機器の内部だけで、入力・出力は10進法のままなのだ。決して表には出てこない恥ずかしがり屋さんだが、2進法は我々の生活に深く根付いている。

LINK P158 第3回コラムへ

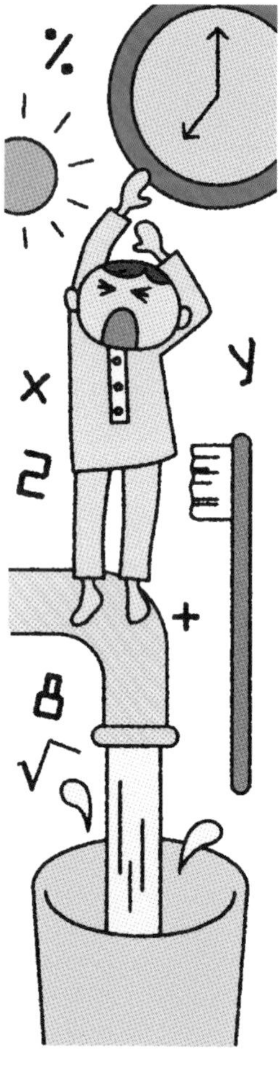

AM 7:10 洗顔

蛇口をひねると水が出る。この圧力を一定にしたり、消毒薬の量を調節しているのは数学の計算である。だったらもう少し頑張って、「おいしい水」を出してくれるよう計算してもらいたいものですが…。

それはさておき。歯ブラシやコップの設計・デザインには、人間工学の見地から「微分積分学（びぶんせきぶんがく）」「線形代数学（せんけいだいすうがく）」といった数学が応用されている。あらゆるものの形にはこの種の計算がなされているのだ。

AM 7:30 朝食

調理に使用する電気・水道・ガスを安定供給するには、高度な計算が必要になる。さらにエアコンや電子レンジの自動制御には、あいまいさを数学的に考察する「ファジイ理論」が使われている。テレビの天気予報には確率や統計学が欠かせないし、力やエネルギーなどは因果関係を表す「偏微分方程式」なしには成り立たない。

降水確率の求め方

毎日必ずと言っていいほど見かける天気予報の降水確率は、過去のデータとの比較で算出される。予報する日の温度、湿度、気圧配置…などのデータを予測して、過去のデータでそれらがほぼ一致する日を調べ、そのうち何日が降水したか……で、降水確率が出される。例えば、類似する過去データが100日で、そのうちの50日が雨ならば「降水確率50%」となるのである。実際にはコンピュータでより複雑なシミュレーションを行っているが、基本的にはこのような「統計的確率」を用いているのだ。

AM 8:00 登校

町の信号機、駅の自動改札、エスカレーター、電車の自動制御に数学が使われている。携帯電話のチップは、情報工学分野の計算を基に作られている。

AM 8:30 授業

国語の先生の突き出た腹をながめていると、標準体重をはかる公式から肥満度が予測できる。10分間に教壇の上を歩いた歩数から消費エネルギーを算出。昼食の摂取カロリーをアドバイス。ふと先生がしめているネクタイの柄を見れば、あらま、きれいな幾何学模様。

……とまあ、朝だけでこれぐらい数学は活躍している。ほかにも、パソコンやゲーム機のプログラムには数学が中心的に関わっているし、雑誌の占いや心理テストなども、統計学や確率の助けを借りている。 LINK P234 第4回コラムへ

いずれも大学で専門的に勉強する高等数学だが、その基本は中学で習う関数や方程式なのだという事をおぼえておいてほしい。千里の道も一歩から。簡単に「分からない！」なんて言わないで。

数学的活用

3年生で学ぶ数の世界

2乗すると自然数になる数を求める方法

今までに小学校では小数，分数，自然数，中学校では負の数を学んできました。これらの数はすべて分数で表されるので，有理数と呼ばれています。3年生では，平方根というものを学びます。平方根の中には有理数になる数も，分数で表されることのない数（無理数）になる数もあらわれます。

正方形の一辺の長さを求めよう！

右の図のように，縦，横に1cmずつの間隔にくぎが打ってあります。これらのくぎに輪ゴムをかけて，正方形を作ってみましょう。

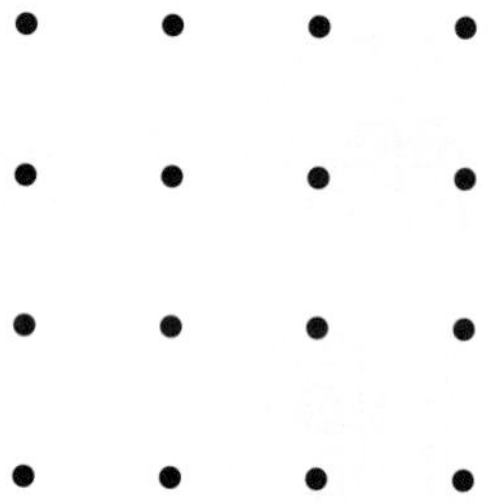

1 2 3年生

平方数とその平方根の関係を知りたい

>>> P.60 平方根

面積が$4cm^2$の正方形を作るにはどのようにすればよいですか。

解答　正方形の面積＝（1辺）^{2} だから，1辺が2cmの正方形を作ればよいので，右の図のようになります。

答え　右の図

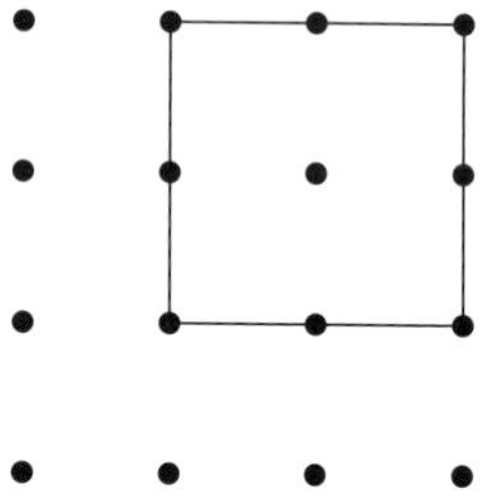

3年生

1 2

このように2乗して4になる数を4の平方根といいます。4の平方根には−2もあります。（あわせて±2と書きます。）

面積が $5\,cm^2$ の正方形を作りたい

>>> P.60　平方根

面積が $5\,cm^2$ の正方形を作るにはどのようにすればよいですか。

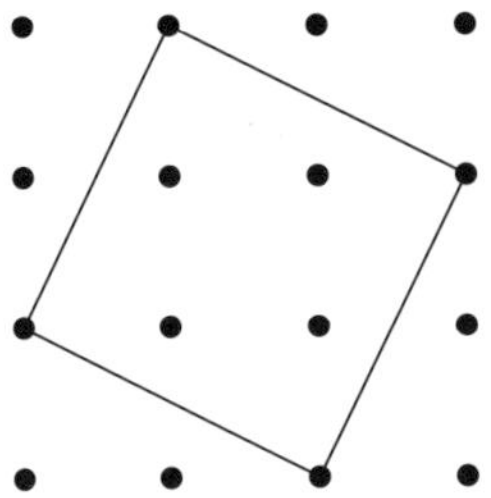

解答　右の図のようにすればできることがわかります。
答え　右の図

面積 $5\,cm^2$ の正方形の1辺の長さを知りたい

>>> P.63　平方根のおよその値

上で作った面積 $5\,cm^2$ の正方形の1辺の長さは何cmでしょうか。定規で測ってみましょう。(ただし，四捨五入して小数第1位まで求めること。)

解答　実際に測ると 2.2cm と 2.3cm の間にあることがわかります。
答え　2.2cm または 2.3cm

5の平方根を求めたい

>>> P.63　平方根のおよその値

面積が $5\,cm^2$ の正方形の1辺の長さは5の正の平方根になります。この値(あたい)はいくつでしょうか。電卓を使って求めてみましょう。
(ただし，四捨五入して小数第2位まで求めること。)

解答
$2^2=4$ では小さいし，$3^2=9$ では大きすぎます。
小数第1位まで求めると，$2.2^2=4.84$，　$2.3^2=5.29$
だから，2.2と2.3の間だとわかります。
小数第2位まで求めると，$2.23^2=4.9729$，　$2.24^2=5.0176$
だから，2.23と2.24の間だとわかります。
小数第3位まで求めると，$2.236^2=4.999696$，$2.237^2=5.004169$
だから，2.236と2.237の間だとわかります。
答え　2.24

4の平方根は，整数で表すことができました。
しかし，5の平方根は 2.236067977・・・と小数点以下に無限に数が続きます。そこで，根号(こんごう)($\sqrt{\ }$)を使って $\sqrt{5}$ と表します。したがって，5の平方根は $\pm\sqrt{5}$ です。

第3章 平方根 学習内容ダイジェスト

■平方根の意味とその四則計算

$2-(-3)$, $2+(-3)$, $2\times(-3)$, $2\div(-3)$, $(-2)-(-3)$,
$(-2)+(-3)$, $(-2)\times(-3)$, $(-2)\div(-3)$
などの四則計算の結果はすべて正負の数や 0 で表すことができます。つまり，負の数を正の数の世界に加えても，どの四則計算も今までに習った数で表せるのです。
新しい数「平方根」はどのように四則計算するとよいでしょうか。

平方根 ⇒P.60

平方根とは何かを学びます。

例 $\sqrt{2}$ と $\sqrt{8}$ はどんな関係になりますか。

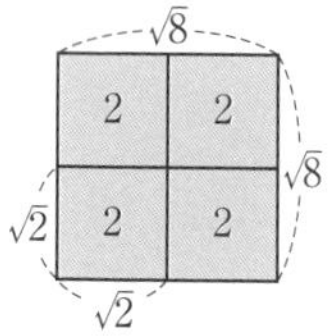

解説 $\sqrt{2}$ と $\sqrt{8}$ は面積がそれぞれ 2, 8 となる正方形の 1 辺の長さである。面積 8 の正方形は面積 2 の正方形の 1 辺を 2 倍した大きさである。つまり，$\sqrt{8}=\sqrt{2}\times 2=2\sqrt{2}$ と表すことができる。

答え $\sqrt{8}$ は $\sqrt{2}$ の 2 倍

平方根の計算（乗除） ⇒P.66

平方根の乗除の計算のしかたを学びます。

例 $\sqrt{2}\times\sqrt{8}=\sqrt{2\times 8}$ としてよいですか。

解説 $\sqrt{2}\times\sqrt{8}$ は縦 $\sqrt{2}$，横 $\sqrt{8}$ の長方形の面積と考えられる。
この長方形は面積 4 の正方形と面積が等しい。
つまり，その正方形の面積は $\sqrt{16}$
したがって，$\sqrt{2}\times\sqrt{8}=\sqrt{16}=\sqrt{2\times 8}$ とできる。
実際に，$\sqrt{2}\times\sqrt{8}$ と $\sqrt{2\times 8}$ をそれぞれ 2 乗して大きさを比べてみると，

$$(\sqrt{2}\times\sqrt{8})^2=(\sqrt{2}\times\sqrt{8})\times(\sqrt{2}\times\sqrt{8})$$
$$=(\sqrt{2})^2\times(\sqrt{8})^2=2\times 8=16$$
$$(\sqrt{2\times 8})^2=(\sqrt{16})^2=16$$

したがって，$\sqrt{2}\times\sqrt{8}=\sqrt{2\times 8}$ となる。

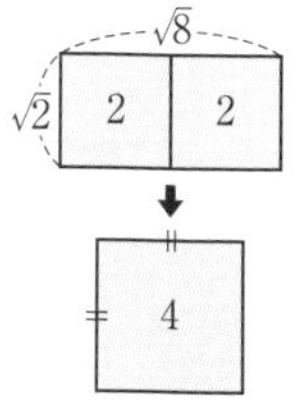

答え よい

平方根の計算（加減）⇒P.68

平方根の加減の計算のしかたについて考えます。

例 $\sqrt{2}+\sqrt{8}=\sqrt{2+8}$としてよいですか。

解説 $\sqrt{2}$と$\sqrt{8}$は面積がそれぞれ2，8となる正方形の1辺の長さである。

これらの和と面積10の正方形の1辺の長さを比べてみると，右の図のように，

$(\sqrt{2}+\sqrt{8})>\sqrt{10}$となる。

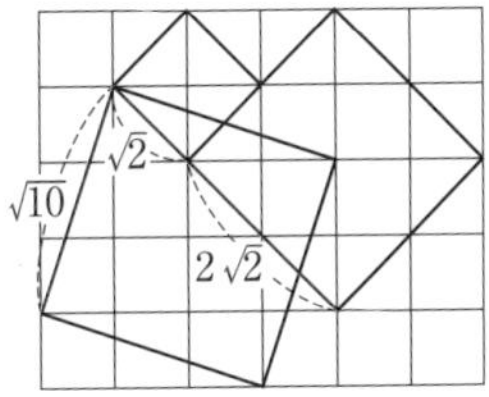

また，$\sqrt{2}+\sqrt{8}$と$\sqrt{10}$をそれぞれ2乗して大きさを比べてみると，

$$(\sqrt{2}+\sqrt{8})^2=(\sqrt{2})^2+2\sqrt{2}\times\sqrt{8}+(\sqrt{8})^2$$
$$=10+2\sqrt{16}=10+2\times4=18$$
$$(\sqrt{10})^2=10$$

したがって，$\sqrt{2}+\sqrt{8}>\sqrt{2+8}$となることがわかる。

答え　よくない

平方根の計算（加減）⇒P.68

平方根の加減の計算のしかたを学びます。

例 $\sqrt{2}+\sqrt{8}$を計算しましょう。

解説 $\sqrt{2}$と$\sqrt{8}$は面積がそれぞれ2，8となる正方形の1辺の長さである。

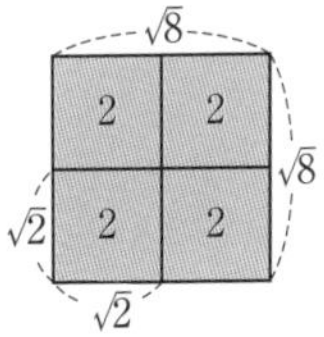

$\sqrt{8}=\sqrt{2}\times2=2\sqrt{2}$と表すことができる。

したがって，

$\sqrt{2}+\sqrt{8}$は$\sqrt{2}$の3つ分だから，$\sqrt{2}$の3倍となる。

$$\sqrt{2}+\sqrt{8}=\sqrt{2}+2\sqrt{2}$$
$$=3\sqrt{2}$$

答え　$3\sqrt{2}$

§1 平方根

26 平方根(へいほうこん)の意味を理解する

(1) 次の数の平方根を求めよ。

① 25　② $\frac{1}{9}$　③ 0.0001　④ 0

(2) 次の数を$\sqrt{\ }$を使わないで表せ。

① $\sqrt{25}$　② $-\sqrt{64}$

FOCUS 平方根の意味を考える。

解き方

(1) a の平方根とは 2 乗すると a になる数のことであり $a>0$ のとき，2 つある。

① 25 の平方根とは，2 乗すると 25 になる数のことである。したがって，5，-5

②，③も同様にして求める。

④ 2 乗すると 0 になる数は 0 なので，0 の平方根は 0

(2) x の平方根の正の方が$\sqrt{x}$，負の方が$-\sqrt{x}$である。

① $\sqrt{25}$は，25 の平方根のうちで，正の方だから，5

② $-\sqrt{64}$は 64 の平方根で負の方だから，-8

答え (1) ① ± 5　② $\pm\frac{1}{3}$　③ ± 0.01　④ 0

(2) ① 5　② -8

用語

平方根
a が正の数のとき，2 乗すると a になる数を，a の平方根という。

根号(こんごう)
a が正の数のとき，a の 2 つの平方根のうち，正の方を$\sqrt{a}$，負の方を$-\sqrt{a}$と表す。
記号$\sqrt{\ }$を根号といい，ルートと読む。

学習のPOINT 正の数 x の平方根は 2 つあり，正の方が$\sqrt{x}$，負の方が$-\sqrt{x}$である。

確認問題

48 次の数の平方根を求めよ。

(1) 36　(2) 169　(3) 400　(4) $\frac{16}{25}$

(5) 0.04　(6) 0.64　(7) 11　(8) 0.4

49 次の数を$\sqrt{\ }$を使わないで表せ。

(1) 225 の平方根　(2) $\sqrt{(0.01)^2}$　(3) $-\sqrt{100}$　(4) $\sqrt{100}$

27 平方根の大小を考える

次の各問いに答えよ。

(1) 次の各組の数の大小を，不等号を使って表せ。

① 7, $\sqrt{48}$　② 3.5, $\sqrt{13}$　③ -6, $-\sqrt{38}$

(2) $4 < \sqrt{a} < 5$ をみたす整数 a を求めよ。

FOCUS **根号をふくむ数とふくまない数の大小の比べ方を考える。**

解き方

(1) 両方とも$\sqrt{\ }$の形にして中の数を比べる。

① $7 = \sqrt{49}$で，$49 > 48$ だから

$\sqrt{49} > \sqrt{48}$

② $3.5^2 = 12.25$ より，$3.5 = \sqrt{12.25}$で，$12.25 < 13$ だから

$\sqrt{12.25} < \sqrt{13}$

③ ともに負の数であるから，絶対値が大きいほど小さい。

絶対値を考えると，$6 = \sqrt{36}$で，$36 < 38$ だから

$\sqrt{36} < \sqrt{38}$

したがって，$-\sqrt{36} > -\sqrt{38}$

(2) すべてを$\sqrt{\ }$の形に直して比べる。

$4 = \sqrt{16}$, $5 = \sqrt{25}$ だから，$4 < \sqrt{a} < 5$ は，$\sqrt{16} < \sqrt{a} < \sqrt{25}$

よって，17 から 24 までの整数が a である。（＊1）

答え (1) ① $7 > \sqrt{48}$　② $3.5 < \sqrt{13}$　③ $-6 > -\sqrt{38}$

(2) 整数 a は，17，18，19，20，21，22，23，24

ここに注意

（＊1）
不等号＜に＝がついていないので，**16** と **25** は整数 $\boldsymbol{a}$ にふくまれない。

Return

不等号 ➡2
絶対値 ➡2
根号 ➡26

学習のPOINT $\boldsymbol{a}$，$\boldsymbol{b}$ が正の数で，$\boldsymbol{a} < \boldsymbol{b}$ ならば，$\sqrt{a} < \sqrt{b}$

確認問題

50 次の各組の大小を不等号を使って表せ。

(1) 9, $\sqrt{80}$　(2) $-\sqrt{15}$, -4

(3) $\sqrt{123}$, $\sqrt{128}$, 11　(4) -3, $-\sqrt{8}$, $-\sqrt{6}$

51 $2.5 < \sqrt{a} < 3$ をみたす自然数 a は全部でいくつあるか。

52 $-9.5 < -\sqrt{a} < -9$ をみたす自然数 a は全部でいくつあるか。

28 根号(こんごう)のついた数と整数の条件について考える

$\sqrt{2a-3}$ の整数部分が3であるとき，これをみたす整数 a をすべて求めよ。

FOCUS 整数についての条件が，どのような式で表せるかを考える。

解き方

$\sqrt{2a-3}$ の整数部分が3だから，$3 \leqq \sqrt{2a-3} < 4$

と書ける。

よって，$\sqrt{9} \leqq \sqrt{2a-3} < \sqrt{16}$ だから，

$$9 \leqq 2a-3 < 16$$

式の辺々に3を加えて，

$$9+3 \leqq 2a < 16+3$$

$$12 \leqq 2a < 19$$

式の辺々を2でわって，

$$6 \leqq a < 9.5$$

これにあてはまる整数 a は，6，7，8，9

答え $a = 6,\ 7,\ 8,\ 9$

用語

整数部分

正の数Aが，

$n \leqq \mathrm{A} < n+1$

となる整数 n のことをいう。

もっとくわしく

（例）$\sqrt{13}$ の整数部分は，$3^2 < 13 < 4^2$ から，$3 < \sqrt{13} < 4$ より，3である。

学習のPOINT

・$\sqrt{x}$ の整数部分が c であるとき，
$c \leqq \sqrt{x} < c+1$ とおける。これより，$c^2 \leqq x < (c+1)^2$

・$\sqrt{\square}$ が整数であるとき，$\square$ はその整数の2乗の数である。

確認問題

53 $\sqrt{3x+1}$ の整数部分が2であるとき，これをみたす整数 x をすべて求めよ。

54 $\sqrt{33-2x}$ が整数となるような自然数 x のうち，もっとも小さい自然数を求めよ。

55 $\sqrt{22-3x}$ が整数となるような自然数 x のうち，もっとも大きい自然数を求めよ。

56 $\sqrt{84n}$ が自然数となるような自然数 n のうち，もっとも小さいものを求めよ。

57 $\sqrt{\dfrac{504}{n}}$ が自然数となるような自然数 n のうち，もっとも小さいものを求めよ。（香川県）

29 平方根のおよその値を求める

$\sqrt{5}$の値を次のようにして求めた。(　)にあてはまる数を求めよ。

$4<5<9$ より，$2<\sqrt{5}<$(　①　)

$2.2^2=4.84$，$2.3^2=$(　②　) より，$2.2^2<5<2.3^2$ だから，

$2.2<\sqrt{5}<$(　③　)

同じようにして，$\sqrt{5}$を小数第2位まで求めると(　④　)となる。

FOCUS 計算で$\sqrt{5}$の近似値を求めるには，不等号を使って平方の数と5を比べる。

解き方

$4<5<9$ より，$\sqrt{4}<\sqrt{5}<\sqrt{9}$ だから

$2<\sqrt{5}<3$ ……①

さらに，$2.2^2=4.84$，$2.3^2=5.29$ ……②　で

$2.2^2<5<2.3^2$ だから

$2.2<\sqrt{5}<2.3$ ……③

同じようにして

$2.23^2=4.9729$ (＊1)

$2.24^2=5.0176$

となり，$2.23^2<5<2.24^2$ だから

$2.23<\sqrt{5}<2.24$

したがって，$\sqrt{5}$を小数第2位まで求めると 2.23 ……④

答え　①　3　　②　5.29　　③　2.3　　④　2.23

もっとくわしく
(＊1)
この計算は電卓を用いてもよい。

Return
平方根 ➡26

学習のPOINT 平方根の値は，その平方の数がどんな小数の平方の数の間にあるかをみつけて求める。

確認問題

58 $\sqrt{7}$の値を上の例題のように，計算で小数第2位まで求めよ。

59 $\sqrt{15}$の値を上の例題のように，計算で小数第2位まで求めよ。

60 電卓を使って次の数の値を，四捨五入して小数第3位まで求めよ。

(1) $\sqrt{71}$　　(2) $\sqrt{1.35}$　　(3) $\sqrt{158}$

30 有理数・無理数

次の中から分数の形で表すことができない数を選べ。

(1) 0.3　(2) $\sqrt{\frac{25}{4}}$　(3) 0.111…　(4) $\sqrt{3}$

FOCUS **有限小数と循環小数は分数の形で表すことができる。**

解き方

(1) 0.3は有限小数である。$0.3=\frac{3}{10}$

(2) 根号があっても $\sqrt{\frac{25}{4}}=\frac{5}{2}$ のように，分数の形に直せるものもある。

(3) 0.111…は循環小数（同じ数が繰り返し出てくる）である。

$x=0.111\cdots$ とおくと

$$\begin{array}{rl} 10x &= 1.111\cdots \\ -)\quad x &= 0.111\cdots \\ \hline 9x &= 1 \end{array}$$

したがって，$x=\frac{1}{9}$

(4) $\sqrt{3}=1.732050807\cdots$は，同じ数の繰り返しがなく終わりのない小数（循環しない無限小数）である。

答え (4)

用語

有理数
整数 m，n で $\frac{m}{n}$ $(n \neq 0)$ という分数の形で表すことができるもの。

無理数
$\sqrt{2}$やπ（円周率）など，有理数でないもの。

もっとくわしく

「$\sqrt{3}$は分数$\frac{a}{b}$で表すことができる」と仮定してみる。ただし，$\frac{a}{b}$はこれ以上約分できないものとする。$\sqrt{3}=\frac{a}{b}$の両辺を2乗すると，$3=\left(\frac{a}{b}\right)^2$
右辺は約分できないので，3が整数でないことになってしまう。このようなことが起こるのは，「$\sqrt{3}$は分数で表すことができる」という仮定が誤っていたからである。よって，$\sqrt{3}$は分数で表すことができない。

学習のPOINT

分数の形で表すことのできない数を無理数，分数の形で表すことができる数を有理数という。

有限小数，循環小数は分数の形で表すことができる。

確認問題

61 次の数の中から無理数を選べ。

(1) π（円周率）　(2) 0.131313…　(3) $\sqrt{\frac{81}{196}}$　(4) 1.41

§2 平方根の計算

31 平方根の乗除の計算をする（1）

(1) 次の根号の外にある数を，根号の中に入れよ。

① $5\sqrt{3}$　② $\dfrac{\sqrt{18}}{3}$

(2) 次の数を $a\sqrt{b}$ の形に変形せよ。答えの根号の中は，できるだけ簡単な数にすること。

① $\sqrt{28}$　② $\sqrt{\dfrac{5}{16}}$

FOCUS $\sqrt{a^2}=a$，$\sqrt{a}\times\sqrt{b}=\sqrt{a\times b}$，$\dfrac{\sqrt{a}}{\sqrt{b}}=\sqrt{\dfrac{a}{b}}$ を利用する。

解き方

(1) ① $5=\sqrt{5^2}$ だから，$5\sqrt{3}=\sqrt{5^2}\times\sqrt{3}=\sqrt{5^2\times3}=\sqrt{75}$

② $3=\sqrt{3^2}$ だから，$\dfrac{\sqrt{18}}{3}=\dfrac{\sqrt{18}}{\sqrt{3^2}}=\sqrt{\dfrac{18}{3^2}}=\sqrt{\dfrac{18}{9}}=\sqrt{2}$

(2) ① $\sqrt{28}=\sqrt{4\times7}=\sqrt{2^2\times7}=\sqrt{2^2}\times\sqrt{7}=2\sqrt{7}$

② $\sqrt{\dfrac{5}{16}}=\sqrt{\dfrac{5}{4^2}}=\dfrac{\sqrt{5}}{\sqrt{4^2}}=\dfrac{\sqrt{5}}{4}$

答え (1) ① $\sqrt{75}$　② $\sqrt{2}$　(2) ① $2\sqrt{7}$　② $\dfrac{\sqrt{5}}{4}$

もっとくわしく

根号の中の数を素因数分解する。

$$\begin{array}{r|l} 2 & 28 \\ 2 & 14 \\ & 7 \end{array}$$

Return

素因数分解 ➡17

学習のPOINT

根号の外にある数を根号の中に入れると２乗される。

$a\sqrt{b}=\sqrt{a^2b}$

根号の中にある２乗した数は根号の外に出せる。

$\sqrt{a^2b}=a\sqrt{b}$

確認問題

62 次の根号の外にある数を，根号の中に入れよ。

(1) $3\sqrt{7}$　(2) $-3\sqrt{5}$　(3) $\dfrac{\sqrt{6}}{5}$

63 次の数を $a\sqrt{b}$ の形に変形せよ。答えの根号の中は，できるだけ簡単な数にすること。

(1) $-\sqrt{98}$　(2) $-\sqrt{0.95}$　(3) $\sqrt{180}$

32 平方根の乗除の計算をする（2）

次の計算をせよ。

(1) $\sqrt{12} \times \sqrt{28}$　　(2) $\sqrt{48} \div \sqrt{2} \times \sqrt{5}$

FOCUS **$\sqrt{a} \times \sqrt{b} = \sqrt{a \times b}$, $\dfrac{\sqrt{a}}{\sqrt{b}} = \sqrt{\dfrac{a}{b}}$を利用する。**

乗法では，根号の中の数を簡単にしてから計算するとよい。

Return
$\sqrt{a^2b} = a\sqrt{b}$の変形 ➡31
素因数分解 ➡17

解き方

(1) $\sqrt{12} \times \sqrt{28} = 2\sqrt{3} \times 2\sqrt{7}$
$= 2 \times 2 \times \sqrt{3} \times \sqrt{7}$
$= 4\sqrt{21}$

←$\sqrt{12} = 2\sqrt{3}$, $\sqrt{28} = 2\sqrt{7}$と根号の中の数を簡単にすることで楽に計算できる

別解

$\sqrt{12} = 2\sqrt{3}$, $\sqrt{28} = 2\sqrt{7}$と根号の中の数を簡単にしないで計算する。

$\sqrt{12} \times \sqrt{28} = \sqrt{12 \times 28}$
$= \sqrt{336}$
$= \sqrt{2^4 \times 3 \times 7}$　←素因数分解
$= 2^2 \times \sqrt{3 \times 7}$
$= 4\sqrt{21}$

(2) $\sqrt{48} \div \sqrt{2} \times \sqrt{5} = \dfrac{\sqrt{48} \times \sqrt{5}}{\sqrt{2}}$
$= \sqrt{\dfrac{48 \times 5}{2}}$
$= \sqrt{24 \times 5}$
$= \sqrt{2^2 \times 6 \times 5}$
$= 2\sqrt{30}$

答え (1) $4\sqrt{21}$　(2) $2\sqrt{30}$

学習のPOINT 根号をふくむ乗法の計算では，根号の中を簡単にしてから計算する。

確認問題

64 次の計算をせよ。

(1) $\sqrt{40} \times \sqrt{12}$　　(2) $\sqrt{84} \div (-\sqrt{12}) \div \sqrt{28}$

33 平方根の近似値を求める

$\sqrt{3}=1.732$，$\sqrt{30}=5.477$ として，次の値を求めよ。

(1) $\sqrt{300}$　(2) $\sqrt{300000}$　(3) $\sqrt{0.03}$

FOCUS **根号の外に 10，100，$\frac{1}{10}$，$\frac{1}{100}$，… を出して，$\sqrt{3}$または$\sqrt{30}$の値を利用する。**

もっとくわしく

$\sqrt{3}$と$\sqrt{30}$の値がわかっているので，根号の中の数を3か30にするように式変形していく。

Return

平方根の乗除 ➡31
平方根 ➡26
根号 ➡26

解き方

(1) $\sqrt{300}=\sqrt{3}\times\sqrt{100}$
$=\sqrt{3}\times 10$
$=1.732\times 10$
$=17.32$

(2) $\sqrt{300000}=\sqrt{30}\times\sqrt{10000}$
$=\sqrt{30}\times 100$
$=5.477\times 100$
$=547.7$

(3) $\sqrt{0.03}=\sqrt{3\times 0.01}$
$=\sqrt{3\times\frac{1}{100}}$
$=\sqrt{3}\times\sqrt{\frac{1}{100}}=\sqrt{3}\times\frac{1}{10}$
$=1.732\times\frac{1}{10}=0.1732$

答え (1) 17.32　(2) 547.7　(3) 0.1732

学習のPOINT 根号の中の数の小数点の位置が 2 けたずれると，その数の平方根の小数点の位置は同じ方向に 1 けたずれる。

確認問題

65 **$\sqrt{5}=2.236$，$\sqrt{50}=7.071$ として，次の値を求めよ。**

(1) $\sqrt{500}$　(2) $\sqrt{20}$
(3) $\sqrt{500000}$　(4) $\sqrt{0.5}$
(5) $\sqrt{450}$　(6) $\sqrt{\frac{45}{4}}$

34 平方根の加減の計算をする

次の計算をせよ。

(1) $2\sqrt{3}+3\sqrt{2}-6\sqrt{3}+4\sqrt{2}$

(2) $\sqrt{48}-\sqrt{27}+\sqrt{75}$

FOCUS **根号の中が同じ数の場合は，文字式の同類項をまとめるのと同様にして簡単にする。**

解き方

(1) $2\sqrt{3}+3\sqrt{2}-6\sqrt{3}+4\sqrt{2}$
$=(2-6)\sqrt{3}+(3+4)\sqrt{2}$
$=-4\sqrt{3}+7\sqrt{2}$

(2) $\sqrt{48}-\sqrt{27}+\sqrt{75}$
$=4\sqrt{3}-3\sqrt{3}+5\sqrt{3}$
$=(4-3+5)\sqrt{3}$
$=6\sqrt{3}$

答え (1) $-4\sqrt{3}+7\sqrt{2}$ (2) $6\sqrt{3}$

ここに注意

(2) 一見根号の中がちがう数であっても，根号の中を簡単な数に直すと (1) と同じ考え方で計算できる。

もっとくわしく

平方根の計算は以下のようにできる。

$a\sqrt{m}+b\sqrt{m}$
$=(a+b)\sqrt{m}$
$(m>0)$

Go to

同類項 ➡ 式編 16

学習のPOINT 根号の中が同じ数をまとめる。
$a\sqrt{m}+b\sqrt{m}=(a+b)\sqrt{m}\ (m>0)$

確認問題

66 次の計算をせよ。

(1) $5\sqrt{5}+\sqrt{6}-3\sqrt{5}-4\sqrt{6}$

(2) $\sqrt{32}-\sqrt{50}+2\sqrt{2}$

(3) $\sqrt{28}-7\sqrt{7}+\sqrt{63}$

(4) $2\sqrt{12}-3\sqrt{8}-\sqrt{75}+\sqrt{72}$

(5) $2\sqrt{27}+\sqrt{54}-4\sqrt{3}-\dfrac{\sqrt{6}}{2}$

(6) $3\sqrt{18}+2\sqrt{20}+\dfrac{\sqrt{2}}{2}-\dfrac{5\sqrt{5}}{3}$

35　いろいろな平方根の計算をする

次の計算をせよ。

(1) $-\sqrt{48}-2\sqrt{2}\times 2\sqrt{6}$　　(2) $\sqrt{7}\times\sqrt{21}-\sqrt{24}\div\sqrt{8}$

(3) $(\sqrt{5}-\sqrt{3})^2$

FOCUS **根号をふくむ式の四則計算では，計算の順に注意する。**

解き方

(1) $-\sqrt{48}-2\sqrt{2}\times 2\sqrt{6}$

$=-4\sqrt{3}-2\times 2\times\sqrt{12}$ ←乗法を先に計算する

$=-4\sqrt{3}-2\times 2\times 2\sqrt{3}$

$=(-4-8)\sqrt{3}$

$=-12\sqrt{3}$

(2) $\sqrt{7}\times\sqrt{21}-\sqrt{24}\div\sqrt{8}$ ←乗法・除法を先に計算する

$=\sqrt{7\times 7\times 3}-\sqrt{\dfrac{24}{8}}$

$=7\sqrt{3}-\sqrt{3}$

$=(7-1)\sqrt{3}$

$=6\sqrt{3}$

(3) $(\sqrt{5}-\sqrt{3})^2$

$=(\sqrt{5})^2-2\times\sqrt{5}\times\sqrt{3}+(\sqrt{3})^2$ ←乗法公式③を利用して先にかっこをはずす $(x-y)^2=x^2-2xy+y^2$

$=5-2\sqrt{15}+3$

$=8-2\sqrt{15}$

答え (1) $-12\sqrt{3}$　(2) $6\sqrt{3}$　(3) $8-2\sqrt{15}$

Return
四則の混じった計算 ➡10
平方根の乗除 ➡32
平方根の加減 ➡34

Go to
乗法公式③
➡ 式編 30

学習のPOINT
根号をふくむ式の四則計算
①かっこの中を計算して，かっこをはずす。
②乗除の計算をする。
③加減の計算をする。

確認問題

67 次の計算をせよ。

(1) $\sqrt{8}\div\sqrt{2}\times\sqrt{12}-\sqrt{27}$　　(2) $(\sqrt{7}+\sqrt{2})^2$

(3) $(\sqrt{3}+3)(\sqrt{3}-7)$

数編
第1章 正負の数
第2章 数の性質
第3章 平方根

36 分母の有理化をする

次の式の分母を有理化せよ。

(1) $\dfrac{5}{\sqrt{3}}$　(2) $\dfrac{\sqrt{2}}{\sqrt{3}}$　(3) $\dfrac{4}{\sqrt{18}}$　(4) $\dfrac{1}{2-\sqrt{3}}$

FOCUS 分母に根号がなくなるように，分母と分子に同じ数をかける。

解き方

(1) $\dfrac{5}{\sqrt{3}}=\dfrac{5\times\sqrt{3}}{\sqrt{3}\times\sqrt{3}}=\dfrac{5\sqrt{3}}{3}$

(2) $\dfrac{\sqrt{2}}{\sqrt{3}}=\dfrac{\sqrt{2}\times\sqrt{3}}{\sqrt{3}\times\sqrt{3}}=\dfrac{\sqrt{6}}{3}$

(3) $\dfrac{4}{\sqrt{18}}=\dfrac{4}{3\sqrt{2}}=\dfrac{4\times\sqrt{2}}{3\sqrt{2}\times\sqrt{2}}=\dfrac{4\sqrt{2}}{6}=\dfrac{2\sqrt{2}}{3}$

(4) 乗法公式を利用して，有理化することができる。

$$\frac{1}{2-\sqrt{3}}=\frac{2+\sqrt{3}}{(2-\sqrt{3})(2+\sqrt{3})}=\frac{2+\sqrt{3}}{4-3}=2+\sqrt{3}$$

答え (1) $\dfrac{5\sqrt{3}}{3}$　(2) $\dfrac{\sqrt{6}}{3}$　(3) $\dfrac{2\sqrt{2}}{3}$　(4) $2+\sqrt{3}$

用語

有理化
分母に根号がある数は，分母と分子に同じ数をかけて，分母に根号がないかたちに変形できる。これを分母を有理化するという。

もっとくわしく

(4) $\dfrac{1}{2-\sqrt{3}}$は，分母と同じ数の $2-\sqrt{3}$ を分母と分子にかけても，

$$\frac{1}{2-\sqrt{3}}=\frac{2-\sqrt{3}}{(2-\sqrt{3})(2-\sqrt{3})}=\frac{2-\sqrt{3}}{7-4\sqrt{3}}$$

となり，分母に根号がなくならず有理化できない。しかし，乗法公式

$(x+y)(x-y)=x^2-y^2$

を利用すれば，分母は

$(2-\sqrt{3})(2+\sqrt{3})=4-3=1$ となり，根号をなくすことができる。

学習のPOINT 分母の有理化は，分母，分子に同じ数をかける。

確認問題

68 次の式の分母を有理化せよ。

(1) $\dfrac{7}{\sqrt{5}}$　(2) $\dfrac{\sqrt{3}}{\sqrt{8}}$

(3) $\dfrac{3}{\sqrt{24}}$　(4) $\dfrac{1}{3+\sqrt{2}}$

37 平方根をふくむ式の値を求める

$x=3+\sqrt{6}$，$y=3-\sqrt{6}$ のとき，次の式の値を求めよ。

(1) x^2-6x　　(2) x^2+y^2

FOCUS x と y を直接式に代入しても計算できる。しかし，因数分解や式の変形によりさらに簡単に計算できる場合がある。

解き方

(1) $x^2-6x=(3+\sqrt{6})^2-6(3+\sqrt{6})$ （＊1）

$=9+6\sqrt{6}+6-18-6\sqrt{6}$

$=-3$

別解 $x^2-6x=x(x-6)$ （＊1）

$=(3+\sqrt{6})\{(3+\sqrt{6})-6\}$

$=(\sqrt{6}+3)(\sqrt{6}-3)$

$=(\sqrt{6})^2-3^2$

$=-3$

(2) $x^2+y^2=(3+\sqrt{6})^2+(3-\sqrt{6})^2$

$=9+6\sqrt{6}+6+9-6\sqrt{6}+6$

$=30$

別解 $x+y=6$，$xy=(3+\sqrt{6})(3-\sqrt{6})=3$ を利用して

$x^2+y^2=(x+y)^2-2xy$ （＊2）

$=6^2-2\times3$

$=36-6$

$=30$

答え (1) -3　　(2) 30

もっとくわしく

（＊1）
x^2-6x にそのまま代入しても，$x(x-6)$ と変形した式に代入しても答えは同じになる。

（＊2）
乗法公式
$(x+y)^2$
$=x^2+2xy+y^2$
を利用して式を変形すると，代入してからの計算が簡単になる。

Go to

因数分解
➡ 式編 33
乗法公式②③④
➡ 式編 30，31

学習のPOINT 式を因数分解したり，うまく変形したりすると，式の値が簡単に求められる場合がある。

確認問題

69 $x=\sqrt{3}+1$ のとき，次の式の値を求めよ。

(1) x^2-2x+1　　(2) x^2-6x+5

70 $x=\sqrt{2}+\sqrt{3}$，$y=\sqrt{2}-\sqrt{3}$ のとき，次の式の値を求めよ。

(1) $x^2-2xy+y^2$　　(2) x^2-y^2

38 整数部分，小数部分に分けて式の値を考える

$5-\sqrt{3}$の整数部分を x，小数部分を y とするとき，次の式の値を求めよ。

(1) x および y の値　　(2) x^2+y^2-xy

FOCUS **平方根の近似値を用いて，整数と平方根の混じった式を整数部分と小数部分に分ける。**

解き方

(1) $\sqrt{3}=1.7320508$ ……だから，
$5-\sqrt{3}=3+(2-\sqrt{3})$ と変形すると，$5-\sqrt{3}$ の整数部分 x が 3，小数部分 y が $\mathbf{2-\sqrt{3}}$ である。

別解　$1<\sqrt{3}<2$ より，各項に -1 をかけると
$-2<-\sqrt{3}<-1$
各項に 5 を加えて $5-2<5-\sqrt{3}<5-1$
$3<5-\sqrt{3}<4$　　よって，整数部分は 3
小数部分は $(5-\sqrt{3})-3=2-\sqrt{3}$ である。

(2) (1) より，$xy=3(2-\sqrt{3})=6-3\sqrt{3}$
また，$x+y=5-\sqrt{3}$ だから
x^2+y^2-xy
$=\boldsymbol{(x+y)^2-3xy}$
$=(5-\sqrt{3})^2-3(6-3\sqrt{3})$
$=25-10\sqrt{3}+3-18+9\sqrt{3}$
$=10-\sqrt{3}$

答え　(1) $x=3$，$y=2-\sqrt{3}$　　(2) $10-\sqrt{3}$

用語

小数部分
正の数 A が，
$n \leqq A < n+1$
となる整数 n のことを整数部分といい，$A-n$ のことを小数部分という。

Return

整数部分 ➡28

Go to

乗法公式②
➡ 式編 30

学習の POINT　あたえられた根号をふくむ式をもとにして，まず整数部分の値を求める。整数部分と小数部分の和がもとの式である。

確認問題

71 $3+\sqrt{2}$ の整数部分を x，小数部分を y とするとき，次の式の値を求めよ。

(1) x および y の値　　(2) $x^2+8xy+16y^2$

72 $\sqrt{20}$ の整数部分を x，小数部分を y とするとき，次の式の値を求めよ。

(1) x および y の値　　(2) x^2+y^2 の値

39　計算によって平方根を求める(開平法)　発展

計算によって次の数の平方根を求めよ。

(1) 3364　　(2) 2.89

FOCUS　開平法を用いて，平方根を求める。

解き方

(1) ① 3364を2けたずつ区切り，まず33からひくことができる最大の平方の数を調べる。その値(あたい)は$5^2 = 25$であるから，この5を下の㋐，㋑，㋒に，25を㋓のところに書く。

② 次に33から25をひき，次の2けた64をおろして864を得る。これを㋔とする。

③ ㋐，㋑を加えて㋕とする。㋖と㋗は同じ数で，㋕と㋖に並ぶ数(この場合108)に㋗をかけて864からひける最大の数になるようにする。
$108 \times 8 = 864$だから，この積を㋘に書き㋔から㋘をひき，差を㋙とする。そして㋖にかいた数を㋚に書く。㋙が0なので計算は終わり，$\sqrt{3364}$は㋒と㋚を並べた58となる。

(1)

		5㋒	8㋚
5㋐		$\sqrt{33}$	64
5㋑		25㋓	
10㋕	8㋖	8	64㋔
	8㋗	8	64㋘
			0㋙

(2)

		1.	7
1		$\sqrt{2.}$	89
1		1	
2	7	1	89
	7	1	89
			0

答え　(1) ± 58　　(2) ± 1.7

学習のPOINT　計算の残りが0となるときは，ひらき切れたという。
ひらき切れないときは，小数点以下必要なところまでこの計算を続ける。

確認問題

73　例題の方法を用いて次の数の平方根を求めよ。

(1) 2116　　(2) 5476

(3) 46.24　　(4) 13.3225

章末問題

解答 ➡p.65

22 $1.8 < \sqrt{x} < 2.5$ にあてはまる整数 x をすべて求めよ。

23 $\sqrt{7} = 2.646$, $\sqrt{70} = 8.367$ のとき，次の式の値を求めよ。

(1) $\sqrt{7000}$　(2) $\sqrt{0.007}$　(3) $\sqrt{175}$

24 次の計算をせよ。

(1) $\sqrt{18} + \sqrt{32} - \sqrt{72}$　(2) $(\sqrt{5} + 3\sqrt{2})(\sqrt{5} - 7\sqrt{2})$

(3) $\dfrac{\sqrt{8} - 2\sqrt{32} + \sqrt{50}}{\sqrt{6}}$　(4) $(\sqrt{2} - \sqrt{3})^2 - (\sqrt{2} + \sqrt{12})^2$

25 $\sqrt{2} = 1.4142$ のとき，面積が $200\mathrm{m}^2$ の正方形の土地の 1 辺はおよそ何 m か。四捨五入して小数第 2 位まで求めよ。

26 次の式の値を求めよ。

(1) $x = \sqrt{3}$, $y = \sqrt{2}$ のとき，
$(x + y)^2 - (x - y)^2$ の値　(茨城県)

(2) $x = \sqrt{3} + \sqrt{2}$, $y = \sqrt{3} - \sqrt{2}$ のとき，
$\dfrac{y}{x} - \dfrac{x}{y}$ の値　(埼玉県)

27 $1.7 < \sqrt{3} < 1.8$ であることがわかっている。この $\sqrt{3}$ の小数部分を p とすると，$\sqrt{75}$ の小数部分は p を用いてどう表されるか。　(立命館高)

28 $\sqrt{n^2+100}$ が自然数となるような自然数 n を求めよ。(修道高)

思考力

▼弐編

数学的活用

1年生で学ぶ式の世界

いろいろな数量を文字を使って表す方法

小学校では，いろいろな数量を求めるために式をつくり，計算しました。
中学1年生では，いろいろな数量を文字を使って表す方法を勉強します。

照明の傘づくり

右の図のような照明があります。この照明の傘は，六角形を重ね合わせた形になっています。1段ごとに，6本の木片が必要です。あまり重くなりすぎると危険なため，全部で100本までしか使うことができません。

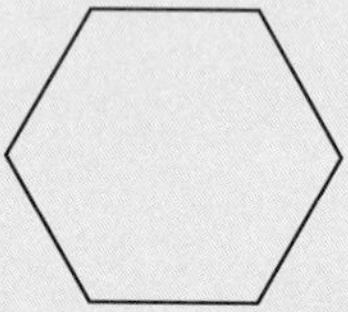

小学校の復習

今日は5段目までを作りたい

5段目までを作るには何本の木片が必要ですか。

解答　1段ごとに6本必要なので，

$6 \times 5 = 30$

答え　30本

5段目まで作り，あと2段増やすと，全部で何本使うことになりますか。

解答　$30 + 6 \times 2 = 42$

答え　42本

1 年生

全部で何本必要か

>>> P.80　文字と式

5段目から，あとx段増やすと，全部で何本使うことになるかを式で表しなさい。

解答

1段増やすと，$30+6$
2段増やすと，$30+6\times 2$
3段増やすと，$30+6\times 3$
⋮
x 段増やすと，$30+6\times x$
答え　$(30+6x)$本

段の数と合計本数の関係を知りたい

>>> P.83　文字と式

5段目から，あとx段増やしたときに使う木片の合計本数Sを求める式をつくりなさい。

解答

$S=30+6\times x=30+6x$
答え　$S=30+6x$

第1章 文字と式 学習内容ダイジェスト

■バンドウイルカの頭数

日本では，伝統的にイルカの捕獲が行われていました。1993年に，国は，イルカの種類ごとに捕獲が許される頭数を定めました。例えば，その当時，日本の沿岸には，36000頭のバンドウイルカが生息しているとして，年間1100頭の捕獲が許されました。イルカの頭数の変化について考えましょう。

文字を使った式 ⇒P.80

文字を使って式をつくることを学びます。

例 ゆうこさんは，毎年1100頭のバンドウイルカを捕獲し，それ以外に頭数は変化しないと考えました。このとき，n 年後の頭数を式で表しましょう。

解説 $36000 - 1100 \times n$

答え $(36000 - 1100 \times n)$頭

数量を文字で表す ⇒P.83

数量を文字式で表すことを学びます。

例 まみさんは，バンドウイルカは，毎年5000頭が生まれ，1000頭が自然死すると考えました。毎年1100頭のバンドウイルカを捕獲し続けるとき，x 年後の頭数を求めましょう。

解説 1年間に，

$$5000 - 1000 - 1100 = 2900$$

より，2900頭増える。

よって，x 年後までに $2900x$ 頭増えることになる。

よって，x 年後の頭数は，

$(36000 + 2900x)$頭

答え $(36000 + 2900x)$頭

代入（だいにゅう）と式の値（あたい）

⇒P.86

文字式の文字に値を代入することにより，いろいろな場合の式の値を求めることを学びます。

例 ななこさんは，バンドウイルカの頭数が毎年同じ割合だけ増えていくと考えました。毎年 a 倍になっていくとするとき，5 年後の頭数を求めましょう。また，その式をもとに，毎年 1.1 倍になるときの 5 年後の頭数を求めましょう。

解説 1 年後は，　$36000 \times a = 36000a$（頭）
2 年後は，$(36000a) \times a = 36000a^2$（頭）
3 年後は，$(36000a^2) \times a = 36000a^3$（頭）
4 年後は，$(36000a^3) \times a = 36000a^4$（頭）
5 年後は，$(36000a^4) \times a = 36000a^5$（頭）
である。

答え　$36000a^5$ 頭

この式に，$a = 1.1$ を代入して

$$36000 \times 1.1 \times 1.1 \times 1.1 \times 1.1 \times 1.1 = 57978.36$$

答え　およそ 57978 頭

1 次式の計算

⇒P.88

文字式で表された式を簡単にする方法を学びます。

例「数量を文字で表す」の例のまみさんの考え方で，x 年後までに生まれる頭数，自然死する頭数，捕獲される頭数をそれぞれ文字式で表し，それを利用して x 年後の頭数を求めましょう。

解説 x 年後までに生まれるのは $5000x$ 頭，自然死するのが $1000x$ 頭，捕獲されるのが $1100x$ 頭なので，x 年後の頭数は

$$36000 + 5000x - 1000x - 1100x$$
$$= 36000 + (5000 - 1000 - 1100)x$$
$$= 36000 + 2900x$$

答え　$(36000 + 2900x)$頭

§ 1 文字を使った式

1 文字を使った式で表す

次の数量を表す式を書け。

(1) 1 辺の長さが $a$cm の正方形の周囲の長さ

(2) 1 個 a 円のケーキを 6 個買い，50 円の箱に入れたときの代金

(3) x の 4 倍から y の 2 倍をひいた数

(4) 十の位の数が x で，一の位の数が y である 2 けたの数

FOCUS **文字を数のように扱う。**

解き方

(1) (正方形の周囲の長さ) = **(1 辺の長さ) × 4**

よって $(a \times 4)$cm (＊ 1)

(2) (代金) = **(ケーキ 1 個の値段) × (個数) + (箱の値段)**

よって $(a \times 6 + 50)$円

(3) $x \times 4 - y \times 2$

(4) (2 けたの数) = **(十の位の数) × 10 + (一の位の数)**

よって $x \times 10 + y$

答え (1) $(a \times 4)$cm (2) $(a \times 6 + 50)$円

(3) $x \times 4 - y \times 2$ (4) $x \times 10 + y$

用語

文字式
文字を使った式

ここに注意

(＊ 1)
単位があるときは$(\boldsymbol{a} \times 4)$**cm** のように( )をつける。

学習の POINT はじめに言葉の式で表し，そのあとで文字におきかえるとよい。

確認問題

74 次の数量を表す式を書け。

(1) たての長さが 5cm，横の長さが $a$cm の長方形の面積

(2) 20cm のひもから，4cm のひもを x 本切り取ったときの残りの長さ

(3) 1 個 350 円のケーキを 3 個と 1 個 200 円のプリンを b 個買い，5000 円支払ったときのおつり

(4) あるテストで，A 組 34 人の平均点が a 点，B 組 35 人の平均点が b 点であったときの，A 組と B 組全体の平均点

2 文字を使った式の積を表す

次の式を×の記号を使わないで表せ。

(1) $y\times(-6)\times x$　(2) $(-1)\times x$　(3) $\frac{2}{3}\times x$

(4) $(x-y)\times 7$　(5) $x\times x\times y\times y\times y$　(6) $(a-b)\times(a-b)\times(a-b)$

FOCUS 文字を使った式の表し方のきまりを考える。

解き方

(1) $y\times(-6)\times x=-6xy$ (＊1)

(2) $(-1)\times x=-1x=-x$ (＊2)

(3) $\frac{2}{3}\times x=\frac{2}{3}x$

(4) $(x-y)\times 7=7(x-y)$ (＊3)

(5) $x\times x\times y\times y\times y=x^2y^3$ (＊4)

(6) $(a-b)\times(a-b)\times(a-b)=(a-b)^3$ (＊5)

答え (1) $-6xy$　(2) $-x$　(3) $\frac{2}{3}x$

(4) $7(x-y)$　(5) x^2y^3　(6) $(a-b)^3$

ここに注意

(＊1)
×をはぶき，数字は文字の前に書く。文字はふつう，アルファベット順に並べる。

(＊2)
-1 と文字との積は 1 をはぶく。

(＊3)
(　)のついた式は，(　)の前に数字を書く。

(＊4)
同じ文字どうしの積をそれぞれ累乗の形で書く。

(＊5)
同じ式の積は(　)を使って累乗の形で書く。

Return

文字式 ➡ 1
累乗 ➡ 数編 7

学習のPOINT

- ×の記号をはぶく。
- 数字は文字の前に書く。
- 同じ文字の積は累乗(るいじょう)の形で書く。

確認問題

75 次の式を×の記号を使わないで表せ。

(1) $5\times x$　(2) $y\times(-4)$　(3) $b\times(-2)\times a$

(4) $(-1)\times a$　(5) $\frac{1}{2}\times a\times(-b)$　(6) $(b-a)\times 3$

(7) $x\times x$　(8) $a\times a\times a$　(9) $(-x)\times y\times x$

(10) $a\times a\times b\times(-c)\times(-c)$　(11) $(-x)\times x\times 4\times(-x)\times(-x)$

(12) $x\times(x+y)\times y\times 3\times(x+y)$

3 文字を使った式の商（しょう）を表す

次の式を×や÷の記号を使わないで表せ。

(1) $a \div 4$　(2) $(a+b) \div 3$

(3) $x \times y \div 6$　(4) $x \div y \times 5$

(5) $a \div b \div c$

FOCUS ÷の記号を使わない表し方を考える。

解き方

(1) $a \div 4 = a \times \frac{1}{4} = \frac{a}{4}$ （＊1）

(2) $(a+b) \div 3$

$= (a+b) \times \frac{1}{3} = \frac{a+b}{3}$

(3) $x \times y \div 6$

$= x \times y \times \frac{1}{6} = \frac{xy}{6}$ （＊2）

(4) $x \div y \times 5 = x \times \frac{1}{y} \times 5$

$= 5 \times x \times \frac{1}{y}$

$= 5x \times \frac{1}{y} = \frac{5x}{y}$

(5) $a \div b \div c = a \times \frac{1}{b} \times \frac{1}{c} = \frac{a}{bc}$

答え (1) $\frac{a}{4}$ または $\frac{1}{4}a$ （＊3）

(2) $\frac{a+b}{3}$ または $\frac{1}{3}(a+b)$

(3) $\frac{xy}{6}$ または $\frac{1}{6}xy$

(4) $\frac{5x}{y}$　(5) $\frac{a}{bc}$

ここに注意

（＊1）
除法（じょほう）は逆数（ぎゃくすう）にしてかける。
$a \div b = a \times \frac{1}{b} = \frac{a}{b}$

（＊2）
×の記号はそのままはぶき，÷の記号は乗法にしてからはぶく。

（＊3）
どちらの表し方でもよい。2つの式が同じことを表していることは理解しておく。

Return

文字式の表し方 ➡2
乗法 ➡ 数編 6
除法 ➡ 数編 8
逆数 ➡ 数編 8

学習のPOINT ÷の記号は乗法（じょうほう）にしてはぶく。

$$a \div b = a \times \frac{1}{b} = \frac{a}{b}$$

確認問題

76 次の式を×や÷の記号を使わないで表せ。

(1) $x \div 8$　(2) $(2a-4b) \div (-6)$　(3) $x \div (-4) \times y$

(4) $-5x \div y \times (-2)$　(5) $a \div b \times c$

§2　数量を文字で表す

4　面積・体積を求める公式を文字で表す

次の公式を文字式で表せ。

(1) 1辺 $x$cm の立方体の体積 Vcm^3

(2) 縦 $a$cm，横 $b$cm，高さ $c$cm の直方体の表面積 Scm^2

(3) 半径 $r$cm の円の円周の長さ ℓcm

(4) 底面の円の半径 $r$cm，高さ $h$cm の円錐の体積 Vcm^3

FOCUS　**面積や体積を求める公式を文字式で表す。**

(1)（立方体の体積）=（1辺）×（1辺）×（1辺）

(2)（直方体の表面積）=（側面積）+（底面積）× 2

(3)（円周）= 2 ×（半径）×（円周率）

(4)（円錐の体積）=（底面積）×（高さ）× $\frac{1}{3}$

解き方

(1) $V = x \times x \times x = x^3$

(2) $S = c \times (a + b + a + b) + 2 \times (a \times b)$

$\quad = 2(ab + bc + ca)$（または $2ab + 2bc + 2ca$）

(3) $\ell = 2 \times r \times \pi = 2\pi r$

(4) $V = r \times r \times \pi \times h \times \frac{1}{3} = \frac{1}{3}\pi r^2 h$

答え　(1) $V = x^3$

(2) $S = 2(ab + bc + ca)$ または $S = 2ab + 2bc + 2ca$

(3) $\ell = 2\pi r$　　(4) $V = \frac{1}{3}\pi r^2 h$

学習のPOINT　面積・体積を求める公式に文字を当てはめる。

用語

π（パイ）

円周率を表す。π は決まった1つの数を表す文字だから，積のなかでは，数のあと，その他の文字の前に書く。

もっとくわしく

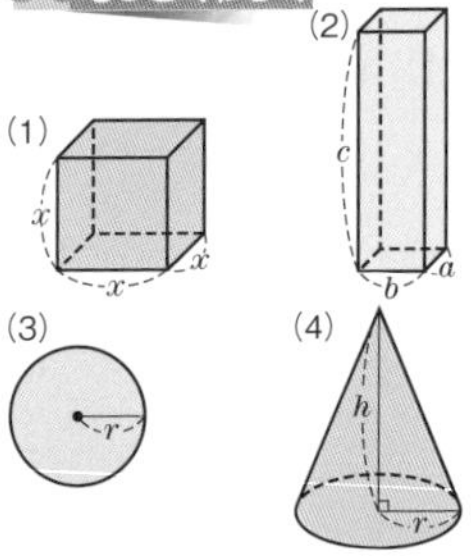

Return

文字式の表し方 ➡2

確認問題

77 次の公式を文字式で表せ。

(1) 底辺 $a$cm，高さ $h$cm の三角形の面積 Scm^2

(2) 縦 $a$cm，横 $b$cm の長方形の周囲の長さ ℓcm

(3) 縦 $a$cm，横 $b$cm，高さ $c$cm の直方体の体積 Vcm^3

5 複雑な数量を文字で表す

次の数量を文字式で表せ。

(1) a 時間 b 分を時間の単位で表す

(2) 時速 $a$km で b 分歩いたときの道のり

(3) a% の食塩水 bg の中にふくまれる食塩の重さ

(4) 定価 x 円の T シャツを y 割引きで買ったときの値段

FOCUS 時間と分などの単位に注意して式に表す。

解き方

(1) b 分は $\frac{b}{60}$ 時間。よって $\left(a+\frac{b}{60}\right)$ 時間 （＊1）

(2) (道のり)＝(速さ)×(時間)より

$$a\times\frac{b}{60}=\frac{ab}{60}\ (\text{km})$$

(3) (食塩の重さ)＝(食塩水の重さ)×(濃度)

a% は $\frac{a}{100}$ なので　$b\times\frac{a}{100}=\frac{ab}{100}$ (g) （＊2）

(4) y 割とは全体の $\frac{y}{10}$ なので，y 割引きは $1-\frac{y}{10}$ と表す。（＊3）

よって　$x\times\left(1-\frac{y}{10}\right)=x\left(1-\frac{y}{10}\right)$ (円) （＊4）

ここに注意

（＊1）
単位を「分」にすると a 時間は $60a$ 分。

（＊2）
$1\%=\frac{1}{100}$

（＊3）
1 割＝$\frac{1}{10}$

（＊4）
$x-\frac{xy}{10}$ でもよい。

答え (1) $\left(a+\frac{b}{60}\right)$ 時間　(2) $\frac{ab}{60}$ km　(3) $\frac{ab}{100}$ g　(4) $x\left(1-\frac{y}{10}\right)$ 円

学習の POINT a 時間＝$60a$ 分，a 分＝$\frac{a}{60}$ 時間，a 割は $\frac{a}{10}$，a% は $\frac{a}{100}$

確認問題

78 次の数量を文字式で表せ。

(1) 1 本 a 円の鉛筆 5 ダースと，3 冊 b 円のノートを 60 冊買うときの合計の代金

(2) 分速 vm で 10km の道のりを走るときにかかる時間

(3) a% の食塩水 100g と b% の食塩水 200g を混ぜてできる食塩水の濃度

(4) あるテストで，1 組 30 人の平均点が a 点，2 組 32 人の平均点が b 点であったときの 1，2 組合わせた全体の平均点

6　式を読み取る

家から公園までは x km，公園から学校までは 8 km の距離がある。たかしさんが家から公園まで歩くと 3 時間かかり，公園で 20 分休んでから学校まで走ると y 時間かかった。このとき，次の式が何を表しているか答えよ。

(1) $x + 8$　　(2) $\dfrac{x}{3}$　　(3) $y + \dfrac{10}{3}$

FOCUS　**与えられている情報を図や表を使って表し，正確に理解する。**

解き方

問題文の内容を図で表すと，

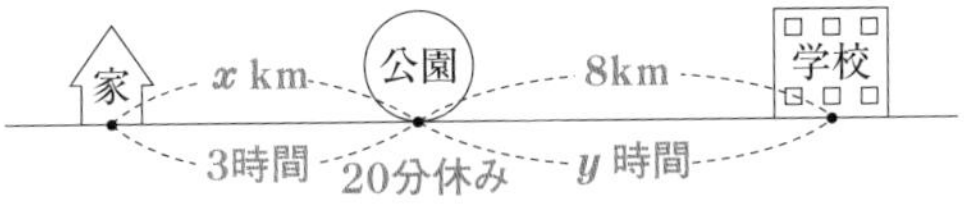

(3) $3 + \dfrac{20}{60} + y = \dfrac{60 \times 3 + 20}{60} + y = y + \dfrac{10}{3}$

答え　(1) $x + 8$ は，たかしさんが家から公園まで行き，そこまでの距離に加えて，そのあと公園から学校まで移動した距離をあわせたもの。（＊1）

(2) たかしさんが家から公園まで歩いたときの時速。

(3) たかしさんが家から公園まで歩き，休んでから学校まで移動したときにかかった時間。

ここに注意

（＊1）

$x + 8$ は単純に家から学校までの距離ではないことに注意する。

たとえば，家，公園，学校が下の図のような位置関係の場合，$x + 8$ は家から学校までの距離とは言えないことがわかる。

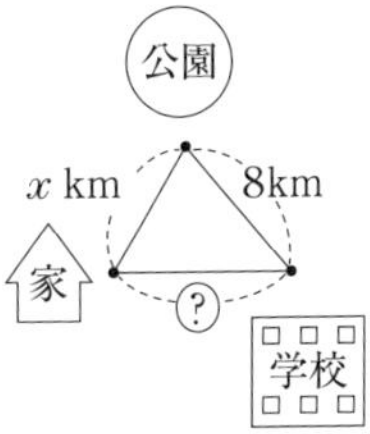

学習のPOINT　文字がどのように使われているかに気をつけて，問題文を正確に理解することが大切。

確認問題

79　縦 x cm，横 y cm の長方形がある。このとき，次の式が何を表しているか答えよ。

(1) $2(x + y)$　　(2) xy

80　あやさんは，a 円のペンを 3 本と，70 円の消しゴムを b 個買いました。$a \geqq 70$ のとき，次の式が何を表しているか答えよ。

(1) $b + 3$　　(2) $a - 70$　　(3) $3a + 70b$

§ 3 代入と式の値

7 式の値(あたい)を求める

$x = -3$ のとき，次の式の値を求めよ。

(1) $2x + 6$　(2) $x^2 - 4x$　(3) $7 - 2x - x^3$

FOCUS **はぶかれた記号×や÷を補って考える。**

解き方

(1) $2x + 6$

$= 2 \times \boldsymbol{x} + 6$ （＊1）

$= 2 \times (\boldsymbol{-3}) + 6$ （＊2）

$= -6 + 6 = 0$

(2) $x^2 - 4x$

$= \boldsymbol{x} \times \boldsymbol{x} - 4 \times \boldsymbol{x}$ （＊3）

$= (\boldsymbol{-3}) \times (\boldsymbol{-3}) - 4 \times (\boldsymbol{-3})$

$= 9 + 12 = 21$

(3) $7 - 2x - x^3$

$= 7 - 2 \times \boldsymbol{x} - \boldsymbol{x} \times \boldsymbol{x} \times \boldsymbol{x}$

$= 7 - 2 \times (\boldsymbol{-3}) - (\boldsymbol{-3}) \times (\boldsymbol{-3}) \times (\boldsymbol{-3})$

$= 7 + 6 - (-27)$

$= 7 + 6 + 27 = 40$

答え (1) 0　(2) 21　(3) 40

用語

代入(だいにゅう)する
文字式の中の文字に数をあてはめること。

式の値
文字式の中の文字に数を代入して計算した結果。

ここに注意

（＊1）
$\boldsymbol{2x = 2 \times x}$

（＊2）
負の数は(　)をつけて代入する。

（＊3）
$\boldsymbol{x^2 = x \times x}$

Return

文字式の表し方 ➡2
累乗(るいじょう)の計算 ➡ 数編7

学習のPOINT ×や÷の記号がはぶかれていることに注意して，式の値を求める。

確認問題

81 $x = 4$ のとき，次の式の値を求めよ。

(1) $x - 6$　(2) $3x + 5$　(3) $x^2 - 2x + 3$

82 $x = -\dfrac{1}{2}$ のとき，次の式の値を求めよ。

(1) $-4x + 5$　(2) $x^2 + 3x$　(3) $-7 - x + x^3$

§4 1次式の計算

8 項(こう)と係数(けいすう)を答える

次の1次式で，1次の項とその係数，および数の項をいえ。

(1) $4x - 7$　(2) x　(3) $6 - b$

FOCUS 「項」，「係数」の意味を考える。

解き方

(1) 項は $4x$ と -7 で，文字が1つだけの項は $4x$ だから1次の項は $4x$ である。$4x$ の数の部分は4だから係数は4である。数だけの項は -7 だから，数の項は -7 である。

(2) x の項は，$\boldsymbol{x = 1x}$ より，係数は1
x だけだから，数の項は0

(3) $\boldsymbol{-b = -1b}$ より，係数は -1

答え
(1) 1次の項は $4x$，係数は4，数の項は -7
(2) 1次の項は x，係数は1，数の項は0
(3) 1次の項は $-b$，係数は -1，数の項は6

学習のPOINT
符号(ふごう)の前で式を区切り，文字の項と数の項に分ける。
文字の項の，はぶかれている1や×を補って考える。

$$x = 1 \times x,\quad -a = -1 \times a,\quad \frac{2a}{3} = \frac{2}{3} \times a$$

用語

1次式
1次の項だけか，1次の項と定数項の和で表すことができる式。

項・1次の項・定数項
式の中で加法の記号＋で結ばれた1つ1つの部分を項といい，文字が1つだけの項を1次の項，数の項を定数項という。

係数
$3x$ のような項の数の部分3を，x の係数という。

もっとくわしく

(1) $\boxed{4x}\,\textcircled{-7} = 4x + (-7)$
　項　項
(2) $\boxed{x} = x + 0$
　項
(3) $\textcircled{6}\,\boxed{-b} = 6 + (-b)$

Return
文字式の表し方 ➡2
符号 ➡ 数編1

確認問題

83 次の1次式で，1次の項とその係数，および数の項をいえ。

(1) $-4x$　(2) $0.6x$

(3) $-\dfrac{3}{5}y - 7$　(4) $-8 - \dfrac{a}{5}$

9 式を簡単にする

次の式を簡単にせよ。

(1) $3x+2x+2$　　(2) $\frac{3}{5}x-\frac{2}{3}x$

(3) $-5x-8x+4$　　(4) $8a-2+2a-5$

FOCUS **同じ文字の 1 次(じ)の項(こう)どうし，定数項(ていすうこう)どうしはまとめる。**

解き方

(1) $3\boldsymbol{x}+2\boldsymbol{x}+2=(3+2)\boldsymbol{x}+2$
$=5x+2$

(2) $\frac{3}{5}\boldsymbol{x}-\frac{2}{3}\boldsymbol{x}=\left(\frac{3}{5}-\frac{2}{3}\right)\boldsymbol{x}=-\frac{1}{15}x$

(3) $-5\boldsymbol{x}-8\boldsymbol{x}+4=(-5-8)\boldsymbol{x}+4$
$=-13x+4$

(4) $8\boldsymbol{a}-2+2\boldsymbol{a}-5=(8\boldsymbol{a}+2\boldsymbol{a})+(-2-5)$
$=(8+2)\boldsymbol{a}-7$
$=10a-7$

答え (1) $5x+2$　(2) $-\frac{1}{15}x$
(3) $-13x+4$　(4) $10a-7$

用語

式を簡単にする
計算できるところはすべて計算し，まとめること。

Return

1 次の項 ➡8
係数 ➡8
定数項 ➡8

学習のPOINT

$\bigcirc x+\square x+\triangle=(\bigcirc+\square)x+\triangle$

└係数(けいすう)の和

確認問題

84 次の式を簡単にせよ。

(1) $x-3+2x$　(2) $5x+4-3x$　(3) $4a+7a-1$

(4) $2a-3-6a$　(5) $3x+1-3x$　(6) $2-5x-6-4x$

(7) $3+2x-1+\frac{1}{2}x$　(8) $-2+\frac{3}{2}a-5a+5$　(9) $a+3-6a-7$

(10) $-7x+5x+12$　(11) $2x+4-x+6$　(12) $-3a+2+9a-3$

10　1次式の乗法・除法をする

次の式を簡単にせよ。

(1) $4x \times (-6)$　(2) $-6(2x-5)$

(3) $\frac{5}{6}(3x-7)$　(4) $(5x-2) \div 6$

FOCUS 分配法則を利用する。

解き方

(1) $4x \times (-6) = \mathbf{4 \times (-6)} \times x$
$= -24x$

(2) $\mathbf{-6}(2x-5) = \mathbf{-6} \times 2x \mathbf{-6} \times (-5)$
$= -12x + 30$　(＊1)

(3) $\mathbf{\frac{5}{6}}(3x-7) = \mathbf{\frac{5}{6}} \times 3x + \mathbf{\frac{5}{6}} \times (-7)$
$= \frac{5}{2}x - \frac{35}{6}$

(4) $(5x-2) \div 6 = (5x-2) \times \mathbf{\frac{1}{6}}$
$= 5x \times \mathbf{\frac{1}{6}} - 2 \times \mathbf{\frac{1}{6}} = \frac{5}{6}x - \frac{1}{3}$

答え (1) $-24x$　(2) $-12x+30$

(3) $\frac{5}{2}x - \frac{35}{6}$　または　$\frac{15x-35}{6}$

(4) $\frac{5}{6}x - \frac{1}{3}$　または　$\frac{5x-2}{6}$

ここに注意

(＊1)
数と式の乗法のとき，数をかっこの中の式の各項にかける。

$-6(2x-5)$
$= -6 \times 2x - 6 \times (-5)$
であるから，$-12x-30$ にはならない。

Return

式を簡単にする ➡9
分配法則 ➡ 数編 11
乗法 ➡ 数編 6
除法 ➡ 数編 8

学習のPOINT 分配法則　$○(□x + △) = (○ \times □)x + ○ \times △$

確認問題

85 次の式を簡単にせよ。

(1) $-4a \times (-2)$　(2) $24x \div 8$　(3) $3(-4x-5)$

(4) $\frac{1}{4}(7x-6)$　(5) $\frac{2}{5}(10a+15)$　(6) $(-3a+10) \div 5$

(7) $(18x+12) \div 6$　(8) $(6x-2) \div \frac{2}{3}$

11 1次式の加法・減法をする

（じしき　かほう　げんぽう）

次の計算をせよ。

(1) $3x+(4x-3)$　　(2) $(2a-5)+(-6a-7)$

(3) $4a-(9a+1)$　　(4) $(5x+8)-(-2x-3)$

FOCUS **1次式の加法・減法では，かっこをはずして計算する。**

解き方

(1) $3x+(4x-3)$

$=3x+4x-3$

$=7x-3$

(2) $(2a-5)+(-6a-7)$

$=2a-5-6a-7$

$=2a-6a-5-7$

$=-4a-12$

(3) $4a-(9a+1)$

$=4a+(-9a-1)$ (＊1)

$=4a-9a-1$

$=-5a-1$

(4) $(5x+8)-(-2x-3)$

$=(5x+8)+(2x+3)$ (＊2)

$=5x+2x+8+3$

$=7x+11$

答え (1) $7x-3$　(2) $-4a-12$　(3) $-5a-1$

(4) $7x+11$

もっとくわしく

(＊1)
ひく式 $9a+1$ の符号を変えて加法になおしている。

(＊2)
(＊1)と同じように考える。

Return

式を簡単にする ➡9
加法 ➡ 数編 3
減法 ➡ 数編 4

学習のPOINT

・正負の数の加法・減法と同様に考える。
・減法では，ひく式の符号を変えて加法になおす。

確認問題

86 次の計算をせよ。

(1) $4a+(7-2a)$　　(2) $8-6x+(4x-5)$

(3) $(5x-6)-7x$　　(4) $2a-(-3a+4)$

(5) $3x-7-(4x-2)$　　(6) $4a-(-3a-8)$

12 いろいろな計算をする

次の計算をせよ。

(1) $3(4x-1)-2(x+3)$　　(2) $\dfrac{x-4}{2}-\dfrac{2x-3}{5}$

FOCUS **1次式の加法・減法・乗法・除法の計算の仕方を組み合わせて用いる。**

解き方

(1) $3(4x-1)-2(x+3)$

$=3\times4x+3\times(-1)-2\times x-2\times3$

$=12x-3-2x-6$

$=10x-9$

(2) $\dfrac{x-4}{2}-\dfrac{2x-3}{5}$

$=\dfrac{5(x-4)}{10}-\dfrac{2(2x-3)}{10}$　（＊1）

$=\dfrac{5x-20}{10}+\dfrac{-4x+6}{10}$

$=\dfrac{5x-4x-20+6}{10}$

$=\dfrac{x-14}{10}$

答え (1) $10x-9$　(2) $\dfrac{x-14}{10}$

ここに注意

（＊1）
通分のとき，分子に，分母にかけた数と同じ数をかける。式全体に10をかけて分母をはらうことはできない。
誤りの例

$\dfrac{x-4}{2}-\dfrac{2x-3}{5}$
$=5(x-4)-2(2x-3)$

Go to

分母をはらう ➡ 方程式編 6

Return

1次式の乗法・除法 ➡ 10
1次式の加法・減法 ➡ 11
分配法則 ➡ 数編 11

学習のPOINT

①分配法則を使ってかっこをはずす。
②分数は通分する。
③同じ文字の項どうし，定数項どうしを計算する。

確認問題

87 次の計算をせよ。

(1) $2(x+3)+3(x-4)$　(2) $5(x+1)+3(2x+3)$

(3) $4(2x-1)+2(x+2)$　(4) $3(4x+3)-5(3x-2)$

(5) $-5(x-1)-(-x+5)$　(6) $4(x-1)-2(2x+8)$

(7) $\dfrac{x-2}{3}+\dfrac{x+5}{2}$　(8) $\dfrac{x-3}{4}+\dfrac{3x+1}{2}$

(9) $\dfrac{2x+5}{6}-\dfrac{x-8}{3}$　(10) $\dfrac{x-2}{12}-\dfrac{7x+2}{18}$

(11) $5(2x-4)-3(x-7)+2(x-3)$　(12) $5(2x-1)+(x-6)+2(4x-5)$

13 不等式を用いた表現

マンガ本を兄が 40 冊，弟が x 冊持っている。兄が弟に y 冊あげると，兄の冊数が弟の冊数の $\frac{3}{5}$ より少なくなるという。このことを式で表せ。

FOCUS **図や表を使うことで問題文の意味を正確に理理解する。**

解き方

問題文の関係を表に表すと次のようになる。

	はじめ	兄が y 冊あげた後
兄	40 冊	$40-y$（冊）
弟	x 冊	$x+y$（冊）

兄が y 冊弟にあげた後，弟の冊数の $\frac{3}{5}$ より少なくなるので，

$$40-y<\frac{3}{5}(x+y)$$

と表される。

答え $40-y<\frac{3}{5}(x+y)$

用語

不等式
不等号を使って数量の大小関係を表した式

Return

不等号 ➡ 数編 2

学習の POINT 図や表を使うことで問題文の意味を正確に理解してから，その関係を不等号を用いて表す。

確認問題

88 1 個 120 円のパンを a 個と 1 個 b 円のケーキを 2 個買った代金の合計は 1000 円以下であった。このことを不等式で表せ。

89 1 個 90 円のりんごと，1 個 75 円のかきをあわせて 20 個買い，その代金を 2000 円以下にしたい。りんごの個数を x 個として，関係を不等式で表せ。

90 一の位の数が十の位の数よりも 3 大きい 2 けたの整数がある。この整数の一の位の数と十の位の数を入れ替えてできる整数は 70 より小さいという。十の位の数を x とおいて，関係を不等式で表せ。

章末問題

解答 ➡p.67

29 $a=-2$のとき，次の式の値を求めよ。

(1) a^2+2a

(2) $3a-5a^2$

(3) a^3-7a+3

30 次の計算をせよ。

(1) $\frac{2}{3}a-\frac{1}{2}a$ （栃木県）

(2) $2a-\frac{5}{6}a-\frac{3}{8}a$ （愛知県）

(3) $5a+2(a-1)$ （山口県）

(4) $4x-2(x+3)$ （徳島県）

(5) $3(2a-1)-2(a+3)$ （長崎県）

(6) $3(a+5)-(a-2)$ （福岡県）

(7) $7(4a-1)-3(9a-5)$ （鹿児島県）

31 次の各問いに答えよ。

(1) 1000円札1枚を出して，1個80円の消しゴムをa個買ったときのおつりを，aを使った式で表せ。

(2) 家からam離れた公園まで行くのに，初めの1.2kmは歩いたが，その後，毎分250mの速さで走って公園に着いた。走った時間は何分間か，式で表せ。 （群馬県）

32 思考力

x%の食塩水y gが入った容器がある。このとき，次の式が何を表しているか答えよ。

(1) $\frac{xy}{100}$

(2) $\frac{xy}{y+300}$

数学的活用

2年生で学ぶ式の世界

いろいろな数量を2つ以上の文字を使って表す方法

1年生では，いろいろな数量を文字を使って表しました。2年生では2つ以上の文字を使った式について勉強します。

画用紙の並べ方

掲示板に，下のような大きさの画用紙を並べてはりたいと思います。いろいろな並べ方について考えましょう。

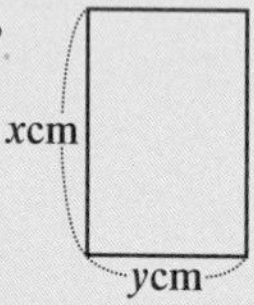

1年生 >>> P.84 文字と式

横一列に並べたい

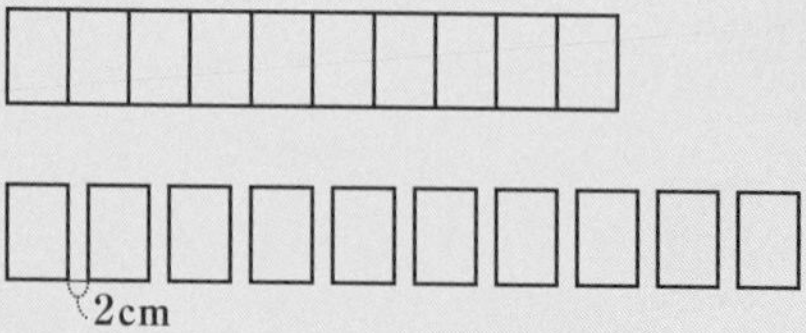

図1のように，10枚の画用紙をはると横の長さは全体で何cmになりますか。また，図2のように間を2cmずつあけると何cmになりますか。

解答

画用紙1枚の横の長さは$y$cm，10枚はるので，

$y \times 10 = 10y$

答え　$10y$cm

間をあける場合，間は9か所あるので，

$10y + 2 \times 9$

$= 10y + 18$

答え　$(10y + 18)$cm

1 **2年生** 3

たての作品、横の作品を一列に並べたい

>>> P.101 式の計算

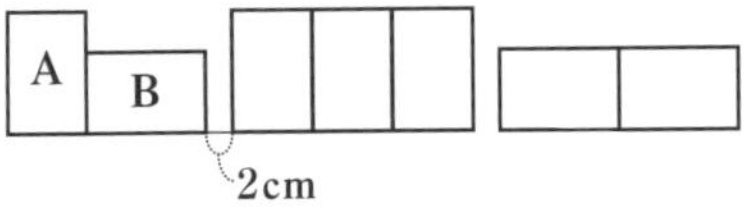

この画用紙を，このまま使った作品Aと横に使った作品Bを，図のように組にして，それぞれの組の間を2cmずつあけてはると，横の長さは全体で何cmになりますか。

解答　それぞれの組の横の長さは，$(x+y)$cm，$3y$cm，$2x$cm，それぞれの組の間は全部で2か所だから

$$(x+y)+3y+2x+2\times 2$$
$$=3x+4y+4$$

答え　$(3x+4y+4)$cm

いろいろな並べ方をしたい

>>> P.103 式の計算

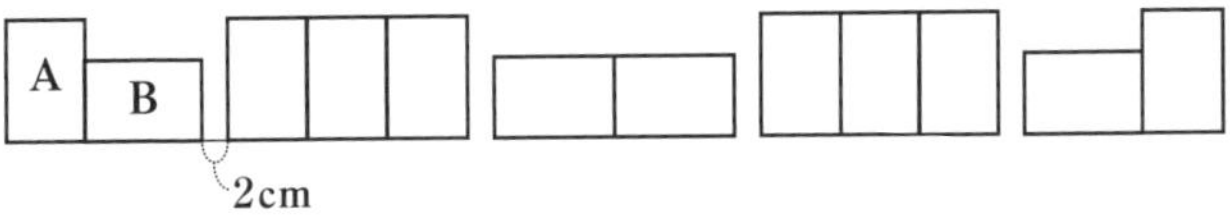

図のように，作品Aを3枚組み合わせたもの2組，作品Bを2枚組み合わせたもの1組，AとBを1枚ずつ組み合わせたものを2組，それぞれの組の間を2cmずつあけてはると，横の長さは全体で何cmになりますか。

解答　それぞれの組の横の長さは$3y$cm，$2x$cm，$(x+y)$cm，それぞれの組の間は全部で4か所だから

$$3y\times 2+2x\times 1+(x+y)\times 2+2\times 4$$
$$=6y+2x+2x+2y+8$$
$$=4x+8y+8$$

答え　$(4x+8y+8)$cm

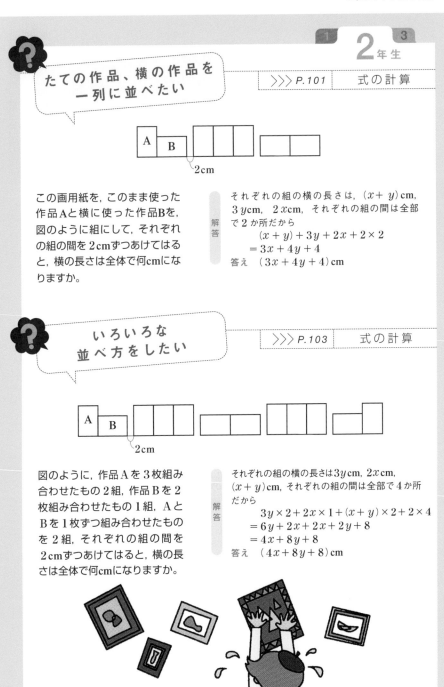

第2章 式の計算 学習内容ダイジェスト

■缶詰の体積

右のように，いろいろな大きさの缶詰があります。これらの缶詰の表面積や体積について考えます。

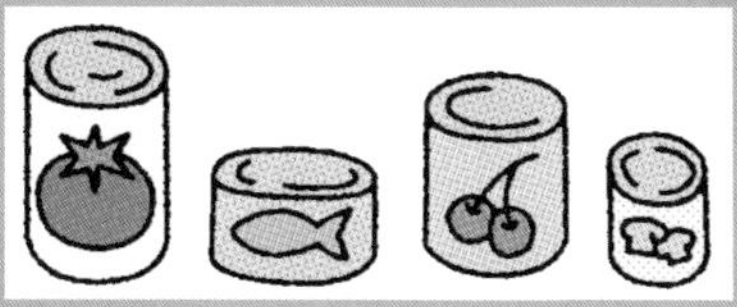

単項式と多項式 ⇒P.98

文字式の種類について学びます。

例 ちはるさんは，缶を作るのにどのくらいの量の材料が必要かと考えて，次のような展開図をかきました。この缶のふたと入れ物(底と側面)の面積をそれぞれ求めましょう。また，それぞれの文字式が単項式か多項式かを答えましょう。

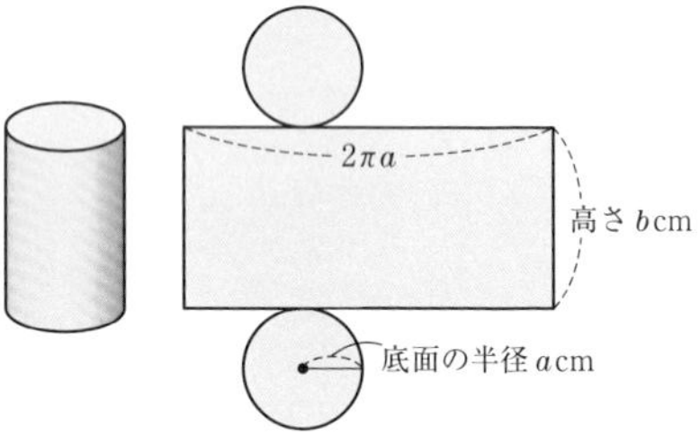

解説 (ふたの面積) = πa^2　…単項式

(底の面積) = πa^2

(側面の面積) = (底面の円周) × (高さ) = $2\pi ab$

より，(入れ物の面積) = $\pi a^2 + 2\pi ab$　…多項式

答え　ふたの面積は πa^2cm^2　…単項式
入れ物の面積は $(\pi a^2 + 2\pi ab)$cm^2　…多項式

多項式の計算 ⇒P.100

多項式の計算のしかたについて学びます。

例「単項式と多項式」の例で用いた缶の表面積を求めましょう。

解説 (ふたの面積) + (入れ物の面積)

$= \pi a^2 + \pi a^2 + 2\pi ab = 2\pi a^2 + 2\pi ab$

答え　$(2\pi a^2 + 2\pi ab)$cm^2

単項式の乗法と除法

➡P.102

単項式の乗法と除法のしかたについて学びます。

例 「単項式と多項式」の例で用いた缶の体積(容積)を求めましょう。

解説 $(a \times a \times \pi) \times b = \pi a^2 b$

答え $\pi a^2 b\mathrm{cm}^3$

文字式の利用

➡P.108

文字式を利用して一般的な数量を比較したり，式の値を求めたりすることを学びます。

例 底面の半径が $b$cm，高さが $a$cm の円柱型の缶の体積は，「単項式と多項式」の例で用いた缶の体積の何倍かを求めましょう。

解説 底面の半径が $b$cm，高さが $a$cm の円柱型の缶の体積は，

$$(b \times b \times \pi) \times a = \pi a b^2$$

なので，

$$\pi a b^2 \div \pi a^2 b = \frac{\pi a b^2}{\pi a^2 b} = \frac{b}{a}$$

答え $\frac{b}{a}$倍

例 ちはるさんは，底面の円の半径が $a$cm で，さまざまな体積の円柱型の缶を作ると，高さはどのくらいになるのかを知りたいと思っています。体積を $V\mathrm{cm}^3$ として，高さ $h$cm を求める式を作りましょう。また，その式を使って，底面の円の半径が 3cm，体積 $350\mathrm{cm}^3$ の缶の高さを求めましょう。

解説 この缶の体積は

$$V = \pi a^2 h$$

なので，両辺を πa^2 でわって

$$\frac{V}{\pi a^2} = h$$

答え $h = \frac{V}{\pi a^2}$

$a = 3$，$V = 350$ を代入して，

$$h = \frac{350}{9\pi}$$

答え $\frac{350}{9\pi}$cm（およそ12.4cm）

§1 単項式と多項式

14 単項式と多項式を区別する

次のそれぞれの式が単項式か多項式か答えよ。また多項式の項を答えよ。

(1) $-\dfrac{x}{3}$　(2) ab^2　(3) $3x+2y-z$

FOCUS 「単項式」と「多項式」のちがいを考える。

解き方

(1) $-x\times\dfrac{1}{3}$

より乗法だけの式だから単項式である。

(2) $a\times b\times b$

より乗法だけの式だから単項式である。

(3) $3\times x+2\times y+(-z)$

より単項式の和で表されているから多項式である。

答え (1) 単項式　(2) 単項式

(3) 多項式　項…$3x$，$2y$，$-z$

用語

単項式

$3a$，$2x^2$ のように数や文字の乗法だけの式。

多項式

$2a-5b+3$ のように単項式の和の形で表される式。

Return

文字式の表し方 ➡2
項 ➡8

学習のPOINT

・単項式は数や文字の乗法だけで表される。
・多項式は，単項式の和の形で表される。

確認問題

91 次のそれぞれの式が単項式か多項式か答えよ。また多項式の項を答えよ。

(1) a　(2) $2x+y$

(3) $-3x^2y$　(4) $x-y+3z$

(5) $\dfrac{ab}{2}$　(6) $ab-4a-b$

(7) $4x^2-2xy+y^2$　(8) $a^2b^2c^2$

15 式の次数を求める

次の式の次数を答えよ。

(1) $5xy$　　(2) $-2a^3b$　　(3) $2a-7bc$

FOCUS 単項式，多項式の次数の求め方を考える。

解き方

(1) $5xy = 5 \times \underline{x} \times \underline{y}$　…次数は 2

(2) $-2a^3b$

$= -2 \times \underline{a} \times \underline{a} \times \underline{a} \times \underline{b}$　…次数は 4

(3) $2a = 2 \times \underline{a}$　…$2a$ の次数は 1

$-7bc = -7 \times \underline{b} \times \underline{c}$　…$-7bc$ の次数は 2

よって　$2a-7bc$ の次数は 2

答え (1) 2　(2) 4　(3) 2

用語

単項式の次数
かけ合わされている文字の個数。

多項式の次数
各項の次数のうち，もっとも大きいものがその多項式の次数。次数が 1 の式を **1 次式**，次数が 2 の式を **2 次式**という。

Return

単項式 ➡14
多項式 ➡14
1 次式 ➡8

学習のPOINT
単項式の次数は，はぶかれた×を補って，かけられている文字の個数を数える。
多項式の次数は，各項の次数を調べ，もっとも大きいものとする。
定数項の次数は 0 である。

確認問題

92 次の式の次数を答えよ。

(1) $2x$　　(2) $-3ab$

(3) $7xyz$　　(4) $\dfrac{3}{4}a^2b^3$

(5) 5　　(6) $x+y$

(7) $2a-4ab-8b^2$　　(8) $3x^3-2x-6$

(9) $4a^2b^2+3abc-2bc$

§2 多項式の計算

16 同類項(どうるいこう)をまとめる

次の式で同類項をまとめて表せ。

(1) $3a - 5b + 2a + 4b$

(2) $5x^3 - 2x - x^3 + 6x$

FOCUS 同類項はまとめることができる。

解き方

(1) $\mathbf{3a - 5b + 2a + 4b}$

$= \mathbf{3a + 2a - 5b + 4b}$

$= (3 + 2)a + (-5 + 4)b$

$= 5a - b$

(2) $\mathbf{5x^3 - 2x - x^3 + 6x}$

$= \mathbf{5x^3 - x^3 - 2x + 6x}$

$= (5 - 1)x^3 + (-2 + 6)x$

$= 4x^3 + 4x$

答え (1) $5a - b$　(2) $4x^3 + 4x$

用語

同類項
文字の部分が同じである項。

ここに注意

(1) $\mathbf{3a}$ $\boxed{\mathbf{-5b}}$ $\mathbf{+ 2a}$ $\boxed{\mathbf{+4b}}$

$= (3 + 2)\mathbf{a} + (-5 + 4)\mathbf{b}$

(2) $\mathbf{5x^3}$ $\boxed{\mathbf{-2x}}$ $\mathbf{- x^3}$ $\boxed{\mathbf{+6x}}$

$= (5 - 1)\mathbf{x^3} + (-2 + 6)\mathbf{x}$

$-\mathbf{x^3}$ と $-\mathbf{2x}$ は同類項ではない。

Return

式を簡単にする ➡9

学習のPOINT 文字の部分に着目して，同類項を見つけて，1 つの項にまとめる。

$○x + △y + □x + ◇y = (○ + □)x + (△ + ◇)y$

確認問題

93 次の式で同類項をまとめて表せ。

(1) $-2a + 6 + 7a - 8$　(2) $2x - 3y + 5x + 4y$

(3) $xy - 3x - 6xy + 9x$　(4) $x^2 - 7x - 3x^2 + 2x$

(5) $8a - b + 2a + 6 + 2ab - a^2b - 3b$　(6) $-\dfrac{1}{4}a - 2b + 6b + \dfrac{1}{3}a$

17 多項式の加法・減法をする

次の計算をせよ。

(1) $(-5x^2-3x+2)+(-8-4x^3-7x)$

(2) $(6a-2b)-(-3a-2b+9)$

FOCUS **かっこをはずして計算する。同類項はまとめる。**

解き方

(1) $(-5x^2-3x+2)+(-8-4x^3-7x)$
$=-5x^2-3x+2-8-4x^3-7x$
$=-4x^3-5x^2-3x-7x+2-8$
$=-4x^3-5x^2+(-3-7)x+(2-8)$
$=-4x^3-5x^2-10x-6$

(2) $(6a-2b)-(-3a-2b+9)$
$=6a-2b+3a+2b-9$
$=6a+3a-2b+2b-9$
$=(6+3)a+(-2+2)b-9$
$=9a-9$

答え (1) $-4x^3-5x^2-10x-6$　(2) $9a-9$

もっとくわしく

筆算の場合，同類項を縦にそろえて書く。

(1)
$$\begin{array}{rrrr} & -5x^2 & -3x & +2 \\ +)\ -4x^3 & & -7x & -8 \\ \hline -4x^3 & -5x^2 & -10x & -6 \end{array}$$

(2)
$$\begin{array}{rrr} 6a & -2b & \\ -)\ -3a & -2b & +9 \\ \hline 9a & & -9 \end{array}$$ (＊1)

(＊1)
減法の場合，符号を逆にして加える。

Return

1次式の加法・減法 ➡11
同類項をまとめる ➡16

学習のPOINT

多項式の減法

$(\bigcirc x+\square y)-(\triangle x+\diamond y)=(\bigcirc x+\square y)+(-\triangle x-\diamond y)$
$=(\bigcirc-\triangle)x+(\square-\diamond)y$

確認問題

94 次の計算をせよ。

(1) $(3a+5)+(4a-9)$　(2) $(5x+2y-1)-(7x+3y-6)$

(3) $(4a-2b)+(-5a+8b)$　(4) $(7x+4y)-(3x+11y)$

(5) $(6x^2-4x+7)+(-8-4x^2-7x)$　(6) $(8a-4b)-(-5+4b+9a)$

(7) $(a-2b+3c)-(-2a+3b-c)-(3a-b-2c)$

§3 単項式の乗法と除法

18 単項式どうしの乗法・除法をする

次の計算をせよ。

(1) $3a^2b^3 \times (-2ab) \times 6ab^2$　(2) $(-x^3y)^2$

(3) $3a^2b \div (-2ab)$　(4) $(-2ab) \div \dfrac{2}{3}abc \times 4bc^2$

FOCUS **数は数，文字は文字どうしでかける。除法は逆数にしてかける。**

解き方

(1) $3a^2b^3 \times (-2ab) \times 6ab^2$

$= \mathbf{3 \times (-2) \times 6} \times \boldsymbol{a^2b^3 \times ab \times ab^2}$

$= -36a^4b^6$

(2) $(-x^3y)^2 = (-x^3y) \times (-x^3y)$

$= \mathbf{(-1) \times (-1)} \times \boldsymbol{x^3y \times x^3y}$

$= x^6y^2$

(3) $3a^2b \div (-2ab)$

$= 3a^2b \times \left(-\dfrac{\mathbf{1}}{\mathbf{2ab}}\right) = -\dfrac{3a^2b}{2ab} = -\dfrac{3a}{2}$

(4) $(-2ab) \div \dfrac{2}{3}abc \times 4bc^2$

$= (-2ab) \times \dfrac{\mathbf{3}}{\mathbf{2abc}} \times 4bc^2$ （＊1）

$= -\dfrac{2ab \times 3 \times 4bc^2}{2abc} = -12bc$

答え (1) $-36a^4b^6$　(2) x^6y^2

(3) $-\dfrac{3a}{2}$　(4) $-12bc$

ここに注意

（＊1）

$\dfrac{2}{3}abc = \dfrac{2abc}{3}$ より

逆数は $\dfrac{3}{2abc}$

もっとくわしく

次のような法則(指数法則)もある。

$a^2 \times a^3$

$= (a \times a) \times (a \times a \times a)$

$= a^{2+3} = a^5$

$(a^2)^3$

$= (a \times a) \times (a \times a) \times (a \times a)$

$= a^{2 \times 3} = a^6$

Return

累乗 ➡ 数編 7
逆数 ➡ 数編 8
文字式の表し方 ➡ 2

学習のPOINT ● $a^{▲}$ × ○ $a^{△}$ = ● × ○ × $a^{▲+△}$

確認問題

95 次の計算をせよ。

(1) $x^2 \times 3x^3$　(2) $5ab^3 \times (-2a^2b^2) \times 3ab$　(3) $6a^2b^3 \div (-3ab)$

(4) $-x^2 \times x^3$　(5) $(-x)^2 \times (-x)^3$

19 いろいろな計算をする

次の計算をせよ。

(1) $3(2x+6y)-(4x-5y)$　　(2) $\dfrac{x-y+4}{2}-\dfrac{2x-3y-6}{5}$

FOCUS **単項式の加法・減法・乗法・除法の仕方を組み合わせて用いる。**

解き方

(1)

$$\mathbf{3(2x+6y)-(4x-5y)}$$
$$=\mathbf{3\times 2x+3\times 6y-4x+5y}$$
$$=6x+18y-4x+5y$$
$$=2x+23y$$

(2)

$$\frac{x-y+4}{2}-\frac{2x-3y-6}{5}$$
$$=\mathbf{\frac{5(x-y+4)}{10}-\frac{2(2x-3y-6)}{10}} \quad (*1)$$
$$=\frac{5x-5y+20}{10}-\frac{4x-6y-12}{10} \quad (*2)$$
$$=\frac{5x-5y+20}{10}+\frac{-4x+6y+12}{10} \quad (*3)$$
$$=\frac{x+y+32}{10}$$

答え (1) $2x+23y$　　(2) $\dfrac{x+y+32}{10}$

ここに注意

(＊1)
通分のとき，分母にかけた数と同じ数を分子にかける。

(＊2)

$$\frac{2(2x\ -3y\ -6)}{10}$$

(＊3)
加法になおしたので分子の符号がすべて逆になる。

Return

分配法則 ➡ 数編 11
同類項をまとめる ➡16
いろいろな計算 ➡12
多項式の加法・減法 ➡17

学習のPOINT

①分配法則を使ってかっこをはずす。
②分数は通分する。
③同類項をまとめる。

確認問題

96 次の計算をせよ。

(1) $-3(7x-8y)-(6x+10y)$　　(2) $\dfrac{2x-3y-12}{8}-\dfrac{5x+y-6}{6}$

(3) $\dfrac{-a+5b+7}{5}-\dfrac{a+3b-7}{3}$

(4) $\dfrac{1}{3}(6x^2-4x+7)+\dfrac{1}{2}(-8-4x^2-7x)$

20 単項式(たんこうしき)や多項式(たこうしき)に代入(だいにゅう)して式の値を求める

$\boldsymbol{x} = -3$, $\boldsymbol{y} = \dfrac{1}{2}$ のとき，次の式の値を求めよ。

(1) $2x + 6y - 7x$　　(2) $-4x^2y \times xy$

FOCUS **計算を簡単にするためにはどうすればよいかを考える。**

Return
式の値を求める ➡7
代入する ➡7
同類項(どうるいこう)をまとめる ➡16
単項式(たんこうしき)どうしの乗法(じょうほう)・除法(じょほう) ➡18

解き方

(1)
$$2x + 6y - 7x$$
$$= -5\boldsymbol{x} + 6\boldsymbol{y}$$
$$= -5 \times (\boldsymbol{-3}) + 6 \times \boldsymbol{\frac{1}{2}}$$
$$= 15 + 3 = 18$$

(2)
$$-4x^2y \times xy$$
$$= -4\boldsymbol{x}^3\boldsymbol{y}^2$$
$$= -4 \times (\boldsymbol{-3})^3 \times \left(\boldsymbol{\frac{1}{2}}\right)^2$$
$$= -4 \times (-27) \times \frac{1}{4} = 27$$

答え (1) 18　　(2) 27

学習のPOINT 式を簡単にしてから代入する。

確認問題

97 $\boldsymbol{x} = 5$, $\boldsymbol{y} = -\dfrac{1}{4}$ のとき，次の式の値を求めよ。

(1) $(4x - 5y) - (6x - 9y)$

(2) $24x^2y^2 \div \dfrac{3}{2}xy$

98 $\boldsymbol{x} = -4$, $\boldsymbol{y} = \dfrac{2}{3}$ のとき，次の式の値を求めよ。

(1) $-x + 2y - 5x - 6y$

(2) $3xy^2 \times (-6x^2y^2) \div 8xy$

§ 4 文字式の利用

21 数の性質を文字式を使って説明する

連続した5つの整数の和は，つねに真ん中の数の5倍となることを説明せよ。

FOCUS **具体例をあげるだけではすべての場合の説明にはならない。文字式を使えば，つねに成り立つことを示せる。**

答え 連続した5つの整数のいちばん小さい数を n とすると，5つの数は $n,\ n+1,\ n+2,\ n+3,\ n+4$ と表される。(＊1)

よって，これらの和は次のようになる。

$$n+(n+1)+(n+2)+(n+3)+(n+4)$$
$$=5n+10$$
$$=5(n+2)$$

n は整数なので $n+2$ も整数。

よって，$5(n+2)$ は5の倍数。

また，$n+2$ は5つの整数の真ん中の数。

したがって

連続した5つの整数の和は真ん中の数の5倍となる。

もっとくわしく

(＊1)
真ん中の整数を n とすると，5つの数は，$n-2,\ n-1,\ n,\ n+1,\ n+2$ と表される。

Return
同類項をまとめる
➡16

学習のPOINT

①問題中のひとつの整数を n とおく。

②ほかの数を，n との関係によって簡単な式で表す。
連続した数は，ひとつの数を n とおくと，その次の数は $n+1$，その前の数は $n-1$ と表される。

確認問題

99 右のカレンダーで，例のように，ある数の上下左右にある4つの数の和が，ある数の4倍となることを説明せよ。

日	月	火	水	木	金	土
	1	2	3	4	5	6
7	8	9	10	11	12	13
14	15	16	17	18	19	20
21	22	23	24	25	26	27
28	29	30	31			

22 偶数と奇数の性質を文字式を使って説明する

次のことがらがつねに成り立つことを説明せよ。

(1) 2 つの奇数の和は偶数である。

(2) 連続する 3 つの偶数の和は真ん中の数の 3 倍である。

FOCUS 「偶数」,「奇数」を文字を使って表す。

答え (1) n, m をそれぞれ整数とすると，2 つの奇数は，$\mathbf{2n+1}$, $\mathbf{2m+1}$ と表される。

2 つの奇数の和は

$$(2n+1)+(2m+1)$$
$$=2n+2m+2$$
$$=2(n+m+1) \quad (*1)$$

n, m は整数なので，$n+m+1$ は整数。

よって，$2(n+m+1)$ は偶数。

したがって，2 つの奇数の和は偶数である。

(2) n を整数とし，いちばん小さい偶数を $2n$ とすると連続する 3 つの偶数は，$\mathbf{2n}$, $\mathbf{2n+2}$, $\mathbf{2n+4}$ と表される。この 3 つの偶数の和は

$$2n+(2n+2)+(2n+4)$$
$$=6n+6$$
$$=3(2n+2) \quad (*2)$$

$2n+2$ は連続する 3 つの偶数の真ん中の数である。

したがって，連続する 3 つの偶数の和は真ん中の数の 3 倍である。

ここに注意

n を整数とすると，偶数は $2n$，奇数は $2n+1$ と表される。

(＊1)

2 つの奇数は連続するとはかぎらないので，2 種類の文字で表す。式を 2 ×(整数)の形に変形する。

(＊2)

連続する偶数は，2 ずつ増加する。式を 3 ×(真ん中の数)の形に変形する。

Return

奇数・偶数を見分ける ➡ 数編 13

文字式を使って説明する ➡ 21

学習の POINT n, k を整数とすると，偶数は $2n$，奇数は $2k+1$ と表される。たがいに関係のない数を表すときは，異なる文字を用いる。

確認問題

100 次のことがらがつねに正しいことを説明せよ。

(1) 連続する 3 つの奇数の和は奇数であること。

(2) 偶数と奇数の積は偶数であること。

23　3けたの数の性質を文字式を使って説明する

各位の数字の和が9の倍数である自然数は，9の倍数である。この理由を，3けたの自然数について説明せよ。

FOCUS　**3けたの自然数を文字式で表す。**

答え　3けたの自然数の百の位，十の位，一の位の数字をそれぞれa，b，cで表すと，3けたの自然数は，$\boldsymbol{100a+10b+c}$と表される。（＊1）
また$a+b+c$は9の倍数なので，
$\boldsymbol{a+b+c=9n}$（nは自然数）とおくことができる。

$$\begin{aligned}&100a+10b+c\\=\ &99a+9b+a+b+c\\=\ &99a+9b+9n\\=\ &9(11a+b+n)\end{aligned}$$

a，b，nは自然数なので，$11a+b+n$は自然数。
よって，$\boldsymbol{9(11a+b+n)}$は9の倍数。
したがって，各位の数字の和が9の倍数である自然数は，9の倍数である。

もっとくわしく

（＊1）
ただし，3けたなので，$\boldsymbol{a}$は0ではない。

Return

文字を使った式で表す
➡1
文字式を使って説明する
➡21

学習のPOINT　3けたの自然数の百の位，十の位，一の位の数字をそれぞれ$\boldsymbol{a}$，$\boldsymbol{b}$，$\boldsymbol{c}$（$\boldsymbol{a\neq 0}$）で表すと，3けたの自然数は，$\boldsymbol{100a+10b+c}$と表される。

確認問題

101　次のことがらがつねに正しいことを説明せよ。

(1) 3けたの自然数がある。一の位の数と百の位の数を入れかえた自然数ともとの自然数との差は，9の倍数である。

(2) 下2けたの数が4の倍数である自然数は，4の倍数である。

(3) 3けたの自然数で，百の位の数の2倍と十の位の数の3倍と一の位の数の和が7の倍数ならば，この自然数も7の倍数である。

(4) 3けたの自然数で，百の位の数と下2けたの数との和が11の倍数ならば，この自然数も11の倍数である。

24 面積や体積を文字式で表し比較する

円柱の底面の半径を 2 倍, 高さを $\frac{1}{2}$ にすると体積はもとの円柱の何倍になるか。

FOCUS 文字式で面積や体積を表し，比較する。

解き方

もとの円柱の底面の半径を r，高さを h，体積を V とすると，

$$V = \pi r^2 h$$

また，底面の半径を 2 倍，高さを $\frac{1}{2}$ にした円柱の体積 V' は

$$V' = \pi \times (\mathbf{2r})^2 \times \frac{\mathbf{h}}{\mathbf{2}} = 2\pi r^2 h$$

よって，

$$V' \div V = 2\pi r^2 h \div \pi r^2 h = \frac{2\pi r^2 h}{\pi r^2 h} = 2$$

したがって，もとの円柱の体積の 2 倍である。

答え 2 倍

もっとくわしく

図に表すと次のようになる。

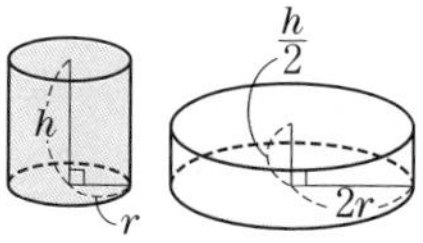

Return

面積・体積の公式を文字で表す ➡4
単項式どうしの乗法・除法 ➡18

Go to

円柱 ➡ 図形編 21

学習のPOINT 比較する面積や体積を文字式で表し，除法をすることで何倍になるかを求める。

確認問題

102 円錐がある。この円錐の底面の半径を 3 倍，高さを $\frac{1}{2}$ にすると，体積はもとの円錐の何倍になるか。

103 正方形の中にぴったりおさまる円をかいたとき，円の面積は，正方形の面積の何倍になるか。

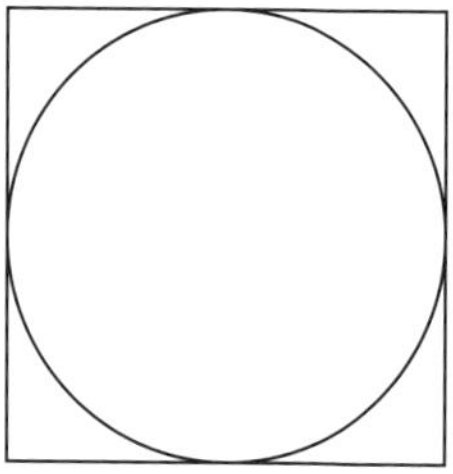

25 等式を 1 つの文字について解く

次の等式を〔　〕内の文字について解け。

(1) $S = ah$ 〔a〕

(2) $\ell = 2(a + b)$ 〔b〕

FOCUS **等式の性質を用いて変形をする。**

解き方

(1) $S = ah$ を a について解く。

両辺を h でわる。（＊1）

$$\frac{S}{h} = a$$

$$a = \frac{S}{h}$$

(2) $\ell = 2(a + b)$ を b について解く。

両辺を 2 でわると

$$\frac{\ell}{2} = a + b$$

a を移項（いこう）すると

$$\frac{\ell}{2} - a = b \quad (＊2)$$

$$b = \frac{\ell}{2} - a$$

答え (1) $a = \frac{S}{h}$　(2) $b = \frac{\ell}{2} - a$

用語

a について解く

等式の性質を使って，等式を「a =(式)」の形に変形すること。

ここに注意

（＊1）

h を a の係数（けいすう）と見る。

（＊2）

b だけを右辺に残す。

Go to

等式の性質 ➡ 方程式編 2

移項 ➡ 方程式編 3

学習のPOINT 指定された文字だけが左辺にくるように，等式の性質を用いて変形をしていく。

確認問題

104 次の等式を〔　〕内の文字について解け。

(1) $a - 2b = 3c$ 〔b〕

(2) $V = \frac{1}{3}abh$ 〔h〕

(3) $3a + 18b = 24$ 〔a〕

(4) $P = \frac{a + b + c}{3}$ 〔c〕

(5) $S = \frac{1}{2}(a + b)h$ 〔a〕

(6) $S = 2ab + 2(a + b)h$ 〔h〕

26 比例式を解く

次のそれぞれの式で x, y の値を求めよ。

(1) $4:5=8:x$　(2) $y:6=18:15$　(3) $3:4=x:24=8:y$

FOCUS 比例式の関係を使って解く。

解き方

(1) $4:5=8:x$

$4x=5\times 8$

$4x=40$

$x=10$

(2) $y:6=18:15$

$y:6=6:5$

$5y=6\times 6$

$5y=36$

$y=\frac{36}{5}$

(3) $3:4=x:24=8:y$

$3:4=x:24$ より

$4x=3\times 24$

$4x=72$

$x=18$

$3:4=8:y$ より

$3y=4\times 8$

$3y=32$

$y=\frac{32}{3}$

答え (1) $x=10$　(2) $y=\frac{36}{5}$

(3) $x=18$, $y=\frac{32}{3}$

用語

比の値・比例式

$\frac{a}{b}$ を $a:b$ の比の値という。

$a:b=c:d$ と表したものを比例式という。

ここに注意

比例式は比の値に直して考える。

$a:b=c:d$

$\frac{a}{b}=\frac{c}{d}$

$ad=bc$

もとの比例式から見ると

$a:b=c:d$

外側の項の積と内側の項の積で等式を作っている。

学習のPOINT $a:b=c:d$ ならば, $ad=bc$

確認問題

105 次のそれぞれの式で x, y の値を求めよ。

(1) $3:5=x:15$　(2) $4:7=12:x$

(3) $2:y=3:7$　(4) $y:8=24:20$

(5) $2:5=x:18=7:y$

章末問題

解答 ➡p.67

33

次の計算をせよ。

(1) $-a+4b-5(a-b)$ (東京都)

(2) $3(4a-5b)-2(7a+b)$ (千葉県)

(3) $5(a-b)-2(2a-3b)$ (福井県)

(4) $\dfrac{x+4y}{5}+\dfrac{x-y}{2}$ (静岡県)

(5) $\dfrac{7x+y}{6}-\dfrac{x+y}{3}$ (山梨県)

(6) $\dfrac{4x-5y}{3}+\dfrac{x+y}{6}-\dfrac{9x-7y}{2}$ (城北高)

34

次の計算をせよ。

(1) $8xy^2\times\dfrac{3}{4}x$ (山梨県)

(2) $18a^3b\div3ab$ (神奈川県)

(3) $\dfrac{8}{3}xy\div(-6x)$ (山口県)

(4) $-3a^2\times(-2b)^2\div6ab$ (山形県)

(5) $16a^2b\div(-8b)\times a$ (埼玉県)

(6) $6x^4\div(-3x^2)\div3x$ (福島県)

35

$x=-4,\ y=\dfrac{3}{4}$ のとき，次の式の値を求めよ。

(1) $\dfrac{x^2}{y}$

(2) $x-4y^2$

(3) $2(3x-2y)-3(-3x+4y)$

(4) $-8x^2\div(-2xy)^2\times6xy^3$

36

次の等式を〔 〕内の文字について解け。

(1) $2x+3y=6$ 〔y〕(長野県)

(2) $4a-2b=10$ 〔b〕(三重県)

(3) $c=\dfrac{a-9b}{2}$ 〔a〕(栃木県)

(4) $V=\dfrac{1}{3}Sh$ 〔h〕(岩手県)

(5) $S=\dfrac{1}{2}h(a+b)$ 〔b〕(鳥取県)

37 太郎と花子のいるクラスで数学のテストがあり，太郎の得点は 72 点，花子の得点は 68 点であった。班ごとの平均点を求めたところ，太郎のいる班員 5 人の A 班の平均点は a 点であった。また，花子のいる班員 4 人の B 班の平均点は b 点であった。次に，太郎と花子の 2 人が互いに班を入れかわって，あらためて A 班と B 班の平均点を求めたところ，この 2 班の平均点は等しくなった。このとき，$a-b$ の値を求めよ。 （熊本県）

38 連続する 3 つの自然数の和は 3 の倍数になることを説明せよ。
（岡山県　改題）

39 千の位と一の位が同じ数，百の位と十の位が同じ数の 4 けたの数は，11 の倍数であることを説明せよ。

40 2 つの続いた正の整数がある。小さい方の整数を 5 でわると，商が n で余りが 2 となるとき，次の(1)，(2)の問いに答えよ。 （宮城県　改題）

(1) 小さい方の整数を n の式で表せ。

(2) この 2 つの整数の和が 5 の倍数になるわけを，(1)で表した式を利用して説明せよ。

41

図1のように，□を並べ，線で結ぶ。1段目の3つのそれぞれの□には，数や式を書き，2段目以降それぞれの□には，線で結ばれた上の段の2つの□に書かれた数や式の和を書くものとする。例えば，図2のように，1段目の3つの□に，左から順に1，4，3を書くと，3段目の□には12を書くことになる。

図3のように，1段目に並べる□の数を6つに増やし，aを自然数，bを2以上の偶数として，1段目の6つの□に，左から順に，2，3，a，1，b，5を書く。このとき，次の問いに答えよ。　　（山口県　改題）

図1

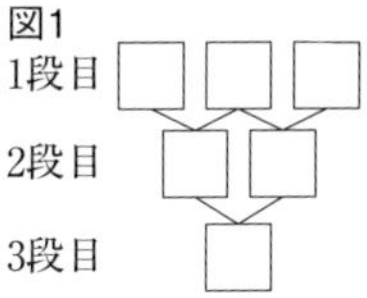

図2

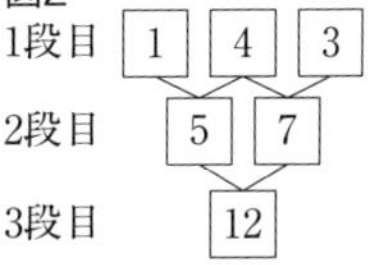

図3

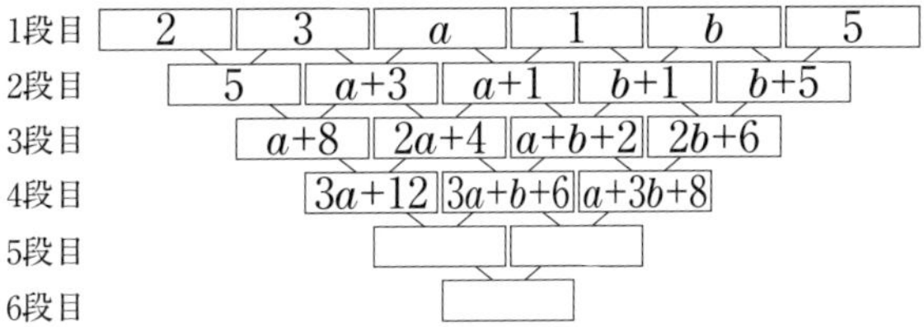

(1) 図3の6段目に書く式をa，bを使って表せ。

(2) 図3の6段目の式の値の一の位の数は，いつも同じになることを説明せよ。

42

思考力

右の図のように，運動場に大きさの違う半円と，同じ長さの直線を組み合わせて，陸上競技用のトラックをつくった。直線部分の長さはam，最も小さい半円の直径はbm，各レーンの幅は1mである。また，最も内側を第1レーン，最も外側を第4レーンとする。

ただし，ラインの幅は考えないものとする。

なお，円周率はπとする。

次の(1)，(2)に答えなさい。　　（和歌山県）

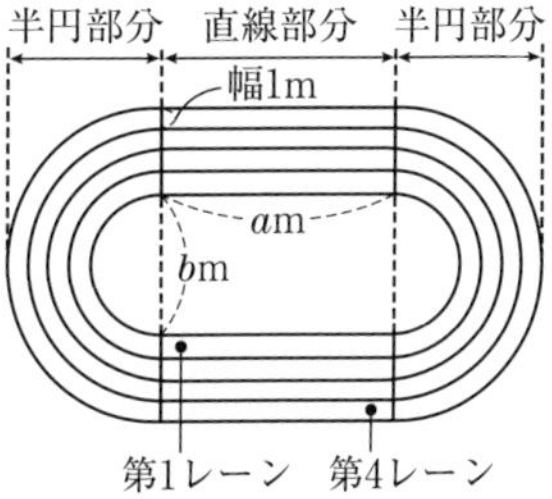

(1) 第1レーンの内側のライン1周の距離をℓ mとすると，ℓは次のように表される。

$\ell = 2a + \pi b$

この式を，aについて解きなさい。

(2) 図のトラックについて，すべてのレーンのゴールラインの位置を同じにして，第1レーンの走者が走る1周分と同じ距離を，各レーンの走者が走るためには，第2レーンから第4レーンのスタートラインの位置を調整する必要がある。第4レーンは第1レーンより，スタートラインの位置を何m前に調整するとよいか，説明しなさい。

ただし，走者は，各レーンの内側のラインの20cm外側を走るものとする。

第2回 美術と数学のウツクしい関係

美術と数学。感性と知性。右脳と左脳。この一見大河の両岸に立つような二つの世界が、実はヌキサシならぬ関係にあることを知っているだろうか。はるか昔から、美は緻密（ちみつ）な計算に支えられてきたのだ。

サグラダ・ファミリア大聖堂

美と数学の象徴

スペインが生んだ天才建築家アントニー・ガウディ（1852年～1926年）。彼が生涯をかけて打ち込んだ建築が、バルセロナにあるサグラダ・ファミリア大聖堂である。その異様とも言えるゴテゴテとした外観は、見る者すべての脳に強烈な記憶を刻み込む。

テーマは「自然との融合」。絵画や彫刻、動植物までもが塗り込まれているような建築を支えているのは、実は数学（幾何学）である。重力を支える傾きや曲線を持った柱は緻密な計算の上に成り立ち、双曲放物線（そうきょくほうぶつせん）、懸垂線（けんすいせん）、正多面体（せいためんたい）といった幾何学の理論を駆使していたのだ。

自然と幾何学という一見相反（いっけんあいはん）しそうな二つを融合させた創造物「サグラダ・ファミリア大聖堂」は、彼の死後90年以上経った今も建設中である。設計図は存在せず、後を受け継いだ建築家がガウディの思いを想像しながら少しずつ歩みを進めている。完成は、没後100年の2026年とされている。

美しさの数値

多くの人間が美しいと感じる形、バランス。これには一定の比率がある。「黄金分割（または黄金比）」と呼ばれるもので、1：約1.618。通説では古代ギリシャの哲人プラトンとエウドクソスという数学者が考え出したといわれている。

黄金分割は古代から現在にいたるまで、あらゆるものに使われている。例えばピラミッドの底辺の半分の長さと高さ。ミロのビーナスのへそから上と下。また、近年コンピュータの解析（かいせき）により、「サグラダ・ファミリア大聖堂」内の数多くの部分が黄金比によって計算されていた事が分かった。

まだまだあるぞ黄金分割

名刺・各種カード
最も安心する形…と、ヒトのDNAに組み込まれている。

株価変動
黄金比を使って解明した「エリオット波動」という理論がある。

黄金分割の曲
作曲家バルトークが音程に変換して作った。
LINK P158 第3回コラムへ

オウム貝の渦
自然界には黄金比がわんさか。
LINK P524 第6回コラムへ

デザインと数学アート

現代のデザイナー職は、パソコンなしに成立しない。陶芸などの伝統工芸を除けば、今やITはデザインのフィールドすべてを網羅していると言っていい。平面分野ならグラフィック・ソフト、立体分野ならCAD（専用の設計システム）ソフトが必要になる。これらを使って行う作業は、関数や行列変換などの計算をもとにしている。デザイナーに自覚があろうとなかろうと、描きながら細かい計算を「パソコンと共同作業で」行っているのだ。

デザインの中に数学が隠れている一方で、逆に数学をアートにしてしまう作品もある。

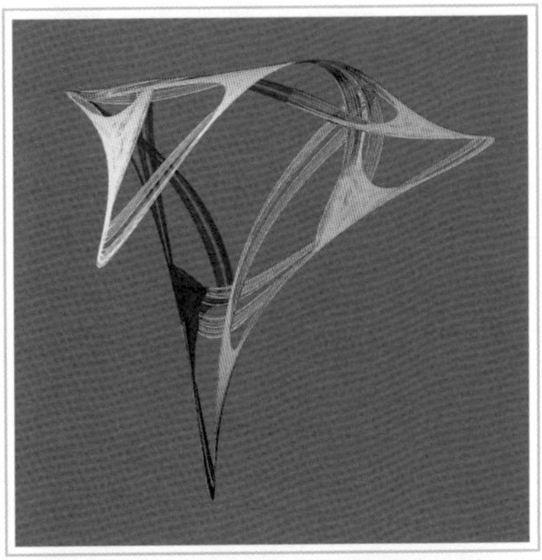

(c)LAGUNA DESIGN/SCIENCE PHOTO LIBRARY/amanaimages

幾何学アート

文字通り、幾何学模様を使った美術作品のこと。幾何学模様は自然物（雪の結晶など）にも現れる神秘な形であることから、宇宙エネルギーや精神世界などを表現する「スピリチュアル・アート」として発表するアーティストもいる。CGを使った立体作品などの複雑な作品も多い。

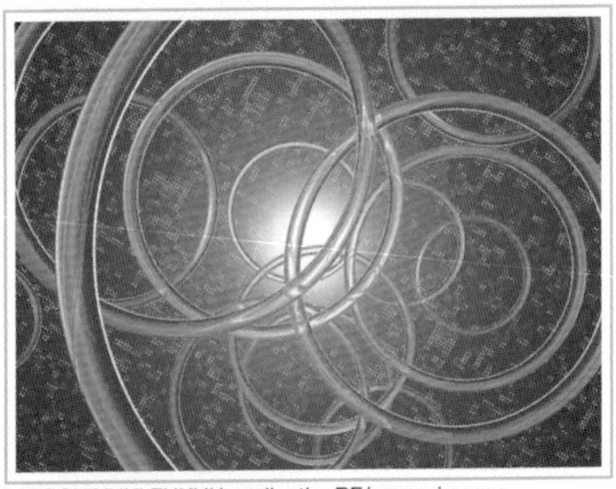

(c)YOSHIYUKI FUKUI/a.collectionRF/amanaimages

マセマティカル・アート

直訳すれば数学芸術。数学の定理や概念などを視覚的にとらえたもの。数学の中にいくつも発見されてきた神秘的な数字の連鎖が、美術作品にする事で新しい美意識を獲得した。

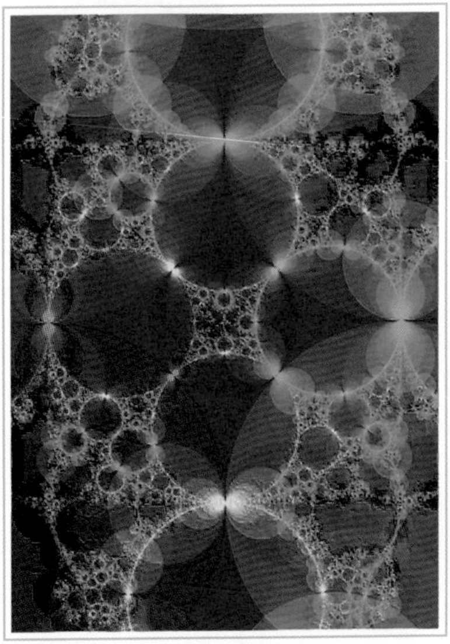

フラクタルアート

(c)MEHAU KULYK/SCIENCE PHOTO LIBRARY/amanaimages

数学的活用

3 年生で学ぶ式の世界

目的に応じて式の形を変える方法

1年生では，いろいろな数量を文字を使って表し，2年生では，2つ以上の文字を使った式について学習しました。3年生では，もっと複雑な式や目的に応じて式の形を変えることを学習します。

家のリフォーム

家のリフォームをすることになりました。希望の部屋にするために，どんな設計をすればよいか考えましょう。

1 2 3

1年生

>>> P.91 文字と式

? 正方形の部屋の拡大リフォーム

1辺が3mの正方形の部屋の横をxm長くしたら，もとの部屋よりどれくらい広くなりますか。

解答

もとの部屋の面積は9m^2

リフォーム後の部屋の面積は

$$3(x+3)=3x+9\ (\text{m}^2)$$

よって

$$(3x+9)-9=3x$$

答え　$3x\text{m}^2$広くなる

3年生 2 1

2年生

リフォームの前と後の面積の比率（ひりつ）を知りたい

>>> P.108 式の計算

1辺が am の正方形の部屋の縦を3倍，横を $\frac{1}{2}$ にしたら，もとの部屋の何倍になりますか。

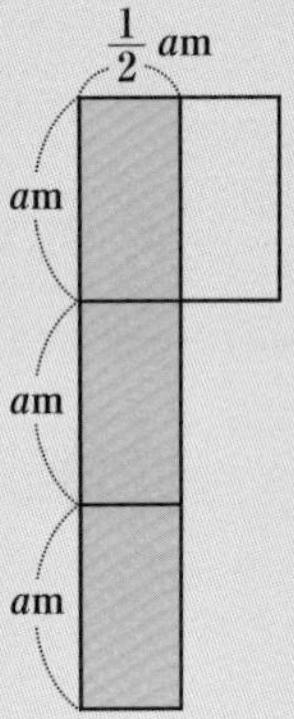

解答

もとの部屋の面積は a^2m^2

リフォーム後の部屋の面積は

$$3a \times \frac{1}{2}a = \frac{3}{2}a^2 \ (\mathrm{m}^2)$$

よって

$$\frac{3}{2}a^2 \div a^2 = \frac{3}{2}a^2 \times \frac{1}{a^2}$$

$$= \frac{3}{2} = 1.5$$

答え　1.5倍

3年生

面積を変えずに部屋の形を変えたい

>>> P.127 因数分解

1辺xmの正方形の部屋と，縦xm，横5mの部屋と，面積が6m^{2}の部屋があります。合計面積を変えずに，1辺がxm以上の1つの長方形の部屋にしたいと思います。新しい部屋の縦，横は，それぞれ何mでしょうか。

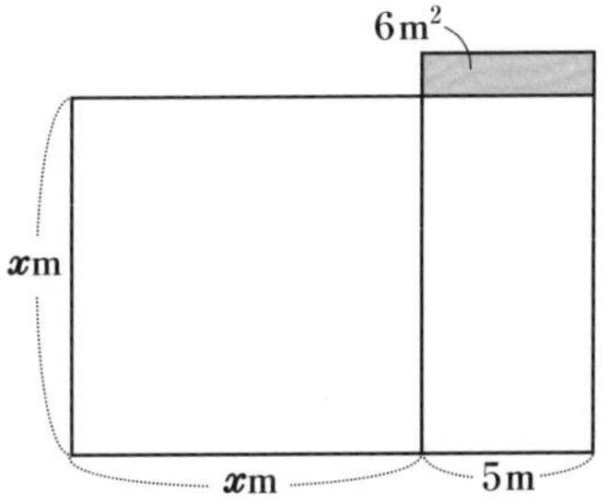

解答

もとの3つの部屋の合計面積は，

(x^2+5x+6)m^2

この式を因数分解すると，

$x^2+5x+6=(x+2)(x+3)$

答え　縦$(x+2)$m，横$(x+3)$m　または，縦$(x+3)$m，横$(x+2)$m

第3章 展開と因数分解 学習内容ダイジェスト

■カレンダーのきまり

右のカレンダーで，いつも成り立つきまりをさがしました。

日	月	火	水	木	金	土
	1	2	3	4	5	6
7	8	9	10	11	12	13
14	15	16	17	18	19	20
21	22	23	24	25	26	27
28	29	30	31			

多項式(たこうしき)の計算（乗法(じょうほう)） ⇒P.120

単項式(たんこうしき)と多項式，多項式どうしの乗法を学びます。

例 としえさんは，「3，4，5 のような連続した 3 日間で，最初と最後の日にちの積は，真ん中の日にちの平方(へいほう)から 1 ひいた数になっている」ことに気づきました。真ん中の日を m とおいて，これがいつでも成り立つことを説明しましょう。

解説 真ん中の日を m とおくと，前日は $m-1$，翌日は $m+1$ となる。このとき，

$$(m-1)(m+1)=m^2-1$$

よって，としえさんの見つけたきまりはいつでも成り立つ。

多項式の計算（平方） ⇒P.123

多項式の平方を学びます。

例 たかしさんは，「連続した 3 日間で，最後の日にちの平方から，最初の日にちの平方をひくと，真ん中の日にちの 4 倍になっている」ことに気づきました。いつでも成り立つことを説明しましょう。

解説 真ん中の日を m とおくと，前日は $m-1$，翌日は $m+1$ となる。このとき，

$$\begin{aligned}(m+1)^2-(m-1)^2&=(m^2+2m+1)-(m^2-2m+1)\\&=4m\end{aligned}$$

よって，たかしさんの見つけたきまりはいつでも成り立つ。

因数分解（いんすうぶんかい） ⇒P.126

多項式をいくつかの因数の積の形に表すことを学びます。

例 たかしさんの見つけたきまりを聞いたちはるさんは，「連続する4日間ではどうだろうか」と考えました。そして，「連続した4日間で，最後の日にちの平方から，最初の日にちの平方をひくと，この2つの日にちの和の3倍になっている」ことに気づきました。いつでも成り立つことを説明しましょう。

解説 最初の日にちを m とおくと，最後の日にちは $m+3$ となる。このとき，

$$\begin{aligned}(m+3)^2-m^2&=(m^2+6m+9)-m^2\\&=6m+9\\&=3(2m+3)\\&=3\{m+(m+3)\}\end{aligned}$$

よって，ちはるさんの見つけたきまりはいつでも成り立つ。

式の計算の利用 ⇒P.130

乗法公式や因数分解を利用して，計算を簡単にしたり，式による説明をすることを学びます。

例 ゆうこさんは，たかしさんが計算した，$(m+1)^2-(m-1)^2$ を因数分解して計算できることに気づきました。ゆうこさんの考え方で計算しましょう。

解説 $m+1=A$，$m-1=B$ とおくと，

$$\begin{aligned}(m+1)^2-(m-1)^2&=A^2-B^2\\&=(A+B)(A-B)\\&=\{(m+1)+(m-1)\}\{(m+1)-(m-1)\}\\&=2m\times 2\\&=4m\end{aligned}$$

よって，ゆうこさんの考え方で計算したときと，たかしさんの考え方で計算したときの結果は同じである。

§1 多項式の計算

27 単項式と多項式の乗法・除法をする

次の計算をせよ。

(1) $x(2y+z)$ (2) $(4x-y+5)\times 3x$

(3) $(3x-2xy)\div x$ (4) $(a+2ab-ac)\div 3a$

FOCUS 分配法則を使って，単項式と多項式の乗除をする。

解き方

(1) $\boldsymbol{x}(2y+z)=\boldsymbol{x}\times 2y+\boldsymbol{x}\times z=2xy+xz$

(2) $(4x-y+5)\times \boldsymbol{3x}=4x\times\boldsymbol{3x}-y\times\boldsymbol{3x}+5\times\boldsymbol{3x}$

$=12x^2-3xy+15x$

(3) $(3x-2xy)\div x=(3x-2xy)\times\dfrac{\boldsymbol{1}}{\boldsymbol{x}}$

$=3x\times\dfrac{\boldsymbol{1}}{\boldsymbol{x}}-2xy\times\dfrac{\boldsymbol{1}}{\boldsymbol{x}}=3-2y$

(4) $(a+2ab-ac)\div 3a=(a+2ab-ac)\times\dfrac{\boldsymbol{1}}{\boldsymbol{3a}}$

$=a\times\dfrac{\boldsymbol{1}}{\boldsymbol{3a}}+2ab\times\dfrac{\boldsymbol{1}}{\boldsymbol{3a}}-ac\times\dfrac{\boldsymbol{1}}{\boldsymbol{3a}}$

$=\dfrac{1}{3}+\dfrac{2b}{3}-\dfrac{c}{3}$

答え (1) $2xy+xz$ (2) $12x^2-3xy+15x$

(3) $3-2y$ (4) $\dfrac{1}{3}+\dfrac{2b}{3}-\dfrac{c}{3}$

もっとくわしく

分配法則を利用する。

$\boldsymbol{a(b+c)=ab+ac}$

$\boldsymbol{(a+b)c=ac+bc}$

Return

分配法則

➡ 数編 11

単項式どうしの乗法・除法 ➡18

学習のPOINT

除法は乗法に直して計算する。

分配法則 $a(b+c)=ab+ac$, $(a+b)c=ac+bc$ を用いて，計算する。

確認問題

106 次の計算をせよ。

(1) $-5a(2ab+bc)$ (2) $\dfrac{1}{2}(4x^2-y+8)$

(3) $(3x^2-2xy)\div x$ (4) $(a-5ab-ac)\div 2a$

28 多項式どうしの乗法をする

次の式を展開せよ。

(1) $(a+2b)(3c+4d)$　　(2) $(2x^2-3x-2)(x+4)$

FOCUS 分配法則をくり返し用いる。

解き方

(1) $(a+2b)(3c+4d)$

$= \boldsymbol{a\times 3c + a\times 4d + 2b\times 3c + 2b\times 4d}$

$= 3ac+4ad+6bc+8bd$

(2) $(2x^2-3x-2)(x+4)$

$= 2x^2(x+4)-3x(x+4)-2(x+4)$

$= \boldsymbol{2x^2\times x + 2x^2\times 4 + (-3x)\times x + (-3x)\times 4}$
$\boldsymbol{+(-2)\times x + (-2)\times 4}$

$= 2x^3+8x^2-3x^2-12x-2x-8$

$= 2x^3+5x^2-14x-8$

答え (1) $3ac+4ad+6bc+8bd$
(2) $2x^3+5x^2-14x-8$

用語

展開する
単項式や多項式の積の形で書かれた式を単項式の和(差)の形で表すこと。

もっとくわしく

分配法則をくり返し用いて計算する。

$\boldsymbol{(a+b)(c+d)}$
$\boldsymbol{=a(c+d)+b(c+d)}$
$\boldsymbol{=ac+ad+bc+bd}$

学習のPOINT $(a+b)(c+d)=ac+ad+bc+bd$

確認問題

107 次の式を展開せよ。

(1) $(a+b)(c-d)$　　(2) $(2a-b)(c+3d)$

(3) $(a-3b)(4c-d)$　　(4) $(x+1)(y+1)$

(5) $(x+2)(x+3)$　　(6) $(2x-4)(3x-5)$

(7) $(y+5)(y-7)$　　(8) $(a-3)(a+8)$

(9) $(3a-5)(2a+7)$　　(10) $(2x-y)(4a-3b)$

(11) $(x-4y)(2x+y)$　　(12) $(2x-3y)(x+4y)$

(13) $(a+b)(x+y+z)$　　(14) $(x+3)(x-y+2)$

(15) $(x^2+2x-5)(2x+3)$　　(16) $(x+2y-z)(5x+y)$

29 $(x+a)(x+b)$ の乗法公式を使って展開する

次の式を展開せよ。

(1) $(x+4)(x-5)$　　(2) $(x+2y)(x-y)$　　(3) $(2x-3)(2x+7)$

FOCUS **乗法公式**
$$(x+a)(x+b)=x^2+(a+b)x+ab$$
を用いることを考える。

解き方

(1)
$$\begin{aligned}&(x+4)(x-5)\\&=x^2+(4-5)x+4\times(-5)\\&=x^2-x-20\end{aligned}$$

(2)
$$\begin{aligned}&(x+2y)(x-y)\\&=x^2+(2y-y)x+2y\times(-y)\\&=x^2+xy-2y^2\end{aligned}$$

(3)
$$\begin{aligned}&(2x-3)(2x+7)\\&=(2x)^2+(-3+7)\times 2x+(-3)\times 7\\&=4x^2+8x-21\end{aligned}$$

答え (1) x^2-x-20　(2) $x^2+xy-2y^2$
(3) $4x^2+8x-21$

用語

乗法公式
29 ～ 31 の学習の Point にある乗法の公式

ここに注意

28 の方法で展開することもできるが，あとの学習のことを考え，公式を利用できるようになっておこう。

もっとくわしく

乗法公式①の導き方
同類項（どうるいこう）はまとめる。
$$\begin{aligned}&(x+a)(x+b)\\&=x^2+bx+ax+ab\\&=x^2+(a+b)x+ab\end{aligned}$$

Return

展開する ➡28
同類項 ➡16

学習のPOINT

乗法公式①

$$(x+a)(x+b)=x^2+\underset{\text{和}}{\underline{(a+b)}}x+\underset{\text{積}}{\underline{ab}}$$

積
和

確認問題

108 次の式を展開せよ。

(1) $(x-3)(x-8)$　　(2) $(x-7)(x+6)$

(3) $(x-3y)(x+6y)$　　(4) $(3x-5)(3x+2)$

(5) $\left(\frac{1}{2}x-4\right)\left(\frac{1}{2}x+6\right)$　　(6) $(2a+3b)(2a-7b)$

(7) $(3x-2y)(3x-5y)$　　(8) $\left(\frac{1}{2}x-\frac{2}{5}\right)\left(\frac{1}{2}x-\frac{4}{5}\right)$

30　$(x+a)^2$, $(x-a)^2$ の乗法(じょうほう)公式を使って展開(てんかい)する

次の式を展開せよ。

(1) $(x+5)^2$　　(2) $(x-6y)^2$

(3) $(2x+3)^2$　　(4) $(3x-5y)^2$

FOCUS **乗法公式 $(x+a)^2=x^2+2ax+a^2$, $(x-a)^2=x^2-2ax+a^2$ を用いることを考える。**

解き方

(1) $(x+5)^2$

$=x^2+2\times5\times x+5^2$

$=x^2+10x+25$

(2) $(x-6y)^2$

$=x^2-2\times6y\times x+(6y)^2$

$=x^2-12xy+36y^2$

(3) $(2x+3)^2$

$=(2x)^2+2\times3\times2x+3^2$

$=4x^2+12x+9$

(4) $(3x-5y)^2$

$=(3x)^2-2\times5y\times3x+(5y)^2$

$=9x^2-30xy+25y^2$

答え (1) $x^2+10x+25$　(2) $x^2-12xy+36y^2$

(3) $4x^2+12x+9$　(4) $9x^2-30xy+25y^2$

もっとくわしく

乗法公式②・③の導き方

乗法公式①を用いる。

$(x+a)^2$
$=(x+a)(x+a)$
$=x^2+(a+a)x+a^2$
$=x^2+2ax+a^2$

$(x-a)^2$
$=(x-a)(x-a)$
$=x^2-(a+a)x+a^2$
$=x^2-2ax+a^2$

Return

乗法公式 ➡29

学習のPOINT 乗法公式②, ③

2倍　2乗

② $(x+a)^2=x^2+2ax+a^2$

③ $(x-a)^2=x^2-2ax+a^2$

確認問題

109 次の式を展開せよ。

(1) $(x-4)^2$　　(2) $(x+4y)^2$

(3) $\left(\frac{1}{3}x+3\right)^2$　　(4) $(5x-2y)^2$

31 $(x+a)(x-a)$の乗法公式を使って展開する

次の式を展開せよ。

(1) $(x+7)(x-7)$　(2) $(2x+5)(2x-5)$

(3) $(x+3y)(x-3y)$　(4) $(3a-4b)(3a+4b)$

FOCUS 乗法公式$(x+a)(x-a)=x^2-a^2$を用いることを考える。

解き方

(1) $(x+7)(x-7)$
$=x^2-7^2$
$=x^2-49$

(2) $(2x+5)(2x-5)$
$=(2x)^2-5^2$
$=4x^2-25$

(3) $(x+3y)(x-3y)$
$=x^2-(3y)^2$
$=x^2-9y^2$

(4) $(3a-4b)(3a+4b)$
$=(3a)^2-(4b)^2$
$=9a^2-16b^2$

答え (1) x^2-49　(2) $4x^2-25$
(3) x^2-9y^2　(4) $9a^2-16b^2$

もっとくわしく

乗法公式④の導き方

乗法公式①を用いる。

$(x+a)(x-a)$
$=x^2+(a-a)x-a^2$
$=x^2-a^2$

Return

乗法公式 ➡29

学習のPOINT

乗法公式④

$(x+a)(x-a)=x^2-a^2$

確認問題

110 次の式を展開せよ。

(1) $(x+6)(x-6)$　(2) $(x+8)(x-8)$

(3) $(3x+2)(3x-2)$　(4) $(3x+4)(3x-4)$

(5) $(a+5b)(a-5b)$　(6) $(2x-9y)(2x+9y)$

(7) $\left(x+\frac{1}{2}\right)\left(x-\frac{1}{2}\right)$　(8) $\left(x+\frac{2}{3}y\right)\left(x-\frac{2}{3}y\right)$

32 おきかえをして展開する

次の式を展開せよ。

(1) $(x+y-2)(x+y-5)$　　(2) $(a+b-c)^2$

(3) $(x+y+z)(x-y-z)$

FOCUS **共通部分を見つけ，文字におきかえ，乗法公式を利用することを考える。**

解き方

(1) $(\boldsymbol{x}+\boldsymbol{y}-2)(\boldsymbol{x}+\boldsymbol{y}-5)$

$=(\boldsymbol{A}-2)(\boldsymbol{A}-5)$ (＊1)

$=\boldsymbol{A}^2-7\boldsymbol{A}+10$

$=(x+y)^2-7(x+y)+10$

$=x^2+2xy+y^2-7x-7y+10$

(2) $(\boldsymbol{a}+\boldsymbol{b}-c)^2$

$=(\boldsymbol{A}-c)^2$ (＊2)

$=\boldsymbol{A}^2-2c\boldsymbol{A}+c^2$

$=(a+b)^2-2c(a+b)+c^2$

$=a^2+2ab+b^2-2ac-2bc+c^2$

(3) $(x+y+z)(x-y-z)$

$=(x+\boldsymbol{y}+\boldsymbol{z})\{x-(\boldsymbol{y}+\boldsymbol{z})\}$

$=(x+\boldsymbol{A})(x-\boldsymbol{A})$ (＊3)

$=x^2-\boldsymbol{A}^2$

$=x^2-(y+z)^2$

$=x^2-(y^2+2yz+z^2)$

$=x^2-y^2-2yz-z^2$

ここに注意

おきかえた文字をもとに戻して，計算を進めることを忘れないようにする。

もっとくわしく

(＊1)
$\boldsymbol{x}+\boldsymbol{y}=\boldsymbol{A}$ とおき，乗法公式を利用して展開する。
$\boldsymbol{A}$ を $\boldsymbol{x}+\boldsymbol{y}$ にもどし，さらに展開する。

(＊2)
$\boldsymbol{a}+\boldsymbol{b}=\boldsymbol{A}$ とおく。

(＊3)
$\boldsymbol{y}+\boldsymbol{z}=\boldsymbol{A}$ とおく。

Return

乗法公式①〜④ ➡29 30 31

答え (1) $x^2+2xy+y^2-7x-7y+10$
(2) $a^2+2ab+b^2-2ac-2bc+c^2$　(3) $x^2-y^2-2yz-z^2$

学習のPOINT かけあわされている２つの式に共通する部分があるときは，１つの文字でおきかえて，乗法公式を利用する。

確認問題

111 次の式を展開せよ。

(1) $(a+b+2)^2$　　(2) $(x-2y+5)(x-2y-3)$

(3) $(x+y+z)^2-(x-y-z)^2$　　(4) $(2a-3b-c)(2a+3b-c)$

§2 因数分解

33 共通な因数をくくり出し因数分解する

次の式を因数分解せよ。

(1) $axy + abc$ (2) $ax^2 - a^2x$ (3) $12xy + 18xz$

FOCUS 共通な因数をくくり出して,因数分解する。

解き方

(1) $\boldsymbol{a}xy + \boldsymbol{a}bc$

$= \boldsymbol{a}(xy + bc)$

(2) $ax^2 - a^2x$

$= \boldsymbol{ax} \times x - a \times \boldsymbol{ax}$

$= \boldsymbol{ax}(x - a)$

(3) $12xy + 18xz$

$= \boldsymbol{6x} \times 2y + \boldsymbol{6x} \times 3z$

$= \boldsymbol{6x}(2y + 3z)$

答え (1) $a(xy + bc)$ (2) $ax(x - a)$

(3) $6x(2y + 3z)$

用語

因数
1 つの多項式をいくつかの単項式や多項式の積の形に表したとき，それぞれの式をもとの式の因数という。

共通因数
各項の共通な因数のこと。例えば，$\underline{\boldsymbol{a}}\boldsymbol{b} + \underline{\boldsymbol{a}}\boldsymbol{c} = \underline{\boldsymbol{a}}(\boldsymbol{b} + \boldsymbol{c})$ の共通因数は $\boldsymbol{a}$

因数分解
1 つの多項式をいくつかの因数の積の形に表すこと。

積の形 → 展開 → 和の形
和の形 → 因数分解 → 積の形

Return

展開する ➡28
単項式どうしの乗法・除法 ➡18

学習のPOINT $\bigcirc \boldsymbol{xy} + \bigcirc \boldsymbol{xz} = \bigcirc \boldsymbol{x}(\boldsymbol{y} + \boldsymbol{z})$

確認問題

112 次の式を因数分解せよ。

(1) $15ax - 20bx$

(2) $ab^2c + abc^2$

(3) $16x^2y + 20xyz - 24xz^2$

34 公式を利用して因数分解する

次の式を因数分解せよ。

(1) $x^2+14x+49$　(2) $x^2-x+\dfrac{1}{4}$

(3) x^2-25　(4) $x^2-7x+10$

FOCUS **展開した結果の式を見て，乗法公式を利用することを考える。**

解き方

(1) $x^2+14x+49$　(＊1)

$=\boldsymbol{x^2+2\times7x+7^2}$

$=(x+7)^2$

(2) $x^2-x+\dfrac{1}{4}$　(＊2)

$=\boldsymbol{x^2-2\times\dfrac{1}{2}x+\left(\dfrac{1}{2}\right)^2}$

$=\left(x-\dfrac{1}{2}\right)^2$

(3) x^2-25　(＊3)

$=\boldsymbol{x^2-5^2}$

$=(x+5)(x-5)$

(4) $x^2-7x+10$　(＊4)

$=\boldsymbol{x^2+(-2\boxed{-5})x+(-2)\times(\boxed{-5})}$

$=(x-2)(x\boxed{-5})$

答え (1) $(x+7)^2$　(2) $\left(x-\dfrac{1}{2}\right)^2$

(3) $(x+5)(x-5)$　(4) $(x-2)(x-5)$

もっとくわしく

(＊1)
定数項（ていすうこう）が **7** の **2** 乗で，$\boldsymbol{x}$ の係（けい）数（すう）が **2 × 7** なので，下の公式②を使う。

(＊2)
定数項が $\dfrac{1}{2}$ の **2** 乗で，$\boldsymbol{x}$ の係数が $2\times\left(-\dfrac{1}{2}\right)$ なので，下の公式③を使う。

(＊3)
$\boldsymbol{x}$ の項がないので，下の公式④を使う。

(＊4)
公式②③④には適さないので公式①を使う。積が**10**，和が **− 7** なので，ともに負の数であることがわかる。このような**2**数をみつける。

Return

展開する ➡28
乗法公式①〜④ ➡29 30 31
因数分解 ➡33

学習のPOINT

① $\boldsymbol{x^2+(a+b)x+ab=(x+a)(x+b)}$

・$\boldsymbol{ab}$ が正の数のときは $\boldsymbol{a}$，$\boldsymbol{b}$ は同符号（ふごう），負の数のときは異符号

② $\boldsymbol{x^2+2ax+a^2=(x+a)^2}$　③ $\boldsymbol{x^2-2ax+a^2=(x-a)^2}$

④ $\boldsymbol{x^2-a^2=(x+a)(x-a)}$

確認問題

113 次の式を因数分解せよ。

(1) $x^2+20x+100$　(2) $x^2+16x+64$　(3) $x^2-24x+144$

(4) $x^2-\dfrac{14}{5}x+\dfrac{49}{25}$　(5) $x^2-10x+24$　(6) $x^2-10x-24$

(7) x^2-169　(8) $x^2-\dfrac{9}{4}$

35 単項式(たんこうしき)を 1 つの文字とみなして因数(いんすう)分解する

次の式を因数分解せよ。

(1) $4x^2 - 25$　　(2) $x^2 + 6xy + 9y^2$

(3) $x^2y^2 + 4xy - 12$　　(4) $x^2 - \frac{1}{3}xy + \frac{1}{36}y^2$

FOCUS **単項式を 1 つの文字とみなし，公式を利用することを考える。**

解き方

(1) $4x^2 - 25$
$= (2x)^2 - 5^2$ (＊1)
$= (2x + 5)(2x - 5)$

(2) $x^2 + 6xy + 9y^2$
$= x^2 + 2 \times 3y \times x + (3y)^2$ (＊2)
$= (x + 3y)^2$

(3) $x^2y^2 + 4xy - 12$
$= (xy)^2 + (6 - 2)xy + 6 \times (-2)$ (＊3)
$= (xy + 6)(xy - 2)$

(4) $x^2 - \frac{1}{3}xy + \frac{1}{36}y^2$
$= x^2 - 2 \times \frac{1}{6}y \times x + \left(\frac{1}{6}y\right)^2$ (＊4)
$= \left(x - \frac{1}{6}y\right)^2$

答え (1) $(2x + 5)(2x - 5)$　(2) $(x + 3y)^2$
(3) $(xy + 6)(xy - 2)$　(4) $\left(x - \frac{1}{6}y\right)^2$

もっとくわしく

(＊1)
$2x$ を 1 つの文字とみなす。
(＊2)
$3y$ を 1 つの文字とみなす。
(＊3)
xy を 1 つの文字とみなす。
(＊4)
$\frac{1}{6}y$ を 1 つの文字とみなす。

Return
因数分解の公式 ➡34

学習のPOINT 単項式を 1 つの文字とみなして，因数分解する。

確認問題

114 次の式を因数分解せよ。

(1) $16x^2 - 9y^2$　　(2) $x^2 - 7xy + \frac{49}{4}y^2$

(3) $x^2 - 11ax + 10a^2$　　(4) $4x^2 + 12xy + 9y^2$

(5) $25x^2y^2 - 20xy + 4$　　(6) $\frac{9}{4}x^2 - \frac{1}{36}y^2$

36 おきかえなどを用いて因数分解する

次の式を因数分解せよ。

(1) $3ax^2 - 30ax - 33a$　(2) $2(x-y) + a(x-y)$
(3) $2xy + 2x + y + 1$　(4) $(m+1)^2 - (n+1)^2$

FOCUS **単項式や多項式を共通因数とみなす。**

解き方

(1) $3ax^2 - 30ax - 33a$
$= \mathbf{3a(x^2 - 10x - 11)}$ (＊1)
$= \mathbf{3a(x-11)(x+1)}$

(2) $2(\boldsymbol{x-y}) + a(\boldsymbol{x-y})$
$= 2\boldsymbol{A} + a\boldsymbol{A}$ (＊2)
$= (2+a)\boldsymbol{A}$
$= (2+a)(\boldsymbol{x-y})$

(3) $2xy + 2x + y + 1$
$= 2x(\boldsymbol{y+1}) + (\boldsymbol{y+1})$ (＊3)
$= 2x\boldsymbol{A} + \boldsymbol{A}$
$= (2x+1)\boldsymbol{A}$
$= (2x+1)(\boldsymbol{y+1})$

(4) $(\boldsymbol{m+1})^2 - (\boldsymbol{n+1})^2$
$= \boldsymbol{A}^2 - \boldsymbol{B}^2$ (＊4)
$= (\boldsymbol{A}+\boldsymbol{B})(\boldsymbol{A}-\boldsymbol{B})$
$\{(\boldsymbol{m+1}) + (\boldsymbol{n+1})\}\{(\boldsymbol{m+1}) - (\boldsymbol{n+1})\}$
$= (m+n+2)(m-n)$

答え (1) $3a(x-11)(x+1)$　(2) $(2+a)(x-y)$
(3) $(2x+1)(y+1)$　(4) $(m+n+2)(m-n)$

もっとくわしく

(＊1)
共通因数 $\mathbf{3a}$ をくくり出す。さらに，（　）の中の式を因数分解する。

(＊2)
$\boldsymbol{x - y = A}$ とおき，因数分解する。

(＊3)
適当な2つの項を組み合わせ，共通因数をくくり出す。
$\boldsymbol{y + 1 = A}$ とおき，因数分解する。

(＊4)
$\boldsymbol{m + 1 = A}$,
$\boldsymbol{n + 1 = B}$ とおき，因数分解する。

Return
共通因数をくくり出す ➡33
因数分解の公式 ➡34

学習のPOINT 共通する部分を1つの文字でおきかえて，共通因数を見つけやすい形にする。

確認問題

115 次の式を因数分解せよ。

(1) $ax^3 + 3ax^2 - 10ax$　(2) $4a(x-y) - (x-y)$
(3) $5xy - 5x - y + 1$　(4) $x^2 + x + xy + y$
(5) $(x+y)^2 - 2(x+y) + 1$

§3 式の計算の利用

37 公式を利用して計算する

次の計算をせよ。

(1) 105^2　　(2) 79×81　　(3) $48^2 - 52^2$

FOCUS **乗法公式や，因数分解の公式を利用することを考える。**

解き方

(1) 105^2

$= (\mathbf{100 + 5})^2$ (＊1)

$= 100^2 + 2 \times 5 \times 100 + 5^2$

$= 10000 + 1000 + 25$

$= 11025$

(2) $\mathbf{79} \times \mathbf{81}$

$= (\mathbf{80 - 1}) \times (\mathbf{80 + 1})$ (＊1)

$= 80^2 - 1^2$

$= 6400 - 1$

$= 6399$

(3) $48^2 - 52^2$

$= (48 + 52) \times (48 - 52)$ (＊2)

$= 100 \times (-4)$

$= -400$

答え (1) 11025　　(2) 6399　　(3) -400

もっとくわしく

(＊1)
乗法公式を使いやすい数になおし，計算する。
(1) $105 = 100 + 5$
(2) $79 = 80 - 1$
$81 = 80 + 1$

(＊2)
因数分解の公式
$x^2 - a^2 = (x + a)(x - a)$
を使う。

Return

乗法公式①〜④ ➡29 30 31
因数分解の公式 ➡34

学習のPOINT 乗法公式や因数分解の公式が使えるように，与えられた数を別の数の和や差として見る。

確認問題

116 次の計算をせよ。

(1) 201^2　　(2) 103×97　　(3) $28^2 - 32^2$

38 展開や因数分解を利用して数の性質を説明する

異なる2つの奇数の平方の差は，4の倍数であることを説明せよ。

FOCUS 乗法公式や因数分解を利用して式変形することを考える。

答え

m，n を整数とすると，2つの奇数は **$2m+1$，$2n+1$** と表される。$(m \neq n)$

したがって，2つの奇数の平方の差は

$$
\begin{aligned}
&(2m+1)^2-(2n+1)^2\\
&=\{(2m+1)+(2n+1)\}\{(2m+1)-(2n+1)\}\\
&=(2m+2n+2)(2m-2n)\\
&=2(m+n+1)\times 2(m-n)\\
&=4(m+n+1)(m-n)
\end{aligned}
$$

m，n は整数なので $(m+n+1)$ も $(m-n)$ も整数。

よって $4(m+n+1)(m-n)$ は4の倍数。（＊1）

したがって，2つの奇数の平方の差は，4の倍数である。

もっとくわしく

（＊1）

4の倍数であることを示すには，4×(整数)の形に変形すればよい。

Return

文字式を使って説明する ➡21

奇数の表し方 ➡22

おきかえなどを用いた因数分解 ➡36

学習のPOINT 多項式を展開したり因数分解したりして，説明に適した形に変形する。

確認問題

117 次のことがらを説明せよ。

(1) 連続する2つの奇数の平方の差は8の倍数であること。

(2) 右の図のような長方形の公園の周りに，幅 a の道がある。この道の面積を S，道の中央を通る線の長さを ℓ とすると，道の面積は $a\ell$ に等しいこと。

章末問題

解答 ➡p.69

43 次の計算をせよ。

(1) $x(3x-2)+2x$ （山梨県）

(2) $(6x-3)\times\frac{1}{3}x$ （愛媛県）

(3) $(6x^2y+2xy^2)\div 2xy$ （大分県）

(4) $(24x^2y-15xy)\div(-3xy)$ （山形県）

44 次の式を展開せよ。

(1) $(x+2)(x-3)$ （沖縄県）

(2) $(x+4)^2$ （栃木県）

(3) $(5x+y)(5x-y)$ （広島県）

(4) $(x+2)^2-4(x+2)$ （福島県）

(5) $(3a+2b)^2-(a+4b)(a+8b)$ （愛知県）

45 次の式を因数分解せよ。

(1) $6a^2b-4ab^2-8ab$ （和歌山県）

(2) $x^2-8x+16$ （沖縄県）

(3) $x^2+12x+35$ （山口県）

(4) x^2+x-12 （埼玉県）

(5) $x^2-10x+24$ （岩手県）

(6) x^2-4y^2 （福井県）

(7) $3x^2-6xy-45y^2$ （香川県）

(8) $(x-4)^2+2(x-2)-3$ （愛知県）

(9) $(x+6)^2-13(x+6)+40$ （京都府）

(10) $xy+3x-y-3$ （函館ラ・サール高）

46

次の式の値を求めよ。

(1) $a = \dfrac{1}{8}$のとき，$(2a - 5)^2 - 4a(a - 3)$　（静岡県）

(2) $x = 97$ のとき，$x^2 + 6x + 9$

47

次の式を工夫して計算せよ。

(1) 51×49

(2) 97^2

(3) $75^2 - 25^2$

48

連続する3つの整数がある。もっとも大きい数と中央の数との積から，中央の数ともっとも小さい数との積をひいた差は，中央の数の2倍になる。このことを，もっとも小さい数を n として，式を用いて説明せよ。

（栃木県）

49

次の図は，ある月のカレンダーである。この中の4つの数を正方形状に囲んだとき，右上の数と左下の数の積から，左上の数と右下の数の積をひいた差は7になることを説明せよ。

日	月	火	水	木	金	土
1	2	3	4	5	6	7
8	9	10	11	12	13	14
15	16	17	18	19	20	21
22	23	24	25	26	27	28
29	30	31				

50 思考力

図 1 のように，1 辺の長さが 1cm の正方形のカードをすき間なく並べて順番に図形を作る。段の数は，順に 1 段ずつ増やし，一番下の段のカードの枚数は，順に 2 枚ずつ増やす。

図 1

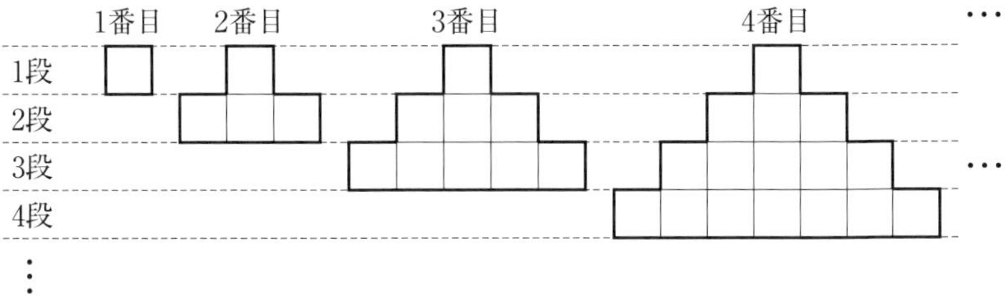

図形の周を太線で示し，カードとカードの境目を細線で示してある。

次の(1)～(4)の問いに答えなさい。

(1) 5 番目の図形について，

（ア）一番下の段のカードの枚数を求めなさい。

（イ）周の長さを求めなさい。

(2) n 番目の図形について，

（ア）一番下の段のカードの枚数を，n を使った式で表しなさい。

（イ）周の長さを，n を使った式で表しなさい。

(3) 次の文章は，カードの総数について，花子さんの考えをまとめたものである。□に n を使った式を当てはまるように書きなさい。

> 3 番目の図形のカードの総数は，数えると 9 枚である。図 2 のように，3 番目の図形と，それをひっくり返した図形を組み合わせた図形を作り，計算で求めることもできる。図 2 の図形では，カードが 6 枚ずつ 3 段あるから，総数は 18 枚である。よって，3 番目の図形のカードの総数は 9 枚である。
>
> 図 2
>
> 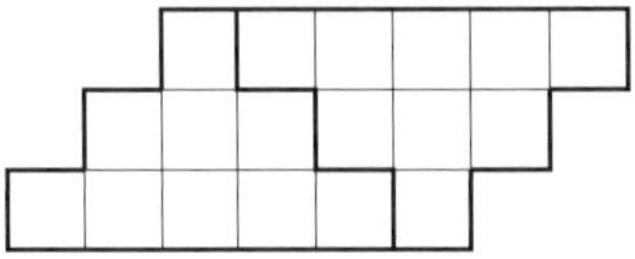
>
> 同じように考えると，n 番目の図形のカードの総数は，□枚となる。

(4) カードとカードの境目の長さの和は，3 番目の図形では 10cm である。n 番目の図形では何 cm であるかを求めなさい。（岐阜県）

方程式編

数学的活用

1年生で学ぶ方程式の世界

等式をつくって文字の値を求める方法

小学校では求めたいことがらを□で表し，式を作ってから，その□を求める計算を学習しました。
また，式編では，求めたい数量を文字式で表すこと，その文字式に値を代入することなどを学びました。この1年生の方程式編では，求めたい数量を文字でおき，等しい数量の関係を見つけ，方程式をつくること，その方程式を解くことなどを学びます。

碁石の数を求める

「さっさ立て」という昔の遊びがあります。この遊びは碁石を取るたびに，「さあ」というかけ声を出します。碁石は2つずつまたは1つずつ取っていき，それぞれ左側，右側に分けておきます。すると，最初にあった碁石の数と「さあ」というかけ声の数から，左右に何個ずつ分けたかがわかるというのです。なぜこのようなことでわかるのでしょうか。
アキコさんは碁石を取る人，ヒロコさんはその碁石の数を当てる人とします。
まずアキコさんはヒロコさんに見えないようにして，その碁石を「さあ」と言いながら，2つまたは1つを取り，2つの時は左側に，1つの時は右側に分けていきます。
最初の碁石の数が30個で，「さあ」というかけ声は22回のとき，左右にそれぞれ何個ずつ分けたのでしょうか。

小学校の復習

回数や碁石の数を□で表す

2つずつ取った回数を□回とするとき，1つずつ取った回数を，□を使った式で答えましょう。

解答
2つずつ取った回数と1つずつ取った回数の和が22であるから，
□＋(1つずつ取った回数)＝22
(1つずつ取った回数)＝22－□
答え　22－□(回)

1 年生 2 3

回数や碁石の数を文字で表す

>>> P.80 文字と式

2つずつ取った回数をx回とするとき，1つずつ取った回数を，xを使った式で答えましょう。

解答
(2つずつ取った回数)＋(1つずつ取った回数)＝22　であるから，
(1つずつ取った回数)＝$22-x$
答え　$22-x$(回)

2つずつ取った碁石の個数の合計と1つずつ取った碁石の個数の合計を，それぞれxを使った式で答えましょう。

解答
(2つずつ取った個数の合計)＝2×(2つずつ取った回数)＝$2x$
(1つずつ取った個数の合計)＝1×(1つずつ取った回数)＝$1\times(22-x)=22-x$
答え　(2つずつ取った個数の合計)＝$2x$(個)，(1つずつ取った個数の合計)＝$22-x$(個)

碁石の数の合計について方程式で表す

>>> P.148 1次方程式

2つずつ取った碁石の個数と，1つずつ取った碁石の個数の合計の和が30個になることを，方程式に表しましょう。

解答
(2つずつ取った個数の合計)＋(1つずつ取った個数の合計)＝30
答え　$2x+(22-x)=30$

碁石を何個ずつ取ったのかを知りたい

>>> P.141 1次方程式

上の問題でつくった方程式を解き，2個の碁石，1個の碁石をそれぞれ何個ずつ取ったのかを求めましょう。

解答
$2x+(22-x)=30$
$x+22=30$
両辺から22を引いて(22を右辺(うへん)に移項(いこう)して)，
$x=8$
よって，(2つずつ取った個数の合計)＝$2\times8=16$
(1つずつ取った個数の合計)＝$22-8=14$
答え　2つずつ取った個数は16個，1つずつ取った個数は14個

第1章 1次方程式 学習内容ダイジェスト

■マッチ棒の本数と三角形の数の関係

下の図のようにマッチ棒で三角形を作りながら，つなげていきます。
マッチ棒の本数と三角形の数にはどんな関係があるでしょうか。

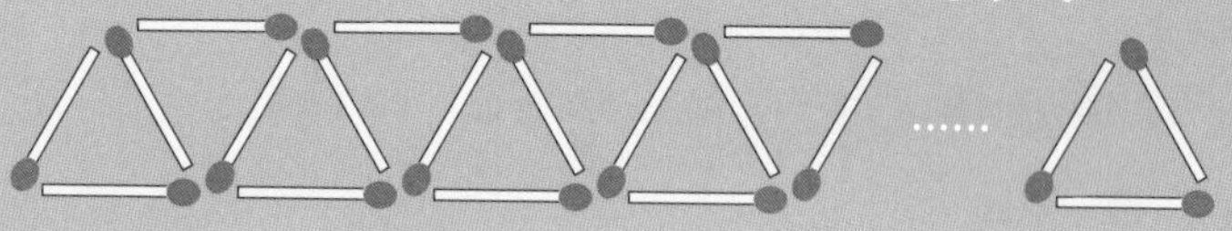

1次方程式とその解 ⇒P.140

1次方程式とその解の意味について学びます。

例 マッチ棒によってできる三角形の数を x 個とするとき，マッチ棒の本数は右の図から，

$$3+2(x-1)$$
$$=2x+1 (本)$$

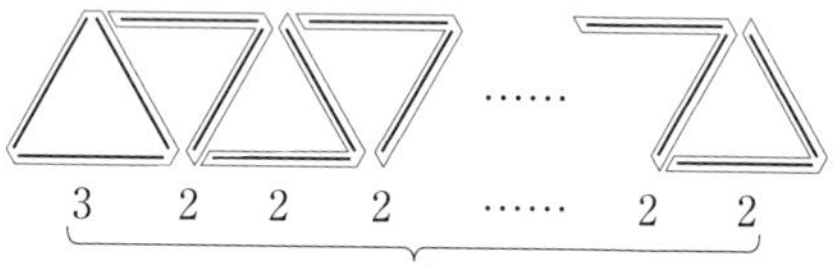

と表されます。ここでマッチ棒が7本のとき，三角形は何個つくれますか。次の中から選びましょう。

(i) 1個　(ii) 2個　(iii) 3個　(iv) 4個

解説 マッチ棒の本数が7本だから，

$$2x+1=7$$

この方程式を成り立たせるような x の値が三角形の個数である。

(i) $x=1$ を代入すると

(左辺) $=2\times1+1=3$ より，(左辺) $\neq$ (右辺)

(ii) $x=2$ を代入すると

(左辺) $=2\times2+1=5$ より，(左辺) $\neq$ (右辺)

(iii) $x=3$ を代入すると

(左辺) $=2\times3+1=7$ より，(左辺) $=$ (右辺)

(iv) $x=4$ を代入すると

(左辺) $=2\times4+1=9$ より，(左辺) $\neq$ (右辺)

よって，(iii)のとき，方程式が成り立つ。

答え (iii)

1次方程式の解の求め方 ⇒P.141

いろいろな1次方程式の解の求め方を学びます。

例 マッチ棒が31本のとき，三角形が何個つくれますか。三角形の数をx個として，方程式をつくり，解きましょう。

解説 三角形がx個のときのマッチ棒の本数は$(2x+1)$本なので，

$$2x+1=31$$

両辺から1を引いて(1を右辺に移項して)

$$2x=30$$

両辺を2で割って

$$x=15$$

答え　15個

1次方程式の利用 ⇒P.148

1次方程式を利用して，さまざまな数量の求め方を学びます。

例 マッチ棒が100本のとき，三角形は何個つくれますか。

解説

$$2x+1=100$$
$$2x=99$$
$$x=49.5$$

ここで，xは三角形の個数だから，自然数でなければいけない(小数にはならない)。

よって，つくれる三角形の個数は49個である。

答え　49個

この問題のように，実際の問題を解くときには，方程式の解が問題に適しているのかどうかを確認する必要があります。これを「解を吟味する」といいます。

§1 1次方程式とその解

1 方程式の解を選ぶ

-1, 0, 1, 2 の中で方程式 $4x+3=6x-1$ の解となっているものを選べ。

FOCUS **方程式の解の意味を考える。**

解き方

具体的な数値を代入する。

(i) $x=-1$ のとき

(左辺) $=4\times(\mathbf{-1})+3=-1$

(右辺) $=6\times(\mathbf{-1})-1=-7$

(左辺) $\neq$ (右辺) より，$x=-1$ は解ではない。

(ii) $x=0$ のとき

(左辺) $=4\times\mathbf{0}+3=3$ (右辺) $=6\times\mathbf{0}-1=-1$

(左辺) $\neq$ (右辺) より，$x=0$ は解ではない。

(iii) $x=1$ のとき

(左辺) $=4\times\mathbf{1}+3=7$ (右辺) $=6\times\mathbf{1}-1=5$

(左辺) $\neq$ (右辺) より，$x=1$ は解ではない。

(iv) $x=2$ のとき

(左辺) $=4\times\mathbf{2}+3=11$ (右辺) $=6\times\mathbf{2}-1=11$

(左辺) $=$ (右辺) より，$x=2$ は解である。

答え 2

用語

等式
2つの数量の関係を等号(=)を使って表した式。

左辺・右辺・両辺
等式で等号の左の部分を左辺，右の部分を右辺という。左辺と右辺を合わせて両辺という。

方程式
式の中の文字に特別な値を代入すると成り立つ等式。

方程式の解
その方程式を成り立たせる文字の値をその方程式の解という。

Return
代入する ➡ 式編 7

学習のPOINT **x の値を代入して，等式が成り立つかどうかを調べる。**

確認問題

118 次の方程式の解になっているものを下から選べ。

$3x-4=6x+8$

(1) $x=1$ (2) $x=-2$ (3) $x=3$ (4) $x=-4$

119 -2, -1, 0, 1, 2 のうちで，次の方程式の解になるものをそれぞれ選べ。

(1) $x-2=0$ (2) $5x-4=-9$ (3) $\dfrac{x}{4}+1=\dfrac{3}{2}$ (4) $1=3-x$

§２ １次方程式の解の求め方

2 等式の性質を利用して方程式(ほうていしき)を解く

等式の性質を利用して次の方程式を解け。

(1) $x-6=3$　(2) $x+5=2$　(3) $\frac{1}{2}x=6$　(4) $3x=6$

FOCUS 等式の性質を利用して解く方法を考える。

解き方

(1) $x-6=3$

式の両辺(りょうへん)に 6 を加えて（＊1）

$x-6+6=3+6$

$x=9$

(2) $x+5=2$

$x+5-5=2-5$（＊2）

$x=-3$

(3) $\frac{1}{2}x=6$

$\frac{1}{2}x\times 2=6\times 2$（＊3）

$x=12$

(4) $3x=6$

$3x\div 3=6\div 3$（＊4）

$x=2$

答え (1) $x=9$　(2) $x=-3$　(3) $x=12$　(4) $x=2$

用語

解く
方程式の解を求めること。

もっとくわしく

等式の性質を利用する。

（＊1）
$A=B$ ならば
$A+C=B+C$ を利用する。

（＊2）
式の両辺から 5 をひく。
$A=B$ ならば $A-C=B-C$

（＊3）
式の両辺に 2 をかける。
$A=B$ ならば $AC=BC$

（＊4）
式の両辺を 3 でわる。
$A=B$ ならば $A\div C=B\div C$
ただし $C\neq 0$

Return

等式 ➡1　方程式 ➡1

学習のPOINT 等式の性質　$A=B$ ならば

① $A+C=B+C$　② $A-C=B-C$　③ $AC=BC$

④ $A\div C=B\div C$　ただし $C\neq 0$　⑤ $B=A$

確認問題

120 次の方程式を解け。

(1) $x+3=8$　(2) $x-6=-13$　(3) $-\frac{1}{3}x=3$　(4) $-4x=6$

3 移項して方程式の解を求める

次の方程式を解け。

(1) $5x - 4 = 3x + 2$　　(2) $2x - 3 = 4x - 7$

FOCUS **文字の項を一方の辺に，数の項を他方の辺に移項して解く。**

解き方

(1) $5x - 4 = \mathbf{3x} + 2$

右辺の $3x$ を左辺に移項して　(＊1)

$5x - 4 - 3x = 2$

左辺の -4 を右辺に移項して　(＊2)

$5x - 3x = 2 + 4$

$2x = 6$

$x = 3$

(2) $2x - 3 = \mathbf{4x} - 7$

右辺の $4x$ を移項して

$2x - 3 - 4x = -7$

左辺の -3 を移項して

$2x - 4x = -7 + 3$

$-2x = -4$

$x = 2$

答え　(1) $x = 3$　　(2) $x = 2$

用語

移項
等式の一方の辺にある項をその符号を変えて他の辺に移すこと。

1 次方程式
移項して整理することによって，$ax + b = 0$（a, b は定数，$a \neq 0$）の形に変形できる方程式。

もっとくわしく

(＊1)
等式の性質を利用して，両辺から $3x$ をひくことと同じ。
$5x - 4 - 3x = 3x + 2 - 3x$

(＊2)
等式の性質を利用して，両辺に 4 を加える。

Return

解く ➡ 2
項 ➡ 式編 8

学習の POINT
方程式を解くときは移項を使うと計算が短縮されて速く解ける。
符号が逆になることに注意して文字をふくむ項と数字だけの項を分けるとよい。

確認問題

121 次の方程式を解け。

(1) $4x + 1 = 2x - 7$　　(2) $x + 7 = 5x - 1$

(3) $3x + 4 = 7x - 3$　　(4) $4x - 1 = 5x + 2$

(5) $7 - 9x = 2x + 4$　　(6) $6 - 3x = 2 + 5x$

(7) $6x + 8 = 3x - 1$　　(8) $x + 5 = 6x - 13$

4 かっこのある方程式を解く

次の方程式を解け。

(1) $5x - 7(x - 3) = -3$　　(2) $3(x - 1) - 2(x - 5) = 1$

FOCUS **かっこのある方程式は，まず分配法則を使ってかっこをはずすことを考える。**

解き方

(1) $5x - 7(x - 3) = -3$

分配法則を使ってかっこをはずすと

$5x \mathbf{- 7x + 21} = -3$

左辺の21を移項して

$5x - 7x = -3 - 21$

$-2x = -24$

両辺を-2でわって

$x = 12$

(2) $3(x - 1) - 2(x - 5) = 1$

分配法則を使ってかっこをはずすと

$\mathbf{3x - 3 - 2x + 10} = 1$

$3x - 2x - 3 + 10 = 1$

$x + 7 = 1$

$x = 1 - 7$

$x = -6$

答え (1) $x = 12$　　(2) $x = -6$

ここに注意

かっこをはずすとき，かっこの前の数の符号に注意しよう。

もっとくわしく

分配法則

ある数と2数の和との積は，ある数を2数のそれぞれにかけた積の和に等しい。

$a \times (b + c) = a \times b + a \times c$

$(a + b) \times c = a \times c + b \times c$

Return

分配法則 ➡ 数編 11
移項 ➡ 3

学習のPOINT 分配法則　$a \times (b + c) = a \times b + a \times c$

$(a + b) \times c = a \times c + b \times c$

確認問題

122 次の方程式を解け。

(1) $3x - 7(x + 1) = 5$　　(2) $3(x - 2) = 5x - 6$

(3) $8 - 5(1 - x) = 13$　　(4) $4(x - 3) - 7(x + 2) = -5$

(5) $2(x - 4) - 4(x + 1) = -8$　　(6) $5(3 - 2x) = 7 - 2(2x - 5)$

5 係数に小数をふくむ方程式を解く

次の方程式を解け。

(1) $0.4x + 0.2 = 0.6x - 0.8$

(2) $0.1x + 0.02 = 0.13x - 0.4$

FOCUS **係数に小数をふくむ方程式では，計算をしやすくするため，係数を整数にすることを考える。このとき，等式の性質を利用する。**

解き方

(1) 両辺を 5 倍して (＊1)

$$2x + 1 = 3x - 4$$
$$2x - 3x = -4 - 1$$
$$-x = -5$$
$$x = 5$$

(2) 両辺を 100 倍して

$$10x + 2 = 13x - 40$$
$$10x - 13x = -40 - 2$$
$$-3x = -42$$
$$x = 14$$

答え (1) $x = 5$ (2) $x = 14$

ここに注意

(＊1)
ここで両辺を 10 倍してもよい。
その場合，
$4x + 2 = 6x - 8$
となる。これを計算しても求められる。

Return

係数 ➡ 式編 8
等式の性質 ➡ 2

学習の POINT 係数に小数をふくむ方程式は，両辺に 10 や 100 をかけて係数を整数にしてから計算する。

確認問題

123 次の方程式を解け。

(1) $1.4x + 3 = 2.3x + 12$

(2) $-0.3x + 2 = 0.2x - 2.5$

(3) $0.9x - 7 = 1.5x - 2.2$

(4) $0.6x + 0.7 = 3.1$

(5) $0.13x + 0.04 = -0.22$

(6) $0.33x + 1.6 = 1.13x$

6　係数(けいすう)に分数をふくむ方程式(ほうていしき)を解く

次の方程式を解け。

(1) $\frac{2}{3}x+\frac{1}{2}=\frac{1}{2}x+1$　　(2) $\frac{3x-1}{7}=\frac{x+1}{3}$

FOCUS **係数に分数をふくむ方程式は，係数を整数にすることを考える。**

解き方

(1) $\frac{2}{3}x+\frac{1}{2}=\frac{1}{2}x+1$

両辺(りょうへん)に6をかけると　(＊1)

$$\left(\frac{2}{3}x+\frac{1}{2}\right)\times 6=\left(\frac{1}{2}x+1\right)\times 6$$

$$\frac{2}{3}x\times 6+\frac{1}{2}\times 6=\frac{1}{2}x\times 6+1\times 6$$

$$4x+3=3x+6$$

$$4x-3x=6-3$$

$$x=3$$

(2) $\frac{3x-1}{7}=\frac{x+1}{3}$

両辺に21をかけると　(＊1)

$$3(3x-1)=7(x+1)$$

$$9x-3=7x+7$$

$$9x-7x=7+3$$

$$2x=10$$

$$x=5$$

答え　(1) $x=3$　　(2) $x=5$

もっとくわしく

(＊1)
分母の最小公倍数をかける。
(1) $\frac{2}{3}x+\frac{1}{2}=\frac{1}{2}x+1$
だから，3と2の最小公倍数の6をかける。
(2) $\frac{3x-1}{7}=\frac{x+1}{3}$
だから，7と3の最小公倍数の21をかける。
このように，分数をふくまない形に変形することを**分母をはらう**という。

Return

係数に小数をふくむ方程式
➡5

学習のPOINT　係数に分数をふくむ方程式では，分母の最小公倍数を両辺にかけて，分数をふくまない形にして解く。

確認問題

124 次の方程式を解け。

(1) $3x+\frac{2}{5}=x-\frac{1}{3}$　　(2) $\frac{1}{3}-\frac{1}{6}=\frac{1}{2}+\frac{2}{3}x$

7 比例式を方程式に変形して解く

比の性質を利用して，次の方程式を解け。

(1) $5:3=(x-3):2$　　　(2) $2:5=(x-1):(2x+3)$

FOCUS 比の性質を利用して等式に変形して解く。

解き方

(1) $5:3=(x-3):2$

$$\mathbf{5\times 2=3\times(x-3)}$$ （＊1）

$$10=3x-9$$

$$-3x=-9-10$$

$$3x=19$$

$$x=\frac{19}{3}$$

(2) $2:5=(x-1):(2x+3)$

$$\mathbf{2\times(2x+3)=5\times(x-1)}$$ （＊1）

$$4x+6=5x-5$$

$$4x-5x=-5-6$$

$$x=11$$

答え (1) $x=\dfrac{19}{3}$　　(2) $x=11$

もっとくわしく

（＊1）
比の性質を利用する。
$a:b=c:d$ ならば
$ad=bc$

Return

比例式を解く ➡ 式編 26
等式 ➡ 1
方程式 ➡ 1

学習のPOINT 比の性質

$a:b=c:d$ ならば $ad=bc$

確認問題

125 比の性質を利用して，次の方程式を解け。

(1) $2:5=x:15$

(2) $1:3=x:8$

(3) $4:3x=6:(x+7)$

(4) $(x+1):3=2x:8$

(5) $(2x-1):4=(x+1):13$

(6) $(3x-1):4=(2x+1):3$

(7) $5:(7-x)=12:(2x+3)$

(8) $3:(1+2x)=5:(-3+3x)$

8 解があたえられている方程式の定数を求める

次の問いに答えよ。

(1) x についての方程式 $x + c = 8 - cx$ の解が3であるとき，c の値を求めよ。

(2) 次の方程式の解が $x = -2$ となるとき，a の値を求めよ。

$$1 - \frac{x - a}{2} = x + 6$$

FOCUS **2つの文字をふくむ方程式では，まずどの文字についての方程式なのかを考える。**（＊1）

解き方

(1) $x + c = 8 - cx$ の x に3を代入すると

$$3 + c = 8 - 3c$$

これを解くと

$$c + 3c = 8 - 3$$
$$4c = 5$$
$$c = \frac{5}{4}$$

(2) $1 - \frac{x - a}{2} = x + 6$

まず方程式を簡単にする。両辺を2倍して（＊2）

$$2 - (x - a) = 2(x + 6) \quad (＊3)$$
$$2 - x + a = 2x + 12$$
$$a = 3x + 10$$

ここで，$x = -2$ を代入すると

$$a = 3 \times (-2) + 10$$
$$= -6 + 10 = 4$$

答え (1) $c = \frac{5}{4}$ (2) $a = 4$

ここに注意

（＊1）
(1)，(2)共に x についての方程式である。

（＊2）
複雑な方程式は式を簡単にしてから代入すると計算が簡単になり，ミスを減らすことができる。

（＊3）
$(x - a)$ のかっこを忘れずに。

Return

方程式の解 ➡1

学習のPOINT 解があたえられているときは代入する。

確認問題

126 次の x の方程式の解が $x = 2$ のとき，c の値を求めよ。

$$2cx + 3 = x + c$$

127 次の x の方程式の解が $x = 6$ のとき，c の値を求めよ。

$$\frac{c}{6}x - 1 = \frac{1}{2}x - c$$

§3 1次方程式の利用

9 年齢についての問題を解く

8年前に父の年齢は子どもの年齢のちょうど3倍であったが，今から8年後にはちょうど2倍になるという。父と子どもの現在の年齢をそれぞれ求めよ。

FOCUS 何を文字で表すかを考える。

解き方
現在の子どもの年齢をx歳とすると，8年前の子どもと父の年齢は
子ども$(x-8)$歳，父$3(x-8)$歳
である。したがって今から8年後の子どもと父の年齢は，
子ども$\{(x-8)+16\}$歳，父$\{3(x-8)+16\}$歳
そのとき父の年齢が子どもの年齢の2倍になるから

$$3(x-8)+16=2\{(x-8)+16\}$$

$$3x-24+16=2x+16 \qquad x=24$$

よって父の年齢は，$3(24-8)+8=56$
この年齢は題意に適する。

別解 8年前の子どもの年齢をx歳とすると，そのときの父の年齢は$3x$歳である。それから16年たつと子どもは$(x+16)$歳，父は$(3x+16)$歳であるから，

$$3x+16=2(x+16) \qquad 3x-2x=32-16 \qquad x=16$$

したがって現在の子どもの年齢は，$x+8=24$(歳)
父の年齢は，$3x+8=56$(歳)となる。

答え 父 56歳　子ども 24歳

もっとくわしく
子どもの年齢に着目して，現在をx歳として考える解き方（最初の解き方）と，8年前をx歳として考える解き方（別解）の両方を示してある。

学習のPOINT
①求めるものを明らかにし，何をxで表すかをきめる。
②等しい関係にある数量をみつけて方程式(ほうていしき)をつくる。
③方程式を解く。
④方程式の解を問題の答えとしてよいか確かめる。

確認問題

128 現在，父は47歳，子どもは12歳である。父の年齢が子どもの年齢の6倍だったのは何年前か。

10 整数の問題を解く

(1) 十の位の数字が3である2けたの正の整数がある。十の位の数字と一の位の数字を入れかえると，もとの整数より36大きい数になる。もとの整数を求めよ。

(2) 連続する3つの整数があって，その和は168である。この3つの整数を求めよ。

FOCUS **整数や数字を文字でおいて方程式をつくる。**

解き方

(1) 一の位の数字を m とおくと，もとの整数は，

$30+m$ ……① と表せる。

十の位の数字と一の位の数字を入れかえると

$10m+3$ と表せる。よって

$10m+3=(30+m)+36$ （＊1）

$10m-m=66-3$

$9m=63$

$m=7$ （＊2）

これを①に代入して　37

37の十の位と一の位を入れかえると73で，

$73-37=36$ になるから，題意に適する。（＊3）

(2) 連続する3つの整数の真ん中の数を m とおくと，3つの連続する整数は

$m-1,\ m,\ m+1$ ……②

と表せる。よって

$(m-1)+m+(m+1)=168$　$3m=168$　$m=56$

これを②に代入して　55，56，57

答え (1) 37　(2) 55，56，57

もっとくわしく

方程式を使って解く文章題

①求めるものを明らかにし，何を文字で表すかをきめる。(1)では，一の位の数字を m とおいた。

②等しい関係にある数量をみつけて方程式をつくる。(＊1)

③方程式を解く。(＊2)

④方程式の解を問題の答えとしてよいか確かめる。(＊3)

(2)の別の解き方

最小の数を m とおくと，m，$m+1$，$m+2$ と表せる。

よって，

$m+(m+1)+(m+2)=168$

とおいても解けるが，本解のように m をおくと，計算が楽になる。

学習のPOINT 整数の問題では，計算がしやすくなるよう，文字のおき方を工夫する。

確認問題

129 一の位の数字が2である2けたの正の整数がある。この整数の十の位の数字と一の位の数字を入れかえると，もとの整数より45小さくなる。もとの整数を求めよ。

130 2けたの正の整数Aがある。この整数の十の位の数は一の位の数より5小さい。また，Aの一の位の数字と十の位の数字を入れかえてできる2けたの正の整数Bは，Aの3倍より9小さい。Aを求めよ。

11 個数と代金の問題を解く

1 本 100 円の鉛筆と 1 本 150 円のボールペンを合わせて 10 本買ったら，代金の合計は 1100 円だった。鉛筆とボールペンをそれぞれ何本買ったか。

FOCUS **本数や代金の関係を整理して方程式をつくる。**

解き方

鉛筆を x 本買ったとすると，次の表のように整理できる。

	本数(本)	代金(円)
鉛筆	x	$100x$
ボールペン	$10-x$	$150(10-x)$
合　計	10	1100

したがって

$$\mathbf{100x + 150(10 - x) = 1100}$$

$$100x - 150x = 1100 - 1500$$

$$-50x = -400$$

$$x = 8$$

ボールペンの本数は　$10 - 8 = 2$　(＊1)

答え　鉛筆　8 本　　ボールペン　2 本

ここに注意

(＊1)
ボールペンの本数を求めるのを忘れない。

もっとくわしく

方程式を使って解く文章題

①求めるものを明らかにし，何を文字(x など)で表すかをきめる。
②等しい関係にある数量をみつけて方程式をつくる。
③方程式を解く。
④方程式の解を問題の答えとしてよいか確かめる。

学習のPOINT　問題文の中の数量関係を視覚的に理解するために，表や図などを利用する。

確認問題

131 1 個 120 円のりんごと 1 個 80 円のみかんを合わせて 15 個買ったら，代金の合計は 1400 円であった。りんごとみかんをそれぞれ何個買ったか求めよ。

132 1 個 120 円のプリンと 1 個 250 円のケーキを合わせて 12 個買ったら，代金の合計は 2090 円であった。プリンとケーキをそれぞれ何個買ったか求めよ。

133 ある動物園の入園料は，大人 600 円，子ども 400 円である。ある日の入園者数は 584 人で，入園料の合計は 277200 円であった。この日の大人と子どもの入園者数はそれぞれ何人か求めよ。

12　過不足の問題を解く

鉛筆を何人かの子どもに分けるのに，1人に5本ずつ分けると3本たりない。また，1人に4本ずつ分けると6本あまる。このときの子どもの人数と鉛筆の本数をそれぞれ求めよ。

FOCUS　**過不足の数量関係を整理し，方程式をつくる。**

解き方

1人に5本ずつ配るとき

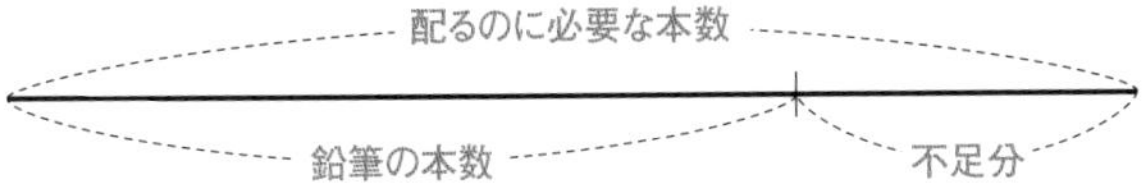

1人に4本ずつ配るとき

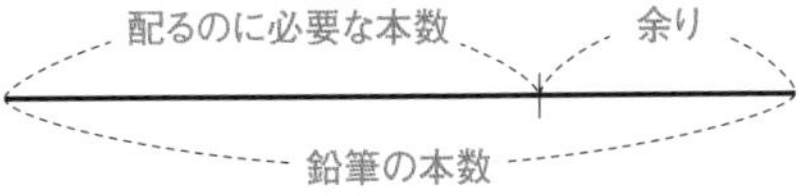

子どもの人数を x 人とすると

$$\mathbf{5x - 3 = 4x + 6}\quad (*1)$$

$$5x - 4x = 6 + 3$$

$$x = 9$$

よって，鉛筆の本数は，$5 \times 9 - 3 = 42$

答え　子ども　9人，鉛筆　42本

もっとくわしく

(＊1)
何本ずつ分けても全体の鉛筆の数は変わらないことに注目する。

もっとくわしく

【別解】
鉛筆の本数を x 本とすると，

$$\frac{x+3}{5} = \frac{x-6}{4}$$

$$x = 42$$

学習のPOINT　過不足の問題では，いくつずつ分けても全体の数は変わらないことを利用して方程式をつくる。

確認問題

134 ノートをあるクラスの生徒に配るのに1人に3冊ずつ配ると22冊あまり，4冊ずつ配ると6冊たりない。このとき，ノートの冊数とクラスの人数をそれぞれ求めよ。

135 同窓会の会費を集めるのに，1人400円ずつ集めると500円あまり，1人350円ずつ集めると900円不足する。同窓会の人数を求めよ。

13 速さと道のりの問題を解(と)く

たかしさんが，P 地点と Q 地点を往復するのに，行きは時速 4km，帰りは時速 6km で歩くと往復で 5 時間かかった。P 地点と Q 地点の間の道のりを求めよ。

FOCUS 求めるものを x とおき，速さ，時間，道のりの関係より方程式(ほうていしき)をつくる。

解き方

P，Q 地点の間の道のりを x km とすると

$$\frac{x}{4}+\frac{x}{6}=5$$ （＊1）

この方程式の両辺を 12 倍して解くと

$$3x+2x=60$$
$$5x=60$$
$$x=12$$

答 え 12km

もっとくわしく

（＊1）
（行きの時間）+（帰りの時間）＝（往復の時間）
であるから，速さ，時間，道のりの関係より方程式をつくる。

Return

係数に分数をふくむ方程式
➡6

学習のPOINT

（道のり）＝（速さ）×（時間）

$$（時間）=\frac{（道のり）}{（速さ）} \qquad （速さ）=\frac{（道のり）}{（時間）}$$

確認問題

136 弟が家を出発してから 7 分後に，弟の忘れ物を届けようと，姉が自転車で追いかけた。弟の歩く速さは毎分 60m，姉が自転車で走る速さは毎分 200m である。姉が家を出発してから何分後に弟に追いつくか求めよ。

137 家から学校まで，分速 200m の速さで走って行くとき，同じ道を分速 80m の速さで歩いて行くときより 18 分早く着く。家から学校までの道のりを求めよ。

138 8km はなれた場所へ行くのに，自転車で毎時 12km の速さで行ったが，途中で会った友人に自転車を貸したため，そこから毎時 4km の速さで歩いて，全体で 1 時間かかった。自転車で行った道のりを求めよ。

14 割合の問題を解く

(1) ある商品に仕入れ値の3割の利益を見込んで定価をつけたが，120円引きで売ったので，利益は仕入れ値の1割5分になった。この商品の仕入れ値を求めよ。

(2) ある洋菓子店で，ケーキとクッキーを合わせて300個作った。このうち，ケーキは90%，クッキーは80%売れて，合わせて260個売れた。作ったケーキの個数を求めよ。

FOCUS **割合で表された数量関係を整理して，方程式をつくる。**

解き方

(1) 仕入れ値を x 円とする。定価は仕入れ値の3割の利益を見込んでつけたので x を用いて表すと **$1.3x$ 円**となる。売値は **$(1.3x-120)$ 円**と **$1.15x$ 円**の2通りに表せるから，（＊1）

$$1.3x-120=1.15x$$

両辺を100倍して

$$130x-12000=115x$$
$$130x-115x=12000$$
$$15x=12000 \qquad x=800$$

(2) 作ったケーキの個数を x 個とすると，作ったクッキーの個数は **$(300-x)$ 個**と表せるから，

$$0.9x+0.8(300-x)=260$$

両辺を10倍すると

$$9x+2400-8x=2600$$
$$9x-8x=2600-2400 \qquad x=200$$

答え　(1) 800円　(2) 200個

もっとくわしく

（＊1）
(定価)
＝(仕入れ値)×{1＋(利益率)}
(売値)
＝(定価)×{1－(値引き率)}
＝(定価)－(値引き)

Return
係数に小数をふくむ方程式
➡5

学習のPOINT　百分率や歩合で表された割合の問題は，小数や分数になおしてから方程式をつくる。

確認問題

139 折り紙が何枚かある。最初に兄が全体の40%をとり，次に弟が残りの75%をとったところ，折り紙は12枚残った。折り紙は全部で何枚あったか。

15 食塩水の問題を解く

7% の食塩水 200g に 4% の食塩水を混ぜて，6% の食塩水を作るには，4% の食塩水を何 g 混ぜればよいか求めよ。

FOCUS 食塩の量に着目して方程式をつくる。

解き方

4% の食塩水を xg 混ぜるとすると，（＊ 1）

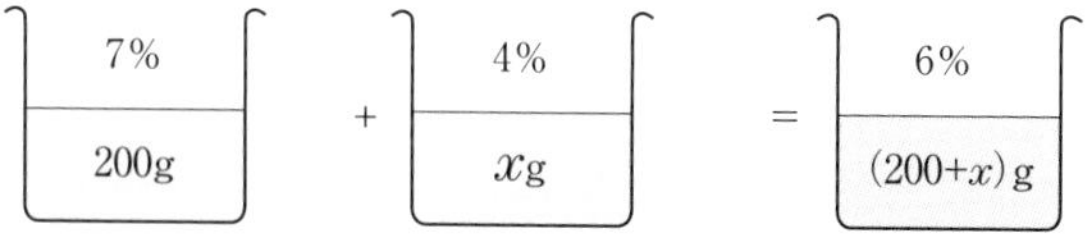

(7% の食塩水 200g) + (4% の食塩水 xg)

= {6% の食塩水(200 + x)g}

ふくまれる食塩の量は等しいから （＊ 2）

$$200 \times 0.07 + x \times 0.04 = (200 + x) \times 0.06$$

これを計算して

$$14 + 0.04x = 12 + 0.06x$$

$$-0.02x = -2$$

$$x = 100$$

答え 100g

もっとくわしく

（＊ 1）
問題の関係を理解することが難しいときは，絵や表で表す。

（＊ 2）
ふくまれる食塩の量は等しいことに着目して方程式をつくる。

Return

係数に小数をふくむ方程式
➡5

学習のPOINT (食塩の重さ) = (食塩水の重さ) × $\frac{(濃度)(\%)}{100}$

確認問題

140 12% の食塩水 300g に 5% の食塩水を混ぜて，10% の食塩水を作るには，5% の食塩水を何 g 混ぜればよいか求めよ。

141 9 % の食塩水が 180g ある。この食塩水に水を加えて 6% の食塩水を作りたい。何 g の水を加えればよいか求めよ。

142 容器に濃度のわからない食塩水が 250g 入っていた。ところが，50g こぼしたので，50g の水を加えたところ，12% の食塩水になった。はじめの食塩水の濃度は何 % か求めよ。

16　図形についての問題を解く

右の図は縦 8cm，横 12cm の長方形である。いま，点 P が毎秒 2cm の速さで辺 BC，CD 上を B から C を通り，D まで動くものとする。△ ABP の面積が 32cm² になるのは，点 P が B を出発してから何秒後か求めよ。

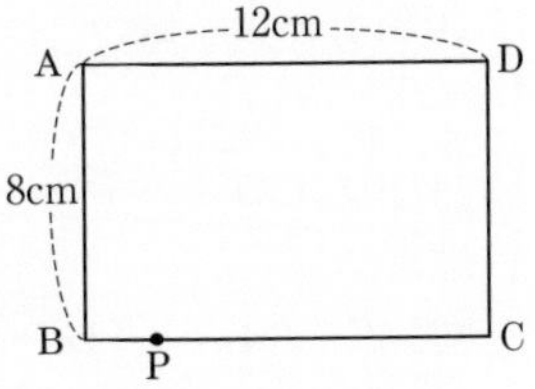

FOCUS　面積と時間に関する方程式をつくる。

解き方

(i)　点 P が辺 BC 上にあるとき，毎秒 2cm の速さで点 P は動くから，x 秒後は，**BP ＝ $2x$cm**

$$\triangle ABP = \frac{1}{2} \times 8 \times 2x$$

△ ABP ＝ 32cm² になるとき，

$8x = 32$

$x = 4$

4 秒後点 P は BC 上にあるので，題意に適する。

(ii)　点 P が辺 CD 上にあるとき，時間によって高さ 12cm は変わらないので，

$$\triangle ABP = \frac{1}{2} \times 8 \times 12 = 48$$

となり，面積が 32cm² になることはない。

よって，答えは(i)のときのみである。

ここに注意

点 P の位置によって，面積を求める式が変わることに注意する。点 P が BC 上にあるときと CD 上にあるときに分けて考える。

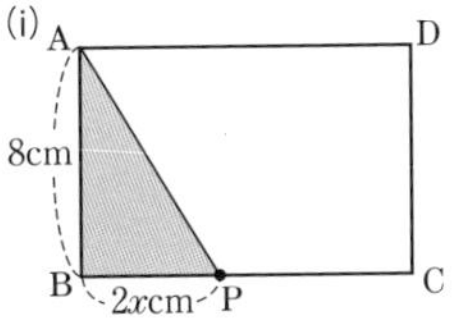

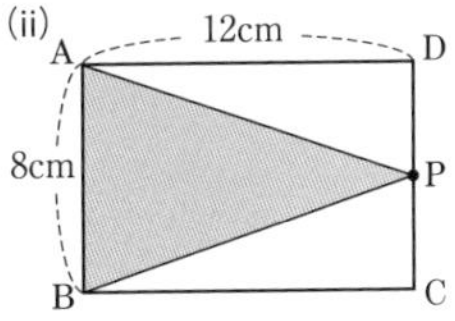

答え　B を出発してから 4 秒後

学習のPOINT　1 次方程式の図形への応用では，図形をかき，場面を正確に理解する。

確認問題

143　**1 辺が 4cm の正方形の紙を，右の図のように，はり合わせていく。全体の面積が 400cm² になるのは，正方形の紙を何枚はり合わせたときか求めよ。**

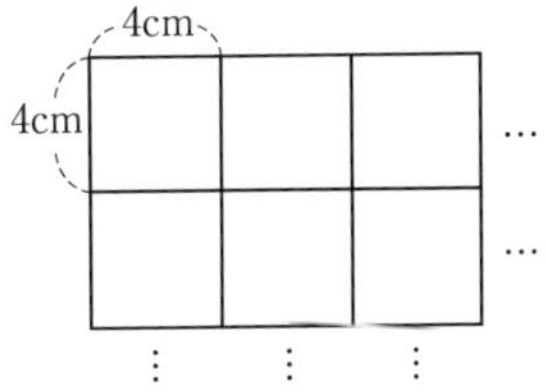

章末問題

解答 ➡ p.72

51 次の方程式を解け。

(1) $6x + 17 = -7$

(2) $10 + 7x = 12 - x$

(3) $3(x + 1) = -(2x - 5) + 8$

(4) $6x - 5(2x - 4) = x - 5$

(5) $0.12x + 0.05 = 0.1x + 0.07$

(6) $\frac{1}{2}x - \frac{2}{3} = \frac{2}{3}(2x + 1)$

(7) $120x - 600 = 3000 - 60x$

(8) $1.2(2x - 1) = 1.9x + 2.8$

52 次の方程式の解は $x = -2$ である。このとき，a の値(あたい)を求めよ。

$$\frac{x + a}{2} = \frac{x - a}{5} + 5$$

53 修学旅行の部屋割りで，1 部屋 6 人ずつにすると 7 人が入れず，1 部屋 7 人ずつにすると 6 人の部屋が 2 部屋できる。部屋の数と生徒の人数を求めよ。

54 A，B 2 つの容器がある。A には x% の食塩水が 400g，B には水が 300g 入っている。いま，A から 100g 取り出して B に移し，よくかきまぜてから，B から A に 100g 移したところ，A の濃度が 6.5% になった。

(1) 1 回目に移し終わった後の B に入っている食塩水の濃度(%)を x を使って表せ。

(2) x の値を求めよ。

55 川の上流に A 橋，下流に C 橋，2 つの橋の間に B 橋がある。ボート部員の兄が A 橋から C 橋までの 2300m をボートで下ったところ，A 橋から B 橋まで 5 分，B 橋から C 橋まで 10 分かかった。静水でのボートの速さを，A 橋から B 橋までは分速 160m，B 橋から C 橋までは分速 120m として，この川の流れの速さを求めよ。

56 水筒に入っている水を，最初に姉が150mL飲み，次に妹が残りの9分の1を飲んだら，水筒の中の水の量はもとの4分の3になった。この水筒には，はじめ何mLの水が入っていたか求めよ。

57 ある商品に原価の2割増しの定価をつけた。この商品を定価の1割引で売ったところ，200円の利益があった。この商品の原価を求めよ。

58 池の周囲に道路がある。AとBの2人が，この道路上の同じ地点を同時に出発して，互いに反対方向に走ると3分で出会い，同じ方向に走ると，AがBを1周離すのに15分かかるという。Bの速さを毎分120mとすると，Aの速さは毎分何mか求めよ。

59 一の位の数が5である2けたの自然数があり，十の位の数と一の位の数をいれかえると，もとの数より9大きい数になる。もとの自然数を求めよ。

60 2つの水槽A，Bに20Lずつ水が入っている。水槽Aから水槽Bに水を移して，水槽A，Bに入っている水の量が3：5になるようにしたい。何Lの水を移せばよいか。

61 思考力

ある水槽を満水にするのに蛇口Aだけで水を入れると90分かかる。また，同じ水槽を満水にするのに蛇口Bだけでは120分かかる。あるとき両方の蛇口を同時に開いて水を入れ始め，しばらくたった後に蛇口Bから毎分出る水の量を半分にし，さらにその5分後に蛇口Aから毎分出る水の量も半分にしたところ，60分で満水になった。このとき，蛇口Bから毎分出る水の量を半分にしたのは水を入れ始めてから何分後か。

（関西学院高）

第3回 音を数え、数を奏でる

中世ヨーロッパの大学では、教養科目として文法、弁証、修辞、数学の4教科を教えていた。そして数学の中には数論、幾何、天文と並んで「音楽」の科目があった。長い間、音楽は数学の1ジャンルと考えられていたのである。

ドレミの親・ピタゴラス

音に対して初めて科学的アプローチを試みたのは、古代ギリシャの数学者・ピタゴラス（紀元前582頃〜496頃）だと言われている。最も大きな発見は、「音程は数の比で表される」ということだった。彼は、当時ポピュラーだったキタラという弦楽器（竪琴・ギターの語源）が奏でる２つの音が、弦の長さが単純な整数比の場合、調和のとれた和音を出すことを発見した。

この理論を元に、彼は「ドレミファソラシド」の音階を作った。ドと次のド（１オクターブ上）の弦の長さの比は２：１、ドとソは３：２、ドとファは４：３、…という具合である。

ピタゴラスは、キタラの優れた演奏家でもあった。彼とその弟子は、たびたび病人の家を訪れてはキタラを奏でることで癒してあげていたという。

楽譜の中の数学

楽譜の中には、さまざまな数学的思考が隠されている。たとえば音符やリズムは分数が元になっているし、和音の構成には倍数が関係している。そして楽譜全体は、縦軸に音の高低、横軸に時間を示した２次元座標と考えられる。

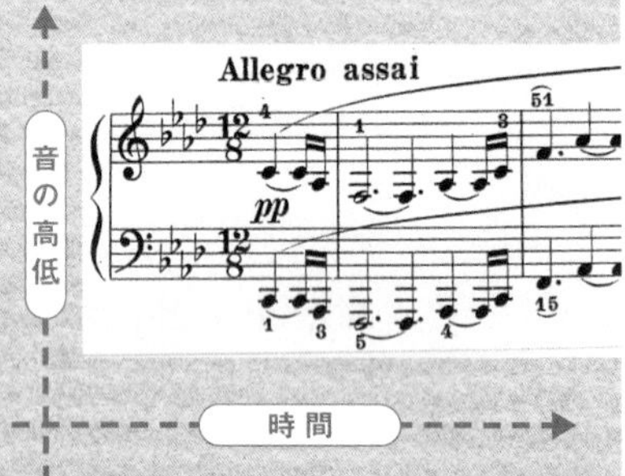

数学と音楽、奇跡のコラボ

ルーマニア出身の作曲家ベラ・バルトーク（1881-1945）は、黄金比を作曲技法に取り入れた事で有名だ。作品全体や和音を黄金比で構成した他、黄金比の元となる「フィボナッチ数列」を音程に変換した曲を作った。単なる目立ちたがりの変わり者…ではない。その証拠に、彼はこの技法について自ら語る事はなかったのだ。

LINK P524 第6回コラムへ

彼は、自然界や古代建築、絵画など多くのものに共通する黄金比の魅力に取りつかれ、「音楽」にも生かせるのではないかと考えた。それは、学問として対極に遠ざかりつつあった音楽と数学を、再び接近させる壮大なロマンだったのだ。

LINK P114 第2回コラムへ

アナログからデジタルへ

1980年代初頭、コンピュータの進化と共にデジタル録音技術が普及する。音をデータとしてとらえる事で、自由自在に加工できるようにしたのだ。これによりレコーディングの際、楽器による演奏は不要になり、キーボードひとつでギターだろうと尺八だろうと、あらゆる楽器の音を出せるようになった。このような音楽を、総称してDTM（Desk Top Musicの略）と呼ぶ。

便利になったのは作り手だけではない。聴く側もまた、劣化のないデジタル技術の恩恵を受けた。記録媒体はレコード・カセットテープ・CD・MDと移り変わり、さらにMP3プレイヤーが流行し、今ではインターネット上で音楽や動画を視聴することが一般的になった。デジタル化が、最も大衆の生活に浸透したケースではないだろうか。

LINK P54 第1回コラムへ

(c)Datacraft Co.,Ltd./amanaimages

フルオーケストラの交響曲だって、時間と才能さえあれば1人でも……。

すべてを単純に

コンピュータの登場は、音楽ソフト制作だけでなく、コンサートホールの設計にも飛躍的な進歩をもたらした。ホール設計には、残響時間や音圧分布の測定、反射音の予測など、膨大な計算が必要不可欠だが、そのためにはまず音を周波数ごとに分解する必要がある。これを「フーリエ変換」と呼ぶ。

フーリエ変換とは三角関数の性質を利用した積分変換解析法で、19世紀初頭に熱伝導の考察から誕生したものだ。簡単に言えば「どんな複雑な動きでも、単純な関数で表現できる」という考え方である。音波に限らず、例えば太陽の光から虹が現れるのも、自然がもたらしたフーリエ変換である。恒星・星雲の電磁波の分光や地震波の解析など、あらゆる分野でこの理論は使われている。

何事も、単純に考えた方が健康にいいのだ。悩みを持つ友人を見つけたら、「お前、考えすぎだよ。フーリエ変換してみれば？」とアドバイスしてやろう。

コンサートホールの内部。

数学的活用

2 年生で学ぶ方程式の世界

2文字をふくむ方程式を解く方法

1年生では，求めたい数量を文字式で表すこと，等しい数量の関係を見つけ等式で表すこと，方程式を解くことなどを学びました。2年生では，求めたい数量を2つの文字でおき，それらを使って2つの方程式を作り，解くことを学びます。

道のりの計算

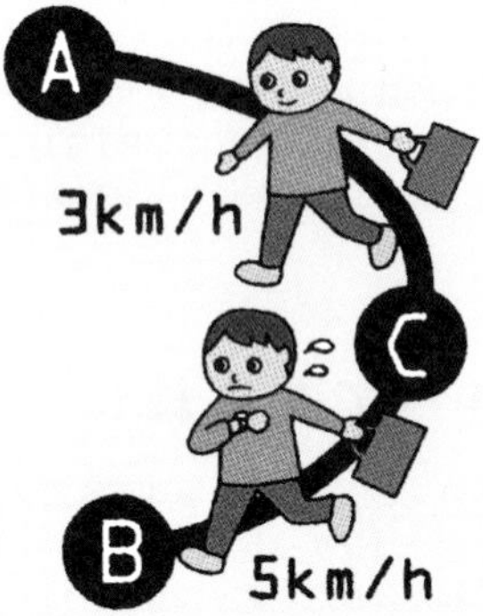

19kmの道のりがあるA市からB市まで行くのに，A市からC地点までは時速3kmで歩き，C地点からB市までは時速5kmで歩きました。歩いた時間は全部で5時間でした。AからCまで，CからBまでのそれぞれの道のりを求めましょう。

1 年生 2 3

1次方程式で解く

>>> P.152 1次方程式

AC間の道のりを$x$kmとして，AC間，BC間の道のりを求めましょう。

解答

BC間の道のりは$(19-x)$kmだから，道のり，速さ，時間の関係は次のようになる。

	AC間	BC間	合計
道のり	$x$km	$(19-x)$km	19km
速さ	時速3km	時速5km	——
時間	$\frac{x}{3}$時間	$\frac{19-x}{5}$時間	5時間

上の表から，時間について方程式をつくることができる。

$$\frac{x}{3}+\frac{19-x}{5}=5 \quad \cdots\cdots(*)$$

これを解くと，$x=9$より，AC間の道のりは9km

また，BC間の道のりは $19-9=10$(km)

答え　AC間は9km，BC間は10km

1 **2年生** 3

連立方程式をつくる

>>> P.174 連立方程式

AC間の道のりを $x$km，BC間の道のりを$y$kmとして，連立方程式をつくりましょう。

解答

道のり，速さ，時間の関係は次のようになる。
右の表から，道のりと時間について2つの方程式を作ることができる。

	AC間	BC間	合計
道のり	$x$km	$y$km	19km
速さ	時速3km	時速5km	——
時間	$\frac{x}{3}$時間	$\frac{y}{5}$時間	5時間

答え
$$\begin{cases} x+y=19 & \cdots\cdots① \\ \frac{x}{3}+\frac{y}{5}=5 & \cdots\cdots② \end{cases}$$

これら2つの方程式を連立方程式といいます。

連立方程式を解く

>>> P.166,174 連立方程式

上の連立方程式を解いて，AB間，BC間の道のりを求めましょう。

解答

xとyのどちらかの文字を消して，xだけ（または，yだけ）の式をつくる。
（文字を消去するという。）
①を$y=19-x$と変形し，②に代入すると，

$$\frac{x}{3}+\frac{19-x}{5}=5$$

これは，左のページの方程式（＊）と同じ式だから，以降同じ。

答え　AC間は9km，BC間は10km

文字を消去できたら，1年生で習った1次方程式を解くことになります。

別のことがらを文字でおく

>>> P.174 連立方程式

別のことがらを文字でおいて方程式をつくりましょう。

解答

AC間，BC間でかかった時間をそれぞれx時間，y時間とおくと，次のような表にまとめられるので，下の連立方程式をつくることができる。

答え
$$\begin{cases} 3x+5y=19 \\ x+y=5 \end{cases}$$

	AC間	BC間	合計
道のり	$3x$km	$5y$km	19km
速さ	時速3km	時速5km	——
時間	x時間	y時間	5時間

上の連立方程式は分数がふくまれていません。つまり，どんな数量を文字で表すかによって方程式が異なります。文字をどうおけば方程式を立てやすいのかを考えるとよいでしょう。

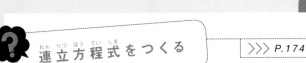

第2章 連立方程式 学習内容ダイジェスト

■バスケットボールのシュート数

バスケットボールの試合で，まほさんは 2 点シュートと 3 点シュートを合わせて 10 本決め，その得点の合計は 27 点でした。

連立方程式とその解

➡P.164

連立方程式とその解の意味について学びます。

例 まほさんは 2 点シュート，3 点シュートをそれぞれ何本ずつ決めましたか。
2 点シュート，3 点シュートのゴール数をそれぞれ x 本，y 本として連立方程式をつくりましょう。

解説 全部で 10 本のシュートを決めたから，

$x + y = 10$ ……①

得点の合計が 27 点だから，

$2x + 3y = 27$ ……②

答え $\begin{cases} x + y = 10 & \cdots\cdots① \\ 2x + 3y = 27 & \cdots② \end{cases}$

上のような方程式はそれぞれ 2 つの文字を使っているので，2 元 1 次方程式といいます。それぞれの方程式の解はいくつもあります。

例えば，①では，

$\begin{cases} x = 1 \\ y = 9 \end{cases}$ $\begin{cases} x = 2 \\ y = 8 \end{cases}$ $\begin{cases} x = 3 \\ y = 7 \end{cases}$ $\begin{cases} x = 4 \\ y = 6 \end{cases}$ などです。

一方の②では，

$\begin{cases} x = 0 \\ y = 9 \end{cases}$ $\begin{cases} x = 3 \\ y = 7 \end{cases}$ $\begin{cases} x = 6 \\ y = 5 \end{cases}$ $\begin{cases} x = 9 \\ y = 3 \end{cases}$ などです。

2 つの方程式を組み合わせた連立方程式では，これら 2 つの方程式を同時に成り立たせる値の組を求めます。これらの組を連立方程式の解といいます。

連立方程式の解の求め方（加減法） ⇒P.165

加減法を用いた連立方程式の解き方について学びます。

例 「連立方程式とその解」の例でつくった方程式を加減法で解き，2点シュート，3点シュートのゴール数を求めましょう。

解説 ①×2　　$2x + 2y = 20$

②　　$-)\ 2x + 3y = 27$

$-y = -7$　……(＊)

$y = 7$　……③

③を①に代入して，$x = 3$

答え　2点シュート3本，3点シュート7本

(＊)のように，y だけの方程式にすることを，x を消去するといいます。上のように，どちらかの文字の係数を合わせて，加法や減法で文字を消去する方法を加減法といいます。

連立方程式の解の求め方（代入法） ⇒P.166

代入法を用いた連立方程式の解き方について学びます。

例 「連立方程式とその解」の例でつくった方程式を代入法で解き，2点シュート，3点シュートのゴール数を求めましょう。

解説 ①を y について解くと，

$y = 10 - x$　…………④

④を②に代入すると，

$2x + 3(10 - x) = 27$

これを解くと，$x = 3$　……⑤

⑤を④に代入して，$y = 7$

答え　2点シュート3本，3点シュート7本

代入によって文字を消去する方法を代入法といいます。

連立方程式は代入法で解いても，加減法で解いてもどちらも解は同じになります。問題によって，どちらの方法を使うと良いのかを考えながら，解きましょう。

§1 連立方程式とその解

17 連立方程式の解を選ぶ

次の連立方程式の解はどれか。下の(1)～(4)の x，y の値の組の中から選べ。

$$\begin{cases} x+2y=3 \\ 2x-3y=-8 \end{cases}$$

(1) $x=1$，$y=1$　(2) $x=-4$，$y=0$　(3) $x=-1$，$y=2$

(4) $x=-1$，$y=-3$

FOCUS 連立方程式の解の意味を考える。

解き方

(1) $x=1$，$y=1$ のとき

上の式の左辺 $=1+2\times1=3$ となり，成り立つ。（＊1）

下の式の左辺 $=2\times1-3\times1=-1$ となり，成り立たない。

(2) $x=-4$，$y=0$ のとき

上の式の左辺 $=-4+2\times0=-4$ となり，成り立たない。

下の式の左辺 $=2\times(-4)-3\times0=-8$ となり，成り立つ。

(3) $x=-1$，$y=2$ のとき

上の式の左辺 $=-1+2\times2=3$ となり，成り立つ。

下の式の左辺 $=2\times(-1)-3\times2=-8$ となり，成り立つ。

(4) $x=-1$，$y=-3$ のとき

上の式の左辺 $=-1+2\times(-3)=-7$ となり，成り立たない。

下の式の左辺 $=2\times(-1)-3\times(-3)=7$ となり，成り立たない。

答え (3)

用語

連立方程式
2つ以上の方程式を組み合わせたもの。

連立方程式の解
組み合わせた2つ以上の方程式を同時に成り立たせる文字の値の組。

ここに注意

（＊1）
上の式が成り立ったからといって必ずしも下の式が成り立つとは限らないことに注意する。

Return

方程式の解を選ぶ ➡1
方程式 ➡1
左辺・右辺 ➡1

学習のPOINT x，y の値を代入し，2つの式がともに成り立つかどうかを調べる。

確認問題

144 $x=2$，$y=3$ が解であるのは，次の(1)，(2)どちらの連立方程式か。

(1) $\begin{cases} 2x+y=7 \\ x-y=1 \end{cases}$　(2) $\begin{cases} x+2y=8 \\ 2x-3y=-5 \end{cases}$

§ 2　連立方程式の解の求め方

18　連立方程式を加減法で解く

次の連立方程式を加減法で解け。

(1) $\begin{cases} 3x+2y=7 \\ 5x-2y=17 \end{cases}$　　(2) $\begin{cases} x+y=3 \\ 5x-4y=6 \end{cases}$

FOCUS **等式の性質を利用して 2 つの方程式をたしたり，ひいたりして 1 つの文字を消去する。**

解き方

(1) $\begin{cases} 3x+2y=7 & \cdots\cdots① \\ 5x-2y=17 & \cdots\cdots② \end{cases}$

①＋②　$8x=24$

$x=3$

これを①に代入して（＊1）

$3\times3+2y=7$

$2y=7-9$

$2y=-2$

$y=-1$

(2) $\begin{cases} x+y=3 & \cdots\cdots① \\ 5x-4y=6 & \cdots\cdots② \end{cases}$

①×4＋②

$$\begin{array}{rr} 4x+4y= & 12 \\ +)\ 5x-4y= & 6 \\ \hline 9x\qquad= & 18 \end{array}$$

$x=2$

これを①に代入して（＊1）

$2+y=3$

$y=3-2$

$y=1$

答え　(1) $x=3$，$y=-1$　　(2) $x=2$，$y=1$

学習のPOINT　等式の性質を用いて文字を消去して解く。

用語

加減法
2 つの方程式をたしたりひいたりして，1 つの文字を消去する解き方。

消去する
文字 x をふくむ 2 つの方程式から x をふくまない 1 つの方程式をつくることを，x を消去するという。

もっとくわしく

（＊1）
①を使って y を求めているが，もちろん②を使って求めてもよい。x と y を求めたら，使っていない方の方程式に代入して，解となっていることを確かめることができる。

Return

連立方程式 ➡17
解く ➡2
等式の性質 ➡2

確認問題

145 次の連立方程式を加減法で解け。

(1) $\begin{cases} 3x+7y=-4 \\ -3x+2y=-5 \end{cases}$　　(2) $\begin{cases} x-5y=2 \\ 3x+2y=7 \end{cases}$

(3) $\begin{cases} 6x+5y=-1 \\ 2x+9y=7 \end{cases}$　　(4) $\begin{cases} 2x+13y=-4 \\ 3x+7y=8 \end{cases}$

19 連立方程式を代入法で解く

次の連立方程式を代入法で解け。

(1) $\begin{cases} 2x + y = 7 \\ y = 6x - 1 \end{cases}$　(2) $\begin{cases} 3x - y = 2 \\ 4x - 5y = -1 \end{cases}$

FOCUS 一方の式を他方の式に代入して，1つの文字を消去する。

用語

代入法
代入して1つの文字を消去して解く方法。

Return

代入する ➡ 式編 7

解き方

(1) $\begin{cases} 2x + y = 7 & \cdots\cdots① \\ y = 6x - 1 & \cdots\cdots② \end{cases}$

②を①に代入して

$2x + (6x - 1) = 7$
$2x + 6x - 1 = 7$
$8x = 8$
$x = 1$

これを②に代入して

$y = 6 \times 1 - 1 = 5$

(2) $\begin{cases} 3x - y = 2 & \cdots\cdots① \\ 4x - 5y = -1 & \cdots\cdots② \end{cases}$

①より，$\boldsymbol{y = 3x - 2}$ ……③

③を②に代入して

$4x - 5(3x - 2) = -1$
$4x - 15x + 10 = -1$
$-11x = -11$
$x = 1$

これを③に代入して

$y = 3 \times 1 - 2 = 1$

答え (1) $x = 1,\ y = 5$　(2) $x = 1,\ y = 1$

学習のPOINT 1つの式を $y = \cdots$ か $x = \cdots$ の形にしたあと，もう一方の式に代入して，文字を消去する。

確認問題

146 次の連立方程式を代入法で解け。

(1) $\begin{cases} 2x - 3y = -6 \\ x = y - 1 \end{cases}$　(2) $\begin{cases} 4x + 3y = 27 \\ 2x + y = 3 \end{cases}$

(3) $\begin{cases} 3x - 7y = 20 \\ y = 2x - 6 \end{cases}$　(4) $\begin{cases} 5x - 2y = -1 \\ 4x - y = -2 \end{cases}$

(5) $\begin{cases} 5x - 2y = -8 \\ x - 3y = 2 \end{cases}$　(6) $\begin{cases} 3x + 7y = 10 \\ y = 2x + 1 \end{cases}$

20 連立方程式を工夫して解く

次の連立方程式を解け。

(1) $\begin{cases} y = x - 1 \\ y = 3x + 9 \end{cases}$　(2) $\begin{cases} x - y = 1 \\ 3x - y = -9 \end{cases}$

FOCUS　ともに，$y=\cdots$ の形になっている連立方程式の解き方を考える。

解き方

(1) $\begin{cases} y = x - 1 & \cdots\cdots① \\ y = 3x + 9 & \cdots\cdots② \end{cases}$

①，②の左辺がともに y で等しいから右辺も等しい。(＊1)

したがって

$3x + 9 = x - 1$

$3x - x = -1 - 9$

$2x = -10$　$x = -5$

これを①に代入して　$y = -5 - 1 = -6$

(2) $\begin{cases} x - y = 1 & \cdots\cdots① \\ 3x - y = -9 & \cdots\cdots② \end{cases}$

①より　$\boldsymbol{y = x - 1}$　……③

②より　$\boldsymbol{y = 3x + 9}$　……④

③，④より

$\boldsymbol{3x + 9} = \boldsymbol{x - 1}$

これ以降は(1)と同じ解き方である。

答え　(1) $x = -5$, $y = -6$　(2) $x = -5$, $y = -6$

もっとくわしく

(＊1)
2つの式の左辺どうしが等しければ右辺どうしも等しくなる。
この解き方を等置法ということもある。
左ページの代入法で解いていると考えることもできる。

学習のPOINT　2つの式がともに $x=\cdots$，または $y=\cdots$ のような形であれば，右辺どうしも等しい。

確認問題

147 次の連立方程式を解け。

(1) $\begin{cases} y = 2x + 3 \\ y = -3x + 1 \end{cases}$　(2) $\begin{cases} y = -x + 2 \\ y = 2x - 3 \end{cases}$

21 係数(けいすう)に小数をふくむ連立方程式(れんりつほうていしき)を解く

次の連立方程式を解け。

$$\begin{cases} 0.2x + 0.1y = 10 \\ 0.3x + 0.2y = 160 \end{cases}$$

FOCUS **係数に小数をふくむ連立方程式は，計算をしやすくするため，係数を整数にすることを考える。**(＊1)

解き方

$$\begin{cases} 0.2x + 0.1y = 10 & \cdots\cdots① \\ 0.3x + 0.2y = 160 & \cdots\cdots② \end{cases}$$

①，②の両辺(りょうへん)にそれぞれ 10 をかけて

$$\begin{cases} 2x + y = 100 & \cdots\cdots③ \\ 3x + 2y = 1600 & \cdots\cdots④ \end{cases}$$

④－③× 2　$3x + 2y = 1600$ (＊2)

$-)\ 4x + 2y = 200$

$-x = 1400$　$x = -1400$

これを③に代入(だいにゅう)して　$2 \times (-1400) + y = 100$　$y = 2900$

別解　②－①× 2　$0.3x + 0.2y = 160$

$-)\ 0.4x + 0.2y = 20$

$-0.1x = 140$　$x = -1400$

これを①に代入して　$0.2 \times (-1400) + 0.1y = 10$

$-280 + 0.1y = 10$　$0.1y = 290$　$y = 2900$

答え　$x = -1400,\ y = 2900$

もっとくわしく

(＊1)
係数に小数をふくむ 1 次方程式と同じ考え方である。

(＊2)
加減法(かげんほう)を用いている。

Return

係数に小数をふくむ方程式 ➡5

加減法 ➡18

学習のPOINT 係数に小数をふくむ連立方程式では，両辺に適当な数をかけて係数を整数にしてから計算する。

確認問題

148 次の連立方程式を解け。

(1) $\begin{cases} 0.2x - 0.1y = 0.5 \\ 3x + 2y = 4 \end{cases}$

(2) $\begin{cases} 0.4x + 0.3y = -0.1 \\ 0.3x - 0.2y = 1.2 \end{cases}$

(3) $\begin{cases} 1.2x - y = 0.7 \\ 0.04x + 0.1y = 0.02 \end{cases}$

(4) $\begin{cases} 0.2x + 1.3y = 12 \\ 1.24x - 0.28y = -9 \end{cases}$

22 係数(けいすう)に分数をふくむ連立方程式(れんりつほうていしき)を解く

次の連立方程式を解け。

$$\begin{cases} x + y = 300 \\ \frac{1}{50}x + \frac{1}{20}y = 12 \end{cases}$$

FOCUS **係数に分数をふくむ連立方程式は，計算をしやすくするため，係数を整数にすることを考える。**（＊1）

解き方

$$\begin{cases} x + y = 300 & \cdots\cdots① \\ \frac{1}{50}x + \frac{1}{20}y = 12 & \cdots\cdots② \end{cases}$$

②に分母の最小公倍数をかけると

②× 100　$2x + 5y = 1200$　……③

①× 2 −③　$2x + 2y = 600$

$$\begin{array}{r} 2x + 2y = 600 \\ -)\ 2x + 5y = 1200 \\ \hline -3y = -600 \end{array}$$

$y = 200$

これを①に代入して　$x + 200 = 300$　$x = 100$

答え　$x = 100,\ y = 200$

もっとくわしく

（＊1）
係数に分数をふくむ1次方程式と同じ考え方である。

Return

係数に分数をふくむ方程式
➡6

学習のPOINT 係数に分数をふくむ連立方程式では，分母の最小公倍数を両辺にかけて，係数を整数にして計算する。

確認問題

149 次の連立方程式を解け。

$$\begin{cases} 3x + 5y = 3 \\ \frac{1}{2}x - \frac{2}{3}y = 5 \end{cases}$$

23 $A=B=C$ の形の連立方程式を解く

次の連立方程式を解け。

(1) $x - y = 2x + 3y = 5$　　(2) $3x - 5y = x - 1 = -2x + 5y$

FOCUS **$A = B = C$ の形の連立方程式の解き方を考える。**
すべて等しいのだから,

ア $\begin{cases} A = B \\ B = C \end{cases}$　イ $\begin{cases} A = B \\ A = C \end{cases}$　ウ $\begin{cases} A = C \\ B = C \end{cases}$

のどれかの形にして解く。

解き方

(1) $\begin{cases} \boldsymbol{x - y = 5} & \cdots\cdots① \\ \boldsymbol{2x + 3y = 5} & \cdots\cdots② \end{cases}$ (＊1)

①× 3 +②

$$\begin{array}{rrcl} & 3x - 3y & = & 15 \\ +) & 2x + 3y & = & 5 \\ \hline & 5x & = & 20 \end{array} \qquad x = 4$$

これを①に代入して　$4 - y = 5$　　$y = -1$

(2) $\begin{cases} \boldsymbol{3x - 5y = x - 1} \\ \boldsymbol{x - 1 = -2x + 5y} \end{cases}$ (＊2)

$\begin{cases} \boldsymbol{2x - 5y = -1} & \cdots\cdots① \\ \boldsymbol{3x - 5y = 1} & \cdots\cdots② \end{cases}$

②−①

$$\begin{array}{rrcl} & 3x - 5y & = & 1 \\ -) & 2x - 5y & = & -1 \\ \hline & x & = & 2 \end{array}$$

これを①に代入して　$2 \times 2 - 5y = -1$　　$y = 1$

答え (1) $x = 4,\ y = -1$　　(2) $x = 2,\ y = 1$

もっとくわしく

(＊1)
右辺が **5** で簡単であるから, FOCUS のウの形で考えるとよい。

(＊2)
$\boldsymbol{x - 1}$ がいちばん簡単であるから, FOCUS のアの形で考えるとよい。

学習のPOINT なるべく簡単な式になるような 2 式を組み合わせて, 連立方程式を解く。

確認問題

150 次の連立方程式を解け。

(1) $2x - 3y = x - y - 2 = 1$　　(2) $5x + 4y = 2x - y - 12 = y - 4$

24　2組の連立方程式を解く

次の2組の連立方程式の解が一致するような a，b の値を求めよ。

$$\begin{cases}3x-2y=6\\ax+5y=19\end{cases}\qquad\begin{cases}3x+5y=27\\4x+by=13\end{cases}$$

FOCUS　**2組の連立方程式の共通な解について考える。**

解き方

まず，a，b の入っていない2式から解を求める。（＊1）

$$\begin{cases}3x-2y=6 & \cdots\cdots①\\3x+5y=27 & \cdots\cdots②\end{cases}$$

②－①

$$\begin{array}{rr} & 3x+5y=27\\ -) & 3x-2y=6\\ \hline & 7y=21\\ & y=3\end{array}$$

これを①に代入して　$3x-2\times3=6$　　$x=4$

$x=4$，$y=3$ を残りの2式に代入して（＊2）

$a\times4+5\times3=19$，　$4\times4+b\times3=13$ となる。

したがって，$4a+15=19$，$16+3b=13$ より，

$a=1$，$b=-1$

答え　$a=1$，$b=-1$

もっとくわしく

（＊1）
まず2式を使って解を求め，この解を残りの2式に代入する。

（＊2）
x，y の解が求められたので，残りの式に x，y の値を代入し，a，b の値を求める。解があたえられている1次方程式の定数を求めるときと同じ考え方である。

Return

解があたえられた方程式
➡8

学習のPOINT　2組の連立方程式に関する問題では，手がかりのある式から解を求めて，残りの方程式に代入する。

確認問題

151　連立方程式 $\begin{cases}ax+2y=8\\x+by=1\end{cases}$ の解が $x=2$，$y=1$ である。a，b の値を求めよ。

152　連立方程式 $\begin{cases}ax+by=8\\bx-ay=14\end{cases}$ の解が $x=2$，$y=3$ である。a, b の値を求めよ。

153　x，y についての2組の連立方程式 $\begin{cases}2x+y=5\\ax-7y=b\end{cases}$ と $\begin{cases}bx+5y=a\\x+3y=5\end{cases}$ が同じ解をもつとき，a，b の値を求めよ。

§3 連立方程式の利用

25 整数の問題を連立方程式で解く

2 けたの正の整数がある。十の位の数と一の位の数の和は 15 で，各位の数の順序を逆にするともとの数より 9 だけ小さくなる。もとの数を求めよ。

FOCUS **十の位の数と一の位の数をそれぞれ文字で表して，2 つの方程式をつくる。**

解き方

もとの整数の十の位の数を x，一の位の数を y とすると

十の位の数と一の位の数の和から

$\boldsymbol{x + y = 15}$ ………①

順序を逆にしたときの関係から

$\boldsymbol{10y + x = 10x + y - 9}$

$9x - 9y = 9$

$x - y = 1$ ……②

①，②の連立方程式を解くと

①＋②

$$\begin{array}{rr} & x + y = 15 \\ +) & x - y = 1 \\ \hline & 2x \quad = 16 \\ & x = 8 \end{array}$$

これを①に代入して

$8 + y = 15$

$y = 15 - 8$

$y = 7$

答え 87

もっとくわしく

十の位の数と一の位の数をそれぞれ文字におくことで，それらの数の和の関係と，順序を逆にしたときの関係から，2 つの方程式をつくることができる。

Return

整数の問題 ➡ 10
文字を使った式 ➡ 式編 1

学習の POINT 求める整数全体を 1 つの文字で表さず，各位の数を文字で表す。

確認問題

154 2 けたの自然数があり，十の位の数の 3 倍は一の位の数より 1 大きく，十の位の数と一の位の数を入れかえてできる数は，もとの数の 2 倍よりも 7 大きい。もとの自然数を求めよ。

26 個数と代金の問題を連立方程式で解く

たかしさんは鉛筆7本とノート2冊を買い，640円をはらった。けいこさんは同じ鉛筆を4本と同じノートを1冊買い，350円をはらった。たかしさんとけいこさんの買った鉛筆1本の値段とノート1冊の値段はそれぞれいくらか。

FOCUS **鉛筆1本の値段とノート1冊の値段をそれぞれ文字で表して方程式をつくる。**

解き方

鉛筆1本の値段をx円，ノート1冊の値段をy円とすると

たかしさんの場合　$7x + 2y = 640$ ……①

けいこさんの場合　$4x + y = 350$ ……②

この連立方程式を解くと

②×2−①

$$\begin{array}{rrcl} & 8x + 2y &=& 700 \\ -) & 7x + 2y &=& 640 \\ \hline & x &=& 60 \end{array}$$

これを②に代入して

$$\begin{aligned} 4 \times 60 + y &= 350 \\ y &= 350 - 240 \\ y &= 110 \end{aligned}$$

答え　鉛筆1本の値段は60円
ノート1冊の値段は110円

もっとくわしく

鉛筆1本の値段とノート1冊の値段をそれぞれ文字でおいて，たかしさんとけいこさんのそれぞれの場合において方程式をつくればよい。

Return

個数と代金の問題 ➡11

学習のPOINT　それぞれの値段を文字で表して，代金の関係から方程式をつくる。

確認問題

155 ある動物園に入場するとき，中学生2人と大人3人の入園料の合計は2200円，中学生6人と大人2人の入園料の合計は2400円である。この動物園の中学生1人と大人1人の入園料はそれぞれいくらか。

156 ある展覧会の入場料は大人300円，子ども150円である。ある日の入場者数は350人で入場料の合計は84000円であった。この日の大人と子どもの入場者数をそれぞれ求めよ。

157 りんごを10個といちごを5パック買うつもりが，数を逆にして買ってしまったので代金の合計が1300円高くなってしまった。いちご1パックの値段は，りんご1個の値段の2倍より40円高い。りんご1個といちご1パックの値段をそれぞれ求めなさい。

27 速さと道のりの問題を連立方程式で解く

たかしさんは，峠を越えて 8.7km はなれたおじさんの家に行くのに，たかしさんの家から峠まで毎時 3km，峠からおじさんの家までは毎時 5km の速さで歩いたら，合計 2 時間 18 分かかった。たかしさんの家から峠までの道のりと，峠からおじさんの家までの道のりをそれぞれ求めよ。

FOCUS 時間と道のり，速さの関係から方程式をつくることを考える。

解き方

たかしさんの家から峠までを $x$km，峠からおじさんの家までを $y$km とする。

道のりの関係から　$x + y = 8.7$　……①

時間の関係から　$\frac{x}{3} + \frac{y}{5} = \frac{138}{60}$

この式の両辺に 30 をかけると　$10x + 6y = 69$　……②

①，②の連立方程式を解いて

②－①× 6

$$\begin{array}{rrcl} & 10x + 6y & = & 69 \\ -) & 6x + 6y & = & 8.7 \times 6 \\ \hline & 4x & = & 16.8 \\ & x & = & 4.2 \end{array}$$

これを①に代入して　$4.2 + y = 8.7$　　$y = 4.5$

答え　たかしさんの家から峠まで 4.2km
峠からおじさんの家まで 4.5km

もっとくわしく

この場合，速さはわかっているので，時間・速さ・道のりの関係から時間と道のりの関係に着目してそれぞれ式を立てればよい。

Return

速さと道のりの問題 ➡13
係数に分数をふくむ連立方程式 ➡22

学習のPOINT

（道のり）＝（速さ）×（時間）

$（時間）= \frac{（道のり）}{（速さ）}$　　$（速さ）= \frac{（道のり）}{（時間）}$

確認問題

158 ある人が自動車で A 町から B 町を通って C 町へ行くのに，AB 間は平均時速 80km で BC 間は平均時速 40km で走った。AC 間の道のりは 210km あり，かかった時間は 3 時間であった。このとき，AB 間の道のりを求めよ。

159 1 周が 2800m の池がある。兄と弟が同時に反対方向に向かって池のまわりを一定の速さで歩いたら，20 分で出会った。次に，それぞれ最初と同じ速さで同時に同じ方向に歩いたら，2 時間 20 分後に兄が初めて弟に追いついた。兄と弟の速さは分速何 m か求めよ。

28 割合の問題を連立方程式で解く

あるお店の今日の来店者数は 249 人であった。昨日の来店者数に比べると，大人は 8%増え，子どもは 5%減り，全体では 4 人増えた。このお店の今日の大人と子どもそれぞれの来店者数を求めよ。

FOCUS **基準となる昨日の大人，子どもそれぞれの来店者数を文字で表す。**

解き方

昨日の大人の来店者数を x 人，子どもの来店者数を y 人とすれば，次の表のようにまとめられる。（＊1）

	大人の来店者数(人)	子どもの来店者数(人)	全体の来店者数(人)
昨日	x	y	249 − 4
今日	$(1+0.08)x$	$(1-0.05)y$	249

この表より，連立方程式をつくると

昨日から　$\boldsymbol{x+y=249-4}$　つまり　$x+y=245$　……①

今日から　$\boldsymbol{1.08x+0.95y=249}$　……②

②× 100 −①× 95

$$\begin{array}{rrl} & 108x+95y &= 24900 \\ -) & 95x+95y &= 245\times 95 \\ \hline & 13x &= 24900-23275 \\ & 13x &= 1625 \\ & x &= 125 \end{array}$$

これを①に代入して　$125+y=245$　　$y=120$

今日の来店者数を求めるので　大人　$125\times 1.08=135$(人)

子ども　$249-135=114$(人)

答え　今日の来店者数　大人 135 人　子ども 114 人

ここに注意

（＊1）
求めるものを $\boldsymbol{x}$，$\boldsymbol{y}$ とおかないほうが，方程式をつくりやすい。

Return

割合の問題 ➡14
係数に小数をふくむ連立方程式 ➡21

学習のPOINT　基準となるものを文字で表すと，方程式をつくりやすい。

確認問題

160 ある学校のテニス部の今年度の 1，2 年生は 31 人である。昨年度の部員数に比べると，1 年生は 20%減り，2 年生は 15%増えて，全体では 1 人増えた。今年度の 1，2 年生の部員の人数をそれぞれ求めよ。

29 食塩水の問題を連立方程式で解く

7% の食塩水と 15% の食塩水を混ぜて，10% の食塩水を 400g つくりたい。2 種類の食塩水をそれぞれ何 g 混ぜればよいか。

FOCUS **次の食塩水に関する関係式を利用する。**

$$(\text{食塩の重さ}) = (\text{食塩水の重さ}) \times \frac{(\text{濃度})(\%)}{100}$$

解き方

7% の食塩水を xg，15% の食塩水を yg 混ぜるとし，問題の条件を表にまとめると次のとおりである。（＊1）

	食塩水の重さ(g)	食塩の重さ(g)
7% の食塩水	x	$x \times \frac{7}{100} = 0.07x$
15% の食塩水	y	$y \times \frac{15}{100} = 0.15y$
10% の食塩水	400	$400 \times \frac{10}{100} = 40$

食塩水の重さの関係から $\begin{cases} x + y = 400 & \cdots\cdots① \\ 0.07x + 0.15y = 40 & \cdots\cdots② \end{cases}$
食塩の重さの関係から

①，②の連立方程式を解くと （＊2）

②× 100 −①× 7

$$\begin{aligned} 7x + 15y &= 4000 \\ -)\ 7x + 7y &= 2800 \\ \hline 8y &= 1200 \\ y &= 150 \end{aligned}$$

これを①に代入（だいにゅう）して

$$\begin{aligned} x + 150 &= 400 \\ x &= 400 - 150 \\ x &= 250 \end{aligned}$$

答え 7 %の食塩水を 250g，15% の食塩水を 150g

ここに注意

2 種類の食塩水を混ぜると，それらの濃度は変わるが，食塩の量は混ぜる前と後で変わらないことに注意！

もっとくわしく

（＊1）
食塩水の濃度，食塩水の重さ，食塩の重さの関係を表で整理する。
（＊2）
食塩水の重さと食塩の重さの関係を式に表す。

Return

食塩水の問題 ➡ 15

学習のPOINT 混ぜる前と後の食塩や食塩水の重さの関係に注目する。

確認問題

161 10% の食塩水と 4% の食塩水を混ぜて，6% の食塩水を 300g つくりたい。それぞれ何 g ずつ混ぜればよいか求めよ。

30 解(かい)がひとつに決まらない連立方程式(れんりつほうていしき)を解(と)く　発展

次の連立方程式を解け。

(1) $\begin{cases} 2x - 5y = 1 \\ 6x - 15y = 3 \end{cases}$　　(2) $\begin{cases} 2x - 5y = 1 \\ 4x - 10y = 5 \end{cases}$

FOCUS **連立方程式の解とは，それぞれの方程式を同時に成り立たせる値のことである。解は 1 つとはかぎらない。**

解き方

(1) $\begin{cases} 2x - 5y = 1 & \cdots\cdots① \\ 6x - 15y = 3 & \cdots\cdots② \end{cases}$

①× 3 は　$6x - 15y = 3$ となり

②の方程式と同じになる。①（②も同じ）の解は無数にあるから，(1)の連立方程式の解も無数にある。（＊1）

(2) $2x - 5y = 1$　……①

①× 2 は　$4x - 10y = 2$ となる。一方，

$4x - 10y = 5$

どちらにも共通な x，y があるとすれば，$2 = 5$ になってしまう。

したがって，(2)の連立方程式の解はない。（＊2）

答え　(1) 解は無数にある　　(2) 解はなし

もっとくわしく

x，y の連立方程式の解は，それぞれの方程式のグラフの交点の x 座標，y 座標の組である。

（＊1）
1 次関数のグラフ上の点が，すべて解となる。

（＊2）
1 次関数のグラフが平行のときは，交点（解）がない。

Go to
連立方程式とグラフ
➡ 関数編 33

学習の POINT　**2** つの方程式が同じになる場合は，解が無数にある。
共通な値がない場合は，解がない。

確認問題

162 次の連立方程式を解け。

(1) $\begin{cases} 2x + 3y = 7 \\ 4x + 6y = 14 \end{cases}$　　(2) $\begin{cases} 3x - 2y = 6 \\ -9x + 6y = 8 \end{cases}$

(3) $\begin{cases} x = -3y + 2 \\ 2x + 6y = 4 \end{cases}$　　(4) $\begin{cases} 10x - 4y = 14 \\ 2y = 5x - 9 \end{cases}$

31 連立3元1次方程式を解く 発展

次の連立方程式を解け。

$$\begin{cases} x + 2y - z = 9 & \cdots\cdots ① \\ x - 3y + z = -10 & \cdots\cdots ② \\ y + 2z = -1 & \cdots\cdots ③ \end{cases}$$

FOCUS **1つの文字を消去して，2つの文字の，2つの方程式をつくる。**

解き方

①＋②

$$\begin{array}{rl} & x + 2y - z = 9 \\ +) & x - 3y + z = -10 \\ \hline & 2x - y \quad = -1 \end{array} \quad \cdots\cdots ④ \quad (＊1)$$

①×2＋③

$$\begin{array}{rl} & 2x + 4y - 2z = 18 \\ +) & y + 2z = -1 \\ \hline & 2x + 5y \quad = 17 \end{array} \quad \cdots\cdots ⑤ \quad (＊2)$$

④と⑤の連立方程式を解いて（＊3）

⑤－④

$$\begin{array}{rl} & 2x + 5y = 17 \\ -) & 2x - y = -1 \\ \hline & 6y = 18 \end{array}$$

$y = 3$ ……⑥

これを④に代入して　$2x - 3 = -1$

$2x = 2$　$x = 1$ ……⑦

さらに⑥，⑦を①に代入して

$1 + 2 \times 3 - z = 9$　$z = -2$

答え　$x = 1$，$y = 3$，$z = -2$

用語

3元1次方程式
上の例題の①のように3つの文字をふくむ1次方程式。$x + y = 9$ のように2つの文字をふくむ1次方程式は，**2元1次方程式**という。これまで学習してきた連立方程式は**連立2元1次方程式**である。

もっとくわしく

（＊1）
①と②から z を消去する。
（＊2）
①と③からも z を消去する。
（＊3）
④，⑤から x，y の連立方程式ができる。

学習のPOINT 連立3元1次方程式を解くには，どれかひとつの文字を消して連立2元1次方程式をつくる。

確認問題

163 次の連立方程式を解け。

$$\begin{cases} x + y - z = 10 \\ x - 4y + z = -2 \\ 2x - 5y + z = 3 \end{cases}$$

32　特別な形の連立方程式を解く　発展

次の連立方程式を解け。

$$\begin{cases} \dfrac{1}{x}+\dfrac{1}{y}=2 \\ \dfrac{4}{x}-\dfrac{3}{y}=-\dfrac{5}{2} \end{cases}$$

FOCUS　$\boldsymbol{\dfrac{1}{x}=X,\ \dfrac{1}{y}=Y}$ **とおいて考える。**

解き方

$\dfrac{1}{x}+\dfrac{1}{y}=2$ ……①　$\dfrac{4}{x}-\dfrac{3}{y}=-\dfrac{5}{2}$ ……②

において，$\dfrac{1}{x}=X$，$\dfrac{1}{y}=Y$ とおくと

①の式は，$\boldsymbol{X+Y=2}$ ……③

②の式は，$\boldsymbol{4X-3Y=-\dfrac{5}{2}}$ ……④

③の式より，$Y=2-X$ ……⑤

これを④の式に代入すると

$$4X-3(2-X)=-\frac{5}{2}$$

両辺を2倍して

$$8X-6(2-X)=-5 \qquad X=\frac{1}{2}$$

これを⑤に代入して　$Y=2-\dfrac{1}{2}=\dfrac{3}{2}$

$\dfrac{1}{x}=X=\dfrac{1}{2}$　　$\dfrac{1}{y}=Y=\dfrac{3}{2}$であるから

$x=2,\ y=\dfrac{2}{3}$

答え　$x=2,\ y=\dfrac{2}{3}$

もっとくわしく

通分したり，分母をはらおうとすると，$\boldsymbol{xy}$ の項が出てきてうまく計算することができない。上，下の式がともに $\boldsymbol{\dfrac{1}{x}}$，$\boldsymbol{\dfrac{1}{y}}$ をふくんでいることから，これを別の文字におきかえることを考える。

学習のPOINT　$\boldsymbol{\dfrac{1}{x}=X,\ \dfrac{1}{y}=Y}$ とおきかえて考える。

確認問題

164　次の連立方程式を解け。

$$\begin{cases} \dfrac{3}{x}+\dfrac{4}{y}=2 \\ \dfrac{12}{x}-\dfrac{5}{y}=29 \end{cases}$$

章末問題

解答 ➡ p.73

62 次の連立方程式を解け。

(1) $\begin{cases} 2x + 3y = 21 \\ 4x - 2y = 2 \end{cases}$

(2) $\begin{cases} 2x - y = 3 \\ x + 2y = 4 \end{cases}$

(3) $\begin{cases} x = 3y - 5 \\ 2x - 3y = 1 \end{cases}$

(4) $\begin{cases} 4x + y = 1 \\ 5x - y = 5 \end{cases}$

(5) $\begin{cases} 0.2x - 0.3y = 1.4 \\ 0.3x + 0.7y = 2.3 \end{cases}$

(6) $\begin{cases} 0.15x + 0.07y = -0.37 \\ 0.24x - 0.65y = 0.17 \end{cases}$

(7) $\begin{cases} \dfrac{2x-y}{2} + 1 = 2 \\ \dfrac{2y-1}{3} = x \end{cases}$

(8) $\begin{cases} \dfrac{y-1}{3} - 2x = -5 \\ x - 11 = -2y \end{cases}$

(9) $5x - y = 3x + 2y - 5 = x + 1$

(10) $\begin{cases} x + y = 2 \\ 3x + y + z = 34 \\ y = -2z + 1 \end{cases}$

(11) $\begin{cases} 6x - (2y - 1) = -3 \\ 3(2x + 1) - 4y = 1 \end{cases}$

(12) $\begin{cases} 2(2x + 3y) - 8x = 14 \\ 4(x + 2y) - 3(x - y) = 9 \end{cases}$

63 連立方程式 $\begin{cases} ax - 2by = -5 \\ bx + ay = 8 \end{cases}$ の解が $x = 1$, $y = 2$ である。a, b の値を求めよ。

64 x, y についての 2 つの連立方程式 $\begin{cases} x - 2y = 9 \\ ax + 4y = 7 \end{cases}$ と $\begin{cases} 2x + by = -2 \\ 3x + y = 13 \end{cases}$ が同じ解をもつとき，a, b の値を求めよ。

65 ある展覧会の入場料は大人 2 人と子ども 3 人では 1800 円，大人 4 人と子ども 1 人では 2600 円である。大人と子ども 1 人の入場料はそれぞれいくらか。

66 ある数 x に2を加えて4倍する計算で間違って4を加えてから2倍したため，計算の結果が5小さくなった。ある数 x を求めよ。　(香川県)

67 9km離れたところへいくのに，はじめの $a$km を時速6km で歩き，残りの $b$km を時速4km で歩いたところ，2時間かかった。a と b の値を求めよ。　(群馬県)

68 ある印刷会社で，印刷機C，Dを使って合わせて77000枚のポスターを印刷することにした。午前中はC，Dともに2時間かけて印刷したところ，Cの印刷枚数はDの印刷枚数より1000枚多かった。午後は1時間あたりの印刷枚数を，Cは午前中の1割り増しで，Dは2割り増しでそれぞれ2時間印刷した。さらに，Cだけで午前中の3割り増しで1時間印刷してすべてのポスターができあがった。午前中の1時間あたりのC，Dの印刷枚数をそれぞれ求めよ。　(和歌山県)

69 B，C 2種類の食塩水がある。Bの食塩水を480gとCの食塩水を240g混ぜると8%の食塩水になり，Bの食塩水を240gとCの食塩水を480g混ぜると，10%の食塩水になる。このとき，B，Cの食塩水の濃度をそれぞれ求めよ。

70 B，C 2つの合金がある。重さは，Bは鉛3，すず2の割合で，Cは鉛5，すず2，亜鉛3の割合である。B，Cそれぞれにふくまれる鉛の重さの合計は25kg，すずの重さの合計は14kgである。

(1) Bの重さを $x$kg，Cの重さを $y$kg として連立方程式をつくれ。

(2) (1)でつくった連立方程式を解き，B，Cの重さを求めよ。

71 思考力

ある島のB町とC町との人口の移動について調査した。昨年B町とC町には合わせて6500人が住んでいた。今年はB町からC町へB町の人口の2.5%が移り，C町からB町へC町の人口の4%が移った。このためB町の人口は78人増加した。今年のB町とC町の人口をそれぞれ求めよ。B町，C町以外の転入・転出，または出生・死亡はないものとする。

(日本大学豊山高　改題)

数学的活用

3年生で学ぶ方程式の世界

x^2をふくむ方程式を解く方法

1年生では，「1次方程式」，2年生では「連立方程式」を学習しました。3年生では，x^2をふくむ方程式を学習します。どのような違いがあるのでしょうか。

いすの並べ方

たかしさんの学校では，合唱コンクールが行われます。実行委員のたかしさんは，先生から「保護者用のいす240脚の並べ方を考えて。」と頼まれました。

1年生 2 3

>>> P.148 1次方程式

どのブロックも同じ数にしたい

たかしさんは，右の図のような並べ方を考えました。図のように，どのブロックも同じ人数にするには，何列ずつにしたらよいでしょう。

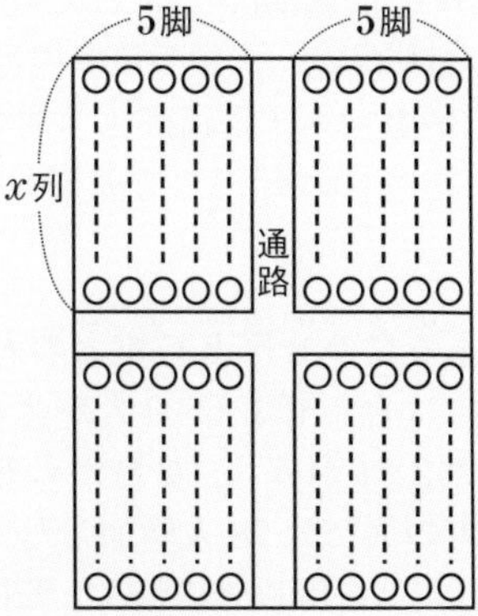

解答

1つのブロックの列数を x 列とすると，1つのブロックのいすの数は，$5x$ 脚である。
それが4ブロックあるので，

$$5x \times 4 = 240$$

この式の両辺を20でわって，

$$x = 12$$

答え　12列

3年生 2 1

1　**2年生**　3

出入りをしやすくするには？

>>> P.172　連立方程式

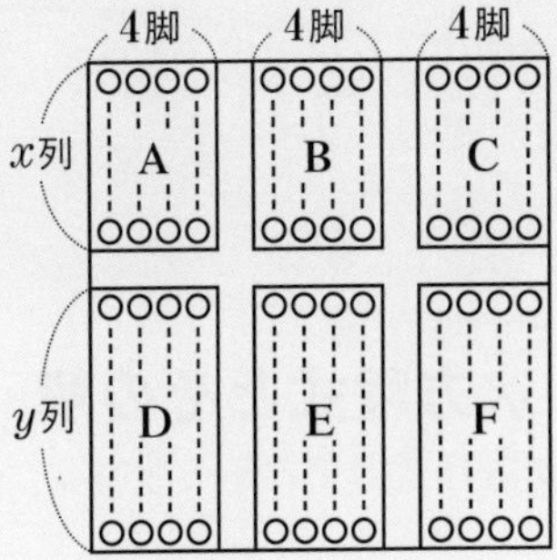

たかしさんは，出入りをしやすいように，右の図のような並べ方を考えました。D～Fブロックの列の数がA～Cブロックより4列多くなるようにするとき，A～Cブロック，D～Fブロックはそれぞれ何列にしたらよいでしょう。

解答

Aブロックの列数を x 列，Dブロックの列数を y 列とすると，

$$\begin{cases} 4x \times 3 + 4y \times 3 = 240 \cdots ① \\ y = x + 4 \cdots ② \end{cases}$$

①の両辺を12でわると，

$$x + y = 20$$

この式に②を代入して，

$$x + (x + 4) = 20$$

$$2x + 4 = 20$$

$$x = 8$$

②に代入して，$y = 12$

答え　A～Cブロックは8列，D～Fブロックは12列

1　2　**3年生**

いろいろな並べ方にしたい

>>> P.188　2次方程式

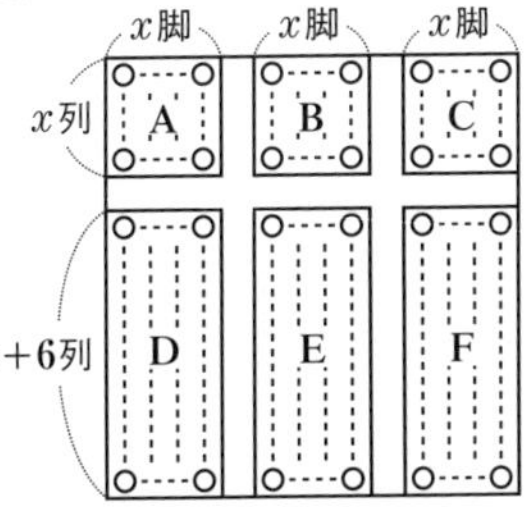

図のように，A～Cブロックは正方形に，D～FブロックはA～Cブロックより6列多く並べるには，Aブロックを何列にしたらよいでしょう。

解答

A～Cブロックのそれぞれのいすの数は x^2 脚，D～Fブロックのそれぞれのいすの数は，$x(x+6)$ 脚である。

よって，

$$3 \times x^2 + 3 \times x(x+6) = 240$$

が成り立つ。この式を整理すると，

$$6x^2 + 18x = 240$$

この方程式を解くと，

$$x^2 + 3x - 40 = 0$$

$$(x+8)(x-5) = 0$$

$x = -8,\ 5$　　$x > 0$ より，$x = 5$

答え　5列

3年生では，$6x^2+18x=240$ のように x^2 をふくむ方程式である「2次方程式」について学習します。

第3章 2次方程式 学習内容ダイジェスト

■箱のつくり方

長方形の紙の 4 すみを切り取り，さまざまな容積の箱をつくりたいと思います。

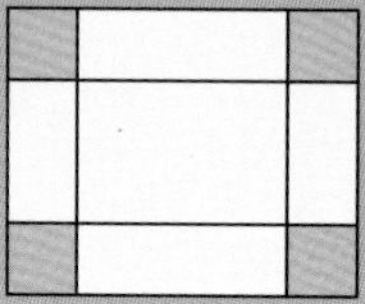

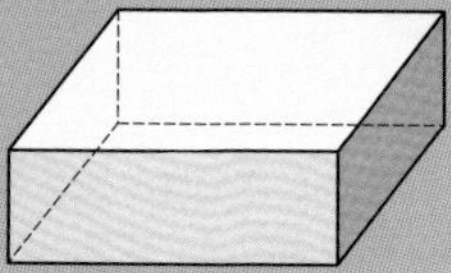

2 次方程式とその解 ⇒P.186

2 次方程式とその解の意味について学びます。

例 底面が正方形で，高さが 20cm，容積が 500cm³ の箱をつくりたいと思います。底面の 1 辺の長さは何 cm になりますか。次の中から選びましょう。

（i）4cm　　（ii）5cm　　（iii）6cm

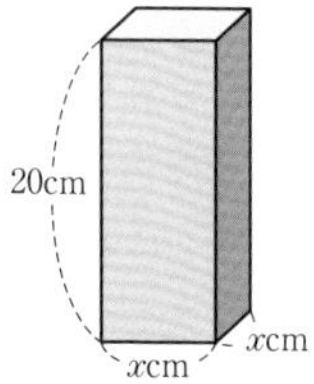

解説　$20x^2 = 500$

この方程式を成り立たせるような x の値が底面の 1 辺の長さである。

（i）$x = 4$ を代入すると，（左辺）$= 20 \times 4^2 = 320$　より，（左辺）≠（右辺）

（ii）$x = 5$ を代入すると，（左辺）$= 20 \times 5^2 = 500$　より，（左辺）=（右辺）

（iii）$x = 6$ を代入すると，（左辺）$= 20 \times 6^2 = 720$　より，（左辺）≠（右辺）

よって，（ii）のとき，方程式が成り立つ。

答え（ii）

因数分解を利用した 2 次方程式の解き方 ⇒P.187

因数分解を利用した 2 次方程式の解き方について学びます。

例 底面の横の長さが縦の長さより 2cm 長い長方形で，高さが 10cm，容積が 350cm³ の箱をつくりたいと思います。このとき，底面の縦の長さを求めましょう。

解説 底面の縦の長さを $x$cm とすると

$10x(x + 2) = 350$

両辺を 10 でわって，整理すると

$x^2 + 2x - 35 = 0$

$(x + 7)(x - 5) = 0$　　$x = -7,\ x = 5$

$x > 0$ より，$x = 5$

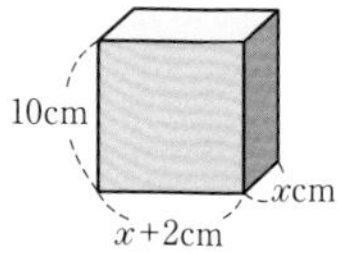

答え　5cm

平方根の考えを使った2次方程式の解き方 ⇒P.192

$(x+\square)^2=\triangle$ の形に変形して，解を求める方法を学びます。

例 底面の横の長さが縦の長さより 2cm 長い長方形で，高さが 10cm，容積が 250cm^3 の箱をつくりたいと思います。このとき，底面の縦の長さを求めましょう。

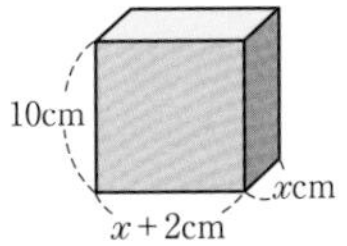

解説 底面の縦の長さを $x$cm とすると，$10x(x+2)=250$

両辺を 10 でわって，整理すると，$x^2+2x=25$

両辺に 1 を加えて，$x^2+2x+1=25+1$

$(x+1)^2=26$

$x+1=-\sqrt{26}$, $x+1=\sqrt{26}$　よって，$x=-1-\sqrt{26}$, $x=-1+\sqrt{26}$

$x>0$ より，$x=-1+\sqrt{26}$

答え $(-1+\sqrt{26})$cm

解の公式を使った2次方程式の解き方 ⇒P.195

2次方程式の解の公式を用いて，解を求める方法を学びます。

例 上の例の2次方程式 $x^2+2x=25$ を解の公式を用いて解きましょう。

解説 右辺の 25 を左辺に移項して，$x^2+2x-25=0$

2次方程式 $ax^2+bx+c=0$ の解の公式　$x=\dfrac{-b\pm\sqrt{b^2-4ac}}{2a}$ にあてはめると，

$$x=\frac{-2\pm\sqrt{2^2-4\times1\times(-25)}}{2\times1}=\frac{-2\pm\sqrt{104}}{2}=-1\pm\sqrt{26}$$

答え $-1\pm\sqrt{26}$

2次方程式の利用 ⇒P.199

2次方程式を利用して，さまざまな数量を求める方法を学びます。

例 横の長さが縦の長さより 5cm 長い長方形の紙があります。この紙の4すみから1辺が 5cm の正方形を切り取り，直方体の箱をつくったら，容積が 750cm^3 になりました。紙の縦の長さを求めましょう。

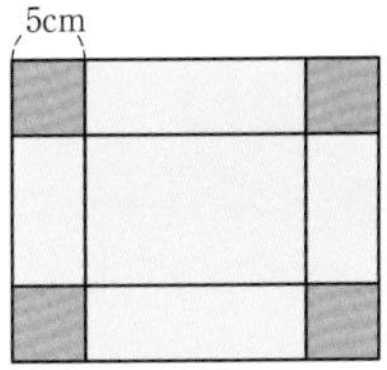

解説 紙の縦の長さを $x$cm とすると，

直方体の底面の縦は $x-10$，横は $x+5-10$ なので，

$5(x-10)(x-5)=750$

両辺を 5 でわって，整理すると

$x^2-15x-100=0$

$(x-20)(x+5)=0$　　$x=20$, $x=-5$

$x>0$ より，$x=20$

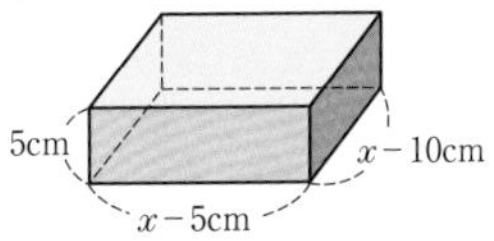

答え 20cm

§1 2 次方程式とその解

33 2 次方程式とその解の意味を知る

次の(1)～(6)の中から，$x=2$ を解とする 2 次方程式をすべて選べ。

(1) $x^2=2$　　(2) $(x+2)^2=0$

(3) $x^2+2x-8=0$　　(4) $x-2=0$

(5) $x(x-2)=0$　　(6) $x^2-3x=x^2-6$

FOCUS 2 次方程式の解の意味を考える。

解き方

それぞれの式の x に 2 を代入してみると，

(1) (左辺) $=4$，(右辺) $=2$

(2) (左辺) $=(2+2)^2=16$，(右辺) $=0$

(3) (左辺) $=2^2+2\times2-8=0$，(右辺) $=0$

(4) (左辺) $=2-2=0$，(右辺) $=0$　ただし，1 次方程式である。

(5) (左辺) $=2\times(2-2)=0$，(右辺) $=0$

(6) (左辺) $=2^2-3\times2=-2$，(右辺) $=2^2-6=-2$
ただし，1 次方程式である。

答え (3)，(5)

用語

2 次方程式
移項して整理することによって，
(2 次式) $=0$
の形にできる方程式。

Return

方程式 ➡1
1 次方程式 ➡3

学習のPOINT x の値を代入し，等式が成り立つかどうかを調べる。

確認問題

165 次の(1)～(6)の中から，$x=-2$ を解とする 2 次方程式をすべて選べ。

(1) $x^2+4=0$　　(2) $(x-2)(x+2)=0$

(3) $x^2-4x+4=0$　　(4) $2x^2-4=0$

(5) $(x+3)(x+2)=x^2-4$　　(6) $\frac{1}{2}x^2-x-4=0$

166 -2，-1，0，1，2 のうち，次の 2 次方程式の解になっているものをそれぞれ選べ。

(1) $x^2+x-2=0$　　(2) $2x^2-3x-2=0$

§ 2　因数分解を利用した２次方程式の解き方

34　因数分解を利用して２次方程式を解く

次の方程式を解け。

(1) $x^2 - 8x = 0$　(2) $x^2 + 10x + 21 = 0$　(3) $x^2 - x - 56 = 0$

FOCUS　**(２次式) = 0 の形の方程式は，まず，左辺が因数分解できるかどうか考える。**

Return
因数分解 ➡ 式編 33
２次方程式 ➡ 33

解き方

それぞれの方程式の左辺を因数分解する。

(1) $x^2 - 8x = 0$

$\boldsymbol{x(x - 8)} = 0$

よって，$x = 0$　または　$x - 8 = 0$

$x = 0,\ x = 8$

(2) $x^2 + 10x + 21 = 0$

$\boldsymbol{(x + 3)(x + 7)} = 0$　　$x = -3,\ x = -7$

(3) $x^2 - x - 56 = 0$

$\boldsymbol{(x - 8)(x + 7)} = 0$　　$x = 8,\ x = -7$

答え　(1) $x = 0,\ x = 8$　(2) $x = -3,\ x = -7$
(3) $x = 8,\ x = -7$

学習のPOINT　$\boldsymbol{(x + 3)(x + 7) = 0}$ のような形に変形できる **2** 次方程式は，$(x + 3)$ または $(x + 7)$ が 0 になるような $\boldsymbol{x}$ の値が解である。

確認問題

167 次の方程式を解け。

(1) $x^2 + 5x = 0$　(2) $2x^2 + 3x = 0$

(3) $x^2 + x - 2 = 0$　(4) $x^2 + 4x - 21 = 0$

(5) $x^2 - 2x - 24 = 0$　(6) $x^2 - 8x + 7 = 0$

(7) $x^2 - 6x - 40 = 0$　(8) $x^2 + 6x + 9 = 0$

(9) $x^2 - 14x + 49 = 0$　(10) $4x^2 - 20x + 25 = 0$

(11) $x^2 - 49 = 0$　(12) $9x^2 - 16 = 0$

35 式を整理してから2次方程式を解く

次の方程式を解け。

(1) $(x-2)(x+3)=5x+6$　(2) $\frac{1}{6}x^2-\frac{1}{2}x-\frac{2}{3}=0$

(3) $0.3x^2-0.9x-8.4=0$

FOCUS **右辺が0でなかったり，分数や小数をふくんでいたりする2次方程式は，$●x^2+■x+▲=0$（●，■，▲は整数）の形に直してから解く。**（＊1）

もっとくわしく

（＊1）
係数に分数や小数をふくむ1次方程式や連立方程式と同じ考え方である。

（＊2）
3が共通な因数となっている。

Return

共通因数 ➡ 式編 33
因数分解を利用して2次方程式を解く ➡34

解き方

(1)
$$x^2+x-6=\mathbf{5x+6}$$
$$x^2+x-6\mathbf{-5x-6}=0$$
$$x^2-4x-12=0$$
$$(x+2)(x-6)=0 \quad x=-2,\ x=6$$

(2) 両辺に6をかけて，
$$6\left(\frac{1}{6}x^2-\frac{1}{2}x-\frac{2}{3}\right)=0$$
$$x^2-3x-4=0 \quad (x+1)(x-4)=0 \quad x=-1,\ x=4$$

(3) 両辺に10をかけて
$$3x^2-9x-84=0$$（＊2）
$$3(x^2-3x-28)=0$$
$$x^2-3x-28=0 \quad (x+4)(x-7)=0 \quad x=-4,\ x=7$$

答え (1) $x=-2,\ x=6$　(2) $x=-1,\ x=4$
(3) $x=-4,\ x=7$

学習のPOINT
①移項して整理することによって，$ax^2+bx+c=0$ の形にする。
② a，b，c に分数や小数があるときは，両辺に等しい数をかけたり，両辺を等しい数でわったりして，整数にする。
③ a，b，c が整数のときは，共通な因数がないか確かめる。

確認問題

168 次の方程式を解け。

(1) $(x+1)(x-5)=-8$　(2) $(x-4)(2x+3)=5x(x-4)$

(3) $\frac{1}{3}x^2+x-6=0$　(4) $0.5x^2+1.5x+1=0$

36　おきかえをして2次方程式を解く

次の方程式を解け。

(1) $(x+1)^2-5(x+1)=0$　　(2) $(x-1)^2-4(x-1)+4=0$

(3) $(x^2-2x)^2-2(x^2-2x)-3=0$

FOCUS　複雑な2次方程式では，おきかえができる部分がないかを調べてみる。

解き方

(1)　$\boldsymbol{x+1=X}$ とおくと

$X^2-5X=0$

$X(X-5)=0$　　$X=0,\ X=5$　(＊1)

よって，$x+1=0,\ x+1=5$ なので，$x=-1,\ x=4$

(2)　$\boldsymbol{x-1=X}$ とおくと

$X^2-4X+4=0$

$(X-2)^2=0$　　$X=2$

よって，$x-1=2$ なので，$x=3$

(3)　$\boldsymbol{x^2-2x=X}$ とおくと

$X^2-2X-3=0$

$(X+1)(X-3)=0$　　$X=-1,\ X=3$

よって，$x^2-2x=-1$，(＊2)　　$x^2-2x=3$　(＊2)

$x^2-2x+1=0$　　　$x^2-2x-3=0$

$(x-1)^2=0$　　　$(x+1)(x-3)=0$

$x=1$　　　$x=-1,\ x=3$

答え　(1) $x=-1,\ x=4$　　(2) $x=3$

(3) $x=-1,\ x=1,\ x=3$

ここに注意

(＊1)
これが解ではないので注意しよう。

(＊2)
この2つの2次方程式も解く。

Return

おきかえによる因数分解

➡ 式編 36

学習のPOINT　$(\boldsymbol{x}+1)^2-5(\boldsymbol{x}+1)=0$ **のような2次方程式は，** 同じ形の式の部分 $(x+1)$ を別の文字でおきかえてみる。

確認問題

169　次の方程式を解け。

(1) $(x-5)^2+4(x-5)=0$　　(2) $(x+3)^2+4(x+3)+3=0$

(3) $(x-2)^2-2(x-2)-8=0$　　(4) $(2x+1)^2+3(2x+1)-18=0$

(5) $(x-4)^2\quad 10(x-4)+25=0$　　(6) $(x^2-x)^2-8(x^2-x)+12=0$

§ 3 平方根の考えを使った 2 次方程式の解き方

37 平方根の考えを用いて 2 次方程式を解く

次の方程式を解け。

(1) $x^2 = 49$　(2) $3x^2 = 48$　(3) $5x^2 = 30$

FOCUS x^2 =●のような 2 次方程式は，平方根の考えを使って解く。

解き方

(1) x を 2 乗して 49 になるので (＊1)

$x = -7,\ x = 7$ (＊2)

(2) 両辺を 3 でわって

$x^2 = 16$

x を 2 乗して 16 になるので

$x = -4,\ x = 4$

(3) 両辺を 5 でわって

$x^2 = 6$

x を 2 乗して 6 になるので

$x = -\sqrt{6},\ x = \sqrt{6}$

答え (1) $x = -7,\ x = 7$　(2) $x = -4,\ x = 4$
(3) $x = -\sqrt{6},\ x = \sqrt{6}$

もっとくわしく

等式の性質 $A = B$ ならば，$A \div C = B \div C$ を利用する。

(＊1)
因数分解を利用して，次のようにして解くこともできる。
$x^2 - 49 = 0$
因数分解して，
$(x + 7)(x - 7) = 0$
よって，$x = -7,\ x = 7$

(＊2)
$x = \pm 7$ と書くこともある。

Return

平方根 ➡ 数編 26
等式の性質 ➡ 2

学習の POINT

x^2 =▲の形の 2 次方程式の解は，平方根の考えにより，$x = -\sqrt{▲}$，$x = \sqrt{▲}$ となる。

■ x^2 =● の形の 2 次方程式も，$x^2 = \frac{●}{■}$ の形に変形することで，同じように解を求めることができる。

確認問題

170 次の方程式を解け。

(1) $x^2 = 100$　(2) $x^2 - 8 = 0$　(3) $3x^2 - 15 = 0$

(4) $5x^2 - 10 = 0$　(5) $16x^2 - 1 = 0$　(6) $4x^2 - 9 = 0$

38　$(x+■)^2=▲$の形に，平方根の考えを用いる

次の方程式を解け。

(1) $(x-3)^2=16$　　(2) $(x+5)^2=3$　　(3) $(2x-3)^2-4=0$

FOCUS　**$(x+■)^2=▲$の形の２次方程式は，平方根の考えを使って解く。**

解き方

(1) $(x-3)$を２乗して16になるので（＊1）

$x-3=-4,\ x-3=4$（＊2）

$x=-1,\ x=7$

(2) $(x+5)$を２乗して３になるので

$x+5=-\sqrt{3},\ x+5=\sqrt{3}$

$x=-5-\sqrt{3},\ x=-5+\sqrt{3}$（＊3）

(3) -4を右辺に移項して，

$(2x-3)^2=4$

$(2x-3)$を２乗して４になるので

$2x-3=-2$　　$2x-3=2$

$2x=-2+3$　　$2x=2+3$

よって，$x=\dfrac{1}{2},\ x=\dfrac{5}{2}$

答え　(1) $x=-1,\ x=7$

(2) $x=-5-\sqrt{3},\ x=-5+\sqrt{3}$

(3) $x=\dfrac{1}{2},\ x=\dfrac{5}{2}$

もっとくわしく

（＊1）
$x-3=X$
とおきかえて
$X^2=16$
を解いていると考えればよい。

（＊2）
$x-3=-4$
と，
$x-3=4$
を解く。

（＊3）
$x=-5\pm\sqrt{3}$
と書くこともある。

Return

平方根の考えを用いた２次方程式 ➡37
おきかえを用いた２次方程式 ➡36

学習のPOINT　$(x-■)^2=▲$は，$(x-■)$を２乗したときに▲になるということを意味するので，$x-■=-\sqrt{▲},\ x-■=\sqrt{▲}$となる。

確認問題

171 次の方程式を解け。

(1) $(x+1)^2=4$　　(2) $(x-2)^2-16=0$

(3) $(x-3)^2=5$　　(4) $(x+2)^2=8$

(5) $(x-7)^2-18=0$　　(6) $2(x+5)^2-18=0$

(7) $3(x-4)^2-15=0$　　(8) $2(x-6)^2-100=0$

(9) $(2x-3)^2-49=0$　　(10) $3(2x+1)^2-45=0$

39 $(x+■)^2=▲$の形に変形して 2 次方程式を解く①

次の方程式を $(x+■)^2=▲$の形に変形して解け。

(1) $x^2+8x=-10$　　(2) $x^2-2x-1=0$

FOCUS **因数分解できない 2 次方程式は，$(x+■)^2=▲$の形に変形して解く。**

解き方

(1) 両辺に，x の係数の **8** を $\frac{1}{2}$ 倍して 2 乗した数，すなわち，4^2 である **16** を加える。

$x^2+\mathbf{8}x+\mathbf{16}=-10+\mathbf{16}$ （＊1）

左辺を因数分解して

$(x+4)^2=6$

$x+4=-\sqrt{6}$，$x+4=\sqrt{6}$

よって，$x=-4-\sqrt{6}$，$x=-4+\sqrt{6}$

(2) -1 を右辺に移項して $x^2-2x=1$ （＊1）

両辺に，x の係数の $\mathbf{-2}$ を $\frac{1}{2}$ 倍して 2 乗した数，すなわち，$(-1)^2$ である **1** を加える。

$x^2\mathbf{-2}x\mathbf{+1}=1\mathbf{+1}$

左辺を因数分解して

$(x-1)^2=2$

$x-1=-\sqrt{2}$，$x-1=\sqrt{2}$

よって，$x=1-\sqrt{2}$，$x=1+\sqrt{2}$

答え (1) $x=-4-\sqrt{6}$，$x=-4+\sqrt{6}$

(2) $x=1-\sqrt{2}$，$x=1+\sqrt{2}$

もっとくわしく

（＊1）

左辺を 2 乗の形に因数分解できるように，式変形をする。

Return

$(x+■)^2=▲$の形の 2 次方程式 ➡38

学習の POINT $x^2+○x=●$を $(x+■)^2=▲$の形に変形するには，両辺に「x の係数○を $\frac{1}{2}$ 倍して 2 乗した数」を加える。

確認問題

172 次の方程式を解け。

(1) $x^2+6x=4$　　(2) $x^2-4x=4$　　(3) $x^2+2x=5$

(4) $x^2-8x=40$

40 $(x+■)^2=▲$の形に変形して2次方程式を解く②

次の方程式を$(x+■)^2=▲$の形に変形して解け。

$$x^2+3x=-1$$

FOCUS 因数分解できず，xの係数が奇数の2次方程式の解き方を考える。

解き方

両辺に，xの係数の**3**を$\frac{1}{2}$倍して2乗した数，すなわち，$\left(\frac{3}{2}\right)^2$である$\frac{9}{4}$を加える。（＊1）

$$x^2+3x+\frac{9}{4}=-1+\frac{9}{4}$$

左辺を因数分解して

$$\left(x+\frac{3}{2}\right)^2=\frac{5}{4}$$

$$x+\frac{3}{2}=-\frac{\sqrt{5}}{2},\quad x+\frac{3}{2}=\frac{\sqrt{5}}{2}$$

よって，$x=-\frac{3}{2}-\frac{\sqrt{5}}{2}$，$x=-\frac{3}{2}+\frac{\sqrt{5}}{2}$（＊2）

答え $x=-\frac{3}{2}-\frac{\sqrt{5}}{2}$，$x=-\frac{3}{2}+\frac{\sqrt{5}}{2}$

もっとくわしく

（＊1）
xの係数が3で奇数であるが，基本的な方針は変わらない。3の$\frac{1}{2}$倍は$\frac{3}{2}$で分数だが，それを2乗する。

（＊2）
答えは

$$x=-\frac{3}{2}\pm\frac{\sqrt{5}}{2}$$

あるいは

$$x=\frac{-3\pm\sqrt{5}}{2}$$

と書いてもよい。

Return
$(x+■)^2=▲$の形に変形する ➡39

学習のPOINT 因数分解できなく，xの係数が奇数の2次方程式も$(x+■)^2=▲$の形に変形して解く。

確認問題

173 次の方程式を解け。

(1) $x^2+x=1$

(2) $x^2-3x=5$

(3) $x^2+5x=-2$

(4) $x^2-7x=3$

(5) $x^2+9x=-5$

(6) $2x^2+5x=2$

(7) $3x^2-x=2$

§4 解の公式を使った2次方程式の解き方

41 解の公式を導く

次の ア ～ オ にあてはまる，a，b，c を用いた式を答えよ。

x の2次方程式(ほうていしき) $ax^2+bx+c=0\ (a\neq 0)$ を次のように解(と)いてみよう。

x^2 の係数を1にするために，方程式の両辺(りょうへん)を a でわると

$$x^2+\frac{b}{a}x+\frac{c}{a}=0$$

これを変形して $x^2+\dfrac{b}{a}x+\dfrac{\boxed{ア}}{\boxed{イ}}=-\dfrac{c}{a}+\dfrac{\boxed{ア}}{\boxed{イ}}$　よって，$\left(x+\dfrac{\boxed{ウ}}{\boxed{エ}}\right)^2=\dfrac{\boxed{オ}}{\boxed{イ}}$

さらに変形して，x について解くと，$x=\dfrac{-b\pm\sqrt{b^2-4ac}}{2a}$　ただし，$b^2-4ac\geqq 0$

FOCUS　**$ax^2+bx+c=0$ をどのようにして $(x+■)^2=▲$ の形にするかを考える。**

解き方

$$x^2+\frac{b}{a}x+\frac{c}{a}=0$$

$\dfrac{c}{a}$ を右辺(うへん)に移項(いこう)して

$$x^2+\frac{b}{a}x=-\frac{c}{a}$$

両辺に x の係数の $\dfrac{b}{a}$ を $\dfrac{1}{2}$ 倍して2乗した数，すなわち，

$\dfrac{b^2}{4a^2}$ を加える。

$$x^2+\frac{b}{a}x+\frac{b^2}{4a^2}=-\frac{c}{a}+\frac{b^2}{4a^2}$$

左辺(さへん)を因数(いんすう)分解して

$$\left(x+\frac{b}{2a}\right)^2=-\frac{c}{a}+\frac{b^2}{4a^2}$$

$$\left(x+\frac{b}{2a}\right)^2=\frac{b^2-4ac}{4a^2}$$

答え　ア b^2，イ $4a^2$，ウ b，エ $2a$，オ b^2-4ac

もっとくわしく

具体的に，$a=2$，$b=-3$，$c=-2$ の場合について考えてみると，以下のようになる。

両辺を2でわって，

$$x^2-\frac{3}{2}x-1=0$$

-1 を右辺に移項して，

$$x^2-\frac{3}{2}x=1$$

両辺に，x の係数の $-\dfrac{3}{2}$ を $\dfrac{1}{2}$ 倍して2乗した数すなわち，$\left(-\dfrac{3}{4}\right)^2$ である $\dfrac{9}{16}$ を加える。

$$x^2-\frac{3}{2}x+\frac{9}{16}=1+\frac{9}{16}$$

左辺を因数分解して

$$\left(x-\frac{3}{4}\right)^2=\frac{25}{16}$$

Return

$(x+■)^2=▲$ の形に変形する ➡40

学習のPOINT　$x=\dfrac{-b\pm\sqrt{b^2-4ac}}{2a}$ を2次方程式 $ax^2+bx+c=0$ の解(かい)の公式という。

確認問題

174　x の2次方程式 $ax^2+2b'x+c=0\ (a\neq 0)$ の解を a，b'，c を用いて求めよ。

42 解の公式を利用して2次方程式を解く

次の方程式を解の公式を利用して解け。

(1) $x^2 - 3x + 1 = 0$　(2) $x^2 + 2x - 1 = 0$　(3) $2x^2 - 6x + 1 = 0$

FOCUS **2次方程式の解の公式**

$$x = \frac{-b \pm \sqrt{b^2 - 4ac}}{2a}$$ の利用を考える。（＊1）

解き方

(1) $a = 1,\ b = -3,\ c = 1$ を代入すると，

$$x = \frac{-(-3) \pm \sqrt{(-3)^2 - 4 \times 1 \times 1}}{2 \times 1} = \frac{3 \pm \sqrt{5}}{2}$$

(2) $a = 1,\ b = 2,\ c = -1$ を代入すると，

$$x = \frac{-2 \pm \sqrt{2^2 - 4 \times 1 \times (-1)}}{2 \times 1} = \frac{-2 \pm \sqrt{8}}{2} = \frac{-2 \pm 2\sqrt{2}}{2} \ （＊2）= -1 \pm \sqrt{2}$$

(3) $a = 2,\ b = -6,\ c = 1$ を代入すると，

$$x = \frac{-(-6) \pm \sqrt{(-6)^2 - 4 \times 2 \times 1}}{2 \times 2} = \frac{6 \pm \sqrt{28}}{4} = \frac{6 \pm 2\sqrt{7}}{4} = \frac{3 \pm \sqrt{7}}{2}$$

答え (1) $x = \frac{3 \pm \sqrt{5}}{2}$　(2) $x = -1 \pm \sqrt{2}$　(3) $x = \frac{3 \pm \sqrt{7}}{2}$

もっとくわしく

（＊1）
a は x^2 の係数
b は x の係数
c は定数

（＊2）
$\frac{2(-1 \pm \sqrt{2})}{2}$ とみて約分する。

Return

解の公式を導く ➡41

学習のPOINT 因数分解できないときには，解の公式が有効である。

確認問題

175 次の方程式を解の公式を利用して解け。

(1) $x^2 + 3x + 1 = 0$　(2) $x^2 + 4x - 1 = 0$　(3) $x^2 + x - 1 = 0$

(4) $3x^2 + 2x - 1 = 0$　(5) $2x^2 - x - 4 = 0$　(6) $2x^2 - 4x - 5 = 0$

43 条件に合う 2 次方程式をつくる

次の問いに答えよ。

(1) x についての 2 次方程式で，2 つの解のうち 1 つの解が 3 になる 2 次方程式を 1 つつくれ。また，つくった 2 次方程式のもう 1 つの解を答えよ。

(2) 方程式 $x^2+2x-A=0$ の解の 1 つが $x=5$ であるとき，A の値ともう 1 つの解を求めよ。

FOCUS 方程式の解の意味を考える。

解き方

(1) たとえば，$x=3$，$x=1$ を解とする 2 次方程式は

$(x-3)(x-1)=0$　　もう 1 つの解は，$x=1$

(2) $x=5$ を代入すると

$$25+2\times 5-A=0 \quad (＊1)$$

$$A=35$$

したがって，もとの方程式は

$$x^2+2x-35=0$$

$(x-5)(x+7)=0$　　$x=5$，$x=-7$

別解

もう 1 つの解を p とすると，$(x-p)(x-5)=0$ と書ける。この左辺を展開すると，$x^2-(p+5)x+5p=0$ となるので (＊2)

$2=-(p+5)$　　よって，$p=-7$

また，$A=-5p=-5\times(-7)=35$

答え (1) 2 次方程式　例 $(x-3)(x-1)=0$

もう 1 つの解　$x=1$

(2) $A=35$　もう 1 つの解　$x=-7$

もっとくわしく

(＊1)
解を代入したとき，等式が成り立つ。

(＊2)
(2) の与式の係数との比較をする。
一般に次のことがいえる。
$x^2+ax+b=0$ の 2 つの解が $x=p$，$x=q$ ならば，
$a=-(p+q)$，
$b=pq$
が成り立つ。

Return

2 次方程式の解 ➡33

学習の POINT $x=p$，$x=q$ を解とする 2 次方程式は，$(x-p)(x-q)=0$ と書ける。

確認問題

176 2 次方程式 $x^2-ax+24=0$ の 2 つの解がともに整数のとき，a の値の最小値を答えよ。ただし，a は正の数とする。

177 2 次方程式 $x^2+ax+b=0$ の解が -1 と 2 のとき，a，b の値をそれぞれ求めよ。

§5 2次方程式の利用

44 整数の問題を2次方程式を用いて解く

連続した3つの整数がある。その3つの整数の和は，大きいほうの2つの整数の積に等しい。このとき，これらの3つの整数を求めよ。

FOCUS **適当な整数を x として，与えられた条件から，方程式をつくることを考える。**

解き方

連続した3つの整数の真ん中の数を x とすると，これらの整数は，$\boldsymbol{x-1,\ x,\ x+1}$ となる。（＊1）

このとき，3つの整数の和 $(x-1)+x+(x+1)$ と大きい方の2つの整数の積 $x(x+1)$ が等しいので

$$(x-1)+x+(x+1)=x(x+1)$$
$$3x=x^2+x$$
$$x^2-2x=0$$
$$x(x-2)=0 \qquad x=0,\ x=2$$

答え　$-1,\ 0,\ 1$ または，$1,\ 2,\ 3$

もっとくわしく

方程式の文章題の解き方

①求めるものを明らかにし，何を $\boldsymbol{x}$ で表すかを決める。
②等しい関係にある数量を見つけて方程式をつくる。
③方程式を解く。

（＊1）
いちばん小さい数を $\boldsymbol{x}$ としてもよいが，真ん中の数を $\boldsymbol{x}$ とおいた方が和を求めるときに計算が楽である。

Return

整数の問題を連立方程式で解く ➡25

学習のPOINT 整数の問題では，計算がしやすくなるよう，文字のおき方を工夫する。

確認問題

178 次の先生とAさん，Bさんの会話文を読んで，下の(1)，(2)に答えよ。

先　生：	連続する3つの正の整数があります。いちばん小さい数と，いちばん大きい数の積から真ん中の数の2倍をひくと62になっています。方程式を使ってこの連続する3つの正の整数を求めてごらん。
Aさん：	3つの正の整数のうち，真ん中の数を x として方程式をつくると $(x-1)(x+1)-2x=62$ となりました。
Bさん：	<u>いちばん小さい数を x として</u>方程式をつくることもできると思います。
先　生：	そうだね。どちらの方程式でも求めることができるんだよ。

(1) 下線部の方法で方程式をつくれ。

［　　　　　　　　　　$=62$］

(2) 会話文で先生が問いかけている連続する3つの正の整数を求めよ。

45 面積に関する問題を 2 次方程式で解く

右の図のように縦が 8cm，横が 12cm の長方形の写真を，周囲の余白の幅が等しくなるように台紙に貼った。台紙の面積が写真の面積の 2 倍のとき，余白の幅と台紙の縦の長さ，横の長さをそれぞれ求めよ。

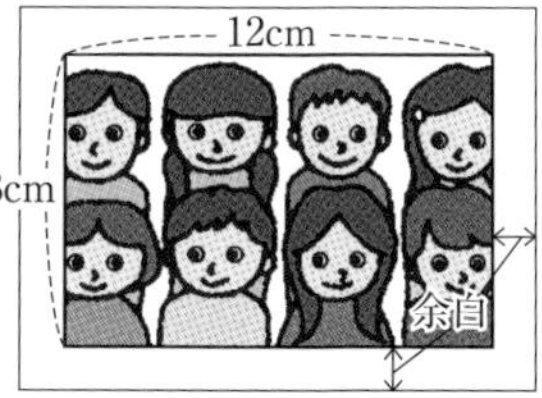

FOCUS **求める長さのいずれかを $x$cm として，面積の関係から方程式をつくる。**

解き方

余白の幅を $x$cm とすると，台紙の縦の長さは **$(8+2x)$cm**，横の長さは **$(12+2x)$cm** となる。この台紙の面積が写真の面積の 2 倍なので

$$(8+2x)(12+2x)=8\times12\times2$$
$$2(4+x)\times2(6+x)=8\times12\times2$$
$$x^2+10x+24=48$$
$$x^2+10x-24=0 \quad (＊1)$$
$$(x-2)(x+12)=0$$

よって，$x=2$，$x=-12$

$x>0$ なので，$x=2$(cm) (＊2)

このとき，台紙の縦の長さは $8+2\times2=12$(cm)，横の長さは $12+2\times2=16$(cm)

答え 余白の幅 2cm，台紙の縦の長さ 12cm，横の長さ 16cm

もっとくわしく

(＊1)
解の公式を利用して解くと，次のようになる。

$$x=\frac{-10\pm\sqrt{10^2-4\times1\times(-24)}}{2\times1}$$
$$=\frac{-10\pm14}{2}$$
$$=-5\pm7$$

$x=2,\ -12$

(＊2)
x は長さなので，正の数である。よって $x=-12$ は不適。

Return

図形についての問題を解く ➡16
解の公式を利用して 2 次方程式を解く ➡42

学習の POINT 方程式の解がそのまま答えになるとは限らない。解の吟味をする。

確認問題

179 縦 8m，横 12m の長方形の土地がある。図のように，縦に 2 本，横に 1 本の同じ幅の道をつくり，残りの部分を花だんにすることにした。花だんの面積と道の面積を同じにするには，道の幅は何 m にすればよいか求めよ。

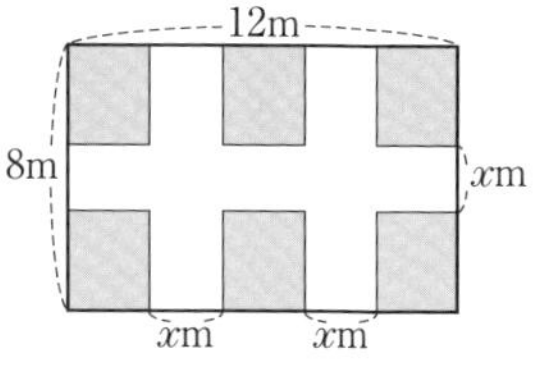

46 体積に関する問題を 2 次方程式で解く

横の長さが縦の長さより 5cm 長い長方形の紙がある。この紙の 4 すみから 1 辺が 5cm の正方形を切り取り，直方体の箱をつくったら，容積が 750cm^3 になった。紙の縦の長さを求めよ。

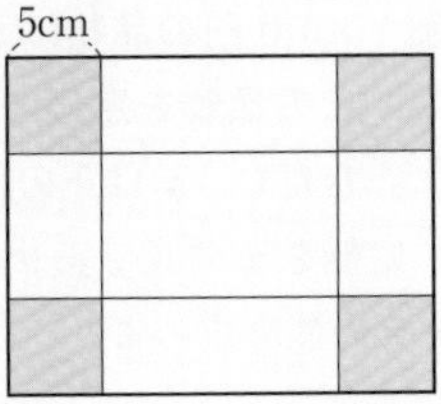

FOCUS　求める長さである長方形の紙の縦の長さを $x$cm とし，体積の関係から方程式をつくる。

解き方

紙の縦の長さを $x$cm とすると，箱の底面の縦の長さは $(x-10)$cm，横の長さは

$$x+5-10=x-5\text{(cm)}$$

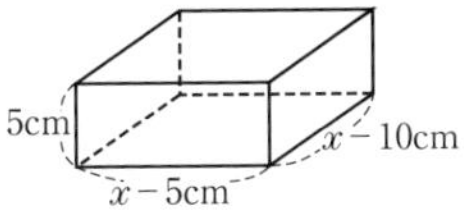

なので，箱の容積は，$5(x-10)(x-5)(\text{cm}^3)$

よって $5(x-10)(x-5)=750$

両辺を 5 でわって，整理すると

$$x^2-15x-100=0$$
$$(x-20)(x+5)=0$$
$$x=20,\ x=-5$$

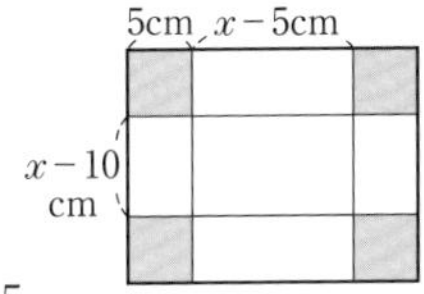

$x>0$ なので，$x=20$(cm)　(＊1)

答え　20cm

もっとくわしく

(＊1)

x は長さなので，正の数である。

Return

面積についての問題を解く ➡45

学習のPOINT　解の吟味を忘れない。

確認問題

180　図 1 のような縦 30cm，横 60cm の長方形の厚紙で，色をぬった部分を切り取って，図 2 のようなふたがついた深さ $x$cm の直方体の箱をつくる。箱の底面積を 200cm^2 にするとき，x の値を求めよ。

図1

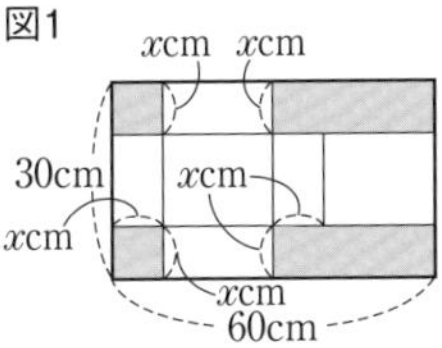

図2

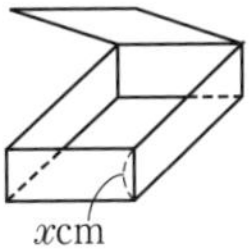

47 割合に関する問題を解く

原価 10000 円の品物に x 割の利益をみこんで定価をつけた。その後，売り出しで，この品物を定価の x 割引きで売ったら 900 円損をした。次の問いに答えよ。ただし，x は正の数とする。

(1) 定価を x の式で表せ。

(2) x の値を求めよ。

FOCUS **原価，定価，利益，値引きの関係から方程式をつくる。**

解き方

(1) 原価 10000 円の品物に x 割の利益をみこんでつけた定価は

$$10000 + 10000 \times \frac{x}{10} = 10000\left(\mathbf{1} + \frac{\boldsymbol{x}}{\mathbf{10}}\right)\text{(円)}$$ (＊1)

(2) 定価 $10000\left(1+\frac{x}{10}\right)$(円)の品物を x 割引きにしたときの売り値は

$$10000\left(1+\frac{x}{10}\right)\left(\mathbf{1} - \frac{\boldsymbol{x}}{\mathbf{10}}\right)$$

900 円損をしたので，

$$10000\left(1+\frac{x}{10}\right)\left(1-\frac{x}{10}\right) - 10000 = -900$$ (＊2)

$$10000\left(1-\frac{x^2}{100}\right) - 10000 = -900$$

$$100x^2 = 900$$

$$x = \pm 3$$

$x > 0$ なので，$x = 3$(割) (＊3)

答え (1) $10000\left(1+\frac{x}{10}\right)$(円)　　(2) $x = 3$

ここに注意

(＊1)
$\frac{x}{10}$ を小数を用いて $0.1x$ としてもよいが，原価が 10 の倍数なので，分数の方が計算しやすい。

(＊2)
損をしたので，利益が -900 円と考える。

(＊3)
この問題では，x は正になる。解の吟味を忘れないようにしよう。

Return
割合の問題 ➡14

学習の POINT 百分率や歩合で表された割合の問題は，小数や分数にしてから方程式をつくる。

確認問題

181 1 辺 10cm の正方形がある。この正方形の横の長さを x% のばし，縦の長さを $(x + 1)$% 縮めて長方形にしたとき，面積は 1.3% だけ小さくなった。このとき，正の整数 x の値を求めよ。

48　関数との融合問題を解く

右の図のように，直線 $y = x + a$ が，直線 $y = 2x$ と交わる点を A，x 軸と交わる点を B とする。△ABO の面積が 32 のとき，a の値を求めよ。ただし，$a > 0$ とする。

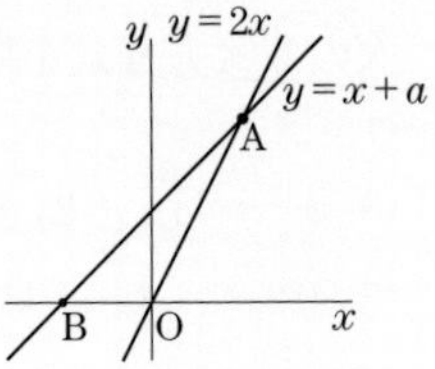

FOCUS　**1次関数のグラフの交点を求め，面積の関係から方程式をつくる。**

解き方

点 A の座標は，連立方程式 $\begin{cases} y = x + a \\ y = 2x \end{cases}$ を解いて

$x = a$，$y = 2a$　　よって，A$(a,\ 2a)$

また，点 B の座標は，直線 $y = x + a$ と x 軸との交点なので，$y = x + a$ に $y = 0$ を代入して，$x = -a$

よって，B$(-a,\ 0)$

△ABO の面積は 32 なので，

$$\frac{1}{2} \times a \times 2a = 32$$

$$a^2 = 32$$

$$a = \pm 4\sqrt{2}$$

$a > 0$ なので，$a = 4\sqrt{2}$

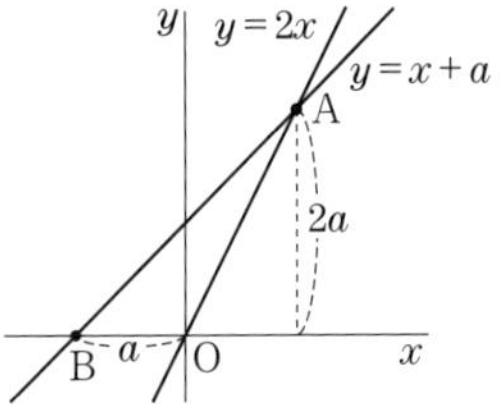

答え　$a = 4\sqrt{2}$

もっとくわしく

1次関数のグラフの交点は，それぞれの式の連立方程式を解くことで求められる。

Return
連立方程式 ➡17

Go to
1次関数 ➡ 関数編 23
連立方程式とグラフ ➡ 関数編 33

確認問題

182 **右の図のように，3点 A$(-10,\ 0)$，B$(0,\ 25)$，C$(30,\ 0)$ をとる。点 P が，点 A から毎秒 1 の速さで x 軸上を点 C に向かって進む。点 P から y 軸に平行な直線をひき，その直線と直線 AB との交点を Q とする。また，PQ = PR となるような x 軸上の点 R をとり，正方形 PQSR をつくるとき，次の問いに答えよ。**

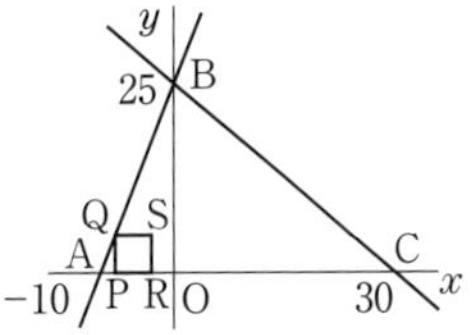

(1) 直線 AB，直線 BC の方程式をそれぞれ求めよ。

(2) t 秒後の点 Q の座標を t を使って表せ。

(3) 正方形 PQSR の面積が 100 になるのは何秒後か。

(4) 正方形 PQSR が△ABC に内接する（点 S が直線 BC 上にくる）のは何秒後か。

章末問題

解答 ➡p.76

72 次の 2 次方程式を解け。

(1) $x^2 = x$

(2) $x^2 + 2x - 3 = 0$

(3) $x^2 + 11x + 24 = 0$

(4) $x^2 + 16 = 8x$

(5) $0.2x^2 - 4x + 4.2 = 0$

(6) $\frac{1}{6}x^2 + x + \frac{2}{3} = 0$

(7) $(x + 2)^2 = 2$

(8) $(2x - 1)^2 = 16$

(9) $x^2 - 4x - 7 = 0$

(10) $x^2 + 6x + 3 = 0$

(11) $(x - 1)(x + 3) = 3x - 2$

(12) $(x - 2)^2 + 3(x - 2) - 4 = 0$

73 次の問いに答えよ。

(1) x についての 2 次方程式 $x^2 + (a - 11)x + 15 = 0$ の 1 つの解が a であるとき，a の値を求めよ。

(2) 2 次方程式 $2x^2 + ax - 6 = 0$ の 1 つの解が $x = 3$ で，他の解は 2 次方程式 $x^2 + bx - a = 0$ の解の 1 つであるとき，a，b の値を求めよ。

（明治大学付属明治高）

74 次の問いに答えよ。

(1) 大小 2 つの自然数がある。その差は 6 で，小さい数を 2 乗した数は，大きい数の 2 倍に 3 を加えた数に等しい。この 2 つの自然数を求めよ。

(2) 連続する正の 3 つの奇数がある。もっとも小さい数ともっとも大きい数の積は真ん中の数の 4 倍より 17 だけ大きい。この 3 つの奇数を求めよ。

75 右の図は，1 辺 6cm の正方形 ABCD である。点 P は頂点 A を出発し，毎秒 1cm の速さで反時計回りに，点 Q は頂点 A を出発し，毎秒 2cm の速さで時計回りに，ともに辺上を動く。2 点 P，Q が点 A を同時に出発してから x 秒後について，次の問いに答えよ。ただし，x の変域は $0 \leqq x \leqq 6$ とする。（市川高）

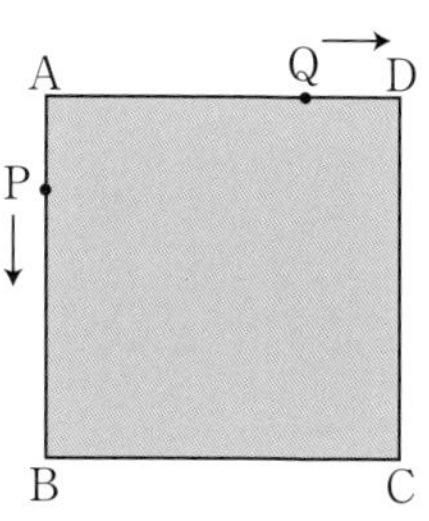

(1) 点 Q が辺 AD 上にあるとき△CPQ の面積を x を用いて表せ。

(2) △CPQ の面積が 14cm^2 となる x の値をすべて求めよ。

76 縦8cm，横10cmの長方形の厚紙の4すみから，同じ大きさの正方形を切り取り折り曲げて直方体の形の器を作ったが，誤ってはじめに考えていたよりも切り取る正方形の1辺の長さを1cmだけ長くしてしまったために，予定よりも容積が24cm³だけ小さくなった。はじめに切り取る予定だった正方形の1辺の長さは何cmだったか。

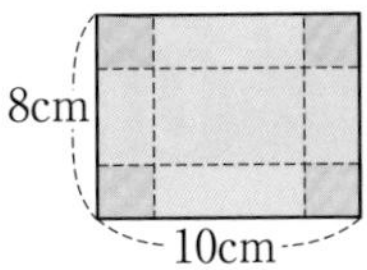

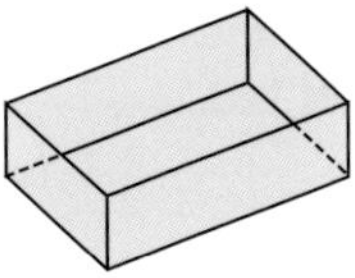

77 思考力

右のⅠ図のようなタイルAとタイルBを，次のⅡ図のようにすき間なく規則的に並べて，1番目の図形，2番目の図形，3番目の図形，…とする。
下の表は，それぞれの図形における，タイルAの枚数とタイルBの枚数についてまとめたものの一部である。
このとき，下の問い（1）・（2）に答えよ。

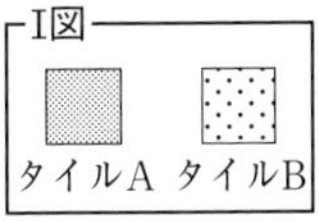

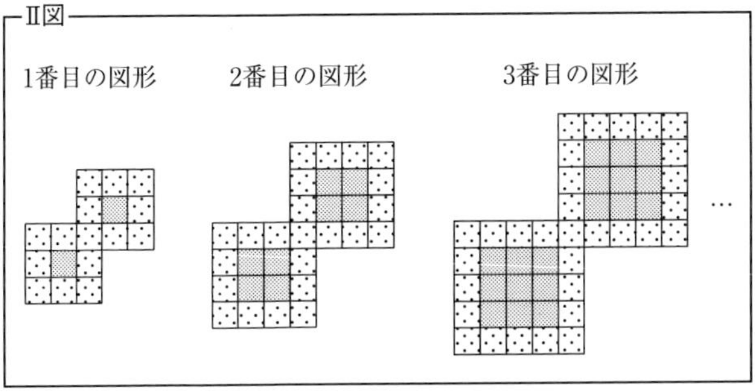

	1番目の図形	2番目の図形	3番目の図形	…
タイルAの枚数（枚）	2	8	18	…
タイルBの枚数（枚）	15	23	31	…

（1）n番目の図形について，タイルAの枚数とタイルBの枚数を，それぞれnを用いて表せ。

（2）タイルAの枚数がタイルBの枚数より1043枚多くなるのは，何番目の図形か求めよ。

（京都府）

STEP UP ステップ アップ

2次方程式の解の個数

2次方程式には，次の例1のように，解の個数が2つのものと，例2のように解の個数が1つのものがありました。

例1
$$x^2-2x-3=0$$
$$(x+1)(x-3)=0$$
$$x=-1,\ x=3$$

例2
$$x^2-2x+1=0$$
$$(x-1)^2=0$$
$$x=1$$

解が1つのときの解を「重解」といいます。これ以外に，例えば，

例3
$$x^2-2x+2=0$$
$$x^2-2x+1=-1$$
$$(x-1)^2=-1$$

のように解がないものもあります。

このことを，例題41で扱った2次方程式 $ax^2+bx+c=0$ の解の公式

$x=\dfrac{-b\pm\sqrt{b^2-4ac}}{2a}$ (→ p.194) と関連づけて考えてみましょう。

例1では，
$$x=\frac{-(-2)\pm\sqrt{(-2)^2-4\times1\times(-3)}}{2\times1}$$
$$x=\frac{2\pm\sqrt{16}}{2}$$

例2では，
$$x=\frac{-(-2)\pm\sqrt{(-2)^2-4\times1\times1}}{2\times1}$$
$$x=\frac{2\pm\sqrt{0}}{2}$$

例3では，
$$x=\frac{-(-2)\pm\sqrt{(-2)^2-4\times1\times2}}{2\times1}$$
$$x=\frac{2\pm\sqrt{-4}}{2}$$

このように，$\sqrt{\quad}$ の中，すなわち，b^2-4ac の値を調べることで，解の個数を知ることができます。まとめると，

b^2-4ac の値が正のとき，解の個数が2個。

b^2-4ac の値が0のとき，解の個数が1個。

b^2-4ac の値が負のとき，解の個数が0個。

になります。

関数編

数学的活用

1 年生で学ぶ関数の世界

2つの数量の変化や対応を調べて表す方法

1年生では，2つの数量の変化や対応を調べることを通して，比例・反比例の関係をみつけます。
そして，式やグラフに表す方法について学習します。

長方形の周と面積の関係を調べよう！

長方形の形をした画用紙の辺の長さを変えて，面積や周りの長さについて調べましょう。

1 年生 2 3

画用紙のサイズと面積について知りたい

>>> P.213 比例

画用紙の縦の長さは 3cm です。この長方形の横の長さを，1cm，2cm，3cm，4cm と変えたとき，面積は横の長さに比例しますか。

解答

横の長さと面積を表にすると，

横の長さ(cm)	1	2	3	4
面積(cm^2)	3	6	9	12

横の長さが2倍，3倍，4倍になるとき，それにともなって面積も2倍，3倍，4倍になるので，面積は横の長さに比例する。

答え　比例する。

画用紙のサイズと周りの長さについて知りたい

>>> P.213 比例

このとき，周りの長さは横の長さに比例しますか。

解答

横の長さと周りの長さを表にすると，

横の長さ(cm)	1	2	3	4
周りの長さ(cm)	8	10	12	14

横の長さが 2倍，3倍，4倍になるとき，周りの長さは 2倍，3倍，4倍にならないので，比例しない。

答え　比例しない。

1 年生 2 3

横の長さと面積の関係を式に表したい

>>> P.215　比例の式を求める

最初の問題で調べた画用紙の横の長さを $x$cm, 面積を $y$cm² として y を x で表しましょう。

解答

x 横の長さ(cm)	1	2	3	4	…
y 面積(cm²)	3	6	9	12	…

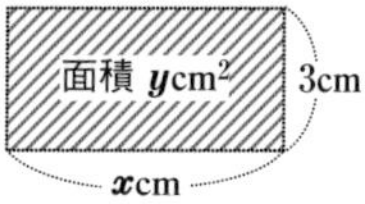

左の表や図から,
$y = 3x$
答え　$y = 3x$

画用紙の横の長さを知りたい

>>> P.216　反比例

面積が 18cm² の画用紙で，縦の長さが $x$cm のときの横の長さ $y$cm を求めましょう。

解答

(縦の長さ) × (横の長さ) = (面積) より，(横の長さ) = $\frac{(面積)}{(縦の長さ)}$

よって，$y = \frac{18}{x}$ と表せる。

このとき，縦の長さを 1cm，2cm，3cm，…と変えていき，それにともなって定まる横の長さを表にすると下のようになる。

答え

縦の長さ(cm)	1	2	3	4	5	6	…
横の長さ(cm)	18	9	6	4.5	3.6	3	…

グラフに表したい

>>> P.222,225　比例・反比例のグラフ

$y = 3x$ と，$y = \frac{18}{x}$ のグラフをかきましょう。

解答

x の値が負の部分もかくと，右のようになる。
答え　右の図

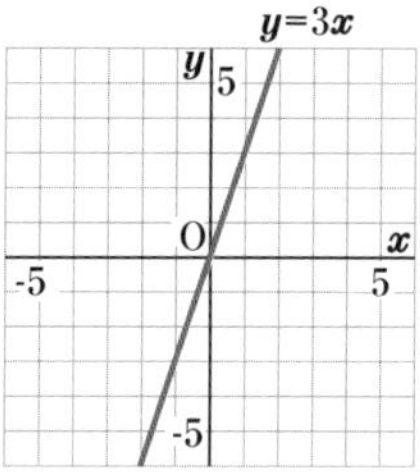

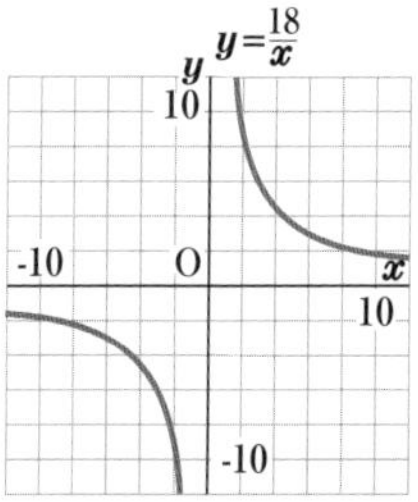

第 1 章 比例・反比例 学習内容ダイジェスト

■水槽に水を入れる

一定の割合で水槽に水を入れます。
このとき変化する量の関係や特徴について考えましょう。

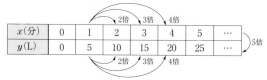

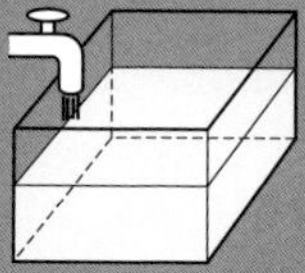

比例 ⇒P.213

比例関係にある 2 つの量の特徴について学びます。

例 空の水槽に，毎分 5L ずつ水を入れます。水を入れ始めてから，x 分後の水の量を yL とするとき，x と y の関係は，下の表のようになります。

x(分)	0	1	2	3	4	5	…
y(L)	0	5	10	15	20	25	…

x の値が 2 倍，3 倍，…になると，それにともなって y の値は何倍になりますか。
また，x と対応する y との間にはどのような関係がありますか。

解説 表を横，縦それぞれに見ていく。

2倍 3倍 4倍

x(分)	0	1	2	3	4	5	…
y(L)	0	5	10	15	20	25	…

5倍

2倍 3倍 4倍

答え　2 倍，3 倍，…になっている。

y は x に 5 をかけた値になる。

比例の式 ⇒P.215

比例の式の求め方について学びます。

例 上の**比例**の 例 の x と y の関係を式に表しましょう。

解説 y は x に 5 をかけた値になっていることから，$y = 5x$ という式が成り立つ。

答え　$y = 5x$

比例のグラフ ⇒P.222

比例のグラフのかき方について学びます。

例 $y = 5x$ をグラフに表しましょう。

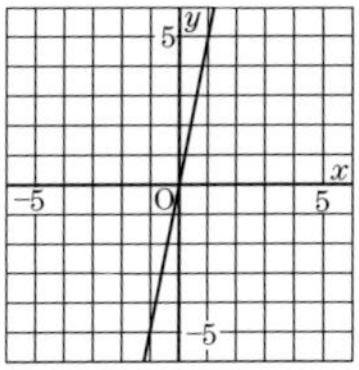

解説 x と y の値をたくさんとって結ぶと原点(げんてん)を通る直線になる。よって，原点とそれ以外の1点を通る直線をひけば比例のグラフをかくことができる。

答え　右のグラフ

反比例

⇒P.216

反比例の関係にある2つの量の特徴について学びます。

例 毎分4Lずつ水を入れると10分でいっぱいになりました。毎分 xLずつ水を入れるとき，いっぱいになるまでに y 分かかるとすると，x と y の関係は，下の表のようになります。

x（L）	1	2	4	5	8	10	20	40
y（分）	40	20	10	8	5	4	2	1

x の値が2倍，3倍，4倍，…になると，それにともなって y の値は何倍になりますか。また，x と対応する y との間にはどのような関係がありますか。

解説

答え　$\frac{1}{2}$ 倍，$\frac{1}{3}$ 倍，$\frac{1}{4}$ 倍，…になる。
x と y をかけた値が（この水槽の容積である）40になっている。

反比例の式

⇒P.218

反比例の式の求め方について学びます。

例 上の**反比例**の 例 の表の x と y の関係を式に表しましょう。

解説 x と y をかけた値が40になっていることから，

$xy = 40$ より，$y = \frac{40}{x}$ という式が成り立つ。

答え　$y = \frac{40}{x}$

反比例のグラフ

⇒P.225

反比例のグラフのかき方について学びます。

例 $y = \frac{40}{x}$ をグラフに表しましょう。

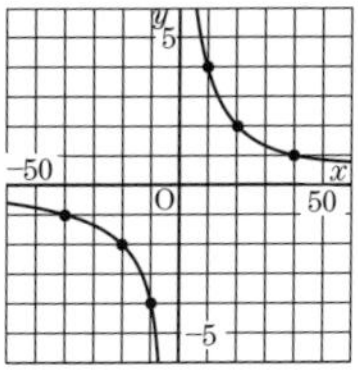

解説 x，y の値の組を座標(ざひょう)とする点をかき入れ，それらの点を通るなめらかな曲線をえがく。

答え　右のグラフ

§1 関数とは

1 関数を見つける

次の x と y の関係で「y が x の関数」となっているものはどれか。番号で答えよ。

(1) 1 辺の長さが $x$cm の正方形の周の長さを $y$cm とする。

(2) 縦の長さが $x$cm の長方形の面積を $y\text{cm}^2$ とする。

(3) サイズが決まっている郵便物の重さが xg のときの料金を y 円とする。

(4) 時速 40km で x 時間進んだときの道のりを $y$km とする。

FOCUS 「y は x の関数である」という条件にあてはまるかどうかを考える。

用語

関数
y が x にともなって変わり，x の値を決めると，それに対応して y の値がただ 1 つに決まるとき，y は x の関数であるという。

解き方

(1) 1 辺の長さ $x$cm を決めると，正方形の周の長さ $y$cm の値は必ず 1 つに決まる。よって，y は x の関数である。

(2) 縦の長さ $x$cm を決めても，横の長さが決まらないので面積 $y\text{cm}^2$ は 1 つには決まらない。よって，y は x の関数ではない。

(3) 郵便物の重さ xg を決めると，料金 y 円が決まる。
よって，y は x の関数である。

(4) 進む時間 x 時間が決まると，進んだ道のり $y$km が決まる。
よって，y は x の関数である。

答え (1)，(3)，(4)

学習のPOINT x の値が決まれば，y の値もただ 1 つに決まるかどうかを調べる。

確認問題

183 次のそれぞれについて，y は x の関数か。

(1) 身長 $x$cm の人の体重を $y$kg とする。

(2) ある駐車場の料金は，60 分以内が 500 円で，その後 30 分ごとに 200 円ずつ加算される。この駐車場に x 分駐車したときの料金を y 円とする。

(3) 300 ページの本を x ページ読んだときの残りのページ数を y ページとする。

§2 変数と変域

2 変数の間の関係と変域を調べる(1)

下の表は，長さ10cmのろうそくをともしたとき，燃えた長さと残りの長さとの関係を表したものである。次の問いに答えよ。

燃えた長さ(cm)	0	1	2	3	4	5	6	7	8	9	10
残りの長さ(cm)	ア	イ	8	7	6	ウ	4	3	2	エ	オ

(1) 表の空欄ア～オにあてはまる数を答えよ。

(2) 燃えた長さを $x$cm，残りの長さを $y$cm とするとき，x，y の関係を表す式を求めよ。

(3) x，y の変域を求めよ。

FOCUS **2つの変数の変化を調べる。x，y それぞれがとりうる値の範囲(変域)を考える。**

解き方

(1) (燃えた長さ)+(残りの長さ)=(初めのろうそくの長さ10cm)に値をあてはめて求める。

(2) $x+y=10$

(3) x の変域は，変数 x のとりうる値の範囲であるから，$0 \leqq x \leqq 10$
y の変域は，変数 y のとりうる値の範囲であるから，$0 \leqq y \leqq 10$

答え (1) ア 10　イ 9　ウ 5　エ 1　オ 0
(2) $x+y=10$　(3) $0 \leqq x \leqq 10$，$0 \leqq y \leqq 10$

用語

定数
一定の値を表す文字や数のこと。

変数
いろいろな値をとる文字のこと。

変域
変数のとりうる値の範囲。

確認問題

184 次の［　　］にあてはまる式やことばを書け。

(1) 変数のとりうる値の範囲をその変数の［ア］という。

(2) 変数 x が0以上10以下であるとき，x の変域は［イ］と表す。この場合，$x \leqq 10$ とは，［ウ］または［エ］であることを表している。

185 **長さが47mのロープがある。これを切って，7mのロープ x 本と5mのロープ y 本をちょうど取るようにする。次の問いに答えよ。**

(1) この関係を，x，y を使った式で表せ。

(2) x，y のとりうる値の組をすべて求めよ。

3 変数(へんすう)の間の関係と変域(へんいき)を調べる(2)

長さ24cmの針金を折り曲げて長方形をつくる。縦の長さを$x$cm, 横の長さを$y$cmとするとき，次の問いに答えよ。

(1) yをxの式で表せ。　(2) x, yの変域(へんいき)を求めよ。

(3) xの変域が$2 \leqq x \leqq 5$のとき，yの変域を求めよ。

(4) 横が縦より長い長方形をつくるとき，x, yの変域を求めよ。

FOCUS **2つの変数の関係を考える。そのときの，x, yそれぞれがとりうる値(あたい)に注意する。**

解き方

(1) 縦の長さと横の長さの和は，全体の長さ24cmの半分の12cmであるから，**(横の長さ) = 12 −(縦の長さ)**

(2) 長方形になるためには，縦と横の長さはそれぞれ，0cmより長く12cmより短くなければならない。

(3) **$x = 2$のとき**，(1)の式に代入して，$y = 10$
$x = 5$のとき，(1)の式に代入して，$y = 7$
したがって，$7 \leqq y \leqq 10$

(4) xがyより小さくなるx, yの変域を求めればよい。
縦と横の長さが等しくなるのは，$x = y = 6$のときである。
したがって，xの変域は，$0 < x < 6$　yの変域は，$6 < y < 12$

答え (1) $y = 12 - x$　(2) $0 < x < 12$, $0 < y < 12$
(3) $7 \leqq y \leqq 10$　(4) $0 < x < 6$, $6 < y < 12$

もっとくわしく
yをxの式で表しにくい場合は，yやxに具体的な数をあてはめて考えるとわかりやすい。

Return
変数 ➡2
変域 ➡2
代入 ➡式編 7

学習のPOINT yがxの式で表されていれば，xの変域からyの変域を求められる。

確認問題

186 針金を折り曲げて，ア〜エのような図形をつくるとき，針金の長さを決めると図形の面積が決まるものを選び，記号で答えよ。

ア　正方形　　イ　長方形　　ウ　ひし形　　エ　正三角形

187 底辺が$x$cm, 高さが$y$cmの三角形の面積を8cm^{2}とするとき，yをxの式で表せ。また，xの変域が$2 \leqq x \leqq 5$のとき，yの変域を求めよ。

188 32枚の正方形のタイルをすき間なく並べて，横が縦より長い長方形をつくる。縦にx枚，横にy枚並べるものとしてyをxの式で表せ。また，x, yのとりうる値をすべて求めよ。

§3 比例

4 比例(ひれい)の意味を知る

Aさんの家族が家から200km離れた祖父の家まで，車で向かう。毎時40kmの速さでx時間走ったときに進んだ道のりを$y$kmとして，次の問いに答えよ。

(1) 右の表の空欄ア～カをうめよ。

x(時間)	0	1	2	3	4	5
y(km)	ア	イ	ウ	エ	オ	カ

(2) xの値(あたい)が2倍，3倍，…になると，それにともなってyの値はどのようになるか。

(3) xが0でないとき，x, yの対応する組について，$\frac{y}{x}$の値を求めよ。

(4) yをxの式で表せ。　(5) Aさんの家から180km進むには何時間かかるか。

FOCUS　**表の中の対応するxとyの組について調べて，すべてに共通している関係を見つける。**

解き方

(1) (道のり)＝(速さ)×(時間)で求める。

(2) xの値が2倍，3倍，…になると，それにともなってyの値も2倍，3倍，…になる。

(3) $\frac{y}{x}=\frac{40}{1}=\frac{80}{2}=\frac{120}{3}=\frac{160}{4}=\frac{200}{5}=40$

(4) (道のり)＝40×(時間)となるから$y=40x$

(5) (4)で求めた式に$y=180$を代入すると，$180=40x$より
$x=4.5$

答え　(1) ア 0　イ 40　ウ 80　エ 120　オ 160　カ 200

(2) xの値が2倍，3倍，…になると，それにともなってyの値も2倍，3倍，…になる。

(3) $\frac{y}{x}=40$　(4) $y=40x$　(5) 4.5時間

用語

比例
ともなって変わる2つの変数x, yの間に，
$y=ax$(aは定数)
という関係があるとき，yはxに比例するという。

比例定数(ひれいていすう)
上の式の中の文字aを比例定数という。

学習のPOINT　ともなって変わる2つの変数x, yの関係が，次のような式で表されるとき，『yはxに比例する』という。　$y=ax$(aは定数で，比例定数という。)

確認問題

189 分速80mの速さで歩くとき，歩いた時間をx分，進んだ道のりをymとする。次の問いに答えよ。

(1) yをxの式で表せ。　(2) 600m進むのに，何分かかるか。

5 比例するかを調べる

次の式で表された関係のうち，y が x に比例（ひれい）するものを選び，比例定数（ひれいていすう）をいえ。

(1) $y = 3x$　(2) $y = 2x + 1$　(3) $x + y = 0$　(4) $3y = 5x$

(5) $y = \frac{2}{x}$　(6) $y = \frac{x}{5}$　(7) $3xy = 4$　(8) $\frac{1}{y} = \frac{2}{x}$

FOCUS　y が x に比例するかどうか判断するには，式が $y = ax$ の形になっているかを調べる。

解き方

$y = ax$ の形に直せるかどうかを考える。

(3) $y = -x$　(4) $y = \frac{5}{3}x$

(6) $y = \frac{1}{5}x$　(8) $y = \frac{1}{2}x$

答え　y が x に比例しているものは，(1)，(3)，(4)，(6)，(8)

比例定数は (1) 3　(3) -1　(4) $\frac{5}{3}$　(6) $\frac{1}{5}$　(8) $\frac{1}{2}$

もっとくわしく

後で学習するが，(5) や (7) は x と y が反比例（はんぴれい）の関係にある。

Return

式を $y = ax$ の形に直すときは，等式の性質を思い出そう。

等式の性質 ➡方程式編 2

学習のPOINT　$y = ax$（a は比例定数）→ y は x に比例する。

確認問題

190 次の式で表された関係のうち，y が x に比例するものを選び，比例定数をいえ。

(1) $y = 2x - 7$　(2) $y = 5x$　(3) $y = 2x^2$　(4) $x + y = 4$

(5) $y = \frac{x}{4}$　(6) $y = \frac{4}{x}$　(7) $2x + 4y = 0$　(8) $\frac{1}{x} = \frac{3}{y}$

191 次の (1)，(2) について，y が x に比例していることを示せ。また，その比例定数をいえ。

(1) 1 辺の長さが $x$cm の正方形の周の長さを $y$cm とする。

(2) 2 分間に 1cm の割合で燃えるろうそくが，x 分間に燃える長さを $y$cm とする。

192 次の関係のうち，y が x に比例しているものはどれか。また，そのときの比例定数をいえ。

(1) 5km の道のりのうち，$x$km 歩いたときの残りの道のりを $y$km とする。

(2) 底辺が 8cm，高さが $x$cm の三角形の面積を $y\text{cm}^2$ とする。

(3) 直径が $x$cm の円の周の長さを $y$cm とする。（円周率を π とする。）

6 比例の式を求める

(1) y は x に比例し，$x=2$ のとき $y=8$ である。y を x の式で表せ。また，$x=-5$ のときの y の値を求めよ。

(2) 下の表は，y が x に比例しているときの，x と y の対応のようすを表したものである。空欄ア～クをうめて，y を x の式で表せ。

①

x	1	2	3	4	5
y	ア	イ	ウ	20	エ

②

x	1	2	3	4	5
y	オ	カ	-6	キ	ク

FOCUS **1組の x，y の値から，y を x の式で表す。y は x に比例するから，$y=ax$ とおく。**

もっとくわしく

y は x に比例する

↓

$y=ax$

(a は比例定数)

Return

比例 ➡4
比例定数 ➡4

解き方

(1) y は x に比例するから，a を比例定数として，求める式は **$y=ax$** と書ける。この比例定数 a を求めればよい。

$x=2$ のとき，$y=8$ だから，**$8=2a$**　よって，**$a=4$**

したがって，x と y の関係は，**$y=4x$** である。

$x=-5$ のとき，$y=4x$ に $x=-5$ を代入して，

$y=4\times(-5)=-20$

(2) y が x に比例しているので，$y=ax$ に x の値，y の値を代入して a の値を求める。

① $20=4a$ より，$a=5$

したがって，$y=5x$

x	1	2	3	4	5
y	ア5	イ10	ウ15	20	エ25

② $-6=3a$ より，$a=-2$

したがって，$y=-2x$

x	1	2	3	4	5
y	オ-2	カ-4	-6	キ-8	ク-10

答え

(1) $y=4x$，$y=-20$

(2) ① ア 5　イ 10　ウ 15　エ 25　$y=5x$

② オ -2　カ -4　キ -8　ク -10　$y=-2x$

学習のPOINT **y が x に比例するときは $y=ax$ の式を求める。この式に代入すれば，x や y の値が求められる。**

確認問題

193 y は x に比例し，比例定数が -1 である。このとき，y を x の式で表せ。

194 y は x に比例し，$x=-3$ のとき $y=12$ である。このとき，y を x の式で表せ。また，$x=2$，$x=-5$ のときの y の値をそれぞれ求めよ。

§ 4 反比例

7 反比例の意味を知る

面積が 24 cm^2 の長方形で，横の長さを $x$cm，縦の長さを $y$cm とする。x と y の関係について，次の問いに答えよ。

(1) x のそれぞれの値に対応する y の値を求め，下の表の空欄ア～エをうめよ。

(2) y を x の式で表せ。

横の長さ x(cm)	1	2	3	4	5	6
縦の長さ y(cm)	24	ア	イ	ウ	4.8	エ

FOCUS **表の中の対応する x と y の値の組について調べて，すべてに共通している関係を見つける。**

解き方

(1) 横の長さ($x$cm)と縦の長さ($y$cm)の積(面積)が 24 になることから，**(縦の長さ)= 24 ÷ (横の長さ)**

$24 \div 2 = 12$　　$24 \div 3 = 8$　　$24 \div 4 = 6$　　$24 \div 6 = 4$

(2) 横の長さ($x$cm)と縦の長さ($y$cm)の積(面積)が 24 になる。

$1 \times 24 = 24$　　　$5 \times 4.8 = 24$

したがって，$xy = 24$ より　$y = \dfrac{24}{x}$

答え (1) ア　12　イ　8　ウ　6　エ　4　　(2) $y = \dfrac{24}{x}$

用語

反比例
ともなって変わる２つの変数 x, y の間に
$y = \dfrac{a}{x}$ (a は定数)
という関係があるとき，y は x に反比例するという。

Return
定数 ➡2

学習のPOINT

ともなって変わる２つの変数 x，y の関係が，次のような式で表されるとき，『y は x に反比例する』という。$y = \dfrac{a}{x}$ (a は定数で，比例定数という。)

反比例の関係 $y = \dfrac{a}{x}$ は，$xy = a$ と書き直すことができる。

したがって，反比例の関係は，積 xy が一定の値となる関係である。

確認問題

195 右の図のようなてんびんを使って，左右がつり合うときの支点からの距離 ($x$cm)とつり下げたおもりの重さ(yg)の関係を調べるために実験を行い，その結果を右の表にまとめた。このとき，次の問いに答えよ。

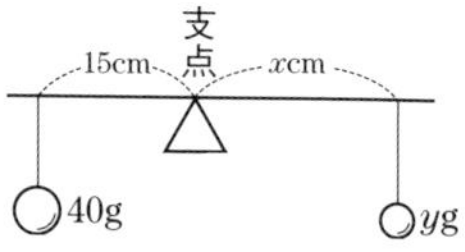

支点からの距離 x(cm)	5	10	15	20	25
つり下げたおもりの重さ y(g)	120	60	40	30	24

(1) 支点からの距離 x(cm)と重さ y(g)の関係を式で表せ。

(2) $x = 30$ のとき，y の値を求めよ。

8 反比例するかを調べる

次の(1)～(3)について，y が x に反比例するかを調べよ。反比例するときは比例定数と比例定数が表す量をいえ。

(1) 縦 $x$cm，横 $y$cm の長方形の面積が 48cm^2 である。

(2) 長さが 450cm のロープを x 等分すると，1本の長さは $y$cm になる。

(3) 12km の道のりを，毎時 $x$km の速さで進むときにかかる時間を y 時間とする。

FOCUS **y が x に反比例するかどうか判断するには，式が $y=\dfrac{a}{x}$ の形になっているかを調べる。**

解き方

$y=\dfrac{a}{x}$ の式で表されるときは，y は x に反比例している。

(1) $xy=48$ より，$y=\dfrac{48}{x}$ 反比例する。

比例定数：48　比例定数が表す量：長方形の面積

(2) $450\div x=y$ より，$y=\dfrac{450}{x}$ 反比例する。

比例定数：450　比例定数が表す量：ロープの長さ

(3) (速さ)×(時間)＝(道のり) なので

$xy=12$ より，$y=\dfrac{12}{x}$ 反比例する。

比例定数：12　比例定数が表す量：道のり

ここに注意

$y=\dfrac{a}{x}$ を $y=\dfrac{x}{a}$ とまちがえないように。

Return

反比例 ➡7

答え

(1) 反比例する　比例定数：48　比例定数が表す量：長方形の面積

(2) 反比例する　比例定数：450　比例定数が表す量：ロープの長さ

(3) 反比例する　比例定数：12　比例定数が表す量：道のり

学習のPOINT $y=\dfrac{a}{x}$ (a は比例定数)→ y は x に反比例する

確認問題

196 次の式のうち，y が x に反比例するものを選び，記号で答えよ。また，その比例定数をいえ。

ア $y=\dfrac{x}{2}$　イ $y=4x$　ウ $y=\dfrac{3}{x}$　エ $y=3x$

197 次の(1)，(2)について，y を x の式で表し，比例定数をいえ。

(1) 底辺が $x$cm，高さが $y$cm の三角形の面積が 20cm^2 である。

(2) 1クラス36人の生徒を，x 人ずつ同じ人数の班に分けると y 班できた。

9 反比例の式を求める

y は x に反比例し，$x = 6$ のとき $y = 2$ である。このとき，y を x の式で表せ。
また，$x = -3$ のときの y の値を求めよ。

FOCUS y は x に反比例するから，$y = \dfrac{a}{x}$ とおく。

解き方

y は x に反比例するから，a を比例定数として，求める式は

$y = \dfrac{a}{x}$ と書ける。

この比例定数 a を求めればよい。

$x = 6$ のとき，$y = 2$ だから，$2 = \dfrac{a}{6}$

よって，$a = 12$

したがって，x と y の関係式は，$y = \dfrac{12}{x}$ である。

$x = -3$ のとき，$y = \dfrac{12}{x}$ に $x = -3$ を代入して，

$$y = \frac{12}{-3} = -4$$

答え $y = \dfrac{12}{x}$

$y = -4$

もっとくわしく

y は x に反比例する
↓
$y = \dfrac{a}{x}$
（a は比例定数）

学習のPOINT y が x に反比例するときは $y = \dfrac{a}{x}$ の式を求める。
この式に代入すれば，x や y の値が求められる。

確認問題

198 y は x に反比例し，比例定数が 6 である。y を x の式で表せ。

199 y は x に反比例し，比例定数が -2 である。y を x の式で表せ。

200 y は x に反比例し，$x = 6$ のとき $y = 3$ である。y を x の式で表せ。

201 y は x に反比例し，$x = 4$ のとき，$y = -5$ である。y を x の式で表せ。

202 y は x に反比例し，$x = 3$ のとき，$y = 8$ である。$x = 6$ のときの y の値を求めよ。

203 y は x に反比例し，$x = -9$ のとき $y = 4$ である。$x = 6$ のときの y の値を求めよ。

§ 5　比例と反比例

10　比例か反比例かを判断する

三角形の面積についての公式は(面積) = $\frac{1}{2}$ × (底辺) × (高さ)である。
このとき，次の問いに答えよ。

(1) 高さを決めると，面積と底辺はどんな関係になるか。

(2) 面積を決めると，底辺と高さはどんな関係になるか。

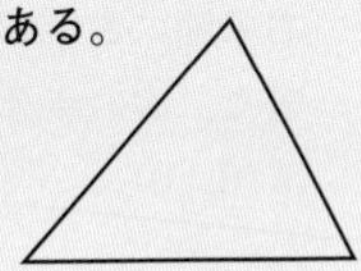

FOCUS **定数と変数を区別し，2 つの変数 x，y の関係を式にして考える。**

解き方

(1) 底辺を x，面積を y とすると，$y = \frac{1}{2} \times x \times$(高さ)より，

$y = \frac{(高さ)}{2} \times x$　よって，比例の関係になる。

(2) (面積) = $\frac{1}{2}$ × (底辺) × (高さ)を変形すると，

(高さ) = (面積) ÷ $\frac{1}{2}$ ÷ (底辺) = (面積) × 2 ÷ (底辺)

底辺を x，高さを y とすると，$y = \frac{2 \times (面積)}{x}$ より，反比例の関係になる。

答え　(1) 比例の関係　　(2) 反比例の関係

もっとくわしく

$y = ax$
↓
y は x に比例する

$y = \frac{a}{x}$
↓
y は x に反比例する

Return

定数 ➡2
変数 ➡2
比例の式 ➡6
反比例の式 ➡9

学習のPOINT　式を変形して，比例の式 $y = ax$，反比例の式 $y = \frac{a}{x}$ にあてはまるかどうかを判断する。

確認問題

204 速さ，時間，道のりの関係について，次の問いに答えよ。

(1) 道のりを求める公式をいえ。

(2) 速さを毎時 5km とするとき，道のりを $y$km，時間を x 時間として，y を x の式で表せ。また，道のりと時間はどんな関係になるか。

(3) 道のりを 18km とするとき，速さを毎時 $y$km，時間を x 時間として，y を x の式で表せ。また，速さと時間はどんな関係になるか。

205 次の x，y の関係で，y が x に比例するものと，反比例するものをそれぞれ選び，記号で答えよ。

ア $y = -x + 3$　イ $y = -2x$　ウ $y = \frac{3}{x}$　エ $xy = 8$　オ $y = -\frac{x}{2}$

§6 座標

11 点の座標を求める

右の図において，点 A，B，C，D，O の座標をいえ。
また，次の点を，右の図の中に記入せよ。
X(3, 0)　Y(−2, 5)　Z(0, −3)

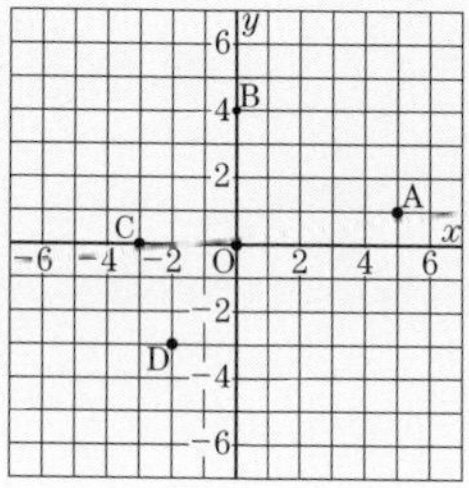

FOCUS　目盛りを正確に読む。
(x 座標，y 座標)の順に書く。
座標軸上の点の座標に注意する。

解き方

A(5, 1)　　B(0, 4)…y 軸上の点の x 座標は 0 である。
C(−3, 0)…x 軸上の点の y 座標は 0 である。 D(−2, −3)
O(0, 0)…原点 O の座標は x 座標⇒ 0，y 座標⇒ 0

答え　A(5, 1)，B(0, 4)，
C(−3, 0)，
D(−2, −3)，
O(0, 0)
X，Y，Z の点の位置は
右の図

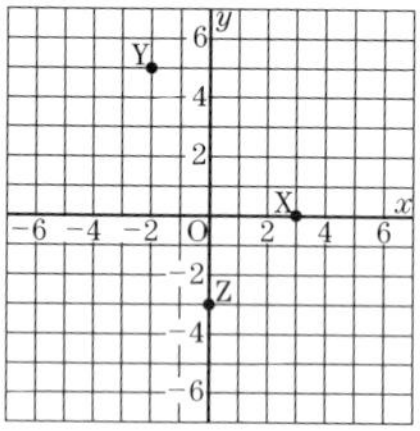

用語

x 軸(横軸)
横の数直線

y 軸(縦軸)
縦の数直線

座標軸
x 軸と y 軸を合わせたよび方

原点
座標軸の交点 O

点 P の座標
P(3, 2) と書く
x座標　y座標

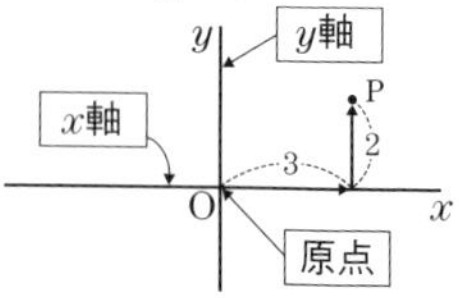

学習の POINT　x 軸上，y 軸上に点があるとき，また，原点にあるときの座標の表し方に注意する。

確認問題

206 右の図の点 A から F のそれぞれの座標をいえ。
また，次の点の位置を右の図に示せ。
P(5, 0)，Q(−2, 4)，R(−4, −6)

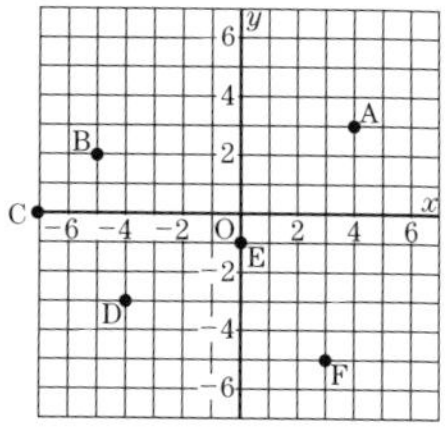

12　図形を座標(ざひょう)で表す

2点A，Bがある。このとき，次の問いに答えよ。

(1) 2点A，Bの座標をいえ。

(2) 点C(3, －2)をとれ。

(3) 線分ACの中点の座標を求めよ。

(4) 平行四辺形ABCDとなる点Dをとり，その面積を求めよ。ただし，座標軸(じく)の1目もりを1cmとする。

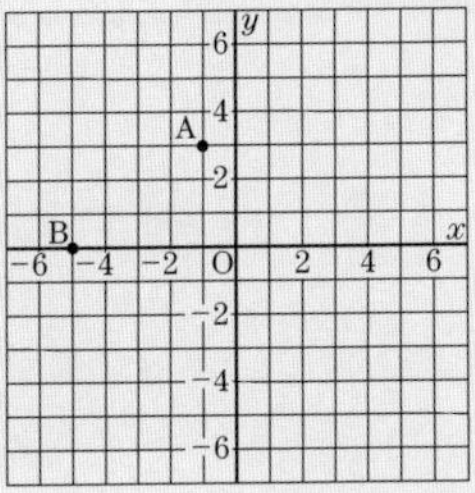

FOCUS　平行四辺形の性質は，座標平面上ではどのように考えられるか。

解き方

(1) A(－1, 3)，B(－5, 0)

(2) x 座標→3，　y 座標→－2（答えは図1）

(3) 線分ACの中点の x 座標は点AとCの x 座標の和の半分，y 座標も同様に求められる。A(－1, 3)，C(3, －2)なので，

x 座標 $=\dfrac{(-1)+3}{2}=1$　y 座標 $=\dfrac{3+(-2)}{2}=\dfrac{1}{2}$　$\left(1,\ \dfrac{1}{2}\right)$

(4) 四角形ABCDが平行四辺形になるような点Dは，**AB//DC**，**AB = DC**となる点である。図2のように，点Cの座標は，点Bを x 軸と平行に8，y 軸と平行に－2移動したものである。同じようにして，点Aを x 軸と平行に8，y 軸と平行に－2移動させると，点D(7, 1)　次に，平行四辺形の面積は，平行四辺形の半分の三角形の面積を2倍して求める。図3のように，E(－5, 3)，F(－5, －2)をとり，台形EFCAから△EBAと△BFCの面積をひく。

台形EFCAの面積 $=\dfrac{1}{2}\times(4+8)\times5=30$

△EBAの面積 $=\dfrac{1}{2}\times4\times3=6$

△BFCの面積 $=\dfrac{1}{2}\times8\times2=8$

よって，△ABCの面積 = 30 －(6 + 8) = 16

したがって，平行四辺形ABCDの面積 = 16 × 2 = 32(cm²)

答え　(1) A(－1, 3)，B(－5, 0)　(2) 図1

(3) $\left(1,\ \dfrac{1}{2}\right)$　(4) 32cm²

もっとくわしく

図形の性質を使う関数の問題では，下のように図をかいて考えるとわかりやすい。

図1

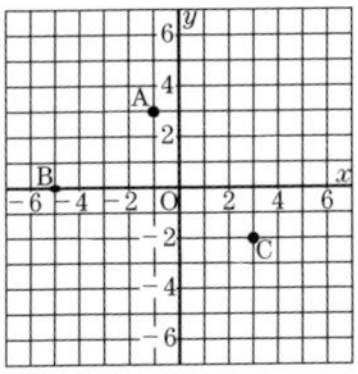

図2

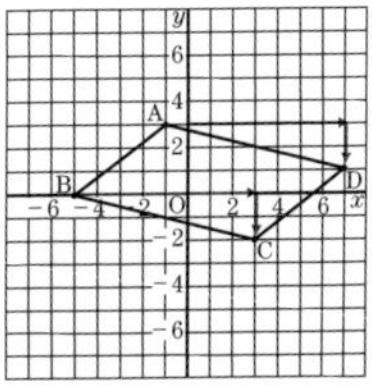

図3

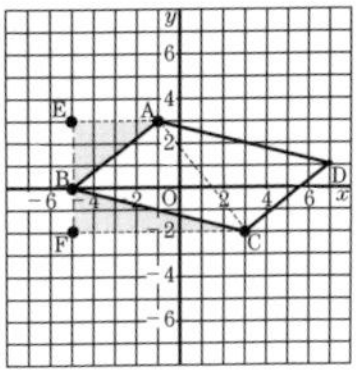

確認問題

207　3点A(2, 0)，B(－3, 2)，C(－4, －3)を頂点とする三角形の面積を求めよ。ただし，座標軸の1目もりを1cmとする。

§ 7 比例のグラフ

13 比例のグラフをかく

次の式の x と y の関係をグラフにかけ。

(1) $y = 2x$　　(2) $y = -x$　　(3) $y = \frac{2}{3}x$

FOCUS x の値に対応する y の値を求めて，グラフをかく。

解き方

(1) x の値に対応する y の値をそれぞれ求めると，次のようになる。

x	…	-3	-2	-1	0	1	2	3	…
y	…	-6	-4	-2	0	2	4	6	…

上の表の x，y の値の組を座標とする点をとり，対応する点をさらに多くとっていくと，これらの点の集まりは **1 つの直線**になる。比例のグラフは**原点を通る直線**であるから，原点とそれ以外の 1 点を通る直線をかけばよい。

(2) $x = 1$ のとき，$y = -1$ であるから，原点と点$(1,\ -1)$を通る直線をかく。

(3) $x = 3$ のとき，$y = 2$ であるから，原点と点 $(3,\ 2)$ を通る直線をかく。

もっとくわしく

$y = ax$ のグラフは，原点を通る直線である。

$a>0$のとき

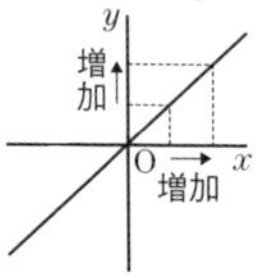

$a<0$のとき

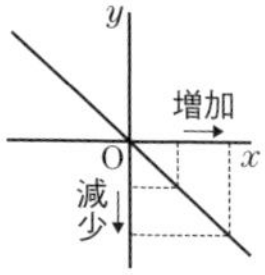

答え

(1)

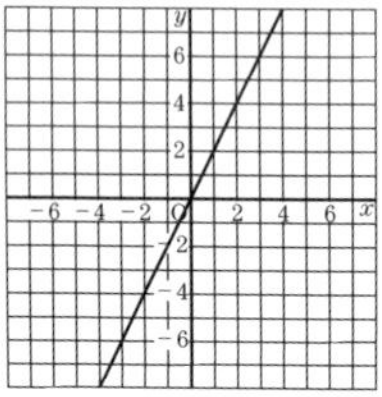

(2)

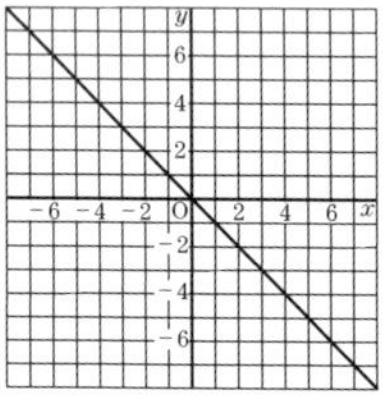

(3)

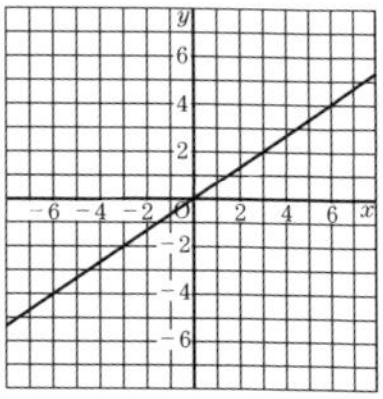

学習のPOINT 比例のグラフは，原点を通る直線だから，**原点以外の 1 つの点**をとって，原点とその点を通る直線をかく。

確認問題

208 次の比例のグラフをかけ。

(1) $y = \frac{1}{2}x$　　(2) $y = -3x$　　(3) $y = -\frac{3}{4}x$　　(4) $y = 0.4x$

14 比例のグラフから式を求める

右の図の比例のグラフ(1)，(2)の式を求めよ。

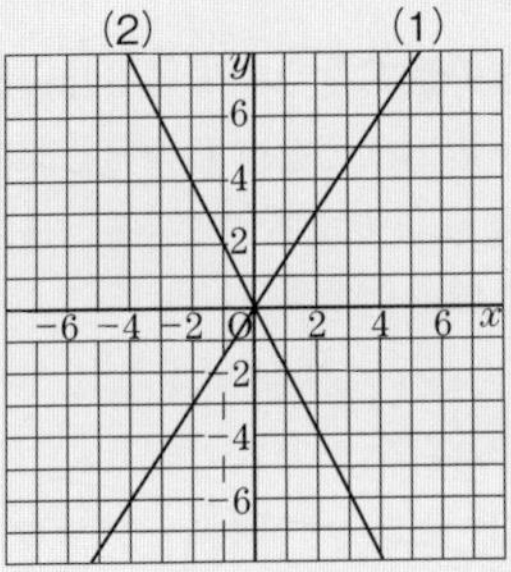

FOCUS **グラフ上の1点の座標を比例の式 $y=ax$ に代入して，a の値を求める。**

もっとくわしく

比例の式
$y=ax$ の x，y に，グラフ上の点の値を代入して a を求める。

Return
比例 ➡4

解き方

(1) 点(2, 3)を通るから，$y=ax$ に $x=2$，$y=3$ を代入すると，

$3=a\times2$　　$a=\dfrac{3}{2}$ だから，$y=\dfrac{3}{2}x$

(2) 点(1, −2)を通るから，$y=ax$ に $x=1$，$y=-2$ を代入すると，$-2=a\times1$　$a=-2$ だから，$y=-2x$

答え (1) $y=\dfrac{3}{2}x$　(2) $y=-2x$

学習のPOINT グラフ上の点をとるとき，x 座標も y 座標も整数である点をとる。
$y=ax$ を変形すると $a=\dfrac{y}{x}$ $(x\neq0)$ となるので，比例定数 a の値は $\dfrac{y}{x}$ で求めることができる。

確認問題

209 図1の比例のグラフ(1)，(2)の式を求めよ。

210 図2のア～ウのグラフは，$y=ax$ の a の値が $-\dfrac{1}{2}$，1，2のいずれかである。ア～ウの a の値をそれぞれ答えよ。

図1

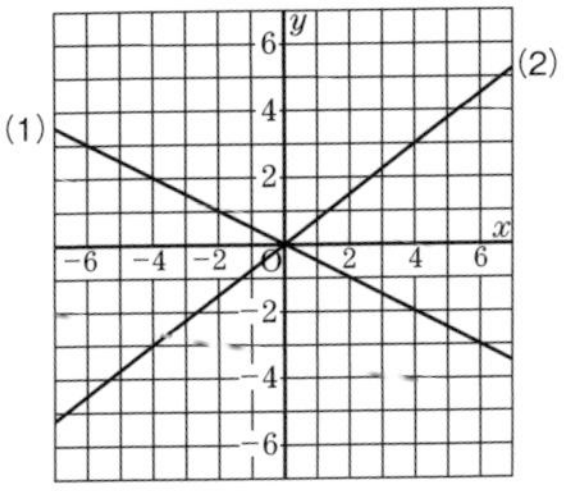

図2

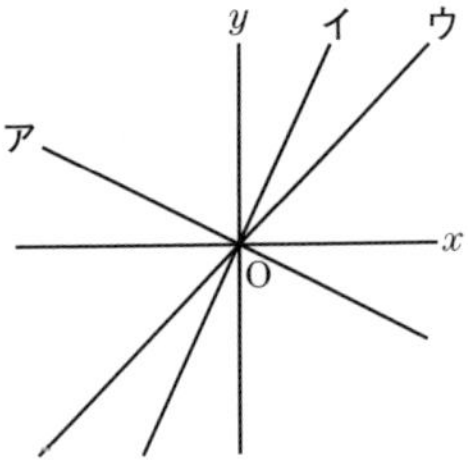

15 比例(ひれい)する 2 量の式を求めてグラフをかく

右の図のような 1 辺 6cm の正方形 ABCD があり，点 P が辺 BC 上を点 B から C まで動く。点 P が動いた距離(きょり)を $x$cm，そのときにできる△ ABP の面積を $y\text{cm}^2$ として，次の問いに答えよ。

(1) x の変域(へんいき)を求めよ。
(2) y を x の式で表せ。
(3) x と y の関係をグラフに表せ。

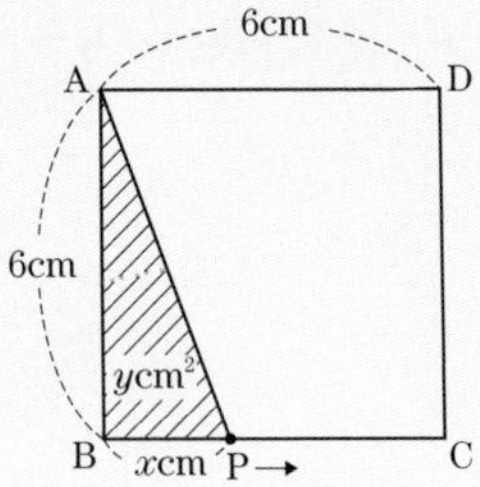

FOCUS **x の変域に注意して，式を求めてグラフをかく。**

解き方

(1) 点 P が点 B 上にあるとき，BP ＝ 0cm
点 P が点 C 上にあるとき，BP ＝ 6cm
したがって，$0 \leqq x \leqq 6$

(2) (△ ABP の面積) ＝ $\frac{1}{2}$ × AB × BP ＝ $\frac{1}{2} \times 6 \times x = 3x$
したがって，$y = 3x$ （＊ 1）

(3) $y = 3x$ (**$0 \leqq x \leqq 6$**) のグラフをかく。

答 え (1) $0 \leqq x \leqq 6$
(2) $y = 3x$
(3) 右の図

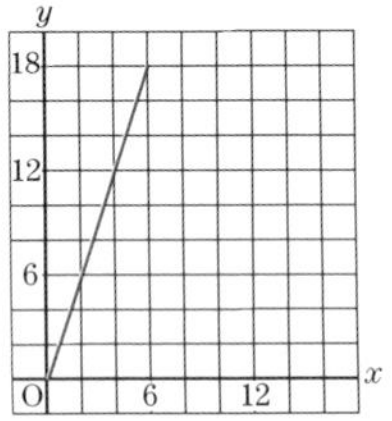

もっとくわしく

（＊ 1）
(三角形の面積) ＝ $\frac{1}{2}$ ×(底辺)×(高さ) の式に x，y をあてはめると，関数の式で表すことができる。

Return

変域 ➡2

学習の POINT 点や図形が動く関数の問題では，変域に注意する。

確認問題

211 右の図のような長方形 ABCD があり，点 P が辺 DC 上を点 D から C まで動く。点 P が動いた距離を $x$cm，そのときにできる三角形 APD の面積を $y\text{cm}^2$ として，次の問いに答えよ。

(1) x の変域を求めよ。
(2) y を x の式で表せ。
(3) x と y の関係をグラフに表せ。

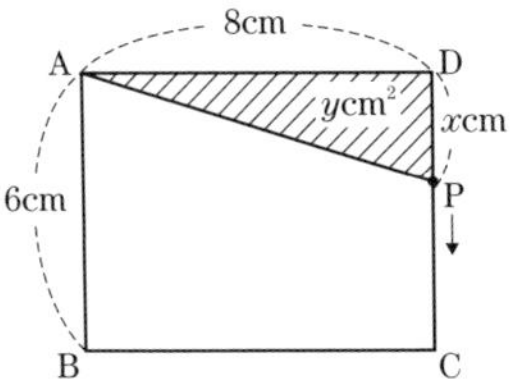

§ 8　反比例のグラフ

16　反比例（はんぴれい）のグラフをかく

次の式の x と y の関係をグラフにかけ。

(1) $y=\dfrac{8}{x}$　　　(2) $y=-\dfrac{6}{x}$

FOCUS　**x の値に対応する y の値を求めて，グラフをかく。**

解き方

(1) x の値に対応する y の値をそれぞれ求めると，次のようになる。

x	…	−8	−4	−2	−1	0	1	2	4	8	…
y	…	−1	−2	−4	−8	╳	8	4	2	1	…

上の表の x，y の値の組を座標（ざひょう）とする点をとり，なめらかな曲線で結ぶ。

(2) x の値に対応する y の値をそれぞれ求めると，次のようになる。

x	…	−6	−3	−2	−1	0	1	2	3	6	…
y	…	1	2	3	6	╳	−6	−3	−2	−1	…

上の表の x，y の値の組を座標とする点をとり，なめらかな曲線で結ぶ。

答え

(1)

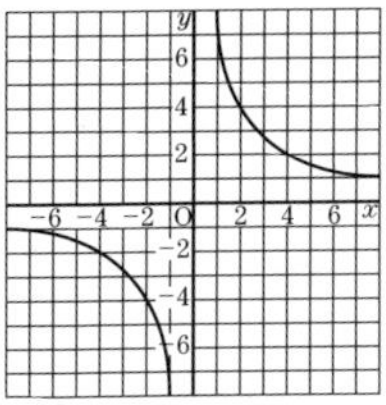

(2)

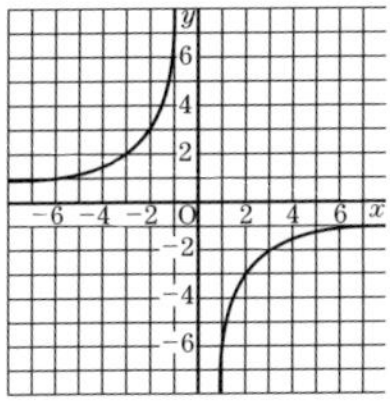

もっとくわしく

反比例のグラフは，なるべく多くの点を求めて，なめらかな曲線でかくこと。

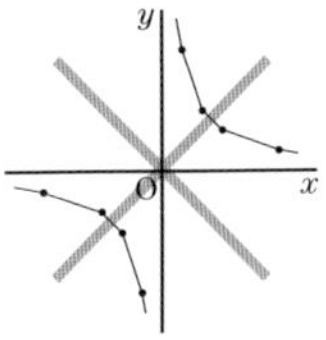

Return
反比例 ➡7

Go to
点対称 ➡図形編 4

学習のPOINT　反比例 $y=\dfrac{a}{x}$ のグラフは，原点（げんてん）について点対称（てんたいしょう）な双曲線（そうきょくせん）である。

$a>0$のとき　　$a<0$のとき

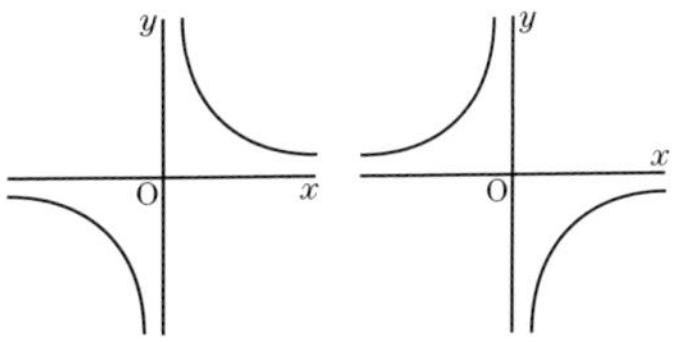

確認問題

212 次の反比例のグラフをかけ。

(1) $y=\dfrac{12}{x}$　　　(2) $y=-\dfrac{4}{x}$

17 反比例(はんぴれい)のグラフから式を求める

右の図の反比例のグラフ(1)，(2)の式を求めよ。

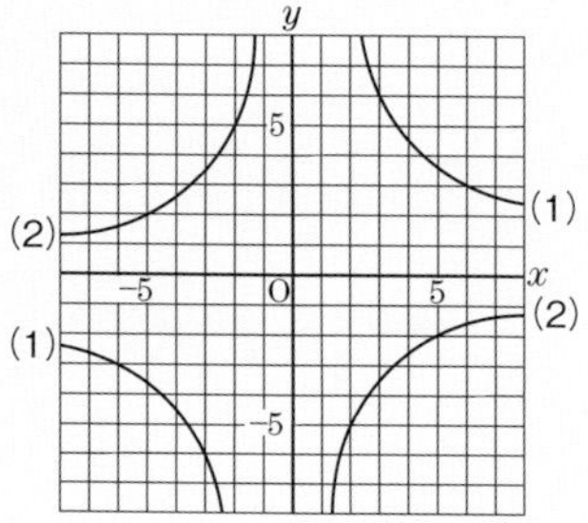

FOCUS **グラフ上の1点の座標を反比例の式 $y=\frac{a}{x}$ に代入して比例定数(ひれいていすう) a の値(あたい)を求める。**

もっとくわしく
$y=\frac{a}{x}$ を変形すると，$a=xy$ となるので，比例定数 a の値は xy で求めることができる。

Return
反比例のグラフ
➡16

解き方
反比例の式は $y=\frac{a}{x}$ で表される。

(1) 点(3, 6)を通るので $6=\frac{a}{3}$ よって，$a=18$

(2) 点(−2, 5)を通るので $5=\frac{a}{-2}$ よって，$a=-10$

答え (1) $y=\frac{18}{x}$ (2) $y=-\frac{10}{x}$

学習のPOINT グラフ上の点をとるときは，x，y ともに整数である点をとるとよい。

確認問題

213 下の図の反比例のグラフ(1)，(2)の式を求めよ。

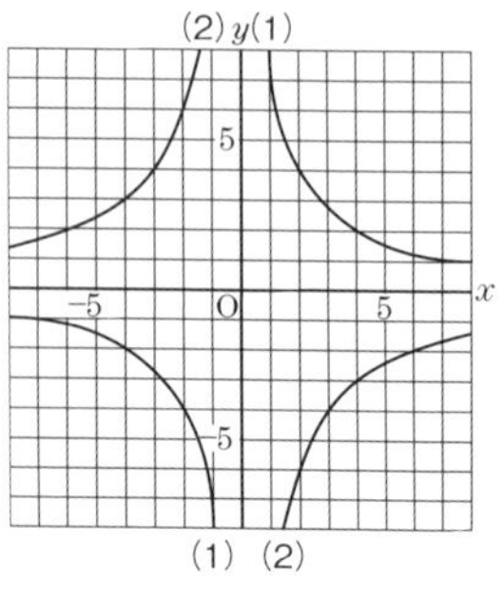

214 (1)～(4)の反比例のグラフをかいたところ下の図のようになった。それぞれどのグラフかその記号を答えよ。

(1) $y=-\frac{8}{x}$

(2) $y=\frac{6}{x}$

(3) $y=\frac{12}{x}$

(4) $y=-\frac{18}{x}$

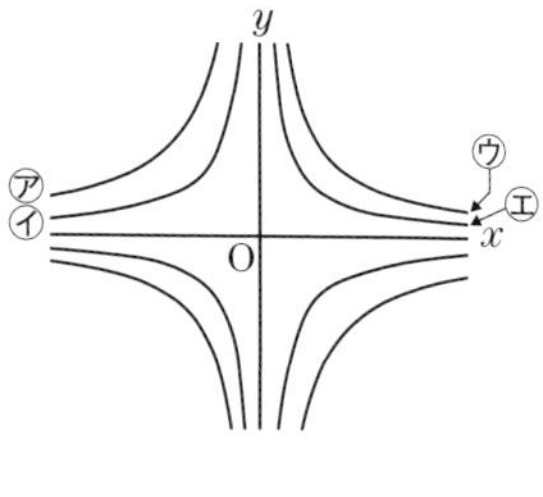

18　反比例(はんぴれい)する２量の関係を考える

60 字づめの原稿用紙の 1 行の字数を x 字，行数を y 行としたとき，次の問いに答えよ。

(1) y を x の式で表せ。

(2) x のとりうる値を求めよ。

(3) 1 行の字数 x が $10 < x < 20$ をみたすには，x と y の値(あたい)をそれぞれどのように決めればよいか。

FOCUS　**x のとりうる値に注意しながら x と y の関係を考える。x の値に対応する y の値をそれぞれ求める。**

解き方

(1) **$xy = 60$** より　$y = \frac{60}{x}$

(2) x のとりうる値は，60 の約数

1，2，3，4，5，6，10，12，15，20，30，60

x の値に対応する y の値をそれぞれ求めると，次のようになる。

x	1	2	3	4	5	6	10	12	15	20	30	60
y	60	30	20	15	12	10	6	5	4	3	2	1

(3) (2)の表より $10 < x < 20$ をみたす x の値は

$x = 12$，15 である。

$x = 12$ のとき $y = 5$，$x = 15$ のとき $y = 4$

答え　(1) $y = \frac{60}{x}$

(2) 1，2，3，4，5，6，10，12，15，20，30，60

(3) $x = 12$ のとき $y = 5$，$x = 15$ のとき $y = 4$

もっとくわしく

x と **y** の値は整数値しかとらないので，グラフは直線や曲線とならないでとびとびの点(**12** 個)となる。

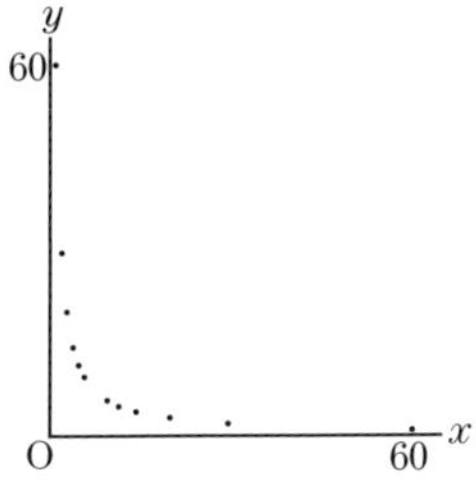

学習のPOINT　x のとりうる値が整数だけのときは，グラフはとびとびの点になる。

確認問題

215 縦の長さが 8cm で横の長さが 12cm の長方形がある。この長方形と面積が等しい長方形の縦の長さを $x$cm，横の長さを $y$cm とするとき，y を x の式で表せ。

216 4 人ですると 3 日かかる仕事がある。この仕事を x 人でするとき y 日かかるとして，y を x の式で表せ。

§9 比例の利用

19 比例を利用する①

長さのわからない巻いた針金が **780g** ある。同じ種類の針金 **60cm** の重さをはかったら **12g** だった。この巻いた針金の長さは何 **m** か。

FOCUS **針金の重さは長さに比例するので，比例の性質を利用する。**

解き方

針金の長さは重さに比例するから，針金の重さが xg のときの長さを $y$cm とすると，$y = ax$ とおくことができる。

$y = ax$ に $x = 12$，$y = 60$ を代入すると，$60 = 12a$，$a = 5$

$y = 5x$ に $x = 780$ を代入すると，$y = 5 \times 780 = 3900$(cm) $= 39$(m)

答え　39m

Return

比例の性質 ➡4

別解

重さは780÷12=65より，65倍だから，比例の性質より，長さも65倍である。

60×65=3900(cm)=39(m)

65倍

長さ(cm)	60	?
重さ(g)	12	780

65倍

学習のPOINT　問題文に出てくる数字(上の問題の場合だと，**780** と **60** と **12**)にどのような関係式が成り立つのかを考える。

確認問題

217 次の問いに答えよ。

(1) くぎの本数は，重さに比例する。同じくぎ 30 本の重さをはかったら 40g だった。このくぎ 150 本の重さは何 g か。

(2) ある紙 500 枚の厚さをはかったら 40mm あった。厚さが 28mm のとき，この紙は全部で何枚あるか。

(3) 木の高さをはかるために，地面に垂直に立てた 1.5m の棒の影の長さをはかると 0.9m だった。木の影の長さが 7.2m のとき，この木の高さを求めよ。

(4) ガソリン 5L につき 40km 走る自動車について，次の問いに答えよ。

① ガソリン 12L では何 km 走ることができるか。

② 200km 走るにはガソリンは何L 必要か。

20　比例(ひれい)を利用する②

右のグラフは，ある液体の体積 $x$cm³ に対する重さ yg の関係を表したものの一部である。また，この関係を表すと下のようになる。次の問いに答えよ。

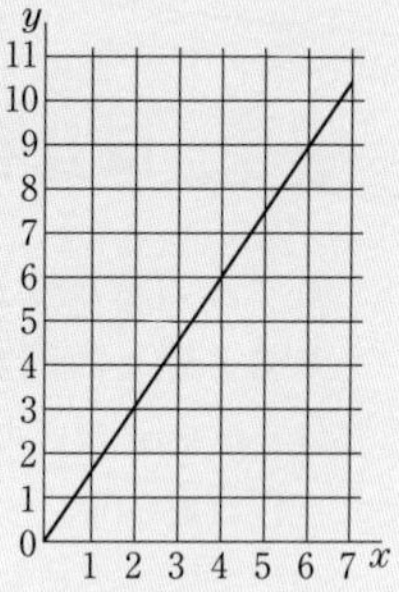

x (cm³)	2	3	ア	イ	6	…
y (g)	3	ウ	6	7.5	9	…

(1) y を x の式で表せ。

(2) 表のア～ウにあてはまる数を求めよ。

(3) この液体 150g の体積を求めよ。

FOCUS　**グラフが原点(げんてん)を通る直線であるとき，y は x に比例するから，$y = ax$ とおく。1組の x，y の値(あたい)から，比例定数(ひれいていすう) a を求める。**

解き方

(1) $y = ax$ に $x = 2$，$y = 3$ を代入して，**$3 = 2a$**　よって，$a = \frac{3}{2}$

(2) $y = \frac{3}{2}x$ に x，y を代入して求める。

(3) (2) で求めた式に $y = 150$ を代入すると，**$150 = \frac{3}{2}x$**

よって，$x = 100$(cm³)

答え　(1) $y = \frac{3}{2}x$　または，$y = 1.5x$

(2) ア　4　　イ　5　　ウ　4.5　　(3) 100cm³

もっとくわしく

(1) グラフより，y は x に比例することがわかるから，$y = ax$ とおく。

Return

比例定数 ➡4
比例の式を求める ➡6
比例のグラフをかく ➡13

学習のPOINT　問題文や表，グラフから $y = ax$ の式をつくる。

確認問題

218 **兄と弟が同時に家を出発し，A 町から B 町まで 1200m の道のりを，兄は毎分 100m の速さで走り，弟は自転車に乗って走った。次の問いに答えよ。**

(1) 家を出発してから x 分後に，家から ym はなれたところにいるとして，弟が進むようすをグラフに表すと右のようになった。弟が進む速さを求めよ。

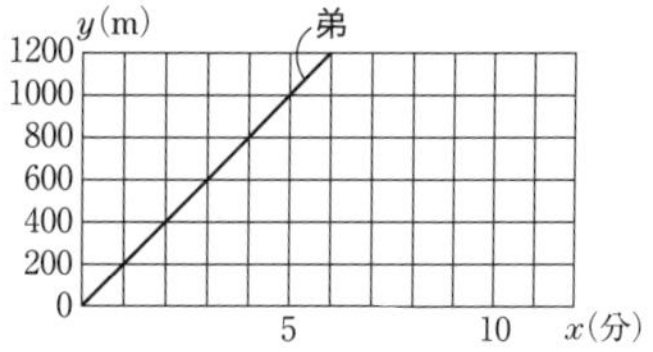

(2) 兄が進むようすをグラフにかけ。

(3) 兄と弟が 400 m はなれるのは家を出てから何分後か。

(4) 弟が B 町に着いたとき，兄は B 町からあと何 m のところにいるか。

(5) 兄が B 町に着くのは，弟が B 町に着いてから何分後か。

§ 10 反比例の利用

21 反比例を利用する①

A さんの家族が家から 200km 離れた祖父の家まで，車で向かう。毎時 $x$km の速さで y 時間かかるとして，次の問いに答えよ。

(1) y を x の式で表せ。

(2) 毎時 50km の速さで走ったときは何時間かかるか。

(3) 5 時間で到着するためには毎時何 km の速さで走ればよいか。

FOCUS **反比例の式を求めて利用する。**

解き方

(1) (速さ) × (時間) = (道のり) より，$x \times y = 200$

よって，$y = \dfrac{200}{x}$

(2) (1) で求めた式に $x = 50$ を代入して，

$y = \dfrac{200}{50} = 4$ (時間)

(3) (1) で求めた式に $y = 5$ を代入して，

$5 = \dfrac{200}{x}$ より，$x = 40$ (km)

答え (1) $y = \dfrac{200}{x}$　(2) 4 時間　(3) 毎時 40km

もっとくわしく

速さ，時間，道のりに関する比例と反比例について

(道のり) = (速さ) × (時間) の関係より，

・(速さ) を決めると，(道のり) は (時間) に比例。

・(時間) を決めると，(道のり) は (速さ) に比例。

・(道のり) を決めると，(速さ) と (時間) は反比例。

学習の POINT 問題文に出てくる数字や文字（上の問題だと，200 と x と y）にどのような関係式が成り立つのかを考える。

確認問題

219 家から 1500m 離れた学校まで，分速 xm で歩くと y 分かかるとする。次の問いに答えよ。

(1) y を x の式で表せ。

(2) 分速 60m で歩くと，家から学校まで何分かかるか。

(3) 朝 8 時 10 分に家を出て学校に 8 時 30 分に着くためには，歩く速さは分速何 m にすればよいか。

220 温度が一定のとき，気体の体積はこれに加える圧力に反比例する。圧力が 4 気圧のとき体積が 6m^3 の気体がある。圧力が x 気圧のときの体積を $y\text{m}^3$ として，次の問いに答えよ。

(1) y を x の式で表せ。

(2) 温度をそのままにして圧力を 12 気圧にしたときの体積は何 m^3 になるか。

22 反比例を利用する②

2つの歯車AとBがかみ合っている。歯車Aの歯数は20で，1分間に12回転する。これとかみ合ってまわる歯車Bの歯数を x，毎分の回転数を y とするとき，次の問いに答えよ。

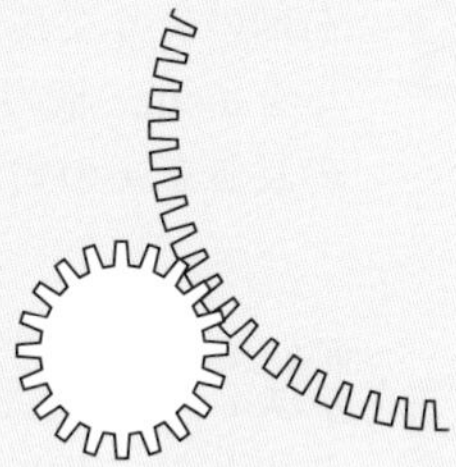

(1) y を x の式で表せ。

(2) かみ合う歯車Bの歯数が30のとき，歯車Bは1分間に何回転するか。

(3) かみ合う歯車Bを1分間に4回転させるとき，歯車Bの歯数はいくらか。

FOCUS　1分間に歯車Aと歯車Bの同じ歯数がかみ合うことから式をつくって利用する。

解き方

(1) 歯車Aは歯数が20だから，1回転してかみ合う歯数が20である。それが1分間に12回転するので，$20 \times 12 = 240$ の歯数がかみ合う。
歯車Aの1分間の歯数＝歯車Bの1分間の歯数だから，
$xy = 240$ より，$y = \dfrac{240}{x}$

(2) (1)で求めた式に，$x = 30$ を代入して，
$y = \dfrac{240}{30} = 8$（回転）

(3) (1)で求めた式に，$y = 4$ を代入して，
$4 = \dfrac{240}{x}$ より，$x = 60$

答え　(1) $y = \dfrac{240}{x}$　(2) 8回転　(3) 60

Return
反比例の式を求める ➡9
比例か反比例かを判断する ➡10

確認問題

221 **1時間に0.6Lの割合で使えば，20時間使える燃料がある。この燃料を使う割合と使える時間との関係について，次の問いに答えよ。**

(1) この燃料を，1時間に xLの割合で使えば，y 時間使えるとして，y を x の式で表せ。

(2) この燃料を，1時間に0.4Lの割合で使うと何時間使えるか。

(3) この燃料を24時間使うためには，1時間に何Lの割合で使えばよいか。

章末問題

解答 ➡p.78

78 右図のような長方形で，周の長さを30cm，縦の長さを$x$cm，横の長さを$y$cmとする。このとき，横の長さをxの式で表せ。

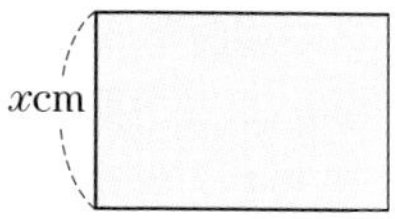

79 yはxに比例し，xの値に対応するyの値が下の表のようになっている。このとき，表中の□にあてはまる数を求めよ。（山梨県）

x	…	4	…	7	…
y	…	-8	…	□	…

80 下の表で，yがxに反比例するとき，yをxの式で表せ。
また，㋐にあてはまる値を求めよ。（青森県）

x	4	-8	㋐
y	-2	1	16

81 (1) yがxに比例し，$x=6$のとき$y=24$である。$x=3$のときのyの値を求めよ。（山口県）

(2) yはxに反比例し，$x=3$のとき$y=8$である。$x=4$のときのyの値を求めよ。（宮城県）

82 0.5L中に54gの砂糖がふくまれているジュースがある。このジュースxL中にygの砂糖がふくまれているとして，yをxの式で表せ。（広島県）

83 次の①～④のうち，yがxに反比例するものを選び，その番号を書け。
① 面積6cm^{2}の長方形の縦$x$cmと横$y$cm
② 1冊120円のノートをx冊買ったときの代金y円
③ 長さ10mのひもからxmのひもを3本切り取ったときの残りのひもの長さym
④ 半径$x$cmの円の面積$y$cm^2

84

ある商店で，100g あたり 550 円の定価で売っているお茶を，バーゲンセールの商品として売るとき，次のア，イの２つの方法を考えた。

ア　お茶の量を 10% 増量して，増量する前と同じ値段で売る。

イ　定価の 10% 引きの値段で売る。

同じ量を売るとき，このお茶の売り上げ金が多いのは，ア，イのどちらの方法か。その記号を書け。また，売り上げ金が多い理由を説明せよ。ただし，消費税は考えないものとする。（埼玉県）

85

右の図において，①は関数 $y=\dfrac{20}{x}$ のグラフである。また，点 A は双曲線①上にあり，その座標は $(-10,\ -2)$ である。このとき，次の(1)，(2)の問いに答えよ。（静岡県）

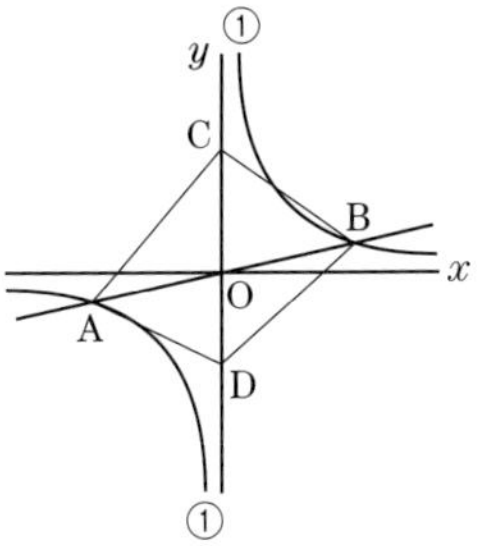

(1) x の変域が $1 \leqq x \leqq 5$ のとき，関数 $y=\dfrac{20}{x}$ の y の変域を求めよ。

(2) 直線 OA と双曲線①との交点のうち，x 座標が正である点を B とする。また，y 軸上に，y 座標が正である点 C と，y 座標が負である点 D をとる。四角形 ADBC が平行四辺形で，その面積が 85 となるときの，2 点 C，D の座標を求めよ。求める過程も書け。

86

思考力

たくみさんは，家の近くのコンビニエンスストアから，電子レンジで加熱する食品を買ってきました。次の表は，この食品を電子レンジで加熱するときの時間の目安として表示されていたものです。

電子レンジの出力	加熱時間の目安
500W	240秒
1500W	80秒

たくみさんの家の電子レンジの出力が 800W のとき，加熱時間は何秒にすればよいですか。その時間を求めなさい。

ただし，加熱時間は，電子レンジの出力に反比例するものとします。（岩手県）

第4回 恋する数学

恋愛と数学は似ている。熱しやすく冷めやすい。答えが出ないとイライラする。(マイナス)×(マイナス)がプラスになる……etc。似ているだけじゃない。数学は、人の心や運命といった不確定要素に、古くからアプローチを続けている。

占いから生まれた学問

恋に悩み、占いに助けをもとめた経験は誰しもあるだろう。一口に占いと言っても、統計学に基づいたものもあれば、根拠のないインチキまで多種多様だ。それらの信頼性や科学的根拠については触れない。しかし、すべての占いの元になった占星術(せんせいじゅつ)には、数学との密接な関係があったのである。

占星術は、紀元前3000年以上前の古代バビロニア期に誕生した。当時のシュメール人は、星座を発明して惑星の観測を行い、天文暦(てんもんれき)を作っていたと考えられている。これにより、チグリス・ユーフラテス川の氾濫を予測していたのだ。

やがて占星術は、権力者にとっても庶民にとっても、なくてはならない存在になっていく。より綿密(めんみつ)な研究が行われ、やがて古代ギリシャ・ローマ時代に天文学(当時は数学の一分野)の基礎として体系化された。「未来を知りたい」という、人々の願いが作らせた学問なのである。

LINK P54 第1回コラムへ

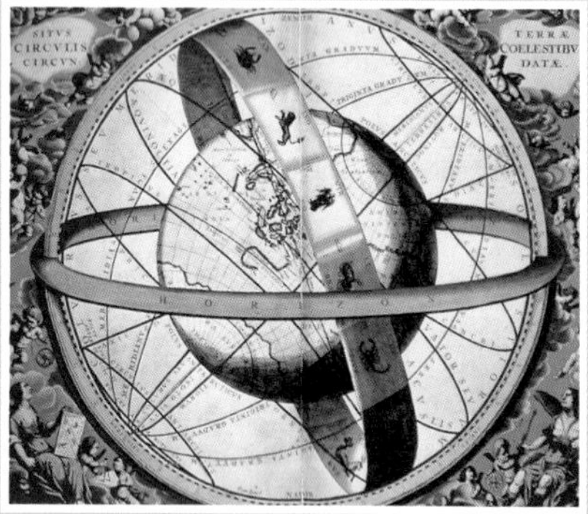

十二宮図

生きていくリズム

初告白も初デートも、肝心なのはタイミング。これがずれると一生後悔することになる。

バイオリズム理論は、20世紀のはじめに発表された生体(せいたい)リズムについての理論である。人間は、生まれた日を起点にして「身体(23日周期)」「感情(28日周期)」「知性(33日周期)」という3つの反復するリズムに乗って生きている…というものだ。数学的には、同じような振幅(しんぷく)を持った3つの周波数(しゅうはすう)の関数と考えられる。

バイオリズム理論の信ぴょう性については賛否両論あるが、占いの一種と考えれば気楽なものだ。自分にとっての「良き日」を知っておく…というのも悪くないのでは?

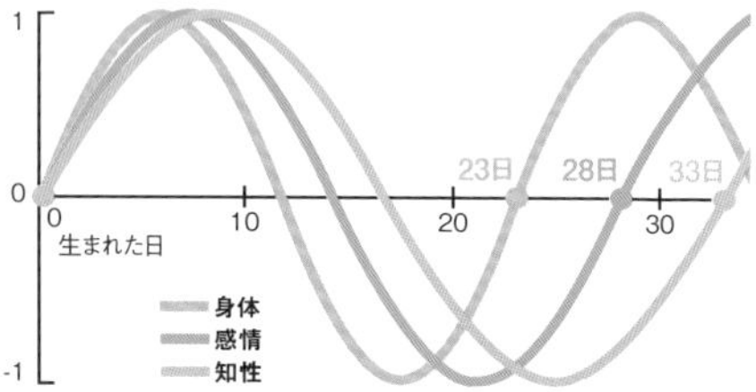

バイオリズム曲線

運命の出会い

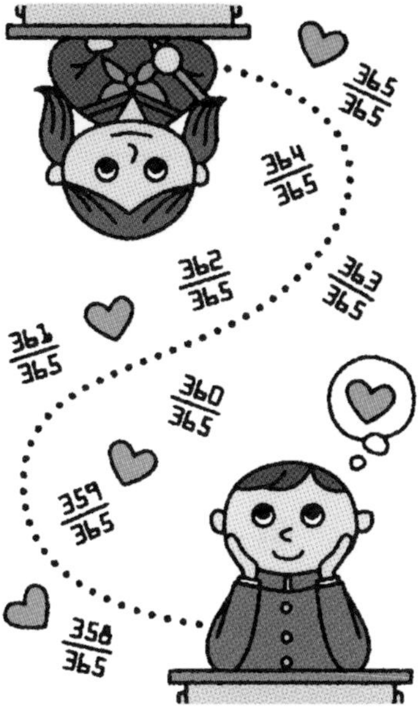

クラスの中で、誕生日が一致する子がいる。しかもちょっとステキ。なんだか気になって、日増しに好きになっていく自分が分かる。もしかして「運命の人」じゃないのか？　…てなシチュエーションを考えてみる。これは真実か？

クラスの生徒数が40人。１年を365日とすれば、全員の誕生日が異なる確率は、

$$\frac{365}{365}\times\frac{364}{365}\times\frac{363}{365}\times\cdots\cdots\times\frac{(365-39)}{365}=0.1087$$

となる。つまり、クラスの誰かに運命の出会いが訪れる確率は約９割ということで「ちょっとした偶然」に過ぎないのだ。ただし、心理学的には「ちょっとした偶然が恋に発展するケース」はしばしばある。運命と思いこむ素直さの方が幸せを呼ぶかも。だったら教えるなって？　ごもっとも。

恋愛ゲームの数学的挑戦

心と運命を数学的に解析する試みは、これまで幾多の学者が取り組んできた。しかし、コンピュータ・ゲームほど明確に（しかも面白く）解き明かしてくれたものはない。

恋愛シミュレーション・ゲームとは、主人公(ユーザー)が登場キャラクターにアプローチを試み、一定期間内に恋を実らせる事を目的としたゲームである。

ゲームの主人公は、毎日のさまざまなシチュエーションで行動選択（会話・場所など）を求められる。それによって体調・知性・容姿・根性・ストレス…などに区分されたパラメータ（変数）の数値が変わっていく。これを繰り返し、期間内に得た数値の量によりエンディングが変わっていく。(フラれる・告白されるなど)

恋愛シミュレーション・ゲームが登場して30年以上が経過した今，AIの発展によって，数学を使った恋愛はゲームだけにとどまらなくなってきた。婚活サービスの中には，AIが自分に最適な相手を見つけてくれたり，デートの内容をアドバイスしてくれるものも出てきているという。近い将来，身近な恋愛にも活用される日がくるかもしれない。

より正確になったAIでデートの日時を決定し、当日の費用計算や時間配分を決め、服装や会話内容をアドバイス。プレゼントは、黄金比のケースに入った自動作曲のオリジナルCD。夕食後は「f分の１ゆらぎ」あふれる河原を散歩して告白。もちろん、最後のキメぜりふも選んでくれる。

「僕の愛の数列を完成させるには、キミという変数が必要なんだ」

数学的活用

2年生で学ぶ関数の世界

ともなって変わる2つの量の関係を表す方法

1年生では「比例(ひれい)・反比例(はんぴれい)」を学習しました。2年生では「1次関数(じかんすう)」を学習します。どのような違いがあるでしょうか。次の問題をもとに考えてみましょう。

プールに水を入れよう！

明日から，のぶこさんの学校では水泳の授業が始まります。のぶこさんが，「先生，このプールに水を入れるのにどの位の時間がかかるのですか。」と聞いたところ，先生は「空っぽの状態から満ぱいになるまで，ずっと一定の割合で水を入れて30時間かかるよ。」と答えました。このプールの深さは，1.5mです。

1年生

水の深さから時間を知りたい

>>> P.213　比例

のぶこさんが見たとき，プールにはちょうど底から深さ 1 m のところまで水が入っていました。水を入れ始めてからどの位の時間がたったのでしょうか。

解答

水の深さは時間に比例するといえます。よって，水を入れる時間を x 時間，水の深さを ym，比例定数(ひれいていすう)を a とすると，$y=ax$　という式で表せます。

$y=ax$ に $x=30$，$y=1.5$ を代入して，

$1.5=30a$

$a=0.05$ (m/h)

$y=0.05x$ に $y=1$ を代入して，

$1=0.05x$

$x=20$

よって，水を入れ始めてから20時間たったことがわかります。

答え　20時間

2年生

あと何時間かかるか知りたい

>>> P.240　1次関数

授業の時は，水の深さを 1．2 mにします。あと何時間水を入れ続ければよいでしょうか。

解答

あと x 時間入れ続けるとし，水の深さを ym とします。水の深さが上昇する割合は変わらないので，0.05m/h です。

また，すでに 1 m まで水が入っているので，

$y=0.05x+1$ と表せます。

$y=0.05x+1$ に $y=1.2$ を代入して，

$1.2=0.05x+1$

これを解いて，$x=4$　となり，あと4時間かかることがわかります。

答え　4時間

$y=0.05x+1$ は，比例の式 $y=0.05x$ の右辺に最初の水の深さである定数 1 が加わった式です。

この章では，このように $y=ax+b$ で表される関数について学習します。

第2章　1 次関数　学習内容ダイジェスト

■電車の運行状況

4km 離れた A 駅と B 駅の間を折り返し運転をしている列車があります。
右の図は，8 時 5 分に A 駅を出発した列車の運行状況を表したグラフです。

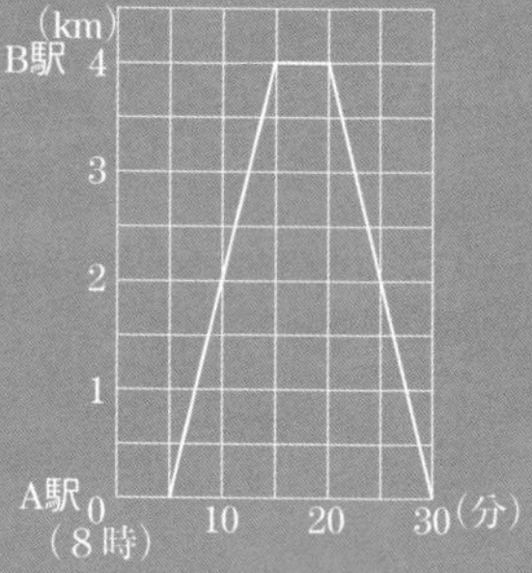

1 次関数の式の求め方 ⇒P.245

1 次関数　$y = ax + b$ の式に表し，ある x の値（あたい）に対応する y の値や，y がある値をとるときの x の値の求め方を学びます。

例　8 時 8 分の時点で，A 駅から B 駅に向かう列車はどの地点にいるでしょうか。

解説　8 時 x 分に A 駅から $y$km の地点にいるとすると，A 駅を出発して B 駅に向かう列車の変化の割合は，

$$\frac{(y\text{の増加量})}{(x\text{の増加量})} = \frac{4-0}{15-5} = \frac{4}{10} = \frac{2}{5}$$

したがって，

$y = \frac{2}{5}x + b$ とおける。

この式に，$x = 5$，$y = 0$ を代入して解くと，

$b = -2$

$y = \frac{2}{5}x - 2$ に $x = 8$ を代入して，

$y = \frac{6}{5}$

よって，8 時 8 分には，A 駅から $\frac{6}{5}$ km の地点にいることがわかる。

答え　A 駅から $\frac{6}{5}$ km の地点にいる。

1 次関数の式とグラフ →P.243

1 次関数の式が与えられたときのグラフのかき方を学びます。

例 8 時 x 分に A 駅から $y$km の地点にいる，
$y = -\dfrac{2}{5}x + 4$ と表せる列車の運行状況を表すグラフをかきましょう。

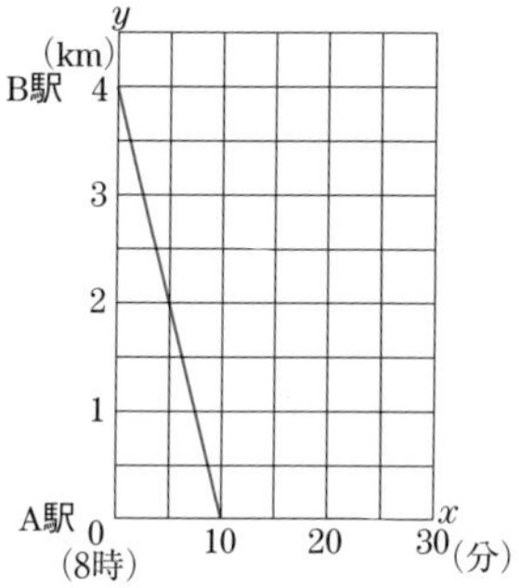

解説 定数の 4 は，$x = 0$ のときの y の値であり，
x の係数は傾きを表している。

答え　右のグラフ

1 次関数の利用 →P.254

2 つのグラフが交わっている場合，そのグラフの交点は，列車がすれ違ったり，出会ったりする点です。この交点の求め方についても学習します。

例 A 駅を出発して B 駅に向かう列車と，B 駅を出発して A 駅に向かう列車が出会う時間と場所を求めましょう。

解説 2 つのグラフの交点が 2 つの列車の出会うときである。
$y = \dfrac{2}{5}x - 2$，$y = -\dfrac{2}{5}x + 4$ の 2 つの式を同時にみたす x，y の値，すなわち連立方程式の解が，出会う時間（x の値）と場所（y の値）となる。
解を求めると，

$x = \dfrac{15}{2}$，$y = 1$ となる。

これより，8 時 7 分 30 秒に A 駅から 1km の地点で出会うことがわかる。

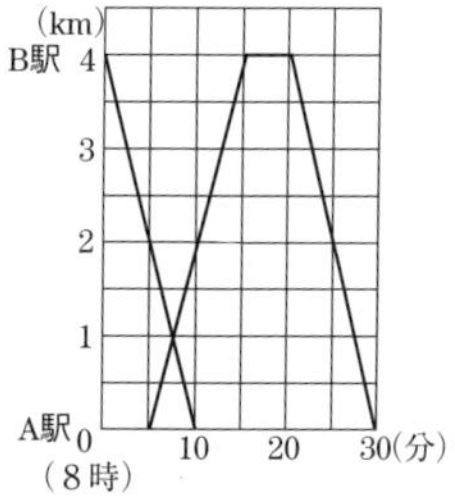

答え　8 時 7 分 30 秒に A 駅から 1km の地点で出会う。

§1 1 次関数とは

23 1 次関数を選ぶ

次の x と y の関係で「y が x の 1 次関数」となっているものはどれか。番号で答えよ。

(1) 12km の道のりを進むのに時速 $x$km で y 時間かかった。

(2) 深さ 18cm まで水が入っている水そうに，毎分 4cm ずつ深さが増すように水を入れる。このとき，水を入れ始めてから x 分後の水の深さを $y$cmとする。

(3) 半径 $x$cm の円の面積を $y\text{cm}^2$ とする。

(4) あるケーキの 1 個の値段は 210 円である。このケーキを x 個買って 50 円の箱に入れてもらったときに支払う代金を y 円とする。

FOCUS **1 次関数かどうか判断するには，式が $y=ax+b$ の形になっているかを調べる。**

解き方

(1) (時間)＝(道のり)÷(速さ)から，

$y=\dfrac{12}{x}$ よって，1 次関数ではない。

(2) $y=18+4x$ と表されるから 1 次関数である。

(3) x と y の関係は，$y=\pi x^2$ より，1 次関数ではない。

(4) (支払う代金)＝(ケーキx個の代金)＋(箱の代金)より，

$y=210x+50$ と表されるから 1 次関数である。

答え (2)，(4)

用語

1 次関数

y が x の関数であるもののうち，y が x の 1 次式；$y=ax+b$ (a，b は定数) の形で表されるものを 1 次関数という。

もっとくわしく

(1) x と y の関係は反比例。

(4) 支払う代金はケーキの個数にともなって増えるが，箱の代金は変わらない。

学習のPOINT $y=ax+b$ (a, b は定数) の形で表されるものが 1 次関数である。

確認問題

222 変数 x，y の間に次の関係があるとき，y が x の 1 次関数であるものを選べ。

(1) $y=-5x+3$　(2) $y=7-12x$　(3) $y=\dfrac{6}{x}$

(4) $y=-8x$　(5) $y=\dfrac{x}{3}-6$

223 気温は，地上から 10km くらいまでは，高さが 1km 増すごとに 6 ℃ずつ低くなることがわかっている。地上の気温が 13 ℃のとき，地上から $x$km の高さの気温を y ℃として，y を x の式で表し，1 次関数といえるかどうかを答えよ。

§2　1次関数の式とグラフ

24　グラフに合う方程式を選ぶ

右の図の直線(1)～(3)に合う式を下の①～③から選べ。

① $y = -2x + 4$

② $y = \frac{3}{5}x - 2$

③ $y = -\frac{2}{3}x + \frac{4}{3}$

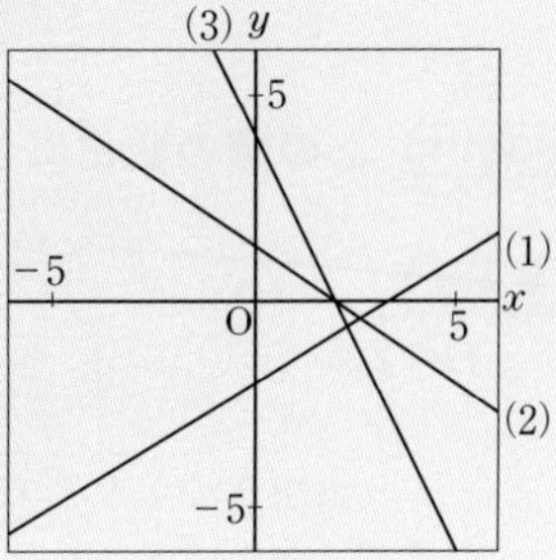

FOCUS　**傾きや切片と直線の特徴を関連づける。**

解き方

傾きや切片の値から判断するとよい。

(1) 傾きは正，切片は負だから，②

(2) 傾きは負，切片は正で，切片の値が小さい方だから，③

(3) 傾きは負，切片は正で，切片の値が大きい方だから，①

答え　(1) ②　(2) ③　(3) ①

学習のPOINT　グラフから傾きと切片を読み取り，式 $y = ax + b$ の形に直し，選択肢から選ぶ。

用語

傾き
1次関数
$y = ax + b$
のグラフの傾きぐあいは，a によって決まる。a をそのグラフの傾きという。

切片
1次関数
$y = ax + b$
の定数部分 b は $x = 0$ のときの y の値で，グラフと y 軸との交点の y 座標となり，切片という。

確認問題

224 右の図の直線(1)～(3)に合う式を下の①～③から選べ。

① $y = \frac{6}{5}x + \frac{4}{5}$

② $y = 3x + 1$

③ $y = -4x - 2$

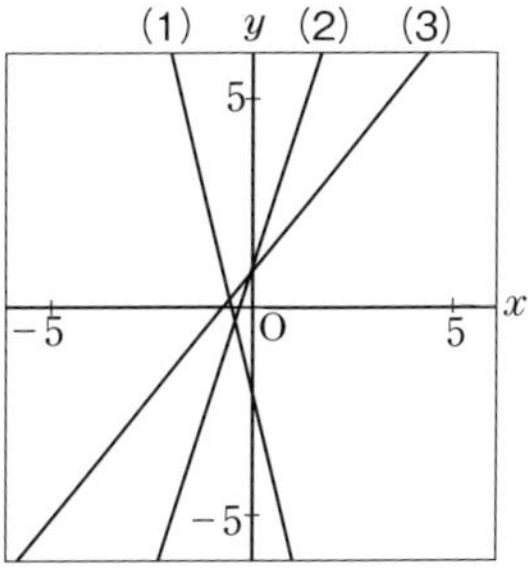

25　1 次関数の値の変化を調べる

1 次関数 $y = 2x + 4$ …①　と $y = -x + 3$ …②について，x の値が 0 から 1 まで増加するとき，y の値はどれだけ増加するか。また，2 から 3 まで増加するとき，y の値はどれだけ増加するか。①と②のそれぞれについて求めよ。

FOCUS　**x の値の変化にともなう y の値の変化を考える。**

解き方

① 右の表から，

x	-1	0	1	2	3	4
y	2	4	6	8	10	12

・x の値が 0 から 1 まで 1 増加するとき，y の値は 4 から 6 まで 2 増加する。

・x の値が 2 から 3 まで 1 増加するとき，y の値は 8 から 10 まで 2 増加する。

② 右の表から，

x	-1	0	1	2	3	4
y	4	3	2	1	0	-1

・x の値が 0 から 1 まで 1 増加するとき，y の値は 3 から 2 まで 1 減少する。すなわち，-1 増加する。

・x の値が 2 から 3 まで 1 増加するとき，y の値は 1 から 0 まで 1 減少する。すなわち，-1 増加する。

答え　① 0 から 1 まで増加するとき　2,
2 から 3 まで増加するとき　2
② 0 から 1 まで増加するとき　-1,
2 から 3 まで増加するとき　-1

用語

変化の割合
(x の増加量)に対する(y の増加量)の割合を(変化の割合)という。
すなわち，
(変化の割合)
$= \dfrac{(y \text{ の増加量})}{(x \text{ の増加量})}$

もっとくわしく

$y = ax + b$ の値の増減について
・$a > 0$ のとき
x の値が増加するにつれて，y の値も増加する。
・$a < 0$ のとき
x の値が増加するにつれて，y の値は減少する。

学習の POINT　x の値が 1 増加するときの y の増加量は，変化の割合に等しく，1 次関数の式 $y = ax + b$ の x の係数 a の値に等しい。

確認問題

225　次の 1 次関数で，x の値が 1 増加するとき，y の値はどれだけ増加するか。また，変化の割合も求めよ。

(1) $y = 3x + 2$　　(2) $y = -2x - 5$

226　次の 1 次関数で，x の値が 1 増加するとき，y の値はどれだけ増加するか。また，変化の割合も求めよ。

(1) $y = \dfrac{5}{3}x - 7$　　(2) $y = -\dfrac{x}{5} + 8$

関数編
第1章 比例・反比例
第2章 1次関数
第3章 関数 $y = ax^2$

26　1次関数のグラフをかく

次の1次関数のグラフをかき，直線の傾きと切片を答えよ。

(1) $y = x + 3$　(2) $y = -\frac{1}{3}x + 5$　(3) $y = \frac{2}{5}x + \frac{3}{5}$

FOCUS　**1次関数のグラフは異なる2点によって決まるので，どの2点を選ぶかを考える。**

Return
1次関数 ➡23
傾き ➡24
切片 ➡24
変化の割合 ➡25

解き方

(1) $y = x + 3$ では，y 軸との交点(切片)である (0, 3)を出発点として右へ1進んだとき，上へ1進む。よって(0, 3)と(1, 4) を通る直線をかく。

(2) (変化の割合) $= \frac{(y\text{の増加量})}{(x\text{の増加量})}$ だから，
(xの増加量) = 3，(yの増加量) = − 1
よって，(0, 5)から右へ3進んだとき，下へ1進むので，
(0, 5)と(3, 4)を通る直線をかく。

(3) 切片が分数で座標がとりにくいので，座標が整数である2点を求めてグラフをかく。この場合，(− 4, − 1)，(1, 1) の2点を通るので，この2点を通る直線をかけばよい。

答え

(1) 傾き：1，切片：3

(2) 傾き：$-\frac{1}{3}$，切片：5

(3) 傾き：$\frac{2}{5}$，切片：$\frac{3}{5}$

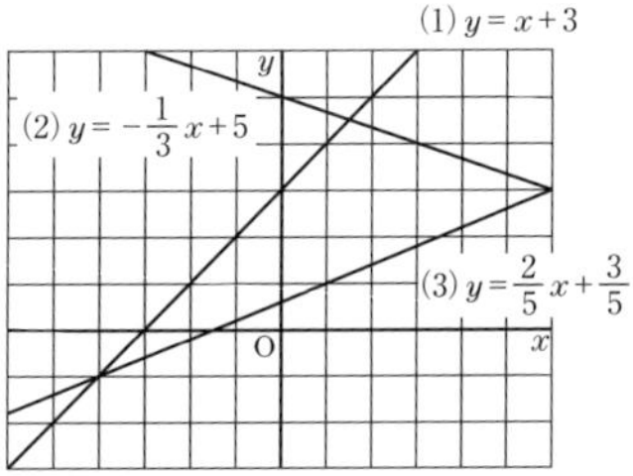

学習のPOINT　1次関数のグラフは，2点を決めて，その2点を通る直線をかく。

確認問題

227 次の1次関数のグラフをかけ。

(1) $y = -x - 1$　(2) $y = \frac{3}{5}x + 2$

(3) $y = -0.25x + 3$　(4) $y = \frac{3}{7}x + \frac{4}{7}$

27 変域(へんいき)があたえられたグラフをかく

x の変域が $1 \leqq x \leqq 4$ のとき，1 次関数(じかんすう) $y = -2x + 5$ のグラフをかけ。

FOCUS **変域に対応するグラフは，直線のどの部分にあたるのかを考える。**

解き方

1 次関数 $y = -2x + 5$ のグラフは，切片(せっぺん)が 5，傾き(かたむ)が -2 の直線である。ここで，x の変域が $1 \leqq x \leqq 4$ より，$x = 1$ のとき $y = 3$，$x = 4$ のとき $y = -3$ より，求めるグラフは 2 点 $(1,\ 3)$，$(4,\ -3)$ を結ぶ線分になる。

答え　グラフの実線部分

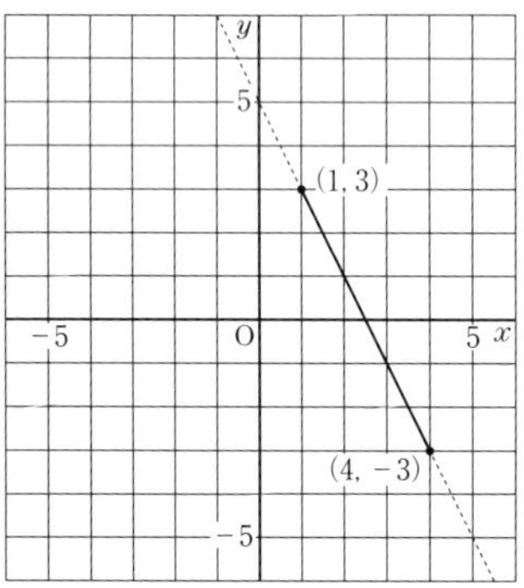

もっとくわしく

もし変域が，$1 < x \leqq 4$ ならば，点 $(1,\ 3)$ はふくまないので，○印にする。線分の端の値をふくむ場合は●(黒丸)にし，ふくまない場合は○(白丸)にする。

Return

変域 ➡2
1 次関数 ➡23

学習のPOINT

x の変域があたえられたときのグラフは，変域の両端(りょうたん)に対応するグラフ上の 2 点を結ぶ線分(せんぶん)である。このとき，以下の点に注意する。

- 変域の両端に対応するグラフの点を考える。
- 両端の点がふくまれるか，ふくまれないかをチェックし，ふくまれる場合は●，ふくまれない場合は○で表す。
- 変域の部分は実線で，変域以外の部分は破線(はせん)でかいて，区別する。

確認問題

228 1 次関数 $y = -\dfrac{1}{3}x + 1$ について，次の問いに答えよ。

(1) x の変域を $-3 < x < 3$ として，グラフをかけ。

(2) x の変域が(1)のとき，y の変域を求めよ。

§ 3　1 次関数の式の求め方

28　傾き(かたむ)と通る点から 1 次関数(じかんすう)の式を求める

(1) 変化の割合が 4 で，$x = 3$ のとき $y = 7$ となる 1 次関数を求めよ。

(2) 点(3, 4)を通り，傾きが $\frac{2}{3}$ の直線の式を求めよ。

FOCUS　**あたえられた傾き（変化の割合）と，通る点の座標(ざひょう)から，1 次関数 $y = ax + b$ を求める方法を考える。**

解き方

(1) $y = ax + b$ において，変化の割合が 4 であるから，$\boldsymbol{a = 4}$
これから，$y = \mathbf{4}\,x + b$ ……①となる。
$x = 3$ のとき $y = 7$ となるので，これを①に代入して，
$7 = 4 \times 3 + b$ から，$\boldsymbol{b = -5}$
よって，$y = \mathbf{4}\,x\ \mathbf{-\ 5}$

(2) 傾きが $\frac{2}{3}$ だから，$y = \boldsymbol{\frac{2}{3}}x + b$ とおける。
これが(3, 4)を通ることから，$\boldsymbol{4 = \frac{2}{3} \times 3 + b}$
これを解いて，$\boldsymbol{b = 2}$
よって，$y = \boldsymbol{\frac{2}{3}}x\ \mathbf{+\ 2}$

答え　(1) $y = 4x - 5$　　(2) $y = \frac{2}{3}x + 2$

ここに注意

1 次関数を $\boldsymbol{y = ax + b}$ と表したとき，$\boldsymbol{a}$ は変化の割合または傾きであり，$\boldsymbol{b}$ は切片(せっぺん)である。

Return

1 次関数 ➡23
傾き ➡24

学習のPOINT　求める式を $y = ax + b$ とおき，あたえられている $\boldsymbol{a}$ の値と，1 点の座標を代入して $\boldsymbol{b}$ の値を求める。

確認問題

229　次の条件をみたす直線の式を求めよ。

(1) 傾きが $\frac{3}{2}$ で，点(− 1, − 2) を通る。

(2) 直線 $y = -2x - 5$ に平行で，点(3, 2) を通る。

29 2 点から 1 次関数の式を求める

2 点(1, 2), (3, 8)を通る直線の式を求めよ。

FOCUS **直線上の 2 点の座標から，1 次関数 $y = ax + b$ の式を求める方法を考える。**

解き方

求める式を $y = ax + b$ とおく。

傾き a は変化の割合に等しいので， $a = \dfrac{8 - 2}{3 - 1} = 3$ （＊1）

よって， $y = 3x + b$

これが，点(1, 2)を通るので， $2 = 3 \times 1 + b$， $b = -1$

したがって，求める式は $y = 3x - 1$

別解

求める式を $y = ax + b$ とおく。

$x = 1$ のとき $y = 2$, $x = 3$ のとき $y = 8$ だから，

$$\begin{cases} 2 = a + b & \cdots\cdots ① \\ 8 = 3a + b & \cdots\cdots ② \end{cases}$$

①，②を a，b の連立方程式とみて解く。

②－①から，$6 = 2a$ より，$a = 3$

これを①に代入して b を求めると，$b = -1$

したがって，求める式は $y = 3x - 1$

答え $y = 3x - 1$

もっとくわしく

（＊1）

y の増加量 $= 8 - 2 = 6$

x の増加量 $= 3 - 1 = 2$

Return

変化の割合 ➡25

連立方程式 ➡方程式編 17

学習のPOINT

- 2 点の座標から，まず，傾き(変化の割合) a を求め，次に切片 b を求める。
- 求める式を $y = ax + b$ とおき，2 点の座標を代入して，a と b についての連立方程式を解き，a と b の値を求める。

確認問題

230 次の直線の式を求めよ。

(1) 原点と点(4, －6)を通る。

(2) 2 点(－2, －5), (8, 5)を通る。

(3) 2 点(－2, 18), (4, 0)を通る。

30 グラフから1次関数の式を求める

右の図の直線(1)，(2)はそれぞれある1次関数をグラフに表したものである。それぞれの直線の式を求めよ。

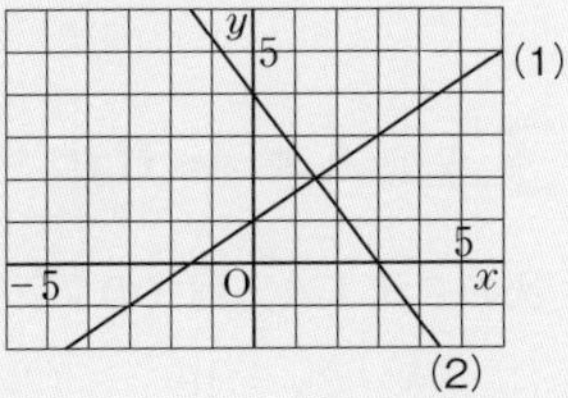

FOCUS グラフからどのようなことを読み取れるかを考える。

解き方

(1) 切片(せっぺん)は1である。また，点(0，1)から右へ3，上へ2進んだ点(3，3)を通るから，傾き(かたむ)きは $\frac{2}{3}$ である。

よって，直線の式は　$y=\frac{2}{3}x+1$

(2) 切片は4である。また，点(0，4)から右へ3，下へ4進んだ点(3，0)を通るから，傾きは $-\frac{4}{3}$ である。

よって，直線の式は　$y=-\frac{4}{3}x+4$

答え (1) $y=\frac{2}{3}x+1$　(2) $y=-\frac{4}{3}x+4$

もっとくわしく

1次関数は $y=ax+b$ で表されるから，グラフの傾き a と切片 b を読み取れば，式が求められる。
または，グラフが通る2点の座標を $y=ax+b$ の x と y に代入してできる，a と b の連立方程式を解いても求めることができる。

学習のPOINT グラフから傾きと切片を読み取り，式 $y=ax+b$ の形(a：傾き，b：切片)に表す。

確認問題

231 右の図の直線(1)，(2)はそれぞれ，ある1次関数をグラフに表したものである。それぞれの直線の式を求めよ。

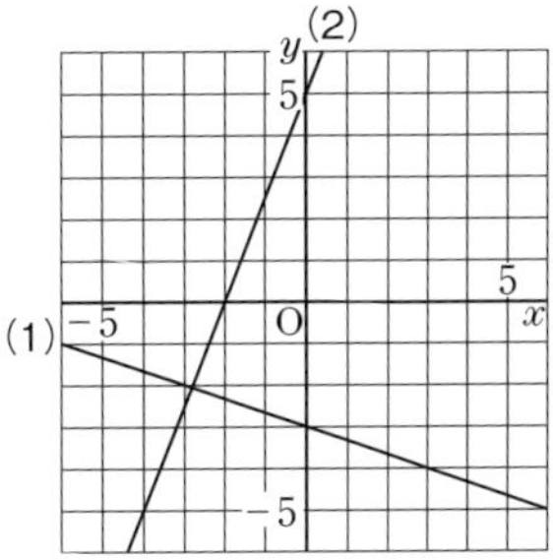

§4　2 元 1 次方程式とグラフ

31　$Ax + By = C$ のグラフをかく

次の 2 元 1 次方程式のグラフをかけ。

(1) $5x - 2y = 10$　　(2) $\frac{x}{2} + \frac{y}{4} = 1$

FOCUS　$y = ax + b$ の形に変形する。

解き方

(1) $5x - 2y = 10$ を y について解くと，

$y = \frac{5}{2}x - 5$ となるので，グラフは傾きが $\frac{5}{2}$，

切片が -5 の直線となる。（＊1）

(2) $\frac{x}{2} + \frac{y}{4} = 1$……① を y について解くと，$y = -2x + 4$

となるので，グラフは傾きが -2，切片が 4 の直線となる。

また，①に $x = 0$ を代入すると，$y = 4$ となり，$y = 0$ を代入すると，$x = 2$ となる。よって，このグラフは 2 点 $(0,\ 4)$，$(2,\ 0)$ を通る直線と考え，グラフをかくこともできる。

（＊2）

答え

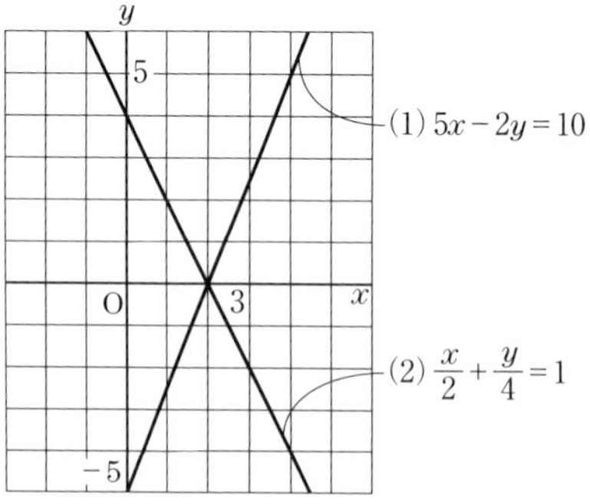

学習のPOINT　2 元 1 次方程式 $Ax + By = C$ のグラフでは，$y = ax + b$ の形にしてからかく。

もっとくわしく

方程式のグラフ

（＊1）

$y = \frac{5}{2}x - 5$ の直線を，方程式 $5x - 2y = 10$ のグラフという。

切片形

（＊2）

$(0,\ 4)$ の“4”は y 軸との交点，すなわち“y 切片”であり，$(2,\ 0)$ の“2”は x 軸との交点より“x 切片”である。このように，式から x 切片，y 切片が読み取れる式を「切片形」という。

$\frac{x}{m} + \frac{y}{n} = 1$ のグラフは 2 点 $(m,\ 0)$（x 切片），$(0,\ n)$（y 切片）を通る直線である。

Return

2 元 1 次方程式

➡方程式編 31

確認問題

232 次の 2 元 1 次方程式のグラフをかけ。

(1) $3x - 2y = 6$　　(2) $3x + 4y = 12$　　(3) $\frac{x}{5} - \frac{y}{3} = -1$

32　$x = h$，$y = k$ のグラフをかく

次の方程式のグラフをかけ。

(1)　$x = -4$　　　　(2)　$2y = 6$

FOCUS　**2元1次方程式 $ax + by = c$ で，$ax + 0 \times y = c$，$0 \times x + by = c$ の場合のグラフを考える。**

ここに注意

$x = h$ のグラフは x 軸に，$y = k$ のグラフは y 軸に平行だと勘ちがいしないように！

Return

2元1次方程式

➡方程式編 31

解き方

(1)　$x = -4$ は，$ax + by = c$ で，$a = 1$，$b = 0$，$c = -4$ の場合である。つまり，$1x + 0y = -4$ と考えられる。y の値が何であっても x の値が -4 であればこの式をみたす。よって，この方程式のグラフは，答えの図のように，x 軸上の点 $(-4,\ 0)$ を通り，y 軸に平行な直線となる。

(2)　$2y = 6$ は，$ax + by = c$　で，$a = 0$，$b = 2$，$c = 6$ の場合である。つまり，$0 \times x + 2 \times y = 6$ と考えられる。
両辺を2でわると，$y = 3$ となり，x の値が何であっても y の値が3であればこの式をみたす。
よって，この方程式のグラフは，答えの図のように，y 軸上の点 $(0,\ 3)$ を通り，x 軸に平行な直線となる。

答え

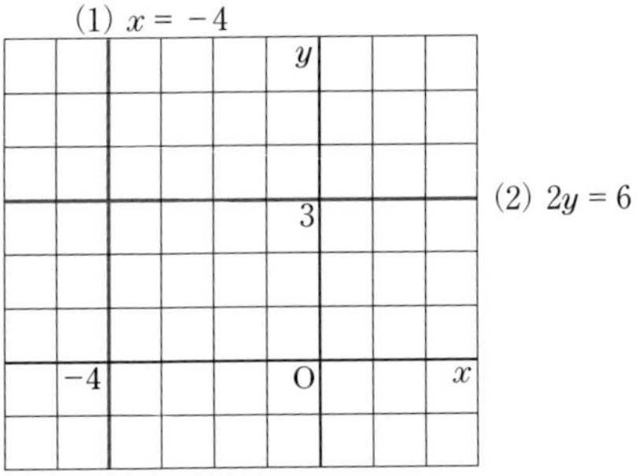

学習のPOINT　$x = h$ のグラフは y 軸に平行な直線になり，$y = k$ のグラフは x 軸に平行な直線になる。

確認問題

233　次の方程式のグラフをかけ。

(1)　$12 - 4x = 0$　　　　(2)　$3y + 15 = 0$

33 連立方程式をグラフを用いて解く

グラフを利用して，次の連立方程式を解け。

(1) $\begin{cases} x - y = 3 \\ x + y = 7 \end{cases}$　(2) $\begin{cases} 3x + y = 4 \\ 6x + 2y = -2 \end{cases}$

FOCUS **連立方程式と，2 つの 1 次関数のグラフの関係を考え，解をグラフから読み取る。**

解き方

(1) $\begin{cases} x - y = 3 \cdots\cdots① \\ x + y = 7 \cdots\cdots② \end{cases}$

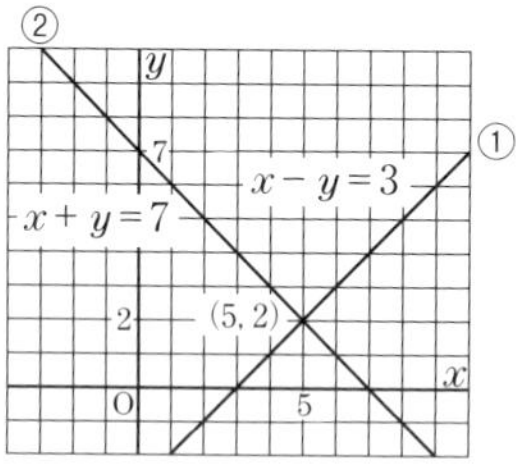

①と②のグラフをかくと，2 つのグラフは 1 点で交わることがわかる。その交点をグラフから読み取ると，(5, 2) となる。

よって，連立方程式の解は $(x = 5,\ y = 2)$ である。交点の x，y で，2 つの方程式が成り立つから，連立方程式の解である。

(2) $\begin{cases} 3x + y = 4 \quad \cdots\cdots① \\ 6x + 2y = -2 \cdots② \end{cases}$

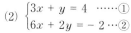

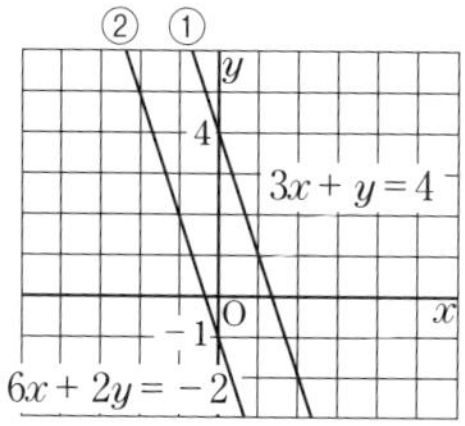

①と②のグラフをかくと，2 つのグラフは平行になることがわかる。

これは，

①の式：$3x + y = 4$

→　$y = -3x + 4$（傾き：-3，切片：4）

②の式：$6x + 2y = -2$　→　$y = -3x - 1$（傾き：-3，切片：-1）

となって，2 つの式の傾きは一致するが，切片は異なる。したがって，この 2 つの直線は平行になり，交わることがない。よって，連立方程式の解はない。

答え (1) $x = 5$，$y = 2$　(2) 解はない。

学習のPOINT x，y についての連立方程式の解は，それぞれの方程式のグラフの交点の x 座標，y 座標の組である。

もっとくわしく

直線の位置関係と連立方程式の解は以下の 3 つの場合がある。

- 交点が1個(2 直線が 1 点で交わる)
  →連立方程式の解が 1 組
- 交点がない
  (2 直線が平行)
  →連立方程式の解がない
- 交点が無数
  (2 直線が重なる)
  →連立方程式の解の組が無数

Return

連立方程式
➡方程式編 17
連立方程式の解
➡方程式編 17

確認問題

234 グラフを利用して，次の連立方程式を解け。

(1) $\begin{cases} x - y = 6 \\ 2x + y = 3 \end{cases}$　(2) $\begin{cases} 3x - 2y = 7 \\ -6x + 4y = -14 \end{cases}$

34　2直線の交点を通る直線を求める

3直線 $3x - y = -5$, $2x - 3y = 6$, $5x + ay = -3$ が1点で交わるという。このとき，a の値(あたい)を求めよ。

FOCUS　**3つの直線が同じ点を通ることから，その交点の意味を考える。**

解き方

$$\begin{cases} 3x - y = -5 \\ 2x - 3y = 6 \end{cases}$$

を連立方程式(れんりつほうていしき)として解を求めると，

$x = -3$, $y = -4$

となる。よって，交点の座標は $(-3, -4)$ である。

直線　$5x + ay = -3$ も点 $(-3, -4)$ を通ることから，

$x = -3$, $y = -4$ を代入すると，

$-15 - 4a = -3$

よって，$a = -3$

答え　$a = -3$

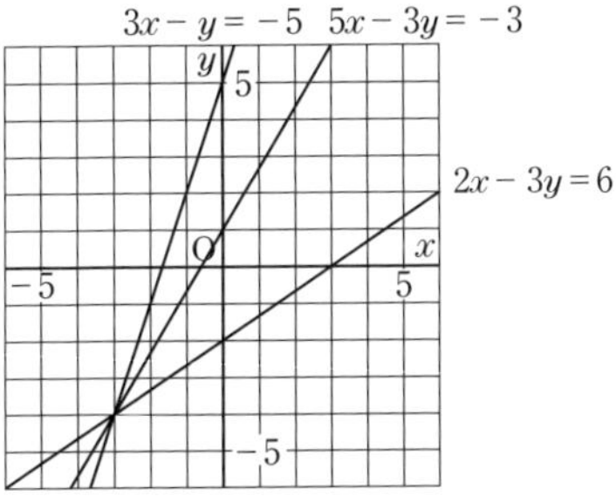

もっとくわしく

2直線の交点の座標(ざひょう)は，直線の方程式を連立させて解いたときの解である。

Return

連立方程式
➡方程式編 17
連立方程式の解
➡方程式編 17

学習のPOINT　3直線が1点で交わるとき，どの直線の式に交点の x 座標，y 座標を代入しても等式が成り立つ。

確認問題

235　3直線 $y = 3x - 2$, $y = \dfrac{3}{2}x + 1$, $y = ax + 5$ が1点で交わるという。このとき，a の値を求めよ。

236　直線　$y = -x + a$ が，2直線 $2x - y = 3$, $4x + 3y = 1$ の交点を通るとき，a の値を求めよ。

§ 5 1 次関数の利用

35 データから関係を導く

長さ 10cm のばねにおもりをつるし，その長さをはかったら下のようになった。

重さ(xg)	0	10	20	50	70	100
長さ($y$cm)	10	10.3	10.8	12	13	13.8

この表から，おもりの重さとばねの長さの関係をグラフにかき，x と y の間に成り立つ式を求めよ。

FOCUS **対応する x，y の値の組を座標とする点を，座標平面上にとり，点の並び方から判断する。**

解き方

対応する x，y の値(あたい)の組を座標とする点をとると，これらの点はほぼ一直線上に並んでいる。この直線は x，y の関数を表すグラフであると考えられる。

このグラフから，直線の切片(せっぺん)は 10，傾き(かたむ)は 0.04 であることがわかるから，この直線は 1 次関数(じかんすう) $y = 0.04x + 10$ のグラフと考えられる。

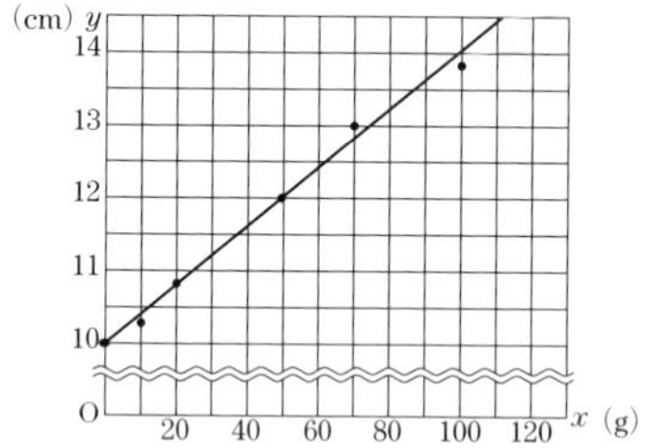

答え

（グラフ）右の図

（式）$y = 0.04x + 10$

もっとくわしく

実験式

実験・実測からグラフをかき，そのグラフにあてはまる式をつくったとき，その式を実験式という。実験・実測によって得られたデータには誤差もあるが，関係式として表すことができる。

Return

1 次関数のグラフのかき方 ➡26
1 次関数の式の求め方 ➡30

学習のPOINT 対応する x，y の値を座標平面上にとり，点の並び方から，x，y の関係を求める。

確認問題

237 ばねに xg のおもりをつるしたときの，ばねの長さを $y$cm とすると，x と y の関係は下の表のようになった。次の問いに答えよ。

x(g)	10	20	30	40	50
y(cm)	36	39	42	45	48

(1) おもりをつるさないときの，ばねの長さを求めよ。

(2) x と y の間に成り立つ式を求めよ。

36 図形の面積の変化のようすを調べる

右の図の直角三角形 ABC で，点 P は A を出発して，辺 AB 上を B まで動く。点 P が A から $x$cm 動いたときの△ PBC の面積を $y$cm² として，次の問いに答えよ。

(1) y を x の式で表せ。

(2) △ PBC の面積の変化のようすを表すグラフをかけ。

(3) △ PBC の面積が 50cm² になるのは P が A から何 cm 動いたときか。

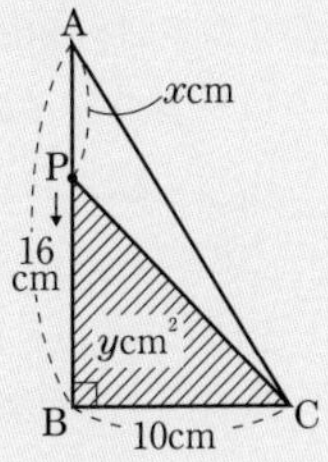

FOCUS **三角形の高さの変化を式で表す。**

Return
点が動く比例の問題 ➡15
変域 ➡2

解き方

(1) AP ＝ $x$cm だから，**PB ＝ (16 － x)cm**
△ PBC の面積は

$$y=\frac{1}{2}\times 10\times(16-x)$$
$$=5(16-x)$$
$$=-5x+80$$

(2) (1)から△ PBC の面積 y は x の１次関数で，x の変域は **$0 \leqq x \leqq 16$** である。
$x=0$ のとき $y=80$，$x=16$ のとき $y=0$ より，グラフは (0，80)，(16，0) を結ぶ線分になる。

(3) (1)で求めた式に $y=50$ を代入すると
$50=-5x+80$　　$x=6$
また，グラフからも $x=6$ を読み取ることができる。

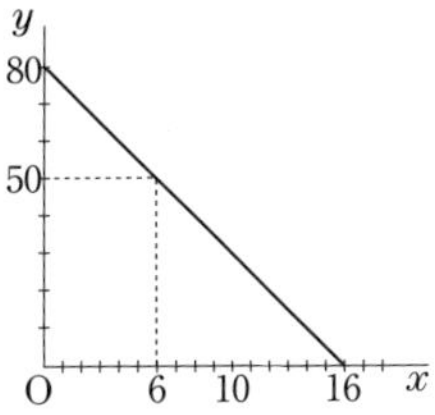

答え　(1) $y=-5x+80$　(2) 右の図の実線部分　(3) 6cm

学習のPOINT
・関数の式は値(あたい)を求めるのに便利である。
・関数のグラフは変化のようすを知るのに便利である。

確認問題

238 右の図の長方形 ABCD で，点 P は B を出発して辺上を C を通って D まで動く。点 P が B から $x$cm 動いたときの△ APD の面積を $y$cm² として y を x の式で表し，そのグラフをかけ。

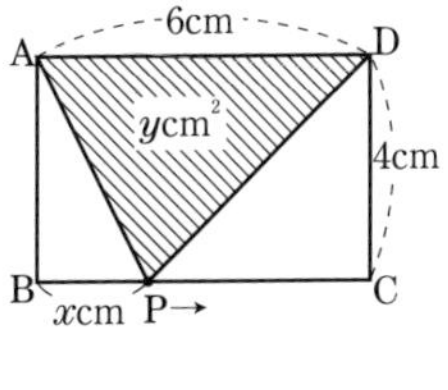

37 グラフで表された問題を解く①

右のグラフは，2000m 離れた山ろく駅と山頂駅を結ぶロープウェイの運行のようすを表している。

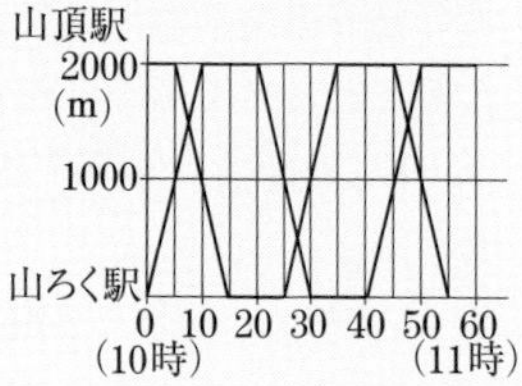

(1) 山ろく駅から山頂駅まで何分かかるか。

(2) このロープウェイの分速を求めよ。

(3) 10 時に山ろく駅を出発したロープウェイが 10 時 5 分に山頂駅を出発したロープウェイとすれ違うのは 10 時何分何秒か。

FOCUS **グラフからさまざまな情報を読み取る。**

解き方

(1) 10 時に山ろく駅を出発したロープウェイが 10 時何分に山頂駅に到着するかを読み取る。

(2) ロープウェイは，10 分間で 2000m 進むから，1 分間では，**2000 ÷ 10 = 200(m)** 進む。

(3) 10 時 x 分に，山ろく駅から y m 離れた地点にいるとする。
10 時に山ろく駅を出発したロープウェイを表す式は，

$\boldsymbol{y = 200x}$ ………………①

10 時 5 分に，山頂駅を出発したロープウェイを表す式は，

$\boldsymbol{y = -200x + 3000}$ ……②

①，②の連立方程式を解くと，$x = \dfrac{15}{2}$

$\dfrac{15}{2}$ 分 = 7.5 分 = 7 分 30 秒から，10 時 7 分 30 秒にすれ違う。

答え (1) 10 分　(2) 分速 200m　(3) 10 時 7 分 30 秒

もっとくわしく

列車やバスなどの運行のようすを，x 軸(じく)に時刻，y 軸に距離(きょり)をとってグラフにしたものを，**ダイヤグラム**という。

Return

1 次関数の式の求め方 ➡30

連立方程式 ➡方程式編 20

学習のPOINT グラフ(ダイヤグラム)からは次のような運行のようすが読み取れる。

・「直線が交わる」→すれ違う（または，追いこす)。

・「直線が平行」→速さが等しい。

確認問題

239 上の例題で，10 時 20 分に山頂駅を出発するはずのロープウェイが 5 分おくれて出発した。

(1) このロープウェイが山頂駅から山ろく駅まで行ったときのようすを表すグラフを，上の例題のグラフにかきこめ。

(2) このロープウェイは，山ろく駅から山頂駅へ向かうロープウェイとすれ違うか。すれ違うときは，その時刻と山ろく駅から何 m 離れた地点かを求めよ。

38　グラフで表された問題を解く②

ふみさんは，7時に家を出発し，1200m 離れた駅まで歩いた。またふみさんの兄は，7時4分に家を出発し，分速 150m でふみさんを追いかけた。
右のグラフは，ふみさんが家を出発してからの時間と道のりの関係を表したものである。

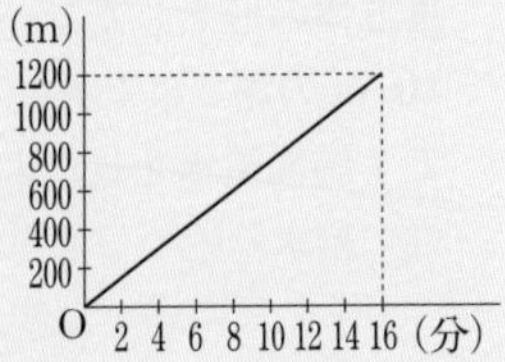

(1) ふみさんの進む速さを求めよ。
(2) ふみさんの兄が進んだようすを表すグラフをかけ。
(3) ふみさんの兄がふみさんに追いつく時刻を求めよ。

FOCUS　1次関数の式を求め，利用する。

Return
1次関数の式 ➡28
連立方程式
➡方程式編 20

解き方

(1) グラフから，家から駅までの 1200 m を進むのに 16 分かかっていることがわかる。
1200 ÷ 16 = 75（m／分）

(2) ふみさんの兄は分速 150 m で進んだので，7時12分には家から 1200 m 離れた地点にいることがわかる。したがって，7時 x 分の家からの道のりを y m とすると(4, 0)，(12, 1200)を通る直線になる。

(3) 兄がふみさんに追いつく地点は，2つのグラフの交点である。したがって，2直線の連立方程式の解を求めればよい。
ふみさん：$y = 75x$ ………………①
ふみさんの兄：$y = 150x + b$ に(4, 0)を代入すると
$b = -600$
よって，$y = 150x - 600$…………②
①,②を連立させて解くと　$x = 8$ であることがわかる。

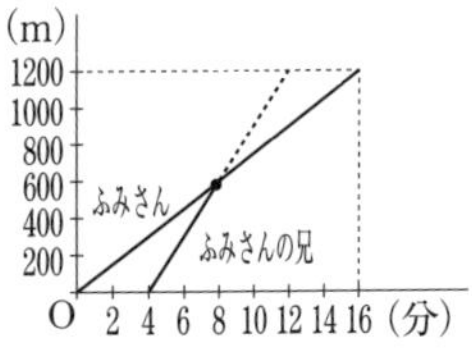

答え　(1) 毎分 75 m　(2) 右の図　(3) 7時8分

学習のPOINT
・グラフの傾きが速さを表している。
・グラフの交点は追いついた（出会った）時間と場所を表している。

確認問題

240 上の例題で，ふみさんの兄が分速 120m でふみさんを追いかけた場合，兄がふみさんに追いつく時刻を求めよ。

39 折れ線で表されたグラフの式を求める

直方体の形をしたプールがある。右のグラフは，はじめ 40cm の深さまで水が入っていたこのプールに一定の割合で 1 時間給水をしたようすを表している。

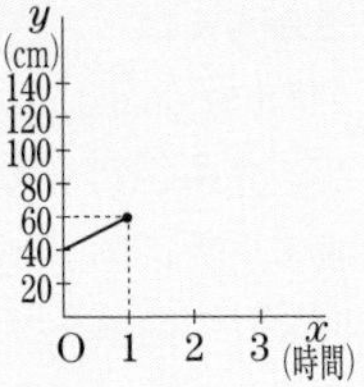

(1) 給水し始めてから x 時間後の水の深さを $y$cm として，y を x の式で表せ。

(2) 1 時間後から，同じ給水能力の管をもう 1 つ開いて 2 時間給水をした。このときのようすを表すグラフをかき加えよ。また，y を x の式で表せ。

FOCUS **折れ線で表されるグラフは，線分ごとに分けて考える。**

Return

直線の式の求め方
➡28，29
①グラフから傾き a，切片 b を求め，$y = ax + b$ の形に表す。
②$y = ax + b$ に 2 点の座標を代入して，a，b について解く。

解き方

(1) $0 \leqq x \leqq 1$ の部分では，切片が 40 で，傾きが 20 の直線である。

(2) $1 \leqq x \leqq 3$ の部分では，傾きが 40 で，点(1，60)を通る直線である。

$y = 40x + b$ とおくと，

$60 = 40 \times 1 + b$

これを解いて，$b = 20$

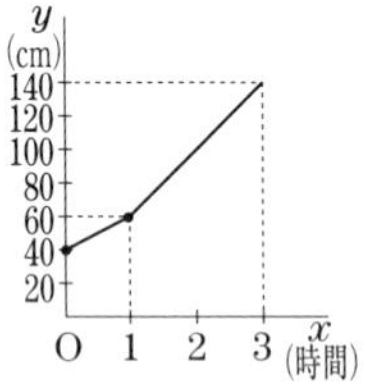

答え (1) $0 \leqq x \leqq 1$ のとき，$y = 20x + 40$
(2) $1 \leqq x \leqq 3$ のとき，$y = 40x + 20$

学習のPOINT 折れ線で表されたグラフの式を求めるときは，部分に分け，線分ごとに式に表す。このとき，変域（へんいき）に注意する。

確認問題

241 駅から **1800m** 離れた家に向かっていたかすみさんは，途中で駅に自転車を忘れてきたことに気がついた。そこで，駅へ引き返し，自転車で家へ向かった。右のグラフは，そのときの出発後の時間 x 分と駅からの距離 ym との関係を表したものである。y を x の式で表せ。

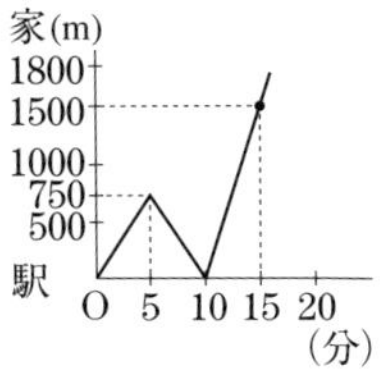

章末問題

解答 ➡p.79

87

次のそれぞれの直線の式を求めよ。

(1) 傾きが4で，点(3, －2)を通る直線

(2) 2点(－2, 2)，(2, 4)を通る直線

(3) $x = 3$ のとき $y = -5$ で，変化の割合が $\frac{1}{3}$ である直線

(4) y は x の1次関数(じかんすう)で，そのグラフが2点(0, －4)，(－3, 5)を通る直線

88

次の □ にあてはまる数を求めよ。

(1) 2点(1, 4)，(m, －4)を通る直線の傾きが2であるとき，m の値を求めると，□ である。

(2) 関数 $y = ax + b$ において，$x = 1$ のとき $y = -2$ であり，x が2増加すると y が4増加する。このとき，$a =$ □，$b =$ □ である。

(3) 反比例 $y = \frac{12}{x}$ で，x の値が－4から－2まで変わるときの変化の割合は，□ である。

(4) 変化の割合が $-\frac{1}{2}$ で，$x = 5$ のとき $y = 2$ となる1次関数について，$y = -3$ のとき，$x =$ □ である。

(5) 2直線 $y = x + a$ と $y = ax - 1$ の交点の x 座標が3のとき，交点の y 座標は □ である。

89

次の問いに答えよ。（同志社高）

(1) 右のグラフにおいて，次の線分を表す式を求めよ。

線分OA □

線分AB □

線分BC □

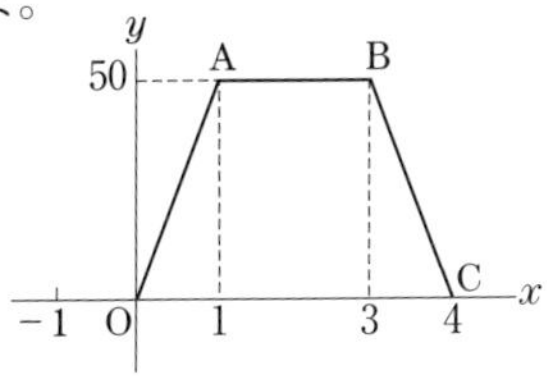

(2) 点(－1, 1)を通り，傾きが m の直線を表す式を求めよ。□

(3) (1)のグラフと(2)のグラフが2点で交わる m の範囲を求めよ。

□

90

右の図のように，直線 $y = x + 4$ と直線 $y = ax + 10$ がある。この 2 直線と x 軸との交点をそれぞれ A，B(2，0) とするとき，次の各問いに答えよ。（沖縄県）

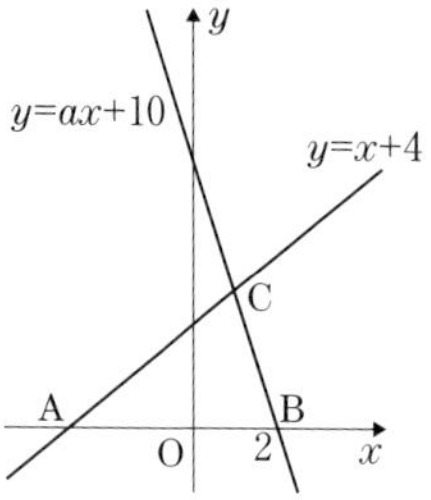

(1) 直線 $y = ax + 10$ の傾き a の値を求めよ。

(2) 直線 $y = x + 4$ と直線 $y = ax + 10$ の交点 C の座標を求めよ。

(3) 点 C を通り，△ABC の面積を 3 等分する直線の中で切片が正の数となる直線の式を求めよ。

91

ある電力会社では，一般家庭用の 1 か月あたりの電気料金のプランを，下の 2 つのプラン A，B から選ぶことができる。1 か月あたりの電気使用量を xkWh，電気料金を y 円とするとき，次の(1)～(3)の問いに答えなさい。ただし，電気料金は，基本料金と使用料金を合わせた料金とする。（新潟県）

プランA	プランB
基本料金は1400円で，使用料金は 1 kWhあたり26円。	基本料金は2000円で，使用料金は次のとおり。 ・120kWhまでは 1 kWhあたり20円 ・120kWhを超えた分は，300kWhまで 1 kWhあたり24円 ・300kWhを超えた分は，1 kWhあたり27円

(1) プラン A について，y を x の式で表しなさい。

(2) プラン B について，次の①～③の問いに答えなさい。

① $0 \leqq x \leqq 120$ のとき，y を x の式で表しなさい。

② $120 < x \leqq 300$ のとき，y を x の式で表しなさい。

③ $x > 300$ のとき，y を x の式で表しなさい。

(3) プラン A とプラン B の，1 か月あたりの電気料金が等しくなるのは，1 か月あたりの電気使用量が何 kWh のときか。すべて求めなさい。

92

次の各問いに答えよ。

(1) 直線 $4x + 3y = 2$ と同じ傾きで，直線 $2x + 3y = 5$ と y 軸上で交わる直線の式を求めよ。

(2) 次の 3 つの直線；

$$3x - y = 5 \qquad 2x + 3y = 7 \qquad x - ay = 1$$

が 1 点で交わるように a の値を求めよ。

(3) 2 つの 1 次関数 $y = 3x - 5$ と $y = -x + a$（a は定数）のグラフの交点の x 座標は 4 である。

1 次関数 $y = -x + a$ について，x の変域が $1 \leqq x \leqq 4$ のとき，y の変域を求めよ。

93 思考力

右の図1のように，BC = 50cm，CD = 20cm の長方形を底面とし，BE = 50cm の直方体の形の水そうが水平に置かれている。
水そうの中には水を区切るための2枚のしきり①，②があり，底面に垂直に固定されている。
また，しきり①は PQ = 20cm の正方形，しきり②は SR = 20cm，RT = 40cm の長方形で，BQ = AP = 20cm，QR = PS = 10cm である。

図1

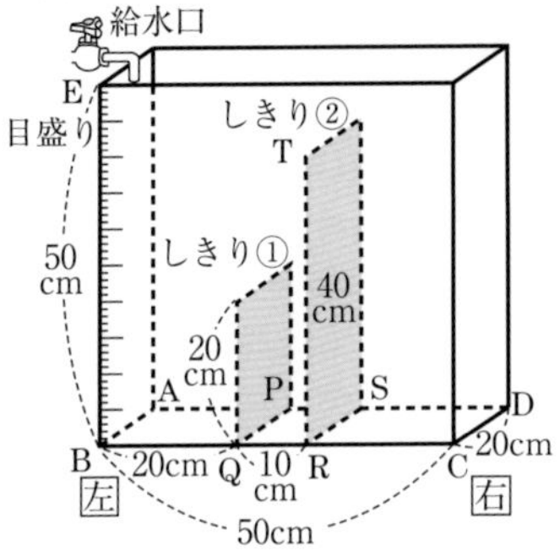

水の入っていないこの水そうに，固定された給水口から一定の割合で水を入れる。
水面の高さは，辺 BE にある目盛りに水面がふれているところで測るものとし，水を入れ始めてから x 分後の水面の高さを $y$cm とする。
給水口から水を入れると，水は，しきり①の左側に入り始めた。右の図2は，水を入れ始めてから水面の高さが 50cm になるまでの x と y の関係を表すグラフの一部である。

図2

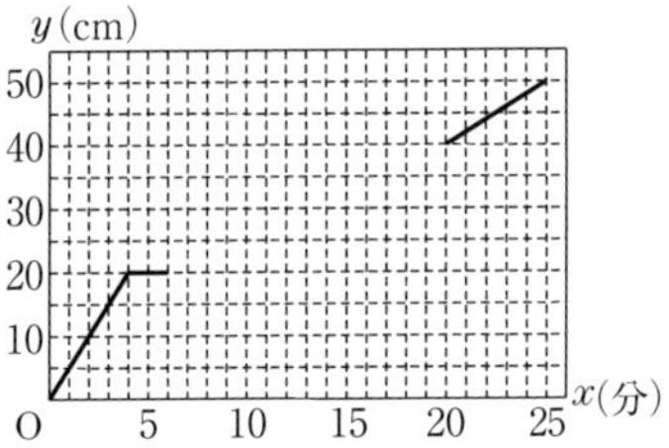

水そうとしきり①，②の厚さは考えないものとし，次の問いに答えなさい。

（富山県）

(1) x の変域が $0 \leqq x \leqq 4$ のとき，y を x の式で表しなさい。

(2) この水そうに毎分何 cm^3 の割合で水を入れているか求めなさい。

(3) 次の文は，「x の変域が $4 \leqq x \leqq 6$ のとき，y の値は一定になっている」ことを，水そうの中のようすをもとに説明したものである。
□ にあてはまる文を書き，説明を完成させなさい。

> 説明
> 給水口から一定の割合で，水そうに水を入れているが，水を入れ始めて4分後から6分後までは，
>
> □
>
> よって，水面の高さは変化しない。
> したがって，x の変域が $4 \leqq x \leqq 6$ のとき，y の値は一定になっている。

(4) x と y の関係を表すグラフを完成させなさい。

STEP UP ステップ アップ

平均の速さ

次のような問題について考えてみよう。

> Aさんは，10時に家を出発し，図書館の前を通りBさんの家へ行った。図書館には10時15分に到着し，Bさんの家には10時25分に着いた。Aさんの家から図書館までは分速80mで歩き，図書館からBさんの家までは分速60mで歩いた。このとき，Aさんの家からBさんの家まで歩く平均の速さはいくらか。

これを，

$$\frac{80(\mathrm{m/min}) + 60(\mathrm{m/min})}{2} = 70(\mathrm{m/min})$$

と計算してしまうのは誤りである。

Aさんの家から図書館までの道のりは，$80 \times 15 = 1200(\mathrm{m})$

図書館からBさんの家までの道のりは，$60 \times 10 = 600(\mathrm{m})$

合わせて1800mの道のりを25分間で歩いたので平均の速さは，

$$1800 \div 25 = 72(\mathrm{m/min})$$

である。

グラフで，平均の速さの意味を考えてみよう。

> ある私鉄で，2つの駅A，B間の電車の運行状況を調べた。
> A駅を出発してからの時間をx秒後，それまでに進んだ距離を$y$kmとして，10秒ごとの変化を表にまとめた。
> A，B間の距離は2.20kmで，かかった時間は138秒だった。

x	0	10	20	30	40	50	60	70	80	90	100	110	120	130	138
y	0	0.04	0.15	0.29	0.45	0.64	0.85	1.08	1.30	1.50	1.70	1.86	2.01	2.15	2.20

表より，0 秒後から 40 秒後までのときの変化の割合は，

$$\frac{0.45-0}{40-0}=\frac{0.45}{40}$$
$$=0.01125(\text{km/s}) \quad \rightarrow 40.5(\text{km/h})\cdots\cdots(\text{ア})$$

30 秒後から 40 秒後のときの変化の割合は，

$$\frac{0.45-0.29}{40-30}=\frac{0.16}{10}$$
$$=0.016(\text{km/s})$$

$\rightarrow 57.6(\text{km/h})\cdots\cdots$(イ)

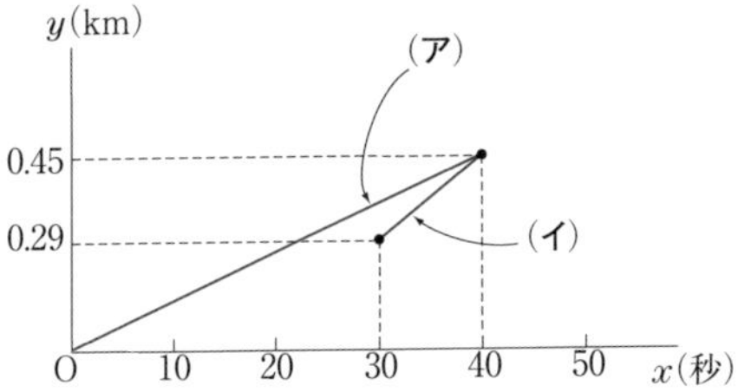

このことから，どのようなことがわかるだろうか。グラフで，その意味を考えてみよう。

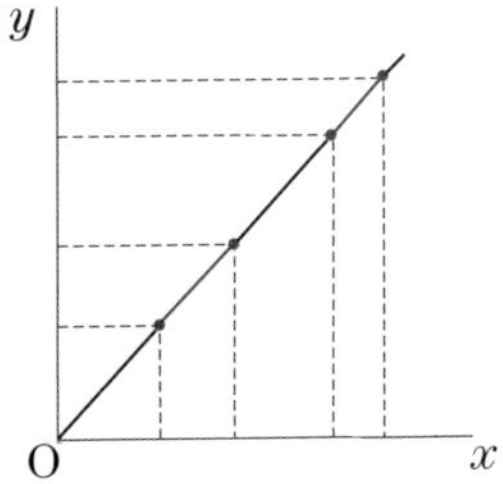

前のそれぞれを，「0 秒後から 40 秒後の平均の速さ」，「30 秒後から 40 秒後の平均の速さ」ということがある。

1 次関数では，変化の割合は常に一定だった。

したがって，どのような区間の平均の速さを考えても，常に一定である。

数学的活用

3年生で学ぶ関数の世界

変化の割合が一定でない関数を表す方法

1年生では「比例・反比例」，2年生では「1次関数」を学習しました。3年生では「関数$y=ax^2$」を学習します。どのような違いがあるのでしょうか。

ジェットコースターのスリル

ジェットコースターは，斜面を下るとき，急激に速度を増していきます。よしお君は，この速度の変化がおもしろくてたまりません。そこで，急斜面を下っていくときのジェットコースターの速度の変化を調べてみることにしました。

1　2　**3年生**

水平な部分を走るときと，下りを走るときの時間と距離(きょり)の関係を知りたい

>>> P.266　関数 $y=ax^2$ とは

① 水平な部分を走るとき

x(秒)	0	1	2	3	4
y(m)	0	8	16	24	32

② 下りを走るとき

x(秒)	0	1	2	3	4
y(m)	0	3	12	27	48

①，②それぞれの場合について，測定時間 x(秒)と測定距離 y(m)の関係を表してみましょう。

解答

①の式は $y=8x$

これは1年生で学習した比例であり，2年生で学習した1次関数でもあります。

②の式は $y=3x^2$

これは「2乗(じょう)に比例する関数」といいます。

答え　① 水平な部分を走るとき

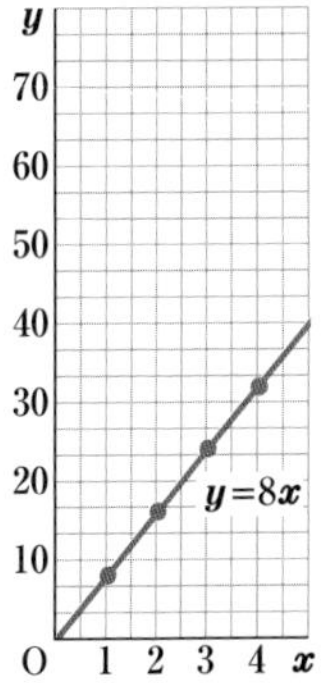

② 下りを走るとき

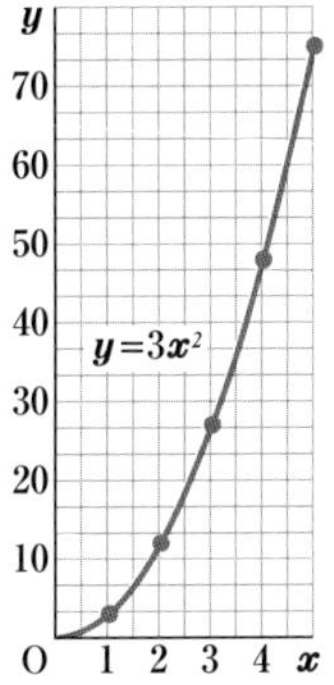

グラフから速度を読み取る

>>> P.274　関数 $y=ax^2$ の変化の割合

グラフからどのようなことがわかるでしょうか。

解答

①は直線のグラフなので，速度は一定で，「変化の割合」も一定です。

②は曲線のグラフなので，速さは一定ではなく，「変化の割合」も一定ではありません。

このように「2乗に比例する関数」は，グラフが直線になった1次関数とは異なり，曲線のグラフになります。この章では，このような関数の性質について学習します。

第3章 関数 $y = ax^2$ 学習内容ダイジェスト

■バスに追いつくだろうか

尚子さんはバスに乗っている友人に忘れ物を届けるため，バス停まで車で向かいました。バス停の手前 200m のところでバスに追い越されたので，尚子さんはそのバスに追いつくために加速しました。バスの速さは 12m/s，尚子さんが加速し始めてからの時間 x(秒) と進んだ距離 y(m) は下の表のようになりました。

x (秒)	0	1	2	3	4	5	6	7
y (m)	0	0.8	3.2	7.2	12.8	20.0	28.8	39.2

関数 $y = ax^2$ の特徴 ……➡P.266

関数 $y = ax^2$ について学びます。

例 尚子さんが加速してから x 秒間に ym 進むとき，表をもとに x，y の変化の様子を調べ，x と y の関係を式にあらわしてみましょう。

解説 以下のように，x^2 の値(あたい)を求めてみると，$y = 0.8x^2$ という関係式が成り立つことがわかる。

x (秒)	0	1	2	3	4	5	6	7
x^2	0	1	4	9	16	25	36	49
y (m)	0	0.8	3.2	7.2	12.8	20.0	28.8	39.2

答え　$y = 0.8x^2$

関数 $y = ax^2$ のグラフ ……➡P.269

関数 $y = ax^2$ のグラフの特徴について学びます。

例 尚子さんが速度を上げて走り出してから x 秒間に ym 進むときの変化の様子をグラフに表してみましょう。

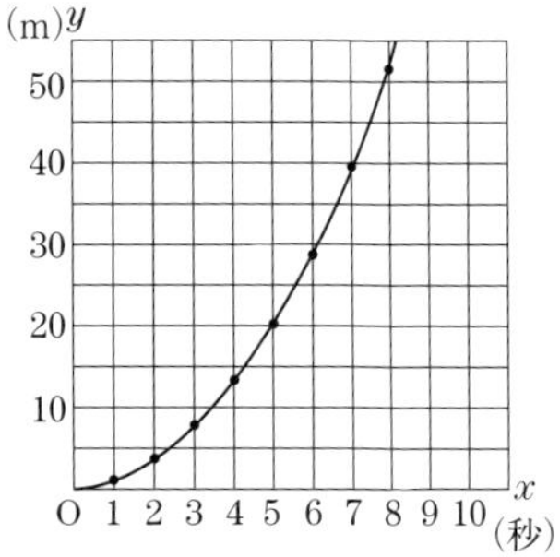

解説 関数 $y = 0.8x^2$ のグラフは，右の図のような曲線のグラフになる。

答え　右の図

関数 $y = ax^2$ の利用 ……P.276

関数 $y = ax^2$ のグラフと 1 次関数のグラフを利用して，交点(こうてん)が何を表しているのかを学びます。

例　尚子さんの走った距離(きょり)とバスが尚子さんを追い越してから走った距離をグラフに表し，グラフから，尚子さんはバスに追いつくことができるか考えてみましょう。
ただし，x は尚子さんが加速し始めてからの時間とします。

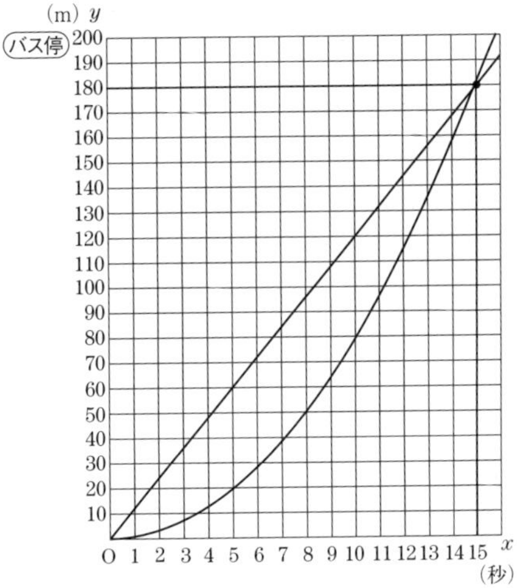

解説　2 つのグラフの交点の x 座標と y 座標は，それぞれ尚子さんがバスに追いつく時間と場所を表している。
秒速 12m なので，バスが x 秒間に進む距離を ym とすると，$y = 12x$ と表せる。
よって，関数 $y = 0.8x^2$ と $y = 12x$ のグラフの交点の x 座標を求めれば，尚子さんがバスに追いつく時間を求めることができる。
交点の座標は，

連立方程式(れんりつほうていしき) $\begin{cases} y = 0.8x^2 \\ y = 12x \end{cases}$ の解である。

y を消去して，

$$0.8x^2 = 12x$$
$$0.8x^2 - 12x = 0$$
$$8x^2 - 120x = 0$$
$$x^2 - 15x = 0$$
$$x(x - 15) = 0$$
$$x = 0,\ x = 15$$

ここで，$x \neq 0$ より，$x = 15$
$y = 180$ より，15 秒後に 180m 先の地点で追いつく。そこはバス停よりも手前なので，尚子さんはバスに追いつくことができる。

答え　追いつくことができる。

§ 1 関数 $y = ax^2$ とは

40 y が x の 2 乗に比例するかを調べる

次のそれぞれについて，y を x の式で表し，y が x の 2 乗に比例しているかどうか調べよ。

(1) 半径が $2x$cm の円の面積が $y$cm^2

(2) 三角形の 3 つの角度が，30°，x°，y° である。

(3) 周の長さが 50cm，縦の長さが $x$cm のときの長方形の面積 $y$cm^2

(4) 20km の道のりを時速 $x$km で行くと y 時間かかる。

FOCUS **y が x の 2 乗に比例するかどうかを判断するには，式が $y = ax^2$ の形になっているかを調べる。**

解き方

(1) (円の面積) = (円周率) × (半径)^2 だから，$y = \pi \times (2x)^2 = 4\pi x^2$
よって，y は x の 2 乗に比例する。

(2) 三角形の内角の和は 180° だから，$x + y + 30 = 180$
よって，$y = -x + 150$
y は x の 1 次式で表されるから，y は x の 2 乗に比例しない。

(3) 横の長さは，$(50 - 2x) \div 2 = (25 - x)$cm だから，
長方形の面積は，$y = x(25 - x)$　　$y = -x^2 + 25x$
y は x の 2 次式で表されるが，y は x の 2 乗に比例しない。

(4) (かかった時間) = (道のり) ÷ (速さ) より，$y = \dfrac{20}{x}$
これは，反比例を表す式だから，y は x の 2 乗に比例しない。

答え (1)

もっとくわしく
2 つの変数 x，y の間に $y = ax^2$ (a は定数) という関係があるとき，y は x の 2 乗に比例するという。
このとき，a を比例定数という。

Return
比例 ➡4
定数 ➡2

学習の POINT 「y が x の 2 乗に比例する関数」とは，「$y = ax^2$ (a は比例定数)」で表される関数である。

確認問題

242 次の(1)～(3)について，y を x の式で表し，y が x の 2 乗に比例しているかどうか調べよ。

(1) 縦が $x$cm，横が $2x$cm の長方形の面積が $y$cm^2 である。

(2) 中心が同じで，半径がそれぞれ $x$cm，$(x + 3)$cm の 2 つの円で囲まれたドーナツ状の部分の面積が $y$cm^2 である。

(3) y 個のみかんを 5 人に x 個ずつ配ったら 2 個余った。

41 2乗に比例する関数の特徴を調べる

ある斜面を転がるボールの運動で，転がり始めてから x 秒間に進む距離を ym とするとき，$y=2x^2$ の関係があった。次の問いに答えよ。

(1) x と y の対応する値を 0.5 秒ごとに調べると，下の表のようになった。空欄にあてはまる数を求めよ。

x	0	0.5	1	1.5	2	2.5	3	…	(エ)	………
y	0	0.5	2	(ア)	8	(イ)	(ウ)	…	50	………

(2) 上の表で，$\frac{y}{x^2}$ の値を求めよ。

FOCUS **x と y の間には $y=2x^2$ の関係があるので，わかっている値を代入して求める。**

解き方

(1)（ア）$y=2x^2$ に $x=1.5$ を代入すると，$y=2\times1.5^2=4.5$

（イ）$y=2x^2$ に $x=2.5$ を代入すると，$y=2\times2.5^2=12.5$

（ウ）$y=2x^2$ に $x=3$ を代入すると，$y=2\times3^2=18$

（エ）$y=2x^2$ に $y=50$ を代入すると，$50=2x^2$　$x^2=25$

$x>0$ だから，$x=5$

(2) $\frac{0.5}{0.5^2}=\frac{2}{1^2}=\frac{4.5}{1.5^2}=\frac{8}{2^2}=\frac{12.5}{2.5^2}=\frac{18}{3^2}=\frac{50}{5^2}=2$ となる。

答え (1)（ア）4.5　（イ）12.5　（ウ）18　（エ）5

(2) 2

ここに注意

(1)（エ）
このとき，$x^2=25$ より，$x=\pm5$ としない。

Return
関数 $y=ax^2$
➡40

学習のPOINT y が x の2乗に比例するとき，x の値が2倍，3倍，…となると，y の値は 2^2 倍，3^2 倍，…となる。すなわち，x の値が n 倍になると，y の値は n^2 倍になる。

確認問題

243 底面が1辺 $x$cm の正方形で，高さが 6cm の正四角柱がある。この正四角柱の体積を $y\text{cm}^3$ とするとき，x と y の関係はどのような式で表されるか。また，そのときの $\frac{y}{x^2}$ の値を求めよ。

244 縦と横の長さの比が 1：3 である長方形がある。この縦の長さを $x$cm，面積を $y\text{cm}^2$ とするとき，x と y の関係はどのような式で表されるか。また，そのときの $\frac{y}{x^2}$ の値を求めよ。

§2 関数 $y = ax^2$ のグラフ

42 $y = ax^2$ の a の値を求める

次の問いに答えよ。

(1) y は x の 2 乗に比例し，$x = 6$ のとき $y = 18$ である。このとき，y を x の式で表せ。

(2) 関数 $y = ax^2$ のグラフが点 $(-2,\ 20)$ を通る。このとき，グラフの式を求めよ。

FOCUS
(1) y は x の 2 乗に比例することより，どのような式で表せるのかを考える。
(2) 関数のグラフが通る点の意味を考える。

解き方

(1) y は x の 2 乗に比例するから $\boldsymbol{y = ax^2}$ とおく。
$\boldsymbol{x = 6}$ のとき，$\boldsymbol{y = 18}$ であるから，これを代入すると

$\boldsymbol{18} = a \times \boldsymbol{6^2}$

$18 = 36a$

$a = \dfrac{1}{2}$　　　よって，$y = \dfrac{1}{2}x^2$

(2) $y = ax^2$ のグラフが点 $(-2,\ 20)$ を通るから，$\boldsymbol{x = -2}$，$\boldsymbol{y = 20}$ を代入して，

$\boldsymbol{20} = a \times (\boldsymbol{-2})^2$

$20 = 4a$

$a = 5$　　　よって，$y = 5x^2$

答え　(1) $y = \dfrac{1}{2}x^2$　　(2) $y = 5x^2$

ここに注意
「$\boldsymbol{y}$ は $\boldsymbol{x}$ の 2 乗に比例」→「$\boldsymbol{y = x^2}$ とおく」としないこと。

もっとくわしく
$\boldsymbol{y = ax^2}$ のグラフの形は，原点以外の 1 点がわかれば決まる。

学習の POINT
$\boldsymbol{y}$ が $\boldsymbol{x}$ の 2 乗に比例する関数は，$\boldsymbol{y = ax^2}$ と表せる。
$\boldsymbol{y = ax^2}$ のグラフが点 $(\boldsymbol{p},\ \boldsymbol{q})$ を通る　⇒　$\boldsymbol{q = ap^2}$

確認問題

245 次の問いに答えよ。

(1) y は x の 2 乗に比例し，$x = 2$ のとき $y = -12$ である。

　① y を x の式で表せ。　　② $x = -1$ のときの y の値を求めよ。

(2) 関数 $y = ax^2$ のグラフが点 $(3,\ -15)$ を通るとき，このグラフの式を求めよ。

43 $y=ax^2$ のグラフをかく

次の関数のグラフをかけ。

(1) $y=\frac{1}{3}x^2$　　(2) $y=-\frac{1}{3}x^2$

FOCUS **$y=ax^2$ のグラフは直線にはならないから，1次関数のグラフのように2点をとって直線をひくわけにいかない。そこで，いくつかの点をとって，なめらかに結んでかく。**

用語

放物線

$y=ax^2$ のグラフは，原点を通り，y 軸について対称な曲線である。この曲線を放物線という。

・$a>0$ のとき，曲線は上に開いた形。

・$a<0$ のとき，曲線は下に開いた形。

解き方

x	-4	-3	-2	-1	0	1	2	3	4
(1) $\frac{1}{3}x^2$	$\frac{16}{3}$	3	$\frac{4}{3}$	$\frac{1}{3}$	0	$\frac{1}{3}$	$\frac{4}{3}$	3	$\frac{16}{3}$
(2) $-\frac{1}{3}x^2$	$-\frac{16}{3}$	-3	$-\frac{4}{3}$	$-\frac{1}{3}$	0	$-\frac{1}{3}$	$-\frac{4}{3}$	-3	$-\frac{16}{3}$

$y=ax^2$ のグラフは，y 軸について対称で，原点を頂点とする放物線である。対応表からいくつかの点をとってなめらかに結んでいく。

(1)と(2)をくらべると，x の同じ値に対応する y の値は，絶対値が等しく，符号が反対になる。したがって，$y=\frac{1}{3}x^2$ のグラフと $y=-\frac{1}{3}x^2$ のグラフは x 軸について対称である。

答え

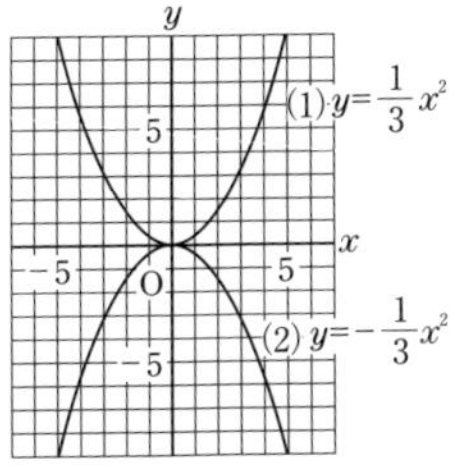

学習のPOINT

$y=ax^2$ のグラフ

(1) y 軸について対称で，原点を頂点とする放物線。

(2) $y=ax^2$ のグラフと $y=-ax^2$ のグラフとは，x 軸について対称。

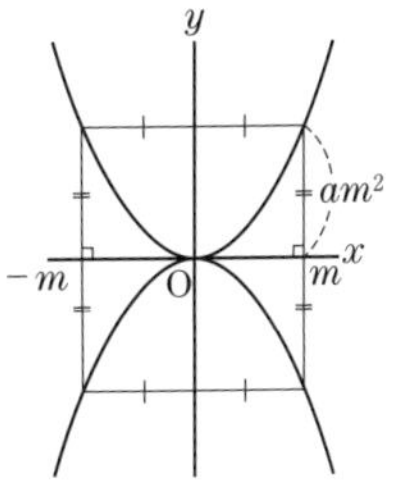

確認問題

246 次の関数のグラフを，$y=\frac{1}{3}x^2$，$y=-\frac{1}{3}x^2$ をそれぞれ利用してかけ。

(1) $y=\frac{2}{3}x^2$　　(2) $y=-\frac{2}{3}x^2$

44 $y = x^2$ のグラフの性質を説明する

はるかさんとかすみさんが，関数（かんすう）$y = x^2$ のグラフについて話している。ア～カの［　　］にはいる値や文を答えよ。

はるか：$y = x^2$ のグラフは，原点を通るのね。

かすみ：$x =$［ア］のとき $y =$［イ］になることからわかるね。y 軸について対称になるのは，なぜかわかる？

はるか：$x = -p$ のときの y の値は［ウ］，$x = p$ のときの y の値も［エ］だからでしょ。

かすみ：x 座標の［オ］が等しく，符号が反対のとき，y の値が［カ］ということね。

FOCUS **$y = x^2$ の式に，それぞれの特徴を表す値（あたい）を代入（だいにゅう）することによって関係を説明する。**

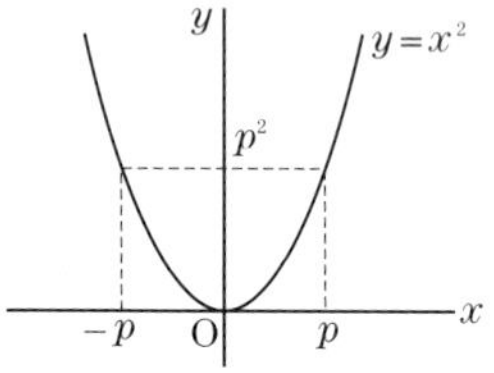

もっとくわしく

$y = x^2$ について，x が増加するとき

・$x < 0$ の範囲では，y は減少する。

・$x > 0$ の範囲では，y は増加する。

・$x = 0$ のとき，y は最小値（さいしょうち）0 をとる。

Return

絶対値 ➡数編 2
符号 ➡数編 1

解き方

ア，イ　$y = x^2$ に $x = 0$ を代入すると，$y = 0$　よって，$y = x^2$ のグラフは原点(0, 0)を通ることがわかる。

ウ，エ　$y = x^2$ に $x = -p$ を代入すると，$y = p^2$
$y = x^2$ に $x = p$ を代入すると，$y = p^2$

オ，カ　x 座標の絶対値が等しく，符号が反対のとき，y の値は等しい。

答え　ア 0　イ 0　ウ p^2　エ p^2　オ 絶対値　カ 等しい

学習のPOINT　$y = x^2$ のグラフは，原点を通り，y 軸について対称な放物線（ほうぶつせん）である。

確認問題

247 次の関数 $y = x^2$ のグラフについての会話のア～ウの［　　］にはいることばや記号を答えよ。

はるか：$y = x^2$ のグラフは，［ア］より下に出ないのはなぜか説明できる？

かすみ：x 座標が p のとき，$p \leqq 0$ ならば p^2［イ］0，$p \geqq 0$ ならば p^2［ウ］0 なので，x がどのような値のときも y の値は負の値になることはないからよ。

45　$y=ax^2$ のグラフの特徴を調べる

右の(1)～(4)のグラフにあてはまる式を下のア～カから選べ。

ア　$y=\frac{1}{2}x^2$　　イ　$y=-\frac{1}{2}x^2$

ウ　$y=2x^2$　　エ　$y=-2x^2$

オ　$y=-\frac{1}{4}x^2$　　カ　$y=-x^2$

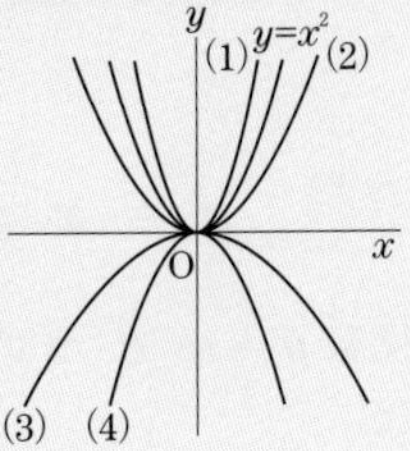

FOCUS　**$y=ax^2$ の a の値（あたい）によって，グラフの特徴がわかる。**

解き方

(1)(2)　グラフが上に開いているものは，x^2 の係数が正である。また，開き方が小さいほど，x^2 の係数は大きい。

(3)　グラフが下に開いているものは，x^2 の係数が負である。また，開き方が小さいほど，x^2 の係数は小さい。（x^2 の係数の絶対値が大きい。）

(4)　x 軸（じく）について対称なグラフは，x^2 の係数の絶対値が同じで，符号が反対である。

答え　(1) ウ　(2) ア　(3) オ　(4) カ

もっとくわしく

$y=ax^2$ のグラフの特徴は，a の値に表れる。

- 上に開くか下に開くかは，a の符号で判断する。
- 開き方の大小は，a の絶対値（ぜったいち）の大きさで判断する。
- $y=ax^2$ の a の絶対値が等しく，符号が反対な２つのグラフは，x 軸について対称である。

学習のPOINT　関数 $y=ax^2$ のグラフの特徴

- y 軸について対称な，原点（げんてん）を頂点とする放物線（ほうぶつせん）。
- $a>0$ のとき上に開き，$a<0$ のとき下に開く。
- a の絶対値が大きいほど，開き方は小さい。

確認問題

248　右の(1)～(4)のグラフにあてはまる式を下のア～エから選べ。

ア　$y=-\frac{1}{2}x^2$　　イ　$y=x^2$

ウ　$y=\frac{1}{2}x^2$　　エ　$y=-3x^2$

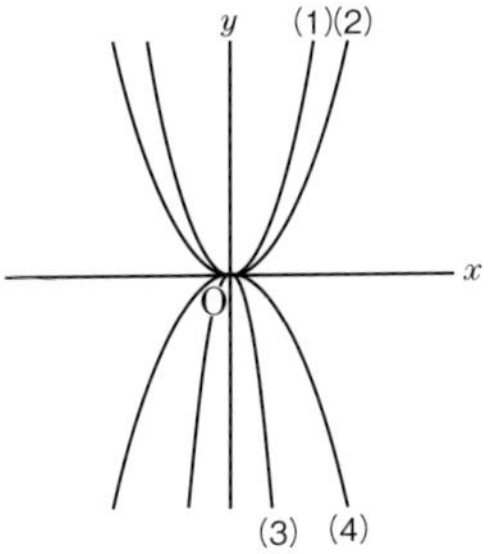

§3 関数 $y = ax^2$ の最大値・最小値

46 $y = x^2$ における y の変域を求める

関数 $y = x^2$ で，x の変域が次の(1)，(2)の場合の y の変域をそれぞれ求めよ。

(1) $2 < x \leqq 4$　　(2) $-2 < x \leqq 4$

FOCUS グラフをかいて調べる。

解き方

(1) グラフから，$2 < x \leqq 4$ のとき，y の変域は $4 < y \leqq 16$ である。

(2) グラフから，$-2 < x \leqq 4$ のとき，y の変域は $0 \leqq y \leqq 16$ である。

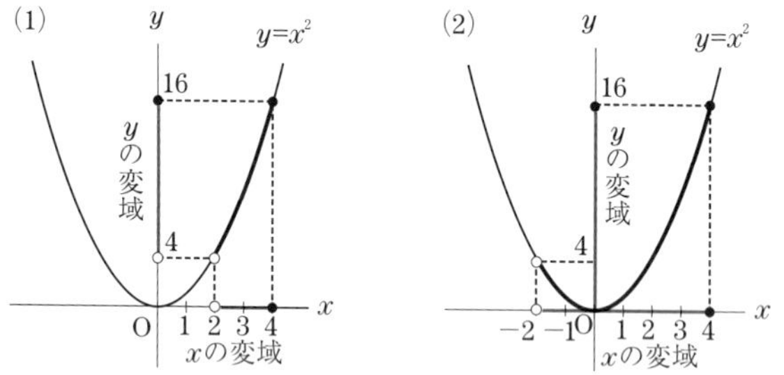

答え (1) $4 < y \leqq 16$　　(2) $0 \leqq y \leqq 16$

ここに注意

(2) x の変域の両端だけを見て，
$x = -2$ のとき，
$y = (-2)^2 = 4$
$x = 4$ のとき，
$y = 4^2 = 16$
よって，
$4 < y \leqq 16$ としないように。

Return

変域 ➡2

学習のPOINT 変域を求める問題では，x の変域に 0 がふくまれるかどうかで変化のようすが異なるので，必ずグラフをかいて求める。

確認問題

249 関数 $y = x^2$ で，x の変域が次の(1)，(2)の場合の y の変域をそれぞれ求めよ。

(1) $-1 \leqq x \leqq 2$　　(2) $-4 < x \leqq 2$

47 $y = ax^2$ の最大値・最小値を求める

次の問いに答えよ。

(1) 関数 $y = 2x^2$ について，x の変域が $-1 \leqq x \leqq 2$ のとき，y の最大値と最小値を求めよ。

(2) 関数 $y = -\frac{1}{2}x^2$ について，x の変域が $-2 \leqq x \leqq 1$ のとき，y の最大値と最小値を求めよ。

FOCUS **グラフをかいて考える。このとき，x の変域に 0 がふくまれるかふくまれないかに注意する。**

解き方

(1) x の変域に 0 がふくまれている。
右の図より，y の値が最大になるのは $x = 2$ のとき，最小になるのは $x = 0$ のとき。
最大値は，$y = 2 \times 2^2 = 8$
最小値は，$y = 2 \times 0^2 = 0$

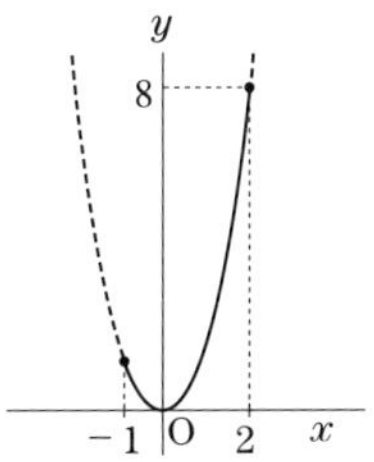

(2) x の変域に 0 がふくまれている。
右の図より，y の値が最大になるのは $x = 0$ のとき，最小になるのは $x = -2$ のとき。
最大値は，$y = -\frac{1}{2} \times 0^2 = 0$
最小値は，$y = -\frac{1}{2} \times (-2)^2 = -2$

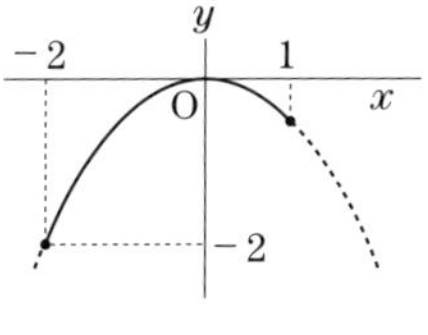

答え (1) 最大値　8，最小値　0
(2) 最大値　0，最小値　−2

用語

最大値，最小値
y の変域の中で，もっとも大きい値を最大値，もっとも小さい値を最小値という。

ここに注意

(2) グラフからもわかるように，$y = -\frac{1}{2}x^2$ において x の変域に 0 がふくまれる場合，y の最大値は 0 である。
$x = 1$ のときではないことに注意！

学習のPOINT 関数 $y = ax^2$ の最大値・最小値
- グラフをかいて判断する。
- x の変域に 0 がふくまれている場合。
  $a > 0$ のとき，最小値は 0，$a < 0$ のとき，最大値は 0

確認問題

250 関数 $y = ax^2$ について，x の変域が $-4 \leqq x \leqq 2$ のときの y の最大値が 4 である。このとき a の値を求めよ。

§ 4　関数 $y = ax^2$ の変化の割合

48　$y = ax^2$ の変化の割合を求める

関数(かんすう)$y = 2x^2$ で，x の値が次のように増加するときの変化の割合を求めよ。

(1) 2から4まで

(2) -3から-1まで

FOCUS　(変化の割合) $= \dfrac{(y\text{ の増加量})}{(x\text{ の増加量})}$ にあてはめて求める。

解き方

(1) $x = 2$ のとき，$y = 2 \times 2^2 = 8$

$x = 4$ のとき，$y = 2 \times 4^2 = 32$

変化の割合は，$\dfrac{32-8}{4-2} = \dfrac{24}{2} = 12$

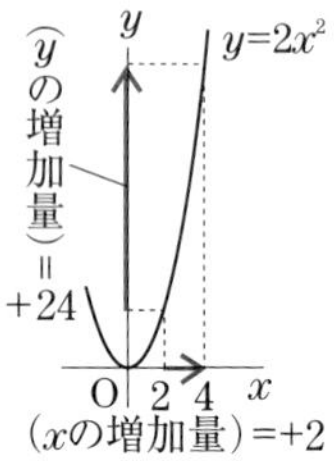

(2) $x = -3$ のとき，$y = 2 \times (-3)^2 = 18$

$x = -1$ のとき，$y = 2 \times (-1)^2 = 2$

変化の割合は，

$\dfrac{2-18}{-1-(-3)} = \dfrac{-16}{2} = -8$

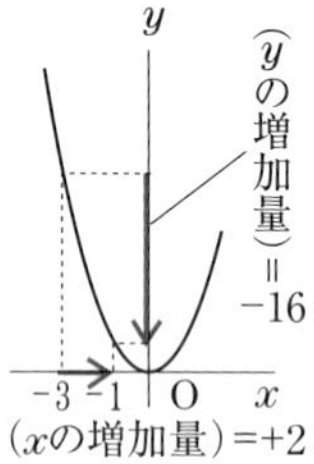

答え　(1) 12　(2) -8

ここに注意

グラフからもわかるように，関数 $y = ax^2$ の変化の割合は，x の増加量が等しくても，区間によって y の増加量は一定ではない。

Return

変化の割合 ➡25

学習のPOINT

$y = ax^2$ の変化の割合は一定ではない。

x の値が増加するとき，

・y の値が増加するなら，変化の割合は正。

・y の値が減少するなら，変化の割合は負。

確認問題

251 関数 $y = -\dfrac{1}{2}x^2$ で，x の値が次のように増加するときの変化の割合を求めよ。

(1) 1から3まで

(2) -2から0まで

49　$y = ax^2$ の変化の割合を工夫して求める

次の問いに答えよ。

(1) $y = ax^2$ で，x の値(あたい)が A から B まで変化するとき，変化の割合は $a(A + B)$ となることを示せ。

(2) 関数(かんすう) $y = ax^2$ において，x が 2 から 4 まで増加するときの変化の割合は -12 である。このとき，a の値を求めよ。

FOCUS　**変化の割合はどのように表せるかを考える。**

解き方

(1) x の値が A から B まで変化するとき，x の増加量は，$(B - A)$ と表せる。

このとき，y の増加量は，

$aB^2 - aA^2 = a(B^2 - A^2) = \boldsymbol{a(B - A)(B + A)}$

よって，(変化の割合) $= \dfrac{a(B - A)(B + A)}{(B - A)} = a(A + B)$

(2) (1)の結果を用いると，変化の割合は $\boldsymbol{a(2 + 4) = 6a}$ と表せる。

これより，$6a = -12$　　よって，$a = -2$

別解

(2) $x = 2$ のとき，$y = a \times 2^2 = 4a$

$x = 4$ のとき，$y = a \times 4^2 = 16a$

変化の割合が -12 であるから，$\dfrac{16a - 4a}{4 - 2} = -12$

これより，$6a = -12$　　よって，$a = -2$

答え　(1) 上の **解き方** 参照　　(2) $a = -2$

もっとくわしく

(1)の変化の割合は，$\dfrac{(y\text{ の増加量})}{(x\text{ の増加量})}$ で求められる。よって，A, B をこの式にあてはめて，$a(A + B)$ を導けばよい。

Return

変化の割合 ➡25
乗法公式 ➡式編 31

学習のPOINT　$y = ax^2$ の変化の割合は，右の図のようになる。

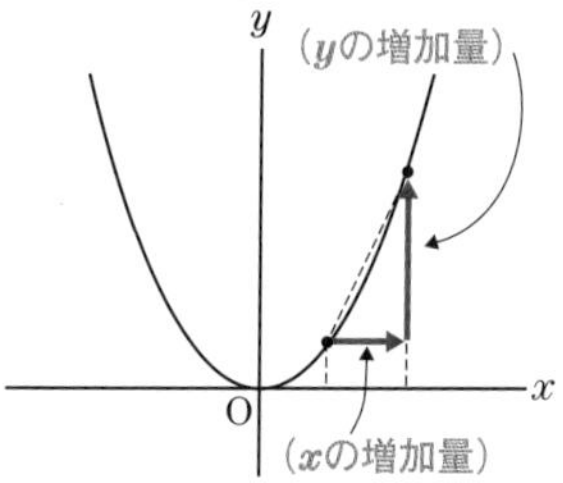

確認問題

252　関数 $y = ax^2$ において，x が -4 から -1 まで増加するときの変化の割合は 2 である。このとき，a の値を求めよ。

§ 5 関数 $y = ax^2$ の利用

50 $y = x^2$ のグラフと直線に関する問題を解く

発展

右の図のように，2 つの関数 $y = x^2$ と $y = -2x + 3$ のグラフが 2 点 A，B で交わっている。次の問いに答えよ。

(1) 2 点 A，B の座標を求めよ。

(2) 関数 $y = x^2$ のグラフ上の点 A と B の間の部分に，原点 O と異なる点 P をとり，△ OAB と△ PAB の面積が等しくなるようにする。このとき，点 P の座標を求めよ。

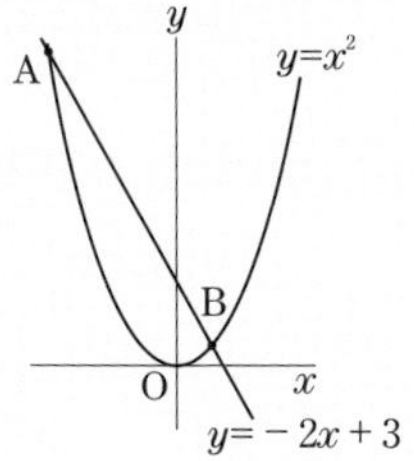

FOCUS　**放物線と直線の式とグラフから，どのようなことがわかるか，何が求められるかを考える。**

Return
$y = x^2$ のグラフ
➡43 44

解き方

(1) 2 つのグラフの交点では，両方の式が成り立つから

$x^2 = -2x + 3$ が成り立つ。

$x^2 + 2x - 3 = 0$

$(x + 3)(x - 1) = 0$，$x = -3,\ 1$

$x = -3$ のとき　$y = (-3)^2 = 9$

$x = 1$ のとき　$y = 1^2 = 1$

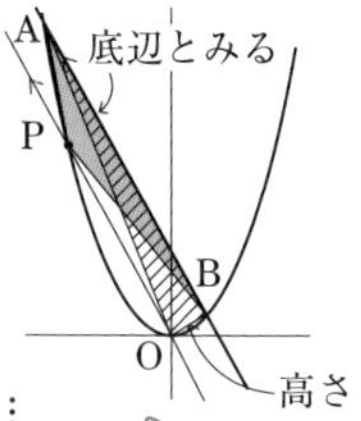

(2) AB を共通の底辺と考えて，高さが等しくなる点 P をとればよい。よって，AB // OP となればよいので，OP の傾きは -2 である。O は原点なので，OP の式は　$y = -2x$ となる。点 P は $y = x^2$ のグラフ上にあるので，$x^2 = -2x$ より，$x = 0,\ -2$　P の x 座標は -2 だから y 座標は 4

Go to
等積変形
➡図形編 75

答え　(1) A$(-3,\ 9)$，B$(1,\ 1)$　　(2) P$(-2,\ 4)$

確認問題

253 $y = \frac{1}{2}x^2$ のグラフ上に，x 座標がそれぞれ -4，2 となる点 A，B をとり，A，B を通る直線と y 軸との交点を C とする。$y = \frac{1}{2}x^2$ のグラフ上を動く点を P とするとき，△ OCP の面積が△ OAB の面積の $\frac{1}{2}$ になるときの点 P の座標を求めよ。

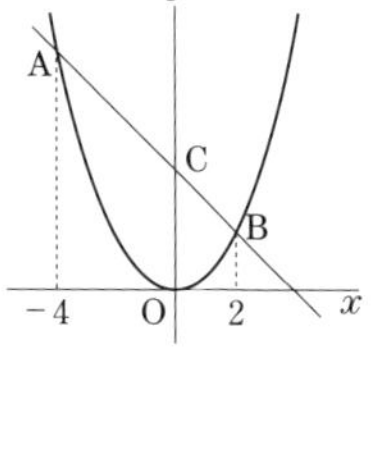

51 $y = ax^2$ のグラフから2次方程式の解を求める

発展

右の方眼紙にかかれた $y = x^2$ のグラフを用いて，放物線と直線の交点の座標を求めることにより，次の2次方程式の解を求めよ。

(1) $x^2 - x - 2 = 0$

(2) $2x^2 + 2x - 12 = 0$

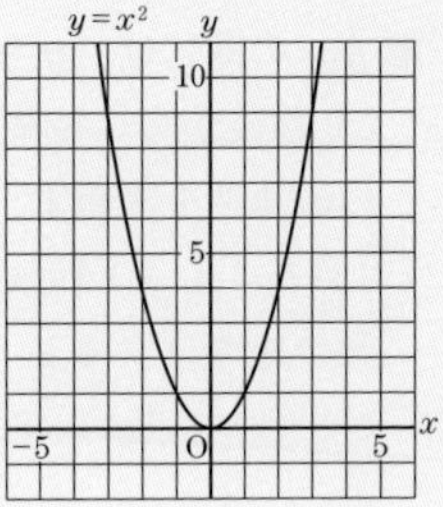

FOCUS 関数 $y = ax^2$ と2次方程式の関係を考える。

解き方

(1) $x^2 - x - 2 = 0$ を変形して，$x^2 = x + 2$ とする。$y = x^2$ のグラフと $y = x + 2$ のグラフの交点の x 座標を読むと，

$x = -1,\ 2$

(2) $2x^2 + 2x - 12 = 0$ を変形して，$x^2 = -x + 6$ とする。$y = x^2$ のグラフと $y = -x + 6$ のグラフの交点の x 座標を読むと，

$x = -3,\ 2$

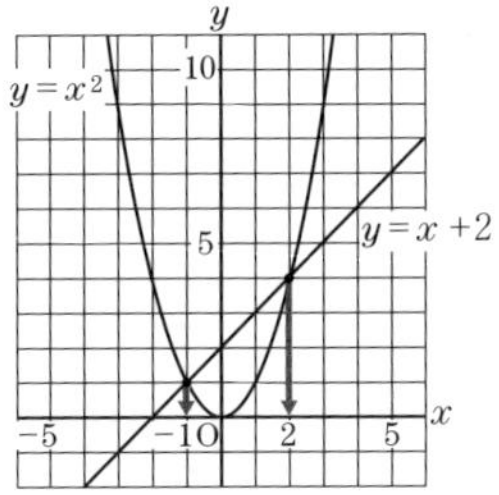

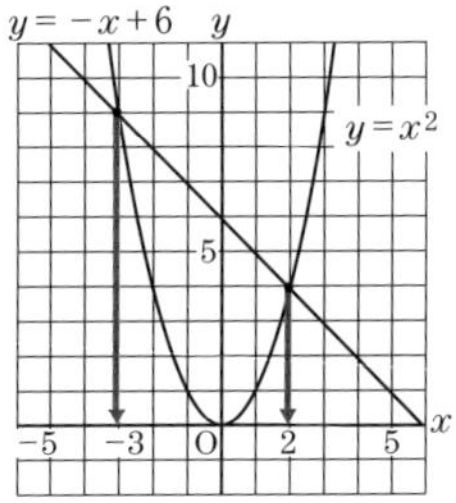

答え　(1) $x = -1,\ 2$
(2) $x = -3,\ 2$

ここに注意

2次方程式の x^2 の係数が1でない場合は，両辺を x^2 の係数でわればよい。2次方程式を因数分解や解の公式を使って解いて，答えが同じになることを確認する。

Return

因数分解
➡式編 33
解の公式
➡方程式編 41

学習のPOINT 2次方程式 $x^2 = ax + b$ の解は，放物線 $y = x^2$ のグラフと直線 $y = ax + b$ のグラフとの交点の座標である。

確認問題

254 右の方眼紙にかかれた $y = x^2$ のグラフを用いて，放物線と直線の交点の座標を求めることにより，次の2次方程式の解を求めよ。

(1) $x^2 - 2x - 3 = 0$

(2) $3x^2 + 6x - 9 = 0$

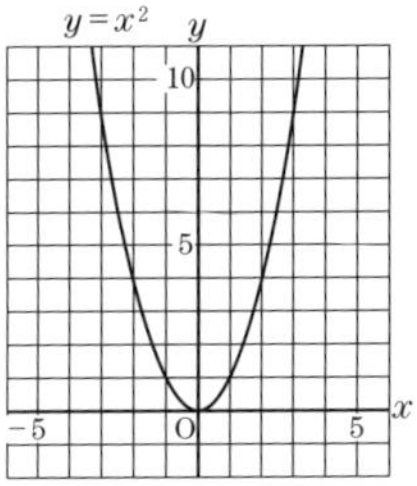

52 平均の速さを求める 発展

スキー場の斜面をソリで下りる。このときの動き始めてからの時間 x 秒と進む距離 ym の間には，$y = 2x^2$ という関係があるとする。

(1) 2.9 秒後から 3 秒後，2.99 秒後から 3 秒後，2.999 秒後から 3 秒後の間の平均の速さを求めよ。

(2) 3 秒後から 3.1 秒後，3 秒後から 3.01 秒後，3 秒後から 3.001 秒後の間の平均の速さを求めよ。

(3) (1), (2) で求めた平均の速さから気づくことを答えよ。

FOCUS　$(\text{平均の速さ}) = \dfrac{(\text{進んだ距離})}{(\text{かかった時間})}$ を利用する。

解き方

2.9 秒後から 3 秒後までの平均の速さは，

$\dfrac{2 \times 3^2 - 2 \times 2.9^2}{3 - 2.9}$ で求められ，このときの変化の割合と一致する。49 (1) を使うと計算が簡単になる。

(1) 2.9 秒後から 3 秒後の間の平均の速さは，

$2(2.9 + 3) = 11.8$ (m/s)

2.99 秒後から 3 秒後の間の平均の速さは，

$2(2.99 + 3) = 11.98$ (m/s)

2.999 秒後から 3 秒後の間の平均の速さは，

$2(2.999 + 3) = 11.998$ (m/s)

(2) (1) と同様に考えて，

3 秒後から 3.1 秒後の間の平均の速さは，

$2(3 + 3.1) = 12.2$ (m/s)

3 秒後から 3.01 秒後の間の平均の速さは，

$2(3 + 3.01) = 12.02$ (m/s)

3 秒後から 3.001 秒後の間の平均の速さは，

$2(3 + 3.001) = 12.002$ (m/s)

(3) どちらの場合も 12 m/s に近づいていく。

答え　(1) (順に) 11.8m/s，11.98m/s，11.998m/s

(2) (順に) 12.2m/s，12.02m/s，12.002m/s

(3) どちらの場合も 12m/s に近づいていく。

もっとくわしく

秒速 12m を時速に直すと，
1 時間は，3600 秒なので，
$12 \times 3600 = 43200$m/h
$= 43.2$km/h である。

Return

変化の割合の
求め方 ➡48

確認問題

255 ジェットコースターが斜面を下る。このときの下り始めてからの時間 x 秒と進む距離 ym の間には，$y = 3x^2$ という関係があるとする。このとき，2 秒後から 2.01 秒後の間の平均の速さを求めよ。

§6 いろいろな事象と関数

53 いろいろな関数への理解を深める

次のそれぞれについて，x と y をグラフに表せ。

(1) 1枚の紙を2等分に切り，切ってできた2枚を重ねて，また2等分する。この作業を繰り返すとき，x 回目にできた枚数を y 枚とする。

(2) 15歳までは無料だが，16歳以上は400円，65歳以上は200円を入園料とする動物園について，入園者の年齢を x 歳，入園料を y 円とする。

FOCUS　**x と y の対応表を作り，グラフを完成させる。**

ここに注意

(1) x は回数なので，x のとる値は整数のみである。

(2) その数を含むときは●，含まないときは○を用いて表す。

答え

(1)

x	0	1	2	3	4	…
y	1	2	4	8	16	…

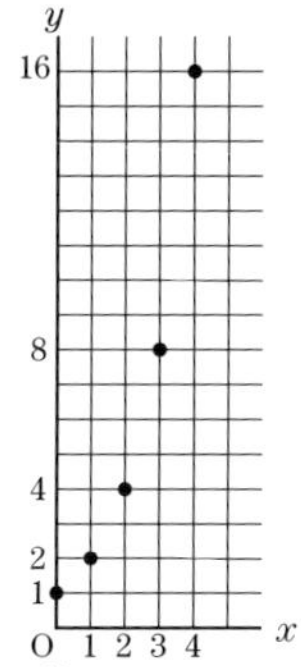

(2)

x	0	…	16	…	65	…
y	0	…	400	…	200	…

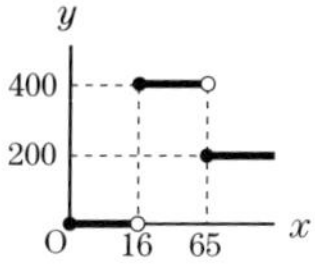

学習のPOINT　関数には，簡単な式では表せないものや，グラフが連続していないものがある。

確認問題

256 家から1000m離れた駅まで行くのに，はじめの10分は分速60mで歩いたが，残りは分速80mで歩いたので出発してから15分で駅に着いた。出発してからの時間を x 分，歩いた距離を ym とするとき，x と y をグラフに表せ。

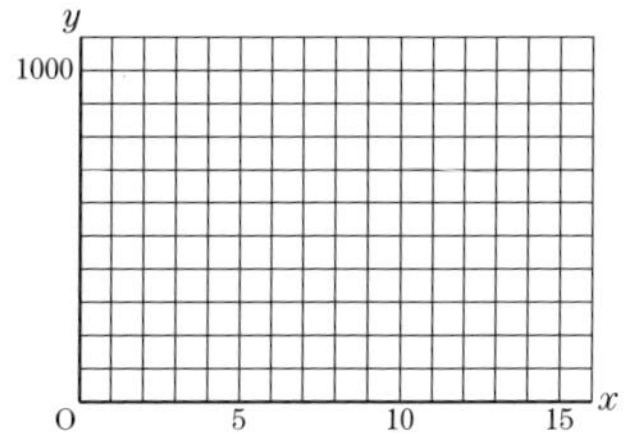

章末問題

解答 ➡p.81

94 関数 $y = x^2$ について述べた次のア～オの中から，正しいものを2つ選び，その記号を書きなさい。（埼玉県）

ア　この関数のグラフは，点（3，6）を通る。

イ　この関数のグラフは放物線で，y 軸について対称である。

ウ　x の変域が $-1 \leqq x \leqq 2$ のときの y の変域は $1 \leqq y \leqq 4$ である。

エ　x の値が2から4まで増加するときの変化の割合は6である。

オ　$x < 0$ の範囲では，x の値が増加するとき，y の値も増加する。

95 関数 $y = \frac{1}{2}x^2$ について，次の問いに答えよ。（群馬県）

(1) x の変域が $-4 \leqq x \leqq 3$ のとき，y の変域を求めよ。

(2) この関数のグラフと関数 $y = ax^2$ のグラフが，x 軸について対称である。関数 $y = ax^2$ で，x の値が2から6まで増加するときの変化の割合を求めよ。

96 関数 $y = ax^2$ で，x の変域が $-2 \leqq x \leqq 1$ のとき，y の変域が $0 \leqq y \leqq 12$ となった。このとき，a の値を求めよ。（埼玉県）

97 右の図のように，3点 O(0，0)，A(1，a)，B(-2，8)を通る放物線 $y = 2x^2$ がある。このとき，次の各問いに答えよ。（沖縄県）

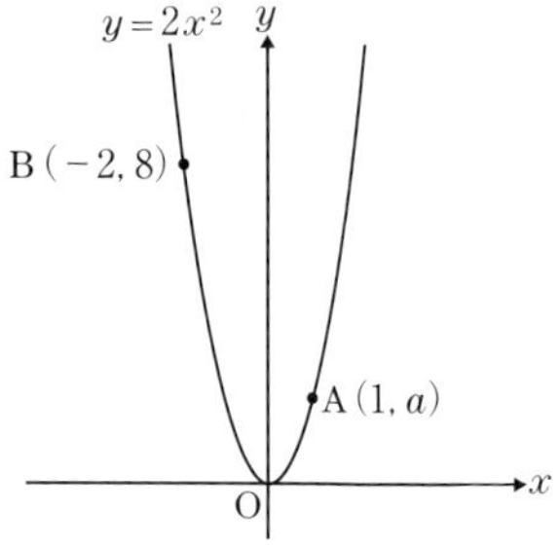

(1) 点Aの y 座標 a の値を求めよ。

(2) 放物線 $y = 2x^2$ において，x の変域が $-2 \leqq x \leqq 1$ のとき，
y の変域は □ $\leqq y \leqq$ □ となる。
□ にあてはまる数を入れよ。

(3) 点Aを通り，x 軸に平行な直線とこの放物線との交点のうち，A以外の点をCとする。このとき，四角形OABCの面積を求めよ。

98 右の図において，①は関数 $y = ax^2\ (a > 0)$ のグラフであり，②は関数 $y = -\dfrac{1}{4}x^2$ のグラフである。

また，2点A，Bの座標は，それぞれ$(-2,\ 0)$，$(4,\ 0)$である。点Aを通り y 軸に平行な直線と，放物線①，②との交点をそれぞれC，Dとする。また，点Bを通り y 軸に平行な直線と，放物線①，②との交点をそれぞれE，Fとする。このとき，次の(1)～(3)の問いに答えよ。

（静岡県）

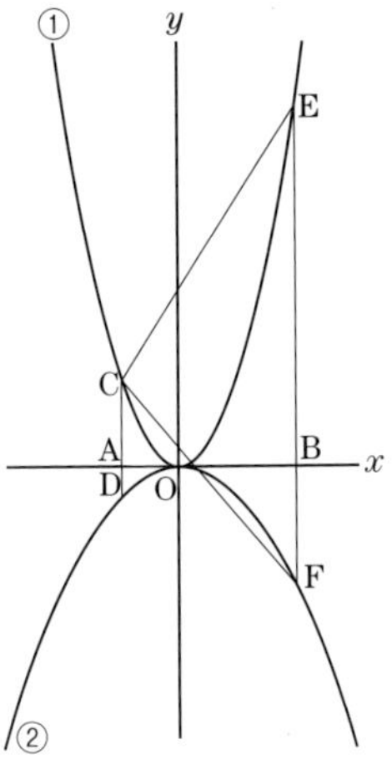

(1) x の変域が $-2 \leqq x \leqq 5$ であるとき，関数 $y = -\dfrac{1}{4}x^2$ の y の変域を求めよ。

(2) 直線 $y = -2x + b$ は，4点A，D，F，Bのうち，どの点を通るとき，その b の値がもっとも大きくなるか。また，そのときの b の値を求めよ。

(3) $\angle \mathrm{CEF} = \angle \mathrm{CFE}$ となるときの，a の値を求めよ。求める過程も書け。

99 思考力

自転車に乗っている人がブレーキをかけるとき，ブレーキがきき始めてから自転車が止まるまでに走った距離を制動距離といい，この制動距離は速さの2乗に比例することが知られている。太郎さんの乗った自転車が秒速2mで走るときの制動距離は0.5mであった。

このとき，次の問い(1)・(2)に答えよ。（京都府）

(1) 太郎さんの乗った自転車が秒速 x mで走るときの制動距離を y mとする。y を x の式で表せ。また，x が5から7まで変化するとき，y の増加量は x の増加量の何倍か求めよ。

(2) 次の図のように，太郎さんの乗った自転車が一定の速さで走っており，地点Aを越えてから1.5秒後にブレーキをかけると，自転車は地点Aから13.5mのところで停止した。このとき，ブレーキをかける直前の自転車の速さは秒速何mか求めよ。ただし，自転車の大きさについては考えないものとし，ブレーキはかけた直後からきき始めるものとする。

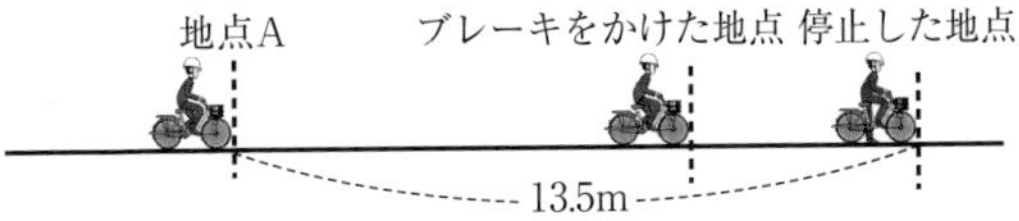

STEP UP 平均の速さと瞬間の速さ

電車や自動車には，スピードメーターがついています。この速さは，ある時間内における「平均の速さ」に対して，その時々における「瞬間の速さ」を表しています。これは，どのように計算すればよいのでしょうか。
瞬間の速さは“極めて短い時間内における平均の速さ”として考えます。すなわち，計っていた時間幅を小さくしていくと瞬間となるため，そのときに平均の速さが近づいていく値を瞬間の速さとして求めることができます。
それでは，物体を高いところから静かに放して落下させたとき，すなわち自由落下させたときの物体の「瞬間の速さ」を求めてみましょう。

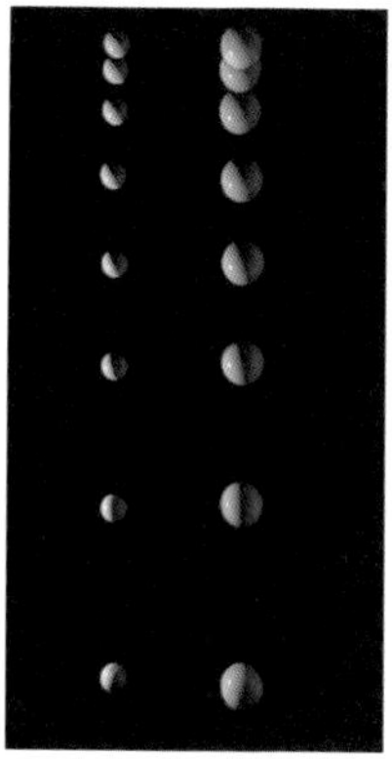

y を落下距離(m)，x を経過時間(秒)とすると，
自由落下の関数（かんすう）$y = 4.9x^2$ について，
(1) 物体を落としてから，2 秒後から 2.1 秒後，2.01 秒後，2.001 秒後，2.0001 秒後における平均の速さを求めよ。
(2) 物体を落としてから，2 秒後の瞬間の速さを求めよ。

(1) 2 秒後から 2.1 秒後は，

$$\frac{4.9 \times 2.1^2 - 4.9 \times 2^2}{2.1 - 2} = 20.09 \ (\text{m/s})$$

以下同様にして，
2 秒後から 2.01 秒後は，19.649 (m/s)

2 秒後から 2.001 秒後は，19.6049 (m/s)

2 秒後から 2.0001 秒後は，19.60049 (m/s)

(2) (1) より，時間幅を小さくしていくと平均の速さは 19.6m/s に近づいていくため，「2 秒後の瞬間の速さは 19.6m/s」である。

図形編

数学的活用

1年生で学ぶ図形の世界

基本的な図形の性質とそのかき方

小学校では，いろいろな平面図形と立方体，直方体などを学んできました。1年生では，「平面図形」でその性質や基本的な図形の作図方法を，「空間図形」で多面体の性質，立体の表面積や体積の求め方，立体図形の表し方などを学びます。

パッケージの設計

飲み物のパックにはいろいろな形があります。あきこさんは右の2つのパックを工作用紙で作ろうとしています。

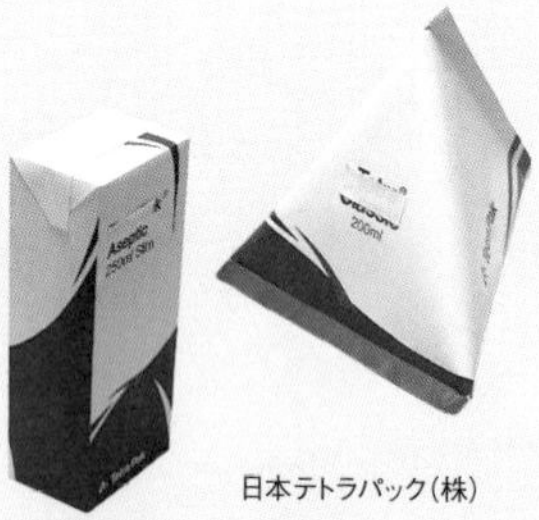

日本テトラパック(株)

1年生 2 3

正三角形と長方形の作図

>>> P.292 基本の作図

下の線分ABを1辺とする正三角形を作図しなさい。また，下記の線分CD，DEをそれぞれ横の辺，縦の辺とする長方形を作図しなさい。

解答

線分ABの長さをコンパスでとり，点Aと点Bを中心としてそれぞれ弧をかきます。その交点と2つの頂点A，Bをそれぞれ直線で結ぶと正三角形ができます。

点C，点Dで線分CDの垂線をそれぞれかきます。
次に，その垂線上に線分DEの長さをコンパスでうつし取ります。それらの点をそれぞれ直線で結ぶと長方形ができます。

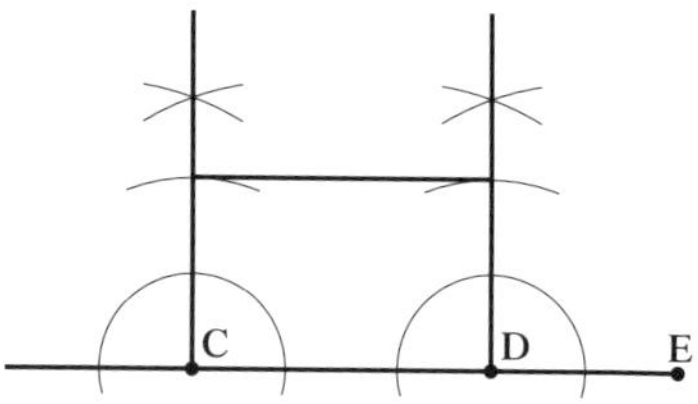

1年生 2 3

面のつくりを調べる

>>> P.310 立体とその表し方

2つのパックがそれぞれ直方体と正四面体であるとしたら，各面はどんな形をしているでしょう。

解答 直方体の各面は長方形です。正四面体の各面は正三角形です。

答え 長方形，正三角形

パックの展開図を設計したい

>>> P.311 展開図

正四面体の1辺の長さが10cmのとき，この正四面体の展開図をかきなさい。

解答 展開図は下のどちらかの図になる。

答え

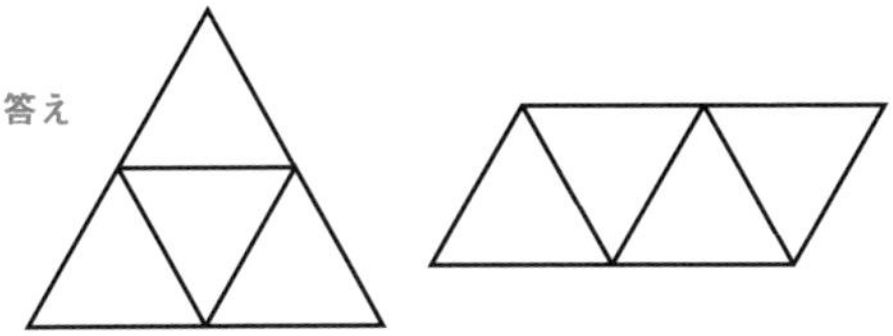

体積を調べたい

>>> P.323 体積を求める

底面の正三角形の1辺の長さを10cm，高さを8.7cm，正四面体の高さを8.2cmとするとき，正四面体の体積を求めなさい。

解答 正四面体は三角錐と考えられるので，底面積×高さ×$\frac{1}{3}$で体積が求められます。

$10\times8.7\times\frac{1}{2}\times8.2\times\frac{1}{3}=118.9\ (\mathrm{cm}^3)$

答え $118.9\mathrm{cm}^3$

表面積を調べたい

>>> P.321 表面積を求める

上で体積を求めた正四面体の表面積を求めなさい。

解答 正四面体の表面積$=10\times8.7\times\frac{1}{2}\times4=174\ (\mathrm{cm}^2)$

答え $174\mathrm{cm}^2$

第 1 章 平面図形 学習内容ダイジェスト

■対称な図形

すべての辺の長さが等しく，すべての角の大きさも等しい多角形を正多角形といいます。正三角形，正方形，正六角形について，いろいろ調べます。

対称な図形 ⇒P.290

1 つの直線を折り目として折って，もとの図形とぴったり重なる図形や，1 つの点を中心にして，180° 回転して，もとの図形とぴったり重なる図形について学びます。

例 下の図の正三角形，正方形，正六角形の中で，線対称な図形，点対称な図形をそれぞれ答えましょう。また，線対称な図形は対称軸の本数も答え，点対称な図形は対称の中心をかきましょう。

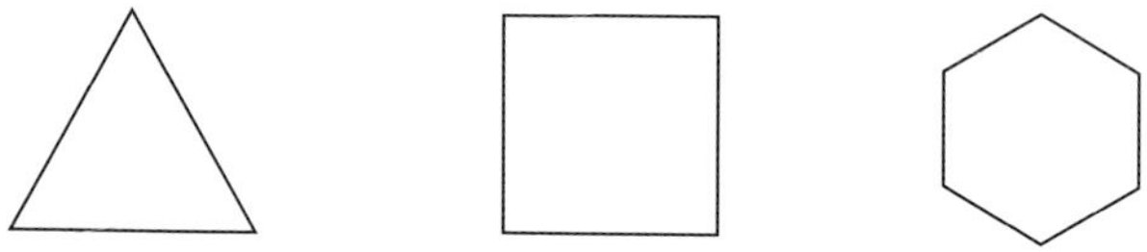

解説 線対称な図形には対称軸がある。

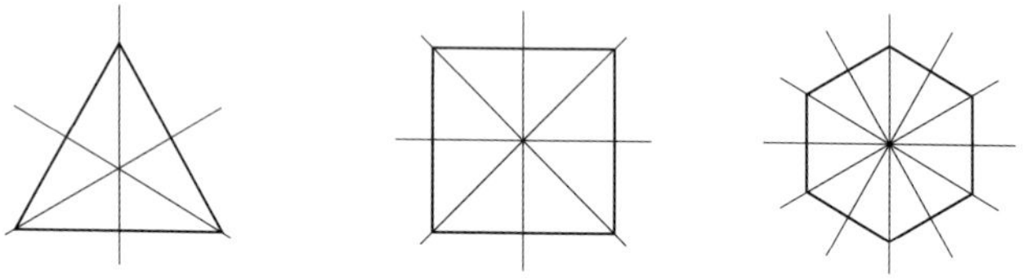

答え 線対称な図形 ··· 正三角形，正方形，正六角形
対称軸の本数 ···3 本，4 本，6 本

解説 点対称な図形には対称の中心がある。

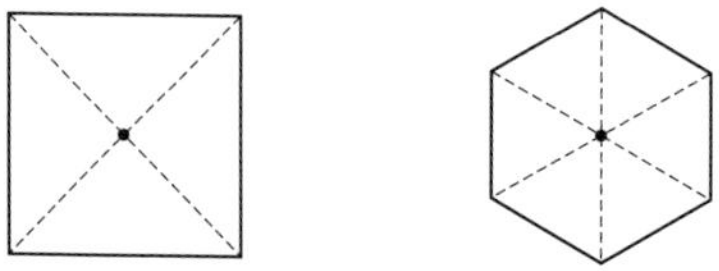

答え 点対称な図形 ··· 正方形，正六角形
対称の中心 ··· 対応する点どうしを結んだ線分の交点

基本の作図 ⇒P.292

コンパスと定規だけで図形をかきます。このとき，コンパスは円をかいたり，等しい長さを移したりするときに使い，定規は直線を引くときだけに使います。

例　右の図は正三角形です。正三角形のすべての対称軸（たいしょうじく）を作図しましょう。

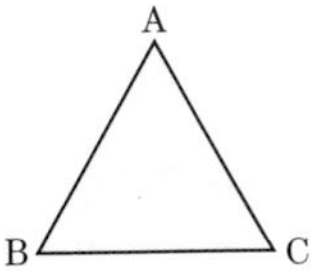

解説　∠A，∠B，∠C の角の二等分線をそれぞれひく。
または，辺 AB，辺 BC，辺 CA の垂直二等分線をそれぞれひく。

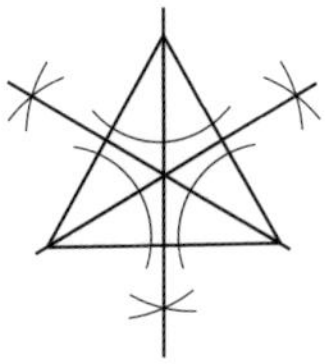

角の二等分線の場合

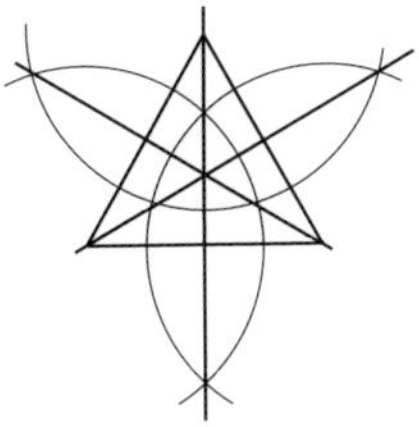

辺の垂直二等分線の場合

図形の移動 ⇒P.301

図形の大きさや形を変えずに，位置だけ変えて移動させることを学びます。

例　正六角形 ABCDEF の対角線をそれぞれひき交点を O として，6 つの正三角形に分けます。△OAB を次のように移動したときに重なる三角形はどれですか。

① 線分 OA を対称軸として対称移動
② 矢印の方向に平行移動
③ 点 O を中心として，時計回りに 120° 回転移動

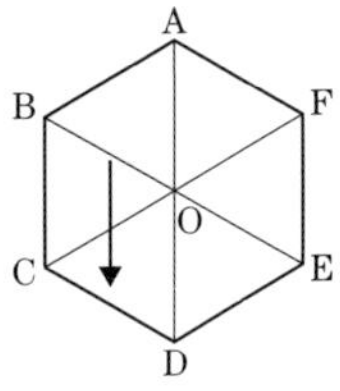

解説　図形を一定の方向に，一定の長さだけずらす移動を平行移動，図形を 1 点を中心に一定の角度だけ回転させる移動を回転移動，図形を 1 つの直線を折り目として折り返す移動を対称移動といいます。

①

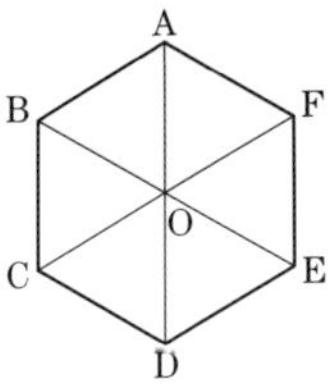

対称移動

②

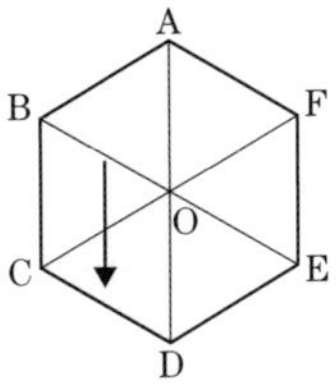

平行移動

③

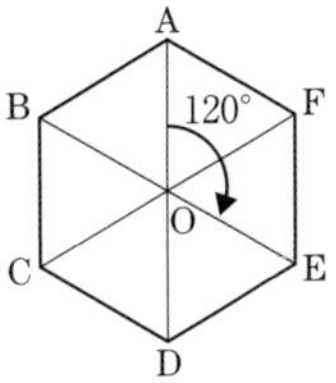

回転移動

答え　① △OAF　② △OCD　③ △OEF

§1 図形の基礎

1 おうぎ形の弧の長さを求める

右の図のような，半径 3cm，中心角 120° のおうぎ形の弧の長さを求めよ。

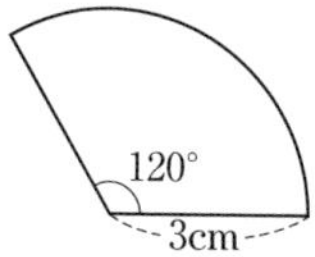

FOCUS おうぎ形の弧の長さは，中心角の大きさに比例する。

解き方

半径 3cm の円の円周は，$2\pi \times 3 = 6\pi$

おうぎ形の中心角は 120° なので，

その弧の長さは円周全体の $\frac{120}{360}$ 倍である。

よって，

$$6\pi \times \frac{120}{360} = 2\pi$$

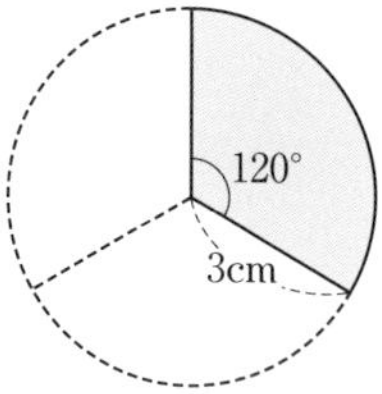

答え 2π cm

用語

弧 AB

円周上の２点 A, B 間の円周の一部。（記号では $\overset{\frown}{AB}$ と書く。）

弦 AB

円周上の2点A, Bを結ぶ線分。

（弧ABに対する）中心角

下の図の∠AOB

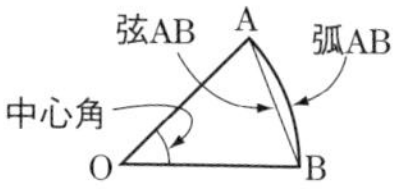

おうぎ形

弧の両端を通る２つの半径とその弧で囲まれた図形。

もっとくわしく

半径 r の円では，

面積……πr^2，円周……$2\pi r$

学習のPOINT 半径 $r$cm，中心角 a° のおうぎ形の弧の長さは，$2\pi r \times \frac{a}{360}$ で求められる。

確認問題

257 右の図は，半径 5cm，中心角 108° のおうぎ形である。このおうぎ形の弧の長さを求めよ。ただし，円周率は π とする。

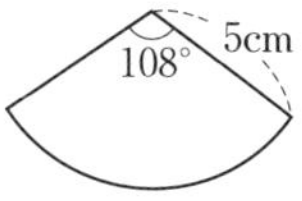

258 右の図のような，半径が $a$cm の半円がある。このとき，半円の周の長さを a の式で表せ。ただし，円周率は π とする。

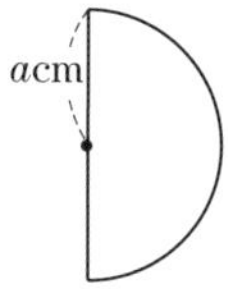

2 おうぎ形の面積を求める

右の図のように，半径 5cm，中心角が 45° のおうぎ形がある。このおうぎ形の面積を求めよ。

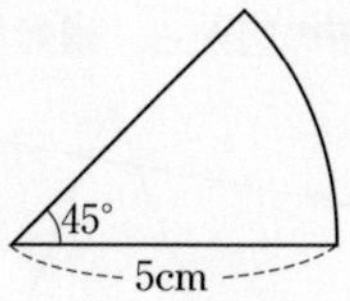

FOCUS **おうぎ形の面積は，中心角の大きさに比例する。**

解き方

半径 5cm の円の面積は，$\pi \times 5^2 = 25\pi$

おうぎ形の中心角は 45° なので，その面積は

円全体の $\frac{45}{360}$ 倍である。

よって，

$$25\pi \times \frac{45}{360} = \frac{25}{8}\pi$$

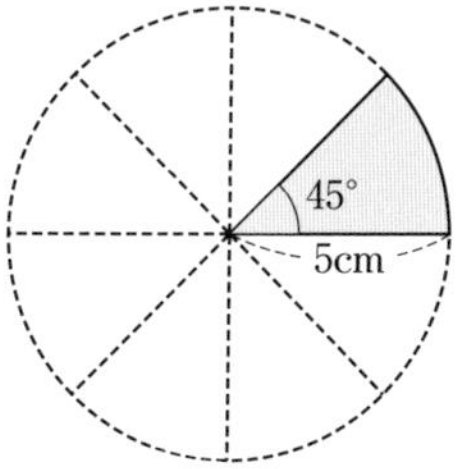

答え $\frac{25}{8}\pi\ \mathrm{cm}^2$

もっとくわしく

半径 $r$cm，中心角 a° の**おうぎ形の面積**は，

$\pi r^2 \times \frac{a}{360}$

で求められる。

また，半径 $r$cm，弧の長さ ℓ cm の**おうぎ形の面積**は，

$\frac{1}{2}\ell r$

で求められる。

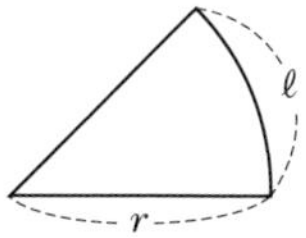

おうぎ形の弧の長さは，中心角に比例する

Return

おうぎ形の弧の長さ ➡1
中心角 ➡1
弧 ➡1

学習のPOINT 半径が等しいおうぎ形では，「中心角」，「面積」，「弧の長さ」の 3 つは互いに比例する。

確認問題

259 右の図のように，半径 3cm，中心角が 80° のおうぎ形がある。このおうぎ形の面積を求めよ。

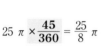

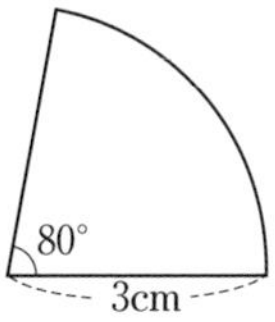

3 線対称な図形を選ぶ

下の図から，線対称な図形を選べ。また，そのときの対称軸を図にかけ。

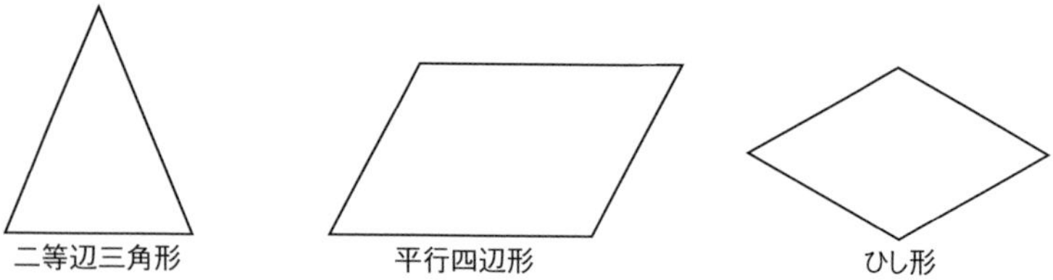

FOCUS **線対称な図形とはどのような図形かを考える。**

解き方
線対称な図形は，二等辺三角形とひし形である。
対応する点を結ぶ線分の垂直二等分線が対称軸になる。
対称軸は答えのようになる。

答え 二等辺三角形とひし形

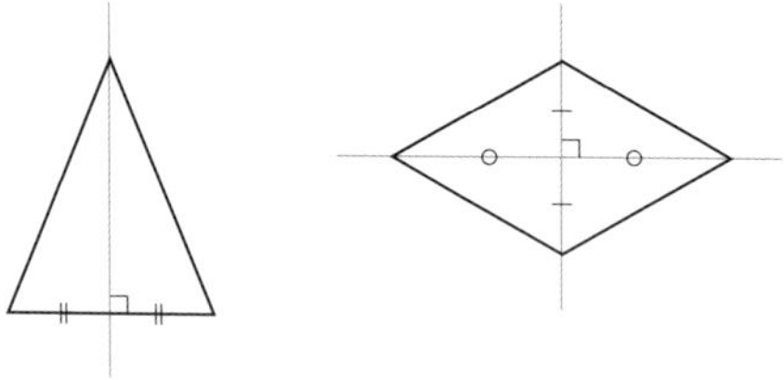

用語

線対称な図形
1本の直線を折り目として折るとき，折り目の両側の部分がぴったりと重なり合う平面図形。

対称軸(対称の軸)
線対称な図形で折り目となる直線。

線分
2点 A，B を通る直線のうち，A から B までの部分をいう。

垂直二等分線
線分の中点を通り，その線分に垂直に交わる直線。

中点
線分を2等分する点のこと。

学習のPOINT
線対称な図形の性質
線対称な図形は，対称軸によって2つの合同な図形に分けることができる。
対応する点を結ぶ線分の垂直二等分線は，線対称な図形の対称軸である。

確認問題

260 下の図から，線対称な図形を選べ。また，そのときの対称軸を図にかけ。ただし，対称軸が複数あるときはそのすべてをかくこと。

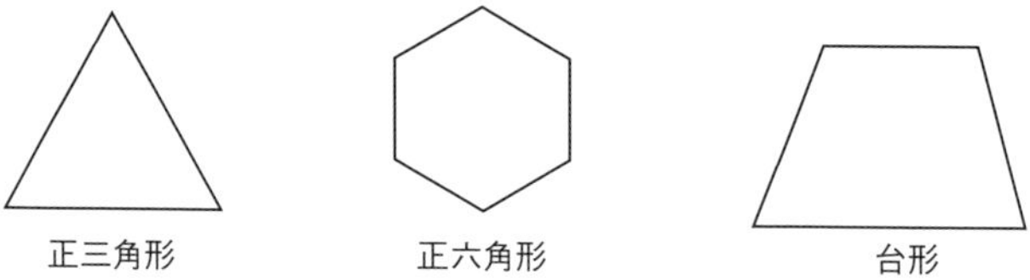

4　点対称(てんたいしょう)な図形を選ぶ

次の図から，点対称な図形を選べ。また，そのときの対称の中心をかけ。

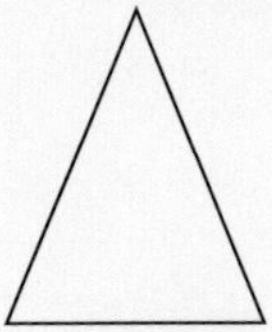
二等辺三角形

平行四辺形

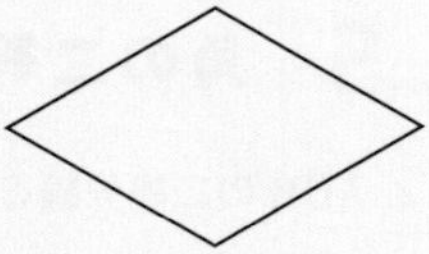
ひし形

FOCUS **点対称な図形とはどのような図形かを考える。**

解き方

図形を 180° 回転させて，もとの図形とぴったり重なり合うのは，平行四辺形とひし形である。
対称の中心は，点対称な図形の対応する点どうしを結んだ線分(せんぶん)の交点である。

答え　平行四辺形とひし形

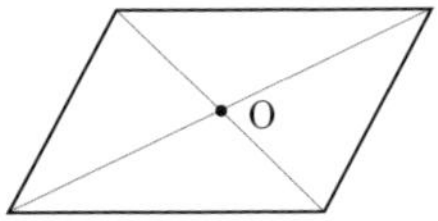

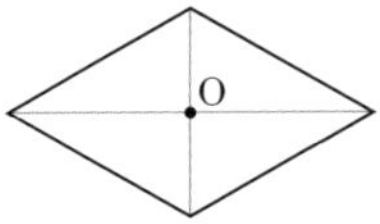

用　語

点対称な図形
180°回転して，もとの図形とぴったりと重なり合う平面図形。

対称の中心
点対称な図形を回転するときの中心の点。

学習のPOINT　点対称な図形の性質

- 点対称な図形は，ある点を中心にして 180° 回転させるともとの図形とぴったりと重なる。
- 対応する点どうしを線分で結ぶと，対称の中心を通る。
- 対応する点どうしを線分で結ぶと，その中点は，対称の中心である。

確認問題

261 下の図から，点対称な図形を選べ。また，そのときの対称の中心をかけ。

正三角形

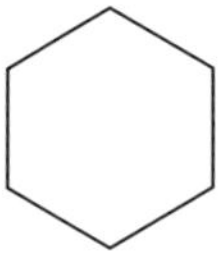
正六角形

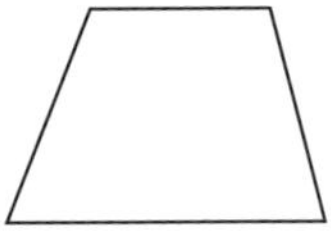
台形

§2　基本の作図

5　角の二等分線を作図する

∠ AOB の二等分線を作図せよ。

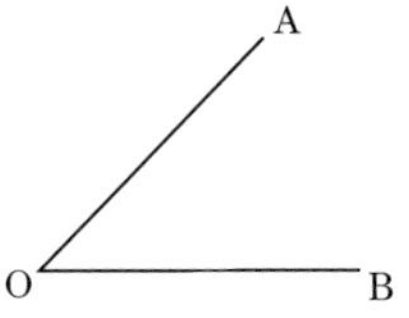

FOCUS　**ある角を二等分する半直線がどのようにしたらひけるかを考える。**

解き方

＜作図の手順＞

①頂点 O を中心とする円をかき，角の 2 辺との交点を C，D とする。

②点 C，D を中心として等しい半径の円をそれぞれかき，その交点を E とする。

③半直線 OE をひく。これが求める角の二等分線である。

答え

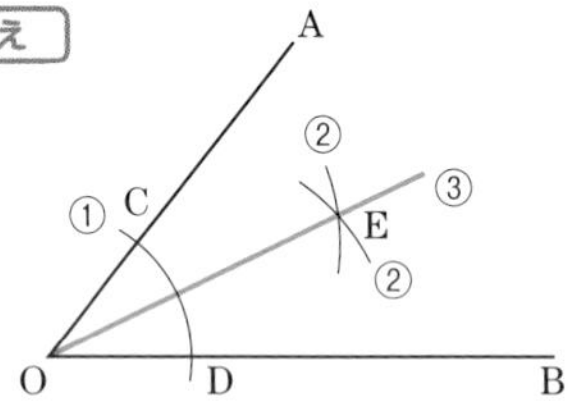

用　語

△ ABC
三角形 ABC を記号△を使って，△ ABC と書く。

∠ AOB

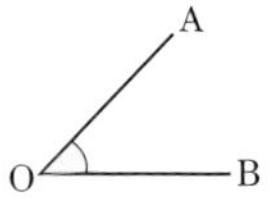

上の図のような角を記号∠を使って∠ AOB と書く。

半直線
線分の一方の端をまっすぐにかぎりなくのばしたもの。

角の二等分線
1 つの角を二等分する半直線。

学習の POINT

角の二等分線は，線分 OA，OB から等しい距離にある点の集まりである。
作図とは，コンパスと定規だけで図形をかくことである。コンパスは円をかいたり，等しい長さを移したりするときに使い，定規は直線をひくときにだけ使う。

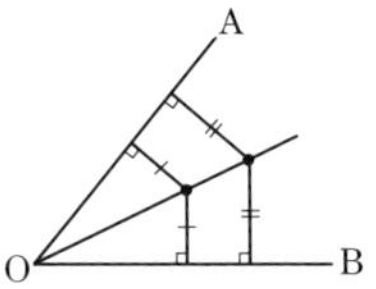

確 認 問 題

262　右の図の△ ABC において，∠ A の二等分線と辺 BC との交点 P を作図せよ。ただし，作図にはコンパスと定規を用い，作図に用いた線は消さないこと。

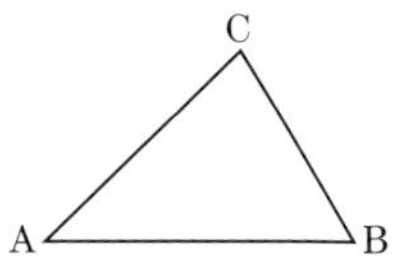

6　垂線を作図する

直線 ℓ 上の点 O を通り，直線 ℓ に垂直な直線を作図せよ。

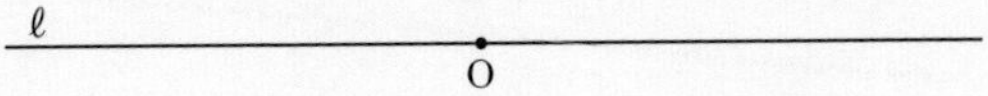

FOCUS　**90° を点 O における角 180° の $\frac{1}{2}$ と考える。**

解き方
下の図のように，ℓ 上に点 A，B をとる。∠AOB = 180° と考えて，この角の二等分線を作図する。
<作図の手順>
①点 O を中心とする円をかき，直線 ℓ との交点を A，B とする。
②点 A，B を中心として等しい半径の円をそれぞれかき，その交点を P とする。
③半直線 OP をひく。これが求める垂線(∠AOB の角の二等分線)である。

答え

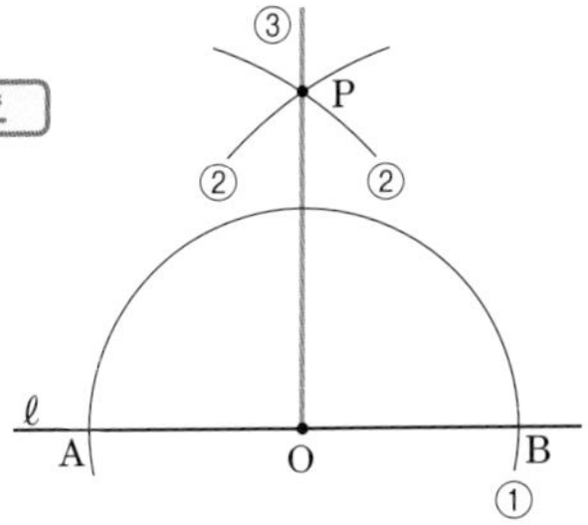

用語

直線
線分(せんぶん)を両方にかぎりなくのばしたもの。

垂線
2つの直線が垂直であるとき，一方の直線を他方の直線の垂線という。

Return
角の二等分線 ➡5
半直線 ➡5

学習のPOINT　直線上の点 O を通る垂線の作図は，その点を頂点とする∠AOB = 180° の二等分線(にとうぶんせん)を作図すればよい。

確認問題

263　右の図のように，直線 ℓ 上に2点 A，B がある。このとき，定規とコンパスを使って線分 AB を1辺とする正方形を作図せよ。ただし，定規の角を利用して平行線や垂線をひくことはしないものとする。なお，作図に用いた線は消さずに残しておくこと。

7 線分の垂直二等分線を作図する

線分 AB の垂直二等分線を作図せよ。

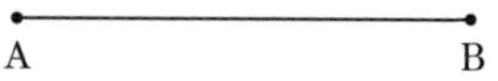

FOCUS **ある線分の中点を通り，その線分に垂直に交わる直線がどのようにしたらひけるかを考える。**

解き方

<作図の手順>

①点 A，B を中心として等しい半径の円をそれぞれかき，その交点を P，Q とする。

②直線 PQ をひく。これが求める線分 AB の垂直二等分線である。

答え

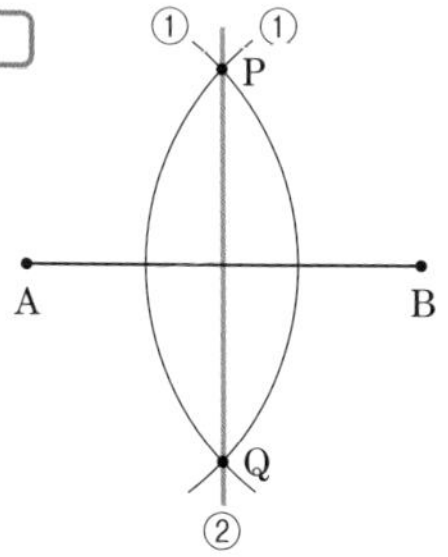

もっとくわしく

線分 **AB** の垂直二等分線は，点 **A**，**B** が対応する点となるような対称軸のことである。よって，対称軸を作図すれば，線分 **AB** の垂直二等分線となる。

AB ⊥ PQ

直線(線分)**AB** と直線 **PQ** が垂直であることを，記号⊥を使って **AB ⊥ PQ** と書く。

Return

垂直二等分線 ➡3

学習のPOINT 線分 **AB** の垂直二等分線上の点は，２点 **A**，**B** から等しい距離にある点の集まりである。

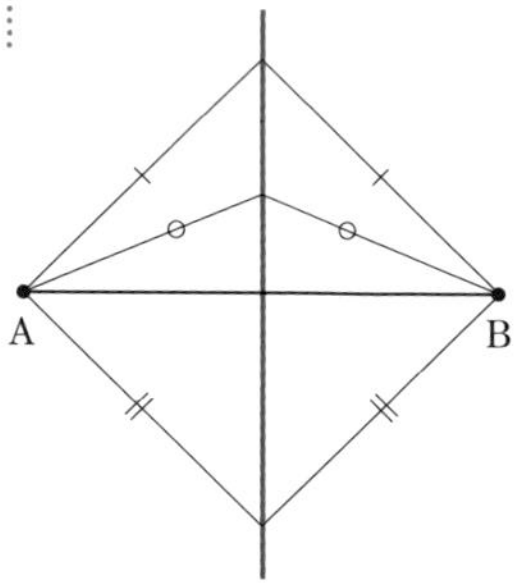

確認問題

264 右の図のように，２点 **A**，**B** と直線 ℓ がある。直線 ℓ 上にあって，**AP = BP** となるような点 **P** を，コンパスと定規を使って作図せよ。なお，作図に用いた線は消さずに残しておくこと。

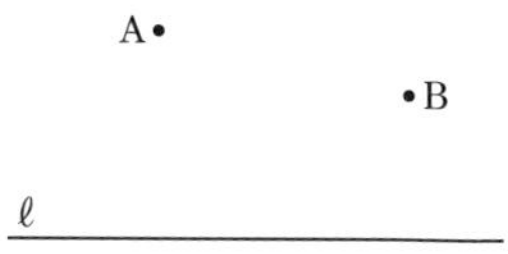

8　直線上にない点から直線への垂線を作図する

（垂線：すいせん）

点 A から直線 ℓ への垂線を作図せよ。

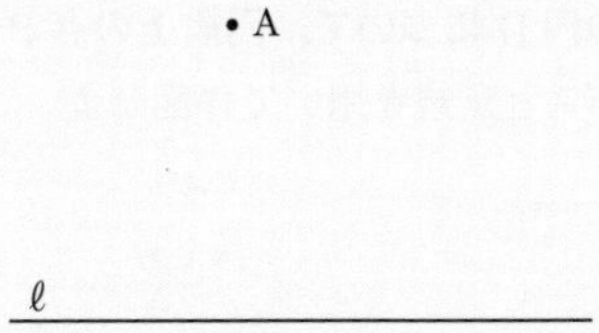

FOCUS　作図する垂線は，直線 ℓ と垂直に交わるので，垂直二等分線が使えないかを考える。

解き方

＜作図の手順＞

①点 A を中心とし，直線 ℓ と 2 点で交わる円をかき，その交点を B，C とする。

②点 B，C を中心として等しい半径の円をそれぞれかき，その交点を D とする。

③半直線 AD をひく。これが求める垂線である。

答え

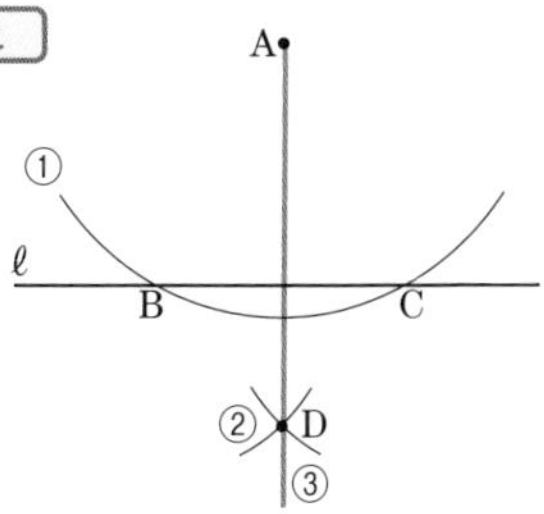

用　語

点 A と直線 ℓ との距離

直線 ℓ 上にない点 A から直線 ℓ に垂線をひき，直線 ℓ との交点を H とするとき，線分 AH の長さを点 A と直線 ℓ との距離という。

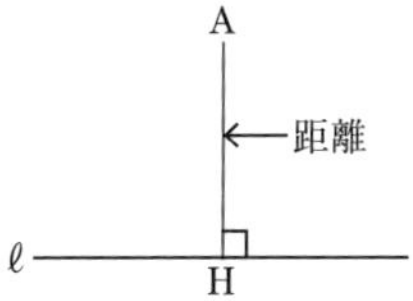

Return

垂線 ➡6

学習のPOINT　直線 ℓ 上にない点 A から ℓ へ垂線をひくには，直線 ℓ 上で点 A から等しい距離にある 2 点 B，C をとり，線分 BC の垂直二等分線をひく。

確認問題

265　△ABC の辺 BC を底辺としたときの高さを作図して求めよ。また，辺 CA，AB を底辺としたときの高さを作図せよ。

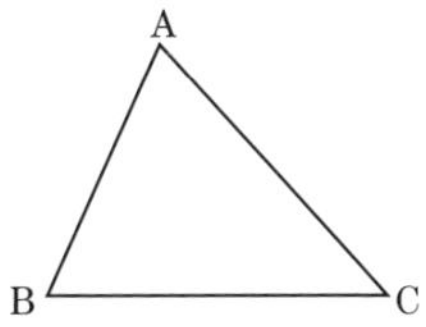

9 円の接線を作図する

右の図の円 O について，円周上の点 P を接点とする接線をコンパスと定規を用いて作図せよ。

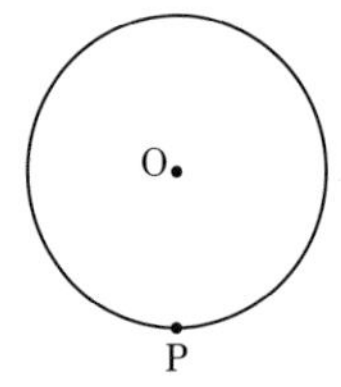

FOCUS 円の接線の性質を考える。

解き方

<作図の手順>

①半直線 OP をひく。

②点 P を中心とする円をかき，半直線 OP との交点を A，B とする。

③点 A，B を中心として等しい半径の円をそれぞれかき，その交点を C とする。

④直線 PC をひく。これが求める円 O の接線である。

答え

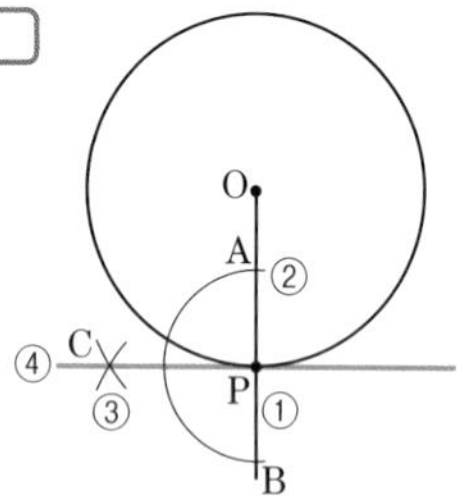

用語

円に接(せっ)する

直線が円と 1 点で交わるとき，この直線は円に接するという。

接線

円に接している直線のことをいう。

接点

円と直線が接する点のことをいう。

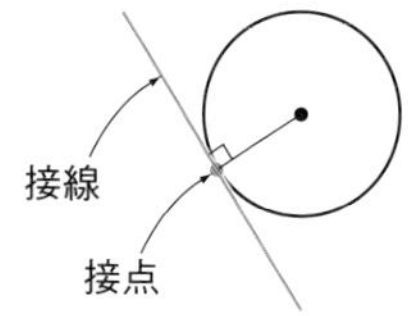

Return

垂線 ➡6

学習の POINT 円の接線は，接点を通る半径に垂直である。

確認問題

266 右の図の∠ AOB の 2 辺 OA，OB の両方に接する円のうちで，辺 OA 上の点 P を接点とする円を，定規とコンパスを用いて作図せよ。なお，作図に用いた線は消さずに残しておくこと。

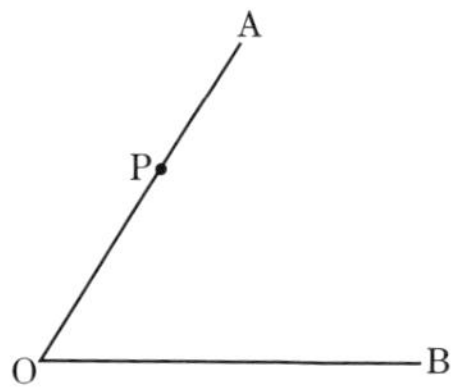

10 円の直径を作図する

円の中心を通る直線 ℓ を定規とコンパスを用いて作図せよ。

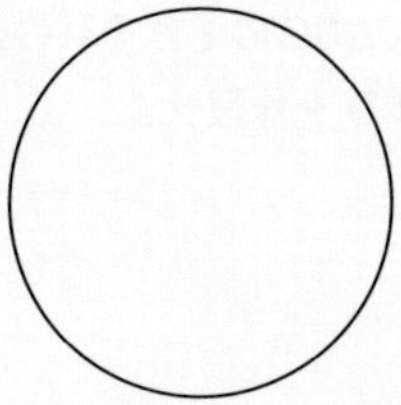

FOCUS 円の性質を利用する。

解き方

弦の垂直二等分線は必ず円の中心を通るので，直径の1つである。
したがって，下の図のように，円周上に異なる2点A，Bをとり，弦ABの垂直二等分線を作図すればよい。

答え

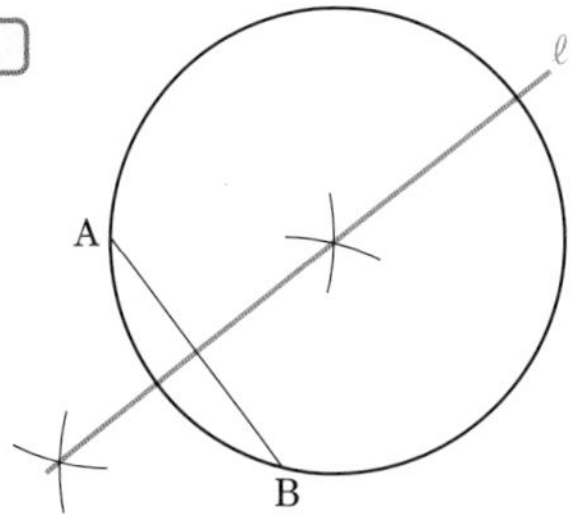

ここに注意

作図に用いた線は消さないこと。作図の手順を確かめるために必要なので，残す習慣をつけておく。

Return

線分の垂直二等分線 ➡7

学習のPOINT 円では，弦の垂直二等分線は必ず円の中心を通り，円の対称軸の1つである。

確認問題

267 右の図は，かいてあった円の一部が消えてしまったものである。円の中心を作図で求め，その中心を点・で示せ。ただし，作図に用いた線は消さずに残しておくこと。

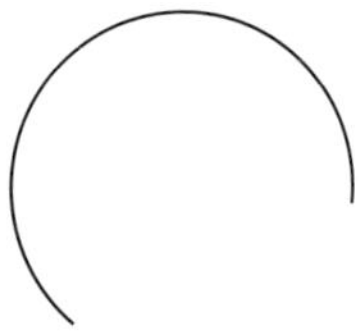

11 三角形の 3 辺までの距離が等しい点を求める

△ ABC のそれぞれの辺までの距離がすべて等しい点 D を作図せよ。

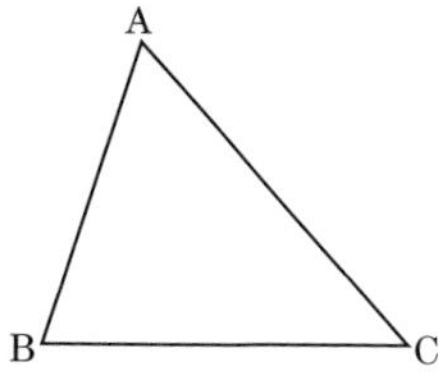

FOCUS **2 つの線分（せんぶん）から等しい距離にある点は，どのような点なのかを考える。**

解き方

線分 AB, BC から等しい距離にある点の集まりは，∠ ABC の二等分線である。
同様に，線分 BC, CA から等しい距離にある点の集まりは，∠ ACB の二等分線である。
この 2 直線の交点 D は，3 辺から等しい距離にある点である。（＊ 1）

答え

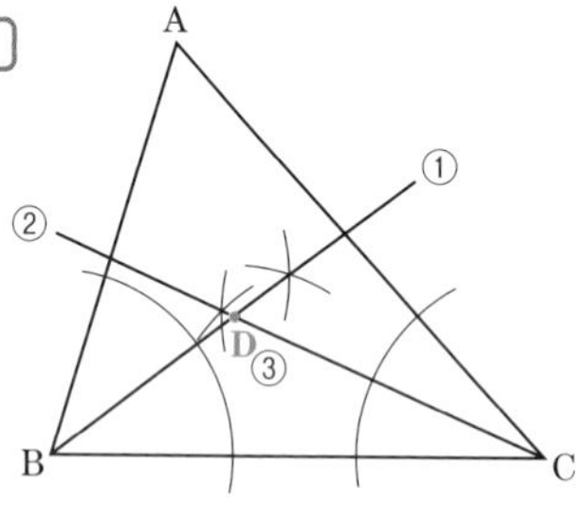

用語

内接円（ないせつえん）
左の図の点 D を中心として，そこから辺までの距離を半径とする円をかくと，△ ABC の各辺に接する円がかける。このように，3 辺に接する円を△ ABC の内接円という。また，この円は，△ ABC に**内接する**という。

内心（ないしん）
内接円の中心。

もっとくわしく

（＊ 1）
∠ BAC の二等分線も点 D を通るので，わざわざ作図する必要はない。

Return

角の二等分線 ➡5

学習のPOINT 3 つの角の二等分線は 1 点で交わる。この点は，三角形のどの辺からも等しい距離にある。

確認問題

268 △ ABC のそれぞれの辺までの距離がすべて等しくなるような点 D を作図せよ。

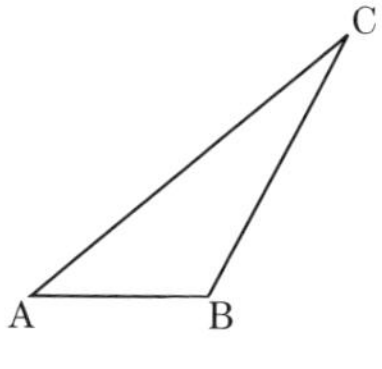

12　3点から等しい距離にある点を作図する

右の図において，3点A，B，Cから等しい距離にある点Pを作図により求めよ。

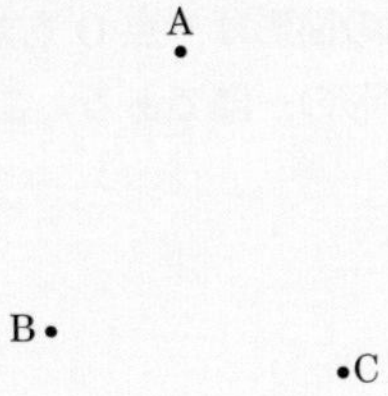

FOCUS　**2点から等しい距離にある点は，どのような点なのかを考える。**

解き方

2点A，Bから等しい距離にある点の集まりは，線分ABの垂直二等分線ℓである。
同様に，2点A，Cから等しい距離にある点の集まりは，線分ACの垂直二等分線mである。
この2直線ℓ，mの交点Pは3つの頂点から等しい距離にある点である。

答え

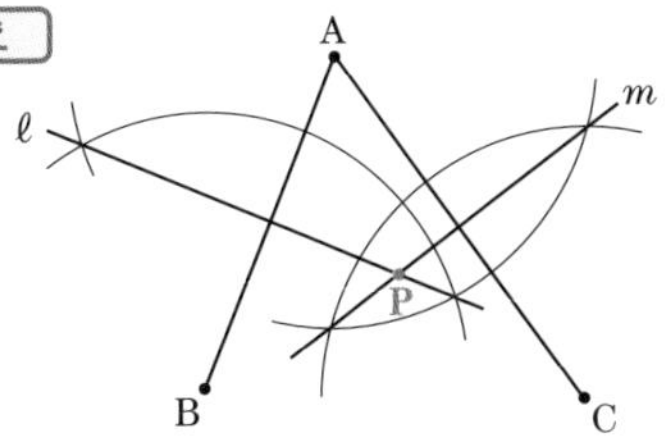

用語

外接円
左の図で，点Pを中心とし，線分PAを半径とする円をかくと，PA = PB = PCであるから，この円は点A，B，Cを通る。このように3つの頂点を通る円を△ABCの外接円という。また，この円は△ABCに**外接する**という。

外心
外接円の中心Pを外心という。

Return
線分の垂直二等分線 ➡7

学習のPOINT　三角形の3つの頂点から等しい距離にある点は，2辺の垂直二等分線の交点である。

確認問題

269　右の図のような△ABCがある。このとき，頂点A，B，Cを通る円の中心Oを，定規とコンパスを用いて作図せよ。ただし，作図に用いた線は消さずに残しておくこと。

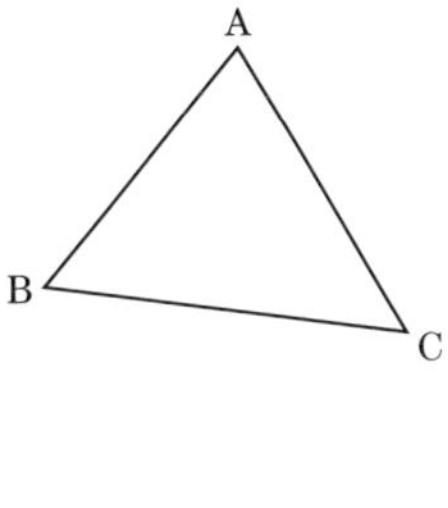

13 対称な図形の性質を使って図形を完成させる

右の図形は，点 O を対称の中心とする点対称な図形の一部である。この図形を完成させよ。

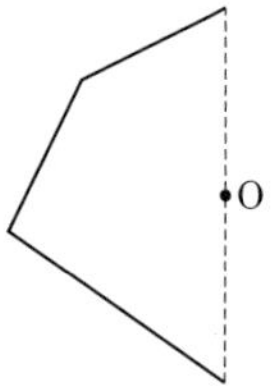

FOCUS **点対称な図形とその対称の中心との関係を考える。**

解き方

頂点 A と対称の中心 O を結んだ半直線上に，**OA = OA′** となる点 A′をとると，この A′は点 A に対応する点である。同様に他の頂点についても点 B′，C′をとる。これらを順に線分で結んで，図形を完成させる。

答え

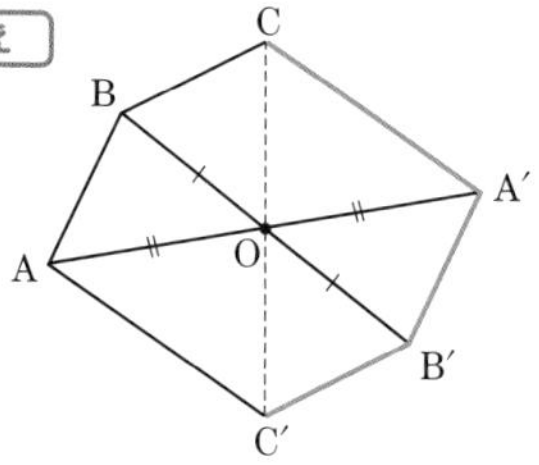

もっとくわしく

点対称な図形の性質

点対称な図形の対応する点どうしを結ぶ。その線分の中点が対称の中心である。したがって，点 **A** に対応する点 **A′**を求めるには，半直線 **AO** 上に **OA = OA′**をみたす点をとればよい。

Return

点対称な図形 ➡4

学習の POINT

線対称な図形の性質……対応する点を結ぶ線分の垂直二等分線は，対称軸である。

点対称な図形の性質……対応する点を結ぶ線分の中点は，対称の中心である。

確認問題

270 右の図は，点 O を対称の中心とする点対称な図形の半分である。残りの半分をかき，図形を完成させよ。

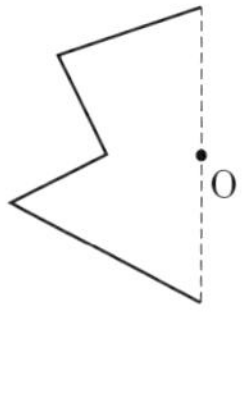

§ 3　図形の移動

14　図形を平行移動する

△ ABC を，矢印 DE の方向に，矢印の長さだけ平行移動した△ A′ B′ C′をかけ。

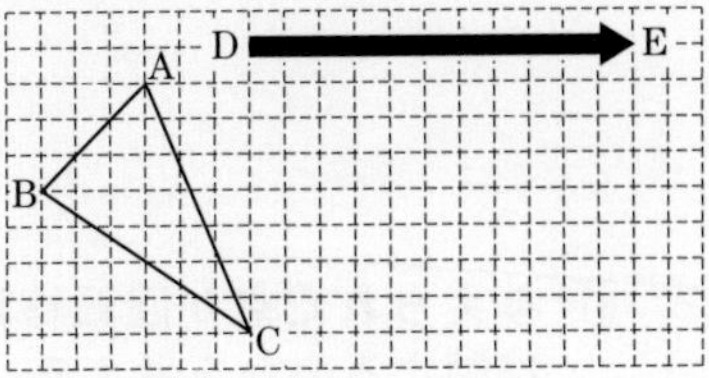

FOCUS　**与えられた点が平行移動してどのように移動するのかを考える。**

解き方

△ A′ B′ C′は，矢印 DE の方向に，線分 DE の長さだけ，△ ABC を平行移動した三角形である。
下の図のように，**DE // AA′**，**DE = AA′** となるような点 A′をとる。同様にして，頂点 B，C に対しても点 B′，C′をとる。
3 点 A′，B′，C′を線分で結ぶ。

答え

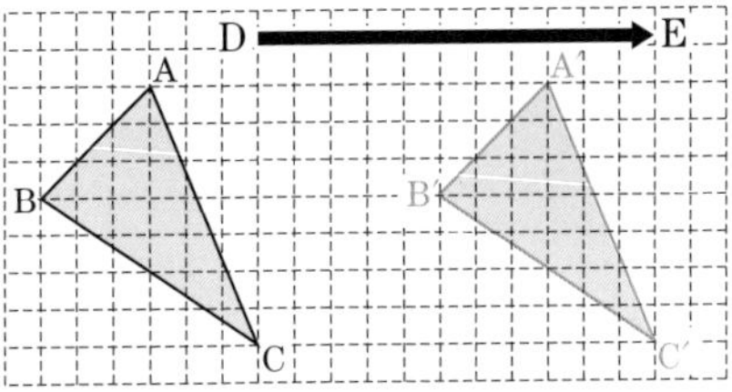

用　語

移動
形や大きさを変えずに，ある図形を他の位置へ移すこと。もとの図形と移動した後の図形とは合同である。

平行移動
図形を一定の方向に，一定の長さだけずらして，他の位置へ移動すること。

もっとくわしく

DE // AA′
2 つの直線 DE，AA′が平行であることを記号 // を使って DE // AA′と書く。

学習の POINT
平行移動では，
・対応する線分は平行で，その長さは等しい。
・対応する２点を結ぶ線分は，すべて平行で，その長さは等しい。

確認問題

271　右の図は，△ ABC を△ A′ B′ C′ に平行移動したものである。辺 BC 上にある点 D はこの平行移動によって，どこに移動したか。移動した点 D′を求めよ。

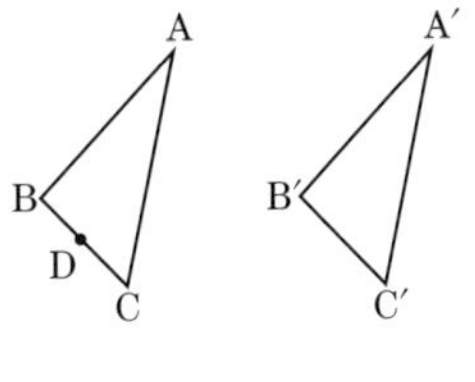

図形編
第1章 平面図形
第2章 空間図形
第3章 平行と合同
第4章 図形の性質
第5章 相似な図形
第6章 円の性質
第7章 三平方の定理

15 図形を回転移動する

△ ABC を，点 O を中心として，矢印の方向に 90°回転移動した△ A′ B′ C′をかけ。

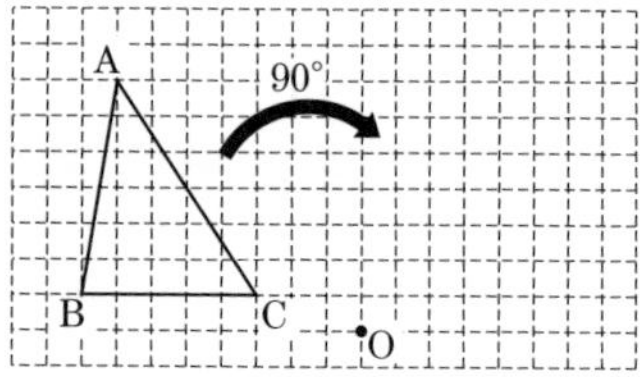

FOCUS **与えられた点が回転移動してどのように移動するのかを考える。**

解き方

△ A′ B′ C′は，点 O を中心として，△ ABC を矢印の方向に 90° 回転移動した三角形である。
下の図のように，**∠ AOA′ = 90°，OA = OA′**となるような点 A′をとる。同様にして，頂点 B，C に対しても点 B′，C′をとる。
3 点 A′，B′，C′を線分で結ぶ。

答え

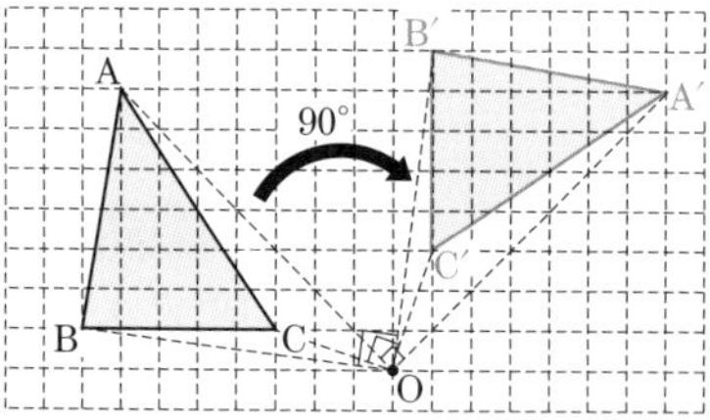

用 語

回転移動
ある定点を中心として，図形をある角度だけ回転させ，他の位置へ移動させること。

回転の中心
図形を回転移動させるときに，中心となる定点のことをいう。

学習のPOINT

回転移動では，
- 対応する点は回転の中心から等しい距離にある。
- 対応する点と回転の中心を結んでできる角の大きさは，回転移動した角度に等しい。
- 対応する点を結ぶ線分は，回転の中心からの垂線によって，2 等分される。

確認問題

272 右の図のように，AB = 4cm，AC = 2cm，∠ BAC = 90° の△ ABC がある。△ ABC を，点 B を中心として 180° 回転させてできる三角形を，定規とコンパスを使って作図せよ。ただし，作図に用いた線は消さずに残しておくこと。

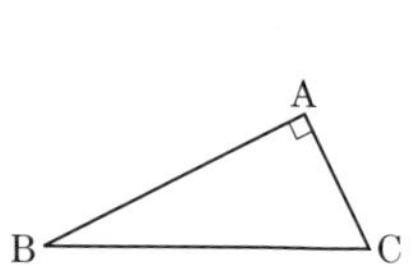

16　図形を対称移動する（たいしょう いどう）

△ ABC を，直線 ℓ を対称の軸として対称移動した
△ A′ B′ C′をかけ。

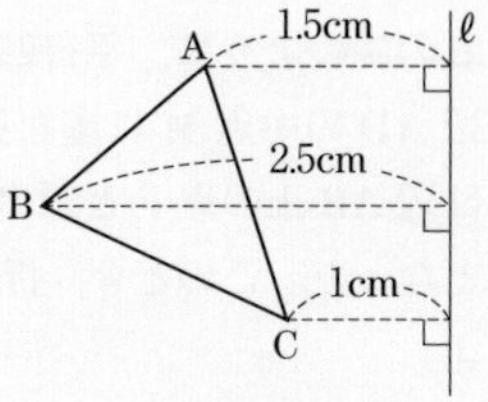

FOCUS　与えられた点が対称移動してどのように移るのかを考える。

解き方

下の図のように，点 A から直線 ℓ に垂線（すいせん）をひき，ℓ との交点を L とする。
次に，AL の延長上に **AL = A′L** となるような点 A′ をとる。同様にして，頂点 B，C に対しても点 B′，C′をとる。
3 点 A′，B′，C′を線分で結んでできた△ A′ B′ C′が，△ ABC を直線 ℓ について対称移動した三角形である。

答え

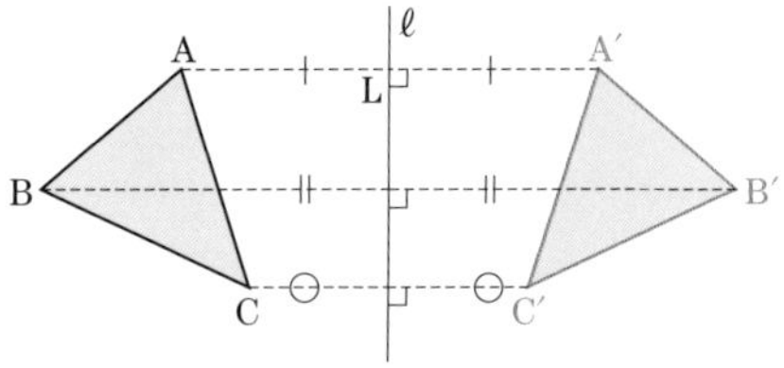

用　語

対称移動
平面上で，直線 ℓ を折り目として折り返して図形を移動させることである。

対称の軸（対称軸）
図形を対称移動させるときに，折り目となる直線のことをいう。

Return

垂直二等分線 ➡3
垂線 ➡6

学習のPOINT　対称移動では，
・対応する点を結ぶ線分の垂直二等分線が対称の軸である。
・対応する点を結ぶ線分は，対称の軸によって垂直に 2 等分される。

確 認 問 題

273　右の図の△ PQR は△ ABC を対称移動させたものである。このとき，対称の軸（じく）（対称軸）を定規とコンパスを用いてかけ。ただし，図をかくのに用いた線は消さずに残しておくこと。

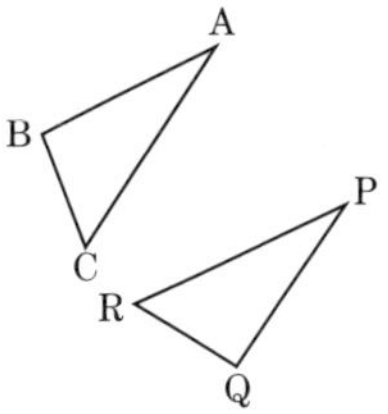

17 図形を折ったときの折り目の線を作図する

右の図のように，平行四辺形 ABCD がある。点 B を辺 AD の中点 M に重なるように折り返すと，折り目は辺 AB 上の点 F と辺 BC 上の点 G とを結ぶ線分(せんぶん) FG となった。このとき，折り目となる線分 FG を作図せよ。

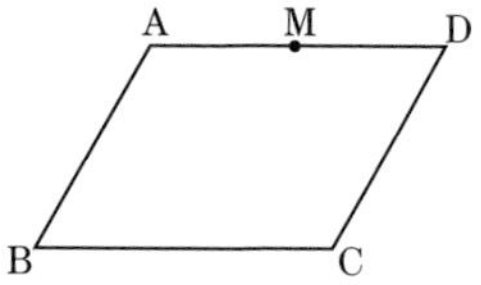

FOCUS **折り目の直線の性質を考える。**

解き方

線分 FG を対称(たいしょう)の軸(じく)として，点 B は点 M に対称移動(たいしょういどう)したと考えられる。したがって，対称の軸 FG を求めるには，線分 BM の垂直二等分線 ℓ をひけばよい。この直線 ℓ と辺 AB，BC とのそれぞれの交点が求める点 F，G である。

答え

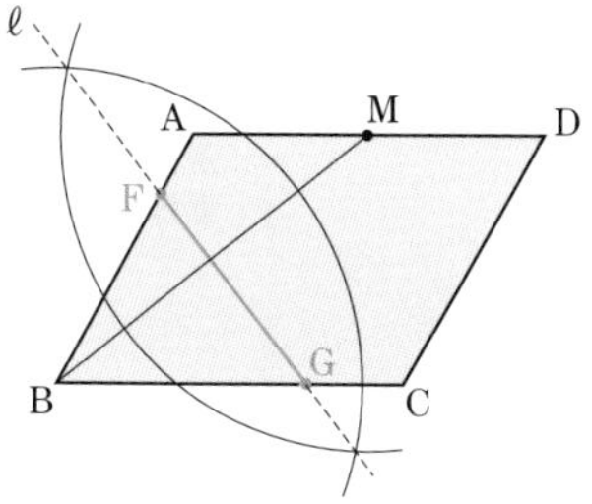

もっとくわしく

点 B と点 M は重なるので，折り目の線分 FG からの距離は等しい。
2 点から等しい距離にある点の集まりが垂直二等分線となるので，線分 BM の垂直二等分線を作図すればよい。

Return

対称移動 ➡16
対称の軸 ➡16
垂直二等分線 ➡3

学習の POINT 図形を折ると，折り目の直線を軸として，折る前の点と折った後の点は対称である。

確認問題

274 右の図のような三角形の紙がある。この三角形 ABC において，頂点 A と辺 BC 上の点 P が重なるように折りたい。折り目となる直線を，コンパスと定規を用いて作図せよ。ただし，作図に用いた線は消さずに残しておくこと。

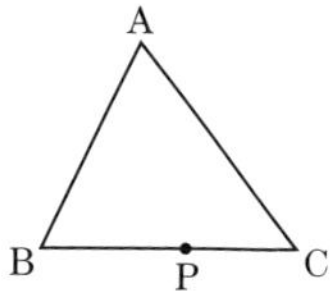

18　2つの線分の和を最小にする点を求める

右の図のように，2点A，Bと直線ℓ上を動く点Pがある。2つの線分APとBPの和が最も小さくなるときの点Pの位置をかけ。

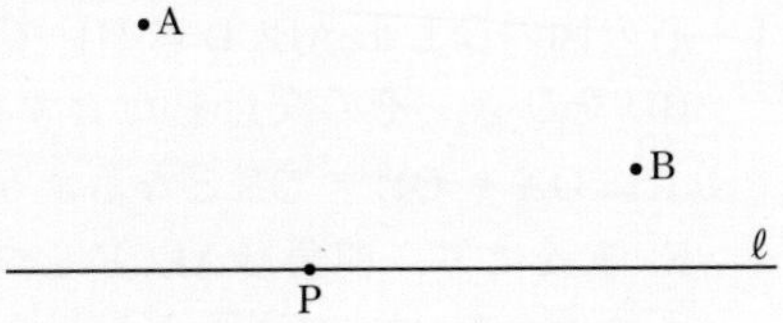

FOCUS　**AP + BPが最小のときに点Pがどのような位置になるかを考える。**

解き方

点Bを直線ℓに関して対称移動した点B′をとると，

BP = B′Pとなる。

AP + PB = AP + PB′だから，AP + BPは，このB′と点Aを結んだ線分AB′の長さと等しいときに最小となる。

したがって，求める点Pは，線分AB′と直線ℓとの交点である。

答え

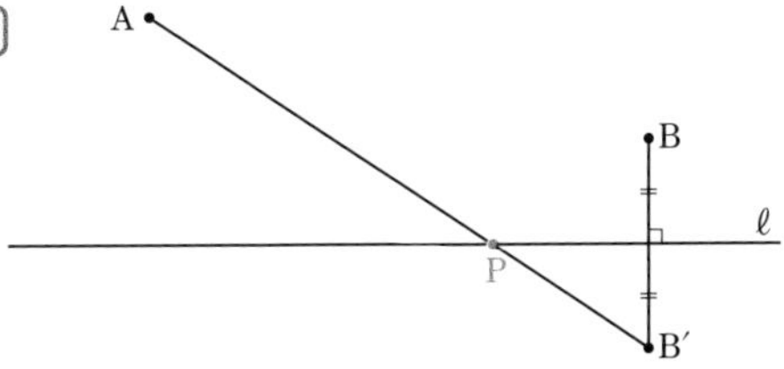

もっとくわしく

点Bと，点Bを対称移動させた点B′は，直線ℓとの距離が等しい。直線ℓは線分BB′の垂直二等分線となるので，その垂直二等分線上にある点Pとの距離も等しいといえる。

Return

対称移動 ➡16

学習のPOINT　対称移動しても，点と対称の軸との距離は変わらないことを利用する。

確認問題

275　右の図のように，半直線OA，OBと2点C，Dが与えられている。また，半直線OA，OB上を動く点をそれぞれP，Qとする。このとき，3つの線分CP，PQ，QDの和が最小になるときの点P，Qの位置をかけ。

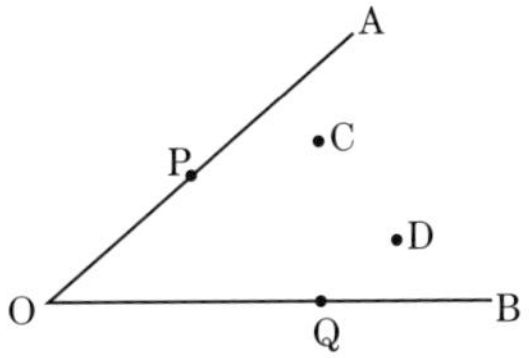

章末問題

解答 ➡p.82

100 右の図のひし形 ABCD において，対角線 AC, BD をひき，その交点を O とする。また，BD 上に OA = OE = OF となるようにそれぞれ点 E, F をとり，四角形 AECF をつくる。このときの四角形 AECF をかき入れよ。また，その図形の名前をかけ。（和歌山県）

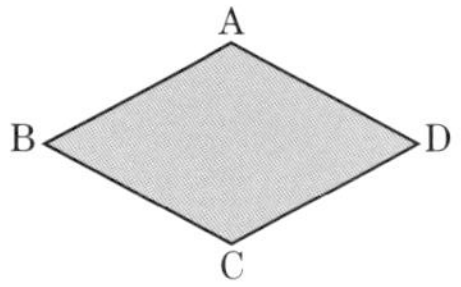

101 右の図のように，点 A を通る直線 ℓ がある。いま，A を通り，左上から右下へひかれる 2 つの直線 m, n を考える。
m は ℓ と 45° の角度で交わり，n は ℓ と 30° の角度で交わる。この直線 m, n を作図せよ。
ただし，作図に用いた線は残しておくこと。（富山県　改題）

102 右の図のように，線分 AB, BC があり，線分 AB 上に点 D がある。AB ⊥ DP, BP = CP となる点 P を定規とコンパスを用いて作図せよ。ただし，作図に用いた線は消さないこと。（秋田県）

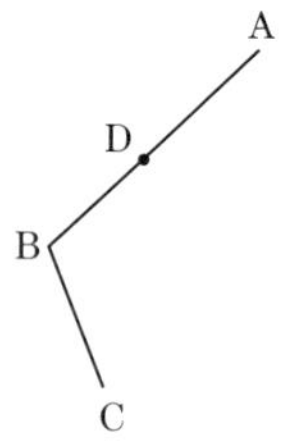

103 右の図 1 のように，長方形の紙の頂点を A, B, C, D とする。この紙を図 2 のように頂点 D を通る直線を折り目として，頂点 A が辺 BC 上にくるように折り返したとき，点 A が移動した点を A′ とする。このとき，折り目 DP を定規とコンパスを使って作図せよ。
なお，作図に用いた線は，消さずに残しておくこと。（鳥取県）

図1

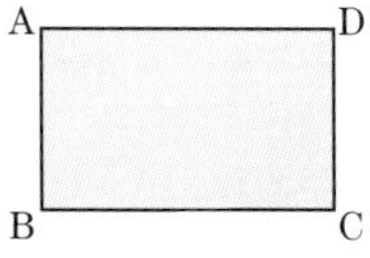

図2

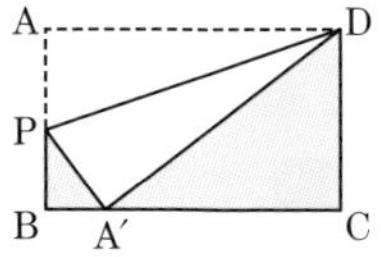

104 右の図の円Oと円周上の2点A，Bを用いて，円Oの点Aにおける接線と∠OBAの二等分線との交点Pを，定規とコンパスを用いて作図せよ。なお，作図に用いた線は消さずに残しておくこと。

（三重県）

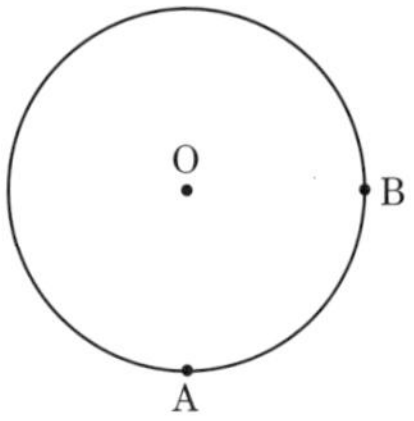

105 花子さんは，与えられた円について，その中心Oを作図するために，右のように，この円と2点で交わる直線をかいた。この続きを考え，コンパスと定規を使って，作図を完成させよ。ただし，作図に使った線は残しておくこと。

（山形県）

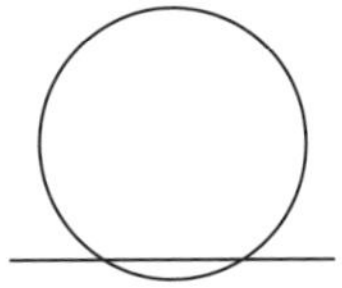

106 右の図のように，線分AB，線分ACがある。点Pは∠BACの二等分線上にある点で，頂点Aと一致しない。右に示した図をもとにして，点Pを通り，線分ABと線分ACにともに接する円の中心Oを，定規とコンパスを用いて作図によって求め，点Oの位置を示す文字Oも書け。
ただし，点Oは線分AP上にあるほうの点とする。また，作図に用いた線は消さないでおくこと。　（東京都立　併設型中高一貫教育校　改題）

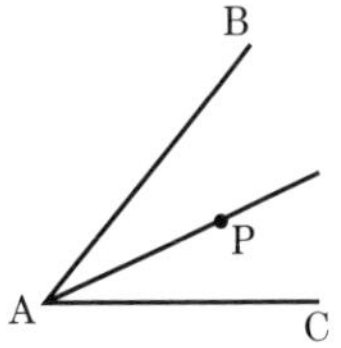

107 右の図のように，半径の等しい2つの円O，O′と直線ℓがある。直線ℓ上に中心があり，2つの円O，O′に接する円を定規とコンパスを使って1つ作図せよ。
なお，作図に用いた線も残しておくこと。

（鹿児島県）

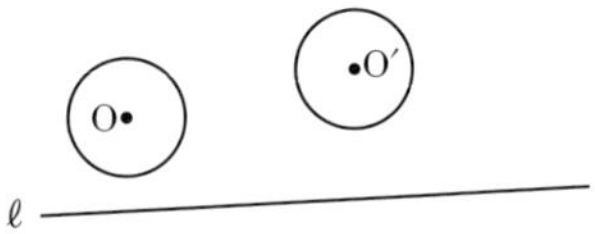

108 右の図で，点Pは点Aから出発して，矢印の向きに円Oの周上を一定の速さで移動し，点Aまでもどる点である。点Pは点Aから出発して2秒後に，点Bの位置にくる。このとき，点Aを出発してから3秒後の点Pの位置を，定規とコンパスを用いて作図せよ。ただし，作図に用いた線は消さないでおくこと。　（都立工業高専・航空工業高専）

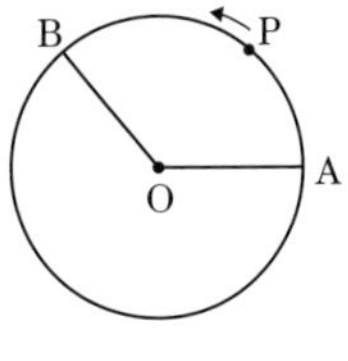

第2章 空間図形 学習内容ダイジェスト

■アイスクリームコーンの形

右の写真のようなアイスクリームコーンの包み紙を作ろうと思います。このコーンカップを逆さまにすると，右の図のような円錐と考えることができそうです。そこで，コーンカップの外側を測ってみると，底面の半径 2cm，母線の長さ 10cm でした。

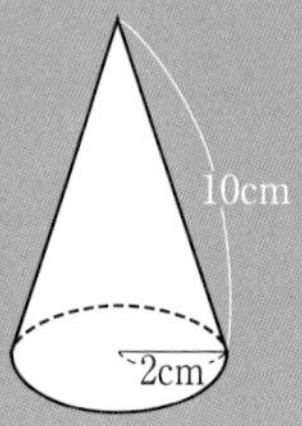

円錐の展開図のおうぎ形 ⇒P.313

おうぎ形の中心角を求める方法を学びます。

例　コーンカップの包み紙を紙で作るにはおうぎ形を切り抜く必要があります。そのおうぎ形の中心角を求めましょう。

解説　おうぎ形の弧の長さは，底面の円周の長さに等しいので，
中心角を x° とすると，

$$20\pi \times \frac{x}{360} = 4\pi$$
$$x = \frac{1}{5} \times 360$$
$$= 72$$

答え　72°

立体とその表し方（円錐の展開図） ⇒P.313

円錐の展開図のかき方を学びます。

例　コーンカップの包み紙を作ってみましょう。コーンカップの包み紙はおうぎ形になることがわかりました。このときに必要な円錐の展開図をかきましょう。

解説　半径 10cm，中心角 72° のおうぎ形である。

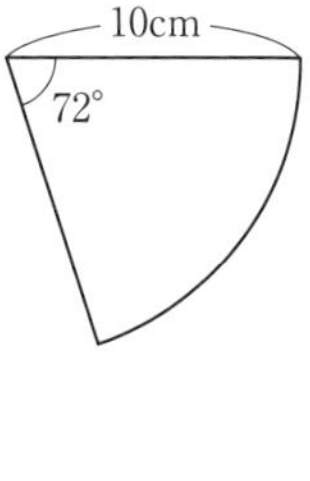

答え　右の図

立体の表面積と体積

➡P.323, 324

円錐や球(きゅう)の体積の求め方を学習します。

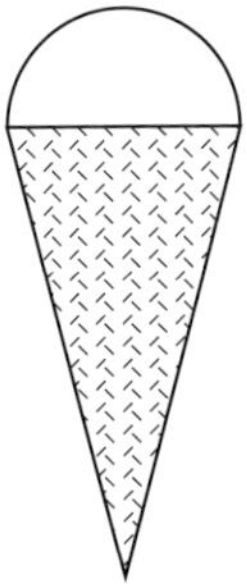

例　コーンカップの中にはどのくらいのアイスクリームを入れられるのでしょうか。そこで，右の図のようにアイスクリームをこのコーンカップに入れてみました。山盛りのアイスクリームの部分とコーンカップの中にはすべてアイスクリームを入れたとしてこのアイスクリームの体積を求めてみましょう。ただし，コーンカップの高さは9.8cmとします。

解説　まず，コーンカップの円錐の体積を求めると，

$$\pi \times 2^2 \times 9.8 \times \frac{1}{3} = \frac{39.2}{3}\pi\ (\mathrm{cm}^3)$$

一方，コーンカップの上に出ている部分は球の半分と考えられるので，

$$\left(\frac{4}{3}\pi \times 2^3\right) \times \frac{1}{2} = \frac{16}{3}\pi\ (\mathrm{cm}^3)$$

したがって，アイスクリームの体積は

$$\frac{39.2}{3}\pi + \frac{16}{3}\pi = \frac{55.2}{3}\pi\ (\mathrm{cm}^3)$$

答え　$\frac{55.2}{3}\pi\ \mathrm{cm}^3$

$\frac{55.2}{3}\pi\ \mathrm{cm}^3$ では具体的にどのくらいの体積かがわかりにくいので，

この $\frac{55.2}{3}\pi$ のおよその値(あたい)を求めてみる。

円周率を3.14とすると，$55.2 \div 3 \times 3.14 = 57.77\cdots(\mathrm{cm}^3)$ となり，

約 $58(\mathrm{cm}^3)$ のアイスクリームが入ることがわかる。

§1 立体とその表し方

19 立体の頂点，辺，面の数を求める

下の図の立体の頂点，辺，面の数をそれぞれ調べよ。

(1)
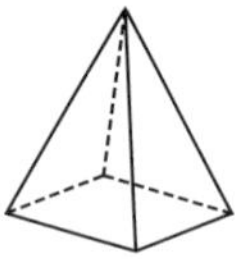
(2)
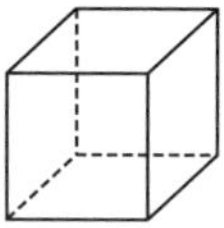
(3)
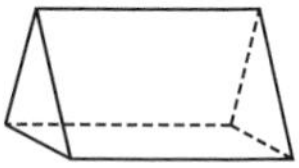

FOCUS 底面の形を確認する。

解き方

(1) 四角錐だから，底面の形は四角形である。
頂点は底面に 4 つと，上に 1 つあるから，$4+1=5$
辺は底面に 4 つと，側面に 4 つあるから，$4\times2=8$
面は底面に 1 つと，側面に 4 つあるから，$1+4=5$

(2) 立方体(四角柱)だから，底面の形は四角形である。
(頂点の数) $=4\times2=8$ (辺の数) $=4\times3=12$
(面の数) $=4+2=6$

(3) 三角柱だから，底面の形は三角形である。
(頂点の数) $=3\times2=6$ (辺の数) $=3\times3=9$
(面の数) $=3+2=5$

答え
(1) 頂点の数 5，辺の数 8，面の数 5
(2) 頂点の数 8，辺の数 12，面の数 6
(3) 頂点の数 6，辺の数 9，面の数 5

用語

角柱
(2)や(3)のような立体を角柱といい，底面の形によって三角柱，四角柱などという。

角錐
(1)のような立体を角錐といい，底面の形によって，三角錐，四角錐などという。

多面体
角柱や角錐のように，平面だけで囲まれている立体のこと。

見取図
上の例題の図のように，立体の全体の形を見やすくかいた図のことをいう。

底面，側面
図の示した面をいう。

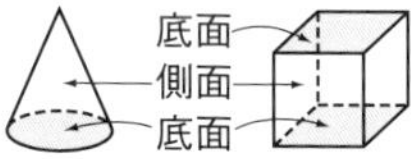

学習のPOINT

角錐
(頂点の数) = (底面の頂点の数) + 1
(辺の数) = (底面の辺の数) × 2
(面の数) = (側面の数) + 1

角柱
(頂点の数) = (底面の頂点の数) × 2
(辺の数) = (底面の辺の数) × 3
(面の数) = (側面の数) + 2

確認問題

276 下の図の立体の頂点，辺，面の数を答えよ。

(1)
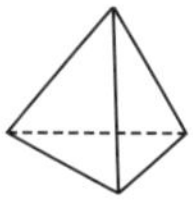
(2)
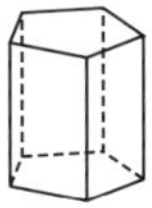
(3)
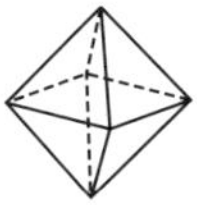

20　展開図(てんかいず)を組み立てたときの立体を考える

下の展開図を組み立てると，どんな立体ができるか。その立体の名称を答えよ。

(1)

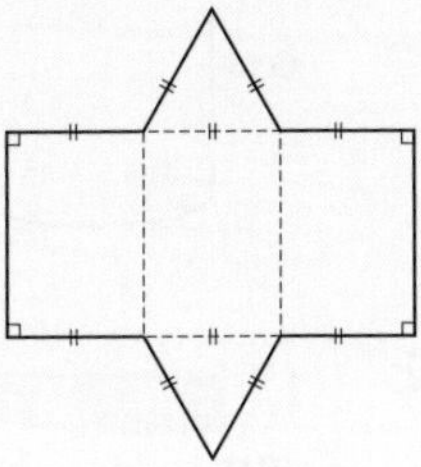

(2)

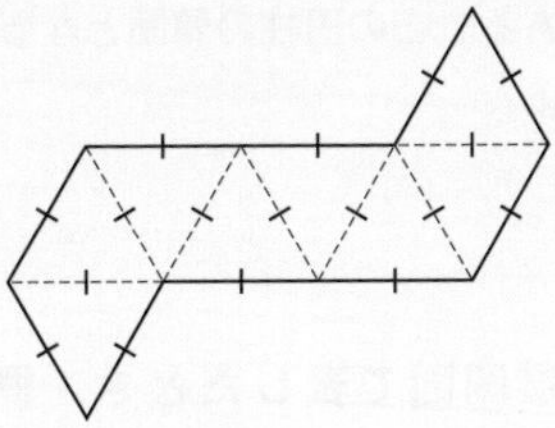

FOCUS　展開図のどの辺どうしがつながるかを考えて，できる立体を見取図に表す。

解き方

(1)　展開図は，2つの正三角形と3つの長方形である。
したがって，底面は正三角形で，側面が長方形の立体であり，この立体は正三角柱(せいさんかくちゅう)である。

(1)の図

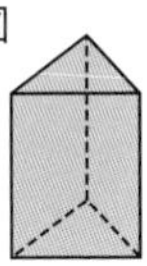

(2)　すべての面が合同な正三角形で8つあるから，この立体は正八面体(せいはちめんたい)である。

(2)の図

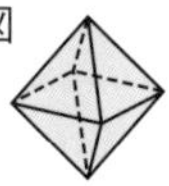

答え　(1)　正三角柱　　(2)　正八面体

学習のPOINT　展開図では，組み立てたときにどの面(辺)がどの面(辺)とつながるかを考える。

用語

正多面体(せいためんたい)
次の性質を持つ多面体を正多面体という。
①すべての面が合同な正多角形である。
②頂点に集まる面の数がすべて等しい。
③へこみのない立体である。

ここに注意

正多面体の種類
正多面体は次の5種類しかない。

正四面体

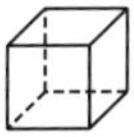
正六面体

正八面体

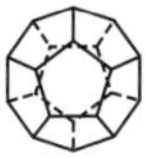
正十二面体

正二十面体

確認問題

277　下の展開図を組み立てると，どんな立体ができるか。その立体の名称を答えよ。

(1)

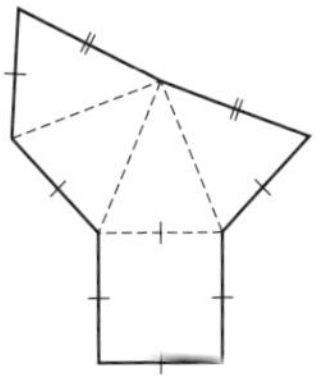

(2)

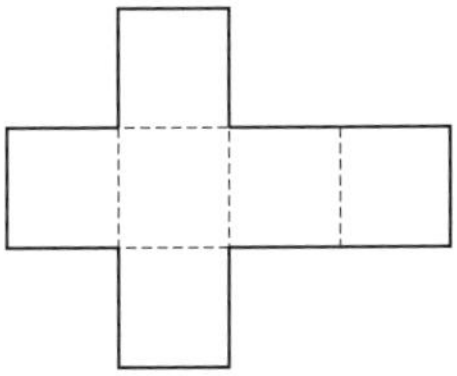

21 円柱の展開図をかく

右の図のように，底面の半径が 3cm，高さが 6cm の円柱がある。この円柱の側面となる長方形の横の長さを求めよ。

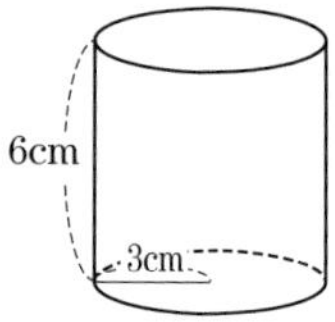

FOCUS **展開図で表したとき，側面の横の長さと等しくなるところを探す。**

解き方

円柱の底面は半径 3cm の円であり，側面は長方形である。したがって，円柱を展開図で表すと，下の図のようになる。
まず，長方形の縦の長さは，円柱の高さ 6cm に等しい。
また，長方形の横の長さは底面の円周の長さに等しいので，

$$(\text{長方形の横の長さ}) = 2\pi \times 3 = 6\pi\ (\text{cm})$$

である。

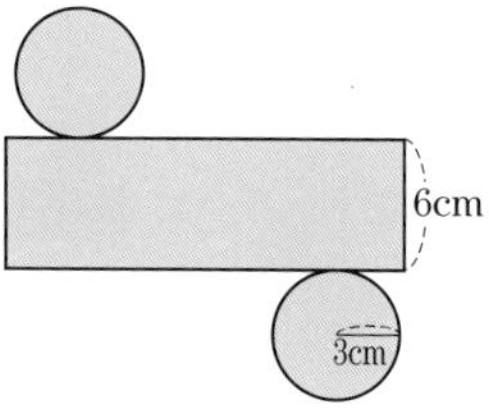

答え　6π cm

用語

円柱
下の図のように，底面が円の立体。

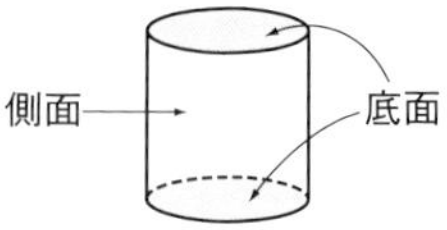

もっとくわしく

円柱は側面が平面でないので，多面体とはいわない。

学習の POINT
円柱の展開図………底面は円，側面は長方形。
長方形の縦は円柱の高さに等しく，横は円柱の底面の円周の長さに等しい。

確認問題

278 右の図のように，底面の半径が 3cm，高さが 5cm の円柱がある。この円柱の展開図をかけ。

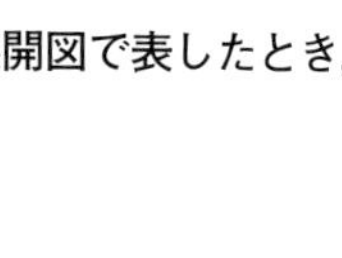

279 底面の半径が 4cm，高さが 7cm の円柱がある。この円柱を展開図で表したとき，側面となる長方形の横の長さを求めよ。

22 円錐の展開図をかく

右の図のように，底面の半径が 4cm，母線の長さが 10cm の円錐がある。この円錐の側面となるおうぎ形の中心角を求めよ。

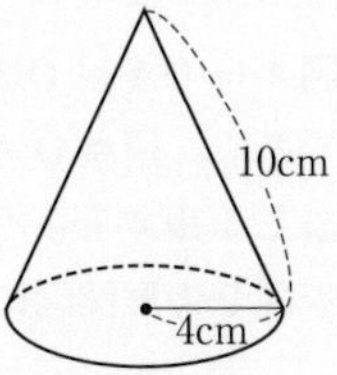

FOCUS **展開図で表したとき，側面のおうぎ形の弧の長さと等しくなるところを探す。**

解き方

円錐を展開図で表すと，下の図のようになる。

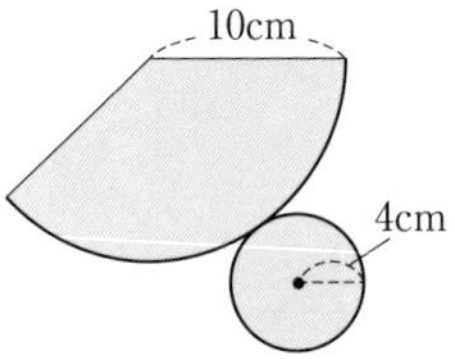

おうぎ形の弧の長さは底面の円周の長さに等しいので，

(おうぎ形の弧の長さ) $= 2\pi \times 4 = 8\pi$ (cm)

一方，おうぎ形の半径は，円錐の母線の長さに等しい。

また，中心角は，この弧の長さに比例するので，

中心角を $x°$ とすると，

$$x : 360 = 8\pi : 2\pi \times 10$$

$$x = \frac{360 \times 8\pi}{20\pi} = 144$$

答え 144°

用語

円錐
上の図のように，底面が円になっている立体。

母線
上の図で **10cm** とされている部分のように，円錐や円柱の側面をえがく線分。

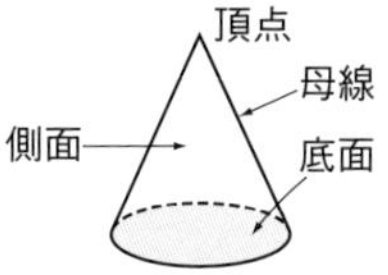

もっとくわしく

円錐は側面が平面でないので，多面体とはいわない。

Return

おうぎ形 ➡1，2
比例式 ➡式編 26

学習のPOINT
円錐の展開図………底面は円，側面はおうぎ形。
側面の弧の長さは，底面の円周の長さに等しい。

確認問題

280 右の図は，底面の半径が 2cm，母線の長さが 5cm の円錐の展開図である。おうぎ形の中心角を求めよ。

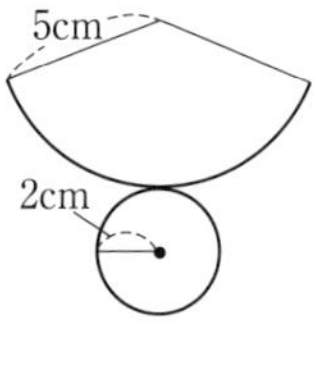

23 最短で1周するひもを展開図で表す

図1は OA = OB = OC, ∠AOB = ∠BOC = ∠COA = 90°の三角錐 OABC である。頂点 O から，この三角錐の面にそって，辺 AB，BC と交わり，頂点 O まで1周するようにひもをかける。このひもが最も短くなるとき，ひもの位置を図2の展開図にかき入れよ。

図1

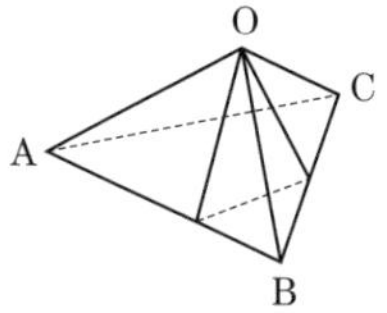

図2

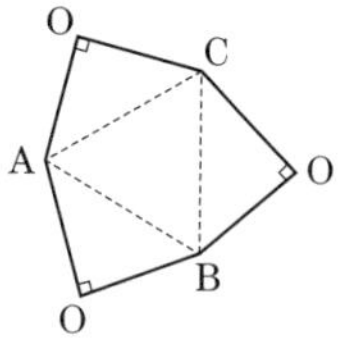

FOCUS **最も短くなるときはどのような状態になっているかを考える。**

解き方と答え

ひもが辺 AB，BC 上を通る点を E，F とする。

頂点 O から点 E，F を通って頂点 O まで1周するひもを展開図で表すと，右の**図3**のようになる。

このひもが最も短くなるのは，3つの線分の和 OE + EF + FO が最も小さくなるときである。

したがって，展開図で，3点 O，E，F が1つの直線上に並んだときに最も短くなるので，右の**図4**の実線が求める線分である。

図3

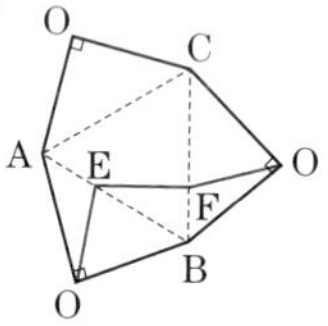

図4

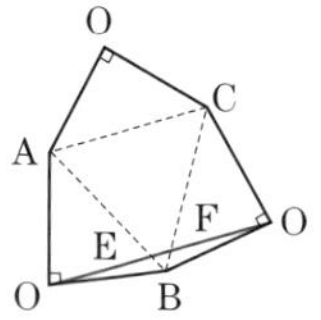

もっとくわしく

立体に最も短くなるようにひもをかけるのは，入試でもよく出る問題。立体のまま考えるのは難しいので，左のように展開図をかいてみるのがポイント。

Return

角錐 ➡19

学習のPOINT 立体図形の面上にひもをピンとはって巻きつけたようすを展開図にすると，糸は直線（線分）になる。

確認問題

281 右の図のように，底面の半径が 2cm，母線 OA の長さが 12cm の円錐がある。OA の中点を M とするとき，点 A から円錐の側面を1周して点 M にいたる最短の曲線を表す線を展開図に表せ。

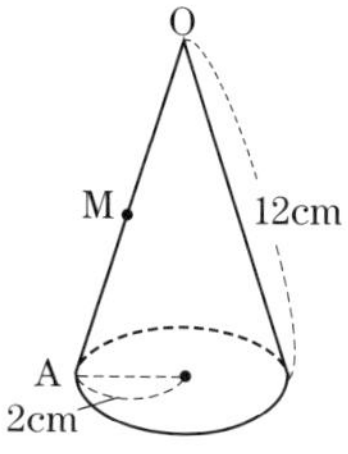

24 投影図から立体を考える

右の投影図は，下のア～エのうち，どの立体を表したものか。
あてはまる立体を 1 つ選び，記号で答えよ。

ア　イ　ウ　エ

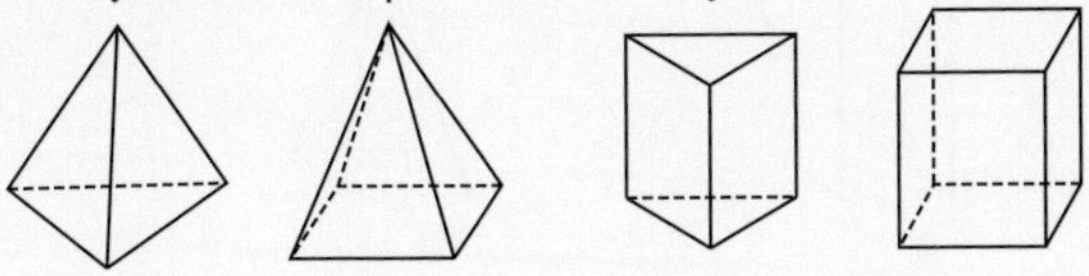

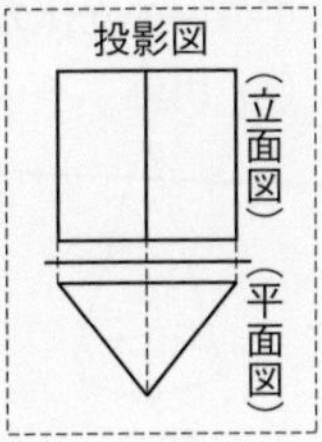

FOCUS **立面図と平面図から立体を考える。**

解き方

立面図が長方形であるから，求める立体は角錐ではない。
平面図が三角形であるから，求める立体の底面は三角形である。
したがって，求める立体は三角柱である。

答え　ウ

学習のPOINT
立面図は真正面から見た図。
平面図は真上から見た図。
側面図は真横から見た図。

もっとくわしく

投影図
立面図，平面図，側面図を合わせて投影図という。実際に見える線は実線で表し，見えない線は点線で表す。

立面図
真正面から見た図。

平面図
真上から見た図。

側面図
真横から見た図。

確認問題

282 下の投影図で表される立体の名称を答えよ。ただし，投影図の上側は立面図，下側は平面図を表す。

(1)

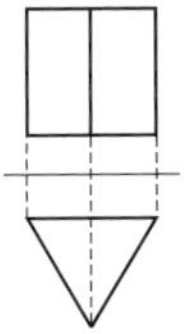

(2)

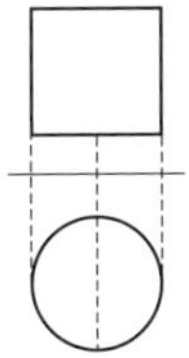

(3)

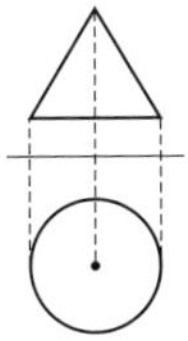

283 右の図はある立体の投影図である。
その立体の見取図をかけ。

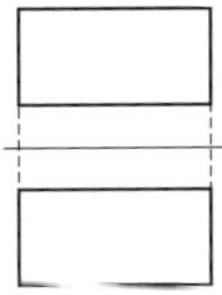

立面図
平面図

25 立体を投影図で表す

下の図の立体の投影図（立面図と平面図）をかけ。

(1) 円錐

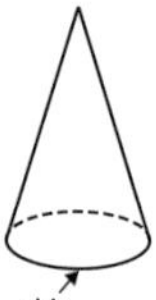

(2) 正四角柱

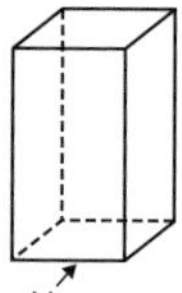

(3) 正四角錐

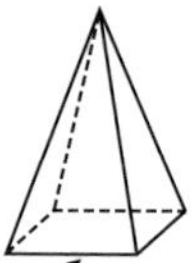

FOCUS **真正面や真上から見ると，立体がどのような形に見えるのかを考える。**

解き方

立面図は真正面から見た図，平面図は真上から見た図である。それぞれの立体について，立面図を上に，平面図を下に表すことにする。

(1) 円錐は真正面から見ると二等辺三角形，真上から見ると円である。

(2) 正四角柱は真正面から見ると長方形，真上から見ると正方形である。

(3) 正四角錐は真正面から見ると二等辺三角形，真上から見ると正方形である。

答え (1)

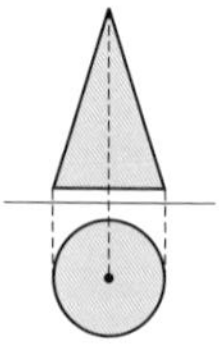

(2)

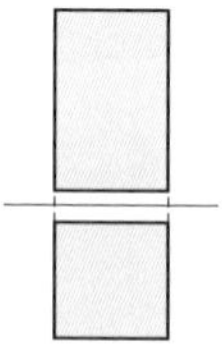

(3)

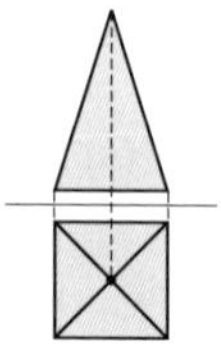

ここに注意

(1)や(3)のように，円錐や角錐の平面図には頂点を入れることを忘れないこと。

もっとくわしく

投影図は，見取図とちがって，立体の実際の長さの比を正確に図に表すことができる。

Return

投影図 ➡24
立面図 ➡24
平面図 ➡24
側面図 ➡24

学習のPOINT 立面図，平面図だけでは立体を表しきれないときには，側面図をかくとよい。

確認問題

284 円柱を右のようにおくとき，立面図，平面図，側面図をかけ。

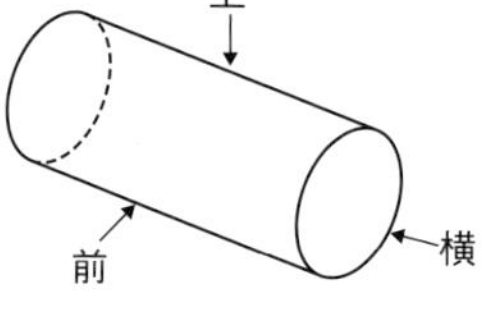

§2　面や線を動かしてできる立体

26　平面図形や線分を動かして立体をつくる

次のように平面図形や線分を動かすと，どんな立体ができるか。

(1) 正三角形をその面と垂直な方向に一定の距離だけ動かす。

(2) 右の図のように，固定した点Oから長方形の周上の点Pを通る半直線OXをひき，点Pをその周に沿ってひと周りさせる。(このときに線分OPが動いた後にできる面と，もとの長方形とで囲まれた立体)

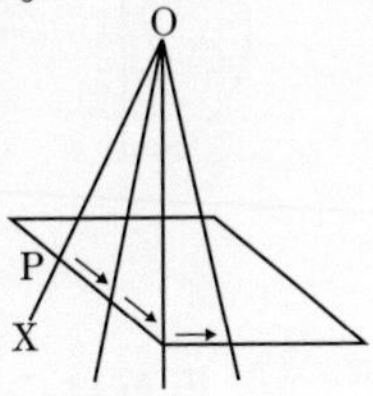

FOCUS　**面や線を動かしたとき，どんな立体ができるかを考える。**

解き方

(1) 正三角形をその面と垂直な方向に一定の距離だけ動かすと，正三角柱（せいさんかくちゅう）ができる。

(2) 長方形の周りに点Pをひと周りさせると，点Oを頂点，その長方形を底面とする四角錐ができる。

答え　(1) 正三角柱　(2) 四角錐

もっとくわしく

角柱や円柱（＊1）
多角形や円を，その面と垂直な方向に動かした距離
＝角柱や円柱の高さ
多角形の辺や円周が動いたあと…立体の側面
動かす前と動かした最後の平面図形…立体の底面

角錐や円錐（＊2）
固定した点…立体の頂点
線分OPが動いたあと…立体の側面

学習のPOINT　角柱（かくちゅう）や円柱（えんちゅう）は，多角形（たかくけい）や円を，その平面と垂直な方向に，一定の距離だけ平行に動かしたときに，その平面が通った後にできる立体である。（＊1）
固定した点Oから，多角形や円の周上の点Pを通る半直線OXをひき，点Pをその周に沿ってひと周りさせる。このとき，半直線OXが動いた後にできる面と，もとの図形で囲まれた立体は，それぞれ角錐や円錐である。（＊2）

確認問題

285 次のように平面図形や線分を動かすと，どんな立体ができるか。

(1) 正方形をその面と垂直な方向に1辺の長さだけ動かす。

(2) 右の図は，水平面に置かれた五角形の真上に合同な五角形を平行に並べ，その辺上に垂直に立てた線分PQをかいたものである。線分PQを五角形に垂直に立てたまま，その周に沿ってひと周りさせる。線分PQが動いた後にできる図形を答えよ。

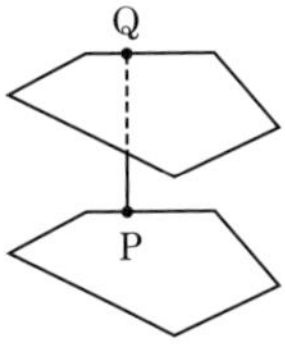

27 平面図形を回転させてできる立体の見取図（みとりず）をかく

下の図形を，直線 ℓ を軸（じく）として 1 回転してできる回転体（かいてんたい）の見取図をかけ。

(1)

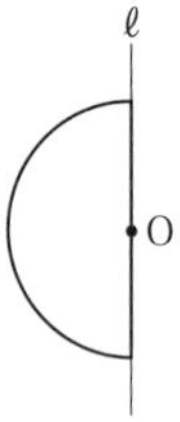

(2)

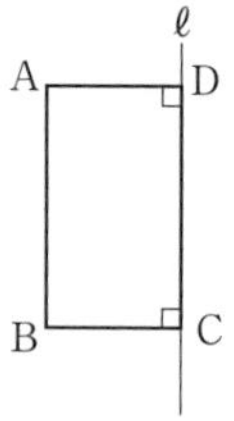

(3)

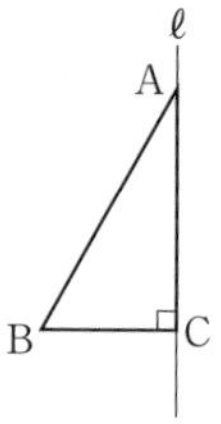

FOCUS 回転体の性質を考える。

解き方 と 答え

(1)

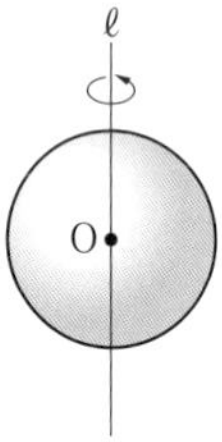

(2)

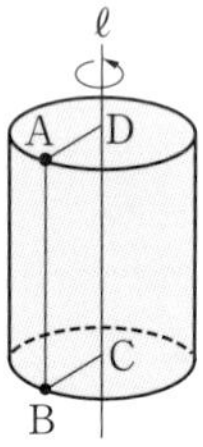

(3)

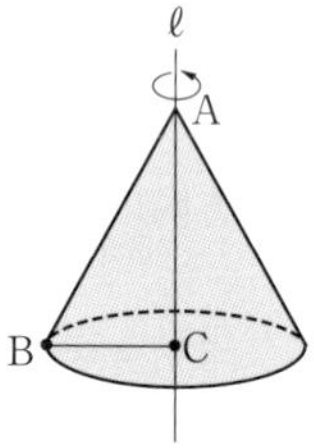

用 語

回転体
平面図形をある直線のまわりに 1 回転してできる立体。

回転の軸
左の図の直線 ℓ のように，ある直線のまわりに平面図形を 1 回転してできる立体が回転体だが，そのときの直線が回転の軸となる。

学習のPOINT

図形を回転させてできる立体の見取図をかく手順
- もとの図形を，回転の軸で対称移動（たいしょういどう）した図形をかく。
- その図形ともとの図形の対応する頂点を通るだ円をかく。
  (上の(2)，(3)の図を参照)
- 正面から見えない部分は点線でかく。

確 認 問 題

286 下の図形を，直線 ℓ を軸として 1 回転してできる回転体の見取図をかけ。

(1)

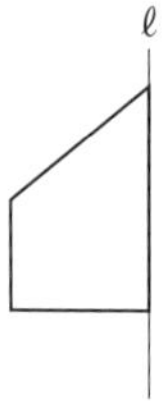

(2)

(3)

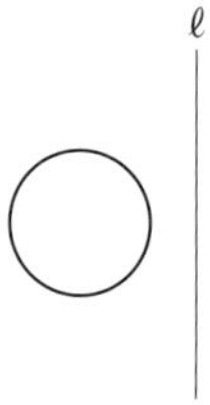

28 回転体の切り口を求める

次の立体は，それぞれどんな平面図形を回転してできたものか。図に回転の軸をかき，図形の名称も答えよ。

(1)
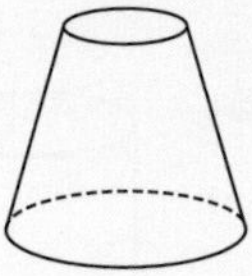

(2)
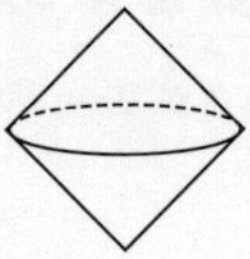

(3)
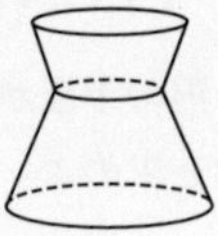

FOCUS **回転の軸をふくむ平面で切った平面図形を考える。**

Return

回転体 ➡27
回転の軸 ➡27
対称軸 ➡3
線対称な図形 ➡3

解き方
回転の軸をふくむ平面で切ったときの切り口の図形を考える。さらに，その切り口は，回転の軸に対して対称な図形になっているので，その図形を半分にする。

答え

(1)
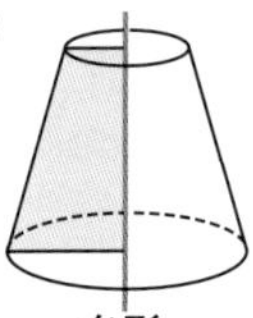
台形

(2)
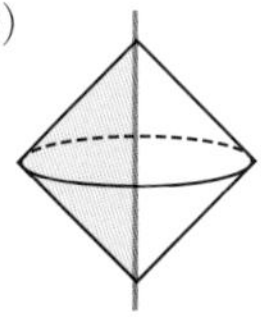
三角形

(3)

五角形

学習のPOINT
回転体を平面で切るとき，その切り口には次のような特徴がある。
- 回転の軸をふくむように切ると，その切り口は回転の軸を対称軸とする線対称な図形になる。
- 回転の軸に垂直に切ると，その切り口は回転の軸を中心とした円になる。

確認問題

287 下の図のような立体を，回転の軸に垂直な平面で切ったときの切り口をかけ。

(1)
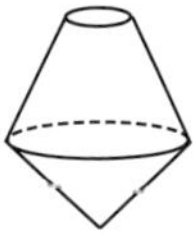

(2)
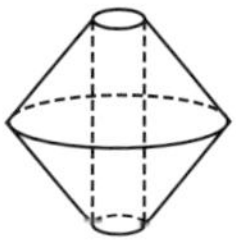

§ 3　立体の表面積と体積

29　角柱・円柱の表面積を求める

右の図は，底面の円の半径が 3cm，高さが 7cm の円柱である。
この円柱の表面積を求めよ。
ただし，円周率は π とする。

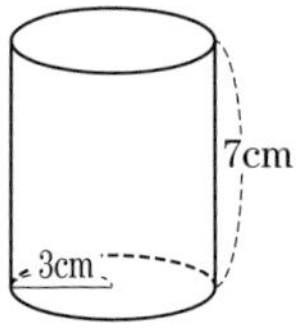

FOCUS　底面と側面がどのような形になるかを考える。

解き方

円柱の展開図は右の図のようになり，
底面は半径 3cm の円である。

$$(\text{底面積}) = \pi \times 3^2$$
$$= 9\pi\ (\mathrm{cm}^2)$$

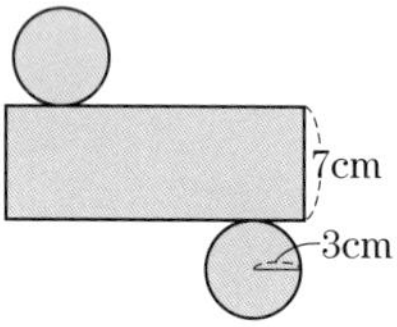

側面は，縦が高さに等しく，横が底面の円周に等しいので，
縦 7cm，横 $(2\pi \times 3)$cm の長方形である。
よって，

$$(\text{側面積}) = 7 \times (2\pi \times 3) = 42\pi\ (\mathrm{cm}^2)$$

したがって，表面積は

$$\textbf{(表面積) = (底面積) × 2 + (側面積)}$$
$$= 9\pi \times 2 + 42\pi = 60\pi\ (\mathrm{cm}^2)$$

答え　$60\pi\ \mathrm{cm}^2$

用語

表面積
立体のすべての面の面積の和
側面積
側面全体の面積
底面積
1 つの底面の面積

もっとくわしく

(角柱や円柱の表面積)
= (底面積) × **2** + (側面積)
円柱の側面は長方形である。
縦……円柱の高さ
横……底面の円周

学習のPOINT　立体の表面積や側面積を求めるときには，その立体の展開図をかいて考える。
(角柱や円柱の表面積) = (底面積) × 2 + (側面積)
= (底面積) × 2 + (角柱や円柱の高さ) × (底面の周の長さ)

確認問題

288　右の図のような三角柱の表面積を求めよ。

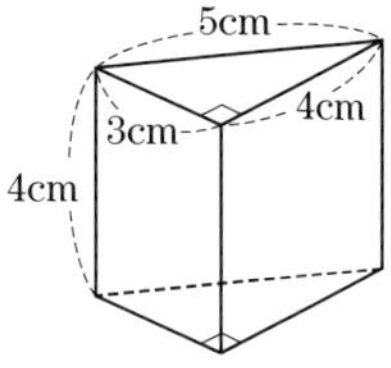

30　角錐・円錐の表面積を求める

底面の半径が 4cm，母線の長さが 12cm の円錐の表面積を求めよ。

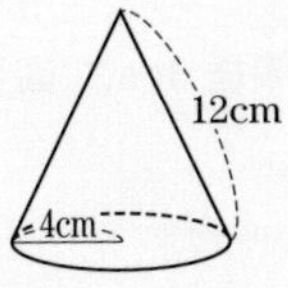

FOCUS　**底面と側面がどのような形になるかを考える。**

解き方

円錐の展開図は，下の図のようになる。

底面は半径 4cm の円であるから，

(底面積) = $\pi \times 4^2 = 16\pi$ (cm^2)

側面の展開図はおうぎ形であるから，この面積を求めればよい。半径は母線と同じなので 12cm である。

したがって，おうぎ形を円 O の一部分と考えると，その円周の長さは($2\pi \times 12$)cm である。

また，おうぎ形の弧($\overset{\frown}{AB}$)の長さは，底面の円周の長さに等しいから，($2\pi \times 4$)cm である。

おうぎ形の面積は，半径 12cm の円周の長さに対する弧の長さで求められるから，

(側面積) = $\pi \times 12^2 \times \dfrac{2\pi \times 4}{2\pi \times 12}$

= 48π (cm^2)

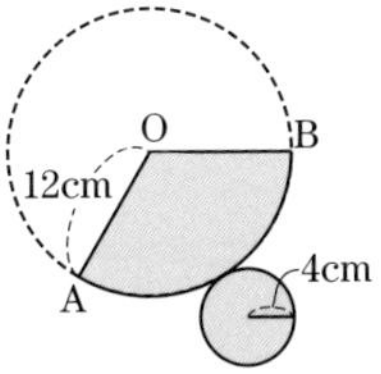

したがって，

(表面積) = (側面積) + (底面積)

= $48\pi + 16\pi = 64\pi$ (cm^2)

答え　64π cm^2

学習のPOINT　円錐の側面積は，

(円の面積) × $\dfrac{(\text{おうぎ形の弧の長さ})}{(\text{円周の長さ})}$

もっとくわしく

(円錐の側面のおうぎ形の弧の長さ)
= (円錐の底面の円周の長さ)

(角錐や円錐の表面積)
= (側面積) + (底面積)

Return

表面積 ➡29
おうぎ形の弧の長さ ➡1
おうぎ形の面積 ➡2

確認問題

289　右の図のような正四角錐の表面積を求めよ。

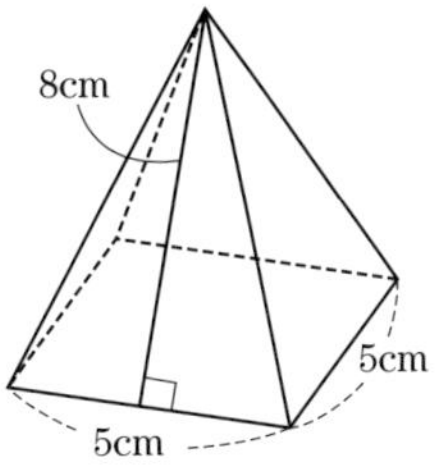

31 角柱・円柱の体積を求める

半径 3cm，高さが 5cm の円柱の体積を求めよ。

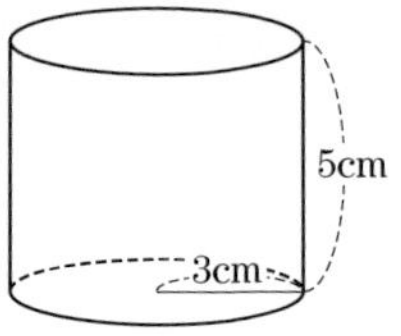

FOCUS **底面の形を考える。**

解き方

底面は円だから，

(底面積) = π × (半径)^2 より，

(円柱の体積) = π × (底面の半径)^2 × (高さ)

= $\pi \times 3^2 \times 5$

= 45π (cm^3)

答え 45π cm^3

もっとくわしく

(角柱や円柱の体積)
= (底面積) × (高さ)

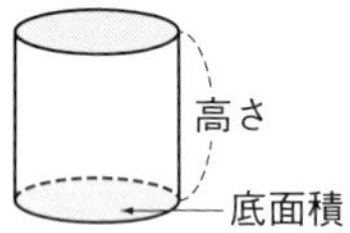

学習のPOINT
(角柱の体積) = (底面積) × (高さ)
(円柱の体積) = π × (底面の半径)^2 × (高さ)

確認問題

290 右の図のような三角柱の体積を求めよ。

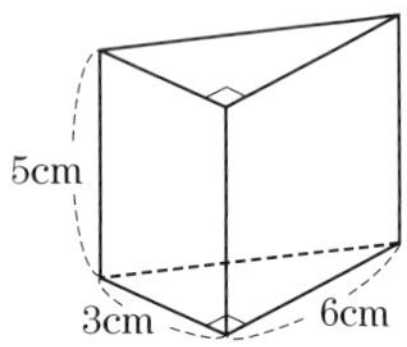

291 右の立体は，直方体を平面で切ったものである。
AB = CD = 2cm，AE = 3cm，AD = EF = 4cm
であるとき，この立体の体積を求めよ。

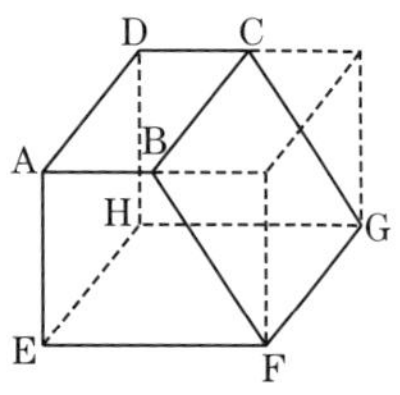

32 角錐・円錐の体積を求める

右の図のように，底面の 1 辺が 6cm，高さが 8cm の正四角錐がある。この正四角錐の体積を求めよ。

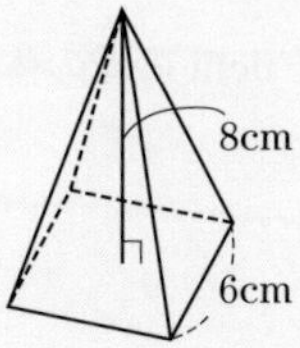

FOCUS **底面がどんな図形なのかを考える。**

解き方

正四角錐の底面は，正方形である。
したがって，その底面積は，6^2cm^2 である。

$$(\text{正四角錐の体積}) = (\text{底面積}) \times (\text{高さ}) \times \frac{1}{3}$$

$$= 6^2 \times 8 \times \frac{1}{3}$$

$$= 96(\text{cm}^3)$$

答え　96cm^3

もっとくわしく

（角錐や円錐の体積）

$= (\text{底面積}) \times (\text{高さ}) \times \frac{1}{3}$

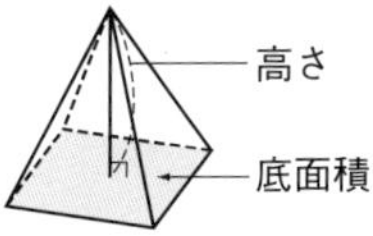

学習のPOINT

$(\text{角錐の体積}) = (\text{底面積}) \times (\text{高さ}) \times \frac{1}{3}$

$(\text{円錐の体積}) = \pi \times (\text{底面の半径})^2 \times (\text{高さ}) \times \frac{1}{3}$

確認問題

292 底面の半径が 5cm，高さが 5cm の円錐の体積を求めよ。

293 底面の 1 辺が 7cm，高さが 9cm の正四角錐がある。この正四角錐の体積を求めよ。

294 右の図のような円錐の体積を求めよ。

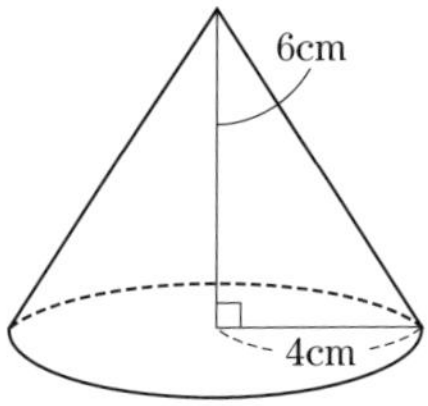

33 球の体積と表面積を求める

半径 6cm の球の体積と表面積を求めよ。

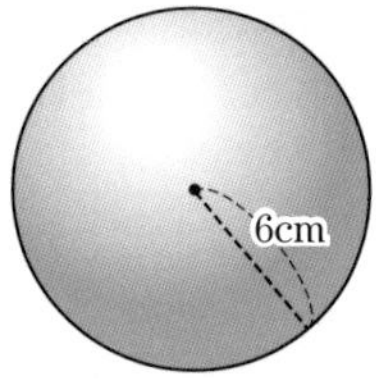

FOCUS 球の体積，表面積を求める公式を使って計算する。

もっとくわしく

(球の体積) = $\frac{4}{3}\pi r^3$
(球の表面積) = $4\pi r^2$

解き方

球の体積は

$\frac{4}{3}\pi \times 6^3 = 288\pi$ (cm³)

また，球の表面積は

$4\pi \times 6^2 = 144\pi$ (cm²)

答え　体積… 288π cm³　表面積… 144π cm²

学習のPOINT 球の体積の求め方と球の表面積の求め方は，以下のように公式としておぼえておくとよい。

(球の体積) = $\frac{4}{3}\pi r^3$
(球の表面積) = $4\pi r^2$

確認問題

295 半径 9cm の球の体積と表面積を求めよ。

296 半径 4cm の球を 2 等分した立体の体積と表面積を求めよ。

297 右の図は，1 辺の長さが 3cm の正方形 ABCD から点 A を中心とする半径 2cm の円の 4 分の 1 を取りのぞいた図形である。この図形を，直線 AB を軸(じく)として，1 回転させてできる立体の体積を求めよ。

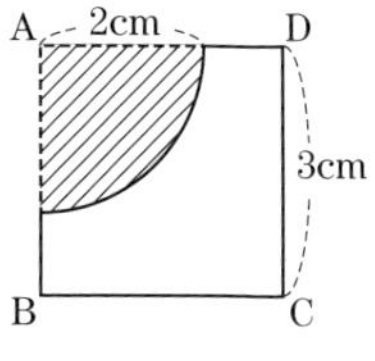

§4 空間における平面と直線

34 立方体(りっぽうたい)の辺の位置関係を調べる

右の図の立方体 ABCD − EFGH について，次の問いに答えよ。

(1) 辺 AB と平行な辺をすべて答えよ。

(2) 辺 AB と垂直な辺をすべて答えよ。

(3) 辺 AE とねじれの位置にある辺をすべて答えよ。

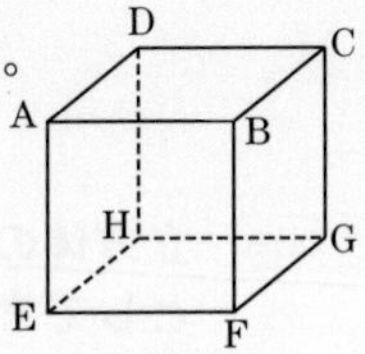

FOCUS **各辺に対して，どのような位置関係にある辺かを考える。**

解き方

(1) 辺 AB と平行な辺を求めるためには，辺 AB をふくむ平面 ABCD，ABFE，ABGH の 3 つを考えればよい。

(2) 辺 AB と垂直な辺を求めるためには，辺 AB をふくむ平面 ABCD，ABFE の 2 つを考えればよい。

(3) 辺 AE とねじれの位置にある辺は，辺 AE と平行でなく，しかも，交わらない辺である。
まず，辺 AE に平行な辺を考えると，辺 BF，辺 CG，辺 DH の 3 つである。次に，辺 AE と交わる辺は，辺 AB，辺 AD，辺 EF，辺 EH の 4 つである。
したがって，残りの辺が，辺 AE とねじれの位置にある。

答え
(1) 辺 DC，辺 EF，辺 HG
(2) 辺 AD，辺 BC，辺 AE，辺 BF
(3) 辺 BC，辺 CD，辺 FG，辺 GH

用語

ねじれの位置
空間内で，平行でなく，交わらない 2 直線のことをねじれの位置にあるという。

もっとくわしく

空間での 2 直線 ℓ，m の位置関係

ℓ と m が同じ平面上にある場合。
・ℓ と m は交わる。
ℓ と m が 90° で交わる場合，ℓ と m は垂直に交わるといい，$\ell \perp m$ と表す。
・ℓ と m は交わらない。
2 直線 ℓ，m は平行であるといい，$\ell \parallel m$ と表す。

ℓ と m が同じ平面上にない場合。
ℓ と m は交わらない（ℓ と m はねじれの位置にある。）

学習のPOINT ねじれの位置にあるかどうかは，平行でなく，延長しても交わらないことを調べる。

確認問題

298 右の図の正五角柱(せいごかくちゅう) ABCDE − FGHIJ について，次の問いに答えよ。

(1) 辺 AF に平行な辺をすべて答えよ。

(2) 辺 AB に垂直な辺をすべて答えよ。

(3) 辺 AB とねじれの位置にある辺は何本あるか。

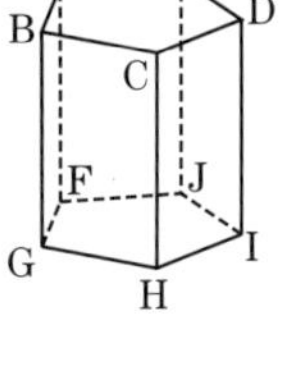

35 立方体の面に平行な辺や垂直な辺を調べる

右の図の立方体について，次の問いに答えよ。

(1) 面 ABCD に平行な辺を答えよ。

(2) 面 ABCD に垂直な辺を答えよ。

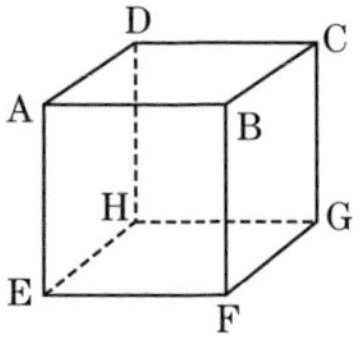

FOCUS **立方体の辺や面は，それぞれ直線や平面として考える。**

解き方

(1) 辺や面をそれぞれ直線，平面と考えると，面 ABCD に平行な辺は，延長してもその面と交わらない直線であるから，辺 EF，辺 FG，辺 GH，辺 HE である。

(2) 面 ABCD 上の辺 AB，辺 BC，辺 CD，辺 DA に対して，垂直な直線を見つけると，辺 AE，辺 BF，辺 CG，辺 DH である。

答え (1) 辺 EF，辺 FG，辺 GH，辺 HE
(2) 辺 AE，辺 BF，辺 CG，辺 DH

用語

平面に平行な直線
平面と交わらない直線。

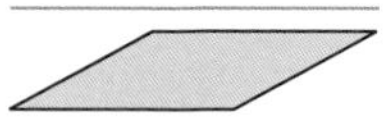

平面に垂直な直線
平面上にあるどの直線にも垂直である直線。

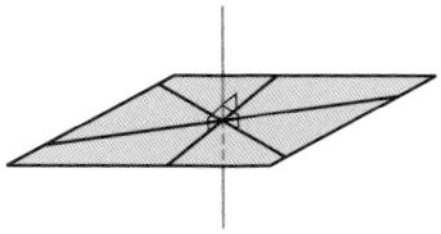

学習の POINT 平面 P と直線 ℓ が交わっており，その交点を通る P 上の 2 直線と ℓ が垂直であれば，ℓ は，交点を通る P 上のすべての直線に対して垂直である。

確認問題

299 右の図の三角柱について，次の問いに答えよ。

(1) 面 ABC に平行な辺を答えよ。

(2) 面 ABC に垂直な辺を答えよ。

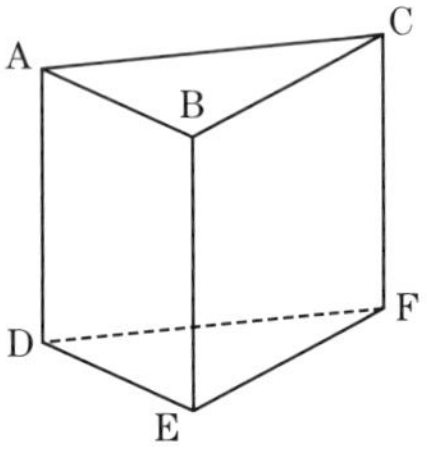

300 右の図の正五角柱 ABCDE − FGHIJ について，次の問いに答えよ。

(1) 面 ABGF に平行な辺をすべて答えよ。

(2) 面 ABCDE に垂直な辺をすべて答えよ。

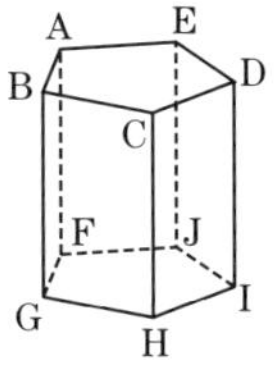

36　2つの平面の作る角の大きさを求める

右の図は正三角柱(せいさんかくちゅう) ABC − DEF である。次の問いに答えよ。

(1) 面 ABC に平行な面を答えよ。

(2) 面 ABED に垂直な面をすべて答えよ。

(3) 面 ABED と面 BCFE との作る角の大きさを求めよ。

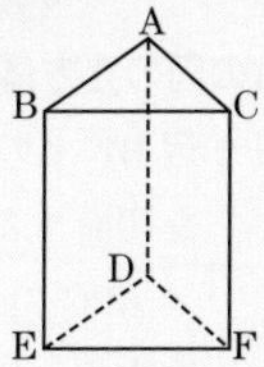

FOCUS　**2つの面の位置関係を考える。**

解き方

(1) 面 ABC に平行な面は，平面 ABC と交わらない平面である。それは，面 DEF だけである。

(2) 面 ABED に垂直な平面は，面 ABC と面 DEF である。

(3) 面 ABED と面 BCFE との作る角の大きさは，2つの辺 AB と辺 BC の作る∠ ABC の大きさに等しい。
底面の△ ABC は正三角形であるから，
∠ ABC = 60°
したがって，面 ABED と面 BCFE との作る角の大きさは 60°

答え　(1) 面 DEF
(2) 面 ABC，面 DEF
(3) 60°

もっとくわしく

2つの平面の位置関係
2つの平面は交わるか交わらないかのどちらかである。
・交わる
交わったときにできる直線を交線という。
・交わらない
2つの平面は平行であるという。

2平面の作る角
交わる2つの平面 **P**，**Q** に対して，**P** と **Q** との作る角の大きさは下の図で∠ **BAC** のことである。

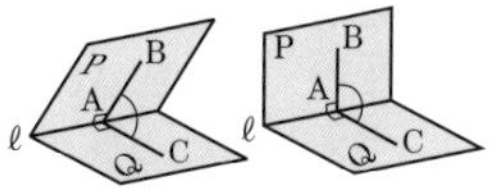

2平面の垂直
2平面 **P**，**Q** の作る角度が **90°** であるとき，**P** と **Q** は垂直であるといい，**P ⊥ Q** と表す。

学習のPOINT　角柱の場合，2つの側面の作る角は底面の2辺の作る角に等しい。

確認問題

301 右のような展開図(てんかいず)を組み立てて立方体をつくるとき，次の問いに答えよ。

(1) アの面に平行である面はどれか。イ～カの記号で答えよ。

(2) アの面に垂直な面はどれか。イ～カの記号ですべて答えよ。

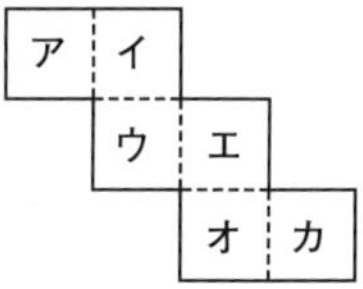

37 立方体の切り口の図形を求める

右の図の立方体を面 ABCD の対角線 AC をふくむ平面で切るとき，次の問いに答えよ。

(1) 辺 BF 上の点 P と，対角線 AC をふくむ平面で立方体を切断する。点 P が辺 BF 上を B から F まで動くとき，∠ APC の大きさはどのように変わるか。

(2) 次の平面図形の中で，対角線 AC をふくむ平面で切断するとき，その切り口に出てこない図形をすべてあげよ。

正方形，長方形，五角形，台形，ひし形，六角形

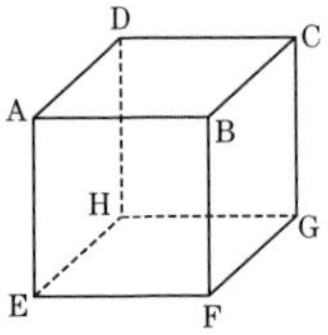

FOCUS　切り口がどのような図形なのかを考える。

解き方

(1) 点 P が辺 BF 上にあるときは，AP = CP をみたしながら動くので，△ APC は二等辺三角形である。また，∠ APC は 90°以下。

(2) 対角線 AC をふくむ平面は，立方体の 6 面のうち，多くとも 4 つの面しか通ることができない。つまり，平面と平面の交わりが直線になるので，4 つの辺をもつ図形までしかできない。したがって，五角形，六角形は切り口として出てこない。

また，対角線 AC は立方体の面上で最大の長さの線分である。この長さを 4 辺にもったり，となりあう辺にもつ四角形は作ることができないので，正方形やひし形も切り口として出てこない。

長方形は点 G，E を通るように切るとできる。台形はたとえば，辺 EF と辺 FG 上にそれぞれ点 I，J をとり，点 I，J を通るように切るとできる。

答え　(1) ∠ APC の大きさは，90°からだんだん小さくなって 60°になる。

(2) 正方形，五角形，ひし形，六角形

用語

切断
立体を平面で切ること。

切断面
立体を平面で切ったときの切り口。

もっとくわしく

・平面と平面の交わり（交線）は直線である。

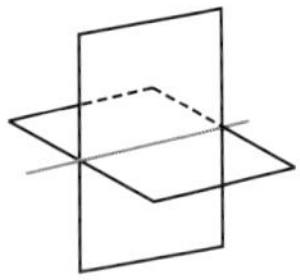

・2 つの平行な平面に交わる平面とでできる 2 つの交線は，平行である。

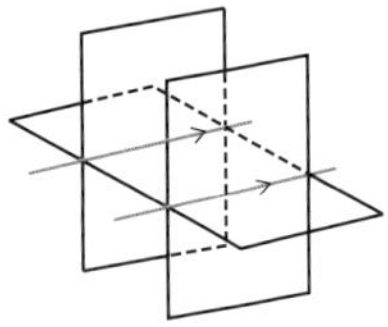

学習の POINT　具体的にいろいろな図をかいて，切り口を考えてみる。

確認問題

302 立方体を平面で切るとき，切り口に次のような平面図形を出すにはどのように切るとよいか。

(1) 正三角形　(2) 正方形　(3) 台形　(4) 五角形　(5) 六角形

38　立方体(りっぽうたい)の切り口の図形をかく

右の図は，立方体の見取図で，点 P は辺 CG を 3 等分している点である。ほかの辺上の各点もそれぞれ辺を 3 等分している。この立方体を 3 点 D，P，F を通る平面で切ったとき，その切り口の図形の辺を図にかき入れよ。

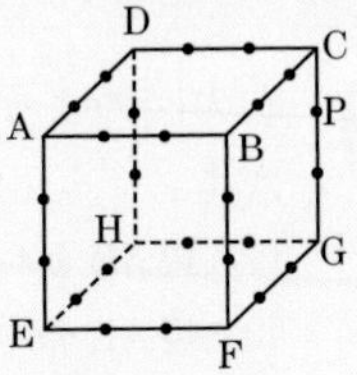

FOCUS　**切り口がどの点を通るのかを考える。**

解き方

まず，線分(せんぶん) DP をかく。
すると，面 DCGH と面 ABFE は平行であるので，これらの面と交わる平面の切り口の辺も平行である。したがって，面 ABFE 上で点 F を通り，辺 DP と平行な辺が切り口の辺である。
同様に，面 ADHE 上で点 D を通り，辺 PF と平行な辺が切り口の辺である。
これらは辺 AE 上でそれを 3 等分する点で交わる。
したがって，3 点 D，P，F を通る切り口は，四角形である。これらの辺をかくと下の図になる。

答え

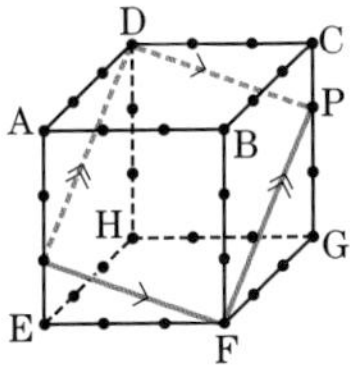

ここに注意

立体のかげになって見えない線分は実線ではなく点線でかくこと。

もっとくわしく

・平面と平面の交わり（交線(こうせん)）は直線である。
・2 つの平行な平面に交わる平面とでできる 2 つの交線は，平行である。

Return

切り口の図形 ➡37

学習のPOINT　次の性質をもとに切り口の図形をかく。
・平面と平面の交わり（交線）は直線である。
・2 つの平行な平面に交わる平面とでできる 2 つの交線は，平行である。

確認問題

303　上の例題で，辺 CG を 3 等分する点で，点 P ではない点を Q とする。3 点 D, Q, F を通る平面で切ったとき，その切り口の図形の辺を図にかき入れよ。

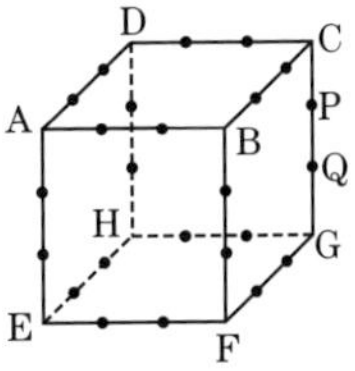

章末問題

解答 ➡p.83

109 右の図のような正八面体 ABCDEF について，次の(1)～(2)の各問いに答えよ。（佐賀県　改題）

(1) 辺 AB とねじれの位置にある辺は何本あるか。

(2) 辺 AE の中点を M とし，正八面体 ABCDEF を 3 点 B，C，M を通る平面で切ったとき，切り口はどのような図形になるか。

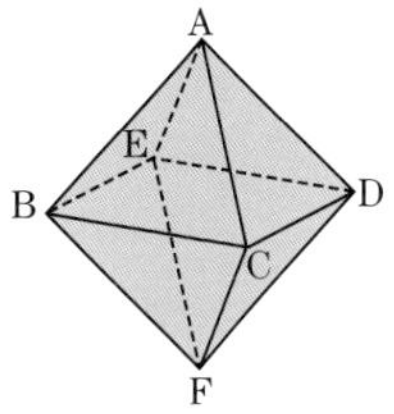

110 下の①～④は，立方体の見取図である。図のように，立方体の辺の中点と頂点のうちの 3 点 A，B，C をとる。①～④の中に，三角形 ABC が二等辺三角形になるものがある。それはどれか。その番号を書け。（広島県）

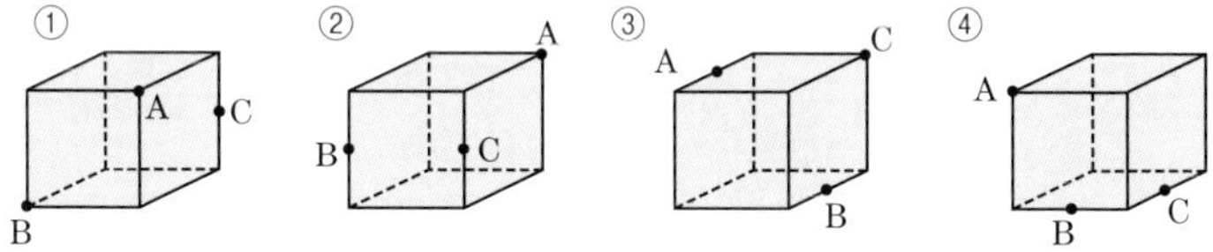

111 右の図のような，底面が半径 3cm の円で，母線の長さが 8cm の円錐がある。この円錐の展開図をかくとき，円錐の側面となるおうぎ形の中心角を求めよ。また，このおうぎ形の面積を求めよ。(円周率は π を用いること。)（愛媛県）

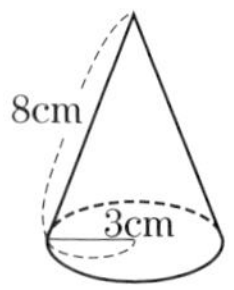

112 右の図のように，「鳥」，「取」という文字が書かれている立方体の展開図として正しいものを，右の**ア**～**エ**から 1 つ選び，記号で答えよ。（鳥取県）

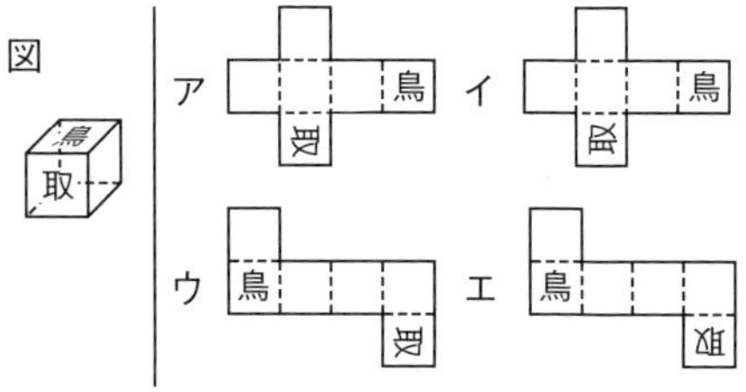

113 右の図のように，底面の半径が3cmの円錐を，頂点Oを固定して，滑らないように水平な机の上を同じ方向に転がしたところ，円錐はちょうど3回転して元の位置にもどった。このとき，次の問いに答えよ。（山梨県）

(1) この円錐の母線の長さを求めよ。

(2) この円錐の表面積を求めよ。

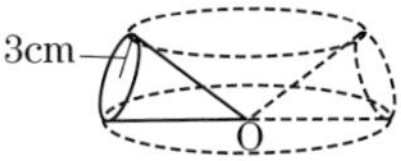

114 右の図は，底辺6cm，高さ8cmの直角三角形を高さの $\frac{1}{2}$ のところで切り取ってできた台形である。この台形を，直線 ℓ を軸として1回転したときにできる立体の体積を求めよ。（ただし，円周率は π とする。）（富山県　改題）

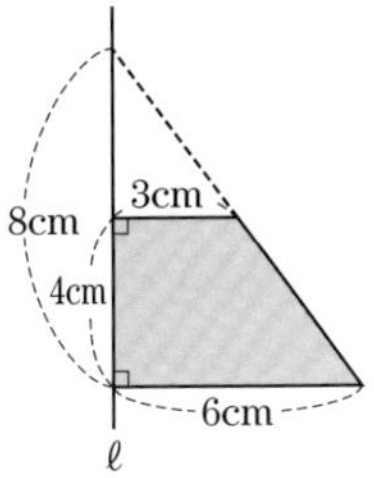

115 思考力

右の図1で，四角形OABCは1辺の長さが6cmの正方形である。

右の図2は，図1において，辺OAの中点をD，辺ABの中点をEとし，頂点Cと点D，頂点Cと点E，点Dと点Eをそれぞれ点線で結んだ場合を表している。

四角形OABCを，3つの頂点O，A，Bが重なるように，線分CD，線分DE，線分ECで折り，三角すいを作る。

この三角すいの体積は何 cm^3 か。（都立西）

図1

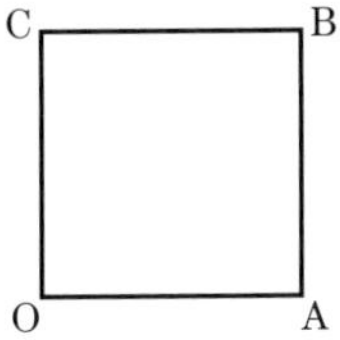

図2

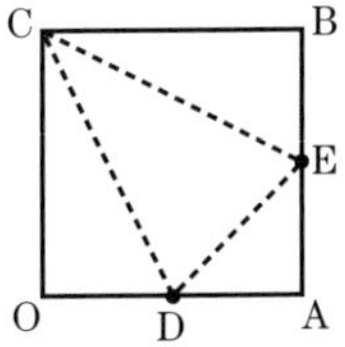

116 次の投影図で表された立体の見取図をかけ。

(1)

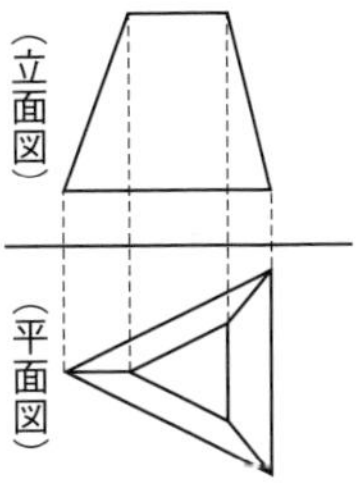

(2)

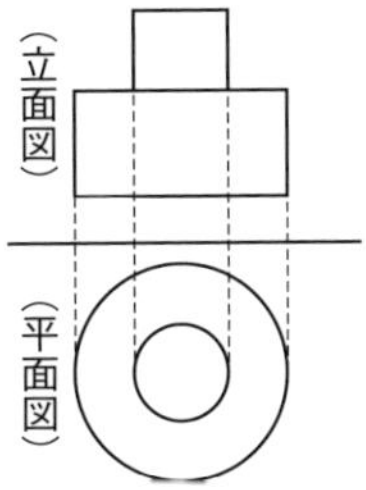

(3)

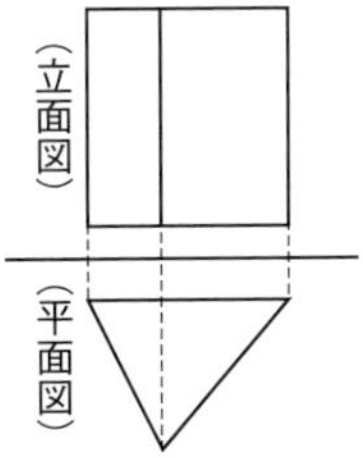

STEP UP ステップ アップ

なぜ正多面体は5種類だけなのか

正多面体とは，
「すべての面が1種類の合同な正多角形になっていて，それぞれの頂点に集まる面の数は等しく，へこみのない立体」(条件＊)
のことです。
面の形について考えてみましょう。正多面体の面の形は，正三角形，正方形，正五角形に限られます。それはなぜでしょうか。
1つの頂点には3つ以上の面が集まることが必要です。2つの面だけでは隙間が空いてしまい，立体を組み立てることができないからです。正六角形よりも頂点の数が多い正多角形は1つの頂点に3つ以上の面を集めることができません。例えば，正六角形では1つの内角が120°なので，1つの頂点に集まるように3つ並べると平面になってしまい立体になりません。(下の図参照)また，正七角形を1つの頂点に3つ集めた場合には，面が重なってしまい，立体を作ることができません。

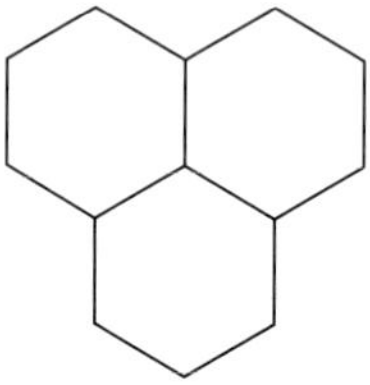

3つの正六角形を1つの頂点に集めた図

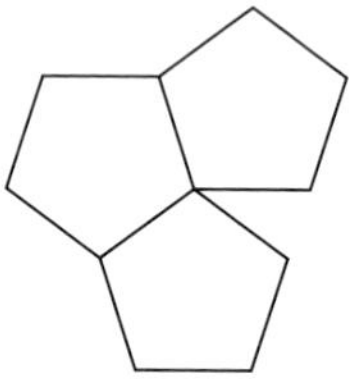

3つの正五角形を1つの頂点に集めた図

したがって，1つの頂点に集まる正多角形とその数は，

正三角形の場合	3つ，4つ，5つ
正方形の場合	3つ
正五角形の場合	3つ

だけになります。これらをもとにして条件(＊)を満たす立体を作ると，正四面体，正八面体，正二十面体，立方体(正六面体)，正十二面体の5種類しか作ることができないのです。

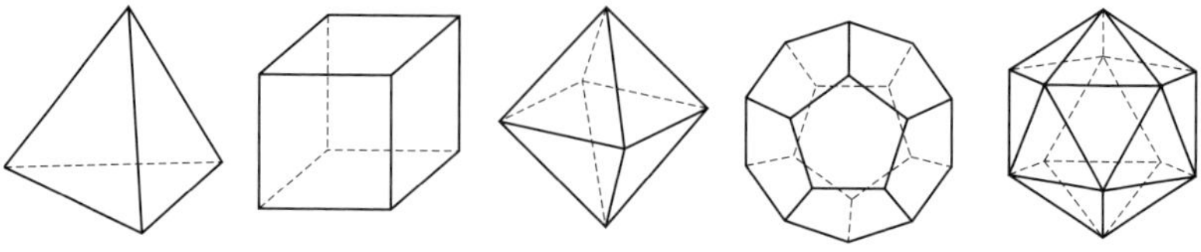

正四面体　　立方体(正六面体)　　正八面体　　正十二面体　　正二十面体

STEP UP ステップ アップ

オイラーの多面体定理

下の表は，多面体の頂点，辺，面の数をそれぞれ書き込んだものです。
デルタ多面体はすべての面が正三角形で作られたものです。

	頂点の数	辺の数	面の数
正四面体	4	6	4
立方体	8	12	6
正八面体	6	12	8
六角柱	12	18	8
八角錐	9	16	9
デルタ六面体	5	9	6
デルタ十面体	7	15	10

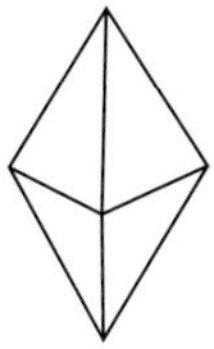
デルタ六面体

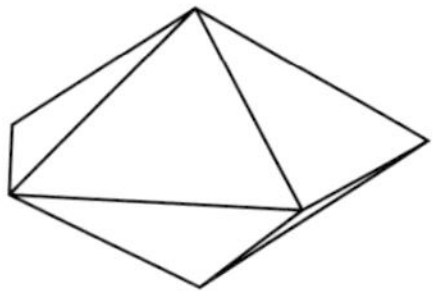
デルタ十面体

上の多面体の，頂点，辺，面の数の間には，

(頂点の数) − (辺の数) ＋ (面の数) ＝ 2 (＊＊)

という等式が成り立っています。この関係を「オイラーの多面体定理」といいます。

①正十二面体，正二十面体の場合にも，等式(＊＊)が成り立つことを確認してみよう。

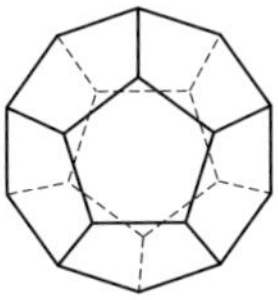

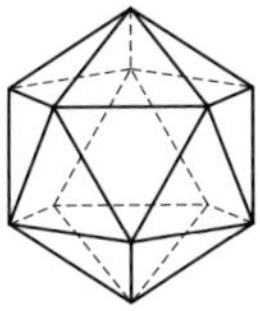

②下記の立体のとき，辺，面，頂点の数を数えて，等式(＊＊)が成り立つかどうかを調べてみよう。

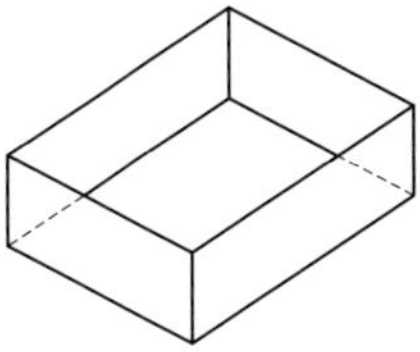
ふたのない直方体

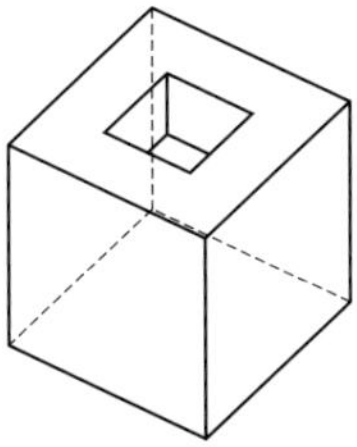
穴の開いた立方体

数学的活用

2年生で学ぶ図形の世界

図形の性質を証明する方法

1年生の平面図形では，対称な図形の性質やいろいろな図の作図について学習しました。2年生では，三角形や四角形，円の性質を，根拠を明らかにしながら説明していく方法，「証明」について学習します。

図形の性質を調べる

右の図1は，線分AC，BDがそれぞれの中点とするOで交わり，AとB，CとDをそれぞれ線分で結んだものです。

図1

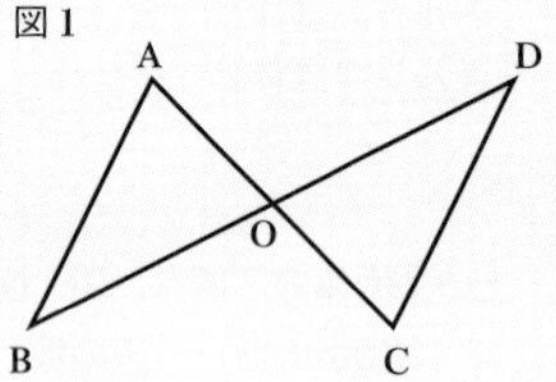

1年生 2 3

対称の中心はどこ？

>>> P.291 点対称な図形

図1は点対称な図形です。対称の中心はどれでしょう。

解答 点Bに対応する点はDで，Oは線分BDを2等分するから，対称の中心はOである。
答え　点O

1 2年生 3

対頂角が等しいことを確認する

>>> P.338 対頂角の性質

図1で∠AOBと∠CODのように向かい合う角のことを対頂角といいます。この対頂角は等しくなっています。これを確認しましょう。

解答

∠AOB＋∠AOD＝180°　だから

　　∠AOB＝180°－∠AOD

∠AOD＋∠COD＝180°　だから

　　∠COD＝180°－∠AOD

したがって，∠AOB＝∠CODが成り立つので，対頂角は等しい。

合同を証明する

>>> P.356　証明

あることがらが成り立つことを，筋道を立てて明らかにすることを学びます。これを「証明」といいます。図1で，△OABと△OCDは互いに合同な三角形になります。このことを証明しましょう。

証明

△OABと△OCDにおいて，対頂角は等しいので
　∠AOB＝∠COD
仮定から，点Oは線分AC，BDのそれぞれの中点だから
　OA＝OC，OB＝OD
したがって，2組の辺とその間の角がそれぞれ等しいので
　△OAB≡△OCD

平行四辺形になることを証明する

>>> P.373　平行四辺形の証明

図1において，BとC，DとAをそれぞれ線分で結ぶと，右の図のような四角形ABCDができます。この四角形は平行四辺形になります。このことを証明しましょう。

図2

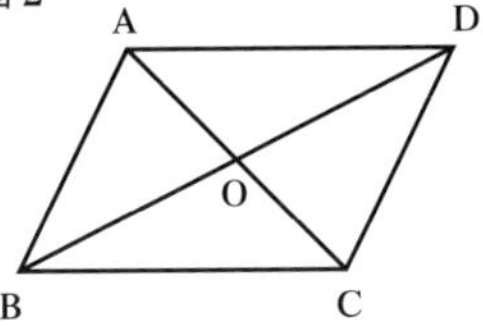

証明

上の証明から，△OAB≡△OCDである。
合同な三角形の対応する角の大きさは等しいので
　∠OAB＝∠OCD
錯角が等しいので
　AB//DC
同様に△OAD≡△OCBで，∠OAD＝∠OCBなので
　AD//BC
したがって，2組の辺が平行であるから四角形ABCDは平行四辺形である。

等しい面積をみつける

>>> P.376　平行線と面積

図2において，△ABCと面積が等しい三角形をみつけましょう。

解答

上の証明から，四角形ABCDは平行四辺形である。
△ABCと△DBCは，底辺BCが共通で高さが同じ。
△ABCと△ABDは，底辺ABが共通で高さが同じ。
△ABDと△ACDは，底辺ADが共通で高さが同じ。
答え　△DBC，△ABD，△ACD

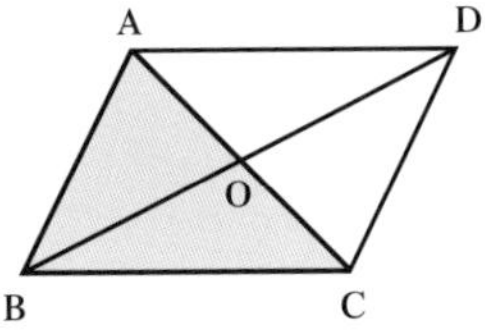

第3章 平行と合同 学習内容ダイジェスト

■星型の五角形

右のような星型の五角形を用いて，角の大きさや，同じ三角形となる条件を考えます。

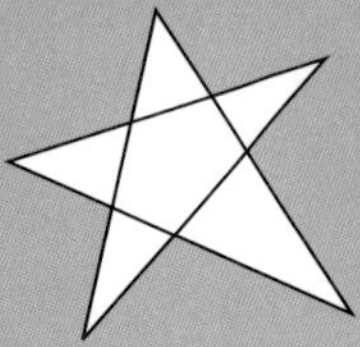

平行線と角 ⇒P.338

平行線と角の性質について学びます。

例　右の図のような星型の五角形があります。
∠A＋∠B＋∠C＋∠D＋∠Eの大きさを，点Eを通るACに平行な直線と，点Dを通る直線BEに平行な直線をひくことで求めましょう。

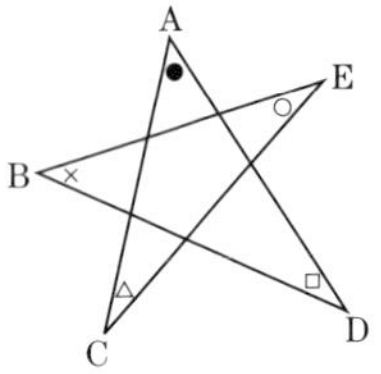

解説　1つの直線に平行な直線をひくと，同位角や錯角が等しくなる。このようなことを使うと，角の大きさを変えずに角を動かすことができる。
右の図1のように点Eを通り，ACに平行な直線をひくと，平行線の錯角は等しいから

∠C＝∠FEC　(△)
∠A＝∠EFA　(●)

対頂角は等しいから

∠EFA＝∠DFG　(●)

次に図2のように点Dを通るBEに平行な直線をひくと，平行線の錯角は等しいから

∠B　＝∠HDB　(×)
∠BEH＝∠DHE　(○＋△)

三角形の内角の和は180°だから，△DFHにおいて

∠DFG(●)＋∠HDB(×)＋∠GDF(□)＋∠DHE(○＋△)＝180°

したがって，

∠A＋∠B＋∠C＋∠D＋∠E＝180°

図1

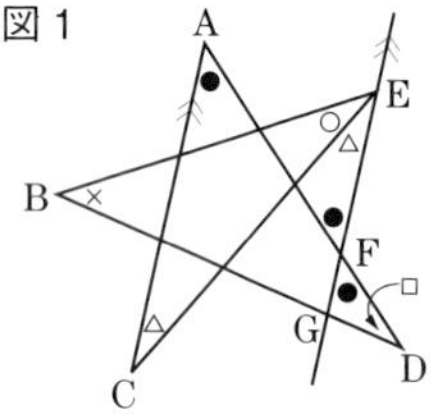

図2

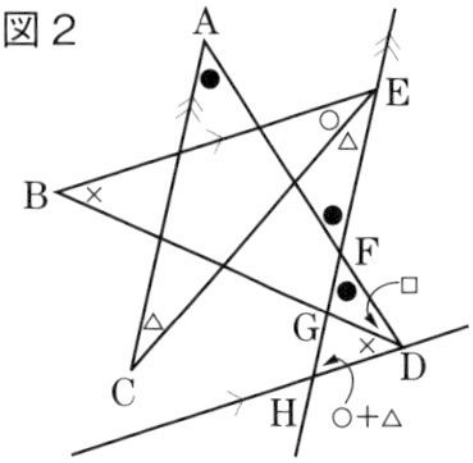

答え　180°

多角形の内角と外角 ……➡P.343

多角形の内角や外角の性質について学びます。

例 五角形の外角の和を用いて，∠A＋∠B＋∠C＋∠D＋∠E を求めましょう。

解説 右の図のように5つの三角形と1つの五角形に分ける。5つの三角形の内角すべての和は

180°×5

五角形の外角の和は360°だから

●の和は360°

×の和は360°

よって，

∠A＋∠B＋∠C＋∠D＋∠E＝180°×5－360°×2＝180°

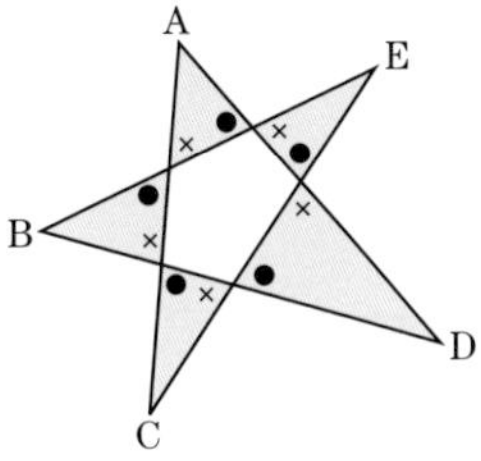

答え　180°

三角形の内角の和と外角の性質を用いて求めることもできます。P.350 参照。

三角形の合同 ……➡P.351

三角形が合同になる条件について学習します。

例 △ACI と△ADG が合同になるための必要最小限の条件を求めましょう。

解説 三角形の合同条件は次の3つである。

①3組の辺の長さがそれぞれ等しい。
②2組の辺とその間の角がそれぞれ等しい。
③1組の辺とその両端の角がそれぞれ等しい。

ここで，

∠CAI と∠DAG は共通で等しいので，

この角をはさむ辺がそれぞれ等しければ，②から合同になる。

または，

∠A が一端にある1組の辺ともう一方の角が等しければ，③から合同になる。

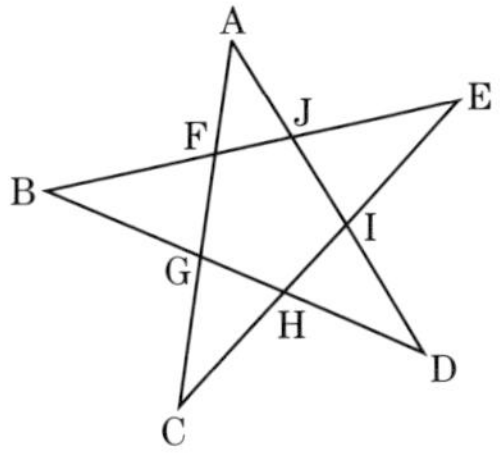

答え
- **AC＝AD，AI＝AG**
- **AC＝AD，∠ACI＝∠ADG**
- **AI＝AG，∠AIC＝∠AGD**

§1 平行線と角

39 対頂角(たいちょうかく)の性質を利用して角の大きさを求める

右の図の∠xの大きさを求めよ。

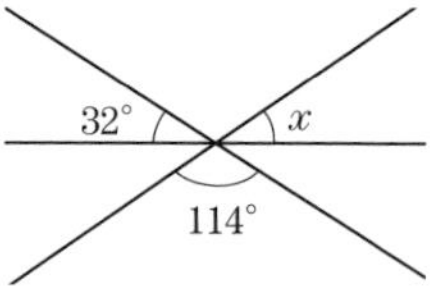

FOCUS **対頂角の性質を考える。**

解き方

対頂角は等しいので，32°と∠xにはさまれた角の大きさは114°である。

よって

$$32° + 114° + \angle x = 180°$$
$$\angle x = 180° - (32° + 114°)$$
$$= 34°$$

答え $\angle x = 34°$

学習のPOINT 対頂角は等しい。

用語

対頂角

2つの直線が下の図のように交わるとき，∠aと∠c，∠bと∠dのように，向かい合う角。

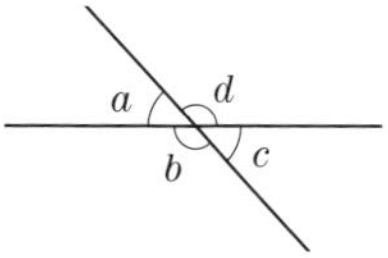

もっとくわしく

対頂角は等しいことの証明

上の図で，

∠a +∠b = 180°だから

∠a = 180° −∠b…①

また，∠b +∠c = 180°

∠c = 180° −∠b…②

①，②から

∠a =∠c

が成り立ち，対頂角はいつでも等しいことがわかる。

確認問題

304 下の図で，∠xの大きさを求めよ。

(1)

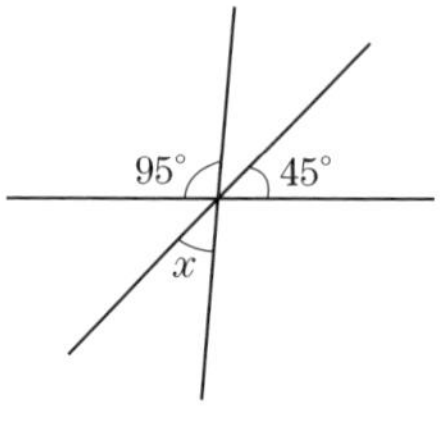

(2)

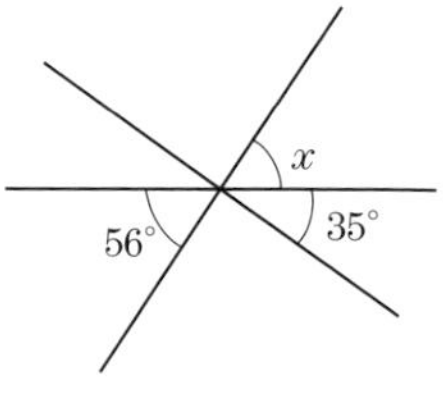

40 平行線の同位角(どういかく)の性質を利用して角の大きさを求める

右の図で $\ell \parallel m$ のとき，
$\angle x$ の大きさを求めよ。

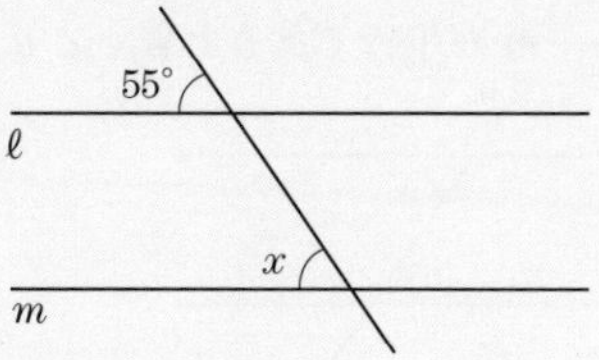

FOCUS 平行な 2 直線の同位角の性質を考える。

解き方

ℓ と m は平行だから，同位角は等しいので

$\angle x = 55°$

答え $\angle x = 55°$

学習のPOINT

2 つの直線に 1 つの直線が交わるとき，

- 2 つの直線が平行ならば，同位角は等しい。
- 同位角が等しいならば，この 2 つの直線は平行である。

用語

同位角

2 つの直線 ℓ，m に 1 つの直線 n が交わってできる角のうち，$\angle a$ と $\angle b$ の位置にある 2 つの角。

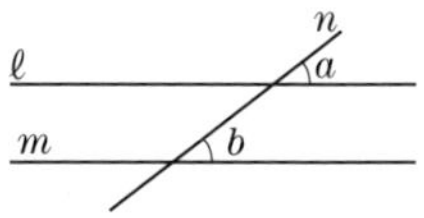

もっとくわしく

平行線の同位角の性質

上の図で，

- $\ell \parallel m$ ならば，$\angle a = \angle b$
- $\angle a = \angle b$ ならば，$\ell \parallel m$

確認問題

305 下の図で $\ell \parallel m$ のとき，$\angle x$ の大きさを求めよ。

(1)

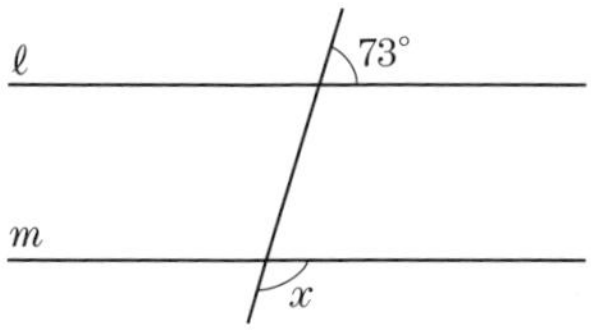

(2)

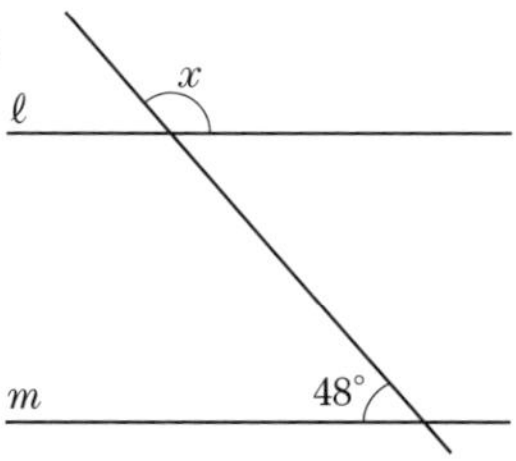

(3)

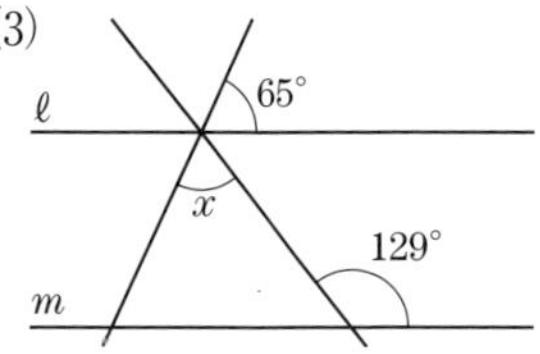

(4)

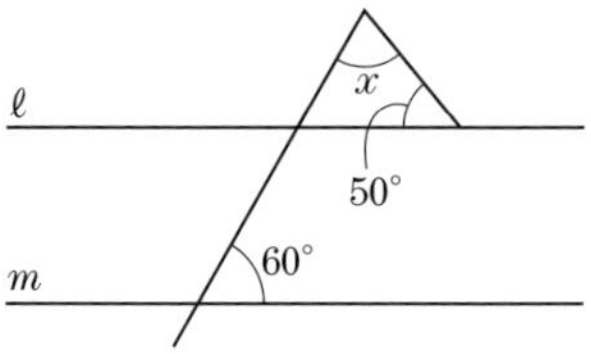

41 平行線の錯角(さっかく)が等しいことを説明する

2 つの直線 ℓ, m が平行であるとき，$\angle a = \angle b$ であることを説明せよ。

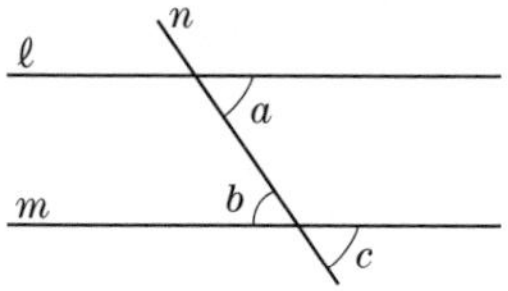

FOCUS 対頂角(たいちょうかく)は等しいことと，平行な 2 直線の同位角(どういかく)は等しいことを利用する。

答え

2 つの直線は平行であるから，同位角は等しいので

$\angle a = \angle c$ ……①

また，対頂角は等しいから

$\angle b = \angle c$ ……②

したがって，①，②より，

$\angle a = \angle b$

学習のPOINT 2 つの直線に 1 つの直線が交わるとき，

- 2 つの直線が平行ならば，錯角は等しい。
- 錯角が等しいならば，この 2 つの直線は平行である。

用語

錯角

2 つの直線 ℓ, m に 1 つの直線 n が交わってできる角のうち，$\angle a$ と $\angle b$ の位置にある 2 つの角。

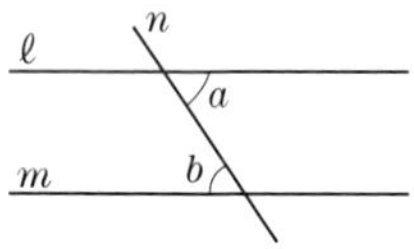

もっとくわしく

平行線の錯角の性質

上の図で，

- $\ell /\!/ m$ ならば，$\angle a = \angle b$
- $\angle a = \angle b$ ならば，$\ell /\!/ m$

Return

対頂角 ➡39
同位角 ➡40

確認問題

306 下の図で $\ell /\!/ m$ のとき，$\angle x$ の大きさを求めよ。

(1)

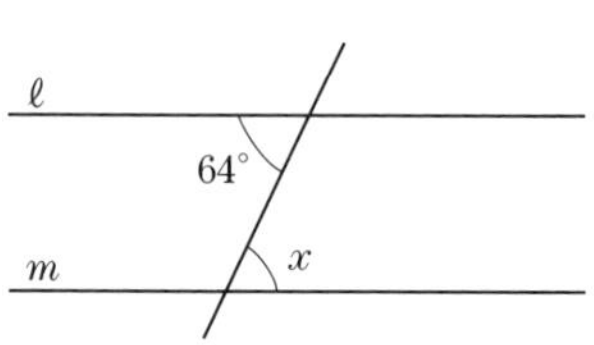

(2)

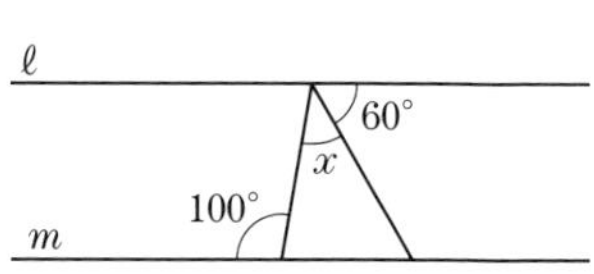

42 平行線と同側内角の関係を考える

（ルビ：同側内角＝どうそくないかく）

右の図で，次の２つのことがいえるわけを説明せよ。

(1) $\ell /\!/ m$ ならば，$\angle a + \angle b = 180°$

(2) $\angle a + \angle b = 180°$ ならば，$\ell /\!/ m$

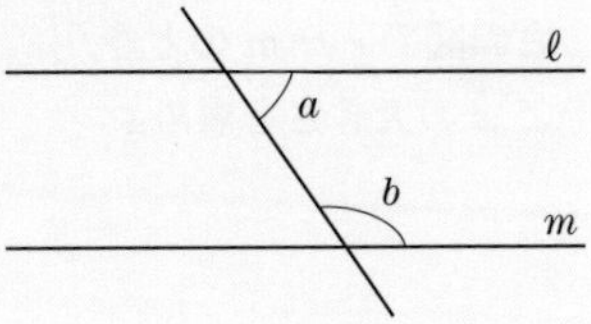

FOCUS　同位角の性質を利用する。

（ルビ：同位角＝どういかく）

答え

(1) 下の図のように $\angle c$ をとると，平行線の同位角は等しいので，$\angle a = \angle c$

ここで，$\angle b + \angle c = 180°$ であるから

$\angle a + \angle b = 180°$ である。

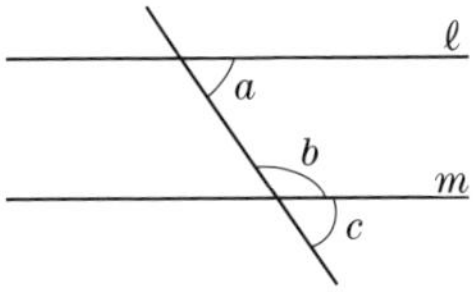

(2) 上の図のように $\angle c$ をとると

$\angle b + \angle c = 180°$ である。

一方，$\angle a + \angle b = 180°$ であるから，$\angle a = \angle c$

したがって，同位角が等しいので，$\ell /\!/ m$

用語

同側内角

２つの直線 ℓ，m に１つの直線 n が交わってできる角のうち，$\angle a$ と $\angle b$ の位置にある２つの角。

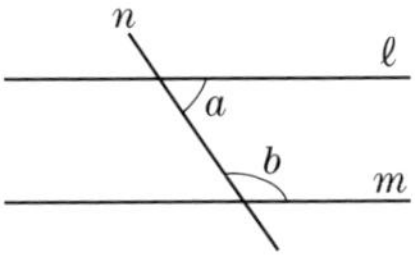

Return

同位角 ➡40

学習のPOINT　２つの直線に１つの直線が交わるとき，

・２つの直線が平行ならば，同側内角の和は 180° である。

・同側内角の和が 180° ならば，この２つの直線は平行である。

確認問題

307 右の図で，AB // CD が成り立つかどうかを調べよ。

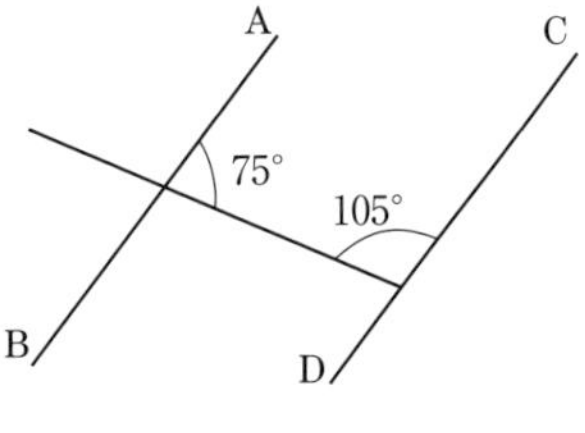

43　平行線の性質を利用して角の大きさを求める

右の図で $\ell \mathbin{/\!/} m$ のとき，
$\angle x$ の大きさを求めよ。

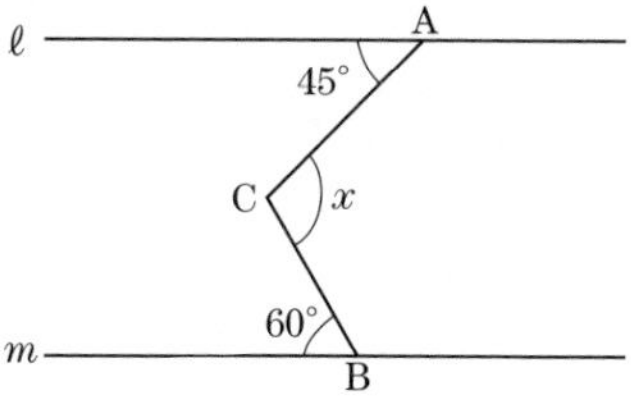

FOCUS　**補助線をひき，平行線の性質を利用して，1 つずつ角を求めていく。**

解き方

点 C を通り，直線 ℓ，m に平行な直線 n をひく。
平行線の錯角（さっかく）は等しいから，

$\angle x = 60° + 45° = 105°$

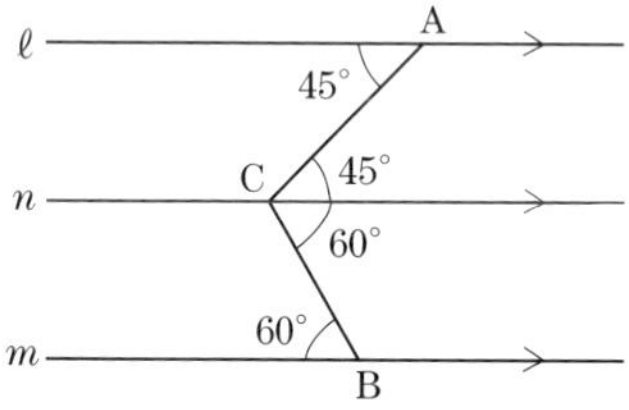

答え　$\angle x = 105°$

学習のPOINT　平行線の性質が使えるように，補助線をひく。

ここに注意

別解

直線 AC と直線 m の交点を D とする。
平行線の錯角は等しいから
$\angle \mathrm{BDC} = 45°$
$\triangle \mathrm{BCD}$ の内角（ないかく）の和は 180° であるから
$\angle \mathrm{BCD}$
$= 180° - (\angle \mathrm{CBD} + \angle \mathrm{BDC})$
$= 180° - (60° + 45°) = 75°$
よって
$\angle x = 180° - 75° = 105°$

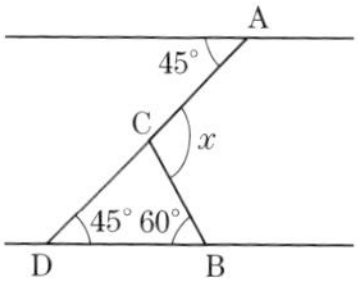

Go to
三角形の内角の和 ➡44

Return
錯角 ➡41

確認問題

308　下の図で $\ell \mathbin{/\!/} m$ のとき，$\angle x$ の大きさを求めよ。

(1)
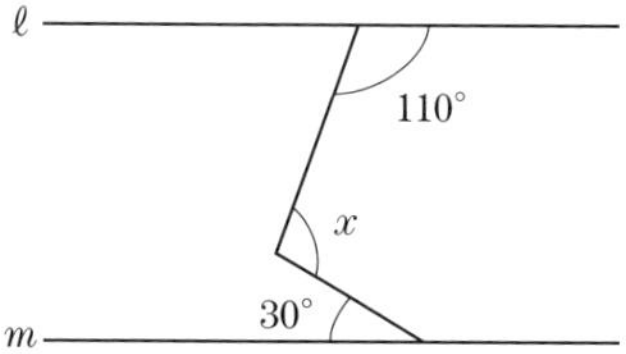

(2)
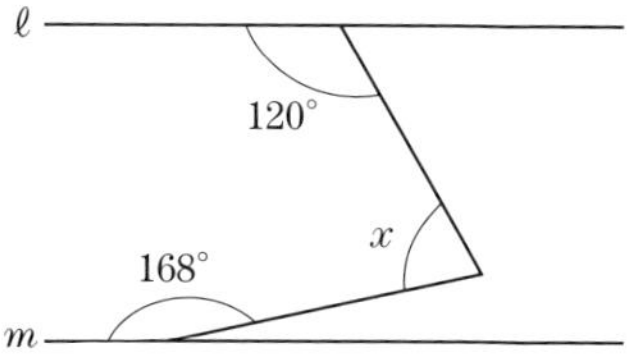

§ 2　多角形の内角と外角

44　三角形の内角（ないかく）の和が 180° であることを説明する

△ ABC の内角の和が 180°になることを平行線をひいて説明せよ。

FOCUS　**三角形の内角の性質を考える。**

答え

下の図のように，辺 BC を C のほうに延長して，点 D をとる。また，点 C を通り，辺 AB に平行な直線 CE をひく。

平行線の錯角（さっかく）は等しいから

　∠ CAB ＝∠ ACE

平行線の同位角（どういかく）は等しいから

　∠ ABC ＝∠ ECD

したがって

　∠ CAB ＋∠ ABC ＋∠ BCA

＝∠ ACE ＋∠ ECD ＋∠ BCA

＝ 180°

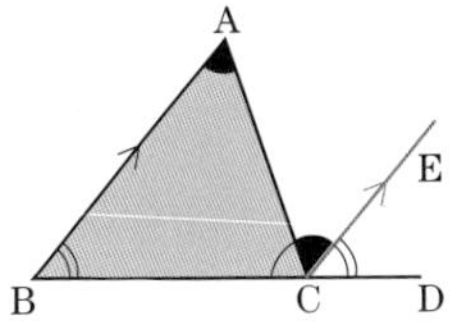

用語

多角形
線分だけで囲まれた図形。

内角
下の図のような，∠ A，∠ B，∠ C，∠ D，∠ E のこと。

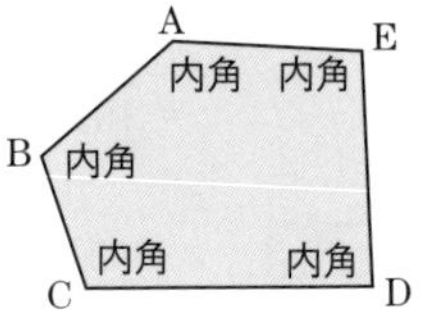

Return

同位角 ➡40
錯角 ➡41

学習のPOINT　三角形の内角の和は 180° である。

確認問題

309　△ ABC の頂点 A を通り，辺 BC に平行な直線 DE をひいて，三角形の内角の和が 180°になることを説明せよ。

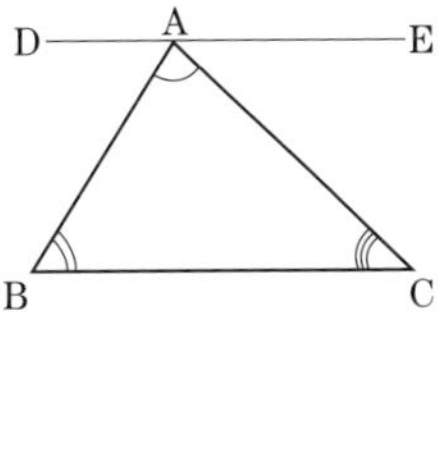

45 三角形の内角と外角の関係を考える

右の図の∠ ACD の大きさを求めよ。

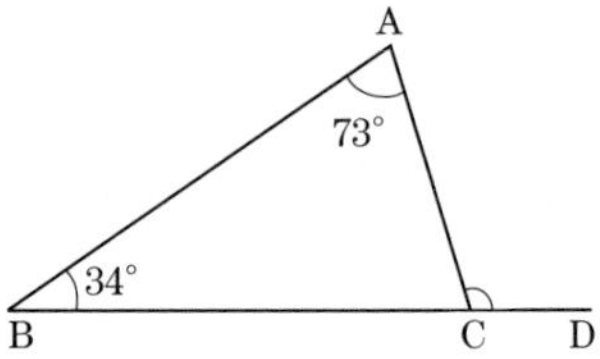

FOCUS 三角形の外角の性質を考える。

解き方
三角形の 1 つの外角は，これととなり合わない 2 つの内角の和に等しいから

$$\angle ACD = \angle CAB + \angle ABC = 73° + 34° = 107°$$

答え ∠ ACD = 107°

学習のPOINT 三角形の 1 つの外角は，これととなり合わない 2 つの内角の和に等しい。

用語

外角
1 つの辺とそのとなりの辺の延長線がつくる角。下の図で，∠ EAF を頂点 A における外角または∠ A の外角という。

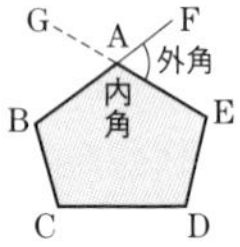

ここに注意
上の図で辺 EA を延長した∠ BAG も∠ A の外角である。∠ EAF と∠ BAG は，対頂角であるから，その大きさは等しい。したがって，∠ A の外角は∠ EAF か∠ BAG のどちらかを考えればよい。

Return
内角 ➡44

確認問題

310 下の図の∠ x の大きさを求めよ。

(1)

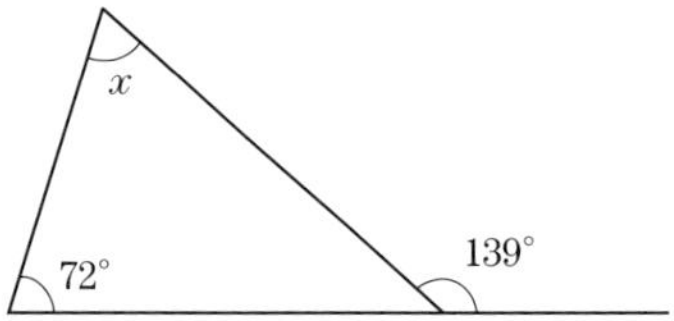

(2)

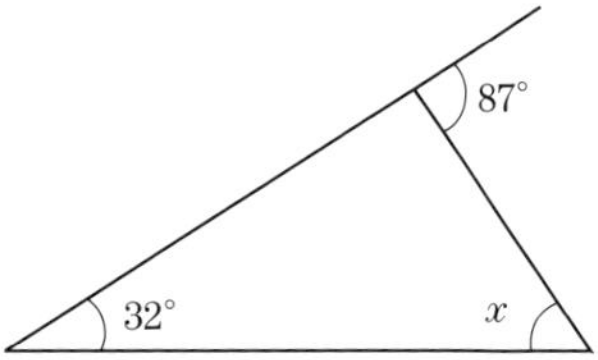

46　八角形の対角線の本数を求める

八角形について次の問いに答えよ。

(1) 1つの頂点からひける対角線の本数を求めよ。

(2) 八角形の対角線の本数を求めよ。

FOCUS 対角線のひき方を考える。

解き方

(1) 1つの頂点に対して，その頂点とそのとなりにある2つの頂点には対角線はひけないので，すべての頂点の数よりも対角線の数は3本少ない。

したがって，

$8 - 3 = 5$(本)

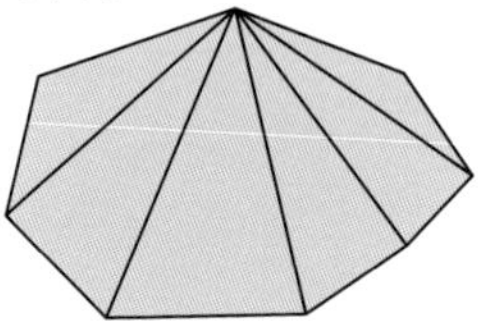

(2) 1つの頂点から対角線は5本ずつひける。したがって，8つの頂点からひける対角線の数は $5 \times 8 = 40$(本)である。

しかし，このとき同じ対角線を2度ずつ数えているので，

$40 \div 2 = 20$(本)

答え (1) 5本　(2) 20本

用語

対角線

多角形の1つの頂点とそれにとなり合わない頂点を結んだ線分。

ここに注意

n角形の対角線の本数

1つの頂点から対角線をひくと，$(n-3)$本ひける。なぜなら，その頂点自身およびとなり合う頂点には対角線がひけないからである。したがって，n個の頂点からひける対角線の本数は

$(n-3) \times n$本である。

しかし，同じ対角線を2度ずつ数えているので，n角形の対角線の本数は

$n(n-3) \div 2$本である。

学習のPOINT

n角形の対角線の本数

・1つの頂点からひける対角線の本数…$n-3$(本)

・対角線の総本数…$n(n-3) \div 2$(本)

確認問題

311 十角形について，次の問いに答えよ。

(1) 1つの頂点からひける対角線の本数を求めよ。

(2) 対角線をすべてひいたときの本数を求めよ。

図形編　第1章 平面図形　第2章 空間図形　第3章 平行と合同　第4章 図形の性質　第5章 相似な図形　第6章 円の性質　第7章 三平方の定理

47 多角形の内角の和を求める

七角形の内角の和を求めよ。

FOCUS 三角形の内角の和を利用する。

解き方

1 つの頂点から対角線をひくと，4 本ひける。
それらの対角線によって，5 つの三角形に分けることができる。
したがって，七角形の内角の和は，180° × 5 = 900°

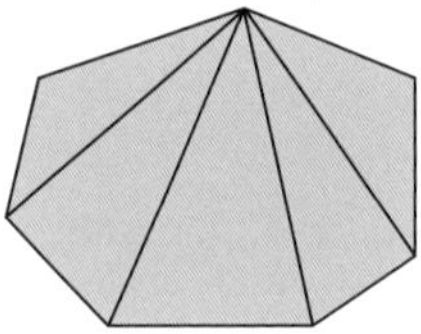

答え 900°

学習のPOINT *n* 角形の内角の和は，180° × (*n* − 2) で求められる。

もっとくわしく

***n* 角形の内角の和**
1 つの頂点から対角線をひくと，(*n* − 3) 本ひける。これらの対角線によって，(*n* − 2) 個の三角形に分けられる。
したがって，*n* 角形の内角の和は，180° × (*n* − 2) である。

Return

三角形の内角の和 ➡44
n 角形の対角線の本数 ➡46

確認問題

312 下の図の多角形の内角の和を求めよ。

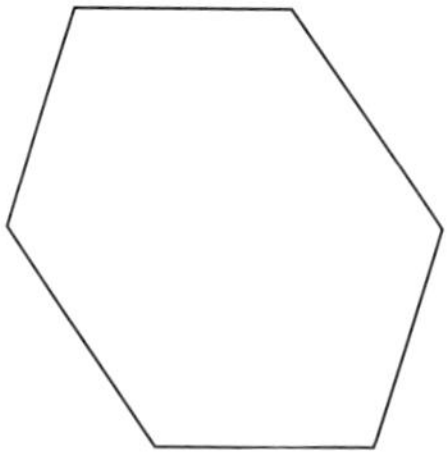

313 次の多角形の内角の和を求めよ。

(1) 五角形

(2) 十角形

314 次の問いに答えよ。

(1) 内角の和が 1620° である多角形は何角形か。

(2) 正十二角形の 1 つの内角は何度か。

48　正多角形と1つの外角の関係を考える

次の問いに答えよ。

(1) 正十二角形の1つの外角の大きさを求めよ。

(2) 1つの外角が40°である正多角形を答えよ。

FOCUS 多角形の外角の和を利用する。

解き方

(1) 多角形の外角の和は360°である。正多角形の場合，それぞれの外角の大きさは等しいので

$360° \div \mathbf{12} = 30°$

(2) 多角形の外角の和は360°である。1つの外角が40°である正多角形は

$\mathbf{360°} \div 40° = 9$

より，正九角形である。

答え (1) 30°　(2) 正九角形

学習のPOINT 多角形の外角の和は360°である。

もっとくわしく

多角形の外角の和は360°

n角形の1つの頂点での内角と外角の和は180°である。

したがって，n角形では，

(内角の和)＋(外角の和)

$= 180° \times n$

(外角の和)

$= 180° \times n -$(内角の和)

ここで，

(内角の和)

$= 180° \times (n-2)$だから，

(外角の和)

$= 180° \times n - 180° \times (n-2)$

$= 180° \times n - 180° \times n + 360°$

$= 360°$

したがって，外角の和は360°である。

Return

多角形の内角の和 ➡47

確認問題

315 次の問いに答えよ。

(1) 正八角形の1つの外角の大きさを求めよ。

(2) 1つの外角が12°である正多角形を答えよ。

316 次の問いに答えよ。

(1) 正十角形の1つの外角は何度か。

(2) 1つの外角が18°である正多角形は正何角形か。

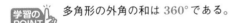

49 多角形の内角の和や外角の大きさを求める

下の図で，$\angle x$ の大きさを求めよ。

(1)

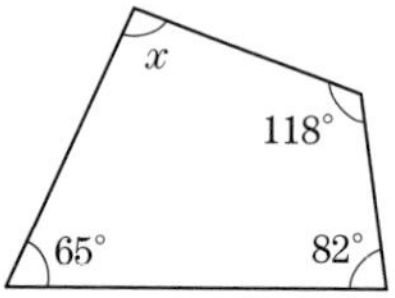

(2)

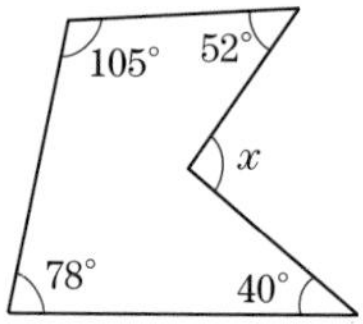

(3)

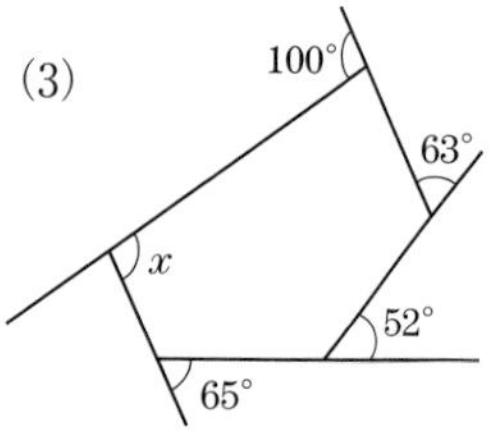

FOCUS **多角形の内角の和や外角の和をどのように使うのかを考える。**

解き方

(1) 四角形の内角の和は 360° だから

$\angle x = 360° - (65° + 82° + 118°) = 95°$

(2) $\angle x$ の左側にできる 5 つ目の内角を $\angle y$ とすると，五角形の内角の和は 540° だから

$\angle y = 540° - (105° + 78° + 40° + 52°) = 265°$

$\angle x = 360° - \angle y = 360° - 265° = 95°$

(3) $\angle x$ の外角を $\angle y$ とすると，多角形の外角の和は 360° だから

$\angle y = 360° - (65° + 52° + 63° + 100°) = 80°$

$\angle x = 180° - \angle y = 180° - 80° = 100°$

答え (1) $\angle x = 95°$ (2) $\angle x = 95°$ (3) $\angle x = 100°$

ここに注意

(1) 四角形の内角の和は
180°×(4 − 2) = 360°

(2) 五角形の内角の和は
180°×(5 − 2) = 540°
また，$\angle x$ は外角ではない。

Return

多角形の内角の和 ➡47
多角形の外角の和 ➡48

学習の POINT
n 角形の内角の和は，$180° \times (n - 2)$ である。
多角形の外角の和は 360° である。

確認問題

317 下の図で $\angle x$ の大きさを求めよ。

(1)

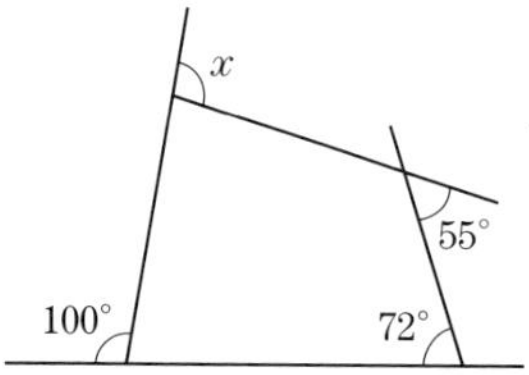

(2)

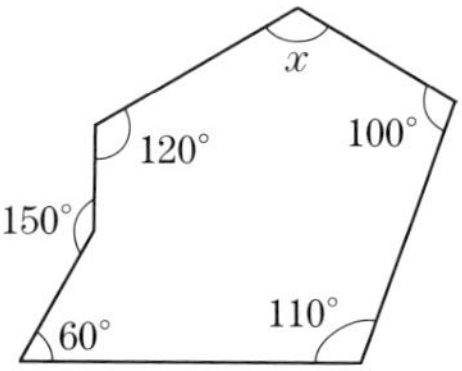

50　凹四角形の内角と外角の関係を説明する

右の図で，∠ A + ∠ B + ∠ D = ∠ BCD であることを次の方法で説明せよ。
(1) 四角形 ABCD の内角の和を利用する。
(2) C を通る半直線 AE をひく。

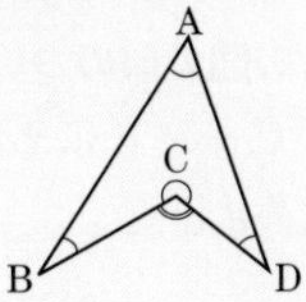

FOCUS **多角形の内角の和や三角形の外角の性質を利用する。**

答え
(1) 四角形の内角の和は 360° であるから
∠ A + ∠ B + ∠ C + ∠ D = 360°
∠ C = 360° −(∠ A + ∠ B + ∠ D)……①
頂点 C で角の大きさを考えると
∠ C + ∠ BCD = 360°
∠ C = 360° − ∠ BCD ……②
①，②より　∠ A + ∠ B + ∠ D = ∠ BCD である。
(2) 右の図のように，C を通る半直線 AE をひく。
△ ABC において，∠ BCE は∠ ACB の外角だから
∠ BCE =∠ B +∠ BAC ……③
同様に，△ ACD において
∠ DCE =∠ D +∠ CAD ……④
したがって，③，④より

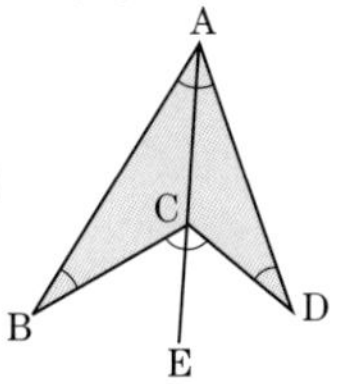

∠ BCD
=∠ BCE + ∠ DCE
=(∠ B + ∠ BAC) + (∠ D + ∠ CAD)
=(∠ BAC + ∠ CAD) + ∠ B + ∠ D
=∠ A +∠ B +∠ D

用語
凹四角形
上の例題の図のようにへこんだ部分のある四角形。

Return
多角形の内角の和 ➡47
多角形の外角の和 ➡48

別解

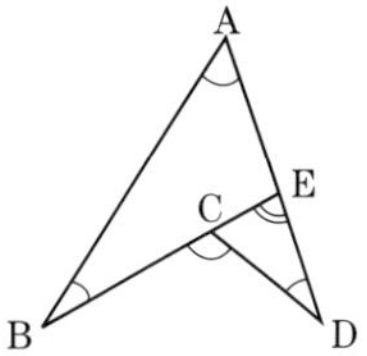

BC を延長して AD との交点を E とする。
△ ABE において，
∠ BED は，∠ AEB の外角だから，
∠ BED =∠ A +∠ B
同様に，△ CED において，
∠ BCD =∠ BED +∠ D
=∠ A +∠ B +∠ D

学習の POINT
n 角形の内角の和は，180°×(*n* − 2) である。
三角形の外角は，それととなり合わない 2 つの内角の和に等しい。

確認問題
318 上の例題を B と D とを線分で結んで説明せよ。

51 星型五角形の 5 つの角の和を求める

右の図の印のついた角の和を，∠A＋∠D，∠C＋∠E にそれぞれ等しい角を見つけて求めよ。

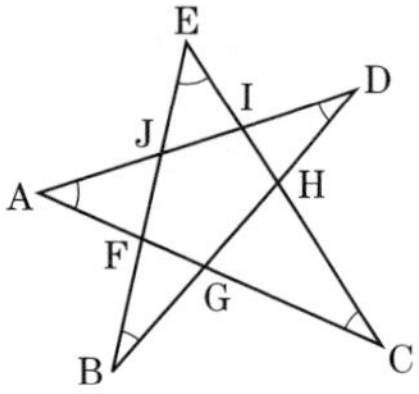

FOCUS 等しい角になるところを見つける。

解き方

△AGD において，
∠AGD の外角（がいかく）∠BGF を考えると，

∠A＋∠D＝∠BGF

△CEF において，
∠CFE の外角∠BFG を考えると，

∠C＋∠E＝∠BFG

また，△BGF の内角（ないかく）の和を考えると，

∠B＋∠BGF＋∠BFG＝180°

したがって，

∠A＋∠B＋∠C＋∠D＋∠E
＝(∠A＋∠D)＋∠B＋(∠C＋∠E)
＝∠BGF＋∠B＋∠BFG
＝180°

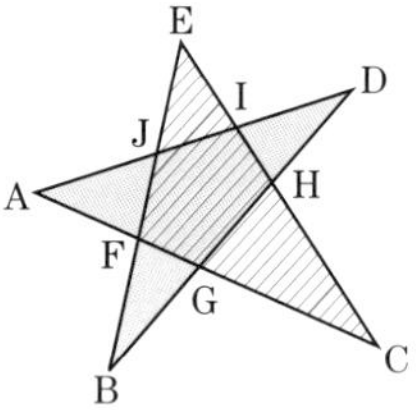

答え 180°

Return
三角形の内角と外角の関係 ➡45

学習のPOINT 三角形の外角は，それととなり合わない 2 つの内角の和に等しい。

確認問題

319 上の例題を，次の(1)～(3)の方法でそれぞれ解け。

(1) 線分（せんぶん）BC を結ぶ。

(2) ∠A＋∠C＋∠D に等しい角を見つける。

(3) 五角形 FGHIJ の外角の和を利用する。

§3 三角形の合同

52 合同な図形の対応する辺と角を求める

右の図で2つの四角形は合同である。
このとき，次の問いに答えよ。
(1) 辺ABに対応する辺を答えよ。
(2) ∠Dと等しい角を答えよ。
(3) この2つの四角形が合同であることを，記号≡を使って書け。

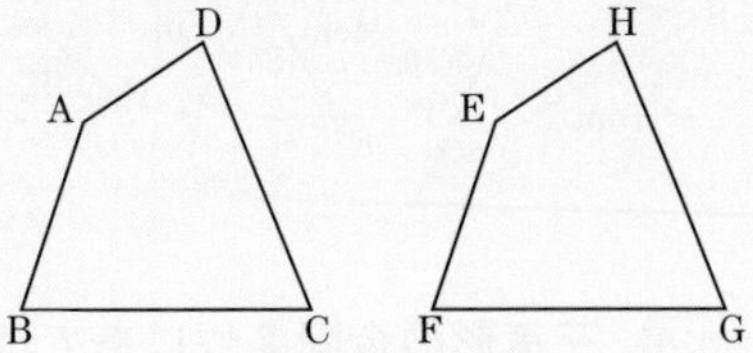

FOCUS 合同な図形の性質を考える。

解き方

(1) 四角形ABCDの辺ABに対応する辺は，四角形EFGHの辺EFである。
(2) 2つの合同な図形では，その対応する角の大きさは等しい。四角形ABCDの∠Dに対応する角は，四角形EFGHの∠Hである。
(3) 2つの四角形で，AとE，BとF，CとG，DとHがそれぞれ対応する頂点である。

答え (1) 辺EF　(2) ∠H
(3) 四角形ABCD ≡ 四角形EFGH

用語
合同
2つの図形で，一方の図形を移動して，もう一方の図形にぴったり重ね合わせられるとき，これらの図形を合同であるという。

ここに注意
合同な図形を≡の記号を使って表すとき，対応する頂点を順に並べて書く。

学習のPOINT
合同な図形では
・対応する線分(せんぶん)の長さは等しい。
・対応する角の大きさは等しい。

確認問題

320 五角形ABCDE ≡ 五角形FGHIJであるとき，次の問いに答えよ。
(1) BC = 5cmのとき，これに対応する辺とその長さを答えよ。
(2) ∠CDE = 100°のとき，これに対応する角とその大きさを答えよ。

53 合同な三角形の組を見つける

下の三角形のうち，合同な三角形をすべて見つけ，≡の記号を使って表せ。
また，そのときの合同条件を答えよ。

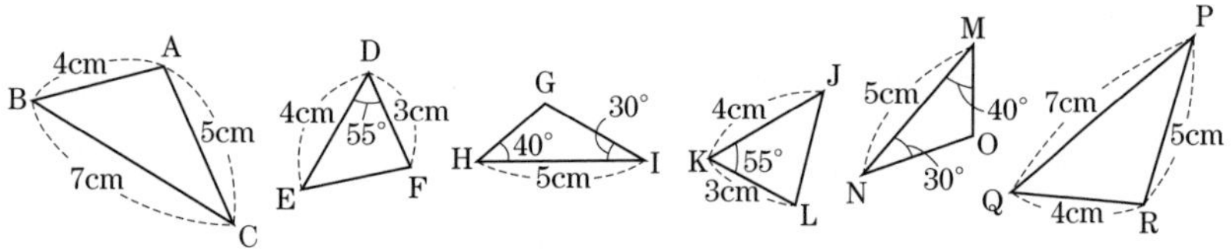

FOCUS 三角形の合同条件にあてはまるかを考える。

解き方

AB = RQ，BC = QP，AC = RP より，3 組の辺がそれぞれ等しいので，△ABC ≡△RQP

DE = KJ，DF = KL，∠FDE =∠LKJ より，2 組の辺とその間の角がそれぞれ等しいので，△DEF ≡△KJL

HI = MN，∠GHI =∠OMN，∠GIH =∠ONM より，1 組の辺とその両端の角がそれぞれ等しいので，△GHI ≡△OMN

答え

△ABC ≡△RQP，3 組の辺がそれぞれ等しい

△DEF ≡△KJL，2 組の辺とその間の角がそれぞれ等しい

△GHI ≡△OMN，1 組の辺とその両端の角がそれぞれ等しい

もっとくわしく

三角形の合同条件

2 つの三角形があるとき，合同条件のどれかが成り立てば，それらは合同である。

Return

合同 ➡52

学習のPOINT 三角形の合同条件

- 3 組の辺がそれぞれ等しい。
- 2 組の辺とその間の角がそれぞれ等しい。
- 1 組の辺とその両端の角がそれぞれ等しい。

確認問題

321 次の三角形のうち，合同な三角形をすべて見つけ，≡の記号を使って表せ。また，そのときの合同条件を答えよ。

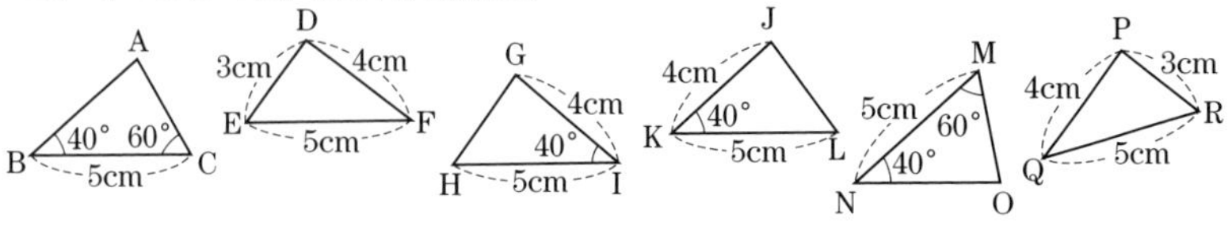

54　三角形が合同になるように条件をつけ加える

△ABC と△DEF において，AB = DE，∠A = ∠D が成り立っている。
△ABC と△DEF が合同になるには，このほかにどんな条件を 1 つ加えればよいか。すべての場合を式で答えよ。

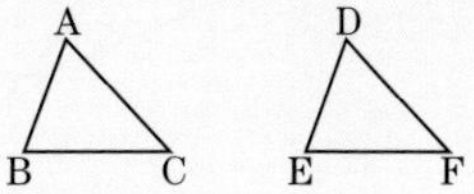

FOCUS　**三角形の合同条件を利用する。**

Return
三角形の合同条件
➡53

解き方
AB = DE，∠A = ∠D が成り立っているから，
△ABC ≡△DEF となるためには，三角形の合同条件のうち，「2 組の辺とその間の角がそれぞれ等しい」または「1 組の辺とその両端の角がそれぞれ等しい」のどちらかが成り立てばよい。
したがって，「2 組の辺とその間の角がそれぞれ等しい」が成り立つようにするには，AC = DF の条件をつけ加えればよい。
一方，「1 組の辺とその両端の角がそれぞれ等しい」が成り立つようにするためには，∠B = ∠E の条件をつけ加えればよい。
また，∠C = ∠F の条件をつけ加えると，三角形の内角の和は 180° であるから，∠B = ∠E が成り立つ。この場合も「1 組の辺とその両端の角がそれぞれ等しい」という条件が成り立つことがわかる。

答え　AC = DF または，∠B = ∠E または，∠C = ∠F

学習のPOINT　三角形の合同条件
・3 組の辺がそれぞれ等しい。
・2 組の辺とその間の角がそれぞれ等しい。
・1 組の辺とその両端の角がそれぞれ等しい。

確認問題

322　**△ABC と△DEF において，AB = DE，AC = DF が成り立っている。**
△ABC と△DEF が合同になるには，このほかにどんな条件を 1 つ加えればよいか。すべての場合を式で答えよ。

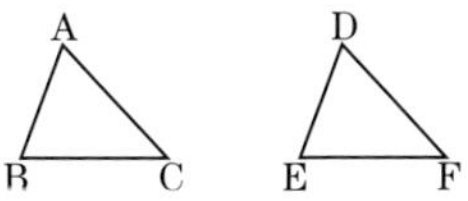

55 合同な三角形を見つけ出す

右の図で，AB ＝ AE，∠ ABC ＝∠ AED である。合同な三角形の組を 1 つ見つけて，≡の記号を使って表せ。また，そのときに使った三角形の合同条件をいえ。

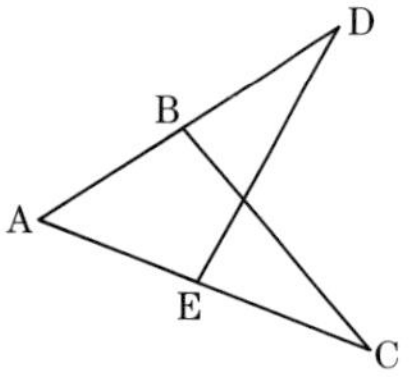

FOCUS どの合同条件があてはまるのかを考える。

解き方

△ ABC と△ AED において
問題の条件より，（＊ 1）
　AB ＝ AE
　∠ ABC ＝∠ AED
また，共通な角だから，∠ BAC ＝∠ EAD
よって，1 組の辺とその両端の角がそれぞれ等しいから
　△ ABC ≡△ AED

答え　△ ABC ≡△ AED
＜合同条件＞ 1 組の辺とその両端の角がそれぞれ等しい。

もっとくわしく
（＊ 1）
この問題の条件のことを「仮定」という。

Go to
仮定 ➡56

Return
三角形の合同条件 ➡53

学習の POINT 合同に見える図形に着目し，合同条件にあてはまるかどうかを確かめる。

確認問題

323 下の図で，合同な三角形の組を 1 つ見つけて，≡の記号を使って表せ。また，そのときに使った三角形の合同条件をいえ。

(1) AB ＝ AE，AC ＝ AD

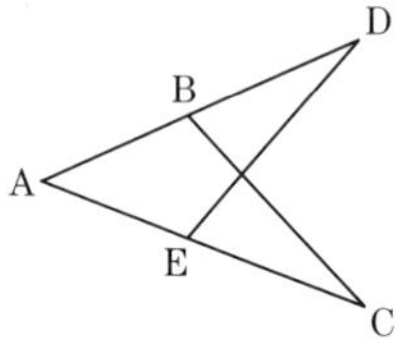

(2) AB ＝ DC，AC ＝ DB

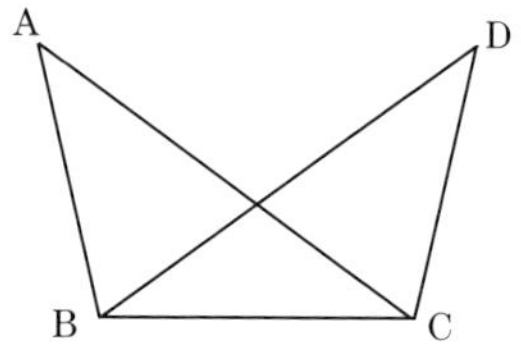

§ 4 図形と証明

56 ことがらの仮定（かてい）と結論（けつろん）を区別する

次のことがらの仮定と結論をいえ。

(1) △ABC ≡ △DEF ならば，AB = DE である。

(2) n が 8 の倍数ならば，n は 4 の倍数である。

(3) 2 つの合同な三角形の面積は等しい。

FOCUS 仮定と結論がはっきりわかる文をつくる。

解き方

(3)「2 つの合同な三角形の面積は等しい」

ということがらは

「2 つの三角形が合同ならば，それらの面積は等しい」

と書きかえて考える。

答え

(1) 仮定：△ABC ≡ △DEF

結論：AB = DE

(2) 仮定：n が 8 の倍数

結論：n は 4 の倍数

(3) 仮定：2 つの三角形が合同である

結論：それらの面積は等しい

用語

仮定と結論

あることがらが「$\boldsymbol{a}$ ならば $\boldsymbol{b}$」という形で述べられるとき，$\boldsymbol{a}$ を仮定，$\boldsymbol{b}$ を結論という。

学習のPOINT 仮定と結論

あることがらが「……ならば～～～である。」で書かれているとき，

仮定は……，結論は～～～である。

確認問題

324 次のことがらの仮定と結論をいえ。

(1) $4x = -20$ ならば，$x = -5$ である。

(2) △ABC ≡ △DEF ならば∠A = ∠D である。

(3) 四角形の内角の和は 360° である。

(4) 平行な 2 直線の錯角（さっかく）は等しい。

57 証明するときの根拠となることがらを答える

右の図で，$\ell \parallel m$，OB = OC ならば，OA = OD である。
これを次のように証明した。
①～④の根拠となっていることがらを書け。

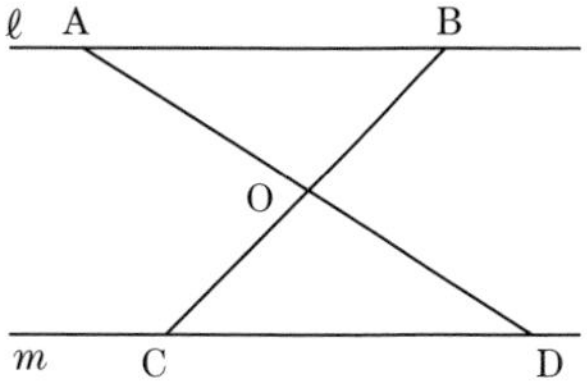

（証明）△ OAB と△ ODC において，
OB = OC ……仮定
∠ AOB =∠ DOC ……①
∠ ABO =∠ DCO ……②
したがって，△ OAB ≡△ ODC ……③
よって，OA = OD ……④

FOCUS 証明の進め方を考える。

答え

①対頂角は等しい。
②平行線の錯角は等しい。
③１組の辺とその両端の角がそれぞれ等しい２つの三角形は合同である。
④合同な図形の対応する辺は等しい。

学習のPOINT 証明の根拠となる主なことがら
・対頂角の性質　・平行線の性質
・三角形の内角と外角の性質
・三角形の合同条件　・合同な図形の性質

用語

証明
仮定から出発して，すでに正しいと認められたこと（図形の性質や基本的な定理）を使って，結論を導くこと。

Return

対頂角 ➡39
錯角 ➡41
三角形の内角と外角の関係 ➡45
合同な図形の性質 ➡52
三角形の合同条件 ➡53
仮定と結論 ➡56

確認問題

325 右の図で，点 O が線分 AB，CD のそれぞれの中点ならば，AC // DB である。このことを次のように証明した。①～④の根拠となっていることがらを書け。

（証明）△ OAC と△ OBD において，
OA = OB ……仮定
OC = OD ……仮定
∠ AOC =∠ BOD ……①
したがって，△ OAC ≡△ OBD ……②
よって，∠ OAC =∠ OBD ……③
ゆえに，AC // DB ……④

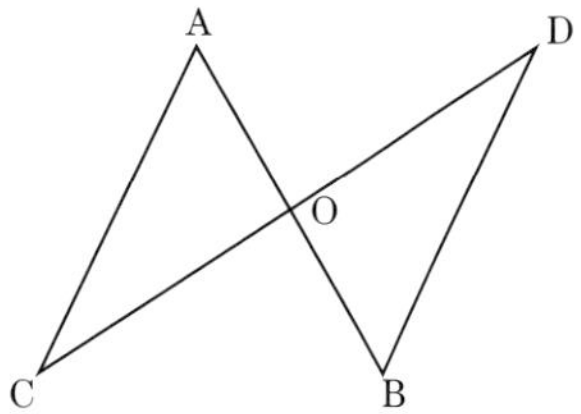

58　作図した半直線が垂線であることを証明する

右の図は，直線 ℓ 上の点 O を通る垂線をひいた作図である。
次の問いに答えよ。
(1) OP ⊥ AB であることを証明したい。仮定と結論をいえ。
(2) OP ⊥ AB であることを証明せよ。

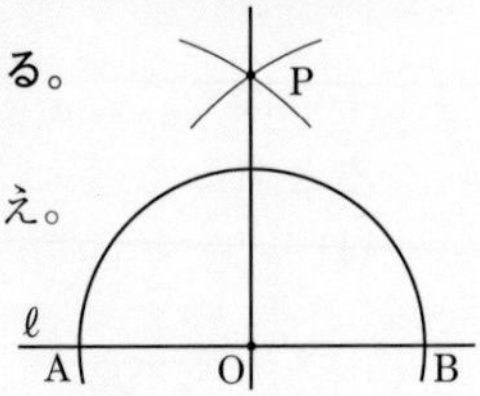

FOCUS 合同な三角形を見つける。

解き方

(1) 作図では，点 O を中心として，円をかいているから，**OA = OB** である。また，点 A，B を中心として，それぞれ等しい半径の円をかいているから，**AP = BP** である。

答え

(1) (仮定)OA = OB，AP = BP　(結論)OP ⊥ AB

(2) △ OAP と△ OBP において，

仮定より　OA = OB

AP = BP

また，共通な辺だから，OP = OP

よって，3 組の辺がそれぞれ等しいから，

△ OAP ≡ △ OBP

合同な図形の対応する角は等しいから，

∠ AOP = ∠ BOP

したがって，∠ AOB = 180° より，

∠ AOP + ∠ BOP = 180°

よって，∠ AOP = 90°　ゆえに，OP ⊥ AB

Return
垂線 ➡6
三角形の合同条件 ➡53
仮定と結論 ➡56

学習のPOINT 根拠を明らかにしながら証明する。

確認問題

326 右の図は，∠ AOB の二等分線を作図したものである。

(1) 半直線 OE が∠ AOB を 2 等分することを示したい。仮定と結論をいえ。

(2) 半直線 OE が∠ AOB を 2 等分することを証明せよ。

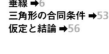

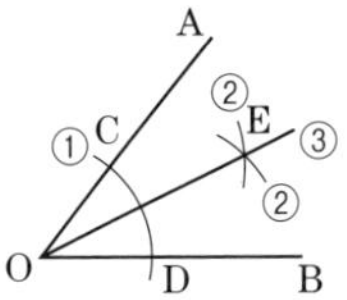

図形編
第1章 平面図形
第2章 空間図形
第3章 平行と合同
第4章 図形の性質
第5章 相似な図形
第6章 円の性質
第7章 三平方の定理

章末問題

解答 ➡p.84

117 下の図で，$\angle x$ の大きさを求めよ。ただし，(1)～(3)では，$\ell /\!/ m$ であるとする。

(1)

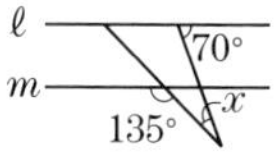

（福島県）

(2)

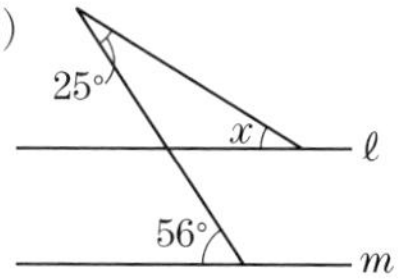

（栃木県）

(3)

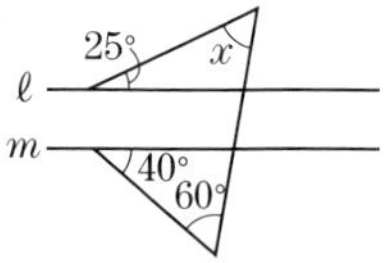

（国立工業高専）

(4)

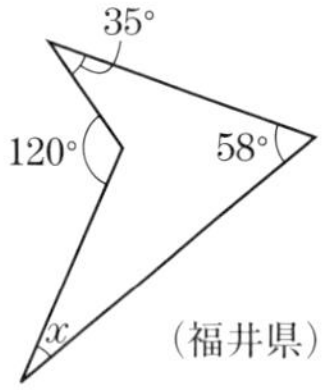

（福井県）

(5) 四角形 ABCD はひし形

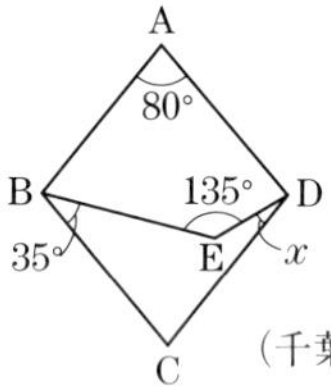

（千葉県）

118 正十五角形について答えよ。

(1) 内角の和を求めよ。

(2) 1 つの外角の大きさを求めよ。

(3) 対角線の本数を求めよ。

119 △ABC で，∠B，∠C のそれぞれの二等分線の交点を P とする。次の問いに答えよ。

(1) ∠BPC ＝ 100° のとき，∠A の大きさを求めよ。

(2) ∠A ＝ a° として，∠BPC の大きさを，a を用いた式で表せ。

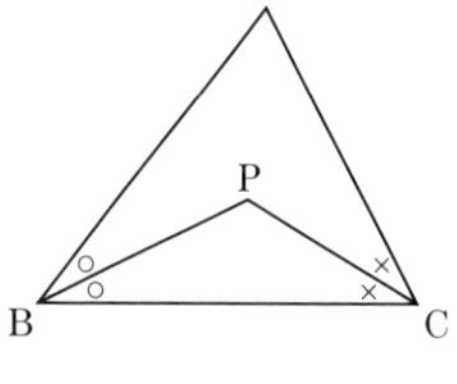

120 次のことがらの仮定と結論をいえ。

(1) $a = b$ ならば $a + c = b + c$ である。

(2) 三角形の内角の和は 180° である。

121 右の図で，AB//CD，OB ＝ OC ならば，OA ＝ OD である。これを次のように証明した。
(　　　)に当てはまるものを入れよ。

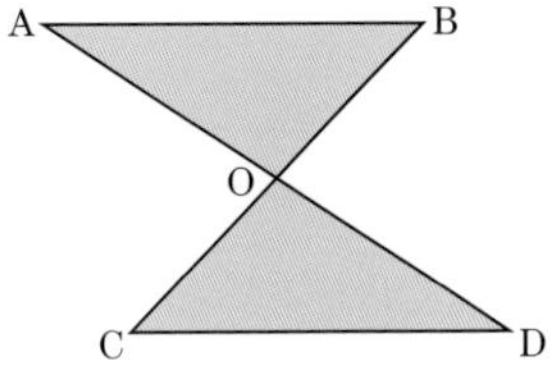

(証明) △OAB と△ODC で，
仮定より　OB ＝(　　　　　)……①
また平行線の(　　　　)は等しいから
∠OBA ＝(　　　　　)……②
対頂角は等しいから
∠AOB ＝(　　　　　)……③
①，②，③から，
２つの三角形の(　　　　　　　　　　　)がそれぞれ等しいので，
△OAB ≡△ODC
合同な図形の対応する(　　　　)は等しいから
OA ＝ OD

122 線分 AB の垂直二等分線上に点 P をとると，PA ＝ PB が成り立つ。このとき，次の問いに答えよ。

(1) 線分 AB の中点を M とする。仮定と結論を，記号を使っていえ。

(2) PA ＝ PB であることを次のように証明した。①〜③にそのときの根拠を答えよ。

(証明) △AMP と△BMP において
AM ＝ BM　……仮定より
∠AMP ＝∠BMP ＝ 90°　……仮定より
MP ＝ MP　……①
したがって，
△AMP ≡△BMP　……②
よって，　PA ＝ PB　……③

123 ∠XOY があり，この角に等しい角を作図する。下の図は，①〜⑤の順に∠XOY に等しい∠X′O′Y′を作図したことを示している。次の問いに答えよ。

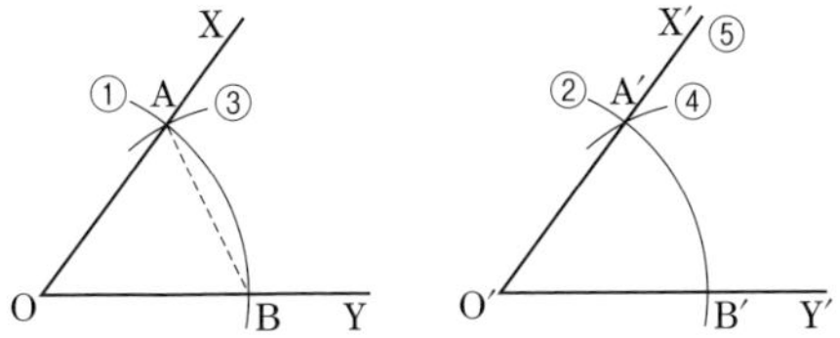

(1) ∠XOY ＝∠X′O′Y′を証明する際の仮定を，上の図の①〜④をもとに答えよ。

(2) ∠XOY ＝∠X′O′Y′を証明せよ。

第4章 図形の性質 学習内容ダイジェスト

■花壇をつくる

いろいろな形の花壇を１本の直線で２つに分けたいと思います。

三角形（二等辺三角形） ……………………………… ➡P.362

二等辺三角形の特徴や，二等辺三角形になるための条件について学びます。

例　二等辺三角形 ABC を合同な２つの三角形にするにはどんな直線をひけばよいですか。その理由も答えましょう。

解説　辺 BC の中点を M として，点 A と点 M を通る直線をひけばよい。

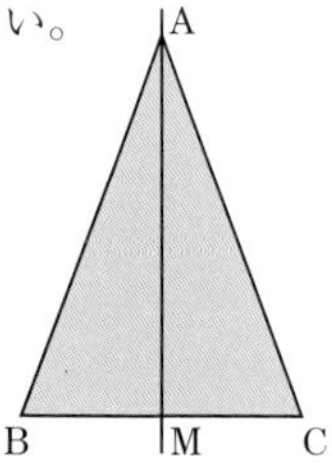

（理由）

△ ABM と△ ACM で

二等辺三角形の定義より，　AB = AC ……①

仮定より，　BM = CM…………………………②

共通だから，　AM = AM……………………③

①，②，③から，３組の辺がそれぞれ等しいので

△ ABM ≡△ ACM

答え　辺 BC の中点を M として，点 A と点 M を通る直線

三角形（直角三角形） ……………………………… ➡P.367

直角三角形の合同条件について学びます。

例　AB = AD，∠ B =∠ D = 90° である四角形 ABCD を合同な２つの三角形にするにはどんな直線をひけばよいですか。その理由も答えましょう。

解説　点 A と点 C を通る直線をひけばよい。

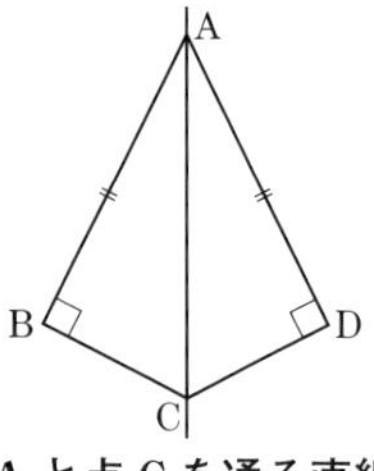

（理由）

△ ABC と△ ADC で

仮定より，　AB = AD …………………………①

仮定より，　∠ B =∠ D = 90° ………………②

共通だから，　AC = AC ………………………③

①，②，③から，斜辺と他の１辺がそれぞれ等しいので

△ ABC ≡△ ADC

答え　点 A と点 C を通る直線

四角形 ➡P.370

平行四辺形の特徴や，平行四辺形になるためにはどんな条件が必要かについて学びます。

例 平行四辺形 ABCD の面積を1本の直線で2等分するには，どのように引けばよいですか。また，長方形，ひし形，正方形ではどうなりますか。

解説 平行四辺形の対角線（たいかくせん）の交点 O を通るように直線を引けば，いつでも面積は2等分される。
また，長方形，ひし形，正方形は，平行四辺形の特別な形なので，平行四辺形と同じように，対角線の交点を通るように直線を引けば，いつでも面積は2等分される。

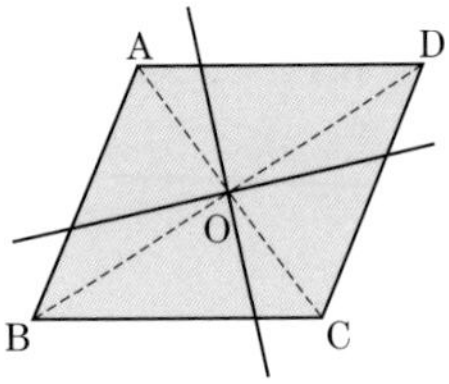

答え　対角線の交点を通るような直線

平行線と面積 ➡P.376

平行線の間にできる図形の面積について学びます。

例 右の図で，P 側の面積と Q 側の面積を変えずに，1つの直線で分けるには，どのようにすればよいですか。その理由も答えましょう。

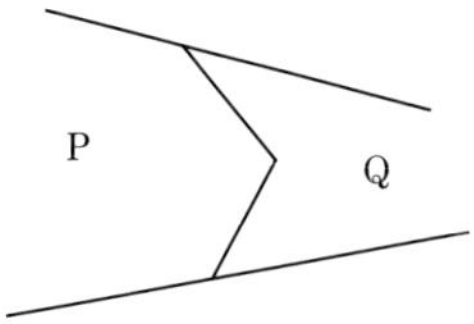

解説 （図をかく手順）
① 点 C を通り，AB に平行な直線を引く。
② ①の直線と直線 e との交点を D とする。
③ 点 A と点 D を通る直線を引く。

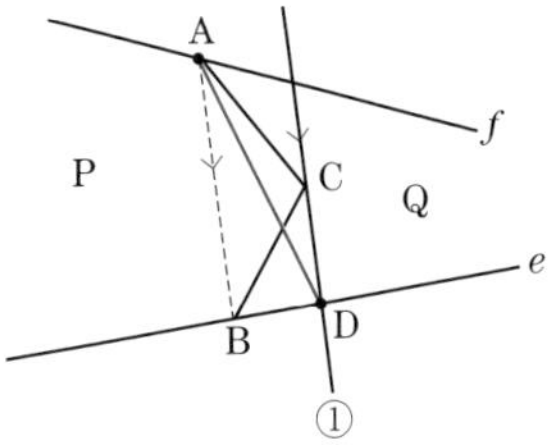

（理由）
AB // CD だから，△ ABC ＝△ ABD である。
したがって，直線 AD によって分けたときの P 側の面積は変わらない。
したがって，Q 側の面積も変わらない。

§1 三角形

59 二等辺三角形の定理を証明する

AB = AC である二等辺三角形 ABC は，∠B と∠C が等しい。このことを，∠BAC の二等分線をひいて BC との交点を N とし，△ABN ≡△ACN を導くことによって，証明せよ。

FOCUS △ABN ≡△ACN を示すとき，どの合同条件を使えばよいかを考える。

証明

∠BAC の二等分線をひいて BC との交点を N とする。
△ABN と△ACN で
仮定より， AB = AC ……………①
AN は∠BAC の二等分線だから，
∠BAN = ∠CAN …………………②
共通だから， AN = AN …………③
①，②，③から，2 組の辺とその間の角がそれぞれ等しいので
　△ABN ≡△ACN
対応する角は等しいので
　∠B = ∠C

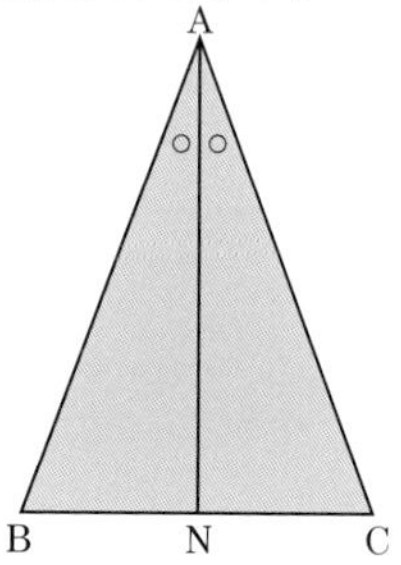

学習のPOINT
二等辺三角形の定義…
2 つの辺の長さが等しい三角形。
二等辺三角形の性質(定理)…
二等辺三角形の 2 つの底角は等しい。

用語

定義
用語(数学のことば)の意味をはっきりと述べたもの。

定理
証明されたことがらのうち，いろいろな性質を証明するときの根拠として，特によく使われるもの。

二等辺三角形
2 辺の長さが等しい三角形。
AB = AC である二等辺三角形 ABC で，長さの等しい 2 辺の間の角∠A を**頂角**(ちょうかく)，頂角に対する辺 BC を**底辺**(ていへん)，底辺の両(りょう)端(たん)の∠B，∠C を**底角**(ていかく)という。

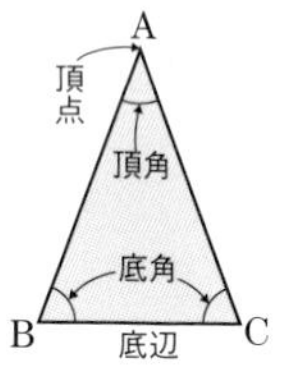

Return
三角形の合同条件 ➡53
証明 ➡57

確認問題

327 上の例題を利用して，「二等辺三角形の頂角の二等分線は，底辺を二等分する」ことを証明せよ。

60 二等辺三角形の定理を利用する

△ ABC で，AB = AC，CD は∠ ACB の二等分線である。
∠ BAC = 40° のとき，∠ BDC の大きさを求めよ。

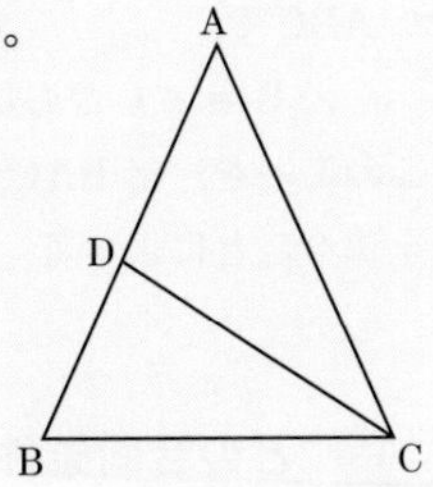

FOCUS **二等辺三角形は底角が等しいこと，三角形の外角の性質を利用する。**

Return
三角形の外角の性質 ➡45
二等辺三角形 ➡59

解き方

AB = AC だから，△ ABC は二等辺三角形になり

∠ ABC = ∠ ACB

よって，∠ ACB = (180° − 40°) ÷ 2 = 70°

また，CD は∠ ACB の二等分線だから

$$\angle \mathrm{DCA} = \frac{1}{2}\angle \mathrm{ACB} = 35^\circ$$

△ ACD で，∠ BDC は頂点 D の外角だから，

∠ BDC = ∠ DAC + ∠ DCA = 40° + 35° = 75°

答え 75°

学習のPOINT 二等辺三角形の性質，三角形の外角の性質を利用して，角度を求める。

確認問題

328 上の例題で，∠ ABC = 64° のとき，∠ ADC の大きさを求めよ。

329 右の図で，AB = AC，AD = CD である。
∠ BAC = 50° のとき，∠ BCD の大きさを求めよ。

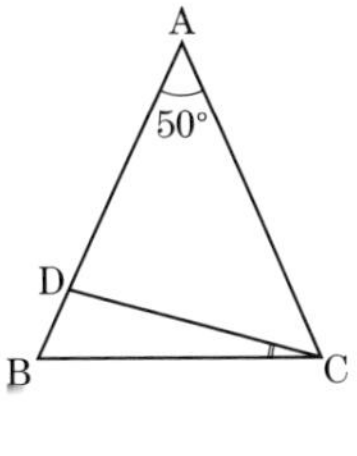

61 二等辺三角形になるための条件を証明する

△ ABC で,

∠ B = ∠ C ならば, AB = AC の二等辺三角形になる。

このことを, ∠ BAC の二等分線と BC との交点を D として△ ABD ≡ △ ACD を導くことによって, 証明せよ。

FOCUS どの合同条件を使えばよいかを考える。

証明

∠ BAC の二等分線をひいて BC との交点を D とする。

△ ABD と△ ACD で

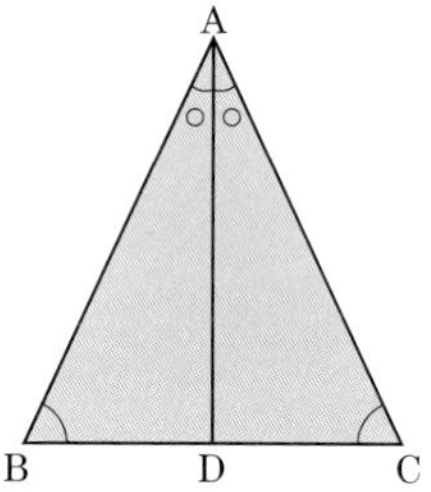

仮定より　, ∠ B = ∠ C…………①

AD は∠ BAC の二等分線だから,

∠ BAD = ∠ CAD …………………②

三角形の内角の和は 180° であることと, ①, ②から

∠ ADB = ∠ ADC ……………③

また, 共通だから, AD = AD …④

②, ③, ④から, 1 組の辺とその両端の角がそれぞれ等しいので

△ ABD ≡ △ ACD

対応する辺は等しいので, AB = AC

したがって, ∠ B = ∠ C ならば, 三角形 ABC は AB = AC の二等辺三角形になる。

学習の POINT 二等辺三角形になるための条件

2 つの角が等しい三角形は, 二等辺三角形である。

もっとくわしく

逆

△ ABC で,

(1) AB = AC ならば

∠ B = ∠ C

(2) ∠ B = ∠ C ならば

AB = AC

(1), (2) は, 仮定と結論が入れかわっている。2 つのことがらがこのような関係にあるとき, 一方を他方の**逆**という。

反例

あることがらが正しくても, その逆が必ず正しいとは限らない。逆が正しくないことを示すには, その例を 1 つ示せばよい。このような, あることがらが成り立たない例を, 反例という。

Return

仮定と結論 ➡56
二等辺三角形 ➡59

確認問題

330 二等辺三角形 ABC で, 頂角∠ A = 36°, ∠ ACB の二等分線と AB の交点を D とする。

このとき, △ DAC, △ BDC は二等辺三角形であることを証明せよ。

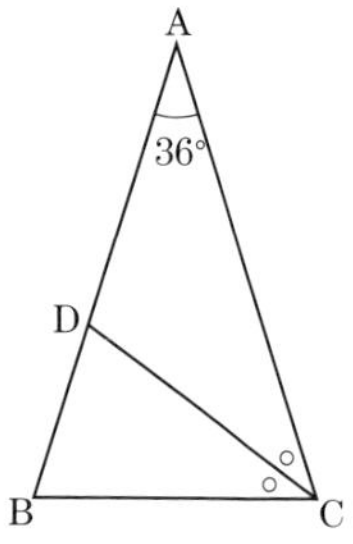

62 正三角形の性質を証明(しょうめい)する

正三角形ならば3つの角が等しいことを証明せよ。

FOCUS **正三角形を二等辺三角形とみて，二等辺三角形の2つの底角は等しいことを利用する。**（＊1）

証明

AB = BC = CA の△ABC で
AB = AC を考えると，△ABC は辺 BC を底辺とする二等辺三角形となり

∠B = ∠C ……①

AB = BC を考えると，△ABC は辺 AC を底辺とする二等辺三角形となり

∠A = ∠C ……②

①，②より，∠A = ∠B = ∠C

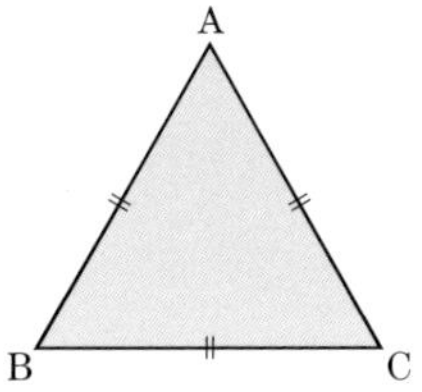

用語

正三角形
3辺の長さが等しい三角形。

もっとくわしく

推移律(すいいりつ)
A = B
B = C
であるとき，**A = C** が成り立つ。このことを**推移律**という。

（＊1）
正三角形は二等辺三角形の特別なものである。

Return
二等辺三角形の定理 ➡59

学習のPOINT
正三角形の性質(定理(ていり))…
正三角形の3つの角は等しい。
正三角形になるための条件…
3つの角が等しい三角形は，正三角形である。

確認問題

331 △ABC で，
∠A = ∠B = ∠C ならば AB = BC = CA
であることを証明せよ。

63 正三角形の性質を利用して証明(しょうめい)する

正三角形 ABC の 3 辺 BC, CA, AB 上にそれぞれ点 D, E, F を DC = EA = FB となるようにとる。このとき, △ DEF は正三角形であることを証明せよ。

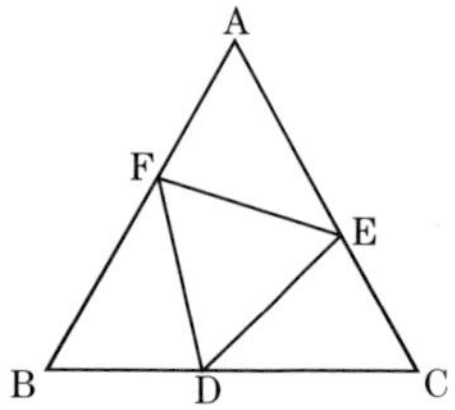

FOCUS **DE = EF = FD を証明するためには, △ DEF の外側の三角形の合同を示せばよい。**

証明

△ AEF と△ BFD で
仮定より, AE = BF ……………………①
正三角形の性質より, ∠ A = ∠ B …②
また, AF = AB − FB, BD = BC − DC
仮定より, AB = BC, FB = DC だから
AF = BD ……③
①, ②, ③より, 2 組の辺とその間の角がそれぞれ等しいので
△ AEF ≡△ BFD
よって, EF = FD ……④
同様に, △ BFD ≡△ CDE だから
FD = DE ……⑤
④, ⑤より, EF = FD = DE
よって, △ DEF は正三角形である。

ここに注意
この証明では,
△ BFD ≡△ CDE
の証明をはぶいている。
△ AEF と△ BFD の合同の証明と全く同じであるからである。このようなときは,「同様に」と書いてはぶいてよい。

Return
正三角形 ➡62

学習の POINT
正三角形ならば,
・3 つの辺は等しい(定義(ていぎ))
・3 つの角は等しい(性質)
を用いる。

確認問題

332 右の図で, △ ABC, △ DCE はともに正三角形である。AD = BE であることを証明せよ。

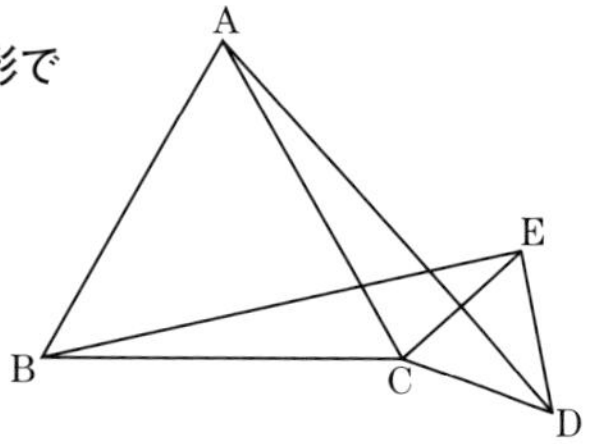

64 直角三角形の合同条件を証明(しょうめい)する

2つの直角三角形は，次のいずれかが成り立てば合同である。

①斜辺(しゃへん)と1つの鋭角(えいかく)がそれぞれ等しい。

②斜辺と他の1辺がそれぞれ等しい。

②が成り立てば2つの直角三角形が合同であることを証明せよ。

FOCUS 三角形の合同条件に当てはまるようにする。

証明

図1のように仮定をおく。
図2のように，△DEFを裏返して，等しい辺ACとDFを重ねる。
∠ACB＝∠ACE＝90°だから，点B，C，Eは一直線上にならび，できた図形はAB＝AEの二等辺三角形になる。
底角は等しいから

∠B＝∠E

したがって，2つの直角三角形で，斜辺と1つの鋭角がそれぞれ等しいから，①より

△ABC≡△DEF

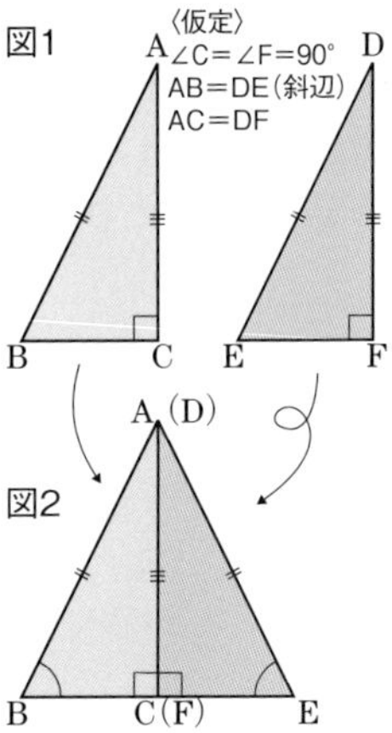

用語

直角三角形
1つの内角が直角の三角形。

斜辺
直角三角形で，直角に対する辺を斜辺という。

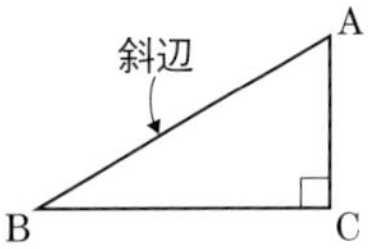

学習のPOINT
直角三角形の合同条件
・斜辺と1つの鋭角がそれぞれ等しい。
・斜辺と他の1辺がそれぞれ等しい。

確認問題

333 上の例題で，①が成り立てば2つの直角三角形が合同であることを証明せよ。

65 合同な直角三角形を見つける

下の図で，合同な三角形を≡を使って表せ。また，そのときに使った直角三角形の合同条件をいえ。

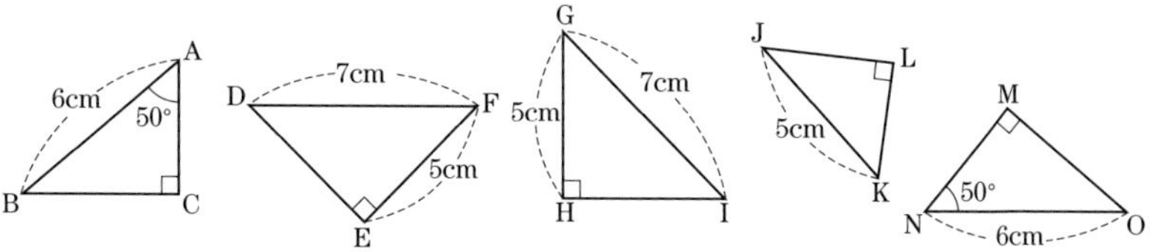

FOCUS **直角三角形の合同条件にあてはまるかどうか考える。**
(1) 斜辺（しゃへん）と 1 つの鋭角（えいかく）がそれぞれ等しい。
(2) 斜辺と他の 1 辺がそれぞれ等しい。

解き方

△ABC と△NOM で

∠C＝∠M＝90°，∠A＝∠N＝50°，AB＝NO＝6cm

したがって，斜辺と 1 つの鋭角がそれぞれ等しい。

△DEF と△IHG で

∠E＝∠H＝90°，FD＝GI＝7cm，FE＝GH＝5cm

したがって，斜辺と他の 1 辺がそれぞれ等しい。

答え　△ABC ≡△NOM

直角三角形の斜辺と 1 つの鋭角がそれぞれ等しい。

△DEF ≡△IHG

直角三角形の斜辺と他の 1 辺がそれぞれ等しい。

Return

合同な三角形の組を見つける ➡53
直角三角形の合同条件 ➡64

学習のPOINT　直角三角形の合同条件
・斜辺と 1 つの鋭角　　・斜辺と他の 1 辺

確認問題

334 下の図で，合同な三角形を≡を使って表せ。また，そのときに使った合同条件をいえ。

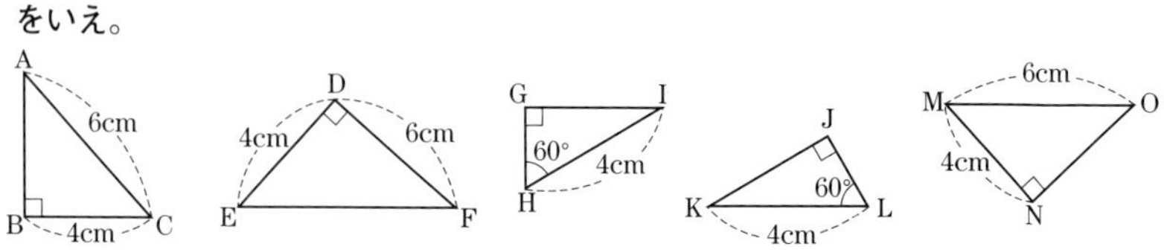

66　直角三角形の合同条件を利用する

AB = AC である二等辺三角形 ABC で，頂点 B，C から，辺 AC，AB に垂線（すいせん）をひき，交点を D，E とする。このとき，BD = CE であることを証明（しょうめい）せよ。

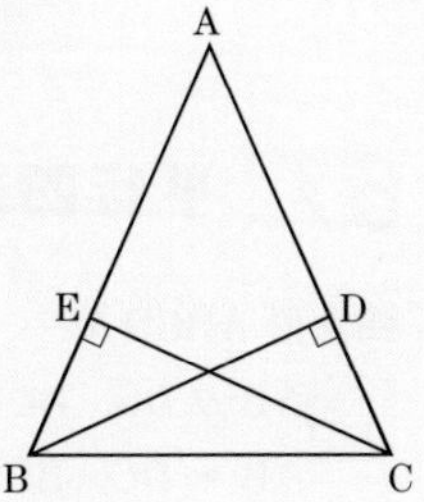

FOCUS　**直角三角形の合同を示す。**

証明

△ABD と△ACE で
仮定（かてい）より，　∠ADB = ∠AEC = 90° …①
仮定より，　AB = AC　…………………②
共通だから，　∠BAD = ∠CAE ………③
①，②，③より，直角三角形の斜辺（しゃへん）と 1 つの鋭角（えいかく）がそれぞれ等しいので，
　△ABD ≡ △ACE
よって，BD = CE

もっとくわしく

別解
△DBC と△ECB で，
仮定より，∠BDC = ∠CEB = 90°
二等辺三角形の性質より，
∠DCB = ∠EBC
共通だから，BC = CB
直角三角形の斜辺と 1 つの鋭角がそれぞれ等しいので，
△DBC ≡ △ECB
よって，BD = CE

Return

二等辺三角形の性質 ➡59
垂線 ➡6
直角三角形の合同条件 ➡64

学習のPOINT　直角三角形を見つけて，直角三角形の合同条件にあてはまるかどうか考える。

確認問題

335　右の図のように，AB = AC，∠BAC = 90°の直角三角形 ABC の直角の頂点 A を通る直線 ℓ に，B，C から垂線 BD，CE をそれぞれひく。このとき，
　BD = AE
であることを証明せよ。

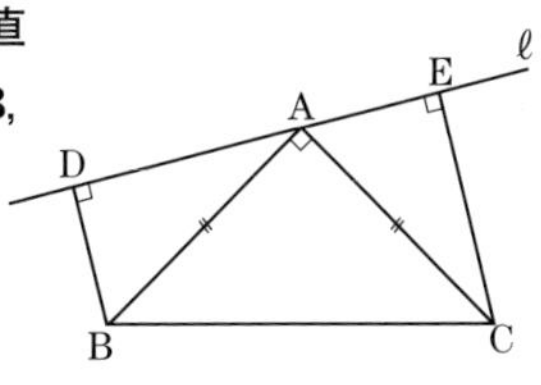

§2 四角形

67 平行四辺形の性質を証明する

四角形 ABCD で,

AB // DC, BC // AD ならば,

AB = DC, BC = AD

であることを証明せよ。

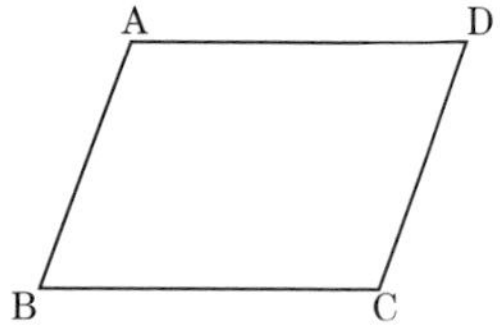

FOCUS 等しいことを示したい辺や角をふくむ合同な三角形を見つける。

証明

対角線 AC をひく。

△ ABC と△ CDA で, AB // DC より, 錯角は等しいから

∠ BAC = ∠ DCA …………①

BC // AD より, 錯角は等しいから

∠ BCA = ∠ DAC …………②

また, 共通だから, AC = CA…③

①, ②, ③から, 1 組の辺とその両端の角がそれぞれ等しいので

△ ABC ≡ △ CDA

よって, AB = CD, BC = DA

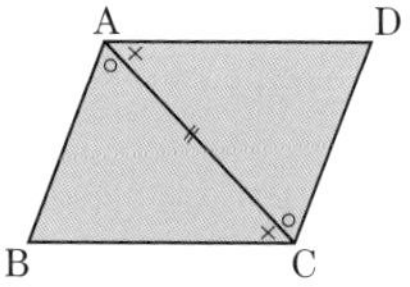

学習のPOINT 平行四辺形の性質

- 2 組の対辺はそれぞれ等しい。
- 2 組の対角はそれぞれ等しい。
- 2 つの対角線は, それぞれの中点で交わる。

用語

対辺, 対角

四角形の向かい合う辺を**対辺**, 向かい合う角を**対角**という。

平行四辺形

2 組の対辺がそれぞれ平行な四角形。

平行四辺形 ABCD を ▱ABCD とかくことがある。

もっとくわしく

平行四辺形は, 対角線の交点に対して**点対称**である。

Return

錯角 ➡41

三角形の合同条件 ➡53

確認問題

336 上の例題を利用して, 四角形 ABCD で, AB // DC, BC // AD ならば, ∠ A = ∠ C, ∠ B = ∠ D であることを証明せよ。

337 四角形 ABCD で, 対角線の交点を O とする。上の例題を利用して, AB // DC, BC // AD ならば, AO = CO, BO = DO であることを証明せよ。

68　平行四辺形の性質を利用する

▱ABCD で，BC，AD の中点をそれぞれ M，N とする。このとき，

AM = CN

であることを証明せよ。

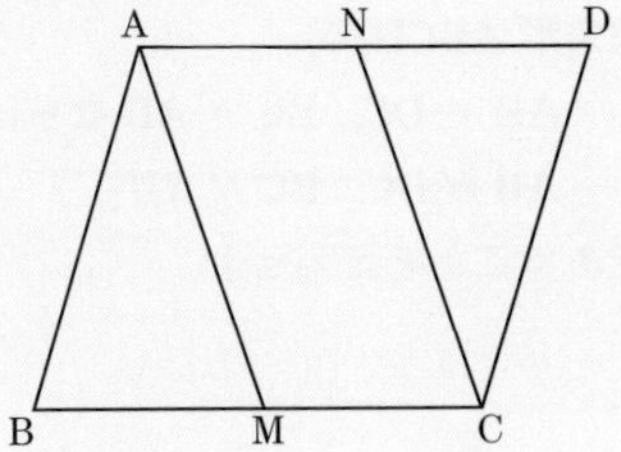

FOCUS　**等しいことを示したい辺や角をふくむ三角形の合同を，平行四辺形の性質を使って示す。**

証明

△ABM と△CDN で

平行四辺形の対辺は等しいから，

AB = CD　……①

BC = AD　……②

M，N はそれぞれ BC，AD の中点だから，②より

BM = DN　……③

平行四辺形の対角は等しいから，

∠B = ∠D　……④

①，③，④から，2 組の辺とその間の角がそれぞれ等しいので

△ABM ≡ △CDN

よって，AM = CN

用語

▱

平行四辺形 ABCD を ▱ABCD と表すこともある。

もっとくわしく

AM，CN が対応する辺になる 2 つの三角形に着目して，平行四辺形の性質を使って合同であることを示す。

Return

中点 ➡3
対辺・対角 ➡67
平行四辺形の性質 ➡67

学習の POINT　平行四辺形の性質を利用して証明する。

確認問題

338　▱ABCD の対角線の交点 O を通る直線が，AD，BC と交わる点をそれぞれ P，Q とする。このとき，PO = QO であることを証明せよ。

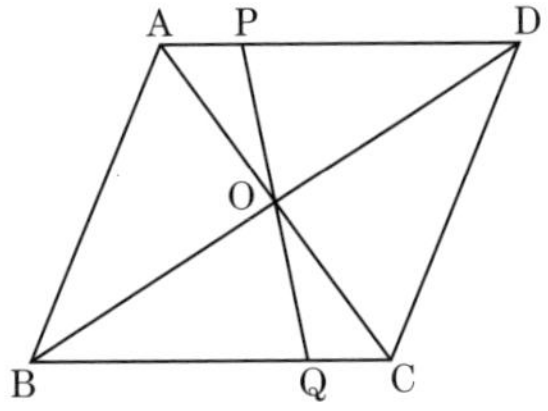

69 平行四辺形になるための条件を考える

四角形 ABCD で,

AB = DC, BC = AD ならば,

AB // DC, BC // AD

であることを証明せよ。

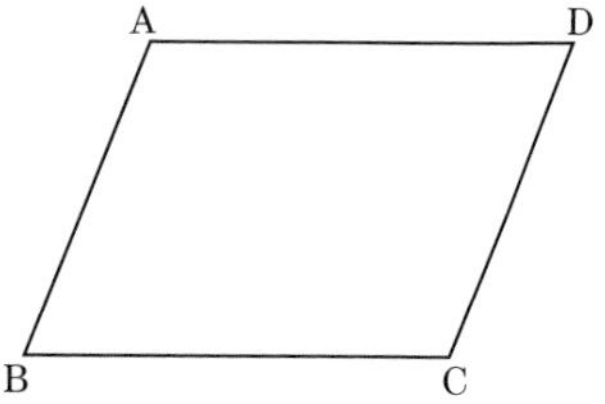

FOCUS **平行線になるための条件(同位角, 錯角など)を考える。**

証明

対角線 AC をひく。

△ABC と△CDA で,

仮定より, AB = CD …………①

仮定より, BC = DA …………②

また, 共通だから, AC = CA…③

①, ②, ③から, 3 組の辺がそれぞれ等しいので

△ABC ≡ △CDA

よって, ∠BAC = ∠DCA だから錯角が等しいので, (＊1)

AB // DC

同様に, ∠ACB = ∠CAD だから, BC // AD

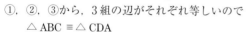

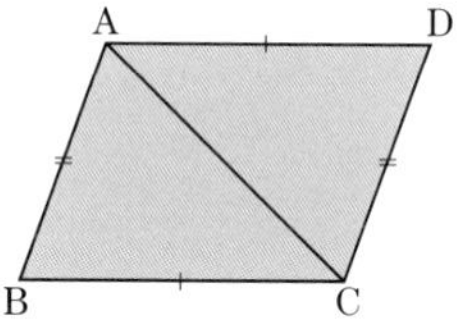

もっとくわしく

AB と DC, BC と AD が対応する辺になる 2 つの三角形に着目し, 合同であることを示し, 錯角が等しいことを導く。(＊1)

平行線になるための条件

- 同位角が等しければ平行
- 錯角が等しければ平行
- 同側内角の和が 180° であれば平行

Return

同位角 ➡40
錯角 ➡41
同側内角 ➡42

学習の POINT

平行四辺形になるための条件

四角形は, 次のどれかが成り立つとき平行四辺形である。

- 2 組の対辺がそれぞれ平行であるとき(定義)
- 2 組の対辺がそれぞれ等しいとき
- 2 組の対角がそれぞれ等しいとき
- 1 組の対辺が等しくて平行であるとき
- 2 つの対角線がそれぞれの中点で交わるとき

確認問題

339 四角形 ABCD(対角線の交点を O とする)で, 次のそれぞれの条件を満たすならば, 平行四辺形になることを証明せよ。

(1) ∠A = ∠C, ∠B = ∠D

(2) AO = CO, BO = DO

(3) AB = DC, AB // DC

70 平行四辺形になることを証明（しょうめい）する

▱ABCD で，AE = CF ならば，
四角形 EBFD は平行四辺形であることを証明せよ。

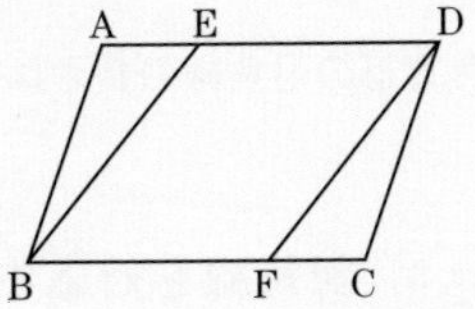

FOCUS 平行四辺形になるための条件を考える。

証明

平行四辺形 ABCD の対辺だから

ED // BF ……①

平行四辺形 ABCD の対辺だから，

AD = BC ……②

仮定から，

AE = CF ……③

また，ED = AD − AE，BF = BC − FC ……④

②，③，④から，

ED = BF ……⑤

①，⑤から，1 組の対辺が等しくて平行だから四角形 EBFD は平行四辺形である。

もっとくわしく

別解

△ABE ≡ △CDF（2 組の辺とその間の角がそれぞれ等しい）

になるから，

BE = DF ……⑥

また，AD = BC，

AE = CF より，

ED = BF ……⑦

⑥，⑦から，2 組の対辺がそれぞれ等しいので，四角形 EBFD は平行四辺形である。

Return

平行四辺形になるための条件 ➡69

学習のPOINT 平行四辺形であることを証明するには，
「平行四辺形になるための条件」のどれにあてはまるかを考える。

確認問題

340 次の ▱ABCD で，斜線部分の図形は平行四辺形であることをそれぞれ証明せよ。

(1) AE // FC

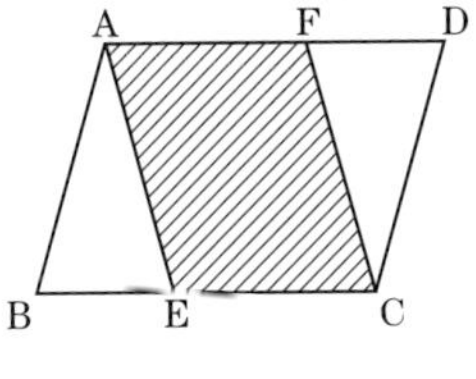

(2) AE = CF

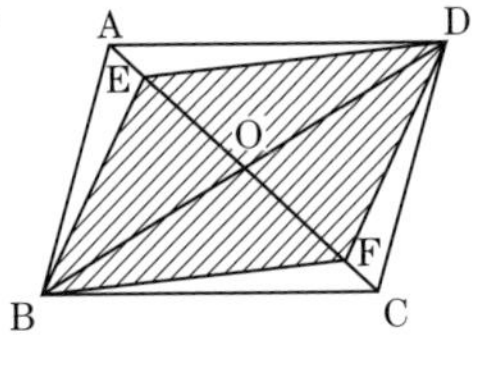

71 特別な四角形の性質を証明する

長方形の対角線の長さは等しいことを証明せよ。

FOCUS **対角線を対応する辺にもつ 2 つの三角形の合同を示す。**

証明

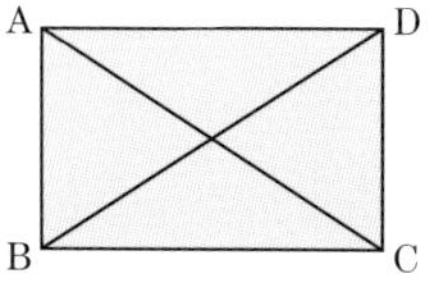

長方形 ABCD で，対角線 AC，BD をひく。

△ ABC と△ DCB で

長方形は，2 組の対角が等しいので平行四辺形である。よって，

AB ＝ DC ……①

長方形の定義より，∠ ABC ＝∠ DCB……②

また，共通だから，BC ＝ CB……③

①，②，③から，2 組の辺とその間の角がそれぞれ等しいので

△ ABC ≡△ DCB

よって，AC ＝ DB

つまり，長方形の対角線の長さは等しい。

もっとくわしく

長方形
4 つの角がみな直角である四角形。

ひし形
4 つの辺がみな等しい四角形。

正方形
4 つの角がみな直角で，4 つの辺がみな等しい四角形。

Return

平行四辺形 ➡67

学習の POINT 長方形，ひし形，正方形は，平行四辺形である。

確認問題

341 ひし形の対角線は垂直に交わる。
このことを，右の図を利用して証明せよ。

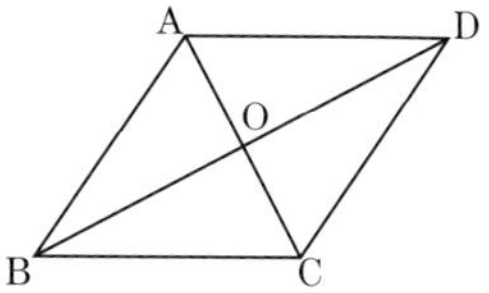

342 次の四角形の対角線について，表を完成させよ。

	それぞれの中点で交わる	垂直に交わる	長さが等しい
平行四辺形	○	×	
長方形			
ひし形			
正方形			

72　特別な四角形になる条件を考える

平行四辺形 ABCD が，次の形になるためにはどんな条件を加えればよいか。

(1) 長方形　　(2) ひし形　　(3) 正方形

FOCUS　**長方形，ひし形，正方形では成り立つが，平行四辺形では成り立たない条件を考える。**

解き方

(1) 長方形は 4 つの角がみな直角である四角形(定義(ていぎ))だから，1 つの角を 90° にする。または，対角線(たいかくせん)の長さを等しくする。

(2) ひし形は 4 つの辺がみな等しい四角形(定義)だから，となり合う辺の長さを等しくする。または，対角線を垂直(すいちょく)に交わらせる。

(3) 正方形は 4 つの角がみな直角で，4 つの辺が等しい四角形(定義)だから，1 つの角を 90° にし，となり合う辺の長さを等しくする。または，対角線の長さを等しくし，垂直に交わらせる。

答え　(1) ∠A = 90° にする。または，AC = BD にする。

(2) AB = BC にする。または，AC ⊥ BD にする。

(3) ∠A = 90° かつ AB = BC にする。
または，AC = BD かつ AC ⊥ BD にする。

もっとくわしく

特別な四角形の関係

長方形，ひし形，正方形は，平行四辺形の特別なものである。これらの関係を図に表すと次のようになる。

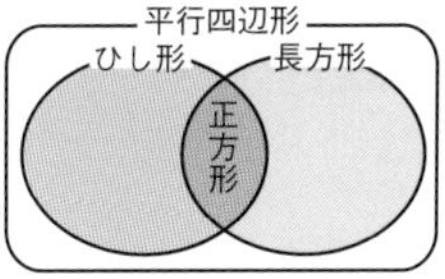

Return

長方形 ➡71
ひし形 ➡71
正方形 ➡71

学習のPOINT　平行四辺形，長方形，ひし形，正方形は右の図のような関係になる。

A　1組のとなり合う辺を等しくする。
B　対角線が垂直に交わるようにする。
C　1つの角を直角にする。
D　対角線の長さを等しくする。

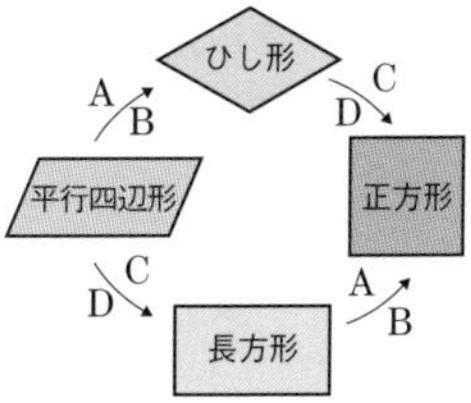

確認問題

343　長方形 ABCD が，正方形になるためにはどんな条件が必要か。
また，ひし形 PQRS が，正方形になるためにはどんな条件が必要か。

§3 平行線と面積

73 平行線と三角形の面積の関係を証明する

直線上の 2 点 A，B と，その直線に対して同じ側にある点 P，Q で

PQ // AB ならば △PAB = △QAB

であることを証明せよ。

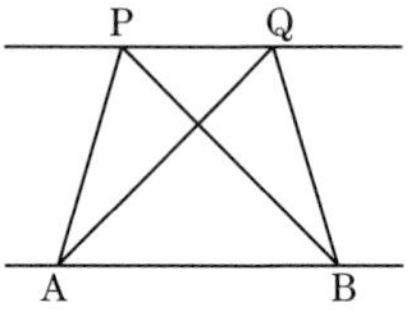

FOCUS **底辺が共通で高さが等しい三角形は面積が等しいことを利用する。**

証明

△PAB と △QAB は，底辺 AB が共通で PQ // AB だから，平行線間の距離（きょり）が一定である。つまり，底辺が共通で高さが等しいから （＊1）

△PAB = △QAB

ここに注意

△ABC = △DEF は，2 つの三角形の面積が等しいことを表す。
△ABC ≡ △DEF は，2 つの三角形が合同であることを表す。

もっとくわしく

（＊1）
平行な 2 直線 ℓ，m があるとき，ℓ 上のどこに点をとっても直線 m との距離は一定である。

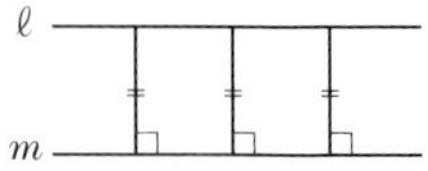

学習の POINT

平行線と三角形の面積
底辺を共有していれば，平行線の距離は一定だから面積は等しい。

$\triangle ABP_1 = \triangle ABP_2 = \triangle ABP_3 = \triangle ABP_4 = \triangle ABP_5$

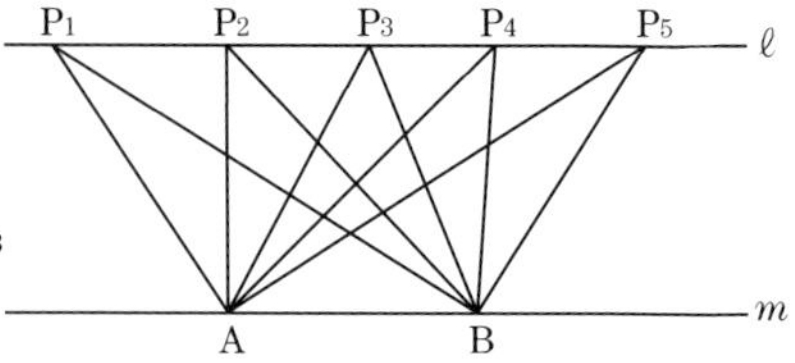

確認問題

344 上の例題で，△APQ = △BPQ であることを証明せよ。

74 面積の等しい三角形をさがす

AD // BC である台形 ABCD の対角線(たいかくせん)の交点を O とする。
このとき，

△AOB = △DOC

であることを証明(しょうめい)せよ。

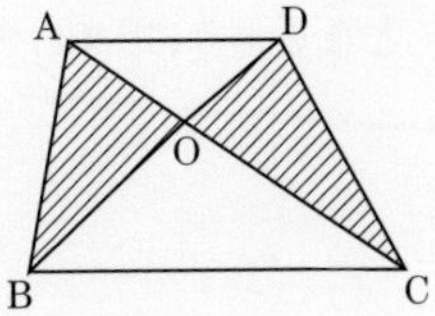

FOCUS　平行線と三角形の面積の関係を利用する。

証明

△AOB = △ABC − △OBC ……①

△DOC = △DBC − △OBC ……②

底辺 BC を共有し，AD // BC だから

△ABC = △DBC ……③

①，②，③から，△AOB = △DOC

もっとくわしく

底辺 BC を共有し，AD // BC だから，まず△ABC と△DBC の関係に着目する。

Return
平行線と三角形の面積
➡73

学習のPOINT　面積の等しい2つの図形に，等しい面積をたしたりひいたりしてできる2つの図形の面積は等しい。

確認問題

345 右の図の平行四辺形 ABCD で，

△BEF = △CDF

であることを証明せよ。

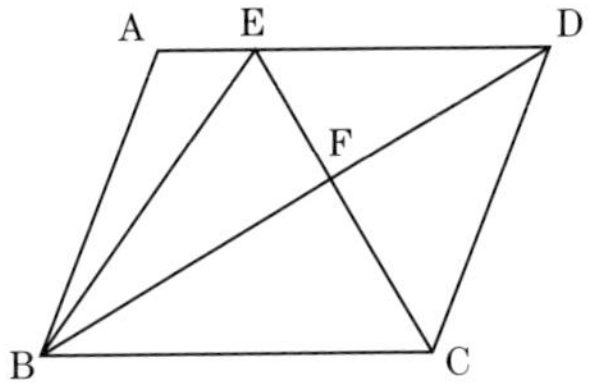

346 右の図の△ABC で，BC // DE である。

△ABE = △ACD

であることを証明せよ。

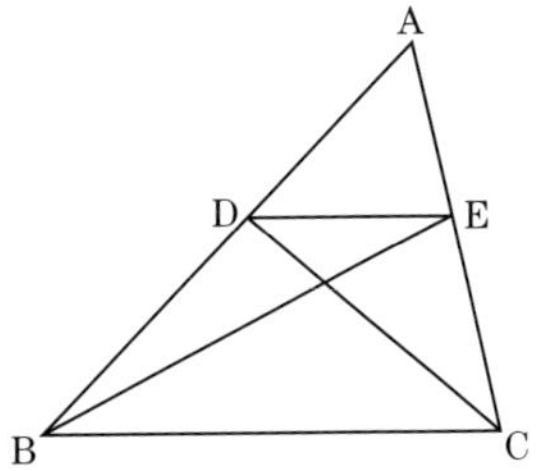

75 等積変形(とうせきへんけい)をする

右の図で，四角形 ABCD ＝△ ABP
となるように，BC の延長線上に点 P をかけ。

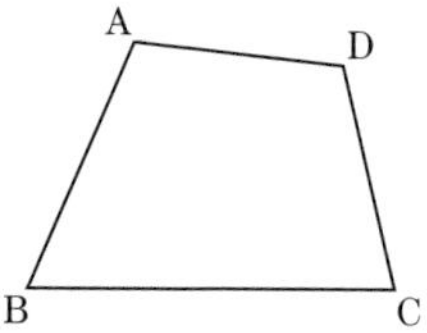

FOCUS △ ACD と△ ACP の面積が等しくなるように点 P を決める。

解き方

四角形 ABCD の頂点 D を通り，AC に平行な直線をひき，辺 BC の延長線との交点を P とすればよい。

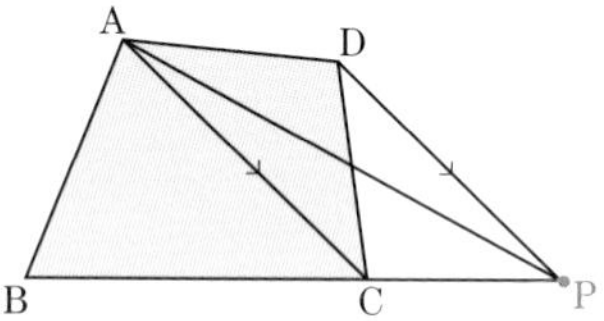

＜四角形 ABCD ＝△ ABP である理由＞
AC // DP としたので，

△ ACD ＝△ ACP

よって，(四角形 ABCD) ＝△ ABC ＋△ ACD
＝△ ABC ＋△ ACP
＝△ ABP (＊ 1)

答え 上の図

用語

等積変形
面積を変えずに図形を変えること。

もっとくわしく

(＊ 1)
面積の等しい 2 つの図形に同じ面積をたしたりひいたりしてできる 2 つの図形の面積は等しい。

Return

平行線と三角形の面積 ➡73
面積の等しい三角形をさがす ➡74

学習の POINT 平行線をひけば，平行線上にある点を移動しても面積は変わらない。

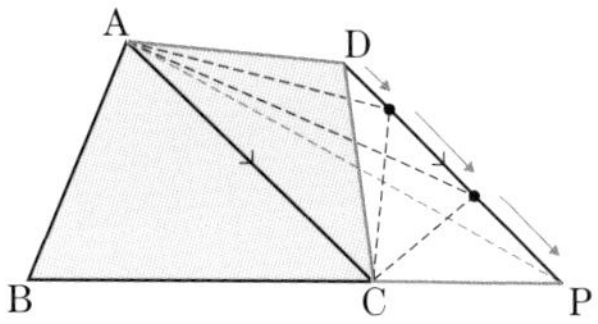

確認問題

347 五角形 ABCDE の 5 つの頂点のうち 1 つだけを動かして，もとの五角形と面積が等しい四角形を 2 つかけ。

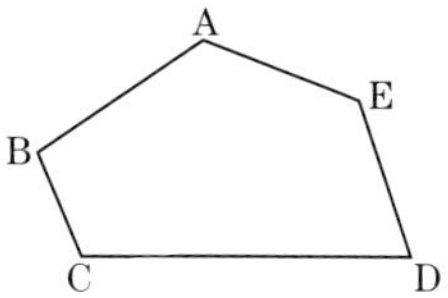

76　図形の面積を二等分する

△ ABC で，点 P は辺 AB 上にあり，点 M は辺 BC の中点である。

(1)　△ ABM ＝△ ACM であることを証明せよ。

(2)　辺 BC 上に点 Q をとって，△ ABC の面積を二等分する線分 PQ をかけ。

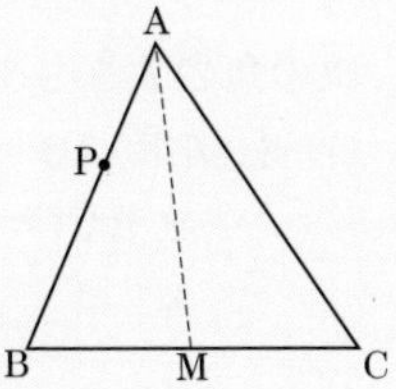

FOCUS　2 つの三角形の面積が等しくなる条件を考える。

解き方

(2)　図 1 のように点 A を通り PM に平行な直線をひき，辺 BC との交点を Q とすればよい。

PM // AQ より，

△ PMA ＝△ PMQ

よって

△ ABM ＝△ PBM ＋**△ PMA**

＝△ PBM ＋**△ PMQ** ＝△ PBQ

(1) より，△ ABM ＝ $\frac{1}{2}$ △ ABC だから線分 PQ は △ ABC の面積を二等分する。

図 1

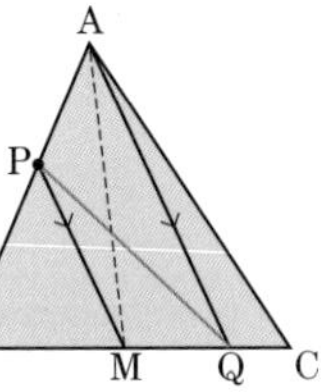

答え

(1)　点 A から辺 BC に垂線 AH をひく。

△ ABM ＝ $\frac{1}{2}$ × BM × AH

△ ACM ＝ $\frac{1}{2}$ × CM × AH

M は BC の中点だから，BM ＝ CM

したがって，△ ABM ＝△ ACM

(2)　上の図 1

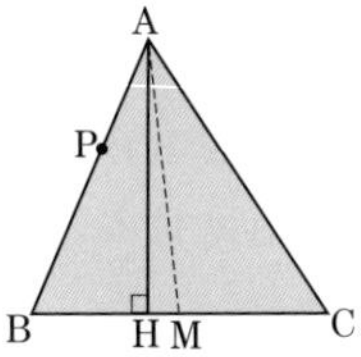

用語

中線

△ ABC の 1 つの頂点とそれに対する辺の中点とを結ぶ線分を中線という。三角形には，3 つの中線がある。

もっとくわしく

(1) 底辺と高さがそれぞれ同じ長さであることを示す。

(2) 点 A を通り，PM に平行な直線をひいて考える。

Return

等積変形 ➡75

学習の POINT　三角形の 1 つの中線は，その三角形の面積を二等分する。

確認問題

348　△ ABC で，点 P は辺 AC 上にある。

辺 BC 上に点 Q をとって，

△ ABC の面積を二等分する線分 PQ をかけ。

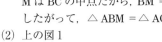

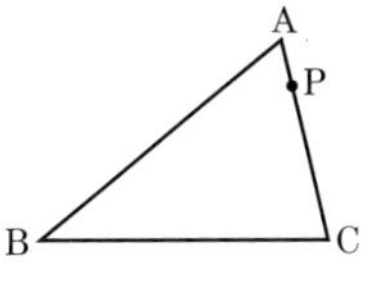

章末問題

解答 ➡p.85

124 次の角の大きさや辺の長さをそれぞれ求めよ。

(1) 右の図の AB ＝ AC の二等辺三角形 ABC で，

∠ BAC ＝ □°，∠ ACD ＝ □°

AC ＝ □ cm

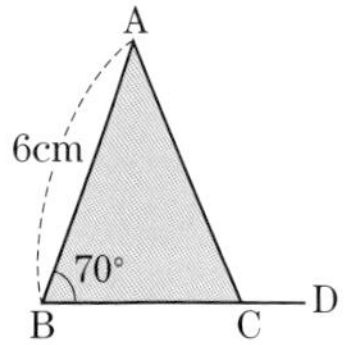

(2) 右の図の▱ABCD で，

∠ ABC ＝ □°，∠ BCD ＝ □°

AD ＝ □ cm，OC ＝ □ cm

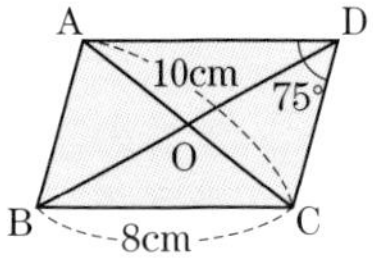

125 AB ＝ AC の二等辺三角形 ABC で，辺 AC，AB の中点をそれぞれ D，E とする。
このとき，BD ＝ CE であることを証明(しょうめい)せよ。

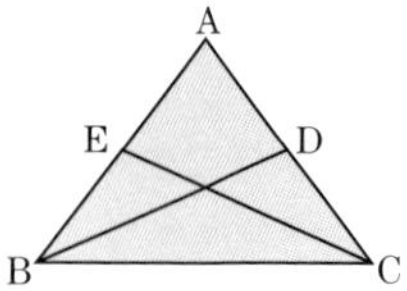

126 AB ＝ AC の二等辺三角形 ABC で，∠ ABC，∠ ACB の二等分線 BD，CE をそれぞれひき，交点を P とする。
このとき，△ PBC は二等辺三角形になることを証明せよ。

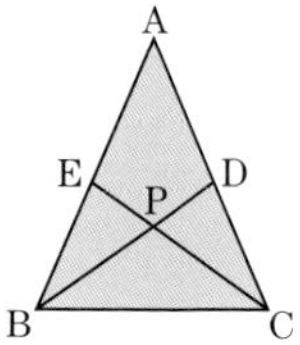

127 右の図のように，∠ BAC ＝ 45° の△ ABC がある。頂点 A から辺 BC に垂線をひき，辺 BC との交点を P とする。また，頂点 B から辺 AC に垂線をひき，辺 AC との交点を Q とし，線分 AP と線分 BQ の交点を R とする。
このとき，△ ARQ ≡△ BCQ であることを証明せよ。　(茨城県)

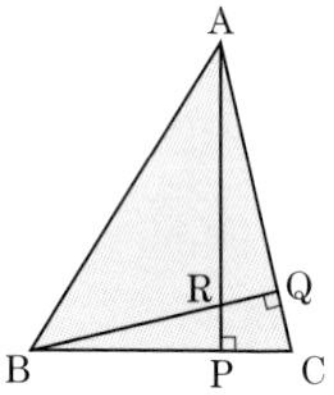

128 OA ＝ OB ＝ OC の三角錐 OABC で，頂点 O から底面 ABC に垂線 OH をひく。
このとき，AH ＝ BH ＝ CH であることを証明せよ。

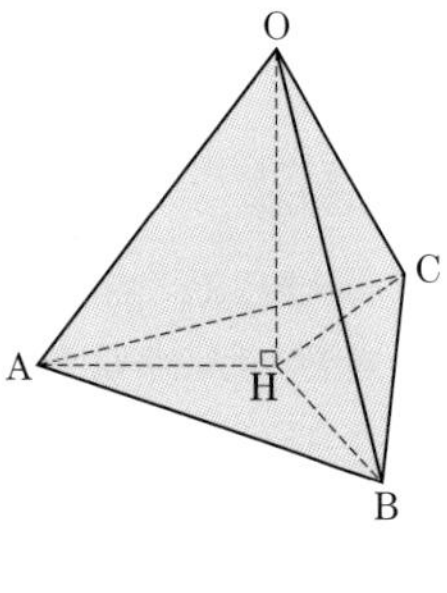

129 右の図のように，▱ABCD があり，辺 AD の中点を M，線分 BM の延長と辺 CD の延長との交点を E とする。
このとき，△ ABM ≡△ DEM であることを証明せよ。 (長崎県)

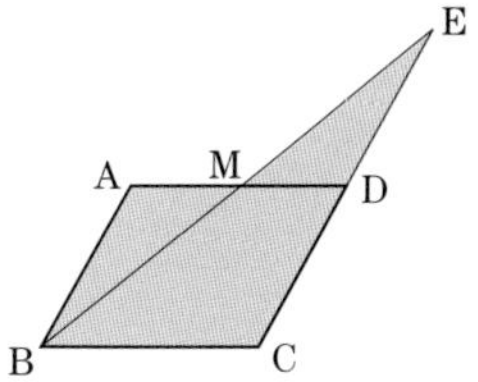

130 右の図の▱ABCD の辺上または内部に 2 点 P，Q をとり，▱APCQ を作図せよ。 (富山県)

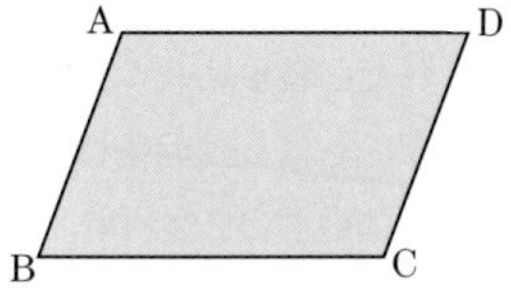

131 右の図のように，▱ABCD の辺 AB，BC，CD，DA の中点をそれぞれ E，F，G，H とする。このとき，四角形 EFGH は平行四辺形であることを証明せよ。

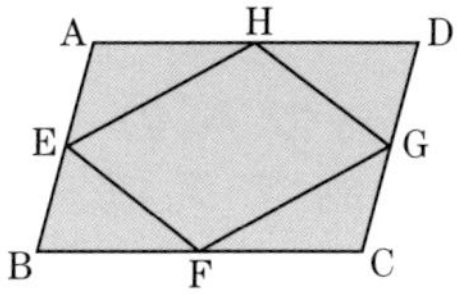

132 右の図のように，長方形 ABCD があり，頂点 A，C から対角線 BD にひいた垂線と対角線との交点をそれぞれ E，F とする。
このとき，△ ABE ≡△ CDF であることを証明せよ。 (長崎県)

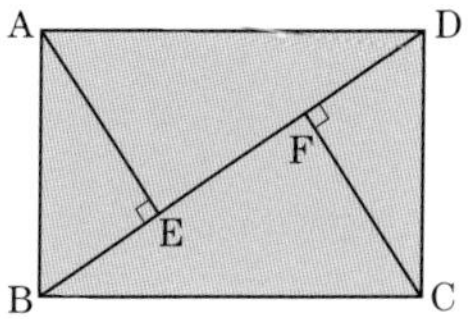

133 ▱ABCD の対角線の交点を O とし，BC の中点を E，AE と BD の交点を F とする。
このとき，面積について△ AFO ＝△ FBE となることを証明せよ。 (福島県)

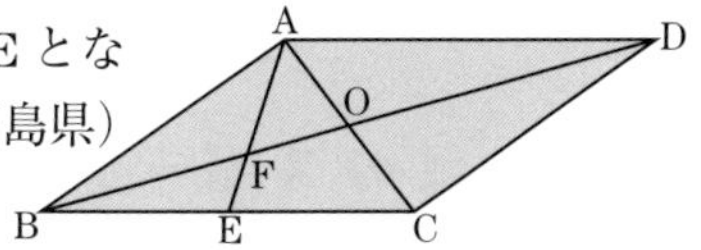

134 思考力
図のように，長方形 ABCD と線分 PQ がある。辺 BC 上に点 R をとり，折れ線 PQR で長方形 ABCD の面積を二等分したい。次の問いに答えなさい。

(1) 点 R をどこにとればよいか。作図の手順を書きなさい。

(2) (1)の手順で求めた点 R によって，折れ線 PQR で長方形 ABCD の面積が二等分されることを証明しなさい。 (大阪教育大附属池田)

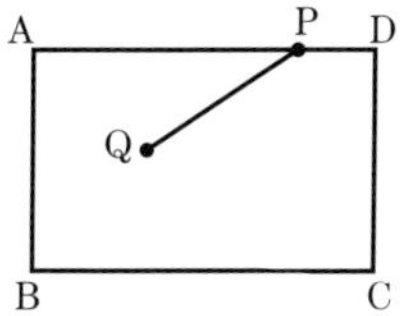

第5回 ただ勝利のために

大砲の弾道を計算するために生まれたのが関数。偏微分方程式は、原爆や軍事衛星の製造に利用された。戦争と共に生まれ、発達してきた数学も少なくない。

そして、しばしば戦争に例えられるのがスポーツだ。数学はここにも少なからず関わっている。いわば数学の2次利用。そして平和利用。出来ることなら、こっちに力を入れてもらいたい。

スポーツへの数学的アプローチ

陸上競技の世界記録を見れば分かる通り、人間の運動能力は限界を知らぬほど伸び続けている。これに大きく関与しているのが、データ解析を基にした科学的トレーニングである。

トップ・アスリートともなれば、トレーニングやコンディショニングなど、何人ものコーチを携えたチームを作って行動するのが普通である。学問領域は運動生理学や生体力学、栄養学など。その他にも必要に応じて心理学、医学などの専門家がサポートにつく。各分野ではじき出されたデータはコンピュータにインプットされ、最大のパフォーマンスを得るためのシミュレーションが繰り返される。

トレーニングだけではない。ユニフォームやシューズといった用具も、アスリートの特性に沿ったものが開発されている。オリンピックの世界新記録は、専門家たちが数学的アプローチによって研究した成果を、アスリートが代表して発表したデータなのだ。

数字だらけのスポーツ

プロ野球は、数字を楽しめるスポーツである。チームの勝敗数はもちろん、プレイヤーの個人記録も細分化されて発表される。打点やホームランのような単に積み重ねていく数字もあるが、打率、防御率、出塁率、三振奪取率……といった数値が多く登場するのが野球の特徴である。プロ野球ファンは日々変わる数字を見ては一喜一憂し、明日への活力をもらうのだ。

最近は、「最も優秀なバッター」を表す数字として「OPS」という指標が注目されている。これは出塁率（OBP）と長打率（SLG）を加えた数字であり、10割を越える事がスーパースターの証と言われている。

こうした特徴から、野球ファンの多くは「数字マニア」に陥りやすい。野球の本場・アメリカでは、数字を参考にして戦う「ファンタジー・ベースボール」というゲームが盛んだ。実際のメジャーリーガーを自分でドラフトしてチームを作る。その選手たちの実際の試合での成績がそのまま自チームの成績となり、その年間合計で順位を争うのである。

日本ではあまり知られていないが、アメリカでは野球だけでなくフットボール、バスケットボール などを素材に大変な人気がある。リーグによっては高額の優勝賞金がもらえるところもあり、参加人口が2000万人を超える一大産業となっている。

野球にまつわる数値

名称	OBP(On Base Percentage)
説明	出塁率
計算	$\frac{\text{ヒット＋四死球}}{\text{打席数－犠打}}$
備考	ヒットを打つ必要はない。何でもいいから塁に出ると数字が上がる。
名称	SLG (Slugging Percentage)
説明	長打率
計算	$\frac{\text{塁打数}}{\text{打数}}$ (打数＝打席数－四死球－犠打)
備考	塁打数とは単打を1、二塁打を2、三塁打を3、本塁打を4として足した数。
名称	OPS (On Base+Slugging Percentage)
説明	出塁率＋長打率
計算	OBP + SLG
備考	ひとつのデータで打撃力を簡単に見ることができる。

奇跡も想定の範囲内

スポーツの記録には、奇跡としか思えないような珍しいものがいくつもある。奇跡の定義を仮に「非常に珍しい事態が連続して起こる」としてみる。例えばサッカーでロスタイムに3点を入れての逆転勝ち。ゴルフで3連続チップイン・バーディ。長い連勝、または連敗。無名の新鋭がトーナメントを勝ち抜いて優勝……etc。

どんな種目にも、長い歴史の中にはこの手の記録があるはずだ。ならば、特別珍しいことではないようにも思える。しかし、確率的に見ればやはり奇跡としか言いようがない。野球の完全試合などは20年に1度あるかどうかというような確率なのに、実際は戦後で15人の達成投手がいるのだ。(日本プロ野球の場合)

では、なぜ奇跡はしばしば起こるのか。これは、「マルコフ連鎖(れんさ)(過程(かてい))」という数学理論によって証明されている。マルコフ連鎖とは、簡単に言えば「未来の事象(じしょう)は現在にのみに依存し、過去には依存しない」とする確率過程(かくりつかてい)のひとつである。「2度ある事は3度ある」のことわざは、数学理論だったのだ。

数学的活用

3年生で学ぶ図形の世界

定規や分度器を使わずに長さや角を求める方法

1年生では，線分や辺の長さや角の大きさを求めるために，定規や分度器を使って，求めたい部分に当てて目盛りを読みとってきました。3年生では，定規や分度器を使わなくても，他の線分の長さや角の大きさを使って，求めたい長さや角の大きさを求める方法などを勉強します。

カメラの撮影範囲

ヨーロッパに旅行中の春子さんは，カメラを使って建物の壁を撮影しようとしています。ズーム機能を使わないで，撮影したい映像がうまく収まるように撮影場所を考えています。
なお，カメラの撮影範囲は，ズーム機能を使わないと，一定の角度の範囲で撮影できます。これを画角といいます。

ローマにあるコロッセオ

>>> P.351 三角形の合同

同じ幅の建物を1枚ずつ撮りたい

春子さんは，同じ幅を持つ隣どうしの建物を1枚ずつ撮影しようとするのに，右のような上から見た図で考えています。
点Pの場所から壁に対して垂直な方向で撮影したところ，6mの幅（線分AB）が撮影できました。同じように隣の建物（BC＝6m）を撮影するには，どこから撮影したらよいでしょうか。

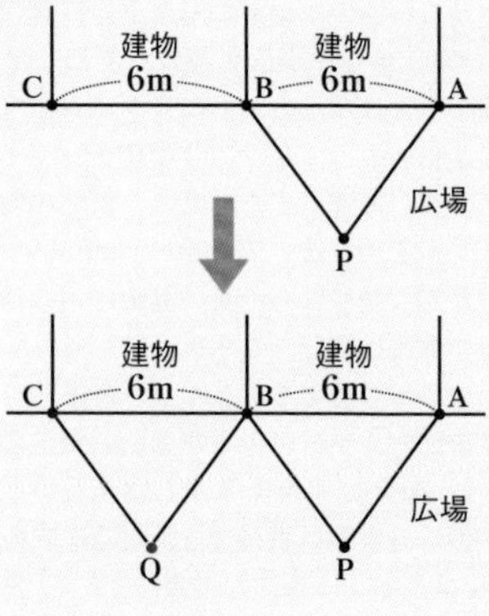

解答　右の図のように，△ABPと合同な図形をつくれば，撮影場所（点Q）を求めることができる。
答え　右の図の点Q

1 2 3年生

2つの建物を1度に撮れる場所を知りたい

>>> P.391 相似な図形

春子さんは，2つの建物を真正面から1度に撮影できる場所に立ちたいと考えています。どこに立ったらいいですか。点Pは，点Aから点Bに向かって3m進んだ点Mから4m垂直に離れた場所にあります。

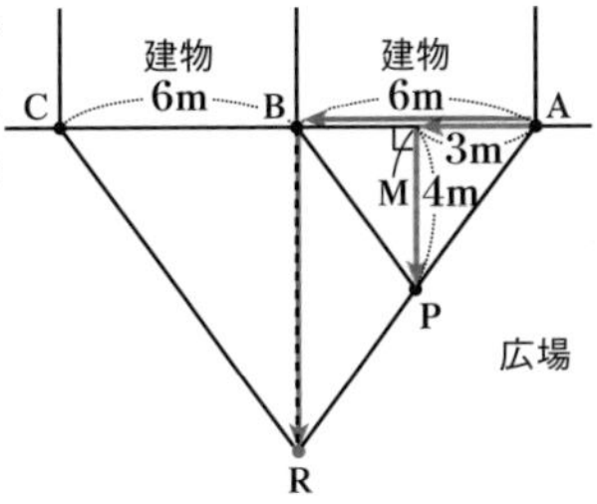

解答　右の図のように，△ABPと同じ形で，点Aを中心として拡大した図形（相似な図形）をかくと，撮影場所（点R）がわかる。△AMPと△ABRの対応する辺の比は等しいから，AM：AB＝MP：BR，3：6＝4：BR，BR＝8

答え　点Bの壁から，垂直に8m離れた場所

ななめからぴったり入るように

>>> P.423 円周角の定理

春子さんは，6mの幅（線分AB）の建物をななめから撮影したいと考えています。どこから撮影したらよいでしょうか。

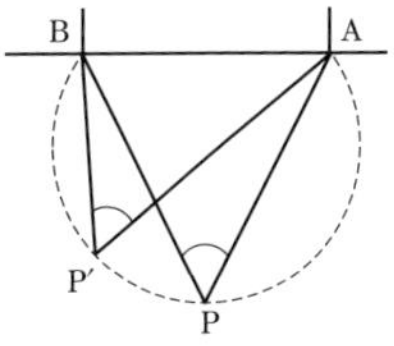

解答　ななめからぴったり入る撮影場所は，たとえば右の図で，∠APB＝∠AP′Bになる点P′である。このような点の集まりは，円に関する性質（円周角の定理の逆）から，3点A，B，Pを通る円となる。

答え　3点A, B, Pを通る円のうち，建物と重ならない場所

撮影場所までの移動距離を調べたい

>>> P.437 三平方の定理

春子さんは，点Rの撮影場所に立つのに，点Aから直接点Rまで歩いていきたいと考えています。何m歩いたらよいですか。

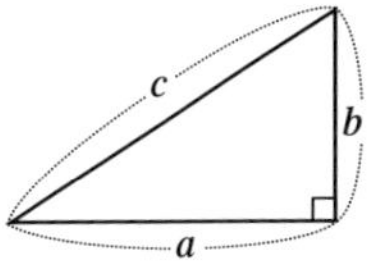

解答　これから勉強する直角三角形の3つの辺の関係「$a^2+b^2=c^2$」（三平方（さんへいほう）の定理（ていり））を使うと，次のようにARの長さを求めることができる。

ARの長さをxとおくと，$6^2+8^2=x^2$

よって，$x^2=100$となり，$x=\pm 10$，

$x>0$より，$x=10$

すなわち，点Aから点Pの方向に向かって10m歩いた場所が点Rである。

答え　10m

第5章 相似な図形 学習内容ダイジェスト

■街灯(がいとう)に照らされた人の影

文子さんは，暗い夜道を家に向かって一人で歩いていました。ふと，自分の影がどのように変化するのか気になりました。「街灯に近付いたら短くなるし，遠のくと長くなるのはわかるけど，影の先端はどのように動くのかしら…。まっすぐ？曲がる？」この影の動きについて考えましょう。

相似な図形（拡大図・縮図） ⇒P.388

図形の形を変えないで各部分の長さを同じ割合で大きくしたり，小さくした図形を学びます。

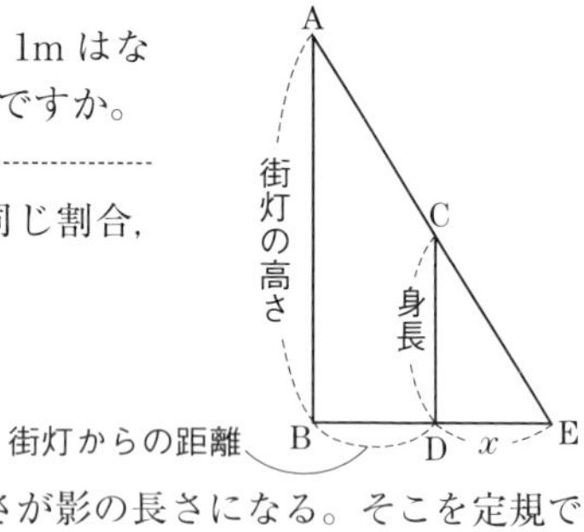

例　街灯の高さが 3m，身長が 1.5m で，街灯から 1m はなれたところに立っている時，影の長さは何 m ですか。

解説　本当の長さを紙に書くのは不可能なので，同じ割合，ここでは 100 分の 1 の大きさにして図をかく。

街灯の高さ 3m → 3cm,

身長 1.5m → 1.5cm

街灯からの距離(きょり) 1m → 1cm

右の図のように縮小した図をかくと，x の長さが影の長さになる。そこを定規で測りとり，100 倍した値が本当の影の長さになる。

答え　1m

相似な図形（相似な図形を見つける） ⇒P.390

ある図形を，形を変えないで拡大または縮小した図形は，もとの図形と相似である，ということを学びます。

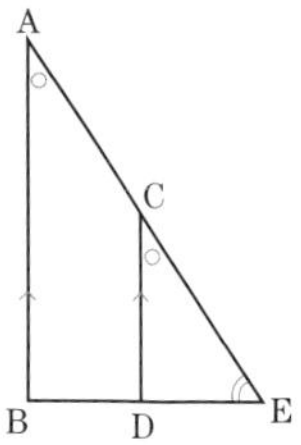

例　上の図で，相似な図形を見つけ，記号で表しましょう。

解説　右の図より，△ ECD と△ EAB が相似になる。

答え　△ ECD ∽△ EAB

相似な図形（三角形の相似条件）

➡P.393

2年生では2つの三角形が「三角形の合同条件」にあてはまれば合同であることを勉強してきました。同じように2つの三角形が「三角形の相似条件」にあてはまれば相似であることを学びます。

例 「相似な図形（拡大図・縮図）」の図で，△ECD と△EAB が相似になる理由をいいましょう。

解説 2つの三角形で，∠E は共通。
街灯も人間も地面に対して垂直に立っていることから，AB // CD
「2直線が平行ならば同位角は等しい」ので，∠ECD = ∠EAB
すると，三角形の相似条件の1つ
「2組の角がそれぞれ等しい三角形ならば相似である」
にあてはまるので，△ECD と△EAB が相似になる。

図形と線分の比

➡P.397

右の図のように，三角形を底辺と平行な直線で残りの2辺を分けたときの分かれた線分の比の関係や，比が等しいときの線分の関係を学びます。

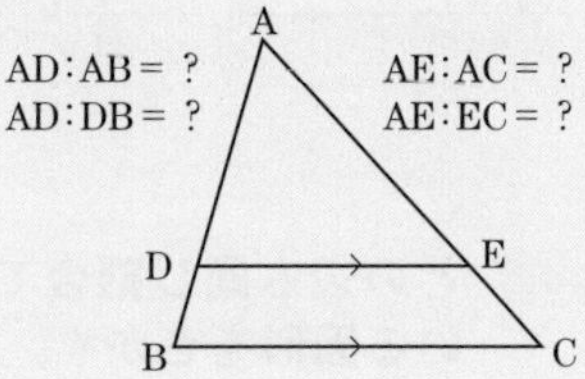

例 右下の図は街灯 AB の横をまっすぐに歩いていて，人が点 D，D′にいるときの見取図を表しています。BD : BE，BD′ : BE′の比はどうなりますか。

解説 AB // CD なので，三角形と線分の比の関係から，EC : CA = ED : DB
同様に，E′C′ : C′A = E′D′ : D′B
街灯が am，人の身長が bm としたとき，EC : CA も E′C′ : C′A も b : $(a-b)$ になる。
すなわち，BD : BE = BD′ : BE′になる。

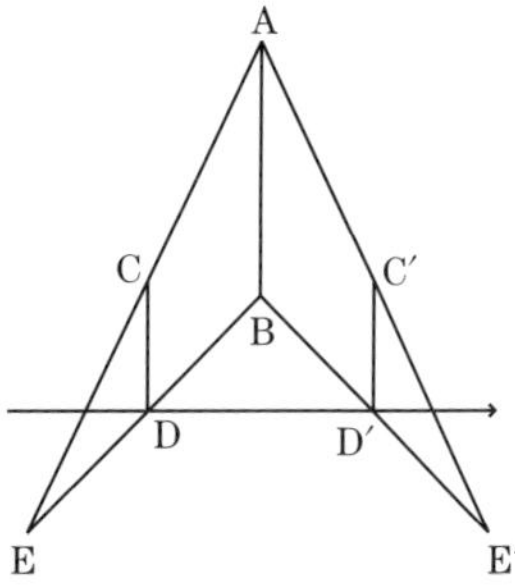

答え BD : BE = BD′ : BE′

このことから，影の先端の動いた道すじは人が歩く方向と平行になることがわかります。

§ 1　相似な図形

77　拡大図・縮図を選ぶ

下の①～⑤の図形のうち，四角形 ABCD の形を変えないで，拡大または縮小したものを選べ。

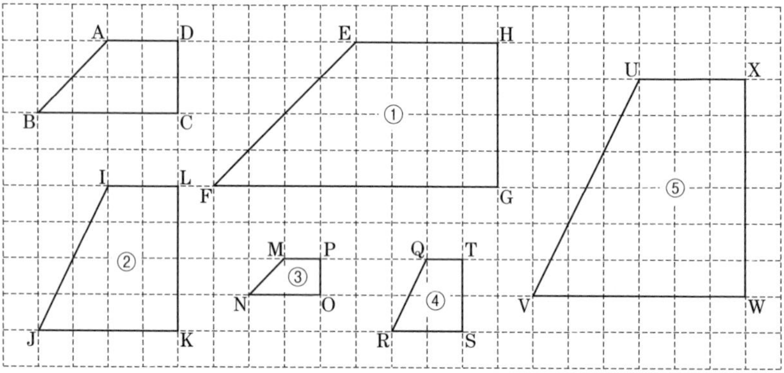

FOCUS　**どの辺も同じ割合で拡大または縮小している図形をさがす。**

解き方

四角形 ABCD と①

2AB = EF，2BC = FG，2CD = GH，2DA = HE で，形が同じ。

四角形 ABCD と③

AB = 2MN，BC = 2NO，CD = 2OP，DA = 2PM で，形が同じ。

答え　①と③

もっとくわしく

拡大図

もとの図と同じ形で，各辺の長さを一定の割合で大きくした図。

縮図

もとの図と同じ形で，各辺の長さを一定の割合で小さくした図。

学習のPOINT　各辺の長さを一定の割合で大きくした図が拡大図，小さくした図形が縮図である。

確認問題

349　上の例題の図で，四角形 IJKL の拡大図を記号で選べ。また，四角形 IJKL の縮図を記号で選べ。

78　拡大図・縮図を利用する

下の地図は，茨城県筑波山周辺の地図である。点A(標高389m)から，筑波山(男体山点B：標高871m)を見たとき，水平方向から何度目線を上げることになるか。ただし，地図は，2万5千分の1の地形図である。

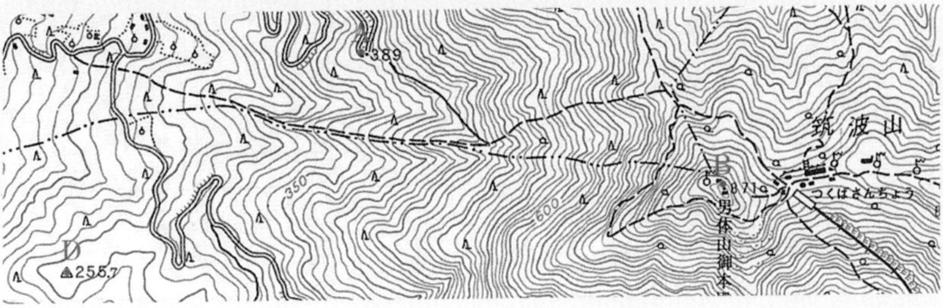

FOCUS　**縮図をかいて見上げる角度を分度器ではかる。**

解き方

2点AとBとの標高差は，871 − 389 = 482(m)である。地図上での標高差は，縮尺が2万5千分の1の地形図だから48200 ÷ **25000** を計算すると約1.9(cm)となる。

また，地図上の点AとBとの長さは4.3cmである。

下の図のように，直角をはさむ2辺を4.3cm，1.9cmとして縮図(直角三角形)をかいて，∠Aを分度器ではかると，約24°になる。

答え　約24°

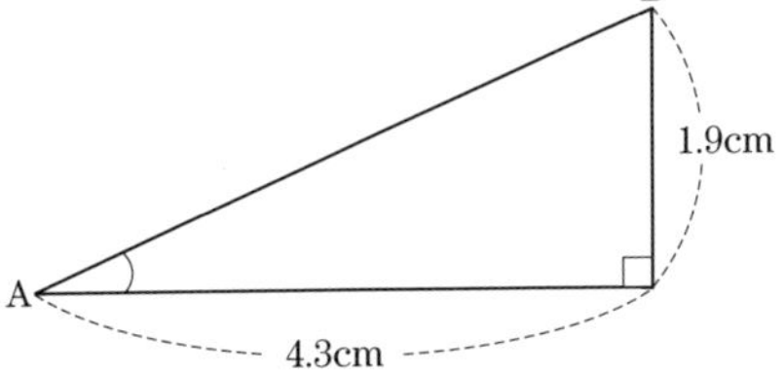

もっとくわしく

縮尺
地図上での長さと実際の長さの比。2万5千分の1の地形図において，地図上の1cmが実際の長さは25000cmとなる。

仰角
見上げる方向と水平方向とのつくる角

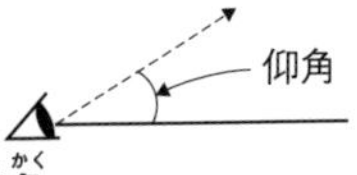

俯角
見下ろす方向と水平方向とのつくる角

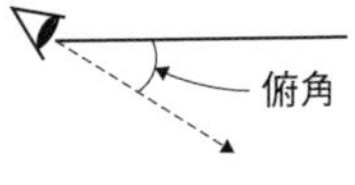

Return
拡大図・縮図 ➡77

学習のPOINT　縮図を作って，仰角にあたる角度をはかる。

確認問題

350　上の例題で，点Bから地点D(標高255.7m)を見下ろすとき，俯角を求めよ。

79 相似な図形とその性質を調べる

四角形 EFGH は，四角形 ABCD を 2 倍に拡大した拡大図である。

(1) 対応する辺をいえ。また，それらの間にはどのような関係があるか。

(2) 対応する角をいえ。また，それらの間にはどのような関係があるか。

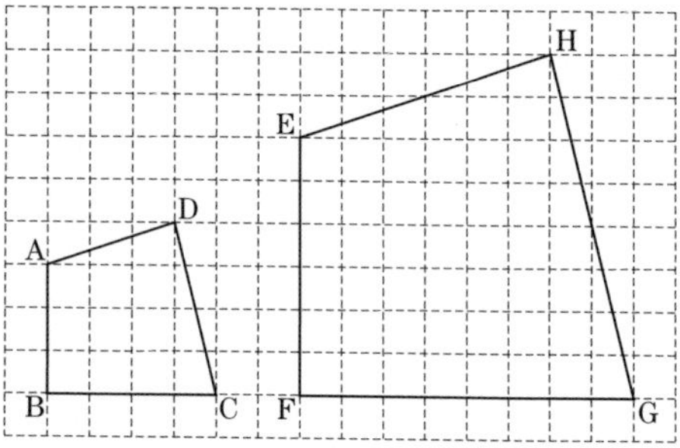

FOCUS　四角形 ABCD を 2 倍に拡大したときに対応する頂点をさがす。

解き方

四角形 ABCD と四角形 EFGH の対応する頂点は
点 A と点 E，点 B と点 F，点 C と点 G，点 D と点 H である。

答え　(1) 対応する辺は
AB と EF，BC と FG，CD と GH，DA と HE
対応する辺の比はすべて 1 ： 2 である。

(2) 対応する角は
∠ A と∠ E，∠ B と∠ F，∠ C と∠ G，∠ D と∠ H
対応する角はそれぞれ等しい。

学習の POINT　相似な図形の性質
・対応する辺の比はすべて等しい。
・対応する角はそれぞれ等しい。

もっとくわしく

相似
1 つの図形を形を変えずに一定の割合に拡大，あるいは縮小して得られる図形は，もとの図形と相似であるという。
四角形 **ABCD** と四角形 **EFGH** が相似であることを，四角形 **ABCD** ∽四角形 **EFGH** と表す。この記号∽を使うときは，対応する頂点の順に書く。

相似比
相似な図形の対応する辺の比。上の例題で，四角形 **ABCD** と四角形 **EFGH** の相似比は，**1 ： 2** である。

Return
拡大図・縮図 ➡77

確認問題

351 右の図で，2 つの三角形が相似であることを，記号∽を使って表せ。また，相似比をいえ。

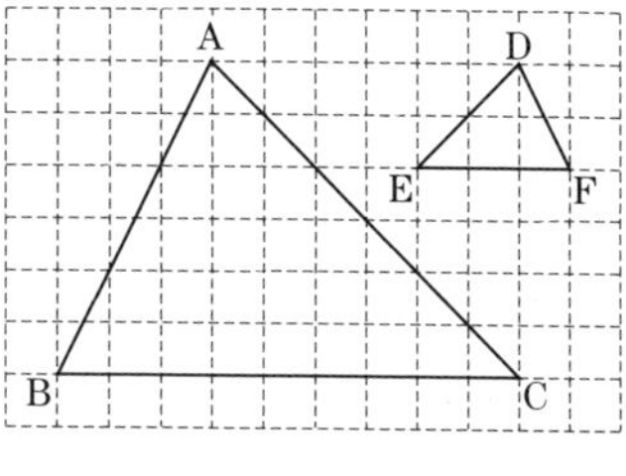

80　相似比をもとに辺の長さを求める

右の図で，△ ABC ∽△ PQR である。辺 QR の長さを求めよ。

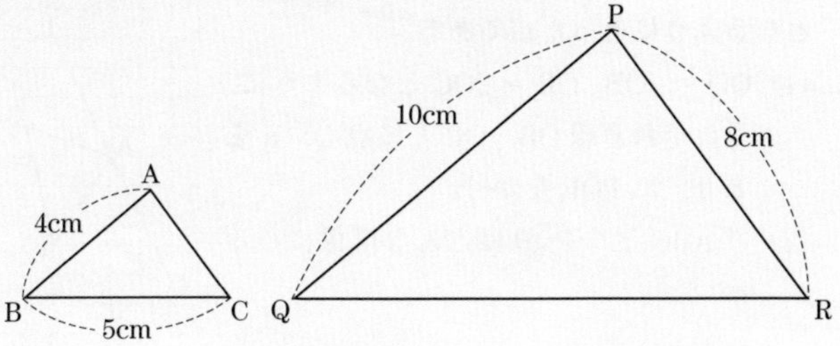

FOCUS　**対応する辺をさがし，比の性質を使う。**

解き方

QR = $x$cm とすると，△ ABC ∽△ PQR だから

対応する辺の比は等しいので

AB ： PQ = BC ： QR

$4 : 10 = 5 : x$

$4 \times x = 10 \times 5$　（＊1）

$x = 12.5$

答え　12.5cm

学習のPOINT　相似な図形の辺の長さを求めるとき，「対応する辺の比はすべて等しい」ことを用いて，比例式を作り，$a : b = c : d$ ならば $ad = bc$ を利用する。

もっとくわしく

（＊1）

比の性質

$a : b = c : d$

ならば

$ad = bc$

<成り立つ理由>

$a : b = c : d$ だから，

$\frac{a}{b} = \frac{c}{d}$

この両辺に bd をかけると，

$\frac{a}{b} \times bd = \frac{c}{d} \times bd$

$ad = bc$

Return

相似比 ➡79
比例式 ➡式編 26

確認問題

352　上の例題の図で，辺 AC の長さを求めよ。

353　右の図で，四角形 ABCD ∽ 四角形 PQRS である。次の辺の長さをそれぞれ求めよ。

(1)　DC　　(2)　PQ

(3)　SP

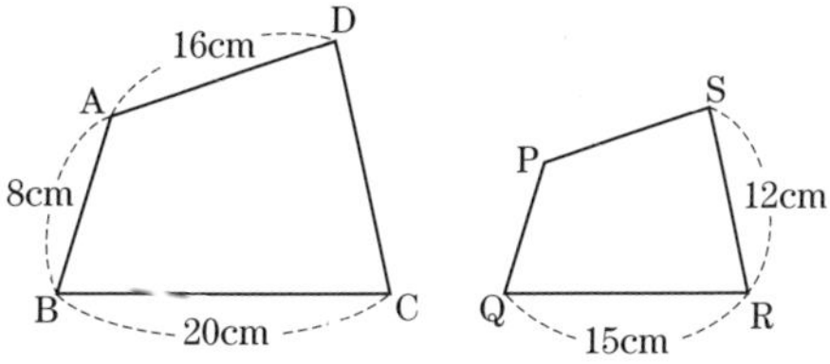

81 相似(そうじ)の位置にある図形をかく

右の図の点 P は，直線 OA 上に OP = 2OA となるようにとった点である。

(1) OQ = 2OB，OR = 2OC となるように，それぞれ直線 OB，OC 上に点 Q，R をとり，△ PQR をかけ。

(2) △ ABC と△ PQR はどんな関係になるか。

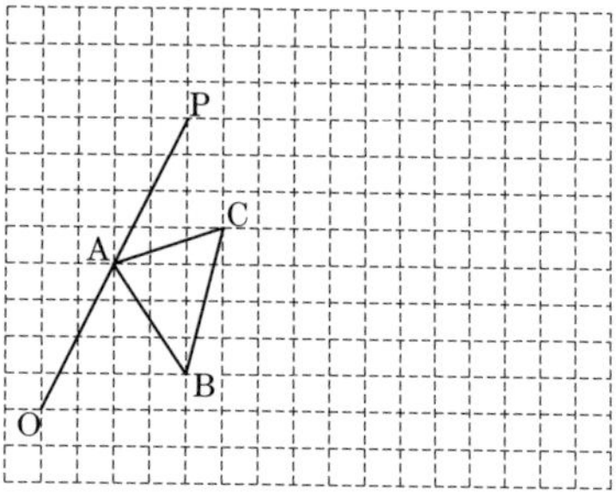

FOCUS **方眼を読みとり，2 倍の距離(きょり)になるところにかく。**

解き方

(1) 点 B は点 O から右へ 4，上へ 1 だけ移動した位置だから，点 Q は点 O から右へ 8，上へ 2 だけ移動した位置になる。同様に，点 R は点 O から右へ 10，上へ 10 だけ移動した位置になる。

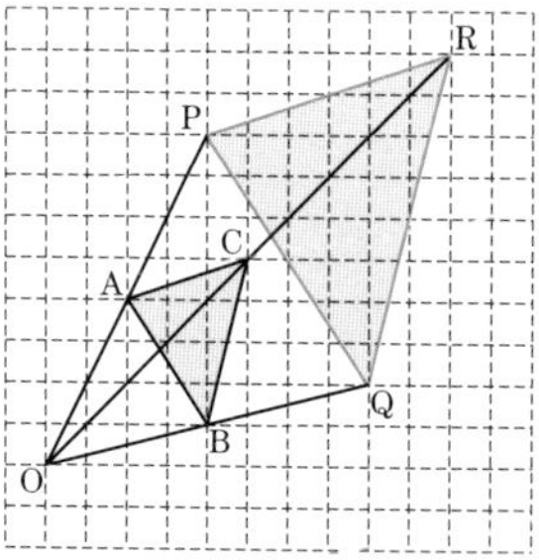

(2) 2AB = PQ，2BC = QR，2CA = RP
∠ A = ∠ P，∠ B = ∠ Q，∠ C = ∠ R となる。

答え (1) 右上の図
(2) △ ABC ∽△ PQR で，相似比は 1 ： 2

用語

相似の中心，相似の位置
2 つの図形の対応する点どうしを通る直線がすべて 1 点 O に集まり，O から対応する点までの距離の比がすべて等しいとき，それらの図形は O を**相似の中心**として**相似の位置**にあるという。相似の位置にある 2 つの図形は相似である。

Return

相似 ➡79

学習の POINT 相似の位置にある図形
・相似比は，相似の中心からの距離の比に等しい。
・対応する辺は平行である。

確認問題

354 右の図で，点 O を相似の中心として，△ ABC と△ PQR の相似比が 1：2 となる△ PQR をかけ。

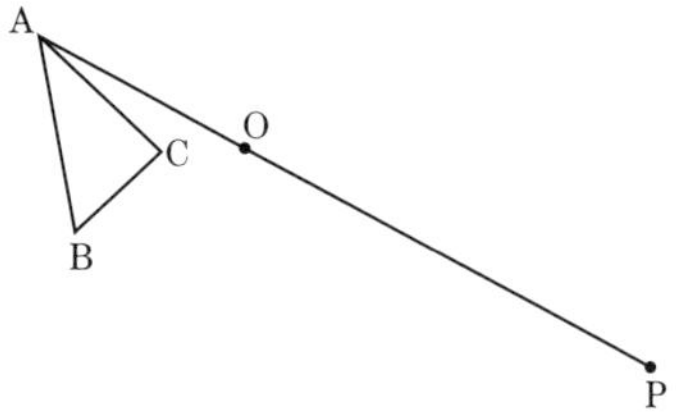

82 相似（そうじ）な三角形の組を見つける

右の図の中から，相似な三角形を見つけ，記号∽を使って表せ。また，そのときに使った相似条件をいえ。

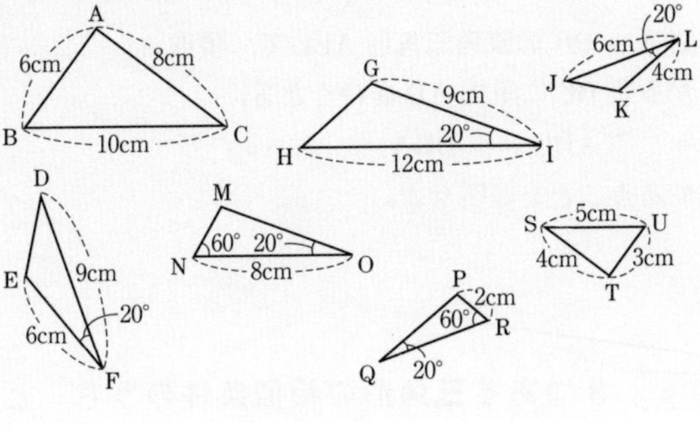

FOCUS **3つある三角形の相似条件のどれにあてはまるか考える。**

答え △ABC ∽△TUS
　3組の辺の比がすべて等しい。
△DEF ∽△JKL
　2組の辺の比とその間の角がそれぞれ等しい。
△MNO ∽△PRQ
　2組の角がそれぞれ等しい。

もっとくわしく

三角形の相似条件
2つの三角形があるとき，相似条件のどれかが成り立てば，それらは相似である。

Return
相似 ➡79

学習のPOINT

三角形の相似条件
① 3組の辺の比がすべて等しい。
② 2組の辺の比とその間の角がそれぞれ等しい。
③ 2組の角がそれぞれ等しい。

①
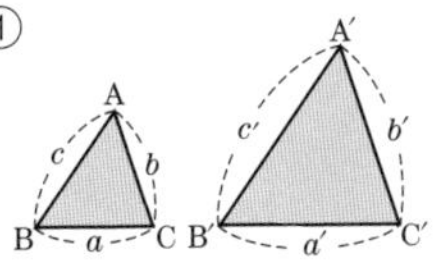

$a:a' = b:b' = c:c'$

②
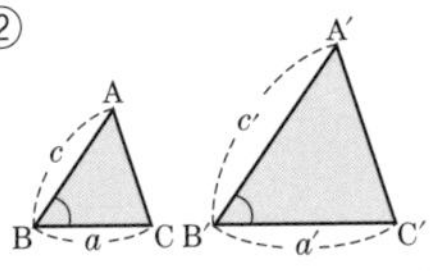

$a:a' = c:c'$, $\angle B = \angle B'$

③
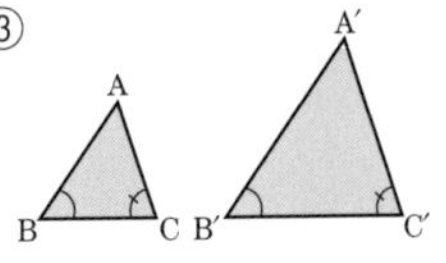

$\angle B = \angle B'$, $\angle C = \angle C'$

確認問題

355 右の図の(1)，(2)で，相似な三角形をそれぞれ見つけ，記号∽を使って表せ。また，そのときに使った相似条件をいえ。

(1)
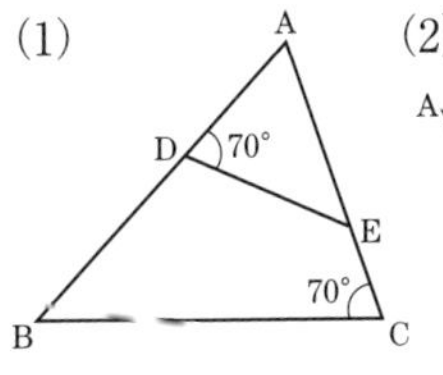

(2)
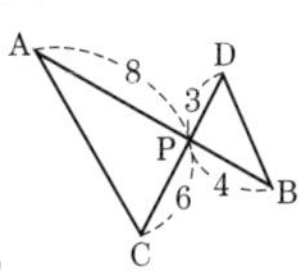

83 三角形の相似を証明する

∠A = 90°の直角三角形 ABC で，頂点 A から辺 BC に垂線 AD をひくとき，

△ABC ∽ △DBA

であることを証明せよ。

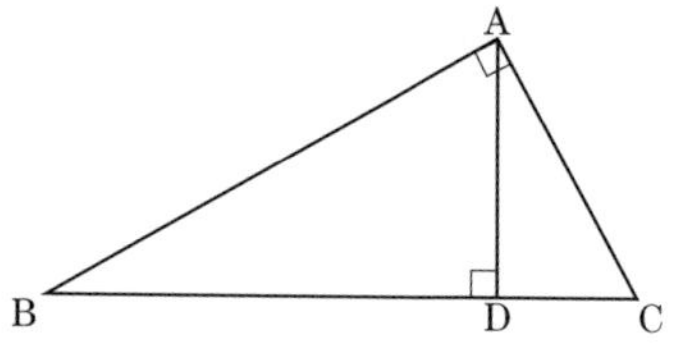

FOCUS 3つある三角形の相似条件のうち，どれが利用できるかを考える。

Return
三角形の相似条件 ➡82

証明

△ABC と△DBA で

仮定から

∠BAC = ∠BDA = 90° ……①

共通な角だから

∠ABC = ∠DBA …………②

①，②から，2 組の角がそれぞれ等しいので

△ABC ∽ △DBA

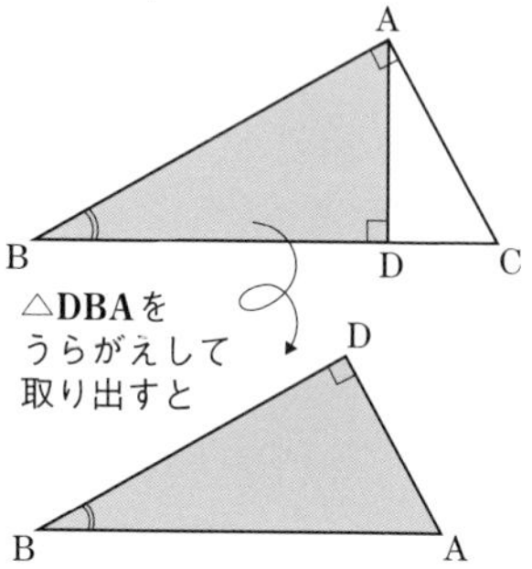

学習のPOINT 対応する辺がわかるように，向きをそろえて 2 つの三角形を取り出す。そして，どの角や辺の比が等しいことを示せるかどうか考える。

確認問題

356 上の例題の図で，△ABC ∽ △DAC であることを証明せよ。

357 右の図で，△ABC と相似な三角形を見つけ，△ABC と見つけた三角形が相似であることを証明せよ。

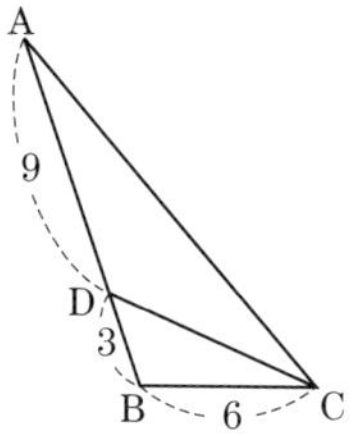

84 相似を利用して多角形の対角線の長さを求める

1辺が 2cm の正五角形 ABCDE で，対角線 AC と BE との交点を F とするとき，対角線 AC の長さを求めよ。

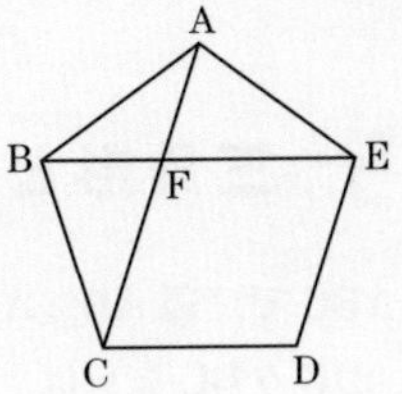

FOCUS 多角形の性質と相似比を利用する。

解き方

正五角形 ABCDE の1つの内角の大きさは

$180 \times (5-2) \div 5 = 108°$

また，正五角形の頂点 A における内角は，対角線 AC，AD で3等分されるので （＊1）

$\angle BAF = \angle ABF = 108 \div 3 = 36°$

すなわち，右の図の○の角はすべて 36° になる。

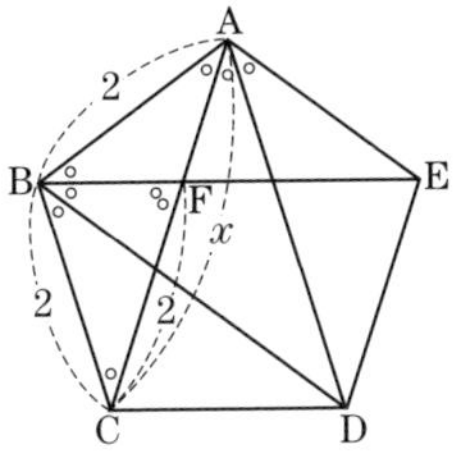

よって，△ABC ∽ △AFB（2組の角がそれぞれ等しい）になる。対応する辺の比は等しいので，AB : AF = AC : AB

AC = $x$cm とおくと，CF = CB（△CBF は∠CBF = ∠CFB の二等辺三角形）だから

$2 : (x-2) = x : 2$　　$x(x-2) = 4$

$x^2 - 2x - 4 = 0$

解の公式より，　$x = 1 \pm \sqrt{5}$

$x > 0$ だから，$x = 1 + \sqrt{5}$

答え　$(1+\sqrt{5})$cm

もっとくわしく

（＊1）

正五角形は，円周を5等分してできるから，$\overset{\frown}{BC} = \overset{\frown}{CD} = \overset{\frown}{DE}$ である。中心角の大きさは弧の長さに比例するから，それぞれの弧に対する中心角は等しく，円周角も等しい。よって，∠A が対角線 AC，AD で3等分される。

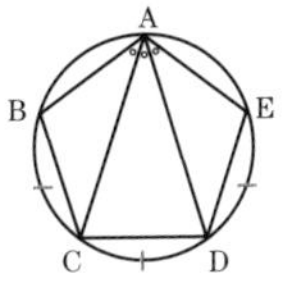

Go to

円周角の定理 ➡103

（＊2）

正五角形の1辺の長さと対角線の長さの比 $1 : \dfrac{1+\sqrt{5}}{2}$ を黄金比という。

Return

多角形の内角の和 ➡47
比例式 ➡式編 26
解の公式 ➡方程式編 42

学習のPOINT まず相似な三角形を見つけ，比の性質を使って，方程式を作る。

確認問題

358 右の図の長方形 ABCD で，正方形 ABEF となるように辺 BC，AD 上に点 E，F をそれぞれとると，長方形 ABCD ∽ 長方形 DFEC となる。この長方形 ABCD の縦と横の長さの比は黄金比 $\left(1 : \dfrac{1+\sqrt{5}}{2}\right)$ になっていることを証明せよ。（＊2）

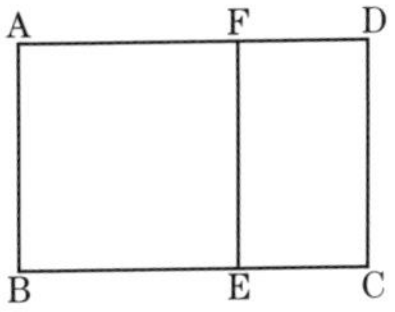

§2　図形と線分の比

85　三角形と比の定理を証明する

△ABC で，辺 AB，AC 上の点をそれぞれ D，E とする。

DE // BC ならば，AD ： AB ＝ AE ： AC ＝ DE ： BC

であることを証明せよ。

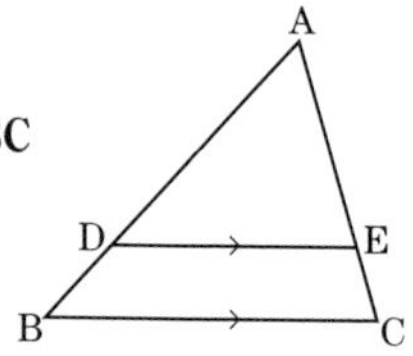

FOCUS　**2 つの三角形の相似から対応する辺の比は等しいことを示す。**

証明

△ADE と△ABC で

DE // BC だから同位角が等しいので

∠ADE ＝∠ABC　……………………①

共通な角だから，　∠DAE ＝∠BAC ……②

①，②より，2 組の角がそれぞれ等しいので

△ADE ∽△ABC

対応する辺の比は等しいので

AD ： AB ＝ AE ： AC ＝ DE ： BC

もっとくわしく

この例題の定理は，下の図のように，D，E が辺 BA，CA の延長上にあっても△ADE ∽△ABC がいえるので成り立つ。

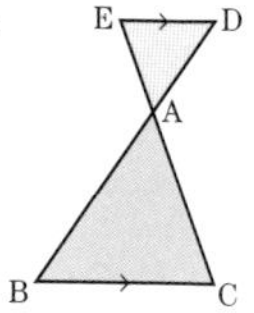

Return

同位角 ➡40

学習の POINT

三角形と比の定理

△ABC で，辺 AB，AC 上の点をそれぞれ D，E とする。DE // BC ならば

1　AD ： AB ＝ AE ： AC ＝ DE ： BC

2　AD ： DB ＝ AE ： EC

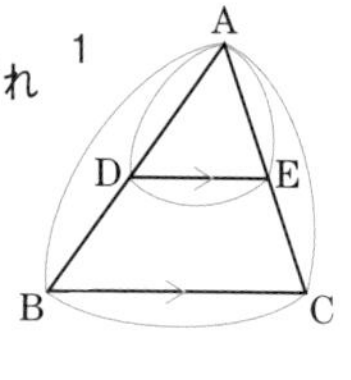

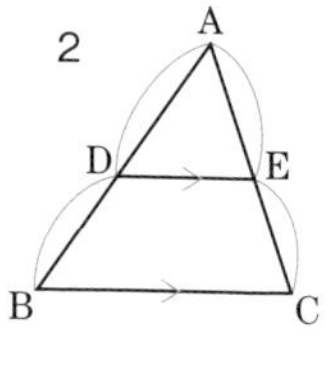

確認問題

359　△ABC で，辺 AB，AC 上の点をそれぞれ D，E とする。

DE // BC ならば，AD ： DB ＝ AE ： EC

であることを，次の手順で証明せよ。

① BC 上に DF // AC となる点を F として，AD ： DB ＝ AE ： DF を示す。

② 四角形 DFCE で，DF ＝ EC を示す。

③ ①，②から，AD ： DB ＝ AE ： EC を示す。

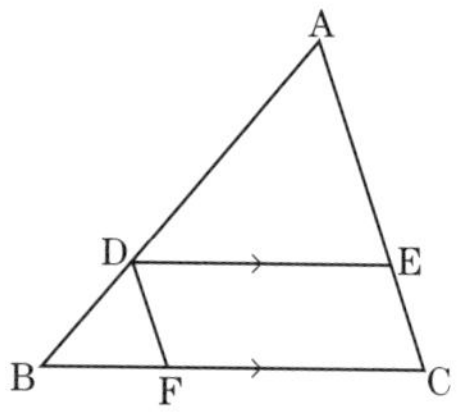

86　平行線の引かれた三角形の辺の長さを求める

次の図で，DE // BC のとき，x，y の値(あたい)を求めよ。

(1)

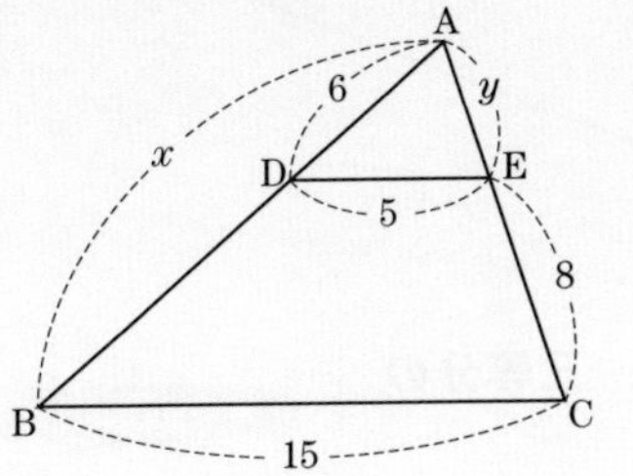

(2)

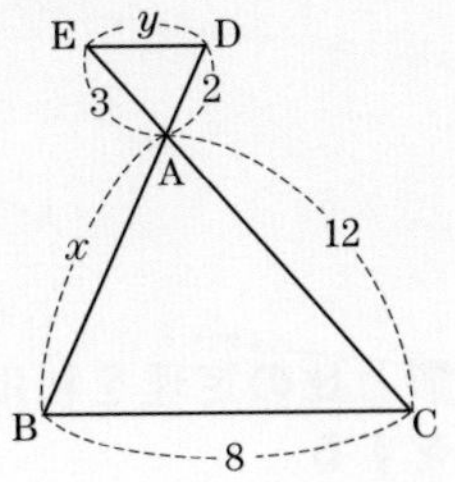

FOCUS　三角形と比の定理(ていり)を使う。

Return
三角形と比の定理 ➡85
比例式 ➡式編 26

解き方

(1) DE // BC だから，**AD ： AB = DE ： BC** より

$6 : x = 5 : 15$

$5x = 90 \qquad x = 18$

また，**AD ： DB = AE ： EC** より

$6 : (18 - 6) = y : 8$

$12y = 48 \qquad y = 4$

(2) DE // BC だから，**AD ： AB = AE ： AC**

よって，$2 : x = 3 : 12$

$3x = 24 \qquad x = 8$

また，**AE ： AC = DE ： BC** より

$3 : 12 = y : 8 \qquad 12y = 24 \qquad y = 2$

答え　(1) $x = 18$，$y = 4$　(2) $x = 8$，$y = 2$

学習のPOINT　三角形と比の定理を使って，比例式(ひれいしき)を作る。

確認問題

360 次の図で，DE // BC のとき，x，y の値を求めよ。

(1)

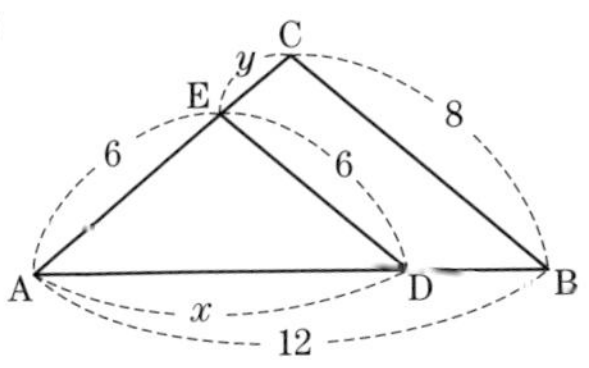

(2)

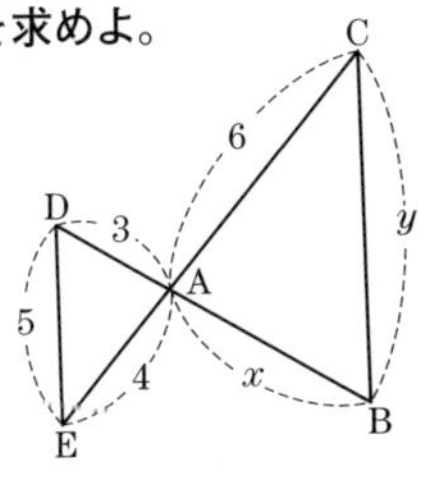

87 線分を等分する

線分 AB を作図によって 3 等分せよ。

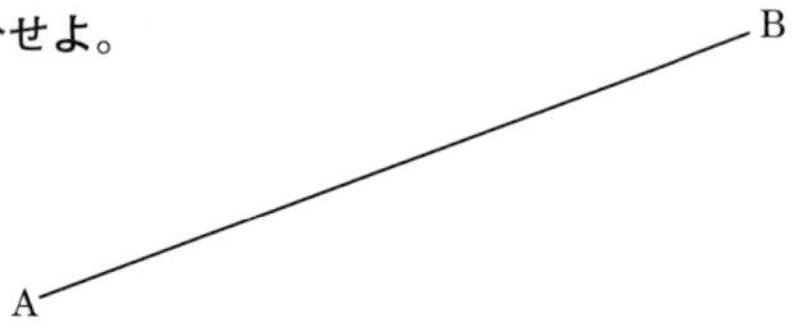

FOCUS 三角形と比の定理を利用して，三等分の作図をする。

解き方

＜作図の手順＞

① 半直線 AL をひく。

② コンパスを使って半直線 AL 上に長さの等しい線分 AP，PQ，QR を作る。

③ 線分 RB をひく。

④ 点 P，Q を通り，線分 RB に平行な線分 PP′，QQ′ をひく。（＊1）

答え

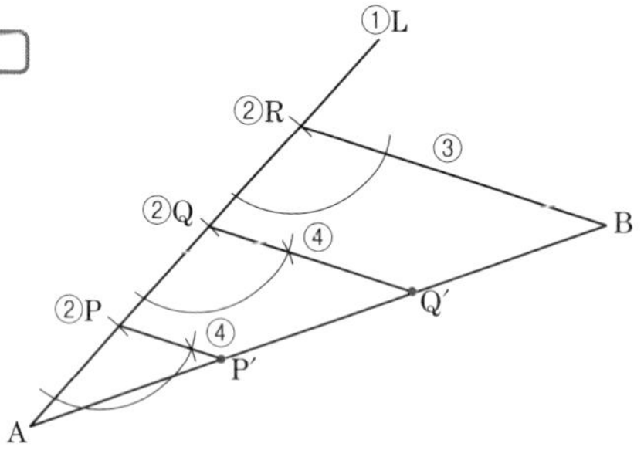

学習のPOINT 半直線上に長さの等しい線分を作り，平行線をひく。

もっとくわしく

（＊1）

平行線の作図

下の図のように，

∠AQQ′＝∠ARB

となるように作図すれば，同位角が等しくなるので，RB // QQ′となる。

＜作図の手順＞

① R を中心とする円をかき，S，T をとる。

② Q を中心とする①と同じ半径の円をかき，U をとる。

③ U を中心とする半径 ST の円をかき，②の円との交点と Q を通る直線をひく。

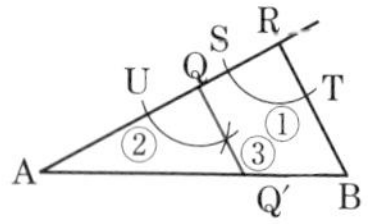

3 等分される理由

PP′ // QQ′より，

AP′：P′Q′＝AP：PQ

＝1：1 ……①

QQ′ // RB より，

AQ′：Q′B＝AQ：QR

＝2：1 ……②

①，②より，

AP′：P′Q′：Q′B＝1：1：1

確認問題

361 線分 AB を作図によって 5 等分せよ。

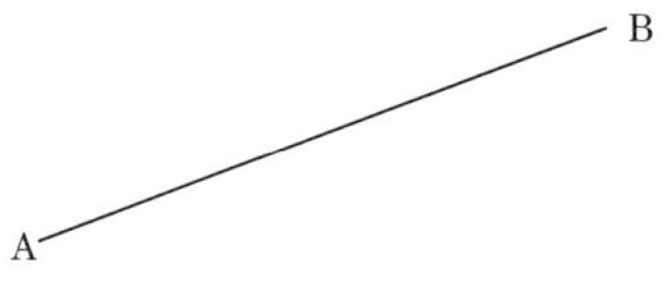

88 三角形と比の定理の逆を証明する

△ABC で，辺 AB，AC 上の点をそれぞれ D，E とする。

AD ： AB = AE ： AC ならば，DE // BC

であることを証明せよ。

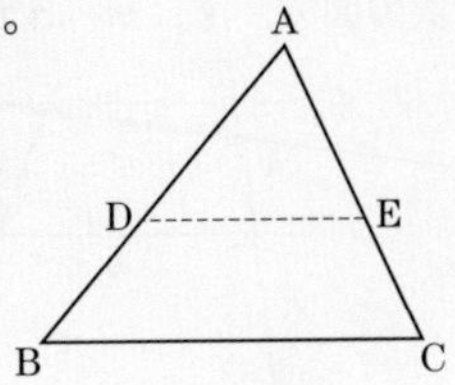

FOCUS 2つの三角形が相似であることを利用する。

証明

△ADE と△ABC で，

仮定より，AD ： AB = AE ： AC…………①

共通な角だから，　∠DAE = ∠BAC……②

①，②より，2組の辺の比とその間の角がそれぞれ等しいので，△ADE ∽△ABC

対応する角は等しいから，　∠ADE = ∠ABC

同位角が等しいから，DE // BC

学習のPOINT 三角形と比の定理の逆　（＊1）

△ABC で，辺 AB，AC 上の点をそれぞれ D，E とする。

1　AD：AB = AE：AC　ならば　DE // BC

2　AD：DB = AE：EC　ならば　DE // BC

もっとくわしく

（＊1）

これは，三角形と比の定理の逆である。しかし，「AD:AB = DE：BC ならば DE // BC」は，下の図のように，平行でない場合があるので，成り立たない。

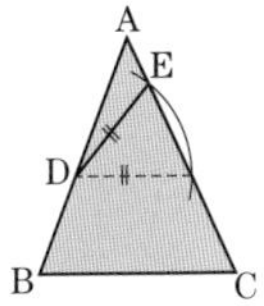

Return

三角形と比の定理 ➡85
同位角 ➡40

確認問題

362 △ABC で，辺 AB，AC 上の点をそれぞれ D，E とする。

AD ： DB = AE ： EC ならば，DE // BC

であることを，次の手順で証明せよ。

① 点 B を通り，辺 CA に平行な直線と，ED を延長した直線との交点を F として，△ADE ∽△BDF を示す。

② ①と仮定から，AE ： BF = AE ： EC を導き，BF = EC を示す。

③ 四角形 FBCE が平行四辺形であることを導き，DE // BC を示す。

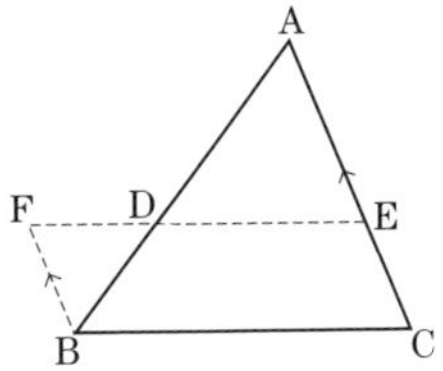

89 三角形と比の定理を利用する

次の図で，ℓ，m，n が平行のとき，x，y の値(あたい)をそれぞれ求めよ。

(1) (2)

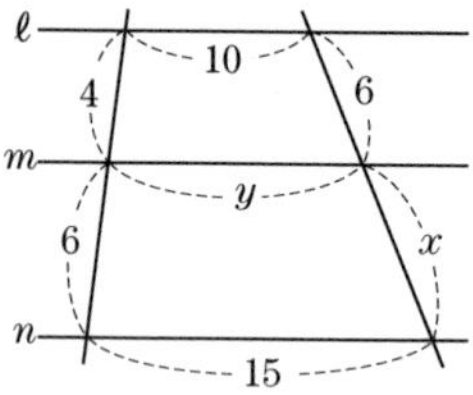

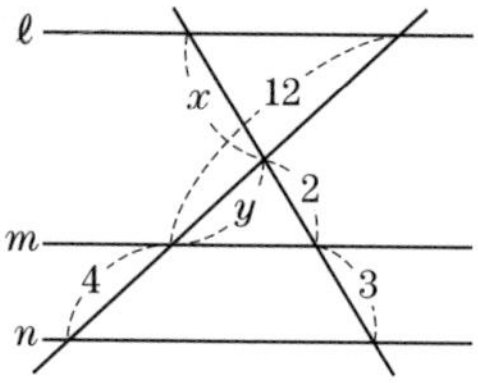

FOCUS **直線をずらして，三角形と比の定理(ていり)を利用する。**

Return
三角形と比の定理 ➡85

解き方

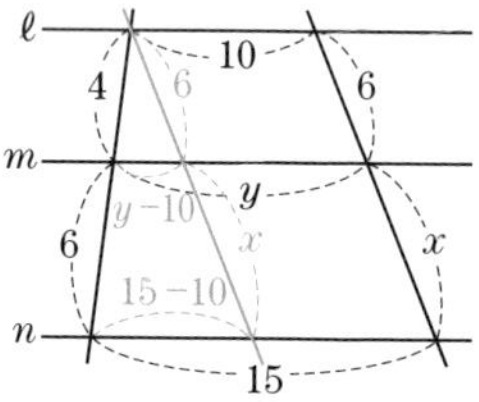

(1) 右の図のように，直線を平行にずらすと三角形ができる。三角形と比の定理より

$4 : 6 = 6 : x$

$4x = 36$　　$x = 9$

また，**$4 : (4 + 6) = (y - 10) : (15 - 10)$**

$10(y - 10) = 20$　　$y = 12$

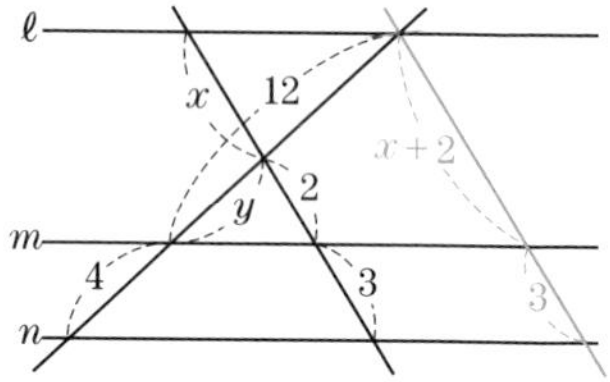

(2) 右の図のように，直線を平行にずらすと三角形ができる。三角形と比の定理より

$4 : 12 = 3 : (x + 2)$

$4(x + 2) = 36$　　$x = 7$

また，**$y : 4 = 2 : 3$**　　$3y = 8$　　$y = \frac{8}{3}$

答え (1) $x = 9$，$y = 12$　(2) $x = 7$，$y = \frac{8}{3}$

学習のPOINT 平行線と比の定理

ℓ，m，n が平行　ならば　$a : b = a' : b'$

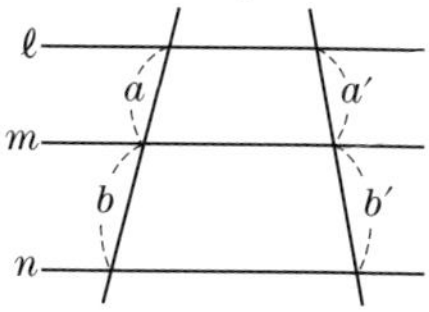

確認問題

363 右の図で，ℓ，m，n が平行のとき，x，y の値をそれぞれ求めよ。

(1) (2)

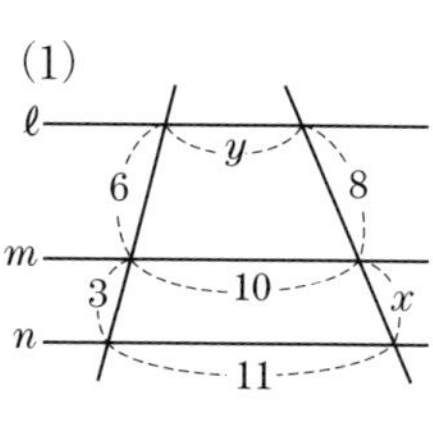

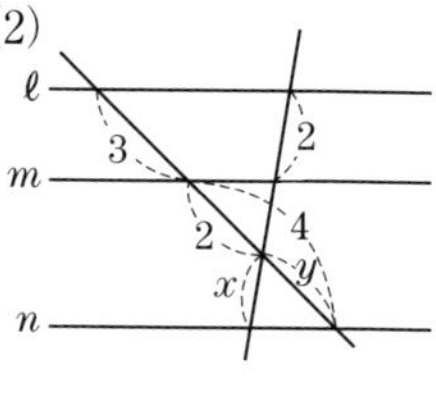

90　空間図形に三角形と比の定理を利用する

三角錐(さんかくすい)OABCの辺OA，OB，OC上に，それぞれ点P，Q，Rがある。

PQ // AB，QR // BC ならば，PR // AC

であることを証明せよ。

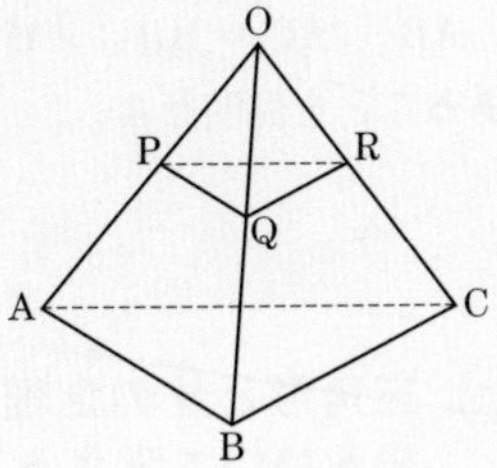

FOCUS　**三角形と比の定理(ていり)の逆の利用を考える。**

証明

△OAB で，PQ // AB だから

　OP ： PA ＝ OQ ： QB　…………①

△OBC で，QR // BC だから

　OQ ： QB ＝ OR ： RC　…………②

①，②より，OP ： PA ＝ OR ： RC …③

△OAC で③より，三角形と比の定理の逆から

　PR // AC

もっとくわしく

この証明では，推移律(すいいりつ)を使っている。

Return

推移律 ➡62

三角形と比の定理の逆 ➡88

学習のPOINT　空間においても，三角形で平行線があったら，三角形と比の定理やその逆を利用する。

確 認 問 題

364　平行な3平面 P，Q，R に2直線 ℓ，m が交わっている。

このとき，AB ： BC ＝ A′B′ : B′C′

であることを証明せよ。

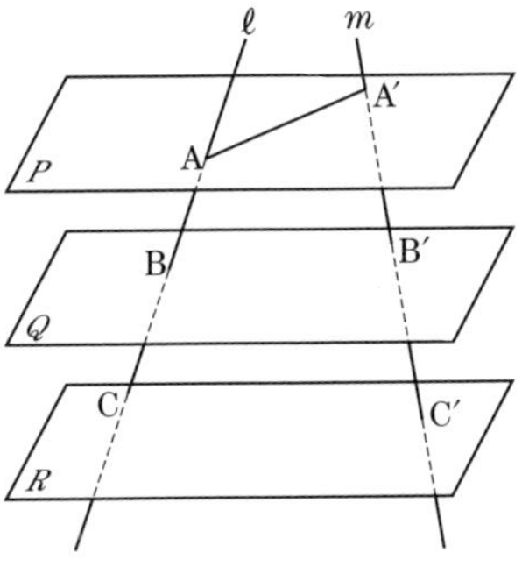

91 三角形の内角の二等分線の性質を証明する

△ABCで，∠Aの二等分線と辺BCとの交点をDとすると，

AB ： AC = BD ： CD

であることを証明せよ。

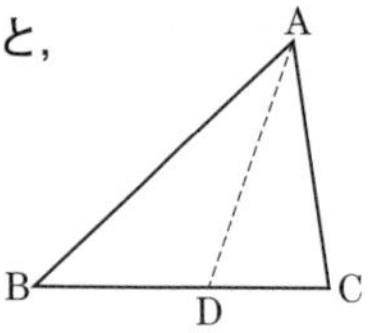

FOCUS 三角形と比の定理が使えるように，平行線をひいて考える。

Return

三角形と比の定理 ➡85
平行線の性質 ➡40, 41, 42
二等辺三角形になるための条件 ➡61

証明

Cを通りADに平行な直線とBAを延長した直線との交点をEとする。AD // ECだから同位角が等しいので

∠BAD = ∠AEC …………①

錯角が等しいので

∠CAD = ∠ACE …………②

仮定より，∠BAD = ∠CAD …③

①，②，③より，∠AEC = ∠ACE

よって，△ACEは二等辺三角形になるので

AC = AE ……④

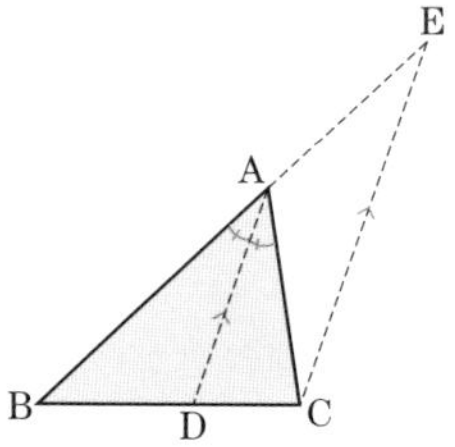

また，AD // ECだから，三角形と比の定理より

BD ： DC = BA ： AE ……⑤

④，⑤より，AB ： AC = AB ： AE = BD ： CD

学習のPOINT 三角形の内角の二等分線と比

△ABCで，∠Aの二等分線と辺BCとの交点をDとすると，

AB ： AC = BD ： CD

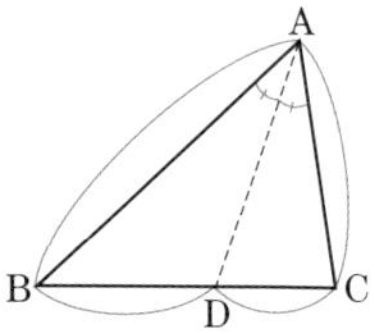

確認問題

365 下の図で，∠BAD = ∠CADのとき，xの値を求めよ。

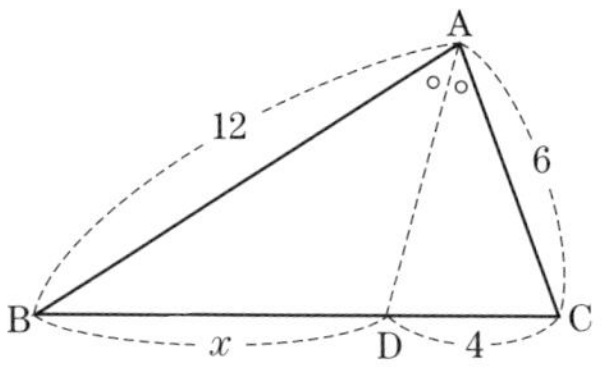

92　中点連結定理を証明する

△ABC で，辺 AB，AC の中点をそれぞれ M，N とすると，

$MN \parallel BC$，$MN = \frac{1}{2}BC$

であることを証明せよ。

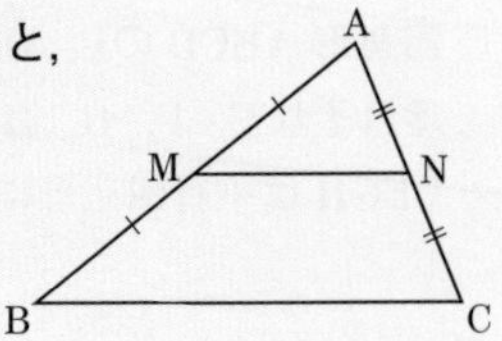

FOCUS　三角形と比の定理やその逆を利用する。

証明

△ABC で，AM ： MB = AN ： NC = 1 ： 1だから
三角形と比の定理の逆より，

$MN \parallel BC$

また，

MN ： BC = AM ： AB = 1 ： 2

したがって，

$MN = \frac{1}{2}BC$

もっとくわしく

確認問題 **366** は，中点連結定理の逆（のうちの１つ）である。

Return

三角形と比の定理 ➡85
三角形と比の定理の逆 ➡88

学習のPOINT　中点連結定理
△**ABC** で，辺 **AB**，**AC** の中点をそれぞれ **M**，**N** とすると，
$MN \parallel BC$，$MN = \frac{1}{2}BC$

確認問題

366　**△ABC で，辺 AB の中点を M とし，$BC \parallel MN$ となるように，AC 上に点 N をとると，N は AC の中点となることを証明せよ。**

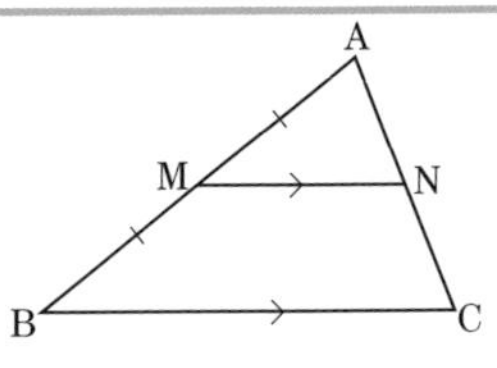

367　**次の図で，x，y の値をそれぞれ求めよ。**

(1)

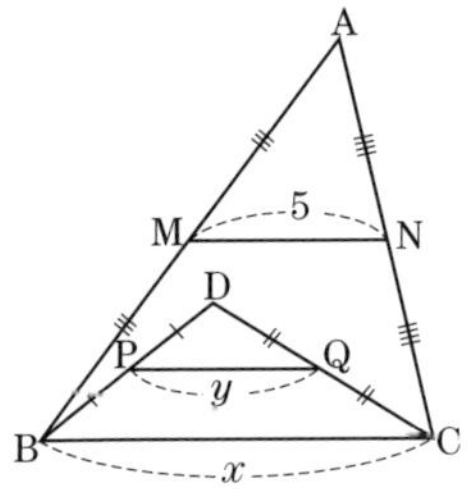

(2)　四角形 ABCD は $AD \parallel BC$ の台形

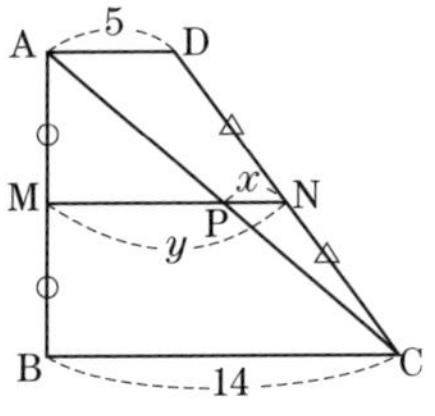

93 中点連結定理を利用する

四角形 ABCD の辺 AB, BC, CD, DA の中点をそれぞれ E, F, G, H とする。このとき，四角形 EFGH は平行四辺形になることを証明せよ。

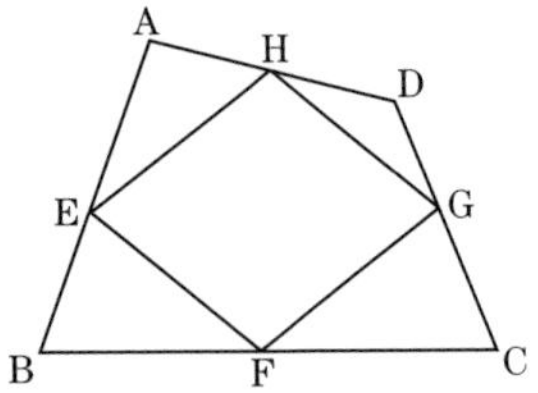

FOCUS **四角形 ABCD の対角線をひいて三角形をつくり，中点連結定理を使う。**

証明

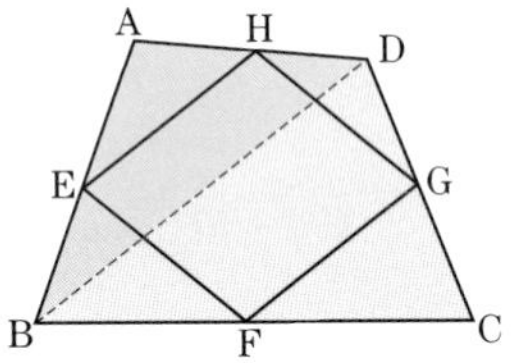

四角形 ABCD の対角線 BD をひく。

△ ABD で，E は AB の中点，H は AD の中点だから，中点連結定理より

$$EH \parallel BD,\ EH = \frac{1}{2}BD \cdots\cdots①$$

△ CDB においても同様に，$FG \parallel BD,\ FG = \frac{1}{2}BD \cdots\cdots②$

①，②より，$EH \parallel FG,\ EH = FG$

1 組の対辺が平行でその長さが等しいから，四角形 EFGH は平行四辺形である。

別解

対角線 AC をひいて同様に考えると

$EF \parallel HG$

がいえる。このことから 2 組の対辺が平行なことがわかる。よって，四角形 EFGH は平行四辺形である。

Return

中点連結定理 ➡92
平行四辺形になるための条件 ➡69

学習の POINT 四角形の各辺の中点を順に結んでできる四角形は平行四辺形である。

確認問題

368 四角形 ABCD の 2 辺 AB, CD, 対角線 AC, BD の中点をそれぞれ E, F, G, H とする。このとき，四角形 EHFG は平行四辺形になることを証明せよ。

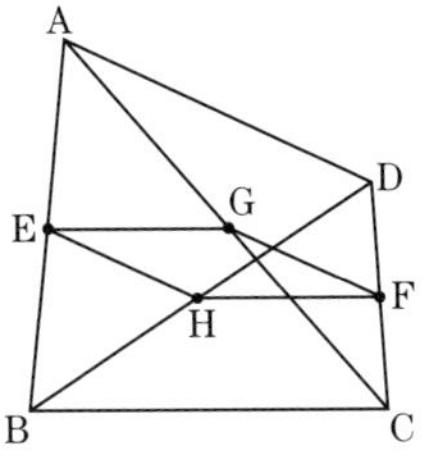

94 三角形の重心の性質を調べる 発展

△ABCの辺BC，CA，ABの中点をそれぞれL，M，Nとする。
このとき，AL，BM，CNは同じ点で交わり，その点は，AL，BM，CNをそれぞれ2：1に分ける。このことを証明せよ。

FOCUS 2つずつの中線の交点をつくり，2つの交点が一致することを示す。

Return
中点連結定理 ➡92
中線 ➡76

証明

図1で，ALとBMの交点をGとする。

図1

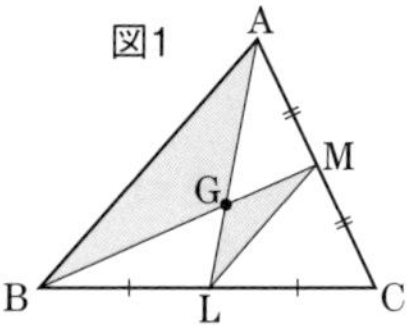

△ABCで，CM＝MA，CL＝LB
だから，中点連結定理より

ML∥AB ……①，ML＝$\frac{1}{2}$AB ……②

△ABGと△LMGで，①より
平行線の錯角は等しいから

∠GAB＝∠GLM ……③，∠GBA＝∠GML ……④

③，④より，2組の角がそれぞれ等しいので，

△ABG∽△LMG

対応する辺の比は等しいので，

AG：LG＝BG：MG＝AB：LM ………⑤

②，⑤より AG：LG＝BG：MG＝2：1 ……⑥

図2で，ALとCNの交点をG′とすると，上と同様に

AG′：LG′＝CG′：NG′＝2：1 ……⑦

図2

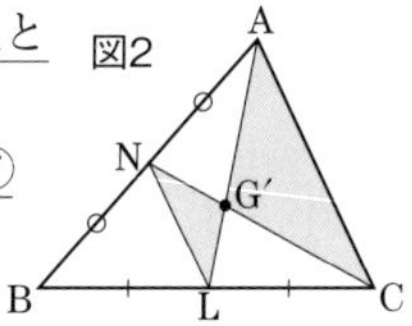

⑥，⑦より，点G，G′は，どちらもALを2：1に分ける点である。
このような点はただ1つしかないから，交点Gと交点G′が一致する。
したがって，AL，BM，CNは同じ点で交わり，その点は，AL，BM，CNをそれぞれ2：1に分ける。

学習のPOINT 三角形の重心
三角形の3つの中線は，1点で交わる。その交点は，3つの中線をそれぞれ2：1に分ける。三角形の3つの中線の交点を，その三角形の重心という。

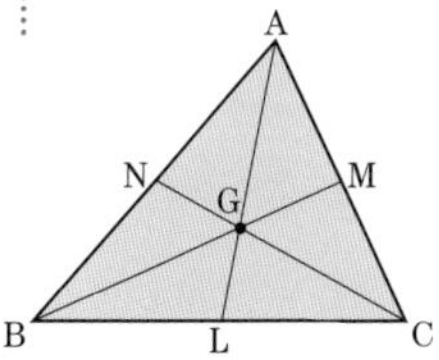

確認問題

369 上の例題の証明で，下線部分の省略された部分の証明をかけ。

95 三角形の重心の性質を利用する 発展

平行四辺形 ABCD で，辺 BC，CD の中点をそれぞれ M，N とし，対角線 BD と AM，AN との交点をそれぞれ E，F とする。このとき，BE = EF = FD であることを証明せよ。

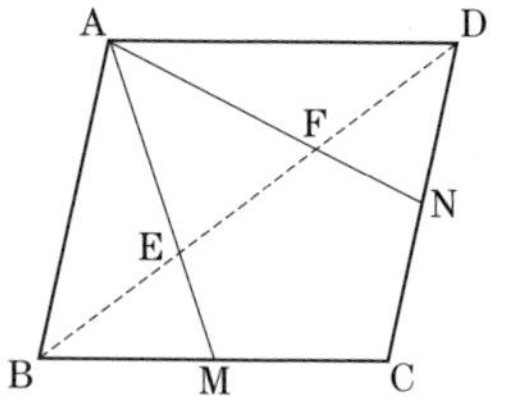

FOCUS **対角線 AC をひいて 2 つの三角形の重心を利用する。**

Return
三角形の重心 ➡94
平行四辺形の性質 ➡67
中点連結定理 ➡92

証明

対角線 AC をひき，BD との交点を O とする。
平行四辺形の対角線はたがいに他を 2 等分するから

AO = OC ……………①

BO = OD ……………②

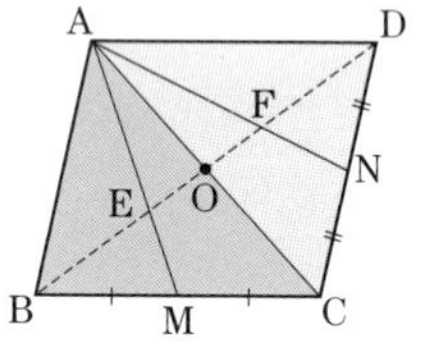

仮定から，BM = MC ……③
①，③から，BO と AM の交点 E は △ABC の重心である。よって，BE ： EO = 2 ： 1 ……④
同様にして，DO と AN の交点 F は △ACD の重心である。よって，OF ： FD = 1 ： 2 ……⑤
②，④，⑤から，BE ： EF = BE ：(EO + OF)
= 1 ： 1 ………⑥
EF ： FD =(EO + OF)： FD = 1 ： 1 ……⑦
⑥，⑦より，BE = EF = FD

学習の POINT 線分の中点を結んだときには，中点連結定理や重心の性質を利用すると解決できることが多い。

確認問題

370 上の例題の証明で，下線部分の省略された部分の証明をかけ。

371 平行四辺形 ABCD で，2 辺 AB，CD の中点をそれぞれ E，F とし，AC と DE との交点を H，AC と BF との交点を G とする。このとき，AH = HG = GC であることを証明せよ。

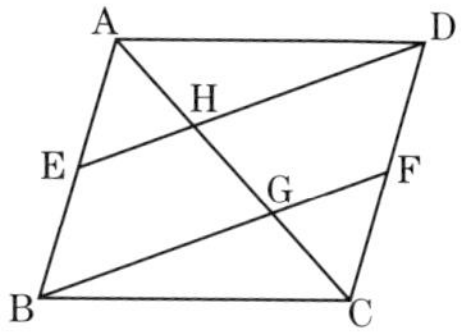

96 メネラウスの定理を証明する　発展

△ABCの各頂点を通らない直線ℓがあるとき，
3辺AB，BC，CA(またはその延長)とℓとの
交点をそれぞれP，Q，Rとする。
このとき，$\dfrac{AP}{PB}\times\dfrac{BQ}{QC}\times\dfrac{CR}{RA}=1$
が成り立つことを証明せよ。

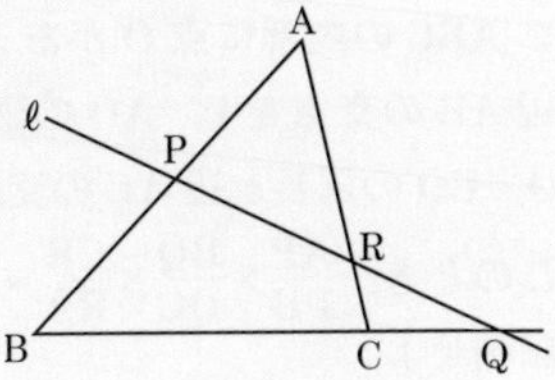

FOCUS 点A，B，Cから直線ℓに垂線をひいて，相似な三角形を見つけ，比を移していく。

証明

点A，B，Cから直線ℓにそれぞれ
垂線AA′，BB′，CC′をひく。
△AA′Pと△BB′Pで，
　$\angle A'=\angle B'=90^\circ$……①
対頂角は等しいから
　$\angle APA'=\angle BPB'$……②
①，②より，2組の角がそれぞれ等しいので
△AA′P∽△BB′P　よって，$\dfrac{AP}{BP}=\dfrac{AA'}{BB'}$　……③　(＊1)
同様に，△BB′Q∽△CC′Qより，$\dfrac{BQ}{CQ}=\dfrac{BB'}{CC'}$　……④
同様に，△CC′R∽△AA′R　より，$\dfrac{CR}{AR}=\dfrac{CC'}{AA'}$　……⑤
③，④，⑤より，$\dfrac{AP}{BP}\times\dfrac{BQ}{CQ}\times\dfrac{CR}{AR}=\dfrac{AA'}{BB'}\times\dfrac{BB'}{CC'}\times\dfrac{CC'}{AA'}=1$

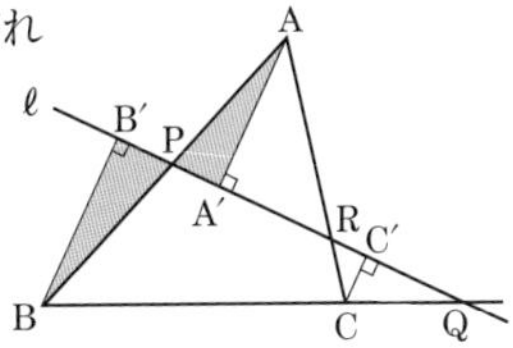

もっとくわしく

(＊1)
AP：BP＝AA′：BB′を比の値にすると，
$\dfrac{AP}{BP}=\dfrac{AA'}{BB'}$

Return
比の値 ➡式編 26

学習のPOINT
メネラウスの定理
右の図において，$\dfrac{AP}{PB}\times\dfrac{BQ}{QC}\times\dfrac{CR}{RA}=1$

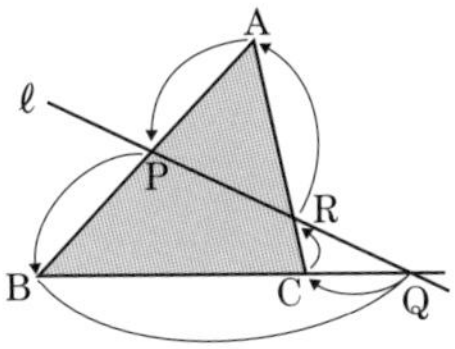

確認問題

372 右の図のように，辺AB上に点SをRP // CSとなるようにとり，メネラウスの定理を次の手順で証明せよ。
① BQ：QCを直線AB上の線分の比で表す。
② CR：RAを直線AB上の線分の比で表す。
③ ①，②から，メネラウスの定理を導く。

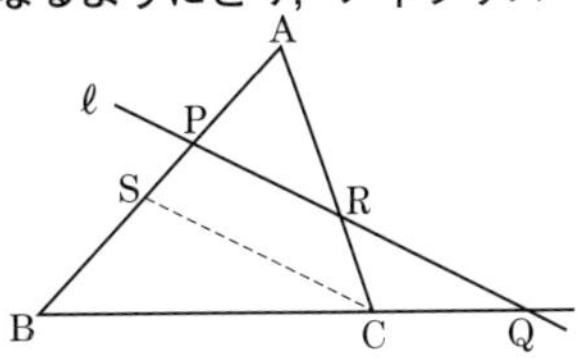

97 チェバの定理を証明する 発展

△ABC の内部に点 O があるとき，CO の延長と辺 AB の交点を P，AO の延長と辺 BC の交点を Q，BO の延長と辺 AC の交点を R とする。
このとき，$\frac{AP}{PB}\times\frac{BQ}{QC}\times\frac{CR}{RA}=1$ が成り立つことを証明せよ。

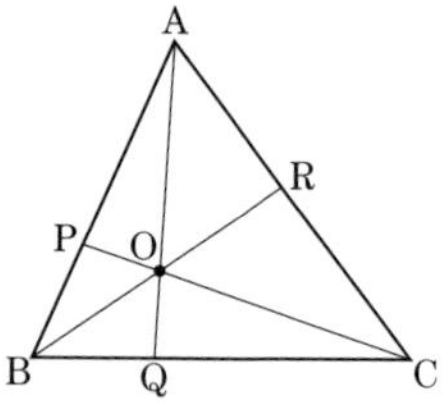

FOCUS **辺の比を，面積の比に変えていく。**

証明

点 A，B から半直線 CP に垂線 AD，BE をひく。

△ADP ∽ △BEP より

$$\frac{AP}{PB}=\frac{AD}{BE}\quad\cdots\cdots①$$

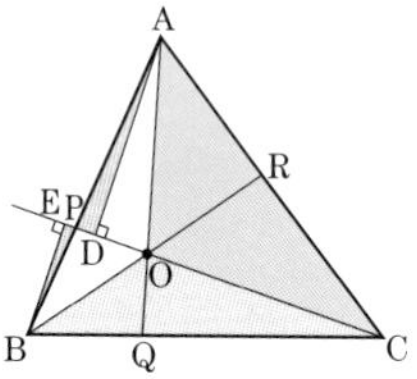

△AOC の面積は，OC を底辺とすると

$$\triangle AOC = OC\times AD\times\frac{1}{2}\cdots\cdots②$$

△BOC の面積は，OC を底辺とすると

$$\triangle BOC = OC\times BE\times\frac{1}{2}\cdots\cdots③$$

①，②，③より，$\frac{\triangle AOC}{\triangle BOC}=\frac{AD}{BE}=\frac{AP}{PB}\cdots\cdots④$

同様にして，$\frac{\triangle AOB}{\triangle AOC}=\frac{BQ}{QC}\cdots\cdots⑤$，$\frac{\triangle BOC}{\triangle AOB}=\frac{CR}{RA}\cdots\cdots⑥$

④，⑤，⑥より，

$$\frac{AP}{PB}\times\frac{BQ}{QC}\times\frac{CR}{RA}=\frac{\triangle AOC}{\triangle BOC}\times\frac{\triangle AOB}{\triangle AOC}\times\frac{\triangle BOC}{\triangle AOB}=1$$

もっとくわしく

チェバの定理は，点 O が△ABC の外部にあるときでも成り立つ。

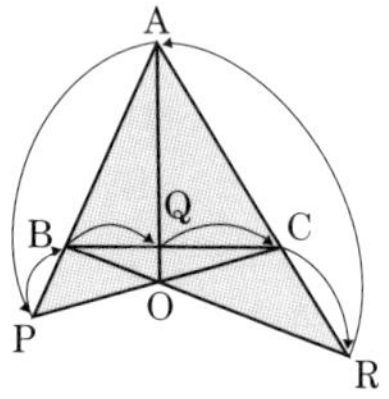

学習の POINT

チェバの定理

右の図において，$\frac{AP}{PB}\times\frac{BQ}{QC}\times\frac{CR}{RA}=1$

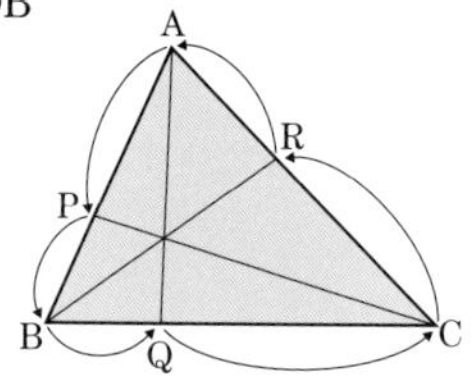

確認問題

373 右の図で，チェバの定理を使って，x の値を求めよ。

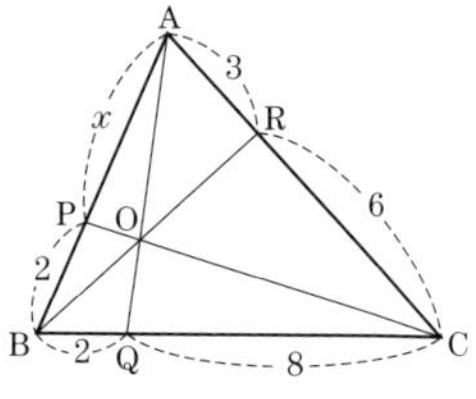

§ 3　相似と計量

98　相似(そうじ)な平面図形の面積比を証明する

△ABC ∽ △PQR で，相似比が $m:n$ であるとき，面積の比は，$m^2:n^2$ であることを証明せよ。

FOCUS　**辺の長さを具体的に決めて，面積を比較する。**

証明

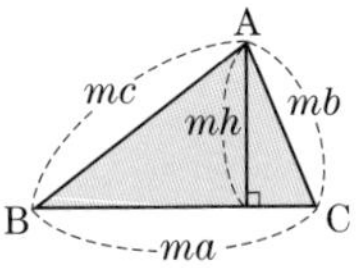

仮定より，
△ABC の底辺(ていへん)を ma，高さを mh
△PQR の底辺を na，高さを nh
とおく。それぞれの三角形の面積は

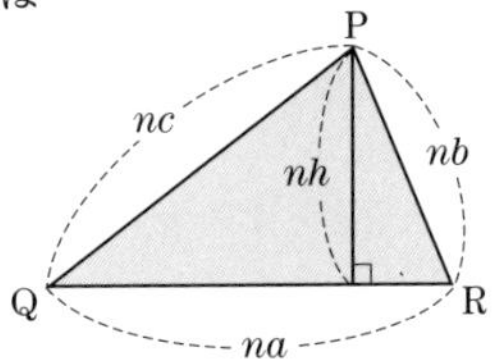

$$\triangle ABC = ma \times mh \times \frac{1}{2} = \frac{m^2ah}{2} \quad \cdots\cdots①$$

$$\triangle PQR = na \times nh \times \frac{1}{2} = \frac{n^2ah}{2} \quad \cdots\cdots②$$

①，②より

$$\triangle ABC : \triangle PQR = \frac{m^2ah}{2} : \frac{n^2ah}{2} = m^2 : n^2$$

学習のPOINT　相似な三角形の面積比
相似比が $m:n$ である相似な三角形の面積の比は
$m^2:n^2$

もっとくわしく

相似な図形の周の長さの比
△ABC と△PQR の周の長さ ℓ，ℓ' は，
$\ell = m(a+b+c)$
$\ell' = n(a+b+c)$
よって，$\ell : \ell' = m:n$
相似な図形で，相似比が $m:n$ であるとき，周の長さの比は，$m:n$ である。

相似な五角形の面積の比
相似比が $m:n$ である相似な五角形では，下の図のように３つの三角形に分けられる。対応する三角形は相似で，相似比はすべて $m:n$ になる。したがって，
$(S_1+S_2+S_3)$
$:(S'_1+S'_2+S'_3)$
$=m^2:n^2$

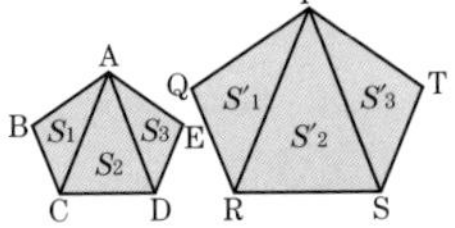

一般に，次のことが言える。

相似な図形の面積比
相似な図形で，相似比が $m:n$ であるとき，相似な図形の面積の比は，$m^2:n^2$ である。

確認問題

374　相似比が $m:n$ である円の面積の比は，$m^2:n^2$ であることを証明せよ。

99 相似な平面図形の面積比を利用する

右の図は，AD // BC である台形 ABCD である。
△ OBC = 36cm² のとき，△ ODA の面積を求めよ。

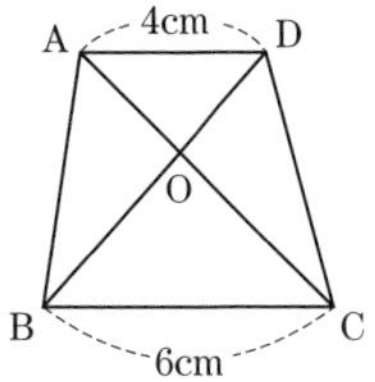

FOCUS 相似比を利用して，面積を求める。

Return
相似な三角形の面積比 ➡98
比例式 ➡式編 26

解き方

△ OBC と△ ODA で
AD // BC だから錯角が等しいので

∠ OCB = ∠ OAD ……①
∠ OBC = ∠ ODA ……②

①，②より，2 組の角がそれぞれ等しいので

△ OBC ∽△ ODA

相似比は 6 ： 4 = 3 ： 2 だから面積比は $3^2 : 2^2 = 9 : 4$ となる。
したがって，△ ODA の面積を $x$cm² とすると，

$9 : 4 = 36 : x$
$9x = 144$
$x = 16$

答え 16cm²

学習のPOINT 相似比が $m : n$ である相似な図形の面積の比は
$m^2 : n^2$

確認問題

375 平行四辺形 ABCD の辺 BC を 2 ： 1 に分ける点を E とし，AE と BD の交点を F とする。
△ FBE = 8cm² のとき，次の面積を求めよ。

(1) △ FDA
(2) ▱ABCD

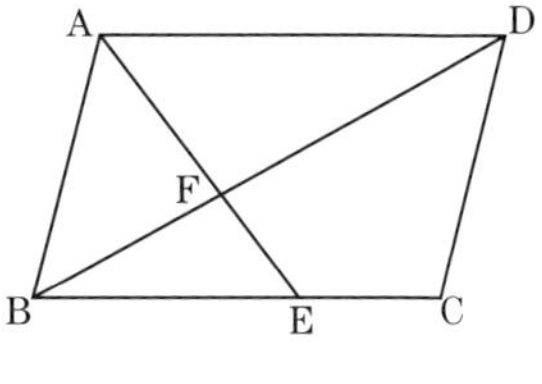

100 相似(そうじ)な空間図形の表面積(ひょうめんせき)比・体積比を証明(しょうめい)する

相似な直方体で相似比が m : n であるとき，次のことを証明せよ。

(1) 表面積の比は，m^2 : n^2 である。

(2) 体積の比は，m^3 : n^3 である。

FOCUS **辺の長さを具体的に決めて，表面積と体積を比較する。**

証明

仮定より，2つの直方体の縦をそれぞれ ma，na，横を mb，nb，高さを mc，nc，表面積を S，S'，体積を V，V' とおく。

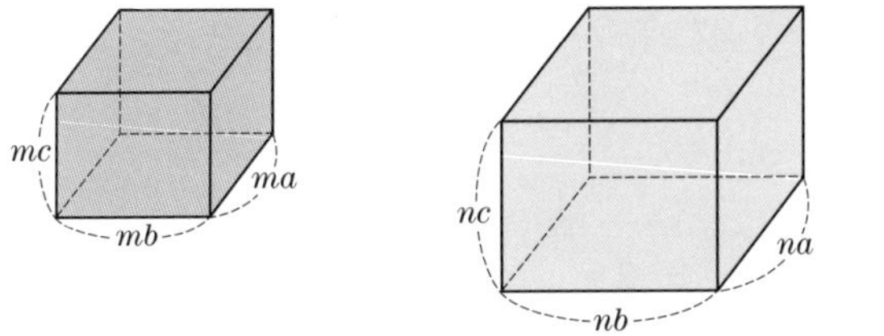

(1) それぞれの直方体の表面積は

$S = 2(m^2ab + m^2bc + m^2ac)$

$= 2m^2(ab + bc + ac)$ ……①

$S' = 2n^2(ab + bc + ac)$ ……②

①，②より，

$S : S' = 2m^2(ab + bc + ac) : 2n^2(ab + bc + ac)$

$= m^2 : n^2$

(2) それぞれの直方体の体積は

$V = ma \times mb \times mc = m^3abc$ ……③

$V' = na \times nb \times nc = n^3abc$ ………④

③，④より，$V : V' = m^3abc : n^3abc = m^3 : n^3$

もっとくわしく

空間における相似比

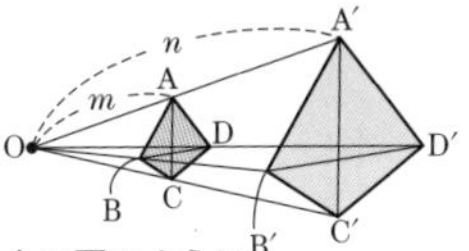

上の図のように，

OA : OA′ = OB : OB′ = OC : OC′ = OD : OD′ = m : n

のとき，三角錐(さんかくすい) **ABCD** ∽ 三角錐 **A′B′C′D′** の相似比は，**m : n** である。

（＊1）

一般に，次のことが言える。

相似な立体図形の表面積比と体積比

相似比が **m : n** である相似な立体図形において，

表面積の比は，**m^2 : n^2**

体積の比は，**m^3 : n^3**

学習のPOINT

相似な直方体の表面積比と体積比 （＊1）

相似比が m : n である相似な直方体において

表面積の比は，m^2 : n^2 体積の比は，m^3 : n^3

確認問題

076 相似比が m : n である相似な2つの円柱(えんちゅう)の表面積の比と体積の比をそれぞれ求めよ。

101 相似な空間図形の表面積比・体積比を利用する

右の図は，底面の直径が 18cm，高さが 12cm，母線の長さが 15cm の円錐の容器である。この容器に深さ 8cm まで水を入れた。

(1) 水の体積を求めよ。　　(2) 水の表面積を求めよ。

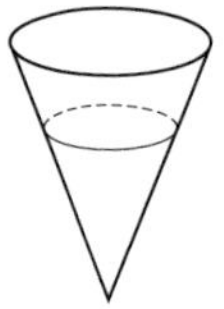

FOCUS **水の入っている部分と容器の関係に着目する。**

解き方

(1) 水の入っている部分と容器の相似比は

$8 : 12 = \mathbf{2 : 3}$

よって，体積比は，$\mathbf{2^3 : 3^3 = 8 : 27}$

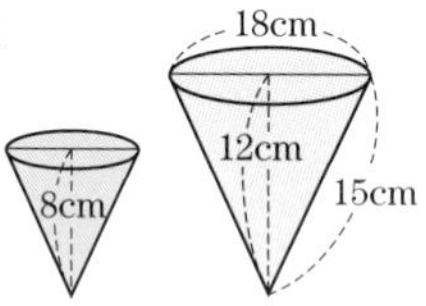

容器の体積は，

$\frac{1}{3} \times \pi \times 9^2 \times 12 = 324\pi\,(\mathrm{cm}^3)$

水の体積を $x(\mathrm{cm}^3)$ とすると

$\mathbf{8 : 27 = x : 324\pi}$　　$27x = 2592\pi$

$x = 96\pi\,(\mathrm{cm}^3)$

(2) 容器にふたがあると考えて，展開図をかくと，右の図のようになる。

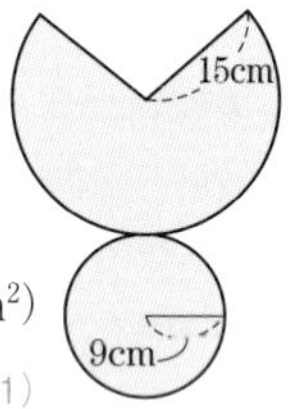

この展開図の表面積は

$\pi \times 9^2 + \pi \times 15^2 \times \frac{2 \times \pi \times 9}{2 \times \pi \times 15} = 216\pi\,(\mathrm{cm}^2)$

水の入っている部分と容器の表面積比は（＊1）

$\mathbf{2^2 : 3^2 = 4 : 9}$ だから，水の表面積を $y(\mathrm{cm}^2)$ とすると

$\mathbf{4 : 9 = y : 216\pi}$　　$9y = 864\pi$　　$y = 96\pi\,(\mathrm{cm}^2)$

答え (1) $96\pi\ \mathrm{cm}^3$　(2) $96\pi\ \mathrm{cm}^2$

学習のPOINT 相似比が $m : n$ である相似な立体図形において，
表面積の比は，$m^2 : n^2$　体積の比は，$m^3 : n^3$

もっとくわしく

（＊1）
円錐の側面積は
π ×(母線)×(底面の半径)で求められる。

Return

角錐・円錐の表面積 ➡30
角錐・円錐の体積 ➡32
相似な空間図形の表面積比・体積比を証明する ➡100

確認問題

377 **右の図で，円錐の高さ OH を 3 等分する点を通り，底面に平行な平面 L，M で切ってできる立体を，それぞれ P，Q，R とする。**

(1) 立体 P，Q，R の側面積の比を求めよ。

(2) 立体 P，Q，R の体積の比を求めよ。

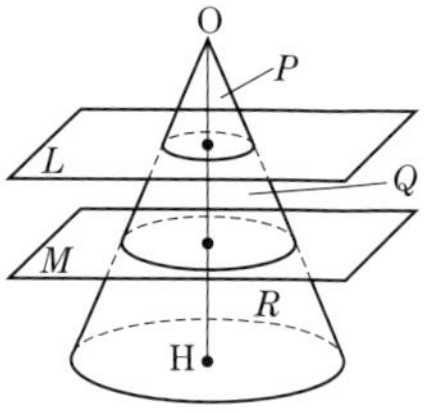

章末問題

解答 ➡p.87

135 平行な 3 つの直線 ℓ, m, n に 2 直線が交わっている。x, y の値を求めよ。

(1)

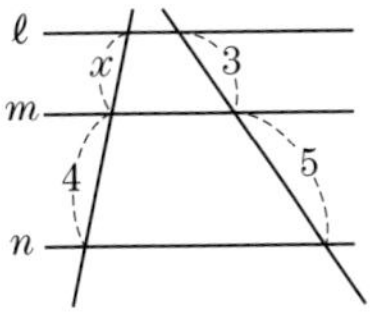

(栃木県)

(2)

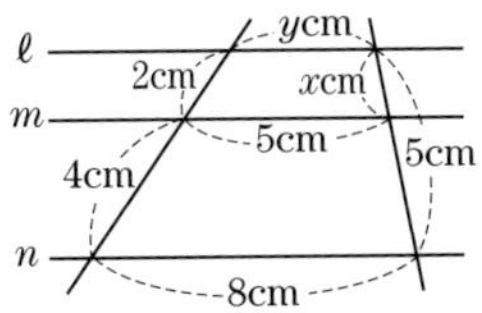

(岡山県)

136 右の図のように，AD // BC である台形 ABCD があり，AC と BD の交点を P とする。AD = 6cm，BC = AC = 10cm であるとき，PC の長さを求めよ。 (千葉県)

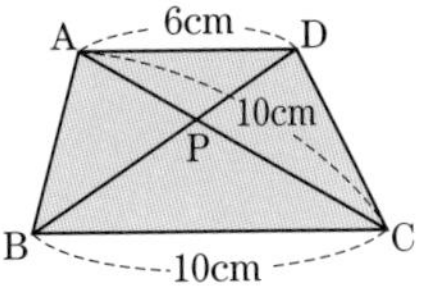

137 右の図のように，AB ＜ AC である三角形 ABC において，辺 AB 上に点 D をとり，辺 AC 上に点 E を∠ ACB = ∠ ADE となるようにとる。
AB = 6cm，AD = 4cm，AE = 3cm のとき，線分 CE の長さを求めよ。 (神奈川県)

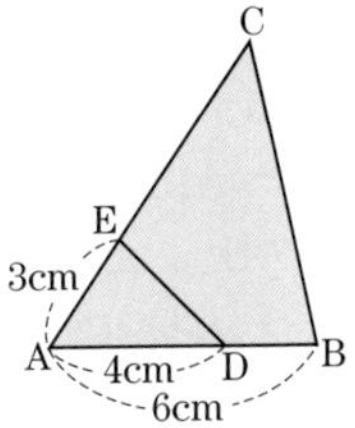

138 右の図のように，1 辺の長さが 10cm の正三角形 ABC がある。2 点 P，Q をそれぞれ，辺 BC，辺 AB 上に∠ APQ = 60° になるようにとるとき，次の問いに答えよ。 (沖縄県)

(1) △ ACP ∽△ PBQ であることを次のように証明した。[　　　]をうめて証明を完成させよ。

［証明］△ ABC は正三角形であるから

∠ B =∠ C = 60° ……①

また，∠ CPA + ∠ CAP = [　ア　]

∠ CPA + ∠ BPQ = [　ア　]

であるから，∠ CAP =∠ BPQ ……②

①，②より，△ ACP と△ PBQ において，三角形の相似条件の

「[　イ　]」が成り立つ。したがって，△ ACP ∽△ PBQ

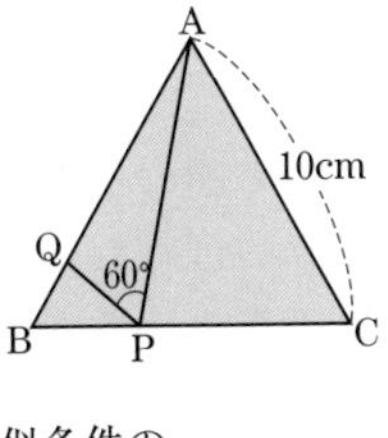

(2) BP = 4cm のとき，BQ の長さを求めよ。

139 右の図の平行四辺形 ABCD において，辺 CD 上に CE ： ED ＝ 3 ： 2 となるように点 E をとり，AC と BE との交点を F とする。
このとき，BF ： FE を求めよ。ただし，答えはもっとも簡単な整数の比で表せ。（栃木県）

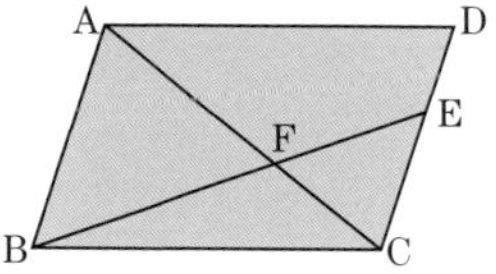

140 右の図のように，平行四辺形 ABCD の辺 AB，AD の中点をそれぞれ E，F とし，対角線 BD と線分 CF の交点を P，線分 CF と線分 DE の交点を Q とする。次の問いに答えよ。（山口県）

(1) △ EFQ ∽ △ DPQ であることを証明せよ。

(2) FP ＝ 3cm のとき，線分 PQ の長さを求めよ。

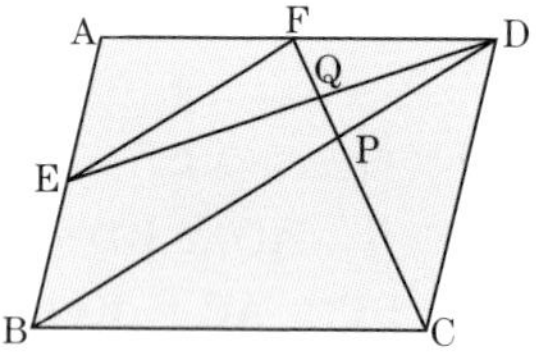

141 思考力

右の図のように，AB ＝ 10，BC ＝ 9，CA ＝ 8 の △ ABC があり，辺 BC の中点を M とする。直線 AD は∠ BAC の二等分線であり，直線 AD と辺 BC との交点を P とする。AD ⊥ BD のとき，次の各問いに答えよ。（明治大学付属明治）

(1) MP の長さを求めよ。

(2) AD：PD を最も簡単な整数の比で表せ。

(3) MD の長さを求めよ。

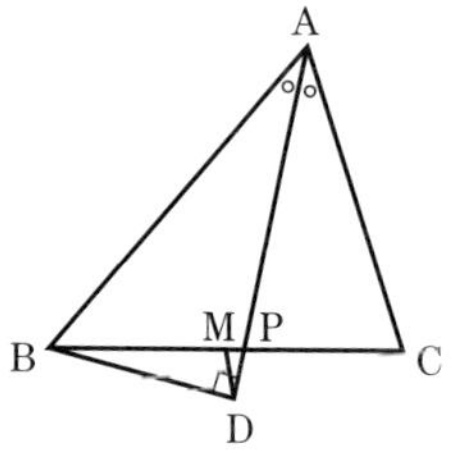

142 右の図のように，地上 3.6m のところに照明灯が取りつけられている。身長 1.6m の太郎さんが照明灯の真下から 5m はなれたところに立っているとき，太郎さんの影の長さを求めよ。（富山県）

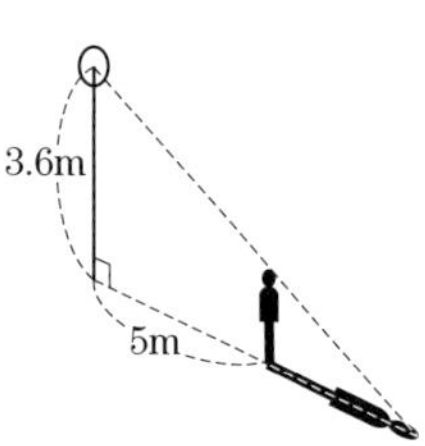

STEP UP ステップ アップ

直角三角形の辺の比

例題 78 では，仰角(見上げる角度)を求めるのに，地図を読み取って

1) 2 点間の距離(AC)，2 点間の標高差(BC)を計算し，
2) 直角三角形 ABC にあたる縮図をかき，
3) 縮図の∠ BAC に分度器をあてて角度を求めました。

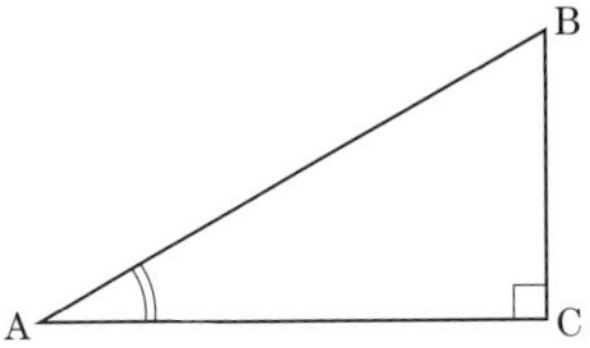

この方法では，2)と 3)の作業の際，正確にかいたり，測ることをしないと，仰角がずれてしまう可能性があります。

縮図をかくとき，小さくする割合は人によって違いますが，三角形は相似ですから，

BC ： AC ＝ B′C′ ： A′C′

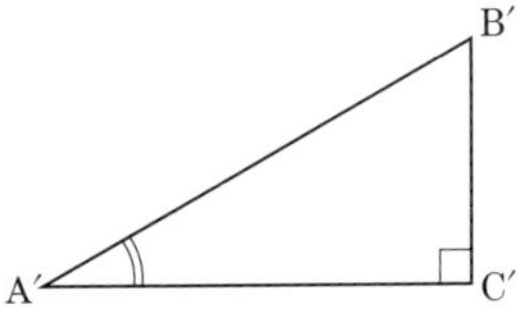

すなわち，

$$\frac{BC}{AC}=\frac{B'C'}{A'C'}$$

になるはずです。

したがって，この比の値のときの角度を正確に調べておけば，今後，比の値が同じになれば，仰角は同じと考えてよいのです。

$\frac{BC}{AC}$の比の値を，正接(タンジェント)といい，記号 tan を使って，

$$\tan \angle BAC = \frac{BC}{AC}$$

とかきます。

たとえば，右の図のように，BC ＝ AC，すなわち，三角形 ABC が直角二等辺三角形だったら，∠ BAC ＝ 45° だから tan45° ＝ 1 となります。

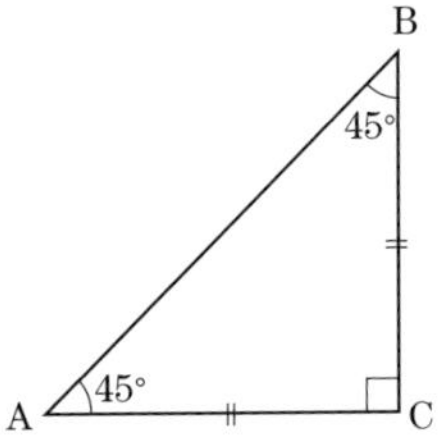

昔の人は，比の値から仰角がすぐわかるように，右のような表をつくり，利用していたのです。

角	正接(BC/AC)	角	正接(BC/AC)
0°	0	45°	1
1°	0.0175	46°	1.0355
2°	0.0349	47°	1.0724
3°	0.0524	48°	1.1106
4°	0.0699	49°	1.1504
5°	0.0875	50°	1.1918
6°	0.1051	51°	1.2349
7°	0.1228	52°	1.2799
8°	0.1405	53°	1.327
9°	0.1584	54°	1.3764
10°	0.1763	55°	1.4281
11°	0.1944	56°	1.4826
12°	0.2126	57°	1.5399
13°	0.2309	58°	1.6003
14°	0.2493	59°	1.6643
15°	0.2679	60°	1.7321
16°	0.2867	61°	1.804
17°	0.3057	62°	1.8807
18°	0.3249	63°	1.9626
19°	0.3443	64°	2.0503
20°	0.364	65°	2.1445
21°	0.3839	66°	2.246
22°	0.404	67°	2.3559
23°	0.4245	68°	2.4751
24°	0.4452	69°	2.6051
25°	0.4663	70°	2.7475
26°	0.4877	71°	2.9042
27°	0.5095	72°	3.0777
28°	0.5317	73°	3.2709
29°	0.5543	74°	3.4874
30°	0.5774	75°	3.7321
31°	0.6009	76°	4.0108
32°	0.6249	77°	4.3315
33°	0.6494	78°	4.7046
34°	0.6745	79°	5.1446
35°	0.7002	80°	5.6713
36°	0.7265	81°	6.3138
37°	0.7536	82°	7.1154
38°	0.7813	83°	8.1443
39°	0.8098	84°	9.5144
40°	0.8391	85°	11.4301
41°	0.8693	86°	14.3007
42°	0.9004	87°	19.0811
43°	0.9325	88°	28.6363
44°	0.9657	89°	57.29
45°	1	90°	なし

第6章 円の性質 学習内容ダイジェスト

■観覧車の動き

遊園地で観覧車に乗っている文子さんは，支柱の２点 A，B を見ながら考えていました。「観覧車は動いているから支柱の２点を見る方向は変わるけど，見込む角度は変わるのかしら？」この見込む角 APB の大きさについて考えましょう。

円周角の定理（円周角と中心角）

➡P.418

円の中に現れる角度「円周角」「中心角」について学びます。

例 ∠ AOB ＝ 60°のとき，ゴンドラ P が観覧車の真上にきたときの支柱の２点 A，B を見込む角∠ APB は何度ですか。

解説 ∠ AOB は円 O の弧 AB に対する中心角，∠ APB は円 O の弧 AB に対する円周角である。
１つの弧に対する円周角は，その弧に対する中心角の半分の大きさだから，

∠ APB ＝ 60° ÷ 2 ＝ 30°

になる。
実際，

∠ AOP ＝（360° − 60°）÷ 2 ＝ 150°

△ AOP は二等辺三角形なので，

∠ APO ＝（180° − 150°）÷ 2 ＝ 15°

よって，

∠ APB ＝ 15° × 2 ＝ 30°

となることがわかる。

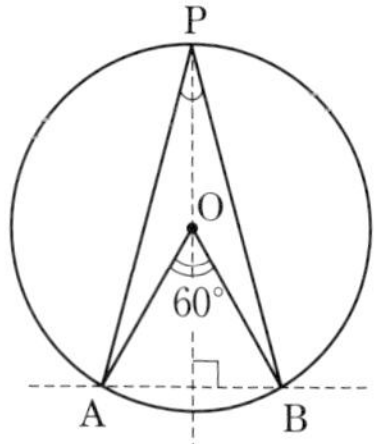

答え 30°

円周角の定理（円周角の性質） ➡P.419

1つの弧に対する円周角は一定であることについて学びます。

例　同じ観覧車で，右の図のような P_1，P_2，P_3 の位置からの支柱の2点A，Bを見込む角 $\angle AP_1B$，$\angle AP_2B$，$\angle AP_3B$ はどのような関係ですか。

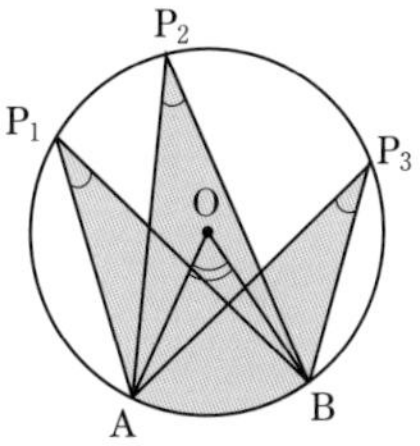

解説　$\angle AP_1B$，$\angle AP_2B$，$\angle AP_3B$ は，それぞれ弧ABの中心角である $\angle AOB$ の半分の大きさだから，

$$\angle AP_1B = \angle AP_2B = \angle AP_3B$$

になる。

答え　$\angle AP_1B = \angle AP_2B = \angle AP_3B$

円周角の定理（円周角の定理を利用して角度を比較する） ➡P.423

円周角の定理の利用について学びます。

例　観覧車から降りて，観覧車を見上げています。上のゴンドラと下のゴンドラを見たとき，首の上下の動きが一番激しくなるのは，ゴンドラに対してどの位置に立ったときでしょう。

解説　右の図のように，観覧車の上の地点をC，下の地点をDとし，人の目の高さを直線 ℓ とする。このとき，点C，Dを通り，直線 ℓ に接する円をかく。すると，円と直線 ℓ が接する接点 E_2 の位置が一番首の動きが激しくなる。すなわち，点C，Dを見込む角度が最大になる。

なぜならば，E_2 以外の点からゴンドラを見たとき，この点は円外の点であるため，$\angle CE_2D$ よりも角度が小さくなる。

したがって，

$\angle CE_2D$ が最も大きくなることがわかる。

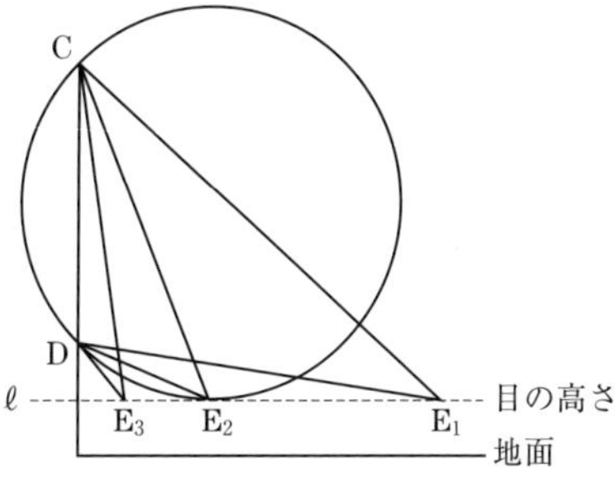

答え　人の目の高さを直線 ℓ とすると，点C，Dを通り，直線 ℓ に接する円と直線 ℓ との交点にあたる位置。

§ 1 円周角の定理

102 円周角と中心角の関係を考える

右の図について次の問いに答えよ。

(1) ∠POB, ∠QOB の大きさをそれぞれ求めよ。

(2) ∠POQ は∠PAQ の何倍か。
また，∠PAQ は∠POQ の何倍か。

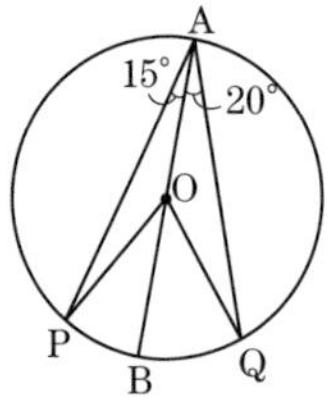

FOCUS 二等辺三角形の性質，三角形の外角の性質を利用する。

解き方

(1) △OAP は OA = OP の二等辺三角形だから
∠OPA = ∠OAP = 15°
∠POB は△OAP の外角だから
∠POB = ∠OPA + ∠OAP
= 30° ……①
同様に△OAQ で，∠OQA = ∠OAQ = 20°
∠QOB = ∠OQA + ∠OAQ = 40° ……②

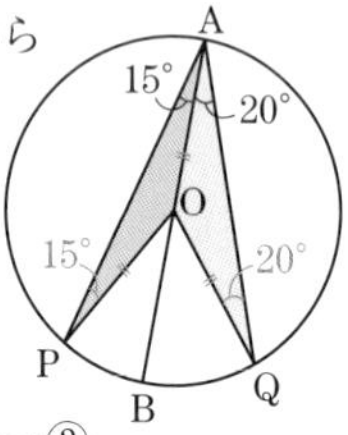

(2) ①と②より，∠POQ = ∠POB + ∠QOB = 70°
また，∠PAQ = 35° だから
∠POQ = 2∠PAQ，∠PAQ = $\frac{1}{2}$∠POQ

答え (1) ∠POB = 30°，∠QOB = 40°
(2) ∠POQ は∠PAQ の 2 倍，
∠PAQ は∠POQ の $\frac{1}{2}$ 倍

用語

円周角と中心角
1 つの円の $\overset{\frown}{AB}$ に対して，点 A，B を除いた円周上に点 P をとるとき，∠APB を $\overset{\frown}{AB}$ に対する円周角，∠AOB を $\overset{\frown}{AB}$ に対する中心角という。

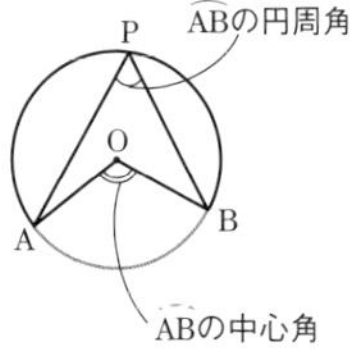

Return
二等辺三角形 ➡59
三角形の外角の性質 ➡45

学習のPOINT 二等辺三角形の性質，三角形の外角の性質を利用して，角度を求める。

確認問題

378 右の図で，∠PAQ の大きさを求めよ。

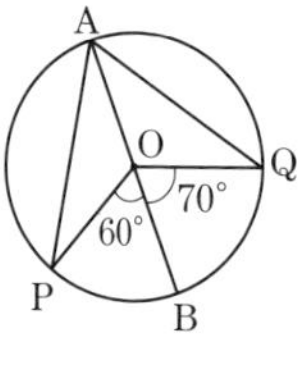

103 円周角の定理の証明をする

（えんしゅうかく　ていり　しょうめい）

右の図で，$\angle \mathrm{APB} = \dfrac{1}{2} \angle \mathrm{AOB}$ であることを証明せよ。

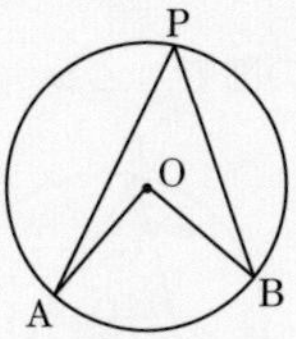

FOCUS **2点P，Oを通る直線をひき，二等辺三角形を見つける。**

証明

右の図のように，2点P，Oを通る直線をひき，円との交点をCとし

$\angle \mathrm{APO} = a$，$\angle \mathrm{BPO} = b$ とする。

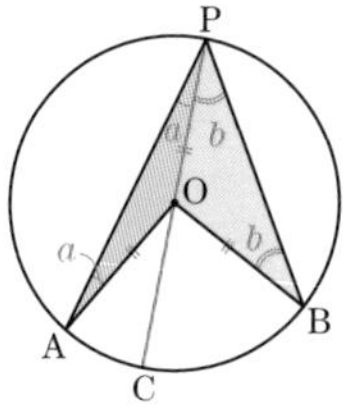

△OAPは，OA＝OPの二等辺三角形だから，

$\angle \mathrm{OAP} = \angle \mathrm{OPA} = a$

$\angle \mathrm{AOC}$ は△OAPの外角（がいかく）だから

$\angle \mathrm{AOC} = \angle \mathrm{OPA} + \angle \mathrm{OAP} = 2a$ ……①

同様に，△OBPで，

$\angle \mathrm{OBP} = \angle \mathrm{OPB} = b$

$\angle \mathrm{BOC} = \angle \mathrm{OPB} + \angle \mathrm{OBP} = 2b$ ……②

①と②より，$\angle \mathrm{AOB} = 2a + 2b = 2(a + b)$ ……③

したがって③より，$\angle \mathrm{APB} = a + b = \dfrac{1}{2} \angle \mathrm{AOB}$

よって，$\angle \mathrm{APB} = \dfrac{1}{2} \angle \mathrm{AOB}$

ここに注意

中心角が180°より大きいときでも，$\angle \mathrm{APB} = \dfrac{1}{2} \angle \mathrm{AOB}$ となる。

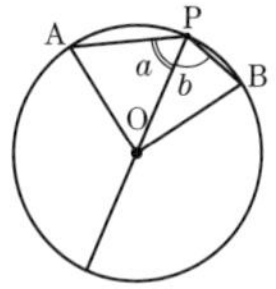

$\overset{\frown}{\mathrm{AB}}$ に対する円周角の頂点の位置を変えても，$\angle \mathrm{P_1}$，$\angle \mathrm{P_2}$，$\angle \mathrm{P_3}$，…はどれも $\dfrac{1}{2} \angle \mathrm{AOB}$ に等しい。

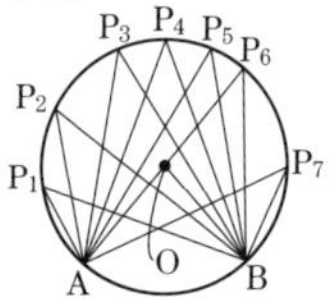

Return

円周角と中心角 ➡102

学習のPOINT

円周角の定理

1つの弧に対する円周角の大きさは一定であり，その弧に対する中心角の大きさの半分である。

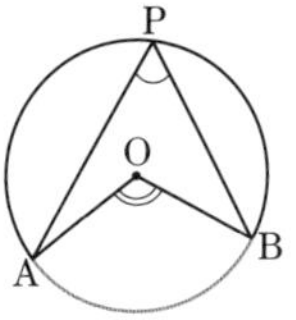

確認問題

379 ①，②の場合でも，$\angle \mathrm{APB} = \dfrac{1}{2} \angle \mathrm{AOB}$ であることを証明せよ。

①

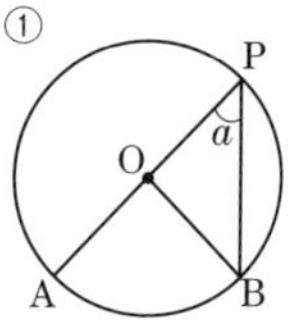

②

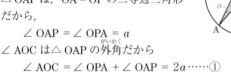

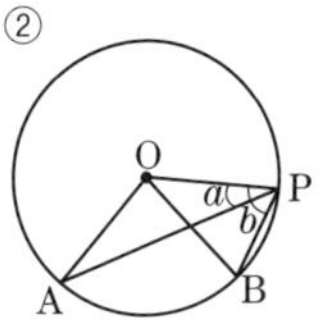

104 円周角の定理を利用して角度を求める

次の図で，$\angle x$，$\angle y$ の大きさを求めよ。

(1)
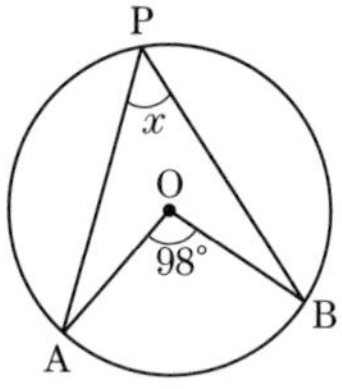

(2)
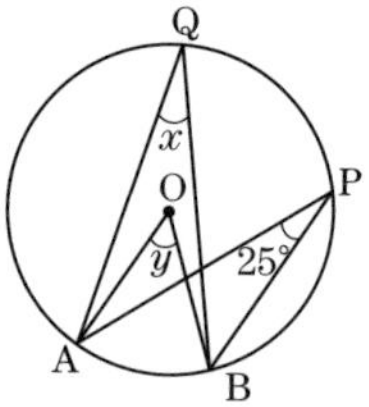

(3)
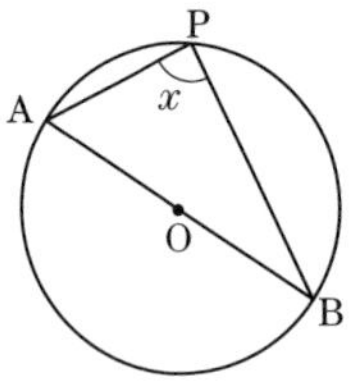

FOCUS **円周角の定理を利用して解く。**

解き方

(1) 1つの弧に対する円周角は中心角の大きさの半分だから

$\angle x = 98^\circ \times \frac{1}{2} = 49^\circ$

(2) 1つの弧に対する円周角の大きさは一定だから

$\angle x = 25^\circ$

1つの弧に対する中心角は円周角の大きさの 2 倍だから

$\angle y = 25^\circ \times 2 = 50^\circ$

(3) $\overset{\frown}{AB}$ の中心角は 180°だから

$\angle x = 180^\circ \times \frac{1}{2} = 90^\circ$

答え (1) $\angle x = 49^\circ$ (2) $\angle x = 25^\circ$，$\angle y = 50^\circ$
(3) $\angle x = 90^\circ$

学習の POINT 円周角は中心角の半分であり，
中心角は円周角の 2 倍である。

ここに注意

半円の弧に対する円周角は直角である。

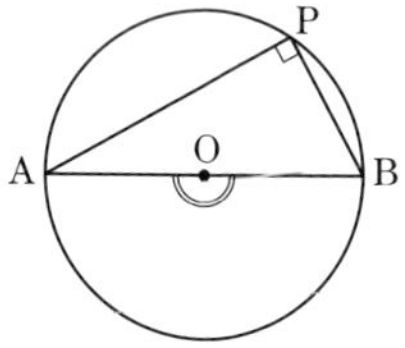

Return

円周角の定理 ➡ 103

確認問題

380 次の図で，$\angle x$ の大きさを求めよ。

(1)
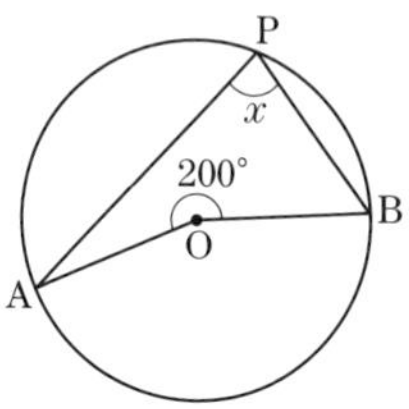

(2)
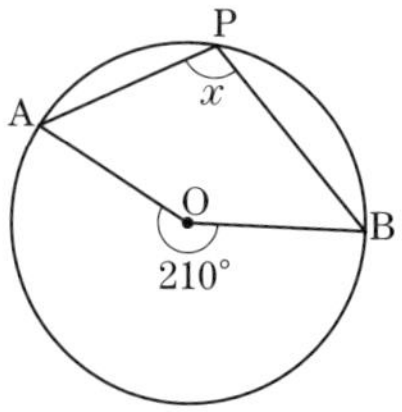

(3)
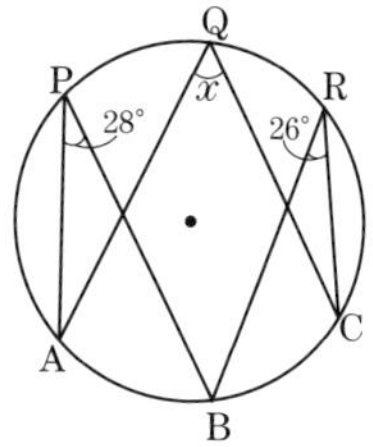

105 円周角(えんしゅうかく)と弧(こ)の長さの関係を考える

右の図で，∠x の大きさを求めよ。

(1)

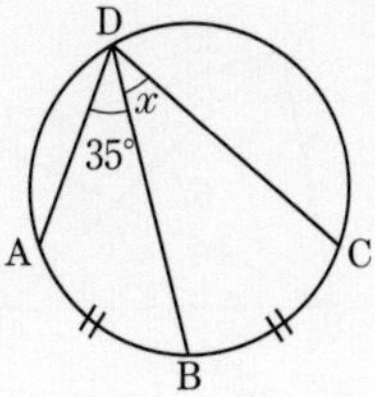

$\overset{\frown}{AB} = \overset{\frown}{BC}$

(2)

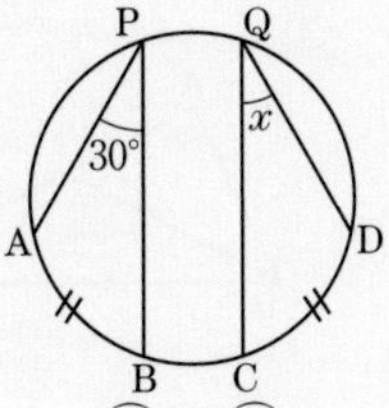

$\overset{\frown}{AB} = \overset{\frown}{CD}$

FOCUS **円周角の大きさと弧の長さの関係を考える。**

解き方

(1) 1つの円で，等しい弧に対する円周角の大きさは等しい。
$\overset{\frown}{AB}$ に対する円周角の大きさと $\overset{\frown}{BC}$ に対する円周角の大きさは等しくなるから，
∠x = 35°

答え (1) ∠x = 35°　(2) ∠x = 30°

もっとくわしく

円周角の定理の逆

2点**P**，**Q**が直線**AB**の同じ側にあって，∠**AQB** = ∠**APB**ならば，4点**A**，**B**，**P**，**Q**は1つの円周上(同一円周上)にある。

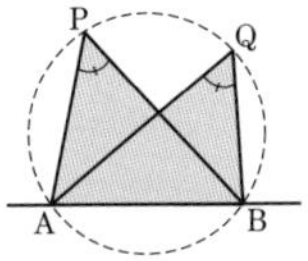

1つの円で弧の長さと円周角の大きさは比例する。
※弦の長さと円周角の大きさは比例しない。

学習のPOINT
1つの円で，等しい長さの弧に対する円周角の大きさは等しい。
1つの円で，等しい大きさの円周角に対する弧の長さは等しい。

確認問題

381 次の図で，∠x の大きさを求めよ。

(1)

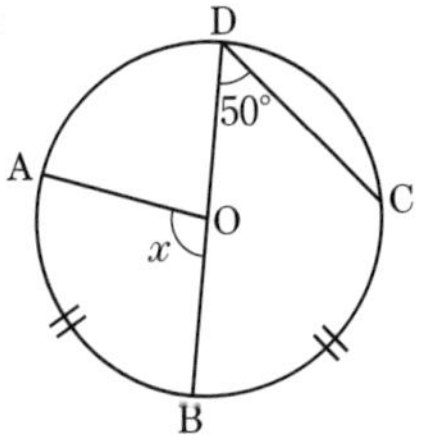

$\overset{\frown}{AB} = \overset{\frown}{BC}$

(2)

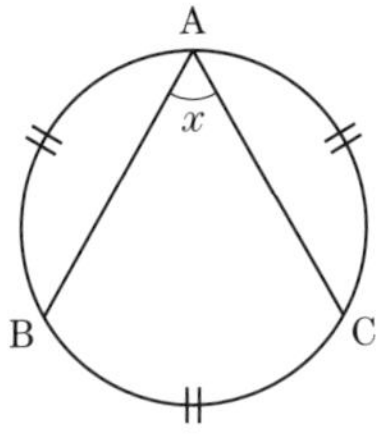

$\overset{\frown}{AB} = \overset{\frown}{BC} = \overset{\frown}{CA}$

106 円周角の定理の逆を利用する

下の図のうち，4 点 A，B，C，D が同じ円周上にあるものをすべて選べ。

①
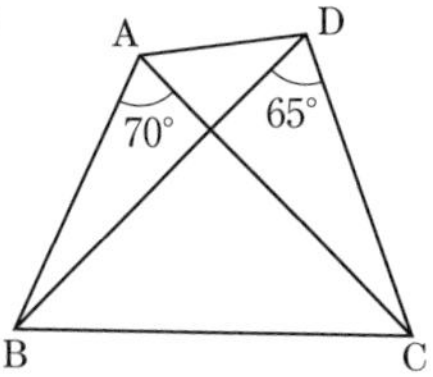

②
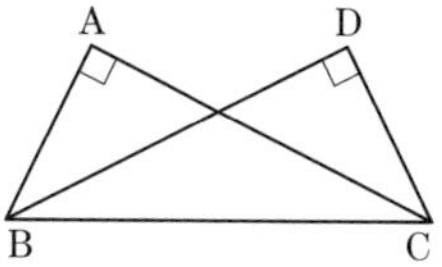

③
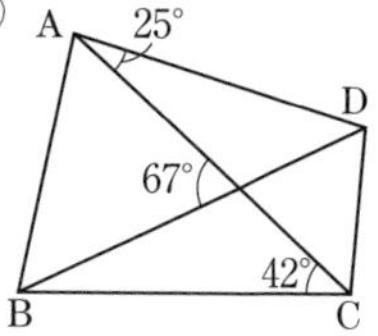

FOCUS **円周角の定理の逆が成り立つか考える。**

解き方

2 点 A，D が直線 BC の同じ側にあって，
∠BAC ＝∠BDC ならば，4 点 A，B，C，D は 1 つの円周上にある。

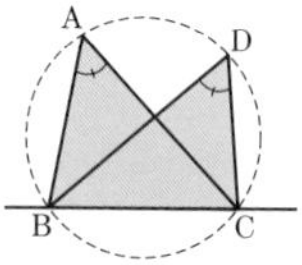

① ∠BAC ＝ 70°，∠BDC ＝ 65° より，4 点 A，B，C，D は 1 つの円周上にない。

② **∠BAC ＝∠BDC ＝ 90°** より，
4 点 A，B，C，D は 1 つの円周上にある。

③ AC と BD の交点を E とする。
△BCE の外角より，
∠CBD ＝ 67° － 42° ＝ 25°
∠CBD ＝∠CAD より，4 点 A，B，C，D は 1 つの円周上にある。

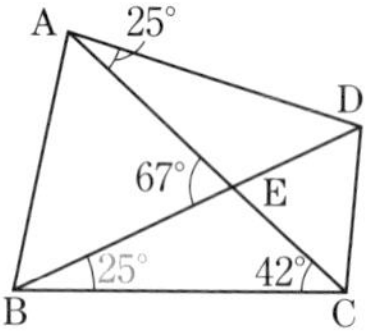

答え ②，③

もっとくわしく

②のように，
∠BAC ＝∠BDC ＝ 90° が成り立つときは，**BC** は **4** 点 **A，B，C，D** を通る円の直径になる。

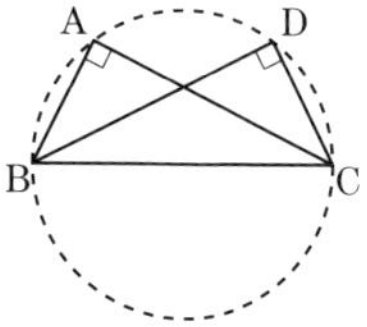

学習のPOINT 図にわかる角度をかき込み，円周角の定理の逆が成り立つかを確かめる。

確認問題

382 右の図で，∠DAC の大きさを求めよ。

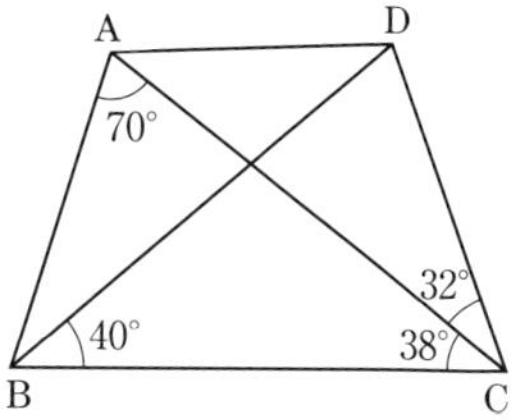

107 円周角の定理を利用して角度を比較する

円周上に3点A，B，Pがある。右の図のように，直線ABについて点Pと同じ側の円の内部に点Qをとる。このとき，∠AQBと∠APBはどちらが大きいか。理由も答えよ。

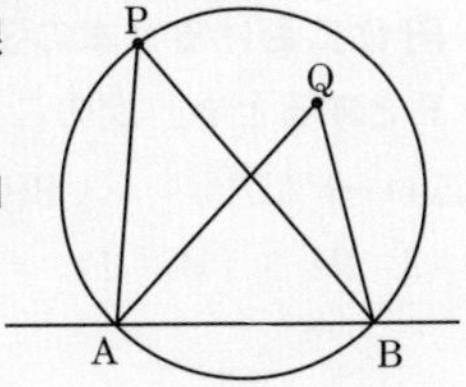

FOCUS　補助線をひき，三角形の外角の性質を用いる。

Return
三角形の外角の性質 ➡45
円周角の定理 ➡103

答え

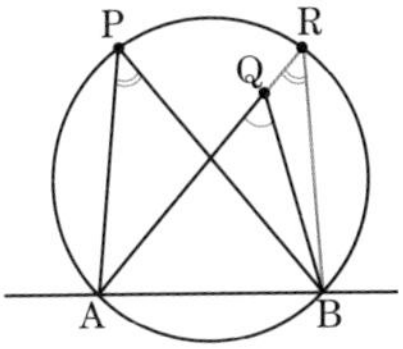

右の図のように，AQの延長線と円との交点をRとする。△QBRで
∠AQBは頂点Qの外角だから

∠AQB＝∠ARB＋∠QBR

したがって

∠AQB＞∠ARB ……①

円周角の定理より

∠APB＝∠ARB（$\overset{\frown}{AB}$に対する円周角）……②

①，②より，∠AQB＞∠APB

学習のPOINT　補助線をひいて，内部にある角と円周角の大きさを三角形の外角の性質を使って比較する。

確認問題

383　上の例題で，点Qが円の外部にあるとき，∠AQBと∠APBはどちらが大きいか。理由も答えよ。

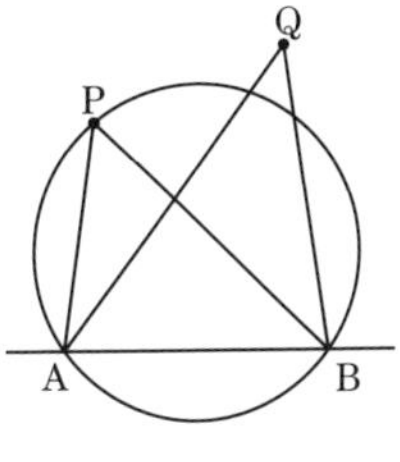

108 円周角の定理を使って相似を証明する

円 O における 2 本の弦 AB, CD の交点を P とするとき，次のことを証明せよ。

(1) △ ADP ∽ △ CBP

(2) PA × PB = PC × PD

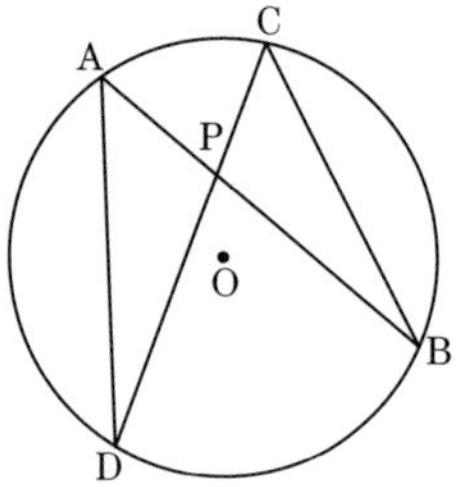

FOCUS **(1) 円周角の定理を使って，三角形の相似条件のどれにあてはまるか考える。**
(2) 対応する辺の比から比の性質を使う。

証明

(1) △ ADP と△ CBP で

対頂角だから，∠ APD = ∠ CPB ……………①

弧 BD の円周角だから，∠ DAP = ∠ BCP ……②

①，②から，2 組の角がそれぞれ等しいので

△ ADP ∽△ CBP

(2) △ ADP ∽△ CBP だから，対応する辺の比は等しいので

PA ： PC = PD ： PB

比の性質を使って，PA × PB = PC × PD

もっとくわしく

方べきの定理

このページの例題，確認問題から次のことがいえる。円 O における 2 本の弦 AB, CD の交点を P とするとき，

PA × PB = PC × PD

このことを，**方べきの定理**という。

Return

円周角の定理 ➡103
比例式 ➡式編 26

学習の POINT

円 O における 2 本の弦 AB, CD の交点を P とするとき

△ ADP ∽ △ CBP，△ ACP ∽ △ DBP

PA × PB = PC × PD

確認問題

384 右の図のように，円 O における 2 本の弦 AB, CD の延長線上に交点 P があるとき，次のことが成り立つことを証明せよ。

(1) △ ADP ∽ △ CBP

(2) PA × PB = PC × PD

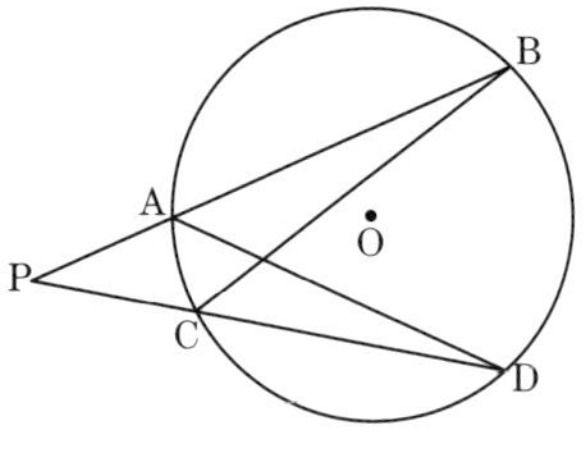

109 接線と円周角の定理を利用して角度を求める

右の図で，PA，PB はそれぞれ点 A，B で円 O に接している。
このとき，∠ ACB の大きさを求めよ。

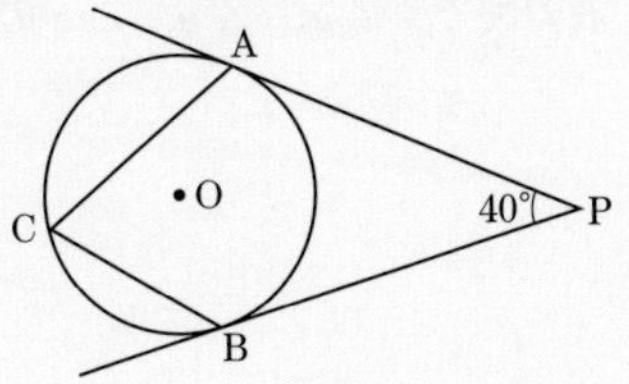

FOCUS 円の接線の性質を利用できるように，補助線をひく。

解き方

∠ OAP = ∠ OBP = 90°

四角形 AOBP の内角の和は 360° だから

∠ AOB

= 360° − (90° + 90° + 40°)

= 140°

∠ AOB は，$\overset{\frown}{AB}$ の中心角だから

∠ ACB = 140° × $\frac{1}{2}$ = 70°

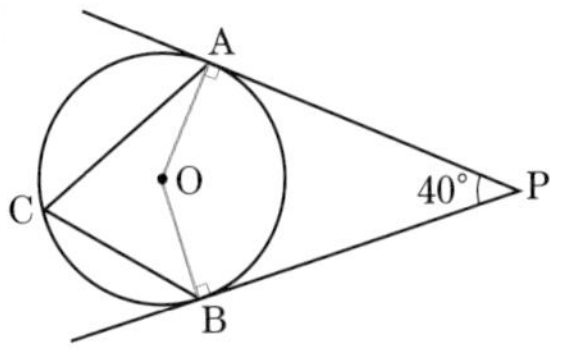

答え ∠ ACB = 70°

もっとくわしく

補助線 AO，BO を使って，∠ AOB の大きさを求め，円周角の定理を利用する。

Return

円の接線 ➡9
多角形の内角の和 ➡47

学習のPOINT 円の接線は，その接点を通る半径に垂直である。

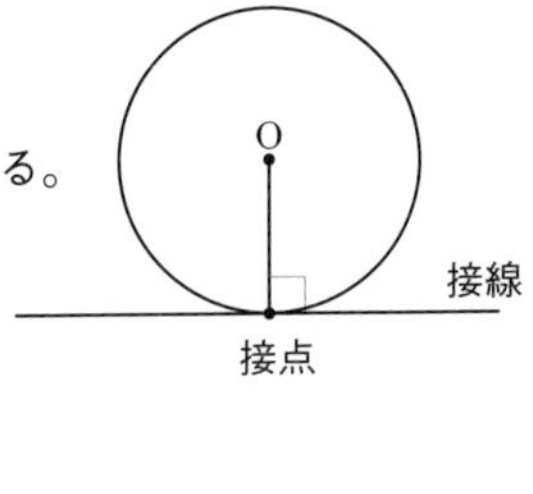

確認問題

385 右の図で，TA，TB はそれぞれ点 A，B で円 O に接している。
このとき，∠ ACB の大きさを求めよ。

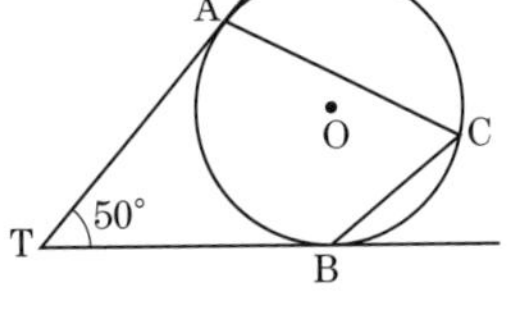

110 円に内接する四角形の角度を求める 発展

右の図で，∠ x，∠ y，∠ z の大きさを求めよ。

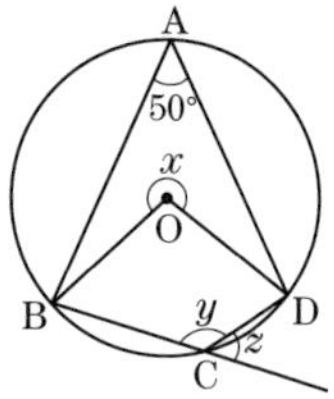

FOCUS 円周角の定理を利用する。

解き方

$\overset{\frown}{BCD}$ に対する中心角∠ BOD ＝ 50° × 2 ＝ 100°

よって，

$\angle x = 360° - \angle BOD = 360° - 100° = 260°$

∠ x は $\overset{\frown}{BAD}$ の中心角だから

$\angle y = \angle \boldsymbol{x} \times \frac{1}{2} = 130°$

$\angle z = 180° - \angle y = 50°$

答え　∠ x ＝ 260°，∠ y ＝ 130°，∠ z ＝ 50°

学習のPOINT

円に内接する四角形の性質

・対角の和は 180° である。

・外角はそれととなり合う内角の対角（内対角）に等しい。

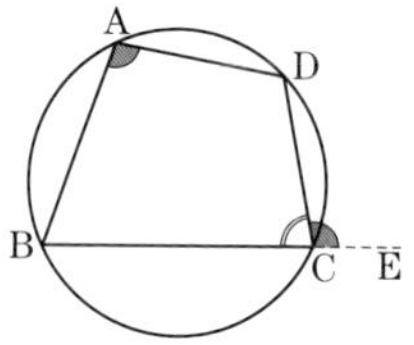

もっとくわしく

対角（向かい合った角）の和は 180° であることの証明

∠ A ＝ a，∠ C ＝ b とすると，

$\overset{\frown}{BCD}$ に対する中心角は $2a$，

$\overset{\frown}{BAD}$ に対する中心角は $2b$ となる。

$2a + 2b = 360°$

$2(a + b) = 360°$

よって，$a + b = 180°$

∠ B ＋∠ D ＝ 180° も同様に証明できる。

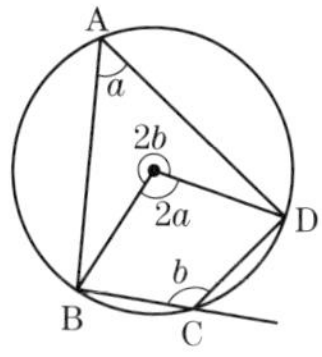

Return

内接する ➡ 11
外接 ➡ 12

確認問題

386 次の図で，∠ x，∠ y の大きさを求めよ。

(1)

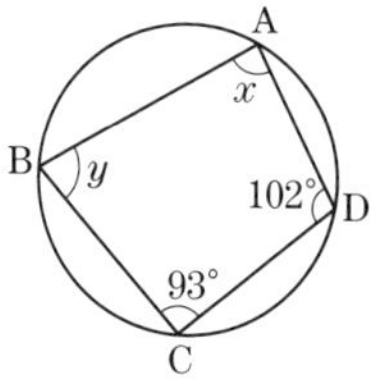

(2)

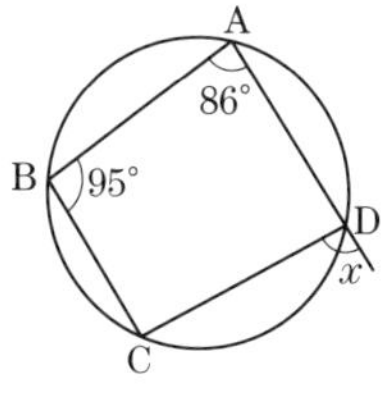

(3)

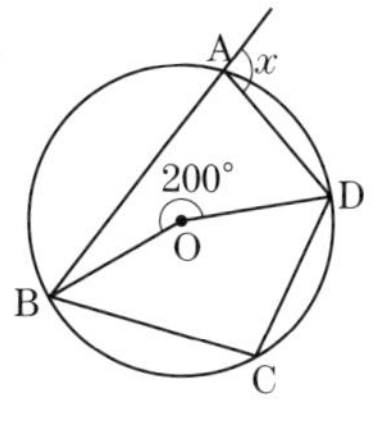

111 円に内接する四角形の性質を用いて証明する 発展

右の図のように，2つの円 O, O′ が2点 A, B で交わっている。A を通る直線と円 O, O′ との交点をそれぞれ P, Q とし，B を通る直線と円 O, O′ との交点をそれぞれ R, S とする。このとき，RP // QS であることを証明せよ。

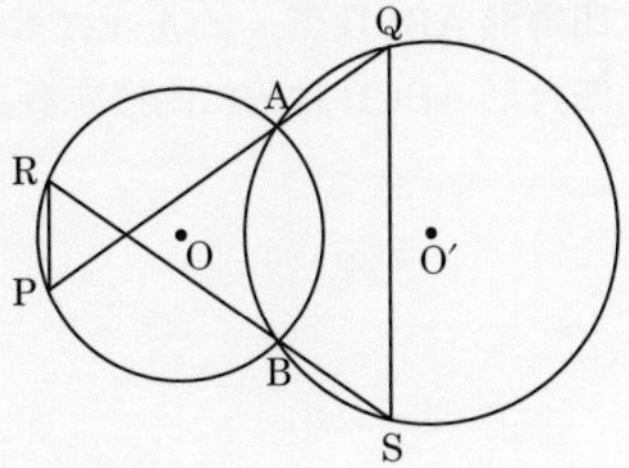

FOCUS **A と B を結んで，円周角の定理，内接する四角形の性質を利用する。**

Return
円周角の定理 ➡103
錯角 ➡41
平行線の性質 ➡40, 41, 42

証明

A と B を結ぶ。
円 O で，円周角の定理から
∠PRB ＝∠PAB……①
四角形 ABSQ は円 O′ に内接しているから
∠PAB ＝∠BSQ……②
①，②から，∠PRB ＝∠BSQ
錯角が等しいので，RP // QS

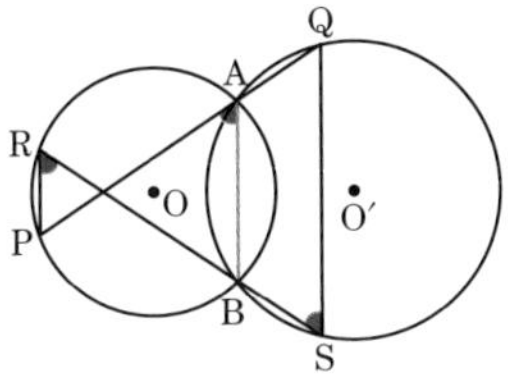

学習のPOINT

2つの円が2点 A，B で交わっているとき，A，B を通る直線 PQ，RS と各円との交点どうしを結んだ線分は平行になる。

RP // QS

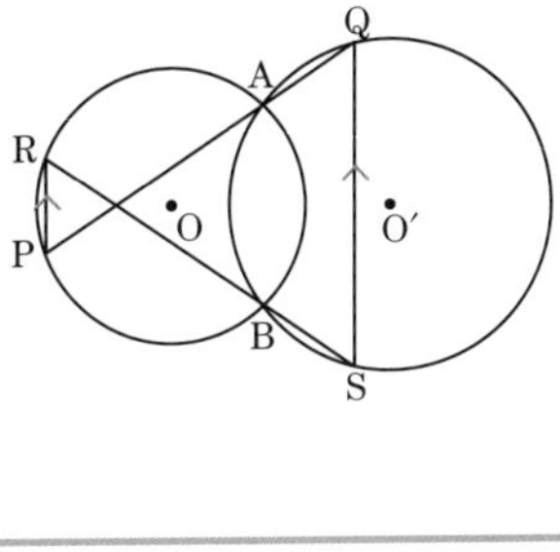

確認問題

387 上の例題で，PQ と RS が右の図のように2円と交わる場合でも，PR // QS であることを証明せよ。

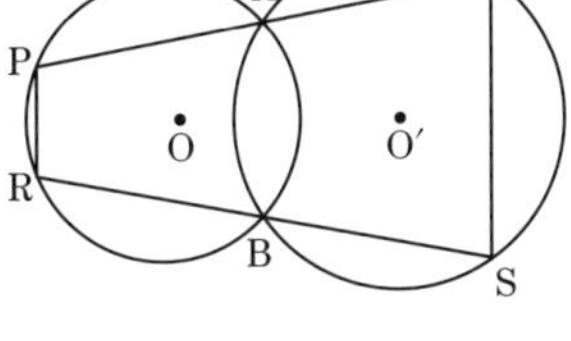

112 四角形が円に内接することを証明する 発展

四角形 ABCD で，∠ A ＋∠ C ＝ 180° ならば，四角形 ABCD は円に内接することを証明せよ。

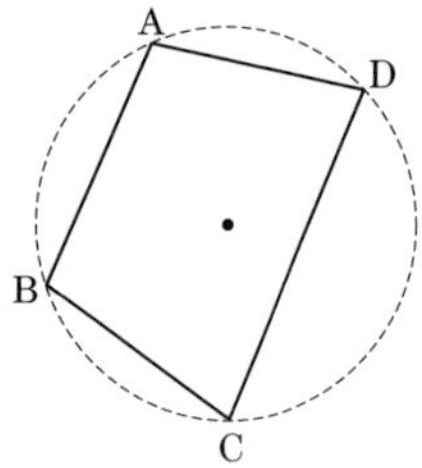

FOCUS △ ABD の外接円 O をかき，$\overset{\frown}{BAD}$ に対する円周角である∠ BPD をつくって∠ BPD ＝∠ BCD を導く。

証明

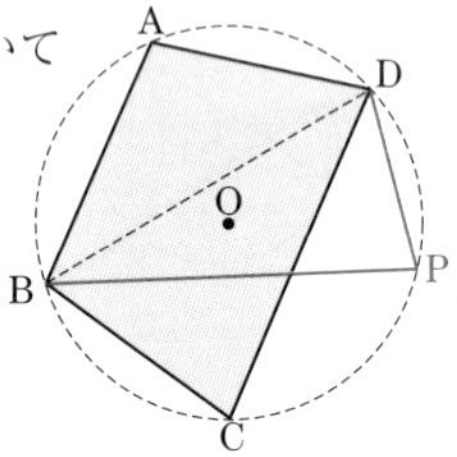

△ ABD の外接円の周上で BD について点 C と同じ側に点 P をとり四角形 ABPD をつくると

∠ A ＋∠ P ＝ 180° ……①

仮定から，

∠ A ＋∠ C ＝ 180° ……②

①，②から∠ C ＝∠ P

円周角の定理の逆より，点 C は $\overset{\frown}{BPD}$ 上，すなわち，△ ABD の外接円の周上にある。

よって，四角形 ABCD は円に内接する。

学習の POINT 四角形が円に内接する条件

- 1 組の対角の和が 180° である。
- 1 つの外角がそれととなり合う内角の対角（内対角）に等しい。

もっとくわしく

1 つの外角が内対角に等しいならば，その四角形は円に内接することの証明

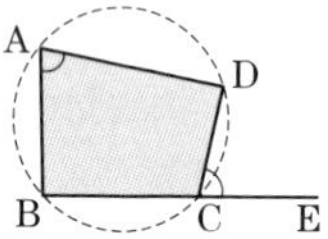

上の図で，

∠ DCE ＋∠ BCD ＝ 180° …③

仮定から，

∠ DCE ＝∠ A …④

③，④から

∠ A ＋∠ BCD ＝ 180°

よって，1 組の対角の和が 180° だから，四角形 ABCD は円に内接する。

Return

対角の和 ➡110

確認問題

388 次のア〜ウの四角形のうち，円に内接するものを選べ。

ア

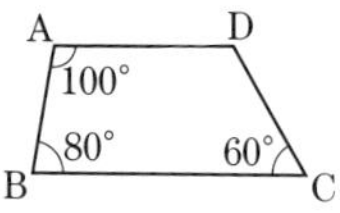

イ

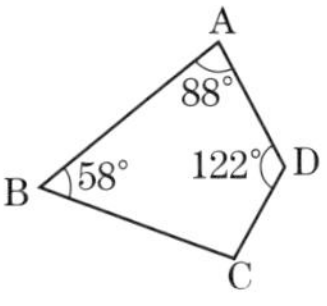

ウ

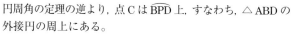

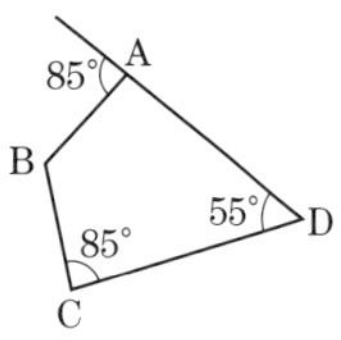

図形編
第1章 平面図形
第2章 空間図形
第3章 平行と合同
第4章 図形の性質
第5章 相似な図形
第6章 円の性質
第7章 三平方の定理

113　接線と弦とではさまれた角度を求める　発展

右の図で，AT は点 A を接点とする円 O の接線である。∠x の大きさを求めよ。

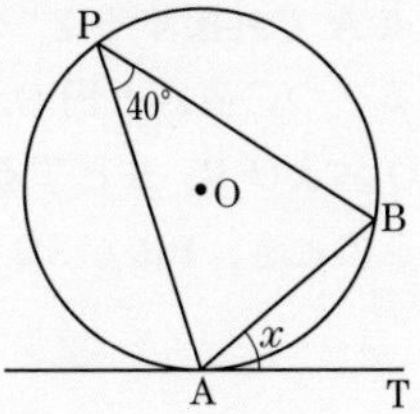

FOCUS　**円周角の定理と接線の性質を利用する。**

解き方

円 O の直径 AQ をひき，Q と B を結ぶ。

$\overset{\frown}{AB}$ に対する円周角だから

　∠Q = ∠P = 40°　……①

△ABQ で，AQ は直径だから

　∠ABQ = 90°　…………②

①，②より，

　∠BAQ = 90° − 40° = 50°

OA は半径だから，∠OAT = 90°

したがって，∠x = 90° − 50° = 40°

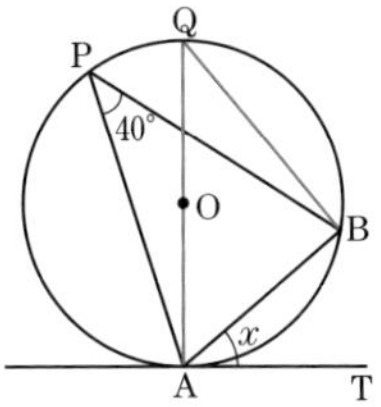

答え　∠x = 40°

学習のPOINT

接弦定理

円の接線と，接点を通る弦とがはさむ角は，その角の内部にある弧に対する円周角に等しい。

∠BAT = ∠P

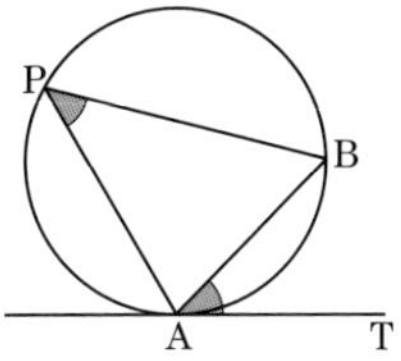

もっとくわしく

接弦定理の証明

∠BAT が鋭角の場合

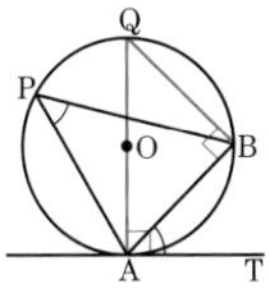

$\overset{\frown}{AB}$ に対する円周角だから，

　∠Q = ∠P …③

△ABQ で，AQ は直径だから，

　∠ABQ = 90° …④

③，④より，

　∠BAQ = 90° − ∠P

OA は半径だから，

　∠QAT = 90°

したがって，

　∠BAT = 90° − ∠BAQ

よって，∠BAT = ∠P

∠BAT が直角，鈍角の場合も同様に証明できる。

Return

円の接線・接点 ➡9
半円の弧に対する円周角 ➡104

確認問題

389　右の図で，直線 TT′ は，円の接線，点 A はその接点である。
∠x，∠y の大きさを求めよ。

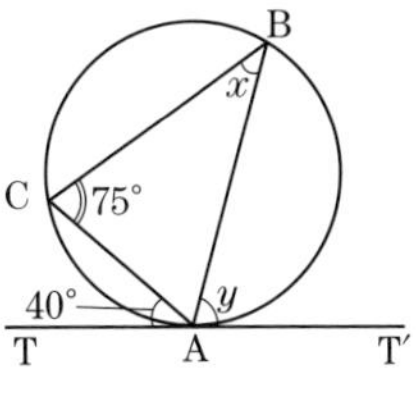

114 平行であることを接弦定理を用いて証明する 発展

点 A で外接する 2 つの円 O, O′ がある。A を通る 2 つの直線と円 O, O′ との交点をそれぞれ P, Q および R, S とする。
このとき，PR // SQ であることを証明せよ。

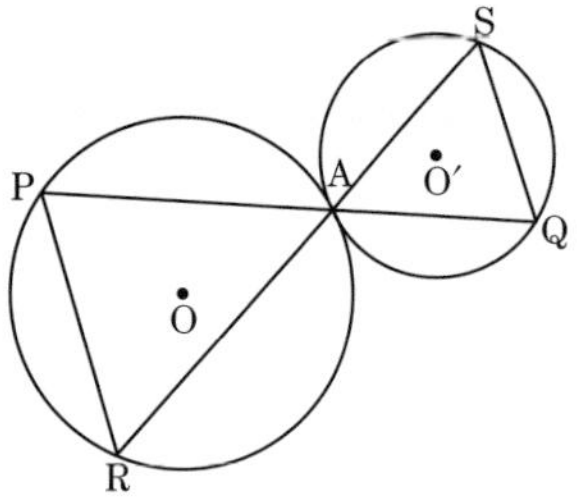

FOCUS 点 A を通る円 O, O′ の共通接線をひいて，接弦定理を利用する。

用語

共通接線
1 つの直線が 2 つの円に接しているとき，この直線を 2 つの円の共通接線という。

Return

対頂角 ➡39
接弦定理 ➡113
平行線の性質 ➡40, 41, 42

証明

点 A を通る円 O, O′の共通接線 BC をひく。
接弦定理より

∠ P = ∠ RAC ……①

∠ Q = ∠ SAB ……②

対頂角だから

∠ RAC = ∠ SAB ……③

①，②，③から，∠ P = ∠ Q
錯角が等しいので，PR // SQ

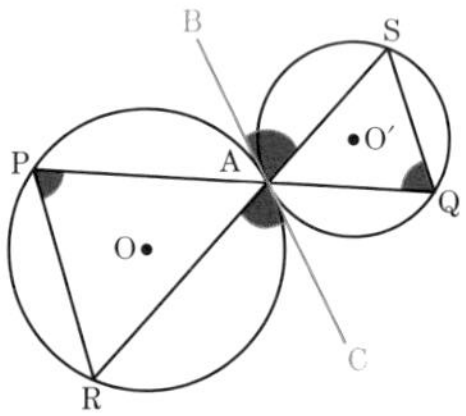

学習の POINT 2 つの円の共通接線をひくことによって，接弦定理が利用できる。

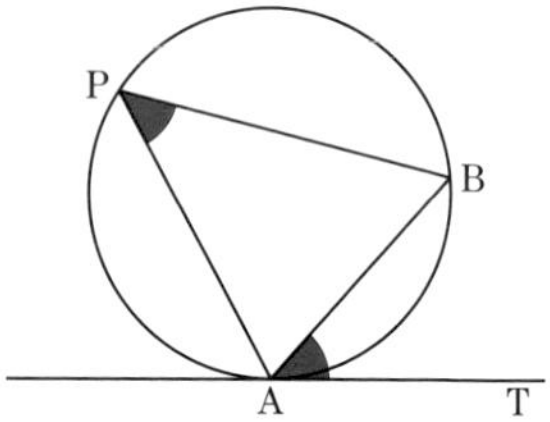

確認問題

390 上の例題で，2 つの円 O, O′ が点 A で内接している場合でも，PR // QS であることを証明せよ。

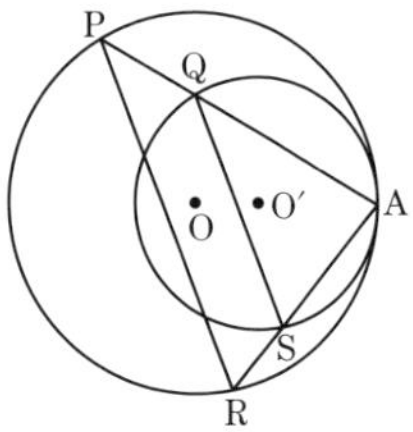

章末問題

解答 ➡p.88

143 次の∠ x の大きさを求めよ。

(1)

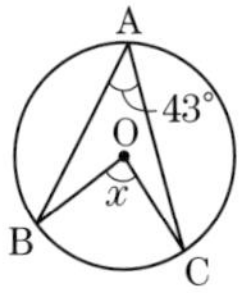

（秋田県）

(2)

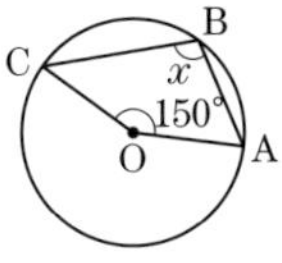

（兵庫県）

(3)

（鳥取県）

(4)

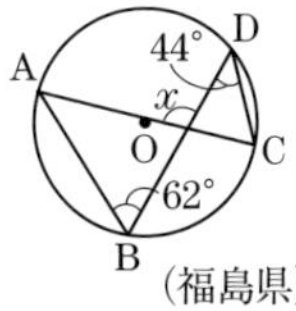

（福島県）

(5)

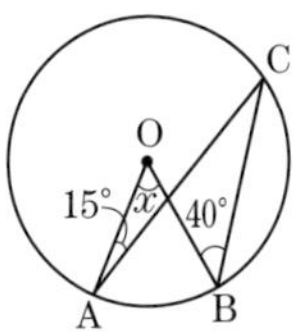

（東京都立日比谷高）

(6) AO // BC

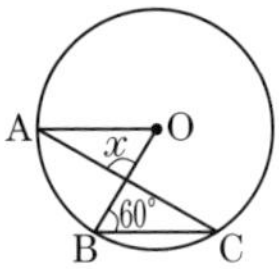

（長野県）

(7)

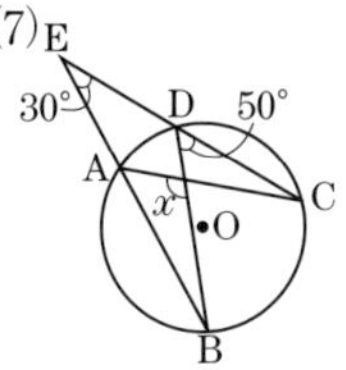

（佐賀県）

(8) AB，AD は円 O の接線

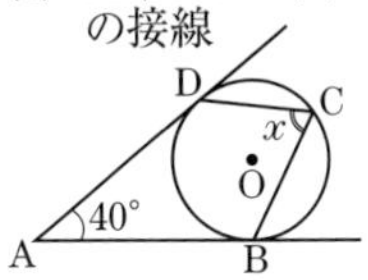

（東京工業大学附属工業高）

144 次の∠ x の大きさを求めよ。

(1)

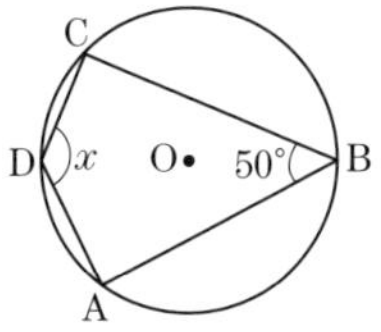

（慶應義塾高）

(2)

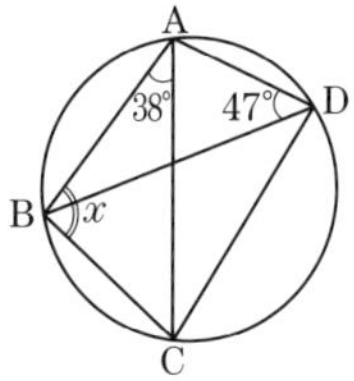

（愛知県 A）

(3)

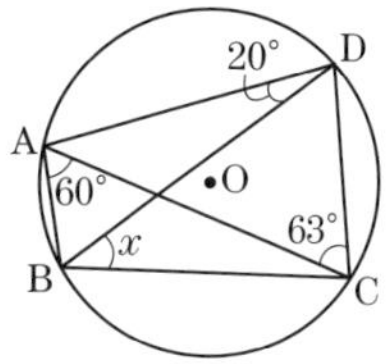

145 右の図で，△ ABC は，AB = AC の二等辺三角形であり，円 O に内接している。また，点 D は点 B における円 O の接線と AC の延長との交点である。
∠ BCA = 69° のとき，∠ BDA の大きさを求めよ。 （熊本県）

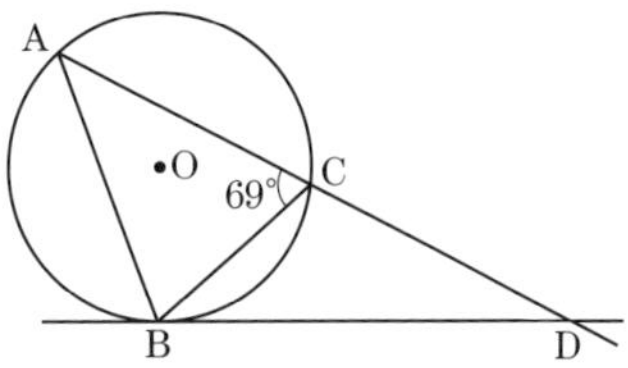

146 右の図のように，円 O の周上に点 A，B，C，D があり，△ ABC は正三角形である。
また，線分 BD 上に，BE = CD となる点 E をとる。
このとき，△ ABE ≡ △ ACD を証明しなさい。
（富山県）

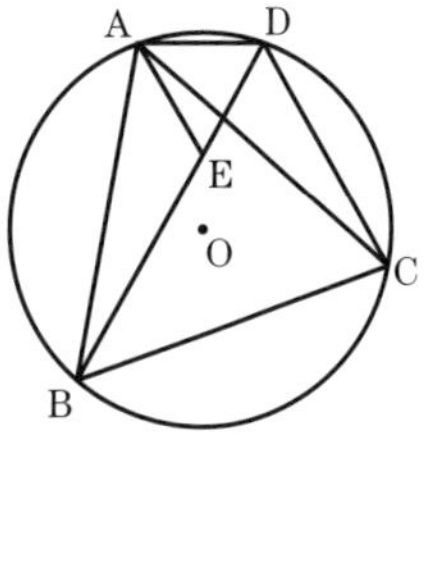

147 半径が1cmの円Oの周上に点A，B，C，Dをとり，直線DAとCBの交点をPとする。このとき，∠CPD = 30°である。
次の問いに答えよ。ただし，弧はいずれも短い方を考える。 （筑波大学附属駒場高　改題）

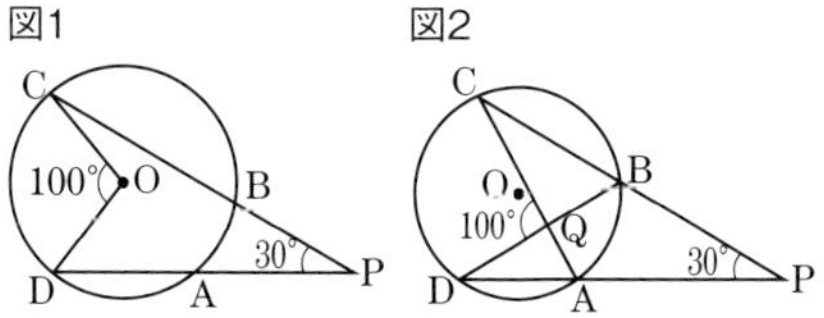

(1) 図1のように，∠COD = 100°であるとき，$\overset{\frown}{AB}$の長さを求めよ。

(2) 図2のように，直線ACとBDの交点をQとし，∠CQD = 100°であるとき，$\overset{\frown}{AB}$の長さを求めよ。

148 右の図で，AP，BPは半径3cmの円Oの接線で，A，Bは接点である。また，Qは$\overset{\frown}{AB}$上(直線ABについて，Pの反対側)にとった点である。
次の問いに答えよ。 （富山県）

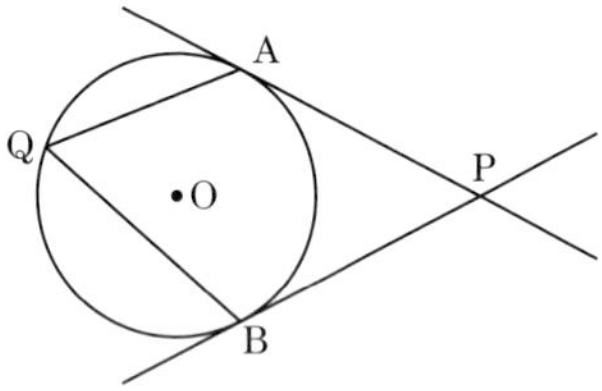

(1) 円周角∠AQBに対する$\overset{\frown}{AB}$の長さが，円Oの周の長さの$\dfrac{2}{5}$のとき，∠AQBの大きさを求めよ。

(2) ∠AQB = a°とするとき，∠APBの大きさをaを使って表せ。

(3) ∠AQB = 4∠APBのとき，円周角∠AQBに対する$\overset{\frown}{AB}$の長さを求めよ。

149 右の図のように，AD // BCである台形ABCDの頂点B，Cを通る円Oが，辺AB，CDと交わる点をそれぞれE，Fとする。
4点A，E，F，Dは1つの円周上にあることを証明せよ。

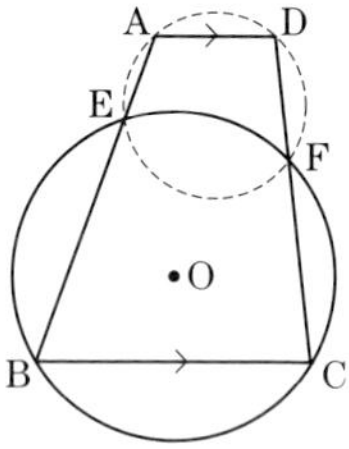

150 右の図のように，AB = 3cm，BC = 4cm，CA = 2cmの△ABCと∠BACの二等分線ℓがある。点B，Cから直線ℓに垂線をひき，それぞれの交点をD，Eとする。また，直線ℓがBCおよび△ABCの3つの頂点を通る円と交わる点をそれぞれF，Gとする。
次の問いに答えよ。 （兵庫県　改題）

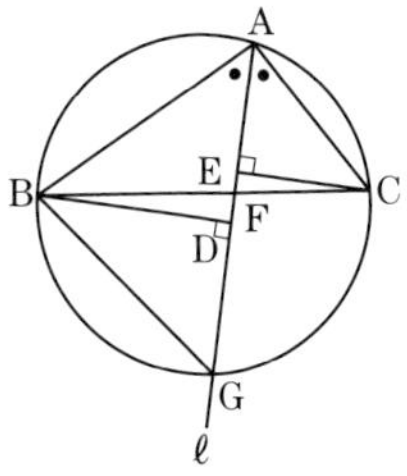

(1) BDとCEの長さの比を求めよ。

(2) BFの長さを求めよ。

(3) △ABGと△AFCが相似であることを証明せよ。

(4) AFの長さを求めよ。

STEP UP ステップアップ

アポロニウスの円

点A，点Bまでの距離が等しい点の集まり，すなわち，平面上に点Pがあって，AP：BP ＝ 1：1 となる点Pの集まりは，右の図のように，線分ABの垂直二等分線になります。
では，AP：BPが 1：1 以外のとき，点Pはどんな点の集まりになるのでしょうか。

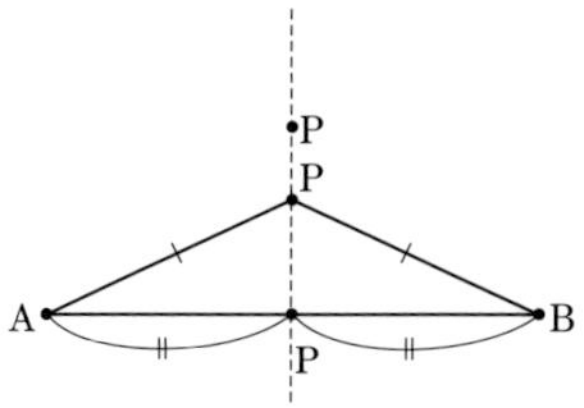

> 点A，Bがあり，点PはAP：BP ＝ 2：1を満たす点の集まりとする。この点Pの集まり（点Pの軌跡）はどのような図形になりますか。
>
> 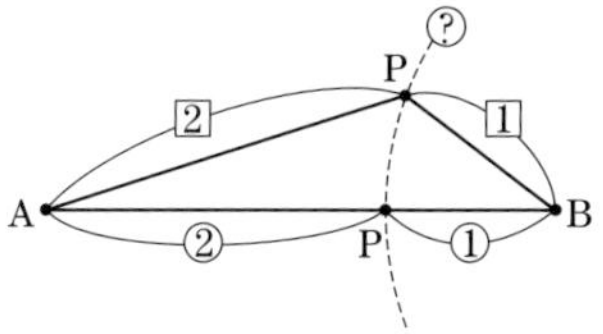
>

FOCUS 例題 91（の逆）と円周角の定理の逆を利用する。

解き方

右の図のように，線分ABを 2：1 に分ける点をX，点Pが点X以外の場所にあるとき，∠CPBの二等分線と線分ABの延長線の交点をYとする。

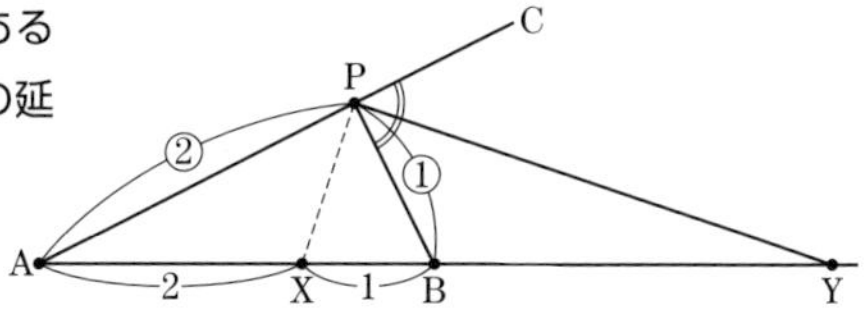

つまり，∠CPY ＝∠BPY　……①

　AP：BP ＝ AX：BX ＝ 2：1

より，∠APX ＝∠BPX　………②

①，②より，

$$\angle \mathrm{XPY} = \angle \mathrm{BPY} + \angle \mathrm{BPX} = \frac{1}{2}(\angle \mathrm{APB} + \angle \mathrm{CPB}) = \frac{1}{2} \times 180^\circ = 90^\circ$$

したがって，点Pは∠XPY ＝ 90°を満たす点の集まりである。
円周角の定理の逆から，点Pの集まりは線分XYを直径とする円になる。

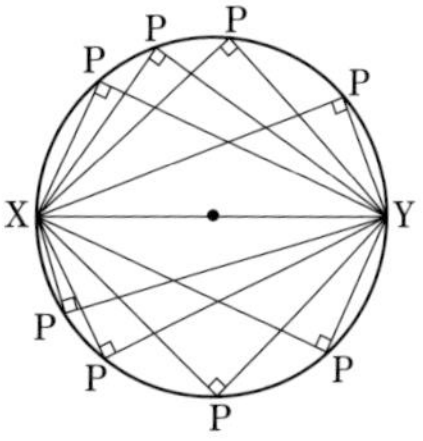

2点からの距離の比が一定な曲線は円になります。この円をアポロニウスの円といいます。アポロニウス（アポロニオス）は，ベルガのアポロニウスと呼ばれ，紀元前3世紀に活躍したギリシャの数学者です。円錐を切る角度によって切り口が放物線，双曲線，楕円になることを発見したと伝えられています。

第7章 三平方の定理 学習内容ダイジェスト

■箱の中のボール

ゆうこさんは直径 6cm のボールがぴったり入る箱を作ろうとしています。ボールが 1 つのとき，2 つのときは縦と横の長さは簡単に求められることがわかりました。ボールが 3 つのとき，ぴったり入る箱は正三角柱になることは分かったのですが，底面の正三角形の 1 辺の長さをどのようにしたらよいか悩んでいます。

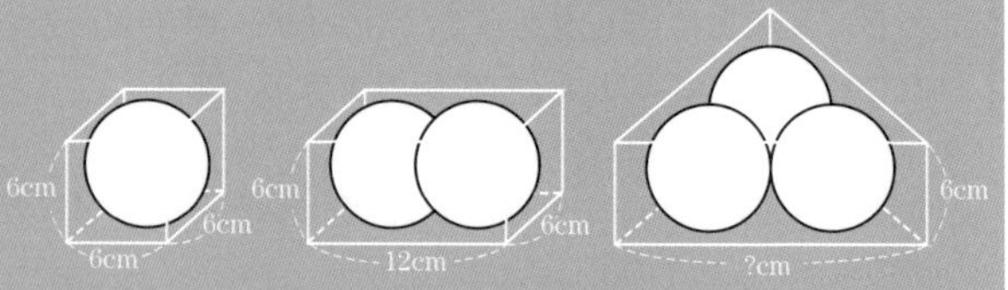

三平方の定理 ➡P.436

直角三角形の 3 辺の長さの関係を学びます。

例 直角三角形において，3 辺の関係が，$a^2 + b^2 = c^2$ になることを，右の図をみて考えてみましょう。

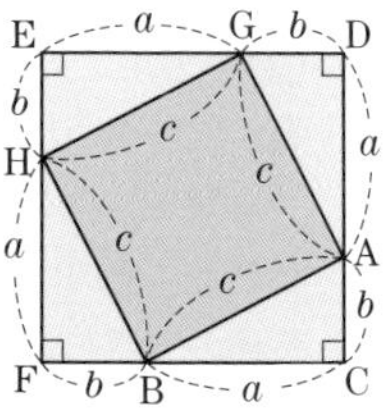

解説 正方形全体の面積は，$(a + b)^2$

この正方形は，4 つの合同な直角三角形と小さな正方形でできているので，

$(a + b)^2 = a \times b \div 2 \times 4 + c \times c$

この式を整理すると，$a^2 + b^2 = c^2$

三平方の定理の平面図形への利用（辺の長さ） ➡P.441

みなさんが持っている三角定規の辺の関係を学びます。

例 右の三角定規の残りの辺の長さを求めてみましょう。

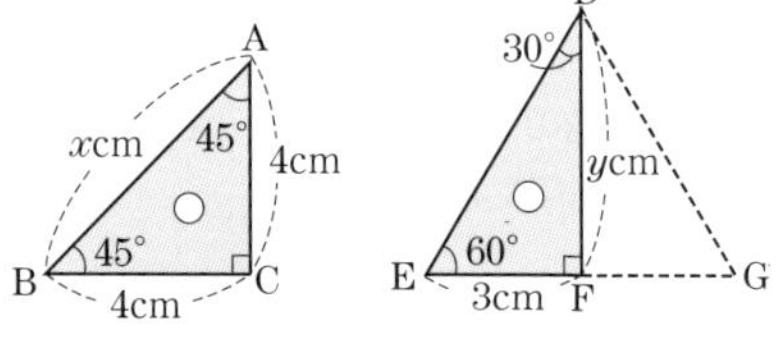

解説 △ ABC で，三平方の定理から，

$4^2 + 4^2 = x^2$

これを解いて，$x = 4\sqrt{2}$

△ DEF で，DF の反対側に合同な△ DGF を考えると，

△ DEG は正三角形になるので，DE = 6

三平方の定理から，$3^2 + y^2 = 6^2$

これを解いて，$y = 3\sqrt{3}$

答え　$x = 4\sqrt{2}$(cm)，$y = 3\sqrt{3}$(cm)

三平方の定理の平面図形への利用（対角線の長さ） ⇒P.440

三平方の定理を利用して，線分（せんぶん）の長さや面積などを求めます。

例　ボールが 2 個のとき，ぴったり入る箱の手前の面の対角線（たいかくせん）の長さを求めてみましょう。

解説　右の矢印の部分の長さを x とすると，

$$6^2 + 12^2 = x^2$$

$x > 0$ より，これを解いて，$x = 6\sqrt{5}$

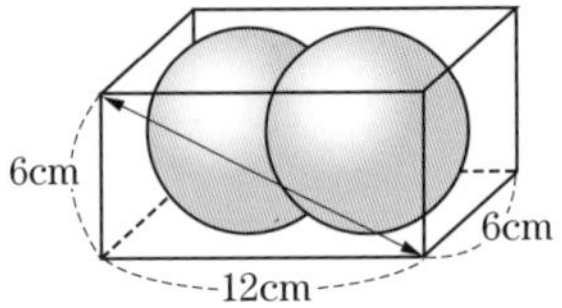

答え　$6\sqrt{5}$ cm

三平方の定理の空間図形への利用 ⇒P.448

三平方の定理を利用して，立体の対角線の長さなどを求めます。

例　ボールが 3 個のとき，ぴったり入る箱の底面の正三角形の 1 辺の長さを求めましょう。

解説　右の図のように，正三角柱を上から見たとき，BC の長さを求めればよいことになります。

△EBG は∠EBG = 30° の直角三角形だから，左のページの三角定規の辺の比の問題から

$$EG : BG : BE = 1 : \sqrt{3} : 2$$

EG = 3cm より

$$3 : BG = 1 : \sqrt{3}$$

よって，$BG = 3 \times \sqrt{3}$

これを解くと，$BG = 3\sqrt{3}$

$$BC = 2 \times BG + GH = 6\sqrt{3} + 6 \text{(cm)}$$

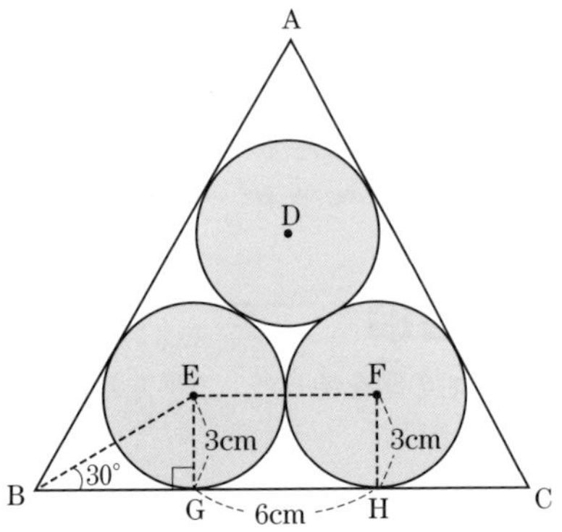

答え　$(6\sqrt{3} + 6)$cm

§ 1 三平方の定理

115 三平方の定理を証明する

直角をはさむ 2 辺の長さが a, b, 斜辺の長さが c の直角三角形 ABC には,

$$a^2 + b^2 = c^2$$

の関係がある。このことを，右の図のように△ ABC と合同な三角形を並べて，1 辺の長さが $a + b$ の正方形 CDEF をつくって証明せよ。

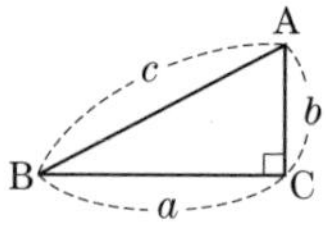

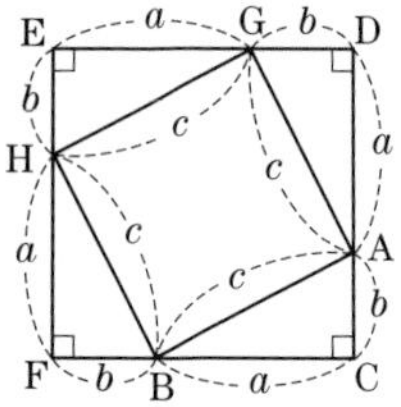

FOCUS 面積に着目して，等式をつくる。

証明

四角形 AGHB の 4 辺の長さは，すべて c である。

また，$\angle \mathrm{BAC} = x$, $\angle \mathrm{ABC} = y$ とおくと，$\angle \mathrm{GAD} = y$ となるので，$\angle \mathrm{BAG} = 180^\circ - (x + y) = 180^\circ - 90^\circ = 90^\circ$

したがって，四角形 AGHB は正方形である。

(正方形 CDEF の面積) $= (a + b)^2$

(正方形 AGHB の面積) + △ ABC × 4 $= c^2 + \frac{1}{2}ab \times 4$

(正方形 CDEF の面積) = (正方形 AGHB の面積) + △ ABC × 4

より，$(a + b)^2 = c^2 + \frac{1}{2}ab \times 4$　　$a^2 + 2ab + b^2 = c^2 + 2ab$

よって，$a^2 + b^2 = c^2$

もっとくわしく

(＊ 1)

三平方の定理を**ピタゴラスの定理**ということもある。

Return

直角三角形 ➡64
斜辺 ➡64

学習の POINT 三平方の定理　(＊ 1)

直角三角形の直角をはさむ 2 辺の長さを a, b, 斜辺の長さを c とすると，$a^2 + b^2 = c^2$ の関係が成り立つ。

確認問題

391 右の図を使って，三平方の定理を証明せよ。

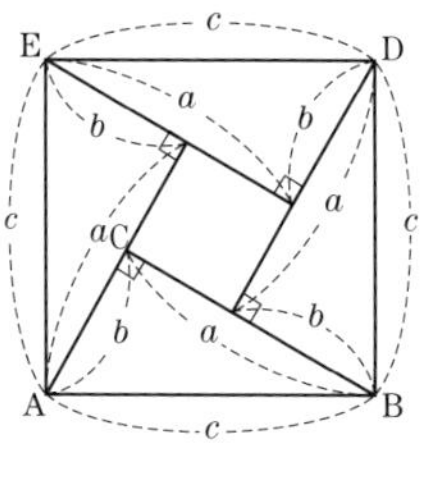

116　三平方の定理を利用して辺の長さを求める

次の x の値をそれぞれ求めよ。

(1)
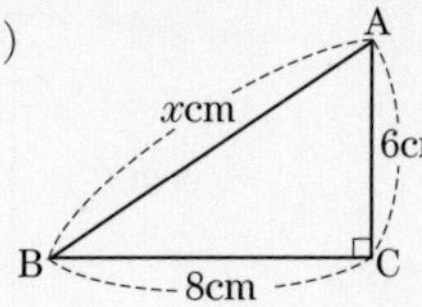

(2)
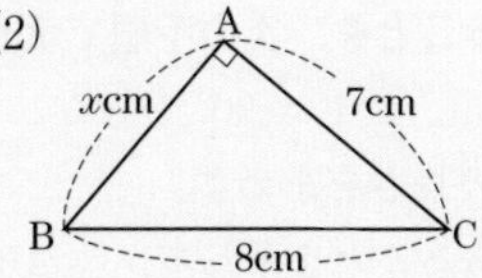

(3)
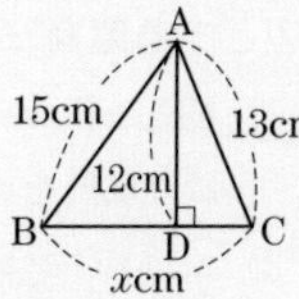

(4) ∠C = 90° の直角三角形 ABC で，AB = 7cm，AC = 5cm，BC = $x$cm

FOCUS　三平方の定理の利用を考える。

解き方

(1) AB が斜辺だから，$x^2 = 8^2 + 6^2 = 100$

$x > 0$ より，$x = 10$(cm)

(2) BC が斜辺だから，$8^2 = x^2 + 7^2$

$x^2 = 8^2 - 7^2 = 15$　$x > 0$ より，$x = \sqrt{15}$(cm)

(3) △ABD で，∠ADB = 90° より

$BD^2 = 15^2 - 12^2 = 81$　$x > 0$ より，BD = 9

△ADC で，∠ADC = 90° より

$DC^2 = 13^2 - 12^2 = 25$　$x > 0$ より，DC = 5

x = BD + DC = 9 + 5 = 14(cm)

(4) 図に表すと，右の図のようになり，AB が斜辺だから

$7^2 = 5^2 + x^2$

$x^2 = 7^2 - 5^2 = 24$

$x > 0$ より，$x = 2\sqrt{6}$(cm)（＊1）

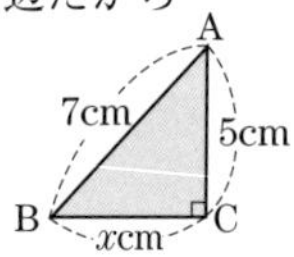

ここに注意

三平方の定理を使うときには，どの角が直角であるか，どの辺が斜辺であるかを確認する。

（＊1）
√の中は簡単にする。

Return

三平方の定理 ➡115

答え　(1) 10cm　(2) $\sqrt{15}$cm　(3) 14cm　(4) $2\sqrt{6}$cm

学習のPOINT　(斜辺)^2 = (直角をはさむ辺)^2 + (直角をはさむ辺)^2 を利用して等式をつくる。

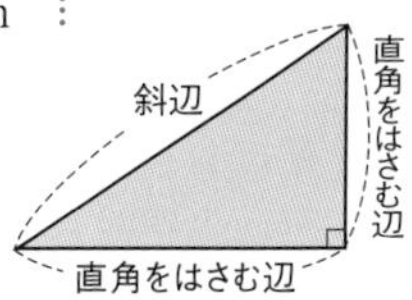

確認問題

392　次の x の値を求めよ。

(1)
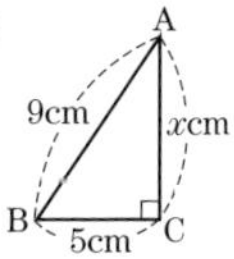

(2)
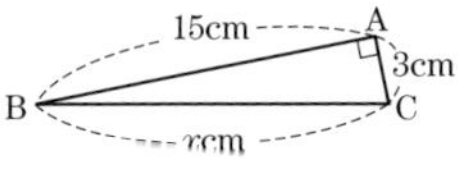

(3)
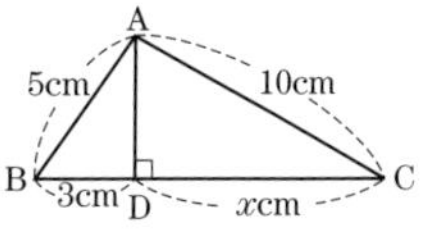

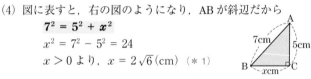

117 三平方の定理の逆を証明する

△ABC で，BC = 3cm，CA = 4cm，AB = 5cm ならば，△ABC は AB を斜辺とする直角三角形であることを，次の手順で示せ。

(1) EF = 3cm，FD = 4cm，∠F = 90° である △DEF をかき，DE の長さを求めよ。

(2) △ABC ≡ △DEF であることを示して，△ABC は AB を斜辺とする直角三角形であることを証明せよ。

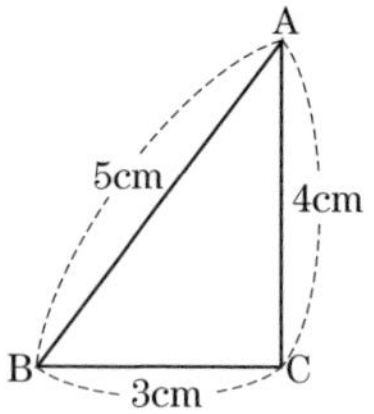

FOCUS **合同な直角三角形をつくって，合同であることを示す。**

解き方

(1) △DEF は右の図のようになる。（＊1）

△DEF は直角三角形だから，三平方の定理より

$DE^2 = EF^2 + FD^2 = 3^2 + 4^2 = 25$

DE ＞ 0 だから，DE = 5(cm)

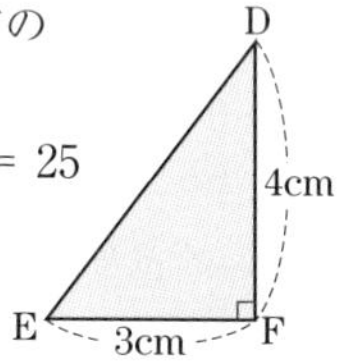

証明

(2) △ABC と △DEF において

BC = EF = 3cm，CA = FD = 4cm，

AB = DE = 5cm

3 組の辺がそれぞれ等しいので，△ABC ≡ △DEF

合同な三角形の対応する角はそれぞれ等しいから

∠C = ∠F = 90°

よって，△ABC は AB を斜辺とする直角三角形である。

答え　(1) 5cm

もっとくわしく

（＊1）

問題文から，△DEF は，DE を斜辺とする直角三角形であることがわかる。

Return

三角形の合同条件 ➡53
三平方の定理 ➡115
逆 ➡61

学習の POINT

三平方の定理の逆

三角形の 3 辺の長さ a，b，c の間に $a^2 + b^2 = c^2$ という関係が成り立てば，その三角形は長さ c の辺を斜辺とする直角三角形である。

確認問題

393 △ABC で，BC = a，CA = b，AB = c で，$c^2 = a^2 + b^2$ ならば，△ABC は AB を斜辺とする直角三角形であることを，上の例題の手順で示せ。

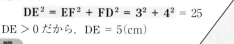

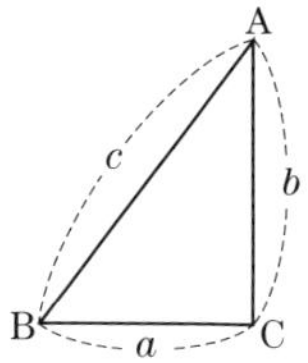

118　三角形の形を判断する

次の長さを3辺とする三角形は，鋭角(えいかく)三角形，直角三角形，鈍角(どんかく)三角形のうちどれか。

(1) 2cm，3cm，4cm

(2) 8cm，15cm，17cm

(3) 2cm，$\sqrt{6}$cm，3cm

FOCUS　(もっとも長い辺の2乗(じょう))と(残りの2辺の2乗の和) を比較する。

解き方

(1) $2^2+3^2=13$，$4^2=16$ より

$2^2+3^2<4^2$

だから，鈍角三角形。

(2) $8^2+15^2=289$，$17^2=289$ より

$8^2+15^2=17^2$

だから，直角三角形。

(3) $2^2+(\sqrt{6})^2=10$，$3^2=9$ より

$2^2+(\sqrt{6})^2>3^2$

だから，鋭角三角形。

答え　(1) 鈍角三角形　(2) 直角三角形　(3) 鋭角三角形

もっとくわしく

(＊1)
この関係を図で表すと，次のようになる。

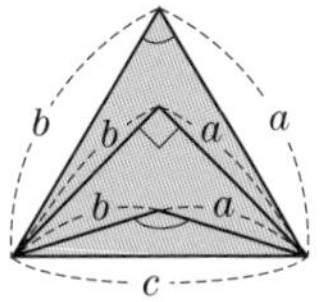

Return

三平方の定理の逆 ➡117

学習のPOINT

三角形の3辺の長さを a，b，c $(a<c,\ b<c)$ とすると　(＊1)

・$a^2+b^2>c^2$ ならば，鋭角三角形

・$a^2+b^2=c^2$ ならば，直角三角形（三平方(さんへいほう)の定理(ていり)の逆(ぎゃく)）

・$a^2+b^2<c^2$ ならば，鈍角三角形

確認問題

394 次の長さを3辺とする三角形は，鋭角三角形，直角三角形，鈍角三角形のうちどれか。

(1) 5cm，12cm，13cm

(2) 7cm，8cm，9cm

(3) $\sqrt{11}$cm，$\sqrt{13}$cm，5cm

§ 2 三平方の定理の平面図形への利用

119 図形の対角線(たいかくせん)の長さを求める

次の長方形の対角線の長さを求めよ。

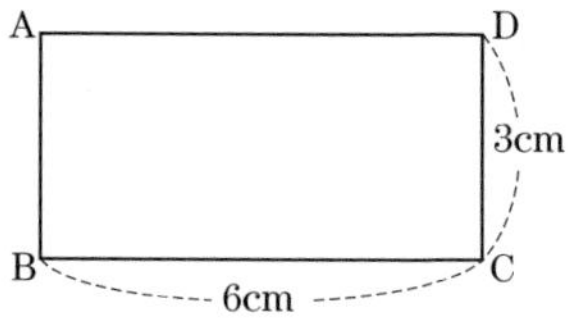

FOCUS **直角三角形を見つけて，三平方(さんへいほう)の定理(ていり)を用いる。**

解き方

△BCD は，∠C = 90° の直角三角形だから，
三平方の定理より
BD = $x$cm とすると，（＊1）

$$3^2 + 6^2 = x^2$$

$$x^2 = 45$$

$x > 0$ より，$x = 3\sqrt{5}$

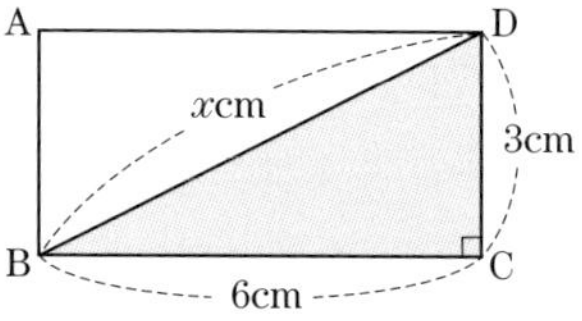

答え　$3\sqrt{5}$ cm

もっとくわしく

（＊1）
長方形の対角線は，**BD** のほかに，**AC** もあり，どちらも長さが等しい。

（＊2）
$BD^2 = a^2 + b^2$
$BD > 0$ より，
$BD = \sqrt{a^2 + b^2}$

Return

三平方の定理 ➡ 115
平方根の考えを用いた 2 次方程式 ➡方程式編 37

学習のPOINT　2 辺の長さが，a，b の長方形の対角線の長さは
$\sqrt{a^2 + b^2}$　（＊2）

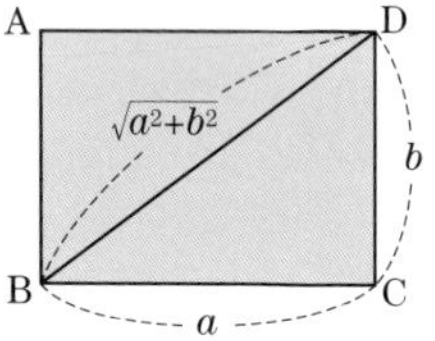

確認問題

395 次の図の対角線の長さを求めよ。

(1) 長方形

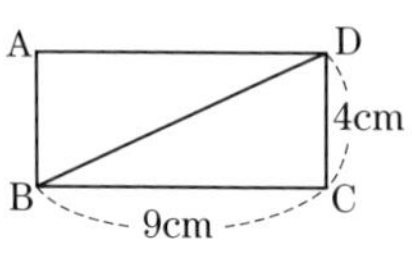

(2) 正方形

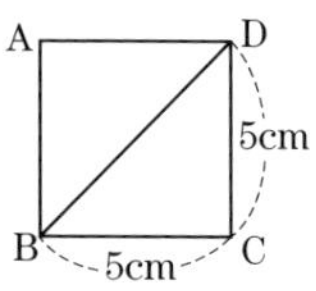

(3) 台形(等脚台形)

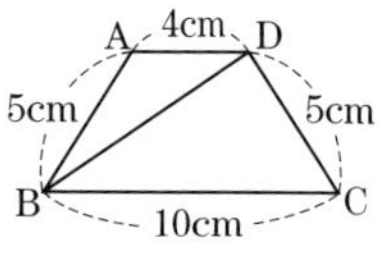

120　三角定規の辺の長さを求める

1組の三角定規は，右の図のように，辺 BC がぴったり重なるようにつくられている。
BD = 12cm のとき，残りの辺の長さをすべて求めよ。

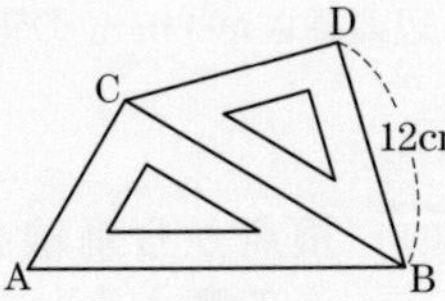

FOCUS　**特別な直角三角形の辺の比を利用する。**

解き方

・辺 CD の長さ　**CD = BD** = 12(cm)

・辺 BC の長さ　**BD ： BC = 1 ： $\sqrt{2}$** より，

$BC = \sqrt{2}BD = 12\sqrt{2}$(cm)　(＊1)

・辺 AC の長さ　**AC ： BC = 1 ： $\sqrt{3}$** より，

$AC = \dfrac{BC}{\sqrt{3}} = \dfrac{12\sqrt{2}}{\sqrt{3}} = \dfrac{12\sqrt{2}\times\sqrt{3}}{\sqrt{3}\times\sqrt{3}}$　(＊2)

$= 4\sqrt{6}$(cm)

・辺 AB の長さ　**AC ： AB = 1 ： 2** より，

$AB = 2AC = 8\sqrt{6}$(cm)

答え　CD = 12cm，$BC = 12\sqrt{2}$ cm，$AC = 4\sqrt{6}$ cm，$AB = 8\sqrt{6}$ cm

もっとくわしく

(＊1)
$a : b = c : d$
ならば，
$b \times c = a \times d$

(＊2)
分母に根号(こんごう)がない形に変形している。

Return

比例式を解く ➡式編 26
分母の有理化 ➡数編 36

学習のPOINT　特別な直角三角形の辺の比

①直角二等辺三角形

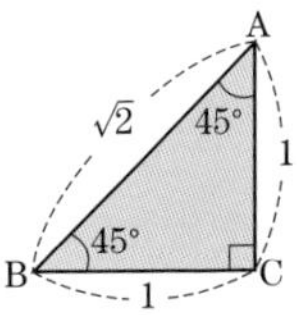

BC ： CA ： AB
= 1 ： 1 ： $\sqrt{2}$

② 30°，60°，90° の直角三角形

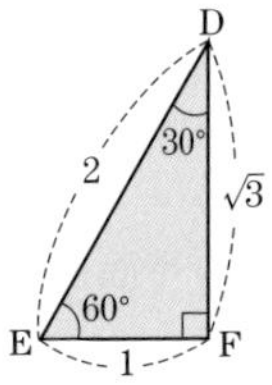

EF ： DE ： FD
= 1 ： 2 ： $\sqrt{3}$

確認問題

396　右の図のように，1組の三角定規を辺 BD がぴったり重なるように並べた。
CD = 16cm のとき，残りの辺の長さをすべて求めよ。

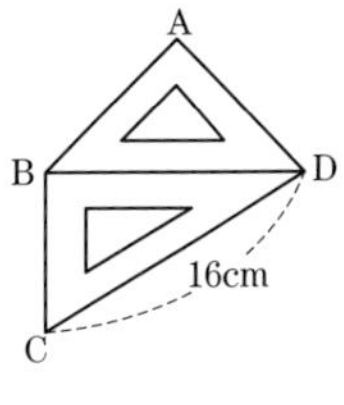

121 正三角形の高さと面積を求める

1 辺の長さが 10cm の正三角形の高さと面積を求めよ。

FOCUS **頂点から垂線(すいせん)をひいて直角三角形をつくって考える。**

解き方

頂点 A から辺 BC に垂線 AM をひく。

点 M は辺 BC の中点(ちゅうてん)だから

$BM = 5\text{cm}$

また，△ABM は直角三角形だから

$AM = h\text{cm}$ とすると

三平方(さんへいほう)の定理(ていり)から

$$h^2 + 5^2 = 10^2$$

$$h^2 = 75$$

$h > 0$ だから，$h = 5\sqrt{3}$ (cm)

したがって，$\triangle ABC = \dfrac{1}{2} \times 10 \times 5\sqrt{3} = 25\sqrt{3}$ (cm²)

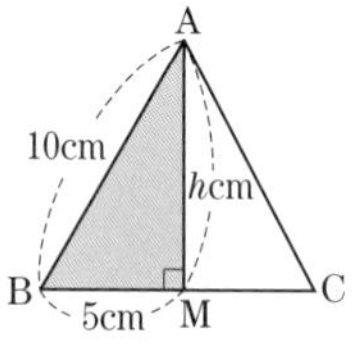

別解　AM の求め方

△ABM は，30°，60°，90° の直角三角形だから　(＊1)

$BM : AM = 1 : \sqrt{3}$ より

$AM = \sqrt{3}BM = 5\sqrt{3}$ (cm)

答え　高さ：$5\sqrt{3}$ cm　　面積：$25\sqrt{3}$ cm²

もっとくわしく

(＊1)

正三角形の 1 つの角は 60° だから，30°，60°，90° の直角三角形の辺の比を利用する。

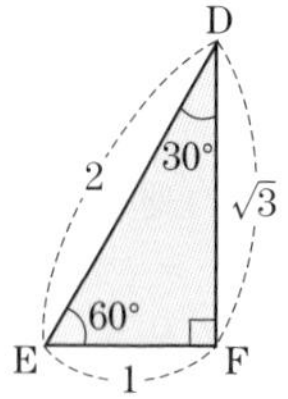

Return

正三角形 ➡62
垂線 ➡6
三平方の定理 ➡115
特別な直角三角形の辺の比 ➡120

学習のPOINT 正三角形の高さや面積を求めるためには，頂点から垂線をひいて，三平方の定理を用いる。

確認問題

397 次の長さを 1 辺とする正三角形の高さと面積を求めよ。

(1) 12cm　　(2) $a$cm

122 円の接線や弦の長さを求める

円Oの半径が4cmのとき，次の長さを求めよ。

(1) 線分APの長さ
APは接線，点Pは接点

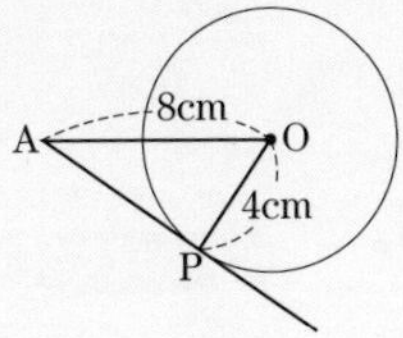

(2) 弦ABの長さ
弦ABは中心から2cmの距離

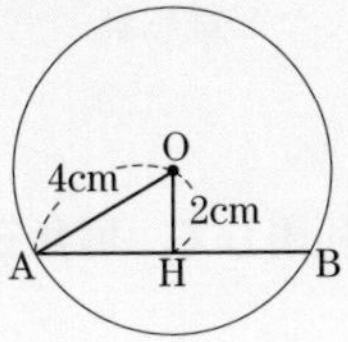

FOCUS **直角三角形をみつけて，三平方の定理を用いる。**

解き方

(1) △APOで，**∠APO = 90°**だから　(＊1)
AP = $x$cmとすると，三平方の定理から，
$\boldsymbol{x^2 + 4^2 = 8^2}$　$x^2 = 48$
$x > 0$だから，$x = 4\sqrt{3}$(cm)

(2) △AHOで，**∠AHO = 90°**だから
AH = $x$cmとすると，三平方の定理から
$\boldsymbol{x^2 + 2^2 = 4^2}$　$x^2 = 12$　$x > 0$だから
$x = 2\sqrt{3}$
点Hは線分ABの中点だから，AB = $2x = 4\sqrt{3}$(cm)
(＊2)

答え (1) $4\sqrt{3}$ cm　(2) $4\sqrt{3}$ cm

もっとくわしく

(＊1)
円の接点を通る半径とその接線は垂直である。
(＊2)
円の弦の垂直二等分線は円の中心を通る。

Return

接線・接点 ➡9
弦の垂直二等分線 ➡10
三平方の定理 ➡115

学習のPOINT 右のような直角三角形をみつけて，三平方の定理にあてはめる。

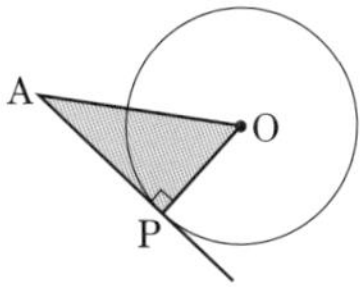

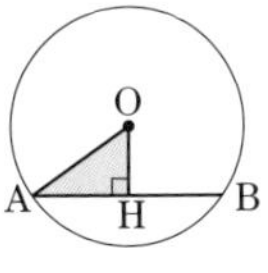

確認問題

398 円Oの半径が5cmのとき，次の長さを求めよ。

(1) 線分APの長さ
APは接線，点Pは接点

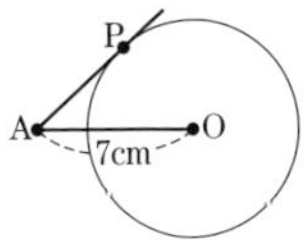

(2) 弦ABの長さ
弦ABは中心から3cmの距離

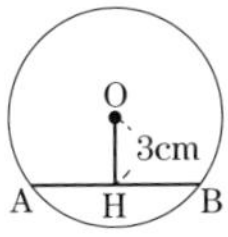

123 座標平面上の線分の長さを求める

座標平面上に，A(－2，2)，B(2，－1)，C(5，3) がある。

(1) 次の 2 点間の距離を求めよ。

① 2 点 A，B　② 2 点 B，C　③ 2 点 C，A

(2) △ABC は，どんな三角形か。

FOCUS **座標平面を利用して，直角三角形を考える。**

解き方

(1) ① 右の図のように，点 A を通って y 軸に平行な線と，点 B を通って x 軸に平行な線をひき，直角三角形 ABD をつくる。三平方の定理より，

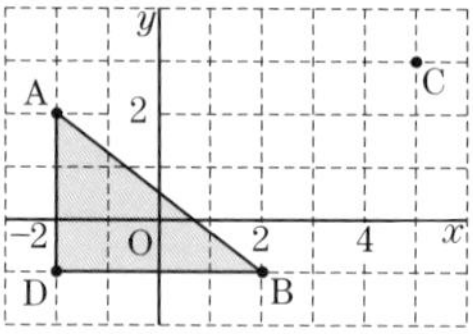

$$AB^2 = AD^2 + DB^2$$

AB＞0 より，$AB = \sqrt{3^2 + 4^2} = \sqrt{25} = 5$

② ①と同様に，$BC = \sqrt{3^2 + 4^2} = \sqrt{25} = 5$

③ ①と同様に，$CA = \sqrt{1^2 + 7^2} = \sqrt{50} = 5\sqrt{2}$

(2) (1)から

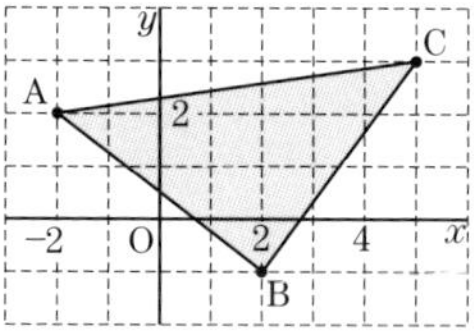

$CA^2 = 50$

$BC^2 + AB^2 = 50$

よって

$$CA^2 = BC^2 + AB^2$$ (＊1)

…∠B＝90°の直角三角形

また，AB＝BC…二等辺三角形

答え (1) ① 5　② 5　③ $5\sqrt{2}$

(2) ∠B＝90°の直角二等辺三角形

もっとくわしく

(＊1)

△ABC の形を判断するには，三平方の定理の逆が成り立つかどうかを調べる。

Return

三平方の定理 ➡115
三平方の定理の逆 ➡117

学習のPOINT 2 点 P(a，b)，Q(c，d)の間の距離は，$PQ = \sqrt{(c-a)^2 + (d-b)^2}$

確認問題

399 座標平面上に，P(4，－2)，Q(－2，－4)，R(－6，8)がある。

(1) 次の 2 点間の距離を求めよ。

① 2 点 P，Q　② 2 点 Q，R　③ 2 点 R，P

(2) △PQR は，どんな三角形か。

124　長さが平方根(へいほうこん)となる線分(せんぶん)を作図する

右の図は，AP = AB = 1 の直角二等辺三角形 ABP を基準として，直角三角形を順々に作図したものである。

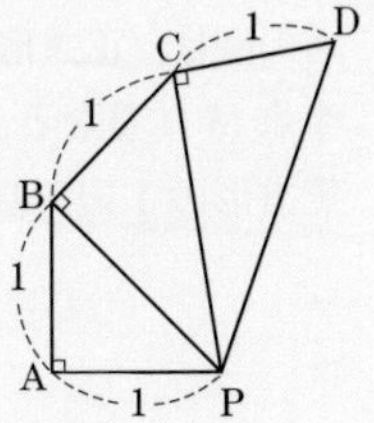

(1) 次の長さを求めよ。
　① PC　　② PD

(2) この図に続けて，$\sqrt{5}$を作図せよ。

FOCUS 三平方(さんへいほう)の定理(ていり)と垂線(すいせん)の作図を利用する。

解き方

(1) ①　△ABP で，**AB : BP = 1 : $\sqrt{2}$**　(＊1)
　だから，BP = $\sqrt{2}$ × AB = $\sqrt{2}$
　△BCP で，三平方の定理より
　　$PC^2 = BC^2 + BP^2$ $= 1^2 + (\sqrt{2})^2 = 3$
　PC ＞ 0 より，PC = $\sqrt{3}$

②　△CDP で，三平方の定理より，
　$PD^2 = CD^2 + CP^2$ $= 1^2 + (\sqrt{3})^2 = 4$
　PD ＞ 0 より，PD = 2

(2) 作図の手順
　①　点 D を通り，辺 PD に垂直な線をひく。
　②　①の直線上に点 D から 1 の長さの点 E をとる。
　③　点 P と点 E を結ぶ。

もっとくわしく
(＊1)
直角二等辺三角形の辺の比
1 : 1 : $\sqrt{2}$を利用する。

Return
特別な直角三角形の辺の比
➡120
垂線の作図 **➡6**

答え　(1) ①　$\sqrt{3}$　　②　2　　(2) 右図

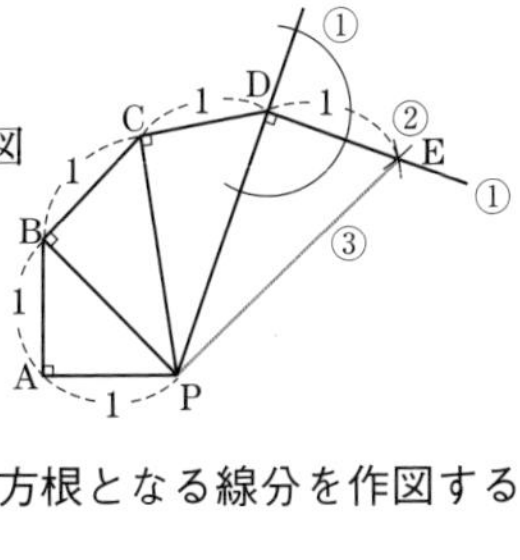

学習のPOINT　直角三角形を利用して，長さが平方根となる線分を作図することができる。

確認問題

400 右の図は，AB = BC = 1 の直角二等辺三角形 ABC を基準として，$\sqrt{2}$，$\sqrt{3}$，…を順々に作図したものである。この図に続けて，$\sqrt{5}$を作図せよ。

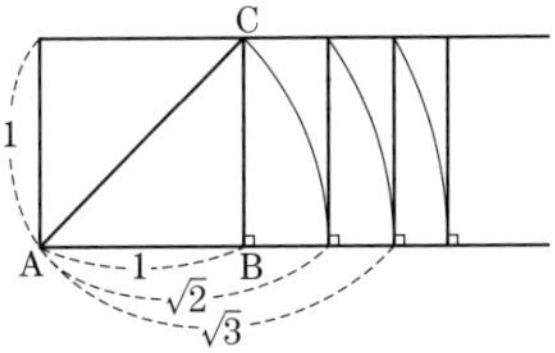

125 折り紙を折った図形の辺の長さを求める

右の図は，正方形 ABCD の折り紙を，頂点 D が辺 AB の中点 M に重なるように折ったものである。
正方形の 1 辺の長さが 8cm のとき，AP の長さを求めよ。

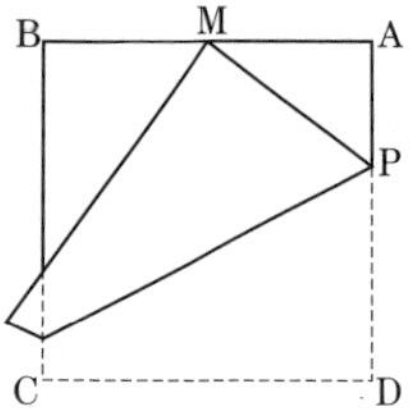

FOCUS 三平方の定理を用いて方程式をつくる。

解き方

AP = $x$cm とすると，**MP = (8 − x)cm** （＊ 1）

△ AMP は，∠ A = 90° の直角三角形だから，

三平方の定理より，

$$MP^2 = AP^2 + AM^2$$

$$(8-x)^2 = x^2 + 4^2$$

$$64 - 16x + x^2 = x^2 + 16$$

$$16x = 48$$

$$x = 3 \text{(cm)}$$

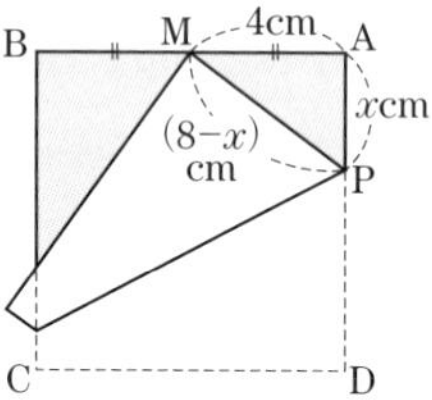

答え 3cm

もっとくわしく

（＊ 1）
折り紙を折っているから，**DP** と **MP** は長さが等しい。

Return
三平方の定理 ➡115

学習の POINT 求める線分の長さを x とし，残りの辺を x で表し，三平方の定理を用いて方程式をつくる。

確 認 問 題

401 右の図は，正方形 ABCD の折り紙を，頂点 D が辺 AB を 4 等分したうちの点 L に重なるように折ったものである。正方形の 1 辺の長さが 8cm のとき，AP の長さを求めよ。

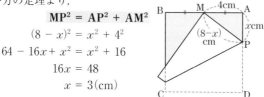

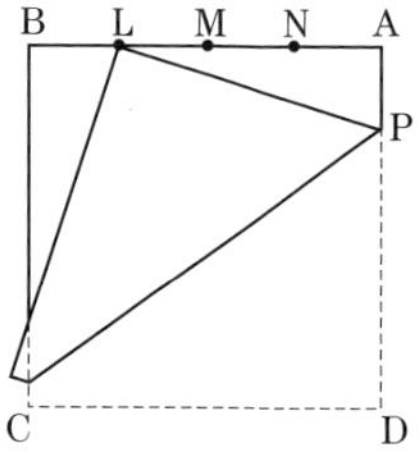

402 長さ 30cm の針金を途中 2 か所で折って直角三角形をつくると，斜辺の長さが 13cm になった。この三角形の残りの辺の長さを求めよ。

126　パップスの定理を証明する　発展

△ABC において，辺 BC の中点を M とすると，

$AB^2 + AC^2 = 2(BM^2 + AM^2)$

となることを証明せよ。

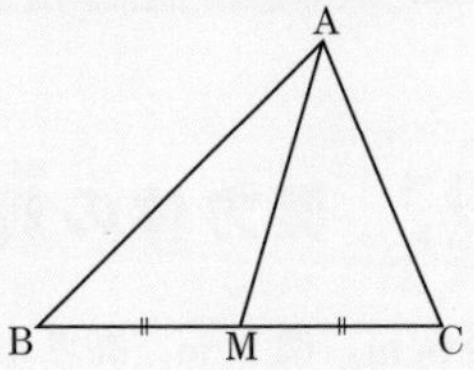

FOCUS　**点 A から辺 BC に垂線をひき，直角三角形をつくって三平方の定理を用い，等式をつくる。**

証明

右の図のように，点 A から BC に垂線 AH をひき，BM = CM = x，MH = y，AH = h とする。

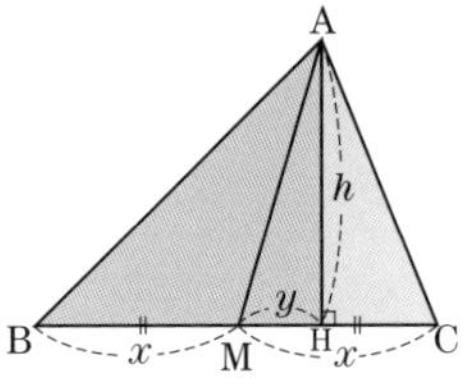

直角三角形 ABH で，三平方の定理より，$AB^2 = (x + y)^2 + h^2$ ……①

直角三角形 ACH で，三平方の定理より

$AC^2 = (x - y)^2 + h^2$ ………②

直角三角形 AMH で，三平方の定理より

$AM^2 = y^2 + h^2$ ……………③

①，②の辺々を加えると

$AB^2 + AC^2 = (x + y)^2 + (x - y)^2 + 2h^2$

$= 2x^2 + 2y^2 + 2h^2 = 2(x^2 + y^2 + h^2)$ …④

BM = x と③により，$2(BM^2 + AM^2) = 2(x^2 + y^2 + h^2)$ …⑤

④と⑤より，$AB^2 + AC^2 = 2(BM^2 + AM^2)$

もっとくわしく

等式 $A = B$ を証明するには，次のいずれかの方法を用いる。

1. A を変形して B を導く
2. B を変形して A を導く
3. A と B を変形して同じ式を導く
4. $A - B = 0$ を導く

ここでは，3の方法を用いている。

Return

中線 ➡76
三平方の定理 ➡115

学習のPOINT　パップスの定理（中線定理）

△ABC において，辺 BC の中点を M とすると

$AB^2 + AC^2 = 2(BM^2 + AM^2)$

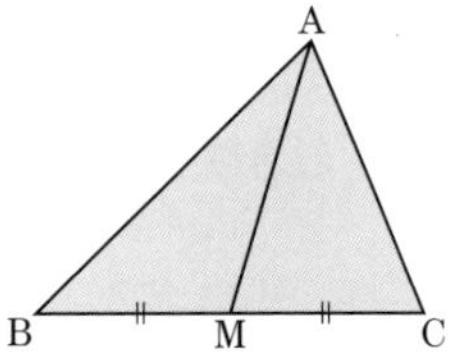

確認問題

403　右の図の△ABC で，BC の中点を M とするとき，AM の長さを求めよ。

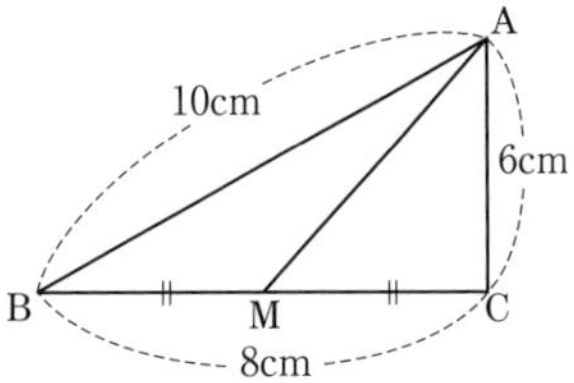

§3 三平方の定理の空間図形への利用

127 直方体の対角線の長さを求める

縦 6cm，横 5cm，高さ 4cm である直方体の対角線の長さを求めよ。

FOCUS **直方体の対角線を斜辺とする直角三角形をみつけて，三平方の定理を用いて辺の長さを求める。**

解き方

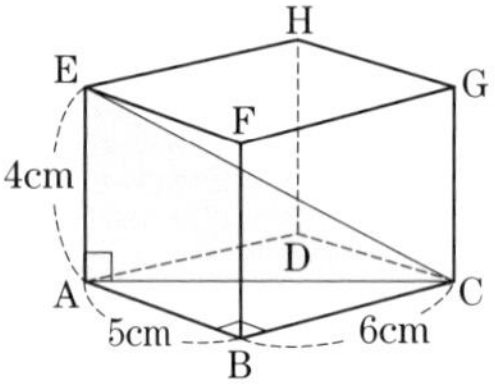

△ABC は，∠B = 90° の直角三角形だから，三平方の定理より

$AC^2 = AB^2 + BC^2$

$= 5^2 + 6^2$ ……①

△EAC は，∠EAC = 90° の直角三角形だから，三平方の定理より

$EC^2 = AC^2 + EA^2 = AC^2 + 4^2$ ……②

①，②より

$EC = \sqrt{5^2 + 6^2 + 4^2} = \sqrt{77}$(cm)

答え $\sqrt{77}$ cm

ここに注意

直方体の対角線は，EC のほかに，FD，GA，HB があり，すべて長さが等しい。

もっとくわしく

長方形の対角線の長さ

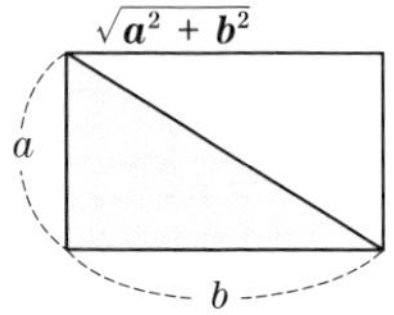

Return

三平方の定理 ➡115

学習のPOINT

3 辺の長さが a，b，c の直方体の対角線の長さは

$\sqrt{a^2 + b^2 + c^2}$

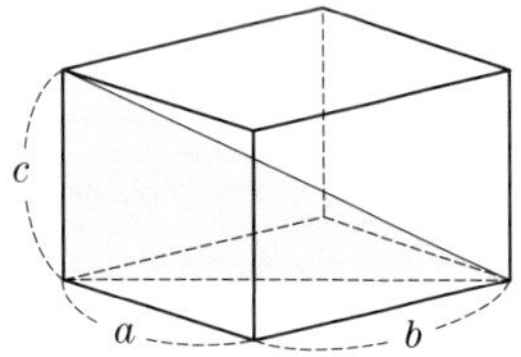

確認問題

404 次の対角線の長さを求めよ。

(1) 縦 3cm，横 4cm，高さ 5cm である直方体

(2) 1 辺が 10cm の立方体

128 立体の切り口の面積を求める

半径 10cm の球 O の中心から 5cm の距離(きょり)にある平面で切ったときにできる切り口の円の面積を求めよ。

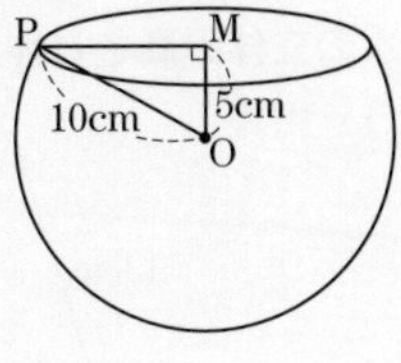

FOCUS 直角三角形をみつけて，切り口の円の半径の長さを求める。

解き方

△OMP で，∠OMP = 90° だから

三平方(さんへいほう)の定理(ていり)より，PM = r とすると

$\boldsymbol{r^2 = PO^2 - OM^2} = 10^2 - 5^2 = 75$ （＊1）

したがって

（切り口の円の面積）$= \pi r^2 = \pi \times 75 = 75\pi$ (cm^2)

答え 75π cm^2

もっとくわしく

（＊1）
△OMP で三平方の定理を用いると，
$OM^2 + r^2 = PO^2$
より，$r^2 = PO^2 - OM^2$

Return

切り口の図形 ➡37
三平方の定理 ➡115

学習のPOINT 半径 R の球の中心から h の距離の平面で切ったときにできる円の半径 r は

$r = \sqrt{R^2 - h^2}$

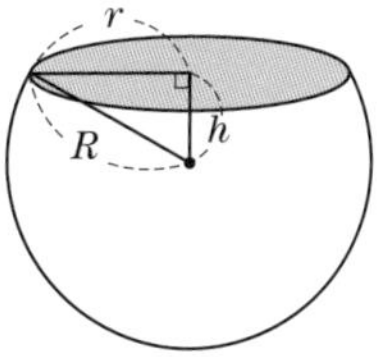

確認問題

405 半径 6cm の球 O の中心から 3cm の距離にある平面で切ったときにできる切り口の円の半径を求めよ。

406 1辺が 10cm の立方体(りっぽうたい) ABCD－EFGH で，3つの頂点 A，C，F を通る平面で切ったときにできる切り口の面積を求めよ。

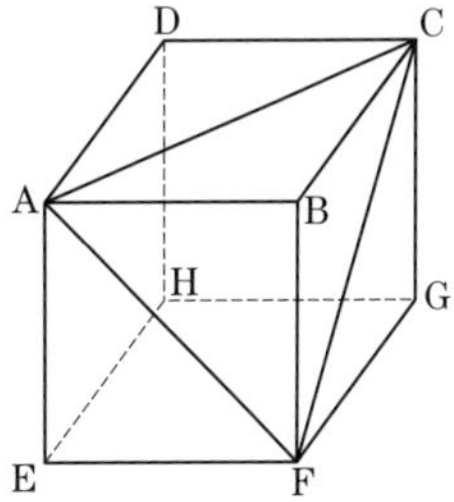

129 円錐や正四角錐の高さと体積を求める

次の立体の高さと体積をそれぞれ求めよ。

(1) 円錐

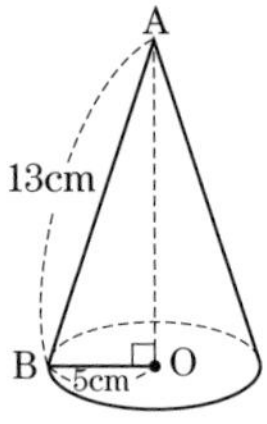

(2) 正四角錐

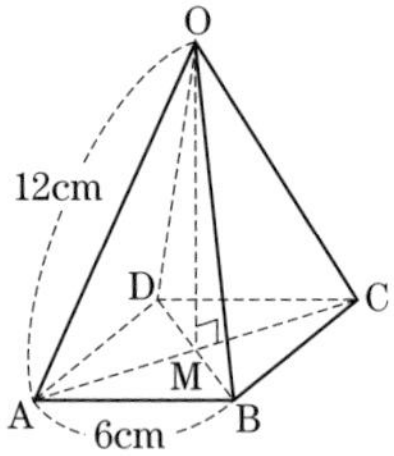

FOCUS 三平方の定理を用いて立体の高さを求める。

解き方

(1) △ABO で，∠AOB = 90° だから

三平方の定理より，$\mathbf{AO = \sqrt{13^2 - 5^2}} = \sqrt{144} = 12$(cm)

したがって

(円錐の体積) $= \dfrac{1}{3} \times \pi \times 5^2 \times 12 = 100\pi$ (cm^3)

(2) △ABC は直角二等辺三角形だから，（＊1）

$\mathbf{AB : AC = 1 : \sqrt{2}}$

よって，$AC = AB \times \sqrt{2} = 6\sqrt{2}$ (cm)

△OAM は，∠OMA = 90° の直角三角形だから，

$\mathbf{OM = \sqrt{OA^2 - AM^2}} = \sqrt{12^2 - \left(\dfrac{6\sqrt{2}}{2}\right)^2} = \sqrt{126} = 3\sqrt{14}$ (cm)

（＊2）

したがって，

(正四角錐の体積) $= \dfrac{1}{3} \times 6^2 \times 3\sqrt{14} = 36\sqrt{14}$ (cm^3)

答え (1) 高さ：12cm　体積：100π cm^3

(2) 高さ：$3\sqrt{14}$ cm　体積：$36\sqrt{14}$ cm^3

もっとくわしく

（＊1）
正四角錐の底面は正方形である。

（＊2）
正四角錐の頂点から底面に垂直にひいた線は，底面（正方形）の対角線の交点と交わるから，AM の長さは AC の長さの半分である。

Return

角錐・円錐の体積 ➡32
三平方の定理 ➡115
特別な直角三角形の辺の比 ➡120

学習のPOINT (角錐や円錐の体積) $= \dfrac{1}{3} \times$ (底面積) $\times$ (高さ)

確認問題

407 次の立体の高さと体積を求めよ。

(1) 円錐

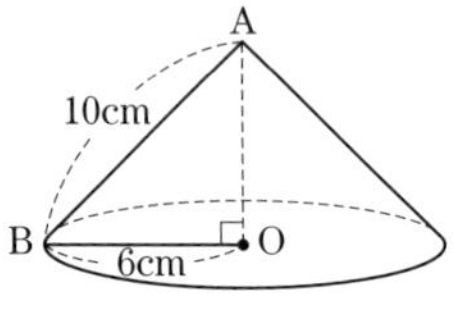

(2) 正四角錐

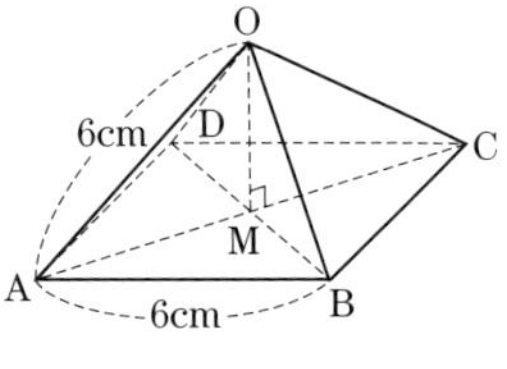

130　巻きつけた糸の長さを求める

右の図は直方体の面上に点 D から点 F まで糸を最短の長さになるように巻きつけたものである。このとき，糸が辺 AB を通る場合と辺 BC を通る場合とでは，どちらが短いか。

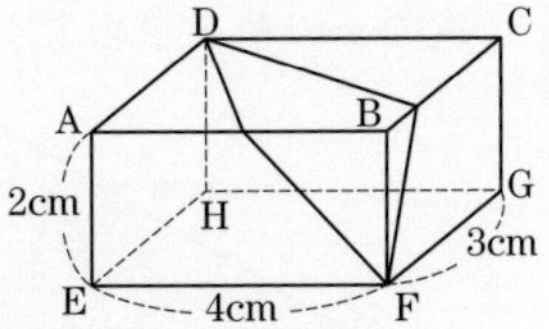

FOCUS　**必要な部分の展開図（てんかいず）をかいて三平方（さんへいほう）の定（てい）理（り）を用いる。**

解き方

・糸が辺 AB を通る場合

糸は，面 DABC と面 AEFB を通る。

三平方の定理より，

DF = $x$cm とすると　（＊１）

$$\boldsymbol{x^2 = (3+2)^2 + 4^2} = 41$$

$x > 0$ より，$x = \sqrt{41}$　……①

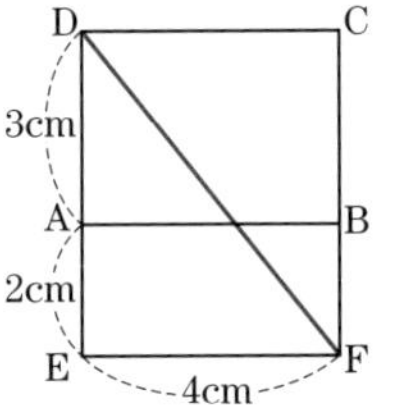

・糸が辺 BC を通る場合

糸は，面 ABCD と面 BFGC を通る。

三平方の定理より

DF = $y$cm とすると

$$\boldsymbol{y^2 = (4+2)^2 + 3^2} = 45$$

$y > 0$ より，$y = 3\sqrt{5}$　……②

①，②より，$\sqrt{41} < 3\sqrt{5}\ (\sqrt{45})$

だから，糸が辺 AB を通る方が短い。

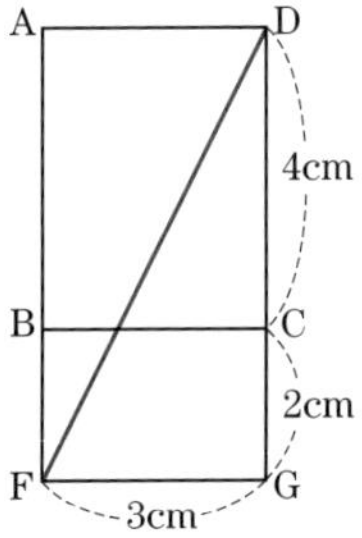

答え　糸が辺 AB を通る場合が短い。

ここに注意

糸が通る面の展開図の部分だけをかきだせばよい。

もっとくわしく

（＊１）

DF の長さを文字でおき，三平方の定理を用いて２次方程式をつくる。

Return

最短で１周するひもを展開図で表す ➡23

三平方の定理 ➡115

学習のPOINT　立体図形の面上に糸をピンとはって巻きつけたようすを展開図にすると，糸は直線（線分（せんぶん））になる。

確認問題

408　右の(1)，(2)の図のように，立体の面上に糸を最短の長さになるように巻きつけたとき，糸の長さをそれぞれ求めよ。

(1)

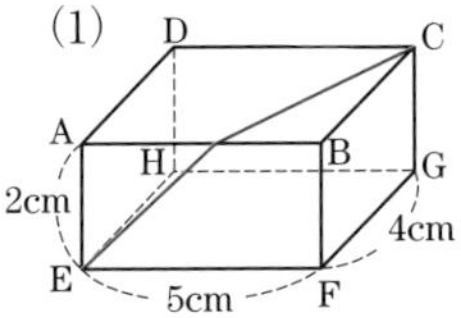

(2)

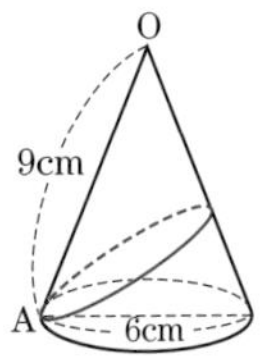

章末問題

解答 ➡p.90

151 次の x の値を求めよ。

(1)

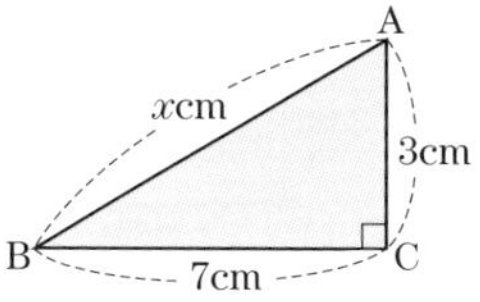

(2)

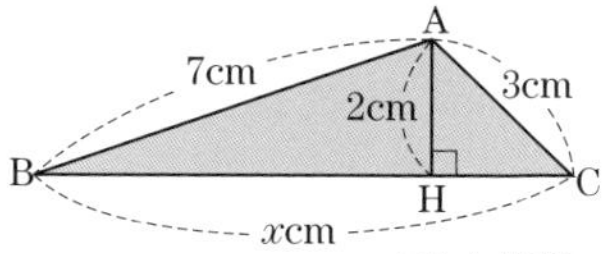

（神奈川県　改題）

152 次の長さを 3 辺とする三角形は，どんな三角形か。

(1) 7cm，24cm，25cm

(2) $5\sqrt{2}$cm，5cm，5cm

153 次の長さをそれぞれ求めよ。

(1) 縦が 5cm，横が 3cm の長方形の対角線の長さ

(2) 1 辺が 6cm の正方形の対角線の長さ

(3) 1 辺が 8cm の正三角形の高さ

(4) 2 点 A(5, −8)，B(−3, 7) の距離

(5) 縦が 3cm，横が 4cm，高さ 5cm の直方体の対角線の長さ

(6) 底面の半径が 3cm，母線の長さが 7cm の円錐の高さ

154 右の図のように，1 辺の長さが a の正方形と，1 辺の長さが b の正方形がある。この 2 つの正方形の面積の和 a^2+b^2 と等しい面積の正方形を作図せよ。　（埼玉県）

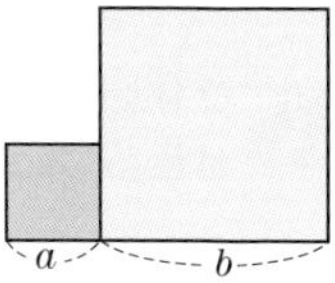

155 半径が 8cm の円 O に，中心との距離が 4cm である弦がある。このとき，弦の長さを求めよ。

156 半径 15cm の円 O と，半径 6cm の円 O′ があり，2 つの円の中心間の距離は 41cm である。

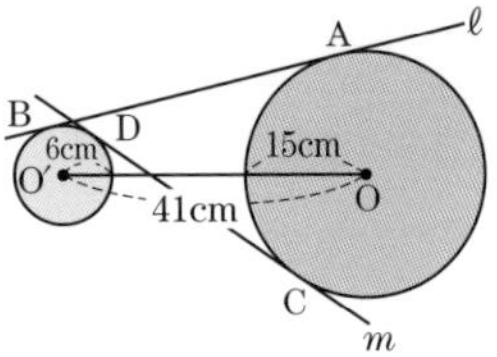

(1) 2 円 O，O′ とそれぞれ点 A，点 B で接する直線 ℓ（共通外接線という）がある。このとき，線分 AB の長さを求めよ。

(2) 2 円 O，O′ とそれぞれ点 C，点 D で接する直線 m（共通内接線という）がある。このとき，線分 CD の長さを求めよ。

157 右の図のように，AB = 6cm，BC = 8cm の長方形 ABCD を，頂点 C が頂点 A に重なるように折り，そのときの折り目を EF とする。このとき，BE の長さを求めよ。（栃木県）

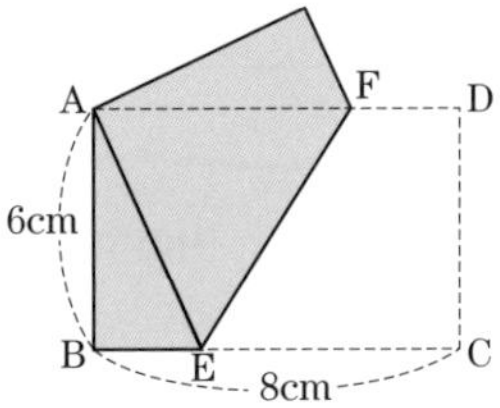

158 右の図の立方体で，対角線 AG の長さが 6cm のとき，立方体の体積を求めよ。（千葉県）

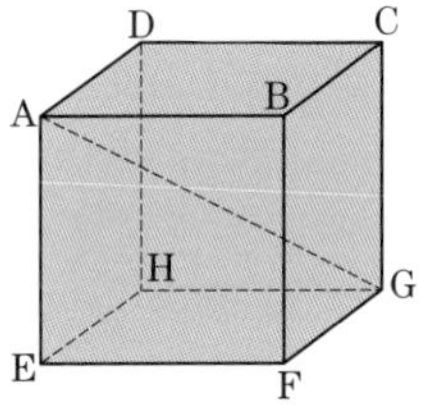

159 右の図のように，1 辺の長さが 3cm の立方体があり，辺 AB 上に AP ： PB = 2 ： 1 となる点 P をとり，また，辺 AD 上に AQ ： QD = 2 ： 1 となる点 Q をとる。さらに，直線 PQ と CB の延長との交点を R，直線 PQ と CD の延長との交点を S とし，3 点 R，G，S を結んで△ RGS をつくる。（茨城県）

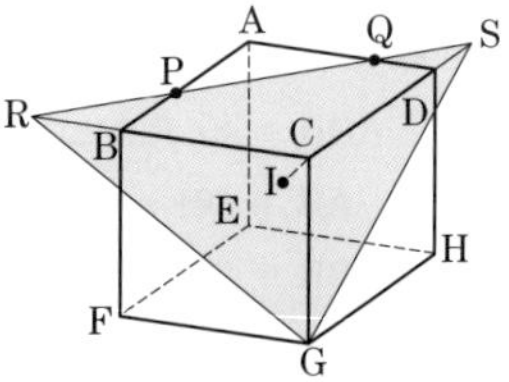

(1) 線分 RB の長さを求めよ。

(2) 頂点 C から△ RGS へひいた垂線と△ RGS との交点を I とする。このとき，CI の長さを求めよ。

160 右の直方体で，HNMC は，頂点 H から EF，AB の辺上を通り，頂点 C までひもをかけてぴんと張ったものである。このとき，ひもの長さを求めよ。

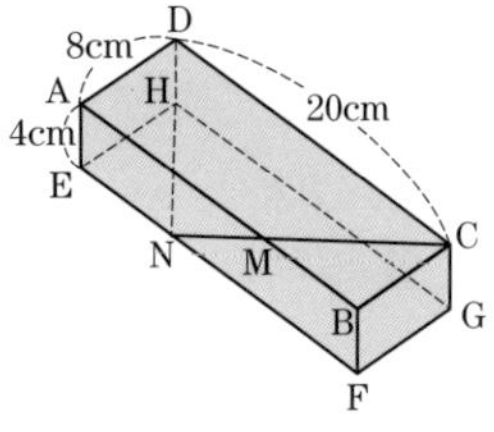

STEP UP ステップ アップ

円周率の計算

円周率は小学校からおなじみの数値ですが，どのように求めるのでしょうか。次の問題は大学入試に出題されましたが，中学生でも解くことができます。
考えてみましょう。

円周率が 3.05 より大きいことを証明せよ。　（東京大　前期　理系）

FOCUS　円の中心を八等分したときにできるおうぎ形の弦の長さと弧の長さを比べる。

解き方

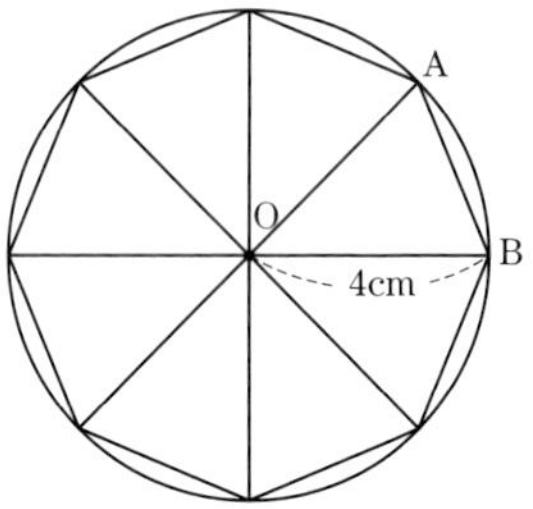

図のように，半径が 4cm の円の中心 O を八等分したときにできるおうぎ形 OAB を考える。
円周率を 3.05 とすると，弧 AB の長さは

$$弧\,AB = 3.05 \times 8 \times \frac{1}{8} = 3.05(\mathrm{cm})$$

したがって，弦 AB が，3.05 より長いことを示せば，弧 AB も 3.05 より長くなり，円周率は 3.05 よりも大きいことがいえる。

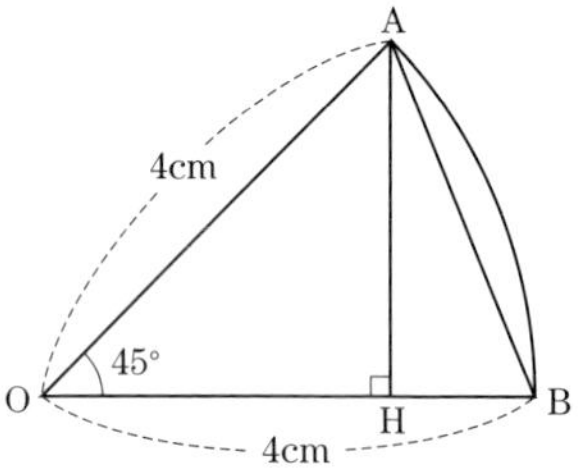

そこで，右の図のように，点 A から OB に垂線 AH を引く。
$\angle AOB = 45^\circ$ だから，$AH : AO = 1 : \sqrt{2}$ より，

$$AH = OH = 2\sqrt{2}$$
$$BH = OB - OH = 4 - 2\sqrt{2}$$

△AHB で，三平方の定理より，

$$\begin{aligned} AB^2 &= AH^2 + BH^2 \\ &= (2\sqrt{2})^2 + (4 - 2\sqrt{2})^2 \\ &= 32 - 16\sqrt{2} \end{aligned}$$

$\sqrt{2} = 1.41421\cdots$ だから，$\sqrt{2}$ を真の値より大きい 1.415 とすると，

$$AB^2 = 9.36 \quad \cdots\cdots\cdots\cdots ①$$

また，$3.05^2 = 9.3025$　……②

①，②より，$AB^2 > 3.05^2$　　よって，弦 AB が，3.05 より長いことがわかったので，弧 AB は 3.05 より長くなり，円周率は 3.05 よりも大きいことがいえる。

▼データの活用編

データの活用の世界 学習内容ダイジェスト

■病院の待ち時間

下の表は，ある病院での待ち時間を調査した結果です。診察券を出してから診療室に入るまでの時間を待ち時間として記入してもらい，会計のときに集めました。待ち時間を短くすませたいとき，この病院には午前に行くのと午後に行くのとではどちらがよいでしょうか。

午前	10分	15分	15分	10分	6分	39分	20分	25分	25分	30分
	40分	39分	40分	42分	46分	50分	20分	30分	30分	30分
	26分	35分	24分	33分	26分	35分	40分	36分	38分	18分
午後	12分	20分	26分	16分	18分	21分	10分	31分	11分	8分
	19分	20分	21分	22分	23分	25分	18分	16分	25分	

度数分布表とヒストグラム ･･････････････････････････ ➡P.458

度数分布表に整理し，傾向を読み取る方法を学びます。

例　度数分布表をもとに午前，午後の待ち時間をヒストグラムで表すと，右のようになります。

午前　午後

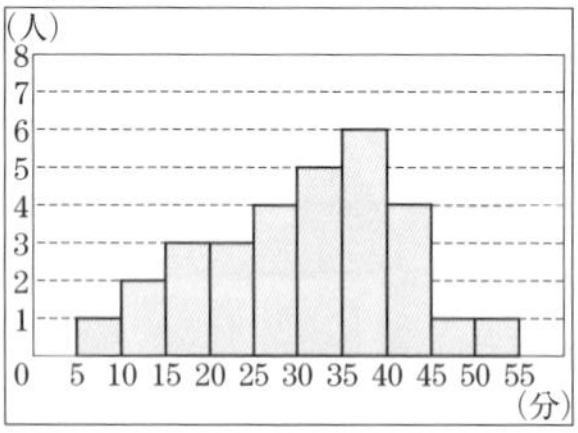

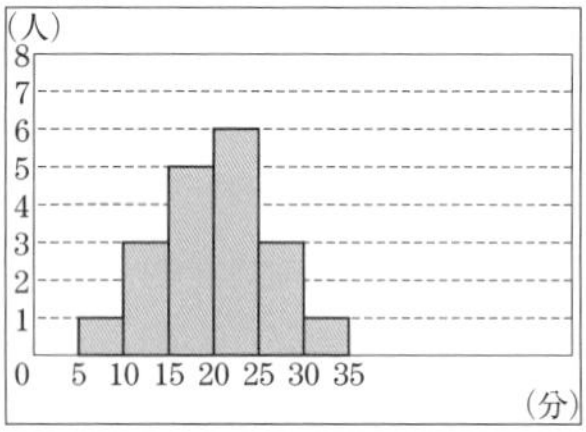

階級	午前	午後
以上　未満		
0 ～ 5	0	0
5 ～ 10	1	1
10 ～ 15	2	3
15 ～ 20	3	5
20 ～ 25	3	6
25 ～ 30	4	3
30 ～ 35	5	1
35 ～ 40	6	0
40 ～ 45	4	0
45 ～ 50	1	0
50 ～ 55	1	0
合計	30	19

代表値・範囲 ･････････････････････････････････････ ➡P.459

データの代表値（平均値，中央値，最頻値）や範囲について学びます。

例　午後の待ち時間の平均値，中央値，最頻値（度数分布表から），範囲を求めましょう。

解説　平均値は，すべての待ち時間の和を求め，データの総数で割ればよいので，

$(12 + 20 + 26 + 16 + 18 + 21 + 10 + 31 + 11 + 8 + 19 +$
$20 + 21 + 22 + 23 + 25 + 18 + 16 + 25) \div 19 = 19.0\cdots$

中央値は，すべてのデータを小さい順に並べたとき，中央の順位にくる値のことなので，10番目のデータである。

8 10 11 12 16 16 18 18 19 20 20 21 21 22 23 25 25 26 31

最頻値は，度数分布表で度数がもっとも多い階級の中央の値のことなので，度数分布表から，$(20 + 25) \div 2 = 22.5$

範囲は，データの最大の値から最小の値を引いた値なので，$31 - 8 = 23$

答え　平均値 19 分，中央値 20 分，最頻値 22.5 分，範囲 23 分

相対度数 ・・・ ➡P.463

データを相対度数分布表に表し，比較する方法について学びます。

例　午前，午後の待ち時間を相対度数分布表に
表すと，右の表のようになります。空欄に
入る値を求めましょう。また，どのような
傾向がわかるでしょうか。

階級(分)	午前		午後	
	度数(人)	相対度数	度数(人)	相対度数
以上　未満				
0 ～ 5	0	0.00	0	0.00
5 ～ 10	1	0.03	1	0.05
10 ～ 15	2	0.07	3	0.16
15 ～ 20	3	0.10	5	0.26
20 ～ 25	3	0.10	6	0.32
25 ～ 30	4	0.13	3	
30 ～ 35	5	0.17	1	0.05
35 ～ 40	6		0	0.00
40 ～ 45	4	0.13	0	0.00
45 ～ 50	1	0.03	0	0.00
50 ～ 55	1	0.03	0	0.00
合計	30	1.00	19	1.00

解説　午前　$6 \div 30 = 0.2$
午後　$3 \div 19 = 0.157\cdots$

答え　0.20，0.16

例えば，午後は待ち時間が 20 分以上 30 分未満の
割合は 48% である。

箱ひげ図 ・・ ➡P.468

複数のデータの分布を比較する方法について学びます。

例　午前，午後の待ち時間の分布を表す箱ひげ図を完成させましょう。

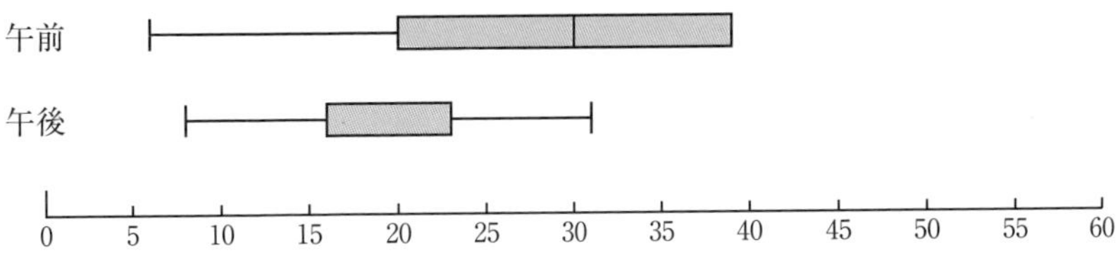

解説　P.456 のデータを用いて，箱ひげ図を完成させると次のようになります。
右端は最大の値，箱の中の線は中央値を示します。

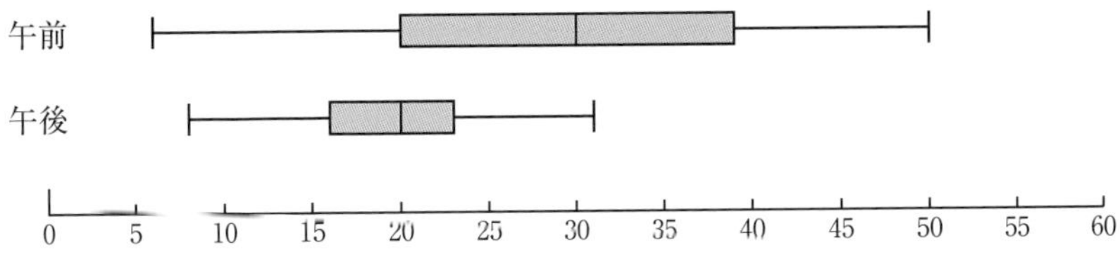

§1 ヒストグラム

1 度数分布表からヒストグラムをかく

右の表は，ある小説の１ページの１つ１つの文の文字数を数え，度数分布表にまとめたものである。このとき，次の問いに答えよ。

(1) ヒストグラムに表せ。

(2) 階級の幅を 20 にした度数分布表を作り，ヒストグラムに表せ。

階級(文字)	度数
以上　未満	
0 ～ 10	0
10 ～ 20	3
20 ～ 30	5
30 ～ 40	4
40 ～ 50	4
50 ～ 60	2
60 ～ 70	1
70 ～ 80	0
80 ～ 90	0
90 ～ 100	0
100 ～ 110	1
合計	20

FOCUS ヒストグラムのかき方や見方を考える。

解き方

(1) 文の文字数を表す縦軸の目盛りを間違えないようにして，かき込む。

(2) 右のように度数分布表を作りかえる。

階級(文字)	度数
以上　未満	
0 ～ 20	3
20 ～ 40	9
40 ～ 60	6
60 ～ 80	1
80 ～ 100	0
100 ～ 120	1
合計	20

答え

(1)

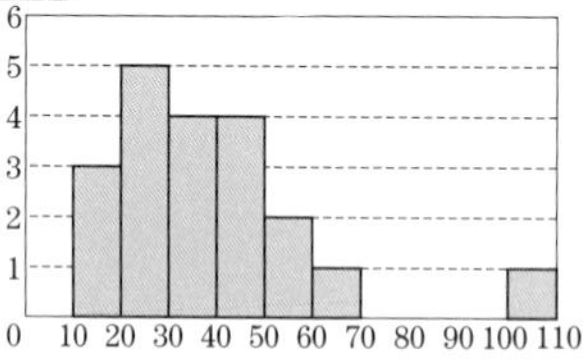

(2)

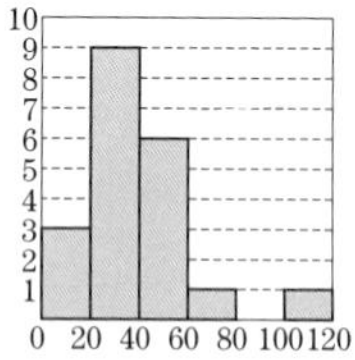

学習のPOINT ヒストグラムの１つの柱の左端の数は「以上」，右端の数は「未満」である。

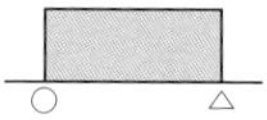

○は以上，△は未満

用語

階級
資料を整理するときに用いる区間。

階級値
各階級の中央の値。

度数
各階級にはいっている資料の個数。

度数分布表
データをいくつかの階級に分け，各階級に属する度数によって分類した表。

ヒストグラム
各階級の幅を底辺とし，その度数を高さとする柱状グラフで，度数の分布を表したもの。

確認問題

409 右の表は，ある中学校の１年生 34 人の 50m 走の記録である。度数分布表を完成させ，ヒストグラムに表せ。

階級(秒)	度数(人)
以上　未満	
6.5 ～ 7.0	1
7.0 ～ 7.5	3
7.5 ～ 8.0	5
8.0 ～ 8.5	4
8.5 ～ 9.0	□
9.0 ～ 9.5	7
9.5 ～ 10.0	3
10.0 ～ 10.5	2
合計	34

§2 代表値

2 代表値を求める

下の表は，ある中学校の 1 年生 21 人についての数学の中間テストと期末テストの結果である。このとき，次の問いに答えよ。

番号	中間	期末
1	40	82
2	48	20
3	45	80
4	48	75
5	65	95
6	54	15
7	31	80

番号	中間	期末
8	53	75
9	43	75
10	95	27
11	60	26
12	48	38
13	41	53
14	44	36

番号	中間	期末
15	50	30
16	57	89
17	58	26
18	35	30
19	45	35
20	35	30
21	55	33

(1) それぞれのテストの平均値を求めよ。
(2) それぞれのテストの中央値と範囲を求めよ。
(3) それぞれのテストの結果を右の度数分布表に表し，最頻値を求めよ。
(4) 期末テストの結果は，中間テストの結果と比べるとどのような特徴があるか。(1)~(3)をもとに答えよ。

階級(点)	中間 度数(人)	期末 度数(人)
以上　未満		
0 ~ 10		
10 ~ 20		
20 ~ 30		
30 ~ 40		
40 ~ 50		
50 ~ 60		
60 ~ 70		
70 ~ 80		
80 ~ 90		
90 ~ 100		
合計	21	21

FOCUS **代表値の求め方やその意味を知る。**

解き方

(1) 平均値は，それぞれのテストで，全員の得点の和を求め，合計人数でわる。

中間テスト

$(40 + 48 + 45 + 48 + 65 + 54 + 31 + 53 + 43 + 95 + 60$
$+ 48 + 41 + 44 + 50 + 57 + 58 + 35 + 45 + 35 + 55) \div 21 = 50$

期末テスト

$(82 + 20 + 80 + 75 + 95 + 15 + 80 + 75 + 75 + 27 + 26$
$+ 38 + 53 + 36 + 30 + 89 + 26 + 30 + 35 + 30 + 33) \div 21 = 50$

(2) 中央値は，それぞれのテストの点数を小さい順に並べたときの中央の順位にくる点数である。したがって，11 番目のデータである。

中間テスト

31　35　35　40　41　43　44　45　45　48　48
48　50　53　54　55　57　58　60　65　95

(次のページに続きます。)

用語

平均値
すべてのデータの合計を，データの総数でわった値。

中央値(メジアン)
すべてのデータを小さい順に並べたとき，中央の順位にくる値。ただし，データの個数が偶数の場合は，中央にある2つの値の平均値とする。

最頻値(モード)
データの中で最も多く出てくる値。度数分布表では，度数が最も多い階級の中央の値。平均値，中央値，最頻値などを代表値という。

範囲
データの最大の値から最小の値をひいた値。

期末テスト
15　20　26　26　27　30　30　30　33　35　36
38　53　75　75　75　80　80　82　89　95

範囲は，最大値から最小値をひく。
中間テスト　95 − 31 = 64
期末テスト　95 − 15 = 80

(3) 度数分布表は，下のようになる。

階級(点)	中間 度数(人)	期末 度数(人)
以上　未満		
0 ～ 10	0	0
10 ～ 20	0	1
20 ～ 30	0	4
30 ～ 40	3	7
40 ～ 50	9	0
50 ～ 60	6	1
60 ～ 70	2	0
70 ～ 80	0	3
80 ～ 90	0	4
90 ～ 100	1	1
合計	21	21

度数がもっとも多い階級は，それぞれ，40 ～ 50，30 ～ 40 である。最頻値はこの中央の値なので，
中間テスト　(40 + 50) ÷ 2 = 45
期末テスト　(30 + 40) ÷ 2 = 35

(4) 平均値は等しいが，期末テストの得点の方が範囲が広い。また，期末テストの方が，中央値，最頻値とも低い。

もっとくわしく

データの傾向をわかりやすくするために，ヒストグラムのそれぞれの柱の上の辺の中点を結ぶことがある。このような折れ線を，度数分布多角形または度数折れ線という。

中間テストの度数分布多角形

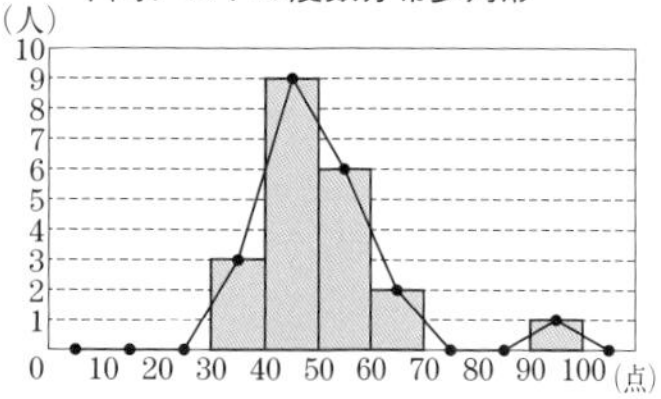

期末テストの度数分布多角形

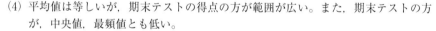

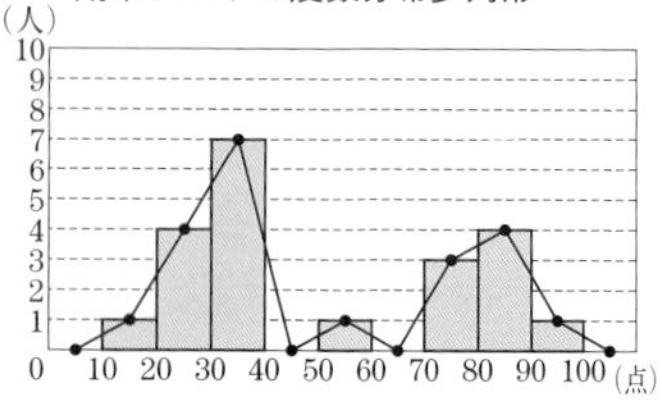

答え　(1) 中間テスト　50 点，期末テスト　50 点
(2) 中央値：中間テスト　48 点，期末テスト　36 点
範囲：中間テスト　64 点，期末テスト 80 点
(3) 中間テスト　45 点，期末テスト　35 点
(4)（例）平均値は等しいが，期末テストの方が中間テストに比べて得点差が大きい。また，中央値，最頻値がともに 30 点台であり，中間テストより得点の低い人が多い。逆に，得点の高い人も多い。

学習の POINT　代表値や範囲の求め方だけでなく，それぞれの値の意味とヒストグラムの特徴を対応させて理解する。

確認問題

410 次の値は，ある新聞の 2 つのコラムの 1 つ 1 つの文の文字数である。それぞれのコラムの文字数の平均値，中央値，範囲を求めよ。

コラム①	26	9	30	28	15	41	29	23	29	31	11	35	総文字数 607
	35	43	37	44	31	29	32	31	18				
コラム②	24	38	32	27	32	35	14	33	24	27	26	16	総文字数 653
	20	25	9	19	19	29	45	27	23	23	45	41	

§ 3　平均値を求める

3　度数分布表から平均値を求める

右の表は，ある中学校の生徒 20 人について，1 日の学校以外での学習時間を調べ，度数分布表にまとめたものである。このとき，次の問いに答えよ。

(1) x の値(あたい)を求めよ。　(2) 1 日の学習時間の平均を求めよ。

(3) 1 日の学習時間をヒストグラムに表せ。

階級(分)	度数(人)
以上　未満	
0～60	9
60～120	x
120～180	4
180～240	2
計	20

FOCUS　**度数分布表の意味や見方を考える。**

解き方

(1) $9+x+4+2=20$　　$x=5$

(2) 各階級の階級値を求めると右の表のようになる。これより，

$$\frac{30\times9+90\times5+150\times4+210\times2}{20}$$

$$=\frac{1740}{20}=87\ (*1)$$

階級値(分)	度数(人)
30	9
90	5
150	4
210	2
計	20

答え　(1) $x=5$
(2) 87 分
(3) 右の図

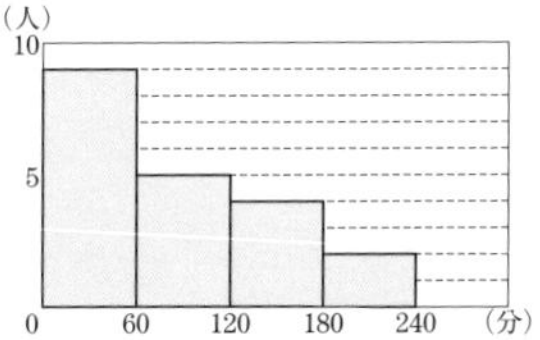

学習のPOINT　度数分布表から平均値を求めるには，まず，階級値とその度数との積の和を計算する。

用語

平均(値)
n 個の値からなるデータにおいて，n 個の値の総和を n でわったものをそのデータの平均(値)という。

(＊1)
この計算は，たとえば，0 分以上 60 分未満の 9 人の学習時間を 30 分と考えて行っているので，およその平均値である。

確認問題

411 右の図は，ある中学校の 3 年男子 20 人の実力テストの点数をヒストグラムに表したものである。これをもとに，次の問いに答えよ。

(1) 点数が50点以上の生徒の人数は，全体の何％か，求めよ。

(2) 20 人の点数の平均を求めよ。

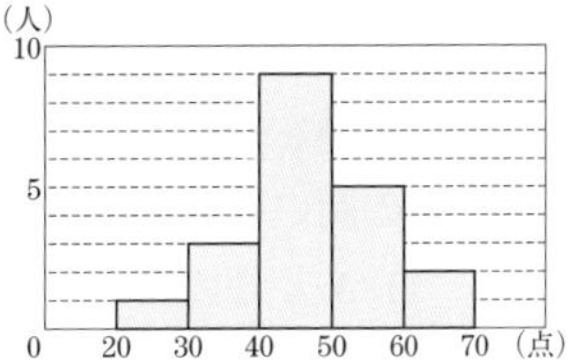

4　仮の平均を用いて平均値(へいきんち)を求める

右の表は，生徒 A ～ F のそれぞれの身長から 165.0cm をひいた値を示したものである。

生徒	A	B	C	D	E	F
値(cm)	+ 1.7	− 2.1	0	− 1.8	+ 10.2	− 5.0

次の問いに答えよ。

(1) もっとも背の高い生徒ともっとも背の低い生徒の身長の差を求めよ。

(2) 生徒 B の身長を求めよ。

(3) 6 人の生徒の身長の平均値を求めよ。答えは四捨五入によって小数第 1 位まで求めよ。

FOCUS　**仮の平均の意味を考える。**

解き方

(1) E がもっとも高く，F がもっとも低い。
　したがって，$\mathbf{10.2-(-5.0)}=15.2$

(2) $165.0+(-2.1)=162.9$

(3) $\dfrac{\mathbf{1.7+(-2.1)+0+(-1.8)+10.2+(-5.0)}}{\mathbf{6}}=\dfrac{3}{6}$
　$=0.5$
　これより，$165.0+0.5=165.5$（＊1）

答え　(1) 15.2cm　(2) 162.9cm
　(3) 165.5cm

もっとくわしく

データの個数が多い場合や階級(かいきゅう)値(ち)が大きい場合，仮の平均を利用し，次の手順で平均値を求める。

① 度数がもっとも多い階級の階級値を仮の平均として，各階級ごとに
(階級値) − (仮の平均)
を求める。

② ①に各階級の度数をかけ，それらをすべてたす。

③ ②を度数の合計でわり，過不足の平均を求める。それを仮の平均にたして平均値とする。

（＊1）
この問題では，165.0 を仮の平均としている。

学習のPOINT　仮の平均に過不足の平均をたして，平均値を求める。

確認問題

412 右の表は，生徒 A ～ F のそれぞれの体重から B の体重をひいた値を表したものである。

生徒	A	B	C	D	E	F
Bの体重をひいた値(kg)	+ 5	0	− 3	+ 11	− 9	+ 8

次の問いに答えよ。

(1) A と C の体重の差を求めよ。

(2) 6 人の体重の平均は 56kg であった。このとき，F の体重を求めよ。

§４ 数値を求める

5　相対度数の分布表から数値を求める

右の表は，あるクラスの男子生徒 20 人がハンドボール投げを行ったときの記録を相対度数の分布表にまとめたものである。次の問いに答えよ。

(1) x，y の値を求めよ。

(2) 長い方から８番目の記録をもつ生徒が属している階級の階級値を求めよ。

階級(m)	度数(人)	相対度数
以上　未満		
14 ～ 18	2	x
18 ～ 22	□	0.15
22 ～ 26	5	0.25
26 ～ 30	5	0.25
30 ～ 34	y	0.20
34 ～ 38	1	□
計	20	1

FOCUS　相対度数の意味を考える。

解き方

(1) $x=\dfrac{(\text{その階級の度数})}{(\text{度数の合計})}=\dfrac{2}{20}=0.10$　　$y=20\times0.20=4$

(2) 表は右の図のようになる。
長い方から８番目の記録をもつ生徒は 26m 以上 30m 未満の階級に属している。
よって，求める階級値は
$\dfrac{26+30}{2}=28$(m)

階級(m)	度数(人)	相対度数
以上　未満		
14 ～ 18	2	0.10
18 ～ 22	3	0.15
22 ～ 26	5	0.25
26 ～ 30	5	0.25
30 ～ 34	4	0.20
34 ～ 38	1	0.05
計	20	1

答え　(1) $x=0.10$，$y=4$　　(2) 28m

用語

相対度数
$\dfrac{(\text{その階級の度数})}{(\text{度数の合計})}$ を，その階級の相対度数という。相対度数の和は **1** である。

Return
階級, 階級値, 度数
➡1

学習のPOINT　相対度数は，その階級の度数を度数の合計でわって求める。

確認問題

413 右の表は，あるクラスの生徒 40 人の朝の通学にかかる時間を調べ，相対度数を示したものである。次の問いに答えよ。

(1) 表中のア，イにあてはまる数を求めよ。

(2) 通学に 40 分以上かかる生徒の人数を求めよ。

階級(分)	度数(人)	相対度数
以上　未満		
0 ～ 10	□	0.15
10 ～ 20	□	0.30
20 ～ 30	8	0.20
30 ～ 40	6	ア
40 ～ 50	□	0.10
50 ～ 60	□	0.05
60 ～ 70	□	0.05
計	40	イ

6 累積度数・累積相対度数を求める

右の表は，あるクラスの女子 20 人の立ち幅とびの記録を度数分布表にまとめたものである。
160cm 以上 180cm 未満の階級までの次のものを求めよ。

階級（cm）	度数（人）	相対度数	累積度数（人）	累積相対度数
以上　未満				
120 ～ 140	2	0.10	2	0.10
140 ～ 160	4	0.20	6	0.30
160 ～ 180	5	0.25	□	□
180 ～ 200	6	0.30	□	□
200 ～ 220	3	0.15	20	1.00
合計	20	1.00		

(1) 累積度数　　(2) 累積相対度数

FOCUS　**累積度数や累積相対度数の求め方を知る。**

解き方

(1) 最小の階級から 160cm 以上 180cm 未満の階級までの度数の総和を求める。

2 + 4 + 5 = 11（人）

(2)（方法 1）累積度数を度数の合計でわって求める。

160cm 以上 180cm 未満の階級までの累積度数 11 を度数の合計 20 でわる。

$\frac{11}{20} = 0.55$

（方法 2）相対度数の和から求める。

最小の階級から 160cm 以上 180cm 未満の階級までの相対度数の総和を求める。

0.10 + 0.20 + 0.25 = 0.55

答え　(1) 11 人　　(2) 0.55

用語

累積度数
最小の階級からある階級までの度数の総和の値。

累積相対度数
最小の階級からある階級までの相対度数の総和の値。

もっとくわしく

累積相対度数は，ある階級以下の全体に対する割合を表す値である。全体の中での位置を把握する際に有効である。

学習のPOINT　累積度数や累積相対度数は，それぞれ最小の階級から各階級までの度数や相対度数の合計を求める。

確認問題

414 上の例題の度数分布表において，180cm 以上 200cm 未満の階級までの次のものを求めよ。

(1) 累積度数　　　(2) 累積相対度数

7 相関表から数値を求める 発展

右の表は，ある学級の生徒がそれぞれ3点満点のゲームA，Bを行った結果を相関表にまとめたものである。このとき，次の問いに答えよ。

(1) x の値を求めよ。

(2) ゲームBの平均点を求めよ。

(3) ゲームAとゲームBの得点が等しい生徒は何人か。

(4) ゲームAとゲームBの平均点が2点以上の生徒は何人か。

A＼B	0点	1点	2点	3点	計
0点	1	1			2
1点	1	2	3	1	7
2点		1	3	2	6
3点			2	3	5
計	2	4	8	6	x

FOCUS 相関表の意味や見方を考える。

解き方

(1) 表の下の横の合計を求めると，$2+4+8+6=20$

(2) ゲームBの度数分布は，表の下の横の欄でわかる。

$$\frac{0\times2+1\times4+2\times8+3\times6}{20}=\frac{38}{20}=1.9$$

(3) 表の左上から右下へ斜めの値を合計する。

$1+2+3+3=9$

(4) ゲームA，Bの合計が4点以上であればよいから，

(A，B)＝(1，3)，(2，2)，(2，3)，(3，1)，(3，2)，(3，3)

となる。したがって，$1+3+2+0+2+3=11$

答え (1) $x=20$　(2) 1.9点　(3) 9人　(4) 11人

用語

相関表

2種類の値からなる資料について，それぞれをいくつかの階級に分け，2種類の値の関係を表にまとめたもの。

学習のPOINT 相関表のどの部分を使えばよいのかを考えて，数値を求める。

確認問題

415 右の表は，ある学級の生徒20人に対して，数学と英語の試験をそれぞれ5点満点で行った結果の相関表である。数学の平均点が3.2点，英語の平均点が3.4点であるとき，x，y に入る数値を求めよ。

英語＼数学	1点	2点	3点	4点	5点
1点	1	0	0	0	0
2点	1	1	0	0	0
3点	0	x	2	2	1
4点	0	0	y	3	1
5点	0	0	1	0	1

§5 データのちらばりと箱ひげ図

8 ことがらの起こりやすさを調べる

次の表は，ペットボトルキャップを投げたとき，表向きになる回数を調べた結果である。

投げた回数（回）	10	50	100	200	300	500	1000
表向きになった回数（回）	1	11	23	41	63	104	206
表向きになった相対度数	0.1	0.22	0.23	0.205	0.21	0.208	ア

このとき，次の問いに答えよ。

(1) 表のアにあてはまる数を求めよ。

(2) このペットボトルキャップを投げたときの表が出る確率を小数第 2 位まで求めよ。

FOCUS **相対度数(そうたいどすう)を確率とみなして用いる。**

解き方

(1) 表向きになった相対度数$=\dfrac{\text{表向きになった回数}}{\text{投げた回数}}$ だから，

$\dfrac{206}{1000}=0.206$

(2) 表から，表向きになった相対度数は，投げる回数が多くなるにつれて，およそ 0.21 に近づくことがわかる。

答え (1) 0.206　(2) 0.21

用語

統計的確率

多数の観察や多数回の試行によって得られる確率。

もっとくわしく

確率は，試行回数が少ないと不安定であり，多くなるにつれて安定して，信頼性が高まる。

学習のPOINT ある事柄の起こる相対度数は，多数回の試行を行うにつれて，一定の値に近づく。この一定の値を，確率とみなす。

確認問題

416 次の表は，1 つのさいころを投げるときの 3 の目の出やすさを調べた結果である。3 の目の出る確率を小数第 2 位まで求めよ。

投げた回数（回）	100	200	400	500	1000
3 の目が出た回数（回）	18	32	67	83	167
3 の目が出る相対度数					

9　四分位範囲を求める　中 2

（四分位範囲：しぶんいはんい）

次のデータは，A 班 9 人と B 班 10 人が，3 か月間に読んだ本の冊数を調べたものである。

A 班	0	1	3	3	4	5	6	7	9	
B 班	0	0	1	4	5	7	8	10	12	15

（冊）

次の問いに答えよ。

(1)　A 班の第 1 四分位数，第 2 四分位数（中央値），第 3 四分位数，四分位範囲を求めよ。

(2)　B 班の第 1 四分位数，第 2 四分位数（中央値），第 3 四分位数，四分位範囲を求めよ。

FOCUS　**四分位数の求め方やその意味を知る。**

解き方

(1)

第 2 四分位数 ↓ 4

0　1　3　3　4　5　6　7　9

第 1 四分位数（1 と 3 の間）　第 3 四分位数（6 と 7 の間）

$\frac{1+3}{2}=2$（冊）　$\frac{6+7}{2}=6.5$（冊）

四分位範囲　$6.5-2=4.5$（冊）

(2)

第 2 四分位数　$\frac{5+7}{2}=6$（冊）

0　0　1　4　5　7　8　10　12　15

第 1 四分位数 ↑ 1　第 3 四分位数 ↑ 10

四分位範囲　$10-1=9$（冊）

答え　(1)　第 1 四分位数　2 冊，第 2 四分位数　4 冊，
第 3 四分位数　6.5 冊，四分位範囲　4.5 冊
(2)　第 1 四分位数　1 冊，第 2 四分位数　6 冊，
第 3 四分位数　10 冊，四分位範囲　9 冊

用語

四分位数
全てのデータを小さい順に並べ，四等分したときの 3 つの区切りの値。

第 1 四分位数…値の小さい方の半分の中央値。

第 3 四分位数…値の大きい方の半分の中央値。
第 2 四分位数は中央値のことである。

四分位範囲
第 3 四分位数から第 1 四分位数をひいた値。

学習の POINT　全てのデータを小さい順に並べて，データの値の個数を四等分する。

確認問題

417　次のデータの，第 1 四分位数，第 2 四分位数，第 3 四分位数，四分位範囲を求めよ。

21　23　24　26　28　30　31　32　34　36　39

10 箱ひげ図をかく 中 2

右の表は，あるクラスの小テストの結果から最小値，最大値，四分位数を求めて，整理したものである。
この値をもとに，箱ひげ図に表せ。

（点）

最小値	5
第１四分位数	9
中央値	12
第３四分位数	17
最大値	20

FOCUS **箱ひげ図のかき方や見方を知る。**

解き方

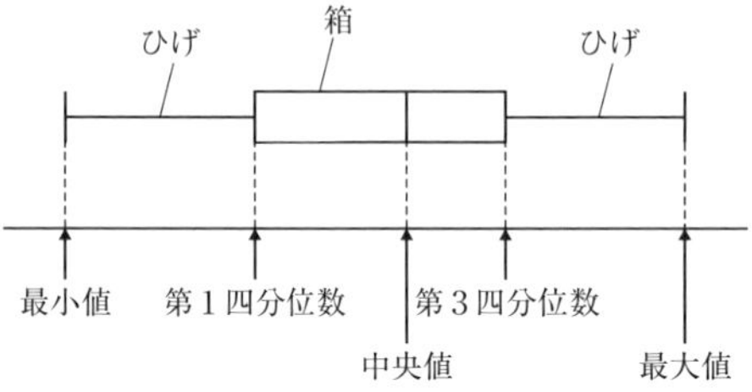

答え

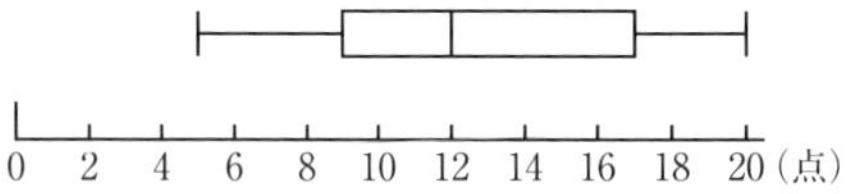

用語

箱ひげ図
データの分布のようすを，長方形の箱とひげを用いて１つの図に表したもの。
箱の区間には，中央値の前後の約25％ずつ合わせて50％の値がふくまれる。

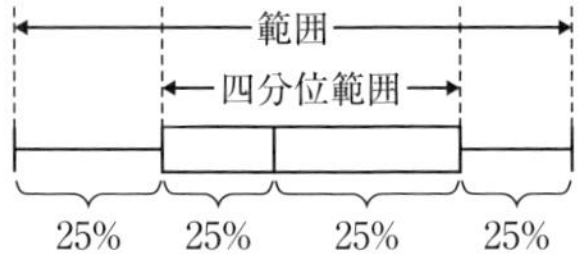

もっとくわしく

四分位範囲が大きいほど，データの散らばりが大きい。

学習の POINT 箱ひげ図では，ひげをふくめた全体の長さが範囲を，箱の長さが四分位範囲を表す。

確認問題

418 右のデータを箱ひげ図に表せ。

（回）

最小値	0
第１四分位数	4
中央値	10
第３四分位数	15
最大値	18

11　ヒストグラムから箱ひげ図を考える　中 2

右のヒストグラムは，あるクラスの 21 人が 1 ヶ月間に読んだ本の冊数を表したものである。同じ結果を箱ひげ図に表すと，下の①～③のどれになるかを答えよ。

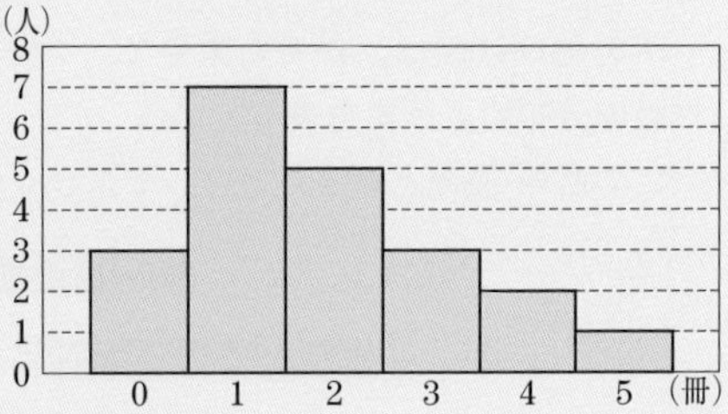

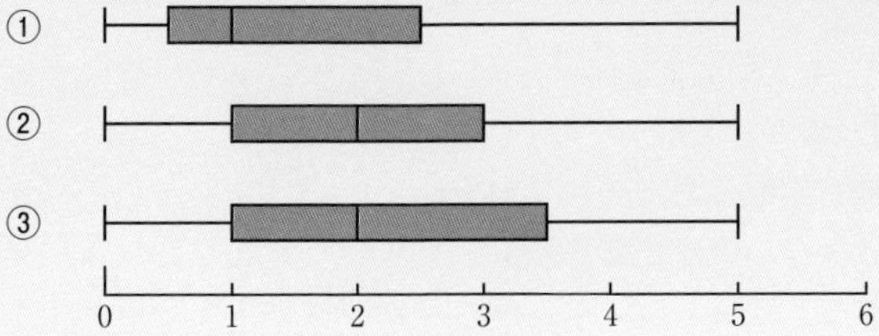

FOCUS　**ヒストグラムから四分位数を読みとる。**

解き方

21 人なので，

第 1 四分位数は，小さい方から数えて，5 番目と 6 番目の間なので，(1 + 1) ÷ 2 = 1(冊)

中央値は 11 番目なので 2(冊)，

第 3 四分位数は，大きい方から数えて，5 番目と 6 番目の間，(3 + 3) ÷ 2 = 3(冊)

0　0　0　1　1　1　1　1　1　1　2　2　2　2　2　3　3　3　4　4　5

答え　②

学習のPOINT　第 1 四分位数，中央値，第 3 四分位数が入っている階級を見つける。

確認問題

419　左のヒストグラムは，右の①～③の箱ひげ図のいずれかに対応している。その箱ひげ図の番号を答えよ。

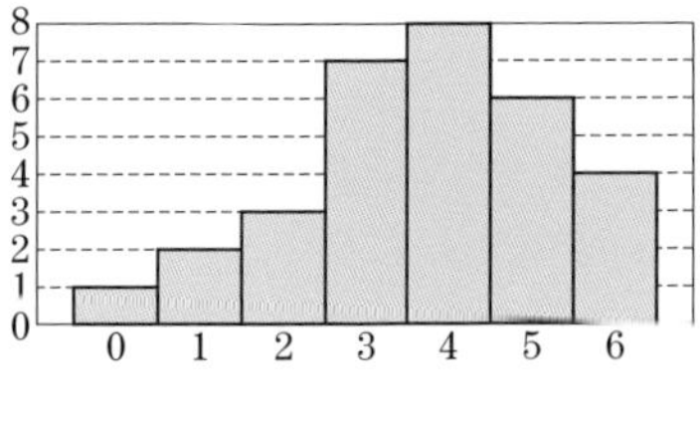

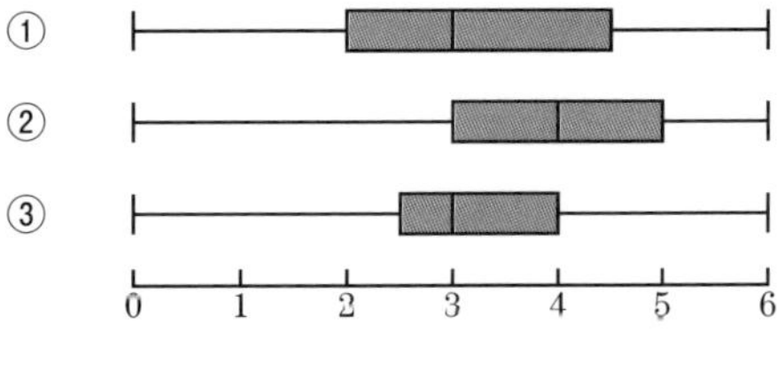

12 箱ひげ図から読み取る 中2

下の箱ひげ図は，かるた大会で，1組と2組のそれぞれ20人が取った札の枚数の分布のようすを表している。

このとき，読みとれることとして正しくないものを下の①～④からすべて選べ。

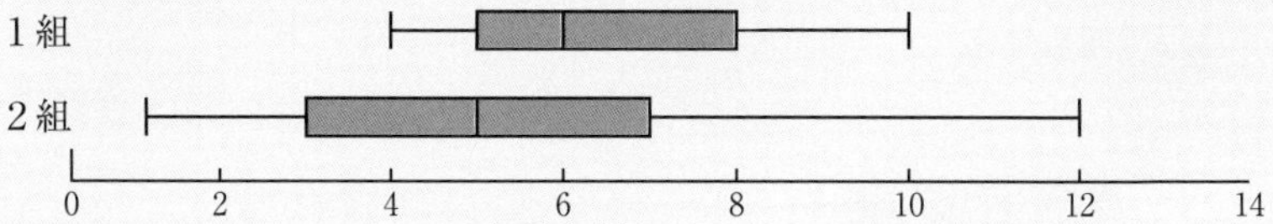

① 2組のほうが，1組よりも四分位範囲が大きい。

② どちらの組にも10枚取った人がかならずいる。

③ どちらの組にも5枚以上取った人が10人以上いる。

④ 取った枚数の範囲が大きいのは2組である。

FOCUS **範囲や四分位数，四分位範囲を読みとり，その意味を考える。**

解き方

①：四分位範囲は，箱の長さなので，2組のほうが1組よりも大きい。・・・正しい

②：1組の最大値は10（枚）なので10枚取った人はいる。2組については，10（枚）は，第3四分位数の7（枚）と最大値の12（枚）の間になるので，10枚取った人がいるかどうかはわからない。・・・正しくない

③：1組の中央値は6（枚），2組の中央値は5枚なので，5枚以上取った人はともに10人以上いる。・・・正しい

④：範囲は，ひげをふくめた全体の長さなので，2組のほうが1組より大きい。・・・正しい

答え ②

学習のPOINT 第1四分位数，中央値，第3四分位数を読み取る。

確認問題

420 下の箱ひげ図は，かるた大会で2組の1回戦と2回戦の取った枚数の分布のようすを表している。このとき，読みとれることとして正しいものを①～③から選べ。

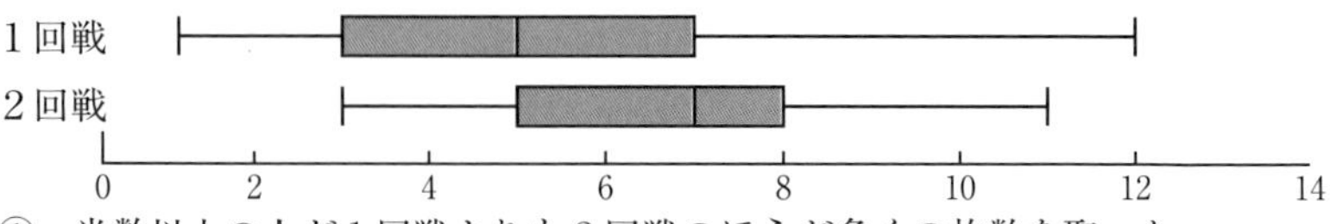

① 半数以上の人が1回戦よりも2回戦のほうが多くの枚数を取った。

② 1回線より2回戦のほうが5枚以下だった人が減った。

③ 2回戦では，1回戦より範囲は小さくなったが，四分位範囲は変わらなかった。

データの活用編
第1章 データのちらばりと代表値
第2章 場合の数
第3章 確率
第4章 標本調査

§6 近似値・有効数字

13 真の値と近似値や誤差の関係を考える 中 3

(1) 次の分数について，0.6 を近似値としたときの誤差を求めよ。

① $\dfrac{5}{8}$　② $\dfrac{9}{16}$

(2) 近似値が 85，誤差が 4 以下のとき真の値 a はどのような範囲にあるか答えよ。

FOCUS 近似値が真の値とどのような関係にあるかを考える。

解き方

(1) ここでの真の値は，与えられた分数の値である。したがって，誤差はその分数の値と近似値との差を求めればよい。

① $\dfrac{5}{8} = 0.625$ だから，誤差は，$0.6 - 0.625 = -0.025$

② $\dfrac{9}{16} = 0.5625$ だから，誤差は，$0.5625 - 0.6 = -0.0375$

なお，上の分数の近似値 0.6 は小数第 2 位でそれぞれ四捨五入したものであることがわかる。

(2) 真の値は近似値に対して誤差だけ大きい場合と小さい場合があるので，その範囲を不等式で表す。

$85 - 4 \leqq a \leqq 85 + 4$　　$81 \leqq a \leqq 89$

答え　(1) ① 0.025　② 0.0375　(2) $81 \leqq a \leqq 89$

用語

真の値
知りたい量の大きさの本当の値のことをいう。

近似値
測定値のように真の値に近い値のことをいう。

誤差
(誤差)＝(近似値)－(真の値)

学習のPOINT 誤差は真の値と近似値との差である。

確認問題

421 次の問いに答えよ。

(1) (　) 内の数値を近似値としたときの誤差を求めよ。ただし，わり切れないときは四捨五入して小数第 3 位まで求めること。

① $\dfrac{22}{7}$ (3.14)　② $\dfrac{7}{8}$ (0.9)

(2) 近似値が 50，誤差が 2 以下のとき，真の値 a はどのような範囲にあるか答えよ。

14　有効数字の異なる数値の四則計算を行う

下の数値がすべて近似値であるとき，次の計算をせよ。

(1) $3.14 + 1.414$　　(2) 265.7×3.3

FOCUS **それぞれの数値の有効数字を確認して，計算をどの位までそろえるのかを考える。**

解き方

(1) 近似値の加減では，まずそのまま計算したあと，和や差を有効数字の中で一番小さな位にそろえる。3.14 と 1.414 では，小数第 2 位でそろえるので，
$3.14 + 1.414 = 4.554$
小数第 3 位を四捨五入して，4.55。

(2) 近似値の乗除では，まずそのまま計算したあと，積や商を桁数の少ない方にそろえる。265.7 と 3.3 の有効数字の桁数はそれぞれ 4 桁，2 桁であるので，2 桁にそろえて計算する。
$265.7 \times 3.3 = 876.81$
答えの有効数字を 2 桁にそろえるので，一の位を四捨五入すると 880 である。

答え　(1) 4.55　　(2) 880 (8.8×10^2)

用語

有効数字
近似値を表す数値において，信頼できる数字のことをいう。
どれが有効数字かをはっきりさせるために
(整数の部分が 1 桁の数) × (10 の累乗)
の形で表すことがある。

Return

近似値 ➡13

学習の POINT

近似値を使った四則計算
加法と減法…計算してから有効数字のいちばん小さな位にそろえる。
乗法と除法…計算してから有効数字の桁数の少ない方に合わせる。
$a \times 10^n$ の形（a は整数部分が 1 桁の数）で表すことが多い。

確認問題

422 下の数値がすべて近似値であるとき，次の計算をせよ。

(1) $44.7 + 2.828$

(2) $1.732 - 2.2$

(3) $401 \div 2.6$

章末問題

解答 ➡p.92

161 あるクラスの数学のテストの結果は，次のようになった。

41，19，40，94，61，56，70，100，40，58，
69，55，83，49，64，43，82，68，48，83

階級(点) 以上　未満	度数(人)
11 ～ 21	ア
21 ～ 31	イ
31 ～ 41	ウ
41 ～ 51	エ
51 ～ 61	オ
61 ～ 71	カ
71 ～ 81	キ
81 ～ 91	ク
91 ～ 101	ケ

(1) このテストの平均点を求めよ。
(2) 右の度数分布表のア～ケを答えよ。
(3) 中央値を求めよ。
(4) 度数分布表から最頻値を求めよ。
(5) 範囲を求めよ。

162 思考力 あるレストランの6日間の来客数を調べたところ，次のようになった。

	1日目	2日目	3日目	4日目	5日目	6日目
来客数(人)	61	82	56	A	71	63

後日，もう一度伝票で確認したところ，4日目以外の，ある1日だけ来客数が2名誤っていた。正しい数値で計算した6日間の来客数の平均値は65.5人，中央値は62.5人であった。Aの値を求めよ。 (都立西)

163 右の表は，あるグループ全員の国語と英語の成績(5点満点)の関係を示した相関表である。次の問いに答えよ。

国＼英	0	1	2	3	4	5
5					1	2
4				2		
3					2	1
2			1	1		
1	1		2	1		
0		1	1			

(1) 国語と英語の得点の合計が3点以下の生徒は何人か。
(2) このグループの生徒は何人か。
(3) 国語と英語の得点の合計が4点以上の生徒は全体の何％か。答えは，小数第1位を四捨五入して求めよ。
(4) 英語の平均点を求めよ。

164 A中学校とB中学校では，それぞれ3年生全員に，通学距離について調査を行った。A中学校の3年生全員150人と，B中学校の3年生全員60人について，通学距離の調査の結果を度数分布表に表すと，それぞれ表1，表2のようになった。

表1 A中学校

階級（m）	度数（人）
以上　未満	
0 ～ 1000	45
1000 ～ 2000	39
2000 ～ 3000	34
3000 ～ 4000	21
4000 ～ 5000	8
5000 ～ 6000	3
計	150

表2 B中学校

階級（m）	度数（人）
以上　未満	
0 ～ 1000	[　　]
1000 ～ 2000	21
2000 ～ 3000	[c]
3000 ～ 4000	5
4000 ～ 5000	3
5000 ～ 6000	0
計	60

次の問いに答えよ。　（山口県）

(1) 表1と表2において，0m以上1000m未満の階級の相対度数が等しくなるとき，表2中の[c]にあてはまる数を求めなさい。

(2) Pさんは，表1から，「通学距離が短い階級ほど生徒の人数が多い」という傾向と「6個の階級のうち，中央値は度数が2番目に大きい階級にふくまれる」ことを読み取った。また，Pさんは，A中学校の調査の結果をもとに，階級の幅を500mとしてヒストグラムをつくり，次のことがらを読み取った。

> ・表1から読み取った「通学距離が短い階級ほど生徒の人数が多い」という傾向とは異なる。
> ・12個の階級のうち，中央値は度数が最も大きい階級にふくまれる。

Pさんのつくったヒストグラムが，次の**ア**～**エ**の中に1つある。そのヒストグラムを選び，記号で答えなさい。

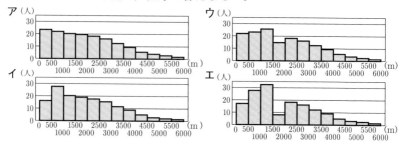

ア
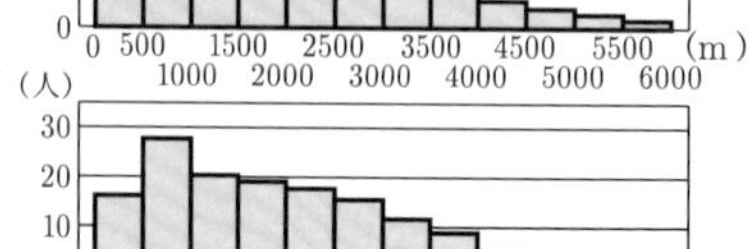

ウ
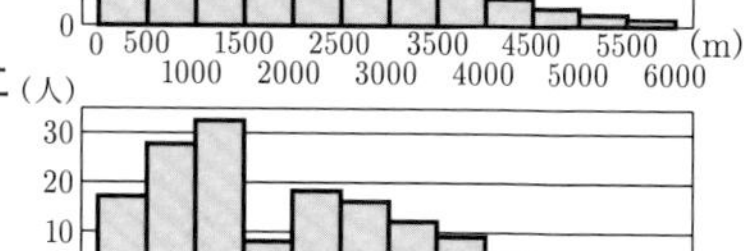

イ
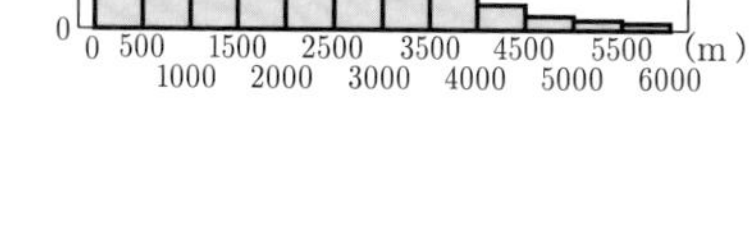

エ
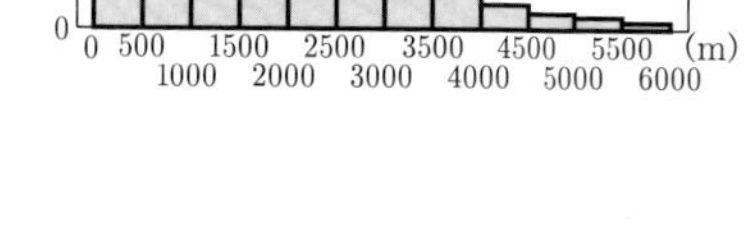

165 右の図は，10 点満点のテストを受けた 20 人の生徒の結果である。

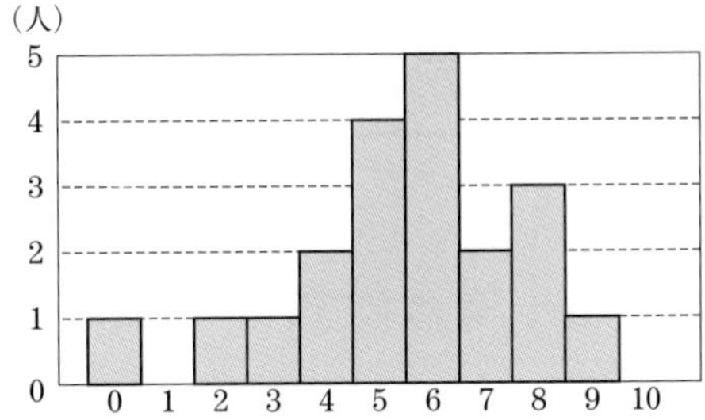

(1) このテストの得点の箱ひげ図は下のどれか。

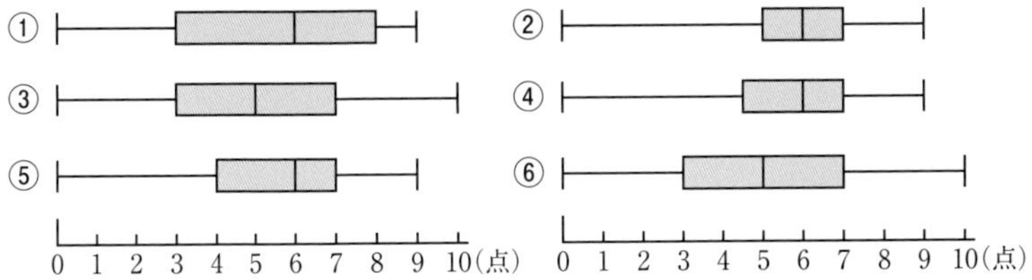

(2) 後日，このテストのデータが間違っていることがわかり，再集計し，箱ひげ図を作り直したら，右図のようになった。修正前と修正後の箱ひげ図を比較して，分析結果としてつねに正しいものは次のどれか。

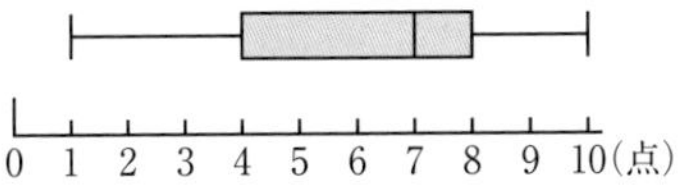

ア 得点の修正後の平均値は修正前の平均値より上がった。

イ 得点の修正前と比較すると，少なくとも 2 人の得点が変化した。

ウ 得点の修正後のデータの範囲は修正前に比べて大きくなった。

166 次の数値を $a \times 10^n$（ただし a は整数部分が 1 桁の数）の形に直せ。

(1) 1234（有効数字は 1，2，3，4）

(2) 687500（有効数字は 6，8，7，5）

§1 場合の数

15 場合の数を数え上げる

Aから Bに行く道が 2 本，Bから Cに行く道が 3 本あるとき，Aから Bを通って Cに行く道順は何通りあるか。

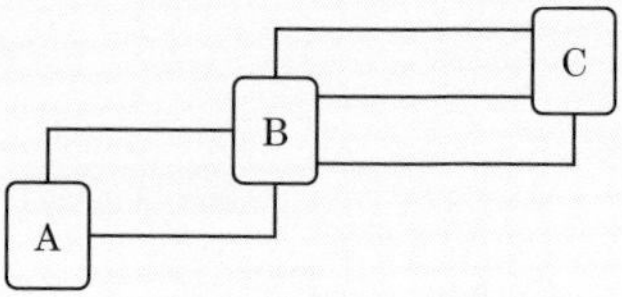

FOCUS 樹形図をかいて数える。

解き方

下の図のように，それぞれの道に名前をつけて，樹形図をかいて数える。

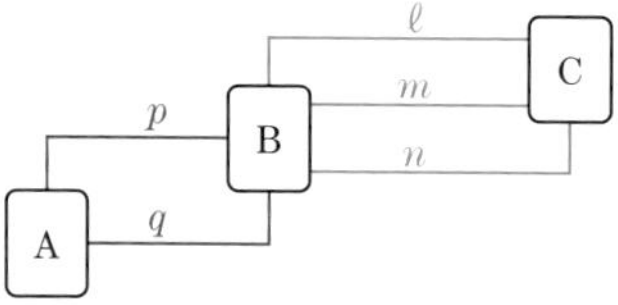

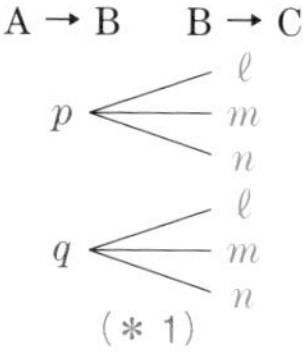

別解

道に名前をつけて，Aから Cに行く道順を順序よくかき並べると，$p\ell$，pm，pn，$q\ell$，qm，qn　(＊2)

答え　6通り

用語

場合の数
あることがらの起こりうる結果の総数が n 通りあるときの n のことをいう。

樹形図
場合の数を数えるときに，数えモレや重複のないようにするために，(＊1)のような図をかくことがある。この図を樹形図という。

ここに注意

$p\ell$ とは，Aから Bへは道 p，Bから Cへは道 ℓ を使用することを表している。

もっとくわしく

(＊2)のように並べることを辞書式配列という。

学習のPOINT 場合の数を求めるときには，樹形図をかくと数えやすい。

確認問題

423 100 円硬貨と 50 円硬貨と 10 円硬貨がそれぞれ 2 枚ずつ合計 6 枚ある。この中から 3 枚取り出すとき，合計金額は何通り考えられるか。

424 a，a，b，c の 4 文字を横一列に並べる方法は何通りあるか。

16　さいころの目の出方を求める

(1) 2個のさいころを同時に投げるとき，目の数の和が5の倍数になる場合は何通りあるか。

(2) 大，小のさいころを同時に投げる。大きいさいころの出た目の数を a，小さいさいころの出た目の数を b とするとき，$a+2b \leqq 8$ となる場合は何通りあるか。

FOCUS　さいころの目は，1から6までであることをもとに，求める条件をしぼりこむ。

解き方

(1) 2個のさいころをA，Bと区別して考える。
さいころの目の数の和は，2以上12以下だから，目の数の和が5，10になる場合を考えればよい。
Aの目が a でBの目が b であることを $(a,\ b)$ と表すと，
(i) 目の数の和が5のとき，(1，4)，(2，3)，(3，2)，(4，1)
(ii) 目の数の和が10のとき，(4，6)，(5，5)，(6，4)
よって，4 + 3 = 7(通り)

(2) 最初に a，b それぞれの値の範囲を考える。
まず a に着目すると，右辺の8よりも小さくなるのは，$a=1$，2，3，4，5，6となる。同様にして，$2b$ に着目すると，$b=1$，2，3となる。樹形図より，6 + 4 + 2 = 12(通り)

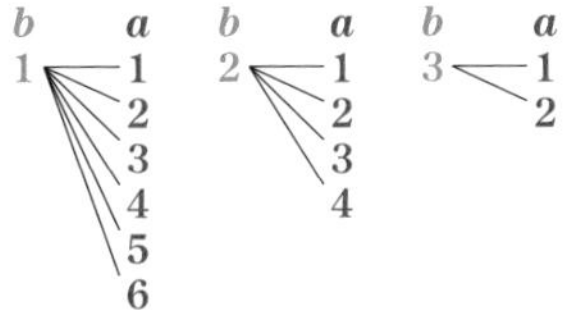

答え　(1) 7通り　(2) 12通り

学習のPOINT　2つのことがらが同時に起こらないときは，それぞれの場合の数をたす。

用語
和の法則
(1)のように，2つのことがらが同時に起こらないときは，それぞれの場合の数を求めてたせばよい。これを和の法則という。

ここに注意
複数のさいころを投げるときは，それぞれのさいころを区別して考えること。

もっとくわしく
効率的に解くため，値の個数が少ない b に着目して樹形図をかく。

Return
樹形図 ➡15
場合の数 ➡15

確認問題

425 大，小のさいころを同時に投げるとき，出る目の数の和が4の倍数となるのは何通りあるか。

17　条件に合う整数(せいすう)の個数を求める

1, 2, 3, 4 を記入したカードが 1 枚ずつある。このうちの 3 枚のカードを一列に並べて 3 けたの数をつくる。

(1) 偶数は何個できるか。　　(2) 3 の倍数は何個できるか。

FOCUS　倍数の特徴を利用して，整数の個数を求める。

解き方

(1) 一の位が 2 の倍数である数が偶数である。
したがって，一の位が 2 または 4 である数の個数を求めればよい。一の位から考えると，右の図のようになり，12 個できる。

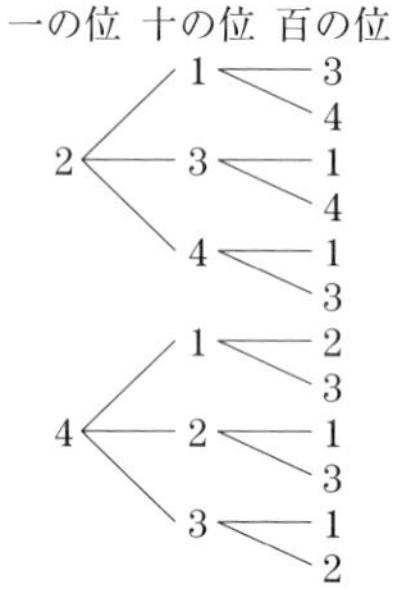

(2) 各位の数字の和が 3 の倍数であれば，その数は 3 の倍数になる。和が 3 の倍数となる 3 数は，(1, 2, 3)，(2, 3, 4) である。右のような樹形図をかいて数えると，6 個。
3 数が (2, 3, 4) のときも同じだから，6 + 6 = 12(個)

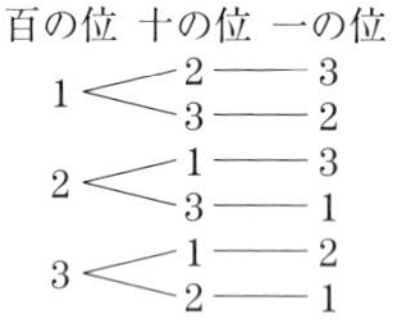

答え　(1) 12 個　　(2) 12 個

もっとくわしく

別解

(1) 倍数の特徴に目をつけ，条件がある位から考える。一の位の 2 通り，十の位の 3 通り，百の位の 2 通りをかけ，12 個となっている。

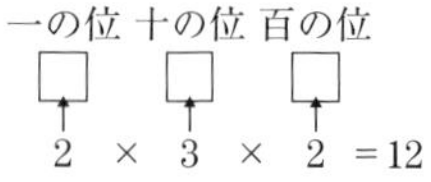

このように，2 つ以上のことがらが同時に起こるときは，それぞれの場合の数を求めてかければよい。これを積(せき)の法則(ほうそく)という。

(2) (1) と同様，積の法則より，(1, 2, 3) の 3 数でできる整数は，
3 × 2 × 1 = 6(個)

Return
樹形図 ➡ 15
場合の数 ➡ 15

学習の POINT　2 つ以上のことがらが同時に起こるときは，樹形図を利用する。また，それぞれの場合(ばあい)の数(かず)をかけても求められる。

確 認 問 題

426 0, 4, 5, 6 を記入したカードが 1 枚ずつある。このうちの 3 枚のカードを一列に並べて 3 けたの数をつくる。

(1) 5 の倍数は何個できるか。

(2) 3 の倍数は何個できるか。

18　並び方の総数を求める

生徒6人がスポーツ大会に参加する。
4人でリレーに参加するとき，4人の走る順序は何通りあるか。

FOCUS　**樹形図を利用して，順序を考えてかき並べる。**

解き方

生徒6人を a, b, c, d, e, f として4人の並び方の樹形図をかく。
右の図より，第1走者が a の場合は，第2走者は5通りずつ，第3走者は4通り，第4走者は3通りだから，
5 × 4 × 3 = 60 (通り)
第1走者が b, c, d, e, f の場合も同様だから，全部の場合は，
60 × 6 = 360(通り)

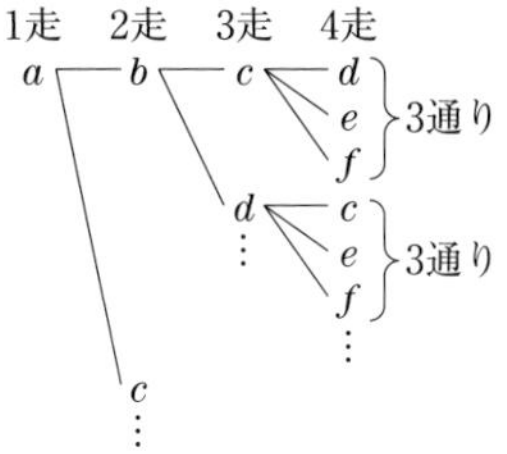

別解

第1走者から順に候補となる人数を考え，積の法則を利用する。
6 × 5 × 4 × 3 = 360

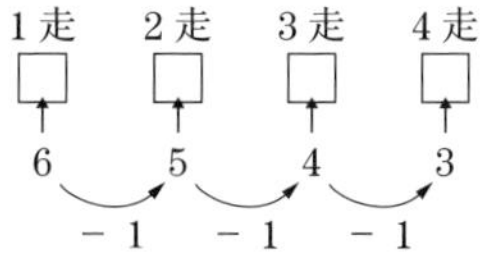

答え　360通り

用語

順列
異なる n 個のものから r 個を選び出し，1列に並べたものを，n 個から r 個を取る順列という。

ここに注意

決まった人は除きながら，走者を順に決めていくこと。

Return

樹形図 ➡15
積の法則 ➡17

学習のPOINT

並び方の総数を求めるときには，樹形図を利用する。

n 個から r 個を取った「順列」の総数は，$\underbrace{n \times (n-1) \times (n-2) \times \cdots}_{r\text{個}}$ で求めることができる。

(例)　**5** 人のうち **3** 人が一列に並ぶ方法は，$\underbrace{\mathbf{5} \times 4 \times 3}_{\mathbf{3}\text{個}}$ = **60**(通り)である。

確認問題

427　**A, B, C, Dの4枚のカードを横一列に並べる。次の問いに答えよ。**

(1)　並べ方は全部で何通りあるか。

(2)　一番左にCがくる並べ方は何通りあるか。

(3)　BがAより右側にくる並べ方は何通りあるか。

19　選び方の総数を求める

6 人のテニス部員がいる。
このうちの 2 人がダブルスの大会に参加するとき，2 人の選び方は何通りあるか。

FOCUS　**樹形図（じゅけいず）を利用して，重なりがないようにかき並べる。**

解き方
6 人を a，b，c，d，e，f として，2 人の選び方の樹形図をかく。

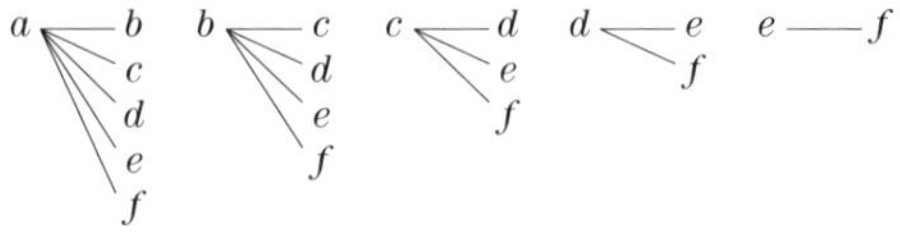

答え　15 通り

用　語

組合せ（くみあわせ）
異なる $\boldsymbol{n}$ 個のものから，並べ方の順序を考えないで，$\boldsymbol{r}$ 個を選び出すとき，その選び方を $\boldsymbol{n}$ 個から $\boldsymbol{r}$ 個を取る組合せという。

ここに注意
たとえば，$\boldsymbol{a}$，$\boldsymbol{b}$ を選ぶことと，$\boldsymbol{b}$，$\boldsymbol{a}$ を選ぶことは同じである。
樹形図をかくときに，18 の並び方との違いに注意する。

学習の POINT　選び方の総数を求めるときには，樹形図を利用する。

$\boldsymbol{n}$ 個から $\boldsymbol{r}$ 個を取った「組合せ」の総数は，$\dfrac{\overbrace{n\times(n-1)\times(n-2)\times\cdots}^{r\text{個}}}{\underbrace{r\times(r-1)\times(r-2)\times\cdots}_{r\text{個}}}$ で求めることができる。

（例）**5** 人から **3** 人を選ぶ方法は，$\dfrac{\overbrace{\mathbf{5\times4\times3}}^{3\text{個}}}{\underbrace{\mathbf{3\times2\times1}}_{3\text{個}}}=\mathbf{10}$（通り）である。

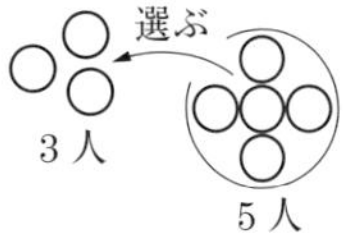

確認問題

428 **男子 A，B と女子 C，D，E，F の 6 人から 3 人の委員を選ぶとき，次の問いに答えよ。**

(1) 3 人の委員の選び方は全部で何通りあるか。
(2) 女子 C を含むような選び方は何通りあるか。
(3) 男子を 1 人だけ含むような選び方は何通りあるか。

章末問題

解答 ➡p.93

167 100 円硬貨が 1 枚，50 円硬貨が 3 枚，10 円硬貨が 1 枚ある。これらの硬貨を組み合わせてできる金額は何通りあるか。ただし，使用しない硬貨があってもよいが，0 円は除くこととする。　（早稲田大学本庄高）

168 右の図のように，数字 1，2，3，4 を書いた箱がそれぞれ 1 箱ずつ，数字 1，2，3，4 を書いた玉がそれぞれ 1 個ずつある。4 つの箱に，玉をそれぞれ 1 個ずつ入れるとき，箱の数字と玉の数字が 4 つの箱とも異なる入れ方は，何通りあるか。　（愛知県）

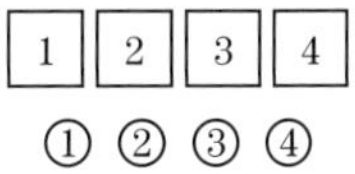

169 4 つの地点 A，B，C，D が図のように道で結ばれている。（A，B 間の道は 3 本である。）A 地点から D 地点への行き方は □ 通りである。ただし，通らない地点があってもよい。また，同じ地点を 2 度は通らないものとする。　（函館ラ・サール高）

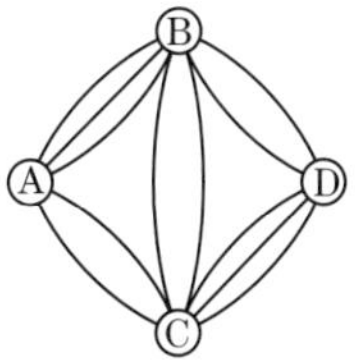

170 大小 2 つのさいころを同時に投げる。

(1) 出る目の数の積が 12 となる場合は何通りあるか。

(2) 出る目の数の和が 3 の倍数となる場合は何通りあるか。

(3) 少なくとも 1 つは奇数の目が出る場合は何通りあるか。

171 A, B, C, D, E の 5 人が横 1 列に並ぶとき, D が左から 3 番目になる場合は何通りあるか。ただし, A はいつも D の右側にいるものとする。

（青山学院高等部）

172 A, B, C, D, E の 5 人がいる。

(1) 5 人から, 2 人の委員を選ぶ方法は何通りあるか。

(2) 5 人から班長 1 名, 副班長 1 名を選ぶ方法は何通りあるか。

173 思考力

袋の中に 1 から 12 までの整数が一つずつ書かれた 12 枚のカードが入っている。1 から 4 のカードは赤色, 5 から 8 のカードは青色, 9 から 12 のカードは黄色に, それぞれ色付けされている。この袋の中から同時に 4 枚のカードを取り出すとき, 全種類の色のカードが取り出され, 書かれた数字の和が 22 である場合は何通りあるか。

（関西学院）

§1　確率

20　さいころの出る目の確率を求める

大小2つのさいころを同時に投げるとき，次の確率を求めよ。

(1) 出た目の数の和が7になる確率。

(2) 異なる目が出る確率。

FOCUS **すべての場合の数と条件にあてはまる場合の数を求める。**

解き方

起こりうるすべての場合の数は，積の法則を利用して，**6 × 6** = 36である。

(1) 出た目の数の和が7となるのは，(1, 6)，(2, 5)，(3, 4)，(4, 3)，(5, 2)，(6, 1) の6通りである。

よって，求める確率は $\frac{6}{36} = \frac{1}{6}$

(2) 起こりうるすべての場合の数から同じ目が出る場合の数を除けば，異なる目が出る場合の数を求めることができる。同じ目が出るのは，

(1, 1)，(2, 2)，(3, 3)，(4, 4)，(5, 5)，(6, 6) の6通りである。

よって，求める確率は $\frac{\mathbf{36-6}}{\mathbf{36}} = \frac{30}{36} = \frac{5}{6}$

答え　(1) $\frac{1}{6}$　(2) $\frac{5}{6}$

用語

確率

あることがらが起こると期待される程度を数値で表したもの。

同様に確からしい

いくつかのことがらが起こりうる場合で，どれが起こることも同じ程度に期待できるとき，どの結果が起こることも同様に確からしいという。

もっとくわしく

(2)の確率は，**1**から，同じ目の出る確率 $\frac{1}{6}$ を除いた，$1 - \frac{1}{6} = \frac{5}{6}$ となっている。

Return

積の法則 ➡17

学習のPOINT

ある実験または観察などにおいて，起こりうる結果が全部で n 通りあり，そのどれが起こることも同様に確からしいとする。

ことがらAが起こるのは，上の n 通りのうちの a 通りの場合であるとき，

Aの起こる確率 p は $\frac{a}{n}$ となる。$(0 \leqq p \leqq 1)$

また，(Aの起こらない確率) = 1 −(Aの起こる確率)である。

確認問題

429 大小2つのさいころを同時に投げるとき，次の確率を求めよ。

(1) 出た目の数の差が2になる確率。

(2) 少なくとも一方は5以上の目が出る確率。

21 玉を取り出す確率を求める

赤玉 3 個，白玉 3 個が入っている袋がある。次の確率を求めよ。

(1) この袋から 2 個の玉を同時に取り出すとき，2 個とも赤玉である確率。

(2) この袋から 2 個の玉を同時に取り出すとき，赤玉 1 個と白玉 1 個である確率。

(3) この袋から 3 個の玉を同時に取り出すとき，少なくとも 1 個が赤玉である確率。

FOCUS 樹形図を利用して場合の数を求める。

解き方

赤玉 3 個を 1，2，3，白玉 3 個を△1，△2，△3とする。

(1) 2 個の玉を同時に取り出すときの樹形図をかく。

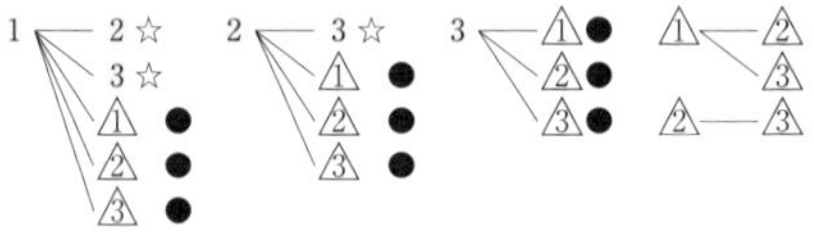

上の図より，起こりうるすべての場合の数は，15 通り。

このうち，2 個とも赤玉である場合は，☆印をつけた，3 通り。

よって，求める確率は $\frac{3}{15}=\frac{1}{5}$

(2) (1)の図で，赤玉1個と白玉1個である場合は，●印をつけた，9通り。

よって，求める確率は $\frac{9}{15}=\frac{3}{5}$

(3) 3 個の玉を同時に取り出すときの樹形図をかくと，右の図のようになる。

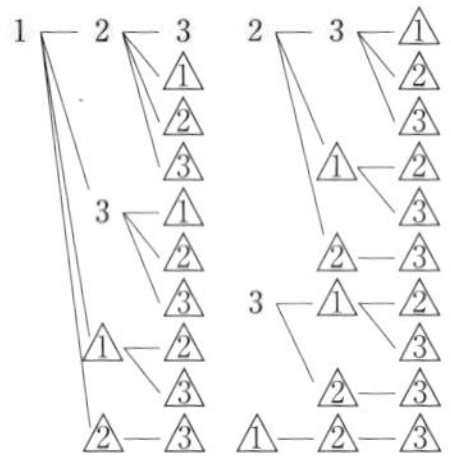

起こりうるすべての場合の数は，20 通り。

このうち，少なくとも 1 個が赤玉である場合は，3 個とも白玉である場合以外だから 19 通り。

よって，求める確率は $\frac{19}{20}$

答え　(1) $\frac{1}{5}$　(2) $\frac{3}{5}$　(3) $\frac{19}{20}$

もっとくわしく

(1)～(3)は「組合せ」の計算でも求められる。

(1) 6 個から 2 個を取り出す組合せは，$\frac{6\times5}{2\times1}=15$(通り)

2 個とも赤玉は，赤玉 3 個から 2 個を取り出すから，$\frac{3\times2}{2\times1}=3$(通り)

確率は，$\frac{3}{15}=\frac{1}{5}$

(3) 6 個から 3 個を取り出す組合せは，$\frac{6\times5\times4}{3\times2\times1}=20$(通り)

3 個とも白玉は 1 通り。求める確率は 1 から白玉 3 個の確率をひいて，$1-\frac{1}{20}=\frac{19}{20}$

Return

樹形図 ➡15
組合せ ➡19

学習のPOINT 玉やくじなどを取り出す樹形図をかくときは，同じ種類でも名前をつけて区別する。

確認問題

430 **3 本の当たりくじの入っている 7 本のくじから同時に 2 本ひくとき，次の確率を求めよ。**

(1) 2 本とも当たる確率。　(2) 1 本が当たり 1 本がはずれる確率。

22 取り出すカードの確率を求める

1, 2, 3, 4, 5と書かれたカードが1枚ずつ入っている箱がある。この箱から同時に2枚のカードを取り出すとき，次の確率を求めよ。

(1) 取り出した2枚のカードの数の和が，偶数である確率。

(2) 取り出した2枚のカードの数の積が，箱に残っているカードの積よりも大きくなる確率。

FOCUS **樹形図を利用して場合の数を求める。**

解き方

同時に2枚のカードを取り出すときの樹形図をかく。
起こりうるすべての場合の数は，10通り。

(1) 2数の和が偶数になるのは，2数とも偶数，または2数とも奇数のときである。（樹形図を見ながら1 + 2, 1 + 3, …を計算してもよい）
和が偶数になる場合に○印をつけると，4通り。

よって，求める確率は，$\frac{4}{10} = \frac{2}{5}$

		(1)	(2) 2数	3数
1	2		2	60
	3	○	3	40
	4		4	30
	5	○	5	24
2	3		6	20
	4	○	8	15
	5		10	12
3	4		12 >	10
	5	○	15 >	8
4	5		20 >	6

(2) 樹形図の順に，2数の積を書く。
それぞれの組の残りのカードを考えて3数の積を計算してもよいが，1 × 2 × 3 × 4 × 5 = 120だから，
(残った3数の積) = 120 ÷ (2数の積)で求められる。
2数の積が，3数の積よりも大きくなるのは，3通り。
よって，求める確率は，$\frac{3}{10}$

答え (1) $\frac{2}{5}$ (2) $\frac{3}{10}$

もっとくわしく

● 2数の和
(偶数) + (偶数) = (偶数)
(偶数) + (奇数) = (奇数)
(奇数) + (奇数) = (偶数)

● 2数の積
(偶数) × (偶数) = (偶数)
(偶数) × (奇数) = (偶数)
(奇数) × (奇数) = (奇数)
どれも整数 m, n を使って，
(偶数) … $2m$, $2n$
(奇数) … $2m + 1$, $2n + 1$
と表せることから証明できる。

Return
樹形図 ➡15
場合の数 ➡15

学習のPOINT 樹形図をかき，条件をみたす場合に印をつけて数え上げ，確率を求める。

確認問題

431 **Aの袋には1, 2, 3と書かれた玉が1個ずつ，Bの袋には6, 7, 8と書かれた玉が1個ずつ入っている。A, Bの袋から玉を1個ずつ取り出し，その数字を a, b とするとき，次の確率を求めよ。**

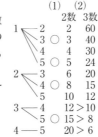

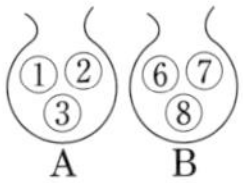

(1) 積 ab が6の倍数になる確率。　(2) 商 $\frac{b}{a}$ が整数になる確率。

データの活用編
第1章 データのちらばりと代表値
第2章 場合の数
第3章 確率
第4章 標本調査

23 動点の確率を求める

座標平面上において，原点の位置に黒石がある。この黒石を次の条件で移動させる。さいころを投げて出た目の数 k に対して，k が偶数ならば，x 軸の正の方向に k だけ移動させ，k が奇数ならば，y 軸の正の方向に k だけ移動させる。

(1) さいころを 3 回投げたところ，出た目の数が順に 3，2，5 だった。
移動後の黒石の座標を求めよ。

(2) さいころを 3 回投げて，黒石が原点から点(6，6)に移動する確率を求めよ。

(3) さいころを 3 回投げて，黒石が原点から直線 $y = x$ 上に移動する確率を求めよ。

FOCUS どのような場合に条件にあてはまるかを考える。

解き方

(1) 黒石の座標は順に，(0，0)→(0，3)→(2，3)→(2，8)である。
よって，求める座標は(2，8)

(2) 起こりうるすべての場合の数は，$6 \times 6 \times 6 = 216$(通り)
6 は偶数だから，3 回で (6，6) に移動するのは，6 が 1 回とたして 6 になる奇数が 2 回出たときである。
よって，目の数の組合せは，(1，5，6)または(3，3，6)。
(1，5，6) の目の出方は，$3 \times 2 \times 1 = 6$(通り)
(3，3，6) の目の出方は，$3 \to 3 \to 6$，$3 \to 6 \to 3$，$6 \to 3 \to 3$
の 3 通り。よって，求める確率は $\dfrac{6+3}{216} = \dfrac{9}{216} = \dfrac{1}{24}$

もっとくわしく
下の図のように，座標平面の図をかいて考えるとわかりやすい。
(1)の場合の図

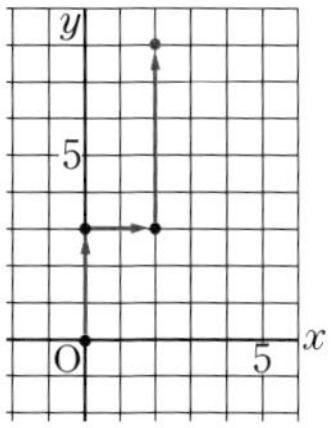

(3) 3 回で直線 $y = x$ 上に移動するのは，偶数 1 回と，たしてその偶数になる奇数が 2 回のとき。したがって，(2，2)，(4，4)，(6，6)に移動する場合を考えればよい。
(2，2)のとき，目の数の組合せは(1，1，2)より，場合の数は 3 通り。
(4，4)のとき，目の数の組合せは(1，3，4)より，場合の数は，$3 \times 2 \times 1 = 6$(通り)
(6，6)のとき，(2)より，場合の数は 9 通り。
よって，求める確率は $\dfrac{3+6+9}{216} = \dfrac{18}{216} = \dfrac{1}{12}$

答え　(1) (2，8)　　(2) $\dfrac{1}{24}$　　(3) $\dfrac{1}{12}$

学習のPOINT どのような場合に条件にあてはまるかを調べ，その場合の数を求める。

確認問題

432 数直線上を動く点 P が原点の位置にある。1 個のさいころを投げて，5 以上の目が出たとき点 P は正の方向に 2 だけ進み，4 以下の目が出たとき負の方向に 1 だけ進む。さいころを 3 回投げたとき，点 P の位置が原点である確率を求めよ。

章末問題

解答 ➡p.94

174 大小2つのさいころを同時に投げる。

(1) 2つとも同じ目が出る確率を求めよ。

(2) 大きい方のさいころの目が6となる確率を求めよ。

(3) 小さいさいころの出る目の数が，大きいさいころの出る目の数の約数(やくすう)になる確率を求めよ。(鳥取県)

(4) 出た目の数の積が和より大きくなる確率を求めよ。

(5) 出た目の数の和が素数となる確率を求めよ。

(6) 出た目の数が，連続する2つの整数となる確率を求めよ。(群馬県)

(7) 少なくとも1つは偶数の目が出る確率を求めよ。

(8) 出た目の数の積が5の倍数となる確率を求めよ。

(9) 出た目の最大値が5である確率を求めよ。

(10) 出た目の最大公約数が2である確率を求めよ。

175 1つのサイコロを3回投げるとき，出た目の数を順に a，b，c とする。
(早稲田大学系属早稲田実業学校高等部)

(1) $b = 3$ で，$a < b < c$ となる場合は何通りあるか。

(2) $1 < a < b < c$ となる確率を求めよ。

176 1枚の硬貨を3回投げる。

(1) 2回表，1回裏が出る確率を求めよ。

(2) 少なくとも1回表が出る確率を求めよ。

177 3人でじゃんけんをする。

(1) 一人だけが勝つ確率を求めよ。(東京電機大学高)

(2) あいこになる確率を求めよ。

178 右の図のように，A，B，Cの文字が書かれたボールが1個ずつ入っている箱がある。
このとき，次の問い(1)・(2)に答えよ。 (京都府)

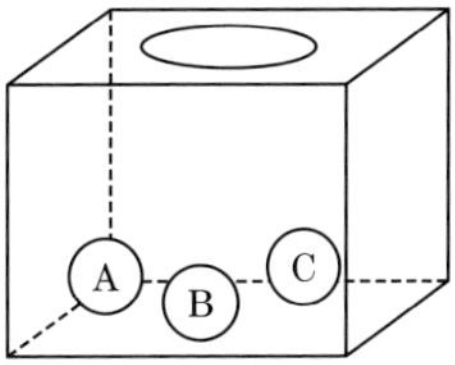

(1) この箱から同時にボールを2個取り出すとき，取り出したボールの中にAの文字が書かれたボールがふくまれている確率を求めよ。

(2) この箱からボールを1個取り出して文字を調べ，それを箱にもどす。これを3回繰り返したとき，3回とも文字が異なっている確率を求めよ。

179 1, 2, 3, 4, 5 の数字の書かれたカードがそれぞれ 1 枚ずつある。このカードをよく切って横一列に並べるとき，1 のカードが 2 と 3 のカードの左側にくる確率を求めよ。（青山学院高等部）

180 袋 A には，赤玉 2 個と白玉 3 個，袋 B には，赤玉 3 個と白玉 1 個がはいっている。袋 A から玉を 1 個，袋 B から玉を 1 個取り出すとき，異なる色の玉が取り出される確率を求めよ。（愛知県）

181 右の図のような，数字を 1 つずつ書いた，赤玉 4 個と白玉 2 個のあわせて 6 個の玉が袋の中に入っている。この袋から玉を 2 個同時に取り出すとき，次の(1)～(5)の各問いに答えよ。（佐賀県）

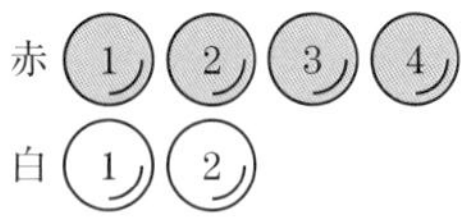

(1) 玉の取り出し方は全部で何通りか。
(2) 赤玉と白玉が 1 個ずつ取り出される確率を求めよ。
(3) 少なくとも 1 個は白玉が取り出される確率を求めよ。
(4) 取り出された 2 つの玉が赤玉と白玉 1 個ずつで，書かれている 2 つの数の積が奇数になる確率を求めよ。
(5) 取り出された 2 つの玉に書かれている数の和が 5 以上になる確率を求めよ。

182 袋の中に，赤球が 3 個，白球が 2 個，青球が 4 個入っている。この袋の中から同時に 2 個の球を取り出すとき，取り出した球の色が同じである確率は ＿＿ である。（明治大学付属明治高）

183 図のように，2 点 A(1, 4)，B(5, 0)をとります。次に，1 から 6 までの目が出るさいころを 2 回投げて，1 回目に出た目の数を a，2 回目に出た目の数を b として，(a, b)を座標とする点 P をとります。このとき，△ ABP の面積が 4cm^2 となる確率を求めなさい。ただし，座標軸の 1 目盛りの長さを 1cm とします。（中央大学杉並）

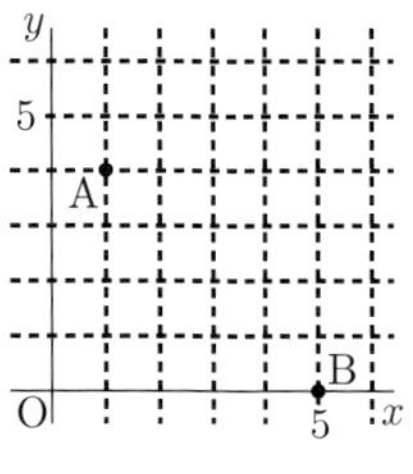

§1 標本調査

24 標本調査であるものを選ぶ

次の調査のうち，標本調査であるものを選べ。

(1) 工場で加工された食料品の品質調査　(2) 学校で行う視力検査
(3) 新聞社が行う政党の支持率調査　(4) 住んでいる市や町の人口調査

FOCUS **全数調査…調査の対象全部についてもれなくすべて行う調査。**
標本調査…調査の対象のうち，一部を取り出して全体の傾向を推定しようとする調査。

解き方

(1) 工場などで作ったすべての食料品をすべて検査してしまうと出荷する商品がなくなってしまう。
(2) 学校で行う健康診断では，身長，体重，視力，聴力など，学校保健法で生徒全員を調査することが義務づけられている。
(3) 支持率調査は，現在の動向をいち早く調べて発表する（記事にする）必要がある。したがって，国民全員を調査するには時間（と費用）がかかり，現実的ではない。
(4) 住民票をもとにして，全員のデータを集めて集計する。

答え (1)，(3)

用語

母集団と標本
標本調査で，調査の対象となる集団全体を母集団といい，母集団の一部分として取り出したデータを標本という。標本のデータの個数を標本の大きさという。

無作為抽出
母集団からかたよりのないような方法で標本を取り出すこと。

もっとくわしく

層化二段無作為抽出法
政党の支持率調査などでは，母集団からの標本の抽出方法を，「住んでいる地域」「職種」「世代」などのいくつもの層に分類して（層化），それぞれの層からその大きさの比率で無作為に抽出（一段目）し，さらに世帯で抽出（二段目）したものが標本になっている。

学習のPOINT データの一部を取り出して，データ全体の傾向をつかもうとするのが標本調査である。

確認問題

433 次の調査のうち，標本調査であるものを選べ。
(1) 高校の入学試験
(2) テレビ局が行う世論調査

25 標本を選び出す

右のデータは，1980 年から 2019 年までの東京の日最高気温の月平均値（8 月）を年ごとに示したものである。データの傾向を知るのに，下の乱数表を使って標本を 5 つ抽出する。最初に選んだ数が□であったとき，標本を抽出せよ。

番号	気温(℃)	番号	気温(℃)	番号	気温(℃)	番号	気温(℃)
1	26.6	11	32.4	21	32.4	31	33.5
2	30.0	12	29.1	22	30.0	32	31.2
3	30.2	13	30.4	23	32.1	33	33.1
4	31.0	14	28.0	24	29.5	34	33.2
5	32.4	15	32.9	25	31.0	35	31.2
6	31.6	16	33.7	26	31.8	36	30.5
7	30.4	17	30.0	27	31.1	37	31.6
8	30.8	18	30.7	28	33.0	38	30.4
9	30.2	19	31.0	29	30.7	39	32.5
10	30.5	20	32.3	30	30.1	40	32.8

乱数表（一部）

68	77	27	49	86	29	39	30	35	75
09	17	33	84	15	71	44	59	73	02
97	90	06	10	07	18	62	55	60	01
85	32	12	08	73	64	36	42	51	56

FOCUS **乱数表で，最初に選んだ数から右にみていき，母集団のデータ番号があったらその番号のデータが標本となる。**

解き方

最初に選んだ 17 から右に 2 けた区切りで見ていき，01 から 40 までの数字を 5 つ取り出す。

17，33，84，15，71，44，59，73，02，97，90，06

よって，17 番，33 番，15 番，2 番，6 番のデータを選べばよい。

答え　30.0 ℃，33.1 ℃，32.9 ℃，30.0 ℃，31.6 ℃

学習の POINT　母集団から標本を無作為に抽出するには乱数表を使う。

用語

乱数表

乱数表は，0 から 9 までの数字が規則性なく並んでおり，どこをとっても 0 から 9 までの数字が同じ確率で現れるようになっている。母集団から標本を無作為抽出するために使う。

もっとくわしく

乱数表の代わりに，乱数さいやコンピュータを用いて乱数を発生させたものを使うこともある。

確認問題

434 上の例題で，乱数表を使って標本を 5 つ抽出する。最初に選んだ数が下線の数であったとき，標本を抽出せよ。

26 母集団の比率を推定する

袋の中に同じ大きさの白玉と赤玉が混じって入っている。この袋の中から無作為に 20 個を取り出し，白玉と赤玉の個数を数えて袋の中に戻す。この実験を 10 回くり返したら，次のような結果になった。

実験回数	1	2	3	4	5	6	7	8	9	10
白玉の個数	12	13	13	11	14	10	11	12	11	13
赤玉の個数	8	7	7	9	6	10	9	8	9	7

このことから，この袋の中の白玉と赤玉の個数の割合を推定して，最も簡単な整数の比で表せ。

FOCUS **1 回目から 10 回目までの実験を合計して比を求める。**

解き方

第 1 回目から第 10 回目までの合計を計算すると，白玉は，

$12 + 13 + 13 + 11 + 14 + 10 + 11 + 12 + 11 + 13 = \mathbf{120}$ **(個)**

赤玉は，

$8 + 7 + 7 + 9 + 6 + 10 + 9 + 8 + 9 + 7 = \mathbf{80}$ **(個)**

したがって，白玉と赤玉の割合は，

$\mathbf{120 : 80} = 3 : 2$

答え　約 3 : 2

もっとくわしく

推定をより正確にするためには，実験回数を増やしたり，標本の大きさを大きくしたりするとよい。

Return

母集団 ➡24
標本調査 ➡24

学習の POINT　標本調査の比率から，母集団の比率を推定することができる。

確認問題

435 袋の中に，同じ形をした赤と青のビーズが混じって入っている。この袋の中から無作為に 30 個を取り出し，赤と青のビーズの個数を数えて袋の中に戻す。この実験を 5 回くり返したら，次のような結果になった。

実験回数	1	2	3	4	5
赤のビーズの個数	11	10	9	12	8
青のビーズの個数	19	20	21	18	22

このことから，この袋の中の赤と青のビーズの個数の割合を推定して，最も簡単な整数の比で表せ。

27 母集団の数量を推定する

袋の中にたくさんの同じ玉が入っている。これらの玉のおよその個数を求めるために，まず 40 個を取り出し，すべてに印をつけて袋に戻した。よくかき混ぜてから 50 個を取り出したところ，印のついたものが 10 個あった。
この袋の中には，最初に約何個の玉が入っていたか推定せよ。

FOCUS **標本での比率をもとにして，母集団全体の数量を推定する。**

解き方

よくかき混ぜて標本を取り出したので，

(袋の玉の個数)：(印のついた玉の個数)

は，およそ

50 ： 10

と推定できる。

したがって，最初の玉の個数を x 個とすると，

$$\boldsymbol{x : 40 = 50 : 10}$$

この比例式を解いて，

$$10 \times x = 50 \times 40$$
$$10x = 2000$$
$$x = 200$$

答え 約 200 個

もっとくわしく

1 回の実験だけでは推定した比率がかたよる場合があるので，実際には取り出す実験を何度も行ってから推定する。

Return

母集団 ➡24
比例式を方程式に変形して解く ➡ 方程式編 7

学習のPOINT 標本調査の比率から比例式をつくって解くと，母集団全体の数量を推定することができる。

確認問題

436 ある釣り堀にいるフナの数を推定するために，あみですくった 96 匹に目印をつけて釣り堀にもどした。翌日に再びあみですくったら，70 匹中 12 匹に印がついていた。この釣り堀には，最初に約何匹のフナが入っていたか推定せよ。

データの活用編
第1章 データのちらばりと代表値
第2章 場合の数
第3章 確率
第4章 標本調査

28 玉を追加した場合の標本調査を考える

箱の中に同じ大きさの白玉だけがたくさん入っている。白玉の数を推測するために，白玉と同じ大きさの黒玉 100 個を白玉の入っている箱の中に入れてよくかき混ぜてから 50 個を取り出したところ，黒玉が 10 個あった。この箱の中には，最初に約何個の白玉が入っていたか推測せよ。

FOCUS **入っているすべての玉と追加した玉の数の比率を使って考える。**

Return
母集団 ➡24
比例式を方程式に変形して解く ➡ 方程式編 7

解き方

最初に入っていた白玉の数を約 x 個とすると，黒玉 100 個を入れたあとの箱の中のすべての玉の数は $(x+100)$ 個である。また，取り出した 50 個の玉のうち，黒玉は 10 個なので，

$$(x+100):100=50:10$$

この比例式を解いて，

$$\begin{aligned} 10\times(x+100)&=50\times100 \\ 10x+1000&=5000 \\ 10x&=4000 \\ x&=400 \end{aligned}$$

答え　約 400 個

学習のPOINT 別の玉を追加する前の玉の数を文字でおく。

確認問題

437 袋の中に同じ大きさの白玉だけがたくさん入っている。白玉の数を推測するために，白玉と同じ大きさの赤玉 40 個を白玉の入っている袋の中に入れてよくかき混ぜてから 100 個を取り出したところ，赤玉が 5 個あった。この箱の中には，最初に約何個の白玉が入っていたか推測せよ。

章末問題

解答 ➡p.97

184 次の調査を行うとき，全数調査と標本調査のどちらが適当であるかをいえ。

(1) ある駅の一日の乗降客数調査

(2) 工場で生産した電球の耐久時間調査

(3) テレビ番組の視聴率調査

185 ある工場で作られた製品 20000 個から，無作為に 500 個を取り出して不良品を調べたら 4 個あった。このとき，次の問いに答えよ。

(1) この調査の母集団とその大きさをいえ。

(2) この調査の標本とその大きさをいえ。

(3) この工場で作られる製品は，何％が不良品と考えられるか。

(4) 製品 20000 個のうち，不良品の数を推定せよ。

186 日本人の血液型の割合を調べた調査によると，表のようになっている。

血液型	O 型	A 型	B 型	AB 型
割合(％)	29	39	22	10

人口 50000 人の X 市には，血液型が A 型の人は何人いるか推定せよ。

187 袋に入っている米粒の数を推定するために，色をつけた米粒を袋に 1000 粒入れた。よくかき混ぜてから 800 粒を取り出したところ，色のついた米粒が 20 粒あった。この袋の中には，最初におよそ何粒の米粒が入っていたか推定せよ。

入試問題編

1 公立入試問題

解答 ➡p.98

1 次の各問に答えよ。(埼玉県)

(1) $4 \times (-3) + 7$ を計算せよ。

(2) $\sqrt{27} - \sqrt{3}$ を計算せよ。

(3) 2次方程式 $2x^2 - 5x + 1 = 0$ を解け。

(4) 連立方程式 $\begin{cases} x + 2y = 5 \\ 2x - 3y = 3 \end{cases}$ を解け。

2 5000円のこづかいを姉と妹で分けた。姉のこづかいは妹のこづかいの2倍より500円多かったという。姉のこづかいは何円か求めよ。 (茨城県)

3 右の図のように，$\ell \parallel m$ のとき，$\angle x$，$\angle y$ の大きさを求めよ。 (沖縄県)

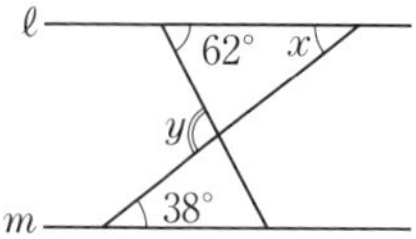

4 右の図は，AB = 3cm，BC = 7cm の三角形ABCである。頂点Bから辺ACに引いた垂線の長さが2cmのとき，次の問いに答えよ。(神奈川県)

(1) 辺ACの長さを求めよ。

(2) この三角形ABCを，辺ACを軸として1回転させたときにできる立体の表面積を求めよ。ただし，円周率は π とする。

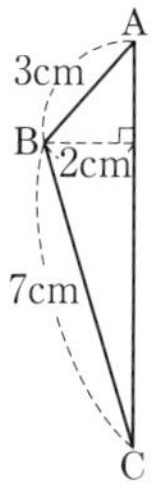

5 図で，Oは原点，A，Bはそれぞれ一次関数 $y = -\frac{1}{3}x + b$（b は定数）のグラフと x 軸，y 軸との交点である。

△BOAの内部で，x 座標，y 座標がともに自然数となる点が2個であるとき，b がとることのできる値の範囲を，不等号を使って表しなさい。

ただし，三角形の周上の点は内部に含まないものとする。

(愛知県)

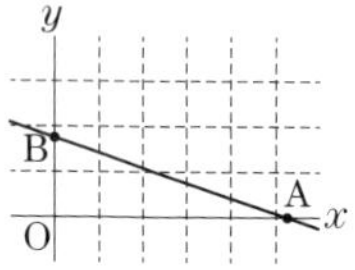

6 右の図で，2点A，Bは関数 $y = ax^2$ のグラフ上の点で，点A，Bの x 座標はそれぞれ -2，4である。また，直線ABの傾きは1である。次の(1)，(2)の問いに答えよ。 (大分県)

(1) a の値を求めよ。

(2) 直線ABの式を求めよ。

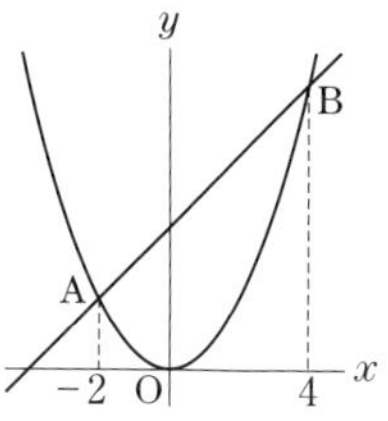

7 右の図のように，円Oの円周上に3点A，B，Cがあり，△ABCはAB = ACの二等辺三角形である。点Bをふくまない$\overset{\frown}{AC}$上の点をPとし，点Bを通り線分APに平行な直線と線分PCの延長との交点をQとする。ただし，点Pは点A，Cと異なる点とする。このとき，次の(1)，(2)の問いに答えよ。（千葉県）

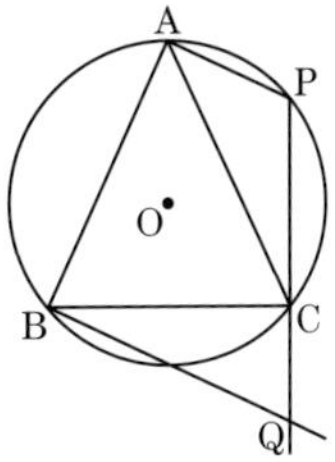

(1) △PBQが二等辺三角形であることを証明せよ。

(2) AP = 4cm，PQ = 7cm，∠BCQ = 90°のとき，△PAQの面積を求めよ。

8 右の図において，①は関数$y = ax^2$，②は関数$y = bx^2$のグラフであり，①は点A(− 2，4)を通る。また，x軸上の点B(3，0)を通り，x軸に垂直な直線と①，②との交点をそれぞれC，Dとする。このとき，次の(1)～(3)に答えよ。（山梨県）

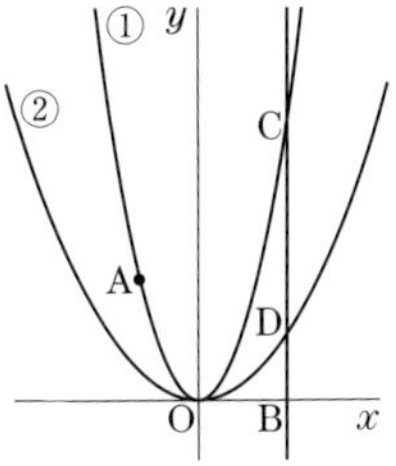

(1) aの値を求めよ。

(2) △ABCの面積を求めよ。

(3) △ADCの面積が△ABDの面積の3倍となるとき，bの値を求めよ。

9 右の図で，四角形ABCDはAB = 8cm，AD = 16cmの長方形である。点Oは，対角線の交点であり，点Pは，辺BC上を点Cから点Bまで毎秒1cmの速さで動く点である。また，点Qは，線分APと対角線BDとの交点である。

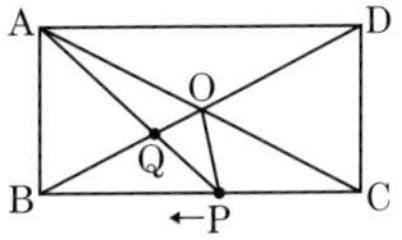

このとき，次の各問いに答えよ。なお，答えに$\sqrt{\ }$がふくまれるときは，$\sqrt{\ }$を用いて最も簡単な形で書け。（三重県）

(1) 線分AOの長さを求めよ。

(2) 点Pが点Cを出発してから2秒後の△AOPの面積を求めよ。

(3) ∠AOP = 90°となるのは，点Pが点Cを出発してから何秒後か，求めよ。

(4) △ABQ = $\frac{1}{4}$△ABCとなるのは，点Pが点Cを出発してから何秒後か，求めよ。

10 右の図のように，△ABCの2辺AB，ACをそれぞれ1辺とする正方形ADEB，ACFGを△ABCの外側につくる。このとき，
△ABG ≡ △ADCであることを証明せよ。ただし，∠BACは90°より小さいものとする。（新潟県）

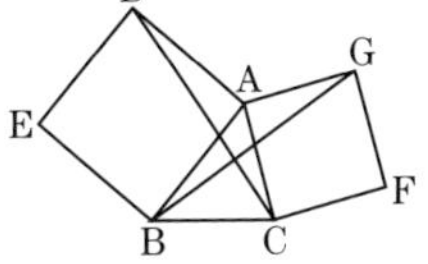

11 思考力

mを自然数とする。原点O，A$(m,\ 0)$，B$(m,\ 3m)$，C$(0,\ 3m)$の4つの点を頂点とする長方形OABCがある。長方形OABCの周上および対角線AC上にある，x座標，y座標がともに整数である点を○で表し，白い点とよぶことにする。また，△OACおよび△ABCの内部にある，x座標，y座標がともに整数である点を●で表し，黒い点とよぶことにする。右の図のように，たとえば，$m=3$のとき，白い点の個数は26個，黒い点の個数は14個である。

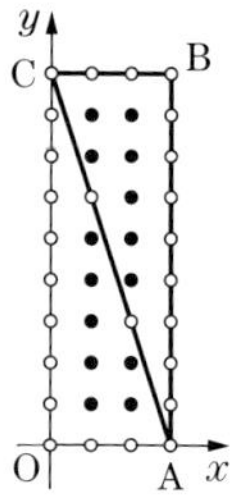

このとき，次の問い(1)・(2)に答えよ。　（京都）

(1) $m=4$のとき，白い点の個数および黒い点の個数を求めよ。

(2) 白い点の個数が458個であるmの値を求めよ。また，そのときの黒い点の個数を求めよ。

12

下の図1のような枠がある。この枠のA，B，C，D，Eの位置に，自然数を1から順に1，2，3，…と入れて，下の図2のように1番目，2番目，3番目，…の枠を完成させていく。このとき，次の(1)・(2)の問いに答えよ。（高知県）

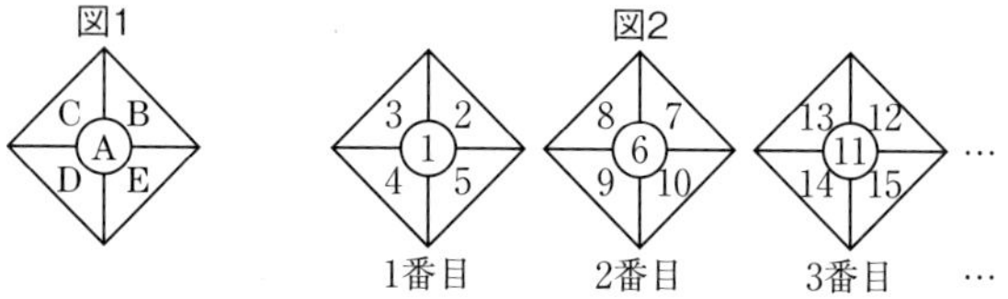

(1) B，C，D，Eの位置に入れた数の和が374になる枠のAの位置に入れた数を求めよ。

(2) n番目の枠のBの位置に入れた数が，7番目の枠のDの位置に入れた数の4倍に1を加えた数に等しくなる。このときのnの値を求めよ。

13

右の図のように，1辺の長さが4cmの立方体ABCD－EFGHにおいて，辺CGの延長上に，GC＝CLとなるような点Lをとり，線分LFと辺BCの交点をM，線分LHと辺CDの交点をNとする。また，線分ACとMNの交点をP，線分EGとFHの交点をQ，線分AGと平面MNHFとの交点をRとする。このとき，次の(1)～(4)の問いに答えよ。（新潟県）

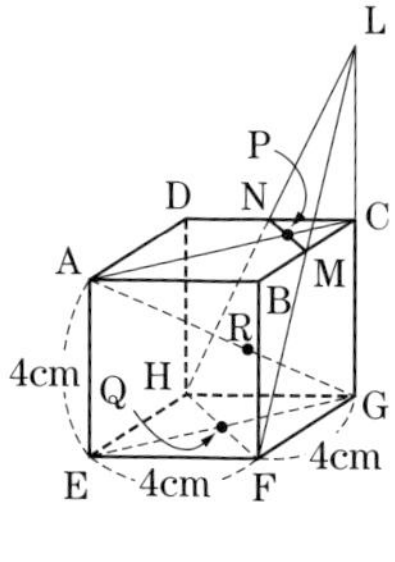

(1) △LNMと△LHFの面積の比を答えよ。

(2) 三角錐LFGHの体積を求めよ。

(3) 線分CPと線分AGの長さを，それぞれ求めよ。

(4) 線分GRの長さを求めよ。

14 右の図は，直方体ABCD－EFGHから三角柱ABP－DCQを切り取った立体で，AD＝18cm，AE＝18cm，EF＝12cm，PF＝6cmである。
このとき，次の(1)，(2)に答えよ。なお，途中の計算も書くこと。　(石川県)

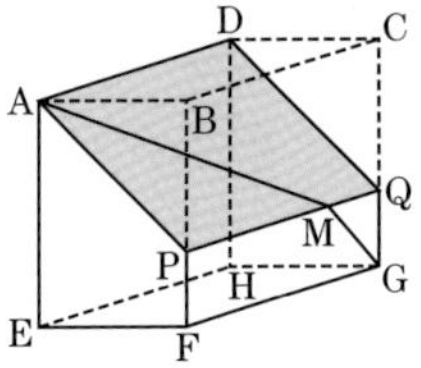

(1) 辺PQ上を動く点Mがあり，AM＝MGとなったとき，PMの長さを求めよ。
(2) 面AEHDと平行な面で，この立体の体積を2等分するように切ったときの，切り口の図形の面積を求めよ。

15 同じ大きさの立方体の積木(つみき)がある。このとき，次の各問いに答えよ。(沖縄県)

思考力

(1) 積木を，図1のように(□1)は1個，(□2)は3個，(□3)は5個，…と規則的に置いていく。
(□5)をつくるときに必要な積木の個数を求めなさい。

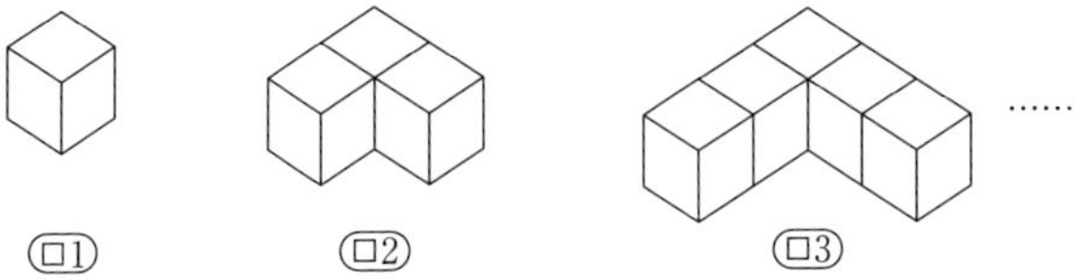

図1

(2) 次の図2のように，図1の積木を
(1段)は(□1)の1段
(2段)は(□1)と(□2)の2段
(3段)は(□1)と(□2)と(□3)の3段
⋮
と規則的に積み上げる。

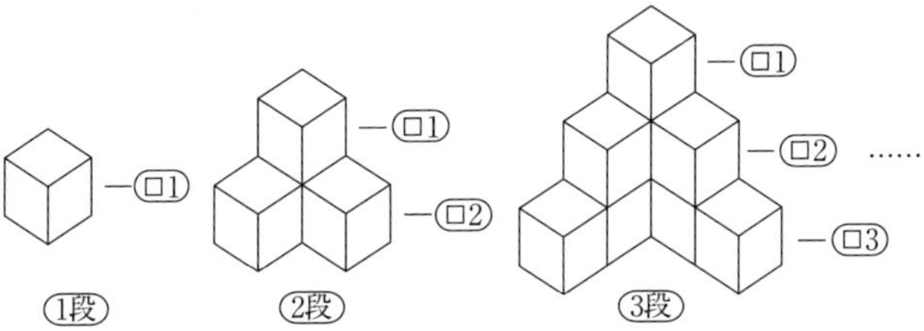

図2

このとき，次の問いに答えなさい。
① (5段)をつくるときに必要な積木の個数を求めよ。
② (n段)をつくるときに必要な積木の個数を，文字式の表し方にしたがってnを使った式で表しなさい。
③ 積木が全部で2018個あるとき，最大［　ア　］段まで積み上げることができ，［　イ　］個あまる。
［　ア　］，［　イ　］にあてはまる数を求めなさい。

16 右の〔図１〕のような△ABCがある。辺AB，BCの中点をそれぞれP，Qとする。
次の(1)，(2)の問いに答えなさい。　（大分県）

〔図1〕

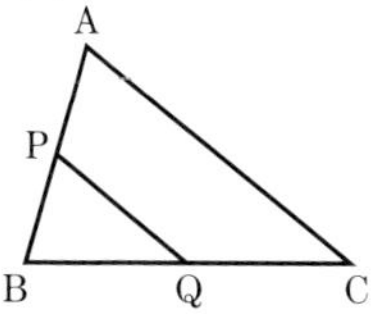

(1) AC = 6cm とするとき，線分PQの長さを求めなさい。

(2) △ABCの外部に点Dをとり，四角形ABCDをつくる。
四角形ABCDの辺CD，ADの中点をそれぞれR，Sとする。
次の①，②の問いに答えなさい。

① 右の〔図２〕のように，4点P，Q，R，Sを結んで四角形PQRSをつくる。
この四角形PQRSが平行四辺形であることを証明しなさい。

〔図2〕

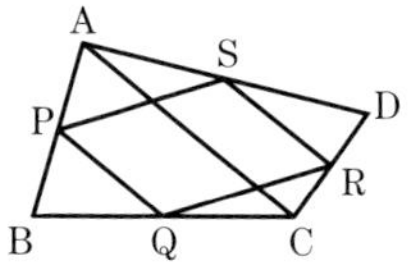

思考力 ② 右の〔図３〕のように，平行四辺形PQRSが正方形になるような点Dの位置について考える。
△ABCから，この点Dの位置を決める作図の１つとして，下の［作図方法］で，右の〔図４〕のような作図をした。

〔図3〕

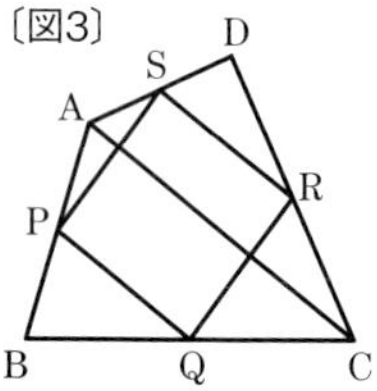

〔図4〕

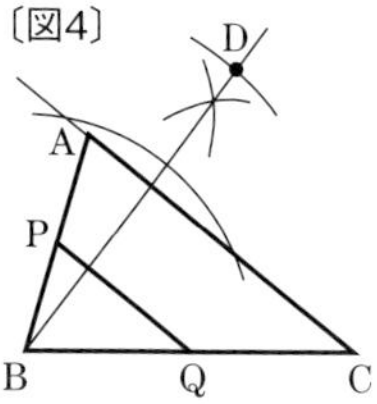

［作図方法］
1　点Bを通る線分ACの垂線をひく。
2　AC = BDとなる点Dをとる。

次の［説明］は，上の［作図方法］から求めた点Dによってできる平行四辺形PQRSが正方形であることを，説明したものである。

［説明］
正方形は，4つの角がすべて等しく，4つの辺がすべて等しい四角形であるので，平行四辺形PQRSが正方形になるための条件は，[　I　]である。
よって，[　I　]であることを示す。

Ⅱ

ゆえに，[　I　]であるので，平行四辺形PQRSは正方形である。

I には最も適当なものを下のア～エから1つ選び，記号を書き，Ⅱには，AC ⊥ BD，AC = BD を用いて続きを書き，［説明］を完成させなさい。

ア　PQ ⊥ PS，PR = QS
イ　PQ ⊥ PS，PQ = PS
ウ　PQ ⊥ PS，SP ⊥ SR
エ　PQ = PS

17

右の図で，㋐は関数 $y = ax^2$，㋑は関数 $y = \dfrac{b}{x}$ のグラフである。㋐，㋑の交点を A(－4，4)とする。

（秋田県）

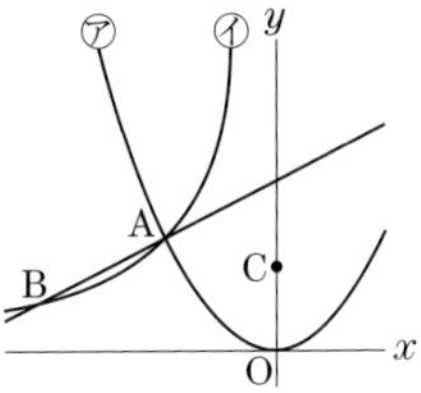

(1) a の値を求めよ。

(2) 点Bは㋑上の点でその x 座標が－8であり，点Cの座標は(0，3)である。直線ABに平行で，点Cを通る直線の式を求めよ。

18

図のように，正五角形ABCDEの頂点Aに白石と黒石が1つずつ置いてある。大小2つのさいころを同時に1回だけ投げ，次の規則にしたがって，この石を矢印の向きに，頂点から頂点へと進める。

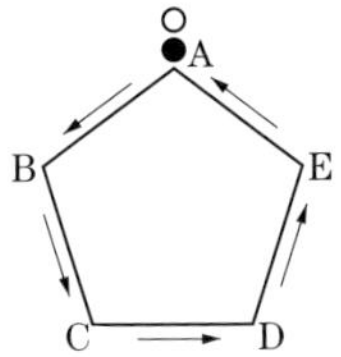

＜規則＞
・白石は，大きなさいころの出た目の数と同じだけ進める。
・黒石は，小さなさいころの出た目の数の2倍だけ進める。

例えば，大きなさいころの出た目が2のとき，白石を頂点Aから頂点Cまで，小さなさいころの出た目が3のとき，黒石を頂点Aから1周して，さらに頂点Bまで，それぞれ進める。
大小2つのさいころを同時に1回だけ投げるとき，次の問いに答えよ。

（兵庫県）

(1) 白石が頂点Dに，黒石が頂点Eにあるのはどのようなときか，2つのさいころの出た目の数を，それぞれ答えよ。

(2) 白石と黒石が同じ頂点にあるようなさいころの目の出方は，全部で何通りあるか，答えよ。

(3) 頂点A，白石のある頂点，黒石のある頂点の3点を結んで三角形ができる確率を求めよ。

19 右の図のように，正方形ABCDの対角線ACの延長上に点Eをとり，DEを1辺とする正方形DEFGをつくる。次の(1)〜(3)の問いに答えよ。

（岐阜県）

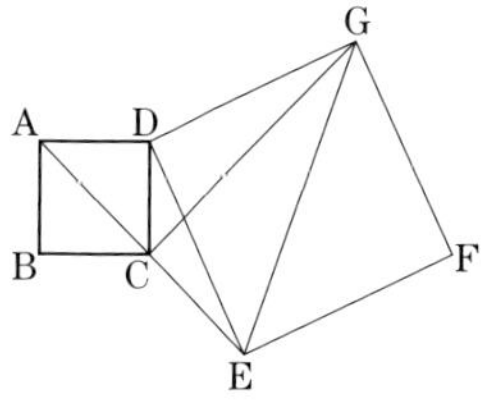

(1) AE = CGであることを証明せよ。

(2) ∠DCGの大きさを求めよ。

(3) AB = 1cm，AC = CEのとき，△CEGの面積は何cm^2であるかを求めよ。

20 ある菓子店では，A，B 2種類の菓子を，箱に詰め合わせて売ることにした。A 10個とB 5個を詰め合わせると箱代を合わせて1000円になり，A 5個とB 10個を詰め合わせると箱代を合わせて900円になる。箱代はどちらも50円である。

このとき，A 1個の値段とB 1個の値段を，用いる文字が何を表すかを示して方程式をつくり，それを解く過程を書いて，それぞれ求めよ。ただし，消費税は考えないものとする。

（岩手県）

21 右の図のように，池のまわりに1周3360mの道がある。この道を，陽子さんは自転車に乗り毎分200mの速さで進み，太郎さんは歩いて毎分80mの速さで進むものとする。

このとき，次の(1)，(2)に答えよ。なお，途中の計算も書くこと。

（石川県）

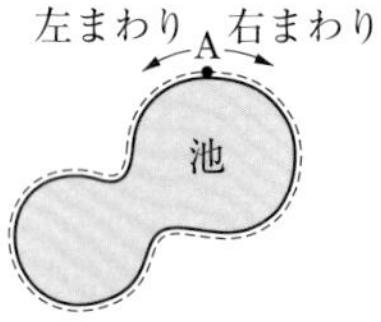

(1) 陽子さんが右まわりに，太郎さんが左まわりにA地点を同時に出発した。このとき，2人が出発してから初めて出会うのは何分後か，求めよ。

(2) 太郎さんがA地点から右まわりに出発し，その15分後に陽子さんも同じようにA地点から右まわりに出発した。このとき，陽子さんが太郎さんに初めて追いつくのは，A地点から右まわりに何m進んだ地点か，求めよ。

22

右の図は，関数 $y = ax + 4$ …①のグラフと関数 $y = \frac{1}{2}x^2$ …②のグラフを示したものであり，2つのグラフは，2点A，Bで交わっている。点Aの座標は$(-4, 8)$，点Bのx座標は2で，点Oは原点である。このとき，次の(1)〜(3)の問いに答えよ。(鹿児島県)

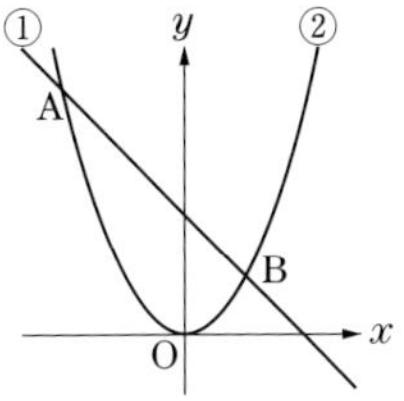

(1) aの値を求めよ。

(2) 関数②について，xの値が0から2まで増加するときの変化の割合を求めよ。

(3) 関数①のグラフとy軸との交点をCとする。また，関数①のグラフ上の点でx座標が-2である点をD，関数②のグラフ上の点でx座標が-2である点をEとする。このとき，次のア，イの問いに答えよ。ただし，座標の1目もりを1cmとする。

ア　三角形DECの面積は何cm^2か。

イ　四角形DEOBを直線ABを軸として1回転してできる立体の体積は何cm^3か。ただし，円周率はπとする。

23

右の図で，円Oの周上の点Aを通る，円Oの接線を，定規とコンパスを使って作図せよ。ただし，作図に用いた線は消さないこと。(山口県)

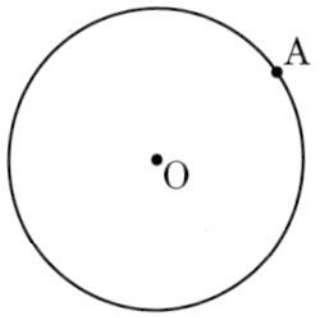

24

図において，△ABCはAB = ACの二等辺三角形であり，頂点A，B，Cは円Oの円周上にある。$\overset{\frown}{AC}$上に点Dをとり，点Aを通りBDに平行な直線と円Oとの交点をEとする。BDとCE，CAとの交点をそれぞれF，Gとし，CEとABとの交点をHとする。このとき，次の(1)，(2)の問いに答えよ。(静岡県)

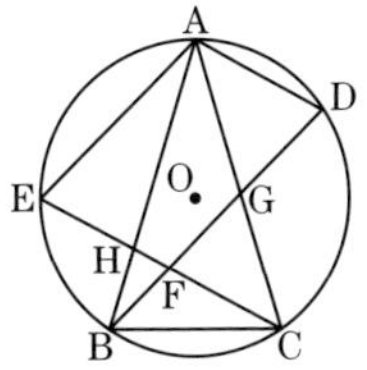

(1) 四角形AEFDは平行四辺形であることを証明せよ。

(2) 円Oの半径が3cmで，$\angle EAD = 117°$のとき，$\overset{\frown}{BC}$に対する中心角の大きさを求めよ。また，$\overset{\frown}{BC}$の長さを求めよ。ただし，円周率はπとする。

25

次の(1)〜(7)の問いに答えよ。(宮崎県)

(1) $-6-4$ を計算せよ。

(2) $\left(-\frac{3}{2}\right) \div \left(-\frac{9}{10}\right)$ を計算せよ。

(3) $3(a+2b)-4(a-b)$ を計算せよ。

(4) 二次方程式 $x^2+7x+12=0$ を解け。

(5) 関数 $y=2x^2$ について，x の値が1から3まで増加するときの変化の割合を求めよ。

(6) 右の図のように，円Oの円周上に，4点A，B，C，Dがある。
AC ⊥ BD，∠DAC = 40° であるとき，∠ACBの大きさ x を求めよ。

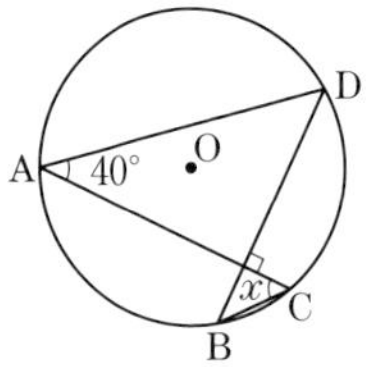

(7) 右の図のように，点Aと直線 ℓ がある。点Aを中心とし，直線 ℓ に接する円を，コンパスと定規を使って作図せよ。作図に用いた線は消さずに残しておくこと。

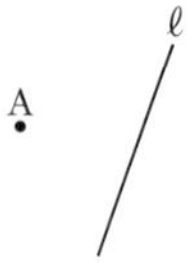

26

右の図のように，1から5までの数字を1つずつ書いた同じ大きさの5個の玉が袋の中に入っている。この袋の中の玉をよくかきまぜて，まず1個を取り出し，続いて残りの4個の玉が入った袋からもう1個を取り出す。

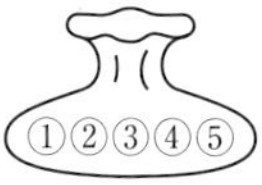

1回目に取り出した玉に書いてある数を a，2回目に取り出した玉に書いてある数を b とするとき，次の(1)〜(3)に答えよ。(長崎県)

(1) $a+b=5$ となるような玉の取り出し方は全部で何通りあるか。

(2) $a>b$ となるような玉の取り出し方は全部で何通りあるか。

(3) $\sqrt{a+b}$ の値が整数になる確率を求めよ。

27

右の図のように，P地点からQ地点までの道のりが3000mのサイクリングコースがある。このコース上のPからQの間にはA地点とB地点があり，AからBまでの道のりは，PからAまでの道のりの2倍である。
Sさんが自転車に乗ってこのコース上をPからQまで走ったとき，平均の速さはそれぞれ，PからAまでが分速300m，AからBまでが分速200m，BからQまでが分速300mで，Pを出発してから13分後にQに着いた。

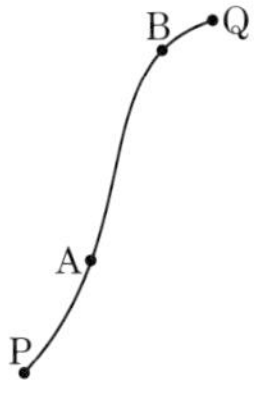

このとき，PからAまでの道のりは何mか。PからAまでの道のりを xm として方程式を作り，求めよ。(北海道)

28

右の図のように，関数 $y = ax^2$ のグラフと点 A(3, 2) がある。A と原点 O を通る直線が，O 以外でこの関数のグラフと交わる点を B とし，また，A を通り x 軸に垂直な直線が，この関数のグラフと交わる点を C とする。B の x 座標が -2 であるとき，次の(1)，(2)の問いに答えよ。（福島県　改題）

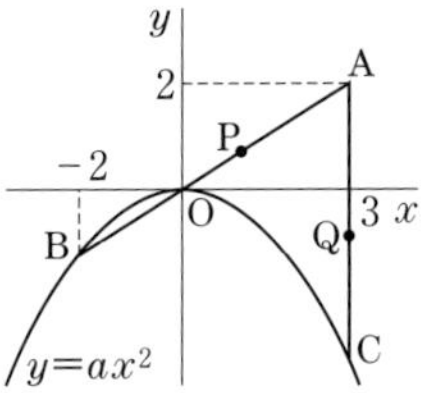

(1) a の値を求めよ。

(2) $0 < k < 1$ をみたす数 k をとり，この k の値に対して，線分 AB，AC 上にそれぞれ点 P，Q を，BP : BA = k : 1，AQ : AC = k : 1，すなわち，BP = kBA，AQ = kAC となるようにとる。

① $k = \frac{1}{2}$ であるとき，△ABC の面積と△BPQ の面積の比を求めよ。

② ある k の値に対して P，Q をとったところ，△ABC の面積と△BPQ の面積の比が 16 : 9 となった。このとき，Q の座標を求めよ。

29

正六角形の形をした同じ大きさの鉛筆がある。次の(1)・(2)に答えよ。（徳島県）

(1) 図1のように，この鉛筆を1番目，2番目，3番目，…と，ひもで束ねていくとき，いちばん外側の鉛筆（色のついている部分）の本数について，次の(a)・(b)に答えよ。

図1

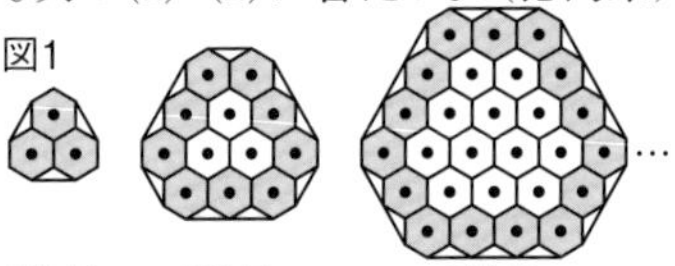

1番目　2番目　3番目

(a) 4番目の束の，いちばん外側の鉛筆の本数を，求めよ。

(b) n 番目の束の，いちばん外側の鉛筆の本数を，n を用いて表せ。

(2) 鉛筆の底面が1辺 4mm の正六角形で，長さが 15cm のとき，次の(a)・(b)に答えよ。

(a) 図2のように，3本の鉛筆を束ねるときに必要なひもの長さは最低何 mm か，求めよ。ただし，ひもの太さやむすび目は考えないものとする。

図2

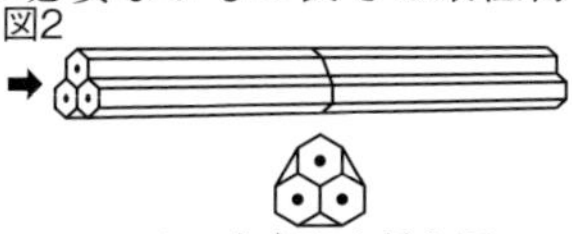

➡の方向から見た図

(b) 図3のように，3本の鉛筆が，きっちりはいる円柱の形をした入れ物の体積は何 cm^3 か，求めよ。ただし，入れ物の厚みは考えないものとする。また，円周率は π とする。

図3

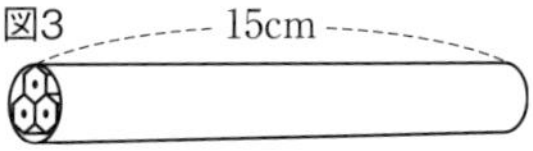

30

ある中学校の卓球部の生徒，男女合わせて 54 人がスポーツ施設で練習した。男子部員と女子部員に分かれて，1 台につき 2 人または 4 人で，練習の初めから終わりまで同じ卓球台を使用したとき，使用状況は下の表のとおりであった。男子は 3 時間，女子は 2 時間それぞれ卓球台を使用した。使用料は卓球台 1 台につき 1 時間ごとに 100 円であり，その使用料の合計は 5000 円であった。下の表の(ア)の卓球台の数を x，(イ)の卓球台の数を y として方程式をつくり，(ア)と(イ)をそれぞれ求めよ。ただし，消費税は考えないものとする。 （群馬県）

	2人で使用	4人で使用
男子が使用した卓球台の数(台)	(ア)	5
女子が使用した卓球台の数(台)	4	(イ)

31

図 1 のように，一辺が 6cm の正方形 ABCD の辺 BC 上に点 E がある。
AE と BD の交点を F とする。
次の〔問 1〕，〔問 2〕に答えなさい。 （和歌山）

図1

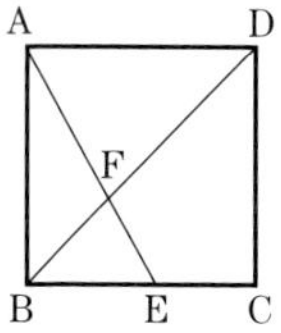

〔問 1〕 次の(1)，(2)に答えなさい。

(1) BE : EC = 3 : 2 のとき，AF : FE を求めなさい。

(2) ∠ BFE = ∠ BEF のとき，BF の長さを求めなさい。

〔問 2〕 図 2 のように，E を通り BD に平行な直線と辺 DC との交点を G とする。また，辺 AD の延長上に AD = DH となる点 H をとり，H と G を結ぶ。
次の(1)，(2)に答えなさい。

図2

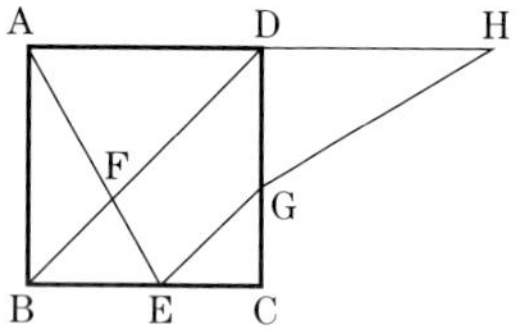

(1) △ ABE ≡ △ HDG を証明しなさい。

(2) 図 3 のように，HG の延長と AE との交点を I とする。∠ BAE = 30° のとき，四角形 IECG の面積を求めなさい。

図3

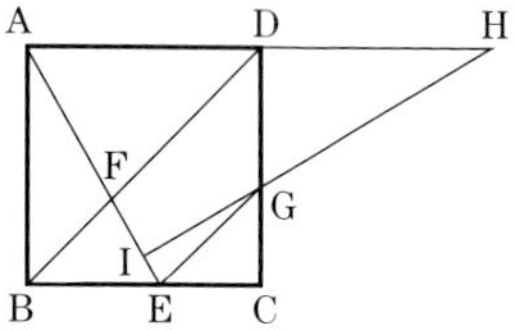

難関校問題

32

次の各問に答えよ。（東京都立　西高）

(1) $\sqrt{54}\left(\sqrt{3}-\dfrac{1}{\sqrt{2}}\right)+\dfrac{\sqrt{18}-18}{\sqrt{2}}$ を計算せよ。

(2) p を整数の定数とする。2つの x についての二次方程式

$x^2-2px+p+1=0$ …①

$x^2-5x+6=0$ …②

について，②の方程式の1つの解が①の方程式の解になっている。このとき，①の方程式の解を求めよ。

(3) n を自然数とする。$\sqrt{\dfrac{224n}{135}}$ が分母と分子がともに自然数である分数となる最も小さい n の値を求めよ。

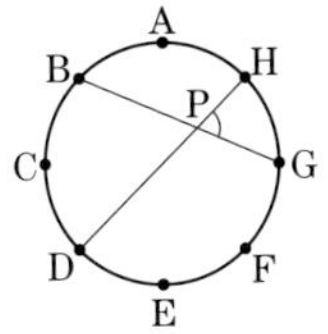

(4) 右の図で，点A，B，C，D，E，F，G，Hは円周を8等分した点を表している。点Bと点Gを結んだ線分と，点Dと点Hを結んだ線分との交点をPとする。∠GPHの大きさは何度か。

(5) 2つのさいころを投げるとき，出る目の数の積が3で割り切れる確率を求めよ。ただし，さいころの1から6までの目の出る確率はすべて等しいものとする。

33

右の図1で，四角形ABCDは1辺の長さが4cmの正方形である。点Eは辺ADをDの方向に延ばした直線上にあり，AD＝DEとなる点である。頂点Bと点Eを結び，線分BEと辺CDとの交点をPとする。次の各問に答えよ。（東京都立　新宿高）

図1

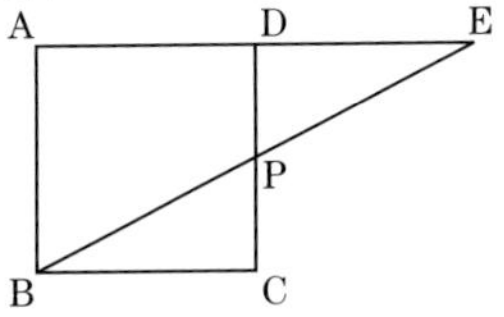

(1) 右の図2は，図1において，頂点Aと頂点Cを結び，線分ACと線分BEとの交点をQとした場合を表している。線分AQの長さは何cmか。

図2

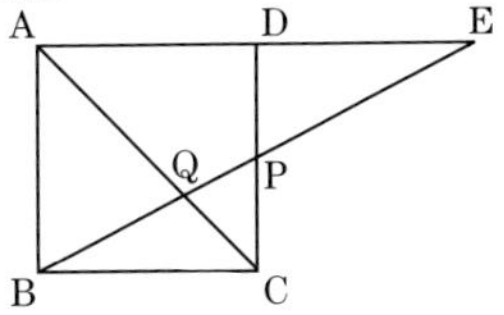

(2) 右の図3は，図1において，辺BCの中点をRとし，頂点Aと点Rを結び，線分ARと線分BPとの交点をSとした場合を表している。次の①，②に答えよ。

図3

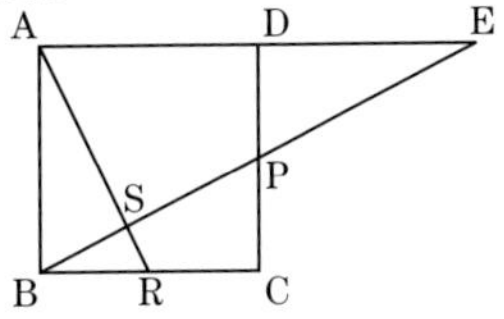

① AR ⊥ BPであることを証明せよ。

② 図3において，頂点Aと点Pを結ぶとき，△ASPの面積は何cm^2か。ただし，答えだけでなく答えを求める過程がわかるように，途中の式や計算なども書け。

34

右の図1で，点Oは原点，四角形ABCOは正方形であり，頂点Aの座標は(0, 5)，頂点Bの座標は(− 5, 5)，頂点Cの座標は(− 5, 0)である。点Pは，頂点Aを出発し，毎秒1cmの速さで，辺AB，辺BC，辺CO，辺OAの順に，正方形の周上を一周する。点Pを通り，傾きが$\frac{1}{2}$の直線をℓとする。座標軸の1目盛りを1cmとして，次の各問に答えよ。　　(東京都立　国分寺高)

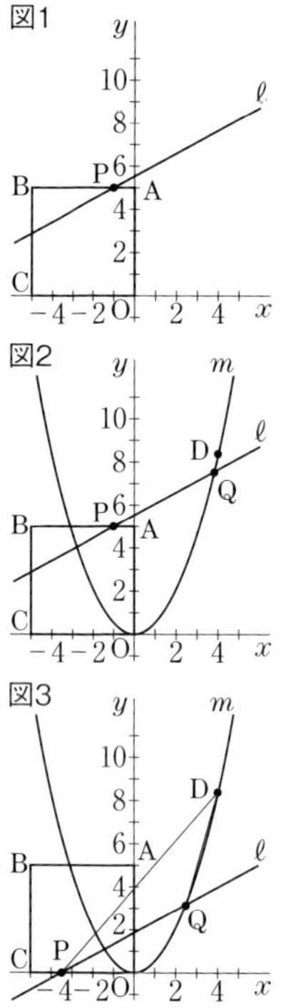

(1) 直線ℓがy軸と交わる点のy座標をkとする。
点Pが頂点Aを出発してから10秒後までの間に，kのとる値の範囲を不等号を使って，[　　] $\leqq k \leqq$ [　　] で表せ。

(2) 右の図2は，図1において，関数$y = \frac{1}{2}x^2$で表される曲線mをかいた場合を表している。曲線m上にあり，x座標が4である点をDとする。直線ℓが曲線mと交わる点のうち，x座標が正である点をQとする。点Qが点Dと一致するのは，点Pが頂点Aを出発してから何秒後と何秒後か。

(3) 右の図3は，図2において，点Pが辺CO上にある場合を表している。点Dと点P，点Dと点Qをそれぞれ結ぶ。点Pが辺CO上にあり，点Qのy座標が2となるとき，△DPQの面積は何cm^2か。ただし，答えだけでなく，答えを求める過程が分かるように，途中の式や計算なども書け。

35

三角すいABCDが△BCDを底面にして，机の上におかれている。辺の長さはAB = 1，AC = $\sqrt{2}$，AD = $\sqrt{5}$，BD = $\sqrt{6}$であり，また∠BAC = ∠CBD = 90°とする。　　(お茶の水女子大学附属高)

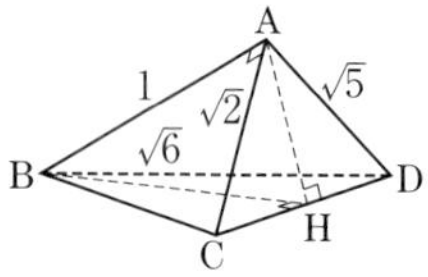

(1) DCの長さを求めよ。

(2) △ACDにおいて，Aから辺CDに垂線AHをひく。
線分AHの長さを求めよ。

(3) 三角すいABCDの体積を求めよ。

(4) BHはCDに垂直になるという。

(i) 三角すいABCDを辺CDを軸に頂点Aが机につくまで回転させるとき，△ABHが通過する部分を作図し，斜線を引いて示せ。
•――――• 左の線分の長さを1として作図すること。

(ii) △ABHが通過する部分の面積を求めよ。

36 右の図1に示した立体ABCD－EFGHは1辺の長さが2cmの立方体である。次の各問に答えよ。（東京都立　墨田川高）

(1) 図1において，正方形EFGHの対角線の交点をOとした場合を考える。頂点Dと点Oを結ぶ。線分DOの長さは何cmか。

図1

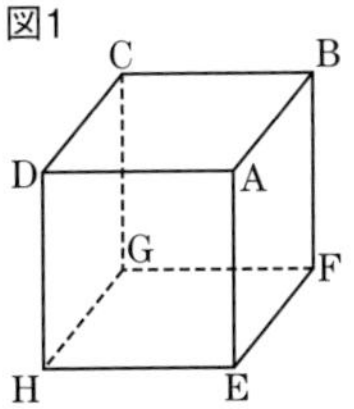

(2) 図1の立方体の辺上を毎秒1cmの速さで移動する3点P，Q，Rがある。3点P，Q，Rは頂点Aを同時に出発し，4秒間で，点Pは頂点Bを通り頂点Cまで，点Qは頂点Dを通り頂点Cまで，点Rは頂点Eを通り頂点Hまでそれぞれ移動する。3点が頂点Aを出発してからの時間をx秒とする。

次の①，②に答えよ。

① $x=1$のとき，点Pと点Q，点Qと点R，点Rと点Pをそれぞれ結んでできる△PQRを考える。△PQRの面積は何cm^2か。

② 右の図2は，$2<x<4$のとき，頂点Aと点P，頂点Aと点Q，頂点Aと点R，点Pと点Q，点Qと点R，点Rと点Pをそれぞれ結んでできる三角すいA－PQRを表している。三角すいA－PQRの体積が$1cm^3$のとき，xの値を求めよ。ただし，答えだけでなく答えを求める過程がわかるように，途中の式や計算なども書け。

図2

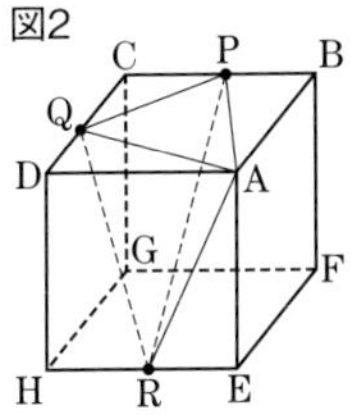

37 図の放物線は関数$y=4x^2$のグラフである。点Aは放物線上の点で，座標は$(-2,\ 16)$であり，点Bの座標は$(-4,\ 0)$である。このとき，線分AB上で，点A，Bとは異なる点Pに対して，放物線上の点Qを△OAPと△OQPの面積が等しくなるようにとる。ただし，点Oは原点である。また，直線OAと直線PQの交点をRとするとき，次の各問いに答えよ。（東京学芸大学附属高）

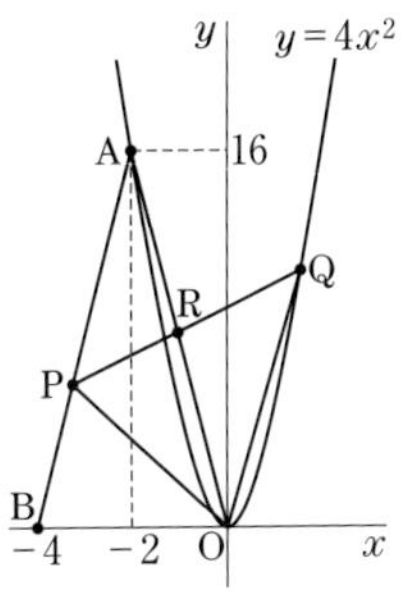

(1) 2点A，Bを通る直線の式を求めよ。

(2) 点Qのx座標が1のとき，点Pの座標を求めよ。

また，このときの△ORPの面積を求めよ。

38

次の①～⑥の［　　］にあてはまる数，または式を求めよ。（筑波大学附属高）

(1) 次の式を因数分解すると，

$(2x + 3)(3x + 2) - (2x + 1)^2 + x + 3 =$ ［　①　］である。

(2) AB = 2cm，BC = 4cm の長方形 ABCD がある。右の図1のように，辺 BC 上に点 P，辺 CD の延長上に点 Q をとり，△APQ の面積が長方形 ABCD の面積と等しくなるようにする。BP = $x$cm，DQ = $y$cm とするとき，y を x の式で表すと，$y =$ ［　②　］である。

図1

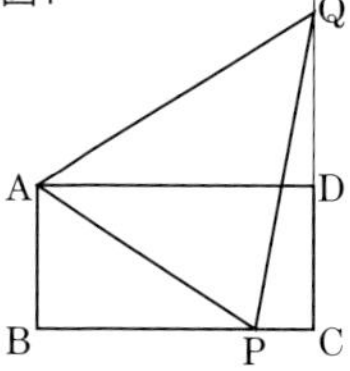

(3) BC = 5cm，AC = 10cm，∠C = 90° の直角三角形 ABC がある。右の図2のように，辺 AB 上に CD = BC となる点 D をとるとき，△DBC の面積は△ABC の面積の［　③　］倍である。

図2

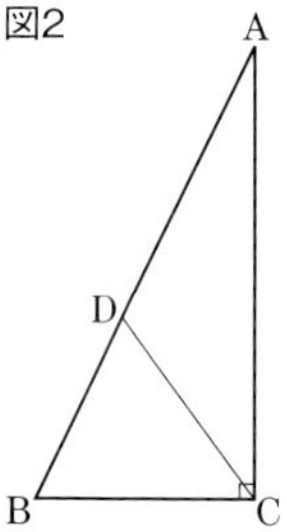

(4) 右の図3の半円 O において，$\overset{\frown}{BC} : \overset{\frown}{DE} = 1 : 4$，CO // DE，∠CDE = 117° のとき，∠AOE = ［　④　］度である。

図3

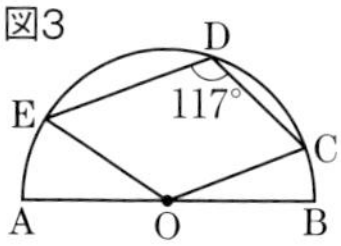

(5) 右の図4のように，1辺の長さが 2cm の正方形 ABCD を対角線 BD を折り目として直角に折り曲げたとき，4点 A，B，C，D を頂点とする四面体の表面積は［　⑤　］cm^2 である。

図4

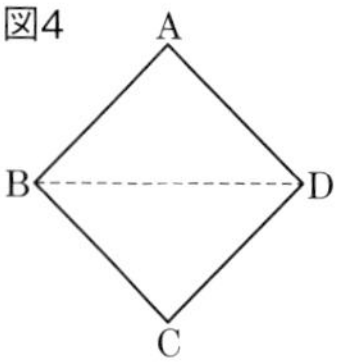

(6) 右の図5のように，正方形 ABCD の頂点上を，A → B → C → D → A →…の順に移動する点 P がある。点 P は，サイコロを投げて偶数の目が出れば，出た目の数だけ順次となりの頂点に移動し，奇数の目が出れば移動しないものとする。頂点 A を出発点として，サイコロを2回投げたとき，点 P が頂点 C の上にある確率は［　⑥　］である。

図5

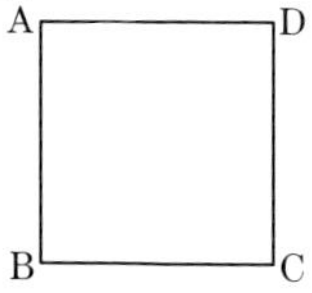

39 ある商店では，気温が高いほどよく売れる商品Aと，気温が低いほどよく売れる商品Bの2種類を製造販売している。2種類の商品の製造個数は，天気予報で発表される販売日の予想最高気温x℃によって，次のように決めている。なお，予想最高気温は整数値である。商品Aについては，$x \geqq 15$のときは，予想最高気温が1℃上がるごとに一定の割合で製造個数を増やすが，$x \leqq 15$のときは，一定の個数を製造する。商品Bについては，$x \leqq 25$のときは予想最高気温が1℃下がるごとに一定の割合で製造個数を増やすが，$x \geqq 25$のときは，一定の個数を製造する。また，$x = 20$のときの商品A，Bの製造個数は，それぞれ400個，500個であり，$x = 25$のときのA，Bの製造個数の合計は905個，$x = 30$のときのA，Bの製造個数の合計は985個であるという。このとき，次の①～③の［　　］にあてはまる数，または式を求めよ。（筑波大学附属高）

(1) $x \geqq 15$のとき，Aの製造個数をy個として，yをxの式で表すと，$y =$［　①　］である。

(2) $x = 15$のときの商品Bの製造個数は［　②　］個である。

(3) 商品AとBを完売した場合の合計売上金額は，$x = 15$のとき141900円，$x = 20$のとき138000円であるという。$15 \leqq x \leqq 30$のとき，商品AとBを完売した場合の合計売上金額が最も少なくなるときの金額は［　③　］円である。

40 思考力

右の図で，四角形ABCDは長方形である。
四角形AEDFは長方形ABCDと相似な長方形であり，長方形ABCDの辺ADは長方形AEDFの対角線ADと一致している。
右の図をもとにして，長方形AEDFを定規とコンパスを用いて作図せよ。
ただし，作図に用いた線は消さないでおくこと。
（東京都立　日比谷）

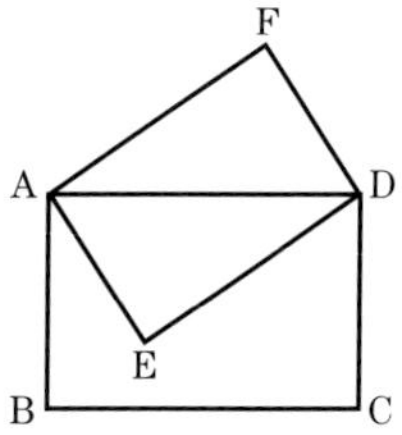

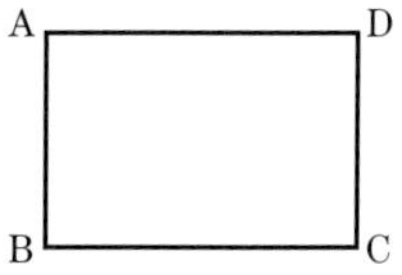

41

右の図1で，点Oは線分ABを直径とする半径が2cmの半円の中心である。
2点C，Dは$\overset{\frown}{AB}$上にあり，点Aと点Bのいずれにも一致しない。∠BODは90°より小さい角であり，$\overset{\frown}{BC}=\overset{\frown}{CD}$である。点Aと点C，点Oと点C，点Oと点Dをそれぞれ結び，線分ACと線分ODの交点をEとする。
次の各問に答えよ。　（東京都立　青山）

図1
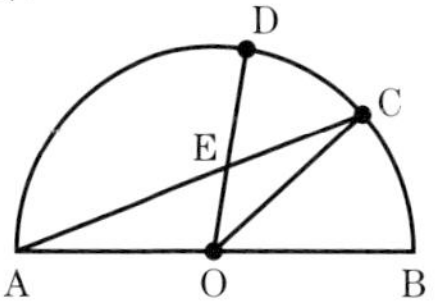

(1) 図1において，∠AED＝123°であるとき，∠BOCの大きさは何度か。

思考力

(2) 右の図2は，図1において，直線ABと直線DCの交点をPとし，点Aと点D，点Bと点Cをそれぞれ結んだ場合を表している。

図2
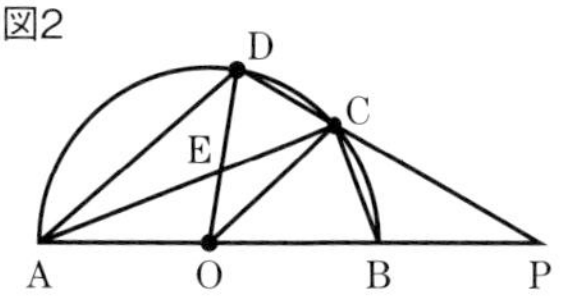

次の3つの条件
　ア　AD＝3cm　　イ　PC：CB＝2：1
　ウ　△APCと△OCDの面積の比が3：1
のうち，いずれか1つの条件を用いて，線分BPの長さは何cmか求めよ。
ただし，答えだけでなく，答えを求める過程が分かるように，途中の式や計算なども書け。直線の平行や垂直を用いるときはその根拠を示し，図形の相似や合同を用いるときは，その証明を書け。
どの条件を用いても，線分BPの長さは同じ値となる。

42

右の図1で，点Oは原点，曲線fは関数$y=x^2$のグラフ，直線ℓは$x=2$のグラフを表している。
曲線f上にある点をAとし，直線ℓ上にあり，y座標が$p(p>4)$である点をPとする。
点Oと点Pを結ぶ。
原点から点(1，0)までの距離，および原点から点(0，1)までの距離をそれぞれ1cmとして，次の各問に答えよ。　（東京都立　青山）

図1
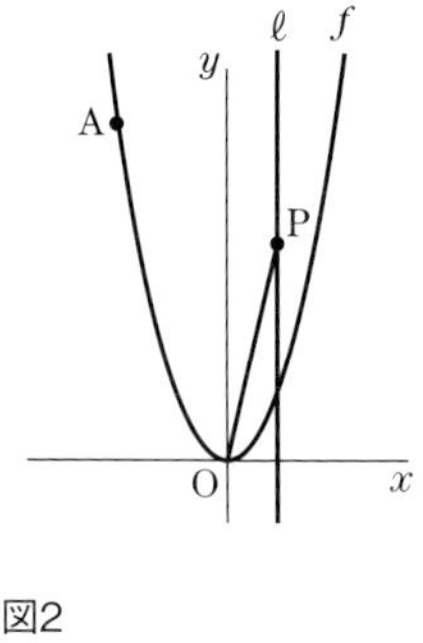

〔問1〕 点Aのx座標が-3，OP＝$2\sqrt{10}$ cmのとき，直線APの式を求めよ。

〔問2〕 右の図2は，図1において，点Pを通り，傾きが2である直線をmとし，直線mと曲線fの交点のうち，x座標が正の数である点をA，直線mとx軸との交点をQとした場合を表している。
次の(1)，(2)に答えよ。

図2
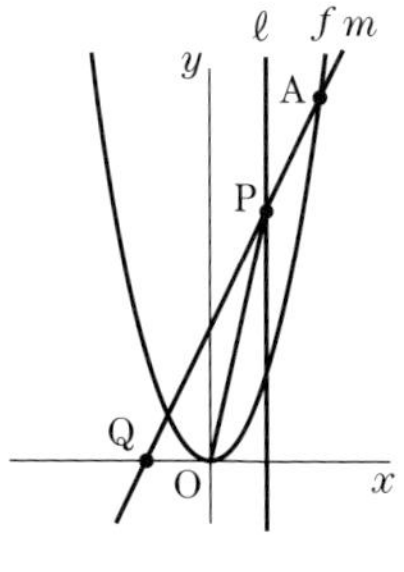

思考力

(1) QP：PA＝7：2のとき，pの値を求めよ。
(2) △OPQの面積が8cm^{2}のとき，点Aの座標を求めよ。
ただし，答えだけでなく，答えを求める過程が分かるように，途中の式や計算なども書け。

2　私立入試問題

解答 ➡p.110

43　次の各問いに答えよ。(江戸川学園取手高)

(1) 連立方程式 $\begin{cases} x + y = \dfrac{7}{2} \\ x : y = 2 : 3 \end{cases}$ を解け。

(2) 不等式 $2 - \dfrac{2x + 1}{3} > \dfrac{1 - 3x}{4}$ を解け。

(3) 5%の食塩水100gとx%の食塩水200gを混ぜたら，7%の食塩水になった。xの値を求めよ。

(4) $(x - y)^2 - 2(y - x) + 1$ を因数分解せよ。

(5) 図の$\angle x$の大きさを求めよ。

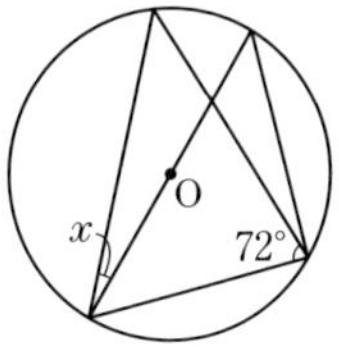

(6) $\sqrt{150n}$ が自然数となるような自然数nのうち，最も小さいnの値を求めよ。

44　次の各問いに答えよ。(専修大学附属高)

(1) $12x^2y \div 3x^3y \times \left(-\dfrac{1}{2}xy\right)^3$ を計算せよ。

(2) $\sqrt{15}\sqrt{5} - \dfrac{5}{\sqrt{3}}$ を簡単にせよ。

(3) $6xy - 4x - 9y + 6$ を因数分解せよ。

(4) 2次方程式 $(x - 7)^2 - 18 = 0$ を解け。

(5) 多角形が円Oに内接している右の図で角xを求めよ。

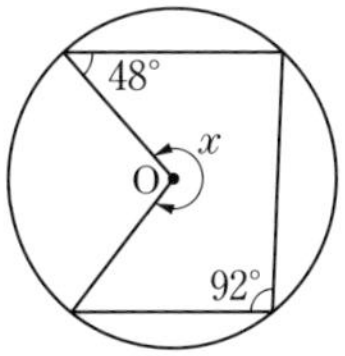

(6) 右の曲線は関数$y = 2x^2$のグラフである。この曲線と直線ℓとの交点をA，Bとする。点Aのx座標を-4，点Bのx座標を2とするとき，次の問いに答えよ。

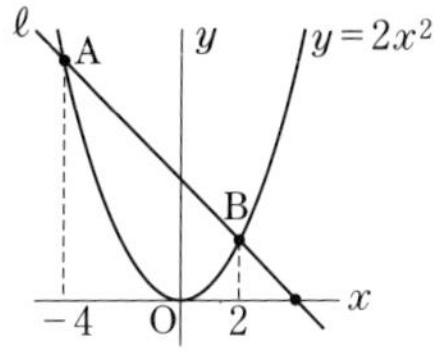

① 線分ABの長さを求めよ。

② $y = 2x^2$について，$x = -4$から$x = 2$までxが増加するときの変化の割合を求めよ。

③ △OABの面積Sを求めよ。

(7) 右図の斜線部は正方形ABCOから原点が中心で半径3の円を取り除いたものである。大小2つのサイコロを投げて出る目を(x, y)とし，平面上に点(x, y)をとる。このとき，とった点(x, y)が斜線部の図形ABCDE(周上を含む)に入る確率を求めよ。

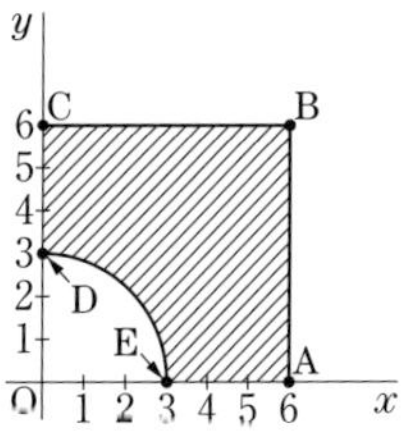

45

次の問いに答えよ。(中央大学附属高)

(1) $(\sqrt{18}+\sqrt{12})(\sqrt{72}-\sqrt{108}-\sqrt{18}+\sqrt{48})$を計算して簡単にせよ。

(2) $(a^2+b^2-c^2)^2-4a^2b^2$ を因数分解せよ。

(3) 方程式 $\dfrac{x+1}{2}-\dfrac{2x-1}{3}+2=0$ を解け。

(4) 連立方程式 $\begin{cases} 2x+3y=-14 \\ -4(x+y)+x=16 \end{cases}$ を解け。

(5) $x=\dfrac{\sqrt{3}+\sqrt{2}}{2}$, $y=\dfrac{\sqrt{3}-\sqrt{2}}{2}$ のとき，次の値を求めよ。

(i) xy

(ii) $x^2+3xy+y^2$

(6) 直線 ℓ は点 A(3, 2)を通り，直線 ℓ を y 軸の正の方向に5だけ平行移動すると，その直線は，点Aと y 軸に関して対称な点を通る。直線 ℓ の方程式を求めよ。

(7) 図のような正方形ABCDがある。点Pは頂点Aから出発して矢印の方向へ，さいころを1回投げて出た目の数だけ頂点を移る。さいころを2回投げたとき，点Pが頂点Bに移る確率を求めよ。ただし，2回目は1回目で移った点を出発点とする。

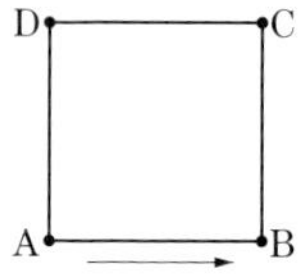

46

次の問いに答えよ。(芝浦工業大学高)

(1) $-\dfrac{4}{5}a^8b^5\div\left(\dfrac{6}{7}a^2b\right)^3\div\left(-\dfrac{7}{3}b^3\right)^2$ を計算せよ。

(2) $(x^2-2x)^2-7(x^2-2x)-8$ を因数分解せよ。

(3) $\dfrac{5\sqrt{24}}{\sqrt{27}+\sqrt{12}}-\dfrac{(\sqrt{2}-1)^2}{\sqrt{2}}$ を計算せよ。

(4) $\sqrt{10}$の小数部分を a とするとき，$a+\dfrac{2}{a}$ の値を求めよ。

(5) $x=\dfrac{-3+\sqrt{3}}{2}$ のとき，$2x^2+6x-7$ の値を求めよ。

(6) 2次方程式 $5x(3-x)-7=(x-2)(x+2)$を解け。

(7) $y-1$ は $x+5$ に比例し，$x=-2$ のとき $y=10$ である。$x=3$ のとき y の値を求めよ。

(8) 右の図で，△ADFの面積は△AEFの面積の何倍か求めよ。ただし，AD：DB＝3：4，AE：EC＝2：1とする。

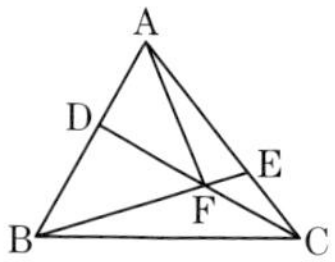

(9) 縦8cm，横10cmの長方形を対角線で折ったとき，重なった部分(図の斜線部分)の面積を求めよ。

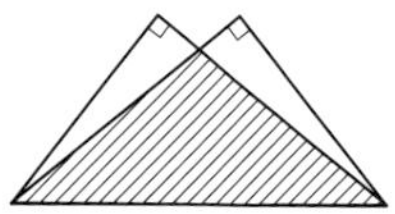

(10) 3つのさいころを同時に投げるとき，少なくとも1つは偶数の目が出る確率を求めよ。

47

図のように，関数 $y=\frac{1}{2}x^2$ のグラフ上に x 座標がそれぞれ，-4，-3，2 である 3 点 A，B，C がある。次の問いに答えよ。（和洋国府台女子高）

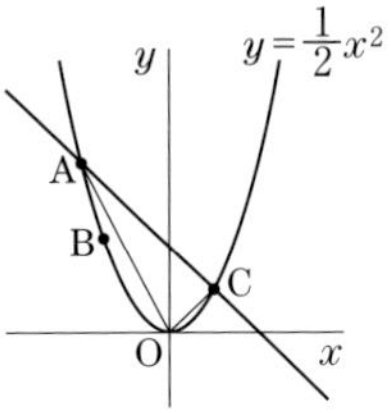

(1) 直線 AC の式を求めよ。

(2) △OAC の面積を求めよ。

(3) 点 B を通り直線 AC に平行な直線と $y=\frac{1}{2}x^2$ のグラフとの交点を D とする。このとき，点 D の座標を求めよ。

48

右の図のように点 O を中心とする半円がある。斜線部分の面積を S，点 O_1 を中心とする半円の面積を S_1 とする。半円 O_1，O_2 の半径をそれぞれ a, b とするとき，次の問いに答えよ。ただし，円周率を π とする。（日本大学第三高）

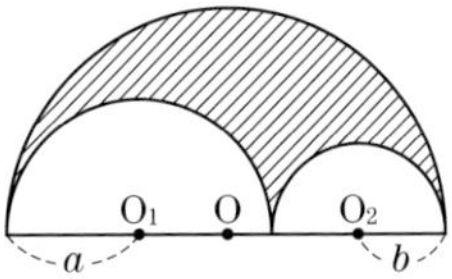

(1) S_1 を a を用いて表せ。

(2) S を a，b を用いて表せ。

(3) $S=S_1$ のとき，$a:b$ を最も簡単な整数の比で表せ。

49

下の展開図から正八面体を組み立てる。次の ＿＿ をうめよ。ただし，1 辺の長さを 3cm とする。（土浦日本大学高）

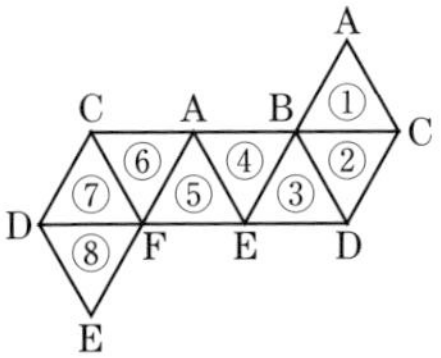

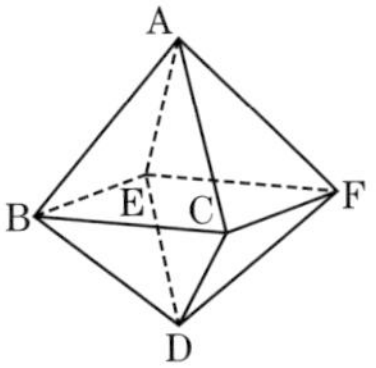

(1) ①の面と辺を共有する面の数字は小さい順に［ア］，［イ］，［ウ］の 3 つである。

(2) AD = BF = $3\sqrt{2}$cm であった。このとき，正八面体の体積は［エ］$\sqrt{［オ］}$ cm^3 である。

50 白と黒の小さい三角形からなる図形が並んでいる。この白と黒の三角形の個数について次の問に答えよ。
(明治学院高)

(1) 6番目の図形で，白と黒の三角形の個数をそれぞれ求めよ。

(2) 白の三角形と黒の三角形が合わせて100個あるとき，黒の三角形は何個あるか求めよ。

51 あるグループの男子の数は，女子の数の25%増より1人少ないとする。このグループで10点満点のテストをしたところ，男子の平均点は7点，女子の平均点は6.5点であった。ところがこのうち1人が6点少ない点数で採点されていたので，正しい得点で再計算したとき，グループ全体の平均点は7点になった。このグループの人数を求めよ。(大阪桐蔭高)

52 思考力

あるイベントをA，B，Cの3会場で同時に行った。受付は1か所で，受付の案内員は来場したx人の観客を，左の通路に行く人と右の通路に行く人の人数の比が3：2になるように誘導した。左の通路の先にあるP地点にいる案内員は，左の通路に行く人と右の通路に行く人の人数の比が3：1になるように誘導した。右の通路の先にあるQ地点にいる案内員は，左の通路に行く人と右の通路に行く人の人数の比が2：1になるように誘導した。図のように，A会場には左の通路，左の通路と進んだ人が入り，C会場には右の通路，右の通路と進んだ人が入り，B会場にはそれ以外の進み方をした人が入った。その後，A会場とC会場からそれぞれy人ずつB会場に移動させて，イベントを開始した。次の各問いに答えよ。(成蹊高)

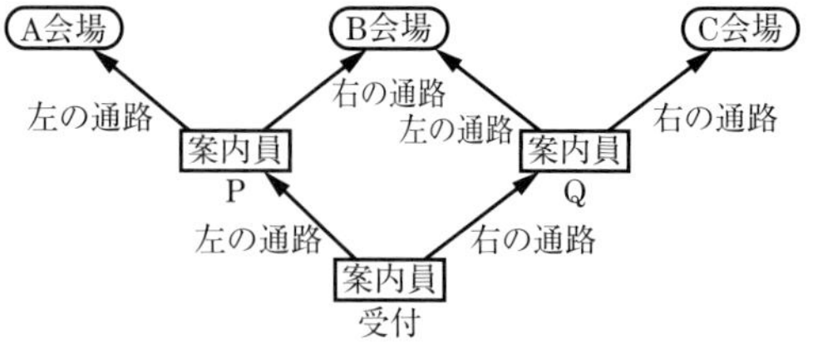

(1) イベントを開始したとき，A会場，B会場，C会場に入っている観客の人数をそれぞれx，yを用いて表せ。

(2) イベントを開始したとき，B会場の観客の人数は580人であり，A会場とC会場の観客の人数の比は25：6であった。xとyの値を求めよ。

53 右の図のように，AB = 8cm，BC = 12cm，AC = 15cm の平行四辺形 ABCD がある。∠B の二等分線と辺 CD の延長との交点を E とし，BE と AD，BE と AC の交点をそれぞれ F，G とする。次の各問いに答えよ。　（福岡大学附属大濠高）

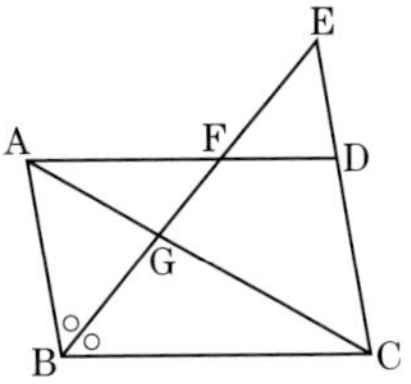

(1) AG ： GC を最も簡単な整数の比で表すと [①] である。

(2) AF の長さは [②] cm である。

(3) 三角形 BCG と平行四辺形 ABCD の面積の比を最も簡単な整数の比で表すと [③] である。

(4) EF ： FG を最も簡単な整数の比で表すと [④] である。

54 思考力

右の図のように，厚さがすべて 3cm で，奥行きがすべて等しく，高さが 20，21，22，23，24，25(cm)の 6 冊の本を本棚に立てて並べ真正面から見る。
この 6 冊の本を並べたとき，図の太線部分の長さが最大となるのは何 cm か。
（福岡大学附属大濠高）

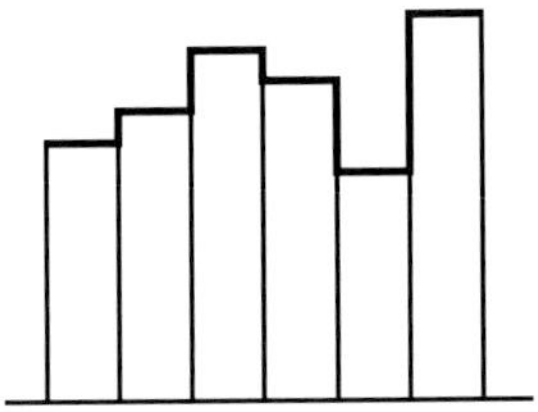

55 右の図のように，底面が 1 辺 6cm の正方形で高さが 12cm の直方体 ABCD − PQRS がある。辺 AB，BC の中点をそれぞれ M，N とする。この直方体を，3 点 M，N，P を通る平面で 2 つに切ったとき，次の問いに答えよ。　（市川高）

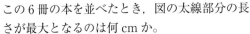

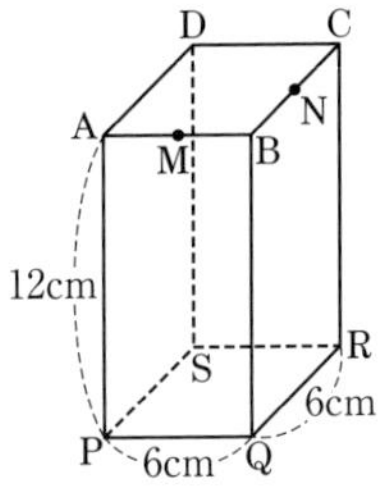

(1) 切り口の周の長さを求めよ。

(2) 頂点 B を含む立体の体積を求めよ。

56 次の条件にあてはまる整数 n をすべて求めよ。　（和洋国府台女子高）

$$13 < \sqrt{15n} < 14$$

57

文化祭で，ワッフル1個の値段を200円にすると1日に150個売れ，1個の値段を200円から10円ずつ値上げするごとに，1日に売れるワッフルは5個ずつ減るものとする。このとき，次の問いに答えなさい。

(1) ワッフル1個の値段を50円値上げした時の1日の売り上げ額を求めなさい。

(2) ワッフル1個の値段を［ア］円にすると，1日の売り上げ額が30800円になる。［ア］に入る値をすべて求めなさい。　（日本大学第三高）

58

図のように，関数 $y=\frac{1}{2}x^2$ のグラフ上の点Aを通る直線 ℓ がある。点Aの x 座標は4である。直線 ℓ が y 軸と交わる点をBとする。点Bを通り，直線AOに平行な直線が x 軸と交わる点をCとする。また，AO：BC＝4：3である。このとき，次の問に答えよ。　（日本大学豊山女子高）

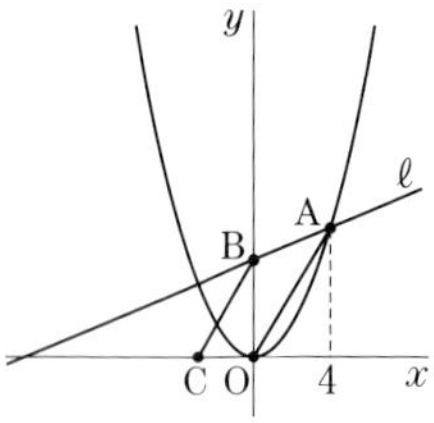

(1) 直線 ℓ の式は $y=\frac{\boxed{①}}{\boxed{②}}x+\boxed{③}$ である。

(2) 点Pは，$y=\frac{1}{2}x^2$ のグラフ上を，点OからAまで動く点とする。

△OBC＝△OPBとなるとき，点Pの座標は $\left(\boxed{④},\ \frac{\boxed{⑤}}{\boxed{⑥}}\right)$ である。

59

右の図のように，底面の直径BC＝6cm，母線AB＝5cmの円錐の中に，底面と側面に接する球が入っている。このとき，球の半径は［　　］cmで，球の表面積は［　　］cm^2である。　（福岡大学附属大濠高）

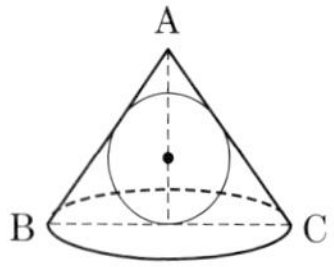

60

思考力

494，32123のように数字の並び方が左からも右からも同じである正の整数を回文数という。　（中央大学附属高）

(1) 3桁の正の整数で5をかけると回文数になる数のうち，最も小さい数と最も大きい数を求めなさい。

(2) 3桁の正の整数で15の倍数である回文数のうち，最も大きい数を求めなさい。

61

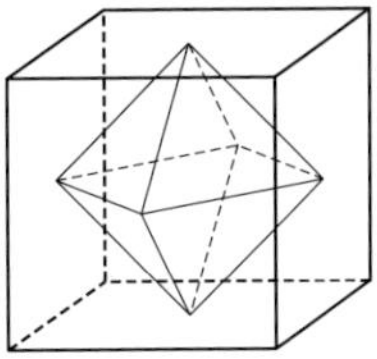

図のように，一辺の長さが a の立方体において，各面の対角線の交点を結んで正八面体を作る。このとき，次の問いに答えよ。

（國學院大學久我山高）

(1) 正八面体の表面積を求めよ。

(2) 正八面体の体積を求めよ。

(3) 正八面体の各辺の中点を頂点とする立体を作る。この立体の表面積を求めよ。

(4) (3)の立体の体積を求めよ。

62

A，B2つのビーカーに食塩水が1000gずつ入っている。Aの食塩水の濃度は2%であるが，Bの食塩水の濃度は不明である。いま，Aの食塩水を200gだけ，Bに移してよくかき混ぜ，次にこの時点でビーカーBに入っている食塩水の何分の1かを，Aに移してよくかき混ぜたところ，A，Bの食塩水の濃度はそれぞれ3%，5%となった。次の問いに答えよ。

（法政大学第二高）

(1) はじめビーカーBに入っていた食塩の重さを求めよ。

(2) ビーカーBからビーカーAに移した食塩水の重さを求めよ。

63

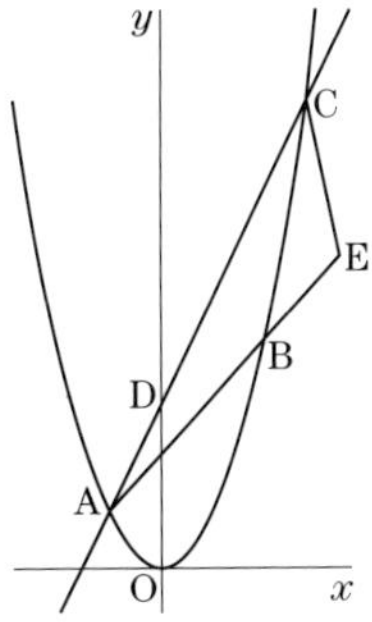

右の図のように，放物線 $y = \frac{1}{2}x^2$ 上に3点A，B，Cがあり，Aの x 座標は－2，Bの x 座標は4である。直線ACと y 軸の交点をDとすると，△BADと△BDCの面積の比は1：3となった。また，線分ABのBの側への延長線上に，AB：BE＝2：1となる点Eをとる。このとき，次の問いに答えよ。

（愛光高）

(1) 点Cの座標，および直線ACの方程式を求めよ。（答だけでよい）

(2) 点Bを通り，△AECの面積を二等分する直線が，直線ACと交わる点をFとする。Fの座標を求めよ。

64

右の図のように，放物線 $y = ax^2$ …①と２直線 $y = \frac{1}{2}x + 3$ …②，$y = \frac{1}{2}x + k\ (0 < k < 3)$ …③がある。放物線①と直線②との交点をA，D，放物線①と直線③との交点をB，C，直線③と x 軸との交点をEとする。点Aの x 座標が -2 のとき，次の各問いに答えよ。　（明治大学付属明治高）

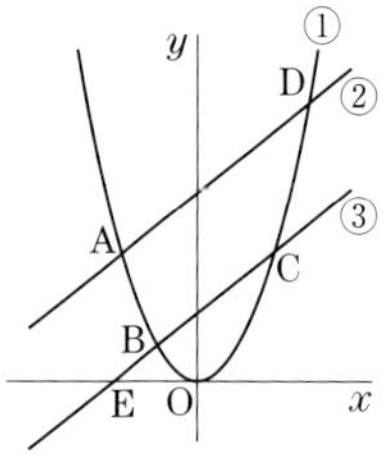

(1) a の値を求めよ。

(2) △ACDの面積が $\frac{25}{4}$ のとき，k の値を求めよ。

(3) 四角形AECDが平行四辺形になるとき，k の値を求めよ。

65

右の図で，直線STは点Aにおける大小２つの円に共通な接線である。点Aから直線を引き，２円との交点をB，Cとする。CEは小さい方の円にDで接している。∠TAB = 30°，∠CDA = 75°，AB = 3 のとき，次の問いに答えよ。　（大阪星光学院高）

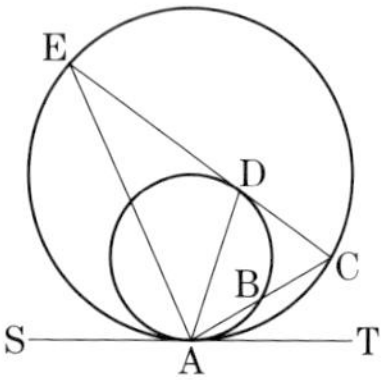

(1) ∠EAS = ［　　］度である。

(2) AD = ［　　］である。

(3) 大きい方の円の直径は［　　］である。

66

図のように，AB = 1，BC = $\sqrt{3}$，CA = 2 の△ABCがあり，辺BC上に∠BAD = 30°となる点Dをとる。このとき，次の問いに答えよ。　（東海高）

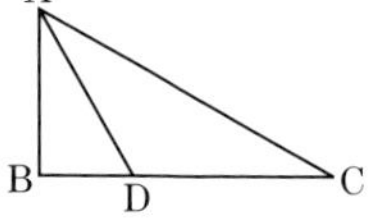

(1) 直線BCを軸として，△ABCを１回転させてできる立体の表面積は［ア］である。

(2) 直線ACを軸として，△ABDを１回転させてできる立体の体積は［イ］である。

67

次の各問いに答えよ。(渋谷教育学園幕張高)

(1) 等式 $\frac{1}{a}+\frac{1}{b}=\frac{1}{c}$ を b について解け。ただし，a，b，c は0でない数で，$a \neq c$ とする。

(2) ① $xy^2 - x - 3y^2 + 3$ を因数分解せよ。

② $xy^2 - x - 3y^2 - 12 = 0$ をみたす正の整数 x，y の組 (x, y) をすべて求めよ。

(3) 右の図で，△ABC は直角二等辺三角形である。BC = 2，∠DBC = 15° のとき，△DBC の面積を求めよ。

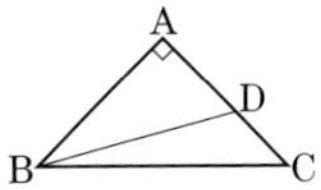

(4) 1から4までの数字が書かれたカードが2枚ずつある。これら8枚のカードを袋に入れ，同時に4枚のカードを取り出す。このとき，取り出した4枚のカードの中に同じ数字のカードが1組だけふくまれる確率を求めよ。

68

流れの速さが一定の川の，下流に地点P，上流に地点Qがあり，PQ間の距離は1400mである。A君はPからQに向かってボートで出発し，B君はA君が出発してから2分後にQからPに向かってボートで出発した。A君が出発してから8分後に二人は出会いそのまま進んだが，A君はB君に用があったのを思い出し，二人が出会ってから2分後にPに向かって引き返し，引き返してから6分後に，Pに着くまでに追いついた。
二人のボートの速さは一定で，A君，B君のボートの静水での速さをそれぞれ毎分 xm，毎分 ym とし，川の流れの速さを毎分 zm とする。(ただし，$0 < z < y < x$ である。) 次の問いに答えよ。(灘高)

(1) x を y の式で表せ。

(2) 実際にA君がB君に追いついたのはPから280mだけ上流の地点であった。このとき，x，y，z の値を求めよ。

69

次の問いに答えよ。(中央大学附属高)

(1) 図のように，大円1個と半径1の小円3個とが互いに接している。大円の半径 R を求めよ。

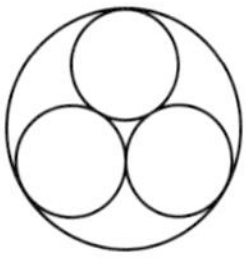

(2) 図のように，4つの球と円柱がある。4つの球は大きさが等しく互いに接している。また，下の3つの球は円柱の底面および側面に接しており，上の球は円柱の上面に接している。球の半径を1とするとき，円柱の高さ h を求めよ。

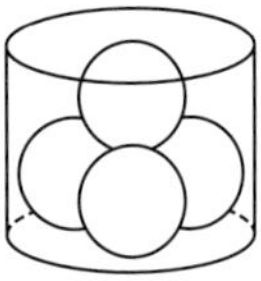

70 思考力

1 辺の長さが 2cm である正四面体の 6 つの辺の中点に，図のように①から⑥の番号をつける。これらの点を順に結んで線分を作っていき，その長さの和を求める。

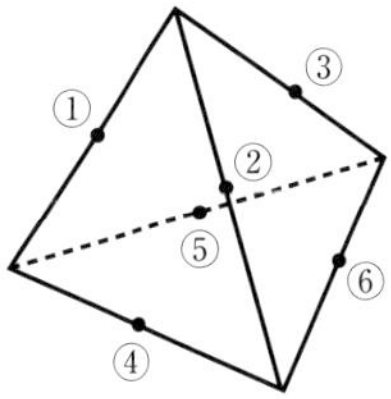

例えば，①→②の順に点を結ぶとき，線分の長さは 1cm となる。また，③→⑤→④の順に点を結ぶときは，③→⑤と結んだ線分の長さが 1cm，⑤→④と結んだ線分の長さも 1cm であるから，線分の長さの和は 2cm となる。

(1) ①→(a)→(b)→(c)→(d)→⑥の順に点を結んだとき，線分の長さの和は 5cm になった。このとき，(a)，(b)，(c)，(d)に入る点の選び方は何通りあるか。ただし，(a)，(b)，(c)，(d)には②，③，④，⑤のいずれかがそれぞれ 1 回ずつ入る。

(2) ①→(a)→(b)→(c)→(d)→(e)→①の順に点を結んだとき，線分の長さの和は 6cm になった。このとき，(a)，(b)，(c)，(d)，(e)に入る点の選び方は何通りあるか。
ただし，(a)，(b)，(c)，(d)，(e)には②，③，④，⑤，⑥のいずれかがそれぞれ 1 回ずつ入る。

（同志社高）

71 思考力

上皿天びんを使ってものの重さをはかる。使える分銅は 4 個あり，それぞれ 1g，3g，9g，27g である。はかるものは必ず左の皿にのせることとする。また，分銅は左右どちらの皿にものせることができ，使用しないものがあってもよいこととする。
例えば左の皿にはかるものと 1g と 3g の分銅をのせ，右の皿に 27g の分銅をのせたとき天びんがつり合えば，そのはかるものの重さは 23g だとわかる。
次の各問いに答えなさい。

(1) あるものをはかったら 15g であった。左右の皿にそれぞれのっている分銅をすべて答えなさい。

(2) 1g と 3g の分銅を使うことができるとき，はかることのできる重さは全部で何通りあるか求めなさい。ただし，使用しない分銅があってもよいこととする。

(3) 4 個の分銅を使うことができるとき，はかることのできる重さは全部で何通りあるか求めなさい。ただし，使用しない分銅があってもよいこととする。

（専修大学附属高）

72

4 点 A(－ 2, 11), B(2, － 1), C(9, － 2), D(8, 1) を頂点とする四角形 ABCD と, 直線 $y = \frac{1}{2}x + k$ …① がある。次の問に答えよ。　(立教新座高)

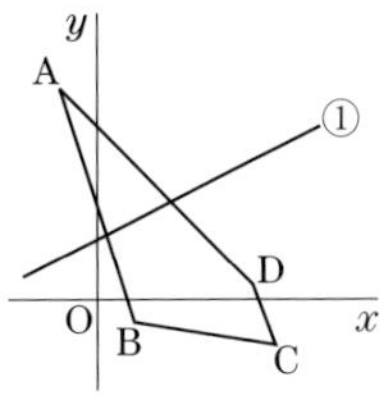

(1) 四角形 ABCD の面積を求めよ。

(2) 直線①と辺 AD が交わるとき，交点の x 座標を k を用いて表せ。

(3) 四角形 ABCD において，直線①より下側の面積が 29 であるとき，k の値を求めよ。

73

思考力

右図の六角形 OABCDE は辺 OA，OE は座標軸に重なり，その他の辺は座標軸に平行である。
また，OA = OE = 20，BC = CD である。
この図形の中で O を出発して辺にあたると等しい角度ではねかえり，直線運動をする点がある。点は P，Q，R(15，0)，S(0，12)の順に動き，D で止まる。
このとき，次の各問に答えよ。

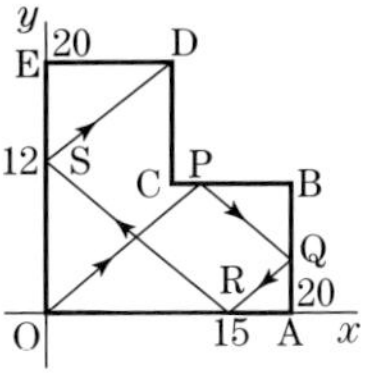

(1) 辺 DE の長さを求めよ。

(2) O から出発した点が辺 BC 上の点 P ではねかえった後，辺 AB 上の点 Q ではねかえったとき，直線 PQ の式を求めよ。

(3) 点が O から D まで動いた距離を求めよ。　(駿台甲府高)

74

思考力

右の図のように，1 辺が 1m の正六角形 ABCDEF がある。和子さんと洋子さんが 1 回ずつサイコロを投げて正六角形の各頂点を，次のようなきまりで頂点 A から石を動かすこととする。

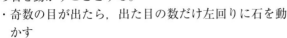

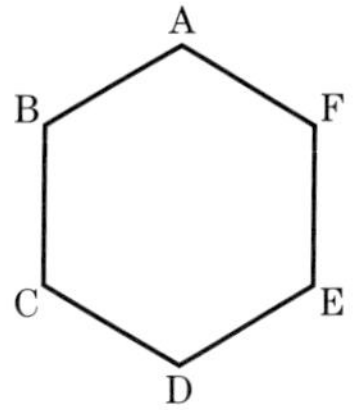

・奇数の目が出たら，出た目の数だけ左回りに石を動かす

・偶数の目が出たら，出た目の数だけ右回りに石を動かす

このとき，次の問いに答えよ。

(1) 2 つの石の間の距離が 2m となる確率を求めよ。

(2) 2 つの石の間の距離が $\sqrt{3}$ m となる確率を求めよ。　(和洋国府台女子高)

第6回 自然界にひそむ数学

数学は本来、自然を分析するために生み出されたものだ。星の動きを見て時の概念が生まれ、建物の影の長さから測量術が構築された。自然界にいくつもの数学的要素が隠れていることは、むしろ当然のことなのである。

ミツバチの巣

正六角形の秘密

ミツバチの巣は、ミツを材料にして作ったロウでできている。これを1グラム作るには、約10グラムのミツを集めなければならない。貴重な材料を無駄にしないため、ミツバチは最も効率よく巣を作る。それが、この形である。

なるべく少ない材料で同じ形の広い部屋を作ろうとすると、形は正六角形になる。同じ面積を他の形で作ろうとすれば、材料は正三角形で約1.2倍、正方形で1.1倍必要になる。

この合理的な構造は、建築に利用されている。正六角形を敷きつめたものを2枚の板ではさむと、軽い割にかなりの重量に耐えられる建材ができるのだ。この原理を「ミツバチの巣（honey comb)」から「ハニカム構造」と呼び、スキー板や建築物などのほか、航空機の翼の内部や天体望遠鏡の基盤にも応用されている。

神秘の数列

1, 1, 2, 3, 5, 8, 13, 21, ……

これは「隣りあう2つの数を加えると、次の数に等しくなる」という規則をもっている。考案したのは中世イタリアの数学者・フィボナッチで、彼の名をとって「フィボナッチ数列」と呼ばれている。

LINK P158 第3回コラムへ

この数列は、実は自然界に数多く見られる現象である。例えば、樹木の枝分かれ。

分かれていく枝の数を世代別に数えていくと、見事にフィボナッチ数列と一致している。他にも、「ひまわりの種の並び」「花弁の枚数」「オウム貝の巻き方」などにこの数列が表れる事が知られている。

さらに、フィボナッチ数列の前の数で後ろの数を割ってみる。…と、

$$\frac{1}{1}, \frac{2}{1}, \frac{3}{2}, \frac{5}{3}, \frac{8}{5}, \frac{13}{8}, \frac{21}{13}, \cdots\cdots$$

となり、だんだんと「1.618」に近づいていく事が分かる。この数値こそ「黄金比」と呼ばれ、最も美しい比と大昔から言い伝えられている数なのである。人はなぜ黄金比に魅了されるのか……その答えを大自然は知っていたのだ。

LINK P114 第2回コラムへ

フラクタル幾何学

長い間、植物や地形などの複雑な形状は、数学で扱える対象ではなかった。直線や円といった完全な形ではなかったからだ。しかし1975年、ポーランドの数学者マンデルブローが「自然界のデザインには、一部分の形状が全体と似ているもの（自己相似形）がある」と発表。これを数学的に表現したものが「フラクタル幾何学」である。

自然界にある複雑な形状や物理現象は、実は単純な法則の繰り返しで成り立つ…という大胆にして画期的なフラクタル理論。現在、コンピュータ・グラフィックの圧縮技術、株価の動向や情報システムの構築、地震予知のデータ解析などに応用されており、大きな実績を上げている。

他にも、樹木の枝分かれ、雲や炎の形態、血管や神経構造や肺の構造、DNAの進化プロセスなどに見られる。

ゆらぎの解析

1930年代、電気的導体に電流を流すとその抵抗値が一定ではなく、不安定にゆらいでいることが発見された。その振幅が周波数ｆに反比例することから、「ｆ分の１ゆらぎ」と名づけられた。この法則は、自然界の多くのものに当てはまる。例えば､そよ風。小川のせせらぎ。ろうそくの炎。人間で言えば体温の変化や心拍の間隔……。それらの多くは、生体に心地よさを与えてくれるものであると言われている。

この「ｆ分の１ゆらぎ」が生み出す快適性に着目した商品が、現在、数多く開発されている。扇風機、エアコン、照明、衣服のデザイン、環境音楽……。ストレスだらけの現代社会に「そよ風」を吹かせてくれているのだ。

ミツバチの巣から合理性を学び、小川のせせらぎから快適のメカニズムを学ぶ。ｆ分の１ゆらぎを形作る周波数と振幅のグラフには、フラクタル（自己相似性）が確認できるという。そしてフィボナッチ数列は、黄金比という美しさの数値を導く。自然と一体化する事こそが、人間にとって最も合理的で心地よく生きるための術である…と、数学が教えてくれたような気がする。

総合索引

あ行

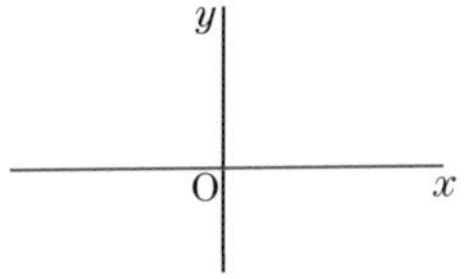
y
O
x

P
$\overset{\frown}{AB}$の円周角
O
A
B
$\overset{\frown}{AB}$の中心角

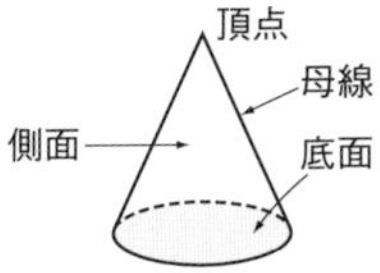
頂点
母線
側面
底面

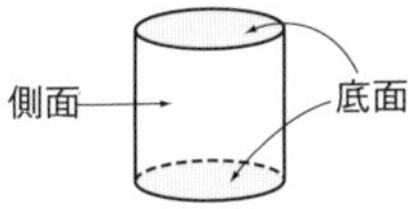
側面
底面

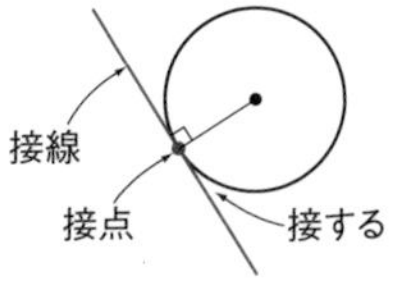
接線
接点
接する

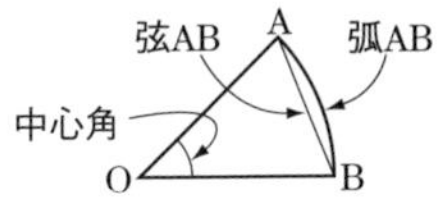
弦AB
A
弧AB
中心角
O
B

か行

外角
内角

②AD：DB＝AE：EC

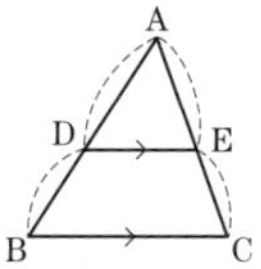

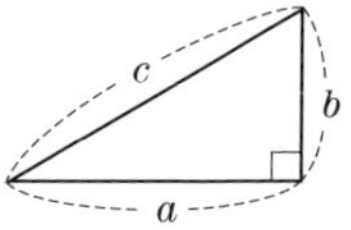

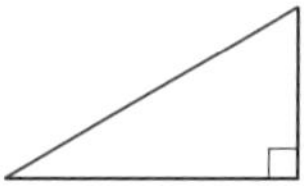

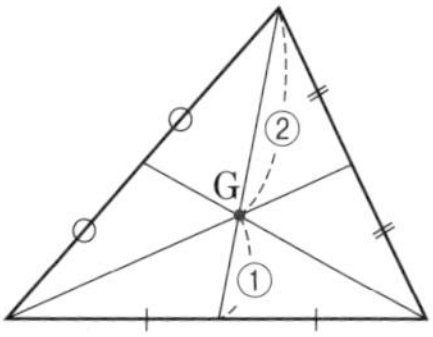

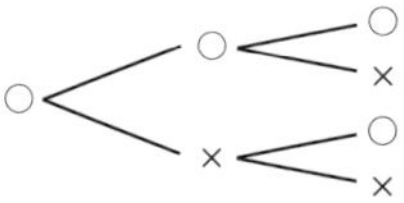

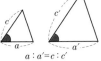

た行

ま行

MEMO

MEMO

旺文社

中学

総合的研究

四訂版

数学

解答 & 解説

旺文社

確認問題の解答・解説

数編　▶1～73

1 (1) **300円の支出**
(2) ① **+10**　② **147**　③ **−2**　④ **163**

解説
(2) Aの身長の160cmがクラスの平均の身長より5cm高いことから，クラスの平均の身長は155cmである。

2
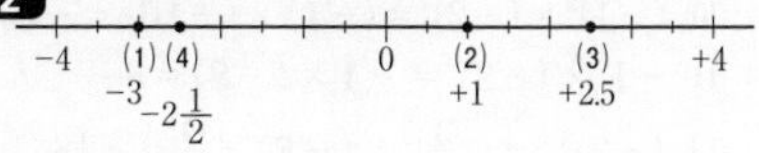

解説
(4) $-2\frac{1}{2}=-2.5$である。

3 (1) $\mathbf{-9<6}$　(2) $\mathbf{-7<-2<0<3}$
(3) $\mathbf{-\frac{1}{2}<-\frac{1}{3}<0}$

解説
(3) $-\frac{1}{3}=-0.33\cdots$，$-\frac{1}{2}=-0.5$だから，
$\mathbf{-\frac{1}{2}<-\frac{1}{3}}$となる。

4 **−2，−1，0，1，2**

解説 「3より小さい」というのは，3はふくまない。
整数は，0や負の整数をふくむ。
自然数は，0や負の整数をふくまない。

5 (1) **+6**　(2) **−6**　(3) **+6**　(4) **+0.6**
(5) $\mathbf{+\frac{2}{15}}$　(6) **+6**

解説
(5) $\left(+\frac{1}{3}\right)+\left(-\frac{1}{5}\right)=\left(+\frac{5}{15}\right)+\left(-\frac{3}{15}\right)=+\frac{2}{15}$
(6) $\mathbf{(-8)}+(+5)\mathbf{+(-2)}+(+7)+(+4)$
$=\mathbf{(-8)+(-2)}+(+5)+(+7)+(+4)$
$=(-10)+(+16)=+6$

6 (1) **−2**　(2) **+7**　(3) **−20**
(4) **+2**　(5) **−16**　(6) **−15**
(7) **+25**　(8) **−4**　(9) **+16**
(10) **−4**　(11) **−12**　(12) **−2**
(13) **−2**　(14) **0**

解説
(1) $(+4)-(+6)=(+4)\mathbf{+(-6)}=-2$
(2) $(+5)-(-2)=(+5)\mathbf{+(+2)}=+7$
(3) $(-8)-(+12)=(-8)\mathbf{+(-12)}=-20$
(4) $(-18)-(-20)=(-18)\mathbf{+(+20)}=+2$
(5) $0-(+16)=0\mathbf{+(-16)}=-16$
(6) $(-9)-0-(+6)=(-9)-0\mathbf{+(-6)}$
$=(-9)+(-6)=-15$
(7) $0-(-25)=0\mathbf{+(+25)}=+25$
(8) $(-12)-0-(-8)=(-12)-0\mathbf{+(+8)}$
$=(-12)+(+8)=-4$
(9) $(+7)-(+3)-(-12)=(+7)\mathbf{+(-3)}\mathbf{+(+12)}$
$=(+7)+(+12)+(-3)=(+19)+(-3)=+16$
(10) $(-11)-(+1)-(-8)=(-11)\mathbf{+(-1)}\mathbf{+(+8)}$
$=(-12)+(+8)=-4$
(11) $(-5)-(-2)-(+9)=(-5)\mathbf{+(+2)}\mathbf{+(-9)}$
$=(-5)+(-9)+(+2)=(-14)+(+2)=-12$
(12) $(+6)-(+4)-(-5)-(+9)$
$=(+6)\mathbf{+(-4)}\mathbf{+(+5)}\mathbf{+(-9)}$
$=(+6)+(+5)+(-4)+(-9)$
$=(+11)+(-13)=-2$
(13) $(+8)-(-2)-(-1)-(+13)$
$=(+8)\mathbf{+(+2)}\mathbf{+(+1)}\mathbf{+(-13)}$
$=(+11)+(-13)=-2$
(14) $(-23)-(-4)-(-11)-(-8)$
$=(-23)\mathbf{+(+4)}\mathbf{+(+11)}\mathbf{+(+8)}$
$=(-23)+(+23)=0$

7 (1) **−1**　(2) **−1**　(3) **10**　(4) **0**
(5) **−27**　(6) **4**　(7) **2**　(8) **−3**
(9) **−11**　(10) **0**　(11) **−1.5**　(12) **1**
(13) $\mathbf{-\frac{1}{3}}$　(14) $\mathbf{-\frac{27}{10}}$

解説
(1) $(+3)-(+2)+(-8)-(-6)=\mathbf{3-2-8+6}$
$=3+6-2-8=9-10=-1$
(2) $(+4)+(-9)-(-11)-(+7)=\mathbf{4-9+11-7}$
$=4+11-9-7=15-16=-1$
(3) $12+(-8)-7-(-13)=\mathbf{12-8-7+13}$

$=12+13-8-7=25-15=10$

(4) $-17-(-25)+0+(-8)$

$=\mathbf{-17+25+0-8}=25+0-17-8$

$=25-25=0$

(5) $-24+(-15)-(-18)-(+6)$

$=\mathbf{-24-15+18-6}=-24-15-6+18$

$=-45+18=-27$

(6) $6-4+2=6+2-4=8-4=4$

(7) $9-5-8+6=9+6-5-8=15-13=2$

(8) $1-2+3-4+5-6$

$=1+3+5-2-4-6$

$=9-12=-3$

(9) $-3-5+12-0-15=-3-5-15+12$

$=-23+12=-11$

(10) $-13-(10-26)-3=-13-(-16)-3$

$=\mathbf{-13+16-3}=-13-3+16=-16+16=0$

(11) $1.3-2.1-0.7=1.3-2.8=-1.5$

(12) $0-2.8-5+12.8-4$

$=12.8-2.8-5-4$

$=12.8-11.8=1$

(13) $\frac{1}{3}-\left(-\frac{4}{3}\right)-2=\mathbf{\frac{1}{3}+\frac{4}{3}-2}=\frac{5}{3}-2$

$=\frac{5}{3}-\frac{6}{3}=-\frac{1}{3}$

(14) $2-\left(+\frac{2}{5}\right)+\left(-\frac{3}{10}\right)-4$

$=\mathbf{2-\frac{2}{5}-\frac{3}{10}-4}$

$=2-4-\frac{4}{10}-\frac{3}{10}$

$=-2-\frac{7}{10}=-\frac{27}{10}$

8 (1) **15** (2) **−42** (3) **−42**
(4) **15** (5) **−40** (6) $\mathbf{-\frac{15}{8}}$

解説

(1) 同符号の2数の積の符号は＋。

(2) 異符号の2数の積の符号は−。

(3) $(+)\times(-)\times(+)$
(−)が奇数個より，符号は−。

(4) $(-)\times(+)\times(-)$
(−)が偶数個より，符号は＋。

(5) (−)が奇数個より，符号は−。

(6) (−)が奇数個より，符号は−。

9 (1) **−1** (2) **−25** (3) **−27** (4) **8**
(5) $\mathbf{\frac{1}{16}}$ (6) $\mathbf{-\frac{27}{125}}$ (7) **0.01**
(8) **−0.008** (9) **48** (10) **−16** (11) **8**
(12) **−18** (13) **−8**

解説

(1) $(-1)^5=\mathbf{(-1)\times(-1)\times(-1)\times(-1)\times(-1)}$
$=-1$

(2) $-5^2=-(\mathbf{5\times5})=-25$

(3) $(-3)^3=\mathbf{(-3)\times(-3)\times(-3)}=-27$

(4) $-(-2)^3=-\mathbf{(-8)}=8$

(5) $\left(-\frac{1}{4}\right)^2=\mathbf{\left(-\frac{1}{4}\right)\times\left(-\frac{1}{4}\right)}=\frac{1}{16}$

(6) $\left(-\frac{3}{5}\right)^3=\mathbf{\left(-\frac{3}{5}\right)\times\left(-\frac{3}{5}\right)\times\left(-\frac{3}{5}\right)}=-\frac{27}{125}$

(7) $(-0.1)^2=\mathbf{(-0.1)\times(-0.1)}=0.01$

(8) $(-0.2)^3=\mathbf{(-0.2)\times(-0.2)\times(-0.2)}$
$=-0.008$

(9) $3\times(-4)^2=3\times\mathbf{(-4)\times(-4)}=48$

(10) $(-1)^3\times(-2)^4=\mathbf{(-1)\times(+16)}=-16$

(11) $-1^5\times(-2)^3=-\mathbf{1}\times\mathbf{(-8)}=8$

(12) $(-2)^3\times\left(-\frac{3}{2}\right)^2=\mathbf{(-8)\times\frac{9}{4}}=-18$

(13) $2\times(-3^2)\times\left(-\frac{2}{3}\right)^2=2\times\mathbf{(-9)\times\frac{4}{9}}=-8$

10 (1) $\mathbf{\frac{1}{4}}$ (2) **−1** (3) **−3** (4) **5** (5) $\mathbf{\frac{2}{3}}$

解説

(1) $4\times\square=1$ $\square=\frac{1}{4}$

(2) $(-1)\times\square=1$ $\square=-1$

(3) $\left(-\frac{1}{3}\right)\times\square=1$ $\square=-3$

(4) $0.2\times\square=1$ $\square=5$

(5) $1.5\times\square=1$ $\square=\frac{2}{3}$

11 (1) **6** (2) **−4** (3) **8**

解説

(1) $(-18)\div(-3)=(-18)\mathbf{\times\left(-\frac{1}{3}\right)}=6$

(2) $-24\div6=-24\mathbf{\times\frac{1}{6}}=-4$

(3) $(-4)\div\left(-\frac{1}{2}\right)=(-4)\mathbf{\times(-2)}=8$

12 (1) **16** (2) **−12** (3) $\mathbf{\frac{2}{5}}$ (4) $\mathbf{-\frac{2}{3}}$
(5) $\mathbf{-\frac{128}{3}}$ (6) **15**

解説

(1) $(-12)\div3\times(-4)=(-12)\mathbf{\times\frac{1}{3}}\times(-4)$
$=+\left(12\times\frac{1}{3}\times4\right)=16$

(2) $(-6)\times(-8)\div(-4)$
$=(-6)\times(-8)\times\left(-\frac{1}{4}\right)=-\left(48\times\frac{1}{4}\right)=-12$

(3) $-\frac{5}{3}\div15\times\left(-\frac{18}{5}\right)=-\frac{5}{3}\times\frac{1}{15}\times\left(-\frac{18}{5}\right)$
$=+\left(\frac{5}{3}\times\frac{1}{15}\times\frac{18}{5}\right)=\frac{2}{5}$

(4) $\left(-\frac{3}{10}\right)\div\left(-\frac{6}{5}\right)\times\left(-\frac{8}{3}\right)$
$=\left(-\frac{3}{10}\right)\times\left(-\frac{5}{6}\right)\times\left(-\frac{8}{3}\right)$
$=-\left(\frac{3}{10}\times\frac{5}{6}\times\frac{8}{3}\right)=-\frac{2}{3}$

(5) $(-2^3)\div3\times(-4)^2=(-8)\times\frac{1}{3}\times16$
$=-\left(8\times\frac{1}{3}\times16\right)=-\frac{128}{3}$

(6) $(-3)^3\times\left(\frac{2}{3}\right)^2\div\left(-\frac{4}{5}\right)$
$=(-27)\times\frac{4}{9}\times\left(-\frac{5}{4}\right)=+\left(27\times\frac{4}{9}\times\frac{5}{4}\right)=15$

13 (1) **−18** (2) **2** (3) **11** (4) **14**
(5) **−6** (6) **6** (7) **−6** (8) **−11**
(9) **−41** (10) **−1** (11) **7** (12) **−4**
(13) **−3** (14) $\frac{23}{4}$ (15) $-\frac{52}{45}$ (16) $\frac{11}{9}$

解説
(1) $-6-4\times3=-6-12=-18$
(2) $15\div(-3)+7=-5+7=2$
(3) $5-2\times(3-6)=5-2\times(-3)=5-(-6)$
$=5+6=11$
(4) $16\div8-4\times(-3)=2-(-12)=2+12=14$
(5) $4-2\times3-8\div2=4-6-4=-6$
(6) $18\div(-3)-3\times(-4)=-6-(-12)$
$=-6+12=6$
(7) $24-(-2)\times(-3)\times5=24-30=-6$
(8) $(2-14)\div4-8=(-12)\div4-8$
$=(-3)-8=-3-8=-11$
(9) $(-3^2)-4^3\div2=(-9)-64\div2$
$=-9-32=-41$
(10) $(-2)^3-(11-2\times3^2)=-8-(11-2\times9)$
$=-8-(11-18)=-8-(-7)=-8+7=-1$
(11) $15-(-4)^3\div(8-2^4)=15-(-64)\div(8-16)$
$=15-(-64)\div(-8)=15-8=7$
(12) $(-20)\div\{(-4)+9\}=(-20)\div5=-4$
(13) $32-\{3^3-24\div(5-8)\}=32-\{27-24\div(-3)\}$
$=32-\{27-(-8)\}=32-(27+8)=32-35=-3$
(14) $(-3)^2\div(-4)+(-2^3)\times(-1)$
$=9\div(-4)+(-8)\times(-1)$
$=-\frac{9}{4}+8=\frac{23}{4}$

(15) $-\frac{3}{5}-\frac{5}{4}\times\left(-\frac{2}{3}\right)^2=-\frac{3}{5}-\frac{5}{4}\times\frac{4}{9}$
$=-\frac{3}{5}-\frac{5}{9}=-\frac{27}{45}-\frac{25}{45}=-\frac{52}{45}$

(16) $6\times\left(-\frac{2}{3}\right)^3-\left(-\frac{3}{2}\right)^2\div\left(-\frac{3}{4}\right)$
$=6\times\left(-\frac{8}{27}\right)-\frac{9}{4}\times\left(-\frac{4}{3}\right)=-\frac{16}{9}-(-3)$
$=-\frac{16}{9}+3=-\frac{16}{9}+\frac{27}{9}=\frac{11}{9}$

14 (1) **7** (2) **1** (3) **−11** (4) **11** (5) $-\frac{3}{4}$
(6) $-\frac{1}{5}$ (7) **0** (8) **−43** (9) **−700**
(10) **−40** (11) **78.5** (12) **123**

解説
(1) $20\times\left(\frac{3}{4}-\frac{2}{5}\right)=20\times\frac{3}{4}-20\times\frac{2}{5}=15-8=7$
(2) $\left(\frac{2}{3}-\frac{3}{5}\right)\times15=\frac{2}{3}\times15-\frac{3}{5}\times15=10-9=1$
(3) $-28\times\left(\frac{1}{7}+\frac{1}{4}\right)=-28\times\frac{1}{7}+(-28)\times\frac{1}{4}$
$=-4-7=-11$
(4) $\left(\frac{3}{8}-\frac{5}{6}\right)\times(-24)=\frac{3}{8}\times(-24)-\frac{5}{6}\times(-24)$
$=-9+20=11$
(5) $\frac{3}{4}\times\left(-\frac{2}{7}\right)+\frac{3}{4}\times\left(-\frac{5}{7}\right)=\frac{3}{4}\times\left\{\left(-\frac{2}{7}\right)+\left(-\frac{5}{7}\right)\right\}$
$=\frac{3}{4}\times(-1)=-\frac{3}{4}$
(6) $\left(-\frac{1}{5}\right)\times\frac{1}{3}+\left(-\frac{1}{5}\right)\times\frac{2}{3}$
$=\left(-\frac{1}{5}\right)\times\left(\frac{1}{3}+\frac{2}{3}\right)=-\frac{1}{5}\times1=-\frac{1}{5}$
(7) $(-2)\times0.1+(-2)\times(-0.1)$
$=(-2)\times(0.1-0.1)=(-2)\times0=0$
(8) $1.25\times(-4.3)+8.75\times(-4.3)$
$=(1.25+8.75)\times(-4.3)=10\times(-4.3)=-43$
(9) $(-7)\times53+(-7)\times47$
$=(-7)\times(53+47)=(-7)\times100=-700$
(10) $\frac{2}{5}\times(-73)+\frac{2}{5}\times(-27)$
$=\frac{2}{5}\times\{(-73)+(-27)\}=\frac{2}{5}\times(-100)=-40$
(11) $3^2\times3.14+4^2\times3.14=(9+16)\times3.14$
$=25\times3.14=\frac{100\times3.14}{4}=78.5$
(12) $6^2\times1.23+8^2\times1.23=(36+64)\times1.23$
$=100\times1.23=123$

15 **+9時間**

解説 東京を基準としてみると，以下のようになる。

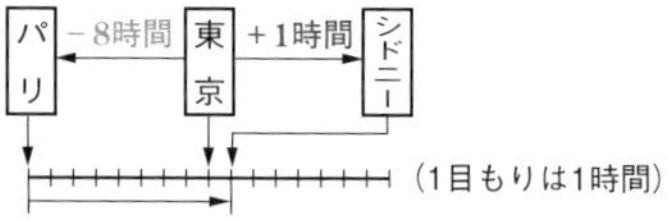

+1−(−8)=+1+8=+9(時間)

16 **乗ることができる**

解説 それぞれの体重から65をひくと，順に次のようになる。
−2，−13，−8，−4，+5，+3，+1，+10，−11，+4
上の値をすべてたすと，−15
よって，15kg軽いので，この10人は乗ることができる。

17 (1) **2点** (2) **6回**

解説
(1) 偶数の目は4回，奇数の目は6回出ているので，2×4+(−1)×6=2(点)
(2) 得点は(1)の得点より6点多い。偶数の目が1回増え，奇数の目が1回減ると，
2−(−1)=3(点)多くなるから，(1)のときよりも偶数の目が6÷3=2(回)多い。
よって，6回。

18 (1) **偶数** (2) **奇数**

解説
奇数は(2の倍数)+1，偶数は(2の倍数)と考えられる。
(1) 奇数−奇数は，
{(2の倍数)+1}−{(2の倍数)+1}
=(2の倍数)+1−(2の倍数)−1
=(2の倍数)−(2の倍数)
となる。これは2でわりきれるから偶数。
(2) 奇数−偶数は，
{(2の倍数)+1}−(2の倍数)
=(2の倍数)−(2の倍数)+1
となる。これは2でわると1あまるから奇数。

19 (1) **2550** (2) **20000**

解説
(1) 2から100までの50個の偶数は，1から99までの50個の奇数よりそれぞれ1ずつ大きいから，偶数の和は奇数の和より50大きい。よって，2500+50=2550
(2) 101から199までの奇数は，1から99までの奇数より100ずつ大きいから，和は，
2500+100×50=7500
同様にして，201から299までの奇数の和は，
2500+200×50=12500
よって，7500+12500=20000

20 **10個**

解説 条件を満たす分数は，$\frac{10}{40}$より大きく$\frac{28}{40}$より小さい。
約分できる分数の分子は，偶数か5の倍数。
よって，12，14，15，16，18，20，22，24，25，26の10個。

21 **24個**

解説 1から100までの自然数の中で，
6の倍数は，100÷6=16…4より16個
8の倍数は，100÷8=12…4より12個
6と8の公倍数(24の倍数)は，
100÷24=4…4より4個
6の倍数を数えるときと，8の倍数を数えるときの両方で24の倍数を数えているので，24の倍数の1回分(4個)をひく。
16+12−4=24(個)

22 (1) **13個** (2) **76個** (3) **33個**

解説
(1) 1から100までの4の倍数で，4でわった商が奇数は，
4÷4=1 ……○
8÷4=2 ……×
⋮
96÷4=24 …×
100÷4=25…○
よって，1から25までの奇数の個数である。
25÷2=12…1 12+1=13(個)
(2) **21**の結果を利用する。1から100までの自然数の中で，6でも8でもわりきれない整数とは，6または8の倍数ではない，ということ。
21より，6または8の倍数の個数は24個だから，求める個数は，
100−24=76(個)
(3) 分母が6の場合，約分できるのは分子が2，3，6の倍数の場合。

1から100の中で，
2の倍数は，$100\div2=50$(個)
3の倍数は，$100\div3=33\cdots1$より33(個)
6の倍数は，$100\div6=16\cdots4$より16(個)
6の倍数の個数を，2の倍数を数えるときと，3の倍数を数えるときの両方(2回)で数えているので，1回分をひく。
$50+33-16=67$(個)
約分できる分数が67個より，約分できない分数は，
$100-67=33$(個)

23 **96**

解説 下2けたが00か4の倍数であれば，その数は4の倍数になる。2けたの整数で最も大きい4の倍数は，96

24 (1) **2，5，8**　(2) **0，3，6，9**　(3) **4**

解説 6の倍数であるための条件は，
①偶数であり，かつ②3の倍数であること。
(1) ①は考えなくてよいので，②を考えると，2，5，8
(2) ①は考えなくてよいので，②を考えると，0，3，6，9
(3) ①を考えると，□に入る数は，0，2，4，6，8　この中で②を満たすものは4

25 **0，6，9**

解説 3□57が3の倍数になるのは，
□＝0, 3, 6, 9のとき。9の倍数でないのは，
□＝0のとき，$3+0+5+7=15$…○
□＝3のとき，$3+3+5+7=18$…×
□＝6のとき，$3+6+5+7=21$…○
□＝9のとき，$3+9+5+7=24$…○
よって，□＝0，6，9

26 **i)Bさんが2回目に3の倍数のカードをとったとき，Aさんも3回目に3の倍数のカードをとればよい。**
ii)Bさんが2回目に3でわったあまりが1になるカードをとったとき，Aさんも3回目に3でわったあまりが1になるカードをとればよい。
iii)Bさんが2回目に3でわったあまりが2になるカードをとったとき，Aさんも3回目に3でわったあまりが2になるカードをとればよい。

解説 Aさんは，最後に残る3枚のあまりの合計が3の倍数にならないようにとればよい。
i)の場合，Bさんが2回目のカードをとったあと，3の倍数…1(枚)，あまり2…2(枚)，あまり1…2(枚)　のカードが残っている。最後に$0+1+2$とならなければよいので，3の倍数のカードをとる。
ii)の場合，Bさんが2回目のカードをとったあと，3の倍数…2(枚)，あまり2…2(枚)，あまり1…1(枚)　のカードが残っている。最後に$0+1+2$とならなければよいので，あまりが1のカードをとる。
iii)の場合，Bさんが2回目のカードをとったあと，3の倍数…2(枚)，あまり2…1(枚)，あまり1…2(枚)　のカードが残っている。最後に$0+1+2$とならなければよいので，あまりが2のカードをとる。

27 (1) $\mathbf{2^2\times5^2}$　(2) $\mathbf{2^3\times5\times7}$　(3) $\mathbf{2\times3^2\times5^2}$

解説

(1)
2)100
2) 50
5) 25
　　5
$100=\mathbf{2^2}\times\mathbf{5^2}$

(2)
2)280
2)140
2) 70
5) 35
　　7
$280=\mathbf{2^3}\times\mathbf{5}\times\mathbf{7}$

(3)
2)450
3)225
3) 75
5) 25
　　5
$450=\mathbf{2}\times\mathbf{3^2}\times\mathbf{5^2}$

28 **15**

解説 540を素因数分解すると，
2)540
2)270
3)135
3) 45
3) 15
　　5
$540=\mathbf{2^2}\times\mathbf{3^3}\times\mathbf{5}$
2乗の数にするためには，すべての累乗の指数が偶数になればよい。
$2^2\times3^3\times5$に3と5をかけると
$(2^2\times3^3\times5)\times(3\times5)$
$=2^2\times3^4\times5^2=(2\times3^2\times5)^2$

となって，2乗の数になる。
よって，$3\times5=15$

29 (1) **1, 2, 3, 4, 6, 9, 12, 18, 36**
(2) **1, 5, 7, 35, 49, 245**
(3) **1, 2, 4, 8, 13, 26, 52, 104**
(4) **1, 79**

解説
(1) $36=2^2\times3^2$

	1	3	9
1	$1\times1=1$	$1\times3=3$	$1\times9=9$
2	$2\times1=2$	$2\times3=6$	$2\times9=18$
4	$4\times1=4$	$4\times3=12$	$4\times9=36$

(2) $245=5\times7^2$

	1	7	49
1	$1\times1=1$	$1\times7=7$	$1\times49=49$
5	$5\times1=5$	$5\times7=35$	$5\times49=245$

(3) $104=2^3\times13$

	1	13
1	$1\times1=1$	$1\times13=13$
2	$2\times1=2$	$2\times13=26$
4	$4\times1=4$	$4\times13=52$
8	$8\times1=8$	$8\times13=104$

(4) $79=1\times79$より，約数は1と79

30 **15個**

解説 144を素因数分解すると，
$144=2^4\times3^2$
よって，約数の個数は，
$(4+1)\times(2+1)=15$(個)

31 **24個**

解説 $2646=2\times3^3\times7^2$
よって，約数の個数は，
$(1+1)\times(3+1)\times(2+1)=24$(個)

32 **5種類**

解説 36を素因数分解すると，
2)36
2)18
3) 9　　$36=2^2\times3^2$
　 3
長方形の縦と横の組み合わせを考える。
$1\times(2^2\times3^2)=\mathbf{1\times36}$
$2\times(2\times3^2)=\mathbf{2\times18}$
$3\times(2^2\times3)=\mathbf{3\times12}$
$2^2\times3^2=\mathbf{4\times9}$
$(2\times3)\times(2\times3)=\mathbf{6\times6}$
よって，5種類。

33 **6種類**

解説 108を素因数分解すると，
2)108
2) 54
3) 27　　$108=2^2\times3^3$
3) 9
　 3
長方形の縦と横の組み合わせを考える。
$1\times(2^2\times3^3)=\mathbf{1\times108}$
$2\times(2\times3^3)=\mathbf{2\times54}$
$3\times(2^2\times3^2)=\mathbf{3\times36}$
$2^2\times3^3=\mathbf{4\times27}$
$(2\times3)\times(2\times3^2)=\mathbf{6\times18}$
$3^2\times(2^2\times3)=\mathbf{9\times12}$
よって，6種類。

34 **18cm**

解説 324を素因数分解すると，
2)324
2)162
3) 81
3) 27　　$324=2^2\times3^4$
3) 9
　 3
(正方形の面積)＝(1辺の長さ)^{2}だから，
$324=2^2\times3^4$
$=\mathbf{(2\times3^2)^2}$
よって，1辺の長さは，$2\times3^2=18$(cm)

35 **24cm**

解説 576を素因数分解すると，
2)576
2)288
2)144
2) 72
2) 36
2) 18　　$576=2^6\times3^2$
3) 9
　 3
(正方形の面積)＝(1辺の長さ)^{2}だから，
$576=2^6\times3^2$
$=\mathbf{(2^3\times3)^2}$

よって，1辺の長さは，$2^3 \times 3 = 24$(cm)

36 (1) **21**　(2) **14**　(3) **12**

解説

(1) 3つの数に共通する素因数は，**3×7**＝21

(2)
```
2 )42  56
7 )21  28
    3   4
```
よって，**2**×**7**＝14

(3)
```
2 )48  84  96
2 )24  42  48
3 )12  21  24
    4   7   8
```
よって，**2**×**2**×**3**＝12

37 (1) **2cm**　(2) **4cm**　(3) **11cm**

解説

(1) 最後に切り取る正方形の1辺の長さは，2辺の長さ10，14の両方ともわりきることができる**最大公約数**である。10と14の最大公約数は2。

(2) (1)と同様に考えて，68と84の最大公約数は4。

(3) (1)と同様に考えて，143と187の最大公約数は11。

38 **1束，2束，3束，4束，6束，12束**

解説 36と24の最大公約数を求めると，
```
2 )36  24
2 )18  12
3 ) 9   6
    3   2
```
よって，2×2×3＝12

最大公約数12の約数は，1，2，3，4，6，12

39 **6人**

解説 赤い折り紙は3枚あまったので，45－3＝42(枚)配った。

青い折り紙は1枚あまったので，55－1＝54(枚)配った。

42と54の公約数が子どもの人数である。

最大公約数は6だから，考えられる人数は1人，2人，3人，6人。ただし，赤い折り紙が3枚あまったことから，人数は4人以上である。

よって，6人。

40 **いちばん大きい数…54**
いちばん小さい数…6

解説 380をわれば2あまるので，378であればわりきれる。

1085をわれば5あまるので，1080であればわりきれる。

よって，**378と1080の最大公約数**は54である。54の約数は，1，2，3，6，9，18，27，54。このうち5より大きい数だから，6，9，18，27，54である。

よって，いちばん大きい数は54，いちばん小さい数は6。

41 (1) **6300**　(2) **420**
(3) **360**　(4) **840**

解説

(1) $2 \times 3^2 \times 5$

$2^2 \times 5^2 \times 7$

各指数の大きい方をとると，

$2^2 \times 3^2 \times 5^2 \times 7 = 6300$

(2) 共通な素因数がないので，そのままかける。7×12×5＝420

(3)
```
3 )15  18  24
2 ) 5   6   8   ←6と8はまだ2でわれる
    5   3   4     5はそのまま下へおろす
```
3×2×5×3×4＝360

(4)
```
2 )28  35  120
2 )14  35   60
5 ) 7  35   30
7 ) 7   7    6
    1   1    6
```
2×2×5×7×1×1×6＝840

42 **14**

解説 4でわっても6でわっても2あまるので，4と6の最小公倍数である**12でわると2あまる**と考えられる。

つまり，**12の倍数に2をたせばよい。**

自然数の中で最も小さい12の倍数は12だから，12＋2＝14となる。

43 **77**

解説 8でわっても12でわっても5あまるので，8と12の最小公倍数である**24でわると5あまる**と考えられる。つまり，24の倍数に5をたせばよい。

24×1＋5＝29

24×2＋5＝53

$24\times3+5=77$
$24\times4+5=101$
よって，2けたで最も大きい自然数は77。

44 **62**

解説 6，12，15の最小公倍数は60。60の倍数で2けたの数は，60のみ。
よって，$60+2=62$

45 **4回**

解説 上りは14分ごと，下りは18分ごとだから，両方の発車時刻が一致するのは，**14と18の最小公倍数である126分ごと**である。午前9時から午後5時までは8時間＝480分あるので，$480\div126=3\cdots102$だから，3回ある。ただし，この回数に午前9時の回はふくまれていないので，$3+1=4$(回)

46 $\boldsymbol{\frac{20}{3}}$

解説
「$\frac{5}{9}$でわっても，$\frac{4}{15}$でわっても」を言いかえると，
「$\frac{9}{5}$をかけても，$\frac{15}{4}$をかけても」となる。
よって，$\frac{5と4の最小公倍数}{9と15の最大公約数}=\frac{20}{3}$

47 $\boldsymbol{\frac{3}{140}}$

解説 「ある分数でわったら」のままでは考えにくいので，「**ある分数をかけて**」とし，答えが出たらその逆数にする。
$\frac{14と35と28の最小公倍数}{9と18と15の最大公約数}=\frac{140}{3}$
$\frac{140}{3}$の逆数は，$\frac{3}{140}$

48 (1) ±6　(2) ±13　(3) ±20
(4) $\pm\frac{4}{5}$　(5) ±0.2　(6) ±0.8
(7) $\pm\sqrt{11}$　(8) $\pm\sqrt{0.4}$

解説 aの平方根とは$\boldsymbol{x^2=a}$をみたすxのことである。

49 (1) ±15　(2) 0.01　(3) -10　(4) 10

解説 平方根の正の方は$\sqrt{x}$，負の方は$-\sqrt{x}$である。

50 (1) $\sqrt{80}<9$　(2) $-4<-\sqrt{15}$
(3) $11<\sqrt{123}<\sqrt{128}$
(4) $-3<-\sqrt{8}<-\sqrt{6}$

解説
(1) $\boldsymbol{9=\sqrt{81}}$より，$\sqrt{80}<\sqrt{81}$
(2) $\boldsymbol{-4=-\sqrt{16}}$より，$-\sqrt{16}<-\sqrt{15}$
(3) $\boldsymbol{11=\sqrt{121}}$より，$\sqrt{121}<\sqrt{123}<\sqrt{128}$
(4) $\boldsymbol{-3=-\sqrt{9}}$より，$-\sqrt{9}<-\sqrt{8}<-\sqrt{6}$

51 **2個**

解説 $2.5=\sqrt{6.25}$, $3=\sqrt{9}$ より，$\sqrt{6.25}<\sqrt{a}<\sqrt{9}$
よって，$\boldsymbol{6.25<a<9}$より，$a=7$，8の2個。

52 **9個**

解説 $-9.5=-\sqrt{90.25}$，$-9=-\sqrt{81}$ より，
$-\sqrt{90.25}<-\sqrt{a}<-\sqrt{81}$　よって，
$\boldsymbol{81<a<90.25}$より，aは82から90までの自然数。

53 $\boldsymbol{x=1}$，**2**

解説
$2\leqq\sqrt{3x+1}<3$より
$\boldsymbol{4\leqq3x+1<9}$
$3\leqq\ 3x\ <8$
$1\leqq\ x\ <\frac{8}{3}=2.66\cdots$
よって，$x=1$，2

54 **4**

解説 $\sqrt{33-2x}=n$(nは整数)とすると，
$\boldsymbol{33-2x=n^2}$
$x=1$のとき，$33-2\times1=31\cdots\times$
$x=2$のとき，$33-2\times2=29\cdots\times$
$x=3$のとき，$33-2\times3=27\cdots\times$
$x=4$のとき，$33-2\times4=25\cdots$○
よって，最も小さい自然数xは4。

55 **7**

解説 $\sqrt{22-3x}=n$(nは整数)とすると，
$\boldsymbol{22-3x=n^2}$
$3x=22-n^2$
$n=0$のとき$x=\frac{22}{3}\cdots\times$
$n=1$のとき$x=7\ \cdots$○
$n=2$のとき$x=6\ \cdots$○
⋮　　⋮

もっとも大きい自然数xは7

56 **21**

解説 $\sqrt{84n}=\sqrt{2^2\times3\times7\times n}$だから，
$n=3\times7$とすれば，
$(2^2\times3\times7)\times(3\times7)=2^2\times3^2\times7^2=\mathbf{(2\times3\times7)^2}$
となり，$\sqrt{84n}$の$\sqrt{\ }$がとれて自然数となる。
よって，$n=3\times7=21$

57 **14**

解説 $504=2^3\times3^2\times7$だから，**2を1つと7をとればよい(わればよい)。**
そうすると，$2^2\times3^2$となり，$\mathbf{(2\times3)^2}$とすることができる。
つまり，$n=2\times7=14$

58 **2.64**

解説 $\mathbf{4<7<9}$より，$\mathbf{\sqrt{4}<\sqrt{7}<\sqrt{9}}$
$2<\sqrt{7}<3$
さらに，$2.6^2=6.76$，$2.7^2=7.29$で，
$\mathbf{2.6^2<7<2.7^2}$
だから，
$\mathbf{2.6<\sqrt{7}<2.7}$
同様にして，
$2.64^2=6.9696$，$2.65^2=7.0225$より，
$\mathbf{2.64^2<7<2.65^2}$
だから，
$\mathbf{2.64<\sqrt{7}<2.65}$
したがって，$\sqrt{7}$を小数第2位まで求めると2.64。

59 **3.87**

解説 $\mathbf{9<15<16}$より，$\mathbf{\sqrt{9}<\sqrt{15}<\sqrt{16}}$
よって，$3<\sqrt{15}<4$
$3.8^2=14.44$，$3.9^2=15.21$より，
$\mathbf{3.8^2<15<3.9^2}$
$\mathbf{3.8<\sqrt{15}<3.9}$　よって，
$\sqrt{15}$は3.8□である。
$3.87^2=14.9769$
$3.88^2=15.0544$　より，
$\mathbf{3.87^2<15<3.88^2}$
$\mathbf{3.87<\sqrt{15}<3.88}$

60 (1)**8.426**　(2) **1.162**　(3) **12.570**

解説
(1) $\sqrt{71}=8.4261\cdots$
(2) $\sqrt{1.35}=1.1618\cdots$（2）
(3) $\sqrt{158}=12.5698\cdots$（70）
最後の0は消さずに残す。

61 (1)

解説
(1) 円周率は循環しない無限小数である。
(2) $x=0.131313\cdots$とおくと，

$$\begin{array}{rl} 100x= & 13.1313\cdots \\ -)\quad x= & 0.1313\cdots \\ \hline 99x= & 13 \\ x= & \frac{13}{99} \end{array}$$

となり，分数の形で表すことができる。
(3) $\sqrt{\frac{81}{196}}=\sqrt{\frac{9^2}{14^2}}=\frac{9}{14}$
(4) 有限小数である。$1.41=\frac{141}{100}$

62 (1) $\mathbf{\sqrt{63}}$　(2) $\mathbf{-\sqrt{45}}$　(3) $\mathbf{\sqrt{\frac{6}{25}}}$

解説
(1) $3\sqrt{7}=\mathbf{\sqrt{3^2}\times\sqrt{7}}=\mathbf{\sqrt{9\times7}}=\sqrt{63}$
(2) $-3\sqrt{5}=\mathbf{-\sqrt{3^2}\times\sqrt{5}}=\mathbf{-\sqrt{3^2\times5}}=-\sqrt{45}$
(3) $\frac{\sqrt{6}}{5}=\mathbf{\sqrt{\frac{6}{5^2}}}=\sqrt{\frac{6}{25}}$

63 (1) $\mathbf{-7\sqrt{2}}$　(2) $\mathbf{-\frac{\sqrt{95}}{10}}$　(3) $\mathbf{6\sqrt{5}}$

解説
(1) $-\sqrt{98}=\mathbf{-\sqrt{49\times2}}=\mathbf{-\sqrt{7^2\times2}}$
$=\mathbf{-\sqrt{7^2}\times\sqrt{2}}=-7\sqrt{2}$
(2) $-\sqrt{0.95}=\mathbf{-\sqrt{\frac{95}{100}}}=\mathbf{-\sqrt{\frac{95}{10^2}}}=-\frac{\sqrt{95}}{10}$
(3) $\sqrt{180}=\mathbf{\sqrt{2^2\times3^2\times5}}=\mathbf{\sqrt{2^2}\times\sqrt{3^2}\times\sqrt{5}}$
$=\mathbf{2\times3\times\sqrt{5}}=6\sqrt{5}$

64 (1) $\mathbf{4\sqrt{30}}$　(2) $\mathbf{-\frac{1}{2}}$

解説
(1) $\sqrt{40}\times\sqrt{12}=2\mathbf{\sqrt{10}}\times2\mathbf{\sqrt{3}}$
$=4\sqrt{30}$
(2) $\sqrt{84}\div(-\sqrt{12})\div\sqrt{28}$
$=\mathbf{2\sqrt{21}}\div(\mathbf{-2\sqrt{3}})\div\mathbf{2\sqrt{7}}$
$=-\frac{\mathbf{2\sqrt{21}}}{\mathbf{2\sqrt{3}\times2\sqrt{7}}}=-\frac{1}{2}$

65 (1) **22.36**　(2) **4.472**

(3) **707.1**　(4) **0.7071**
(5) **21.213**　(6) **3.354**

解説

(1) $\sqrt{500}=\sqrt{5}\times\sqrt{100}=\boldsymbol{\sqrt{5}\times 10}$
$=2.236\times 10=22.36$

(2) $\sqrt{20}=\sqrt{5\times 4}=\boldsymbol{\sqrt{5}\times 2}$
$=2.236\times 2=4.472$

(3) $\sqrt{500000}=\sqrt{50}\times\sqrt{10000}$
$=\boldsymbol{\sqrt{50}\times 100}=7.071\times 100=707.1$

(4) $\sqrt{0.5}=\sqrt{50\times 0.01}=\boldsymbol{\sqrt{50}\times 0.1}$
$=7.071\times 0.1=0.7071$

(5) $\sqrt{450}=\sqrt{50\times 9}=\boldsymbol{\sqrt{50}\times 3}$
$=7.071\times 3=21.213$

(6) $\sqrt{\dfrac{45}{4}}=\dfrac{\sqrt{45}}{\sqrt{4}}=\dfrac{\sqrt{9\times 5}}{2}=\boldsymbol{\dfrac{3}{2}}\times\sqrt{5}$
$=3\div 2\times 2.236=3.354$

66 (1) $\boldsymbol{2\sqrt{5}-3\sqrt{6}}$　(2) $\boldsymbol{\sqrt{2}}$
(3) $\boldsymbol{-2\sqrt{7}}$　(4) $\boldsymbol{-\sqrt{3}}$
(5) $\boldsymbol{2\sqrt{3}+\dfrac{5\sqrt{6}}{2}}$　(6) $\boldsymbol{\dfrac{19\sqrt{2}}{2}+\dfrac{7\sqrt{5}}{3}}$

解説

(1) $\boldsymbol{(5-3)\sqrt{5}}+\boldsymbol{(1-4)\sqrt{6}}=\boldsymbol{2\sqrt{5}-3\sqrt{6}}$

(2) $4\sqrt{2}-5\sqrt{2}+2\sqrt{2}=(4-5+2)\sqrt{2}=\sqrt{2}$

(3) $\sqrt{28}-7\sqrt{7}+\sqrt{63}=2\sqrt{7}-7\sqrt{7}+3\sqrt{7}$
$=(2-7+3)\sqrt{7}=-2\sqrt{7}$

(4) $2\sqrt{12}-3\sqrt{8}-\sqrt{75}+\sqrt{72}$
$=4\sqrt{3}-6\sqrt{2}-5\sqrt{3}+6\sqrt{2}$
$=\boldsymbol{(4-5)\sqrt{3}}+\boldsymbol{(-6+6)\sqrt{2}}$
$=\boldsymbol{-\sqrt{3}}+\boldsymbol{0\times\sqrt{2}}=-\sqrt{3}$

(5) $2\sqrt{27}+\sqrt{54}-4\sqrt{3}-\dfrac{\sqrt{6}}{2}$
$=6\sqrt{3}+3\sqrt{6}-4\sqrt{3}-\dfrac{\sqrt{6}}{2}$
$=\boldsymbol{(6-4)\sqrt{3}}+\boldsymbol{\left(3-\dfrac{1}{2}\right)\sqrt{6}}=\boldsymbol{2\sqrt{3}+\dfrac{5\sqrt{6}}{2}}$

(6) $3\sqrt{18}+2\sqrt{20}+\dfrac{\sqrt{2}}{2}-\dfrac{5\sqrt{5}}{3}$
$=9\sqrt{2}+4\sqrt{5}+\dfrac{\sqrt{2}}{2}-\dfrac{5\sqrt{5}}{3}$
$=\boldsymbol{\left(9+\dfrac{1}{2}\right)\sqrt{2}}+\boldsymbol{\left(4-\dfrac{5}{3}\right)\sqrt{5}}$
$=\boldsymbol{\dfrac{19\sqrt{2}}{2}}+\boldsymbol{\dfrac{7\sqrt{5}}{3}}$

67 (1) $\boldsymbol{\sqrt{3}}$　(2) $\boldsymbol{9+2\sqrt{14}}$　(3) $\boldsymbol{-18-4\sqrt{3}}$

解説

(1) $\boldsymbol{\dfrac{\sqrt{8}\times\sqrt{12}}{\sqrt{2}}}-\boldsymbol{\sqrt{27}}=\boldsymbol{\sqrt{\dfrac{8\times 12}{2}}}\boldsymbol{-3\sqrt{3}}$
$=\boldsymbol{\sqrt{4\times 4\times 3}}\boldsymbol{-3\sqrt{3}}=\boldsymbol{4\sqrt{3}}\boldsymbol{-3\sqrt{3}}=\sqrt{3}$

(2) $(\sqrt{7})^2+2\times\sqrt{7}\times\sqrt{2}+(\sqrt{2})^2=9+2\sqrt{14}$

(3) $(\sqrt{3})^2+(3-7)\sqrt{3}-21=3-4\sqrt{3}-21$
$=-18-4\sqrt{3}$

68 (1) $\boldsymbol{\dfrac{7\sqrt{5}}{5}}$　(2) $\boldsymbol{\dfrac{\sqrt{6}}{4}}$　(3) $\boldsymbol{\dfrac{\sqrt{6}}{4}}$　(4) $\boldsymbol{\dfrac{3-\sqrt{2}}{7}}$

解説

(1) $\dfrac{7\times\boldsymbol{\sqrt{5}}}{\sqrt{5}\times\boldsymbol{\sqrt{5}}}=\dfrac{7\sqrt{5}}{5}$

(2) $\dfrac{\sqrt{3}}{2\sqrt{2}}=\dfrac{\sqrt{3}\times\boldsymbol{\sqrt{2}}}{2\sqrt{2}\times\boldsymbol{\sqrt{2}}}=\dfrac{\sqrt{6}}{4}$

(3) $\dfrac{3}{2\sqrt{6}}=\dfrac{3\times\boldsymbol{\sqrt{6}}}{2\sqrt{6}\times\boldsymbol{\sqrt{6}}}=\dfrac{3\sqrt{6}}{12}=\dfrac{\sqrt{6}}{4}$

(4) $\dfrac{1}{3+\sqrt{2}}=\dfrac{\boldsymbol{3-\sqrt{2}}}{(3+\sqrt{2})\boldsymbol{(3-\sqrt{2})}}$
$=\dfrac{3-\sqrt{2}}{9-2}=\dfrac{3-\sqrt{2}}{7}$

69 (1) **3**　(2) $\boldsymbol{3-4\sqrt{3}}$

解説

(1) $x^2-2x+1=(x-1)^2$
これに$\boldsymbol{x=\sqrt{3}+1}$を代入する。
$(\boldsymbol{\sqrt{3}+1}-1)^2=(\sqrt{3})^2=3$

(2) $x^2-6x+5=(x-1)(x-5)$
これに$\boldsymbol{x=\sqrt{3}+1}$を代入する。
$(\boldsymbol{\sqrt{3}+1}-1)(\boldsymbol{\sqrt{3}+1}-5)$
$=\sqrt{3}\times(\sqrt{3}-4)$
$=3-4\sqrt{3}$

70 (1) **12**　(2) $\boldsymbol{4\sqrt{6}}$

解説

(1) $x^2-2xy+y^2=(x-y)^2$
これに$\boldsymbol{x=\sqrt{2}+\sqrt{3}}$, $\boldsymbol{y=\sqrt{2}-\sqrt{3}}$を代入する。
$\{(\boldsymbol{\sqrt{2}+\sqrt{3}})-(\boldsymbol{\sqrt{2}-\sqrt{3}})\}^2$
$=(\sqrt{2}+\sqrt{3}-\sqrt{2}+\sqrt{3})^2$
$=(2\sqrt{3})^2=2^2\times(\sqrt{3})^2=4\times 3=12$

(2) $x^2-y^2=(x+y)(x-y)$
これに$\boldsymbol{x=\sqrt{2}+\sqrt{3}}$, $\boldsymbol{y=\sqrt{2}-\sqrt{3}}$を代入する。
$\{(\boldsymbol{\sqrt{2}+\sqrt{3}})+(\boldsymbol{\sqrt{2}-\sqrt{3}})\}\{(\boldsymbol{\sqrt{2}+\sqrt{3}})-(\boldsymbol{\sqrt{2}-\sqrt{3}})\}$
$=(\sqrt{2}+\sqrt{3}+\sqrt{2}-\sqrt{3})(\sqrt{2}+\sqrt{3}-\sqrt{2}+\sqrt{3})$
$=2\sqrt{2}\times 2\sqrt{3}=4\sqrt{6}$

71 (1) $\boldsymbol{x=4,\ y=\sqrt{2}-1}$　(2) **32**

解説

(1) $1<\sqrt{2}<2$より，辺々に3をたして，

$3+1<3+\sqrt{2}<3+2$

$4<3+\sqrt{2}<5$

よって，整数部分xは，$x=4$

小数部分yは，$y=\mathbf{(3+\sqrt{2})-4}=\mathbf{\sqrt{2}-1}$

(2) $x^2+8xy+16y^2=(\boldsymbol{x}+\mathbf{4}\boldsymbol{y})^2$

これに，$x=4$，$y=\sqrt{2}-1$を代入して，

$\{\mathbf{4+4(\sqrt{2}-1)}\}^2=(4\sqrt{2})^2=32$

72 (1) $\boldsymbol{x=4,\ y=2\sqrt{5}-4}$
(2) $\mathbf{52-16\sqrt{5}}$

解説

(1) $\sqrt{16}<\sqrt{20}<\sqrt{25}$より，整数部分は4。

よって，小数部分は$\mathbf{\sqrt{20}-4}$である。

$x=4$，$y=\sqrt{20}-4=2\sqrt{5}-4$

(2) $x^2+y^2=\boldsymbol{(x+y)^2-2xy}$　より，

$(\sqrt{20})^2-2\times4\times(2\sqrt{5}-4)$

$=20-8(2\sqrt{5}-4)$

$=20-16\sqrt{5}+32=52-16\sqrt{5}$

73 (1) **±46**　(2) **±74**
(3) **±6.8**　(4) **±3.65**

解説

(1)

	4 6
4	$\sqrt{2116}$
4	16
86	516
6	516
	0

①2116を2けたずつ区切り，21からひくことができる最大の平方の数を調べると，$4^2=16$

②21から16をひき，次の2けたの16をおろして516

③516に最も近くなる8□×□の□を調べると，86×6＝516

よって，±46

(2)

	7 4
7	$\sqrt{5476}$
7	49
14[4]	576
[4]	576
	0

よって，±74

(3)

	6. 8
6	$\sqrt{46.24}$
6	36
12[8]	1024
[8]	1024
	0

よって，±6.8

(4)

	3. 6 5	
3	$\sqrt{13.3225}$	
3	9	
66	432	
6	396	←432に最も近くなる6□×□の□を調べる
725	3625	
5	3625	
	0	

よって，±3.65

式 編 ▶ 74 〜 117

74 (1) $(5\times a)$cm^2　(2) $(20-4\times x)$cm
(3) $(3950-200\times b)$円
(4) $\{(a\times 34+b\times 35)\div 69\}$点

解説
(1) (長方形の面積)＝(たての長さ)×(横の長さ)
(2) (残りの長さ)＝(全体の長さ)－(切り取った長さ)
(3) (おつり)＝(支払った金額)－(買った物の代金)
$5000-(350\times 3+200\times b)$
$=5000-(1050+200\times b)=3950-200\times b$
(4) (全体の平均点)
＝{(A組の平均点)×(A組の人数)＋(B組の平均点)×(B組の人数)}÷(全体の人数)

75 (1) $5x$　(2) $-4y$　(3) $-2ab$
(4) $-a$　(5) $-\frac{1}{2}ab$　(6) $3(b-a)$
(7) x^2　(8) a^3　(9) $-x^2y$
(10) a^2bc^2　(11) $-4x^4$　(12) $3xy(x+y)^2$

解説 数字は文字の前に書き，文字はふつう，アルファベットの順に書く。同じ文字(式)の積は累乗の形で書く。

76 (1) $\frac{x}{8}$　(2) $-\frac{a-2b}{3}$　(3) $-\frac{xy}{4}$
(4) $\frac{10x}{y}$　(5) $\frac{ac}{b}$

解説 分母と分子で共通の文字または数字があれば，約分する。
(2) $-\frac{2a-4b}{6}=-\frac{2(a-2b)}{6}=-\frac{{}^{1}2(a-2b)}{6_{3}}$
$=-\frac{a-2b}{3}$

77 (1) $S=\frac{ah}{2}$　または　$S=\frac{1}{2}ah$
(2) $\ell=2(a+b)$　または　$\ell=2a+2b$
(3) $V=abc$

解説
(1) (三角形の面積)＝(底辺)×(高さ)×$\frac{1}{2}$
(2) (長方形の周囲の長さ)＝(縦の長さ)×2＋(横の長さ)×2
(3) (直方体の体積)＝(縦)×(横)×(高さ)

78 (1) $(60a+20b)$円　(2) $\frac{10000}{v}$分
(3) $\frac{a+2b}{3}$%　(4) $\frac{15a+16b}{31}$点

解説
(1) $a\times 12\times 5+b\times\frac{60}{3}=60a+20b$(円)
(2) 道のり10kmをmの単位に直す。出てくる答えの単位は分。または分速vmの単位をkmに直して計算してもよい。
(3) (食塩水の濃度)＝$\frac{(\text{食塩の重さ})}{(\text{食塩水の重さ})}\times 100$
(混ぜた後の食塩の重さ)
$=100\times\frac{a}{100}+200\times\frac{b}{100}=a+2b$(g)
(混ぜた後の食塩水の重さ)
$=100+200=300$(g)
(濃度)$=\frac{a+2b}{300}\times 100=\frac{a+2b}{3}$(%)
(4) (全体の平均点)＝$\frac{(\text{全体の合計得点})}{(\text{合計人数})}$
$=\frac{30a+32b}{62}=\frac{{}^{1}2(15a+16b)}{62_{31}}$
$=\frac{15a+16b}{31}$(点)

79 (1) 長方形の周の長さ　(2) 長方形の面積

解説
(1) $2(x+y)=2x+2y$と表すこともできる。
(2) 縦の長さと横の長さの積なので，面積を表している。

80 (1) 買った品物の個数の合計
(2) ペンと消しゴムの1個あたりの金額の差
(3) 代金の合計

解説
(1) bは70円の消しゴムの個数である。
(2) aはペン1本の金額である。
(3) $a\times 3+70\times b=3a+70b$

81 (1) -2　(2) 17　(3) 11

解説
(1) $x-6=\mathbf{4}-6=-2$
(2) $3x+5=3\times\mathbf{4}+5=12+5=17$
(3) $x^2-2x+3=\mathbf{4}^2-2\times\mathbf{4}+3=16-8+3=11$

82 (1) 7　(2) $-\frac{5}{4}$　(3) $-\frac{53}{8}$

解説

(1) $-4x+5=-4\times\left(-\frac{1}{2}\right)+5=7$

(2) $x^2+3x=\left(-\frac{1}{2}\right)\times\left(-\frac{1}{2}\right)+3\times\left(-\frac{1}{2}\right)=-\frac{5}{4}$

(3) $-7-x+x^3=-7-\left(-\frac{1}{2}\right)+\left(-\frac{1}{2}\right)^3=-\frac{53}{8}$

83 (1) **1次の項は$-4x$, 係数は-4, 数の項は0**
(2) **1次の項は$0.6x$, 係数は0.6, 数の項は0**
(3) **1次の項は$-\frac{3}{5}y$, 係数は$-\frac{3}{5}$, 数の項は-7**
(4) **1次の項は$-\frac{a}{5}$, 係数は$-\frac{1}{5}$, 数の項は-8**

解説 文字の項と数の項を分けて考える。

84 (1) $3x-3$　(2) $2x+4$　(3) $11a-1$
(4) $-4a-3$　(5) 1　(6) $-9x-4$
(7) $\frac{5}{2}x+2$　(8) $-\frac{7}{2}a+3$
(9) $-5a-4$　(10) $-2x+12$
(11) $x+10$　(12) $6a-1$

解説

(1) $x-3+2x=(1+2)x-3=3x-3$
(2) $5x+4-3x=(5-3)x+4=2x+4$
(3) $4a+7a-1=(4+7)a-1=11a-1$
(4) $2a-3-6a=(2-6)a-3=-4a-3$
(5) $3x+1-3x=(3-3)x+1=1$
(6) $2-5x-6-4x=(-5-4)x+(2-6)$
$=-9x-4$
(7) $3+2x-1+\frac{1}{2}x=\left(2+\frac{1}{2}\right)x+(3-1)$
$=\left(\frac{4}{2}+\frac{1}{2}\right)x+2=\frac{5}{2}x+2$
(8) $-2+\frac{3}{2}a-5a+5=\left(\frac{3}{2}-5\right)a+(-2+5)$
$=\left(\frac{3}{2}-\frac{10}{2}\right)a+3=-\frac{7}{2}a+3$
(9) $a+3-6a-7=(1-6)a+3-7=-5a-4$
(10) $-7x+5x+12=(-7+5)x+12=-2x+12$
(11) $2x+4-x+6=(2-1)x+4+6=x+10$
(12) $-3a+2+9a-3=(-3+9)a+2-3$
$=6a-1$

85 (1) $8a$　(2) $3x$　(3) $-12x-15$
(4) $\frac{7}{4}x-\frac{3}{2}$　(5) $4a+6$　(6) $-\frac{3}{5}a+2$
(7) $3x+2$　(8) $9x-3$

解説

(1) $-4a\times(-2)=-4\times(-2)\times a=8a$
(2) $24x\div8=24x\times\frac{1}{8}=24\times\frac{1}{8}\times x=3x$
(3) $3(-4x-5)=3\times(-4x)+3\times(-5)=-12x-15$
(4) $\frac{1}{4}(7x-6)=\frac{1}{4}\times7x+\frac{1}{4}\times(-6)=\frac{7}{4}x-\frac{3}{2}$
(5) $\frac{2}{5}(10a+15)=\frac{2}{5}\times10a+\frac{2}{5}\times15=4a+6$
(6) $(-3a+10)\div5=(-3a+10)\times\frac{1}{5}=-\frac{3}{5}a+2$
(7) $(18x+12)\div6=(18x+12)\times\frac{1}{6}=3x+2$
(8) $(6x-2)\div\frac{2}{3}=(6x-2)\times\frac{3}{2}=9x-3$

86 (1) $2a+7$　(2) $-2x+3$　(3) $-2x-6$
(4) $5a-4$　(5) $-x-5$　(6) $7a+8$

解説

(1) $4a+(7-2a)=4a+7-2a=2a+7$
(2) $8-6x+(4x-5)=8-6x+4x-5=-2x+3$
(3) $(5x-6)-7x=5x-6-7x=-2x-6$
(4) $2a-(-3a+4)=2a+3a-4=5a-4$
(5) $3x-7-(4x-2)=3x-7-4x+2=-x-5$
(6) $4a-(-3a-8)=4a+3a+8=7a+8$

87 (1) $5x-6$　(2) $11x+14$　(3) $10x$
(4) $-3x+19$　(5) $-4x$　(6) -20
(7) $\frac{5x+11}{6}$　(8) $\frac{7x-1}{4}$　(9) $\frac{7}{2}$
(10) $\frac{-11x-10}{36}$　(11) $9x-5$　(12) $19x-21$

解説

(1) $2(x+3)+3(x-4)=2x+6+3x-12$
$=5x-6$
(2) $5(x+1)+3(2x+3)=5x+5+6x+9$
$=11x+14$
(3) $4(2x-1)+2(x+2)=8x-4+2x+4$
$=10x$
(4) $3(4x+3)-5(3x-2)$
$=12x+9-15x+10=-3x+19$
(5) $-5(x-1)-(-x+5)$
$=-5x+5+x-5=-4x$
(6) $4(x-1)-2(2x+8)$
$=4x-4-4x-16=-20$
(7) $\frac{x-2}{3}+\frac{x+5}{2}=\frac{2(x-2)}{6}+\frac{3(x+5)}{6}$
$=\frac{2x-4}{6}+\frac{3x+15}{6}=\frac{5x+11}{6}$
(8) $\frac{x-3}{4}+\frac{3x+1}{2}=\frac{x-3}{4}+\frac{2(3x+1)}{4}$
$=\frac{x-3}{4}+\frac{6x+2}{4}=\frac{7x-1}{4}$
(9) $\frac{2x+5}{6}-\frac{x-8}{3}=\frac{2x+5}{6}-\frac{2(x-8)}{6}$
$=\frac{2x+5}{6}+\frac{-2x+16}{6}=\frac{21}{6}=\frac{7}{2}$

(10) $\frac{x-2}{12}-\frac{7x+2}{18}=\frac{\mathbf{3(x-2)}}{\mathbf{36}}-\frac{\mathbf{2(7x+2)}}{\mathbf{36}}$
$=\frac{3x-6-14x-4}{36}=\frac{-11x-10}{36}$

(11) $\mathbf{5(2x-4)-3(x-7)+2(x-3)}$
$=\mathbf{10x-20-3x+21+2x-6}=9x-5$

(12) $\mathbf{5(2x-1)+(x-6)+2(4x-5)}$
$=\mathbf{10x-5+x-6+8x-10}=19x-21$

88 $\mathbf{120a+2b \leqq 1000}$

解説 パンの代金は，$120\times a=120a$(円)
ケーキの代金は，$b\times 2=2b$(円)
この合計が1000円**以下**であることから，
$120a+2b\leqq 1000$　**以下**なので，不等号は＝が入ったものを使うこと。

89 $\mathbf{90x+75(20-x)\leqq 2000}$

解説 りんごをx個とすると，かきは$20-x$(個)と表すことができる。2000円以下にしたいので，不等号は＝が入っているものを使うこと。

90 $\mathbf{10(x+3)+x<70}$

解説 十の位の数をxとおくと一の位の数は十の位の数よりも3大きいので，$x+3$と表すことができる。よって，

入れ替える前		→	入れ替えた後	
十の位	一の位		十の位	一の位
x	$x+3$		$x+3$	x

となる。また，できる数は70より小さいので，不等号に＝は入れないこと。

91 (1) **単項式**　(2) **多項式，項…$\mathbf{2x,\ y}$**
(3) **単項式**　(4) **多項式，項…$\mathbf{x,\ -y,\ 3z}$**
(5) **単項式**　(6) **多項式，項…$\mathbf{ab,\ -4a,\ -b}$**
(7) **多項式，項…$\mathbf{4x^2,-2xy,y^2}$**　(8) **単項式**

解説 単項式は，数や文字の乗法だけの式。多項式は，単項式の和の形で表されている式。

92 (1) **1**　(2) **2**　(3) **3**　(4) **5**　(5) **0**
(6) **1**　(7) **2**　(8) **3**　(9) **4**

解説 単項式の次数は，かけ合わされている文字の個数，多項式の次数は，各項の次数でもっとも大きいもの。

93 (1) $\mathbf{5a-2}$　(2) $\mathbf{7x+y}$　(3) $\mathbf{-5xy+6x}$
(4) $\mathbf{-2x^2-5x}$　(5) $\mathbf{-a^2b+2ab+10a-4b+6}$
(6) $\mathbf{\frac{1}{12}a+4b}$

解説
(1) $\mathbf{-2a+6+7a-8=-2a+7a+6-8}$
$=5a-2$
(2) $\mathbf{2x-3y+5x+4y=2x+5x-3y+4y}$
$=7x+y$
(3) $\mathbf{xy-3x-6xy+9x}$
$=\mathbf{xy-6xy-3x+9x}=-5xy+6x$
(4) $\mathbf{x^2-7x-3x^2+2x}$
$=\mathbf{x^2-3x^2-7x+2x}=-2x^2-5x$
(5) $\mathbf{8a-b+2a}+6+2ab-a^2b\mathbf{-3b}$
$=\mathbf{8a+2a-b-3b}+6+2ab-a^2b$
$=-a^2b+2ab\mathbf{+10a-4b}+6$
(6) $\mathbf{-\frac{1}{4}a-2b+6b+\frac{1}{3}a}$
$=\mathbf{-\frac{3}{12}a+\frac{4}{12}a-2b+6b}=\frac{1}{12}a+4b$

94 (1) $\mathbf{7a-4}$　(2) $\mathbf{-2x-y+5}$
(3) $\mathbf{-a+6b}$　(4) $\mathbf{4x-7y}$
(5) $\mathbf{2x^2-11x-1}$　(6) $\mathbf{-a-8b+5}$
(7) $\mathbf{-4b+6c}$

解説
(1) $\mathbf{(3a+5)+(4a-9)=3a+5+4a-9}$
$=7a-4$
(2) $\mathbf{(5x+2y-1)-(7x+3y-6)}$
$=\mathbf{5x+2y-1-7x-3y+6}=-2x-y+5$
(3) $\mathbf{(4a-2b)+(-5a+8b)}$
$=\mathbf{4a-2b-5a+8b}=-a+6b$
(4) $\mathbf{(7x+4y)-(3x+11y)}$
$=\mathbf{7x+4y-3x-11y}$
$=4x-7y$
(5) $\mathbf{(6x^2-4x+7)+(-8-4x^2-7x)}$
$=\mathbf{6x^2-4x+7-8-4x^2-7x}$
$=2x^2-11x-1$
(6) $\mathbf{(8a-4b)-(-5+4b+9a)}$
$=\mathbf{8a-4b+5-4b-9a}$
$=-a-8b+5$
(7) $\mathbf{(a-2b+3c)-(-2a+3b-c)-(3a-b-2c)}$
$=\mathbf{a-2b+3c+2a-3b+c-3a+b+2c}$
$=-4b+6c$

95 (1) $\mathbf{3x^5}$　(2) $\mathbf{-30a^4b^6}$　(3) $\mathbf{-2ab^2}$
(4) $\mathbf{-x^5}$　(5) $\mathbf{-x^5}$

解説

(1) $\boldsymbol{x^2}\times\boldsymbol{3x^3}=\boldsymbol{3}\times\boldsymbol{x^2}\times\boldsymbol{x^3}=3x^5$

(2) $\boldsymbol{5ab^3}\times(\boldsymbol{-2a^2b^2})\times\boldsymbol{3ab}=\boldsymbol{5\times(-2)\times 3\times a\times a^2\times a\times b^3\times b^2\times b}=-30a^4b^6$

(3) $6a^2b^3\div(\boldsymbol{-3ab})=6a^2b^3\times\left(-\frac{\boldsymbol{1}}{\boldsymbol{3ab}}\right)$
$=-2ab^2$

(4) $-x^2\times x^3=-x^5$

(5) $(\boldsymbol{-x})^2\times(\boldsymbol{-x})^3=\boldsymbol{x^2}\times(\boldsymbol{-x^3})=-x^5$

96 (1) $\boldsymbol{-27x+14y}$　(2) $\boldsymbol{\frac{-14x-13y-12}{24}}$
(3) $\boldsymbol{\frac{-8a+56}{15}}$　(4) $\boldsymbol{\frac{-29x-10}{6}}$

解説

(1) $\boldsymbol{-3(7x-8y)-(6x+10y)}$
$=\boldsymbol{-21x+24y-6x-10y}$
$=-27x+14y$

(2) $\frac{2x-3y-12}{8}-\frac{5x+y-6}{6}$
$=\boldsymbol{\frac{3(2x-3y-12)}{24}-\frac{4(5x+y-6)}{24}}$
$=\frac{6x-9y-36}{24}+\frac{-20x-4y+24}{24}$
$=\frac{-14x-13y-12}{24}$

(3) $\frac{-a+5b+7}{5}-\frac{a+3b-7}{3}$
$=\boldsymbol{\frac{3(-a+5b+7)}{15}-\frac{5(a+3b-7)}{15}}$
$=\frac{-3a+15b+21}{15}+\frac{-5a-15b+35}{15}$
$=\frac{-8a+56}{15}$

(4) $\frac{1}{3}(6x^2-4x+7)+\frac{1}{2}(-8-4x^2-7x)$
$=\boldsymbol{\frac{2(6x^2-4x+7)}{6}+\frac{3(-4x^2-7x-8)}{6}}$
$=\frac{12x^2-8x+14}{6}+\frac{-12x^2-21x-24}{6}$
$=\frac{-29x-10}{6}$

97 (1) **−11**　(2) **−20**

解説

(1) $(4x-5y)-(6x-9y)=4x-5y-6x+9y$
$=-2x+4y$
$=-2\times\boldsymbol{5}+4\times\left(\boldsymbol{-\frac{1}{4}}\right)$
$=-10-1$
$=-11$

(2) $24x^2y^2\div\frac{3}{2}xy=24x^2y^2\times\frac{2}{3xy}$
$=\frac{24x^2y^2\times 2}{3xy}$
$=16xy$
$=16\times\boldsymbol{5}\times\left(\boldsymbol{-\frac{1}{4}}\right)$
$=-20$

98 (1) $\boldsymbol{\frac{64}{3}}$　(2) $\boldsymbol{-\frac{32}{3}}$

解説

(1) $-x+2y-5x-6y=-6x-4y$
$=-6\times(\boldsymbol{-4})-4\times\boldsymbol{\frac{2}{3}}=24-\frac{8}{3}=\frac{64}{3}$

(2) $3xy^2\times(-6x^2y^2)\div 8xy=-\frac{9}{4}x^2y^3$
$=-\frac{9}{4}\times(\boldsymbol{-4})^2\times\left(\boldsymbol{\frac{2}{3}}\right)^3=-\frac{32}{3}$

99 **5つの数の中心(ある数)を$\boldsymbol{x}$とする。上の部分の数は$\boldsymbol{x-7}$，下の部分の数は$\boldsymbol{x+7}$，左の部分の数は$\boldsymbol{x-1}$，右の部分の数は$\boldsymbol{x+1}$となる。よって，4つの数の和は，$\boldsymbol{(x-7)+(x+7)+(x-1)+(x+1)=4x}$となり，4つの数の和は，ある数の4倍となる。**

解説　カレンダーの1つ上の数は1週間前だから$\boldsymbol{(x-7)}$，同様に1つ下の数は1週間後だから$\boldsymbol{(x+7)}$で表せる。

100 (1) **連続する3つの奇数を$\boldsymbol{2n+1}$，$\boldsymbol{2n+3}$，$\boldsymbol{2n+5}$とおく($\boldsymbol{n}$は整数)。**
$\boldsymbol{(2n+1)+(2n+3)+(2n+5)}$
$\boldsymbol{=6n+9=6n+8+1=2(3n+4)+1}$
$\boldsymbol{3n+4}$は整数だから，$\boldsymbol{2(3n+4)+1}$は奇数である。よって，連続する3つの奇数の和は奇数である。

(2) **偶数を$\boldsymbol{2m}$，奇数を$\boldsymbol{2n+1}$とおく($\boldsymbol{m}$，$\boldsymbol{n}$は整数)。**
$\boldsymbol{2m\times(2n+1)=2(2mn+m)}$
$\boldsymbol{2mn+m}$は整数だから，$\boldsymbol{2(2mn+m)}$は偶数である。よって，偶数と奇数の積は偶数である。

解説　奇数を文字でおくとき，$2n-1$や$2n-3$のように表してもよい。

101 (1) **3けたの自然数の百の位，十の位，一の位の数をそれぞれ$\boldsymbol{a}$，$\boldsymbol{b}$，$\boldsymbol{c}$とすると，3けたの自然数は，$\boldsymbol{100a+10b+c}$で表される。一の位の数と百の位の数を入れかえた自然数は，$\boldsymbol{100c+10b+a}$で**

表される。

$(100a+10b+c)-(100c+10b+a)$

$=99a-99c=9(11a-11c)$

$11a-11c$は整数なので$9(11a-11c)$は9の倍数。よって，3けたの自然数と，一の位の数と百の位の数を入れかえた自然数との差は，9の倍数である。

(2) 3けたの自然数の百の位の数をa，下2けたは4の倍数なので4ℓ（ℓは自然数）と表すと，3けたの自然数は$100a+4\ell$と表される。

$100a+4\ell=4(25a+\ell)$

$25a+\ell$は自然数なので，$4(25a+\ell)$は4の倍数である。4けた，5けた…の場合も同様に考えられるので，下2けたの数が4の倍数である自然数は，4の倍数である。

(3) 3けたの自然数の百の位，十の位，一の位の数をそれぞれa，b，cとすると，3けたの自然数は，$100a+10b+c$と表される。この数について，百の位の数の2倍と十の位の数の3倍と一の位の数の和が7の倍数のとき，$2a+3b+c=7n$（nは自然数）とおける。

よって，この3けたの自然数は，

$100a+10b+c$

$=98a+7b+(2a+3b+c)$

$=98a+7b+7n$

$=7(14a+b+n)$

$14a+b+n$は自然数なので，

$7(14a+b+n)$は7の倍数である。

したがって，3けたの自然数で百の位の数の2倍と十の位の数の3倍と一の位の数の和が7の倍数ならば，この自然数も7の倍数である。

(4) 3けたの自然数の百の位，十の位，一の位の数をそれぞれa，b，cとすると，3けたの自然数は，$100a+10b+c$と表される。この数について，百の位の数と下2けたの数との和が11の倍数のとき，

$a+10b+c=11m$（mは自然数）とおける。

よって，この3けたの自然数は，

$100a+10b+c=99a+(a+10b+c)$

$=99a+11m$

$=11(9a+m)$

$9a+m$は自然数なので，$11(9a+m)$は11の倍数である。

したがって，3けたの自然数で百の位の数と下2けたの数との和が11の倍数ならば，この自然数も11の倍数である。

解説

(1) 9の倍数であることを説明するので，9でくくれるように式を変形していく。

(2) 100の位より大きい位は，必ず4×□の形で表されることを利用する。

102 $\frac{9}{2}$（倍）

解説 もとの円錐の底面の半径をr，高さをh，体積をVとすると，

$V=\frac{1}{3}\pi r^2h$

また，底面の半径を3倍，高さを$\frac{1}{2}$にした円錐の体積V'は，

$V'=\frac{1}{3}\times\pi\times(3r)^2\times\frac{h}{2}=\frac{3}{2}\pi r^2h$

よって，$V'\div V=\frac{3}{2}\pi r^2h\div\frac{1}{3}\pi r^2h$

$=\frac{3\pi r^2h}{2}\times\frac{3}{\pi r^2h}$

$=\frac{9}{2}$

したがって，もとの円錐の体積の$\frac{9}{2}$倍である。

103 $\frac{\pi}{4}$（倍）

解説 正方形の1辺の長さをaとおくと，その面積は，a^2である。また，円の半径は$\frac{a}{2}$だから，円の面積は$\pi\times\left(\frac{a}{2}\right)^2=\frac{\pi}{4}a^2$である。

よって，$\frac{\pi}{4}a^2\div a^2=\frac{\pi}{4}$（倍）

104 (1) $b=\frac{a-3c}{2}$　(2) $h=\frac{3V}{ab}$

(3) $a=8-6b$　(4) $c=3P-a-b$

(5) $a=\frac{2S}{h}-b$　(6) $h=\frac{S-2ab}{2(a+b)}$

解説

(1) $a-2b=3c$

$-2b=-a+3c$

$b=\dfrac{-a+3c}{-2}$

$b=\dfrac{a-3c}{2}$

(2) $V=\dfrac{1}{3}abh$　　$3V=abh$　　$\dfrac{3V}{ab}=h$

(3) $3a+18b=24$

$3a=24-18b$

$a=8-6b$

(4) $P=\dfrac{a+b+c}{3}$　　$3P=a+b+c$

$3P-a-b=c$

(5) $S=\dfrac{1}{2}(a+b)h$　　$2S=(a+b)h$

$\dfrac{2S}{h}=a+b$　$\dfrac{2S}{h}-b=a$

(6) $S=2ab+2(a+b)h$　　$S-2ab=2(a+b)h$

$\dfrac{S-2ab}{2(a+b)}=h$

105 (1) $\boldsymbol{x=9}$ (2) $\boldsymbol{x=21}$ (3) $\boldsymbol{y=\frac{14}{3}}$

(4) $\boldsymbol{y=\frac{48}{5}}$ (5) $\boldsymbol{x=\frac{36}{5}, y=\frac{35}{2}}$

解説

(1) $3:5=x:15$より，$\boldsymbol{5x=45}$　　$x=9$

(2) $4:7=12:x$より，$\boldsymbol{4x=84}$　　$x=21$

(3) $2:y=3:7$より，$\boldsymbol{3y=14}$　　$y=\dfrac{14}{3}$

(4) $y:8=6:5$だから，$\boldsymbol{5y=48}$　　$y=\dfrac{48}{5}$

(5) $2:5=x:18$より，$\boldsymbol{5x=36}$　　$x=\dfrac{36}{5}$

$2:5=7:y$より，$\boldsymbol{2y=35}$　　$y=\dfrac{35}{2}$

106 (1) $\boldsymbol{-10a^2b-5abc}$ (2) $\boldsymbol{2x^2-\frac{y}{2}+4}$

(3) $\boldsymbol{3x-2y}$ (4) $\boldsymbol{\frac{1}{2}-\frac{5b}{2}-\frac{c}{2}}$

解説

(1) $\boldsymbol{-5a}(2ab+bc)$

$=\boldsymbol{-5a}\times 2ab+(\boldsymbol{-5a})\times bc$

$=-10a^2b-5abc$

(2) $\boldsymbol{\frac{1}{2}}(4x^2-y+8)=\boldsymbol{\frac{1}{2}}\times 4x^2-\boldsymbol{\frac{1}{2}}\times y+\boldsymbol{\frac{1}{2}}\times 8$

$=2x^2-\dfrac{y}{2}+4$

(3) $(3x^2-2xy)\div x=(3x^2-2xy)\times\boldsymbol{\frac{1}{x}}$

$=3x^2\times\boldsymbol{\frac{1}{x}}-2xy\times\boldsymbol{\frac{1}{x}}=3x-2y$

(4) $(a-5ab-ac)\div\boldsymbol{2a}$

$=a\times\boldsymbol{\frac{1}{2a}}-5ab\times\boldsymbol{\frac{1}{2a}}-ac\times\boldsymbol{\frac{1}{2a}}=\dfrac{1}{2}-\dfrac{5b}{2}-\dfrac{c}{2}$

107 (1) $\boldsymbol{ac-ad+bc-bd}$

(2) $\boldsymbol{2ac+6ad-bc-3bd}$

(3) $\boldsymbol{4ac-ad-12bc+3bd}$

(4) $\boldsymbol{xy+x+y+1}$　(5) $\boldsymbol{x^2+5x+6}$

(6) $\boldsymbol{6x^2-22x+20}$　(7) $\boldsymbol{y^2-2y-35}$

(8) $\boldsymbol{a^2+5a-24}$　(9) $\boldsymbol{6a^2+11a-35}$

(10) $\boldsymbol{8ax-6bx-4ay+3by}$

(11) $\boldsymbol{2x^2-7xy-4y^2}$　(12) $\boldsymbol{2x^2+5xy-12y^2}$

(13) $\boldsymbol{ax+ay+az+bx+by+bz}$

(14) $\boldsymbol{x^2-xy+5x-3y+6}$

(15) $\boldsymbol{2x^3+7x^2-4x-15}$

(16) $\boldsymbol{5x^2+11xy+2y^2-5xz-yz}$

解説

(1) $(a+b)(c-d)$

$=\boldsymbol{a\times c+a\times(-d)+b\times c+b\times(-d)}$

$=ac-ad+bc-bd$

(2) $(2a-b)(c+3d)$

$=\boldsymbol{2a\times c+2a\times 3d+(-b)\times c+(-b)\times 3d}$

$=2ac+6ad-bc-3bd$

(3) $(a-3b)(4c-d)$

$=\boldsymbol{a\times 4c+a\times(-d)+(-3b)\times 4c+(-3b)\times(-d)}$

$=4ac-ad-12bc+3bd$

(4) $(x+1)(y+1)=\boldsymbol{x\times y+x\times 1+1\times y+1\times 1}$

$=xy+x+y+1$

(5) $(x+2)(x+3)=\boldsymbol{x\times x+x\times 3+2\times x+2\times 3}$

$=x^2+3x+2x+6$

$=x^2+5x+6$

(6) $(2x-4)(3x-5)$

$=\boldsymbol{2x\times 3x+2x\times(-5)+(-4)\times 3x+(-4)\times(-5)}$

$=6x^2-10x-12x+20$

$=6x^2-22x+20$

(7) $(y+5)(y-7)$

$=\boldsymbol{y\times y+y\times(-7)+5\times y+5\times(-7)}$

$=y^2-7y+5y-35$

$=y^2-2y-35$

(8) $(a-3)(a+8)$

$=\boldsymbol{a\times a+a\times 8+(-3)\times a+(-3)\times 8}$

$=a^2+8a-3a-24$

$=a^2+5a-24$

(9) $(3a-5)(2a+7)$

$=\boldsymbol{3a\times 2a+3a\times 7+(-5)\times 2a+(-5)\times 7}$

$=6a^2+21a-10a-35=6a^2+11a-35$

(10) $(2x-y)(4a-3b)=\boldsymbol{2x\times 4a+2x\times(-3b)}$

$\boldsymbol{+(-y)\times 4a+(-y)\times(-3b)}$

$=8ax-6bx-4ay+3by$

(11) $(x-4y)(2x+y)$
$=\boldsymbol{x\times2x+x\times y+(-4y)\times2x+(-4y)\times y}$
$=2x^2+xy-8xy-4y^2=2x^2-7xy-4y^2$

(12) $(2x-3y)(x+4y)$
$=\boldsymbol{2x\times x+2x\times4y+(-3y)\times x+(-3y)\times4y}$
$=2x^2+8xy-3xy-12y^2$
$=2x^2+5xy-12y^2$

(13) $(a+b)(x+y+z)$
$=\boldsymbol{a\times x+a\times y+a\times z+b\times x+b\times y+b\times z}$
$=ax+ay+az+bx+by+bz$

(14) $(x+3)(x-y+2)$
$=\boldsymbol{x\times x+x\times(-y)+x\times2+3\times x+3\times(-y)+3\times2}$
$=x^2-xy+2x+3x-3y+6$
$=x^2-xy+5x-3y+6$

(15) $(x^2+2x-5)(2x+3)$
$=\boldsymbol{x^2\times2x+x^2\times3+2x\times2x+2x\times3+(-5)\times2x+(-5)\times3}$
$=2x^3+3x^2+4x^2+6x-10x-15$
$=2x^3+7x^2-4x-15$

(16) $(x+2y-z)(5x+y)$
$=\boldsymbol{x\times5x+x\times y+2y\times5x+2y\times y+(-z)\times5x+(-z)\times y}$
$=5x^2+xy+10xy+2y^2-5xz-yz$
$=5x^2+11xy+2y^2-5xz-yz$

108 (1) $\boldsymbol{x^2-11x+24}$ (2) $\boldsymbol{x^2-x-42}$
(3) $\boldsymbol{x^2+3xy-18y^2}$ (4) $\boldsymbol{9x^2-9x-10}$
(5) $\boldsymbol{\frac{1}{4}x^2+x-24}$ (6) $\boldsymbol{4a^2-8ab-21b^2}$
(7) $\boldsymbol{9x^2-21xy+10y^2}$ (8) $\boldsymbol{\frac{1}{4}x^2-\frac{3}{5}x+\frac{8}{25}}$

解説

(1) $(x-3)(x-8)$
$=\boldsymbol{x^2+(-3-8)x+(-3)\times(-8)}$
$=x^2-11x+24$

(2) $(x-7)(x+6)$
$=\boldsymbol{x^2+(-7+6)x+(-7)\times6}$
$=x^2-x-42$

(3) $(x-3y)(x+6y)$
$=\boldsymbol{x^2+(-3y+6y)x+(-3y)\times6y}$
$=x^2+3xy-18y^2$

(4) $(3x-5)(3x+2)$
$=\boldsymbol{(3x)^2+(-5+2)\times3x+(-5)\times2}$
$=9x^2-9x-10$

(5) $\left(\frac{1}{2}x-4\right)\left(\frac{1}{2}x+6\right)$
$=\boldsymbol{\left(\frac{1}{2}x\right)^2+(-4+6)\times\frac{1}{2}x+(-4)\times6}$
$=\frac{1}{4}x^2+x-24$

(6) $(2a+3b)(2a-7b)$
$=\boldsymbol{(2a)^2+(3b-7b)\times2a+3b\times(-7b)}$
$=4a^2-8ab-21b^2$

(7) $(3x-2y)(3x-5y)$
$=\boldsymbol{(3x)^2+(-2y-5y)\times3x+(-2y)\times(-5y)}$
$=9x^2-21xy+10y^2$

(8) $\left(\frac{1}{2}x-\frac{2}{5}\right)\left(\frac{1}{2}x-\frac{4}{5}\right)$
$=\boldsymbol{\left(\frac{1}{2}x\right)^2+\left(-\frac{2}{5}-\frac{4}{5}\right)\times\frac{1}{2}x+\left(-\frac{2}{5}\right)\times\left(-\frac{4}{5}\right)}$
$=\frac{1}{4}x^2-\frac{3}{5}x+\frac{8}{25}$

109 (1) $\boldsymbol{x^2-8x+16}$ (2) $\boldsymbol{x^2+8xy+16y^2}$
(3) $\boldsymbol{\frac{1}{9}x^2+2x+9}$ (4) $\boldsymbol{25x^2-20xy+4y^2}$

解説

(1) $(x-4)^2=\boldsymbol{x^2-2\times4\times x+4^2}=x^2-8x+16$
(2) $(x+4y)^2=\boldsymbol{x^2+2\times4y\times x+(4y)^2}$
$=x^2+8xy+16y^2$
(3) $\left(\frac{1}{3}x+3\right)^2=\boldsymbol{\left(\frac{1}{3}x\right)^2+2\times3\times\frac{1}{3}x+3^2}$
$=\frac{1}{9}x^2+2x+9$
(4) $(5x-2y)^2=\boldsymbol{(5x)^2-2\times2y\times5x+(2y)^2}$
$=25x^2-20xy+4y^2$

110 (1) $\boldsymbol{x^2-36}$ (2) $\boldsymbol{x^2-64}$ (3) $\boldsymbol{9x^2-4}$
(4) $\boldsymbol{9x^2-16}$ (5) $\boldsymbol{a^2-25b^2}$
(6) $\boldsymbol{4x^2-81y^2}$ (7) $\boldsymbol{x^2-\frac{1}{4}}$
(8) $\boldsymbol{x^2-\frac{4}{9}y^2}$

解説

(1) $(x+6)(x-6)=\boldsymbol{x^2-6^2}=x^2-36$
(2) $(x+8)(x-8)=\boldsymbol{x^2-8^2}=x^2-64$
(3) $(3x+2)(3x-2)=\boldsymbol{(3x)^2-2^2}=9x^2-4$
(4) $(3x+4)(3x-4)=\boldsymbol{(3x)^2-4^2}=9x^2-16$
(5) $(a+5b)(a-5b)=\boldsymbol{a^2-(5b)^2}=a^2-25b^2$
(6) $(2x-9y)(2x+9y)=\boldsymbol{(2x)^2-(9y)^2}$
$=4x^2-81y^2$
(7) $\left(x+\frac{1}{2}\right)\left(x-\frac{1}{2}\right)=\boldsymbol{x^2-\left(\frac{1}{2}\right)^2}=x^2-\frac{1}{4}$
(8) $\left(x+\frac{2}{3}y\right)\left(x-\frac{2}{3}y\right)=\boldsymbol{x^2-\left(\frac{2}{3}y\right)^2}=x^2-\frac{4}{9}y^2$

111 (1) $\boldsymbol{a^2+2ab+b^2+4a+4b+4}$
(2) $\boldsymbol{x^2-4xy+4y^2+2x-4y-15}$
(3) $\boldsymbol{4xy+4xz}$ (4) $\boldsymbol{4a^2-4ac+c^2-9b^2}$

解説

(1) $\boldsymbol{a+b=A}$とおくと，$(\boldsymbol{A}+2)^2=\boldsymbol{A}^2+4\boldsymbol{A}+4$
よって，$(\boldsymbol{a+b})^2+4(\boldsymbol{a+b})+4$
$=a^2+2ab+b^2+4a+4b+4$

(2) $\boldsymbol{x-2y=A}$とおくと，
$(\boldsymbol{A}+5)(\boldsymbol{A}-3)=\boldsymbol{A}^2+2\boldsymbol{A}-15$
よって，$(\boldsymbol{x-2y})^2+2(\boldsymbol{x-2y})-15$
$=x^2-4xy+4y^2+2x-4y-15$

(3) $\boldsymbol{y+z=A}$とおくと，
$(x+\boldsymbol{A})^2-(x-\boldsymbol{A})^2$
$=x^2+2\boldsymbol{A}x+\boldsymbol{A}^2-(x^2-2\boldsymbol{A}x+\boldsymbol{A}^2)$
$=4\boldsymbol{A}x$
よって，$4\times(\boldsymbol{y+z})\times x=4xy+4xz$

(4) $\boldsymbol{2a-c=A}$とおくと，
$(2a-3b-c)(2a+3b-c)$
$=(\boldsymbol{A}-3b)(\boldsymbol{A}+3b)=\boldsymbol{A}^2-9b^2$
よって，$(\boldsymbol{2a-c})^2-9b^2$
$=4a^2-4ac+c^2-9b^2$

112 (1) $\boldsymbol{5x(3a-4b)}$ (2) $\boldsymbol{abc(b+c)}$
(3) $\boldsymbol{4x(4xy+5yz-6z^2)}$

解説 各項に共通な因数を見つけてくくる。

113 (1) $\boldsymbol{(x+10)^2}$ (2) $\boldsymbol{(x+8)^2}$ (3) $\boldsymbol{(x-12)^2}$
(4) $\boldsymbol{\left(x-\frac{7}{5}\right)^2}$ (5) $\boldsymbol{(x-6)(x-4)}$
(6) $\boldsymbol{(x-12)(x+2)}$ (7) $\boldsymbol{(x+13)(x-13)}$
(8) $\boldsymbol{\left(x+\frac{3}{2}\right)\left(x-\frac{3}{2}\right)}$

解説

(1) $x^2+20x+100=\boldsymbol{x^2+2\times10x+10^2}=(x+10)^2$
(2) $x^2+16x+64=\boldsymbol{x^2+2\times8x+8^2}=(x+8)^2$
(3) $x^2-24x+144=\boldsymbol{x^2-2\times12x+12^2}=(x-12)^2$
(4) $x^2-\frac{14}{5}x+\frac{49}{25}=\boldsymbol{x^2-2\times\frac{7}{5}x+\left(\frac{7}{5}\right)^2}=\left(x-\frac{7}{5}\right)^2$
(5) $x^2-10x+24$
$=\boldsymbol{x^2+(-6-4)x+(-6)\times(-4)}$
$=(x-6)(x-4)$
(6) $x^2-10x-24$
$=\boldsymbol{x^2+(-12+2)x+(-12)\times2}$
$=(x-12)(x+2)$
(7) $x^2-169=\boldsymbol{x^2-13^2}=(x+13)(x-13)$
(8) $x^2-\frac{9}{4}=\boldsymbol{x^2-\left(\frac{3}{2}\right)^2}=\left(x+\frac{3}{2}\right)\left(x-\frac{3}{2}\right)$

114 (1) $\boldsymbol{(4x+3y)(4x-3y)}$ (2) $\boldsymbol{\left(x-\frac{7}{2}y\right)^2}$
(3) $\boldsymbol{(x-10a)(x-a)}$
(4) $\boldsymbol{(2x+3y)^2}$ (5) $\boldsymbol{(5xy-2)^2}$
(6) $\boldsymbol{\left(\frac{3}{2}x+\frac{1}{6}y\right)\left(\frac{3}{2}x-\frac{1}{6}y\right)}$

解説

(1) $16x^2-9y^2=\boldsymbol{(4x)^2-(3y)^2}$
$=(4x+3y)(4x-3y)$
(2) $x^2-7xy+\frac{49}{4}y^2=\boldsymbol{x^2-2\times\frac{7}{2}y\times x+\left(\frac{7}{2}y\right)^2}$
$=\left(x-\frac{7}{2}y\right)^2$
(3) $x^2-11ax+10a^2$
$=\boldsymbol{x^2+(-10a-a)x+(-10a)\times(-a)}$
$=(x-10a)(x-a)$
(4) $4x^2+12xy+9y^2$
$=\boldsymbol{(2x)^2+2\times3y\times2x+(3y)^2}=(2x+3y)^2$
(5) $25x^2y^2-20xy+4$
$=\boldsymbol{(5xy)^2-2\times2\times5xy+2^2}=(5xy-2)^2$
(6) $\frac{9}{4}x^2-\frac{1}{36}y^2=\boldsymbol{\left(\frac{3}{2}x\right)^2-\left(\frac{1}{6}y\right)^2}$
$=\left(\frac{3}{2}x+\frac{1}{6}y\right)\left(\frac{3}{2}x-\frac{1}{6}y\right)$

115 (1) $\boldsymbol{ax(x+5)(x-2)}$ (2) $\boldsymbol{(x-y)(4a-1)}$
(3) $\boldsymbol{(5x-1)(y-1)}$ (4) $\boldsymbol{(x+y)(x+1)}$
(5) $\boldsymbol{(x+y-1)^2}$

解説

(1) $ax^3+3ax^2-10ax=\boldsymbol{ax(x^2+3x-10)}$
$=\boldsymbol{ax(x+5)(x-2)}$
(2) $4a(x-y)-(x-y)$
$\boldsymbol{x-y=A}$とおくと，$4a\boldsymbol{A}-\boldsymbol{A}=\boldsymbol{A}(4a-1)$
よって，$(\boldsymbol{x-y})(4a-1)$
(3) $5xy-5x-y+1=5x(\boldsymbol{y-1})-(\boldsymbol{y-1})$
$=(5x-1)(\boldsymbol{y-1})$
(4) $x^2+x+xy+y$
$=x(\boldsymbol{x+1})+y(\boldsymbol{x+1})=(x+y)(\boldsymbol{x+1})$
(5) $(x+y)^2-2(x+y)+1$
$\boldsymbol{x+y=A}$とおくと，$\boldsymbol{A}^2-2\boldsymbol{A}+1=(\boldsymbol{A}-1)^2$
よって，$(\boldsymbol{x+y}-1)^2$

116 (1) **40401** (2) **9991** (3) **−240**

解説

(1) $201^2=\boldsymbol{(200+1)^2}=200^2+2\times1\times200+1^2$
$=40000+400+1=40401$
(2) $\boldsymbol{103\times97=(100+3)(100-3)}$
$=100^2-3^2=10000-9=9991$
(3) $28^2-32^2=(28+32)(28-32)$
$=60\times(-4)=-240$

117 (1) **連続する2つの奇数を$2m+1$, $2m+3$とおく(mは整数)。**

$$(2m+3)^2-(2m+1)^2$$
$$=\{(2m+3)+(2m+1)\}\{(2m+3)-(2m+1)\}$$
$$=(4m+4)\times 2$$
$$=4(m+1)\times 2$$
$$=8(m+1)$$

$m+1$は整数なので, $8(m+1)$は8の倍数である。
よって, 連続する2つの奇数の平方の差は8の倍数である。

(2) **公園の周り(内側の長方形)の縦の長さをx, 横の長さをyとする。**

$$S=(x+2a)(y+2a)-xy$$
$$=xy+2ax+2ay+4a^2-xy$$
$$=2ax+2ay+4a^2$$
$$=a(2x+2y+4a) \cdots\cdots①$$

また, $\ell=\left(x+\frac{1}{2}a\times 2\right)\times 2+\left(y+\frac{1}{2}a\times 2\right)\times 2$
$$=2x+2a+2y+2a$$
$$=2x+2y+4a\cdots②$$

①, ②より, $S=a\ell$である。

解説
(1) 8の倍数であることを説明するので, 8でくくることを考える。
(2) ℓを使って等式を作ることは難しいので, 内側の長方形の縦の長さと横の長さをそれぞれ文字でおいて, Sとℓを文字で表すとよい。

方程式編
118 ～182

118 (4)

解説 (1)～(4)の数値を当てはめる。
(1) $x=1$のとき (左辺)$=-1$ (右辺)$=14$ より, $x=1$は解ではない。
(2) $x=-2$のとき (左辺)$=-10$ (右辺)$=-4$ より, $x=-2$は解ではない。
(3) $x=3$のとき (左辺)$=5$ (右辺)$=26$ より, $x=3$は解ではない。
(4) $x=-4$のとき (左辺)$=-16$ (右辺)$=-16$ より, $x=-4$は解である。

119 (1) **2** (2) **−1** (3) **2** (4) **2**

解説 (1)～(4)のそれぞれのxに, -2, -1, 0, 1, 2をすべて当てはめる。
(1) $x=2$のとき (左辺)$=2-2=0$ (右辺)$=0$ より, $x=2$が解である。
(2) $x=-1$のとき (左辺)$=-5-4=-9$ (右辺)$=-9$ より, $x=-1$が解である。
(3) $x=2$のとき (左辺)$=\frac{2}{4}+1=\frac{6}{4}=\frac{3}{2}$ (右辺)$=\frac{3}{2}$ より, $x=2$が解である。
(4) $x=2$のとき (左辺)$=1$ (右辺)$=3-2=1$ より, $x=2$が解である。

120 (1) $\boldsymbol{x=5}$ (2) $\boldsymbol{x=-7}$ (3) $\boldsymbol{x=-9}$ (4) $\boldsymbol{x=-\frac{3}{2}}$

解説
(1) $x+3=8$
$x+3\mathbf{-3}=8\mathbf{-3}$ $x=5$
(2) $x-6=-13$
$x-6\mathbf{+6}=-13\mathbf{+6}$ $x=-7$
(3) $-\frac{1}{3}x=3$
$-\frac{1}{3}x\times(-3)=3\times(-3)$ $x=-9$
(4) $-4x=6$
$-4x\div(-4)=6\div(-4)$ $x=-\frac{3}{2}$

121 (1) $\boldsymbol{x=-4}$ (2) $\boldsymbol{x=2}$ (3) $\boldsymbol{x=\frac{7}{4}}$
(4) $\boldsymbol{x=-3}$ (5) $\boldsymbol{x=\frac{3}{11}}$ (6) $\boldsymbol{x=\frac{1}{2}}$
(7) $\boldsymbol{x=-3}$ (8) $\boldsymbol{x=\frac{18}{5}}$

解説

(1) $4x\mathbf{+1}=\mathbf{2x}-7$
$4x\mathbf{-2x}=-7\mathbf{-1}$　　$x=-4$

(2) $x\mathbf{+7}=\mathbf{5x}-1$
$x\mathbf{-5x}=-1\mathbf{-7}$　　$x=2$

(3) $3x\mathbf{+4}=\mathbf{7x}-3$
$3x\mathbf{-7x}=-3\mathbf{-4}$　　$x=\frac{7}{4}$

(4) $4x\mathbf{-1}=\mathbf{5x}+2$
$4x\mathbf{-5x}=2\mathbf{+1}$　　$x=-3$

(5) $\mathbf{7}-9x=\mathbf{2x}+4$
$-9x\mathbf{-2x}=4\mathbf{-7}$　　$x=\frac{3}{11}$

(6) $\mathbf{6}-3x=2\mathbf{+5x}$
$-3x\mathbf{-5x}=2\mathbf{-6}$　　$x=\frac{1}{2}$

(7) $6x\mathbf{+8}=\mathbf{3x}-1$
$6x\mathbf{-3x}=-1\mathbf{-8}$　　$x=-3$

(8) $x\mathbf{+5}=\mathbf{6x}-13$
$x\mathbf{-6x}=-13\mathbf{-5}$　　$x=\frac{18}{5}$

122 (1) $x=-3$　(2) $x=0$　(3) $x=2$
(4) $x=-7$　(5) $x=-2$　(6) $x=-\frac{1}{3}$

解説

(1) $3x-7(x+1)=5$
$3x-7x=5+7$　　$x=-3$

(2) $\mathbf{3(x-2)}=5x-6$
$\mathbf{3x-6}=5x-6$
$3x-5x=-6+6$　　$x=0$

(3) $8\mathbf{-5(1-x)}=13$
$8\mathbf{-5+5x}=13$　　$3+5x=13$　　$x=2$

(4) $\mathbf{4(x-3)}\ \mathbf{-7(x+2)}=-5$
$\mathbf{4x-12}\ \mathbf{-7x-14}=-5$
$-3x-26=-5$　　$x=-7$

(5) $\mathbf{2(x-4)}\ \mathbf{-4(x+1)}=-8$
$\mathbf{2x-8}\ \mathbf{-4x-4}=-8$
$-2x-12=-8$　　$x=-2$

(6) $\mathbf{5(3-2x)}=7\mathbf{-2(2x-5)}$
$\mathbf{15-10x}=7\mathbf{-4x+10}$
$15-6x=17$　　$x=-\frac{1}{3}$

123 (1) $x=-10$　(2) $x=9$　(3) $x=-8$
(4) $x=4$　(5) $x=-2$　(6) $x=2$

解説

(1) 両辺を10倍　　$14x+30=23x+120$
$14x-23x=120-30$　　$x=-10$

(2) 両辺を10倍　　$-3x+20=2x-25$
$-3x-2x=-25-20$　　$x=9$

(3) 両辺を10倍　　$9x-70=15x-22$
$9x-15x=-22+70$　　$x=-8$

(4) 両辺を10倍　　$6x+7=31$
$6x=31-7$　　$x=4$

(5) 両辺を100倍　　$13x+4=-22$
$13x=-22-4$　　$x=-2$

(6) 両辺を100倍　　$33x+160=113x$
$33x-113x=-160$　　$x=2$

124 (1) $x=-\frac{11}{30}$　(2) $x=-\frac{1}{2}$

解説

(1) $3x+\frac{2}{5}=x-\frac{1}{3}$　　両辺に 15 をかけると
$\left(3x+\frac{2}{5}\right)\mathbf{\times 15}=\left(x-\frac{1}{3}\right)\mathbf{\times 15}$
$45x-15x=-5-6$　　$x=-\frac{11}{30}$

(2) $\frac{1}{3}-\frac{1}{6}=\frac{1}{2}+\frac{2}{3}x$　　両辺に6をかけると
$\left(\frac{1}{3}-\frac{1}{6}\right)\mathbf{\times 6}=\left(\frac{1}{2}+\frac{2}{3}x\right)\mathbf{\times 6}$
$2-1=3+4x$　$4x=2-1-3$　$x=-\frac{1}{2}$

125 (1) $x=6$　(2) $x=\frac{8}{3}$　(3) $x=2$
(4) $x=-4$　(5) $x=\frac{17}{22}$　(6) $x=7$
(7) $x=\frac{69}{22}$　(8) $x=-14$

解説

(1) $2:5=x:15$
$\mathbf{5\times x=2\times 15}$　　$5x=30$　　$x=6$

(2) $1:3=x:8$
$\mathbf{3\times x=1\times 8}$　　$3x=8$　　$x=\frac{8}{3}$

(3) $4:3x=6:(x+7)$
$\mathbf{3x\times 6=4\times (x+7)}$
$18x-4x=28$　　$x=2$

(4) $(x+1):3=2x:8$
$\mathbf{3\times 2x=(x+1)\times 8}$　　$x=-4$

(5) $(2x-1):4=(x+1):13$
$\mathbf{4\times (x+1)=(2x-1)\times 13}$
$4x-26x=-13-4$　　$x=\frac{17}{22}$

(6) $(3x-1):4=(2x+1):3$
$\mathbf{4\times (2x+1)=(3x-1)\times 3}$
$8x-9x=-3-4$　　$x=7$

(7) $5:(7-x)=12:(2x+3)$

$(7-x)\times12=5\times(2x+3)$

$-12x-10x=15-84$　　$x=\frac{69}{22}$

(8) $3:(1+2x)=5:(-3+3x)$

$(1+2x)\times5=3\times(-3+3x)$

$10x-9x=-9-5$　　$x=-14$

126 $c=-\frac{1}{3}$

解説 $2cx+3=x+c$のxに2を代入すると

$4c+3=2+c$　　$c=-\frac{1}{3}$

127 $c=2$

解説 $\frac{c}{6}x-1=\frac{1}{2}x-c$　　$x=6$を代入して,

$c-1=3-c$　　$2c=4$　　$c=2$

128 5年前

解説

x年前に父の年齢が子どもの年齢の6倍だったとする。x年前の父の年齢は$(47-x)$歳, 子どもの年齢は$(12-x)$歳。x年前に父の年齢は子どもの年齢の6倍であったことから, $47-x=6\times(12-x)$となる。

これを解いて, $x=5$

129 72

解説 十の位の数字をmとおくと, もとの整数は,

$10m+2$…① と表せる。

また, 十の位の数字と一の位の数字を入れかえると,

$20+m$…②

①, ②より,

$10m+2=(20+m)+45$ となる。

これを解いて,

$10m-m=20+45-2$

$9m=63$

$m=7$

よって, もとの整数は①より, $10\times7+2=72$

130 27

解説 十の位の数をmとおくと, 一の位の数は$m+5$となるので, 2けたの正の整数Aは

$10m+(m+5)=11m+5$ と表せる。

また, 十の位の数字と一の位の数字を入れかえた2けたの正の整数Bは,

$10(m+5)+m=11m+50$ と表せる。

BはAの3倍より9小さいので,

$11m+50=3(11m+5)-9$ となる。

これを解いて,

$11m+50=33m+15-9$

$-22m=-44$

$m=2$

よって, 一の位の数は$2+5=7$となるので, もとの整数は, $10\times2+7=27$

131 りんご5個　みかん10個

解説 りんごをx個買ったとする。

$120x+80(15-x)=1400$

$120x-80x=1400-1200$

$x=5$(個)…りんご　$15-5=10$(個)…みかん

132 プリン7個　ケーキ5個

解説 プリンをx個買ったとすると,

$120x+250(12-x)=2090$

$120x+3000-250x=2090$

$x=7$(個)…プリン

$12-7=5$(個)…ケーキ

133 大人218人　子ども366人

解説 大人の入園者数をx人とする。

$600x+400(584-x)=277200$

$600x-400x=277200-233600$

$x=218$(人)…大人

$584-218=366$(人)…子ども

134 ノート106冊, クラスの人数28人

解説 クラスの生徒の人数をx人とする。

ノートの冊数は$3x+22$

または$4x-6$と表される。

よって, $3x+22=4x-6$

$3x-4x=-6-22$　　$x=28$(人)

ノートは, $3\times28+22=106$(冊)

135 28人

解説 同窓会の人数をx人とする。

$400x-500=350x+900$

$400x-350x=900+500$　　$x=28$(人)

136 3分後

解説 姉が家を出発してからx分後に弟に追いつくとする。

$200\times x=60\times(7+x)$

$200x-60x=420$　　$x=3$(分後)

137 2400m

解説 家から学校までの道のりをxmとすると

$$\frac{x}{200}=\frac{x}{80}-18$$

この方程式の両辺を400倍して解くと

$2x=5x-7200$

$-3x=-7200$

$x=2400$

138 6km

解説 自転車で行った道のりを$x$kmとする。

$\frac{x}{12}+\frac{8-x}{4}=1$　$x+3(8-x)=12$

$x+24-3x=12$　　$x=6$(km)

139 80枚

解説 全体の折り紙の枚数をx枚とする。

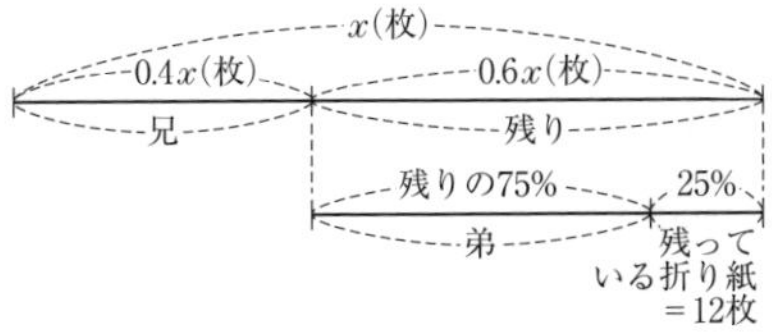

$0.6x\times0.25=0.15x$(枚)

これが12枚であることから，

$0.15x=12$　　$x=80$(枚)

140 120g

解説 5%の食塩水をxg混ぜるとすると，

(12%の食塩水300g)＋(5%の食塩水xg)＝{10%の食塩水$(300+x)$g}

ふくまれる食塩の量は等しいから，

$300\times0.12+x\times0.05=(300+x)\times0.1$

$36+0.05x=30+0.1x$

$x=120$

141 90g

解説 加えた水をxgとする。

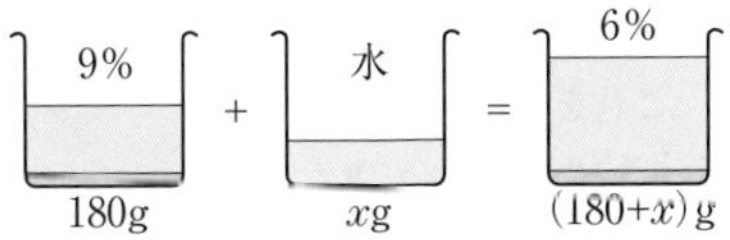

$180\times0.09=(180+x)\times0.06$

$16.2=10.8+0.06x$　　$x=90$(g)

142 15%

解説 はじめの食塩水の濃度をx%とする。

50gこぼしても濃度は変わらないと考える。

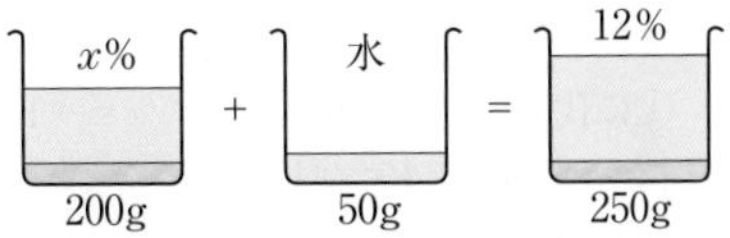

$200\times\frac{x}{100}=250\times\frac{12}{100}$

$200x=3000$　　$x=15$(%)

143 25枚

解説 はり合わせた正方形の枚数をx枚とする。

1つの正方形の面積は，

4(cm)×4(cm)＝16(cm^2)

$16\times x=400$　　$x=25$(枚)

144 (2)

解説 (1)の式に$x=2$，$y=3$を代入すると，

上式$2\times2+3=7$となり，成り立つ。

下式$2-3=-1$となり，成り立たない。

(2)の式に$x=2$，$y=3$を代入すると，

上式$2+2\times3=8$となり，成り立つ。

下式$2\times2-3\times3=-5$となり，成り立つ。

145 (1) $x=1$，$y=-1$　(2) $x=\frac{39}{17}$，$y=\frac{1}{17}$

(3) $x=-1, y=1$　(4) $x=\frac{132}{25}, y=-\frac{28}{25}$

解説

(1) $\begin{cases}3x+7y=-4 & \cdots\cdots①\\ -3x+2y=-5 & \cdots\cdots②\end{cases}$

①＋②

$$\begin{array}{rr} & 3x+7y=-4\\ +) & -3x+2y=-5\\ \hline & 9y=-9\end{array}$$

$y=-1$

①に代入　$3x-7=-4$　　$x=1$

(2) $\begin{cases}x-5y=2 & \cdots\cdots①\\ 3x+2y=7 & \cdots\cdots②\end{cases}$

①×3－②

$$\begin{array}{rr} & 3x-15y=6\\ -) & 3x+\ \ 2y=7\\ \hline & -17y=-1\end{array}$$

$y=\frac{1}{17}$

①に代入　$x-\frac{5}{17}=2$　$x=\frac{39}{17}$

(3) $\begin{cases}6x+5y=-1\cdots\cdots① \\ 2x+9y=7\quad\cdots\cdots②\end{cases}$

①－②×3

$$\begin{array}{rr} & 6x+5y=-1 \\ -) & 6x+27y=21 \\ \hline & -22y=-22 \end{array}\quad y=1$$

①に代入　$6x+5=-1$　$x=-1$

(4) $\begin{cases}2x+13y=-4\cdots\cdots① \\ 3x+7y=8\quad\cdots\cdots②\end{cases}$

①×3－②×2

$$\begin{array}{rr} & 6x+39y=-12 \\ -) & 6x+14y=16 \\ \hline & 25y=-28 \end{array}\quad y=-\frac{28}{25}$$

①に代入

$2x+13\times\left(-\frac{28}{25}\right)=-4$　$x=\frac{132}{25}$

146 (1) $\boldsymbol{x=3,\ y=4}$　(2) $\boldsymbol{x=-9,\ y=21}$

(3) $\boldsymbol{x=2,\ y=-2}$

(4) $\boldsymbol{x=-1,\ y=-2}$

(5) $\boldsymbol{x=-\frac{28}{13},\ y=-\frac{18}{13}}$

(6) $\boldsymbol{x=\frac{3}{17},\ y=\frac{23}{17}}$

解説

(1) $\begin{cases}2x-3y=-6\cdots\cdots① \\ x=y-1\quad\cdots\cdots②\end{cases}$

②を①に代入　$2(y-1)-3y=-6$

$2y-2-3y=-6$　$y=4$

これを②に代入して$x=3$

(2) $\begin{cases}4x+3y=27\cdots\cdots① \\ 2x+y=3\quad\cdots\cdots②\end{cases}$

②より，$\boldsymbol{y=-2x+3}$**…③**

③を①に代入　$4x+3(-2x+3)=27$

$4x-6x+9=27$　$x=-9$

これを③に代入して

$y=-2\times(-9)+3=21$

(3) $\begin{cases}3x-7y=20\cdots\cdots① \\ y=2x-6\quad\cdots\cdots②\end{cases}$

②を①に代入して　$3x-7(2x-6)=20$

$-11x+42=20$

$x=2$

これを②に代入して，$y=2\times2-6=-2$

(4) $\begin{cases}5x-2y=-1\cdots\cdots① \\ 4x-y=-2\quad\cdots\cdots②\end{cases}$

②より，$\boldsymbol{y=4x+2}$…③

③を①に代入して　$5x-2(4x+2)=-1$

$-3x-4=-1$

$x=-1$

これを③に代入して，

$y=4\times(-1)+2=-2$

(5) $\begin{cases}5x-2y=-8\cdots\cdots① \\ x-3y=2\quad\cdots\cdots②\end{cases}$

②より，$\boldsymbol{x=3y+2}$**…③**

③を①に代入　$5(3y+2)-2y=-8$

$15y+10-2y=-8$　$y=-\frac{18}{13}$

これを③に代入して

$x=3\times\left(-\frac{18}{13}\right)+2$　$x=-\frac{28}{13}$

(6) $\begin{cases}3x+7y=10\cdots\cdots① \\ y=2x+1\quad\cdots\cdots②\end{cases}$

②を①に代入　$3x+7(2x+1)=10$

$3x+14x+7=10$　$x=\frac{3}{17}$

これを②に代入して

$y=2\times\frac{3}{17}+1$　$y=\frac{23}{17}$

147 (1) $\boldsymbol{x=-\frac{2}{5},\ \ y=\frac{11}{5}}$　(2) $\boldsymbol{x=\frac{5}{3},\ \ y=\frac{1}{3}}$

解説

(1) $\boldsymbol{2x+3=-3x+1}$　$x=-\frac{2}{5}$

$y=2\times\left(-\frac{2}{5}\right)+3=\frac{11}{5}$

(2) $\boldsymbol{-x+2=2x-3}$　$x=\frac{5}{3}$

$y=-\frac{5}{3}+2=\frac{1}{3}$

148 (1) $\boldsymbol{x=2,\ y=-1}$　(2) $\boldsymbol{x=2,\ y=-3}$

(3) $\boldsymbol{x=\frac{9}{16},\ y=-\frac{1}{40}}$　(4) $\boldsymbol{x=-5,\ y=10}$

解説

(1) $\begin{cases}0.2x-0.1y=0.5\ \cdots\cdots① \\ 3x+2y=4\quad\cdots\cdots②\end{cases}$

①×10　$2x-y=5$…③

③×2＋②

$$\begin{array}{rr} & 4x-2y=10 \\ +) & 3x+2y=4 \\ \hline & 7x\quad=14 \\ & x\quad=2 \end{array}$$

これを②に代入して

$3\times2+2y=4$　$y=-1$

(2) $\begin{cases} 0.4x+0.3y=-0.1 \cdots\cdots ① \\ 0.3x-0.2y=1.2 \quad \cdots\cdots ② \end{cases}$

①×10　$4x+3y=-1$…③
②×10　$3x-2y=12$　…④
③×2＋④×3

$$\begin{array}{rrcr} & 8x+6y & = & -2 \\ +) & 9x-6y & = & 36 \\ \hline & 17x & = & 34 \\ & x & = & 2 \end{array}$$

これを③に代入して
$4\times2+3y=-1$　　$y=-3$

(3) $\begin{cases} 1.2x-y=0.7 \quad \cdots\cdots ① \\ 0.04x+0.1y=0.02 \cdots\cdots ② \end{cases}$

①×10　②×100　$\begin{cases} 12x-10y=7 \cdots\cdots ③ \\ 4x+10y=2 \quad \cdots\cdots ④ \end{cases}$

③＋④より，$16x=9$　　$x=\frac{9}{16}$

これを③に代入して
$12\times\frac{9}{16}-10y=7$　　$y=-\frac{1}{40}$

(4) $\begin{cases} 0.2x+1.3y=12 \quad \cdots\cdots ① \\ 1.24x-0.28y=-9 \cdots\cdots ② \end{cases}$

①×10　②×100　$\begin{cases} 2x+13y=120 \quad \cdots\cdots ③ \\ 124x-28y=-900 \cdots\cdots ④ \end{cases}$

③×62－④

$$\begin{array}{rrcr} & 124x+806y & = & 7440 \\ -) & 124x-28y & = & -900 \\ \hline & 834y & = & 8340 \end{array} \qquad y=10$$

これを③に代入して
$2x+130=120$　　$x=-5$

149 $\boldsymbol{x=6,\ y=-3}$

解説

$\begin{cases} 3x+5y=3 \ \cdots\cdots ① \\ \frac{1}{2}x-\frac{2}{3}y=5 \cdots\cdots ② \end{cases}$

②×6　$3x-4y=30$…③
①－③

$$\begin{array}{rrcr} & 3x+5y & = & 3 \\ -) & 3x-4y & = & 30 \\ \hline & 9y & = & -27 \\ & y & = & -3 \end{array}$$

これを①に代入して，$3x+5\times(-3)=3$
$x=6$

150 (1) $\boldsymbol{x=8,\ y=5}$　(2) $\boldsymbol{x=1,\ y=-3}$

解説

(1) $\begin{cases} \boldsymbol{2x-3y=1} \cdots\cdots ① \\ \boldsymbol{x-y-2=1} \cdots\cdots ② \end{cases}$

②を変形して，$x-y=3$…③
①－③×2

$$\begin{array}{rrcr} & 2x-3y & = & 1 \\ -) & 2x-2y & = & 6 \\ \hline & -y & = & -5 \end{array} \qquad y=5$$

③に代入して　$x-5=3$　　$x=8$

(2) $\begin{cases} 5x+4y=2x-y-12 \cdots\cdots ① \\ 5x+4y=y-4 \quad \cdots\cdots ② \end{cases}$

①を変形して，$3x+5y=-12$…③
②を変形して，$5x+3y=-4$　…④
③×5－④×3

$$\begin{array}{rrcr} & 15x+25y & = & -60 \\ -) & 15x+9y & = & -12 \\ \hline & 16y & = & -48 \\ & y & = & -3 \end{array}$$

③に代入して
$3x+5\times(-3)=-12$　$x=1$

151 $\boldsymbol{a=3,\ b=-1}$

解説

$\begin{cases} ax+2y=8 \cdots\cdots ① \\ x+by=1 \ \cdots\cdots ② \end{cases}$

①に$\boldsymbol{x=2,\ y=1}$を代入して
$2a+2=8$　　$a=3$
②に$\boldsymbol{x=2,\ y=1}$を代入して
$2+b=1$　　$b=-1$

152 $\boldsymbol{a=-2,\ b=4}$

解説 $\begin{cases} ax+by=8 \ \cdots\cdots ① \\ bx-ay=14 \cdots\cdots ② \end{cases}$

①に$\boldsymbol{x=2, y=3}$を代入して，$2a+3b=8$ …③
②に$\boldsymbol{x=2, y=3}$を代入して，$2b-3a=14$…④

$$\begin{array}{lrrcr} ③\times3 & & 6a+9b & = & 24 \\ ④\times2 & +) & -6a+4b & = & 28 \\ \hline & & 13b & = & 52 \\ & & b & = & 4 \end{array}$$

これを③に代入して，$2a+3\times4=8$
$2a=-4$
$a=-2$

153 $\boldsymbol{a=3,\ b=-1}$

解説 まず，$\boldsymbol{a}$，$\boldsymbol{b}$の入っていない2式から一致する解を求める。

$\begin{cases} 2x+y=5 \cdots\cdots ① \\ x+3y=5 \cdots\cdots ② \end{cases}$

①－②×2

$$\begin{array}{rl} & 2x+\ \ y=\ \ 5 \\ -) & 2x+6y=10 \\ \hline & -5y=-5 \end{array}\qquad y=1$$

①に代入して　$2x+1=5$　$x=2$

$x=2$, $y=1$を残りの2式に代入して

$\begin{cases} 2a-7=b\cdots\cdots③ \\ 2b+5=a\cdots\cdots④ \end{cases}$

③を④に代入して

$2(2a-7)+5=a$

$4a-14+5=a$　$a=3$

③に代入して　$b=2\times3-7$　$b=-1$

154 38

解説 十の位の数をx, 一の位の数をyとする。

$\mathbf{3x=y+1}$ ……①

$\mathbf{(10x+y)\times2+7=10y+x}$…②

②を整理して, $19x-8y=-7$…③

①を変形した, $y=3x-1$…④を③に代入して, $19x-8(3x-1)=-7$

$19x-24x+8=-7$　$x=3$

これを④に代入して, $y=3\times3-1=8$

155 中学生1人200円　大人1人600円

解説 中学生1人の入園料をx円, 大人1人の入園料をy円とすると,

$\begin{cases} 2x+3y=2200\cdots\cdots① \\ 6x+2y=2400\cdots\cdots② \end{cases}$

①×2−②×3
$$\begin{array}{rl} & 4x+6y=4400 \\ -) & 18x+6y=7200 \\ \hline & -14x=-2800 \\ & x=200 \end{array}$$

これを①に代入して, $2\times200+3y=2200$

$3y=1800$

$y=600$

156 大人　210人　子ども　140人

解説 大人の入場者数をx人, 子どもの入場者数をy人とおく。

$\mathbf{x+y=350}$ ……①

$\mathbf{300x+150y=84000}$ ……②

①×300−②
$$\begin{array}{rl} & 300x+300y=105000 \\ -) & 300x+150y=\ \ 84000 \\ \hline & 150y=\ \ 21000 \end{array}$$

$y=140$

$x=350-140=210$

157 りんご1個が220円, いちご1パックが480円

解説 りんご1個をx円, いちご1パックをy円とすると,

$\begin{cases} y=2x+40 & \cdots\cdots① \\ 10x+5y=5x+10y-1300 & \cdots\cdots② \end{cases}$

②より, $5x-5y=-1300$

これに①を代入して,

$5x-5(2x+40)=-1300$

$-5x-200=-1300$

$-5x=-1100$

$x=220$

これを①に代入して, $y=2\times220+40$

$y=480$

158 180km

解説 AB間の道のりを$x$km, BC間の道のりを$y$kmとする。

$\mathbf{x+y=210}$ ……①

$\mathbf{\frac{x}{80}+\frac{y}{40}=3}$ ……②

②×80−①
$$\begin{array}{rl} & x+2y=240 \\ -) & x+\ \ y=210 \\ \hline & y=30 \end{array}$$

$x=210-30=180$

159 兄が分速 80m, 弟が分速 60m

解説 兄の速さを分速xm, 弟の速さを分速ymとする。

反対方向に歩いて出会う場合,

(兄の歩いた道のり)+(弟の歩いた道のり)
=池1周分　だから,

$\mathbf{20x+20y=2800}$…①

同じ方向に歩いて兄が初めて弟に追いつく場合,

(兄の歩いた道のり)−(弟の歩いた道のり)
=池1周分　だから,

$\mathbf{140x-140y=2800}$…②

①÷20　$x+y=140$…③

②÷140
$$\begin{array}{rl} & x+y=140 \\ +) & x-y=\ \ 20 \\ \hline & 2x=160 \\ & x=\ \ 80 \end{array}$$

これを③に代入して, $80+y=140$

$y=60$

160 1年生　8人　2年生　23人

解説 昨年度の1年生の人数をx人, 2年生の人数をy人とする。

昨年度の人数から, $x+y=31-1$ …①

今年度の人数から, $0.8x+1.15y=31$ …②

②×20より, $16x+23y=620$…③

①×16−③

$$\begin{array}{rl} 16x+16y= & 480 \\ -)\ 16x+23y= & 620 \\ \hline -7y= & -140 \\ y= & 20 \end{array}$$

これを①に代入して

$x+20=30$　　$x=10$

今年度の部員数を求めるので

1年生　$10\times0.8=8$(人)

2年生　$20\times1.15=23$(人)

161 **10%の食塩水　100g, 4%の食塩水　200g**

解説 10%の食塩水をxg, 4%の食塩水をyg混ぜるとする。

$x+y=300$ ……①

$0.1x+0.04y=300\times0.06$…②

①×10−②×100

$$\begin{array}{rl} 10x+10y= & 3000 \\ -)\ 10x+4y= & 1800 \\ \hline 6y= & 1200 \end{array}\qquad y=200$$

①に代入して, $x=100$

162 **(1) 解は無数にある　(2) 解はなし　(3) 解は無数にある　(4) 解はなし**

解説

(1) $\begin{cases} 2x+3y=7 & \cdots\cdots① \\ 4x+6y=14 & \cdots\cdots② \end{cases}$

①×2より, $4x+6y=14$…③

③は②と同じ式になるので, 解は無数にある。

(2) $\begin{cases} 3x-2y=6 & \cdots\cdots① \\ -9x+6y=8 & \cdots\cdots② \end{cases}$

①×(−3)より, $-9x+6y=-18$…③

となり, ②と③が同時に成り立つx, yは存在しない。

(3) $\begin{cases} x=-3y+2 & \cdots\cdots① \\ 2x+6y=4 & \cdots\cdots② \end{cases}$

①を変形して, $x+3y=2$…③

③×2は, ②と同じになる。

つまり解は無数にある。

(4) $\begin{cases} 10x-4y=14 & \cdots\cdots① \\ 2y=5x-9 & \cdots\cdots② \end{cases}$

②を変形して, $5x-2y=9$…③

③×2は$10x-4y=18$…④となり, ①と④が同時に成り立つx, yは存在しない。

163 $x=7$, $y=2$, $z=-1$

解説 $\begin{cases} x+y-z=10 & \cdots\cdots① \\ x-4y+z=-2 & \cdots\cdots② \\ 2x-5y+z=3 & \cdots\cdots③ \end{cases}$

①+②より, $2x-3y=8$ …④

①+③より, $3x-4y=13$…⑤

④×3−⑤×2

$$\begin{array}{rl} 6x-9y= & 24 \\ -)\ 6x-8y= & 26 \\ \hline -y= & -2 \end{array}\qquad y=2$$

これを④に代入して

$2x-3\times2=8$　　$x=7$

x, yの値を①に代入して

$7+2-z=10$　　$z=-1$

164 $x=\frac{1}{2}$, $y=-1$

解説

$\begin{cases} \frac{3}{x}+\frac{4}{y}=2 & \cdots\cdots① \\ \frac{12}{x}-\frac{5}{y}=29 & \cdots\cdots② \end{cases}$

$\frac{1}{x}=X$, $\frac{1}{y}=Y$とおく。

①の式は, $3X+4Y=2$ ……③

②の式は, $12X-5Y=29$…④

③×4−④

$$\begin{array}{rl} 12X+16Y= & 8 \\ -)\ 12X-5Y= & 29 \\ \hline 21Y= & -21 \end{array}\qquad Y=-1$$

これを③の式に代入して

$3X+4\times(-1)=2$　　$3X=6$　　$X=2$

$X=2$より, $x=\frac{1}{2}$

$Y=-1$より, $y=-1$

165 (2), (6)

解説 それぞれの式のxに−2を代入すると,

(1) (左辺)=8, (右辺)=0

(2) (左辺)=0, (右辺)=0

(3) (左辺)=16, (右辺)=0

(4) (左辺)=4, (右辺)=0

(5) (左辺)$=0$, (右辺)$=0$
ただし，1次方程式である。
(6) (左辺)$=0$, (右辺)$=0$

166 (1) **-2, 1** (2) **2**

解説 (1) それぞれの値を代入する。
$x=-2$を代入 (左辺)$=0$, (右辺)$=0$
$x=-1$を代入 (左辺)$=-2$, (右辺)$=0$
$x=0$を代入 (左辺)$=-2$, (右辺)$=0$
$x=1$を代入 (左辺)$=0$, (右辺)$=0$
$x=2$を代入 (左辺)$=4$, (右辺)$=0$
(2) それぞれの値を代入する。
$x=-2$を代入 (左辺)$=12$, (右辺)$=0$
$x=-1$を代入 (左辺)$=3$, (右辺)$=0$
$x=0$を代入 (左辺)$=-2$, (右辺)$=0$
$x=1$を代入 (左辺)$=-3$, (右辺)$=0$
$x=2$を代入 (左辺)$=0$, (右辺)$=0$

167 (1) **$x=0, x=-5$** (2) **$x=0, x=-\frac{3}{2}$**
(3) **$x=-2, x=1$** (4) **$x=-7, x=3$**
(5) **$x=6, x=-4$** (6) **$x=1, x=7$**
(7) **$x=-4, x=10$** (8) **$x=-3$**
(9) **$x=7$** (10) **$x=\frac{5}{2}$**
(11) **$x=-7, x=7$** (12) **$x=-\frac{4}{3}, x=\frac{4}{3}$**

解説 (1) $x^2+5x=0$ $\boldsymbol{x(x+5)}=0$
$x=0$, $x=-5$
(2) $2x^2+3x=0$ $\boldsymbol{x(2x+3)}=0$
$x=0$, $x=-\frac{3}{2}$
(3) $x^2+x-2=0$ $\boldsymbol{(x+2)(x-1)}=0$
$x=-2$, $x=1$
(4) $x^2+4x-21=0$ $\boldsymbol{(x+7)(x-3)}=0$
$x=-7$, $x=3$
(5) $x^2-2x-24=0$ $\boldsymbol{(x-6)(x+4)}=0$
$x=6$, $x=-4$
(6) $x^2-8x+7=0$ $\boldsymbol{(x-1)(x-7)}=0$
$x=1$, $x=7$
(7) $x^2-6x-40=0$ $\boldsymbol{(x+4)(x-10)}=0$
$x=-4$, $x=10$
(8) $x^2+6x+9=0$ $\boldsymbol{(x+3)^2}=0$
$x=-3$
(9) $x^2-14x+49=0$ $\boldsymbol{(x-7)^2}=0$
$x=7$
(10) $4x^2-20x+25=0$ $\boldsymbol{(2x-5)^2}=0$
$x=\frac{5}{2}$
(11) $x^2-49=0$ $\boldsymbol{(x+7)(x-7)}=0$
$x=-7$, $x=7$
(12) $9x^2-16=0$ $\boldsymbol{(3x+4)(3x-4)}=0$
$x=-\frac{4}{3}, x=\frac{4}{3}$

168 (1) **$x=1$, $x=3$** (2) **$x=1$, $x=4$**
(3) **$x=-6$, $x=3$** (4) **$x=-1$, $x=-2$**

解説
(1) $x^2-4x+3=0$ $(x-1)(x-3)=0$
$x=1$, $x=3$
(2) $3x^2-15x+12=0$ $x^2-5x+4=0$
$(x-1)(x-4)=0$ $x=1$, $x=4$
(3) $x^2+3x-18=0$ $(x+6)(x-3)=0$
$x=-6$, $x=3$
(4) $x^2+3x+2=0$ $(x+1)(x+2)=0$
$x=-1$, $x=-2$

169 (1) **$x=5$, $x=1$** (2) **$x=-6$, $x=-4$**
(3) **$x=6$, $x=0$** (4) **$x=-\frac{7}{2}$, $x=1$**
(5) **$x=9$**
(6) **$x=-2$, $x=-1$, $x=2$, $x=3$**

解説
(1) $\boldsymbol{x-5=X}$とおくと，$X^2+4X=0$
$X(X+4)=0$ $X=0$, $X=-4$
よって，$x=5$, $x=1$
(2) $\boldsymbol{x+3=X}$とおくと，$X^2+4X+3=0$
$(X+3)(X+1)=0$ $X=-3$, $X=-1$
よって，$x=-6$, $x=-4$
(3) $\boldsymbol{x-2=X}$とおくと，$X^2-2X-8=0$
$(X-4)(X+2)=0$ $X=4$, $X=-2$
よって，$x=6$, $x=0$
(4) $\boldsymbol{2x+1=X}$とおくと，$X^2+3X-18=0$
$(X+6)(X-3)=0$ $X=-6$, $X=3$
よって，$x=-\frac{7}{2}$, $x=1$
(5) $\boldsymbol{x-4=X}$とおくと，$X^2-10X+25=0$
$(X-5)^2=0$ $X=5$
よって，$x=9$
(6) $\boldsymbol{x^2-x=X}$とおくと，$X^2-8X+12=0$
$(X-2)(X-6)=0$ $X=2$, $X=6$
よって，$x^2-x=2$より，$x^2-x-2=0$
$(x-2)(x+1)=0$ $x=2$, $x=-1$
$x^2-x=6$より，$x^2-x-6=0$
$(x-3)(x+2)=0$ $x=3$, $x=-2$

170 (1) **$x=-10, x=10$** (2) **$x=2\sqrt{2}, x=-2\sqrt{2}$**

(3) $\boldsymbol{x=\sqrt{5}, x=-\sqrt{5}}$　(4) $\boldsymbol{x=\sqrt{2}, x=-\sqrt{2}}$

(5) $\boldsymbol{x=\frac{1}{4},\ x=-\frac{1}{4}}$　(6) $\boldsymbol{x=\frac{3}{2},\ x=-\frac{3}{2}}$

解説

(1) xを2乗して100になるので，$x=\pm 10$

(2) -8を右辺に移項して，$x^2=8$　$x=\pm 2\sqrt{2}$

(3) $3x^2=15$　$x^2=5$　$x=\pm\sqrt{5}$

(4) $5x^2=10$　$x^2=2$　$x=\pm\sqrt{2}$

(5) $16x^2=1$　$x^2=\frac{1}{16}$　$x=\pm\frac{1}{4}$

(6) $4x^2=9$　$x^2=\frac{9}{4}$　$x=\pm\frac{3}{2}$

171 (1) $\boldsymbol{x=-3,\ x=1}$　(2) $\boldsymbol{x=-2,\ x=6}$

(3) $\boldsymbol{x=\sqrt{5}+3,\ x=-\sqrt{5}+3}$

(4) $\boldsymbol{x=2\sqrt{2}-2,\ x=-2\sqrt{2}-2}$

(5) $\boldsymbol{x=3\sqrt{2}+7,\ x=-3\sqrt{2}+7}$

(6) $\boldsymbol{x=-2,\ x=-8}$

(7) $\boldsymbol{x=4+\sqrt{5},\ x=4-\sqrt{5}}$

(8) $\boldsymbol{x=6+5\sqrt{2},\ x=6-5\sqrt{2}}$

(9) $\boldsymbol{x=5,\ x=-2}$

(10) $\boldsymbol{x=\frac{-1+\sqrt{15}}{2},\ x=\frac{-1-\sqrt{15}}{2}}$

解説

(1) $x+1=-2,\ x+1=2$　$x=-3,\ x=1$

(2) $(x-2)^2=16$

$x-2=-4,\ x-2=4$　$x=6,\ x=-2$

(3) $x-3=\sqrt{5},\ x-3=-\sqrt{5}$

$x=\sqrt{5}+3,\ x=-\sqrt{5}+3$

(4) $x+2=2\sqrt{2},\ x+2=-2\sqrt{2}$

$x=2\sqrt{2}-2,\ x=-2\sqrt{2}-2$

(5) $(x-7)^2=18$　$x-7=3\sqrt{2},\ x-7=-3\sqrt{2}$

$x=3\sqrt{2}+7,\ x=-3\sqrt{2}+7$

(6) $2(x+5)^2=18,\ (x+5)^2=9$

$x+5=3,\ x+5=-3$

$x=-2,\ x=-8$

(7) $3(x-4)^2=15,\ (x-4)^2=5$

$x-4=\sqrt{5},\ x-4=-\sqrt{5}$

$x=4+\sqrt{5},\ x=4-\sqrt{5}$

(8) $2(x-6)^2=100,\ (x-6)^2=50$

$x-6=5\sqrt{2},\ x-6=-5\sqrt{2}$

$x=6+5\sqrt{2},\ x=6-5\sqrt{2}$

(9) $(2x-3)^2=49$

$2x-3=7,\ 2x-3=-7$

$2x=10$より$x=5$，$2x=-4$より$x=-2$

(10) $3(2x+1)^2=45,\ (2x+1)^2=15$

$2x+1=\sqrt{15},\ 2x+1=-\sqrt{15}$

$2x=-1+\sqrt{15}$より，$x=\frac{-1+\sqrt{15}}{2}$

$2x=-1-\sqrt{15}$より，$x=\frac{-1-\sqrt{15}}{2}$

172 (1) $\boldsymbol{x=\sqrt{13}-3,\ x=-\sqrt{13}-3}$

(2) $\boldsymbol{x=2\sqrt{2}+2,\ x=-2\sqrt{2}+2}$

(3) $\boldsymbol{x=\sqrt{6}-1,\ x=-\sqrt{6}-1}$

(4) $\boldsymbol{x=2\sqrt{14}+4,\ x=-2\sqrt{14}+4}$

解説

(1) $x^2\boldsymbol{+6}x\boldsymbol{+9}=4\boldsymbol{+9}$　$(x+3)^2=13$

$x+3=\sqrt{13},\ x+3=-\sqrt{13}$

$x=\sqrt{13}-3,\ x=-\sqrt{13}-3$

(2) $x^2\boldsymbol{-4}x\boldsymbol{+4}=4\boldsymbol{+4}$　$(x-2)^2=8$

$x-2=2\sqrt{2},\ x-2=-2\sqrt{2}$

$x=2\sqrt{2}+2,\ x=-2\sqrt{2}+2$

(3) $x^2\boldsymbol{+2}x\boldsymbol{+1}=5\boldsymbol{+1}$　$(x+1)^2=6$

$x+1=\sqrt{6},\ x+1=-\sqrt{6}$

$x=\sqrt{6}-1,\ x=-\sqrt{6}-1$

(4) $x^2\boldsymbol{-8}x\boldsymbol{+16}=40\boldsymbol{+16}$　$(x-4)^2=56$

$x-4=2\sqrt{14},\ x-4=-2\sqrt{14}$

$x=2\sqrt{14}+4,\ x=-2\sqrt{14}+4$

173 (1) $\boldsymbol{x=\frac{\sqrt{5}}{2}-\frac{1}{2},\ x=-\frac{\sqrt{5}}{2}-\frac{1}{2}}$

(2) $\boldsymbol{x=\frac{3}{2}+\frac{\sqrt{29}}{2},\ x=\frac{3}{2}-\frac{\sqrt{29}}{2}}$

(3) $\boldsymbol{x=-\frac{5}{2}+\frac{\sqrt{17}}{2},\ x=-\frac{5}{2}-\frac{\sqrt{17}}{2}}$

(4) $\boldsymbol{x=\frac{7}{2}+\frac{\sqrt{61}}{2},\ x=\frac{7}{2}-\frac{\sqrt{61}}{2}}$

(5) $\boldsymbol{x=-\frac{9}{2}+\frac{\sqrt{61}}{2},\ x=-\frac{9}{2}-\frac{\sqrt{61}}{2}}$

(6) $\boldsymbol{x=\frac{\sqrt{41}}{4}-\frac{5}{4},\ x=-\frac{\sqrt{41}}{4}-\frac{5}{4}}$

(7) $\boldsymbol{x=1,\ x=-\frac{2}{3}}$

解説

(1) $x^2\boldsymbol{+x}\boldsymbol{+\frac{1}{4}}=1\boldsymbol{+\frac{1}{4}}$　$\left(x+\frac{1}{2}\right)^2=\frac{5}{4}$

$x+\frac{1}{2}=\frac{\sqrt{5}}{2},\ x+\frac{1}{2}=-\frac{\sqrt{5}}{2}$

$x=\frac{\sqrt{5}}{2}-\frac{1}{2},\ x=-\frac{\sqrt{5}}{2}-\frac{1}{2}$

(2) $x^2\boldsymbol{-3x}\boldsymbol{+\frac{9}{4}}=5\boldsymbol{+\frac{9}{4}}$

$\left(x-\frac{3}{2}\right)^2=\frac{29}{4}$

$x-\frac{3}{2}=\frac{\sqrt{29}}{2},\ x-\frac{3}{2}=-\frac{\sqrt{29}}{2}$

$x=\frac{3}{2}+\frac{\sqrt{29}}{2},\ x=\frac{3}{2}-\frac{\sqrt{29}}{2}$

(3) $x^2\boldsymbol{+5x}\boldsymbol{+\frac{25}{4}}=-2\boldsymbol{+\frac{25}{4}}$

$\left(x+\frac{5}{2}\right)^2=\frac{17}{4}$

$x+\frac{5}{2}=\frac{\sqrt{17}}{2},\ x+\frac{5}{2}=-\frac{\sqrt{17}}{2}$

$x=-\frac{5}{2}+\frac{\sqrt{17}}{2},\ x=-\frac{5}{2}-\frac{\sqrt{17}}{2}$

(4) $x^2\boldsymbol{-7x}\boldsymbol{+\frac{49}{4}}=3\boldsymbol{+\frac{49}{4}}$

$\left(x-\frac{7}{2}\right)^2=\frac{61}{4}$

$x-\frac{7}{2}=\frac{\sqrt{61}}{2},\ x-\frac{7}{2}=-\frac{\sqrt{61}}{2}$

$x=\frac{7}{2}+\frac{\sqrt{61}}{2},\ x=\frac{7}{2}-\frac{\sqrt{61}}{2}$

(5) $x^2\boldsymbol{+9x}\boldsymbol{+\frac{81}{4}}=-5\boldsymbol{+\frac{81}{4}}$

$\left(x+\frac{9}{2}\right)^2=\frac{61}{4}$

$x+\frac{9}{2}=\frac{\sqrt{61}}{2},\ x+\frac{9}{2}=-\frac{\sqrt{61}}{2}$

$x=-\frac{9}{2}+\frac{\sqrt{61}}{2},\ x=-\frac{9}{2}-\frac{\sqrt{61}}{2}$

(6) $x^2+\frac{5}{2}x=1$

$x^2\boldsymbol{+\frac{5}{2}x}\boldsymbol{+\frac{25}{16}}=1\boldsymbol{+\frac{25}{16}}$

$\left(x+\frac{5}{4}\right)^2=\frac{41}{16}$

$x+\frac{5}{4}=\frac{\sqrt{41}}{4},\ x+\frac{5}{4}=-\frac{\sqrt{41}}{4}$

$x=\frac{\sqrt{41}}{4}-\frac{5}{4},\ x=-\frac{\sqrt{41}}{4}-\frac{5}{4}$

(7) $x^2-\frac{1}{3}x=\frac{2}{3}$

$x^2\boldsymbol{-\frac{1}{3}x}\boldsymbol{+\frac{1}{36}}=\frac{2}{3}\boldsymbol{+\frac{1}{36}}$

$\left(x-\frac{1}{6}\right)^2=\frac{25}{36}$

$x-\frac{1}{6}=\frac{5}{6},\ x-\frac{1}{6}=-\frac{5}{6}$

$x=1,\ x=-\frac{2}{3}$

174 $\boldsymbol{x=\frac{-b'\pm\sqrt{b'^2-ac}}{a}}$

解説 $ax^2+2b'x+c=0$

$x^2+\frac{2b'}{a}x+\frac{c}{a}=0$

$x^2+\boldsymbol{\frac{2b'}{a}}x+\left(\boldsymbol{\frac{b'}{a}}\right)^2=-\frac{c}{a}+\left(\boldsymbol{\frac{b'}{a}}\right)^2$

$\left(x+\frac{b'}{a}\right)^2=\frac{b'^2-ac}{a^2}$

$x+\frac{b'}{a}=\pm\frac{\sqrt{b'^2-ac}}{a}$

$x=\frac{-b'\pm\sqrt{b'^2-ac}}{a}$

175 (1) $\boldsymbol{x=\frac{-3\pm\sqrt{5}}{2}}$　(2) $\boldsymbol{x=-2\pm\sqrt{5}}$

(3) $\boldsymbol{x=\frac{-1\pm\sqrt{5}}{2}}$　(4) $\boldsymbol{x=\frac{1}{3},\ x=-1}$

(5) $\boldsymbol{x=\frac{1\pm\sqrt{33}}{4}}$　(6) $\boldsymbol{x=\frac{2\pm\sqrt{14}}{2}}$

解説

(1) $x=\boldsymbol{\frac{-3\pm\sqrt{3^2-4\times1\times1}}{2\times1}}=\frac{-3\pm\sqrt{5}}{2}$

(2) $x=\boldsymbol{\frac{-4\pm\sqrt{4^2-4\times1\times(-1)}}{2\times1}}$

$=\frac{-4\pm2\sqrt{5}}{2}=-2\pm\sqrt{5}$

(3) $x=\boldsymbol{\frac{-1\pm\sqrt{1^2-4\times1\times(-1)}}{2\times1}}$

$=\frac{-1\pm\sqrt{5}}{2}$

(4) $x=\boldsymbol{\frac{-2\pm\sqrt{2^2-4\times3\times(-1)}}{2\times3}}$

$=\frac{-2\pm\sqrt{16}}{6}=\frac{-2\pm4}{6}=\frac{1}{3},\ -1$

(5) $x=\boldsymbol{\frac{-(-1)\pm\sqrt{(-1)^2-4\times2\times(-4)}}{2\times2}}$

$=\frac{1\pm\sqrt{33}}{4}$

(6) $x=\boldsymbol{\frac{-(-4)\pm\sqrt{(-4)^2-4\times2\times(-5)}}{2\times2}}$

$=\frac{4\pm\sqrt{56}}{4}=\frac{4\pm2\sqrt{14}}{4}=\frac{2\pm\sqrt{14}}{2}$

176 $\boldsymbol{a=10}$

解説 2つの解は整数だから，**積が24**になる組み合わせをすべて書く。1×24…①，2×12…②，3×8…③，4×6…④，(−1)×(−24)…⑤，(−2)×(−12)…⑥，(−3)×(−8)…⑦，(−4)×(−6)…⑧

ここで，xの係数$-a$は負の数なので，2つの解の和は**正の数**。よって，この2次方程式の解は①～④のいずれかになる。

①の場合は，$x=1$，$x=24$が解なので，$(x-1)(x-24)=0$となり，$\boldsymbol{a=25}$

同様に②の場合は$\boldsymbol{a=14}$，③の場合は$\boldsymbol{a=11}$，④の場合は$\boldsymbol{a=10}$

4つの中で最も小さいaの値は10

177 $\boldsymbol{a=-1,\ b=-2}$

解説 $x^2+ax+b=0$に$\boldsymbol{x=-1}$，$\boldsymbol{x=2}$を代入

$\boldsymbol{1-a}+b=0$…①　$\boldsymbol{4+2a}+b=0$…②

①と②を連立して，$a=-1$，$b=-2$

178 (1) $\boldsymbol{x(x+2)-2(x+1)=62}$

(2) **8，9，10**

解説

(1) いちばん小さい数をxとすると，他の2数はそれぞれ$\boldsymbol{(x+1)}$，$\boldsymbol{(x+2)}$とおける。あとは問題文にそって式をつくればよい。

(2) $x^2+2x-2x-2=62$

$x^2=64$　$x=\pm 8$
xは正だから，$x=8$

179 **2m**

解説 (花だんの面積)＝(道の面積)より，
道の面積は，$12\times 8\div 2=48(\text{m}^2)$ …①
また，(道の面積)＝(横方向の道の面積)＋(縦方向の道の面積)×2－(**横方向と縦方向の道の重なっている部分**)だから，道の幅をxmとすると
$\boldsymbol{12\times x}+\boldsymbol{8\times x\times 2}-\boldsymbol{x\times x\times 2}=28x-2x^2$…②
①＝②より，$28x-2x^2=48$
$x^2-14x+24=0$　$(x-2)(x-12)=0$
$x=2$，$x=12$　$0<x<8$より，$x=2$

180 **10**

解説 底面の縦の長さは (**30－2x**)cm
横の長さは(30－x)cm
$\boldsymbol{(30-2x)}\boldsymbol{(30-x)}=200$
$x^2-45x+350=0$
$(x-10)(x-35)=0$　$x=10$，$x=35$
$0<x<15$より，$x=10$

181 **5**

解説

横をx(%)のばす…$10\times\left(\boldsymbol{1+\frac{x}{100}}\right)$

縦を$(x+1)$(%)縮める…$10\times\left(\boldsymbol{1-\frac{x+1}{100}}\right)$

面積は1.3(%)小さくなった

…$10^2\times\boldsymbol{\frac{100-1.3}{100}}=98.7(\text{cm}^2)$

$10\times\left(1+\frac{x}{100}\right)\times 10\times\left(1-\frac{x+1}{100}\right)=98.7$
$x^2+x-30=0$　$(x+6)(x-5)=0$
$x>0$より，$x=5$

182 (1) **直線AB…$\boldsymbol{y=\frac{5}{2}x+25}$**

直線BC…$\boldsymbol{y=-\frac{5}{6}x+25}$

(2) **Q$\left(\boldsymbol{t-10,\ \frac{5}{2}t}\right)$**

(3) **4秒後**　(4) **$\boldsymbol{\frac{80}{13}}$秒後**

解説

(1) A(－10, 0)，B(0, 25)を通る直線は，傾きが$\frac{25}{10}=\frac{5}{2}$，切片が25だから，$y=\frac{5}{2}x+25$
B(0, 25)，C(30, 0)を通る直線は，傾きが$-\frac{25}{30}=-\frac{5}{6}$，切片が25だから，$y=-\frac{5}{6}x+25$

(2) t秒後の点Pのx座標は$\boldsymbol{-10+t}$だから，点Qのx座標も$\boldsymbol{-10+t}$である。これを直線ABの方程式に代入して，

$y=\frac{5}{2}(\boldsymbol{t-10})+25=\frac{5}{2}t$

よって，点Q$\left(\boldsymbol{t-10},\ \frac{5}{2}t\right)$

(3) PQの長さは$\frac{5}{2}t$だから，$\frac{5}{2}t\times\frac{5}{2}t=100$

$\frac{25}{4}t^2=100$　$t^2=16$　$t=\pm 4$
$t>0$より，$t=4$

(4)

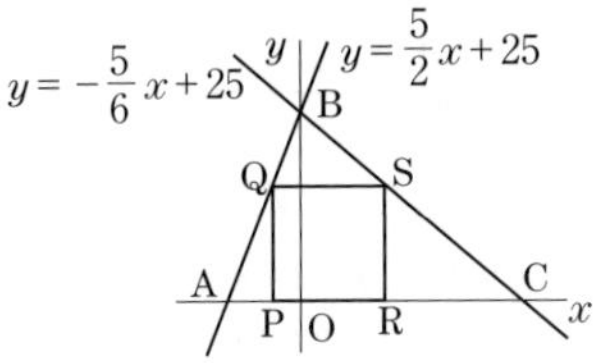

P$(t-10,\ 0)$，Q$\left(t-10,\ \frac{5}{2}t\right)$より，点Sの$y$座標は$\frac{5}{2}t$，また，正方形の1辺の長さは$\frac{5}{2}t$より，点Sの$x$座標は，

$t-10+\frac{5}{2}t=\boldsymbol{\frac{7}{2}t-10}$

これらを直線BCの方程式に代入する。

$\boldsymbol{\frac{5}{2}t}=-\frac{5}{6}\left(\boldsymbol{\frac{7}{2}t-10}\right)+25$

$\frac{65}{12}t=\frac{200}{6}$　$65t=400$　$t=\frac{80}{13}$

関数編 183～256

183 (1) **yはxの関数ではない。**
(2) **yはxの関数である。**
(3) **yはxの関数である。**

解説
(1) xが決まってもyは1つには決まらない。
(2) xが決まればyも1つに決まる。
(3) $300-x$がyになるので，xが決まればyも1つに決まる。

184 (1) **ア…変域** (2) **イ…$0 \leqq x \leqq 10$**
ウ…$x=10$（xが10と等しい）
エ…$x<10$（xが10未満）
ウ，エは順不問

解説 $x \leqq 10$は，xは10以下（10を含む）
$x<10$は，xは10未満（10を含まない）

185 (1) **$7x+5y=47$**
(2) **$x=1$，$y=8$　$x=6$，$y=1$**

解説 (2) $x=1$，2，…を考えると，右の表のようになる。

x	0	1	2	3	4	5	6
y	×	8	×	×	×	×	1

186 **ア，エ**

解説 アは4つの辺の長さが等しく，各頂点の角度が90°だから，できる図形の面積は決まる。エは3つの辺の長さが等しく，各頂点の角度が60°だから，できる図形の面積は決まる。

187 **$y=\frac{16}{x}$，$\frac{16}{5} \leqq y \leqq 8$**

解説 三角形の面積の公式は，
$\frac{1}{2}\times$（底辺）$\times$（高さ）だから，
$\frac{1}{2}\times x \times y=8$　$y=\frac{16}{x}$
$x=2$のとき，$y=8$
$x=5$のとき，$y=\frac{16}{5}$
よって，$\frac{16}{5} \leqq y \leqq 8$

188 **$y=\frac{32}{x}$，$x=1$，$y=32$**
$x=2$，$y=16$　　$x=4$，$y=8$

解説 xとyのとりうる値は次の表のようになる。ここで，

x	1	2	4	8	16	32
y	32	16	8	4	2	1

$x<y$より，xのとりうる値は1，2，4，yのとりうる値は32，16，8

189 (1) **$y=80x$** (2) **$\frac{15}{2}$分（または7.5分）**

解説
(1) （道のり）＝（速さ）×（時間）にあてはめればよい。
(2) (1)の式に代入して，
$600=80x$　　$x=\frac{15}{2}$

190 **比例するもの→(2)，(5)，(7)，(8)**
比例定数→(2) 5　(5) $\frac{1}{4}$　(7) $-\frac{1}{2}$　(8) 3

解説
$y=ax$の形に直せるものを答える。
(5) $y=\frac{1}{4}x$　(7) $y=-\frac{1}{2}x$　(8) $y=3x$

191 (1) **yをxの式で表すと，$y=4x$**
よって，yはxに比例し，比例定数は4となる。
(2) **yをxの式で表すと，$y=\frac{1}{2}x$**
よって，yはxに比例し，比例定数は$\frac{1}{2}$となる。

解説
(1) 正方形に辺は4つあるので，周の長さは1辺の長さの4倍になる。
(2) 1分間に$\frac{1}{2}$cmの割合で燃えると考えればよい。

192 (2) **比例定数は4**　(3) **比例定数はπ**

解説
(1) の関係式…$y=5-x$　→比例していない
(2) の関係式…$8\times x\times\frac{1}{2}=y$
よって，$y=4x$
(3) の関係式…$\pi \times x=y$
よって，$y=\pi x$

193 **$y=-x$**

解説
yはxに比例するので，$\boldsymbol{y=ax}$と書ける。
aは比例定数なので，aに-1を代入して，
$y=-x$

194 $\boldsymbol{y=-4x}$
$\boldsymbol{x=2}$**のとき，**$\boldsymbol{y=-8}$
$\boldsymbol{x=-5}$**のとき，**$\boldsymbol{y=20}$

解説
yはxに比例するので，$\boldsymbol{y=ax}$と書ける。
$y=ax$に$x=-3$，$y=12$を代入して，
$12=a\times(-3)$　　$\boldsymbol{a=-4}$
よって，$\boldsymbol{y=-4x}$
$x=2$を代入して，$y=-8$
$x=-5$を代入して，$y=20$

195 (1) $\boldsymbol{y=\frac{600}{x}}$　(2) $\boldsymbol{y=20}$

解説
(1) 支点からの距離($x$cm)と重さ(yg)の積が600になる。$\boldsymbol{xy=600}$より，
$y=\frac{600}{x}$
(2) (1)の式に$x=30$を代入して，$y=\frac{600}{30}=20$

196 ウ，比例定数…3

解説 ア，イ，エは比例の式である。
アは，$y=\frac{1}{2}x$だから，比例の式である。

197 (1) $\boldsymbol{y=\frac{40}{x}}$**，比例定数…40**
(2) $\boldsymbol{y=\frac{36}{x}}$**，比例定数…36**

解説
(1) $x\times y\times\frac{1}{2}=20$より，$y=\frac{40}{x}$
(2) $36\div x=y$より，$y=\frac{36}{x}$

198 $\boldsymbol{y=\frac{6}{x}}$

解説
yはxに反比例するので$\boldsymbol{y=\frac{a}{x}}$
aに6を代入して，$y=\frac{6}{x}$

199 $\boldsymbol{y=-\frac{2}{x}}$

解説
yはxに反比例するので，$\boldsymbol{y=\frac{a}{x}}$
aに-2を代入して，$y=\frac{-2}{x}=-\frac{2}{x}$

200 $\boldsymbol{y=\frac{18}{x}}$

解説
yはxに反比例するので，$\boldsymbol{y=\frac{a}{x}}$
$y=\frac{a}{x}$に$x=6$，$y=3$を代入して，
$\boldsymbol{3=\frac{a}{6}}$だから，$\boldsymbol{a=18}$　よって，$\boldsymbol{y=\frac{18}{x}}$

201 $\boldsymbol{y=-\frac{20}{x}}$

解説
yはxに反比例するので，$\boldsymbol{y=\frac{a}{x}}$
$y=\frac{a}{x}$に$x=4$，$y=-5$を代入して，
$\boldsymbol{-5=\frac{a}{4}}$だから，$\boldsymbol{a=-20}$　よって，$\boldsymbol{y=-\frac{20}{x}}$

202 $\boldsymbol{y=4}$

解説
$y=\frac{a}{x}$に$x=3$，$y=8$を代入して，
$8=\frac{a}{3}$だから，$\boldsymbol{a=24}$　よって，$\boldsymbol{y=\frac{24}{x}}$
これに$x=6$を代入して，$y=\frac{24}{6}=4$

203 $\boldsymbol{y=-6}$

解説
$y=\frac{a}{x}$に$x=-9$，$y=4$を代入して，
$\boldsymbol{a=-36}$　よって，$\boldsymbol{y=-\frac{36}{x}}$
これに$x=6$を代入して，$y=-\frac{36}{6}=-6$

204 (1) **(道のり)＝(速さ)×(時間)**
(2) $\boldsymbol{y=5x}$**，比例**　(3) $\boldsymbol{y=\frac{18}{x}}$**，反比例**

解説
(2) (1)の式に(道のり)$=y$，(速さ)$=5$，
(時間)$=x$を代入して，$\boldsymbol{y=5\times x}$
よって，$y=5x$
(3) (1)の式に(道のり)$=18$，(速さ)$=y$，
(時間)$=x$を代入して，$\boldsymbol{18=y\times x}$
よって，$y=\frac{18}{x}$

205 **比例…イ，オ　反比例…ウ，エ**

解説
エは$y=\frac{8}{x}$，オは$y=-\frac{1}{2}x$である。

206 **A(4, 3)　B(−5, 2)　C(−7, 0)**
D(−4, −3)　E(0, −1)　F(3, −5)

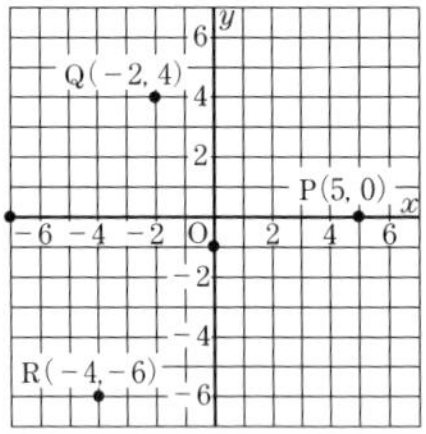

解説　x座標の値とy座標の値を書く順番に注意。

207 $\mathbf{\frac{27}{2}}$**cm²**

解説　長方形から，周りの三角形3つ(Ⓐ，Ⓑ，Ⓒ)をひく。

$Ⓐ=5\times1\times\frac{1}{2}=\frac{5}{2}$

$Ⓑ=5\times2\times\frac{1}{2}=5$

$Ⓒ=3\times6\times\frac{1}{2}=9$　全体(長方形)$=5\times6=30$

$30-\left(\frac{5}{2}+5+9\right)=\frac{27}{2}$

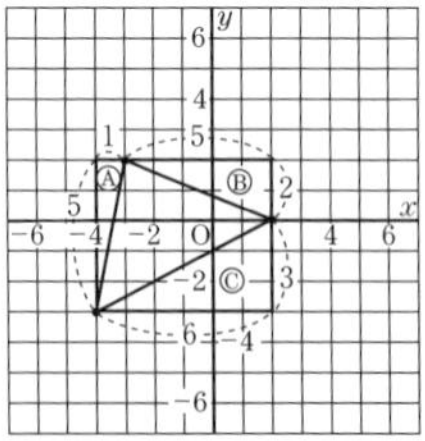

208

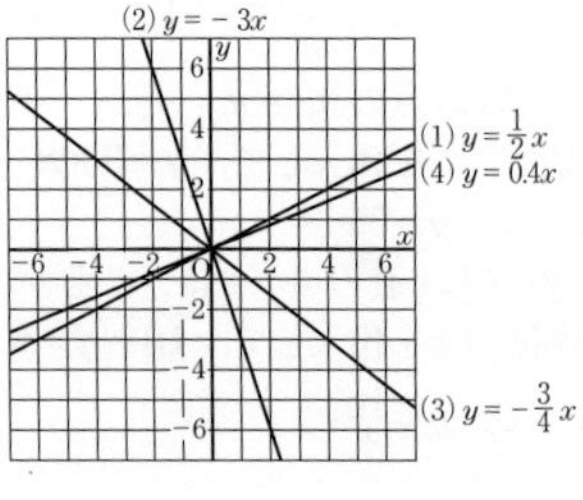

解説　グラフは原点を通る直線だから，原点以外の整数の点の座標を求める。

209 (1) $\boldsymbol{y=-\frac{1}{2}x}$　(2) $\boldsymbol{y=\frac{3}{4}x}$

解説
(1) 比例のグラフだから，$y=ax$
(2, −1)を代入して，$-1=2a$より，
$\boldsymbol{a=-\frac{1}{2}}$　よって，$y=-\frac{1}{2}x$
(2) 比例のグラフだから，$y=ax$
(4, 3)を代入して，$3=4a$より，
$\boldsymbol{a=\frac{3}{4}}$　よって，$y=\frac{3}{4}x$

210 **ア…$\boldsymbol{a=-\frac{1}{2}}$　イ…$\boldsymbol{a=2}$　ウ…$\boldsymbol{a=1}$**

解説　アはxが増えるとyが減るので，aは負。イとウはaが正であり，同じxの値をとってみたときに，イの方がウよりもyの値が大きくなるので，イの方が傾きの大きい2である。

211 (1) $\boldsymbol{0\leqq x\leqq6}$　(2) $\boldsymbol{y=4x}$
(3)

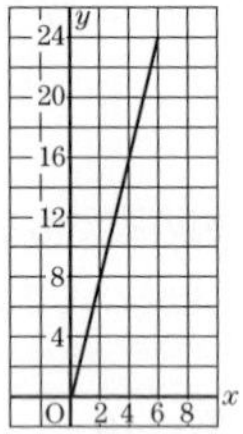

解説
(1) DC=6(cm)より，$0\leqq x\leqq6$
(2) $\boldsymbol{y=\frac{1}{2}\times x\times \mathrm{AD}}$より，$y=\frac{1}{2}\times x\times8=4x$
(3) 原点と(2, 8)を通る直線をひく。
変域に注意してグラフをかく。

212

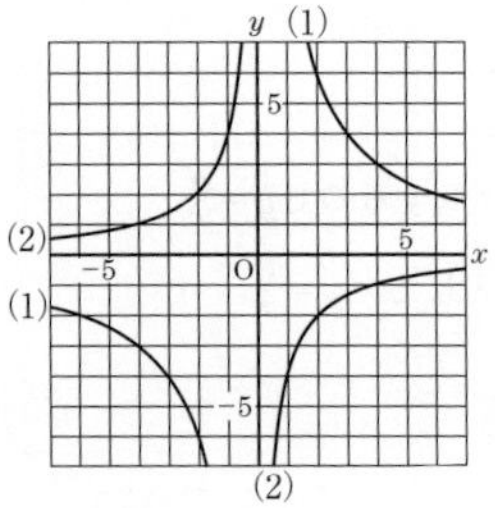

解説
(1)のグラフは，(2, 6)，(4, 3)と(−2, −6)，(−4, −3)を通る反比例のグラフである。
(2)のグラフは，(−1, 4)，(−2, 2)と(1, −4)，(2, −2)を通る反比例のグラフである。

213 (1) $y=\frac{8}{x}$　(2) $y=-\frac{12}{x}$

解説 x，y座標ともに整数である点をみつけ，$y=\frac{a}{x}$に代入する。

214 (1) ㋑　(2) ㋓　(3) ㋒　(4) ㋐

解説 (1)～(4)の式に$x=1$など具体的な数字を代入し(㋐と㋑の場合は$x=-1$を代入)，得られたyの値の大小で考える。

215 $y=\frac{96}{x}$

解説
縦8cm，横12cmの長方形の面積は，
$8\times12=96(\text{cm}^2)$
また，縦$x$cm，横$y$cmの長方形の面積は，
$x\times y=xy(\text{cm}^2)$
よって，$xy=96$だから，$y=\frac{96}{x}$

216 $y=\frac{12}{x}$

解説 4人ですると3日かかる仕事の量は12
また，x人でするとy日かかる仕事の量はxy
よって，$xy=12$　$y=\frac{12}{x}$

217 (1) 200g　(2) 350枚
(3) 12m　(4) ①96km　②25L

解説
(1) くぎの本数x本のときの重さをygとすると，$y=ax$とおくことができる。
$y=ax$に$x=30$，$y=40$を代入すると，
$40=30a$，$a=\frac{4}{3}$
$y=\frac{4}{3}x$に$x=150$を代入すると，
$y=\frac{4}{3}\times150=200$(g)
(2) 紙の枚数x枚のときの厚さを$y$mmとすると，$y=ax$とおくことができる。
$y=ax$に$x=500$，$y=40$を代入すると，
$40=500a$，$a=\frac{2}{25}$
$y=\frac{2}{25}x$に$y=28$を代入すると，$28=\frac{2}{25}x$，
$x=350$(枚)
(3) 棒の長さxmのときの影の長さをymとすると，$y=ax$とおくことができる。
$y=ax$に$x=1.5$，$y=0.9$を代入すると，
$0.9=1.5a$，$a=\frac{3}{5}$
$y=\frac{3}{5}x$に$y=7.2$を代入すると，$7.2=\frac{3}{5}x$，
$x=12$(m)
(4) ガソリンの量xLのときの距離を$y$kmとすると，$y=ax$とおくことができる。
$y=ax$に$x=5$，$y=40$を代入すると，
$40=5a$，$a=8$
①$y=8x$に$x=12$を代入すると，
$y=8\times12=96$(km)
②$y=8x$に$y=200$を代入すると，
$200=8x$，$x=25$(L)

218 (1) 毎分200m
(2)
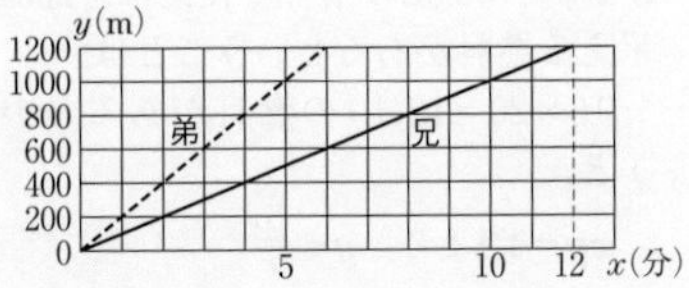

(3) 4分後　(4) 600m　(5) 6分後

解説
(1) グラフより，6(分間)で1200(m)進んでいるので，$1200\div6=200$(m/分)
(2) 兄は毎分100mだから，B町まで行くのにかかる時間は，$1200\div100=12$(分)
(3) 弟と兄は，1分間で$200-100=100$(m)の差がつく。$400\div100=4$(分後)
(4) 弟がB町に到着するのは6分後だから，兄も6分間走っている。兄が走った距離は$100\times6=600$(m)。これはA町から600mの位置という意味だから，
$1200-600=600$(m)
(5) 兄は12分，弟は6分かかっているから，
$12-6=6$(分後)

219 (1) $y=\frac{1500}{x}$　(2) 25分　(3) 分速75m

解説
(1) (速さ)×(時間)=(道のり)より,
$x\times y=1500$よって, $y=\frac{1500}{x}$
(2) (1)で求めた式に$x=60$を代入して,
$y=\frac{1500}{60}=25$(分)
(3) 家から学校まで20分かかるから, (1)で求めた式に$y=20$を代入して,
$20=\frac{1500}{x}$より, $x=75$(m/分)

220 (1) $y=\frac{24}{x}$ (2) $2m^3$

解説
(1) $y=\frac{a}{x}$に, $x=4$, $y=6$を代入して
$a=24$ よって, $y=\frac{24}{x}$
(2) $x=12$を代入して, $y=2(m^3)$

221 (1) $y=\frac{12}{x}$ (2) 30時間 (3) 0.5L

解説
(1) 1時間に0.6Lの割合で使えば, 20時間使える燃料があるということは,
$0.6\times20=12$(L)の燃料があるということ。
$xy=12$より, $y=\frac{12}{x}$
(2) $x=0.4$を代入して, $y=30$
(3) $y=24$を代入して, $x=0.5$

222 (1), (2), (4), (5)

解説 yがxの1次式**$y=ax+b$**$(a\neq0)$で表されるものを選ぶ。(3)は反比例の式である。

223 $y=-6x+13$ 1次関数といえる。

解説 地上の気温が13℃で, 1km高くなるごとに6℃ずつ低くなるので,
$y=-6x+13$ $(0\leqq x\leqq10)$

224 (1) ③ (2) ② (3) ①

解説
(1) 傾きも切片も負だから, ③
(2) 傾きは正, 切片も正で, 傾きが大きい方だから, ②
(3) 傾きは正, 切片も正で, 傾きが小さい方だから, ①

225 (1) yは3増加する。変化の割合も3。
(2) yは-2増加する。変化の割合も-2。

解説 xの値が1増加するときのyの増加量は, 変化の割合に等しく, また, 1次関数$y=ax+b$のaに等しい。
(1) $a=3$だから, 変化の割合も3
(2) $a=-2$だから, 変化の割合も-2

226 (1) yは$\frac{5}{3}$増加する。変化の割合も$\frac{5}{3}$
(2) yは$-\frac{1}{5}$増加する。変化の割合も$-\frac{1}{5}$

227

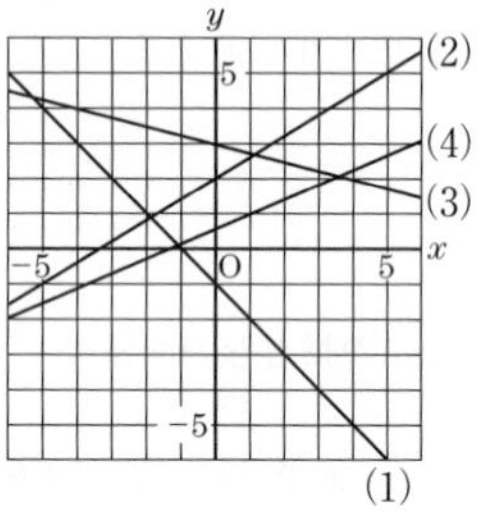

解説
(1) 切片(0, -1)と(-1, 0)を通る直線。
(2) 切片(0, 2)と(-5, -1)を通る直線。
(3) 切片(0, 3)と(4, 2)を通る直線。
(4) 2点(1, 1), (-6, -2)を通る直線。

228 (1)

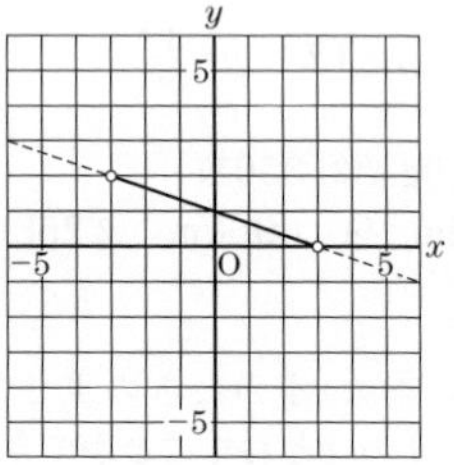

(2) $0<y<2$

解説
(1) $x=-3$のとき, $y=1+1=2$
$x=3$のとき, $y=-1+1=0$
(端点(-3, 2), (3, 0)はふくまないことに注意)
(2) (1)のグラフより, $0<y<2$

229 (1) $y=\frac{3}{2}x-\frac{1}{2}$　(2) $y=-2x+8$

解説

(1) 求める式を$y=ax+b$とおくと，傾きが$\frac{3}{2}$より，$a=\frac{3}{2}$となる。
これが点$(-1,\ -2)$を通るから，
$y=\frac{3}{2}x+b$に$(-1,\ -2)$を代入して，
$b=-\frac{1}{2}$
よって，$y=\frac{3}{2}x-\frac{1}{2}$

(2) 求める式を$y=ax+b$とおく。
直線$y=-2x-5$に平行であるので，傾きが等しく，$a=-2$となる。
$y=-2x+b$に$(3,\ 2)$を代入して，$b=8$
よって，$y=-2x+8$

230 (1) $y=-\frac{3}{2}x$　(2) $y=x-3$
(3) $y=-3x+12$

解説

(1) 求める式を$y=ax+b$とおく。
原点を通ることより，$b=0$
傾きaは　$a=\frac{-6-0}{4-0}=\frac{-6}{4}=-\frac{3}{2}$
よって求める式は，$y=-\frac{3}{2}x$

(2) 求める式を$y=ax+b$とおく。
2点$(-2,\ -5)$，$(8,\ 5)$を通るから，
$\begin{cases}-2a+b=-5 \cdots ① \\ 8a+b=5 \quad \cdots ②\end{cases}$
①，②を連立方程式とみて解くと，
$a=1,\ b=-3$
求める式は，$y=x-3$

(3) 求める式を$y=ax+b$とおく。
2点$(-2,\ 18)$，$(4,\ 0)$を通るから，
$\begin{cases}-2a+b=18 \cdots ① \\ 4a+b=0 \cdots\cdots ②\end{cases}$
①，②を連立方程式とみて解くと，
$a=-3,\ b=12$
求める式は，$y=-3x+12$

231 (1) $y=-\frac{1}{3}x-3$　(2) $y=\frac{5}{2}x+5$

解説

(1) グラフから切片は-3である。
また，点$(0,\ -3)$から右へ3，下へ1進んだ点$(3,\ -4)$を通るから，傾きは$-\frac{1}{3}$である。
よって，求める直線の式は，$y=-\frac{1}{3}x-3$

(2) グラフから切片は5である。
また，2点$(-2,\ 0)$，$(0,\ 5)$を通ることより，傾きは$\frac{5}{2}$である。
よって，求める直線の式は，$y=\frac{5}{2}x+5$

232

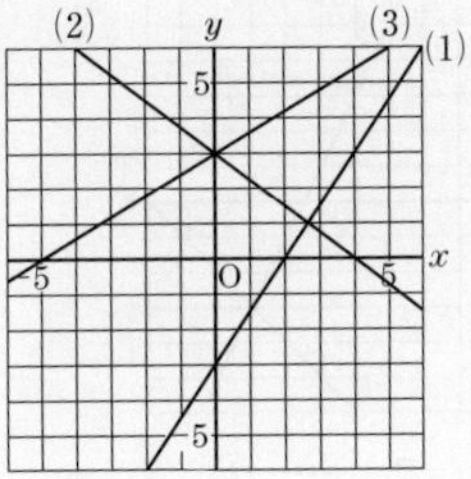

解説

(1) $3x-2y=6$をyについて解くと，
$y=\frac{3}{2}x-3$
このグラフは2点$(2,\ 0)$，$(0,\ -3)$を通る。

(2) $3x+4y=12$をyについて解くと，
$y=-\frac{3}{4}x+3$
このグラフは2点$(4,\ 0)$，$(0,\ 3)$を通る。

(3) $\frac{x}{5}-\frac{y}{3}=-1$を$y$について解くと，
$y=\frac{3}{5}x+3$
このグラフは2点$(-5,\ 0)$，$(0,\ 3)$を通る。

233

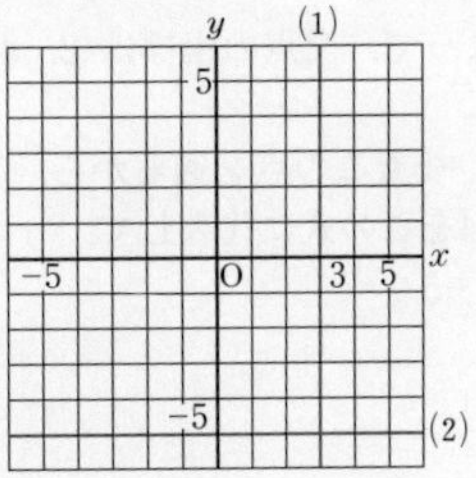

解説

(1) $12-4x=0$を変形すると，$x=3$
この直線は，点$(3,\ 0)$を通りy軸に平行な直線である。

(2) $3y+15=0$を変形すると，$y=-5$
この直線は，点$(0,\ -5)$を通りx軸に平

行な直線である。

234 (1) $\boldsymbol{x=3, y=-3}$ (2) **解の組が無数にある**

解説

(1) $x-y=6$…①と$2x+y=3$…②のグラフをかくと下の図のようになる。交点を読み取ると$(3,\ -3)$となり，これが連立方程式の解である。

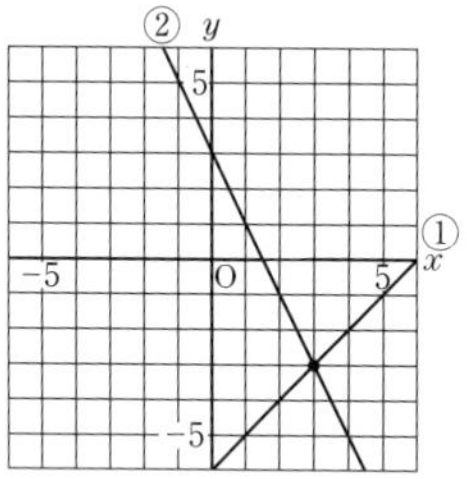

(2) $\begin{cases} 3x-2y=7 & \cdots\cdots① \\ -6x+4y=-14 & \cdots② \end{cases}$

①の両辺を-2倍すると，$-6x+4y=-14$となり，②の式と一致する。よって，①と②の直線のグラフは一致するので，連立方程式の解の組は無数にある。

235 $\boldsymbol{a=-\frac{1}{2}}$

解説

$\begin{cases} y=3x-2 \\ y=\frac{3}{2}x+1 \end{cases}$

を連立方程式として解を求めると，

$x=2,\ y=4$

となる。よって，交点の座標は$(2,\ 4)$である。

直線$y=ax+5$もこの点を通るから，

$x=2,\ y=4$をこの式に代入して，

$4=2a+5$

$-2a=1$

$a=-\frac{1}{2}$

236 $\boldsymbol{a=0}$

解説 2直線$2x-y=3$，$4x+3y=1$の交点は，連立方程式

$\begin{cases} 2x-y=3 \\ 4x+3y=1 \end{cases}$

の解を求めて，$(1,\ -1)$となる。

直線$\boldsymbol{y=-x+a}$がこの点を通ることより，

$(1,\ -1)$を代入して， $-1=-1+a$

これより，$a=0$

237 (1) **33cm**

(2) $\boldsymbol{y=0.3x+33\ (x \geqq 0)}$

解説

(1) おもりが10g増加するごとにばねは3cm伸びているので，おもりが0gのときのばねの長さは$36-3=33$(cm)であると考えられる。

(2) おもりが10g増加するごとにばねは3cm伸びているので，**1g増加**するごとにばねは**0.3cm伸びる**と考えられる。よって，変化の割合は**0.3**である。おもりが0gのときのばねの長さは(1)より33cmだから，関係式は，

$y=0.3x+33\ (x \geqq 0)$

238 $\boldsymbol{y=12\ (0 \leqq x \leqq 6)}$

$\boldsymbol{y=-3x+30\ (6 \leqq x \leqq 10)}$

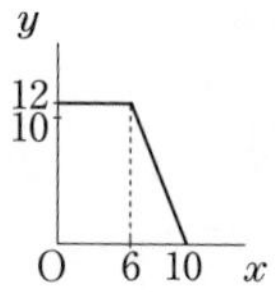

解説 △APDのADを底辺とし，高さの変化を調べる。

点Pが辺BC上を動くとき，高さは**4cm**で一定である。

$△APD=\frac{1}{2}\times6\times4$

$=12(cm^2)$

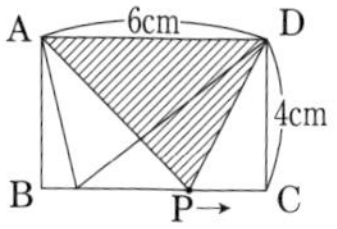

xの変域は$\boldsymbol{0 \leqq x \leqq 6}$

点Pが辺CD上を動くとき，高さは

$PD=(BC+CD)-x$

$=10-x$(cm)

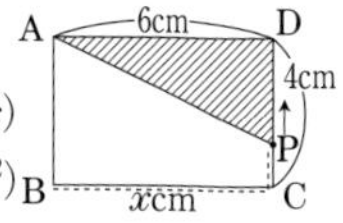

$△APD=\frac{1}{2}\times6\times(10-x)$

$=-3x+30(cm^2)$

xの変域は$\boldsymbol{6 \leqq x \leqq 10}$

239 (1)

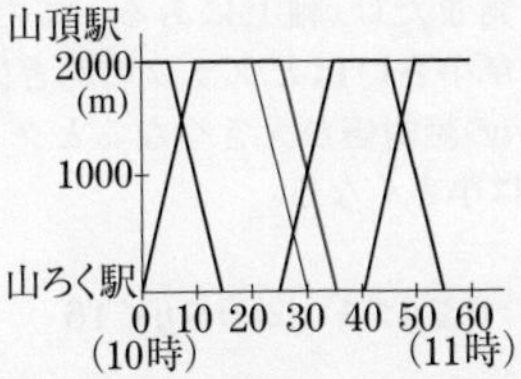

(2) **すれ違う。10時30分，1000m**

解説

(1) (25, 2000) と (35, 0) を結ぶグラフとなる。速さは変わらないので，定刻に出発する場合のグラフと平行である。

(2) (1)でかいたグラフが，10時25分に山ろく駅を出発するロープウェイを表すグラフと交わるので，すれ違うことがわかる。それぞれのロープウェイは，**$y=200x-5000$**，**$y=-200x+7000$** と表せるので連立方程式を解いて，$x=30$，$y=1000$

240 **7時10分40秒**

解説 ふみさんの式は，$y=75x$…①

兄の式は，分速120mなので$y=120x+b$とおくことができる。

(4, 0)を通るので，$0=480+b$より

$b=-480$

よって，$y=120x-480$…②

求める時刻は，①，②の直線の交点のx座標であるから，①，②を連立させて解く。

$$\begin{cases} y=75x \cdots\cdots\cdots\cdots① \\ y=120x-480 \cdots② \end{cases}$$

$75x=120x-480$

$45x=480$

$x=\frac{480}{45}=\frac{32}{3}$

$\frac{32}{3}$分$=10\frac{2}{3}$分$=10$分40秒

241 **$0 \leqq x \leqq 5$のとき，$y=150x$**
$5 \leqq x \leqq 10$のとき，$y=-150x+1500$
$10 \leqq x \leqq 16$のとき，$y=300x-3000$

解説 グラフが2か所で折れ曲がっているので，3つの1次関数のグラフとして表す。

・$0 \leqq x \leqq 5$のとき
5分で750m進んでいるので，変化の割合は150，また，原点を通るので，
$y=150x$

・$5 \leqq x \leqq 10$のとき
同じく5分で750m進んでいるので変化の割合は-150，切片をbとすると，
$y=-150x+b$
(10, 0)を通るので，$b=1500$
よって，$y=-150x+1500$

・$10 \leqq x$のとき
グラフから，5分で1500m進んでいることが読み取れるので，変化の割合は300，切片をbとすると，$y=300x+b$
(10, 0)を通るので，$b=-3000$
よって，$y=300x-3000$
家に着いたときの時間は，
$1800=300x-3000$
$x=16$
よって，このときのxの変域は，
$10 \leqq x \leqq 16$

242 (1) **$y=2x^2$　yはxの2乗に比例している**
(2) **$y=6\pi x+9\pi$　yはxの2乗に比例していない**
(3) **$y=5x+2$　yはxの2乗に比例していない**

解説

(1) 関係式は，**$y=2x^2$**と表せる。よって，yはxの2乗に比例している。

(2) 関係式は以下のようになる。
$y=\pi\{(x+3)^2-x^2\}=\pi(x^2+6x+9-x^2)$
$=\pi(6x+9)=$**$6\pi x+9\pi$**
よって，yはxの1次関数であるから，yはxの2乗に比例していない。

(3) 関係式は，**$y=5x+2$**と表せる。よって，yはxの1次関数であるから，yはxの2乗に比例していない。

243 **式：$y=6x^2$，$\frac{y}{x^2}$の値：6**

解説 正四角柱の底面積は，x^2cm^2，高さは6cmより，関係式は，$y=6x^2$となり，$\frac{y}{x^2}=6$

244 **式：$y=3x^2$　$\frac{y}{x^2}$の値：3**

解説 縦の長さと横の長さは，それぞれ，縦$x$cm，横$3x$cmとなるので，関係式は**$y=3x^2$**となり，

$\frac{y}{x^2}=3$

245 (1) ① $\boldsymbol{y=-3x^2}$　② $\boldsymbol{y=-3}$

(2) $\boldsymbol{y=-\frac{5}{3}x^2}$

解説

(1) ① $y=ax^2$ とおくと，$x=2$ のとき

$y=-12$　より，$-12=4a$　$a=-3$

よって，$y=-3x^2$

② $y=-3x^2$ に $x=-1$ を代入すると，

$y=-3\times(-1)^2=-3$

(2) $y=ax^2$ に $(3,\ -15)$ を代入すると，

$-15=a\times 3^2$ より，

$a=-\frac{15}{9}=-\frac{5}{3}$

よって，$y=-\frac{5}{3}x^2$

246

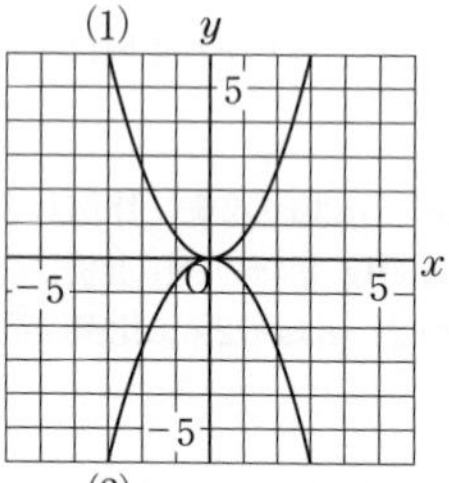

解説

x	−3	−2	−1	0	1	2	3
(1) $\frac{2}{3}x^2$	6	$\frac{8}{3}$	$\frac{2}{3}$	0	$\frac{2}{3}$	$\frac{8}{3}$	6
(2) $-\frac{2}{3}x^2$	−6	$-\frac{8}{3}$	$-\frac{2}{3}$	0	$-\frac{2}{3}$	$-\frac{8}{3}$	−6

y軸方向に2倍に拡大したグラフになる。

247 ア　x軸　イ　≧　ウ　≧

解説 $x=p$とすると，

$p\leqq 0$のとき$y=p^2\geqq 0$

$p\geqq 0$のとき$y=p^2\geqq 0$

なので，$y<0$となることはないことがわかる。すなわち，xの値がどのような値のときも，$y=x^2$のグラフがx軸より下に出ることはない。

248 (1) イ　(2) ウ　(3) エ　(4) ア

解説 $y=ax^2$のグラフは，$a>0$のときx軸よりも上側またはx軸上にあり，$a<0$のとき下側またはx軸上にある。また，aの絶対値が小さいほどグラフの開き方は大きく，aの絶対値が大きくなるとグラソの開き方は小さくなる。

249 (1) $0\leqq y\leqq 4$　(2) $0\leqq y<16$

解説 変域を調べるときは，グラフをかく。

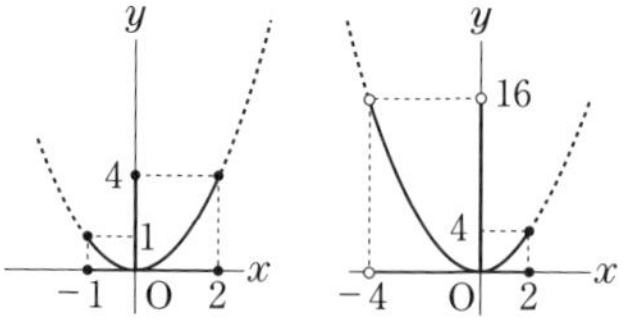

250 $\boldsymbol{a=\frac{1}{4}}$

解説 xの変域に0がふくまれていることに注意する必要がある。また，yの最大値が4となることから，$a>0$であることと，与えられた変域の中でxの絶対値が最大の-4のときyは最大となることから，$y=ax^2$ に$x=-4$，$y=4$を代入して，

$4=a\times(-4)^2$　$a=\frac{4}{16}=\frac{1}{4}$　よって，$a=\frac{1}{4}$

251 (1) −2　(2) 1

解説

(1) $x=1$のとき$y=-\frac{1}{2}$，

$x=3$のとき$y=-\frac{9}{2}$

(xの増加量) $=3-1=2$，

(yの増加量) $=-\frac{9}{2}-\left(-\frac{1}{2}\right)=-4$

(変化の割合) $=\frac{-4}{2}=-2$

(2) $x=-2$のとき$y=-2$，$x=0$のとき$y=0$

(xの増加量) $=2$，(yの増加量) $=2$

(変化の割合) $=\frac{2}{2}=1$

252 $\boldsymbol{a=-\frac{2}{5}}$

解説

$\{(-1)+(-4)\}a=2$ より，$-5a=2$

$a=-\frac{2}{5}$

253 $P\left(-3,\ \frac{9}{2}\right)$, $P\left(3,\ \frac{9}{2}\right)$

解説

$\triangle OAB = \triangle OAC + \triangle OBC$

$= \frac{1}{2} \times OC \times 4 + \frac{1}{2} \times OC \times 2$

$= 3 \times OC$

点Pの座標を$\left(p,\ \frac{1}{2}p^2\right)$とすると，$p>0$のとき

$\triangle OCP = \frac{1}{2} \times OC \times p$

△OCPの面積は△OABの面積の$\frac{1}{2}$なので

$\triangle OCP = \frac{1}{2}\triangle OAB$

$\frac{1}{2} \times OC \times p = \frac{1}{2} \times 3 \times OC$

$p = 3$

Pは$x<0$の方にも考えられるので　$p=-3$

したがって，$P\left(-3,\ \frac{9}{2}\right)$, $P\left(3,\ \frac{9}{2}\right)$

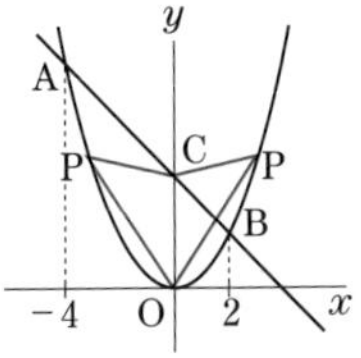

254 (1) $x=-1,\ 3$　　(2) $x=-3,\ 1$

解説

(1) $x^2-2x-3=0$

$x^2 = 2x+3$

$\begin{cases} y = x^2 & \cdots\cdots① \\ y = 2x+3 & \cdots② \end{cases}$

2つのグラフの点を読み取ると，(−1, 1)，(3, 9)となり，このx座標が連立方程式の解である。この点を連立方程式に代入すると，確かに式をみたしている。

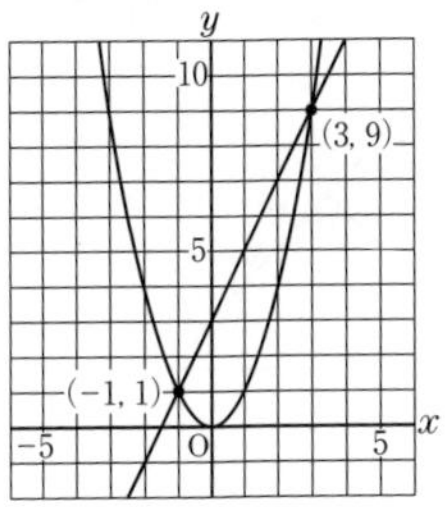

(2) $3x^2+6x-9=0$

$3x^2 = -6x+9$

$x^2 = -2x+3$

$\begin{cases} y = x^2 & \cdots\cdots① \\ y = -2x+3 & \cdots② \end{cases}$

2つのグラフの点を読み取ると，(−3, 9)，(1, 1)となり，このx座標が連立方程式の解である。この点を連立方程式に代入すると，確かに式をみたしている。

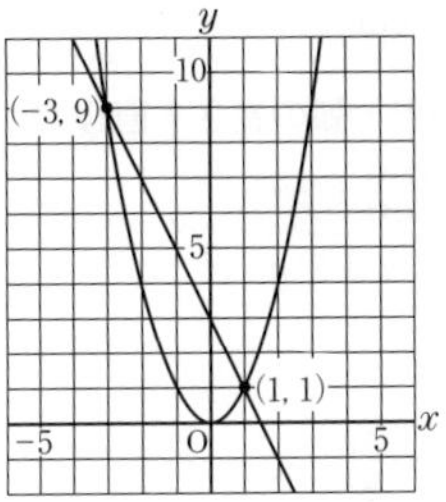

255 12.03m/s

解説

$(平均の速さ) = \frac{3 \times 2.01^2 - 3 \times 2^2}{2.01-2}$

$= \frac{3(2.01^2-2^2)}{2.01-2}$

$= \frac{3(2.01+2)(2.01-2)}{2.01-2}$

$= 3(2.01+2)$

$= 12.03 (m/s)$

256

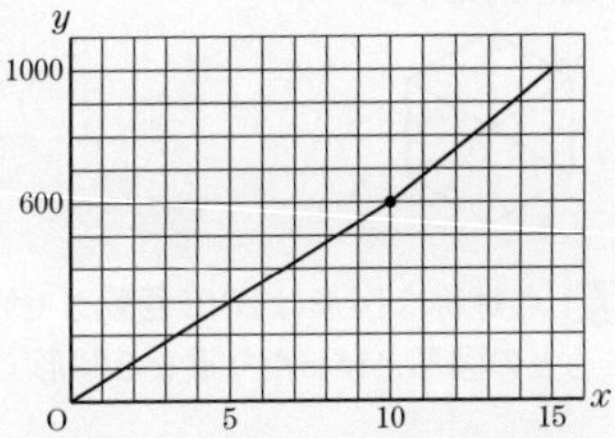

解説 はじめの10分は分速60mで歩いたので，まず，原点と(10, 600)を直線で結ぶ。その後の5分間は分速80mで歩いたので，(10, 600)と(15, 1000)を直線で結ぶ。

図形編

257 ～ 408

257 3π（cm）

解説 $2\pi\times5\times\frac{108}{360}=3\pi$

258 $(\pi+2)a$（cm）

解説 半円の周＝弧の長さ＋直径だから，

$2\pi\times a\times\frac{180}{360}+2a$

$=\pi a+2a=(\pi+2)a$

259 2π（cm^2）

解説 $\pi\times3^2\times\frac{80}{360}=2\pi$

260 正三角形，正六角形

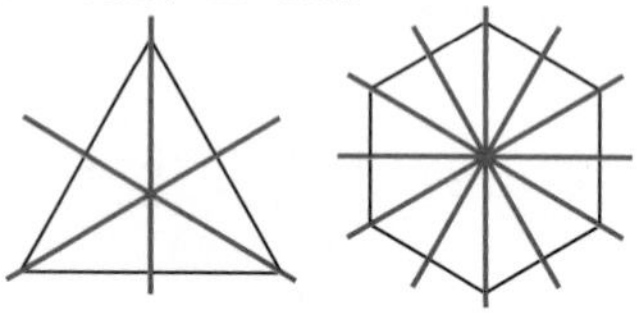

解説 正三角形には対称軸は3本，正六角形には対称軸は6本ある。この台形には対称軸はなく，線対称な図形ではない。

261 正六角形

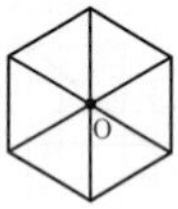

解説 点対称な図形は180°回転させたときに，もとの図形とぴったり重なる図形である。

262

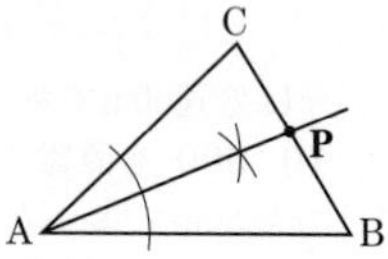

解説 作図の手順に沿ってかけばよい。

263

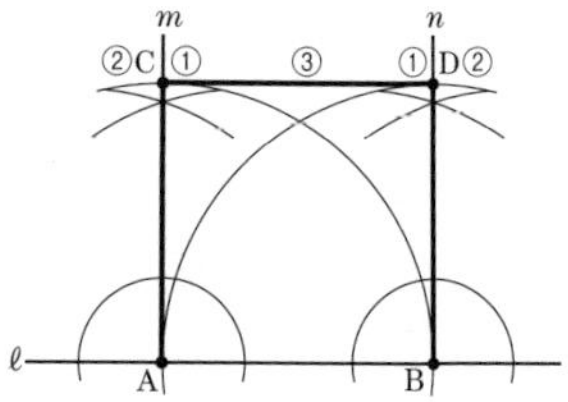

解説

①直線 ℓ 上の点A，点Bを通り，それぞれ直線 ℓ に垂直な直線をひく。点Aを通る垂直な直線をm，点Bを通る垂直な直線をnとする。

②直線m上にAB＝ACとなる点Cをとり，直線n上にAB＝BDとなる点Dをとる。

③点Cと点Dを直線で結ぶ。

264

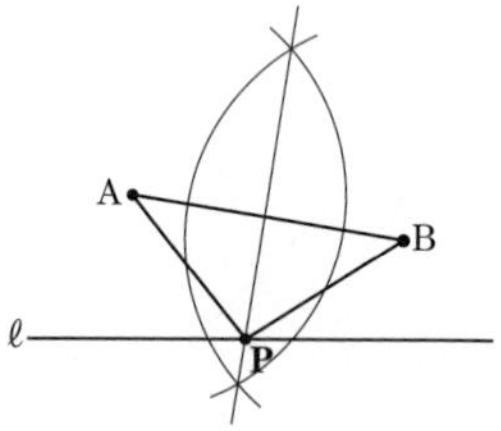

解説 垂直二等分線上の点は，2点から等しい距離にある点の集まりである。

265 辺BCを底辺としたときの高さ（線分AD）

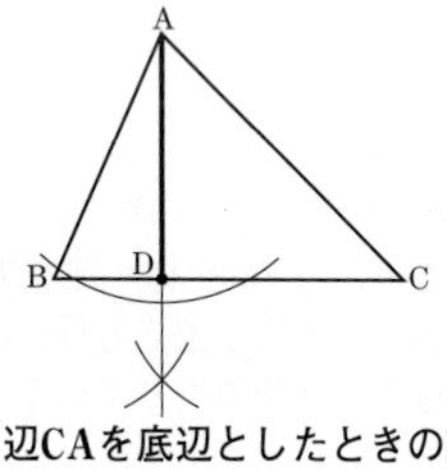

辺CAを底辺としたときの高さ（線分BE）

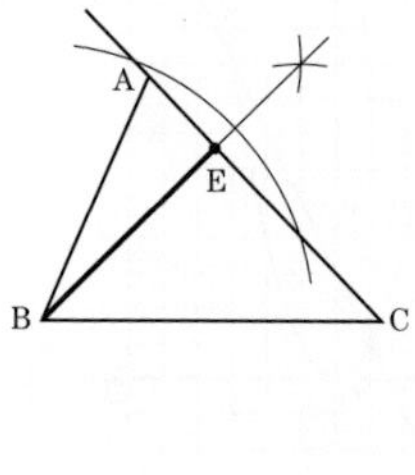

辺ABを底辺としたときの高さ（線分CF）

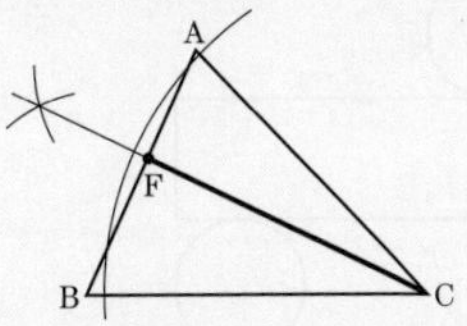

解説 三角形の高さは必ず底辺と垂直になる。

266

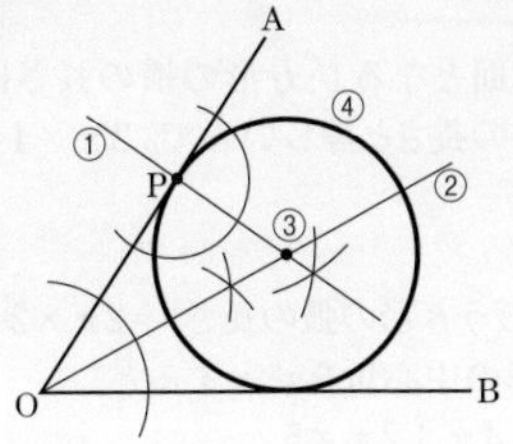

解説

①円の接線と半径は垂直に交わることから，点Pを通り，OAに垂直な直線をひく。

②円はOAとOBに接することから，円の中心は∠AOBの二等分線上にあることになる。

③また，円の中心は①でひいた直線上にもあることから，2つの直線の交点が円の中心となる。

④円の中心とPの間の距離を半径とする円をかく。

267

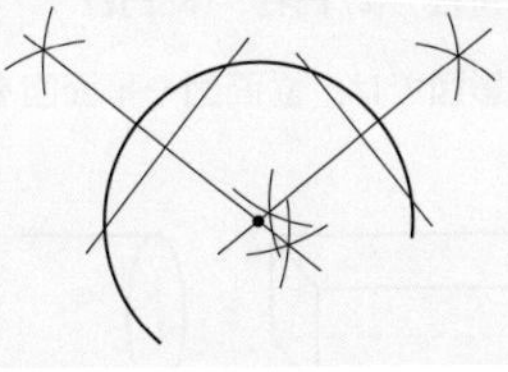

解説 2つの弦の垂直二等分線を作図する。その垂直二等分線の交点が円の中心である。

268

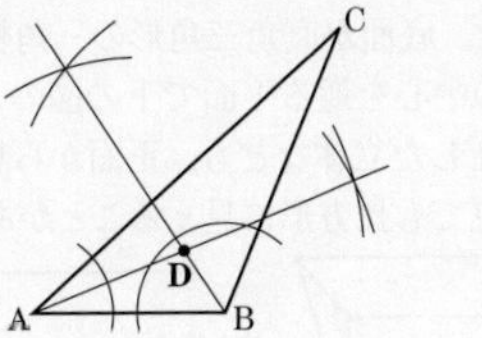

解説 作図の手順に沿って進めればよい。なお，点Dは△ABCの内心である。

269

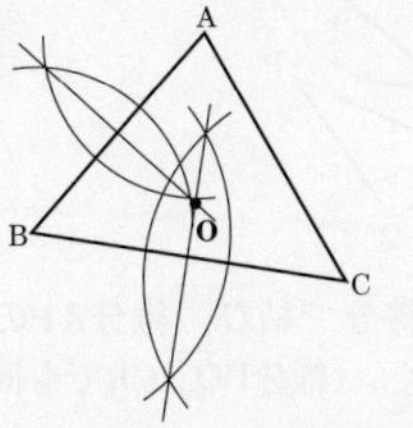

解説 2辺の垂直二等分線をひくと，その交点が円の中心となる。

270

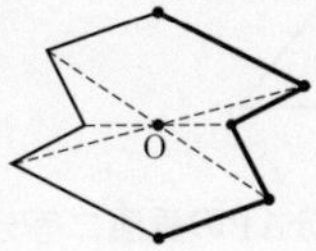

解説 頂点から中心に向かって直線をひき，その直線上で頂点から中心の距離と同じ長さを中心の反対側にとる。そのとった点が点対称な図形の対応する頂点となる。

271

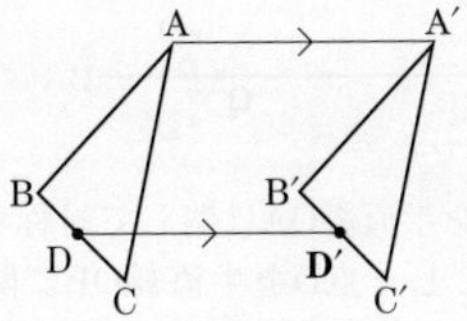

解説 AA′（BB′やCC′でもよい）と平行になる線をDからB′C′にひくと，その交点がD′である。

272

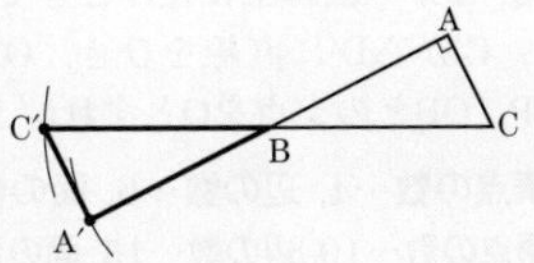

解説 ABの長さをコンパスでとり，Bを中心に弧をかく。ABの延長と弧の交点がA′となる。C′も同様にかく。

273

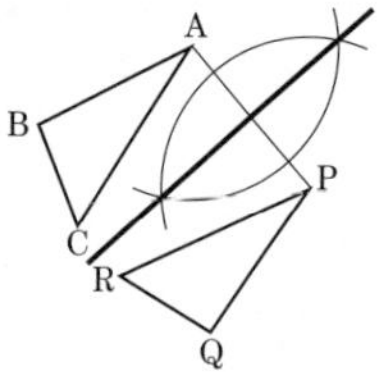

解説 AとPを線分で結び，線分APの垂直二等分線をひく。(線分BQ，CRでも同様。)

274

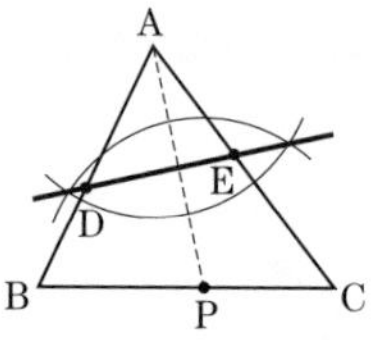

解説 折り目は，線分APの垂直二等分線DEとなる。

275

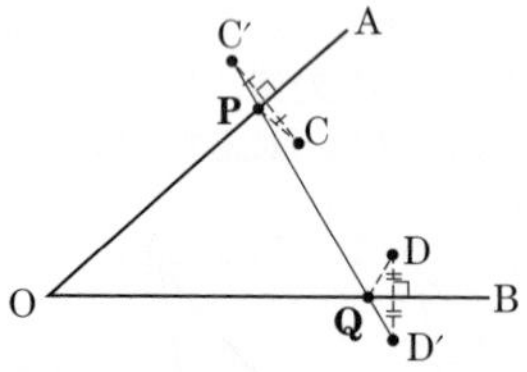

解説 点Cを半直線OAに関して対称移動した点をC′とし，点Dを半直線OBに関して対称移動した点をD′とする。
CP＋PQ＋QDが最小となることを言いかえると，CP＝C′P，QD＝QD′から，**C′P＋PQ＋QD′**が最小となることである。これは，C′，P，Q，D′が一直線上に並ぶときである。よって，C′からD′に直線をひき，OAとの交点をP，OBとの交点をQとすればよい。

276 (1)頂点の数…4，辺の数…6，面の数…4
(2)頂点の数…10，辺の数…15，面の数…7
(3)頂点の数…6，辺の数…12，面の数…8

解説 数えもれや2回数えたりしないよう，順番に数える。

277 (1) 正四角錐　(2) 正六面体(立方体)

解説 底面と側面にあたる場所(面)を考える。

278

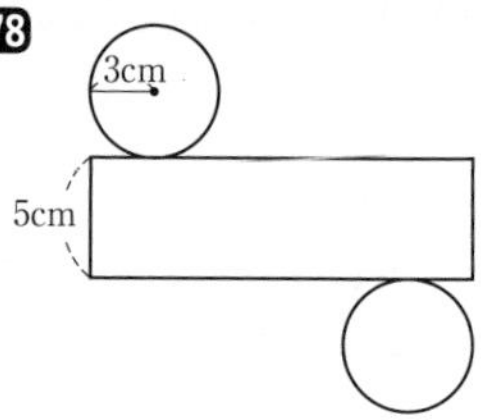

解説 側面は長方形になることに注意。

279 **8π cm**

解説 側面となる長方形の横の長さは，底面の周りの長さと等しいので，$2\pi\times4=8\pi$

280 **144°**

解説 (おうぎ形の弧の長さ)$=2\pi\times2=4\pi$
おうぎ形の中心角を$x°$とすると，
$x:360=4\pi:2\pi\times5$
$$x=\frac{360\times4\pi}{2\pi\times5}=144$$

281

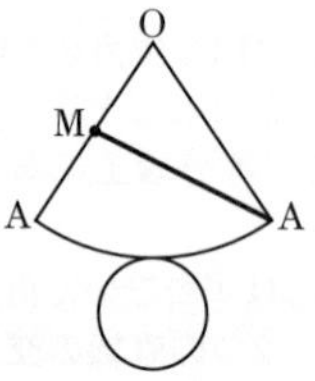

解説 ひもをかけた場合の最短距離は，展開図では直線になる。

282 (1) 三角柱　(2) 円柱　(3) 円錐

解説 投影図では，立面図や平面図を参考にする。

283

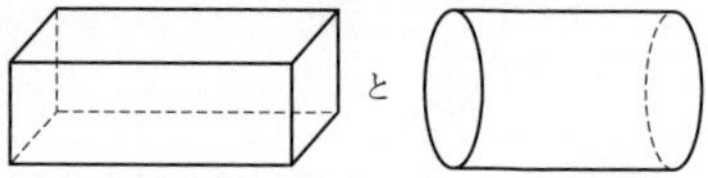

解説 直方体だけでなく，円柱も，正面から見ても真上から見ても長方形に見えることがある。また，底面が直角三角形の三角柱や円柱を，円の中心を通る平面で下の図のように半分に切断した立体なども，正面から見ても真上から見ても長方形に見えることがある。

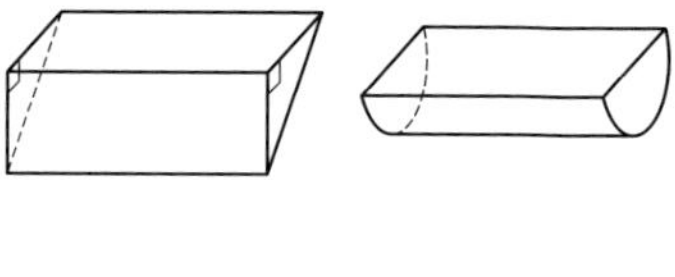

284

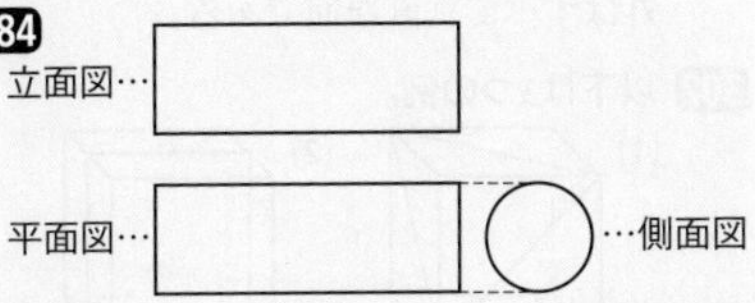

解説 上や前，横から見たらどのように見えるかイメージする。

285 (1) 正六面体（立方体）　(2) 五角柱

解説 多角形や円を，その平面と垂直な方向に一定の距離だけ動かすと，角柱や円柱になる。線分を図形の辺に垂直に立て，図形に沿って移動させた場合も同様。

286 (1)

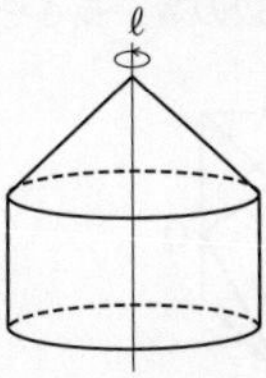

(2)

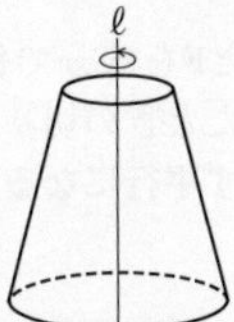

(3)

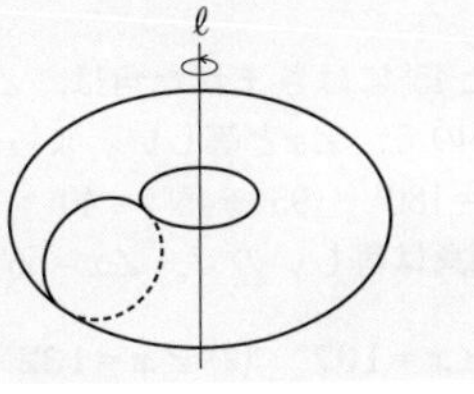

解説 手順に沿って図形をかく。ただし(3)はドーナツのような形になるので，ただ線を結ぶだけでは完成できない。

287 (1)

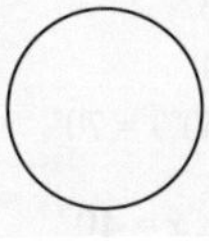

(2)

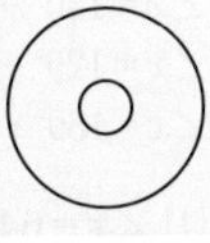

解説 回転の軸に垂直に切ると，(1)，(2)とも切り口は回転の軸を中心とした円になる。

288 60cm^2

解説 **（底面積）$=\frac{1}{2}\times3\times4=6$**

（側面の横の長さ）$=3+4+5=12$

（側面積）$=4\times12=48$

よって，表面積は，$6\times2+48=60$

289 105cm^2

解説 （底面積）$=5\times5=25$

側面の1つの三角形の面積は，

$\frac{1}{2}\times5\times8=20$

したがって，$25+4\times20=105$

290 45cm^3

解説 （底面積）$=\frac{1}{2}\times3\times6=9$

（体積）$=9\times5=45$

291 36cm^3

解説 台形AEFBを底面とした四角柱を考える。

（台形AEFB）$=(2+4)\times3\times\frac{1}{2}=9$

（体積）$=9\times4=36$

292 $\frac{125}{3}\pi\,\text{cm}^3$

解説 （体積）$=\boldsymbol{\pi\times5^2\times5\times\frac{1}{3}}=\frac{125}{3}\pi$

293 147cm^3

解説 （底面積）$=7\times7=49$

（体積）$=49\times9\times\frac{1}{3}=147$

294 $32\pi\,\text{cm}^3$

解説 （底面積）$=\pi\times4^2=16\pi$

（体積）$=16\pi\times6\times\frac{1}{3}=32\pi$

295 体積…$972\pi\,\text{cm}^3$，表面積…$324\pi\,\text{cm}^2$

解説 （球の体積）$\frac{4}{3}\pi\times9^3=972\pi\,(\text{cm}^3)$

（球の表面積）$=4\pi\times9^2=324\pi\,(\text{cm}^2)$

296 体積…$\frac{128}{3}\pi\,\text{cm}^3$，表面積…$48\pi\,\text{cm}^2$

解説 （半球の体積）$=\boldsymbol{\frac{4}{3}\pi\times4^3\times\frac{1}{2}}=\frac{128}{3}\pi$

（半球の表面積）$=4\pi\times4^2\times\frac{1}{2}+\pi\times4^2=48\pi$

297 $\frac{65}{3}\pi\,\mathrm{cm}^3$

解説 正方形ABCDを1回転させてできる立体は円柱である。また，取りのぞいた部分を1回転させてできる立体は球の半分である。

(円柱の体積) $=\pi\times3^2\times3=27\pi$

(取りのぞいた部分の体積) $=\frac{4}{3}\pi\times2^3\times\frac{1}{2}$

$=\frac{16}{3}\pi$

よって，求める体積は，$27\pi-\frac{16}{3}\pi=\frac{65}{3}\pi$

298 (1) **辺BG，辺CH，辺DI，辺EJ**
(2) **辺AF，辺BG**
(3) **7本**

解説
(3) ねじれの位置にある直線は，同一平面上になく，延長しても交わらない直線である。CH，DI，EJ，GH，HI，IJ，JFの7本ある。

299 (1) **辺DE，辺EF，辺FD**
(2) **辺AD，辺BE，辺CF**

解説
(1) 延長しても面ABCと交わらない辺は，辺DE，辺EF，辺FDである。
(2) 面ABC上にある辺AB，辺BC，辺CAに垂直な辺は，辺AD，辺BE，辺CFである。

300 (1) **辺CH，辺DI，辺EJ**
(2) **辺AF，辺BG，辺CH，辺DI，辺EJ**

解説
(1) 面に平行な辺は，延長しても面と交わらない。
(2) 面に垂直な辺は，面と辺との交点を通るその平面上の2本の直線に対して垂直であればよい。

301 (1) **エ** (2) **イ，ウ，オ，カ**

解説
(1) ア～カのうち，1つを底面に固定して考える。
(2) アの面とエの面(アの面に平行な面)以外はすべて垂直な面である。

302 **以下は1つの例。**

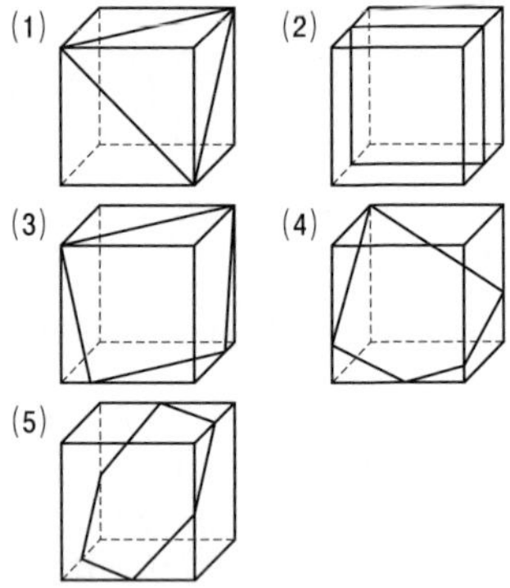

解説 切断面の辺の数，長さを考える。

303

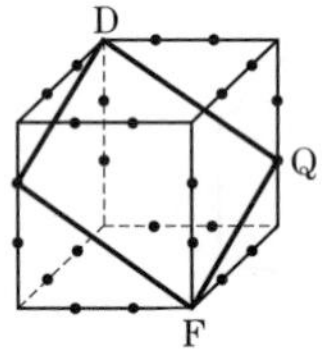

解説 DとQ，QとFを線分で結ぶ。立方体を平面で切断したときの切り口は向かい合う辺どうしで必ず平行になることを利用する。

304 (1) $\angle x=40°$ (2) $\angle x=56°$

解説
(1) 95°と45°にはさまれた角は，$\angle x$の対頂角なので，$\angle x$と等しい。よって，
$\angle x=180°-(95°+45°)=40°$
(2) 対頂角は等しいので，$\angle x=56°$

305 (1) $\angle x=107°$ (2) $\angle x=132°$
(3) $\angle x=64°$ (4) $\angle x=70°$

解説
(1) $\angle x=180°-73°=107°$
(2) $\angle x=180°-48°=132°$
(3) $\angle x=129°-65°=64°$
(4) $\angle x=180°-(50°+60°)=70°$

306 (1) $\angle x=64°$ (2) $\angle x=40°$

解説

(1) $\angle x$は64°の錯角である。
(2) $\angle x = 100° - 60° = 40°$

307 **成り立つ**

解説 同側内角の和は, $75° + 105° = $ **180°** だから, AB // CDは成り立つ。

308 **(1) $\angle x = 100°$　(2) $\angle x = 72°$**

解説 ℓに平行な直線nを$\angle x$の頂点を通るようにひく。
(1) $\angle x$の上側の部分は　$180° - 110° = 70°$
下側の部分は30°, $\angle x = 70° + 30° = 100°$
(2) $\angle x$の上側の部分は60°　下側の部分は
$180° - 168° = 12°$, $\angle x = 60° + 12° = 72°$

309 **図より,**

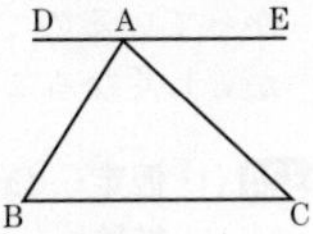

∠BAD + ∠BAC +
∠CAE = 180°　…①
BC//DEより,
∠BAD = ∠ABC (錯角)…②
また, ∠CAE = ∠ACB (錯角)　……③
②と③を①に代入して,
∠ABC + ∠BAC + ∠ACB = 180°
よって, 三角形の内角の和が180°になる。

解説 平行線の性質を使って証明する。

310 **(1) $\angle x = 67°$　(2) $\angle x = 55°$**

解説
(1) $\angle x = 139° - 72° = 67°$
(2) $\angle x = 87° - 32° = 55°$

311 **(1) 7本　(2) 35本**

解説 (1) $10 - 3 = 7$　(2) $10 \times (10 - 3) \div 2 = 35$

312 **720°**

解説
図の多角形は六角形なので,
$180° \times (6 - 2) = 720°$

313 **(1) 540°　(2) 1440°**

解説
(1) $180° \times (5 - 2) = 540°$
(2) $180° \times (10 - 2) = 1440°$

314 **(1) 十一角形　(2) 150°**

解説
(1) $180° \times (n - 2) = 1620°$　$n = 11$
(2) $180° \times (12 - 2) = 1800°$
$1800° \div 12 = 150°$

315 **(1) 45°　(2) 正三十角形**

解説
(1) $360° \div 8 = 45°$
(2) $360° \div 12° = 30$

316 **(1) 36°　(2) 正二十角形**

解説 (1) $360° \div 10 = 36°$　(2) $360° \div 18° = 20$

317 **(1) 97°　(2) 120°**

解説
(1) $180° - 72° = 108°$
$\angle x = 360° - (100° + 108° + 55°) = 97°$
(2) $360° - 150° = 210°$
問題の図は六角形であるから, 内角の和は**720°**である。よって
$\angle x = 720° - (120° + 210° + 60° + 110° + 100°) = 120°$

318 **∠BAD + ∠ADB + ∠ABD = 180°より,**
∠BAD + ∠ADC + ∠CDB + ∠ABC + ∠CBD = 180°…①
また, ∠CBD + ∠BCD + ∠CDB = 180°…②
①, ②より
∠BAD + ∠ADC + ∠CDB + ∠ABC + ∠CBD
= ∠CBD + ∠BCD + ∠CDB
よって, ∠BCD = ∠BAD + ∠ABC + ∠ADC
= ∠A + ∠B + ∠D

解説 図をかくと,
右の図のようになる。

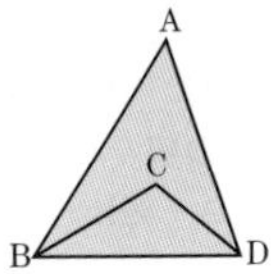

319 **(1) △AGDと△BGCを考えると,**
∠A + ∠D = 180° − ∠AGD
∠GBC + ∠GCB = 180° − ∠BGC
∠AGD = ∠BGC (対頂角) より,
∠A + ∠D = ∠GBC + ∠GCB
よって, ∠A + ∠B + ∠C + ∠D + ∠E
= ∠GBC + ∠GCB + ∠B + ∠C + ∠E

=∠EBC＋∠ECB＋∠E
これは△EBCの内角の和だから，180°
(2) △AGDで，∠A＋∠D＝∠HGC
∠GHIは△GCHの外角だから，
∠GHI=∠C+∠HGC=∠C+∠A+∠D
よって，∠A＋∠B＋∠C＋∠D＋∠E
＝∠GHI＋∠B＋∠E
これは△EBHの内角の和だから，180°
(3) 五角形FGHIJの外角の和は360°
∠FGB＋∠GHC＋∠HID＋∠IJE
＋∠JFA＝360°…①
∠CGH＋∠DHI＋∠EIJ＋∠AJF
＋∠BFG＝360°…②
①と②を合わせると，△EJI，△AFJ，△BGF，△CHG，△DIHの五角形側の2つの角の和(合わせて10個の角の和)になっている。
よって，これら5つの三角形の内角の和から，①と②の和を引けば，∠A＋∠B＋∠C＋∠D＋∠Eになる。
よって，180°×5－360°×2＝180°

解説
(1) △AGDと△BGCを抜き出して考える。
(2) △AGDと△GCHを抜き出して考える。
(3)

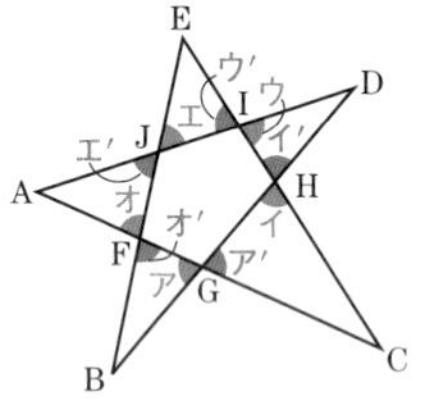

ア＋イ＋ウ＋エ＋オ＝360°
ア′＋イ′＋ウ′＋エ′＋オ′＝360°
5つの三角形の内角の和から上の2つの式の値をひけば，残るのは
∠A＋∠B＋∠C＋∠D＋∠Eである。

320 (1)辺GH，5cm　(2)∠HIJ，100°

解説 合同な図形を，≡の記号を用いて表すときは対応する頂点を順に並べて書く。

321 △ABC≡△ONM
1組の辺とその両端の角がそれぞれ等しい
△DEF≡△PRQ　3組の辺がそれぞれ等しい
△GHI≡△JLK
2組の辺とその間の角がそれぞれ等しい

解説 頂点の順を間違えないように注意。

322 BC＝EF　または，∠BAC＝∠EDF

解説 残りの1辺が等しいことを加えて，「3組の辺がそれぞれ等しい」とする。または，2組の辺の間の角が等しいことを加えて，「2組の辺とその間の角がそれぞれ等しい」とする。

323 (1) △ABC≡△AED
2組の辺とその間の角がそれぞれ等しい
(2) △ABC≡△DCB　3組の辺がそれぞれ等しい

解説 2組の辺がそれぞれ等しいことがわかっているので，もう1組の辺か，間の角が等しくなることをいう。

324 (1) 仮定…$4x=-20$
結論…$x=-5$
(2) 仮定…△ABC≡△DEF
結論…∠A＝∠D
(3) 仮定…四角形
結論…内角の和は360°
(4) 仮定…2直線が平行である
結論…錯角は等しい

解説 (3)「四角形ならば，内角の和は360°である。」と書きかえてみる。
(4)「平行な2直線の錯角は等しい」を書きかえると，「2直線が平行であるならば，錯角は等しい」となる。

325 ① 対頂角は等しい
② 2組の辺とその間の角がそれぞれ等しい
③ 合同な図形の対応する角は等しい
④ 錯角が等しい2直線は平行である

326 (1) 仮定…OC＝OD，CE＝DE
結論…∠AOE=∠BOE(∠COE=∠DOE)
(2) C，DからEにそれぞれ線をひく。
△OCEと△ODEにおいて，
仮定より，OC＝OD，CE＝DE
また，OEは2つの三角形の共通な辺だから
OE＝OE
よって，3組の辺がそれぞれ等しいから，

△OCE≡△ODE
合同な図形の対応する角は等しいから，
∠COE＝∠DOE
すなわち，∠AOE＝∠BOE

解説 作業①では頂点Oを中心とした円，②ではCとDをそれぞれ中心とした等しい半径の円をかいている。

327 例題より，△ABN≡△ACN
対応する辺は等しいので，BN＝CN
よって，二等辺三角形の頂角の二等分線は底辺を二等分する。

解説 BN＝CNならば，NはBCの中点である。

328 96°

解説 △ABCはAB＝ACの二等辺三角形だから，∠ACB＝64°
∠ACD＝∠DCB＝64°÷2＝32°
∠ADCは△BCDの外角だから，
∠ADC＝∠DBC＋∠DCB＝64°＋32°＝96°

329 15°

解説
△ABCはAB＝ACの二等辺三角形だから，
∠ACB＝(180°－50°)÷2＝65°
△ADCはDA＝DCの二等辺三角形だから，
∠ACD＝50°
∠BCD＝∠ACB－∠ACD＝65°－50°＝15°

330 △ABCは，AB＝ACの二等辺三角形だから，∠B＝∠C＝(180°－36°)÷2＝72°
∠ACD＝∠DCB＝72°÷2＝36°
よって，△DACで∠DAC＝36°，
∠DCA＝36°だから，∠DAC＝∠DCA
したがって，△DACはDA＝DCの二等辺三角形である。
また，∠BDCは△ADCの外角だから，
36°＋36°＝72°
よって，△BDCで∠DBC＝72°，∠BDC＝72°だから，∠DBC＝∠BDC　したがって，△BDCはCB＝CDの二等辺三角形である。

解説 二等辺三角形は底角が等しくなるので，それを用いてすべての角度を求めてみるとよい。

331 △ABCを，頂角が∠A，底角が∠B，∠Cの三角形とみると，∠B＝∠Cより底辺をBCとする二等辺三角形であるので，
AB＝AC…①
同様に，△ABCを，頂角が∠B，底角が∠A，∠Cの三角形とみると，∠A＝∠Cより底辺をACとする二等辺三角形であるので，
BA＝BC…②　①，②より，AB＝BC＝CA

解説 ∠A＝∠B＝∠Cの△ABCで，これを∠B＝∠Cと∠A＝∠Cに分けて証明する。

332 △ACDと△BCEにおいて，
仮定より，AC＝BC…①，CD＝CE…②
∠ACD＝∠ACE＋∠ECD＝∠ACE＋60°
∠BCE＝∠ACE＋∠ACB＝∠ACE＋60°
よって，∠ACD＝∠BCE…③
①，②，③より，2組の辺とその間の角がそれぞれ等しいので，△ACD≡△BCE
よって，AD＝BE

解説 AD，BEを1辺とする三角形で，△ABCと△DCEの角度や辺の長さを使える三角形をさがす。

333

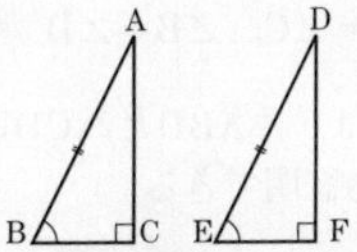

上図で，仮定より
AB＝DE…①
∠B＝∠E…②
直角なので，∠C＝∠F…③
②，③より，三角形の内角の和は180°だから，
∠A＝∠D…④
①，②，④より，1組の辺とその両端の角がそれぞれ等しいので，
△ABC≡△DEF

解説 2つの角が等しいとき，残りの1つの角も等しくなることを利用する。

334 △ABC≡△ONM
直角三角形の斜辺と他の1辺がそれぞれ等しい

△GHI≡△JLK
直角三角形の斜辺と1つの鋭角がそれぞれ等しい

解説 対応する頂点の順に書く。

335 △ABDと△CAEにおいて
∠BDA＝∠AEC＝90°…① AB＝CA…②
また，∠DAB＋∠DBA＝90°…③
∠DAB＋∠EAC＝180°－90°＝90°…④
③，④より，∠DBA＝∠EAC ……⑤
①，②，⑤より，直角三角形の斜辺と1つの鋭角がそれぞれ等しいので，
△ABD≡△CAE よって，BD＝AE

解説 「1つの鋭角」が等しいことを証明するために，三角形の内角の和＝1直線の角度＝180°を使う。

336 対角線ACをひく。例題より，
△ABC≡△CDAだから，∠B＝∠D
また，∠A＝∠BAC＋∠DAC…①
∠C＝∠DCA＋∠BCA…②
平行線の錯角は等しいから，
∠BAC＝∠DCA，∠DAC＝∠BCA…③
①，②，③より∠A＝∠C
よって，∠A＝∠C，∠B＝∠D

解説 ∠A，∠Cは，△ABDと△CDBの合同を示さなくても証明できる。

337 例題より，AB∥DC, BC∥ADならば，
AB＝DC，BC＝AD
△OABと△OCDで，AB＝CD…①
錯角は等しいから，∠DBA＝∠BDC…②，
∠CAB＝∠ACD…③
①，②，③から1組の辺とその両端の角がそれぞれ等しいので，
△OAB≡△OCD
よって，AO＝CO，BO＝DO

解説 △OADと△OCBで証明してもよい。

338 △OBQと△ODPにおいて平行四辺形の対角線はそれぞれの中点で交わるから，
OB＝OD…①
対頂角は等しいから，
∠BOQ＝∠DOP…②
AD∥BCより，錯角は等しいから，
∠OBQ＝∠ODP…③
①，②，③から1組の辺とその両端の角がそれぞれ等しいので，
△OBQ≡△ODP よって，PO＝QO

解説 △OPAと△OQCの合同を証明してもよい（図形にPO，QOが含まれているため）。

339 (1) ∠A＋∠B＋∠C＋∠D＝360° …①
∠A＝∠C，∠B＝∠Dより，
∠A＋∠B＋∠A＋∠B＝360°
∠A＋∠B＝180°
よって，同側内角の和が180°だから，
AD∥BC
また，①の∠Aを∠C，∠Dを∠Bに書きかえると，
∠C＋∠B＋∠C＋∠B＝360°
∠B＋∠C＝180° より，AB∥DC
2組の対辺がそれぞれ平行だから，
四角形ABCDは平行四辺形である。

(2) △OABと△OCDで，
AO＝CO，BO＝DO ……①
対頂角は等しいから，∠AOB＝∠COD…②
①，②より，△OAB≡△OCD
よって，AB＝CD ……③
△OADと△OCBで，
対頂角は等しいから，∠AOD＝∠COB…④
①，④より，△OAD≡△OCB
よって，AD＝CB ……⑤
③，⑤より2組の対辺がそれぞれ等しいので，四角形ABCDは平行四辺形である。

(3) 対角線ACをひく。△ABCと△CDAにおいて，AB＝CD……①
AB∥DCより，錯角は等しいから，
∠BAC＝∠DCA…②
共通なので，AC＝CA ……③
①，②，③より2組の辺とその間の角がそれぞれ等しいので，△ABC≡△CDA
よって，BC＝DA，BA＝DC
2組の対辺がそれぞれ等しいので，
四角形ABCDは平行四辺形である。

解説 「平行四辺形になるための条件」のどれを用いればよいかを考える。

340 (1) 四角形ABCDが平行四辺形だから，
AF∥EC また，仮定より，AE∥FC
よって，2組の対辺がそれぞれ平行だか

ら，四角形AECFは平行四辺形である。

(2) AO＝CO，仮定より，AE＝CFだから
AO－AE＝CO－CF　よって，EO＝FO
また，BO＝DO　よって，2本の対角線がそれぞれの中点(O)で交わっているので，四角形EBFDは平行四辺形である。

解説 「平行四辺形になるための条件」のどれを使えば証明できるのかを考える。

341 △AOBと△AODにおいて
共通なので，AO＝AO　仮定より，AB＝AD
また，対角線はそれぞれの中点で交わることから，BO＝DO　3組の辺がそれぞれ等しいので，
△AOB≡△AOD　よって，∠AOB＝∠AOD
∠AOB＝∠AOD＝180°÷2＝90°
したがって，ひし形の対角線は垂直に交わる。

解説 対角線の半分(OA，OB，OC，OD)を共通の辺とする三角形が合同であることを証明できればよい。

342

	それぞれの中点で交わる	垂直に交わる	長さが等しい
平行四辺形	○	×	×
長方形	○	×	○
ひし形	○	○	×
正方形	○	○	○

解説 実際に図形をかいてみるとよい。

343 長方形ABCDが正方形になるための条件
…AB＝BCまたはAC⊥BDにする
ひし形PQRSが正方形になるための条件
…PR＝QSまたは1つの角を90°にする

解説 それぞれの図形の違いを考えればよい。長方形と正方形の違いは，となり合う辺の長さと対角線の交わる角度。ひし形と正方形の違いは，対角線の長さと1つの内角の大きさ。

344 △APQと△BPQで，PQは共通である。
PQ//ABより，平行線間の距離が一定なので，高さが等しい。よって，△APQ＝△BPQ

解説 例題と同様に考えればよい。

345 AD//BCより，
△BEC＝△BDC　…①
また，△BEF＝△BEC－△BFC　…②
△CDF＝△BDC－△BFC　…③
①，②，③より
△BEF＝△CDF

解説 △BECと△BDCは，底辺がBCで共通で，AD//BCだから高さも等しいことより，面積も等しい。
等しい面積の三角形から，同じ三角形をひいた残りも，面積は等しいことになる。

346 △DBEと△DCEは，底辺DEが共通である。
BC//DEより，△DBE＝△DCE
△ABE＝△DBE＋△ADE
△ACD＝△DCE＋△ADE　より，
△ABE＝△ACD

解説 2つの三角形に同じ図形をたすことにより，たした後の図形の面積が等しいことを証明すればよい。

347 下に示す図形のうち，2つを示せばよい。

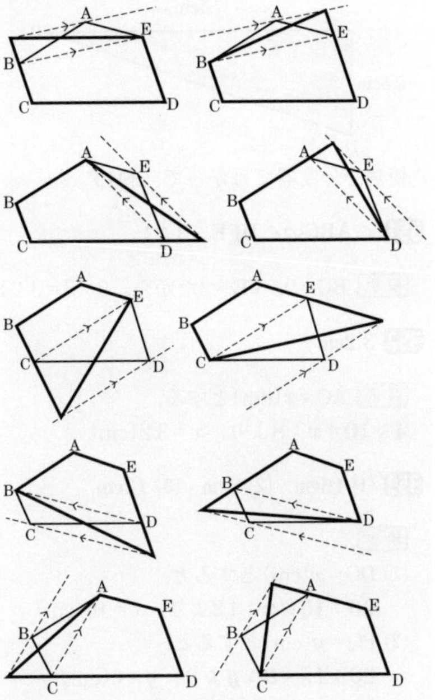

解説 まず，対角線をひいて三角形をつく

り，その三角形の頂点を通る対角線に平行な直線をひく。その直線と辺の延長線との交点を求めればよい。

348

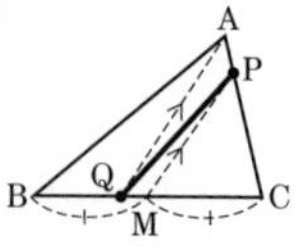

＜かき方＞
①**BC**の中点**M**をとる。
②点**A**を通り，**PM**に平行な直線と**BC**との交点を**Q**とする。
③**PQ**をひく。

解説 ＜線分PQが△ABCを二等分する理由＞
△PQC＝△PMC＋**△PQM**
＝△PMC＋**△AMP**＝△AMC
（△AMCは△ABCの半分）

349 **拡大図…⑤　縮図…④**

解説 ⑤はIJKLの**1.5**$\left(\frac{3}{2}\right)$倍，④は**0.5**$\left(\frac{1}{2}\right)$倍。

350 **約19°**

解説 871－255.7＝615.3(m)…高さの差
615.3(m)＝61530(cm)
61530**÷25000**≒2.5(cm)…地図上
地図上の点BとDの長さは約7.4(cm)

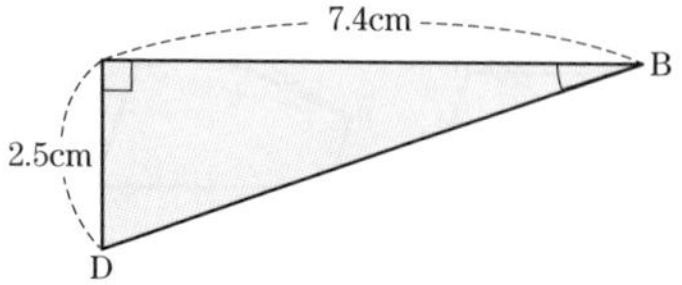

俯角を分度器ではかって，約19°

351 **△ABC∽△DFE，3：1**

解説 BC＝9，FE＝3だから，9：3＝3：1

352 **3.2cm**

解説 AC＝x(cm)とする。
4：10＝*x*：8より，x＝3.2(cm)

353 (1) **16cm**　(2) **6cm**　(3) **12cm**

解説
(1) DC＝x(cm)とすると，
20：15＝*x*：12より，x＝16(cm)
(2) PQ＝y(cm)とすると，
20：15＝8：*y*より，y＝6(cm)
(3) SP＝z(cm)とすると，
20：15＝16：*z*より，z＝12(cm)

354

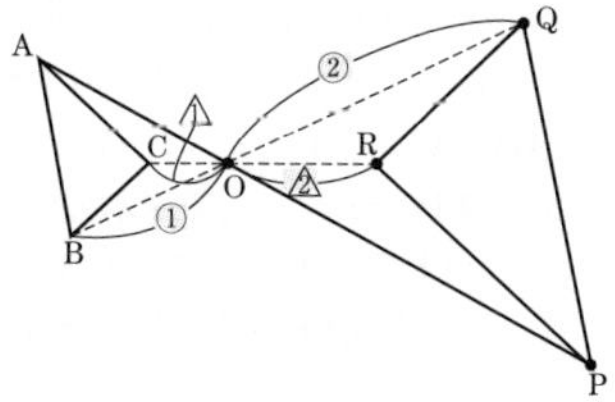

解説 **OA：OP＝OB：OQ＝OC：OR＝1：2**になるように点P，Q，Rをとる。

355 (1) **△ADE∽△ACB**
2組の角がそれぞれ等しい。
(2) **△PAC∽△PBD**
2組の辺の比とその間の角がそれぞれ等しい。

解説 ∽の記号を使うときは，対応する頂点の順にかく。
(1) ∠ADE＝∠ACB，∠Aは共通。
(2) PA：PB＝2：1，PC：PD＝2：1
∠APC＝∠BPD(対頂角)

356 **△ABCと△DACにおいて，∠BAC＝∠ADC＝90°…①　∠Cは共通…②**
①，②より，2組の角がそれぞれ等しいので，
△ABC∽△DAC

解説 対応する辺や角，また三角形の角度を示すときの頂点の順番をそろえること。

357 **△CBD**
（証明）△ABCと△CBDにおいて，
AB：CB＝2：1…①
BC：BD＝2：1…②，∠Bは共通…③
①～③より，2組の辺の比とその間の角がそれぞれ等しいので，△ABC∽△CBD

358 **AB＝1，AD＝*x*とおく。**
長方形ABCD∽長方形DFECより，
1：*x*＝(*x*－1)：1だから，
$1=x^2-x$
これを解くと，
$x^2-x-1=0$　$x=\frac{1\pm\sqrt{5}}{2}$
x＞0より，$x=\frac{1+\sqrt{5}}{2}$
よって，AB：AD＝1：$\frac{1+\sqrt{5}}{2}$
したがって，長方形ABCDの縦と横の長さの比は黄金比になっている。

解説 相似であることを利用する。

359 △ADEと△DBFで，DF∥ACより，
∠DAE＝∠BDF（平行線の同位角）
∠ADE＝∠DBF（平行線の同位角）
2組の角がそれぞれ等しいので，
△ADE∽△DBF
よって，AD：DB＝AE：DF…Ⓐ（手順①）
DF∥ACより，DF∥EC
四角形DFCEは，2組の辺が平行だから，
平行四辺形。
よって，DF＝EC…Ⓑ（手順②）
ⒷをⒶに代入して，
AD：DB＝AE：EC（手順③）

解説 ②の証明が必要な理由を考える。

360 (1) $x=9$，$y=2$　(2) $x=4.5$，$y=7.5$

解説
(1) $x:12=6:8$　$x=9$
$9:(12-9)=6:y$　$y=2$
(2) $3:x=4:6$　$x=4.5$
$4:6=5:y$　$y=7.5$

361

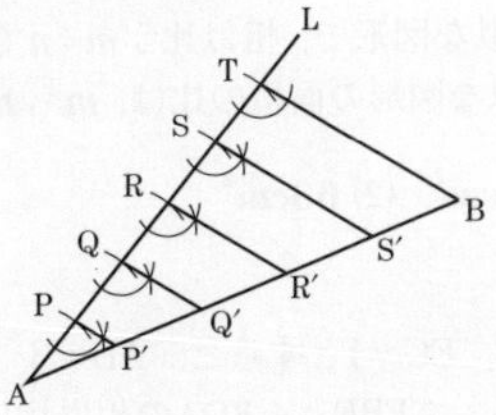

解説 例題87の手順にそって作図する。

362 △ADEと△BDFで
∠ADE＝∠BDF（対頂角）
∠AED＝∠BFD（平行線の錯角）
2組の角がそれぞれ等しいので，
△ADE∽△BDF（手順①）
△ADE∽△BDFより，
AE：BF＝AD：BD…Ⓐ
仮定より，
AD：DB＝AE：EC…Ⓑ
Ⓐ，Ⓑより，
AE：BF＝AE：EC…Ⓒ
Ⓒが成り立つためには，BF＝ECでなくてはならない。（手順②）
BF＝ECとBF∥ECより，
1組の対辺が平行で長さが等しいので，
四角形FBCEは平行四辺形。
よって，FE∥BCだから，DE∥BC（手順③）

363 (1) $x=4$，$y=8$　(2) $x=\frac{4}{3}$，$y=2$

解説
(1) $8:x=6:3$　$x=4$
$6:(6+3)=(10-y):(11-y)$　$y=8$
(2) $x:y=2:3$
$y=4-2=2$より，
$x:2=2:3$
$x=\frac{4}{3}$

364 点Aからmに平行な直線をひき，平面Q，Rとの交点をそれぞれB″，C″とおく。
平面QとRが平行だから，BB″∥CC″
よって，AB：BC＝AB″：B″C″…①
平面P，Q，Rが平行だから，
AA′∥B″B′∥C″C′
また，2組の辺がそれぞれ平行なので，四角形AB″B′A′，B″C″C′B′は平行四辺形である。
よって，AB″：B″C″＝A′B′：B′C′…②
①，②より，AB：BC＝A′B′：B′C′

解説 まずは三角形の平行線に着目する。

365 $x=8$

解説 $12:6=x:4$　$x=8$

366 三角形と比の定理より，
MN∥BCのとき，
AN：NC＝AM：MB＝1：1
よって，NはACの中点となる。

解説 三角形と比の定理を使う。

367 (1) $x=10$，$y=5$
(2) $x=\frac{5}{2}$，$y=\frac{19}{2}$

解説
(1) △AMNと△ABCの相似比は1：2
だから，$5:x=1:2$より，$x=10$
△DPQと△DBCの相似比は1：2
だから，$y:10=1:2$より，$y=5$
(2) △ACDと△PCNは2：1の比で相似だから，

5：x＝2：1より，$x=\frac{5}{2}$

△AMPと△ABCは1：2の比で相似だから，

MP：14＝1：2　MP＝7

$y=\mathrm{MP}+x=7+\frac{5}{2}=\frac{19}{2}$

368 △BADで，中点連結定理より，EH//AD
△CADで，中点連結定理より，GF//AD
よって，EH//GF…①
△ABCで，中点連結定理より，EG//BC
△DBCで，中点連結定理より，HF//BC
よって，EG//HF…②
①，②より，2組の辺がそれぞれ平行だから，四角形EHFGは平行四辺形。

369 △BCAで，BN＝NA，BL＝LCだから，中点連結定理より，NL//CA，$\mathrm{NL}=\frac{1}{2}\mathrm{CA}$
△NLG′と△CAG′で，
∠NLG′＝∠CAG′（平行線の錯角）
∠LNG′＝∠ACG′（平行線の錯角）
よって，2組の角がそれぞれ等しいので，
△NLG′∽△CAG′
よって，AG′：LG′＝CA：NL＝2：1だから，
AG′：LG′＝2：1

解説 下線部を上の証明と同じようにすればよい。

370 AO＝OC…①
仮定より，CN＝ND…③′
①，③′より，DOとANの交点Fは，△ACDの重心である。

解説 下線部を上の証明と同じようにすればよい。

371 対角線BDをひき，ACとの交点をOとする。平行四辺形の対角線はたがいに二等分するから，
AO＝OC…①　　BO＝OD…②
仮定から，AE＝EB…③
②，③から，AOとDEの交点Hは，△ABDの重心である。よって，AH：HO＝2：1…④
同様にして，COとBFの交点Gは，△BCDの重心である。よって，OG：GC＝1：2…⑤
①，④，⑤から，
AH：HG＝AH：(HO＋OG)＝1：1…⑥
HG：GC＝(HO＋OG)：GC＝1：1…⑦
⑥，⑦より，AH＝HG＝GC

解説 95の例題の証明と同じように証明する。

372 △BQPで考えると，
BQ：QC＝BP：PS…Ⓐ（手順①）
△ASCで考えると，
CR：RA＝SP：PA…Ⓑ（手順②）
Ⓐより，$\frac{\mathrm{BQ}}{\mathrm{QC}}=\frac{\mathrm{BP}}{\mathrm{PS}}$…Ⓒ　Ⓑより，$\frac{\mathrm{CR}}{\mathrm{RA}}=\frac{\mathrm{PS}}{\mathrm{AP}}$…Ⓓ
Ⓒ，Ⓓより，
$\frac{\mathrm{BQ}}{\mathrm{QC}}\times\frac{\mathrm{CR}}{\mathrm{RA}}=\frac{\mathrm{BP}}{\mathrm{PS}}\times\frac{\mathrm{PS}}{\mathrm{AP}}=\frac{\mathrm{BP}}{\mathrm{AP}}$
$\frac{\mathrm{BQ}}{\mathrm{QC}}\times\frac{\mathrm{CR}}{\mathrm{RA}}=\frac{\mathrm{BP}}{\mathrm{AP}}$の両辺に$\frac{\mathrm{AP}}{\mathrm{PB}}$をかけて
$\frac{\mathrm{AP}}{\mathrm{PB}}\times\frac{\mathrm{BQ}}{\mathrm{QC}}\times\frac{\mathrm{CR}}{\mathrm{RA}}=1$（手順③）

373 $x=4$

解説 $\frac{x}{2}\times\frac{2}{8}\times\frac{6}{3}=1$より，$x=4$

374 相似比がm：nだから，2つの円の半径をそれぞれmr，nrと表せる。
$\pi\times(mr)^2=\pi m^2r^2$，$\pi\times(nr)^2=\pi n^2r^2$
πm^2r^2：$\pi n^2r^2=m^2$：n^2となる。

解説 相似な図形で，相似比がm：nであるとき，相似な図形の面積の比は，**m^2：n^2**

375 (1) 18cm^2　(2) 60cm^2

解説
(1) BE＝2，EC＝1とすると，AD＝3
よって，△FBEと△FDAの相似比は2：3で，面積比は**2^2：3^2＝4：9**
△FDAの面積をx(cm^2)とすると，
8：x＝4：9　x＝18(cm^2)
(2) DからEに線をひく。
△BFEと△EFDを考えると，底辺をそれぞれBF，FDとしたときの高さは等しい。
BF：FD＝BE：AD＝2：3
よって，△BFEと△EFDの面積比は2：3
8：△EFD＝2：3　　△EFD＝12(cm^2)
よって，△BED＝△BFE＋△EFD＝20(cm^2)
また，**△BED：△ECD＝BE：EC＝2：1**
20：△ECD＝2：1より，△ECD＝10(cm^2)
よって，(20＋10)×2＝60(cm^2)

376 表面積…m^2：n^2　体積…m^3：n^3

解説 相似比が$m:n$だから，2つの円柱の底面の半径をmr，nr，高さをmh，nh，表面積をS，S'，体積をV，V'とする。

$S=\pi(mr)^2\times2+2\pi mr\times mh$

$=m^2(2\pi r^2+2\pi hr)$ ………①

$S'=\pi(nr)^2\times2+2\pi nr\times nh$

$=n^2(2\pi r^2+2\pi hr)$ ………②

①，②より　$S:S'=\boldsymbol{m^2:n^2}$

$V=\pi(mr)^2\times mh=m^3\times\pi hr^2$…③

$V'=\pi(nr)^2\times nh=n^3\times\pi hr^2$ …④

③，④より　$V:V'=\boldsymbol{m^3:n^3}$

377 (1) **1：3：5**　(2) **1：7：19**

解説 Pと$P+Q$と$P+Q+R$が相似である。

(1) P，$P+Q$，$P+Q+R$の側面積の比は

$\boldsymbol{1^2:2^2:3^2=1:4:9}$

$P:Q:R=1:(4-1):(9-4)=1:3:5$

(2) P，$P+Q$，$P+Q+R$の体積の比は

$\boldsymbol{1^3:2^3:3^3=1:8:27}$

$P:Q:R=1:(8-1):(27-8)=1:7:19$

378 **65°**

解説 **∠PAB＝∠OPA**＝60°÷2＝30°

∠BAQ＝∠OQA＝70°÷2＝35°より，

∠PAQ＝**∠PAB**＋**∠BAQ**＝65°

379 ① △OBPは，OB＝OPの二等辺三角形だから，∠OPB＝∠OBP＝a

∠AOBは△OBPの外角だから，

∠AOB＝∠OPB＋∠OBP＝2a

∠APB＝∠OPB＝aより，∠APB＝$\frac{1}{2}$∠AOB

② 直線OPと円の交点をP，Qとする。

△OAPはOA＝OPの二等辺三角形だから，∠OAP＝a

∠QOAは，△OAPの外角だから，

∠QOA＝a＋a＝2a

また，△OBPはOB＝OPの二等辺三角形だから，∠OBP＝b

∠QOBは△OBPの外角だから，

∠QOB＝b＋b＝2b

ここで，弧ABに対する円周角は，

∠APB＝b－a

また，弧ABに対する中心角は，

∠AOB＝∠QOB－∠QOA＝2(b－a)

よって，∠APB＝$\frac{1}{2}$∠AOB

解説 二等辺三角形の底角と，三角形の外角を使う。

380 (1) **∠x＝80°** (2) **∠x＝105°** (3) **∠x＝54°**

解説

(1) ∠AOB＝360°－200°＝160°

∠x＝**160°×$\frac{1}{2}$**＝80°

(2) ∠x＝**210°×$\frac{1}{2}$**＝105°

(3) **∠AQB＝∠APB**＝28°

∠CQB＝∠CRB＝26°

∠x＝**∠AQB**＋**∠CQB**＝54°

381 (1) **∠x＝100°**　(2) **∠x＝60°**

解説

(1) $\overset{\frown}{AB}=\overset{\frown}{BC}$より，∠$x$＝∠BOC＝∠2BDC

∠x＝2×50°＝100°

(2) すべての円周に対する円周角は180°より

∠x＝180°×$\frac{1}{3}$＝60°

382 **40°**

解説 ∠BDC＝180°－(40°＋38°＋32°)＝70°

∠BAC＝∠BDCより，4点A，B，C，Dは1つの円周上にある。

よって，∠DAC＝∠DBC＝40°

383 **∠APB**

解説 線分AQと円の交点(Aではない方)をRとおく。∠ARBは△QRBの外角だから，

∠ARB＝∠AQB＋∠QBR…①

また，**∠APB＝∠ARB**…②

②を①に代入して，**∠APB**＝**∠AQB＋∠QBR**

したがって，∠APB＞∠AQBである。

384 (1) △ADPと△CBPで

∠ADP＝∠CBP(弧ACの円周角)…①

∠Pは共通…②

①，②より，2組の角がそれぞれ等しいので，△ADP∽△CBP

(2) (1)より△ADP∽△CBPだから，

PA：PC＝PD：PB

よって，PA×PB＝PC×PD

解説 (1) 円周角の定理を使う。

(2) 対応する辺の比を表してみる。

385 65°

解説 中心Oから接点A，Bに線をひく。
四角形TBOAで，$\angle ATB=50°$，
$\angle OAT=\angle OBT=90°$より，
$\angle AOB=360°-(50°+90°+90°)=130°$
$\angle ACB=130°\times\frac{1}{2}=65°$

386 (1) $\angle x=87°$, $\angle y=78°$ (2) $\angle x=95°$
(3) $\angle x=100°$

解説
(1) $\angle x+93°=180°$， $\angle y+102°=180°$
(2) $\angle x=\angle ABC=95°$
(3) $\angle BCD=200°\times\frac{1}{2}=100°$ よって，$\angle x=100°$

387 AとBを線で結ぶ。
四角形ABSQは，円O′に内接しているから，∠BSQ＝∠BAP
四角形PRBAは円Oに内接しているから，
∠PRB＋∠BAP＝∠PRB＋∠BSQ＝180°
同側内角の和が180°なので，PR//QS

解説 平行であることを証明するには，錯角や同位角や同側内角が等しくなることをいえばよい。

388 イ，ウ

解説 イ…1組の対角の和が180°
ウ…1つの外角がそれととなり合う内角の対角に等しい。

389 $\angle x=40°$，$\angle y=75°$

解説 接弦定理より$\angle x=\angle TAC$，
$\angle y=\angle ACB$

390 点Aを通り，円O，O′の共通接線BCをひく。接弦定理より，
∠RAC＝∠SQA，∠RAC＝∠RPA
よって，∠SQA＝∠RPA
同位角が等しいので，PR//SQ

解説 共通接線をひいて，接弦定理を使う。

391

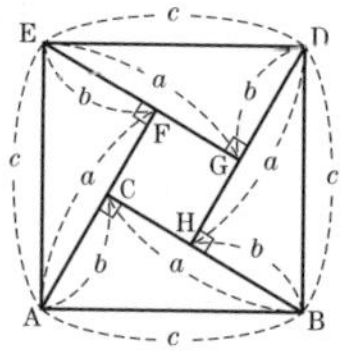

左図のようにF，G，Hを定める。
四角形CHGFの面積は
$(a-b)^2$
$=a^2-2ab+b^2$…①
また，四角形CHGFの面積は
四角形ABDEから直角三角形4つをひくことでも求められる。
$c^2-\frac{1}{2}\times a\times b\times 4=c^2-2ab$…②
①と②は等しいので，
$a^2-2ab+b^2=c^2-2ab$ よって，$a^2+b^2=c^2$

解説 四角形の中にある四角形の面積を2通りの方法で表し，それを等号で結ぶ。

392 (1) $2\sqrt{14}$ (2) $3\sqrt{26}$ (3) $2\sqrt{21}$

解説
(1) $9^2=x^2+5^2$
$x^2=56$ $x>0$より$x=2\sqrt{14}$
(2) $x^2=3^2+15^2$
$x^2=234$，$x>0$より$x=3\sqrt{26}$
(3) △ABDで
$5^2=3^2+AD^2$より，$AD^2=16$
△ACDで，$10^2=AD^2+x^2=16+x^2$
$x^2=84$ $x>0$より$x=2\sqrt{21}$

393

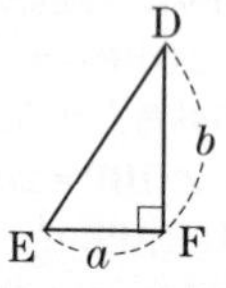

$EF=a$, $FD=b$, $\angle F=90°$
である△DEFをかく。
$DE^2=a^2+b^2$…①
仮定より，$a^2+b^2=c^2$…②
①，②から，$DE^2=c^2$
$DE>0$より，$DE=c$ △ABCと△DEFで，
$BC=EF=a$, $AC=DF=b$, $AB=DE=c$
3組の辺がそれぞれ等しいので，△ABC≡△DEF
合同な三角形の対応する角はそれぞれ等しいから，∠C＝∠F＝90°
したがって，△ABCはABを斜辺とする直角三角形である。

394 (1) 直角三角形 (2) 鋭角三角形
(3) 鈍角三角形

解説
(1) $5^2+12^2=13^2$より，直角三角形
(2) $7^2+8^2>9^2$より，鋭角三角形
(3) $(\sqrt{11})^2+(\sqrt{13})^2<5^2$より，鈍角三角形

395 (1) $\sqrt{97}$cm　(2) $5\sqrt{2}$cm　(3) $\sqrt{65}$cm

解説

(1) $BD^2=4^2+9^2=97$
$BD>0$より，$BD=\sqrt{97}$(cm)

(2) $BD^2=5^2+5^2=50$
$BD>0$より，$BD=5\sqrt{2}$(cm)

(3)
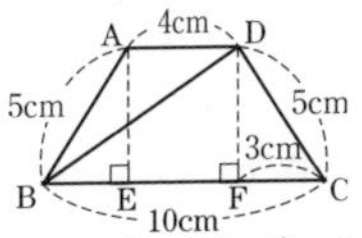

図のようにE，Fをおく。台形ABCDは等脚台形，EF=4(cm)だから，
$BE=FC=(10-4)\div2=3$(cm)
△DCFで$5^2=DF^2+3^2$　$DF^2=16$
$DF>0$より$DF=4$(cm)
また，$BF=BE+EF=3+4=7$(cm)
△DBFで，$DB^2=BF^2+DF^2=7^2+4^2=65$
よって，$DB=\sqrt{65}$(cm)

396 $BC=8$cm，$BD=8\sqrt{3}$cm，
$AB=AD=4\sqrt{6}$cm

解説 $BC:CD=1:2$より，
$BC=\frac{1}{2}CD=8$(cm)，$BD=\sqrt{3}BC=8\sqrt{3}$(cm)
また，$AB:BD=1:\sqrt{2}$より，
$AB=AD=\frac{1}{\sqrt{2}}BD=\frac{1}{\sqrt{2}}\times8\sqrt{3}=4\sqrt{6}$(cm)

397 (1) $6\sqrt{3}$cm，$36\sqrt{3}$cm^2
(2) $\frac{\sqrt{3}}{2}a$cm，$\frac{\sqrt{3}}{4}a^2$cm^2

解説

(1)
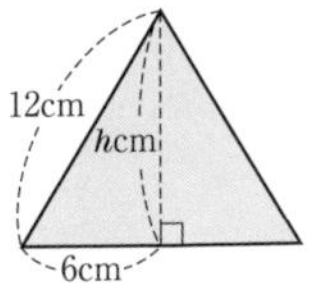

$12^2=h^2+6^2$
$h=\sqrt{108}=6\sqrt{3}$(cm)
面積は$\frac{1}{2}\times12\times6\sqrt{3}$
$=36\sqrt{3}$(cm^2)

(2)
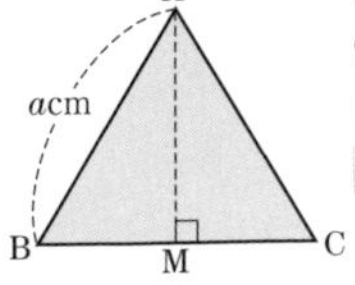

△ABMは30°，60°，90°の直角三角形だから，
$a:AM=2:\sqrt{3}$
$AM=\frac{\sqrt{3}}{2}a$(cm)
面積は，$\frac{1}{2}\times a\times\frac{\sqrt{3}}{2}a=\frac{\sqrt{3}}{4}a^2$(cm^2)

398 (1) $2\sqrt{6}$cm　(2) 8cm

解説

(1) OからPに線をひく。$OP\perp AP$より，
$OA^2=OP^2+AP^2$　$7^2=5^2+AP^2$
$AP^2=24$　$AP>0$より$AP=2\sqrt{6}$

(2) OからAに線をひく。OAは半径より5cm
$OA^2=OH^2+AH^2$　$5^2=3^2+AH^2$
$AH^2=16$　$AH>0$より$AH=4$
$AB=2\times AH=2\times4=8$

399 (1) ①$2\sqrt{10}$　②$4\sqrt{10}$　③$10\sqrt{2}$
(2) ∠Q=90°の直角三角形

解説

(1) ①$PQ^2=6^2+2^2=40$, $PQ>0$より$PQ=2\sqrt{10}$
②$QR^2=4^2+12^2=160$, $QR>0$より$QR=4\sqrt{10}$
③$PR^2=10^2+10^2=200$, $PR>0$より$PR=10\sqrt{2}$

(2) $PR^2=PQ^2+QR^2$だから，∠Q=90°の直角三角形。

400
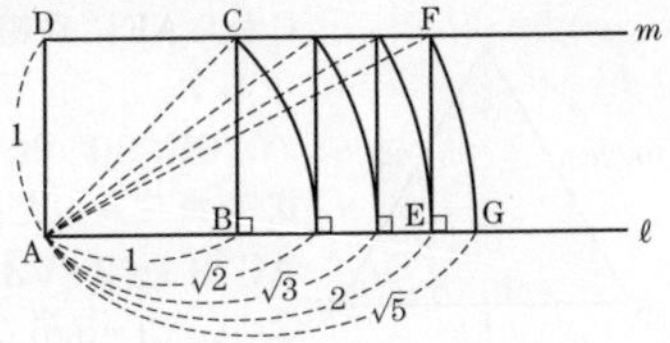

解説 Eを通りℓに垂直な直線とmとの交点をF，Aを中心に半径がAFの円とℓとの交点をGとすると，$AG=\sqrt{5}$である。

401 $\frac{7}{4}$cm

解説 △ALPで三平方の定理を用いる。
$AP=x$cmとすると，$x^2+6^2=(8-x)^2$
これを解いて，$x=\frac{7}{4}$

402 5cm，12cm

解説 残りの辺の1つの長さを$x$cmとする。
三平方の定理より，$13^2=x^2+(17-x)^2$
$x^2-17x+60=0$　$(x-5)(x-12)=0$
よって，$x=5$，12
$x=5$のとき，3つ目の辺は
$30-13-5=12$(cm)
$x=12$のとき，3つ目の辺は
$30-13-12=5$(cm)

403 $2\sqrt{13}$cm

解説 パップスの定理より，
$AB^2+AC^2=2(BM^2+AM^2)$

$$10^2+6^2=2(4^2+AM^2)$$
$$2(16+AM^2)=136$$
$$AM^2=52$$
$$AM=2\sqrt{13}$$

404 (1) **$5\sqrt{2}$cm** (2) **$10\sqrt{3}$cm**

解説 (1) $\sqrt{3^2+4^2+5^2}=5\sqrt{2}$
(2) $\sqrt{10^2+10^2+10^2}=10\sqrt{3}$

405 **$3\sqrt{3}$cm**

解説 $r=\sqrt{6^2-3^2}=3\sqrt{3}$

406 **$50\sqrt{3}\text{cm}^2$**

解説 $AF=AC=FC=10\sqrt{2}$(cm)より，
△AFCは1辺の長さが$10\sqrt{2}$(cm)の正三角形。

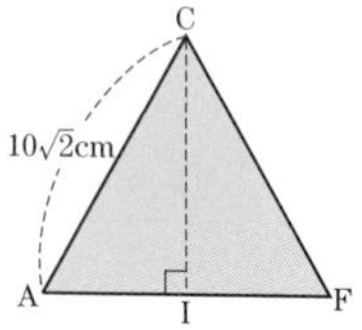

CからAFに垂線CIを下ろす。
△ACIは30°, 60°, 90°の直角三角形だから，
AC：CI＝2：$\sqrt{3}$
よって，$CI=5\sqrt{6}$である。

△AFCの面積$=\frac{1}{2}\times10\sqrt{2}\times5\sqrt{6}=50\sqrt{3}(\text{cm}^2)$

407 (1) **高さ…8cm，体積…$96\pi\text{cm}^3$**
(2) **高さ…$3\sqrt{2}$cm，体積…$36\sqrt{2}\text{cm}^3$**

解説
(1) △ABOで∠AOB＝90°だから，
$AO=\sqrt{10^2-6^2}$ $=8$(cm)
体積は，$\frac{1}{3}\times\pi\times6^2\times8=96\pi\ (\text{cm}^3)$
(2) △ABCは直角二等辺三角形だから，
$AC=6\times\sqrt{2}$ $=6\sqrt{2}$(cm)
$CM=AM=\frac{1}{2}AC=3\sqrt{2}$(cm)
$OM=\sqrt{OA^2-AM^2}$ $=3\sqrt{2}$(cm)
体積は，$\frac{1}{3}\times6^2\times3\sqrt{2}=36\sqrt{2}(\text{cm}^3)$

408 (1) **$\sqrt{61}$cm** (2) **$9\sqrt{3}$cm**

解説
(1)

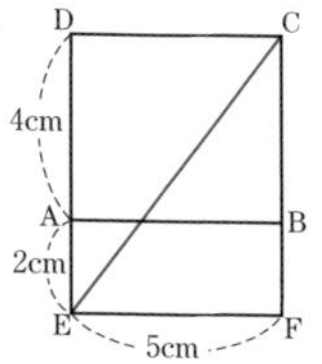

CからEまでの最短距離は，CとEを直線で結んだ長さである。
$CE=x$(cm)とすると，
$x^2=5^2+(2+4)^2$ $=61$
$x=\sqrt{61}$(cm)

(2)

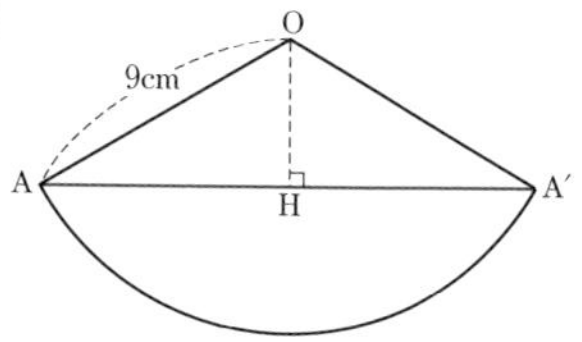

AからA′の最短距離は，AとA′を直線で結んだ長さである。∠AOA′＝x°とすると，
$2\pi\times9\times\frac{x°}{360°}=2\pi\times3$より，$x°=120°$
点OからAA′に垂線をひき，その足をHとする。
∠AOH＝60°より△OAHは30°, 60°, 90°の直角三角形だから，
OA：AH＝2：$\sqrt{3}$より，9：AH＝2：$\sqrt{3}$
よって，$AH=\frac{9\sqrt{3}}{2}$(cm)だから，
$AA'=2\times AH=9\sqrt{3}$(cm)

データの活用 編
▶ 409 ～437

409 **9**

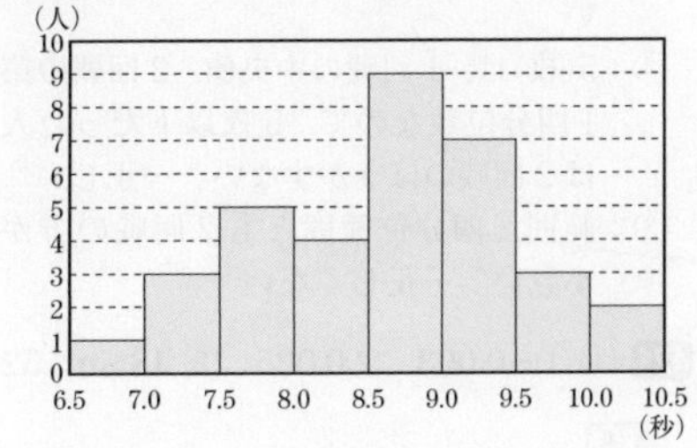

解説
全体の人数から，わかっている度数をひいた残りが，階級 8.5～9.0 の度数である。よって，
34－(1＋3＋5＋4＋7＋3＋2)＝9

410 **平均値：コラム①28.9，コラム②27.2**
中央値：コラム①30，コラム②26.5
範囲：コラム①35，コラム②36

解説
平均値はそれぞれのコラムの総文字数を文の数でわればよい。
コラム①　607÷21＝28.90……28.9文字
コラム②　653÷24＝27.20……27.2文字
中央値は，小さい順に並べて，
コラム①　9　11　15　18　23　26　28
29　29　29　30　31　31　31
32　35　35　37　41　43　44
コラム②　9　14　16　19　19　20　23
23　24　24　25　26　27　27
27　29　32　32　33　35　38
41　45　45
(26＋27)÷2＝26.5
範囲は，コラム①　44－9＝35
コラム②　45－9＝36

411 **(1) 35%　(2) 47点**

解説
(1) ヒストグラムより，50 点以上の生徒は7人。よって，7÷20×100＝35(%)
(2) 各階級の階級値は右の表のようになる。

階級値(点)	人数(人)
25	1
35	3
45	9
55	5
65	2
合　計	20

これより，

$$\frac{25\times1+35\times3+45\times9+55\times5+65\times2}{20}$$

$=\frac{940}{20}=47$(点)

412 **(1) 8kg　(2) 62kg**

解説
(1) (＋5)－(－3)＝8(kg)
(2) Bの体重を仮の平均として，過不足の平均を求める。
(5＋0－3＋11－9＋8)÷6＝2(kg)
よって，Bの体重は56－2＝54(kg)
Fの体重は，54＋8＝62(kg)

413 **(1) ア＝0.15，イ＝1　(2) 8人**

解説
(1) ア　6÷40＝0.15
イ　相対度数の和は1である。
(2) 40分以上かかる生徒の相対度数は，
0.10 ＋ 0.05 ＋ 0.05 ＝ 0.20
(40～50)(50～60)(60～70)
よって，40×0.20＝8(人)

414 **(1) 17人　(2) 0.85**

解説
(1) **2＋4＋5＋6**＝ 17(人)
(2) $\frac{17}{20}$＝ 0.85
(別解) 0.10＋0.20＋0.25＋0.30＝0.85

415 **$x=2$，$y=4$**

解説 人数の合計について，表より，
$14+x+y=20$
$\boldsymbol{x+y=6}$ …①
(数学の合計点)＝3.2×20＝64(点)
数学の合計点の等式をつくる。
$1\times2+2\times(1+x)+3\times(3+y)+4\times5+5\times3$
$=2+2+2x+9+3y+20+15$
$=48+2x+3y$

これが64なので，$\mathbf{48+2x+3y=64}$

$$2x+3y=16\cdots②$$

①，②の連立方程式を解くと，$x=2$，$y=4$

416 **0.17**

解説

3の目が出る相対度数を求めると，

$18\div100=0.180\rightarrow0.18$

$32\div200=0.160\rightarrow0.16$

$67\div400=0.1675\rightarrow0.17$

$83\div500=0.166\rightarrow0.17$

$167\div1000=0.167\rightarrow0.17$

投げる回数が多くなるにつれて，およそ**0.17**に近づく。

417 **第1四分位数　24**
第2四分位数　30
第3四分位数　34
四分位範囲　10

解説

データの個数が11個なので，第2四分位数は，小さい方から6番目の値。

第1四分位数は，値が小さい方から1番目から5番目の中央，つまり3番目の値。第3四分位数は，小さい方から7番目から11番目の中央，つまり9番目の値である。

21　23　(24)　26　28　(30)　31　32　(34)　36　39

(24)：第1四分位数　(30)：第2四分位数　(34)：第3四分位数

四分位範囲…**34－24＝10**

418

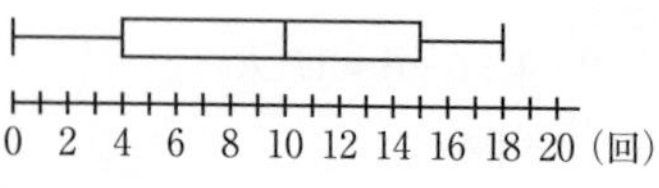

解説

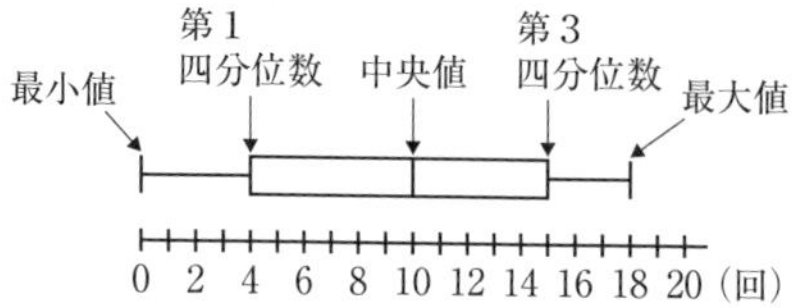

419 ②

解説

ヒストグラムから，中央値が，範囲の真ん中より右側にあることがわかるので，②

420 ②

解説

①：一人一人が取った枚数が減ったか，増えたかはわからない。…正しくない

②：5(枚)は，1回戦の中央値，2回戦の第1四分位数なので，5枚以下だった人は2回戦のほうが少ない。…正しい

③：範囲，四分位範囲とも2回戦の方が小さい。…正しくない

421 (1) ① **－0.003**　② **0.025**　(2) $\mathbf{48\leqq a\leqq52}$

解説

(1) ① $\frac{22}{7}=3.142857\cdots$だから，

誤差＝3.14－3.1428＝－0.0028

よって，小数第四位を四捨五入して，－0.003

② $\frac{7}{8}=0.875$だから，

誤差＝0.9－0.875＝0.025

(2) $\mathbf{50-2\leqq a\leqq50+2}$だから，

$48\leqq a\leqq52$

422 (1) **47.5**　(2) **－0.5**　(3) **150**$(\mathbf{1.5\times10^2})$

解説

(1) 44.7と2.828では小数第1位までそろえればよい。

$44.7+2.828=47.528$ より，47.5

(2) 1.732と2.2では小数第1位までそろえればよい。

$1.732-2.2=-0.468$ より，－0.5

(3) $401\div2.6=154.2\cdots$

ここで得られた商の有効数字は2桁であることに注意する。

423 **7通り**

解説

3枚の取り出し方を合計金額の大きい順に樹形図で表すと，下の図のようになる。

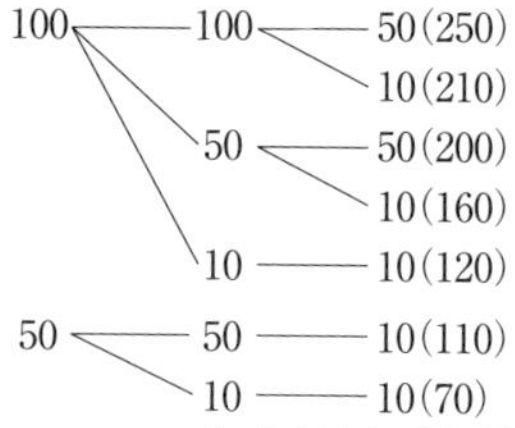

(　)内は合計金額

424 **12通り**

解説 下の樹形図のように，12通りある。

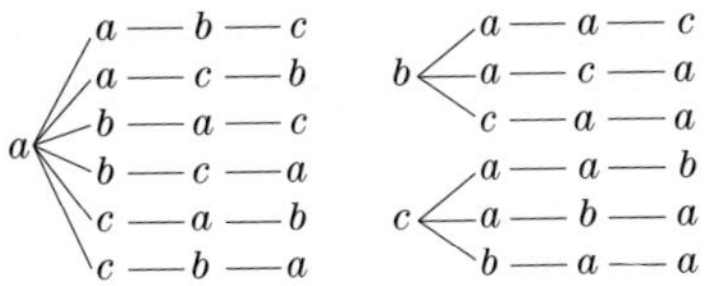

425 **9通り**

解説

大　小　　大　小
1 − 3　　4 − 4
2＜2, 6　　5 − 3
3＜1, 5　　6＜2, 6

よって，9通り。

426 (1) **10個**　(2) **10個**

解説

(1) 5の倍数は，一の位が0か5のとき。

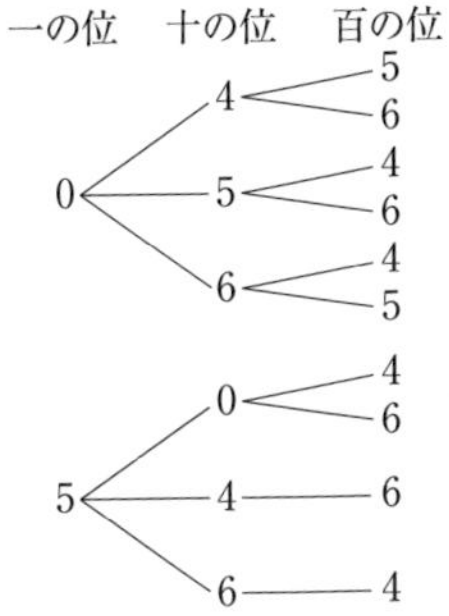

よって，10個。

(2) 3の倍数になるためには，各位の数字の和が3の倍数になればよい。和が3の倍数となる3数は，(0, 4, 5)，(4, 5, 6)である。

(i) (0, 4, 5)の場合

百の位　十の位　一の位
□　□　□
2 × 2 × 1 ＝4(通り)

(ii) (4, 5, 6)の場合

百の位　十の位　一の位
□　□　□
3 × 2 × 1 ＝6(通り)

(i)，(ii)より，10個。

427 (1) **24通り**　(2) **6通り**　(3) **12通り**

解説

(1) 4枚のうち，4枚を一列に並べると考えるので，**4×3×2×1**＝24(通り)

(2) 1×3×2×1＝6(通り)
1：C　3×2×1：3枚のうち，3枚を一列に並べる並べ方

(3) Aが左端のとき

□　□　□　□ → 1×3×2×1＝6
A　3枚のうち，3枚を一列に並べる並べ方

Aが左から2番目のとき

□　□　□　□ → 2×1×2×1＝4
CかD　A　2枚のうち，2枚を一列に並べる並べ方

Aが左から3番目のとき

□　□　□　□ → 2×1×1×1＝2
CかD　A　B

よって，6＋4＋2＝12(通り)

428 (1) **20通り**　(2) **10通り**　(3) **12通り**

解説

(1) 6人から3人選ぶから，$\dfrac{6\times5\times4}{3\times2\times1}$＝20(通り)

(2) 女子Cを除く5人から2人を選べばよいから，$\dfrac{5\times4}{2\times1}$＝10(通り)

(3)「男子を1人だけ含む」を言いかえると，「男子を1人，女子を2人選ぶ」ということになる。

男子の選び方は，$\dfrac{2}{1}=2$

女子の選び方は，$\dfrac{4\times3}{2\times1}=6$

よって，2×6＝12(通り)

429 (1) $\dfrac{2}{9}$　(2) $\dfrac{5}{9}$

解説

(1) 出た目の数の差が2になるのは，(1, 3)，(2, 4)，(3, 1)，(3, 5)，(4, 2)，(4, 6)，(5, 3)，(6, 4)の8通り。

よって，求める確率は，$\dfrac{8}{36}=\dfrac{2}{9}$

(2) 少なくとも一方は5以上の目が出る。
↓
1－(大小ともに4以下の目が出る確率)

両方とも4以下の目が出る場合の数は，4×4＝16(通り)

よって，$1-\dfrac{16}{36}=\dfrac{20}{36}=\dfrac{5}{9}$

430 (1) $\frac{1}{7}$ (2) $\frac{4}{7}$

解説 起こりうる場合の数は，

$\frac{7\times6}{2\times1}=$ **21**(通り)。

(1) 2本とも当たる場合の数は，$\frac{3\times2}{2\times1}=$**3**(通り)。

よって，$\frac{3}{21}=\frac{1}{7}$

(2) $3 \times 4=$ **12**(通り)。よって，$\frac{12}{21}=\frac{4}{7}$

↑当たりくじ ↑はずれくじ

431 (1) $\frac{4}{9}$ (2) $\frac{2}{3}$

解説 樹形図を次のようにかく。

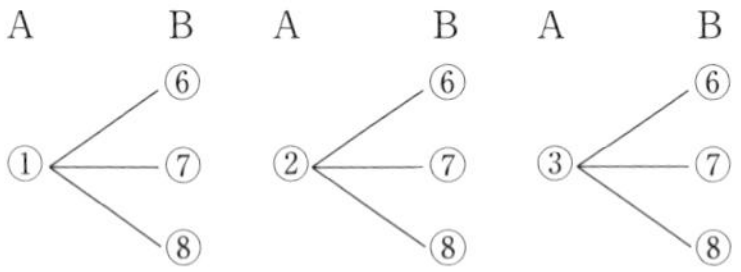

起こりうるすべての場合は，**9通り**。

(1) 積abが6の倍数になるのは，

①－⑥，②－⑥，③－⑥，③－⑧

の**4通り**である。

よって，求める確率は$\frac{4}{9}$

(2) 商$\frac{b}{a}$が整数になるのは，

①－⑥，①－⑦，①－⑧，②－⑥，

②－⑧，③－⑥

の**6通り**である。

よって，求める確率は$\frac{6}{9}=\frac{2}{3}$

432 $\frac{4}{9}$

解説

さいころを3回投げて点Pが原点にいる場合は，**5以上が1回と4以下が2回出たとき**である。目の出方は，

5以上		4以下		4以下	
2	×	4	×	4	＝32(通り)

さらに，5以上の目が何回目に出るかを考えると，3通りあるので，32×3＝96(通り)。

起こりうる場合の数は，6×6×6＝216(通り)。

よって求める確率は，$\frac{96}{216}=\frac{4}{9}$

433 (2)

解説

(1) 受験者一人一人の能力を調べるのが目的であるから全数調査をする必要がある。

(2) 世論調査は傾向を調べればよいので，標本調査でよい。

434 **30.7℃，26.6℃，31.2℃，29.1℃，30.8℃**

解説

18から順に，18，~~62~~，~~55~~，~~60~~，01，~~85~~，32，12，08，…

よって，18番，1番，32番，12番，8番のデータを選べばよい。

435 **約1：2**

解説

赤のビーズは，11+10+9+12+8=50（個）

青のビーズは，19+20+21+18+22=100（個）

したがって，赤と青のビーズの割合は，

50：100＝1：2

436 **約560匹**

解説

(釣り堀のフナの数)：(印のついたフナの数)は，およそ70：12と推定できる。したがって，最初のフナの数をx匹とすると，

70：12＝x：96

この比例式を解いて，$x=560$

437 **約760個**

解説

(全体の玉の数)：(赤玉の数) より，

(x ＋ 40)：40 ＝ 100：5

この比例式を解いて，$x=760$

章末問題の解答・解説

数編 ▶1～28

1 (1) **16** (2) **4** (3) **4** (4) $\mathbf{\frac{13}{30}}$ (5) **13**
(6) **−0.5** (7) **−9** (8) **1** (9) **2** (10) **−12**
(11) **9** (12) **6** (13) **16** (14) **1.5** (15) $\mathbf{-\frac{41}{8}}$
(16) $\mathbf{\frac{7}{8}}$ (17) **32** (18) **38** (19) **−29** (20) **11**

解説

(1) $11-(-5)=11+5=16$
(2) $-3+7=4$
(3) $-2-(-6)=-2+6=4$
(4) $-\frac{1}{6}+\frac{3}{5}=-\frac{5}{30}+\frac{18}{30}=\frac{13}{30}$
(5) $-3+9-(-7)=-3+9+7=13$
(6) $(-1.5)\div3=(-1.5)\times\frac{1}{3}=-0.5$
(7) $-7\times2+5=-14+5=-9$
(8) $7+(-2)\times3=7-6=1$
(9) $8+3\times(3-5)=8+3\times(-2)=8-6=2$
(10) $8\times(-3)\div2=-\left(8\times3\times\frac{1}{2}\right)=-12$
(11) $(-3)\times(-4)+(-15)\div5=12+(-3)=9$
(12) $(-4)^2+5\times(-2)=16+(-10)=6$
(13) $(-6)^2\div9-(5-8)\times4=36\div9-(-3)\times4$
$=4-(-12)=4+12=16$
(14) $4.5-(-3)^2\div3=4.5-9\div3$
$=4.5-3=1.5$
(15) $-\frac{3}{7}\div\frac{8}{21}-(-2)^2=-\frac{3\times21}{7\times8}-4$
$=-\frac{9}{8}-4=-\frac{41}{8}$
(16) $\left(\frac{5}{6}-\frac{4}{9}\right)\div\left(-\frac{2}{3}\right)^2=\left(\frac{15}{18}-\frac{8}{18}\right)\div\frac{4}{9}$
$=\frac{7}{18}\times\frac{9}{4}=\frac{7}{8}$
(17) $(-6)^2+\frac{1}{2}\times(-8)=36+(-4)=32$
(18) $-7\times(-6)+(-4)^2\div(-2^2)=42+16\div(-4)$
$=42-4=38$
(19) $(-4)^2-9\times5=16-45=-29$
(20) $-2^4+(-6)^2\div\frac{4}{3}=-16+36\times\frac{3}{4}$
$=-16+27=11$

2 $\mathbf{-1<-\frac{1}{3}<0}$

3 **−7**

解説 計算した結果の絶対値が3ということは，計算結果は＋3か－3だから，
(xの絶対値)－4＝＋3…①
(xの絶対値)－4＝－3…②
の2通りが考えられる。
①の場合，(xの絶対値)＝7となり，xの値は＋7と－7が考えられる。
②の場合，(xの絶対値)＝1となり，xの値は＋1と－1が考えられる。
この中で最も小さい数は－7

4 **4**

解説 右上から左下までの和は，
8＋0－3＋2＝7　よって，縦・横・斜めの4つの数の和はどこでも必ず**7**になる。
一番下の行の和は，2＋6＋カ＋3＝**7**
よって，**カ**＝－4
右から二番目の列の和は，イ＋0＋7－4＝**7**
よって，**イ**＝4
他の数は
左上から右下までの和は，
－6＋**ウ**＋7＋3＝7
よって，**ウ**＝3
一番右の列の和は，8－3＋オ＋3＝**7**
よって，**オ**＝－1
一番左の列の和は，－6＋7＋エ＋2＝**7**
よって，**エ**＝4
左から二番目の列の和は，ア＋3－3＋6＝**7**
よって，**ア**＝1

5 **－5℃，－2℃，0℃**

6 **① 7冊　② 5冊**

解説
① 6＋(＋10＋0－2－3＋7－1－4)÷7
＝6＋7÷7＝7(冊)
② 基準との差を大きさの順に並べると，
－4，－3，－2，－1，0，＋7，＋10
中央値は，大きさの順に並べたとき，真ん中にある値だから，

$6+(-1)=5$(冊)

7 **a…－，b…＋，c…－**

解説 ①より，aかbのどちらかが負になる。
②より，$ab<0$で$abc>0$ということは，cは負である。
③より，cが負であり，aはcより小さいので，aは負である。よって，bは正となる。

8 **(例)$a=-1$のとき，$-a=-(-1)=1$**

解説 整数は，負の数もふくんでいる。

9 (1) **35** (2) **38**

解説 異なる整数を小さい順にA，B，C，Dとおく。
最も小さい整数の和が60であるから，
AとBは偶数で，A＋B＝60…①
よって，CかDのどちらかが奇数であり，和は最も大きいから，C＋D＝73…②
2番目に小さい和63は，A＋Cであり，その和が奇数だから，Cは奇数。
①＋②より，A＋B＋C＋D＝133…③
63，67，73は，Cとその他の偶数との和だから，
A＋B＋D＋**3C**＝63＋67＋73＝203…④
④－③より，
2C＝70，C＝35…⑤
最も大きな偶数Dは，⑤を②に代入して，
D＝73－35＝38

10 **160**

解説 $90=2\times3^2\times5$ これに2と5をかけると，$\mathbf{2^2\times3^2\times5^2=(2\times3\times5)^2}$の2乗の形になる。
しかし，かける数は3けたなので，もう1つずつ2をかけてみる。
このように1つずつ考えていくと，
2×5×2×2×□×□＝40×□×□を3けたで最も小さい数にするには，□＝2である。
よって，40×2×2＝160

11 **8通り**

解説
$a=2$のとき，$b=3$，5，7，11
$a=3$のとき，$b=5$，7，11
$a=5$のとき，$b=7$
} 8通り

12 **36，72**

解説 9と12と18の最小公倍数は36。
36の倍数で2けたの数は，36と72。

13 **6個**

解説 2けたの15の倍数の個数である。
99÷15＝6…9より，6個。

14 **24**

解説 77－5＝72，125－5＝120より，72と120の最大公約数は24。
これは5より大きい，という条件を満たす。

15 (1) **6，18，30，42** (2) **2，12**

解説
(1) nと24の最大公約数が6だから，nは50以下の6の倍数で，12，24の倍数ではないことがわかる。(12，24の倍数ならば，最大公約数は12，24になる。)
よって，$n=6$，18，30，42
(2) $7n+1$は5の倍数だから，一の位の数は0か5である。このことから，$7n$の一の位の数は9か4。20以下のnで，
$7n$の一の位の数が9になる場合，$n=7$，17
$7n$の一の位の数が4になる場合，$n=2$，12
よって，$7n+1$が5の倍数になるnは
$n=2$，7，12，17…①
同様に，$8n+4$が5の倍数だから，$8n$の一の位の数は1か6。
ここで，$8n$は8の倍数だから，一の位の数が1になることはないので，6の場合のみを考える。
$8n$の一の位の数が6になる場合
$n=2$，7，12，17…②
①，②より，$\mathbf{n=2}$**，7，12，17**
$n=2$のとき，$7n+1=15$，$8n+4=20$より，**最大公約数は5。**
$n=7$のとき，$7n+1=50$，$8n+4=60$より，最大公約数は10。
$n=12$のとき，$7n+1=85$，$8n+4=100$より，**最大公約数は5。**
$n=17$のとき，$7n+1=120$，
$8n+4=140$より，最大公約数は20。
よって，$n=2$，12

16 18cm

解説 正方形のタイルをすき間なくしきつめ，タイルの大きさをできるだけ大きくするので，90と126の最大公約数を求めればよい。

$$\begin{array}{r|rr} 2 & 90 & 126 \\ 3 & 45 & 63 \\ 3 & 15 & 21 \\ & 5 & 7 \end{array}$$

よって，$2\times3\times3=18$

17 180

解説 最大公約数が12，最小公倍数が1260より，

$$\begin{array}{r|rr} 12 & A & 84 \\ & \frac{A}{12} & 7 \end{array}$$

$12\times\frac{A}{12}\times7=1260$

$A=180$

18 30個

解説 1〜99の3の倍数の個数は，**99÷3＝33(個)**。1〜9の3の倍数の個数は，**9÷3＝3(個)**。よって，33－3＝30(個)

19 194

解説

2020を123で割ると商が16で余りは52となる。したがって，123で割り切れるためには，

$2020+(123-52)=2020+71$

$2020+(71+123)=2020+194$

$2020+(194+123)=2020+317$

nは300以下の3桁の自然数なので，

$n=194$

〈別解〉

nは300以下の3桁の自然数だから，

$100\leqq n\leqq300$

よって，

$2020+100\leqq2020+n\leqq2020+300$

$2120\leqq2020+n\leqq2320$

この範囲の123の倍数は，

$123\times18=2214$のみである。

したがって，

$n=2214-2020=194$

20 20本

解説

となり合う2本の樹木の距離が，24(m)と52(m)の公約数のとき，A，B，Cの3箇所に樹木を植えることができる。さらに，樹木をなるべく少なくするには，24(m)と52(m)の最大公約数にすればよい。$24=2^3\times3$，$52=2^2\times13$より，24(m)と52(m)の最大公約数は$2^2=4$(m)

樹木の本数は，樹木と樹木の間の数より1本多いから，

$(24+52)\div4+1$

$=76\div4+1=19+1=20$(本)

21 (1) (ア) 4 (イ) 2　(2) 2個　(3) $n=25$

解説

(1) $\langle6\rangle=1\times2\times3\times4\times5\times6=2^4\times3^2\times5$

(2) $\langle10\rangle=1\times2\times3\times4\times5\times6\times7\times8\times9\times10$

$=(1\times3\times4\times6\times7\times8\times9)\times10^2$

$1\times3\times4\times6\times7\times8\times9$の一の位は0にならない。よって2個

(3) $\langle n\rangle=N\times10^6$($N$は10で割り切れない自然数)となる最も小さい自然数nを求める。

$1\times2\times3\times4\times5\times6\times7\times8\times9\times10\times11\times12\times13\times14\times15\times16\times17\times18\times19\times20\times21\times22\times23\times24\times25$　$(25=5^2)$だから，$n=25$

22 $x=4, 5, 6$

解説 $1.8<\sqrt{x}<2.5$より，$(1.8)^2<x<(2.5)^2$

よって，$3.24<x<6.25$だから，$x=4, 5, 6$

23 (1) 83.67　(2) 0.08367　(3) 13.23

解説

(1) $\sqrt{7000}=\sqrt{70\times100}=\sqrt{70}\times\sqrt{100}$

$=\sqrt{70}\times10=8.367\times10=83.67$

(2) $\sqrt{0.007}=\sqrt{70\times0.0001}$

$=\sqrt{70}\times\sqrt{0.0001}=\sqrt{70}\times0.01$

$=8.367\times0.01=0.08367$

(3) $\sqrt{175}=\sqrt{7\times25}=\sqrt{7}\times5$

$=2.646\times5=13.23$

24 (1) $\sqrt{2}$　(2) $-37-4\sqrt{10}$　(3) $-\frac{\sqrt{3}}{3}$

(4) $-6\sqrt{6}-9$

解説

(1) $3\sqrt{2}+4\sqrt{2}-6\sqrt{2}=\sqrt{2}$

(2) $\sqrt{5}\times\sqrt{5}+\sqrt{5}\times(-7\sqrt{2})+3\sqrt{2}\times\sqrt{5}+3\sqrt{2}\times(-7\sqrt{2})$

$=5-7\sqrt{10}+3\sqrt{10}-42=-37-4\sqrt{10}$

(3) $\frac{2\sqrt{2}-8\sqrt{2}+5\sqrt{2}}{\sqrt{6}}=-\frac{\sqrt{2}}{\sqrt{6}}=-\frac{\sqrt{12}}{6}=-\frac{\sqrt{3}}{3}$

(4) $(\sqrt{2}-\sqrt{3})^2-(\sqrt{2}+2\sqrt{3})^2$…①

ここで，$A^2-B^2=(A+B)(A-B)$を使う。

$A=\sqrt{2}-\sqrt{3}$，$B=\sqrt{2}+2\sqrt{3}$とすると，

①式$=(\sqrt{2}-\sqrt{3}+\sqrt{2}+2\sqrt{3})(\sqrt{2}-\sqrt{3}-\sqrt{2}-2\sqrt{3})$

$=(2\sqrt{2}+\sqrt{3})\times(-3\sqrt{3})=-6\sqrt{6}-9$

25 14.14m

解説 $\sqrt{200}=10\sqrt{2}=10\times1.4142\cdots=14.142\cdots$

よって，およそ14.14(m)

26 (1) $4\sqrt{6}$　(2) $-4\sqrt{6}$

解説

(1) 展開して式を整理してから代入する。

$(x+y)^2-(x-y)^2$

$=(x^2+2xy+y^2)-(x^2-2xy+y^2)$

$=4xy$

$=4\times\sqrt{3}\times\sqrt{2}$

$=4\sqrt{6}$

(2) 通分・因数分解してから代入する。

$\frac{y}{x}-\frac{x}{y}$

$=\frac{y^2-x^2}{xy}$

$=\frac{(y+x)(y-x)}{xy}$

$=\frac{\{(\sqrt{3}-\sqrt{2})+(\sqrt{3}+\sqrt{2})\}\{(\sqrt{3}-\sqrt{2})-(\sqrt{3}+\sqrt{2})\}}{(\sqrt{3}+\sqrt{2})(\sqrt{3}-\sqrt{2})}$

$=\frac{2\sqrt{3}\times(-2\sqrt{2})}{1}$

$=-4\sqrt{6}$

27 $5p-3$

解説 $\sqrt{3}$の整数部分は1だから，$\sqrt{3}=1+p$と表される。

$\sqrt{75}=5\sqrt{3}$より，

$1.7<\sqrt{3}<1.8$

$1.7\times5<5\sqrt{3}<1.8\times5$

$8.5<5\sqrt{3}<9$

よって，$\sqrt{75}$の整数部分は8だから，小数部分は，

$\sqrt{75}-8$

$=5\sqrt{3}-8$

$=5(1+p)-8$

$=5+5p-8$

$=5p-3$

28 24

解説 $\sqrt{n^2+100}=k$とおく。

$n^2+100=k^2$より，$k^2-n^2=100$

よって，$(k+n)(k-n)=100$

k，nは自然数だから，$k+n$，$k-n$も自然数である。

また，$k+n>k-n\ (>0)$ から，かけて100になる組み合わせは，以下の4通り。

$k+n$	$k-n$	
100	1	…①
50	2	…②
25	4	…③
20	5	…④

①～④までの4つの組み合わせから，kとnを求めると，問題にあうものは②のときで，$n=24$，$k=26$

①，③，④は，和と差で奇数と偶数が異なっているので，kとnは自然数にならない。

式編 29 〜50

29 (1) **0**　(2) **−26**　(3) **9**

解説

(1) $a^2+2a=(-2)^2+2\times(-2)=4-4=0$

(2) $3a-5a^2=3\times(-2)-5\times(-2)\times(-2)$
$=-6-20=-26$

(3) $a^3-7a+3=(-2)^3-7\times(-2)+3$
$=-8+14+3=9$

30 (1) $\frac{1}{6}a$　(2) $\frac{19}{24}a$　(3) $7a-2$　(4) $2x-6$
(5) $4a-9$　(6) $2a+17$　(7) $a+8$

解説

(1) $\frac{2}{3}a-\frac{1}{2}a=\frac{4}{6}a-\frac{3}{6}a=\frac{1}{6}a$

(2) $2a-\frac{5}{6}a-\frac{3}{8}a=\frac{48}{24}a-\frac{20}{24}a-\frac{9}{24}a$
$=\frac{48a-20a-9a}{24}=\frac{19}{24}a$

(3) $5a+2(a-1)=5a+2\times a+2\times(-1)$
$=5a+2a+(-2)=7a-2$

(4) $4x-2(x+3)=4x+(-2)\times(x+3)$
$=4x+(-2)\times x+(-2)\times3$
$=4x+(-2x)-6=2x-6$

(5) $3(2a-1)-2(a+3)$
$=3\times2a+3\times(-1)+(-2)\times a+(-2)\times3$
$=6a-3-2a-6$
$=4a-9$

(6) $3(a+5)-(a-2)=3\times a+3\times5-a+2$
$=3a+15-a+2=2a+17$

(7) $7(4a-1)-3(9a-5)$
$=7\times4a+7\times(-1)+\{-3(9a-5)\}$
$=28a-7+(-3)\times9a+(-3)\times(-5)$
$=28a-7-27a+15=a+8$

31 (1) $(1000-80a)$円　(2) $\frac{a-1200}{250}$(分)

解説

(1) $1000-80\times a=1000-80a$(円)

(2) (走った時間) $=\frac{(\text{走った距離})}{(\text{走った速さ})}$
(走った距離) $=(a-1200)$ mだから，
$\frac{a-1200}{250}$(分)

32 (1) x%の食塩水y gの中に入っている食塩の重さ。
(2) 容器に水を300 g入れたときの食塩水の濃度。

解説

(1) (食塩の重さ(g))
$=$(食塩水の重さ(g)) $\times\frac{(\text{食塩水の濃度(\%)})}{100}$
$=y\times\frac{x}{100}$
$=\frac{xy}{100}$

(2) (食塩の濃度(%))
$=\frac{(\text{食塩の重さ(g)})}{(\text{食塩水の重さ(g)})}\times100$
だから，$\frac{xy}{100}\div(y+300)\times100$
$=\frac{xy}{y+300}$

33 (1) $-6a+9b$　(2) $-2a-17b$
(3) $a+b$　(4) $\frac{7x+3y}{10}$　(5) $\frac{5x-y}{6}$
(6) $-3x+2y$

解説

(1) $-a+4b-5(a-b)$
$=-a+4b-5a+5b=-6a+9b$

(2) $3(4a-5b)-2(7a+b)$
$=12a-15b-14a-2b=-2a-17b$

(3) $5(a-b)-2(2a-3b)$
$=5a-5b-4a+6b=a+b$

(4) $\frac{x+4y}{5}+\frac{x-y}{2}=\frac{2(x+4y)}{10}+\frac{5(x-y)}{10}$
$=\frac{2x+8y}{10}+\frac{5x-5y}{10}=\frac{7x+3y}{10}$

(5) $\frac{7x+y}{6}-\frac{x+y}{3}$
$=\frac{7x+y}{6}-\frac{2(x+y)}{6}=\frac{7x+y}{6}-\frac{2x+2y}{6}$
$=\frac{7x+y}{6}+\frac{-2x-2y}{6}=\frac{5x-y}{6}$

(6) $\frac{4x-5y}{3}+\frac{x+y}{6}-\frac{9x-7y}{2}$
$=\frac{2(4x-5y)}{6}+\frac{x+y}{6}+\frac{3(-9x+7y)}{6}$
$=\frac{8x-10y+x+y-27x+21y}{6}$
$=\frac{-18x+12y}{6}=-3x+2y$

34 (1) $6x^2y^2$　(2) $6a^2$　(3) $-\frac{4}{9}y$
(4) $-2ab$　(5) $-2a^3$　(6) $-\frac{2}{3}x$

解説

(1) $8xy^2\times\frac{3}{4}x=\frac{\overset{2}{\cancel{8}}xy^2\times3x}{\underset{1}{\cancel{4}}}=6x^2y^2$

(2) $18a^3b \div 3ab = 18a^3b \times \dfrac{1}{3ab} = 6a^2$

(3) $\dfrac{8}{3}xy \div (-6x)$

$= \dfrac{8xy}{3} \times \left(-\dfrac{1}{6x}\right) = -\dfrac{8xy}{3 \times 6x} = -\dfrac{4}{9}y$

(4) $-3a^2 \times (-2b)^2 \div 6ab$

$= -\dfrac{3a^2 \times 4b^2}{6ab} = -2ab$

(5) $16a^2b \div (-8b) \times a$

$= -\dfrac{16a^2b \times a}{8b} = -2a^3$

(6) $6x^4 \div (-3x^2) \div 3x = -\dfrac{6x^4}{3x^2 \times 3x} = -\dfrac{2}{3}x$

35 (1) $\dfrac{64}{3}$ (2) $-\dfrac{25}{4}$ (3) -72 (4) 36

解説

(1) $\dfrac{x^2}{y} = x^2 \div y = (-4)^2 \div \dfrac{3}{4} = 16 \times \dfrac{4}{3} = \dfrac{64}{3}$

(2) $x - 4y^2 = -4 - 4 \times \left(\dfrac{3}{4}\right)^2 = -4 - \dfrac{9}{4} = -\dfrac{25}{4}$

(3) 式を計算してから代入する。

$2(3x-2y) - 3(-3x+4y)$
$= 6x - 4y + 9x - 12y$
$= 15x - 16y$
$= 15 \times (-4) - 16 \times \dfrac{3}{4}$
$= -60 - 12$
$= -72$

(4) 式を計算してから代入する。

$-8x^2 \div (-2xy)^2 \times 6xy^3$
$= -8x^2 \div 4x^2y^2 \times 6xy^3$
$= -\dfrac{8x^2 \times 6xy^3}{4x^2y^2}$
$= -12xy$
$= -12 \times (-4) \times \dfrac{3}{4}$
$= 36$

36 (1) $y = \dfrac{-2x+6}{3}$ (2) $b = 2a-5$

(3) $a = 9b + 2c$ (4) $h = \dfrac{3V}{S}$

(5) $b = \dfrac{2S}{h} - a$

解説

(1) $2x + 3y = 6$ 　 $3y = 6 - 2x$

$y = \dfrac{6-2x}{3} = \dfrac{-2x+6}{3}$

(2) $4a - 2b = 10$ 　 $4a - 10 = 2b$

$\dfrac{2(2a-5)}{2} = b$ 　 $b = 2a - 5$

(3) $c = \dfrac{a-9b}{2}$ 　 $2c = a - 9b$ 　 $a = 9b + 2c$

(4) $V = \dfrac{1}{3}Sh$ 　 $3V = Sh$ 　 $\dfrac{3V}{S} = h$

(5) $S = \dfrac{1}{2}h(a+b)$ 　 $\dfrac{2S}{h} = a + b$ 　 $\dfrac{2S}{h} - a = b$

37 $\dfrac{9}{5}$

解説 太郎のいる班(A班)の合計点は,
$5 \times a = 5a$(点)
花子のいる班(B班)の合計点は, $4 \times b = 4b$(点)
太郎と花子の2人が入れかわったとき, A班の合計点は, $5a - 72 + 68 = 5a - 4$(点)
よって, 平均点は $\dfrac{5a-4}{5}$(点)…①
B班の合計点は, $4b - 68 + 72 = 4b + 4$(点)
よって, 平均点は $\dfrac{4b+4}{4}$(点)…②
①と②が等しいので, $\dfrac{5a-4}{5} = \dfrac{4b+4}{4}$

$4(5a-4) = 5(4b+4)$
$20a - 16 = 20b + 20$
$20(a-b) = 36$ 　 $a - b = \dfrac{36}{20} = \dfrac{9}{5}$

38 **3つの連続する自然数のうち, 中央の自然数をnとすると, 最も小さい自然数は$n-1$, 最も大きい自然数は$n+1$と表される。**
このとき, 連続する3つの自然数の和は,
$(n-1) + n + (n+1)$
$= 3n$
nは自然数だから, $3n$は3の倍数である。
したがって, 連続する3つの自然数の和は3の倍数になる。

〈別解〉
連続する3つの自然数のうち, 最も小さい自然数をnとすると, 中央の自然数は$n+1$, 最も大きい自然数は$n+2$と表される。
このとき, 連続する3つの自然数の和は,
$n + (n+1) + (n+2)$
$= 3n + 3$
$= 3(n+1)$
$n+1$は自然数だから, $3(n+1)$は3の倍数である。
したがって, 連続する3つの自然数の和は3の倍数になる。

39 **千の位をa(aは1から9の自然数)，百の位をb(bは0から9の整数)で表すと，千の位と一の位が同じ数，百の位と十の位が同じ数の4けたの数は，$1000a+100b+10b+a$と表される。**

$1000a+100b+10b+a$
$=1001a+110b$
$=11(91a+10b)$
$91a+10b$は自然数だから，$11(91a+10b)$は11の倍数である。
したがって，千の位と一の位が同じ数，百の位と十の位が同じ数の4けたの数は，11の倍数である。

解説 千の位と一の位が同じ数，百の位と十の位が同じ数なので，それぞれ同じ文字で表すことができる。
11の倍数であることを示すために，11×(整数)と式を変形する。

40 (1) **$5n+2$**
(2) **小さい方の整数は$5n+2$だから，大きい方の整数は$(5n+2)+1=5n+3$**
2つの整数の和は，$(5n+2)+(5n+3)$
$=10n+5=5(2n+1)$となるから，
2つの整数の和は5の倍数になる。

解説
(1) 小さい方の整数を仮にxとすると，
$x\div5=n\cdots2$より，$\boldsymbol{x=5n+2}$となる。
(2) 5の倍数になることを示すためには，**5**でくくる。

41 (1) **$10a+5b+32$**
(2) **bは偶数なので，$5b$は10の倍数となり，nを自然数とすると，$10n$と表すことができる。**
よって，$10a+5b+32$
$=10a+10n+32$
$=10(a+n+3)+2$
となり，$a+n+3$は自然数だから，$10(a+n+3)$は10の倍数となり，一の位は2となる。
したがって，6段目の式の値の一の位の数は，いつも同じになる。

解説
(1) (5段目の左の□)
$=(3a+12)+(3a+b+6)$
$=6a+b+18$
(5段目の右の□)
$=(3a+b+6)+(a+3b+8)$
$=4a+4b+14$
よって，(6段目の□)
$=(6a+b+18)+(4a+4b+14)$
$=10a+5b+32$
(2) bは偶数なので，$5b$は10の倍数である。
$5b=10n$(nは自然数)と置き，
$10a+5b+32$
$=10a+10n+32$
$=\underbrace{10(a+n+3)}_{10の倍数}+2$
と変形すればよい。

42 (1) **$a=\frac{\ell}{2}-\frac{\pi b}{2}$　または　$a=\frac{\ell-\pi b}{2}$**
(2) **第1レーンの1周の道のりは**
$\{2a+\pi(b+0.4)\}$(m)･･･①
第4レーンの1周の道のりは
$\{2a+\pi(b+6.4)\}$(m)･･･②
②−①より，
$\{2a+\pi(b+6.4)\}-\{2a+\pi(b+0.4)\}$
$=6\pi$(m)
よって，第4レーンは第1レーンより，スタートラインの位置を6πm前に調整すればよい。

解説
(1) $\ell-\pi b=2a$
両辺を2でわって，
$\frac{\ell}{2}-\frac{\pi b}{2}=a$　または　$\frac{\ell-\pi b}{2}=a$

43 (1) **$3x^2$** (2) **$2x^2-x$**
(3) **$3x+y$** (4) **$-8x+5$**

解説
(1) $x(3x-2)+2x$
$=3x^2-2x+2x=3x^2$
(2) $(6x-3)\times\boldsymbol{\frac{1}{3}x}=6x\times\boldsymbol{\frac{1}{3}x}-3\times\boldsymbol{\frac{1}{3}x}$
$=2x^2-x$
(3) $(6x^2y+2xy^2)\boldsymbol{\div2xy}$
$=6x^2y\times\boldsymbol{\frac{1}{2xy}}+2xy^2\times\boldsymbol{\frac{1}{2xy}}=3x+y$
(4) $(24x^2y-15xy)\div(-3xy)$
$=\frac{24x^2y}{-3xy}-\frac{15xy}{-3xy}=-8x+5$

44 (1) $\boldsymbol{x^2-x-6}$ (2) $\boldsymbol{x^2+8x+16}$
(3) $\boldsymbol{25x^2-y^2}$ (4) $\boldsymbol{x^2-4}$
(5) $\boldsymbol{8a^2-28b^2}$

解説
(1) $(x+2)(x-3)=\boldsymbol{x^2+(2-3)x+2\times(-3)}$
$=x^2-x-6$
(2) $(x+4)^2$
$=\boldsymbol{x^2+2\times4\times x+4^2}=x^2+8x+16$
(3) $(5x+y)(5x-y)=\boldsymbol{(5x)^2-y^2}=25x^2-y^2$
(4) $\boldsymbol{(x+2)}^2-4\boldsymbol{(x+2)}$
$=\boldsymbol{(x+2)}(x+2-4)$
$=(x+2)(x-2)$
$=x^2-4$
(5) $\boldsymbol{(3a+2b)^2-(a+4b)(a+8b)}$
$=\boldsymbol{(9a^2+12ab+4b^2)-(a^2+12ab+32b^2)}$
$=8a^2-28b^2$

45 (1) $\boldsymbol{2ab(3a-2b-4)}$ (2) $\boldsymbol{(x-4)^2}$
(3) $\boldsymbol{(x+5)(x+7)}$ (4) $\boldsymbol{(x-3)(x+4)}$
(5) $\boldsymbol{(x-4)(x-6)}$ (6) $\boldsymbol{(x+2y)(x-2y)}$
(7) $\boldsymbol{3(x-5y)(x+3y)}$ (8) $\boldsymbol{(x-3)^2}$
(9) $\boldsymbol{(x+1)(x-2)}$ (10) $\boldsymbol{(x-1)(y+3)}$

解説
(1) $6a^2b-4ab^2-8ab$
$=\boldsymbol{2ab}\times3a-\boldsymbol{2ab}\times2b-\boldsymbol{2ab}\times4$
$=\boldsymbol{2ab}(3a-2b-4)$
(2) $x^2-8x+16=x^2-2\times\boldsymbol{4}\times x+\boldsymbol{4^2}$
$=(x-\boldsymbol{4})^2$
(3) $x^2+12x+35=x^2+(\boldsymbol{5}+\underline{7})x+\boldsymbol{5}\times\underline{7}$
$=(x+\boldsymbol{5})(x+\underline{7})$
(4) x^2+x-12
$=x^2+(\boldsymbol{-3}+\underline{4})x+(\boldsymbol{-3})\times\underline{4}$
$=(x\boldsymbol{-3})(x+\underline{4})$
(5) $x^2-10x+24$
$=x^2+(\boldsymbol{-4}\underline{-6})x+(\boldsymbol{-4})\times(\underline{-6})$
$=(x\boldsymbol{-4})(x\underline{-6})$
(6) x^2-4y^2
$=x^2-(\boldsymbol{2y})^2$
$=(x+\boldsymbol{2y})(x-\boldsymbol{2y})$
(7) $3x^2-6xy-45y^2=3(\boldsymbol{x^2-2xy-15y^2})$
$=3\{\boldsymbol{x^2+(-5y+3y)x+(-5y)\times3y}\}$
$=3(x-5y)(x+3y)$
(8) $(x-4)^2+2(x-2)-3$
$=x^2-8x+16+2x-4-3$
$=x^2-6x+9$
$=x^2-2\times\boldsymbol{3}\times x+\boldsymbol{3}^2$
$=(x-\boldsymbol{3})^2$
(9) $\boldsymbol{x+6=A}$とおくと,
$=\boldsymbol{A}^2-13\boldsymbol{A}+40$
$=(\boldsymbol{A}-5)(\boldsymbol{A}-8)$
よって, $(\boldsymbol{x+6}-5)(\boldsymbol{x+6}-8)$
$=(x+1)(x-2)$
<別解>
展開して整理してから因数分解する。
$(x+6)^2-13(x+6)+40$
$=x^2+12x+36-13x-78+40$
$=x^2-x-2$
$=(x+1)(x-2)$
(10) $\boldsymbol{x}y+3\boldsymbol{x}-y-3=\boldsymbol{x}(y+3)-(y+3)$
$\boldsymbol{y+3=A}$とおくと, $x\boldsymbol{A}-\boldsymbol{A}=\boldsymbol{A}(x-1)$
Aをもとに戻して, $(x-1)\boldsymbol{(y+3)}$

46 (1) **24** (2) **10000**

解説 式を整理したり,因数分解したりしてから代入すると計算が簡単になる。
(1) $(2a-5)^2-4a(a-3)$
$=4a^2-20a+25-4a^2+12a$
$=-8a+25$
$=-8\times\frac{1}{8}+25$
$=-1+25$
$=24$
(2) x^2+6x+9
$=(x+3)^2$
$=(97+3)^2$
$=100^2$
$=10000$

47 (1) **2499** (2) **9409** (3) **5000**

解説 展開や因数分解を利用すると計算が簡単になる。
(1) 51×49
$=(50+1)\times(50-1)$
$=50^2-1^2$
$=2500-1$
$=2499$
(2) 97^2
$=(100-3)^2$
$=100^2-2\times3\times100+3^2$
$=10000-600+9$
$=9409$

(3)　75^2-25^2
$=(75+25)\times(75-25)$
$=100\times50$
$=5000$

48 **もっとも小さい数をnとすると，中央の数は$n+1$，もっとも大きい数は$n+2$と表される。**
$(n+2)(n+1)-n(n+1)$
$=\{(n+2)-n\}(n+1)$
$=2(n+1)$
よって，もっとも大きい数と中央の数との積から，中央の数ともっとも小さい数との積をひいた差は，中央の数の2倍になる。

[解説] 問題文に沿って，式を立てて計算する。

49 **左上の数をnとおくと，右上の数は$n+1$，左下の数は$n+7$，右下の数は$n+8$と表される。**
よって，右上の数と左下の数の積から，左上の数と右下の数の積をひいた差は
$(n+1)(n+7)-n(n+8)$
$=(n^2+8n+7)-(n^2+8n)$
$=n^2+8n+7-n^2-8n$
$=7$
したがって，右上の数と左下の数の積から，左上の数と右下の数の積をひいた差は7になる。

[解説]
左上の数をnとおくと，正方形状に囲んだ4つの数は，右のように表せる。

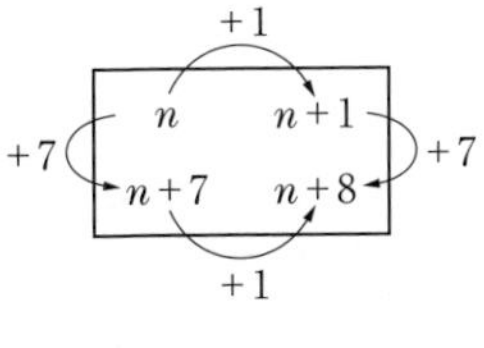

50 (1) (ア)**9枚**　(イ)**28cm**
(2) (ア)$2n-1$**(枚)**　(イ)$6n-2$**(cm)**
(3) n^2　(4) $2n^2-3n+1$**(cm)**

[解説]
(1) (ア)図より4番目の4段が7枚なので，
$7+2=9$
(イ)1番目から2番目は6cm増える。2番目から3番目，3番目から4番目も6cm増える。4番目が22cmなので，
$22+6=28$(cm)

(2) 表で考える。

(ア)

番目	1	2	3	4	…
枚数	1	3	5	7	…

奇数になっているので，n番目は
$(2n-1)$枚

(イ)

番目	1	2	3	4	…
長さ	4	10	16	22	…

変化の割合が一定なので，x番目で$y$cmとすると，1次関数と考えることができる。
$y=6x+b$とおくと，$x=1$，$y=4$より，
$4=6\times1+b$　$4=6+b$　$b=-2$
つまりn番目の周の長さは$(6n-2)$cm

(3) 図より，左部の一番上が1枚，右部の一番上が$(2n-1)$枚，合計$1+(2n-1)=2n$(枚)
$2n$枚がn段あるので，$2n\times n=2n^2$(枚)
その枚数を$\frac{1}{2}$倍すれば求められるので，
$2n^2\times\frac{1}{2}=n^2$(枚)

(4) (3)より，n番目の図形のカードの総数はn^2枚。カードを並べないときの周の長さの和は，
$4\times n^2=4n^2$(cm)
並べたときに，カードとカードの境目にならない辺は，図形の周の部分で，(2)(イ)より$6n-2$(cm)。
辺と辺が重なるので，求める長さの和は，
$\{4n^2-(6n-2)\}\div2=2n^2-3n+1$(cm)。

方程式 編 ▶ 51 ～ 77

51 (1) $\boldsymbol{x=-4}$ (2) $\boldsymbol{x=\frac{1}{4}}$ (3) $\boldsymbol{x=2}$

(4) $\boldsymbol{x=5}$ (5) $\boldsymbol{x=1}$ (6) $\boldsymbol{x=-\frac{8}{5}}$

(7) $\boldsymbol{x=20}$ (8) $\boldsymbol{x=8}$

解説

(1) $6x+17=-7 \qquad x=-4$

(2) $\mathbf{10}+7x=12\boldsymbol{-x}$

$7x\boldsymbol{+x}=12\mathbf{-10} \qquad x=\frac{1}{4}$

(3) $3(x+1)=-(2x-5)+8$

$3x\mathbf{+3}=\boldsymbol{-2x}+5+8$

$3x\boldsymbol{+2x}=5+8\mathbf{-3} \qquad x=2$

(4) $6x-5(2x-4)=x-5$

$6x-10x\mathbf{+20}=\boldsymbol{x}-5$

$6x-10x\boldsymbol{-x}=-5\mathbf{-20} \qquad x=5$

(5) $0.12x+0.05=0.1x+0.07$

$12x\mathbf{+5}=\boldsymbol{10x}+7$

$12x\boldsymbol{-10x}=7\mathbf{-5} \qquad x=1$

(6) $\frac{1}{2}x-\frac{2}{3}=\frac{2}{3}(2x+1)$

$3x-4=4(2x+1)$

$3x\mathbf{-4}=\boldsymbol{8x}+4$

$3x\boldsymbol{-8x}=4\mathbf{+4} \qquad x=-\frac{8}{5}$

(7) $120x\mathbf{-600}=3000\boldsymbol{-60x}$

$120x\boldsymbol{+60x}=3000\mathbf{+600} \qquad x=20$

(8) $1.2(2x-1)=1.9x+2.8$

$12(2x-1)=19x+28$

$24x\mathbf{-12}=\boldsymbol{19x}+28$

$24x\boldsymbol{-19x}=28\mathbf{+12} \qquad x=8$

52 $\boldsymbol{a=8}$

解説 $\boldsymbol{x=-2}$を代入する。

$$\frac{\mathbf{-2}+a}{2}=\frac{\mathbf{-2}-a}{5}+5$$

$(-2+a)\times5=(-2-a)\times2+50$

$-10+5a=-4-2a+50$

$7a=56 \qquad a=8$

53 **9部屋，61人**

解説 部屋の数をxとおく。

$\boldsymbol{6x+7=7x-2}$

$6x-7x=-2-7 \qquad x=9$(部屋)

生徒の人数は，$\left\{\begin{array}{l}6\times9+7\\7\times9-2\end{array}\right.=61$ (人)

54 (1) $\boldsymbol{\frac{x}{4}}$(%) (2) $\boldsymbol{x=8}$

解説

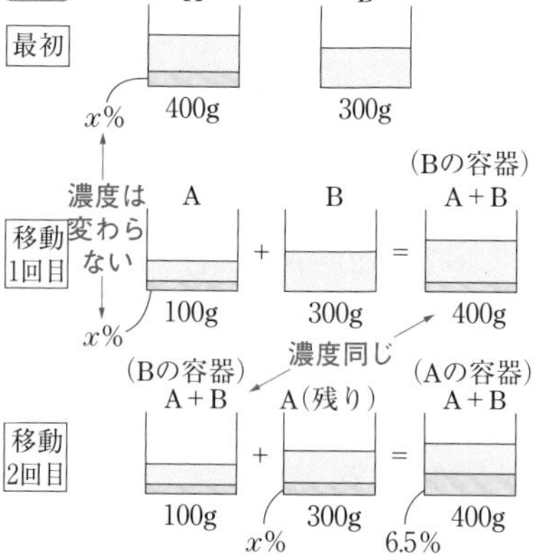

(1) 移動1回目のAに入っている食塩の量は，$100\times\frac{x}{100}=x$(g)

A＋B(Bの容器)に入っている食塩の量は，$x+0=\boldsymbol{x}$**(g)**。$x\div400\times100=\frac{x}{4}$(%)

(2) 移動2回目のA＋B(Bの容器)の食塩の量は，

$100\times\frac{\frac{x}{4}}{100}=\boldsymbol{\frac{x}{4}}$(g)。A(残り)の食塩の量は，

$300\times\frac{x}{100}=\boldsymbol{3x}$(g)。A＋B(Aの容器)の食塩の量は，$400\times\frac{6.5}{100}=\mathbf{26}$(g)

$\boldsymbol{\frac{x}{4}+3x=26}$

$x+12x=104 \qquad x=8$(%)

55 **分速20m**

解説 川の流れの速さを分速x(m)とする。

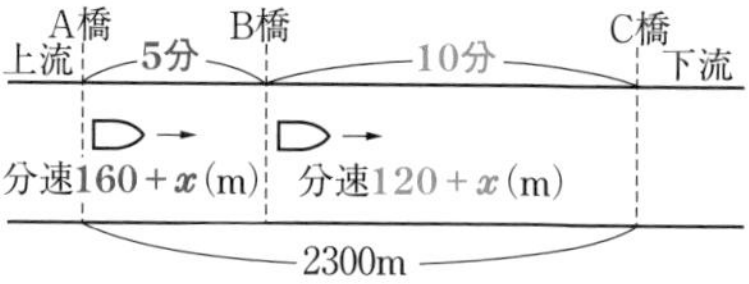

A橋からB橋…$(\mathbf{160}+\boldsymbol{x})\times\mathbf{5}=800+5x$(m)…①

B橋からC橋…$(120+x)\times\mathbf{10}=1200+10x$(m)…②

①＋②＝ $2000+15x$(m)となる。

$2000+15x=2300 \qquad x=20$(m/分)

56 **960mL**

解説 水筒に入っていた水の量をx(mL)とする。

$(x-150)\times\frac{8}{9}=\frac{3}{4}x$

$\frac{8}{9}x-\frac{1200}{9}=\frac{3}{4}x$

$32x-4800=27x \quad x=960$(mL)

57 2500円

解説 この商品の原価をx(円)とする。定価は $(1+0.2)x=1.2x$(円)。

売った値段は, $1.2x\times(1-0.1)=1.08x$(円)。

利益は, $1.08x-x=0.08x$(円)。

$0.08x=200 \quad x=2500$(円)

58 毎分180m

解説 Aの速さを毎分xmとする。

3分で出会うまでに2人が走った距離は,

$(x+120)\times3=\mathbf{3x+360}$(m)……①

題意からAの方が速いので1分間で走った距離の差は, $x-120$(m)。1周分の長さは,

$(x-120)\times15=\mathbf{15x-1800}$(m)…②

①と②は等しいので,

$\mathbf{3x+360}=\mathbf{15x-1800} \quad x=180$

59 45

解説 もとの自然数の十の位の数をxとする。

$(10x+5)+9=50+x$

$10x+14=50+x \quad x=4$

もとの自然数は, $10\times4+5=45$

60 5L

解説 水槽Aから水槽Bに水をxL移すとすると, 水槽Aは$20-x$(L), 水槽Bは$20+x$(L)となるから,

$(20-x):(20+x)=3:5$

$5(20-x)=3(20+x)$

$100-5x=60+3x$

$-8x=-40$

$x=5$

61 40分後

解説 水槽の水の量をaLとすると, 蛇口Aからの注水速度は毎分$\frac{a}{90}$L, 蛇口Bからの注水速度は毎分$\frac{a}{120}$Lとなる。

水を入れ始めてからx分後に, 蛇口Bから毎分出る水の量を半分にしたとすると,

$\left(\frac{a}{90}+\frac{a}{120}\right)x+\left(\frac{a}{90}+\frac{a}{120\times2}\right)\times5+$

$\left(\frac{a}{90\times2}+\frac{a}{120\times2}\right)\times(60-x-5)=a$

$a>0$より, 両辺をaで割ると,

$\left(\frac{1}{90}+\frac{1}{120}\right)x+\left(\frac{1}{90}+\frac{1}{240}\right)\times5+$

$\left(\frac{1}{180}+\frac{1}{240}\right)\times(60-x-5)=1$

両辺に720をかけて整理すると,

$14x+55+7(60-x-5)=720$

$7x=280$

$x=40$

62 (1) $\boldsymbol{x=3,\ y=5}$ (2) $\boldsymbol{x=2,\ y=1}$

(3) $\boldsymbol{x=6,\ y=\frac{11}{3}}$ (4) $\boldsymbol{x=\frac{2}{3},\ y=-\frac{5}{3}}$

(5) $\boldsymbol{x=\frac{167}{23},\ y=\frac{4}{23}}$

(6) $\boldsymbol{x=-2,\ y=-1}$

(7) $\boldsymbol{x=5,\ y=8}$ (8) $\boldsymbol{x=3,\ y=4}$

(9) $\boldsymbol{x=\frac{4}{5},\ y=\frac{11}{5}}$

(10) $\boldsymbol{x=13,\ y=-11,\ z=6}$

(11) $\boldsymbol{x=-1,\ y=-1}$ (12) $\boldsymbol{x=-2,\ y=1}$

解説

(1) $\begin{cases}2x+3y=21\cdots\cdots①\\4x-2y=2\ \cdots\cdots②\end{cases}$

①×2−②

$$\begin{array}{rr} & 4x+6y=42\\ -) & 4x-2y=2\\ \hline & 8y=40\end{array}\quad y=5$$

これを①に代入して

$2x+3\times5=21$

$2x+15=21 \quad x=3$

(2) $\begin{cases}2x-y=3\cdots\cdots①\\x+2y=4\cdots\cdots②\end{cases}$

①×2＋②

$$\begin{array}{rr} & 4x-2y=6\\ +) & x+2y=4\\ \hline & 5x\qquad=10\end{array}\quad x=2$$

これを①に代入して

$2\times2-y=3 \quad y=1$

(3) $\begin{cases}x=3y-5\ \cdots\cdots①\\2x-3y=1\cdots\cdots②\end{cases}$

①を②に代入して

$2(3y-5)-3y=1$

$6y-10-3y=1 \quad y=\frac{11}{3}$

これを①に代入して

$x=3\times\frac{11}{3}-5=6$

(4) $\begin{cases} 4x+y=1 \cdots\cdots ① \\ 5x-y=5 \cdots\cdots ② \end{cases}$

①＋②より　$9x=6$　$x=\frac{2}{3}$

これを①に代入して

$4\times\frac{2}{3}+y=1$　$y=-\frac{5}{3}$

(5) $\begin{cases} 0.2x-0.3y=1.4 \cdots\cdots ① \\ 0.3x+0.7y=2.3 \cdots\cdots ② \end{cases}$

①，②のそれぞれに10をかけて

$\begin{cases} 2x-3y=14 \cdots\cdots ③ \\ 3x+7y=23 \cdots\cdots ④ \end{cases}$

③×3－④×2

$$\begin{array}{rr} & 6x-\ \ 9y=42 \\ -) & 6x+14y=46 \\ \hline & -23y=-4 \end{array}$$
$y=\frac{4}{23}$

これを③に代入して

$2x-3\times\frac{4}{23}=14$　$x=\frac{167}{23}$

(6) $\begin{cases} 0.15x+0.07y=-0.37 \cdots\cdots ① \\ 0.24x-0.65y=0.17 \cdots\cdots ② \end{cases}$

①，②に100をかけて

$\begin{cases} 15x+7y=-37 \cdots\cdots ③ \\ 24x-65y=17 \cdots\cdots ④ \end{cases}$

③×8－④×5

$$\begin{array}{rr} & 120x+\ \ 56y=-296 \\ -) & 120x-325y=\ \ \ 85 \\ \hline & 381y=-381 \end{array}$$
$y=-1$

これを③に代入して

$15x+7\times(-1)=-37$

$15x=-37+7$　$x=-2$

(7) $\begin{cases} \frac{2x-y}{2}+1=2 \cdots\cdots ① \\ \frac{2y-1}{3}=x \cdots\cdots ② \end{cases}$

①×2，②×3

$\begin{cases} 2x-y+2=4 \\ 2y-1=3x \end{cases}$

整理して

$\begin{cases} 2x-y=2 \cdots\cdots ③ \\ 3x-2y=-1 \cdots\cdots ④ \end{cases}$

③×3－④×2

$$\begin{array}{rr} & 6x-3y=\ \ 6 \\ -) & 6x-4y=-2 \\ \hline & y=8 \end{array}$$

これを③に代入して

$2x-8=2$　$x=5$

(8) $\begin{cases} \frac{y-1}{3}-2x=-5 \cdots\cdots ① \\ x-11=-2y \cdots\cdots ② \end{cases}$

①×3より

$y-1-6x=-15$

整理して　$6x-y=14 \cdots\cdots ③$

②を整理して　$x+2y=11 \cdots ④$

③×2＋④

$$\begin{array}{rr} & 12x-2y=28 \\ +) & x+2y=11 \\ \hline & 13x\ \ \ \ \ \ \ =39 \end{array}$$
$x=3$

これを③に代入して

$6\times3-y=14$　$y=4$

(9) $5x-y=3x+2y-5=x+1$

$\begin{cases} 5x-y=x+1 \cdots\cdots ① \\ 3x+2y-5=x+1 \cdots\cdots ② \end{cases}$

①，②を整理して，

$\begin{cases} 4x-y=1 \cdots\cdots ③ \\ 2x+2y=6 \cdots\cdots ④ \end{cases}$

③×2＋④

$$\begin{array}{rr} & 8x-2y=2 \\ +) & 2x+2y=6 \\ \hline & 10x\ \ \ \ \ \ \ =8 \end{array}$$
$x=\frac{4}{5}$

これを③に代入して

$4\times\frac{4}{5}-y=1$　$y=\frac{11}{5}$

(10) $\begin{cases} x+y=2 \cdots\cdots ① \\ 3x+y+z=34 \cdots\cdots ② \\ y=-2z+1 \cdots\cdots ③ \end{cases}$

③を①に代入して

$x-2z+1=2$

$x-2z=1 \cdots ④$

③を②に代入して

$3x-2z+1+z=34$

$3x-z=33 \cdots ⑤$

④×3－⑤

$$\begin{array}{rr} & 3x-6z=\ \ 3 \\ -) & 3x-\ \ z=33 \\ \hline & -5z=-30 \end{array}$$
$z=6$

これを④に代入して

$x-2\times6=1$　$x=13$

これを①に代入して

$13+y=2$　$y=-11$

(11) $\begin{cases} 6x-(2y-1)=-3 \cdots\cdots ① \\ 3(2x+1)-4y=1 \cdots\cdots ② \end{cases}$

①，②のかっこをはずして

$\begin{cases} 6x-2y+1=-3 \\ 6x+3-4y=1 \end{cases}$

それぞれ整理して

$\begin{cases} 6x-2y=-4 \cdots\cdots ③ \\ 6x-4y=-2 \cdots\cdots ④ \end{cases}$

③－④

$$\begin{array}{rl} & 6x-2y=-4 \\ -) & 6x-4y=-2 \\ \hline & 2y=-2 \end{array} \quad y=-1$$

これを③に代入して

$6x-2\times(-1)=-4$

$6x+2=-4 \quad x=-1$

(12) $\begin{cases} 2(2x+3y)-8x=14 \cdots\cdots ① \\ 4(x+2y)-3(x-y)=9 \cdots ② \end{cases}$

①，②のかっこをはずして

$\begin{cases} 4x+6y-8x=14 \\ 4x+8y-3x+3y=9 \end{cases}$

それぞれ整理して

$\begin{cases} 4x-6y=-14 \cdots\cdots ③ \\ x+11y=9 \quad \cdots\cdots ④ \end{cases}$

③－④×4

$$\begin{array}{rl} & 4x-6y=-14 \\ -) & 4x+44y=36 \\ \hline & -50y=-50 \end{array} \quad y=1$$

これを④に代入して

$x+11=9 \quad x=-2$

63 $a=3$，$b=2$

解説 2つの式に$x=1$，$y=2$をそれぞれ代入する。

$\begin{cases} a-4b=-5 \cdots\cdots ① \\ b+2a=8 \quad \cdots\cdots ② \end{cases}$

①を変形して　$a=4b-5 \cdots ③$

③を②に代入して

$b+2(4b-5)=8$

$b+8b-10=8 \quad b=2$

これを③に代入して　$a=4\times2-5=3$

64 $a=3$，$b=6$

解説 a，bの入っていない2式から，x，yを求める。

$\begin{cases} x-2y=9 \cdots ① \\ 3x+y=13 \cdots ② \end{cases}$

①＋②×2

$$\begin{array}{rl} & x-2y=9 \\ +) & 6x+2y=26 \\ \hline & 7x \quad =35 \end{array} \quad x=5 \cdots ③$$

これを①に代入して

$5-2y=9 \quad y=-2 \cdots ④$

③と④を残りの2式に代入して

$\begin{cases} 5a-8=7 \cdots\cdots ⑤ \\ 10-2b=-2 \cdots ⑥ \end{cases}$

⑤より$5a=15 \quad a=3$

⑥より$-2b=-12 \quad b=6$

65 大人600円，子ども200円

解説 大人x円，子どもy円とする。

$\begin{cases} \boldsymbol{2x+3y=1800} \cdots\cdots ① \\ \boldsymbol{4x+y=2600} \quad \cdots\cdots ② \end{cases}$

①×2－②

$$\begin{array}{rl} & 4x+6y=3600 \\ -) & 4x+\ \ y=2600 \\ \hline & 5y=1000 \end{array} \quad y=200$$

これを①に代入して

$2x+3\times200=1800 \quad x=600$

66 $x=\frac{5}{2}$

解説 正しい計算の結果をyとする。

$\boldsymbol{y=(x+2)\times4} \cdots\cdots ①$

間違って計算した結果は5小さいので，

$\boldsymbol{(x+4)\times2=y-5} \cdots ②$

①，②より

$\begin{cases} y=4x+8 \quad \cdots\cdots ③ \\ 2x-y=-13 \cdots\cdots ④ \end{cases}$

③を④に代入して

$2x-(4x+8)=-13$

$2x-4x-8=-13 \quad x=\frac{5}{2}$

67 $a=3$，$b=6$

解説 $\begin{cases} \boldsymbol{a+b=9} \cdots ① \\ \boldsymbol{\frac{a}{6}+\frac{b}{4}=2} \cdots ② \end{cases}$

①×2－②×12

$$\begin{array}{rl} & 2a+2b=18 \\ -) & 2a+3b=24 \\ \hline & -b=-6 \\ & b=6 \end{array}$$

これを①に代入して

$a=9-6=3$

68 C…8000枚，D…7500枚

解説

Cの午前中の1時間あたりの印刷枚数…x枚

Dの午前中の1時間あたりの印刷枚数…y枚

午前中（2時間）の印刷枚数

C…$2x$(枚)　D…$2y$(枚)

午後(2時間)の印刷枚数

C…$(1+0.1)x\times 2=2.2x$(枚)

D…$(1+0.2)y\times 2=2.4y$(枚)

午後(1時間)の印刷枚数

C…$(1+0.3)x\times 1=1.3x$(枚)

$\boldsymbol{2x=2y+1000}$…①

$\boldsymbol{2x+2y+2.2x+2.4y+1.3x=77000}$

整理して，両辺を1.1でわると

$5x+4y=70000$…②

①を変形して

$2x-2y=1000$ …③

②＋③×2

$$\begin{array}{rl} & 5x+4y=70000 \\ +) & 4x-4y=\ \ 2000 \\ \hline & 9x\qquad =72000 \\ & x=8000\text{(枚)} \end{array}$$

これを①に代入して

$2\times 8000=2y+1000$

$y=7500$(枚)

69 B…6%，C…12%

解説 Bの食塩水の濃度をx(%)，Cの食塩水の濃度をy(%)とおく。

$480\times\frac{x}{100}+240\times\frac{y}{100}=(480+240)\times\frac{8}{100}$…①

$240\times\frac{x}{100}+480\times\frac{y}{100}=(240+480)\times\frac{10}{100}$…②

①，②を整理して，

$\begin{cases}2x+y=24\text{…③}\\x+2y=30\text{…④}\end{cases}$

③，④より，$x=6$，$y=12$

70 (1) $\begin{cases}\frac{3}{5}x+\frac{1}{2}y=25\\ \frac{2}{5}x+\frac{1}{5}y=14\end{cases}$ **または** $\begin{cases}6x+5y=250\\2x+y=70\end{cases}$

(2) **B…25kg，C…20kg**

解説

	鉛	すず	亜鉛	計
B	$\frac{3}{5}x$	$\frac{2}{5}x$	／	x(kg)
C	$\frac{5}{10}y$	$\frac{2}{10}y$	$\frac{3}{10}y$	y(kg)
計	25(kg)	14(kg)	／	

(1) $\begin{cases}\frac{3}{5}x+\frac{5}{10}y=25\\ \frac{2}{5}x+\frac{2}{10}y=14\end{cases}$

これを整理して

$\begin{cases}6x+5y=250\text{……①}\\2x+y=70\ \text{……②}\end{cases}$

(2) ①－②×3

$$\begin{array}{rl} & 6x+5y=250 \\ -) & 6x+3y=210 \\ \hline & 2y=\ 40 \\ & y=\ 20 \end{array}$$

これを②に代入して

$x=25$

71 B町…2878人，C町…3622人

解説

昨年のB町とC町の人口をそれぞれx人とy人とする。

	B町	C町	計
昨年	x	y	6500(人)
今年の転出	$x\times 0.025$	$y\times 0.04$	／
今年の転入	$y\times 0.04$	$x\times 0.025$	／

昨年の人口から，

$x+y=6500$…①

B町の今年の人口をx，yで表すと，

$x-0.025x+0.04y$(人)

B町の人口は78人増加したから，

$(x-0.025x+0.04y)-x=78$

$-0.025x+0.04y=78$…②

①×5＋②×200

$$\begin{array}{rl} & 5x+5y=32500 \\ +) & -5x+8y=15600 \\ \hline & 13y=48100 \\ & y=3700 \end{array}$$

これを①に代入して

$x=2800$

よって，B町の今年の人口は，

$2800+78=2878$(人)

C町の今年の人口は，

$3700-78=3622$(人)

72 (1) $\boldsymbol{x=0,\ x=1}$　(2) $\boldsymbol{x=-3,\ x=1}$

(3) $\boldsymbol{x=-3,\ x=-8}$　(4) $\boldsymbol{x=4}$

(5) $\boldsymbol{x=10\pm\sqrt{79}}$　(6) $\boldsymbol{x=-3\pm\sqrt{5}}$

(7) $\boldsymbol{x=-2\pm\sqrt{2}}$　(8) $\boldsymbol{x=\frac{5}{2},\ x=-\frac{3}{2}}$

(9) $\boldsymbol{x=2\pm\sqrt{11}}$　(10) $\boldsymbol{x=-3\pm\sqrt{6}}$

(11) $\boldsymbol{x=\frac{1\pm\sqrt{5}}{2}}$　(12) $\boldsymbol{x=-2,\ x=3}$

解説

(1) $x^2-x=0$　$x(x-1)=0$　$x=0,\ x=1$

(2) $(x+3)(x-1)=0$　　$x=-3,\ 1$

(3) $(x+3)(x+8)=0$　　$x=-3,\ -8$

(4) $x^2-8x+16=0$　$(x-4)^2=0$　$x=4$

(5) $x^2-20x+21=0$

$x=\frac{-(-20)\pm\sqrt{400-4\times1\times21}}{2\times1}$

$=\frac{20\pm\sqrt{316}}{2}=\frac{20\pm2\sqrt{79}}{2}=10\pm\sqrt{79}$

(6) $x^2+6x+4=0$

$x=\frac{-6\pm\sqrt{36-4\times1\times4}}{2\times1}=\frac{-6\pm\sqrt{20}}{2}$

$=-3\pm\sqrt{5}$

(7) $x+2=\pm\sqrt{2}$　$x=-2\pm\sqrt{2}$

(8) $2x-1=\pm4$　$2x=5,\ 2x=-3$

$x=\frac{5}{2},\ x=-\frac{3}{2}$

(9) $x=\frac{-(-4)\pm\sqrt{16-4\times1\times(-7)}}{2\times1}$

$=\frac{4\pm\sqrt{44}}{2}=\frac{4\pm2\sqrt{11}}{2}=2\pm\sqrt{11}$

(10) $x=\frac{-6\pm\sqrt{36-4\times1\times3}}{2\times1}$

$=\frac{-6\pm2\sqrt{6}}{2}=-3\pm\sqrt{6}$

(11) $x^2+2x-3=3x-2$

$x^2-x-1=0$

$x=\frac{-(-1)\pm\sqrt{(-1)^2-4\times1\times(-1)}}{2\times1}$

$=\frac{1\pm\sqrt{5}}{2}$

(12) $x-2=X$とおくと，$X^2+3X-4=0$

$(X+4)(X-1)=0$

$X=-4,\ X=1$

$x-2=-4,\ x-2=1$

$x=-2,\ x=3$

73 (1) $\boldsymbol{a=\frac{5}{2},\ 3}$　(2) $\boldsymbol{a=-4,\ b=5}$

解説

(1) $x=a$を代入して，$a^2+(a-11)a+15=0$

$2a^2-11a+15=0$

$a=\frac{11\pm\sqrt{121-120}}{2\times2}=\frac{11\pm1}{4}=\frac{5}{2},\ 3$

(2) $x=3$を代入

$18+3a-6=0$　$a=-4$

$2x^2-4x-6=0$　$x^2-2x-3=0$

$(x-3)(x+1)=0$　$x=3,\ x=-1$

$x^2+bx-a=0$に$a=-4,\ x=-1$を代入

$(-1)^2-b+4=0$　$b=5$

74 (1) **5，11**　(2) **5，7，9**

解説

(1) 大をxとおくと，小は$x-6$とおける。

$(x-6)^2=x\times2+3$

$x^2-14x+33=0$

$(x-3)(x-11)=0$

$x=3,\ 11$

$x=3$のとき，小さい方の数は負になってしまう。

よって，$x=11$…大

$11-6=5$ ………小

(2) 連続する正の3つの奇数を$n-2,\ n,\ n+2$とおくと，

$(n-2)(n+2)=4n+17$

$n^2-4=4n+17$

$n^2-4n-21=0$

$(n-7)(n+3)=0$　　$n=7,\ -3$

nは正の奇数なので，$n=7$

よって，連続する3つの正の奇数は5，7，9

75 (1) $\boldsymbol{(-x^2+9x)\text{cm}^2}$　(2) $\boldsymbol{2,\ \frac{11}{3}}$

解説 (1)

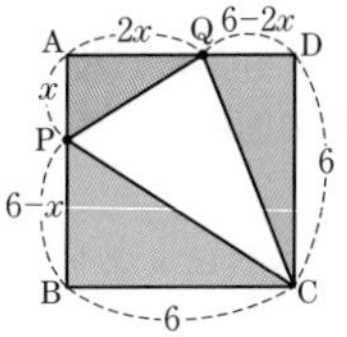

正方形ABCDから△APQ，△BCP，△QCDをひく。

$36-\left\{\frac{2x^2}{2}+\frac{6(6-x)}{2}+\frac{6(6-2x)}{2}\right\}$

$=36-x^2+9x-36$

$=-x^2+9x$

(2) △CPQは，点Qが点Dに到達した時に最大(3秒後，18cm²)となり，面積が14cm²になるときは，QがAD上にある時とDC上にある時の2回ある。

(点QがAからDに移動している間は面積が増加し，Dを通過後面積は減少し，Cに到達すると面積は0になる。)

(i)点QがAD上にある時（$0\leqq x\leqq3$）

(1)より△CPQ$=-x^2+9x$

$-x^2+9x=14$より，$x^2-9x+14=0$

$(x-2)(x-7)=0$

$x=2,\ 7$

$0 \leqq x \leqq 3$より，$x=2$

(ii)点QがDC上にある時（$\boldsymbol{3 \leqq x \leqq 6}$）

$DQ=2x-AD=2x-6$

$QC=6-(2x-6)=12-2x$

$\triangle CPQ=(12-2x)\times 6\div 2=36-6x$

$36-6x=14$より　$x=\frac{11}{3}$

（これは，$3 \leqq x \leqq 6$をみたす）

76 2cm

解説 切り取る予定だった正方形の1辺の長さをx(cm)とする。

《正しい方》の体積は，

$(10-2x)\times(8-2x)\times x$

$=\boldsymbol{4x^3-36x^2+80x}$ ………①

《誤っている方》の体積は，

$(10-2x-2)\times(8-2x-2)(x+1)$

$=(8-2x)\times(6-2x)\times(x+1)$

$=\boldsymbol{4x^3-24x^2+20x+48}$ …②

①－②が24(cm^3)だから，

$-12x^2+60x-48=24$

$x^2-5x+6=0$　$(x-2)(x-3)=0$

$x=2,\ x=3$　$0<x<3$より，$x=2$

77 (1)タイル A. $2n^2$ 枚，
タイル B. $8n+7$(枚)
(2) 25 番目の図形

解説

(1) タイル A の枚数は n 番目の図形では

$n^2\times 2=2n^2$（枚）

タイル B は 1 番目の図形 15 枚から 8 枚ずつ多くなっていくことがわかるので，n 番目の図形では，

$15+8(n-1)=8n+7$(枚)

(2) タイル A の枚数がタイル B の枚数より 1043 枚多くなるときは，

$2n^2=(8n+7)+1043$

となる。これを解くと，

$2n^2-8n-1050=0$　$n^2-4n-525=0$

$(n-25)(n+21)=0$

$n>0$より，$n=25$(番目)

関数 編

78 ～99

78 $y=15-x$

解説 周の長さ(縦2本と横2本)が30(cm)だから，縦1本と横1本の長さの和は15(cm)

よって，横(1本)の長さは，$(15-x)$cm

79 －14

解説 yはxに比例するから，$\boldsymbol{y=ax}$とおく。

この式に$x=4,\ y=-8$を代入して，$\boldsymbol{a=-2}$

$\boldsymbol{y=-2x}$に$x=7$を代入して，$y=-14$

80 $y=-\frac{8}{x}$，ア　$-\frac{1}{2}$

解説 yはxに反比例するから，$\boldsymbol{y=\frac{a}{x}}$とおく。

この式に，$x=4,\ y=-2$を代入して，$\boldsymbol{a=-8}$

よって，$\boldsymbol{y=-\frac{8}{x}}$

この式に$y=16$を代入して，$x=-\frac{1}{2}$

81 (1) ($y=$)12　(2) ($y=$)6

解説

(1) yはxに比例するから，$\boldsymbol{y=ax}$と書ける。

この式に$x=6,\ y=24$を代入して$\boldsymbol{a=4}$

$\boldsymbol{y=4x}$に$x=3$を代入して，$y=12$

(2) yはxに反比例するから，$\boldsymbol{y=\frac{a}{x}}$と書ける。

この式に$x=3,\ y=8$を代入して，$\boldsymbol{a=24}$

$\boldsymbol{y=\frac{24}{x}}$に$x=4$を代入して，$y=6$

82 $y=108x$

解説 砂糖の量はジュースの量に比例するから，$\boldsymbol{y=ax}$とおく。この式に$\boldsymbol{x=0.5}$

$\boldsymbol{y=54}$を代入して，$\boldsymbol{a=108}$

よって，$\boldsymbol{y=108x}$

83 ①

解説

① $x\times y=6$より，$\boldsymbol{y=\frac{6}{x}}$　② $y=120x$

③ $y=10-3x$　④ $y=\pi x^2$

84 ア：お茶の量を10%増量するから，
100×(1＋0.1)＝110(g)
つまり，110gを550円で売ることになるので，1gあたり5円。

イ：定価の10%引きだから，
$550\times(1-0.1)=495$(円)
つまり，100gを495円で売ることになるので，1gあたり4.95円。
したがって，同じ量を売るときアの方が売り上げ金は多い。

解説
1gあたりの値段を求めて比べる。

85 (1) $4\leqq y\leqq 20$
(2) 2点C, Dの座標をC$(0, a)$, D$(0, -a)$とすると，
平行四辺形ADBC＝△ADC＋△BDC
よって，$\frac{1}{2}\times 2a\times 10+\frac{1}{2}\times 2a\times 10=85$
これを解くと，$a=\frac{17}{4}$
したがって，C$\left(0,\ \frac{17}{4}\right)$，D$\left(0,\ -\frac{17}{4}\right)$

解説
(1) $y=\frac{20}{x}$に$x=5$，$x=1$を代入する。
(2) 線分CDは平行四辺形の対角線なので，ともに点Oからの距離が等しいことから，C$(0,\ a)$，D$(0,\ -a)$とおける。
また，反比例のグラフは原点を中心として点対称だから，B$(10,\ 2)$である。

86 150秒

解説 電子レンジの出力がxWのとき，加熱時間をy秒とする。yはxに反比例するから，$y=\frac{a}{x}$…①とおく。
表から，$x=500$のとき，$y=240$だから，
①に代入して，$240=\frac{a}{500}$
$a=240\times500=120000$
$x=800$を$y=\frac{120000}{x}$に代入して，
$y=\frac{120000}{800}=150$(秒)

87 (1) $y=4x-14$ (2) $y=\frac{1}{2}x+3$
(3) $y=\frac{1}{3}x-6$ (4) $y=-3x-4$

解説
(1) $y=4x+b$に，$x=3$，$y=-2$を代入して，$-2=12+b$　$b=-14$
よって，$y=4x-14$
(2) $y=ax+b$に，$x=-2$，$y=2$を代入して，$2=-2a+b$…①
$x=2$，$y=4$を代入して，$4=2a+b$…②
①，②を連立方程式として解くと，
$a=\frac{1}{2}$，$b=3$　よって，$y=\frac{1}{2}x+3$
(3) $y=\frac{1}{3}x+b$に，$x=3$，$y=-5$を代入して，
$-5=1+b$　$b=-6$　よって，$y=\frac{1}{3}x-6$
(4) $y=ax+b$に，$x=0$，$y=-4$を代入して，$-4=0+b$…①
$x=-3$，$y=5$を代入して，
$5=-3a+b$…②
①，②を連立方程式として解くと，
$a=-3$，$b=-4$　よって，$y=-3x-4$

88 (1) -3 (2) $(a=)2$，$(b=)-4$
(3) $-\frac{3}{2}$ (4) 15 (5) 5

解説
(1) $\frac{-4-4}{m-1}=2$より，$-8=2(m-1)$
よって，$m=-3$
(2) $x=1$，$y=-2$を$y=ax+b$に代入して，
$-2=a+b$…①
$a=\frac{4}{2}=2$を①に代入して，$-2=2+b$
よって，$b=-4$
(3) $x=-4$を$y=\frac{12}{x}$に代入して，$y=-3$
$x=-2$を$y=\frac{12}{x}$に代入して，$y=-6$
(変化の割合)$=\frac{(y\text{の増加量})}{(x\text{の増加量})}=\frac{-6-(-3)}{-2-(-4)}=-\frac{3}{2}$
(4) $y=-\frac{1}{2}x+b$に，$x=5$，$y=2$を代入して，
$2=-\frac{5}{2}+b$　よって，$b=\frac{9}{2}$
$y=-\frac{1}{2}x+\frac{9}{2}$に$y=-3$を代入して，
$x=15$
(5) $x=3$をそれぞれの式に代入して，
$$\begin{cases} y=3+a & \cdots① \\ y=3a-1 & \cdots② \end{cases}$$
①，②を連立方程式として解くと，
$a=2$，$y=5$

89 (1) (線分OA) $y=50x\ (0\leqq x\leqq 1)$
(線分AB) $y=50\ (1\leqq x\leqq 3)$
(線分BC) $y=-50x+200\ (3\leqq x\leqq 4)$
(2) $y=mx+m+1$ (3) $-\frac{1}{5}\leqq m<\frac{49}{2}$

解説

(1) グラフより，線分OAは$y=50x$ $(0\leqq x\leqq 1)$
線分ABは$y=50$ $(1\leqq x\leqq 3)$
線分BCは$y=-50x+b$とおいてこの式に$(3,\ 50)$を代入して，$50=-150+b$
$b=200$
よって，$y=-50x+200(3\leqq x\leqq 4)$

(2) $y=mx+b$に，$x=-1$，$y=1$を代入して，
$1=-m+b$
$b=1+m$より，$y=mx+m+1$

(3) (2)のグラフが$(1,\ 50)$を通るとき，
$50=m+m+1$　$2m=49$
よって，$\boldsymbol{m=\frac{49}{2}}$
(2)のグラフが$(4,\ 0)$を通るとき，
$0=4m+m+1$　$5m=-1$
よって，$\boldsymbol{m=-\frac{1}{5}}$
よって求める範囲は，$-\frac{1}{5}\leqq m<\frac{49}{2}$

90 (1) $\boldsymbol{a=-5}$　(2) $\mathbf{C(1,\ 5)}$
(3) $\boldsymbol{y=\frac{5}{3}x+\frac{10}{3}}$

解説

(1) $x=2$，$y=0$を$y=ax+10$に代入して，
$2a+10=0$　　よって，$a=-5$

(2) $y=x+4$と$y=-5x+10$の連立方程式を解く。

(3) $y=x+4$で$y=0$のとき$x=-4$だから，
$A(-4,\ 0)$，$B(2,\ 0)$である。$AB=6$となるから，ABを3等分する点をとると，
$D\ (-2,\ 0)$，$O(0,\ 0)$
直線CD，COが△ABCの面積を3等分する。切片が正の数となる直線はCDなので，$C(1,\ 5)$，$D(-2,\ 0)$より，傾きは$\frac{5}{3}$
Dの座標$x=-2$，$y=0$を$y=\frac{5}{3}x+b$に代入して，$0=\frac{5}{3}\times(-2)+b$，$b=\frac{10}{3}$
よって，求める直線の式は，$y=\frac{5}{3}x+\frac{10}{3}$

91 (1) $\boldsymbol{y=26x+1400}$
(2) ①$\boldsymbol{y=20x+2000}$　②$\boldsymbol{y=24x+1520}$
③$\boldsymbol{y=27x+620}$
(3) **100kWh,780kWh**

解説

(1) 基本料金が1400円で，使用料金は1kWhあたり26円で一定だから，yはxの1次関数になる。1か月あたりの電気使用料がxkWhのとき，電気料金は，
$y=26\times x+1400$となる。
したがって，$y=26x+1400$

(2) ①(1)と同様に，yはxの1次関数になるから，$y=20\times x+2000$となる。
したがって，$y=20x+2000$
②120kWhまでの使用料金は，
$20\times 120=2400$(円)
120kWhを超えた使用量は，
$x-120$(kWh)となるから，
$y=2400+24(x-120)+2000=24x+1520$
③120kWhまでの使用料金は，
$20\times 120=2400$(円)
120kWhから300kWhまでの使用料金は，
$24\times(300-120)=4320$(円)
300kWhを超えた使用量は，
$x-300$(kWh)となるから，
$y=2400+4320+27(x-300)+2000$
$=27x+620$

(3) ⅰ) $0\leqq x\leqq 120$のとき
$26x+1400=20x+2000$を解くと，
$x=100$　変域を満たす。
ⅱ) $120<x\leqq 300$のとき
$26x+1400=24x+1520$を解くと，
$x=60$　変域を満たさない。
ⅲ) $300<x$のとき
$26x+1400=27x+620$を解くと，
$x=780$　変域を満たす。

92 (1) $\boldsymbol{y=-\frac{4}{3}x+\frac{5}{3}}$　(2) $\boldsymbol{a=1}$　(3) $\boldsymbol{7\leqq y\leqq 10}$

解説

(1) $4x+3y=2$をyについて解くと，
$y=\boldsymbol{-\frac{4}{3}}x+\frac{2}{3}$
よって，求める式の傾きは$-\frac{4}{3}$。
直線$2x+3y=5$がy軸と交わる点の座標は$x=0$を代入して，$y=\frac{5}{3}$より，
切片は$\frac{5}{3}$だから，$y=-\frac{4}{3}x+\frac{5}{3}$

(2) $\begin{cases}3x-y=5\\2x+3y=7\end{cases}$ を連立方程式として解くと，
$x=2$，$y=1$
これらを$\boldsymbol{x-ay=1}$に代入して，
$2-a=1$　よって，$a=1$

(3) $x=4$を$y=3x-5$に代入して，$y=7$

$x=4$，$y=7$を$y=-x+a$に代入して，
$a=11$
$y=-x+11$で，$1\leqq x\leqq 4$のとき，
$x=1$を代入すると，$y=10$
$x=4$を代入すると，$y=7$
よって，$7\leqq y\leqq 10$

93 (1) $y=5x$　(2) 毎分2000cm^3
(3) (例)水はしきり①としきり②の間に流れ込んでいる。
(4)
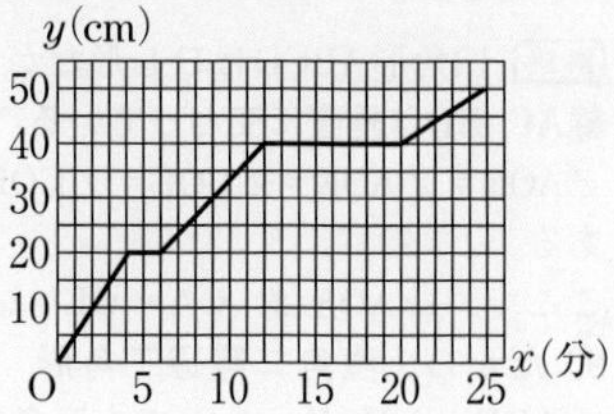

解説
(1) $0\leqq x\leqq 4$のときのグラフは，原点を通る直線だから$y=ax$とおく。$x=4$のとき$y=20$だから，$20=a\times 4$，$a=5$
したがって，$y=5x$
(2) 底面が正方形ABQPの部分に水が入っているとき，(1)から毎分5cmの割合で水面が上がるから，
$20\times 20\times 5=2000$(cm^3)
(4) ・$0\leqq x\leqq 4$のとき
しきり①の左側に水が入っているときで，毎分5cmの割合で水面が上がっている。
・$4<x\leqq 6$のとき
しきり①としきり②の間に水が流れ込んでいるときで，水面の高さは変わらない。
・$6<x\leqq 12$のとき
しきり①の上側，しきり②の左側，すなわち，底面が長方形ABRS(底面積600cm^2)の部分に水が入っているときで，毎分$\frac{10}{3}$cm(2000÷600)の割合で水面が上がっている。
・$12<x\leqq 20$のとき
しきり②の右側に水が流れ込んでいるときで，水面の高さは変わらない。
・$20<x\leqq 25$のとき
しきり②の上側，すなわち，底面が長方形ABCD(底面積1000cm^2)の部分に水が入っているときで，毎分2cm(2000÷1000)の割合で水面が上がっている。

94 イ，エ

解説
ア：$x=3$を$y=x^2$に代入して，$y=3^2=9$
よって，点(3, 9)を通る。
ウ：
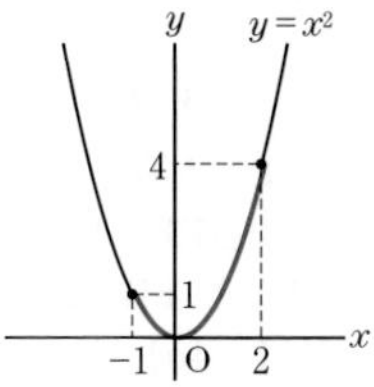

$-1\leqq x\leqq 2$は図の赤線部分。グラフより，yの最小値は$x=0$のときの$y=0$である。
オ：上のグラフより，$x<0$の範囲では，xの値が増加するとき，yの値は減少する。

95 (1) $0\leqq y\leqq 8$　(2) -4

解説
(1)
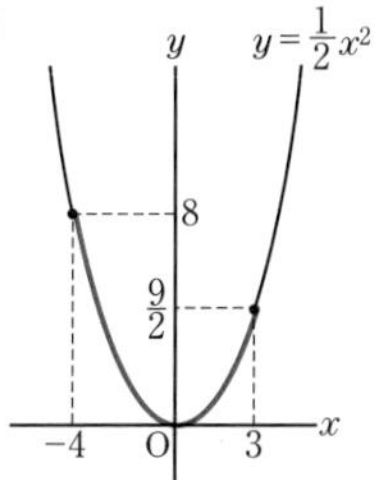

$-4\leqq x\leqq 3$は，図の赤線の部分。グラフより，yの最小値は$x=0$のとき，yの最大値は$x=-4$のときの$y=8$だから，$0\leqq y\leqq 8$である。

(2) x軸について対称であるグラフは，$y=-\frac{1}{2}x^2$
$x=2$のとき，$y=-2$
$x=6$のとき，$y=-18$
$$変化の割合=\frac{yの増加量}{xの増加量}$$
$$=\frac{(-18)-(-2)}{6-2}=-4$$

96 $a=3$

解説
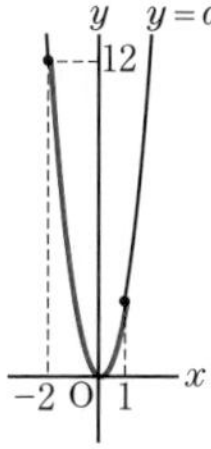

$-2\leqq x\leqq 1$は，図の赤線の部分。ここで，$0\leqq y\leqq 12$だから，$y=12$の値をとるxは，$x=-2$である。よって，$y=ax^2$に$x=-2$, $y=12$を代入して，$a=3$

97 (1) $a=2$　(2) (順に) 0，8　(3) 8

解説

(1) $y=2x^2$に$x=1$を代入する。

(2) $x=-2$のとき$y=8$(最大値)

最小値はグラフより，0である。

(3) 四角形OABCをACで分ける。

三角形OACはAC×2÷2＝2×2÷2＝2

三角形ACBは2×(8－2)÷2＝6

よって，2＋6＝8

98 **(1) $-\frac{25}{4}\leqq y\leqq 0$** **(2) B，$b=8$**

(3) ∠CEF＝∠CFEだから，△CEFは二等辺三角形。点CからEFに垂線をひき，その交点をHとすると，EH＝FHとなる。

E(4，16a)，H(4，4a)

F(4，－4)であるから，

$16a-4a=4a+4$

$a=\frac{1}{2}$

解説

(1) $x=-2$のとき$y=-1$

$x=5$のとき$y=-\frac{25}{4}$

最小値は$y=-\frac{25}{4}$

最大値は$y=0$

(2) 4点それぞれに，同じ負の傾きの直線をかいてみると，Bである。

$y=-2x+b$に$x=4$，$y=0$を代入して，$b=8$

99 **(1) $y=\frac{1}{8}x^2$，$\frac{3}{2}$倍** **(2) 秒速6m**

解説

(1) $y=ax^2$とすると，$x=2$のとき$y=0.5$なので，$0.5=4a$，$\frac{1}{2}=4a$，$a=\frac{1}{8}$

よって，$y=\frac{1}{8}x^2$

また，$x=5$のとき，$y=\frac{25}{8}$，$x=7$のとき$y=\frac{49}{8}$なので，xが5から7まで変化するとき，yの増加量はxの増加量の，

$\left(\frac{49}{8}-\frac{25}{8}\right)\div(7-5)=\frac{3}{2}$(倍)である。

(2) 秒速cmで走っていたとすると，

$1.5c+\frac{1}{8}c^2=13.5$が成り立つので，これを計算すると，$c^2+12c-108=0$

$(c-6)(c+18)=0$　$c>0$より，$c=6$

図形 編 ▶ 100 ～ 160

100

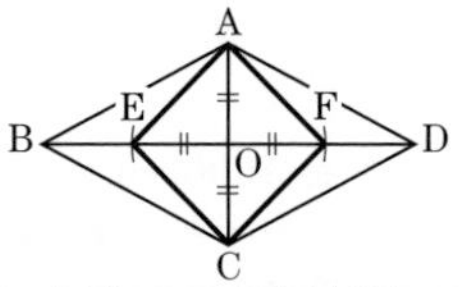

四角形AECFは正方形

解説 四角形ABCDはひし形だから，対角線AC, BDは垂直に交わっている。つまり，∠AOE＝∠AOF＝∠COE＝∠COF＝90°である。

ここで，△AOEは，OA＝OE，∠AOE＝90°だから，直角二等辺三角形。同様に，△AOF，△COE，△COFも直角二等辺三角形。

そこで，∠AEO＝∠CEO＝45°だから，

∠AEC＝90°

同様に**∠ECF＝∠CFA＝∠FAE＝90°**…①

また，△AOE，△COE，△COF，△AOFは合同だから，**AE＝EC＝CF＝FA**……②

①，②より，四角形AECFは正方形である。

101

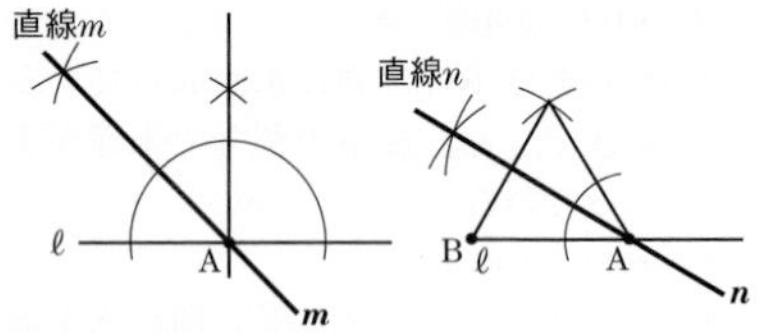

解説 45°の角をつくるために，**90°の角をつくり，その角の二等分線をひく。**

30°では，まず**正三角形をつくり，60°の角をつくった後でその角の二等分線をひく。**

102

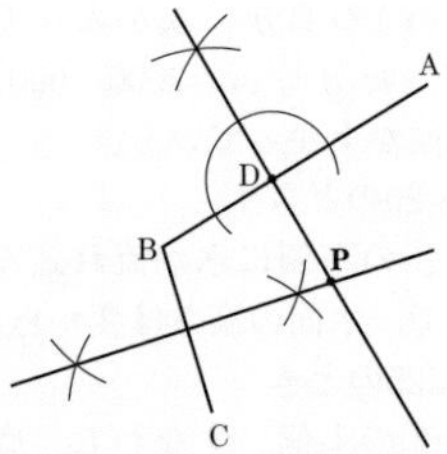

解説 点Dを通りABに垂直な直線をひく。

また，BP＝CPとなるためには，PがBCの垂直二等分線上にあればよい。
よって，この2つの直線の交点がPとなる。

103

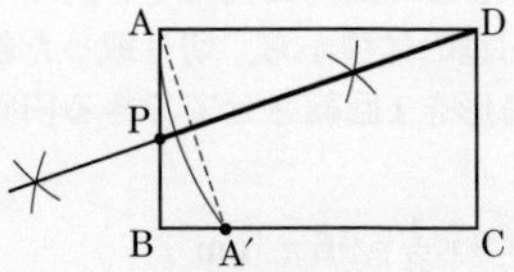

解説 DA＝DA′となる点A′をBC上にとる。線分AA′の垂直二等分線を求め，それと辺ABの交点が点Pとなる。

104

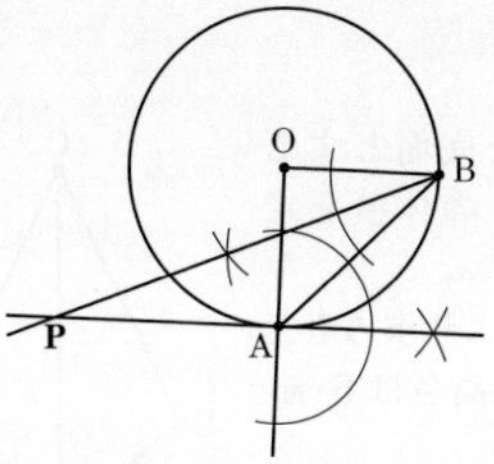

解説 円の接線は接点を通る半径に垂直だから，半直線OAの垂線が円Oの点Aにおける接線である。

105

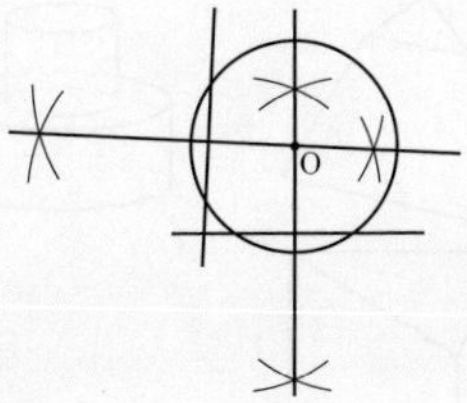

解説 弦の垂直二等分線は必ず円の中心を通るので，2つの弦をつくり，2本の垂直二等分線をひくと，交点が円の中心となる。

106

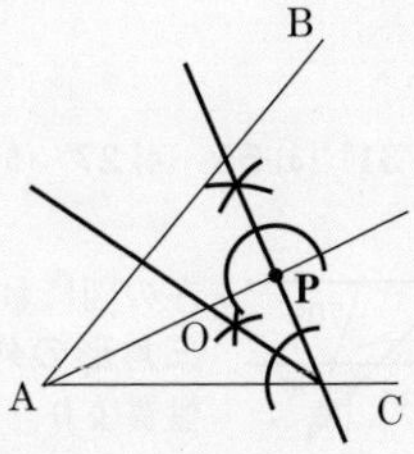

解説 Oは∠BACの二等分線AP上にあり，Pを通りAPに垂直な直線とAB，ACでできる三角形を考えると，この三角形に円Oは内接する。
よって，Pを通りAPに垂直な直線とACでできる角の二等分線と，APの交点がOである。

107

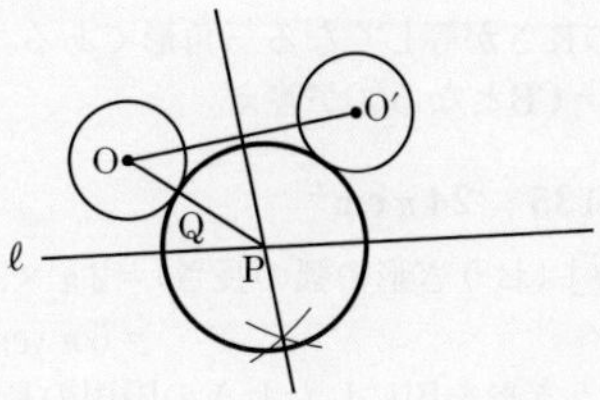

解説 線分OO′の垂直二等分線と直線ℓの交点Pが求める円の中心である。
OとPを線分で結び，円Oとの交点をQとする。Pを中心とし，半径PQの円をかく。
〈別解〉線分POを延長して円Oと交わる点をRとし，Pを中心とした半径PRの円をかいてもよい。

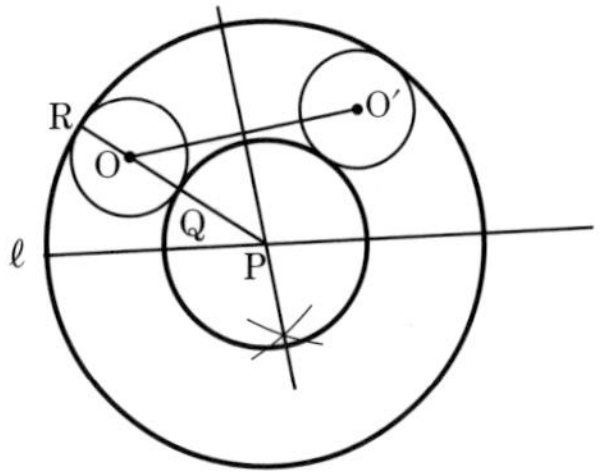

108

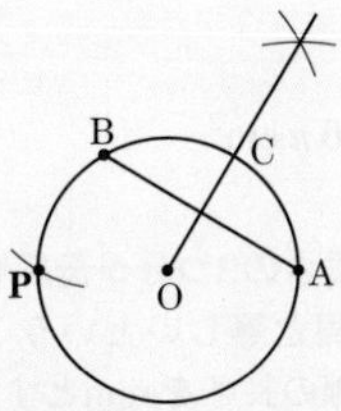

解説 線分ABの垂直二等分線と円Oとの交点Cが点Pの1秒後の位置だから，BC＝BPとなるような点Pを円O上にとればよい。

109 (1) 4本　(2) 台形

解説

(1) ねじれの位置とは，同一平面上になく，延長しても交わらない位置である。

CD, DE, CF, EFの4本ある。

(2) 切り口は，点B，C，Mと辺ADの中点の4点を通る平面である。

110 ③

解説 辺AB，BC，CAの3つの辺のうち，2辺の長さが等しくなる三角形である。
CA＝CBとなる③が答え。

111 **135°，24π cm²**

解説 (おうぎ形の弧の長さ)$=2\pi\times3$
$=6\pi$ (cm)
(おうぎ形を円にしたときの円周の長さ)
$=2\pi\times8=16\pi$ (cm)
(おうぎ形の中心角)$=360°\times6\pi\div16\pi$
$=135°$
(おうぎ形の面積)$=\pi\times8^2\times\dfrac{135°}{360°}$
$=24\pi$ (cm²)

112 **ウ**

解説 それぞれ次のように辺が重なる。

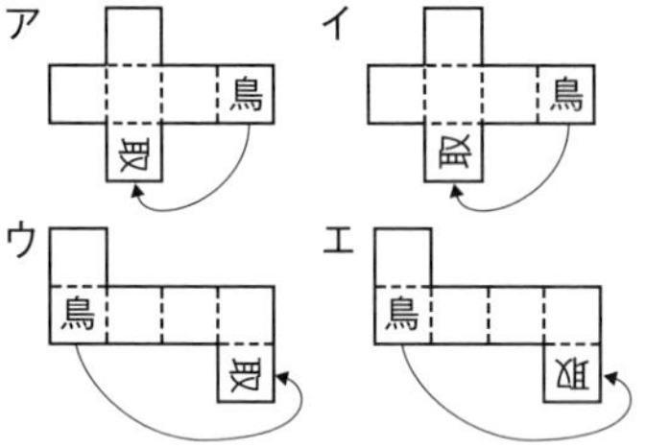

113 (1) **9cm** (2) **36π cm²**

解説

(1) 底面の円周の長さの3つ分が母線を半径とした円の円周と等しいということになるので，母線の長さを$x$cmとすると，
$2\pi x=2\pi\times3\times3$　　$x=9$(cm)

(2) (おうぎ形の弧の長さ)$=2\pi\times3=6\pi$ (cm)
(おうぎ形を円にしたときの円周の長さ)
$=2\pi\times9=18\pi$ (cm)
(おうぎ形の中心角)$=360°\times6\pi\div18\pi$
$=120°$
(側面積)$=\pi\times9^2\times\dfrac{120°}{360°}=27\pi$ (cm²)
(底面積)$=\pi\times3^2=9\pi$ (cm²)
よって，$27\pi+9\pi=36\pi$ (cm²)

114 **84π cm³**

解説 はじめの直角三角形を1回転させてできる円錐の体積から，切り取った部分の直角三角形を1回転させてできる円錐の体積をひく。

$\pi\times6^2\times8\times\dfrac{1}{3}=96\pi$ (cm³)

$\pi\times3^2\times4\times\dfrac{1}{3}=12\pi$ (cm³)

$96\pi-12\pi=84\pi$ (cm³)

115 **9cm³**

解説

△AEDを底面とする三角すいの体積を求めればよい。
AD⊥ACより求める三角すいの高さは6 cm。
よって，

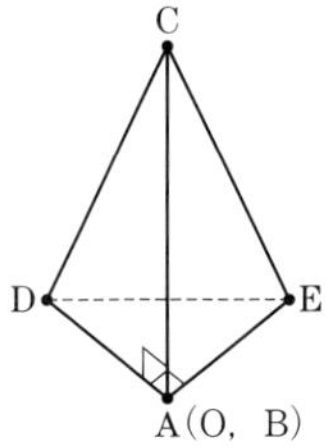

$\triangle AED\times AC\times\dfrac{1}{3}=3\times3\times\dfrac{1}{2}\times6\times\dfrac{1}{3}=9$

116 (1)

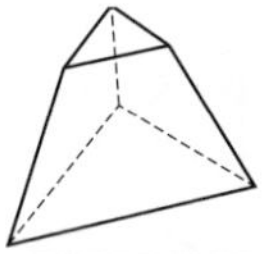

(2)

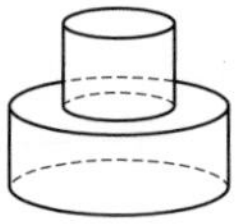

(3)

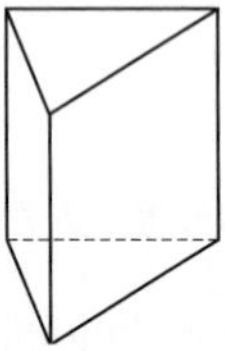

解説 見取図では，見えない辺は点線でかくこと。

117 (1) **25°** (2) **31°** (3) **55°** (4) **27°** (5) **20°**

解説

(1)

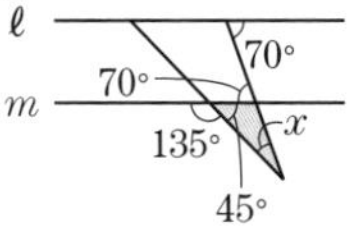

左の図において，三角形の外角の性質より，
$45°+\angle x=70°$
$\angle x=25°$

(2)

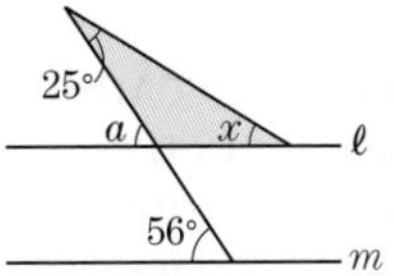

左の図において，
∠a＝56°
三角形の外角の性質により
∠x＋25°＝56°
∠x＝31°

(3)

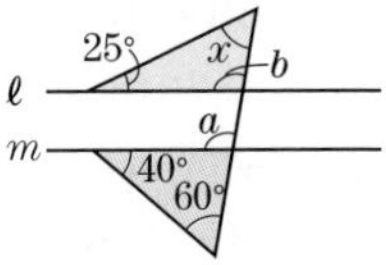

∠a＝60°＋40°
＝100°
∠b＝100°
∠x＋25°＋100°
＝180°
∠x＝55°

(4)

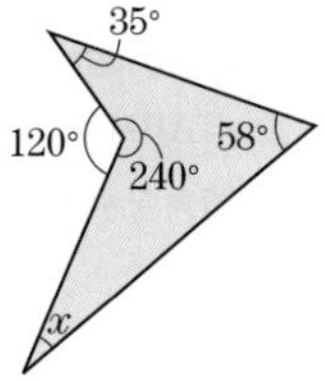

左の図より，
∠x＝360°－(240°＋35°＋58°)＝27°
＜別解＞
∠x＋35°＋58°＝120°
∠x＝27°

(5)

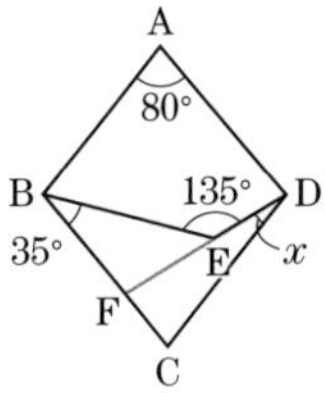

左の図のように補助線をひく。
四角形ABCDはひし形なので，∠C＝80°
三角形の外角の性質を利用して，

∠CFD＝35°＋(180°－135°)＝80°
よって，∠x＝180°－(80°＋80°)＝20°

118 (1) **2340°** (2) **24°** (3) **90本**

解説
(1) 180°**×(15－2)**＝2340°
(2) **360°**÷15＝24°
(3) **15×(15－3)÷2**＝90(本)

119 (1) **20°** (2) $\dfrac{\mathbf{180°+a°}}{\mathbf{2}}$

解説
(1) ∠PBC＋∠PCB＝180°－100°＝80°
∠ABC＋∠ACB＝80°×2＝160°
よって，∠A＝180°－160°＝20°
(2) ∠ABC＋∠ACB＝180°－a°
∠PBC＋∠PCB＝$\dfrac{180°-a°}{2}$
∠BPC＝180°－$\dfrac{180°-a°}{2}$＝$\dfrac{180°+a°}{2}$

120 (1) **仮定…a＝b　結論…a＋c＝b＋c**
(2) **仮定…三角形　結論…内角の和は180°**

解説 (2)「三角形ならば，内角の和は180°」と書きかえられる。

121 **(順に)OC，錯角，∠OCD，∠DOC，1組の辺とその両端の角，辺**

解説 問題文に沿って1つ1つ考えていく。仮定にAB//CDがあるので，平行線の性質を使う。

122 (1) **仮定…AM＝BM，∠AMP＝∠BMP＝90°**
結論…PA＝PB
(2) **①共通な辺　②2組の辺とその間の角がそれぞれ等しい**
③合同な図形の対応する辺は等しい

解説
(1) 仮定の線分ABの垂直二等分線をどう表すかを考える。
(2) 図をかいて考える。

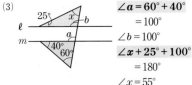

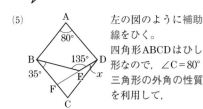

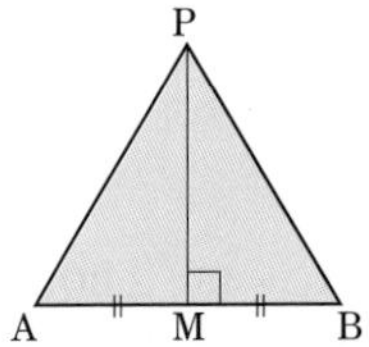

123 (1) **OA＝OB＝O′A′＝O′B′，BA＝B′A′**
(2) **△OABと△O′A′B′において，**
仮定より
OA＝O′A′　OB＝O′B′　BA＝B′A′
よって，3組の辺がそれぞれ等しいので，△OAB≡△O′A′B′
合同な図形の対応する角は等しいので，
∠AOB＝∠A′O′B′
よって，∠XOY＝∠X′O′Y′

解説 作業①②より，同じ半径の円をかいたことがわかり，作業③④はB，B′からそれぞれ等しい長さで円をかいている。

124 (1) **(順に)40，110，6**
(2) **(順に)75，105，8，5**

解説
(1) 二等辺三角形ならば2つの底角は等しい。三角形の外角の性質を用いるとよい。

(2) 平行四辺形は2組の対角がそれぞれ等しく,対角線がそれぞれの中点で交わる。

125 △BDCと△CEBで,
仮定より,CD＝BE…①,BCは共通…②
△ABCはAB＝ACの二等辺三角形だから,
∠DCB＝∠EBC…③
①～③より,2組の辺とその間の角がそれぞれ等しいので,
△BDC≡△CEB
よって,BD＝CE

解説 BD＝CEを証明するので,BDとCEをそれぞれ1辺とする三角形を使う。
△ABDと△ACEに着目しても証明できる。

126 △ABCはAB＝ACの二等辺三角形だから
∠ABC＝∠ACB, $∠PBC=\frac{1}{2}∠ABC$,
$∠PCB=\frac{1}{2}∠ACB$より,∠PBC＝∠PCB
よって,△PBCは2つの角が等しいので,二等辺三角形である。

解説 AB＝ACの二等辺三角形の2つの底角は等しく,その底角をそれぞれ二等分した角どうしも等しい。

127 △ABQで,∠BAC＝45°,∠BQA＝90°より∠ABQ＝45°だから,△ABQは直角二等辺三角形であり,AQ＝BQ…①
また,△ARQと△BRPにおいて,対頂角なので,
∠ARQ＝∠BRP
∠AQR＝∠BPR＝90°
よって,∠RAQ＝∠RBP…②
∠AQR＝∠BQC＝90° ……③
△ARQと△BCQで
②より,∠RAQ＝∠CBQ…④
①,③,④より,1組の辺とその両端の角がそれぞれ等しいので,△ARQ≡△BCQ

解説 斜辺の長さが等しいことはどこにも書かれていないから,直角三角形の合同条件は使えないことに注意する。

128 △OAHと△OBHで
仮定より,∠OHA＝∠OHB＝90°,
OA＝OB(仮定),OHは共通
直角三角形の斜辺と他の1辺がそれぞれ等しいので
△OAH≡△OBH　よってAH＝BH…①
同様に,△OBHと△OCHで
仮定より,∠OHB＝∠OHC＝90°
OB＝OC,OHは共通だから,
△OBH≡△OCH　よってBH＝CH…②
①,②より,AH＝BH＝CH

解説 立体であっても考え方は平面と同じ。

129 △ABMと△DEMで仮定より,AM＝DM…①
対頂角なので,∠AMB＝∠DME………②
AB//DEより,錯角は等しいので,
∠BAM＝∠EDM…③
①～③より,1組の辺とその両端の角がそれぞれ等しいので,△ABM≡△DEM

解説 平行線に注目し,錯角を利用する。

130 (例)(i)

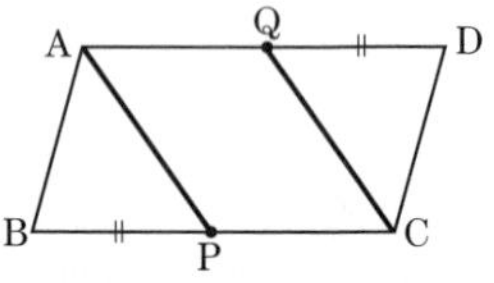

(例)(ii)

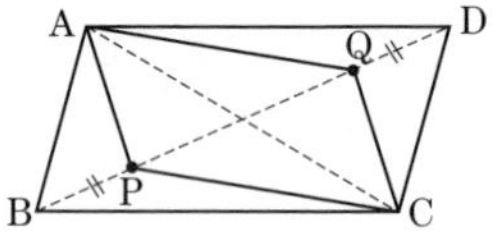

解説
(i) BP＝DQまたはAQ＝CPとなる点P,Qをとる。
(ii) 対角線BD上にBP＝DQとなる点P,Qをとる。

131 △BEFと△DGHで仮定より,BE＝DG
BF＝DH　∠B＝∠Dより,2組の辺とその間の角がそれぞれ等しいので,
△BEF≡△DGH　よって,EF＝GH…①
また,△AEHと△CGFで仮定より,AE＝CG
AH＝CF　∠A＝∠Cより,2組の辺とその間の角がそれぞれ等しいので
△AEH≡△CGF　よって,EH＝GF…②
①,②より,2組の対辺がそれぞれ等しいので,四角形EFGHは平行四辺形。

解説 四角形EFGHが平行四辺形であることを示すために,どの条件を使うのかを考えながら進める。

132 △ABEと△CDFで仮定より,AB＝CD…①
AB//DCより錯角は等しいので,
∠ABE＝∠CDF…②

また，仮定より，
∠AEB＝∠CFD＝90°…③
①〜③より直角三角形の斜辺と1つの鋭角がそれぞれ等しいので，△ABE≡△CDF

解説 直角三角形が出てきたら，まずは直角三角形の合同条件を考えてみる。

133 Oは AC の中点，Eは BC の中点だから，OとEを結ぶと
△OAE＝△OCE…①
△BEO＝△CEO…②
①，②より，△OAE＝△BEO
よって，△OAE－△OEF＝△BEO－△OEF
すなわち，△AFO＝△FBE

解説 2つの三角形に接している図形をたして考える。

134 (1) まず，辺BC上に BS＝DP となる点Sをとる。次に，点Pを通り線分QSに平行な直線と辺BCとの交点を作図する。この交点が点Rである。

(2) まず，台形ABSP＝$\frac{AP+BS}{2}\times AB$
$=\frac{AP+DP}{2}\times AB=\frac{1}{2}\times AD\times AB$
であるから，台形ABSPの面積は長方形ABCDの面積の$\frac{1}{2}$倍である。次に，QS//PR であるから，△QSP＝△QSR
よって，五角形PQRBA
＝五角形PQSBA＋△QSR
＝五角形PQSBA＋△QSP＝台形ABSP
ゆえに，折れ線PQRで長方形ABCDの面積が二等分される。

解説 点Rを作図すると以下のようになる。

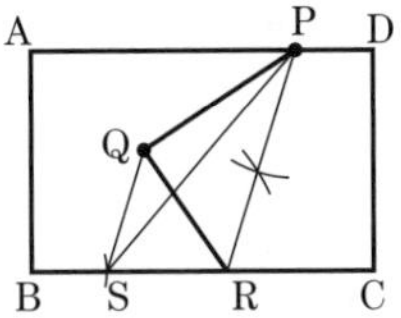

BS＝DP となる点Sをとり，対称な図形を作図している。

135 (1) $x=\frac{12}{5}$ (2) $x=\frac{5}{3}$，$y=\frac{7}{2}$

解説
(1) $3:5=x:4$ $x=\frac{12}{5}$

(2)

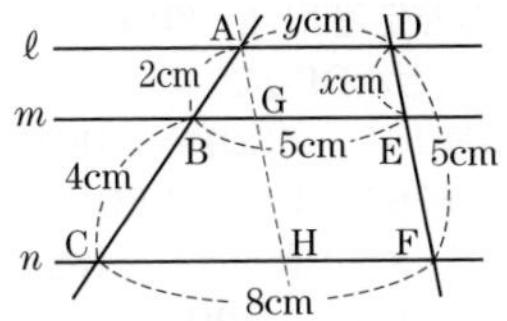

EF＝$(5-x)$cm よって，
$2:4=x:(5-x)$ $x=\frac{5}{3}$(cm)
点Aを通りDFと平行な直線をひく。
BG，CHの長さを，yを用いて表すと，
BG＝$(5-y)$cm，CH＝$(8-y)$cm
(AH//DF，AD//HF，AD//GE より，四角形AHFD，AGEDは平行四辺形だから，GE＝HF＝y(cm))
△ABGと△ACHは相似で，その相似比は，2：(2＋4)＝1：3
よって，$(5-y):(8-y)=1:3$ $y=\frac{7}{2}$(cm)

136 $\frac{25}{4}$cm

解説 △APD∽△CPBで，その相似比は，
6：10＝3：5
よって，AP：PC＝3：5になるので，
$PC=10\times\frac{5}{3+5}=\frac{25}{4}$(cm)

137 5cm

解説 △ADEと△ACBは相似だから，
AD：AE＝AC：AB AC＝x(cm)とすると，
$4:3=x:6$ $x=8$(cm)
CE＝AC－AE＝8－3＝5(cm)

138 (1) ア 120° イ 2組の角がそれぞれ等しい
(2) $\frac{12}{5}$cm

解説 (2) BQ＝$x$cm とする。
BP＝4cm より，PC＝6cm
AC：PB＝CP：BQ
$10:4=6:x$ $x=\frac{12}{5}$

139 5：3

解説 CE＝3，ED＝2とすると，AB＝5
また，△AFB∽△CFE より，
BF：FE＝AB：CE＝5：3

140 (1) △ABDで，Eは AB の中点，Fは AD の中点だから，

中点連結定理よりEF//BDで，EF//PD
△EFQと△DPQで
対頂角より，∠EQF＝∠DQP
平行線の錯角より，∠EFQ＝∠DPQ
よって，2組の角がそれぞれ等しいので，△EFQ∽△DPQ

(2) $\frac{6}{5}$**cm**

解説

(1) まずはEF//PDを証明すること。
(2) (1)より，FQ：PQ＝EF：DP
また**EF＝$\frac{1}{2}$BD**…①，点Pは△ACDの重心であるから，**PD＝$\frac{1}{3}$BD**…②
①，②より，FQ：QP＝3：2
よって，PQ＝$3\times\frac{2}{3+2}=\frac{6}{5}$(cm)

141 (1) $\frac{1}{2}$ (2) **9：1** (3) **1**

解説

(1) APは∠BACの二等分線なので，
PC：PB＝AC：AB＝4：5(※補足参照)
よって，PC＝$9\times\frac{4}{5+4}=4$
したがって，MP＝$\frac{9}{2}-4=\frac{1}{2}$
(補足)
角の二等分線の性質
APが∠Aの二等分線のとき

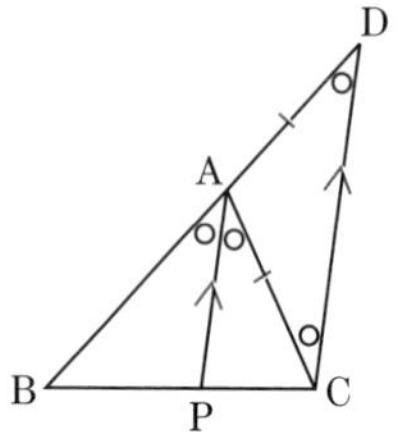

PB：PC＝AB：ACが成り立つ。
Cを通りAPに平行な直線とBAの延長との交点をDとすると，
△BAP∽△BDC
AD＝ACから
証明することができる。
(2) CからADに垂線CHをひくと
△ACH∽△ABDより
AH：AD＝AC：AB＝4：5
AD＝xとするとAH＝$\frac{4}{5}x$
HD＝$x-\frac{4}{5}x=\frac{1}{5}x$
さらに△PCH∽△PBDより
PH：PD＝PC：PB＝4：5
またPD+PH＝HDより，
PD＝HD×$\frac{5}{4+5}=\frac{1}{5}x\times\frac{5}{9}=\frac{1}{9}x$
したがって，AD：PD＝x：$\frac{1}{9}x$＝9：1
(3) △PMDと△PCAで，
PM：PC＝PD：PA＝1：8，
∠MPD＝∠CPAより△PMD∽△PCA
よって，MD＝CA×$\frac{1}{8}$＝1

142 **4m**

解説

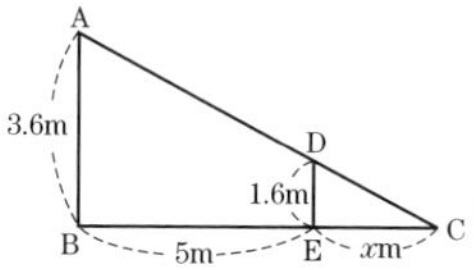

太郎さんの影の長さをx(m)とする。
△ABC∽△DECだから，対応する辺の長さの比は等しい。
3.6：1.6＝(5＋x)：x　　x＝4(m)

143 (1) **∠x＝86°**　(2) **∠x＝105°**
(3) **∠x＝100°**　(4) **∠x＝106°**
(5) **∠x＝50°**　(6) **∠x＝90°**
(7) **∠x＝110°**　(8) **∠x＝70°**

解説

(1) ∠x＝**43°×2**＝86°
(2) ∠x＝**(360°－150°)×$\frac{1}{2}$**＝105°
(3) ∠x＝**30°×2＋20°×2**＝100°
(4) ∠BAC＝44°
∠x＝**∠BAC＋∠ABD**
＝44°＋62°＝106°
(5)

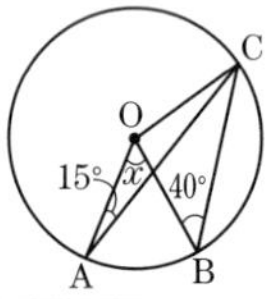

∠OCA＝15°，
∠OCB＝40°より，
∠ACB＝40°－15°＝25°
∠x＝2×∠ACB
＝2×25°＝50°
(6) **AO//BC**より，∠AOB＝60°
∠ACB＝**60°×$\frac{1}{2}$**＝30°
よって，∠x＝180°－(60°＋30°)＝90°
(7) ∠BDC＝50°より，
∠EBD＝50°－30°＝20°
∠BAC＝∠BDC＝50°　より
∠x＝180°－(20°＋50°)＝110°
(8) OからBとDにそれぞれ線をひく。
円の接線と接点で交わる半径は接線と直交するので，∠ODA＝∠OBA＝90°

四角形ABODの内角の和は360°だから，
$\angle DOB = 360° - (40° + 90° + 90°) = 140°$
よって，$\angle x = 140° \times \frac{1}{2} = 70°$

144 (1) **130°** (2) **95°** (3) **37°**

解説
(1) $\angle COA = 2 \times 50° = 100°$
$\angle x = \frac{1}{2} \times (360° - 100°) = 130°$
円に内接する四角形の対角の和は180°を用いてもよい。
(2) $\overset{\frown}{BC}$に対する円周角は等しいので，
$\angle BDC = 38°$
円に内接する四角形の対角の和は180°だから，
$\angle ABC = 180° - (\angle ADB + \angle BDC) = 95°$
(3) $\angle ACB = 20°$より，$\angle BCD = 20° + 63° = 83°$，
$\angle BDC = 60°$
△BDCの内角の和は180°だから，
$\angle DBC = 180° - (\angle BCD + \angle BDC) = 37°$

145 **27°**

解説
△ABCはAB＝ACの二等辺三角形だから，
$\angle ABC = 69°$，$\angle BAC = 180° - 69° \times 2 = 42°$
接弦定理より，$\angle CBD = \angle CAB = 42°$
よって，$\angle BDA = 69° - 42° = 27°$

146 **△ABEと△ACDにおいて，**
△ABCは正三角形だから，
AB＝AC…① 仮定より BE＝CD…②
$\overset{\frown}{AD}$に対する円周角は等しいから，
∠ABE＝∠ACD…③
①，②，③より，2組の辺とその間の角がそれぞれ等しいので，
△ABE≡△ACD

解説 円周角の定理により上記のほかにも等しい大きさの角は存在するが，証明したい△ABEと△ACDの対応する2辺がそれぞれ等しいことに着目してからその間の角に着目すればよい。

147 (1) $\frac{2}{9}\pi$ **cm** (2) $\frac{7}{18}\pi$ **cm**

解説
(1) 点Bと点Dを線で結ぶ。
$\angle CBD = 100° \times \frac{1}{2} = 50°$
よって，$\angle DBP = 180° - 50° = 130°$
$\angle BDP = 180° - 130° - 30° = 20°$
$\overset{\frown}{AB}$の中心角の大きさは，$20° \times 2 = 40°$
$\overset{\frown}{AB}$の長さ$= 2\pi \times 1 \times \frac{40}{360} = \frac{2}{9}\pi$ (cm)
(2) $\angle CAD = \angle CBD$
ところで，$\angle PAQ = 180° - \angle CAD$
$\angle PBQ = 180° - \angle CBD$
よって，$\angle PAQ = \angle PBQ$
$\angle CQD = \angle AQB = 100°$
$\angle PBQ + \angle PAQ = 360° - (30° + 100°) = 230°$
したがって，$\angle PBQ = 230° \div 2 = 115°$
$\angle BDP = 180° - (30° + 115°) = 35°$
$\overset{\frown}{AB}$の中心角の大きさは，$35° \times 2 = 70°$
$\overset{\frown}{AB}$の長さ$= 2\pi \times 1 \times \frac{70°}{360°} = \frac{7}{18}\pi$ (cm)

148 (1) **72°** (2) $(180 - 2a)°$ (3) $\frac{8}{3}\pi$ **cm**

解説 OからA，Bそれぞれに線をひく。
(1) 円周$= 2\pi \times 3 = 6\pi$ (cm)
よって，$\overset{\frown}{AB} = 6\pi \times \frac{2}{5} = \frac{12}{5}\pi$ (cm)
中心角(∠AOB)を$x°$とすると，
$6\pi \times \frac{x°}{360°} = \frac{12}{5}\pi$ $x° = 144°$
$\angle AQB = \frac{1}{2}\angle AOB = 72°$
(2) $\angle AQB = a°$より，$\angle AOB = 2a°$
また，$\angle OAP = \angle OBP = 90°$
$\angle APB = 360° - (90° \times 2 + 2a°)$
$= (180 - 2a)°$
(3) $a = 4 \times (180 - 2a)$より，$a = 80$
よって$\angle AOB = 2 \times 80° = 160°$
$\overset{\frown}{AB}$の長さ$= 2\pi \times 3 \times \frac{160°}{360°} = \frac{8}{3}\pi$ (cm)

149 **頂点Eと頂点Fを線で結ぶ。**
また，DAの延長線上に点Gをおく。
四角形EBCFは円Oに内接しているから
∠B＝∠EFD ……①
AD//BCだから
錯角は等しいので，∠B＝∠EAG…②
①，②より，∠EFD＝∠EAG
四角形AEFDの外角が，となり合う内角の対角と等しいので，円に内接している。
よって，4点A，E，F，Dは1つの円周上にある。

解説 4点が同一円周上にあるということは，4点を結んだ四角形が円に内接しているということである。

150 (1) **3：2** (2) $\frac{12}{5}$**cm**

(3) **△ABGと△AFCで**
仮定より，∠BAG＝∠FAC……①
$\overset{\frown}{AB}$に対する円周角は等しいので，
∠AGB＝∠ACF ……②
①，②より，2組の角がそれぞれ等しいので
△ABG∽△AFC

(4) $\frac{3\sqrt{6}}{5}$**cm**

解説

(1) △ABDと△ACEで仮定より，
∠BAD＝∠CAE ……①
∠BDA＝∠CEA＝90°(仮定)……②
①，②より，2組の角がそれぞれ等しいので，**△ABD∽△ACE**
よって，**BD：CE＝AB：AC＝3：2**

(2) BF：FC＝3：2　BF＋FC＝BC＝4だから，
BF＝$4\times\frac{3}{3+2}=\frac{12}{5}$(cm)

(4) AF＝x，FG＝yとおく。(3)より，
△ABG∽△AFCだから，
AB：AF＝AG：ACより
$3:x=(x+y):2$　$x(x+y)=6$
$x^2+xy-6=0$…①
また，△FGBと△FCAで，
∠GFB＝∠CFA(対頂角)
∠GBF＝∠CAF(弧GCの円周角)
2組の角がそれぞれ等しいので，
△FGB∽△FCA
BF：AF＝FG：FCより
$\frac{12}{5}:x=y:\frac{8}{5}$　$xy=\frac{96}{25}$
これを①に代入して
$x^2+\frac{96}{25}-6=0$　$x^2=\frac{54}{25}$
$x>0$より，$x=\frac{3\sqrt{6}}{5}$ (cm)

151 (1) $x=\sqrt{58}$**cm** (2) $x=4\sqrt{5}$**cm**

解説

(1) $x^2=3^2+7^2=58$　$x=\sqrt{58}$(cm)

(2) △ABHで三平方の定理を用いると，
$7^2=2^2+BH^2$　BH＞0より，BH＝$3\sqrt{5}$
△ACHで三平方の定理を用いると，
$3^2=2^2+CH^2$　CH＞0より，CH＝$\sqrt{5}$
BC＝BH＋CH＝$4\sqrt{5}$(cm)

152 (1) **直角三角形** (2) **直角二等辺三角形**

解説

(1) $7^2+24^2=25^2$より，直角三角形。

(2) $5^2+5^2=(5\sqrt{2})^2$より，直角二等辺三角形。

153 (1) $\sqrt{34}$**cm** (2) $6\sqrt{2}$**cm** (3) $4\sqrt{3}$**cm**
(4) **17** (5) $5\sqrt{2}$**cm** (6) $2\sqrt{10}$**cm**

解説 求める長さを$x$cm((4)は除く)とする。

(1) $x^2=3^2+5^2=34$　$x>0$より，$x=\sqrt{34}$(cm)

(2) $x^2=6^2+6^2=72$　$x>0$より，$x=6\sqrt{2}$(cm)

(3) $x^2+4^2=8^2$　$x^2=8^2-4^2=48$
$x>0$より，$x=4\sqrt{3}$(cm)

(4)

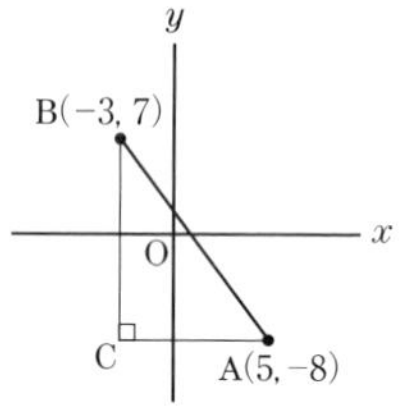

点Bを通り，y軸に平行な直線と点Aを通り，x軸に平行な直線をひき，その交点をCとする。
$AB^2=BC^2+AC^2$
より，$AB^2=15^2+8^2=289$
AB＞0より，AB＝17

(5)

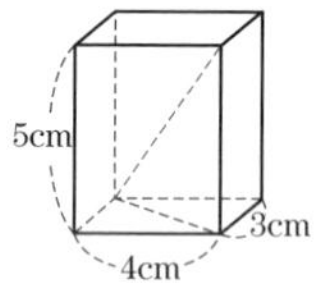

$x=\sqrt{3^2+4^2+5^2}$
$=5\sqrt{2}$(cm)

(6)

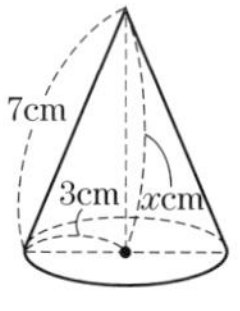

$x^2=7^2-3^2=40$
$x>0$より，
$x=2\sqrt{10}$(cm)

154

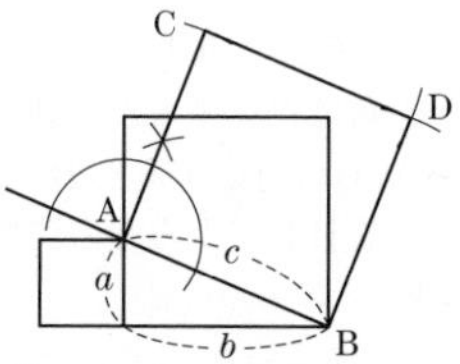

<作図の手順>
①点Aから線分ABの長さと等しい垂線ACをひく。
②B，Cをそれぞれ中心とし，ABと等しい半径の円をかき，その交点とB，Cを結ぶ。

解説 作図する正方形の1辺の長さをcとすると，$a^2+b^2=c^2$が成り立つ。
よって，直角をはさむ2辺の長さがa，bの直角三角形の斜辺の長さがcになるから，1辺の長さがcである正方形をつくればよい。

155 **$8\sqrt{3}$cm**

解説 △OBCは直角三角形だから，

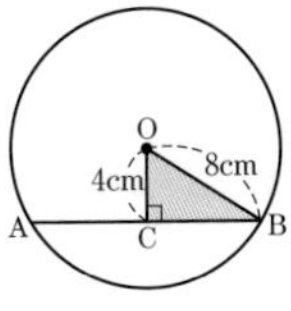

$\mathbf{8^2=4^2+BC^2}$
$BC^2=8^2-4^2=48$
BC>0より$BC=4\sqrt{3}$
$AB=BC\times2=4\sqrt{3}\times2$
$=8\sqrt{3}$(cm)

156 (1) **40cm** (2) **$2\sqrt{310}$cm**

解説
(1)

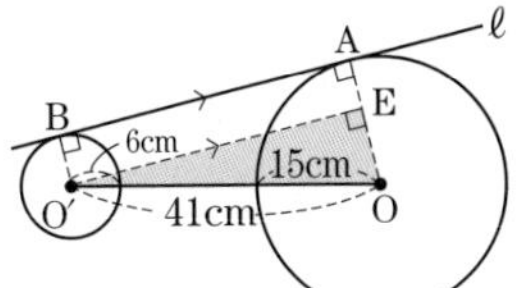

上の図のような点Eをとると，△OO′Eは直角三角形である。
EA＝O′B＝6(cm)より，OE＝9(cm)
△OO′Eで三平方の定理を用いると，
$\mathbf{41^2=9^2+O'E^2}$　$O'E^2=41^2-9^2=1600$
O′E>0より，　O′E＝40
AB＝O′E＝40(cm)

(2)

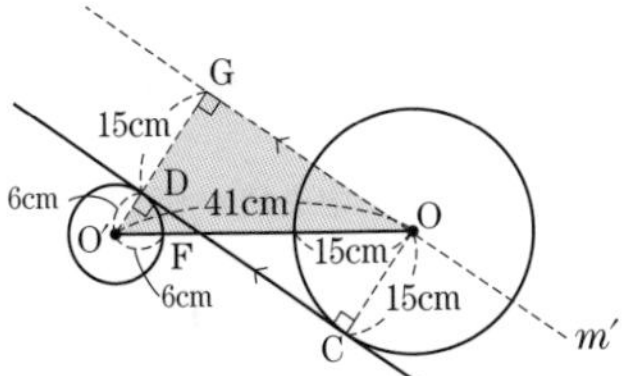

上の図のような$m /\!/ m'$となるm'とO′Dの延長線との交点Gをとると，△OO′Gは直角三角形になる。
△OO′Gで，三平方の定理を用いると，
$\mathbf{41^2=(6+15)^2+OG^2}$　$OG^2=1240$
OG>0より，$OG=2\sqrt{310}$
$CD=OG=2\sqrt{310}$(cm)

157 **$\frac{7}{4}$cm**

解説 BE＝$x$cmとすると，
AE＝CE＝$(8-x)$cm
△ABEで三平方の定理を用いると，
$\mathbf{(8-x)^2=x^2+6^2}$　これを解いて，$x=\frac{7}{4}$

158 **$24\sqrt{3}$cm^3**

解説 立方体の1辺の長さをx(cm)とする。
$AG=\mathbf{\sqrt{x^2+x^2+x^2}}$だから，$\sqrt{3x^2}=6$
両辺を2乗して，$3x^2=36$
$x^2=12$　$x>0$より，$x=2\sqrt{3}$(cm)
体積は，$\mathbf{2\sqrt{3}\times2\sqrt{3}\times2\sqrt{3}}=24\sqrt{3}$(cm^3)

159 (1) **1cm** (2) **$\frac{6}{17}\sqrt{34}$cm**

解説
(1) **△PAQ∽△PBR**だから，
2：1＝2：RBより，RB＝1(cm)
(2) $△CGR=\frac{1}{2}\times CG\times CR=\frac{1}{2}\times3\times4$
$=6$(cm^2)
三角錐SCGRを△CGRが底面，高さがCSの三角錐とみると，その体積は，
$\frac{1}{3}\times6\times4=8$(cm^3)…①
$\mathbf{GR^2=RC^2+CG^2}=4^2+3^2=25$
GR>0よりGR＝5…②同様にGS＝5…③
$RS^2=RC^2+CS^2=4^2+4^2=32$
RS>0より，$RS=4\sqrt{2}$…④
②，③，④より，△RGSは二等辺三角形である。よって，
$△RGS=\frac{1}{2}\times4\sqrt{2}\times\sqrt{5^2-(2\sqrt{2})^2}$
$=2\sqrt{34}$(cm^2)
ここで，CI＝x(cm)とおき，三角錐SCGRを△RGSが底面，高さがCIの三角錐とみると，その体積は
$\mathbf{\frac{1}{3}\times2\sqrt{34}\times x}=\frac{2}{3}\sqrt{34}\times x$…⑤
①＝⑤より，$8=\frac{2}{3}\sqrt{34}\times x$
$x=8\div\frac{2}{3}\sqrt{34}=\frac{6}{17}\sqrt{34}$

160 **$20\sqrt{2}$cm**

解説 次の展開図の線分CHの長さが最短距離である。

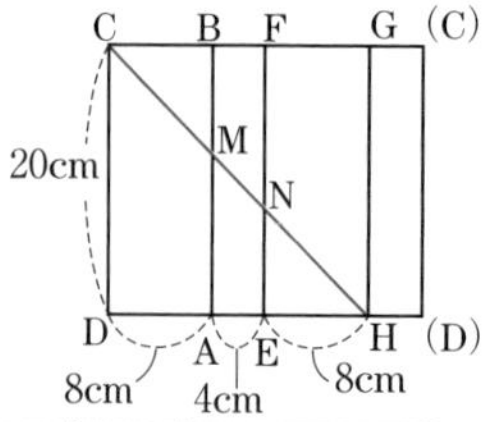

$CH^2 = 20^2 + (8+4+8)^2 = 800$

CH>0より，$CH = 20\sqrt{2}$(cm)

データの活用 編 161 ～ 187

161 (1) **61.15点** (2) **ア1 イ0 ウ2 エ4 オ3 カ5 キ0 ク3 ケ2** (3) **59.5点** (4) **66点** (5) **81点**

解説

(1) このクラスの人数は20名であり，点数の合計は1223点である。
よって，その平均値は**1223÷20**＝61.15(点)である。

(3) データ数は20個だから，データを大きさ順に並べた場合の10番目，11番目の平均値が中央値である。それらは58点，61点であるから，**(58＋61)÷2**＝59.5(点)である。

(4) 最も多く出てくる階級は，61点以上71点未満である。その階級値は
(61＋71)÷2＝66(点)である。

(5) 最高点は100点，最低点は19点だから，その範囲は**100－19＝81(点)**である。

162 **A＝62**

解説

表の来客数は 333+A(人)，本当の来客数は 65.5× 6＝ 393(人) であるから，来客数が 2名誤っていたことより，A=58またはA=62である。
A=58のときは，中央値が 62.5にはなりえない。
A=62のときは，中央値が 62.5になる。

163 (1) **5人** (2) **16人** (3) **69%** (4) **3点**

解説

(1) 国語が0点→英語が3点以下…2(人)
国語が1点→英語が2点以下…3(人)
国語が2点→英語が1点以下…0(人)
国語が3点→英語が0点 ……0(人)
よって，2＋3＋0＋0＝5(人)

(2) すべての人数をたせばよい。

(3) 全員から3点以下の人数をひけば，4点以上の人数なので，16－5＝11(人)
11÷16×100＝68.75

(4) 0点が1(人)，1点が1(人)，
2点が1＋2＋1＝4(人)，
3点が1＋1＋2＝4(人)，
4点が2＋1＝3(人)，
5点が1＋2＝3(人)だから，
(0×1+1×1+2×4+3×4+4×3+5×3)÷16
＝(0＋1＋8＋12＋12＋15)÷16
＝48÷16＝3

164 (1) 13　(2) エ

解説
(1) **表1**において，0m以上1000m未満の相対度数は$\frac{45}{150}=\frac{3}{10}=0.3$
表2の0m以上1000m未満の人数をx人とすると，相対度数が0.3になるので，
$\frac{x}{60}=0.3$，$x=18$
よって，c＝60－(18+21+5+3+0)＝13
(2)「通学距離が短い階級ほど生徒の人数が多い」という傾向とは異なるとあるので，**ア**は不適。**イ**〜**エ**で，中央値がふくまれる，通学距離が短い方から75番目と76番目が存在する階級を見ればよい。その階級が最も大きくなっているのは**エ**となる。

165 (1) ④　(2) イ

解説
(1) 最大値は9なので，①，②，④，⑤にしぼられる。点数の低い方から5番目の人の得点が4点で，6番目の人の得点が5点なので，第1四分位数が4.5になるので，④が正解である。
(2) 最小値が0から1へ，最大値が9から10へ修正されているから**イ**である。
ア：この箱ひげ図には平均値が示されていないのでわからない。
ウ：修正後のほうが，第1四分位数と第3四分位数の差が大きい(箱が長い)が，最大値と最小値の差は9点で同じであり，データの範囲が大きくなったとは言えない。

166 (1) 1.234×10^3　(2) 6.875×10^5

解説
(1) 1234＝**1.234**×1000
(2) 687500＝**6.875**×100000

167 11通り

解説　樹形図をかくと，以下の11通り。

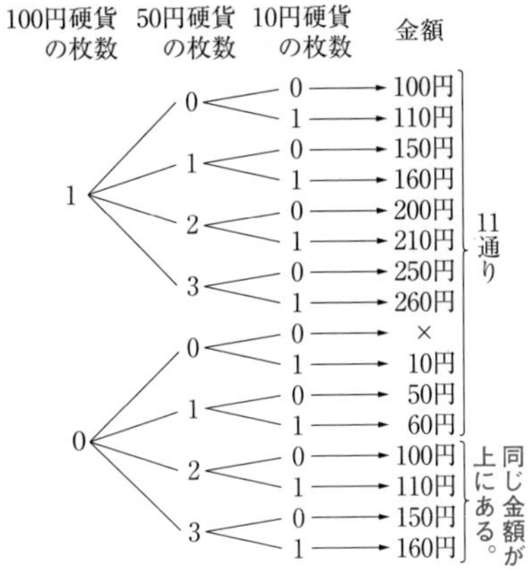

168 9通り

解説　樹形図をかくと，以下の9通り。

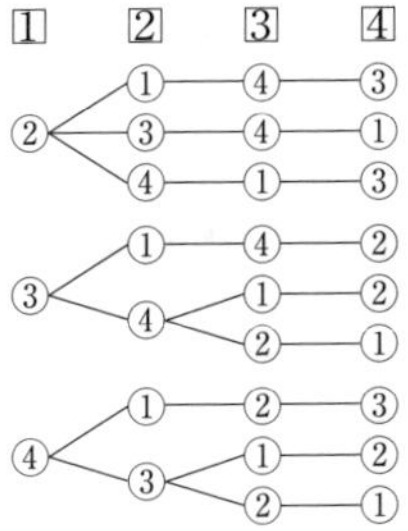

169 38通り

解説　まず，AからDに行く，行き方を考える。

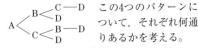

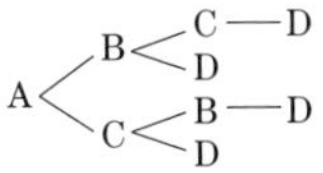

この4つのパターンについて，それぞれ何通りあるかを考える。
(i) A→B→C→Dのとき，3×2×3＝18
(ii) A→B→Dのとき，3×2＝6
(iii) A→C→B→Dのとき，2×2×2＝8
(iv) A→C→Dのとき，2×3＝6
よって，18＋6＋8＋6－38(通り)

170 (1) **4通り** (2) **12通り** (3) **27通り**

解説

(1) 積が12になるのは，(2, 6)，(3, 4)，(4, 3)，(6, 2)の4通り。

(2) 和が3の倍数だから，和は3，6，9，12の場合である。

和が3のとき，(1, 2)，(2, 1)の2通り。

和が6のとき，(1, 5)，(2, 4)，(3, 3)，(4, 2)，(5, 1)の5通り。

和が9のとき，(3, 6)，(4, 5)，(5, 4)，(6, 3)の4通り。

和が12のとき，(6, 6)の1通り。

よって，2＋5＋4＋1＝12(通り)

(3) **少なくとも1つは奇数の目**というのは，**奇数の目が1つか2つ**ということ。

(i)奇数の目が1つのとき。

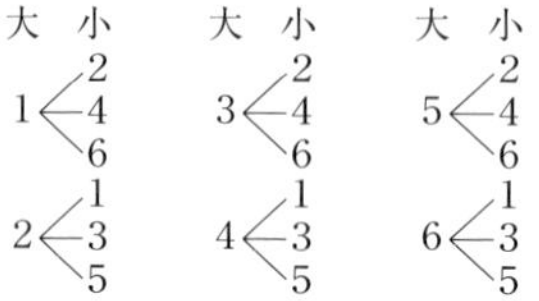

(ii)奇数の目が2つのとき。

よって，全部合わせて27通り。

〈別解〉

少なくとも1つは奇数の目が出る場合は，**(全体)－(2つとも偶数の場合)**ということになる。

(全体)＝6×6＝36(通り)

2つとも偶数の場合

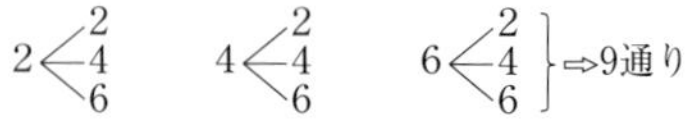

よって，36－9＝27(通り)

171 **12通り**

解説 ① ② D ③ ④ を考える。

(i) Aが③の位置の場合

残りの位置は誰でもよいので，

3×2×1＝6(通り)

(ii) Aが④の位置の場合

(i)と同様に，**3×2×1**＝6(通り)

(i)，(ii)より，6＋6＝12(通り)。

172 (1) **10通り** (2) **20通り**

解説

(1) $\mathbf{\frac{5\times4}{2\times1}}=10$(通り)

(2) **5×4**＝20(通り)

173 **21通り**

解説

赤，青，黄の3種類の色すべてが取り出されるのは，1種類を2枚，他の2種類を1枚ずつ取り出すときである。このとき合計4枚に書かれた数の和が22になる場合をすべて挙げる。

赤色のカードを2枚取り出す場合

(赤，赤)	(青，黄)
(1, 2)	(7, 12)，(8, 11)
(1, 3)	(6, 12)，(7, 11)，(8, 10)
(1, 4)	(5, 12)，(6, 11)，(7, 10)，(8, 9)
(2, 3)	(5, 12)，(6, 11)，(7, 10)，(8, 9)
(2, 4)	(5, 11)，(6, 10)，(7, 9)
(3, 4)	(5, 10)，(6, 9)

青色のカードを2枚取り出す場合

(青，青)	(赤，黄)
(5, 6)	(1, 10)，(2, 9)
(5, 7)	(1, 9)

黄色のカードを2枚取り出す場合，4枚の合計が最小になるのは1, 5, 9, 10のときで，その和の25は22を超えてしまう。よってこの場合は，和は22にならない。

以上より，求める場合の数は

2+3+4+4+3+2+2+1=21(通り)

174 (1) $\mathbf{\frac{1}{6}}$ (2) $\mathbf{\frac{1}{6}}$ (3) $\mathbf{\frac{7}{18}}$ (4) $\mathbf{\frac{2}{3}}$ (5) $\mathbf{\frac{5}{12}}$ (6) $\mathbf{\frac{5}{18}}$ (7) $\mathbf{\frac{3}{4}}$ (8) $\mathbf{\frac{11}{36}}$ (9) $\mathbf{\frac{1}{4}}$ (10) $\mathbf{\frac{7}{36}}$

解説 起こりうる場合の数は，

6×6＝36(通り)

(1) 2つとも同じ目が出る場合は，(1, 1)，(2, 2)，(3, 3)，(4, 4)，(5, 5)，(6, 6)の**6通り**。

よって，$\frac{6}{36}=\frac{1}{6}$

(2) 大きい方のさいころの目が6のとき，小さい方のさいころの目は1～6の6通りあるので，**1×6＝6(通り)**

よって，$\frac{6}{36}=\frac{1}{6}$

(3) 求める場合の数は，出る目の数を(小，大)で表すと，(1，1)，(1，2)，(1，3)，(1，4)，(1，5)，(1，6)，(2，2)，(2，4)，(2，6)，(3，3)，(3，6)，(4，4)，(5，5)，(6，6)の**14通り**。

よって，$\frac{14}{36}=\frac{7}{18}$

(4) 出た目の数の積が和以下になる場合の数を考えて，全体からひく。

出た目の積が和以下になる場合の数は，(1，1)，(1，2)，(1，3)，(1，4)，(1，5)，(1，6)，(2，1)，(2，2)，(3，1)，(4，1)，(5，1)，(6，1)の12通り。

よって，求める場合の数は

36－12＝**24(通り)**

したがって，求める確率は$\frac{24}{36}=\frac{2}{3}$

(5) 出た目の数の和は2～12だから，その中で素数は**2，3，5，7，11**である。

出た目の数の和が2…(1，1)

出た目の数の和が3…(1，2)(2，1)

出た目の数の和が5…(1，4)(2，3)(3，2)(4，1)

出た目の数の和が7…(1，6)(2，5)(3，4)(4，3)(5，2)(6，1)

出た目の数の和が11…(5，6)(6，5)

よって，求める場合の数は**15通り**だから，求める確率は，$\frac{15}{36}=\frac{5}{12}$

(6) 連続する2つの整数は，(1，2)，(2，3)，(3，4)，(4，5)，(5，6)，(2，1)，(3，2)，(4，3)，(5，4)，(6，5)の**10通り**。

よって，求める確率は，$\frac{10}{36}=\frac{5}{18}$

(7) **1－(2つとも奇数の目が出る確率)**で求める。

2つとも奇数の目が出る確率は，$\frac{\mathbf{3\times3}}{36}=\frac{1}{4}$

よって，$\mathbf{1-\frac{1}{4}}=\frac{3}{4}$

(8) 出た目の数の積が5の倍数になるときは，**少なくとも一方が5**のときである。

(1，5)，(2，5)，(3，5)，(4，5)，(5，5)，(6，5)，(5，1)，(5，2)，(5，3)，(5，4)，(5，6)の**11通り**。

よって，求める確率は，$\frac{11}{36}$

(9)「出た目の最大値が5」ということは，**「一方が5でもう一方は5以下」**である。

(1，5)，(2，5)，(3，5)，(4，5)，(5，1)，(5，2)，(5，3)，(5，4)，(5，5)の**9通り**。

よって，求める確率は，$\frac{9}{36}=\frac{1}{4}$

(10) 最大公約数が2となる組み合わせは，(2，2)，(2，4)，(2，6)，(4，2)，(4，6)，(6，2)，(6，4)の**7通り**。

よって，求める確率は，$\frac{7}{36}$

175 (1) **6通り** (2) $\mathbf{\frac{5}{108}}$

解説

(1) $b=3$だから，**aは1か2**，cは4～6のいずれかである。

$a=1$のとき，cは3通り，同様に$a=2$のとき，cは3通りあるから，**3＋3**＝6(通り)

(2) bの値によって，分けて考える。

$b=1, 2, 6$のときは題意を満たさない。

(i)$b=3$のとき

$a=2$，$c=4, 5, 6$だから，3通り。

(ii)$b=4$のとき

$a=2, 3$，$c=5, 6$だから，

$2\times2=4$(通り)

(iii)$b=5$のとき

$a=2, 3, 4$，$c=6$だから，3通り。

(i)，(ii)，(iii)を合わせて**10通り**。

よって，求める確率は，$\frac{10}{216}=\frac{5}{108}$

176 (1) $\mathbf{\frac{3}{8}}$ (2) $\mathbf{\frac{7}{8}}$

解説

(1) 表裏の出方は，**2×2×2＝8(通り)**

2回表，1回裏が出るのは，(表，表，裏)，(表，裏，表)，(裏，表，表)の**3通り**だから，求める確率は，$\frac{3}{8}$

(2) **1－(1回も表が出ない確率)**を考える。

1回も表が出ないということは，**3回とも裏**ということである。

3回とも裏が出る確率は，

(裏，裏，裏)の1通りより$\frac{1}{8}$だから，

$1-\frac{1}{8}=\frac{7}{8}$

177 (1) $\frac{1}{3}$ (2) $\frac{1}{3}$

解説 じゃんけんの手の出し方は,
3×3×3＝27(通り)

(1) 一人だけ勝つじゃんけんの手の出し方は,「グー, チョキ, チョキ」,「チョキ, パー, パー」「パー, グー, グー」である。「グー, チョキ, チョキ」の場合, 誰がグーを出すかを考えると3通り。他の2つの場合も同様に3通りずつあるので, 合わせて9通り。

よって, 求める確率は, $\frac{9}{27}=\frac{1}{3}$

(2) あいこになる場合は, (i)全員が同じものを出したとき, (ii)全員が違うものを出したときの2通りが考えられる。

(i)「グー, グー, グー」「チョキ, チョキ, チョキ」「パー, パー, パー」の3通り。

(ii)

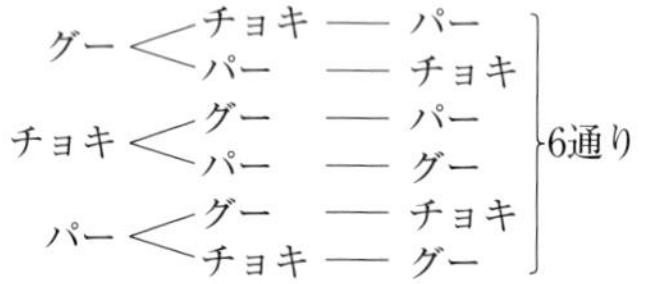

(i), (ii)合わせて**9通り**あるから, 求める確率は, $\frac{9}{27}=\frac{1}{3}$

178 (1) $\frac{2}{3}$ (2) $\frac{2}{9}$

解説

(1) ボールの取り出し方は, $\frac{3\times2}{2\times1}=3$(通り)。
Aのボールがふくまれている取り出し方は, AとB, AとCの**2通り**ある。

よって, 求める確率は, $\frac{2}{3}$

(2) 3回取り出すときの場合の数は
3×3×3＝27(通り)
また, 3回とも文字が異なる場合は,
(A, B, C), (A, C, B), (B, A, C), (B, C, A), (C, A, B), (C, B, A)の**6通り**。

よって, 求める確率は, $\frac{6}{27}=\frac{2}{9}$

179 $\frac{1}{3}$

解説 5枚のカードの並べ方は,
5×4×3×2×1＝120(通り)。

(i) 1のカードが左端にあるとき。

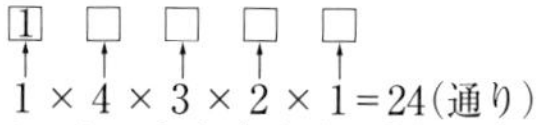

(ii) 1のカードが左から2番目にあるとき。

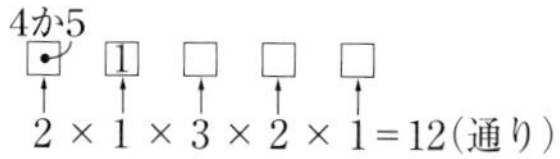

(iii) 1のカードが真ん中にあるとき。

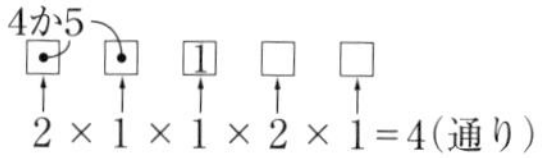

(i) (ii) (iii)合わせて, **40通り**。

よって, 求める確率は, $\frac{40}{120}=\frac{1}{3}$

180 $\frac{11}{20}$

解説 袋Aに入っている赤玉をR_1, R_2, 白玉をW_1, W_2, W_3とし, 袋Bに入っている赤玉をR_3, R_4, R_5, 白玉をW_4として樹形図をかく。

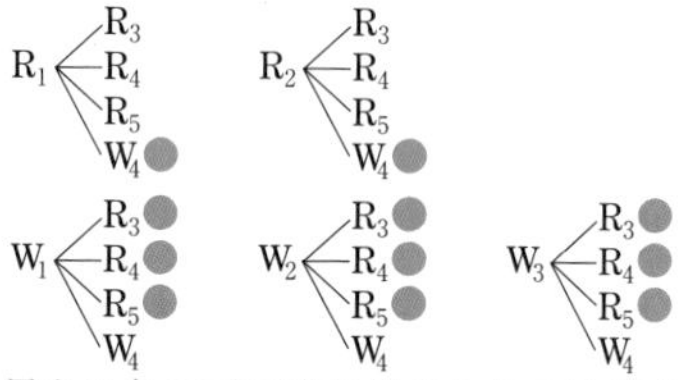

異なる色の玉が取り出されるのは●をつけた11通り。

よって, 求める確率は, $\frac{11}{20}$

181 (1) **15通り** (2) $\frac{8}{15}$ (3) $\frac{3}{5}$ (4) $\frac{2}{15}$ (5) $\frac{7}{15}$

解説

(1) 赤玉4個をR_1, R_2, R_3, R_4とし, 白玉2個をW_1, W_2とすると, 下の樹形図より, **15通り**。

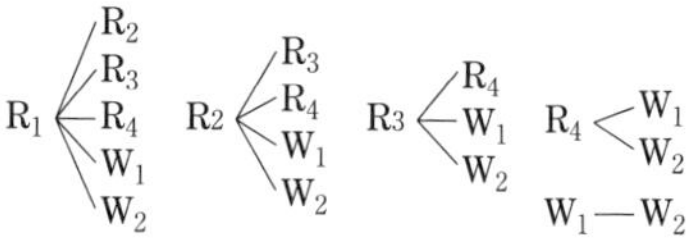

(2) (1)の樹形図より, 赤玉と白玉が1個ずつ取り出されるのは, **8通り**。

よって，求める確率は，$\frac{8}{15}$

(3) **1－(赤玉が2個取り出される確率)**で求める。
赤玉が2個取り出されるのは，(1)の樹形図より，6通り。
よって，その確率は，$\frac{6}{15}=\frac{2}{5}$
したがって，求める確率は，$\mathbf{1-\frac{2}{5}=\frac{3}{5}}$

(4) 2つの数の積が奇数になるときは，2つの数がそれぞれ奇数のときである。(1)の樹形図より，R_1-W_1とR_3-W_1の2通り。
よって，求める確率は，$\frac{2}{15}$

(5) 玉に書かれている数の和が5以上になる場合は，(R_1，R_4)，(R_2，R_3)，(R_2，R_4)，(R_3，R_4)，(R_3，W_2)，(R_4，W_1)，(R_4，W_2)の7通り。
よって，求める確率は，$\frac{7}{15}$

182 $\frac{5}{18}$

解説
9個から2個同時に取り出す場合の数は，
$\mathbf{\frac{9\times8}{2\times1}=36}$**(通り)**
赤球を2個取り出す場合の数は，
$\frac{3\times2}{2\times1}=3$(通り)
白球を2個取り出す場合の数は，1通り。
青球を2個取り出す場合の数は，
$\frac{4\times3}{2\times1}=6$(通り)
取り出した球の色が同じである場合の数は，$3+1+6=$**10(通り)**
よって，求める確率は，$\frac{10}{36}=\frac{5}{18}$

183 $\frac{2}{9}$

解説 (1，2)をPとするとき，APを底辺とみると

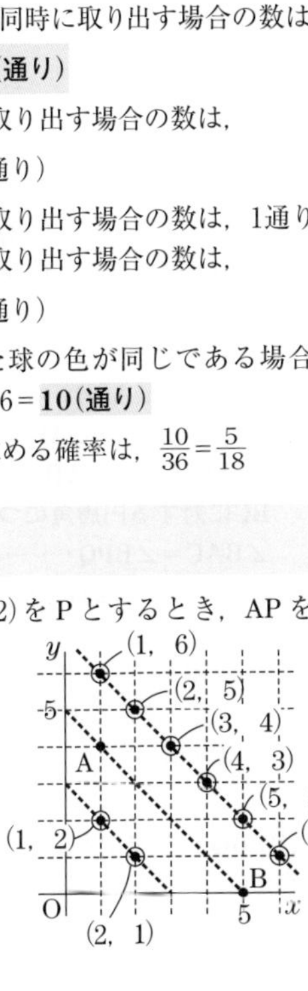

$\triangle ABP=2\times4\times\frac{1}{2}=4(cm^2)$
等積変形の考え方より，点(1，2)を通り，直線ABに平行な直線を引くと，点(2，1)を通る。点(1，6)をPとするときも$\triangle ABP=4\,cm^2$となるので，同様にして直線ABに平行な直線を引くと，
点(1, 6)，(2, 5)，(3, 4)，(4, 3)，(5, 2)，(6, 1)を通る。$\triangle ABP=4\,cm^2$となる点Pは図の○で示した8点である。
起こりうる場合の数は，$6\times6=36$(通り)
よって，$\frac{8}{36}=\frac{2}{9}$

184 (1) 全数調査　(2) 標本調査　(3) 標本調査

解説
(1) 駅の乗降客数は時間帯によって異なるので標本調査は不向きである。
(2) 電球をすべて調べてしまうと売る品物がなくなってしまうので，標本調査を行う。
(3) 全数調査をしようとすると，大きな費用と時間がかかるので，標本調査を行う。

185 (1) 母集団…作られた製品，大きさ…20000個
(2) 標本…取り出した製品，大きさ…500個
(3) 約0.8%　(4) 約160個

解説
(3) $\mathbf{\frac{4}{500}\times100}=0.8$
(4) $\mathbf{20000\times\frac{4}{500}}=160$

186 約19500人

解説
$\mathbf{50000\times\frac{39}{100}}=19500$

187 約39000粒

解説
(最初の米粒の数)：(色のついた米粒の数)は，およそ**(800－20)：20**と推定できる。
したがって，最初の米粒の数をx粒とすると，$(800-20):20=x:1000$
この比例式を解いて，$x=39000$

入試問題編の解答・解説

1 公立入試問題 ▶1～42

1 (1) -5　(2) $2\sqrt{3}$　(3) $x=\frac{5\pm\sqrt{17}}{4}$

(4) $x=3$, $y=1$

解説

(1) 与式 $=-12+7=-5$

(2) 与式 $=3\sqrt{3}-\sqrt{3}=2\sqrt{3}$

(3) $x=\frac{-(-5)\pm\sqrt{(-5)^2-4\times2\times1}}{2\times2}=\frac{5\pm\sqrt{17}}{4}$

(4) 上の式を①，下の式を②とすると，

①×2－②より，$y=1$

①に代入して，$x=3$

2 3500円

解説

妹のこづかいをx円とする。

$x+(2x+500)=5000$　　$x=1500$

よって，姉のこづかいは

$1500\times2+500=3500$(円)

3 $\angle x=38°$，$\angle y=100°$

解説

平行線の錯角より，$\angle x=38°$

$\angle y=62°+38°=100°$

4 (1) $4\sqrt{5}$cm　(2) 20πcm^2

解説

(1) AC$=\sqrt{3^2-2^2}+\sqrt{7^2-2^2}=\sqrt{5}+3\sqrt{5}=4\sqrt{5}$(cm)

(2)

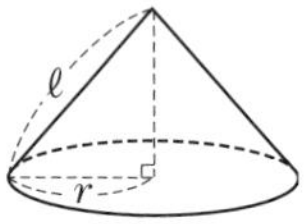

上の図において，

側面積 $=\pi\ell^2\times\frac{(\text{半径}r\text{の円周})}{(\text{半径}\ell\text{の円周})}$

$=\pi\ell^2\times\frac{2\pi r}{2\pi\ell}$

$=\pi\ell^2\times\frac{r}{\ell}$

$=\pi r\ell$

これより，$\pi\times2\times3+\pi\times2\times7=6\pi+14\pi$

$=20\pi$(cm^2)

5 $\frac{5}{3}<b\leqq2$

解説

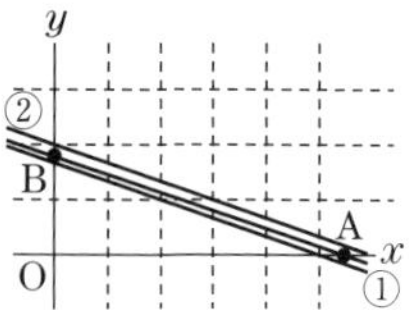

△BOAの内部の点で，x座標，y座標ともに整数である点は，(1, 1)，(2, 1)である。直線$y=-\frac{1}{3}x+b$は点(2, 1)を通る直線①と点(3, 1)を通る直線②の間にあればよいので，直線の式に座標を代入し，$b=\frac{5}{3}$と$b=2$を求めることができる。

△BOAの辺上に点(3, 1)があってもよいので，$b=2$は含む。よって，$\frac{5}{3}<b\leqq2$

6 (1) $a=\frac{1}{2}$　(2) $y=x+4$

解説

(1) A$(-2,\ 4a)$，B$(4,\ 16a)$

直線ABの傾きは1だから，

$\frac{16a-4a}{4-(-2)}=1$　$2a=1$　よって，$a=\frac{1}{2}$

(2) $y=x+b$にA$(-2,\ 2)$を代入して，

$b=4$　　よって，$y=x+4$

7 (1) (証明) △ABCと△PBQにおいて，

△ABCは二等辺三角形だから，

∠ABC＝∠ACB

$\overset{\frown}{AB}$に対する円周角について，

∠ACB＝∠APB

AP//BQより，∠APB＝∠PBQ

これらより，∠ABC＝∠PBQ…①

$\overset{\frown}{BC}$に対する円周角について，

∠BAC＝∠BPQ…………………②

①，②より，2組の角がそれぞれ等しいので，△ABC∽△PBQ

したがって，△PBQはPB＝PQの二等辺三角形である。

(2) $2\sqrt{33}$cm^2

解説

(2) AP//BQより，△PAQ＝△PABである。

∠BCQ＝90°より，∠BCP＝∠BAP＝90°

PQ＝7cmだから，(1)より，PB＝PQ＝7cm

これらより，$\triangle PAQ = \triangle PAB$

$$= \frac{1}{2} \times AP \times AB$$
$$= \frac{1}{2} \times 4 \times \sqrt{7^2 - 4^2}$$
$$= 2\sqrt{33}\,(cm^2)$$

8　(1) $\boldsymbol{a=1}$　(2) $\boldsymbol{\frac{45}{2}}$　(3) $\boldsymbol{b=\frac{1}{4}}$

解説

(1) $y=ax^2$に$(-2,\ 4)$を代入して，$a=1$

(2) $y=x^2$に$x=3$を代入すると$y=9$だから，
C(3, 9)
△ABCにおいて，底辺をBCとみると，
$\triangle ABC = \frac{1}{2} \times 9 \times \{3-(-2)\} = \frac{45}{2}$

(3) △ADC：△ABD＝3：1より，
CD：DB＝3：1
これより点Dのy座標は，
$9 \times \frac{1}{4} = \frac{9}{4}$
$y=bx^2$に$\left(3,\ \frac{9}{4}\right)$を代入して，
$b=\frac{1}{4}$

9　(1) $\boldsymbol{4\sqrt{5}}$**cm**　(2) **4cm²**　(3) **10秒後**
(4) $\boldsymbol{\frac{32}{3}}$**秒後**

解説

(1) $AO = \frac{1}{2}AC = \frac{1}{2}\sqrt{8^2+16^2}$
$= \frac{8\sqrt{5}}{2} = 4\sqrt{5}\,(cm)$

(2) AO＝OCより，$\triangle AOP = \frac{1}{2}\triangle APC$となる。
$\triangle APC = \frac{1}{2} \times 2 \times 8 = 8\,(cm^2)$より，
$\triangle AOP = 4\,(cm^2)$

(3) ∠ABC＝90°
∠AOP＝90°より，∠POC＝90°
また，∠ACB＝∠PCOだから，
△ABC∽△POCとなる。
(1)より，$CA = 8\sqrt{5}$cm
AB：BC：CA＝1：2：$\sqrt{5}$だから，
OC：CP＝2：$\sqrt{5}$
$OC = 4\sqrt{5}$cmより，CP＝10cm
よって，10秒後。

(4) $\triangle ABQ = \frac{1}{4}\triangle ABC$のとき，
$\frac{1}{2}\triangle ABO = \frac{1}{4}\triangle ABC$だから，
BQ：QO＝1：1
また，このとき，△ADQ∽△PBQだから，
DQ：QB＝3：1＝AD：PB
これより，$PB = \frac{1}{3}AD = \frac{16}{3}\,(cm)$
ゆえに，$PC = 16 - \frac{16}{3} = \frac{32}{3}\,(cm)$
よって，$\frac{32}{3}$秒後。

10　**(証明)△ABGと△ADCにおいて，**
AB＝AD…①　　AG＝AC…②
∠BAG＝90°＋∠BAC，
∠DAC＝90°＋∠BACより，
∠BAG＝∠DAC…③
①，②，③より，2組の辺とその間の角がそれぞれ等しいので，
△ABG≡△ADC

11　(1) **白い点　35個，黒い点　30個**
(2) $\boldsymbol{m=51}$**，黒い点　7550個**

解説

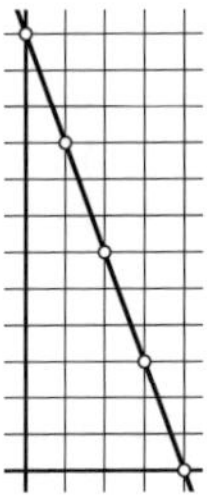

(1) $m=4$のとき，対角線AC上の白い点は，(1, 9)，(2, 6)，(3, 3)の3点であるから，
4×2+12×2+3＝35(個)
黒い点は，長方形OABCの周上の点も含めた，x座標，y座標ともに整数である点の個数から白い点の個数を引けばよいから，
5×13－35＝30(個)

(2) 問題文の図や(1)から，白い点の個数は，
$m \times 2 + 3m \times 2 + (m-1) = 9m-1$という式で表すことができる。$9m-1=458$より$m=51$
このとき，黒い点は，
$(51+1) \times (51 \times 3 + 1) - 458 = 7550$(個)

12　(1) **91**　(2) $\boldsymbol{n=28}$

解説

(1) Aの位置の数をxとすると，$B=x+1$，
$C=x+2$，$D=x+3$，$E=x+4$
B＋C＋D＋E＝374より，
$(x+1)+(x+2)+(x+3)+(x+4)=374$
$4x=364$

よって，$x=91$

(2) n番目，7番目のAの位置の数は，それぞれ$\mathbf{5n-4}$，**31**である。

これより，$(5n-4)+1=4(31+3)+1$

$5n=140$

よって，$n=28$

13 (1) **1：4** (2) $\mathbf{\frac{64}{3}}\mathrm{cm}^3$

(3) $\mathbf{CP=\sqrt{2}}$**cm**，$\mathbf{AG=4\sqrt{3}}$**cm**

(4) $\mathbf{\frac{8\sqrt{3}}{5}}$cm

解説

(1) **NM//HF**であるから，**△LNM∽△LHF**

LM：LF＝1：2　よって，

△LNM：△LHF＝$\mathbf{1^2:2^2}=1:4$

(2) $\frac{1}{3}\times\left(\frac{1}{2}\times4\times4\right)\times8=\frac{64}{3}(\mathrm{cm}^3)$

(3) $\mathrm{CP}=\frac{1}{2}\mathrm{GQ}=\frac{1}{2}\times\frac{4\sqrt{2}}{2}=\sqrt{2}(\mathrm{cm})$

$\mathrm{AG}=\sqrt{\mathbf{4^2+4^2+4^2}}=4\sqrt{3}(\mathrm{cm})$

(4) 3点P，R，Qは一直線上にあり，AP//GQなので，△APR∽△GQR

$\mathrm{AP}=3\sqrt{2}$，$\mathrm{GQ}=2\sqrt{2}$であるから，

AR：RG＝3：2

また，$\mathrm{AG}=4\sqrt{3}$　よって，

$\mathrm{GR}=\mathbf{4\sqrt{3}\times\frac{2}{5}}=\frac{8\sqrt{3}}{5}(\mathrm{cm})$

14 (1) **2cm** (2) $\mathbf{108\sqrt{5}}$**cm**^{2}

※途中の計算は解説を参照。

解説

(1) PMを$x$cmとする。

△APMにおいて，

$\mathbf{AM^2=AP^2+PM^2}$

$=(\mathrm{AB^2+BP^2})+\mathrm{PM^2}$

$=(12^2+12^2)+x^2=x^2+288$

△GQMにおいて，

$\mathbf{GM^2=GQ^2+QM^2}$

$=6^2+(18-x)^2=x^2-36x+360$

AM＝MGより，$\mathbf{AM^2=GM^2}$だから，

$\mathbf{x^2+288=x^2-36x+360}$

$36x=72$　　よって，$x=2(\mathrm{cm})$

(2) 切り口を長方形XYZW，PからAEに下ろした垂線PRとXYの交点をSとする。

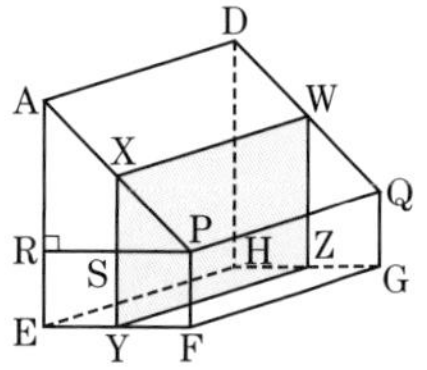

$\mathrm{XY}=y$cmとおくと，$\mathrm{XS=SP}=y-6(\mathrm{cm})$

$\mathrm{RS}=12-\mathrm{SP}=18-y(\mathrm{cm})$

体積についての条件より，

台形AEYX＝台形XYFPだから，

$\mathbf{\frac{1}{2}(18+y)(18-y)=\frac{1}{2}(y+6)(y-6)}$

$324-y^2=y^2-36$

$y^2=180$

$y>0$より，$y=6\sqrt{5}$

よって，長方形$\mathrm{XYZW}=6\sqrt{5}\times18$

$=108\sqrt{5}(\mathrm{cm}^2)$

15 (1) **9個**

(2) ①**25個**　②$\mathbf{n^2}$**個**　③**ア 44**　**イ 82**

解説

(1) 積木は2個ずつ増えていくことがわかるので，式で表すと，5+2+2となるので9個。

(2) 2段目以降に積み上げた積木も1段目に下ろすと，下図のように並べることができる。

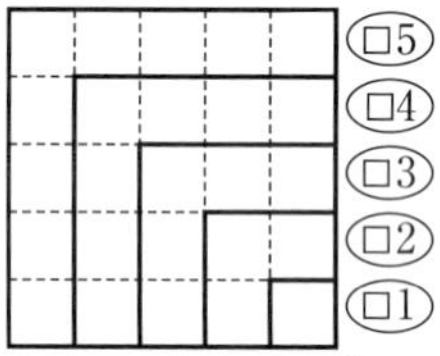

①に必要な積木は$5^2=25$(個)

②1辺にn個の積木が並ぶ正方形をしきつめる積木の個数になるので，n^2(個)

③ ア 2018に近い平方数を考えればよい。$44^2=1936$，$45^2=2025$より，45^2は2018を超えてしまうので，44段まで積み上げることができる。

イ $2018-1936=82$(個)

16 (1) **3cm**

(2) ①**(証明) △ABCにおいて，点P,Qはそれぞれ辺AB,BCの中点だから，中点連結定理より，**

PQ∥AC, PQ=$\frac{1}{2}$AC…①
また, △ADCにおいて, 点R, S
についても同様に,
SR∥AC, SR=$\frac{1}{2}$AC…②
①, ②よりPQ∥SR, PQ=SR
したがって, 1組の向かい合う辺が平行でその長さが等しいから, 四角形PQRSは平行四辺形である。

② Ⅰ イ

Ⅱ (例) △ABCにおいて, 点P, Qはそれぞれ辺AB, BCの中点だから, 中点連結定理より,
PQ∥AC, PQ=$\frac{1}{2}$AC
また, △ABDにおいて, 点P, Sについても同様に,
PS∥BD, PS=$\frac{1}{2}$BD
作図によりAC⊥BD, PQ∥ACより, 平行線の同位角は等しいから, PQ⊥BD, PS∥BDより, 同様にして, PQ⊥PS
作図により, AC=BD, また, PQ=$\frac{1}{2}$AC, PS=$\frac{1}{2}$BDより,
PQ=PS

解説

(1) 中点連結定理より3cm

17 (1) $a=\frac{1}{4}$ (2) $y=\frac{1}{2}x+3$

解説

(1) $y=ax^2$に$(-4,\ 4)$を代入して,
$4=16a$ よって, $a=\frac{1}{4}$

(2) $y=\frac{b}{x}$に$(-4,\ 4)$を代入して,
$4=-\frac{b}{4}$ よって, $b=-16$
$y=-\frac{16}{x}$に $x=-8$を代入して,
$y=2$ よって, B$(-8,\ 2)$
直線ABの傾きは, $\frac{4-2}{-4-(-8)}=\frac{2}{4}=\frac{1}{2}$
C$(0,\ 3)$より, 切片は3だから,
求める直線は, $y=\frac{1}{2}x+3$

18 (1) 大きなさいころが3, 小さなさいころが2
(2) 7通り (3) $\frac{19}{36}$

解説

(2) (大, 小)=(1, 3), (2, 1), (2, 6), (3, 4), (4, 2), (5, 5), (6, 3)
よって, 7通り。

(3) すべての起こり方は, $6\times6=36$(通り)
頂点A, 白石のある頂点, 黒石のある頂点のうち, 2点が重なり, 他の1点が重ならないのは, 頂点Aと白石, 白石と黒石, 黒石と頂点Aが重なる場合がそれぞれ5通り, 6通り, 5通りなので,
$5+6+5=16$(通り)
3点が重なるのは1通り。
これらより, 三角形ができないのは17通り。
よって, $\frac{36-17}{36}=\frac{19}{36}$

19 (1) (証明) △ADEと△CDGにおいて,
AD=CD…①　DE=DG…②
∠ADE=90°+∠CDE,
∠CDG=90°+∠CDEより,
∠ADE=∠CDG…③
①, ②, ③より, 2組の辺とその間の角がそれぞれ等しいので,
△ADE≡△CDG よって, AE=CG
(2) 45° (3) 2cm²

解説

(2) ∠DCG=∠DAE=45°
(3) (2)より, ∠DCG=45° だから,
∠ACG=90°
よって, ∠GCE=90°
AC=CEより, CE=$\sqrt{2}$cm,
AE=CGより
CG=$2\sqrt{2}$cm
よって, △CEG=$\frac{1}{2}\times\sqrt{2}\times2\sqrt{2}=2$(cm²)

20 A1個をx円, B1個をy円とする。
$$\begin{cases}10x+5y+50=1000\\5x+10y+50=900\end{cases}$$
すなわち, $\begin{cases}2x+y=190\cdots\cdots①\\x+2y=170\cdots\cdots②\end{cases}$
①×2−②より, $3x=210$　$x=70$
①に代入して, $y=50$
よって, A1個の値段は70円, B1個の値段は50円。

21 (1) 12分後 (2) 2000m

確認問題の解答・解説 / 章末問題の解答・解説 / 入試問題編の解答・解説

※途中の計算は[解説]を参照。

[解説]

(1) x分後に出会うとすると，

$\mathbf{80x+200x=3360}$

$280x=3360$　よって，$x=12$(分後)

(2) ymの地点で追いつくとすると，

$\mathbf{\frac{y}{80}=\frac{y}{200}+15}$

$5y=2y+6000$　　$y=2000$(m)

22 (1) $a=-1$　(2) **1**

(3) ア **4cm²**　イ $\frac{64\sqrt{2}}{3}\pi\,\mathrm{cm}^3$

[解説]

(1) $y=ax+4$に$(-4,\ 8)$を代入して，

$8=-4a+4$　　よって，$a=-1$

(2) $y=\frac{1}{2}x^2$に$x=2$を代入して，$y=2$

よって，$\mathbf{\frac{2-0}{2-0}}=\frac{2}{2}=1$

(3) ア　題意より，C(0, 4)，D(−2, 6)，E(−2, 2)

△DECにおいて，底辺をDEとみると，

$\triangle\mathrm{DEC}=\frac{1}{2}\times4\times2=4(\mathrm{cm}^2)$

イ　四角形CEOBは，一辺が$2\sqrt{2}$の正方形で，三角形DECは，$\mathrm{CD}=\mathrm{CE}=2\sqrt{2}$の直角二等辺三角形である。

よって，

$(2\sqrt{2})^2\times\pi\times2\sqrt{2}+\frac{1}{3}\times(2\sqrt{2})^2\times\pi\times2\sqrt{2}$

$=16\sqrt{2}\pi+\frac{16\sqrt{2}}{3}\pi=\frac{64\sqrt{2}}{3}\pi\,(\mathrm{cm}^3)$

23

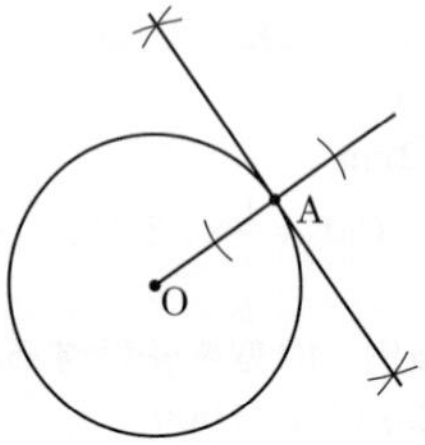

[解説]

半直線OAをひき，その半直線OAの点Aを通る垂線が接線となる。

24 (1) **(証明)△ABCについて，∠ABC=∠ACB**

$\overset{\frown}{\mathrm{CA}}$に対する円周角について，

∠ABC = ∠AEC

$\overset{\frown}{\mathrm{AB}}$に対する円周角について，

∠ACB = ∠ADB

AE∥BD…①より，∠AEC = ∠EFB

これらより，∠EFB = ∠ADB

よって，AD∥EF…②

①，②より，2組の対辺がそれぞれ平行だから，四角形AEFDは平行四辺形である。

(2) **108°，$\frac{9}{5}\pi$cm**

[解説]

(2) $\angle\mathrm{BAC}=\mathbf{\angle EAD-(\angle EAB+\angle DAC)}$

$=117°-(\angle\mathrm{ECB}+\angle\mathrm{DBC})$

$=117°-\angle\mathrm{DFC}$

$=117°-(180°-\angle\mathrm{EFD})$

$=117°-(180°-117°)=54°$

よって，$54°\times2=108°$

$\overset{\frown}{\mathrm{BC}}$の長さは，$2\times3\times\pi\times\mathbf{\frac{108°}{360°}}$

$=6\pi\times\frac{3}{10}=\frac{9}{5}\pi\,(\mathrm{cm})$

25 (1) **−10**　(2) $\frac{5}{3}$　(3) $-a+10b$

(4) $x=-3,\ -4$　(5) **8**　(6) **50°**

(7)

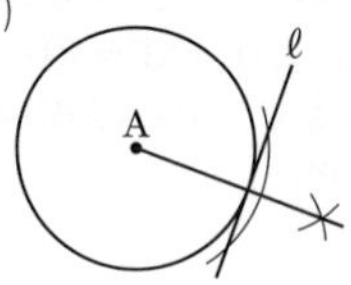

[解説]

(2) 与式$=\frac{3}{2}\times\frac{10}{9}=\frac{5}{3}$

(3) 与式$=3a+6b-4a+4b=-a+10b$

(4) $(x+3)(x+4)=0$

よって，$x=-3,\ -4$

(5) $x=1$のとき$y=2$，$x=3$のとき$y=18$

よって，$\mathbf{\frac{18-2}{3-1}}=\frac{16}{2}=8$

(6) ∠ACB = ∠BDA(円周角)

$\angle\mathrm{BDA}=180°-90°-40°=50°$

(7) **点Aを通り直線ℓに垂直な半直線を作図すると，円の半径がわかる。**

26 (1) **4通り**　(2) **10通り**　(3) $\frac{1}{5}$

[解説]

(1) $(a,\ b)=(1,\ 4)$，$(2,\ 3)$，$(3,\ 2)$，$(4,\ 1)$より，4通り。

(2) $(a,\ b)=(2,\ 1)$，$(3,\ 1)$，$(3,\ 2)$，$(4,\ 1)$，$(4,\ 2)$，$(4,\ 3)$，$(5,\ 1)$，

(5, 2), (5, 3), (5, 4)より，10通り。

(3) すべての起こり方は，**$5\times4=20$(通り)**

$\sqrt{a+b}$の値が整数になるのは，

$3\leqq a+b\leqq9$より，$a+b=4$, 9

$a+b=4$のとき，(1, 3), (3, 1)の2通り。

$a+b=9$のとき，(4, 5), (5, 4)の2通り。

よって，$\frac{2+2}{20}=\frac{4}{20}=\frac{1}{5}$

27 900m

解説

$$\frac{x}{300}+\frac{2x}{200}+\frac{3000-3x}{300}=13$$

$2x+6x+2(3000-3x)=7800$

$2x=1800$

よって，$x=900$(m)

28 (1) $a=-\frac{1}{3}$ (2) ① 4：1 ② Q$\left(3, -\frac{7}{4}\right)$

解説

(1) 直線ABは，原点と点A(3, 2)を通るから，

$y=\frac{2}{3}x$

これに$x=-2$を代入して，**$y=-\frac{4}{3}$**

$y=ax^2$に$\left(-2, -\frac{4}{3}\right)$を代入して，

$-\frac{4}{3}=4a$ よって，$a=-\frac{1}{3}$

(2) ①$\mathrm{BP}=\frac{1}{2}\mathrm{BA}$より，**$\triangle\mathrm{BPQ}=\frac{1}{2}\triangle\mathrm{ABQ}$**

$\mathrm{AQ}=\frac{1}{2}\mathrm{AC}$より，**$\triangle\mathrm{ABQ}=\frac{1}{2}\triangle\mathrm{ABC}$**

これらより，**$\triangle\mathrm{BPQ}=\frac{1}{4}\triangle\mathrm{ABC}$**

よって，$\triangle\mathrm{ABC}:\triangle\mathrm{BPQ}=4:1$

②$y=-\frac{1}{3}x^2$に$x=3$を代入して，

C(3, −3)

$\mathrm{AQ}=k\mathrm{AC}$より，点Qのy座標は

$2-5k$だから，Q$(3, 2-5k)$……①

$\mathrm{BP}=k\mathrm{BA}$より，$\triangle\mathrm{BPQ}=k\triangle\mathrm{ABQ}$

$\mathrm{AQ}=k\mathrm{AC}$より，$\triangle\mathrm{ABQ}=k\triangle\mathrm{ABC}$

これらより，**$\triangle\mathrm{BPQ}=k^2\triangle\mathrm{ABC}$**

よって，**$\triangle\mathrm{ABC}:\triangle\mathrm{BPQ}=1:k^2$**

したがって，**$1:k^2=16:9$** $k^2=\frac{9}{16}$

$0<k<1$より，$k=\frac{3}{4}$

これを①に代入して，Q$\left(3, -\frac{7}{4}\right)$

29 (1) **(a) 21本 (b) $(6n-3)$本**

(2) **(a) $(24+12\sqrt{3})$mm (b) 9.6πcm^3**

解説

(1) (a) 3, 9, 15, …と6本ずつ増える。

4番目までには3回増えるから，

$3+6\times3=21$(本)

(b) (a)と同様，n番目までには$(n-1)$回増えるから，

$3+6\times(n-1)=6n-3$(本)

(2) (a) 右図の△ABCは30°, 60°, 90°の直角三角形になっている。

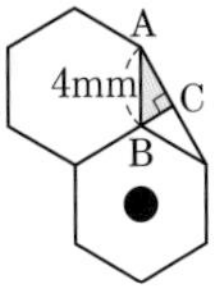

AB＝4mmより，

$\mathrm{AC}=2\sqrt{3}$mm

よって，ひも全体の長さは，

$4\times6+2\sqrt{3}\times6=24+12\sqrt{3}$(mm)

(b) 円柱の半径は，正六角形の最も長い対角線の長さになる。

したがって，$4\times2=8$(mm)

求める体積は，$(0.8^2\times\pi)\times15$

$=0.64\pi\times15=9.6\pi$(cm^3)

30 (ア) 7 (イ) 3

解説

$$\begin{cases}2(x+4)+4(y+5)=54\\300(x+5)+200(y+4)=5000\end{cases}$$

すなわち $\begin{cases}x+2y=13 \cdots\cdots①\\3x+2y=27\cdots\cdots②\end{cases}$

①−②より，$-2x=-14$ $x=7$

①に代入して，$y=3$

よって，(ア) 7，(イ) 3

31 〔問1〕(1) **5：3** (2) **$(6\sqrt{2}-6)$cm**

〔問2〕(1) **(証明) △ABEと△HDGで，**

AB＝AD，AD＝DHより，

AB＝DH…①

仮定より，

∠ABE＝∠HDG＝90°…②

△BCDがBC＝DCの直角二等辺三角形で，BD//EGより，同位角が等しいから，

∠CEG＝∠CGE

よって，△CEGはEC＝GCの直角二等辺三角形

また，BE＝BC−EC，DG＝

DC－GCより，
BE＝DG…③
①，②，③から，2組の辺とその間の角がそれぞれ等しいので，△ABE≡△HDG
(2) **$(36-18\sqrt{3})$ cm²**

解説

〔問1〕(1) △FAD∽△FEBより，
AF：FE＝AD：EB＝(3＋2)：3＝5：3
(2) 対頂角は等しいから，
∠BFE＝∠DFA…①
AD//BEで錯角は等しいから，
∠BEF＝∠DAF…②
①，②と∠BFE＝∠BEFより，
∠DFA＝∠DAF
よって，△DAFはDA＝DFの二等辺三角形である。
また，$BD=\sqrt{2}AD=6\sqrt{2}$(cm)
よって，
$BF=BD-DF=BD-DA=6\sqrt{2}-6$(cm)
〔問2〕(2) △ABEで，∠BAE＝30°より，
$AB:BE=\sqrt{3}:1$より，$6:BE=\sqrt{3}:1$
$BE=2\sqrt{3}$(cm)
△HAIで，∠HAI＝60°　(1)より，
∠IHA＝30°より，∠AIH＝90°
よって，AI＝6cm，$IH=6\sqrt{3}$cm
四角形IECG
＝四角形ABCD－(△ABE＋四角形AIGD)
＝四角形ABCD－△HAI
$=36-18\sqrt{3}$(cm²)

32 (1) **$3-3\sqrt{3}$**　(2) **$x=1,\ 3$**　(3) **210**
(4) **67.5°**　(5) **$\frac{5}{9}$**

解説

(1) 与式$=3\sqrt{6}\left(\frac{\sqrt{6}-1}{\sqrt{2}}\right)+\frac{3\sqrt{2}-18}{\sqrt{2}}$
$=\frac{18-3\sqrt{6}+3\sqrt{2}-18}{\sqrt{2}}=3-3\sqrt{3}$
(2) ②より，$(x-2)(x-3)=0$
よって，$x=2,\ 3$
$x=2$が①を満たすとき，
$4-4p+p+1=0$　　$p=\frac{5}{3}$
pは整数だから不適。
$x=3$が①を満たすとき，
$9-6p+p+1=0$　　**$p=2$**
このとき，①は，
$x^2-4x+3=0$
$(x-1)(x-3)=0$　　よって，$x=1,\ 3$
(3) $\frac{224n}{135}=\frac{2^5\times7\times n}{3^3\times5}$より，
$n=2\times7\times3\times5=210$
(4) ∠GPH＝**180°－(∠PGH＋∠PHG)**
$=180°-\frac{1}{2}\times360°\times\frac{1}{8}(2+3)$
$=180°-112.5°=67.5°$
(5) すべての起こり方は，6×6＝36(通り)
出る目の積が3で割り切れないのは，2個とも1，2，4，5のいずれかが出る場合だから，4×4＝16(通り)
よって，$\frac{36-16}{36}=\frac{20}{36}=\frac{5}{9}$

33 (1) **$\frac{8\sqrt{2}}{3}$cm**
(2) **①(証明)DP//ABより，**
DP：AB＝ED：EA＝1：2
よって，$DP=\frac{1}{2}AB$だから，
$CP=\frac{1}{2}AB$
△ABRと△BCPにおいて，
AB＝BC,
$BR=\frac{1}{2}BC=\frac{1}{2}AB=CP$
∠ABR＝∠BCP＝90°
2組の辺とその間の角がそれぞれ等しいから，△ABR≡△BCP
よって，∠BAR＝∠CBP
△ABRと△BSRにおいて，
∠BAR＝∠CBP＝∠SBR
また，∠ARB＝∠BRS(共通)
2組の角がそれぞれ等しいので，
△ABR∽△BSR
よって，∠BSR＝∠ABR＝90°
ゆえに，AR⊥BPである。
②BS＝$x$cm，SR＝$y$cmとする。
PはCDの中点になるので，
AR＝BP
$=\sqrt{4^2+2^2}$
$=\sqrt{20}=2\sqrt{5}$(cm)
△ABR∽△BSRより，
AR：AB＝BR：BSより，
$2\sqrt{5}:4=2:x$
$2\sqrt{5}\times x=8$
よって，$x=\frac{4}{\sqrt{5}}=\frac{4\sqrt{5}}{5}$
AB：BR＝BS：SRより，

$4:2=\frac{4\sqrt{5}}{5}:y$

よって，$y=\frac{2\sqrt{5}}{5}$

△ASP

$=\frac{1}{2}\times SP\times AS$

$=\frac{1}{2}\times\left(2\sqrt{5}-\frac{4\sqrt{5}}{5}\right)\times\left(2\sqrt{5}-\frac{2\sqrt{5}}{5}\right)$

$=\frac{1}{2}\times\frac{6\sqrt{5}}{5}\times\frac{8\sqrt{5}}{5}=\frac{24}{5}(cm^2)$

解説

(1) △AEQ∽△CBQより，

AQ：CQ＝AE：CB＝8：4＝2：1

したがって，$AQ=\frac{2}{3}\times AC=\frac{2}{3}\times4\sqrt{2}$

$=\frac{8\sqrt{2}}{3}$(cm)

34 (1) $\frac{5}{2}$，$\frac{15}{2}$　(2) 2秒後と$\frac{13}{2}$秒後

(3)

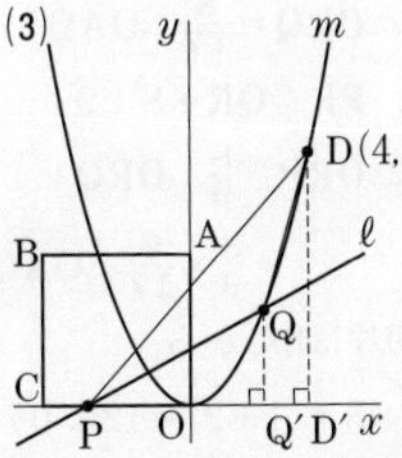

$y=\frac{1}{2}x^2$に$y=2$を代入して，$4=x^2$

$x>0$より，$x=2$だから，Q(2, 2)

点Qからx軸に垂線QQ′をひく。

直線ℓの傾きは$\frac{1}{2}$だから，

PQ′：QQ′＝2：1

ここで点P(p, 0)とおくと，

$(2-p):2=2:1$

$2-p=4$　よって，$p=-2$

点Dからx軸に垂線DD′をひく。

△DPQ

＝△DPD′－(△QPQ′＋台形DQQ′D′)

$=\frac{1}{2}\times6\times8-\left\{\frac{1}{2}\times4\times2+\frac{1}{2}\times(2+8)\times2\right\}$

$=24-(4+10)=10(cm^2)$

解説

(1) 直線ℓは$y=\frac{1}{2}x+k$だから，kは直線ℓの切片である。

したがって，直線ℓが点B(－5, 5)を通るとき，kは最大値$\frac{15}{2}$をとる。

また，直線ℓが点C(－5, 0)を通るとき，kは最小値$\frac{5}{2}$をとる。

よって，$\frac{5}{2}\leqq k\leqq\frac{15}{2}$

(2) $y=\frac{1}{2}x^2$に$x=4$を代入して，D(4, 8)

直線ℓに(4, 8)を代入して，$8=2+k$

$k=6$より，直線ℓは$y=\frac{1}{2}x+6$……①

点PがAB上にあるとき，$y=5$だから，

①に代入して$x=-2$

AP＝2cmより，2秒後。

点PがBC上にあるとき，$x=-5$だから，

①に代入して$y=\frac{7}{2}$

$AB+BC-PC=10-\frac{7}{2}=\frac{13}{2}$(cm)より，

$\frac{13}{2}$秒後。

よって，2秒後と$\frac{13}{2}$秒後。

35 (1) 3　(2) 1　(3) $\frac{1}{2}$

(4) (i)

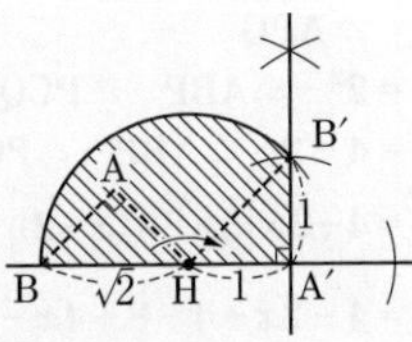

(ii) $\frac{3}{4}\pi+\frac{1}{2}$

解説

(1) $BC^2=1^2+(\sqrt{2})^2$より，$BC=\sqrt{3}$

$DC^2=(\sqrt{6})^2+(\sqrt{3})^2$より，DC＝3

(2) CH＝xとおく。

△ACHについて，

$AH^2=(\sqrt{2})^2-x^2=2-x^2$

△ADHについて，

$AH^2=(\sqrt{5})^2-(3-x)^2=-4+6x-x^2$

これらより，$2-x^2=-4+6x-x^2$

よって，$x=1$

$AH^2=(\sqrt{2})^2-1^2=1$より，AH＝1

(3) AB＝1，$AD=\sqrt{5}$，$BD=\sqrt{6}$より，

$BD^2=AB^2+AD^2$

したがって，∠BAD＝90°

∠BAC＝90°より，BA⊥△ACD

よって，求める体積は，

$\frac{1}{3}\times△ACD\times BA=\frac{1}{3}\times\left(\frac{1}{2}\times3\times1\right)\times1$

$=\frac{1}{2}$

(4) (i) BA⊥△ACDより，BA⊥AH
これより，△ABHは**AB＝AH＝1**，**BH＝$\sqrt{2}$**の直角二等辺三角形。
また，AH⊥CD，BH⊥CDより，**CD⊥△ABH**
よって，立体を回転したとき，△ABHは1つの平面上をHを中心にして135°回転する。

(ii) (i)の図で，
(おうぎ形HBB′)＋△HA′B′
$=(\sqrt{2})^2\times\pi\times\frac{135°}{360°}+\frac{1}{2}\times1\times1$
$=\frac{3}{4}\pi+\frac{1}{2}$

36 (1) **$\sqrt{6}$cm** (2) ① **$\frac{\sqrt{3}}{2}$cm^2**

② **x秒後のとき，BP＝DQ＝$(x-2)$cm**
CP＝CQ＝$(4-x)$cm
したがって，
△APQ
$=2^2-\triangle ABP-\triangle PCQ-\triangle QDA$
$=4-2\times\triangle ABP-\triangle PCQ$
$=4-2\times\left\{\frac{1}{2}\times2\times(x-2)\right\}-\frac{1}{2}\times(4-x)^2$
$=4-2x+4-8+4x-\frac{1}{2}x^2$
$=-\frac{1}{2}x^2+2x\,(\text{cm}^2)$
三角すいA－PQRは，R－APQとみると高さは2cmになる。
体積は1cm^{3}だから，
$\frac{1}{3}\times\left(-\frac{1}{2}x^2+2x\right)\times2=1$
$-x^2+4x=3$
$x^2-4x+3=0$
$(x-1)(x-3)=0$
$2<x<4$より，$x=3$

解説
(1) DO＝$\sqrt{DH^2+OH^2}=\sqrt{2^2+(\sqrt{2})^2}=\sqrt{6}$(cm)
(2) ①△PQRは，一辺$\sqrt{2}$cmの正三角形だから，
$\triangle PQR=\frac{1}{2}\times\sqrt{2}\times\frac{\sqrt{6}}{2}=\frac{\sqrt{3}}{2}$(cm^2)

37 (1) **$y=8x+32$**
(2) **P$\left(-\frac{8}{3},\ \frac{32}{3}\right)$，△ORP＝$\frac{256}{51}$**

解説
(1) $y=ax+b$とすると，$\begin{cases}16=-2a+b\\0=-4a+b\end{cases}$
これらより，$a=8$，$b=32$
よって，$y=8x+32$
(2) △OAP＝△OQPより，**OP//QA**
Q(1，4)だから，直線AQの傾きは
$\frac{4-16}{1-(-2)}=-4$
したがって，直線OPは$y=-4x$
直線OPと直線ABの交点Pの座標は，
$-4x=8x+32$より$x=-\frac{8}{3}$
このとき$y=\frac{32}{3}$だから，P$\left(-\frac{8}{3},\ \frac{32}{3}\right)$
また，OP//QAより，x座標に注目して，
OR：AR＝OP：AQ
$=\frac{8}{3}:3=8:9$
これより，**△ORQ＝$\frac{8}{17}$△OAQ**
同様にして，**PR：QR＝8：9**
これより，**△ORP＝$\frac{8}{9}$△ORQ**
$=\frac{8}{9}\times\frac{8}{17}$△OAQ
直線AQの切片は8だから，
$\triangle OAQ=\frac{1}{2}\times8\times(1+2)=12$より，
$\triangle ORP=\frac{8}{9}\times\frac{8}{17}\times12=\frac{256}{51}$

38 (1) **$2(x+1)(x+4)$** (2) **$\frac{8}{x}$** (3) **$\frac{2}{5}$**
(4) **36** (5) **$4+2\sqrt{3}$** (6) **$\frac{4}{9}$**

解説
(1) 与式$=6x^2+4x+9x+6-4x^2-4x-1+x+3$
$=2x^2+10x+8$
$=2(x^2+5x+4)$
$=2(x+1)(x+4)$
(2) 辺ADと辺PQの交点をRとする。
△APQ＝長方形ABCDより，△APRは共通で，△ABP＋四角形RPCD＝△ARQ
両辺に△RDQを加えて，
△ABP＋四角形RPCD＋△RDQ
＝△ARQ＋△RDQ
△ABP＋△PCQ＝△ADQ
すなわち，
$\frac{1}{2}\times x\times2+\frac{1}{2}(4-x)(2+y)=\frac{1}{2}\times4\times y$

$$2x+8+4y-2x-xy=4y$$
$$xy=8$$

よって，$y=\dfrac{8}{x}$

(3) 点Cから辺ABに垂線CMをひく。

$AB^2=10^2+5^2$より，$AB=\sqrt{125}=5\sqrt{5}$(cm)

△CBM∽△ABCより，CM : 5 = 10 : $5\sqrt{5}$

よって，CM $=2\sqrt{5}$cm

△CBM : △ABC $=(2\sqrt{5})^2 : 10^2=1:5$より，

△ABC＝5△CBM……①

また，**△DBC＝2△CBM**だから，

△CBM $=\dfrac{1}{2}$△DBC……②

①，②より，**△ABC $=\dfrac{5}{2}$△DBC**

よって，△DBC $=\dfrac{2}{5}$△ABCだから，$\dfrac{2}{5}$倍。

(4)

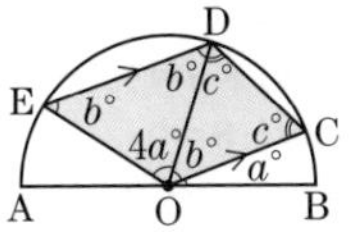

∠BOC $=a°$とおくと，**$\overset{\frown}{BC}:\overset{\frown}{DE}=1:4$**より，

∠DOE＝4*a*°

∠OED＝∠ODE＝$b°$，

∠ODC＝∠OCD＝$c°$

とおくと，CO//DEより∠COD＝$b°$

△OCDについて，**$b°+2c°=180°$**…①

△ODEについて，**$4a°+2b°=180°$**…②

∠EDC＝117°より，$b°+c°=117°$　…③

①，③より，$b°=54°$

②に代入して，$a°=18°$

よって，∠AOE＝180°−(18°×5＋54°)＝36°

(5) △ABC，△ACDは**1辺2cmの正三角形**だから，

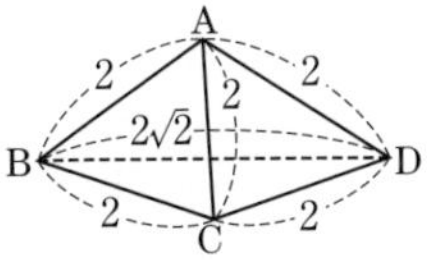

△ABC

＝△ACD

$=\dfrac{1}{2}\times 2\times\sqrt{3}$

$=\sqrt{3}$(cm^2)

また，△ABD＋△BCD＝(正方形ABCD)

＝4(cm^2)

よって，求める表面積は，$4+2\sqrt{3}$(cm^2)

(6) すべての起こり方は，**6×6＝36(通り)**

点Pが頂点Cに移動するとき，奇数が出るのは，(2，奇数)，(奇数，2)，(6，奇数)，(奇数，6)で，奇数は1，3，5の3通りあるから，

4×3＝12(通り)

また，奇数が出ないのは，(2，4)，(4，2)，(4，6)，(6，4)の4通り。

よって，$\dfrac{12+4}{36}=\dfrac{16}{36}=\dfrac{4}{9}$

39 (1) **$16x+80$**　(2) **575**

(3) **134100**

解説

(1) Aの一定で増える個数をa個，一定の製造の個数をb個とすると，

$y=a(x-15)+b$ ($x≧15$)　…①

Bの一定で増える個数をc個，一定の製造の個数をd個とすると，

$y=c(25-x)+d$ ($x≦25$)　…②

$x=20$のとき，A，Bの製造個数は，それぞれ400個，500個だから，

$5a+b=400$　………………③

$5c+d=500$　………………④

$x=25$のとき，AとBの製造個数の合計は905個だから，①，②より，

$10a+b+d=905$……⑤

$x=30$のとき，AとBの製造個数の合計は985個だから，①，②より，

$15a+b+d=985$……⑥

⑤，⑥より，$a=16$

③に代入して，$b=320$

よって，$y=16(x-15)+320=16x+80$

(2) ⑤に**$a=16$，$b=320$を代入して**，$d=425$

④に代入して，$c=15$

②に代入して，**$y=15(25-x)+425$**

よって，$x=15$のとき，

$y=$ **15×10＋425** $=575$(個)

(3) A1個の値段をp円，B1個の値段をq円とする。

$x=15$のとき，A320個，B575個だから，

$320p+575q=141900$　…⑦

$x=20$のとき，A400個，B500個だから，

$400p+500q=138000$　…⑧

⑦，⑧より，$p=120$，$q=180$

$25≦x≦30$では，Aの売上金額は増加，Bは一定であるから，AとBの合計売上金額が最少となるのは，$15≦x≦25$のときである。

$120\times16-180\times15=-780$(円)

だから，xが1増すごとに合計売上金額は780円ずつ減るから，$x=25$のとき最少となる。

このとき，A480個，B425個だから，
$120\times480+180\times425=134100$(円)

40

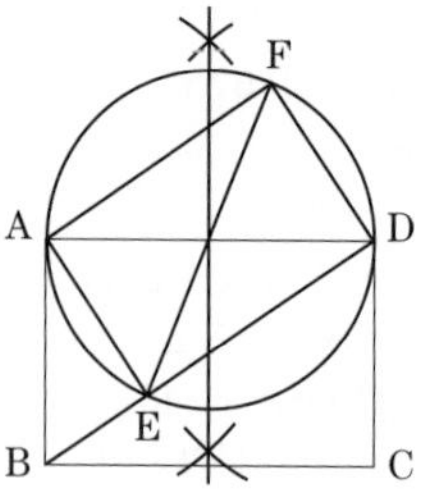

解説

円周角の定理の逆より，ADを直径とする円周上に点E，Fはある。長方形ABCDの対角線BDを引くと，△AED∽△BEAとなるので，∠AED＝90°ができる。

41 (1) **38度**

(2) **＜条件アを選んだ場合＞**
△PADと△POCに着目すると
三角形と比の定理より，
PO:PA＝2:3，PB＝$x$cmとすると，
$(x+2):(x+4)=2:3$
これを解いて，$x=2$
よってBP＝2(cm)

解説

(1) $\angle ACO=\angle CAO=a$ とすると，
$\angle BOC=2a$，△AEOの外角の性質より，
$a+180^\circ-4a=123^\circ$　よって $a=19^\circ$
$\angle BOC=38^\circ$

(2) 二等辺三角形，円周角の定理より
$\angle ODA=\frac{1}{2}\angle BOD$…①，$\overset{\frown}{BC}=\overset{\frown}{CD}$より，
$\angle COD=\frac{1}{2}\angle BOD$…②
①，②より $\angle ODA=\angle COD$
錯角が等しいからAD//OCであることがわかる。

＜条件イを選んだ場合＞
$\overset{\frown}{BC}=\overset{\frown}{CD}$ よりBC＝CDと条件イより，
PC：CD＝2：1
AD//OCより，PO：OA＝PC：CD＝2：1
また，OA＝OB＝2(cm)だからBP＝2(cm)
＜条件ウを選んだ場合＞
$\overset{\frown}{BC}=\overset{\frown}{CD}$ よりBC＝CDなので，
△OBC＝△OCD＝1とすると，
△AOC＝△OBC＝1，このことと，条件ウより△APC：△OBC＝3：1だから，△BPC＝1となる。△BPCは△AOC，△BOCと高さが等しい三角形であるから，底辺の長さも等しくなるので，BP＝2(cm)

42 〔問1〕 $y=-\frac{3}{5}x+\frac{36}{5}$

〔問2〕(1) $p=7$，28

(2) **Q(q，0)とおく。**
直線mの傾きが2であるから，$p=2(2-q)$…①
△OPQの面積が8cm^{2}であるから，$\frac{1}{2}\times(-q)\times p=8$
よって，$pq=-16$…②
①，②より，
$2(2-q)\times q=-16$
$q^2-2q-8=0$
$q=4,-2$　$q<0$より，$q=-2$
したがって，直線mの式は，
$y=2x+4$…③
③と$y=x^2$より，
$x^2-2x-4=0$　$x=1\pm\sqrt{5}$
$x>0$であるから，$x=1+\sqrt{5}$
ゆえに，A$(1+\sqrt{5},\ 6+2\sqrt{5})$

解説

〔問1〕まず，点Pの座標を求める。三平方の定理より $2^2+p^2=(2\sqrt{10})^2$
よって $p=6$　直線APは点A$(-3,9)$と点P(2，6)を通る直線だから，
$y=-\frac{3}{5}x+\frac{36}{5}$

〔問2〕(1) Q(q，0)，P(2，p)，A(a，a^2)とする。
三角形と比の定理より
QP：PA＝7：2ならば
$(2-q):(a-2)=7:2$
よって　$2q=18-7a$…①
また，mの傾き$\frac{a^2}{a-q}$が2であることから，$2q=2a-a^2$…②
①，②より $18-7a=2a-a^2$
この2次方程式を解くと $a=3$，6
$a=3$のとき，$q=-\frac{3}{2}$となり，
mの式は，$y=2x+3$で，$p=7$
$a=6$のとき，$q=-12$となり，
mの式は，$y=2x+24$で，$p=28$

(2) Q $(q,\ 0)$とする。△OPQ の面積が 8cm² であるから，$\frac{1}{2}p\times(-q)=8$

よって，$pq=-16$…①

また, 直線 m の傾きが 2 であるから

$\frac{p-0}{2-q}=2$…②

①, ②より $q^2-2q-8=0$ という方程式ができ，これを解くと, $q=4,\ -2$, また，$q<0$ なので，$q=-2$

したがって直線 m の式は

$y=2x+4$…③

A の座標は③と $y=x^2$ より

$x^2-2x-4=0$ を解き，$x>0$ より

$x=1+\sqrt{5}$，A の y 座標は,

$(1+\sqrt{5})^2=6+2\sqrt{5}$

したがって，A$(1+\sqrt{5},\ 6+2\sqrt{5})$

2　私立入試問題 ▶43 〜 74

43 (1) $\boldsymbol{x=\frac{7}{5},\ y=\frac{21}{10}}$　(2) $\boldsymbol{x>-17}$　(3) $\boldsymbol{x=8}$
(4) $\boldsymbol{(x-y+1)^2}$　(5) **18°**　(6) $\boldsymbol{n=6}$

解説

(1) $\begin{cases} 2x+2y=7 \cdots\cdots ① \\ 3x-2y=0 \cdots\cdots ② \end{cases}$

①＋②より，$5x=7$　$x=\frac{7}{5}$

①に代入して，$y=\frac{21}{10}$

よって，$x=\frac{7}{5}$，$y=\frac{21}{10}$

(2) $24-4(2x+1)>3(1-3x)$

$24-8x-4>3-9x$

よって，$x>-17$

(3) $\boldsymbol{100\times\frac{5}{100}+200\times\frac{x}{100}=300\times\frac{7}{100}}$

$5+2x=21$

よって，$x=8$

(4) 与式＝$\boldsymbol{(x-y)^2+2(x-y)+1}$

$=\{(x-y)+1\}^2=(x-y+1)^2$

(5) $\overset{\frown}{AD}$に対する円周角は等しく，

$\angle BCD=90^\circ$より，

$\angle ABD=\angle ACD$

$=90^\circ-72^\circ$

$=18^\circ$

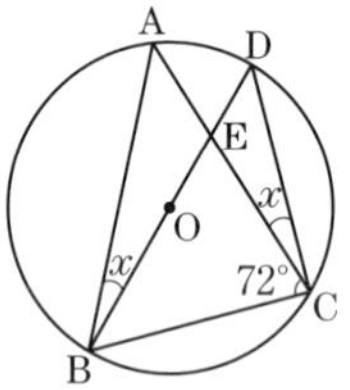

(6) $\boldsymbol{\sqrt{150n}}=\boldsymbol{\sqrt{2\times3\times5^2\times n}}$より，

$n=2\times3=6$

44 (1) $\boldsymbol{-\frac{1}{2}x^2y^3}$　(2) $\boldsymbol{\frac{10\sqrt{3}}{3}}$
(3) $\boldsymbol{(2x-3)(3y-2)}$　(4) $\boldsymbol{x=7\pm3\sqrt{2}}$
(5) **260°**　(6) ① $\boldsymbol{6\sqrt{17}}$　② **−4**　③ **48**
(7) $\boldsymbol{\frac{8}{9}}$

解説

(1) 与式＝$\dfrac{12x^2y\times(-x^3y^3)}{3x^3y\times8}=-\dfrac{1}{2}x^2y^3$

(2) 与式＝$5\boldsymbol{\sqrt{3}}-\dfrac{5\sqrt{3}}{3}=\dfrac{10\sqrt{3}}{3}$

(3) 与式＝$2x\boldsymbol{(3y-2)}-3\boldsymbol{(3y-2)}$

$=(2x-3)\boldsymbol{(3y-2)}$

(4) $(x-7)^2=18$

$\boldsymbol{x-7=\pm\sqrt{18}}$

よって，$x=7\pm3\sqrt{2}$

(5)

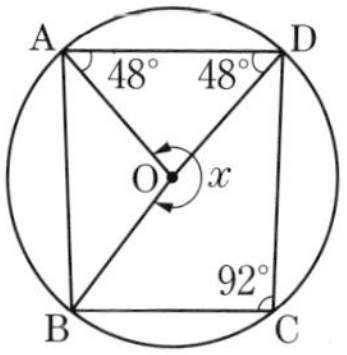

図において，

$\boldsymbol{\angle BAD+\angle DCB=180^\circ}$

$\angle BAD+92^\circ=180^\circ$

よって，$\angle BAD=88^\circ$

$\boldsymbol{\angle BOD=2\times\angle BAD}=2\times88^\circ=176^\circ$

また，$\angle AOD=180^\circ-48^\circ\times2=84^\circ$

したがって，

$x=\angle BOD+\angle AOD=176^\circ+84^\circ=260^\circ$

(6) ① $y=2x^2$に$\boldsymbol{x=-4,2}$をそれぞれ代入して，

A$(-4,\ 32)$，B$(2,\ 8)$

したがって，

$AB=\boldsymbol{\sqrt{\{2-(-4)\}^2+(8-32)^2}}$

$=\sqrt{6^2+24^2}=\sqrt{6^2(1+4^2)}$

$=6\sqrt{17}$

② $\boldsymbol{\dfrac{8-32}{2-(-4)}}=\dfrac{-24}{6}=-4$

③

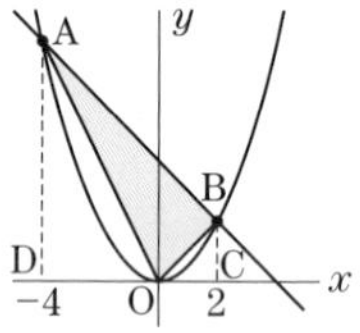

$\boldsymbol{\triangle OAB=(台形ABCD)-\triangle ODA-\triangle OCB}$

$=\frac{1}{2}\times(8+32)\times6-\frac{1}{2}\times4\times32$

$-\frac{1}{2}\times2\times8$

$=120-64-8=48$

(7) 斜線部に入らない点は，(**1**，**1**)，(**1**，**2**)，(**2**，**1**)，(**2**，**2**) の4通り。すべての場合は36通りだから，求める確率は，

$\dfrac{36-4}{36}=\dfrac{32}{36}=\dfrac{8}{9}$

45 (1) **6**　(2) $\boldsymbol{(a+b+c)(a+b-c)(a-b+c)(a-b-c)}$
(3) $\boldsymbol{x=17}$　(4) $\boldsymbol{x=8,\ y=-10}$
(5) (i) $\boldsymbol{\frac{1}{4}}$　(ii) $\boldsymbol{\frac{13}{4}}$　(6) $\boldsymbol{y=\frac{5}{6}x-\frac{1}{2}}$　(7) $\boldsymbol{\frac{2}{9}}$

解説

(1) 与式 $=(3\sqrt{2}+2\sqrt{3})(6\sqrt{\mathbf{2}}-6\sqrt{\mathbf{3}}-3\sqrt{\mathbf{2}}+4\sqrt{\mathbf{3}})$
$=(3\sqrt{2}+2\sqrt{3})(3\sqrt{\mathbf{2}}-2\sqrt{\mathbf{3}})$
$=18-12=6$

(2) 与式 $=\{(a^2+b^2-c^2)\boldsymbol{+2ab}\}\{(a^2+b^2-c^2)\boldsymbol{-2ab}\}$
$=(a^2+2ab+b^2-c^2)(a^2-2ab+b^2-c^2)$
$=\{(a+b)^2-c^2\}\{(a-b)^2-c^2\}$
$=(a+b+c)(a+b-c)(a-b+c)(a-b-c)$

(3) $\mathbf{3}(x+1)-\mathbf{2}(2x-1)+\mathbf{12}=0$
$3x+3-4x+2+12=0$
よって，$x=17$

(4) $\begin{cases}2x+3y=-14\cdots\cdots①\\-3x-4y=16\cdots\cdots②\end{cases}$
①×4＋②×3より，$x=8$
①に代入して，$y=-10$
よって，$x=8$，$y=-10$

(5) (i) $xy=\left(\frac{\sqrt{3}+\sqrt{2}}{2}\right)\times\left(\frac{\sqrt{3}-\sqrt{2}}{2}\right)$
$=\frac{3-2}{4}=\frac{1}{4}$
(ii) $\boldsymbol{x+y=\sqrt{3}}$ より，
与式 $=(\boldsymbol{x+y})^2+xy$
$=(\sqrt{\mathbf{3}})^2+\frac{1}{4}=\frac{13}{4}$

(6) 直線 ℓ の式を $y=ax+b$ とおく。
A(3，2)を通るから，
$2=3a+b$ ………①
直線 ℓ を y 軸の正の方向に5だけ平行移動した式は，
$y=ax+b\ \mathbf{+5}$
この直線は，点Aと y 軸に関して対称な点(−3，2)を通るから，
$2=-3a+b+5$…②
①，②を連立方程式で解いて，
$a=\frac{5}{6}$，$b=-\frac{1}{2}$
よって，$y=\frac{5}{6}x-\frac{1}{2}$

(7) すべての起こり方は**6×6＝36(通り)**
2回の目の和が5または9となればよいから，
(1，4)，(2，3)，(3，2)，(4，1)，(3，6)，(4，5)，(5，4)，(6，3)の8通り。
よって，$\frac{8}{36}=\frac{2}{9}$

46 (1) $-\frac{7a^2}{30b^4}$　(2) $(x-1)^2(x+2)(x-4)$
(3) $2+\frac{\sqrt{2}}{2}$　(4) $3+3\sqrt{10}$　(5) -10
(6) $x=\frac{5\pm\sqrt{17}}{4}$　(7) $y=25$　(8) $\frac{12}{7}$倍
(9) $\frac{164}{5}$ cm²　(10) $\frac{7}{8}$

解説

(1) 与式 $=\frac{-4a^8b^5\times7^3\times3^2}{5\times6^3a^6b^3\times7^2b^6}=-\frac{7a^2}{30b^4}$

(2) $\mathbf{A}=\boldsymbol{x^2-2x}$ とおく。
与式 $=\mathrm{A}^2-7\mathrm{A}-8$
$=(\mathrm{A}+1)(\mathrm{A}-8)$
$=(\boldsymbol{x^2-2x}+1)(\boldsymbol{x^2-2x}-8)$
$=(x-1)^2(x+2)(x-4)$

(3) 与式 $=\frac{10\sqrt{6}}{3\sqrt{3}+2\sqrt{3}}-\frac{2-2\sqrt{2}+1}{\sqrt{2}}$
$=\frac{10\sqrt{6}}{5\sqrt{3}}-\frac{3-2\sqrt{2}}{\sqrt{2}}$
$=2\sqrt{2}-\frac{3}{\sqrt{2}}+2$
$=2\sqrt{2}-\frac{3\sqrt{2}}{2}+2=2+\frac{\sqrt{2}}{2}$

(4) $\sqrt{9}<\sqrt{10}<\sqrt{16}$ より，$\mathbf{3<\sqrt{10}<4}$
よって，$\sqrt{10}$ の整数部分は3だから，小数部分は $\boldsymbol{a=\sqrt{10}-3}$
このとき，$\frac{2}{a}=\frac{2}{\sqrt{10}-3}=\frac{2(\sqrt{10}+3)}{(\sqrt{10}-3)(\sqrt{10}+3)}$
$=\frac{2\sqrt{10}+6}{10-9}=2\sqrt{10}+6$
与式 $=(\sqrt{10}-3)+(2\sqrt{10}+6)=3+3\sqrt{10}$

(5) $\boldsymbol{x^2=\left(\frac{-3+\sqrt{3}}{2}\right)^2=\frac{12-6\sqrt{3}}{4}=\frac{6-3\sqrt{3}}{2}}$
与式 $=2\times\frac{6-3\sqrt{3}}{2}+6\times\frac{-3+\sqrt{3}}{2}-7$
$=6-3\sqrt{3}+3(-3+\sqrt{3})-7$
$=6-3\sqrt{3}-9+3\sqrt{3}-7=-10$

(6) 式を整理すると，
$15x-5x^2-7=x^2-4$
$6x^2-15x+3=0$
$3(2x^2-5x+1)=0$
$2x^2-5x+1=0$
解の公式を利用して，
$x=\frac{\boldsymbol{-(-5)\pm\sqrt{(-5)^2-4\times2\times1}}}{\boldsymbol{2\times2}}=\frac{5\pm\sqrt{17}}{4}$

(7) $\boldsymbol{y-1=a(x+5)}$ に $x=-2$，$y=10$ を代入して，
$9=3a$　　よって，$a=3$
$y-1=3(x+5)$　　すなわち，
$y=3x+16$ に $x=3$ を代入して，$y=25$

(8) **△CEF＝$\boldsymbol{a}$** とする。
AE：EC＝2：1より，
△AEF：△CEF＝2：1だから，**△AEF＝2$\boldsymbol{a}$**
よって，**△AFC＝△AEF＋△CEF＝3$\boldsymbol{a}$**
△AFCと△BCFの底辺をFCとすると，
AD：DB＝3：4より，**△BCF＝4$\boldsymbol{a}$**
△ABFと△BCFの底辺をBFとすると，

AE：EC＝2：1より，**$\triangle ABF=8a$**

ここでAD：DB＝3：4より，

$\triangle ADF=\frac{3}{7}\triangle ABF=\frac{24}{7}a$

これらより，$\frac{\triangle ADF}{\triangle AEF}=\frac{24}{7}a\div 2a=\frac{12}{7}$(倍)

(9)

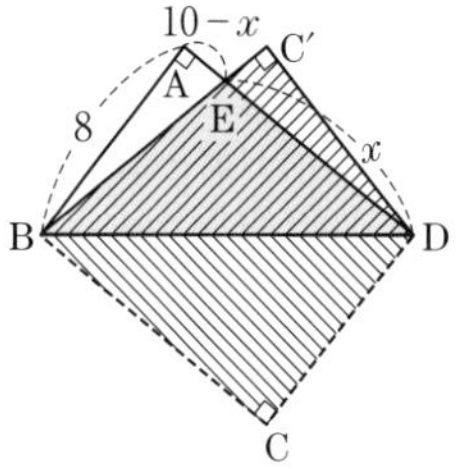

上の図において，ED＝xとするとAE＝$10-x$

△ABE≡△C′DEより，BE＝DE＝x

△ABEは直角三角形だから，

$$AB^2+AE^2=BE^2$$

$$8^2+(10-x)^2=x^2$$

$$64+100-20x+x^2=x^2$$

$$20x=164$$

よって，**$x=\frac{41}{5}$**

したがって，**$\triangle EBD=\frac{1}{2}\times ED\times AB$**

$$=\frac{1}{2}\times\frac{41}{5}\times 8=\frac{164}{5}(\text{cm}^2)$$

(10) すべての起こり方は　**6×6×6＝216(通り)**

3つとも奇数の目が出るのは，

3×3×3＝27(通り)

よって，$\frac{216-27}{216}=\frac{189}{216}=\frac{7}{8}$

47 (1) **$y=-x+4$**　(2) **12**　(3) **D$\left(1,\ \frac{1}{2}\right)$**

解説

(1) $y=\frac{1}{2}x^2$に$x=-4$，2を代入して，

A$(-4,\ 8)$，C$(2,\ 2)$

直線ACを$y=ax+b$とし，

$(-4,\ 8)$を代入して，$-4a+b=8$……①

$(2,\ 2)$を代入して，$2a+b=2$………②

①－②より，$a=-1$

①に代入して，$b=4$　よって，$y=-x+4$

(2) 直線ACの切片は4だから，$\frac{1}{2}\times 4\times 6=12$

(3) $y=\frac{1}{2}x^2$に$x=-3$を代入して，B$\left(-3,\ \frac{9}{2}\right)$

求める直線を$y=-x+c$とすると，

$\left(-3,\ \frac{9}{2}\right)$を代入して，$c=\frac{3}{2}$

$y=\frac{1}{2}x^2$と$y=-x+\frac{3}{2}$を連立させて，

$$\frac{1}{2}x^2=-x+\frac{3}{2}$$

$$x^2+2x-3=0$$

$$(x+3)(x-1)=0$$

よって，$x=-3,\ 1$

$y=-x+\frac{3}{2}$に$x=1$を代入して，$y=\frac{1}{2}$

よって，D$\left(1,\ \frac{1}{2}\right)$

48 (1) **$S_1=\frac{1}{2}\pi a^2$**　(2) **$S=\pi ab$**　(3) **2：1**

解説

(1) S_1は円O_1の面積の半分である。

(2) 点Oを中心とする円の半径は，**$a+b$**

よって，

$$S=\frac{1}{2}\pi(a+b)^2-\frac{1}{2}\pi a^2-\frac{1}{2}\pi b^2$$

$$=\frac{1}{2}\pi\{(a+b)^2-a^2-b^2\}$$

$$=\frac{1}{2}\pi\{a^2+2ab+b^2-a^2-b^2\}=\pi ab$$

(3) $S=S_1$より，$\pi ab=\frac{1}{2}\pi a^2$

$a\neq 0$だから，$b=\frac{1}{2}a$

よって，$a：b=2：1$

49 (1) **ア ②　イ ④　ウ ⑥**　(2) **エ 9　オ 2**

解説

(1)

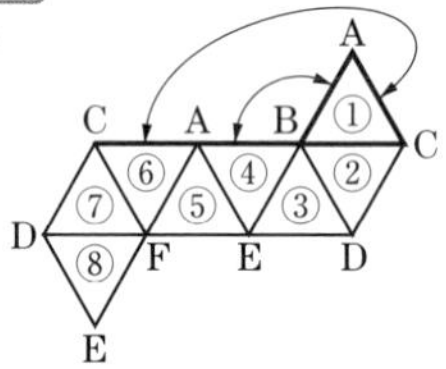

(2) 底面が一辺3cmの正方形で，高さが$\frac{3\sqrt{2}}{2}$cmの**正四角錐2つ分**と考える。

$$\left(\frac{1}{3}\times 3^2\times\frac{3\sqrt{2}}{2}\right)\times 2=\frac{1}{3}\times 3^2\times 3\sqrt{2}$$

$$=9\sqrt{2}(\text{cm}^3)$$

50 (1) **白：15個，黒：21個**　(2) **55個**

解説

(1) 白の個数は，0　1　3　6…（+1　+2　+3…）

6番目までは**1，2，3，4，5**と増えるから，

$0+(1+2+3+4+5)=15$
よって，白は15個。
黒の個数は，1 3 6 10…
　+2 +3 +4…

6番目までは2，3，4，5，6と増えるから，
$1+(2+3+4+5+6)=21$
よって，黒は21個。

(2) 白と黒の個数の和は，1，4，9，16，…
n番目で100個になったとすると，
$\boldsymbol{n^2=100}$　　$n>0$より，$n=10$
10番目の黒の個数は，
$1+(2+3+4+5+6+7+8+9+10)=55$
よって，55個。

51 26人

解説 女子をx人とすると，男子は$\left(\boldsymbol{\frac{5}{4}x-1}\right)$**人**となる。

$7\times\left(\frac{5}{4}x-1\right)+6.5\times x+6=7\times\left\{\left(\frac{5}{4}x-1\right)+x\right\}$

$7\left(\frac{5}{4}x-1\right)+\frac{13}{2}x+6=7\left(\frac{9}{4}x-1\right)$

$7(5x-4)+26x+24=7(9x-4)$

$35x-28+26x+24=63x-28$

$2x=24$

よって，$x=12$
これより，男子は，$\frac{5}{4}\times12-1=14$(人)
よって，$12+14=26$(人)

52 (1) **A会場：$\left(\boldsymbol{\frac{9}{20}x-y}\right)$人，**
B会場：$\left(\boldsymbol{\frac{5}{12}x+2y}\right)$人，
C会場：$\left(\boldsymbol{\frac{2}{15}x-y}\right)$人
(2) $\boldsymbol{x=1200,\ y=40}$

解説
(1) 地点P:Q = 3:2 なので，受付のx人は，地点Pへ$\frac{3}{5}x$人，地点Qへ$\frac{2}{5}x$人向かう。
続けて，A会場：B会場 = 3：1 であることから，
A会場へ$\frac{3}{5}x\times\frac{3}{4}=\frac{9}{20}x$(人)，B会場へ$\frac{3}{5}x\times\frac{1}{4}=\frac{3}{20}x$(人)向かう。
同様に，地点Qから，B会場:C会場 = 2:1なので，B会場へ$\frac{2}{5}x\times\frac{2}{3}=\frac{4}{15}x$(人)，C会場へ$\frac{2}{5}x\times\frac{1}{3}=\frac{2}{15}x$(人)向かう。

(2) (1)よりB会場の人数は，
$\frac{3}{20}x+\frac{4}{15}x+2y=\frac{5}{12}x+2y$
この人数が580人だから，
$\frac{5}{12}x+2y=580$…①
A会場とC会場の人数の比が25：6であることから，$\left(\frac{9}{20}x-y\right):\left(\frac{2}{15}x-y\right)=25:6$
これを簡単にすると，$x-30y=0$…②
①，②の連立方程式を解いて，
$x=1200$，$y=40$

53 (1) **2：3**　(2) **8**　(3) **3：10**　(4) **5：4**

解説
(1) ∠ABG = ∠CBGより，
AG：GC = AB：BC = 8：12 = 2：3
(2) 平行線の錯角は等しいので，
∠ABG = ∠CBG = ∠AFG
よって，△ABFはAB = AFの二等辺三角形なので，AF = AB = 8cm
(3) AG：GC = 2：3より，
△BCG = 3*S*とすると，**△BAG = 2*S***
よって，**△ABC = △BCG + △BAG = 5*S***
ゆえに，
△BCG:(平行四辺形ABCD) = $3S:5S\times2$
= 3：10
(4)
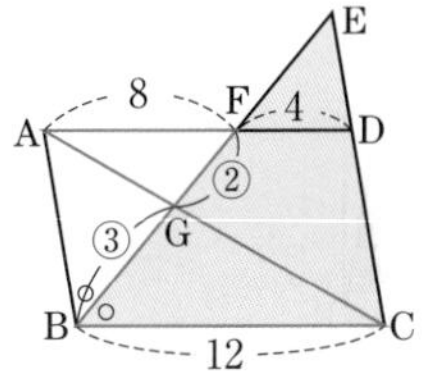

EF：EB = FD：BC = 4：12 = 1：3
よって，EF：FB = 1：2…①
FG：GB = AF：BC = 8：12 = 2：3
よって，FB：FG = 5：2…②
①，②より，EF：FG = $1:\left(2\times\frac{2}{5}\right)$
$=1:\frac{4}{5}=5:4$

54 35cm

解説
太線の横の長さの合計は$3\times6=18$(cm)で一定である。縦線の長さが最大になるよう

にするには，隣り合う本の高さの差がなるべく大きくなるようにすればよい。また，最も高い25cmの本は，端に置くより間に置き，その左右両側に低い本を置いた方が高さの差を大きくとれる。一番低い本も同様で，このように考えると並べ方は下の4パターン（左右どちらからでも可）である。
(22，24，20，25，21，23)，
(22，24，21，25，20，23)，
(22，25，20，24，21，23)，
(22，25，21，24，20，23)，
その長さは17cmとなる。
したがって，太線部分が最大となるのは
18+17=35(cm)

55 (1) **$(9\sqrt{2}+6\sqrt{17})$cm** (2) **126cm^3**

解説

(1) MN//PRであるから，切り口は**MP＝NR**の等脚台形**MPRN**となる。
$MN=3\sqrt{2}$，$PR=6\sqrt{2}$，
$MP=NR=\sqrt{3^2+12^2}=3\sqrt{17}$
よって，周の長さは，
$3\sqrt{2}+6\sqrt{2}+3\sqrt{17}\times2=9\sqrt{2}+6\sqrt{17}$(cm)

(2)

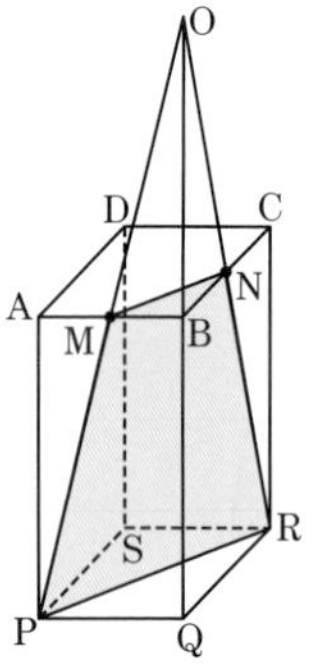

直線PM，RNを延長し，交点をOとする。
三角すいO－MBNの体積は，
$\frac{1}{3}\times\left(\frac{1}{2}\times3\times3\right)\times12=18$
三角すいO－PQRの体積は，
$\frac{1}{3}\times\left(\frac{1}{2}\times6\times6\right)\times24=144$
よって，求める体積は$144-18=126$(cm^3)

56 **12，13**

解説 **$13^2<15n<14^2$**
$169<15n<196$
$\frac{169}{15}<n<\frac{196}{15}$
$11.2\cdots<n<13.0\cdots$
これより，$n=12$，13

57 (1) **31250円** (2) **220，280**

解説

(1) 50円値上げすると，売れる数は5×5＝25(個)減少する。したがって，このときの1日の売り上げ額は，
$(200+50)\times(150-25)=31250$(円)

(2) ワッフル1個の値段をx円値上げしたとすると，1日の売り上げの減少は$\frac{1}{2}x$だから，
$(200+x)\times\left(150-\frac{1}{2}x\right)=30800$
整理すると$x^2-100x+1600=0$
$(x-20)(x-80)=0$　$x=20$，80
$x=20$のとき$200+20=220$
$x=80$のとき$200+80=280$
アには220，280が考えられる。

58 (1) ① **1** ② **2** ③ **6**
(2) ④ **3** ⑤ **9** ⑥ **2**

解説

(1) 直線ℓを$y=ax+b$とする。
A(4，8)より，直線OAは$y=2x$だから，
直線BCは**$y=2x+b$**
B(0，b)，C$\left(-\frac{b}{2}，0\right)$
AO：BC＝4：3より，**$4:\frac{b}{2}=4:3$**
よって，$b=6$
$y=ax+6$にA(4，8)を代入して，$a=\frac{1}{2}$
よって，$y=\frac{1}{2}x+6$

(2) **P$\left(x，\frac{1}{2}x^2\right)$**とすると，
$\triangle OPB=\frac{1}{2}\times6\times x=$**$3x$**
また，$\triangle OBC=\frac{1}{2}\times6\times3=$**9**
$\triangle OPB=\triangle OBC$より，$3x=9$　　$x=3$
よって，P$\left(3，\frac{9}{2}\right)$

59 **半径 $\frac{3}{2}$，表面積 9π**

解説

次の断面図において，Aから底面に垂線

AHを引くと，三平方の定理より，
$AH=\sqrt{5^2-3^2}=4(cm)$
球の半径を$r$cmとすると，$\mathbf{AO=(4-r)cm}$
$\mathbf{\triangle ABH \backsim \triangle AOI}$より，$\mathbf{AO:OI=5:3}$
$(4-r):r=5:3\quad r=\frac{3}{2}(cm)$
表面積は，$\mathbf{4\pi\times\left(\frac{3}{2}\right)^2}=9\pi\ (cm^2)$

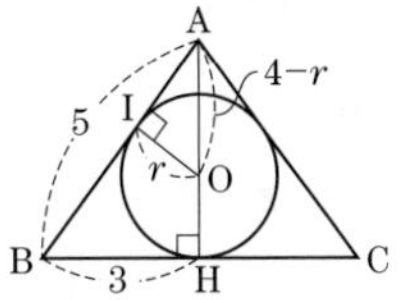

60 (1) **最も小さい数 101，最も大きい数 119**
(2) **585**

解説
(1) 3桁の数で5の倍数で最も小さい回文数は505なので，5をかける前は101である。
また，最も大きい数は，5をかけたときに一の位が5になるから，できた回文数は4桁ではなく3桁で，百の位は5。したがって，
595 ÷ 5 = 119
(2) 15の倍数であるから，5の倍数であり，3の倍数でもある数である。5の倍数だから，一の位と百の位は5。3の倍数にもなるように，各位の数の和を3の倍数にする。8のときに，最大となるので，585。

61 (1) $\mathbf{\sqrt{3}a^2}$ (2) $\mathbf{\frac{1}{6}a^3}$ (3) $\mathbf{\frac{3+\sqrt{3}}{4}a^2}$ (4) $\mathbf{\frac{5}{48}a^3}$

解説
(1)

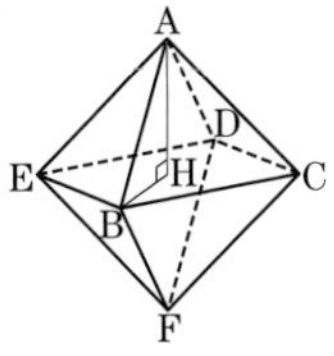

面EBCDは一辺が$\frac{\sqrt{2}}{2}a$の正方形。
Aから面EBCDに垂線AHを引く。
$\mathbf{AH=BH=\frac{a}{2}}$より，$\mathbf{AB=\frac{\sqrt{2}}{2}a}$
したがって，一辺が$\frac{\sqrt{2}}{2}a$の正八面体となる。
表面積は，
$8\times\left\{\frac{1}{2}\times\frac{\sqrt{2}}{2}a\times\left(\frac{\sqrt{3}}{2}\times\frac{\sqrt{2}}{2}a\right)\right\}=\sqrt{3}a^2$
(2) $\mathbf{\frac{1}{3}\times 正方形BCDE\times 2AH}=\frac{1}{3}\times\left(\frac{\sqrt{2}}{2}a\right)^2\times a$
$=\frac{1}{6}a^3$
(3)

上の図より，一辺が$\frac{\sqrt{2}}{4}a$の正方形が6面，一辺が$\frac{\sqrt{2}}{4}a$の正三角形が8面から成る立体である。
表面積は，
$\left(\frac{\sqrt{2}}{4}a\right)^2\times6+\left\{\frac{1}{2}\times\frac{\sqrt{2}}{4}a\times\left(\frac{\sqrt{3}}{2}\times\frac{\sqrt{2}}{4}a\right)\right\}\times8$
$=\frac{3}{4}a^2+\frac{\sqrt{3}}{4}a^2=\frac{3+\sqrt{3}}{4}a^2$
(4) 正八面体から，一辺が$\frac{\sqrt{2}}{4}a$の正四角すいを6個取り除いたものに等しい。
正四角すいの高さをxとすると，
$\left(\frac{\sqrt{2}}{4}a\right)^2=x^2+\left(\frac{1}{4}a\right)^2$　よって，$x=\frac{1}{4}a$
体積は，$\frac{1}{6}a^3-\left\{\frac{1}{3}\times\left(\frac{\sqrt{2}}{4}a\right)^2\times\frac{1}{4}a\right\}\times6$
$=\frac{1}{6}a^3-\frac{1}{16}a^3=\frac{5}{48}a^3$

62 (1) **56g** (2) **400g**

解説
(1) Bの食塩水の濃度をx%とする。
$\mathbf{200\times\frac{2}{100}+1000\times\frac{x}{100}=1200\times\frac{5}{100}}$
$4+10x=60$
よって，$x=\frac{56}{10}=5.6$
よって，$1000\times0.056=56(g)$
(2) BからAに移した食塩水をygとする。
$\mathbf{800\times\frac{2}{100}+y\times\frac{5}{100}=(800+y)\times\frac{3}{100}}$
$1600+5y=2400+3y$
$2y=800$
よって，$y=400(g)$

63 (1) **C(6, 18)，$\mathbf{y=2x+6}$** (2) **F(4, 14)**

解説
(1) $\mathbf{\triangle BAD:\triangle BDC=1:3}$より，
$\mathbf{AD:DC=1:3}$

Aのx座標は-2より，点Cのx座標は6

$y=\frac{1}{2}x^2$に代入して，$y=18$

よって，C(6, 18)

求める直線を$y=ax+b$とおくと，

$18=6a+b$……①

A$(-2, 2)$より，$2=-2a+b$……②

①，②より，$a=2$, $b=6$だから，

$y=2x+6$

(2)

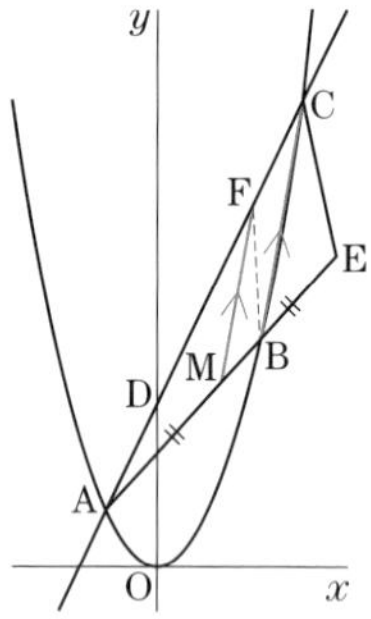

B(4, 8)より，直線ABは$y=x+4$

AB：BE＝2：1より，

点Eのx座標は7だから，E(7, 11)

線分AEの中点をMとすると，

$\frac{1}{2}$**△AEC＝△ACM**

点Mを通り，辺BCに平行な直線と辺ACとの交点をFとすると，

△ACM＝△AFM＋△CFM

＝△AFM＋△BFM＝△FAB

これらより，直線BFは△AECの面積を二等分している。

したがって，上のような点Fが求める点である。

直線BCの傾きは5だから，直線MFを$y=5x+b$とする。

M$\left(\frac{5}{2}, \frac{13}{2}\right)$より，

$\frac{13}{2}=\frac{25}{2}+b$だから，$b=-6$

直線MFの$y=5x-6$と直線ACの$y=2x+6$の交点は，$5x-6=2x+6$より，

$x=4$だから，(4, 14)

よって，F(4, 14)

64 (1) $a=\frac{1}{2}$ (2) $k=\frac{1}{2}$ (3) $k=\frac{5-\sqrt{5}}{2}$

解説

(1) $y=\frac{1}{2}x+3$に$x=-2$を代入して，$y=2$

$y=ax^2$に$(-2, 2)$を代入して，$2=4a$

よって，$a=\frac{1}{2}$

(2) ①，②より，$\frac{1}{2}x^2=\frac{1}{2}x+3$

$x^2-x-6=0$

$(x+2)(x-3)=0$

よって，$x=-2$, 3　　これより，D$\left(3, \frac{9}{2}\right)$

③とy軸との交点をPとすると，P$(0, k)$

AD//BCより，

△ACD＝△APD

$=\frac{1}{2}(3-k)\times2+\frac{1}{2}(3-k)\times3$

$=\frac{1}{2}(3-k)(2+3)$

$=\frac{5}{2}(3-k)$

△ACD$=\frac{25}{4}$より，

$3-k=\frac{25}{4}\div\frac{5}{2}=\frac{5}{2}$

よって，$k=\frac{1}{2}$

(3) $y=\frac{1}{2}x+k$に$y=0$を代入して，

$x=-2k$　　よって，E$(-2k, 0)$

A$(-2, 2)$, D$\left(3, \frac{9}{2}\right)$で，

AD//EC，AD＝ECだから，

点Cのx座標は$-2k+5$，

y座標は$\frac{9}{2}-2=\frac{5}{2}$

$y=\frac{1}{2}x^2$にC$\left(-2k+5, \frac{5}{2}\right)$を代入して，

$\frac{5}{2}=\frac{1}{2}(-2k+5)^2$

$5=(-2k+5)^2$

$\pm\sqrt{5}=-2k+5$

$2k=5\pm\sqrt{5}$

よって，$k=\frac{5\pm\sqrt{5}}{2}$　　$0<k<3$より，$k=\frac{5-\sqrt{5}}{2}$

65 (1) 60

(2) $\frac{3\sqrt{2}(\sqrt{3}+1)}{2}$ $\left(\text{または，}\frac{3(\sqrt{6}+\sqrt{2})}{2}\right)$

(3) $6+4\sqrt{3}$

解説

(1)

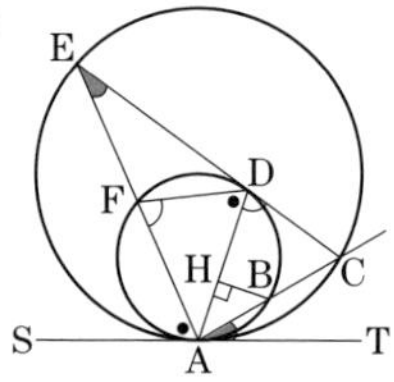

前の図のように，EAと小さい方の円との交点をFとする。

$\angle TAB = \angle DEF = 30°$

$\angle CDA = \angle AFD = 75°$

これらより，$\angle EDF = 75° - 30° = 45°$

よって，$\angle EAS = \angle ADF$

$= 180° - 75° - 45° = 60°$

(2) $\angle DAF = \angle EDF = 45°$ より，

$\angle CAD = 180° - \angle TAB - \angle DAF - \angle EAS$

$= 180° - 30° - 45° - 60°$

$= 45°$

BからADに垂線BHを引くと，

$\angle BAH = 45°$ より，$AH = BH$

$AB : AH = \sqrt{2} : 1$ より，

$AB = 3$ だから $AH = \dfrac{3\sqrt{2}}{2}$

$\angle ADB = 30°$ だから，

$\angle DBH = 180° - 90° - 30° = 60°$

$BH : HD = 1 : \sqrt{3}$ より，

$BH = AH = \dfrac{3\sqrt{2}}{2}$ だから $HD = \dfrac{3\sqrt{6}}{2}$

よって，$AD = AH + HD = \dfrac{3\sqrt{2} + 3\sqrt{6}}{2}$

$= \dfrac{3\sqrt{2}(\sqrt{3} + 1)}{2}$

(3) 30°と45°がそれぞれ等しいから，

$\triangle EAD \backsim \triangle DAB$

これより，$EA : DA = DA : BA$

$EA = \dfrac{AD^2}{AB} = \left\{\dfrac{3\sqrt{2}(\sqrt{3}+1)}{2}\right\}^2 \div 3 = 3(2+\sqrt{3})$

$\angle EAC = 90°$ より，ECが大きい方の円の直径になる。

$EA : EC = \sqrt{3} : 2$ より，

$EC = EA \times \dfrac{2}{\sqrt{3}} = 3(2+\sqrt{3}) \times \dfrac{2}{\sqrt{3}} = 6 + 4\sqrt{3}$

66 (1) 3π　(2) $\dfrac{5}{18}\pi$

解説

(1) 側面積は，$\pi \times CA^2 \times \dfrac{2\pi \times AB}{2\pi \times CA}$

$= \pi \times CA \times AB = \pi \times 2 \times 1 = 2\pi$

底面積は，$\pi \times AB^2 = \pi \times 1^2 = \pi$

よって，$2\pi + \pi = 3\pi$

(2)

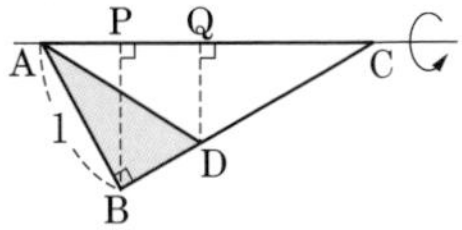

点Bから直線ACに垂線BPを引く。

$\triangle CBA \backsim \triangle BPA$ より，

$CA : BA = CB : BP$

$2 : 1 = \sqrt{3} : BP$　　よって，$BP = \dfrac{\sqrt{3}}{2}$

△ABCを1回転させてできる立体の体積は，

$\dfrac{1}{3} \times \pi \times BP^2 \times AC = \dfrac{1}{3} \times \pi \times \left(\dfrac{\sqrt{3}}{2}\right)^2 \times 2$

$= \dfrac{1}{2}\pi$ ……①

点Dから直線ACに垂線DQを引く。

$\triangle CPB \backsim \triangle CQD$ より，

$BP : DQ = BC : DC$

$BP : DQ = BC : (BC - BD)$

$\dfrac{\sqrt{3}}{2} : DQ = \sqrt{3} : \left(\sqrt{3} - \dfrac{1}{\sqrt{3}}\right)$

$\sqrt{3}DQ = \dfrac{\sqrt{3}}{2} \times \dfrac{3-1}{\sqrt{3}}$

よって，$DQ = \dfrac{\sqrt{3}}{3}$

△ADCを1回転させてできる立体の体積は，

$\dfrac{1}{3} \times \pi \times DQ^2 \times AC = \dfrac{1}{3} \times \pi \times \left(\dfrac{\sqrt{3}}{3}\right)^2 \times 2$

$= \dfrac{2}{9}\pi$ ……②

①，②より，求める体積は $\dfrac{1}{2}\pi - \dfrac{2}{9}\pi = \dfrac{5}{18}\pi$

67 (1) $b = \dfrac{ac}{a-c}$　(2) ① $(x-3)(y+1)(y-1)$
② (4, 4)，(8, 2)　(3) $\dfrac{3-\sqrt{3}}{3}$　(4) $\dfrac{24}{35}$

解説

(1) 両辺に abc をかけて，

$bc + ac = ab$

$ab - bc = ac$

$b(a-c) = ac$　　よって，$b = \dfrac{ac}{a-c}$

(2) ① 与式 $= (x-3)(y^2-1)$

$= (x-3)(y+1)(y-1)$

② $xy^2 - x - 3y^2 - 12 = 0$

$x(y^2-1) - 3(y^2-1) - 15 = 0$

$(x-3)(y^2-1) = 15$

x，y はともに正の整数だから，

$(x-3,\ y^2-1) = (1,\ 15)，(5,\ 3)$

よって，$(x,\ y) = (4,\ 4)，(8,\ 2)$

$(x-3,\ y^2-1) = (15,\ 1)，(3,\ 5)$

の場合は，x，y がどちらも正の整数という条件をみたさないので，あてはまらない。

(3) $\angle ABC = \angle ACB = 45°$ より，$\angle DBA = 30°$

よって，$AD = \dfrac{AB}{\sqrt{3}} = \dfrac{\sqrt{2}}{\sqrt{3}} = \dfrac{\sqrt{6}}{3}$

△DBC＝△CAB－△DAB

$=\frac{1}{2}\times\sqrt{2}\times\sqrt{2}-\frac{1}{2}\times\frac{\sqrt{6}}{3}\times\sqrt{2}$

$=1-\frac{\sqrt{3}}{3}=\frac{3-\sqrt{3}}{3}$

(4) 8枚のカードから4枚のカードを取る組合せは

$\frac{8\times7\times6\times5}{4\times3\times2\times1}=70$**(通り)**

同じ数字のカードが1組ある場合の数は，例えば(1, 1)以外の数字のカード6枚から2枚取る組合せは

$\frac{6\times5}{2\times1}=15$(通り)

この数には(2, 2), (3, 3), (4, 4)の3組が含まれているから，(1, 1)以外の数字のカードで異なる数字の組合せは

15－3＝12(通り)

同様に，(2, 2), (3, 3), (4, 4)の場合も12通りずつあるから，4枚のカードの中に同じ数字のカードが1組だけふくまれる場合の数は12×4(通り)

よって求める確率は，$\frac{48}{70}=\frac{24}{35}$

68 (1) $\boldsymbol{x=2y}$　(2) $\boldsymbol{x=130,\ y=65,\ z=15}$

解説

(1) 出会ってから追いつくまでの距離について，

$(x-z)\times2+(y+z)\times8=(x+z)\times6$

よって，$x=2y$　……①

(2) 出会うまでの距離について，

$(x-z)\times8+(y+z)\times6=1400$

よって，$4x+3y-z=700$

①を代入して，$11y-z=700$……②

B君の進んだ距離について，

$(y+z)\times14=1400-280$

よって，$y+z=80$……③

②＋③より，$12y=780$　よって，$y=65$

①，③に代入して，$x=130$，$z=15$

69 (1) $\frac{3+2\sqrt{3}}{3}$　(2) $\frac{6+2\sqrt{6}}{3}$

解説

(1)

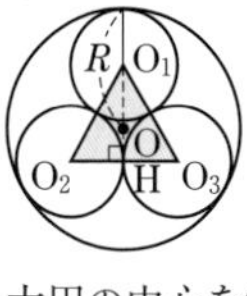

大円の中心をO，3つの小円の中心をO_1，O_2，O_3とする。

$\triangle O_1O_2O_3$は，一辺の長さが2の正三角形で，Oは$\triangle O_1O_2O_3$の重心である。

$R=$(小円の半径)$+OO_1$

O_1からO_2O_3に垂線O_1Hをひくと，重心Oを通る。したがって，

$OO_1=\frac{2}{3}O_1H=\frac{2}{3}\sqrt{2^2-1^2}=\frac{2\sqrt{3}}{3}$

よって，$R=1+\frac{2\sqrt{3}}{3}=\frac{3+2\sqrt{3}}{3}$

(2)

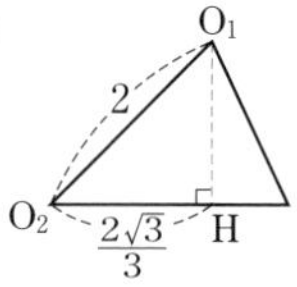

4つの球の中心をO_1，O_2，O_3，O_4とする。

立体O_1-$O_2O_3O_4$は1辺の長さが2の正四面体である。

O_1から$\triangle O_2O_3O_4$に垂線O_1Hを引くと，Hは$\triangle O_2O_3O_4$の重心である。

$h=2\times$(球の半径)$+O_1H$

$O_1H=\sqrt{O_1O_2{}^2-O_2H^2}=\sqrt{2^2-\left(\frac{2\sqrt{3}}{3}\right)^2}=\frac{2\sqrt{6}}{3}$

より，

$h=2\times1+\frac{2\sqrt{6}}{3}=\frac{6+2\sqrt{6}}{3}$

70 (1)**8通り**　(2)**32通り**

解説

(1) 線分の長さの和が5cmであることから，①と②や①と④などの長さが1cmの線分をつないでいくことを考える。(a)に②が入る場合は次の2通りがある。

① → ② → ③ → ⑤ → ④ → ⑥
① → ② → ④ → ⑤ → ③ → ⑥

(a)には，②のほかに③，④，⑤が入り，それぞれ2通りずつあるので，

4×2＝8(通り)

(2) (1)と同じように考えればよい。(a)に②が入る場合は次の8通りがある。

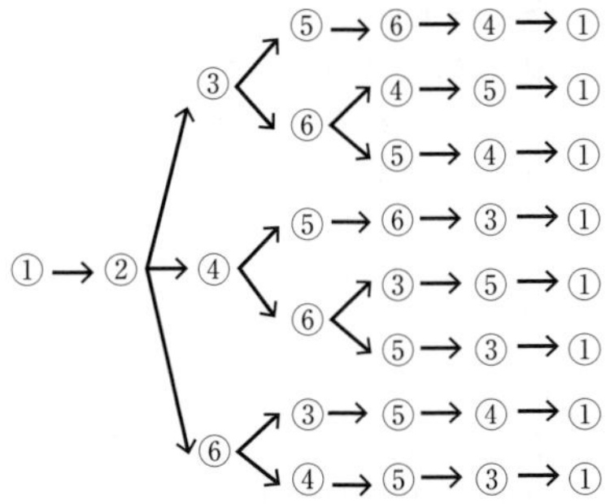

(a)には，②のほかに③，④，⑤が入り，それぞれ8通りずつあるので，

8×4＝32(通り)

71 (1) (左の皿)3g，9g　(右の皿)27g (2) 4通り　(3) 40通り

解説

(1) 1，3，9，27を使って，15になる式を考える。このとき，使わない数があってもよい。27－15＝12，12＝3＋9，よって左の皿には3gと9g，右の皿には27gとなる。

(2) 1gと3gの分銅ののせ方は次の4通りだから，はかることのできるものの重さも4通り。(左，右)＝(0，1)，(0，3)，(0，1と3)，(1，3)

(3) はかるものは左の皿にのせるので，(左の皿にのせる分銅)＜(右の皿にのせる分銅）となる。分銅を使う個数によって場合分けをする。

①1個使うとき　4通り。

②2個使うとき　分銅の選び方は(1，3)，(1，9)，(1，27)，(3，9)，(3，27)(9，27)の6通り。(1，3)のとき，左の皿には，分銅を何ものせないか1gだけをのせる(今後は0,1と表現)の2通りある。他の場合も同様なので，

6×2＝12(通り)

③3個使うとき，分銅の選び方は(1，3，9)，(1，3，27)，(1，9，27)，(3，9，27)の4通り。(1，3，9)のとき，分銅ののせ方は，左に0，1，3，1と3の4通り。他の場合も同様なので，

4×4＝16(通り)

④4個使うとき

左が0，1，3，9，1と3，1と9，3と9，1と3と9の8通り。

①~④より，4＋12＋16＋8＝40(通り)

72 (1) 50　(2) $x=-\frac{2}{3}k+6$　(3) $k=\frac{3}{2}$

解説

(1) 点Bが原点となるように四角形ABCDを**x軸方向に－2，y軸方向に1だけ平行移動させる。**

移動した点は，A′(－4，12)，B′(0，0)，C′(7，－1)，D′(6，2)となる。

直線A′D′は，$y=-x+8$より，

△A′B′D′ $=\frac{1}{2}\times8\times10=40$

直線D′C′は，$y=-3x+20$で，

x軸との交点は$\left(\frac{20}{3},\ 0\right)$より，

△C′B′D′ $=\frac{1}{2}\times\frac{20}{3}\times3=10$

四角形ABCD＝**△A′B′D′**＋**△C′B′D′**＝50

(2) 直線ADは，$y=-x+9$

これと$y=\frac{1}{2}x+k$を連立して，

$-x+9=\frac{1}{2}x+k$

$\frac{3}{2}x=9-k$　　よって，$x=\frac{18-2k}{3}$

(3) 直線①と直線ABの$y=-3x+5$を連立して，

$\frac{1}{2}x+k=-3x+5$

よって，$x=\frac{-2k+10}{7}$

直線①とAB，ADとの交点をそれぞれE，Fとすると，

△AEF＝50－29＝21

$\triangle ABD\times\mathbf{\frac{AF}{AD}}=\triangle ABF$

$\triangle ABF\times\mathbf{\frac{AE}{AB}}=\triangle AEF$だから，

$\triangle ABD\times\mathbf{\frac{AF}{AD}}\times\mathbf{\frac{AE}{AB}}=21$

x座標の差で考えて，

$\frac{AF}{AD}=\left\{\frac{18-2k}{3}-(-2)\right\}\div\{8-(-2)\}$

$=\frac{24-2k}{3}\times\frac{1}{10}$

$\frac{AE}{AB}=\left\{\frac{-2k+10}{7}-(-2)\right\}\div\{2-(-2)\}$

$=\frac{-2k+24}{7}\times\frac{1}{4}$

△ABD＝40より，

$40\times\left(\frac{24-2k}{3}\times\frac{1}{10}\right)\times\left(\frac{-2k+24}{7}\times\frac{1}{4}\right)=21$

$(24-2k)(-2k+24)=21^2$

$4k^2-96k+135=0$

解の公式より,

$k=\dfrac{96\pm\sqrt{96^2-4\times4\times135}}{2\times4}$

$=\dfrac{96\pm\sqrt{7056}}{8}=\dfrac{96\pm84}{8}$

よって, $k=\dfrac{3}{2}$, $\dfrac{45}{2}$

直線①がA$(-2,\ 11)$を通るとき,

$k=12$だから, $\boldsymbol{k\leqq 12}$　　ゆえに, $k=\dfrac{3}{2}$

73 (1) **10** (2) $\boldsymbol{y=-\frac{4}{5}x+20}$ (3) $\boldsymbol{10\sqrt{41}}$

解説

まず, 直線RSの傾きが$-\dfrac{4}{5}$であることがわかる。よって直線PQの傾きも$-\dfrac{4}{5}$

はね返りのきまりから, 直線DS, PO, QRの傾きは$\dfrac{4}{5}$であることがわかる。

(1) 直線DSは$y=\dfrac{4}{5}x+12$, これに$y=20$を代入し$x=10$　よって, DE$=10$

(2) 直線PQの傾きは$-\dfrac{4}{5}$である。点Qの座標がわかれば直線の式がわかるので, 直線QRから点Qのy座標を求める。直線QRは傾き$\dfrac{4}{5}$でR$(15,\ 0)$を通ることから, 直線QRを$y=\dfrac{4}{5}x+b$とおいて求めると,

直線QRは$y=\dfrac{4}{5}x-12$

これに$x=20$を代入し, Q$(20,\ 4)$を得る。よって, 直線PQは, 傾き$-\dfrac{4}{5}$でQ$(20,\ 4)$を通ることから, $y=-\dfrac{4}{5}x+20$

(3) 線分それぞれの長さを三平方の定理を用いて求めてもよいが, 以下のように考えると計算が楽である。

△RAQにおいて,

RA : QA$=5:4$なので,

RA : RQ$=5:\sqrt{5^2+4^2}=5:\sqrt{41}$

このことから, 他の部分についても直線の傾きが同じであるから同様であり, 点の移動距離は, 点がx軸方向へ移動した距離の$\dfrac{\sqrt{41}}{5}$倍である。したがって, 点の総移動距離は,

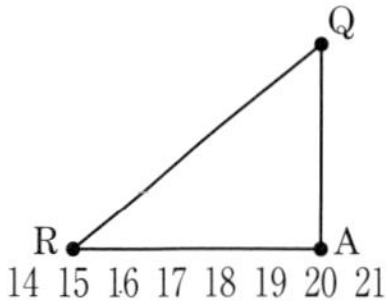

$(\mathrm{OP}+\mathrm{PQ})+(\mathrm{QR}+\mathrm{RS})+\mathrm{SD}$

$=\mathrm{OA}\times\dfrac{\sqrt{41}}{5}+\mathrm{AO}\times\dfrac{\sqrt{41}}{5}+\mathrm{ED}\times\dfrac{\sqrt{41}}{5}$

$=(20+20+10)\times\dfrac{\sqrt{41}}{5}$

$=10\sqrt{41}$

74 (1) $\boldsymbol{\frac{1}{6}}$ (2) $\boldsymbol{\frac{1}{3}}$

解説

(1) 2つの石の間の距離が2mになるのは, AとD, BとE, CとFにあるときだから, (和子, 洋子)$=(1,\ 2)$, $(2,\ 1)$, $(3,\ 6)$, $(4,\ 5)$, $(5,\ 4)$, $(6,\ 3)$の6通り。すべての石の動かし方は, $6\times6=36$(通り)であるから, 求める確率は,

$\dfrac{6}{36}=\dfrac{1}{6}$

(2) 2つの石の間の距離が$\sqrt{3}$ mとなるのは, 右の図のような状態にあるときなので, 例えばAとCのように, ひとつあけたとなりになるときである。

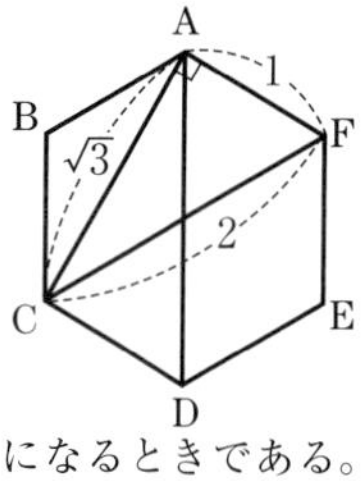

よって (和子, 洋子)$=(1,\ 3)$, $(1,\ 5)$, $(2,\ 4)$, $(2,\ 6)$, $(3,\ 1)$, $(3,\ 5)$, $(4,\ 2)$, $(4,\ 6)$, $(5,\ 1)$, $(5,\ 3)$, $(6,\ 2)$, $(6,\ 4)$ の12通り。したがって求める確率は

$\dfrac{12}{36}=\dfrac{1}{3}$

旺文社

四訂版

中学
総合的研究

数学

解答 & 解説

Obunsha